Two-Dimentional
NMR Spectroscopy

# 核磁共振二维谱

赵天增　秦海林　张海艳　屈凌波　编著

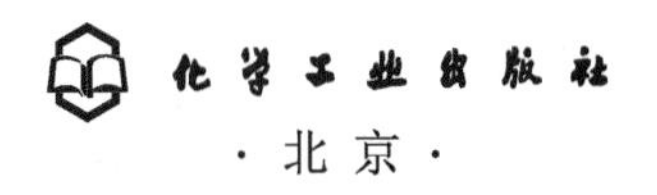


·北京·

本书对核磁共振二维谱基础知识进行了较系统论述，对许多核磁共振二维脉冲序列的原理用磁化强度矢量模型作了简单的解释和说明，重点是各种核磁共振二维谱的解析和应用。本书分两部分，第一部分为核磁共振二维谱基础，第二部分为核磁共振二维谱应用举例。第二部分共收集整理了100个具体的例子，逐一讲解分析思路及至最终的结构确定，其中，合成有机化合物例子30个，包括各种特色化合物、结构异构体、顺反异构体、构象异构体等；天然有机化合物例子70个，包括萜类、各种含氧化合物、生物碱等。

**图书在版编目（CIP）数据**

核磁共振二维谱 / 赵天增等编著. —北京：化学工业出版社，2017.9（2021.1 重印）

ISBN 978-7-122-30387-5

Ⅰ. ①核… Ⅱ. ①赵… Ⅲ. ①核磁共振谱法 Ⅳ. ①O657.2

中国版本图书馆 CIP 数据核字（2017）第 188712 号

责任编辑：李晓红　　装帧设计：王晓宇
责任校对：边　涛

出版发行：化学工业出版社（北京市东城区青年湖南街 13 号　邮政编码 100011）
印　　装：北京建宏印刷有限公司
710mm×1000mm　1/16　印张 29　字数 552 千字　2021 年 1 月北京第 1 版第 2 次印刷

购书咨询：010-64518888　　售后服务：010-64519661
网　　址：http://www.cip.com.cn
凡购买本书，如有缺损质量问题，本社销售中心负责调换。

定　　价：**148.00 元**

# 序

# PREFACE

继《核磁共振氢谱》（北京大学出版社，1983）、《核磁共振碳谱》（河南科学技术出版社，1993）二书之后，赵天增教授和他的学生们又编著了这本《核磁共振二维谱》。三书可视为兄弟姊妹篇。

核磁共振图谱在合成有机化合物和天然有机化合物等方面的分子结构研究中具有独特优势，它可以提供分子结构的取代基团、平面结构、立体结构（特别是构型、构象等细节问题）、动态结构（如互变异构体、构象异构体等平衡转变）等大量信息，显示出巨大威力。核磁共振二维谱的出现及其应用是20世纪七八十年代在核磁共振技术领域中取得的突出成就。随着核磁共振二维谱的发展，许多核磁共振一维谱不能解决的问题（如归属不全、归属错误等），核磁共振二维谱能够很好地解决。

四十多年来，特别是最近二十多年来，核磁共振二维谱得到了蓬勃发展。迄今为止，虽然有关核磁共振二维谱的论著已有不少，但是对于从事有机化学、天然产物化学、药物化学等学科科学研究的科学技术工作者来说，能够利用核磁共振二维谱真正解决自己的实际问题恐怕难度太大。如何正确、熟练、灵活运用核磁共振二维谱技术，全面、正确、准确地解析和归属好有机化合物的核磁共振数据是广大读者迫切需要解决的大问题。本书对核磁共振二维谱基本原理和知识进行了较系统的介绍和论述，第一部分列举例子21个，第二部分列举例子100个，读者不仅可以从中学到解析、归属核磁共振数据以及鉴定、测定化合物结构的思路和方法，同时有大量数据可供参考，对读者通过大量实践提高自己解决实际工作的能力具有重要意义，这是本书的重要特点。

《核磁共振二维谱》根据读者实际需求，结合作者大量工作实践而编著，内容全面、丰富、实用，可读性强，数据可靠，是一本具较高水平的核磁共振波谱学专著，它的出版无疑对普及和推动我国核磁共振波谱学研究和应用发挥重要的作用。

中国工程院院士
中国医学科学院药物研究所研究员
于德泉

中国科学院院士
中国科学院昆明植物研究所研究员
孙汉董

2017年10月

# 前言

# FOREWORD

1971 年，Jeener 提出了二维傅里叶变换核磁共振（two dimensional-FTNMR，2D-FTNMR）测定新方法。当时这种新方法的重要性并未被理解，直到 1974 年才由 Ernst 等首次完成了二维傅里叶变换核磁共振实验，并于 1976 年将二维傅里叶变换核磁共振理论公式化发表。此后，在 Ernst 研究小组和 Freeman 研究小组不断努力下，研究并发展了多种新的二维傅里叶变换核磁共振测定方法。Ernst 教授的大量且卓有成效的研究，对推动二维核磁共振的发展起了重要的作用，再加上他对脉冲傅里叶变换核磁共振的贡献，Ernst 教授荣获了 1991 年诺贝尔化学奖。

由二维傅里叶变换核磁共振技术测定的图谱叫核磁共振二维谱（two dimensional NMR spectra）。核磁共振二维谱可以看成是核磁共振一维谱的自然推广，它继承了一维谱的一些优点，更克服了一维谱的某些不足。由于核磁共振二维谱将化学位移、偶合常数等核磁共振数据在二维平面上展开，使本来在一维谱上重叠在一个频率坐标轴上的信号分散到两个独立的频率轴构成的二维平面上，既有利于图谱解析，更有利于检测出自旋核之间的各种相互作用，从而提供了众多的化学结构信息。引入一个新的维数必然会大大增加创造新实验的可能性，核磁共振二维谱现在已经发展成为核磁共振波谱的一个重要分支，它已广泛地应用到物理、化学、生物等学科的研究中，核磁共振二维谱的出现开创了核磁共振波谱学的新时期。

核磁共振二维谱的发展实际上是各种二维多脉冲实验技术的发展。四十多年来，许多核磁共振二维脉冲序列已相当成熟。继《核磁共振氢谱》（北京大学出版社，1983）和《核磁共振碳谱》（河南科学技术出版社，1993）出版以来，作者曾先后在《天然药物化学研究》第 3 章（中国协和医科大学出版社，2006）和《天然产物研究方法和技术》第 2 章（化学工业出版社，2009）对核磁共振二维谱作了介绍，由于篇幅所限，不可能全面系统进行阐述（特别是实践例子的解析和应用）。本书对核磁共振二维谱基础知识进行了较系统论述，重点介绍常用的核磁共振二维脉冲序列及其得到的核磁共振二维谱。为了使读者在解析核磁共振二维谱时便于理解，本书对许多核磁共振二维脉冲序列的原理用磁化强度矢量模型作了简单的解释和说明，但着重点仍是各种核磁共振二维谱的解析和应用。

本书的读者对象重点是具有一定核磁共振基本知识的从事有机化学、天然产物化学、药物化学等学科研究的科学技术工作者。核磁共振图谱在鉴定、测定有机化合物分子结构（特别是结构复杂的天然产物）方面具有独特的优势，它可以提供分子结构的取代基团、平面结构、立体结构、动态结构等大量信息，但是，如何认识并得到这些信息，必须对核磁共振图谱有深入的了解。能熟练解析核磁共振图谱让核磁共振技术在科学研究中发挥更大的作用，是本书的主要目的。

本书分为两部分，第一部分介绍核磁共振二维谱基础，第二部分为核磁共振二维谱应用举例。

本书在编著过程中承蒙河南省科学院领导的大力支持，本研究室的王志尧、马艳妮、陈玲、陈欣等同志帮助打印手稿。特致谢意。

由于作者水平有限，错误和不当处，请读者批评指正。

赵天增

河南省科学院天然产物重点实验室

2017 年 11 月

# 目录
# CONTENTS

## 第一部分 核磁共振二维谱基础


第 1 章 核磁共振二维谱的基本原理……2
1.1 核磁共振二维谱的定义……2
1.2 核磁共振二维谱的数学表达式……2
1.3 核磁共振二维谱有关的一些基本概念……3
1.3.1 自旋回波……3
1.3.2 极化和极化转移……6
1.3.3 相干和相干转移……8
1.3.4 自旋锁定……8
1.3.5 等频混合……9
1.3.6 多量子跃迁……10
1.4 核磁共振二维谱的实验时间分段……11
1.4.1 预备期……11
1.4.2 发展期……11
1.4.3 混合期……12
1.4.4 检测期……12
1.5 核磁共振二维谱的基本类型……13
1.5.1 二维分解谱……13
1.5.2 二维相关谱……13
1.6 核磁共振二维谱的图形……14
1.6.1 核磁共振二维谱的图形表示……14
1.6.2 核磁共振二维谱的共振峰类型……15
第 2 章 二维分解谱……17
2.1 同核二维 H-H *J* 分解谱……17
2.1.1 同核二维 H-H *J* 分解谱的脉冲序列分析……17
2.1.2 同核二维 H-H *J* 分解谱的特点……18
**例 1-1** D-蔗糖的二维 H-H *J* 分解谱……18

2.2 异核二维 C-H $J$ 分解谱 …… 20
2.2.1 异核二维 C-H $J$ 分解谱的脉冲序列分析 …… 20
2.2.2 异核二维 C-H $J$ 分解谱的特点 …… 21
**例 1-2** D-蔗糖的二维 C-H $J$ 分解谱 …… 21
**第 3 章 二维化学位移相关谱** …… 23
3.1 氢-氢相关谱 …… 23
**例 1-3** feshurin 中 7-羟基香豆素结构单元的氢-氢相关谱 …… 24
**例 1-4** 槲皮素-3-*O*-吡喃鼠李糖基呋喃阿拉伯糖苷的 H-H COSY 谱 …… 25
3.2 COSY-45（$\beta$-COSY） …… 27
**例 1-5** 蔗糖的 COSY-45 …… 27
3.3 远程氢-氢相关谱 …… 28
**例 1-6** tricyclodecane 的氢-氢相关谱及其远程氢-氢相关谱 …… 28
3.4 氢-氢总相关谱 …… 30
**例 1-7** linum cerebroside 的氢-氢总相关谱 …… 31
**例 1-8** 齐墩果酸型三萜六糖皂苷的氢-氢相关谱和氢-氢总相关谱 …… 32
3.5 碳-氢相关谱 …… 33
**例 1-9** 8-乙酰山栀苷甲酯的碳-氢相关谱 …… 37
3.6 远程碳-氢相关谱 …… 38
**例 1-10** balanophonin 的 COLOC …… 39
**第 4 章 二维 NOE 谱和二维化学交换谱** …… 42
4.1 核 Overhauser 效应和交叉弛豫 …… 42
4.2 同核二维 NOE 谱和二维化学交换谱的脉冲序列 …… 45
4.3 同核二维 NOE 谱和二维化学交换谱举例 …… 47
**例 1-11** feshurin 的二维 NOE 谱 …… 47
**例 1-12** tamarixetin-3-*O*-$\alpha$-L-ribopyranoside 的二维化学交换谱 …… 48
4.4 异核二维 NOE 谱 …… 50
**例 1-13** $\alpha$-山道年的异核二维 NOE 谱 …… 50
**第 5 章 二维多量子跃迁谱及其他** …… 52
5.1 多量子跃迁产生 …… 52
5.2 双量子相干相关谱 …… 53
**例 1-14** 士的宁的双量子相干相关谱 …… 54
5.3 双量子滤波相关谱 …… 55
**例 1-15** 20(*R*)-人参皂苷-Rg3 的双量子滤波相关谱 …… 56
5.4 $^{1}$H 检测的异核多量子相干相关谱 …… 57

5.4.1 HMQC ······ 57
**例 1-16** ravidin B 的 HMQC ······ 59
**例 1-17** 雪胆素 C 的 HMQC ······ 60
5.4.2 HSQC ······ 62
**例 1-18** feshurin 的 HSQC ······ 64
5.5 $^{1}H$ 检测的异核多键相关谱 ······ 65
**例 1-19** ravidin B 的 HMBC ······ 66
**例 1-20** 雪胆素 C 的 HMBC ······ 66
5.6 HMQC-TOCSY ······ 67
**例 1-21** 大叶吊兰苷 A 的 HMQC-TOCSY ······ 68

## 第二部分 核磁共振二维谱应用举例

**例 2-1** 恩替卡韦钠的 NMR 数据解析 ······ 73
**例 2-2** 替尼泊苷的 NMR 数据解析 ······ 75
**例 2-3** 1 个萘酚萘磺酸酯的 NMR 数据解析 ······ 79
**例 2-4** 1 个六氢喹啉衍生物的 NMR 数据解析 ······ 81
**例 2-5** 1 个二苯乙烯衍生物的 NMR 数据解析 ······ 84
**例 2-6** 1 个含芳基噻唑的糖基胍的 NMR 数据解析 ······ 87
**例 2-7** 1 个笼状 *β*-碳苷酮衍生物的 NMR 数据解析及结构确证 ······ 89
**例 2-8** 1 个含 $C_{10}$ 高碳糖片段衍生物的 NMR 数据解析 ······ 91
**例 2-9** 苦皮藤水解产物中 2 个 *β*-二氢沉香呋喃倍半萜多醇的 NMR 数据解析 ······ 94
**例 2-10** 1 个双香豆蒽衍生物的 NMR 数据解析及结构确证 ······ 98
**例 2-11** 2 个缩水蔗糖衍生物的 NMR 数据解析及结构确证 ······ 100
**例 2-12** 2 个对氯苯氧基氯苯乙酮异构体的 NMR 数据解析 ······ 102
**例 2-13** 马来酸罗格列酮的 NMR 数据解析 ······ 105
**例 2-14** 免疫抑制剂 FTY720 的 NMR 数据解析 ······ 107
**例 2-15** 硫酸头孢匹罗的 NMR 数据解析 ······ 109
**例 2-16** 1 个雄甾烷衍生物的 NMR 数据解析 ······ 112
**例 2-17** 比卡鲁胺的 NMR 数据解析 ······ 116
**例 2-18** 1 个三环螺环化合物的 NMR 数据解析 ······ 119
**例 2-19** 四氢小檗碱衍生物氟代四氢小檗碱的 NMR 数据解析 ······ 121
**例 2-20** 地塞米松棕榈酸酯的 NMR 数据解析 ······ 125

例 2-21　单甲酯亚磺酸帕珠沙星盐的 NMR 数据解析 ······ 129
例 2-22　盐酸洛美利嗪的 NMR 数据解析 ······ 131
例 2-23　盐酸氟西汀的 NMR 数据解析 ······ 133
例 2-24　二嗪磷的 NMR 数据解析 ······ 135
例 2-25　1 个双苯并[*d*,*g*][1,3,2]-二氧磷杂八环的 NMR 数据解析 ······ 138
例 2-26　1 个喹啉-4-氨基磷酸酯衍生物的 NMR 数据解析 ······ 139
例 2-27　1 个哌啶醇的 NMR 数据解析 ······ 142
例 2-28　美托拉宗构象异构体的 NMR 数据解析 ······ 144
例 2-29　亚胺培南顺反异构体的 NMR 数据解析 ······ 146
例 2-30　三尖杉碱中间体末端炔键的确证 ······ 149
例 2-31　文冠果酮 A 的 NMR 数据解析及结构测定 ······ 151
例 2-32　除虫菊酯Ⅰ的 NMR 数据解析 ······ 154
例 2-33　瓜菊酯Ⅱ的 NMR 数据解析 ······ 157
例 2-34　橄榄苦苷的 NMR 数据解析 ······ 160
例 2-35　金花忍冬素的结构测定 ······ 164
例 2-36　HMQC 和 HMBC 在苯乙醇酯裂环环烯醚萜苷结构测定中的应用 ······ 166
例 2-37　马钱素的 NMR 数据解析 ······ 168
例 2-38　7$\alpha$-莫诺苷和 7$\beta$-莫诺苷的 NMR 数据解析与结构研究 ······ 171
例 2-39　山茱萸新苷的 NMR 数据解析及结构测定 ······ 177
例 2-40　白芍苷 $R_1$ 的 NMR 数据解析及结构测定 ······ 181
例 2-41　苦皮素 A 的 NMR 数据解析和结构测定 ······ 184
例 2-42　HMBC 在 $\beta$-二氢沉香呋喃倍半萜多醇酯结构测定中的应用 ······ 189
例 2-43　苦皮种素Ⅱ、Ⅲ的 NMR 数据解析及结构测定 ······ 195
例 2-44　H-H COSY 在西北风毛菊素 NMR 数据解析中的应用 ······ 202
例 2-45　没药中 1 个呋喃倍半萜的 NMR 数据解析及结构测定 ······ 205
例 2-46　NOESY 在地胆草倍半萜内酯化合物结构鉴定中的应用 ······ 208
例 2-47　艾菊素的 NMR 数据解析 ······ 211
例 2-48　表二氢羟基马桑毒素的 NMR 数据解析 ······ 214
例 2-49　乌药烷型倍半萜内酯 8$\beta$,9-dihydro-onoseriolide 的 NMR 数据解析 ······ 216
例 2-50　jolkinolide A 和 B 的 NMR 数据解析 ······ 219
例 2-51　sarcocrassolide B 的 NMR 数据解析及结构测定 ······ 223
例 2-52　neodiosbulbin 的 NMR 数据解析及结构测定 ······ 228
例 2-53　ravidin A 的 NMR 数据解析及结构测定 ······ 233

**例 2-54** 冬凌草甲素的 NMR 数据解析 ······ 238
**例 2-55** lasiodonin acetonide 的 NMR 数据解析 ······ 242
**例 2-56** jianshirubesin A 的 NMR 数据解析 ······ 247
**例 2-57** 7,9-dideacetyltaxayuntin 的 NMR 数据解析 ······ 250
**例 2-58** 14$\beta$-羟基巴卡亭Ⅵ的 NMR 数据解析 ······ 253
**例 2-59** 罗汉果醇的 NMR 数据解析 ······ 258
**例 2-60** 达玛烷-20(22),24-二烯-3$\beta$,6$\alpha$,12$\beta$-三醇的 NMR 数据解析 ······ 263
**例 2-61** 熊果酸的 NMR 数据解析 ······ 266
**例 2-62** 齐墩果酸的 NMR 数据解析 ······ 271
**例 2-63** triptohypol F 的 NMR 数据解析 ······ 276
**例 2-64** 路路通酮 A 的 NMR 数据解析和结构测定 ······ 281
**例 2-65** 21$\beta$-羟基柴胡皂苷 $b_2$ 的 NMR 数据解析 ······ 287
**例 2-66** 满树星苷Ⅰ的 NMR 数据解析 ······ 294
**例 2-67** canaric acid 的 NMR 数据解析 ······ 298
**例 2-68** 川楝素的 NMR 数据解析 ······ 303
**例 2-69** 金丝桃苷的 NMR 数据解析 ······ 309
**例 2-70** 芦丁的 NMR 数据解析 ······ 312
**例 2-71** 萹蓄苷和番石榴苷的 NMR 数据解析 ······ 315
**例 2-72** 山柰苷和川藿苷 A 的 NMR 数据解析 ······ 319
**例 2-73** 淫羊藿苷的 NMR 数据解析 ······ 324
**例 2-74** 朝藿定 C 的 NMR 数据解析 ······ 329
**例 2-75** 3‴-羰基-2″-$\beta$-L-奎诺糖基淫羊藿次苷Ⅱ及 3‴-羰基-2″-$\beta$-L-奎诺糖基淫羊藿苷的 NMR 数据解析及结构测定 ······ 334
**例 2-76** 大豆异黄酮苷的 NMR 数据解析 ······ 340
**例 2-77** 葛根素的 NMR 数据解析 ······ 343
**例 2-78** 黄杞苷的 NMR 数据解析 ······ 346
**例 2-79** 儿茶精和表儿茶精的 NMR 数据解析 ······ 349
**例 2-80** 橙皮苷的 NMR 数据解析 ······ 353
**例 2-81** 鱼藤酮的 NMR 数据解析 ······ 356
**例 2-82** 白当归脑的 NMR 数据解析 ······ 359
**例 2-83** 紫花前胡苷的 NMR 数据解析 ······ 361
**例 2-84** 连翘苷的 NMR 数据解析 ······ 364
**例 2-85** 五味子醇乙的 NMR 数据解析 ······ 368
**例 2-86** 淫藿根木脂素的 NMR 数据解析及结构测定 ······ 371
**例 2-87** 连翘酯苷 A 的 NMR 数据解析 ······ 376

**例 2-88** 小叶丁香苷 A 的 NMR 数据解析及结构测定 ……………… 380
**例 2-89** 绿原酸的 NMR 数据解析 ……………… 383
**例 2-90** 丹酚酸 B 的 NMR 数据解析 ……………… 387
**例 2-91** 几个丹参酮的 NMR 数据解析 ……………… 391
**例 2-92** 甘西鼠尾新酮 A 的结构测定 ……………… 396
**例 2-93** 几个寡糖的 NMR 数据解析 ……………… 401
**例 2-94** 苦皮藤生物碱Ⅲ的 NMR 数据解析及结构测定 ……………… 409
**例 2-95** 几个百部生物碱的 NMR 数据解析 ……………… 413
**例 2-96** 几个吲哚里西丁类生物碱的 NMR 数据解析 ……………… 419
**例 2-97** 藜芦胺的 NMR 数据解析 ……………… 425
**例 2-98** 苦参碱的 NMR 数据解析 ……………… 428
**例 2-99** 秋水仙碱的 NMR 数据解析 ……………… 431
**例 2-100** 苦皮素碱 A 和苦皮素碱 B 的 NMR 数据解析及结构测定 ……… 434
参考文献 ……………… 443

PART 01

# 第一部分　核磁共振二维谱基础

核磁共振波谱的任务：一是研究核磁共振波谱技术；二是研究化合物的核磁共振波谱数据及其规律。

核磁共振一维谱(核磁共振氢谱、核磁共振碳谱等)提出了化学位移、偶合常数、弛豫时间等概念。研究一维谱的任务：一是研究如何得到描述这些概念的数据的波谱技术；二是如何将描述这些概念的数据与化合物的分子结构联系起来。于是人们测定了大量的化学位移、偶合常数、弛豫时间等数据，对这些数据进行了分析、总结，得到了许多规律，利用这些规律将数据和分子结构联系起来。

核磁共振二维谱又提出了相干和相干转移、极化和极化转移2个新概念，引入了H-H COSY、HMQC（HSQC）、HMBC、NOESY 等二维谱技术，利用这些技术可将一维谱峰之间的相关性联系起来，进而明确一维谱峰的归属，即通过二维谱实验证明一维谱峰的归属，这是二维谱的重点内容和目的。因此，本部分重点介绍二维谱引入的2个新概念以及各种二维谱技术，即获得各种二维图谱的脉冲序列及其二维图谱的用途。

# 第 1 章

# 核磁共振二维谱的基本原理[1]

## 1.1 核磁共振二维谱的定义

平常测定的核磁共振氢谱[2]、核磁共振碳谱[3]等图谱均是谱线强度与频率的关系，自变量仅有一个，即频率，因此叫一维谱。当变化一些实验条件，如时间、温度、浓度、pH 等，引入第二个自变量，可以得到一系列谱线强度与频率关系的图谱。例如，翻转恢复法测定 $T_1$ 的谱线簇[3]。这些图谱从形式上看已不是一维谱，而是具有两个自变量的二维谱。但是，这些图谱不叫核磁共振二维谱，这里所指的核磁共振二维谱是有严格定义的，它的两个自变量只能是频率，而不是别的，即 $S(\omega_1, \omega_2)$。因此，对于一个自变量是频率，另一个自变量是时间、温度、浓度、pH 等得到的图谱，只能叫作一维谱的多线记录，而不能叫作核磁共振二维谱。

综上所述，核磁共振二维谱必须有 2 个自变量，2 个自变量必须均是频率，即其函数均是频率域函数 $S(\omega_1, \omega_2)$，而不能够是其他。对于 2 个自变量均不是频率，或一个自变量是频率、另一个自变量不是频率时，所得到的图谱均不能称为核磁共振二维谱，当然也不属于核磁共振二维谱的研究范围。

## 1.2 核磁共振二维谱的数学表达式

核磁共振二维谱由傅里叶变换核磁共振技术得到。二维傅里叶变换核磁共振测定方法是通过不同的多脉冲实验引入 2 个独立的时间变量（$t_1$ 和 $t_2$）。经过测定得到 $t_1$ 和 $t_2$ 的初始函数 $S(t_1, t_2)$，即 2 个时间域函数经 2 次傅里叶变换得到 $S(\omega_1, \omega_2)$。

即

$$\begin{aligned}\int_{-\infty}^{\infty} e^{i\omega_1 t_1} \int_{-\infty}^{\infty} s(t_1, t_2) e^{i\omega_2 t_2} \mathrm{d}t_1 \mathrm{d}t_2 &= \int_{-\infty}^{\infty} s(t_1, \omega_2) e^{i\omega_1 t_1} \mathrm{d}t_1 \\ &= s(\omega_1, \omega_2) \end{aligned} \tag{1-1}$$

# 1.3　核磁共振二维谱有关的一些基本概念[4]

## 1.3.1　自旋回波

自旋回波的脉冲序列如图 1-1 所示，其磁化强度矢量的变化如图 1-2 所示。其结果为经过两个时间 $\tau$ 后，在 $X'Y'$平面上旋转角速度不相同的磁化强度矢量重新聚焦，会聚于$-Y'$轴，此种现象称为自旋回波（spin echo）。自旋回波是二维 $J$ 分解谱和化学位移相关谱的基础。

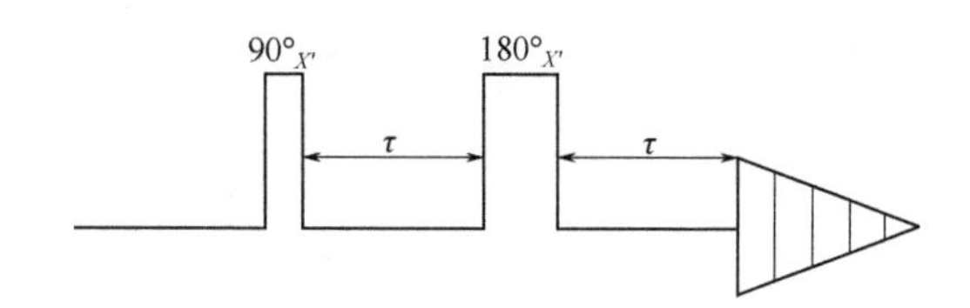


图 1-1　自旋回波的脉冲序列

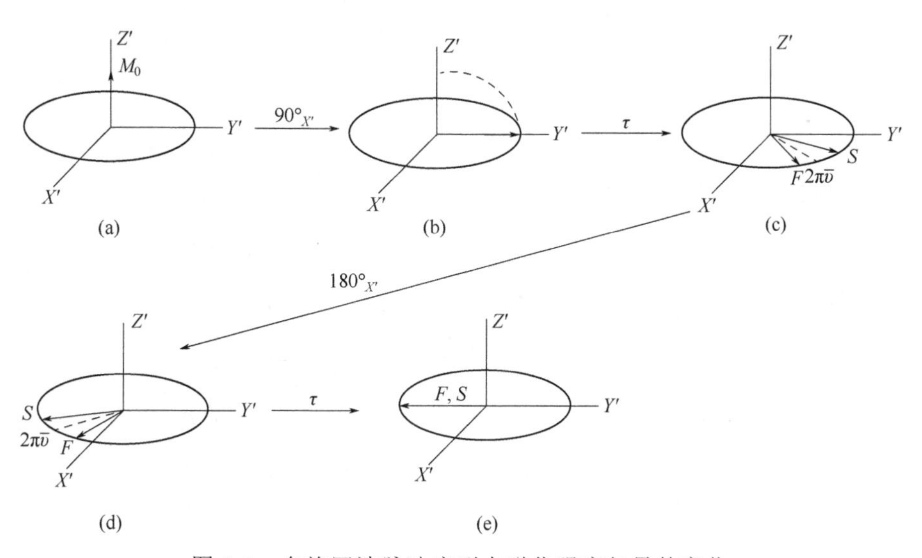


图 1-2　自旋回波脉冲序列中磁化强度矢量的变化

（1）核磁共振信号的偶合常数 $J$ 调制

① 同核偶合系统

为简化讨论，以 AX 系统为例。图 1-3 为 AX 系统的谱线分裂，图 1-4 为 AX 系统的能级图。设谱线 $A_1$ 和谱线 $A_2$ 分别对应跃迁 $\alpha\alpha\rightarrow\beta\alpha$ 和 $\alpha\beta\rightarrow\beta\beta$，谱线 $A_1$ 和 $A_2$ 的频率分别为 $\nu_{A_1}=\nu_A+J/2$ 和 $\nu_{A_2}=\nu_A-J/2$，在 $X'Y'$平面上，谱线 $A_1$ 和 $A_2$ 分别对应的磁化强度矢量为 $\boldsymbol{M}_{A_1}$ 和 $\boldsymbol{M}_{A_2}$（见图 1-5）。当以图 1-1 自旋回波的脉冲序列作用于同核 AX 系统时，经过第一个 $\tau$ 后，$\boldsymbol{M}_{A_1}$ 和 $\boldsymbol{M}_{A_2}$ 相对于 $Y'$轴旋转了 $2\pi(\nu_A+$

$J/2)\tau$ 弧度和 $2\pi(\nu_A - J/2)\tau$ 弧度。180° 脉冲后，$\boldsymbol{M}_{A_1}$ 和 $\boldsymbol{M}_{A_2}$ 相对于 $Y'$轴（$-Y'$方向）的角度分别为$[\pi - 2\pi(\nu_A + J/2)\tau]$弧度和$[\pi - 2\pi(\nu_A - J/2)\tau]$弧度。180° 脉冲同时改变 A 核和 X 核的自旋态，即 $\alpha\alpha\rightarrow\beta\alpha$ 变为 $\beta\beta\rightarrow\alpha\beta$，$\alpha\beta\rightarrow\beta\beta$ 变为 $\beta\alpha\rightarrow\alpha\alpha$，因此，$\boldsymbol{M}_{A_1}$ 和 $\boldsymbol{M}_{A_2}$ 的旋转角速度互换。经过第二个 $\tau$ 后，在 $X'Y'$平面上，$\boldsymbol{M}_{A_1}$ 和 $\boldsymbol{M}_{A_2}$ 相对于 $Y'$ 轴的角度（弧度）为：

$$\pi - 2\pi(\nu_A + J/2)\tau + 2\pi(\nu_A - J/2)\tau = \pi - 2\pi J\tau$$

和 $$\pi - 2\pi(\nu_A - J/2)\tau + 2\pi(\nu_A + J/2)\tau = \pi + 2\pi J\tau$$

以上的变化过程如图 1-5。

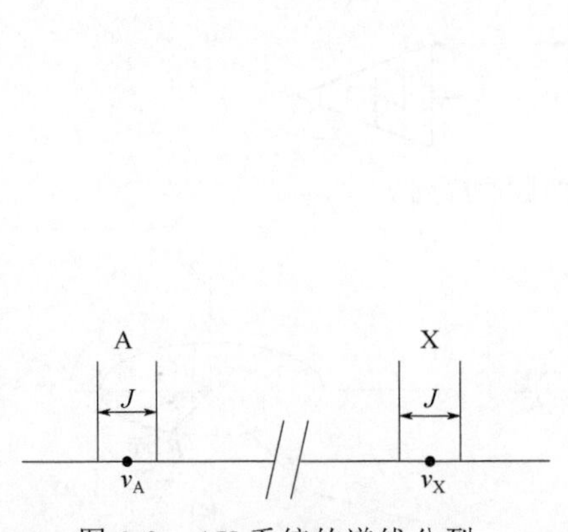


图 1-3　AX 系统的谱线分裂

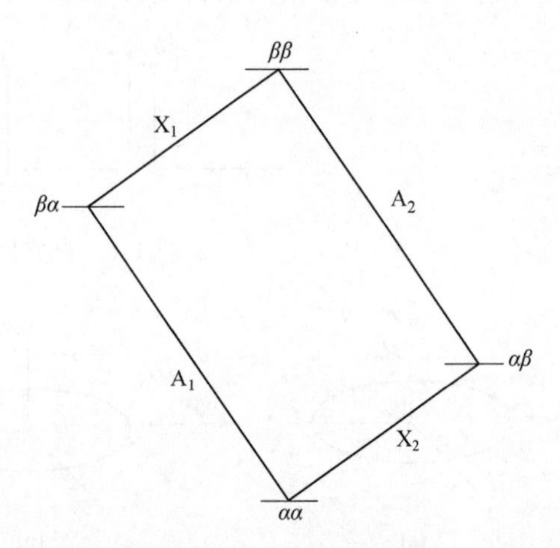


图 1-4　AX 系统能级图

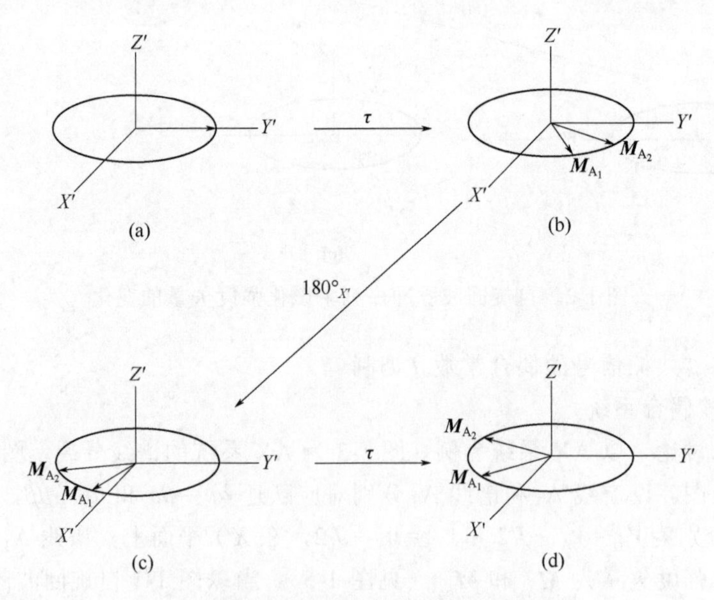


图 1-5　同核偶合系统的信号强度 $J$ 调制

从上面的分析可知，经过两个 $\tau$ 后，同核 AX 系统的两个横向磁化强度矢量 $\boldsymbol{M}_{A_1}$ 和 $\boldsymbol{M}_{A_2}$ 并不会聚于 $-Y'$ 轴，而是以 $-Y'$ 轴为对称轴，构成一个角度 $4\pi J\tau$。同时可以看出，由于 A 的信号强度为其横向磁化强度矢量 $\boldsymbol{M}_A$ 在 $Y'$ 轴上的投影，因此，在此条件下，A 的信号强度被 $\cos(2\pi J\tau)$ 所调制（modulated），即被偶合常数 $J$ 调制，而与化学位移 $\delta$ 无关。

② 异核偶合系统

仍以 AX 系统为例。设 A 核为观测核，当以图 1-1 自旋回波的脉冲序列作用于异核 AX 系统时，经过第一个 $\tau$ 后，$\boldsymbol{M}_{A_1}$ 和 $\boldsymbol{M}_{A_2}$ 相对于 $Y'$ 轴分别旋转了 $2\pi(\nu_A+J/2)\tau$ 弧度和 $2\pi(\nu_A-J/2)\tau$ 弧度。180° 脉冲仅改变 A 核的自旋态，X 核的自旋态则保持不变，在此条件下，图 1-4 中的 $A_1$ 跃迁由 $\alpha\alpha\rightarrow\beta\alpha$ 变为 $\beta\alpha\rightarrow\alpha\alpha$，$A_2$ 跃迁由 $\alpha\beta\rightarrow\beta\beta$ 变为 $\beta\beta\rightarrow\alpha\beta$，谱线频率不变，所以谱线 $A_1$ 和 $A_2$ 分别对应的磁化强度矢量 $\boldsymbol{M}_{A_1}$ 和 $\boldsymbol{M}_{A_2}$ 在 $X'Y'$ 平面上旋转的角速度不变。经过第二个 $\tau$ 后，在 $X'Y'$ 平面上 $\boldsymbol{M}_{A_1}$ 和 $\boldsymbol{M}_{A_2}$ 相对于 $Y'$ 轴的角度（弧度）分别为：

$$\pi-2\pi(\nu_A+J/2)\tau+2\pi(\nu_A+J/2)\tau=\pi$$

和

$$\pi-2\pi(\nu_A-J/2)\tau+2\pi(\nu_A-J/2)\tau=\pi$$

因此，对于异核偶合系统，经过第二个 $\tau$ 后，$\boldsymbol{M}_{A_1}$ 和 $\boldsymbol{M}_{A_2}$ 在 $X'Y'$ 平面上形成自旋回波，会聚于 $-Y'$ 轴，并不被偶合常数 $J$ 调制。

为了使异核偶合系统的观测核 A 核信号受 $J$ 调制，则需采用图 1-6 所示的脉冲序列作用于异核偶合系统 AX 系统。在此脉冲序列作用下，180°脉冲不仅改变了 A 核的自旋态，也同时改变了 X 核的自旋态。因此，所得结果与同核偶合系统相同。

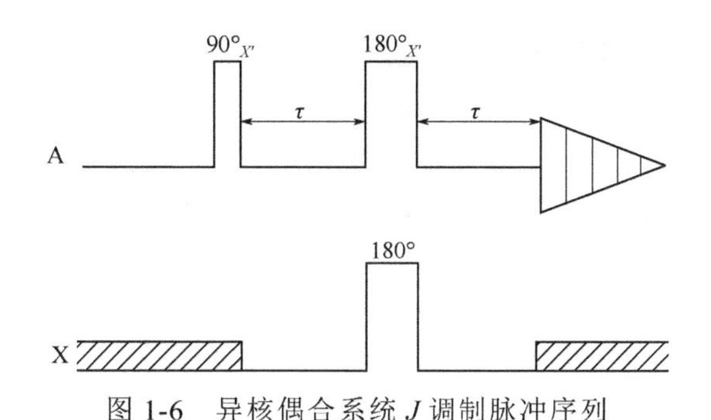

图 1-6　异核偶合系统 $J$ 调制脉冲序列

（2）核磁共振信号的化学位移 $\delta$ 调制

在异核偶合系统中，如果采用图 1-7 所示的脉冲序列，则将产生核磁共振信号的化学位移 $\delta$ 调制。仍以异核 AX 系统为例，经过第一个 $\tau$ 后，由于 180° 脉冲只作用于 X 核，不作用于 A 核，因此，在 $X'Y'$ 平面上，A 核的两个横向磁化强度矢量 $\boldsymbol{M}_{A_1}$ 和 $\boldsymbol{M}_{A_2}$ 在连续转动，同时，$\alpha\alpha\rightarrow\beta\alpha$ 变为 $\alpha\beta\rightarrow\beta\beta$，$\alpha\beta\rightarrow\beta\beta$ 变为 $\alpha\alpha\rightarrow\beta\alpha$（见

图 1-4)，即 $\boldsymbol{M}_{\mathrm{A}_1}$ 和 $\boldsymbol{M}_{\mathrm{A}_2}$ 的旋转角速度相互交换；经过第二个 $\tau$ 后，$\boldsymbol{M}_{\mathrm{A}_1}$ 和 $\boldsymbol{M}_{\mathrm{A}_2}$ 相对于 $Y'$轴的角度（弧度）分别为：

$$2\pi(\nu_{\mathrm{A}} + J/2)\tau + 2\pi(\nu_{\mathrm{A}} - J/2)\tau = 4\pi\nu_{\mathrm{A}}\tau$$

和

$$2\pi(\nu_{\mathrm{A}} - J/2)\tau + 2\pi(\nu_{\mathrm{A}} + J/2)\tau = 4\pi\nu_{\mathrm{A}}\tau$$

因此，$\boldsymbol{M}_{\mathrm{A}_1}$ 和 $\boldsymbol{M}_{\mathrm{A}_2}$ 会聚。这个会聚位置（$4\pi\nu_{\mathrm{A}}\tau$）与偶合常数 $J$ 无关，取决于 A 核的化学位移 $\nu_{\mathrm{A}}(\delta_{\mathrm{A}})$，即信号被化学位移 $\delta$ 调制（图 1-8）。

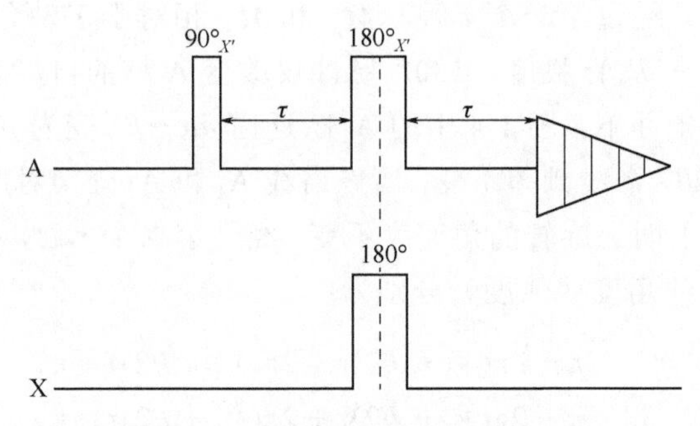


图 1-7　化学位移 $\delta$ 调制脉冲序列

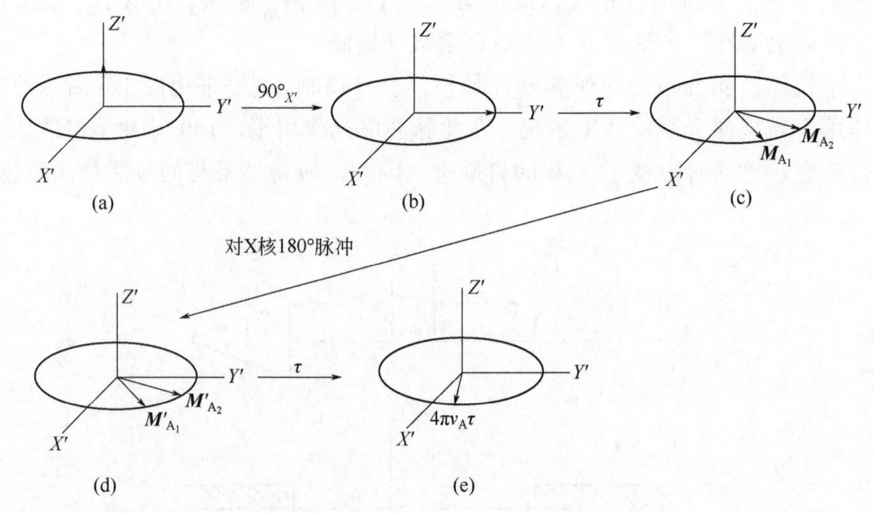


图 1-8　核磁共振信号的化学位移 $\delta$ 调制

## 1.3.2　极化和极化转移

极化（polarigation）通常指的是不同能级间粒子数之差，即能级间布居数（population）之差。极化是观测核磁共振吸收的基本条件。一个核（如 $^{1}$H 核）的极化变化，能引起另一个核（如 $^{13}$C 核）的极化变化，称为极化转移（polarigation transfer）。极化转移广泛应用于二维 NOE 谱和二维化学位移交换谱中。对于 $^{13}$C

核，由于其旋磁比 $\gamma$ 值较小，热平衡状态下能级间布居数之差较小，因此，其谱线灵敏度较低。如果对与该核相偶合的、$\gamma$ 值较大的 $^1H$ 核施加针对某一跃迁的选择性 180°脉冲，则 $\gamma$ 值较大的 $^1H$ 核在玻耳兹曼分布中的有利情况（能级间布居数之差较大）转给了 $\gamma$ 值较小的 $^{13}C$ 核，从而使 $^{13}C$ 核灵敏度增强，这种现象就是极化转移，或者叫交叉极化（cross polarigation）。

图 1-9 为以 CH 系统为例说明极化转移现象的能级图。

设 4 个能级的平衡布居数为：

$P_1^0$：$P + 1/2\Delta n_H + 1/2\Delta n_C$

$P_2^0$：$P + 1/2\Delta n_H - 1/2\Delta n_C$

$P_3^0$：$P - 1/2\Delta n_H + 1/2\Delta n_C$

$P_4^0$：$P - 1/2\Delta n_H - 1/2\Delta n_C$

则热平衡时各能级之间布居数差值如图 1-9 所示。

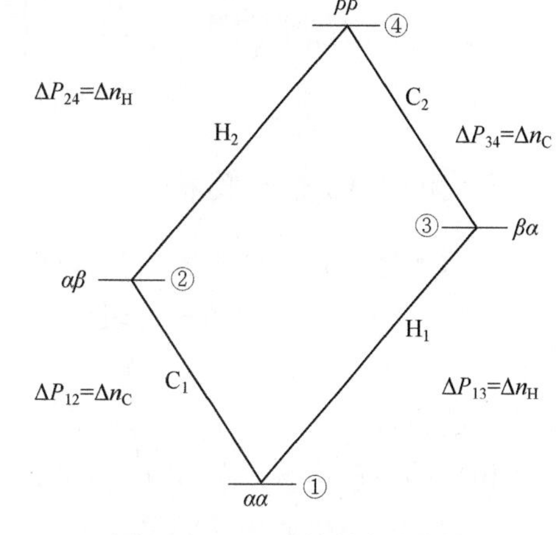


图 1-9　CH 系统的能级图和热平衡时布居数差值

当在跃迁 $H_1$ 上加选择性 180°脉冲时，则能级①、③上的 H 粒子布居数翻转：

$P'_1$：$P - 1/2\Delta n_H + 1/2\Delta n_C$

$P'_3$：$P + 1/2\Delta n_H + 1/2\Delta n_C$

称为“选择性布居数翻转”（selective population inversion，简称 SPI）实验。SPI 实验使 $C_1$ 和 $C_2$ 跃迁的强度由 $\Delta n_C$ 分别变为$-\Delta n_H + \Delta n_C$ 和 $+\Delta n_H + \Delta n_C$。设 $C_1$ 和 $C_2$ 的原来强度为 1，则 SPI 实验后，$C_1$ 和 $C_2$ 的强度为：

$$C_1:\quad \frac{-\Delta n_H + \Delta n_C}{\Delta n_C} = \frac{-\gamma_H + \gamma_C}{\gamma_C} \approx \frac{-4\gamma_C + \gamma_C}{\gamma_C} = -3$$

$$C_2:\quad \frac{\Delta n_H + \Delta n_C}{\Delta n_C} = \frac{\gamma_H + \gamma_C}{\gamma_C} \approx \frac{4\gamma_C + \gamma_C}{\gamma_C} = 5$$

上分析说明，通过 SPI 实验，实现了极化转移，其结果 $^1H$ 核的玻耳兹曼分布有利转给了 $^{13}C$ 核，使 $^{13}C$ 核的信号增强（绝对值）。

对于 $CH_n$ 系统，SPI 使 $^{13}C$ 谱线增强的情况如图 1-10 所示。SPI 实验脉冲序列如图 1-11 所示。

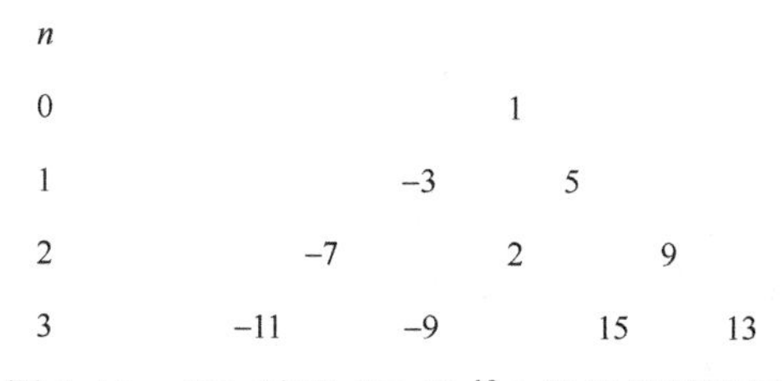


图 1-10　$CH_n$ 系统 SPI 使 $^{13}C$ 谱线增强情况

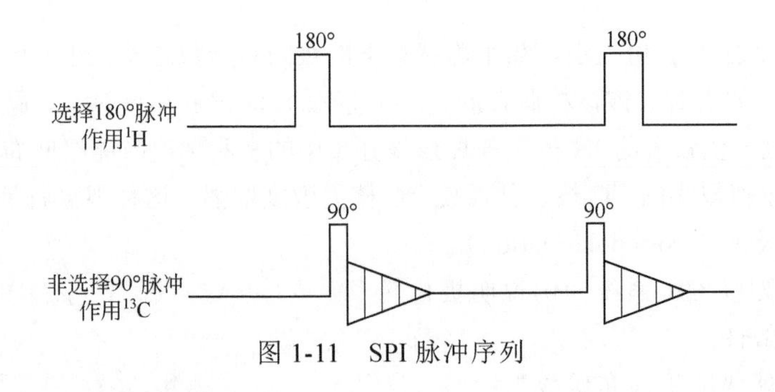


图 1-11　SPI 脉冲序列

## 1.3.3　相干和相干转移

如前所述，极化通常指不同能级间布居数之差，可用 $M_Z$ 表示。即 $M_Z>0$ 或 $M_Z<0$，也即 $M_Z \neq 0$ 时的量，表示强度概念。因此，极化总与纵向磁化强度矢量相联系。加上 90°脉冲后，使自旋布居数平均分布，即产生零极化 $M_Z = 0$。90°脉冲后的自旋系统并非处于饱和状态，此时虽然不存在极化量，但产生了横向磁化或相位的有序，称之为相干（coherence），即 $M_Z = 0$ 时的量，表示相干概念。因此，相干总与横向磁化强度矢量相联系。

严格地说，相干指的是描述自旋系统状态的波函数之间关系的一种物理量，它不仅包括$|\Delta m| = 1$（$\Delta m$ 表示系统的总磁量子数）状态之间的关系，还包括$|\Delta m| = 0$、$|\Delta m| = 2$ 等状态之间的关系。

相干有两个共同的特点。一是可以像极化一样地通过射频脉冲的作用加以转移；二是就其本性来说，它是振荡的，它包含着特征频率信息。

二维谱中的相干转移（coherence transfer）是在混合期（见 1.4 节）中完成的。在发展期（见 1.4 节）中先对核进行标记，然后把在 $t_1$ 期间的相干通过 $J$ 偶合等作用转移给与其有关的另一相干，以供 $t_2$ 期间检测。相干转移时，与极化转移有所不同，通常用非选择性 180°脉冲来作用。

相干转移是 PFT-NMR 中经常遇到的物理量，在二维谱中，例如二维化学位移相关谱应用更为广泛。另外，如各种双量子和多量子相干谱等都由相干转移赋予了许多新内容，成为二维谱中重要的实验。

## 1.3.4　自旋锁定

早期，自旋锁定（spin locking）实验主要应用于弛豫时间 $T_{1\rho}$ 的测量。由于在核磁共振碳谱中，$T_{1\rho}$ 用得不多，所以一般碳谱书中没有过多涉及自旋锁定和 $T_{1\rho}$ 的概念。在核磁共振二维谱中，如 ROESY、TOCSY 均涉及自旋锁定的概念，因此，有必要对自旋锁定作一个较深入的讨论。

自旋锁定的脉冲序列如图 1-12 所示。图 1-13 表示孤立自旋系统的磁化强度矢量在自旋锁定实验中的变化。在 a 点，系统处于平衡状态，其磁化强度矢量沿着 $Z'$ 轴。$90°_{X'}$ 脉冲后，磁化强度矢量沿 $Y'$ 轴（b 点）。此时立即把射频场从 $X'$ 轴移到 $Y'$ 轴，且使它延续一段时间间隔，由于此时磁化强度矢量方向与射频场一致，它们之间的力矩为零，磁化强度矢量只能一直沿着 $Y'$ 轴，不能再改变方向，因此，叫做自旋锁定。但是，弛豫过程总是要发生的，从 b 点顺次到 c、d、e 点，磁化强度矢量逐渐递减，即可测出弛豫时间，此时测定的弛豫时间称为 $T_{1\rho}$，表示在旋转坐标系中。

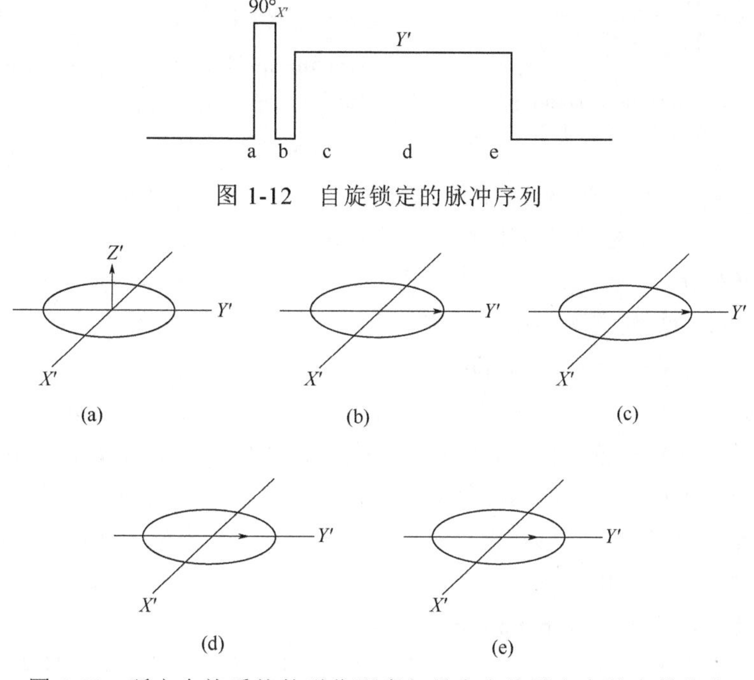


图 1-12 自旋锁定的脉冲序列

图 1-13 孤立自旋系统的磁化强度矢量在自旋锁定实验中的变化

当应用自旋锁定于二旋系统时，此时两个沿 $Y'$ 轴的磁化强度矢量之间的偶极-偶极作用（dipole-dipole interaction）构成在旋转坐标系中的 NOE，称为 ROE（rotating frame overhauser effect）。由 ROE 产生的二维谱叫做 ROESY，将在第 4 章讨论。

## 1.3.5 等频混合

（1）Hartmann-Hahn 匹配

相互偶合核之间通过交叉极化产生的 Hartmann-Hahn 跃迁，以往一直在固体 NMR 测定中用来提高 $^{13}C$、$^{15}N$ 等核的检测灵敏度。Hartmann-Hahn 跃迁采用的脉冲序列如图 1-14 所示。

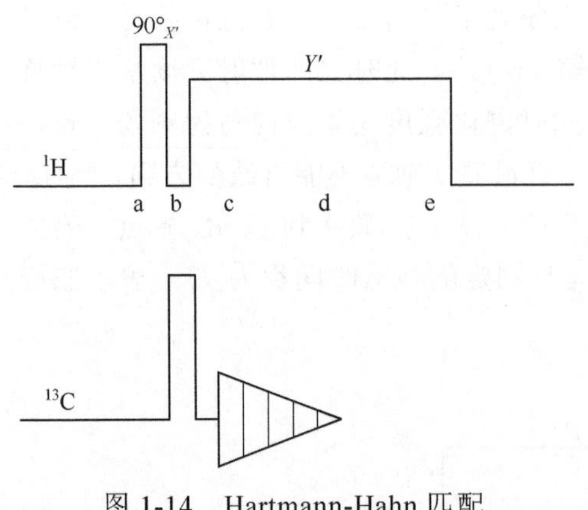


图 1-14 Hartmann-Hahn 匹配实验脉冲序列

由图 1-14 可知，当 $^1$H 核的磁化强度矢量锁定在 $Y'$轴上时，在锁定的一刻，将 $^{13}$C 核的通道接通，调节 $^1$H 核通道和 $^{13}$C 核通道的射频场，使得

$$\gamma_H H_{1H} = \gamma_C H_{1C}$$

式中，$\gamma_H$ 和 $\gamma_C$ 分别为 $^1$H 核和 $^{13}$C 核的旋磁比，$H_{1H}$ 和 $H_{1C}$ 分别为 $^1$H 核通道和 $^{13}$C 核通道的射频场，此式称为 Hartmann-Hahn 匹配条件。在此条件下，$^1$H 核和 $^{13}$C 核各自绕着自己的 $H_1$ 以相同的角速度进动，互相感受对方产生的振荡场的影响，$^1$H 核和 $^{13}$C 核相互交换能量，称为它们之间有“接触”（contact）。接触之后，$^{13}$C 核信号增强，$^1$H 核信号相对减弱，这就是 1.3.2 节讲的极化转移，或者叫交叉极化。

（2）同核系统的交叉极化

上面介绍了在 Hartmann-Hahn 匹配条件下，异核之间发生了交叉极化。Davis D G 和 Bax AD 首先明确指出同核系统也可以通过 Hartmann-Hahn 匹配而进行交叉极化。虽然同核系统（如 $^1$H 核）的旋磁比 $\gamma_H$ 相同，射频场 $H_{1H}$ 也相同，事实上，不同基团上的 $^1$H 有不同的化学位移，可以认为有不同的 $\gamma_H$，则射频场 $H_{1H}$ 也不同。同样可以调节不同化学位移的 $^1$H 核射频场，满足 Hartmann-Hahn 匹配条件，而进行交叉极化。

（3）等频混合（isotropic mixing）

设 $\nu_0$ 为旋转坐标系相对实验室坐标系的旋转频率，$\nu_i$ 为不同 $^1$H 核的共振频率，则 $\Delta\nu_i = \nu_i - \nu_0$ 为不同核的偏置（offset）。当采用强的自旋锁定场时，$\Delta\nu_i$ 的差别已远远小于偶合作用的影响，形成一个强的偶合系统。即化学位移的作用暂时被“移去”，称为“等频混合”。此时各个 $^1$H 核的磁化强度矢量能通过各个偶合常数充分地相互影响。氢-氢总相关谱（见 3.4 节）就是根据等频混合而产生的。

## 1.3.6 多量子跃迁

不满足选择定则 $|\Delta m| = 1$ 的跃迁（$\Delta m$ 为体系的总磁量子数变化）称为多量子跃迁（multiple quantum transition）。按照 $|\Delta m|$ 量的多少，称为 $n$ 量子跃迁，而不管体系究竟包含几个跃迁。例如，$\alpha\beta \rightarrow \beta\alpha$ 实际包含 2 个跃迁，即一个核的上跃和另一个核的下跃，由于$|\Delta m| = 0$，称为零量子跃迁。再如，$\alpha\beta\beta\beta \rightarrow \beta\alpha\alpha\alpha$ 实际

上包含 4 个跃迁，由于 $|\Delta m| = 2$，故称为双量子跃迁。

在 CW-NMR 中，曾有人用很强的射频场使能级间产生混合，观测到了多量子跃迁。在 FT-NMR 实验中却不能直接观测它。一般说来，只要脉冲加在处于非平衡状态的自旋系统上，都要产生多量子跃迁。也就是说，产生多量子跃迁的方法很多，大致可分成三类：①完全用选择性脉冲；②用选择性脉冲和非选择性脉冲的组合；③完全用非选择性脉冲。目前用得最多的是第 3 种。产生的多量子跃迁一般不能直接观测到，只有在它产生后再让它以其进动频率进动一段时间 $t_1$ 后，再加 90°脉冲，使其变回到可观察的单量子跃迁才能检测到。

# 1.4　核磁共振二维谱的实验时间分段

核磁共振二维谱可以用概念上不同的三类实验获得它：①频率域二维实验；②时间、频率域混合二维实验；③时间域二维实验。这里所指的核磁共振二维谱是专指时间域的二维实验。时间域二维实验的最关键问题是如何得到彼此独立的两个时间变量。为此，必须把时间变量进行适当的分割，分割开来的两段时间进行独立的变化。一般的核磁共振二维谱的实验时间分段如图 1-15 所示，图中 æ$^{(1)}$和 æ$^{(2)}$为 Hamilton 算符。

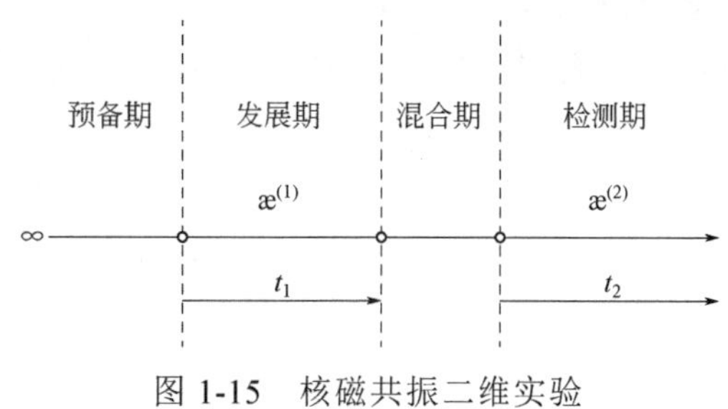


图 1-15　核磁共振二维实验时间分段

## 1.4.1　预备期

$t<0$ 时为预备期（preparation period）。这部分通常由较长的延迟时间 $T_d$ 和激发脉冲组成，延迟时间的作用是等待核自旋系统到达热平衡。接下去是一个或多个射频脉冲以便产生一个非平衡态，从而产生所需要的单量子或多量子相干，其中可能涉及饱和、相干或极化转移和各种激发技术。

## 1.4.2　发展期

$0<t<t_1$ 时为发展期（evolution period），也称为演化期。在这期间使产生的非平衡态在 Hamilton 量 æ$^{(1)}$作用下演化。此时需要控制磁化强度矢量的运动。例如，在预备期施加 90°脉冲使磁化强度矢量倒向 $X'Y'$平面，在发展期，根据各种不同化学环境中核的不同进动频率，对它们的横向磁化强度矢量作出标识，以便于在检测期中检测信号，采样累加。发展期的时间 $t_1$ 是变化的，因此，$t_1$ 就是新引入的第二个时间变量。

### 1.4.3　混合期

$t_1 < t < t_1+\tau$（或$\Delta$）时为混合期（mixing period）。只有在二维相关谱（见 1.5.2 节）中才有混合期存在。通常，它由一组固定长度的脉冲和脉冲延迟组成，在这期间，通过相干或极化等转移建立检测的条件，以便在检测期中检测各种相关谱的相应信号。

### 1.4.4　检测期

$t > t_1+\tau$（或$\Delta$）时为检测期（detection period）。检测期是把发展期和混合期产生的信息记录下来。发展期中的演化反映在对检测期起始条件的某种调制，只要发展期之末自旋系统的特性随发展期的改变作周期性的变化，连续改变发展期的 $t_1$ 就可追踪发展期的行为，在检测期受 $æ^{(2)}$作用，为检测期所检测。如果有混合期，混合期产生的横向磁化在检测期内受 $æ^{(2)}$的作用进行演化，其信息最后也被检测出来。

核磁共振二维谱中，与 $t_2$ 对应的 $\omega_2$（或 $F_2$）轴是通常的频率轴，与 $t_1$ 对应的 $\omega_1$（或 $F_1$）轴则决定于发展期是何过程。图 1-16 为核磁共振二维实验和核磁

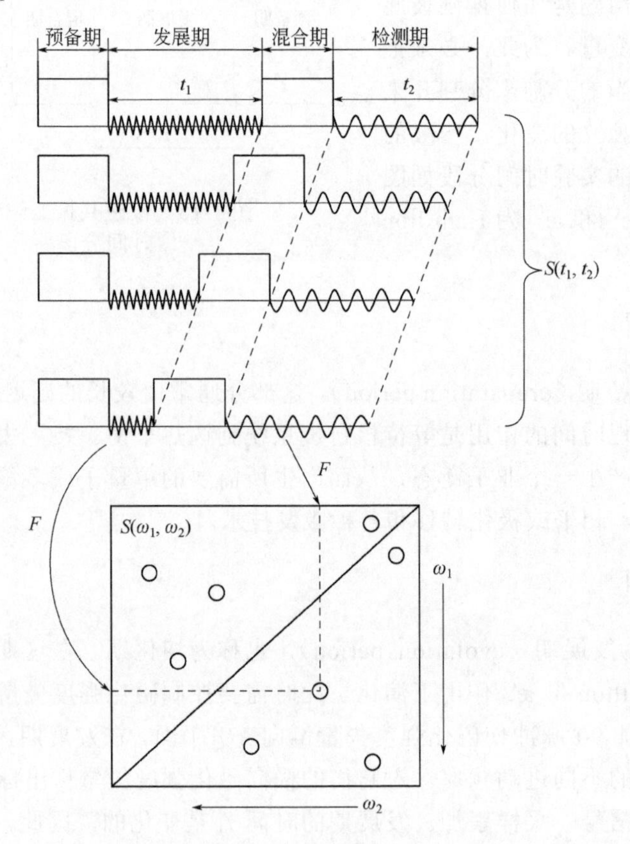


图 1-16　核磁共振二维实验和核磁共振二维谱的关系

共振二维谱关系图，可以清楚地看到，一般核磁共振二维实验由预备期、发展期、混合期和检测期组成，发展期时间在 $t_1$ 实验中系统地变化，得到信息 $S(t_1, t_2)$，经二维傅里叶变换后产生二维谱 $S(\omega_1, \omega_2)$。

# 1.5 核磁共振二维谱的基本类型

根据发展期和检测期之间是否存在混合期，核磁共振二维谱通常可分为两大类，即无混合期的核磁共振二维谱——二维分解谱（2D resolved spectroscopy）和有混合期的核磁共振二维谱——二维相关谱（2D correlation spectroscopy）。核磁共振二维分解谱实验不需要相干或极化转移过程，所以不必设混合期，这是它与二维相关谱的主要区别。

## 1.5.1 二维分解谱

无混合期的核磁共振二维谱叫二维分解谱。由于无混合期，不存在不同核之间相干或极化等转移。因此，与核磁共振一维谱相比，这种核磁共振二维谱不增加信息量，仅仅把核磁共振一维谱的信号按一定规律在二维空间内展开，使原来重叠的谱线被扩展分离，达到图谱简化的目的，从而获得原来无法或难以得到的偶合常数和化学位移的信息。这种图谱对于结构复杂的天然产物（如萜类、甾体、糖类等），由于其一维谱谱线过分拥挤，无法辨认其细节，但是，其二维分解谱可提供清晰图谱，对其结构测定十分有用。

最常见的二维分解谱有同核二维 *J* 分解谱和异核二维 *J* 分解谱。

## 1.5.2 二维相关谱

有混合期的核磁共振二维谱叫二维相关谱。由于混合期的存在，不同核之间发生相干或极化等转移，因此，二维相关谱比一维谱要复杂，信息量也增加。

根据混合期中不同核之间的相干或极化等转移起因不同，二维相关谱主要分为基于偶合的相干转移或极化转移和基于动力学过程的交换转移。在 NMR 中有两种偶合，即标量偶合（scalar coupling，*J* 偶合或间接偶合）和偶极-偶极偶合（dipolar-dipolar coupling，*D* 偶合或直接偶合）。*J* 偶合是通过原子核间化学键电子传递而发生的偶合，*D* 偶合是不需要通过什么介质的传递而发生的偶合。利用上述两种作用，便分别发展了相干和极化转移技术。由相干转移得到的相关谱叫二维标量相关谱（2D scalar correlation spectroscopy），如二维化学位移相关谱（2D chemical shift correlation spectroscopy）和二维多量子相关谱（2D multiple quantum correlation spectroscopy）；由极化转移得到的相关谱叫二维偶极相关谱（2D dipolar correlation spectroscopy），如二维 NOE 谱（2D nuclear overhauser effect spectroscopy）。

另外，由化学交换转移得到的相关谱叫二维化学交换谱（2D exchange spectroscopy）。

上述各类二维相关谱又包含许多种二维相关谱，后面章节将详述，这里不再赘述。

# 1.6　核磁共振二维谱的图形

## 1.6.1　核磁共振二维谱的图形表示

（1）堆积图（stacked trace plot）

堆积图［以化合物 **1-1** 为例，见图 1-17（a）］[5]由很多条“一维”谱线紧密排列构成，类似于翻转恢复法测 $T_1$ 的线簇。堆积图是准三维表示，2 个频率变量表示二维，信号强度为第三维。堆积图的优点是直观，有立体感。缺点是吸收峰多时难以辨认，小峰容易被大峰淹没，作图耗时较长。

（2）等高线图（contour plot）

等高线图［以化合物 **1-1** 为例，见图 1-17（b）］[5]类似于等高线地图。最中心的圆圈表示峰的位置，圆圈的数目表示峰的强度。最外层圆圈表示信号的某一强度 *C*，其内的第二、第三、第四层等圆圈分别表示强度为 2*C*、4*C*、8*C* 等。等高线图的优点是易找出峰的共振频率，作图快。缺点是低强度的峰可能画漏，强共振峰的最低等高线占据很大面积，容易使处在这个面积内的其他低强度峰模糊不清，或者由于两峰之间的干涉而产生小的伪峰（artefact）。目前，在核磁共振二维谱中最普遍使用的是等高线图。

（3）断面图（cross section）

断面图［以化合物 **1-1** 为例，见图 1-17（c）］[5]也叫剖面图或截面图，是某一频率的堆积图的断面，可得到频率、振幅和线形的定量数据。一般同核二维 *J* 分解谱常用，可从断面图中观察某一频率谱线的偶合分裂情况。

（4）投影图（projection）

在同核二维 *J* 分解谱、同核二维化学位移相关谱和二维多量子相关谱中，如对垂直于投影轴的剖面上的信号强度进行积分，就得到二维谱的投影图［见图 1-22（b）］。投影图不仅可以准确读出化学位移，而且可以准确读出峰的强度数据。

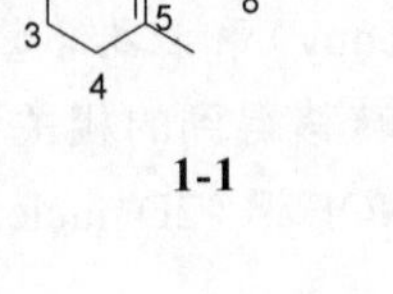

**1-1**

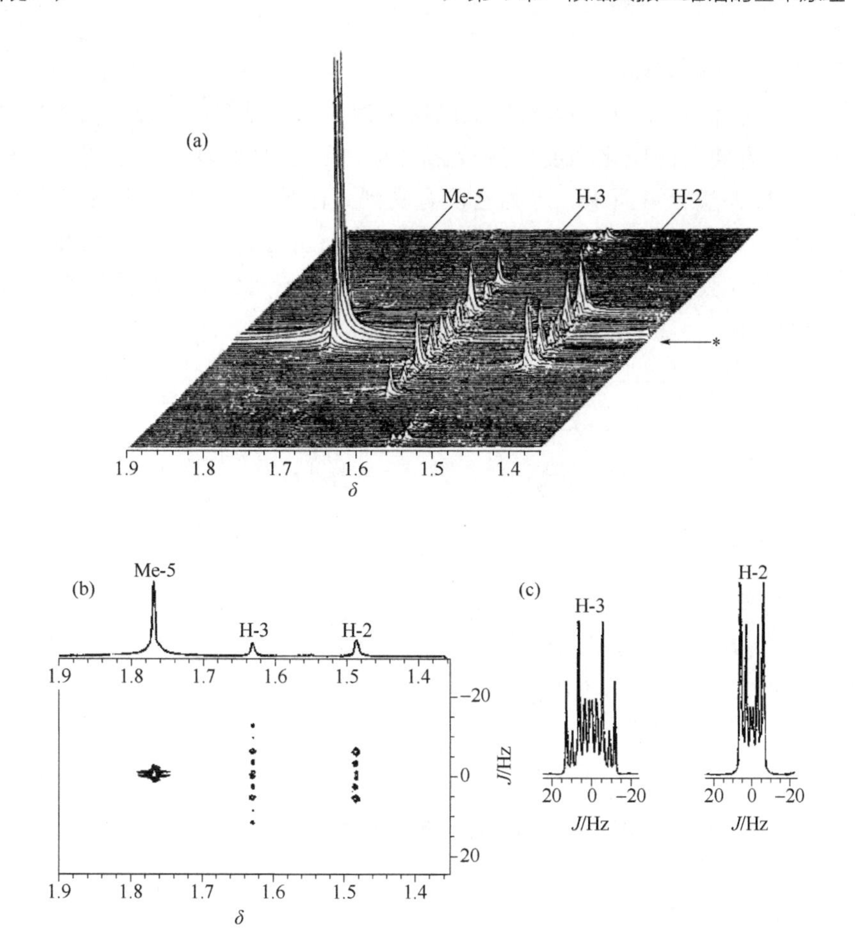


图 1-17 堆积图（a）、等高线图（b）和断面图（c）的图谱示例（$CDCl_3$，360MHz）

## 1.6.2 核磁共振二维谱的共振峰类型

下面介绍的主要是核磁共振二维谱等高线图的几种共振峰类型。

（1）对角峰（diagonal peak）

位于对角线上（即 $\omega_1 = \omega_2$）的共振峰称为对角峰（见图 1-18），也叫自峰（auto peak）。意味着磁化强度矢量在发展期和在检测期时的进动频率相同，而且在混合期没有发生相干或极化等转移。对角峰在 $\omega_1$ 或 $\omega_2$ 轴上的投影就是常规的偶合谱或去偶谱。

（2）交叉峰（cross peak）

不在对角线上（即 $\omega_1 \neq \omega_2$）的共振峰称为交叉峰（见图 1-18），也叫相关峰（correlation peak）。表明磁化强度矢量在发展期的进动频率不等于在检测期的进动频率，也表明在混合期中有相干或极化等转移发生。从峰间的位置关系可以判定哪些峰之间有偶合关系或其他相关关系。

（3）轴峰（axial peak）

出现在 $\omega_2$ 轴（$\omega_1=0$，$\omega_2\neq0$）上的峰称为轴峰（见图 1-18）。轴峰是由发展期中在 $Z'$ 轴方向上的磁化强度矢量转化成为检测期中 $Y'$ 轴方向上的可观测到的横向磁化强度矢量分量而来。因为它没有受到 $t_1$ 函数的调制，所以不含任何偶合信息或其他相关信息，但包含发展期中纵向弛豫过程的信息。由于轴峰的信号很强，尾部又长，使谱中许多有用的小信号被淹没而不能分辨，因此，总是想办法抑制轴峰的存在。

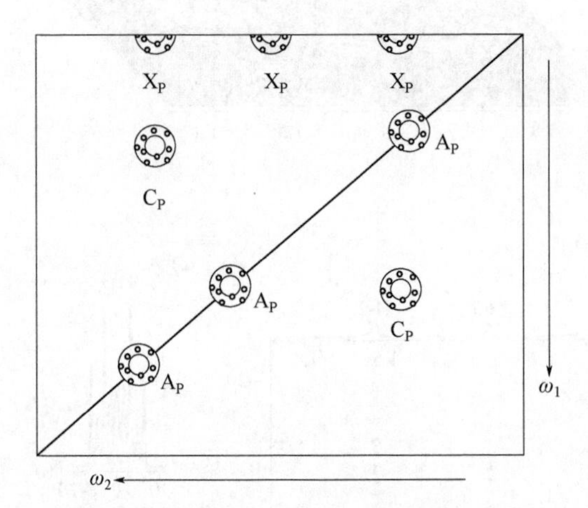


图 1-18 核磁共振二维谱中峰位置的命名

$A_P$—自峰；$C_P$—交叉峰；$X_P$—轴峰

# 第2章 二维分解谱

## 2.1 同核二维 H-H $J$ 分解谱

### 2.1.1 同核二维 H-H $J$ 分解谱的脉冲序列分析

同核二维 H-H $J$ 分解谱（homonuclear 2D H-H $J$ resolved spectroscopy）的脉冲序列如图 1-19 所示。实际上这是一个自旋回波脉冲序列。按照 1.3.1 节（1）同核 AX 偶合系统的讨论，设其中一氢核的横向磁化强度矢量分别为 $\boldsymbol{M}_{H_1}$ 和 $\boldsymbol{M}_{H_2}$，与 $Y'$轴构成的夹角分别为 $\Phi_{H_1}$ 和 $\Phi_{H_2}$，对应的核磁共振信号强度分别为 $I_{H_1}$ 和 $I_{H_2}$，则在第二个 $t_1/2$ 的终点时：

$$\Phi_{H_1} = \pi - \pi J t_1$$

$$\Phi_{H_2} = \pi + \pi J t_1$$

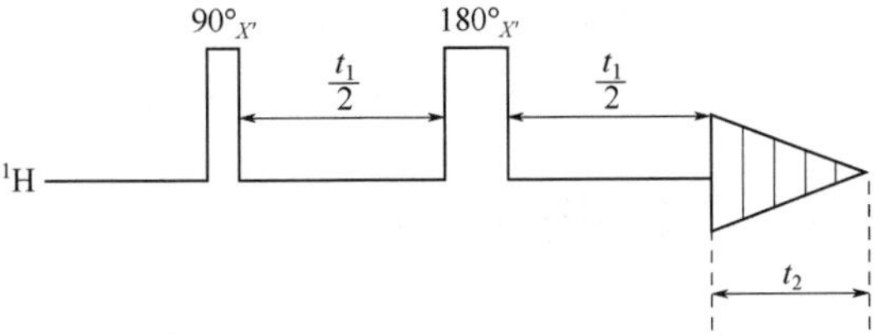

图 1-19　同核二维 H-H $J$ 分解谱脉冲序列

由于在 $t_2$ 开始之后，$\boldsymbol{M}_{H_1}$ 和 $\boldsymbol{M}_{H_2}$ 在 $X'Y'$平面上转动的角速度不再改变，所以在 $t_2$ 终点时：

$$\Phi_{H_1} = (\pi - \pi J t_1) + 2\pi(\nu_H - J/2)t_2$$

$$\Phi_{H_2} = (\pi + \pi J t_1) + 2\pi(\nu_H + J/2)t_2$$

亦即

$$I_{H_1} \propto e^{i(\pi - \pi J t_1)} e^{i(2\pi\nu_H - \pi J)t_2}$$

$$I_{H_2} \propto e^{i(\pi + \pi J t_1)} e^{i(2\pi\nu_H + \pi J)t_2}$$

另一氢核的处理与上述完全相同，

故有 $I'_{H_1} \propto e^{i(\pi-\pi J t_1)} e^{i(2\pi\nu'_H-\pi J)t_2}$

$$I'_{H_2} \propto e^{i(\pi+\pi J t_1)} e^{i(2\pi\nu'_H+\pi J)t_2}$$

以上4个式子经两次傅里叶变换得到图1-20，经计算机处理得到图1-21，这就是同核二维H-H $J$分解谱，$\omega_2$方向显示的是化学位移，$\omega_1$方向显示的是偶合常数值及峰的分裂情况。

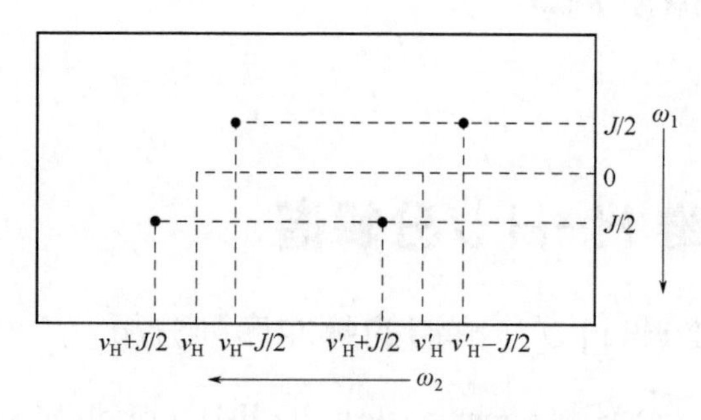


图1-20 同核H-H系统$J$分解谱分析图

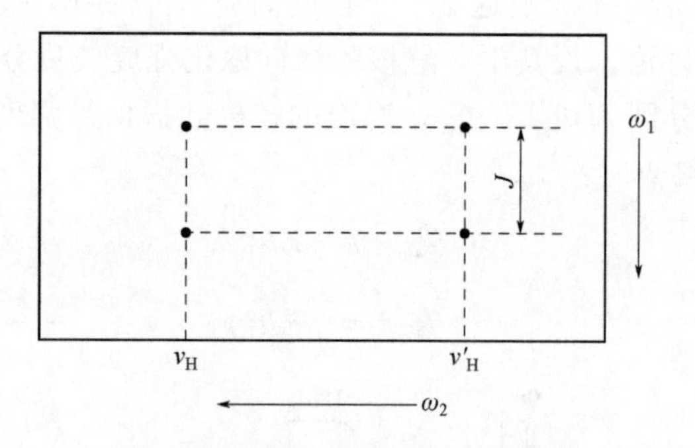


图1-21 同核二维H-H $J$分解谱

### 2.1.2 同核二维H-H J分解谱的特点

同核二维H-H $J$分解谱是最早开发的二维核磁共振技术之一，是把化学位移（$\delta$）和偶合常数（$J$）以二维坐标方式分开的图谱。堆积图、等高线图、断面图和投影图四种图形表示法均被利用，如图1-17和图1-22。同核二维H-H $J$分解谱不增加信息量，但对于许多具有复杂质子自旋偶合系统的化合物，偶合分裂相互重叠不易解析，利用此技术，可将这些重叠的信号分离开，从而使各质子的化学位移和偶合分裂得到较好的解析。

**例1-1** D-蔗糖的二维H-H $J$分解谱

图1-22（a）为D-蔗糖（D-sucrose，**1-2**）的一维氢谱。图1-22（b）为D-蔗

糖的二维 H-H $J$ 分解谱的投影图，可以准确地读出各氢峰的化学位移。图 1-22（c）为 D-蔗糖的二维 H-H $J$ 分解谱的等高线图，可以清楚地看到 $F_{4'}$-H、$G_3$-H、$G_4$-H 均为四重峰，而在图 1-22（a）的一维谱中则表现为三重峰。

**1-2**

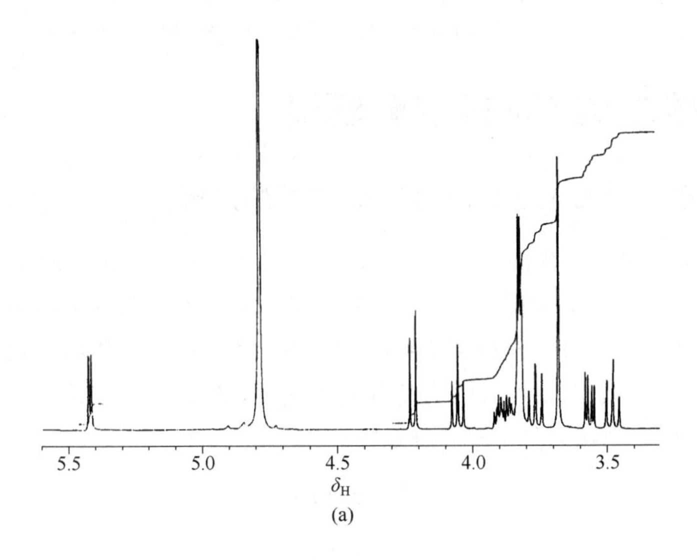


(a)

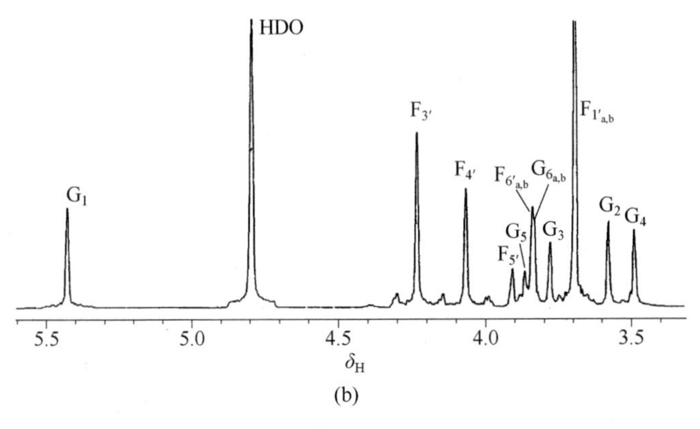


(b)

图 1-22

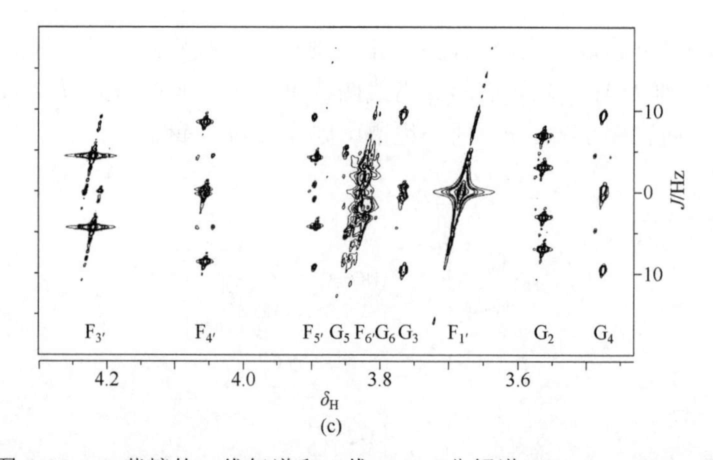


图 1-22 D-蔗糖的一维氢谱和二维 H-H $J$ 分解谱（$D_2O$，400MHz）

（a）一维氢谱；（b）二维 H-H $J$ 分解谱投影图；（c）二维 H-H $J$ 分解谱等高线图

# 2.2 异核二维 C-H $J$ 分解谱

## 2.2.1 异核二维 C-H $J$ 分解谱的脉冲序列分析

异核二维 C-H $J$ 分解谱（heteronuclear 2D C-H $J$ resolved spectroscopy）的脉冲序列如图 1-23 所示，实际上和图 1-6 所示的异核偶合系统 $J$ 调制脉冲序列完全一样。按照 1.3.1 节（1）异核 AX 系统的讨论，设 $^{13}C$ 核的横向磁化强度矢量分别为 $\boldsymbol{M}_{C_1}$ 和 $\boldsymbol{M}_{C_2}$，与 $Y'$ 轴构成的夹角分别为 $\Phi_{C_1}$ 和 $\Phi_{C_2}$，对应的核磁共振信号强度分别为 $I_{C_1}$ 和 $I_{C_2}$，则在第二个 $t_1/2$ 终点时：

$$\Phi_{C_1} = \pi - \pi J t_1$$

$$\Phi_{C_2} = \pi + \pi J t_1$$

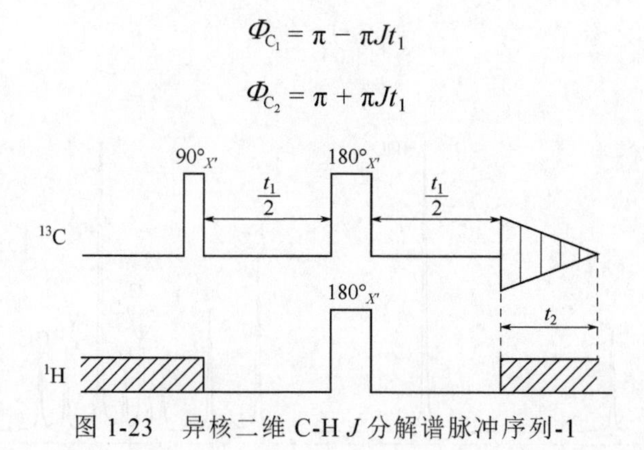


图 1-23 异核二维 C-H $J$ 分解谱脉冲序列-1

在 $t_2$ 开始后，与同核二维 $J$ 谱不同，由于去偶，$\boldsymbol{M}_{C_1}$ 和 $\boldsymbol{M}_{C_2}$ 在 $X'Y'$ 平面上转动的角速度不但不再改变，而且相同，都是 $2\pi\nu_C$，所以在 $t_2$ 终点时：

$$\Phi_{C_1} = (\pi - \pi J t_1) + 2\pi\nu_C t_2$$

$$\Phi_{C_2} = (\pi + \pi J t_1) + 2\pi \nu_C t_2$$

亦即

$$I_{C_1} \propto e^{i(\pi-\pi J t_1)} e^{i 2\pi \nu_C t_2}$$

$$I_{C_2} \propto e^{i(\pi+\pi J t_1)} e^{i 2\pi \nu_C t_2}$$

对上面二式进行两次傅里叶变换得到图 1-24，与同核二维 $J$ 谱相似，$\omega_2$ 方向显示化学位移，$\omega_1$ 方向显示偶合常数及峰的分裂情况。

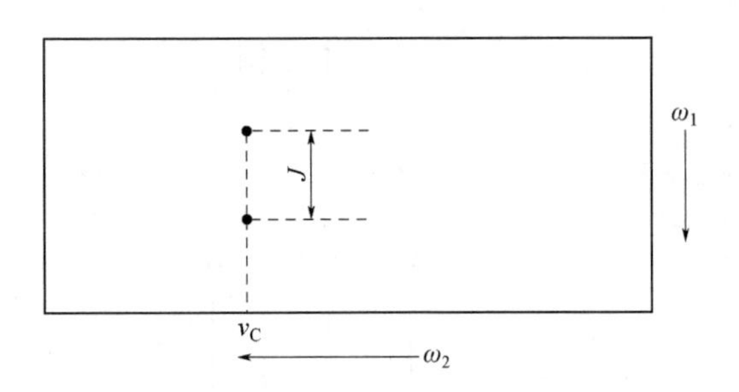


图 1-24 异核二维 C-H $J$ 分解谱

实际上通常用的异核二维 C-H $J$ 分解谱的脉冲序列如图 1-25 所示，所得到的结果与上述一样。但是，需要注意的是，利用该脉冲序列得到的 C-H 偶合分裂为 $J/2$。

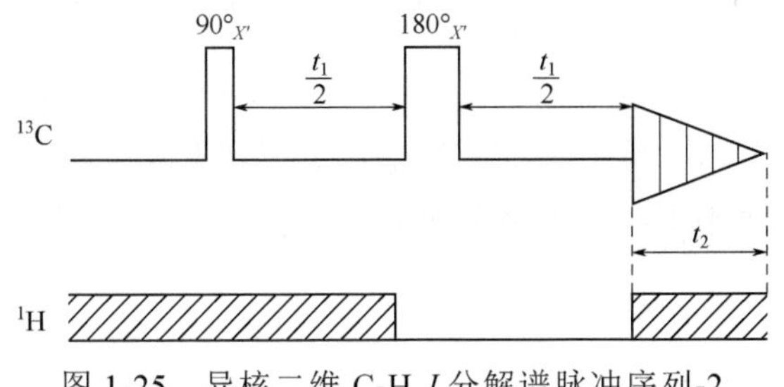


图 1-25 异核二维 C-H $J$ 分解谱脉冲序列-2

## 2.2.2 异核二维 C-H $J$ 分解谱的特点

一维不去偶碳谱，由于 C-H 偶合常数较大，所以多重峰交叠，不易辨认。因此，对于测定复杂结构化合物的不去偶碳谱的 $J_{CH}$ 值，异核二维 C-H $J$ 分解谱是最佳选择，它可以将多重峰的偶合信息和化学位移完全分离，并可得到所有的 $J_{CH}$ 值。

**例 1-2** D-蔗糖的二维 C-H $J$ 分解谱

图 1-26 为 D-蔗糖（**1-2**）的二维 C-H $J$ 分解谱。其中，下图为其碳谱，12 条碳峰全能看到。上图为其二维 C-H $J$ 分解谱，可以清楚地看到每个碳与其相连氢的偶合分裂情况，C-H 偶合常数也可以得到。

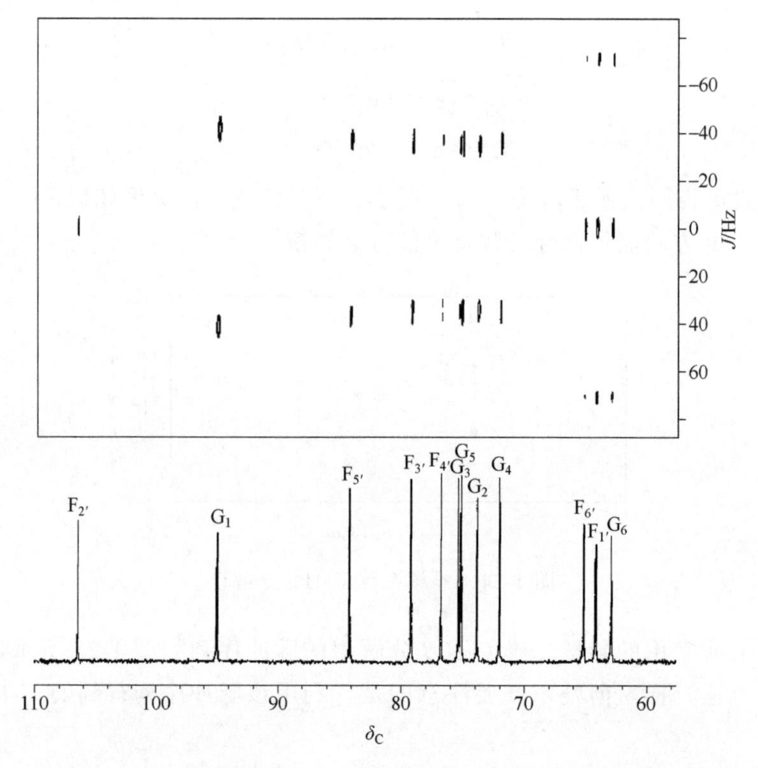


图 1-26　D-蔗糖的二维 C-H $J$ 分解谱（$D_2O$，100MHz/H）

除上述检测直接相连碳氢偶合的异核二维 C-H $J$ 分解谱外，还有检测远程碳氢偶合常数的远程异核二维 C-H $J$ 分解谱，更有利于碳谱信号的归属；但目前在化学结构研究中应用不多，本节不做介绍。

# 第 3 章

# 二维化学位移相关谱

二维化学位移相关谱是应用最广泛同时也是发展很成熟的二维谱，它和二维多量子跃迁谱一起，在指认偶合核相关方面起着重要作用。二维化学位移相关谱是通过核间的 $J$ 偶合作用转移而得到的。根据偶合核的类型和转移的方式不同，二维化学位移相关谱又具体分为：同核化学位移相关谱（homonuclear chemical shift correlation spectroscopy）、异核化学位移相关谱（heteronuclear chemical shift correlation spectroscopy）、远程偶合相关谱（long range correlation spectroscopy）等，下面分别详述。

## 3.1 氢-氢相关谱

氢-氢相关谱（H-H chemical shift correlation spectroscopy，H-H COSY）是应用最广泛和最早的一种核磁共振二维谱，谱中二维坐标都表示质子化学位移。所谓氢-氢相关就是指同一自旋偶合系统里质子之间的偶合相关，这种方法把复杂的自旋系统中有关自旋偶合的信息用二维谱的形式绘制了出来。因此，若从某一确定的质子着手分析，依次就可对其自旋系统中各质子的化学位移进行精确归属，较传统的双照射实验具有更多的优越性。

氢-氢相关谱的脉冲序列如图 1-27 所示。第一个 90°脉冲为准备脉冲，可产生所有允许跃迁（$|\Delta m|=1$）的横向磁化，即倒向 $X'Y'$平面。$t_1$ 为发展期，在发展期中，处在 $X'Y'$平面上的各自旋核的横向磁化强度矢量将因偶合而分裂，并以自己的共振频率进行进动。第二个 90°脉冲为混合脉冲（即混合期），在此脉冲作用下，上述被观察的偶合核间进行磁化量的交换，即相干转移，从而对偶合相关信息进行了“标记”。$t_2$ 为检测期，检测后，对 $t_1$ 和 $t_2$ 进行傅里叶变换，结果在 $\omega_1 = \omega_2$ 的对角线上就可找到同一维谱相对应的共振信号。同时由于自旋偶合的结果，在与对角线成直

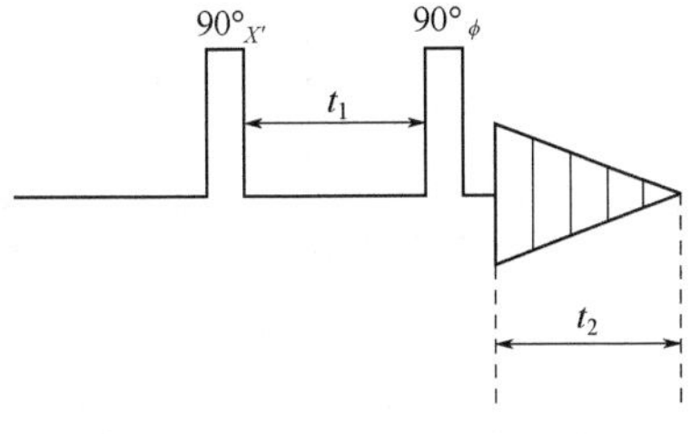

图 1-27 氢-氢相关谱脉冲序列

角的交叉线上可观测到核之间的交叉峰，表明核之间的偶合关系。

**例 1-3** feshurin 中 7-羟基香豆素结构单元的氢-氢相关谱[6,7]

feshurin (**1-3**)

图 1-28 为自臭阿魏（*Ferula teterrima* Kar.et Kir）的根部分离鉴定的倍半萜香豆素 feshurin（**1-3**）的 7-羟基香豆素结构单元的 H-H COSY，是一个较简单的氢-氢相关谱。图中对角线上的五个点［（1）、（2）、（3）、（4）、（5）］分别为横轴和纵轴上的相应五组峰的交叉点，a 和 a′、b 和 b′、c 和 c′分别为相互偶合的两组峰的交叉峰，分别相对于对角线为相互对称的两点。feshurin H-H COSY 数据见表 1-1。

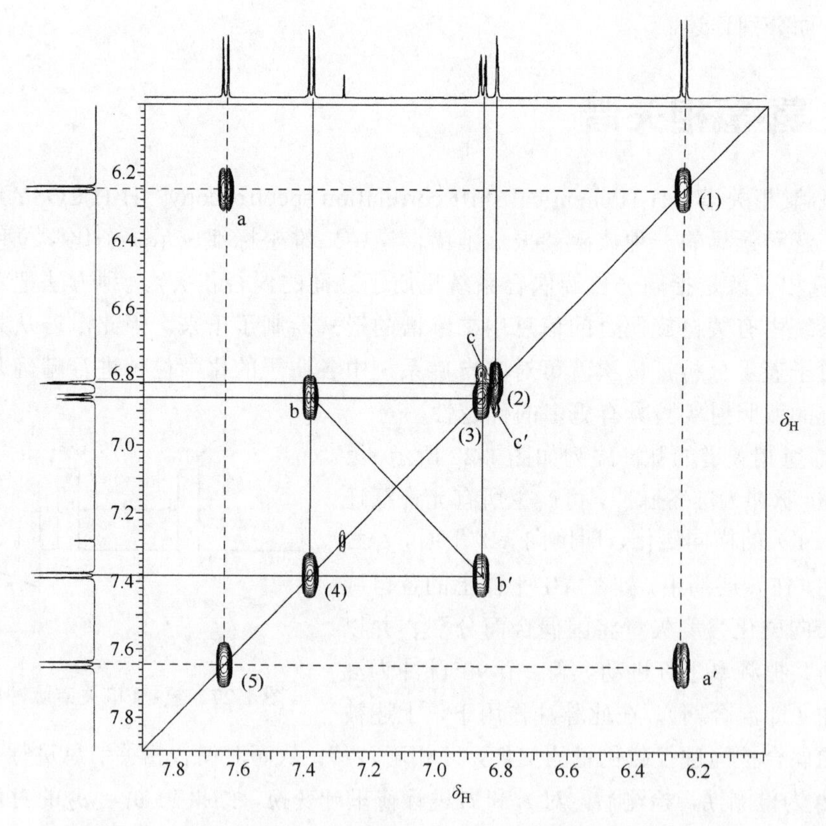


图 1-28 feshurin 中 7-羟基香豆素结构单元的 H-H COSY 谱

表 1-1　feshurin 的 $^{1}$H NMR 数据（$CDCl_3$，500MHz）

| H | $\delta_H$ | $J$/Hz | H-H COSY($\delta_H$/$\delta_H$) | NOESY |
|---|---|---|---|---|
| 3 | 6.25d | 9.5 | 7.64(H-4) | |
| 4 | 7.64d | 9.5 | 6.25(H-3) | |
| 5 | 7.36d | 9.0 | 6.88(H-6) | |
| 6 | 6.88dd | 9.0, 2.5 | 7.36(H-5), 6.83(H-8) | |
| 8 | 6.83d | 2.5 | 6.88(H-6) | |
| 1′a | 1.47dt | 13.0, 3.5 | | |
| 1′b | 1.69dt | 13.0, 3.5 | | 1.88(H-9′) |
| 2′a | 约 1.61m | | | |
| 2′b | 约 1.96m | | | |
| 3′ | 3.45brs | | | |
| 5′ | 1.54brd | 12.0 | | 1.88(H-9′) |
| 6′a | 1.37m | | | 0.86(H-13′), 0.96(H-15′) |
| 6′b | 约 1.61m | | | |
| 7′a | 约 1.61m | | | |
| 7′b | 约 1.96m | | | |
| 9′ | 1.88brt | 5.0 | | 1.54(H-5′), 1.69(H-1′b) |
| 11′a | 4.39dd | 9.5, 5.0 | | |
| 11′b | 4.20dd | 9.5, 5.0 | | |
| 12′ | 1.25s | | | 0.96(H-15′) |
| 13′ | 0.86s | | | 0.96(H-15′), 1.00(H-14′), 1.37(H-6′a) |
| 14′ | 1.00s | | | 0.86(H-13′) |
| 15′ | 0.96s | | | 0.86(H-13′), 1.25(H-12′), 1.37(H-6′a) |

**例 1-4**　槲皮素-3-*O*-吡喃鼠李糖基呋喃阿拉伯糖苷的 H-H COSY 谱[8]

图 1-29 为槲皮素-3-*O*-吡喃鼠李糖基呋喃阿拉伯糖苷（**1-4**）中 2 个糖基上有关氢的 H-H COSY 谱。(a) 图为 $\delta_H$ 3.00~6.00 范围的 H-H COSY 谱，(b) 图为 $\delta_H$ 3.00~4.00 范围的 H-H COSY 谱。由于化合物 **1-4** 中含有 2 个糖（阿拉伯糖和鼠李糖），糖基中各个氢的化学位移非常相近，归属比较困难，其 H-H COSY

谱大大有助于它们的归属。化合物 **1-4** 糖基部分的氢信号归属及其 H-H COSY 数据见表 1-2。

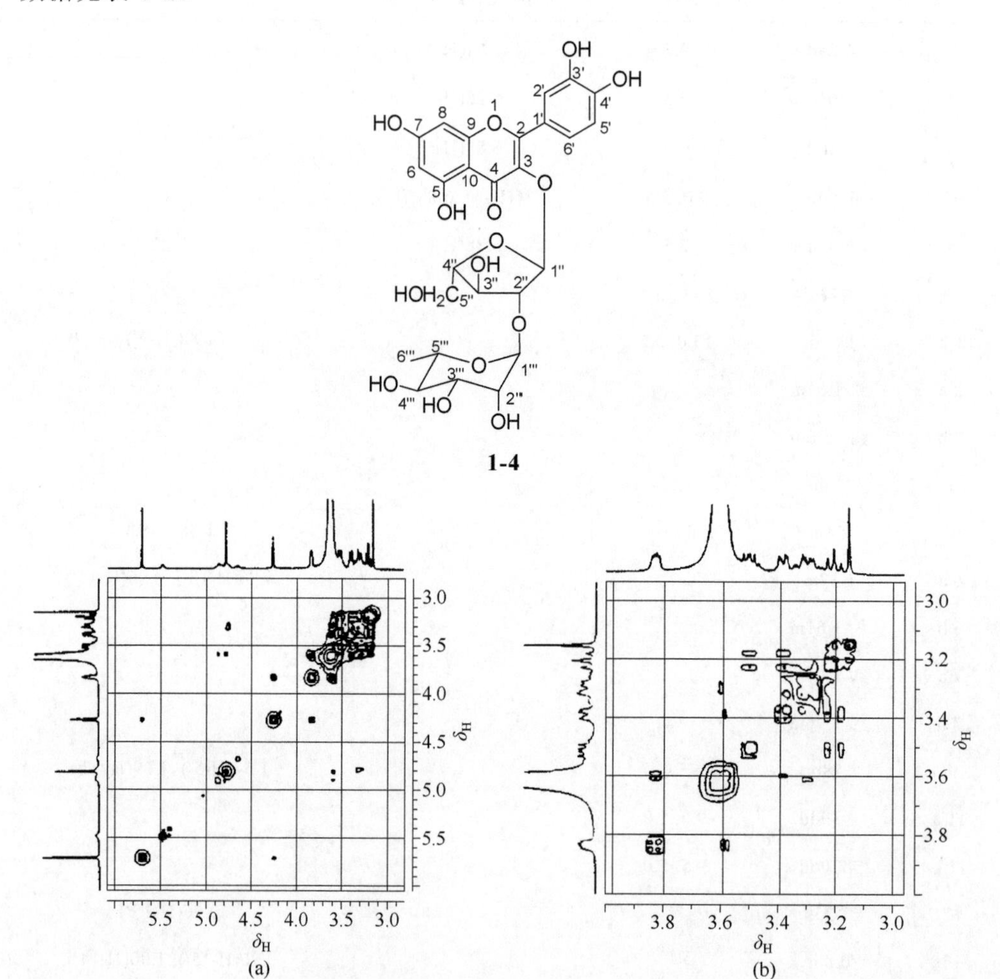


图 1-29 化合物 **1-4** 的 H-H COSY 谱

**表 1-2 化合物 1-4 糖基部分的氢信号归属及其 H-H COSY 数据（DMSO-d$_6$，400MHz）**

| H-Ara | $\delta_H$ | H-H COSY($\delta_H$/$\delta_H$) | H-Rha | $\delta_H$ | $J$/Hz | H-HCOSY($\delta_H$/$\delta_H$) |
|---|---|---|---|---|---|---|
| 1″ | 5.73brs | 5.73/4.28 | 1‴ | 4.82d | 0.8 | 4.82/3.60 |
| 2″ | 4.28m | 4.28/3.83, 5.73 | 2‴ | 3.60① | | 3.60/3.39, 4.82 |
| 3″ | 3.83m | 3.83/3.60, 4.28 | 3‴ | 3.39m | | 3.39/3.23, 3.60 |
| 4″ | 3.60① | 3.60/3.30, 3.83 | 4‴ | 3.23m | | 3.23/3.39, 3.51 |
| 5″ | 3.30m | 3.30/3.60 | 5‴ | 3.51m | | 3.51/3.23, 1.12 |
| | | | 6‴ | 1.12d | 6.0 | 1.12/3.51 |

① 包含于溶剂的水峰中。

## 3.2　COSY-45（β-COSY）

H-H COSY 的脉冲序列由 2 个 90°脉冲组成，如果减小第二个脉冲的宽度，使其倾倒角减小，则会对交叉峰及对角线峰的精细结构产生影响。第二个脉冲角度一般为 30°～60°，较多使用 45°，故称为 COSY-45，鉴于第二个脉冲角度可取任一数值，故也称为 β-COSY。其脉冲序列如图 1-30 所示。

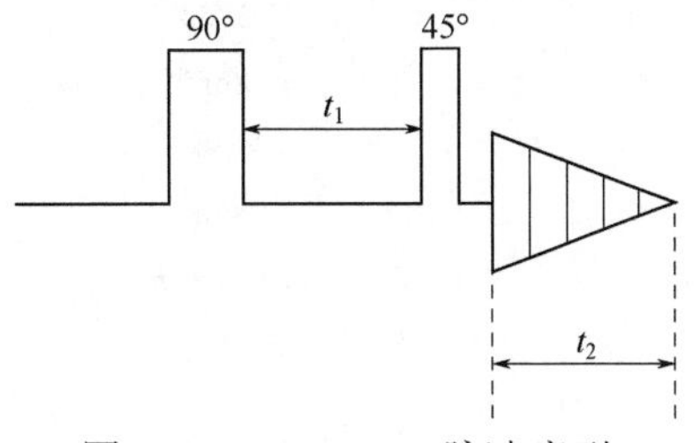


图 1-30　COSY-45 脉冲序列

在 H-H COSY 中，由于对角峰和交叉峰均显示多重峰线相关的矩形点阵，所以在质子密集区这种矩形点阵往往重叠十分拥挤，使得密集的交叉峰，尤其是在对角峰附近的交叉峰被掩盖而分辨不清。COSY-45 可使 H-H COSY 中对角峰、交叉峰的矩形点阵减少而被简化，结果使其对角峰沿对角线变窄，交叉峰变窄呈现一定的倾斜度，有利于被掩盖的交叉峰解析。

**例 1-5**　蔗糖的 COSY-45

图 1-31 为蔗糖（**1-2**）的 COSY-45，可以看到其对角线峰明显变窄，非常有

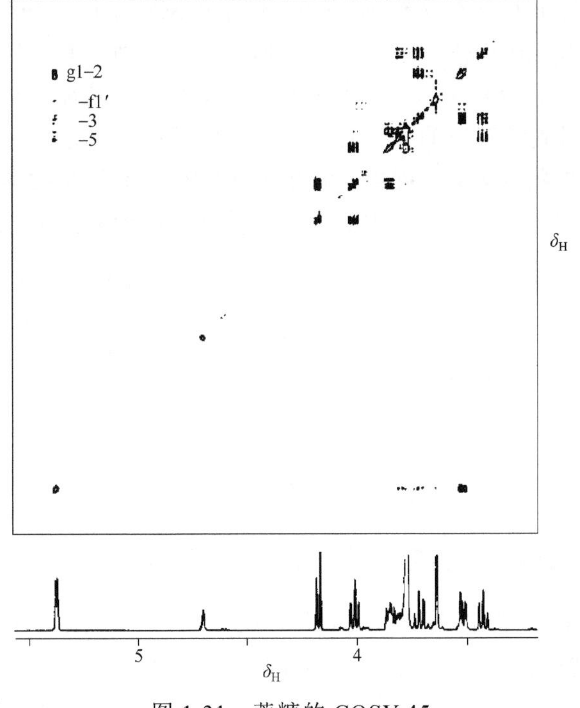


图 1-31　蔗糖的 COSY-45

利于蔗糖两个环上 $G_5$、$G_6$ 和 $F_{5'}$、$F_{6'}$质子重叠峰［见图 1-22（a）和（b）］的指认。结合图 1-22，蔗糖的 COSY-45 数据见表 1-3。

表 1-3　蔗糖的 COSY-45 数据（$D_2O$，400MHz）

| H | $\delta_H$ | J/Hz | COSY-45($\delta_H/\delta_H$) |
|---|---|---|---|
| 1 | 5.43brd | 4.0 | 5.43/3.69, 3.78, 3.86, 3.58 |
| 2 | 3.58dd | 4.0, 10.0 | 3.58/5.43, 3.78 |
| 3 | 3.78brdd | 9.3, 10.0 | 3.78/5.43, 3.49, 3.58 |
| 4 | 3.49t | 9.3, 9.3 | 3.49/3.78, 3.86 |
| 5 | 3.86m | | 3.86/3.49, 3.81~3.83, 5.43 |
| 6 | 3.81~3.83m | | 3.81~3.83/3.86 |
| 1′ | 3.69brs | | 3.69/5.43 |
| 3′ | 4.24d | 8.7 | 4.24/4.07 |
| 4′ | 4.07dd | 8.4, 8.7 | 4.07/3.90, 4.24 |
| 5′ | 3.90m | | 3.90/3.81~3.83, 4.07 |
| 6′ | 3.81~3.83m | | 3.81~3.83/3.90 |

## 3.3　远程氢-氢相关谱

常规的 COSY 脉冲序列所得的 COSY 观察不到较小偶合的交叉峰，除非大大延长发展期时间 $t_1$。但 $t_1$ 过长，$\omega_1$ 轴的数据处理将受到影响。若在 COSY 脉冲序列的 $t_1$ 和检测期 $t_2$ 前分别引入一个较长的延迟时间 $\Delta$，让原来很微弱的远程偶合信号在混合期中得到最有效的相干转移，在检测期中得到最有效的检测，就能大大增加来自远程偶合的交叉峰强度，从而可获得远程氢-氢相关谱（long range H-H COSY），对图谱解析和结构测定十分有用。其脉冲序列如图 1-32 所示。

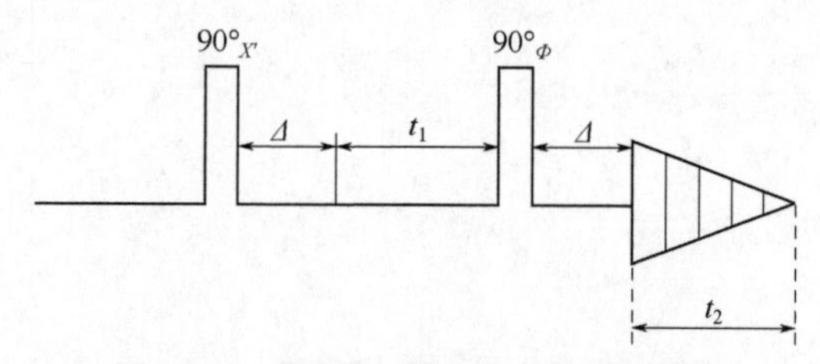


图 1-32　远程氢-氢相关谱脉冲序列

**例 1-6**　tricyclodecane 的氢-氢相关谱及其远程氢-氢相关谱[9]

图 1-33 为远程氢-氢相关谱应用示例，（a）图为 tricyclodecane（**1-5**）的 H-H COSY，（b）为其远程 H-H COSY，（b）图与（a）图相比，显现出了许多新的交叉峰，这些新的交叉峰即为化合物中很弱的 H-H 偶合。表 1-4 列出了由 COSY 得

到的正常的 H-H 偶合和很弱的 H-H 偶合，（a）图中看不到很弱的 H-H 偶合，（b）图中看得非常清楚。

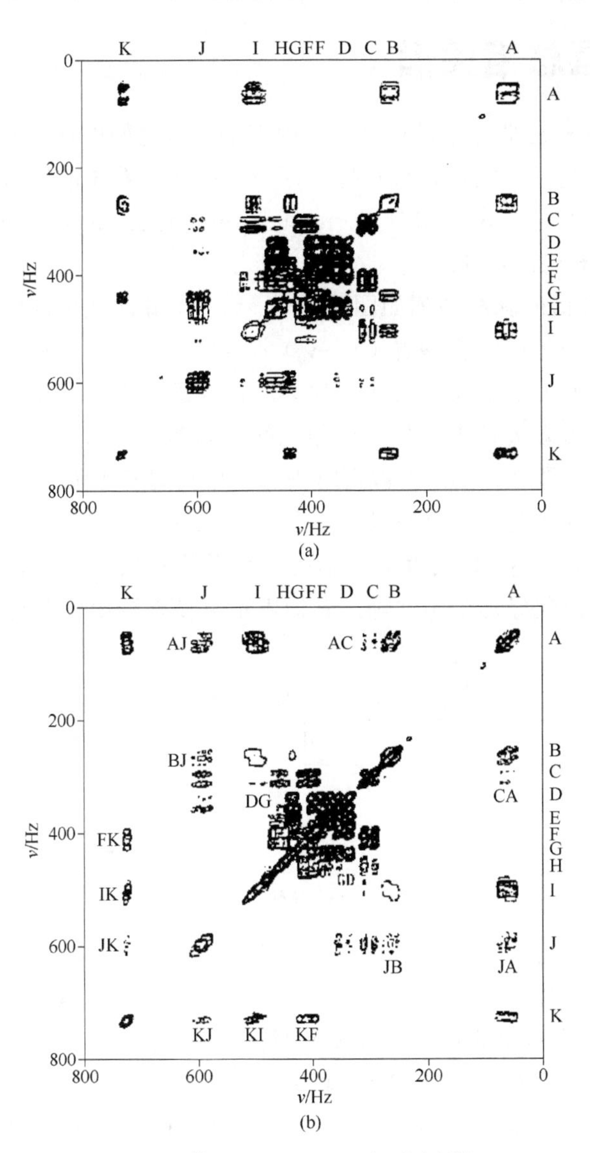


图 1-33　tricyclodecane 的 H-H COSY（a）和远程 H-H COSY（b）

表 1-4　tricyclodecane 的 H-H 偶合

| 正常的偶合 | 非常弱的偶合 | 正常的偶合 | 非常弱的偶合 |
|---|---|---|---|
| AB, AK, AI | AC, AJ | GB, GE, GJ, GK | GD |
| BA, BG, BI, BK | BJ | HC, HD, HE, HF, HJ | |
| CF, CH, CI, CJ | CA | IA, IB, IC, IF, IJ | IK |
| DE, DH, DJ | DG | JC, JD, JG, JH, JI | JA, JB, JK |
| ED, EG, EH | | KA, KB, KG | KF, KI, KJ |
| FC, FH, FI | FK | | |

## 3.4　氢-氢总相关谱

在一个 H-H 自旋偶合系统中，若其中若干氢核之间的偶合常数为零，从某一个氢核的谱峰出发，仍能找到与它处于同一自旋偶合系统的所有氢核谱峰的相关峰，这样的二维谱叫氢-氢总相关谱（total correlation spectroscopy，H-H TOCSY），又称氢-氢接力谱（H-H relay）。

氢-氢总相关谱的脉冲序列如图 1-34 所示。90°脉冲之后开始发展期（$t_1$），各个横向磁化强度矢量以固有偏置（$\nu_i-\nu_0$）在 $X'Y'$平面上自由进动，达到自旋标记的作用。此处$\nu_i$为第 $i$ 个氢核的共振频率，$\nu_0$为旋转坐标系相对于实验室坐标系的旋转频率。在 $t_1$ 发展期内，各氢核相互间是弱偶合作用。到等频混合期（$\tau_m$），化学位移的差别［即（$\nu_i-\nu_0$）］被暂时去除，相互间发生强偶合作用；当 $\tau_m$ 较短时，偶合作用在直接偶合的核间发生；当 $\tau_m$ 加长时，则偶合作用可传递到整个偶合系统。在检测期（$t_2$）即可将每个偶合系统整个相关峰检出，即从任一氢核的谱峰出发，可以找到好几个相关峰，它们表示与该氢核均处于同一自旋系统。

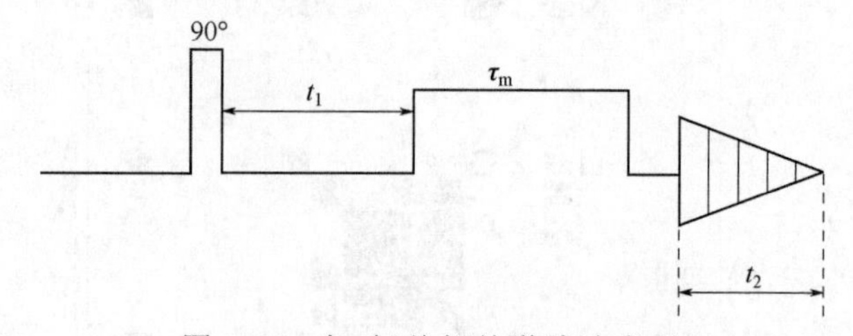


图 1-34　氢-氢总相关谱脉冲序列

在许多自旋偶合系统的质子峰重叠严重时，仅靠氢-氢相关谱难以解析，氢-氢总相关谱则可发挥重要作用。例如，在多糖苷中，糖残基信号严重重叠，此时氢-氢总相关谱在推断糖的种类和数量方面具有一定的指导意义。它可显示糖残基上偶合常数较大的（$J$ = 5.0~8.0Hz）较为完整的相关系统，如葡萄糖、木糖、阿拉伯糖等；对于鼠李糖，由于 $J_{1,2}$ 较小（$J$ = 0~2.0Hz），Rha-$H_1$~$H_2$ 和 Rha-$H_3$~$H_6$ 形成 2 个相关系统，极易识别；对于半乳糖，由于 $J_{3,4}$ 和 $J_{5,6}$ 较小，阻碍了从

$H_1$ 到 $H_6$ 的相关传递，可由此判断半乳糖的存在。

**例 1-7**　linum cerebroside 的氢-氢总相关谱[10]

图 1-35 linum cerebroside（**1-6**）的 H-H TOCSY 的 $\delta$ 3.8~5.3 部分的局部图，是一个比较简单的 H-H TOCSY 示例。可以看到，葡萄糖上 7 个质子构成的自旋系统的每一个氢与自旋系统内的其他所有氢的相关。其特点是 7 个交叉峰在同一直线上，横向 7 条、纵向 7 条，非常容易寻找，大大有利于葡萄糖质子峰的归属解析。

**1-6**

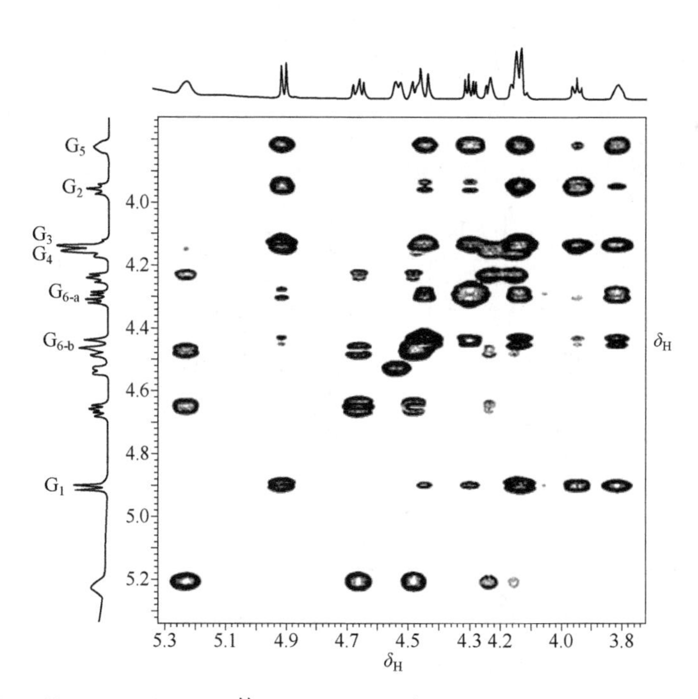


图 1-35　linum cerebroside 的 H-H TOCSY（$\delta_H$ 3.8~5.3，$C_5D_5N$，500MHz）

**例 1-8**　齐墩果酸型三萜六糖皂苷的氢-氢相关谱和氢-氢总相关谱[11]

图 1-36（a）和图 1-36（b）分别为齐墩果酸型三萜六糖皂苷（**1-7**）的 $\delta_H$ 3.5~6.5 范围的氢-氢相关谱和氢-氢总相关谱。从 6 个糖残基的 H-1 出发，氢-氢相关谱仅能清楚地看到 H-1 和 H-2 的相关；而氢-氢总相关谱则能看到 H-1 和糖残基上其他所有氢的相关，即显示出 3 个葡萄糖（C、X、Y），2 个鼠李糖（B、Z）和 1 个阿拉伯糖（A）残基上质子的相关系统。氢-氢相关谱和氢-氢总相关谱二者结合，可使 6 个糖残基的 $^1$H NMR 信号全部得到归属，其数据见表 1-5。

**1-7**

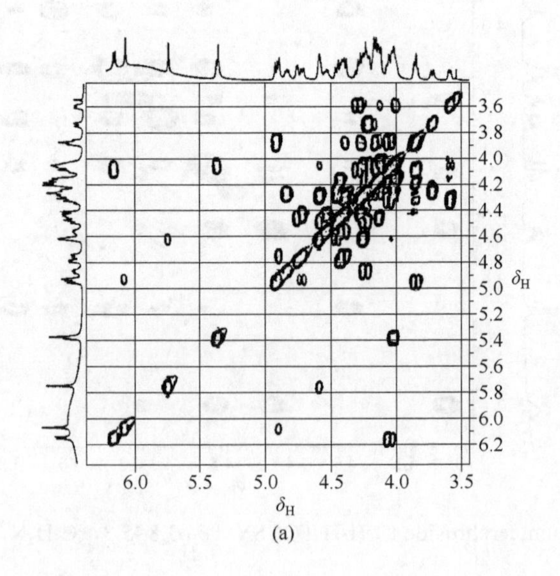


(a)

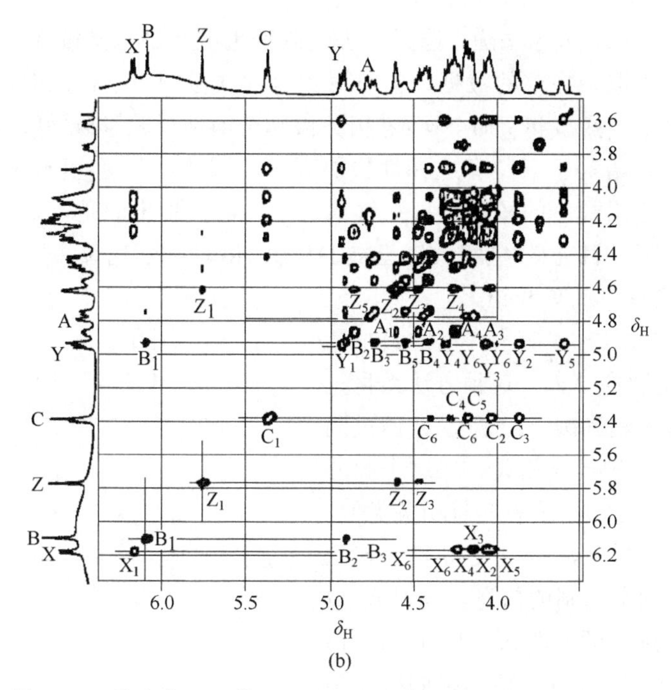


图 1-36　化合物 **1-7** 的 H-H COSY（a）和 H-H TOCSY（b）

**表 1-5　化合物 1-7 糖基部分 $^1$H NMR 数据（$C_5D_5N$，500MHz）**

| H \ 糖残基 | $\delta_H$（*J*/Hz） | | | | | |
|---|---|---|---|---|---|---|
| | A | B | C | X | Y | Z |
| 1 | 4.75(6.8) | 6.12(brs) | 5.39(5.7) | 6.17(8.0) | 4.94(8.0) | 5.77(brs) |
| 2 | 4.43 | 4.90 | 4.04 | 4.07 | 3.86 | 4.60 |
| 3 | 4.15 | 4.73 | 3.87 | 4.15 | 4.06 | 4.45 |
| 4 | 4.19 | 4.40 | 4.18 | 4.24 | 4.31 | 4.25 |
| 5 | 4.22 | 4.55 | 4.17 | 4.03 | 3.58 | 4.88 |
| | 3.75(brd, 10.5) | | | | | |
| 6 | | 1.49(6.0) | 4.28, 4.40 | 4.25, 4.60 | 4.01, 4.13 | 1.63(6.1) |

# 3.5　碳-氢相关谱

氢-氢相关谱的横轴和纵轴均设定为质子化学位移，若将一个轴设定为质子化学位移，另一轴设定为碳-13 化学位移，则得到碳-氢相关谱（C-H chemical shift correlation spectroscopy，C-H COSY）。一般来讲，$\omega_1$ 为质子化学位移，$\omega_2$ 为碳-13 化学位移。常规碳-氢相关谱是指直接键连的碳-氢之间的偶合相关，对于碳-氢信号的归属非常有用。大家知道，选择性去偶碳谱也能得到直接键连的碳-氢之间的偶合关系，但为取得完整的数据，需对每种氢的共振频率进行照射，照射一种氢做一次实验，相当费事和费时。碳-氢相关谱则全面地反映了碳-氢之间的相关性，一张这样的二维谱等于一整套选择性去偶碳谱。因此，与氢-氢相关谱一样，碳-氢相关谱也是应用最广的核磁共振二维谱之一。需要指出的是，随着核磁共振二维谱技术的发展，目前碳-氢相关谱已被 HMQC 和 HSQC 代替（见 5.4 节）。下面对碳-氢相关谱作一简单介绍。

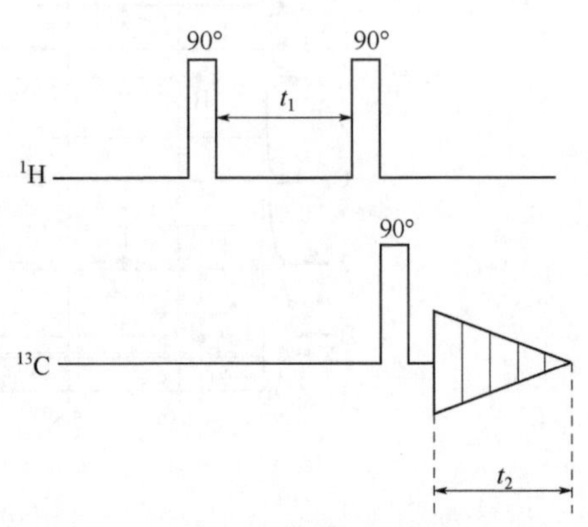

图 1-37　Ernst 碳-氢相关谱脉冲序列

图 1-37 是由 Ernst 等人提出的最早期的碳-氢相关谱脉冲序列。这种方法系将氢核的有关信息调制到碳-13 核上，并通过测定碳-13 核来检测碳-氢相关。在这个脉冲序列中，氢核的脉冲序列与氢-氢相关类似，氢核的第二个 90°脉冲后，使得其含有受碳-13 核进动频率调制的信息，同时碳-13 核也受到氢核进动频率调制。此时对碳-13 核施加 90°观测脉冲，使之成为横向磁化强度矢量并进行测定，即可得到用质子进动频率调制后的碳-13 核信号，经 2D-FT 处理后，即给出碳-氢相关谱。按照此脉冲序列得到的图谱，碳-13 核和质子的自旋偶合（$^1J_{CH}$ = 120~160Hz）将原样出现在图谱中。

图 1-38 是为了测得对质子和碳-13 同时进行异核去偶的图谱而设计的脉冲序列。在读取碳-13 核数据期间对质子进行噪声去偶，故图谱的碳-13 核一侧将被去偶。另外，在 90°($^1$H)-$t_1$-90°($^1$H) 期间对碳-13 核施加 180°脉冲，导致磁化强度矢量重聚焦（见图 1-7 和图 1-8），使质子一侧的图谱也被去偶。为了防止有关信号在上述去偶操作中相互抵消，通过导入适当的延迟时间 $\Delta_1$ 及 $\Delta_2$ 来调节，

$\Delta_1 = \dfrac{1}{2J_{CH}}$，$\Delta_2 = \dfrac{0.25\sim0.3}{J_{CH}}$。

按照图 1-38 脉冲序列，质子和碳-13 核磁化强度矢量运动情况如图 1-39 所示。

首先分析质子的磁化强度矢量运动情况。（a）~（e）图的解释如图 1-8，到（e）图时，质子的两个横向磁化强度矢量重新聚焦，但其相位是被化学位移 $\delta$ 所调制了的，它相对 $Y'$轴转动的角度（弧度）为 $2\pi\nu_H t_1$。再经 $\dfrac{1}{2J_{CH}}$ 的时间，这两个横向磁化强度矢量相对 $Y'$轴转动的角度（弧度）为：

$$2\pi\nu_H t_1 + 2\pi\left(\nu_H + \frac{J_{CH}}{2}\right)\frac{1}{2J_{CH}} = 2\pi\nu_H t_1 + 2\pi\nu_H\frac{1}{2J_{CH}} + \frac{\pi}{2}$$

$$2\pi\nu_{\mathrm{H}}t_1+2\pi\left(\nu_{\mathrm{H}}-\frac{J_{\mathrm{CH}}}{2}\right)\frac{1}{2J_{\mathrm{CH}}}=2\pi\nu_{\mathrm{H}}t_1+2\pi\nu_{\mathrm{H}}\frac{1}{2J_{\mathrm{CH}}}-\frac{\pi}{2}$$

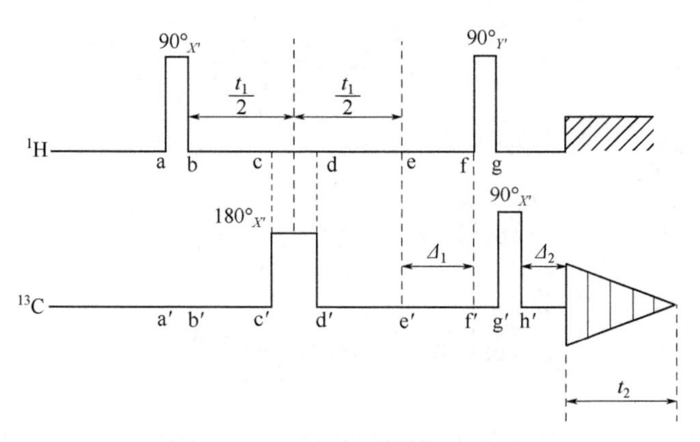


图 1-38　碳-氢相关谱脉冲序列

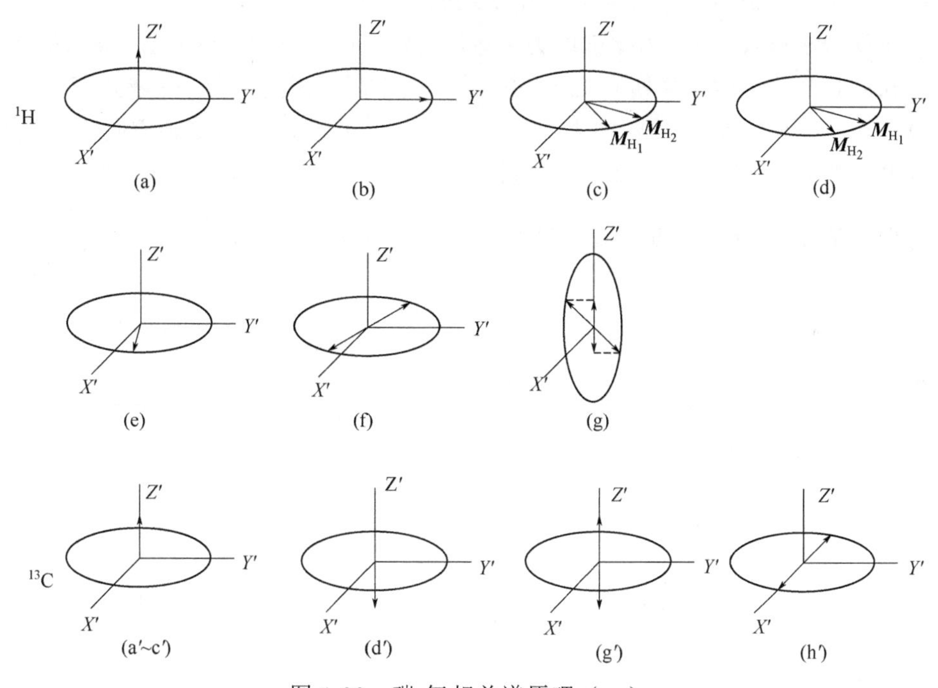


图 1-39　碳-氢相关谱原理（一）

二者构成 180° [（f）图]。经 $90°_{Y'}$脉冲的作用，它们从 $X'Y'$平面旋转到 $X'Z'$平面。原来二矢量与 $Y'$ 轴之间的夹角则变成它们与 $Z'$轴的夹角，二矢量在 $Z'$ 轴和 $-Z'$ 轴产生两个分矢量，二者方向相反 [（g）图]。这时有质子对碳-13 核的极化转移，但现在的情况和 1.3.2 节所述的 SPI 略有不同，现在质子的两个磁化强度矢量不是分别沿 $+Z'$、$-Z'$ 轴方向，而是与 $Z'$ 轴构成的角度（弧度）为：

$$2\pi\nu_{H}t_{1}+2\pi\nu_{H}\frac{1}{2J_{CH}}+\frac{\pi}{2}$$

和

$$2\pi\nu_{H}t_{1}+2\pi\nu_{H}\frac{1}{2J_{CH}}-\frac{\pi}{2}$$

它们在 $Z'$ 轴上的投影为：

$$\cos\left(2\pi\nu_{H}t_{1}+2\pi\nu_{H}\frac{1}{2J_{CH}}+\frac{\pi}{2}\right)$$

和

$$\cos\left(2\pi\nu_{H}t_{1}+2\pi\nu_{H}\frac{1}{2J_{CH}}-\frac{\pi}{2}\right)$$

括号中的后两项是常数，在傅里叶变换后去除。由括号中的第一项可知，碳-13核的信号强度将被质子的化学位移 $\nu_{H}$ 所调制。

下面分析碳-13 核的磁化强度矢量运动情况。图 1-39 中（d′）图为碳-13 核经 180°脉冲其磁化强度矢量转向 $-Z'$ 轴方向，（g′）图表示质子对碳-13 核进行了极化转移，对 CH 系统而言，碳-13 核的 2 个磁化强度矢量分别沿 $\pm Z'$ 轴方向，（h′）图为经 $90°_{Y'}$ 脉冲后碳-13 核的 2 个磁化强度矢量转到 $\pm X'$ 轴方向。经 $\Delta_2$ 时间间隔后 $\pm X'$ 轴方向上碳-13 核的 2 个横向磁化强度矢量运动情况如图 1-40。当 $\Delta_2=\frac{2}{4J_{CH}}$ 时，

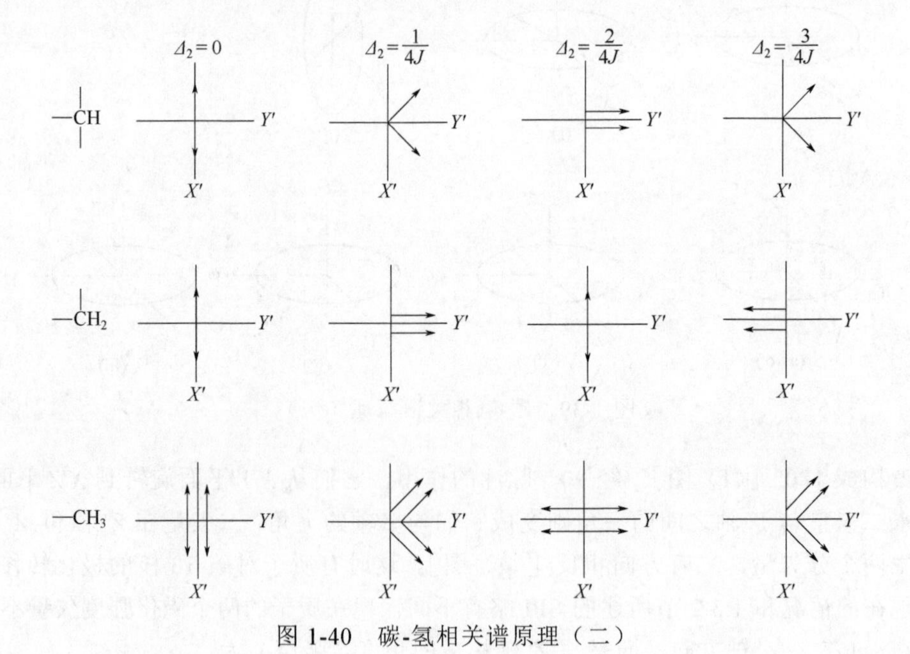


图 1-40　碳-氢相关谱原理（二）

CH 系统的碳-13 核的 2 个横向磁化强度矢量聚焦。若兼顾考虑 $CH_2$、$CH_3$ 系统，可取 $\Delta_2 = \dfrac{0.25\sim0.3}{J_{CH}}$。紧接着对质子去偶并开始对碳-13 核采样，在采样的 $t_2$ 时间内，碳-13 核横向磁化强度矢量的运动仅由碳-13 核的化学位移 $\nu_C$ 所决定，因此，经傅里叶变换，在 $\omega_2$ 方向反映碳-13 核的化学位移 $\nu_C$。经对 $t_1$ 的傅里叶变换，$\omega_1$ 轴上可得到质子的化学位移 $\nu_H$。同时得到碳-氢相关谱。

**例 1-9**　8-乙酰山栀苷甲酯的碳-氢相关谱[12]

图 1-41 为 8-乙酰山栀苷甲酯（**1-8**）的 C-H COSY，可以清楚地看到苷元 C-H、葡萄糖 C-H 一一相关的对应关系，为 C-H COSY 确定 8-乙酰山栀苷甲酯碳峰归属的应用示例。8-乙酰山栀苷甲酯的 NMR 数据见表 1-6。

**1-8**

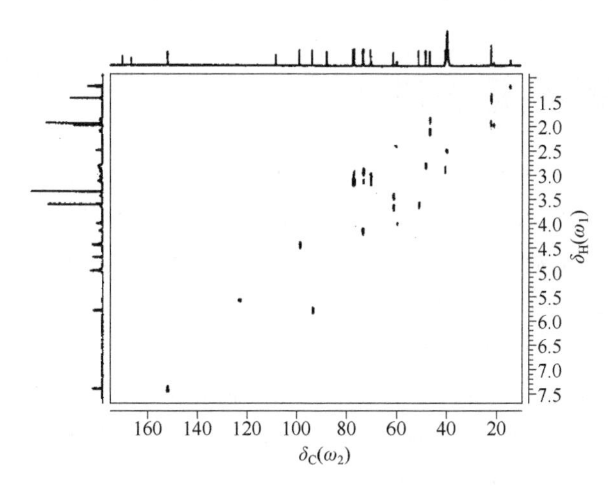


图 1-41　8-乙酰山栀苷甲酯的 C-H COSY

表 1-6 8-乙酰山栀苷甲酯的 NMR 数据（DMSO-$d_6$，400MHz/H）

| C | $\delta_C$ | $\delta_H(J/Hz)$ | C-H COSY($\delta_C/\delta_H$) |
|---|---|---|---|
| 1 | 93.53 | 5.78(2.0) | 93.53/5.78 |
| 3 | 151.77 | 7.38 | 151.77/7.38 |
| 4 | 108.12 | | |
| 5 | 40.46 | 2.91(8.7) | 40.46/2.91 |
| 6 | 73.42 | 4.18(5.2) | 73.42/4.18 |
| 7 | 46.48 | 2.11(15.0) | 46.48/1.86, 2.11 |
| | | 1.86(15.0, 5.2) | |
| 8 | 87.75 | | |
| 9 | 48.30 | 2.83(8.7, 2.0) | 48.30/2.83 |
| 10 | 21.87 | 1.48 | 21.87/1.48 |
| COOMe-4 | 166.62 | | |
| | 51.11 | 3.64 | 51.11/3.64 |
| OAc-8 | 170.23 | | |
| | 22.10 | 1.94 | 22.10/1.94 |
| 1′ | 98.60 | 4.47(8.0) | 98.60/4.47 |
| 2′ | 73.04 | 2.95 | 73.04/2.95 |
| 3′ | 76.70 | 3.13 | 76.70/3.13 |
| 4′ | 70.08 | 3.07 | 70.08/3.07 |
| 5′ | 77.19 | 3.27 | 77.19/3.27 |
| 6′ | 61.31 | 3.68 | 61.31/3.46, 3.68 |
| | | 3.46 | |

## 3.6 远程碳-氢相关谱

碳-氢相关谱仅能看到一键碳-氢之间的偶合关系，因此，许多重要的结构信息将不能提供。远程碳-氢相关谱（long range C-H COSY）可以看到相隔二键、三键、甚至更多键的碳-氢相关，包括跃过氧、氮或其他杂原子的官能团提供碳-氢之间的相关，对于确定分子结构的 C-C 连接十分有效，因此，对于质子数目少、不饱和程度高的化合物的结构解析采用远程碳-氢相关谱更为重要。远程碳-氢相关谱是发展最快的核磁共振二维谱技术之一。需要指出的是，随着核磁共振二维谱技术的发展，目前远程碳-氢相关谱已被 HMBC 代替（见 5.5 节）。下面对远程碳-氢相关谱作一简单介绍。

20 世纪 80 年代初期，为了得到远程碳-氢相关谱，是在原来碳-氢相关谱脉冲序列基础上，增长延迟时间 $\varDelta_1$ 和 $\varDelta_2$，使 $\varDelta_1$ 和 $\varDelta_2$ 对应于远程碳-氢偶合常数，而不是一键碳-氢偶合常数，来获得通过一键以上的碳-氢偶合相关信息。

应用常规的碳-氢相关谱脉冲序列来获得远程碳-氢偶合信息有许多缺点：有关的偶合常数（$^nJ_{CH}$ = 0~15Hz，$n$>1；$J_{HH}$ = 0~20Hz）变化较大，难于进行最佳实验参数的选择；由于脉冲序列的持续时间太长，会使质子弛豫在 $t_1$ 和 $\Delta_1$ 内及碳-13 弛豫在 $\Delta_2$ 内有相当多的磁化强度矢量丧失。因此，1984 年 Kessler 等提出了 COLOC（correlation spectroscopy via long range coupling）脉冲序列来获得远程碳-氢相关谱，人们常用 COLOC 作为远程碳-氢相关谱的简称。COLOC 脉冲序列如图 1-42 所示。

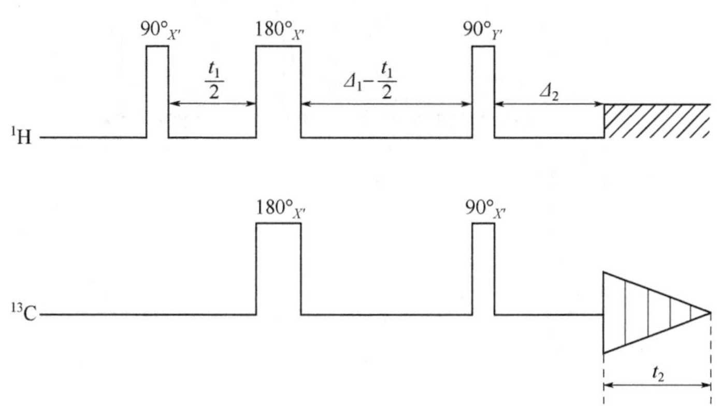


图 1-42 COLOC 脉冲序列

**例 1-10** balanophonin 的 COLOC[13]

图 1-43 为 balanophonin（**1-9**）的 COLOC，（a）图为设定固定延迟时间 $\Delta_2$ = 60ms 测定的图谱，（b）图为设定固定延迟时间 $\Delta_2$ = 100ms 测定的图谱，可以看出，C-H 一键相关和远程相关 COLOC 均能观测到，但是，观测远程相关图（b）图比（a）图好得多。

balanophonin 的 NMR 数据（包括 COLOC 数据）见表 1-7。由表 1-7 可以看出，由于使用了 DMSO-$d_6$ 溶剂，balanophonin A 环上的 3 个氢为 2 个单峰：$\delta_H$ 6.78(2H, s)、$\delta_H$ 6.92(1H, s)，使得仅利用氢谱研究 A 环甲氧基和羟基取代位置遇到困难，与碳谱结合，特别是利用 COLOC 技术，问题迎刃而解。COLOC 中，balanophonin 的 A 环酚羟基氢（$\delta_H$ 9.12）和甲氧基（$\delta_H$ 3.74）均与 $\delta_C$ 147.7 季碳（C-3）相关，说明酚羟基氢和甲氧基处于邻位；$\delta_H$ 6.78 含有 2 个氢，由于酚羟基氢还和苯环上 $\delta_C$ 115.5 的叔碳相关，说明其中一个 $\delta_H$ 6.78 的芳氢在酚羟基的邻位（C-H COSY 谱中，$\delta_H$ 6.78 分别与 $\delta_C$ 115.5 和 118.8 相关），而另一个 $\delta_H$ 6.78 的芳氢与苯环上 $\delta_C$ 146.7（酚羟基相连碳）和 $\delta_C$ 110.5（$\delta_H$ 6.92 氢相连碳）的碳相关，说明该芳氢在酚羟基的间位。因此，$\delta_H$ 6.78 的 2 个芳氢相互邻位。由此确定了 A 环酚羟基氢和甲氧基的取代位置，充分体现了 COLOC 在化合物测定中的作用。

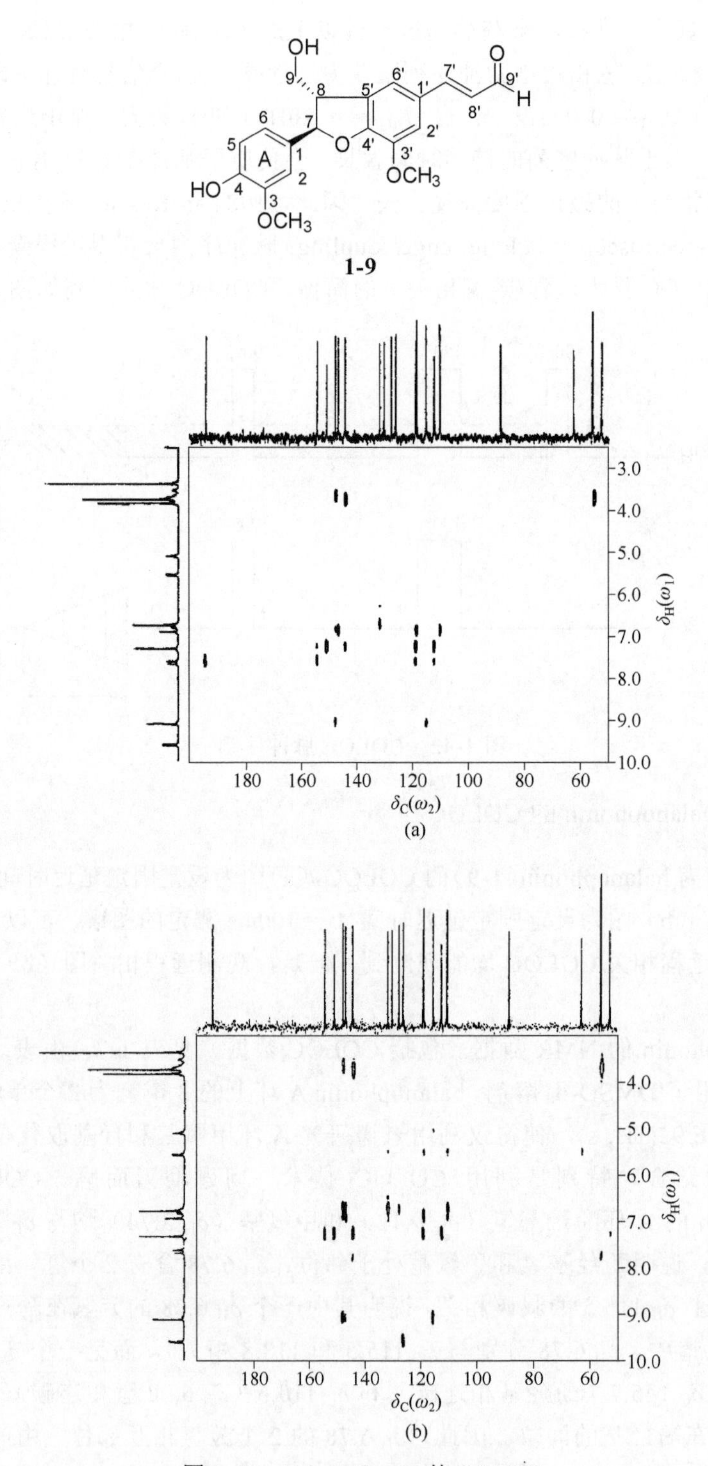


图 1-43　balanophonin 的 COLOC

表 1-7　balanophonin 的 NMR 数据（DMSO-$d_6$，250MHz/H）

| C | $\delta_C$ | $\delta_H$ | C-H COSY($\delta_C/\delta_H$) | COLOC($\delta_C/\delta_H$) |
|---|---|---|---|---|
| 1 | 131.6 | | | 131.6/5.56, 6.78 |
| 2 | 110.5 | 6.92(1H, s) | 110.5/6.92 | 110.5/5.56, 6.78 |
| 3 | 147.7 | | | 147.7/3.74, 6.78, 6.92, 9.12 |
| 4 | 146.7 | | | 146.7/6.78, 6.92, 9.12 |
| 5 | 115.5 | 6.78(1H, s) | 115.5/6.78 | 115.5/9.12 |
| 6 | 118.8 | 6.78(1H, s) | 118.8/6.78 | 118.8/5.56, 6.78, 6.92 |
| 7 | 88.3 | 5.56(1H, d, $J$ = 6.6Hz) | 88.3/5.56 | |
| 8 | 52.5 | 3.52(1H, m) | 52.5/3.52 | 52.5/7.32 |
| 9 | 62.7 | 3.67(2H, m) | 62.7/3.67 | 62.7/5.56 |
| 1′ | 127.8 | | | 127.8/6.80, 7.32 |
| 2′ | 112.6 | 7.32(1H, s) | 112.6/7.32 | 112.6/7.32, 7.64 |
| 3′ | 144.2 | | | 144.2/3.86, 7.32 |
| 4′ | 150.6 | | | 150.6/7.32 |
| 5′ | 130.2 | | | |
| 6′ | 119.1 | 7.32(1H, s) | 119.1/7.32 | 119.1/7.32, 7.64 |
| 7′ | 154.1 | 7.64(1H, d, $J$ = 15.7Hz) | 154.1/7.64 | 154.1/7.32 |
| 8′ | 126.2 | 6.80(1H, dd, $J$ = 7.8Hz、15.7Hz) | 126.2/6.80 | 126.2/9.60 |
| 9′ | 194.2 | 9.60(1H, d, $J$ = 7.8Hz) | 194.2/9.60 | 194.2/7.64 |
| OMe-3 | 55.7 | 3.74(3H, s) | 55.7/3.74 | |
| OMe-3′ | 55.9 | 3.86(3H, s) | 55.9/3.86 | |
| OH-4 | | 9.12(1H, s) | | |
| OH-9 | | 5.10(1H, t) | | |

# 第 4 章

# 二维 NOE 谱和二维化学交换谱

位移相关谱的核间磁化作用转移，一般说来，属于相干转移，二维 NOE 谱的核间磁化作用转移则属于非相干作用的转移，属极化转移，主要是靠交叉弛豫（cross relaxation）机理进行。化学交换是自旋核交换它们在分子中的位置，也相当于一种弛豫作用。由交叉弛豫转移得到的相关谱叫二维 NOE 谱，由化学交换转移得到的相关谱叫二维化学交换谱。由于二维 NOE 谱是偶极-偶极之间磁化作用转移而得到的，所以也叫二维偶极相关谱。

## 4.1 核 Overhauser 效应和交叉弛豫

图 1-44 所示的是 $CHCl_3$ 的碳-13 图谱[14]。（a）图是未去偶的碳-13 谱，由于与质子有偶合分裂为双峰。（b）图是采用反门控去偶得到的碳-13 谱，（a）图中

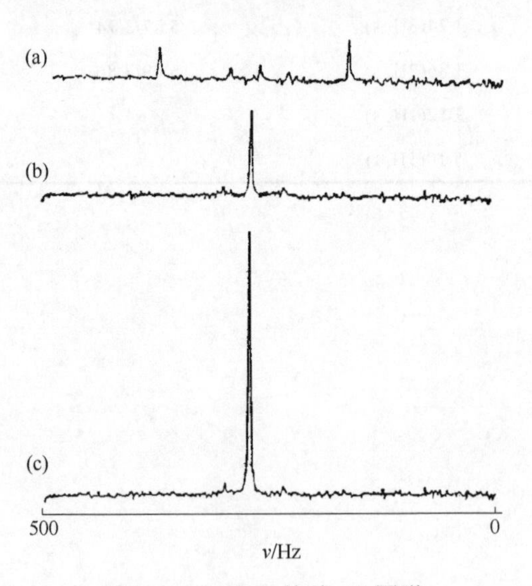


图 1-44 $CHCl_3$ 的碳-13 图谱

（a）未去偶的 $^{13}C$ 谱；（b）反门控去偶的 $^{13}C$ 谱；（c）正常质子去偶谱

的双峰合并为单峰。(c)图是正常去偶谱，可以看出它的强度是(b)图中谱峰强度的约3倍，这种增强是由于核 Overhauser 效应(NOE)所致。

NOE是不等价核间的能量交换效应；交换的结果，使一种核的信号饱和，另一种核的信号增强。增强的程度只与自旋核的相互间的空间位置和距离有关，而与有无$J$偶合无关。尽管和范德华效应一样，它也是空间效应，但前者是电效应，后者是磁效应，是偶极-偶极偶合($D$ 偶合)的反映。因此，NOE在核磁共振中十分重要，特别是核间 NOE 能提供有关质子间距离的重要信息，在确定化合物结构的相对构型时，通过NOE的测定可以解决许多问题。

图1-45为一二旋系统(AX系统)的能级图，表明了弛豫跃迁的过程。设整个核自旋粒子数为$N$，在同核情况，可以大致认为$\alpha\beta$和$\beta\alpha$态的粒子数各为$\frac{N}{4}$，$\alpha\alpha$态的粒子数为$\frac{N}{4}+\Delta$，$\beta\beta$ 态粒子数为$\frac{N}{4}-\Delta$。两个跃迁$W_1{}^{\mathrm{A}}$和 $W_1{}^{\mathrm{X}}$的强度正比于两自旋态间粒子数的差数 $\Delta$。但是，一旦自旋系统受到扰动，它将通过各种弛豫机理恢复到平衡态。需要指出，弛豫作用和射频作用是不同的，后者只有$\Delta m = 1$时跃迁是允许跃迁，其他情况是禁阻的。但弛豫作用引起的跃迁除了$W_1{}^{\mathrm{A}}$和$W_1{}^{\mathrm{X}}$外，还可以有$W_2$和$W_0$(下标"2"和"0"表示$\Delta m = 2$和$\Delta m = 0$跃迁)，并且最有效的弛豫途径是从$\beta\beta$态直接返回到$\alpha\alpha$态的$W_2$过程。由于这种跃迁是一种非辐射跃迁，不涉及射频场和自旋系统的作用，因此，它并不违反选择定则。弛豫过程可以通过A和X核间的偶极-偶极弛豫作用或其他作用予以实现。设$\sigma_{\mathrm{AX}}=\sigma_{\mathrm{XA}}=W_2-W_0$，$\sigma_{\mathrm{AX}}$或$\sigma_{\mathrm{XA}}$叫"交叉弛豫项"，NOE之所以发生就是交叉弛豫引起的。$\sigma_{\mathrm{AX}}$或$\sigma_{\mathrm{XA}}$中的$W_2$使NOE增强，而$W_0$使NOE"漏泄"。

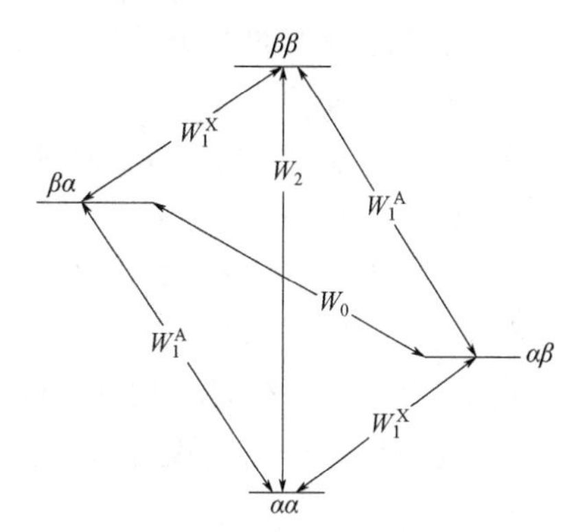


图1-45 AX系统的自旋态和弛豫跃迁概率

状态函数中第一个函数对应自旋核A，第二个函数对应自旋核X

图1-46是NOE的定性原理图，仍以AX系统为例，下面作一简述。图1-46中上图是同核情形(如$^1$H-$^1$H)。(a)图是热平衡时的粒子分布(设取$\frac{N}{4}$为粒子数的零点)，即 $\alpha\beta$ 态和 $\beta\alpha$ 态的粒子数可看成相同的$\left(\frac{N}{4}\right)$，而 $\alpha\alpha$ 态的粒子数为$\frac{N}{4}+\Delta$，$\beta\beta$态的粒子数为$\frac{N}{4}-\Delta$。(b)图是用强射频场$\nu_2$照射A核，此时被照射的两能级粒子数趋于相等；当$W_2$的弛豫途径是十分有效的途径时，则$\alpha\alpha$态和$\beta\beta$

态间会恢复到热平衡状态，即 $\alpha\alpha$ 态粒子数仍为 $\frac{N}{4}+\Delta$，$\beta\beta$ 态粒子数仍为 $\frac{N}{4}-\Delta$，而 $\alpha\beta$ 态和 $\beta\alpha$ 态的粒子数保持不变，此即（c）图。由（a）图和（b）图可知，X 跃迁的强度均为 $\Delta$，没有 NOE，但在（c）图中，由于 $W_2$ 的作用，X 跃迁的强度为 $\Delta-\left(-\frac{\Delta}{2}\right)=\frac{3}{2}\Delta$ [或 $\frac{\Delta}{2}-(-\Delta)=\frac{3}{2}\Delta$]，得到了 $\frac{\Delta}{2}$ 的 NOE 增强。（d）图表示由于 $W_0$ 弛豫过程的存在使 $\alpha\beta$ 态和 $\beta\alpha$ 态恢复到平衡分布，此时 X 跃迁强度又恢复到 $\Delta$，亦即 NOE 消失。由此可知，NOE 的增强是由于 $W_2$ 弛豫过程引起的，对于同核的情况，最大的 NOE 增强为 50%，而 $W_0$ 的弛豫过程（它是一种“上跃-下落”过程）起着使 NOE“漏泄”的作用。如果 $W_2$ 过程比 $W_0$ 过程强烈，则能得到 NOE 增强。反之，如果 $W_2$ 和 $W_0$ 所起的作用相同，则得不到 NOE 增强，所以同核情况的 NOE 增强因子介乎 0~0.5 之间。图 1-46 中下图为异核情形（如 $^1H$-$^{13}C$）。（a′）图为热平衡时的粒子分布；（b′）图为用强射频场 $\nu_2$ 照射氢核时，被照射的两能级粒子数趋于相等；（c′）图为通过 $W_2$ 弛豫 $\alpha\alpha$ 态和 $\beta\beta$ 态间恢复到热平衡状态。由（c′）图可知，$^{13}C$ 核 NOE 增强后的强度为 $3\Delta$，而原来的强度为 $\Delta$，即增强了二倍。（d′）图表示由于 $W_0$ 弛豫过程的存在使 $\alpha\beta$ 态和 $\beta\alpha$ 态恢复到平衡分布，此时 $^{13}C$ 核跃迁强度又恢复到 $\Delta$，也即 NOE 消失。因此，在异核（$^1H$-$^{13}C$）情况下，当存在 $W_0$ 漏泄过程时，NOE 增强程度在 0~2 之间。

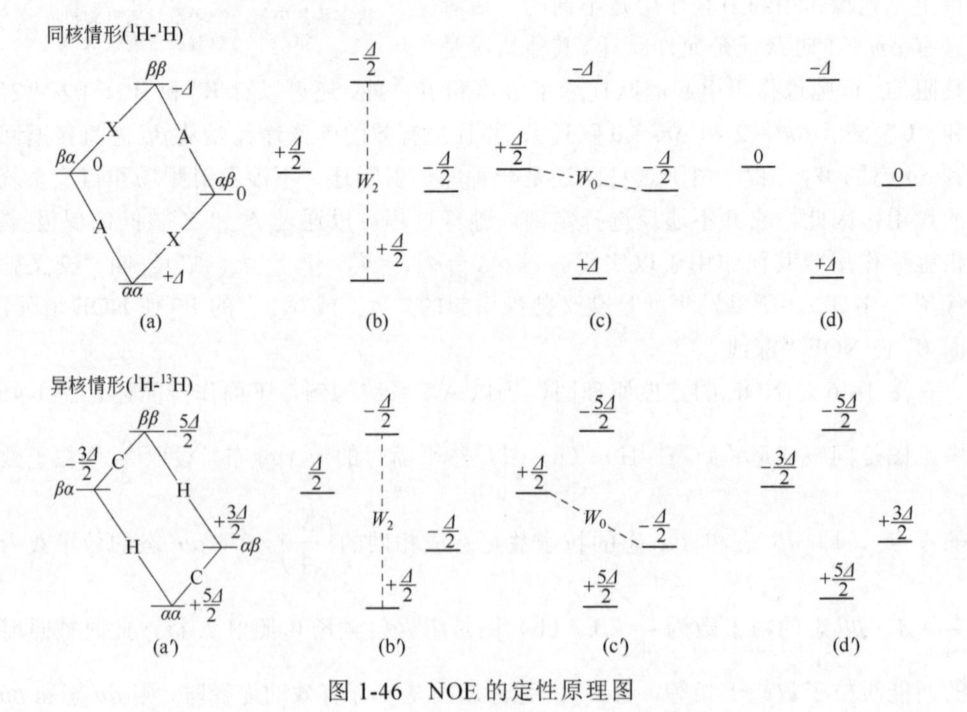


图 1-46　NOE 的定性原理图

对NOE的定量处理是Solomon方程：

$$\eta = \frac{\gamma_X}{\gamma_A} \cdot \frac{W_2 - W_0}{2W_1^A + W_2 + W_0} \tag{1-2}$$

式中，$\eta$ 为NOE增强因子，即照射X核时A核信号增强的倍数；$\gamma_A$ 和 $\gamma_X$ 分别为A核和X核的旋磁比。

要具体计算 $\eta$ 的大小，需将有关理论计算出的 $W_2$、$W_0$ 和 $W_1^A$ 的表达式代入式（1-2），得到

$$\eta = \frac{\gamma_X}{\gamma_A} \times \frac{\dfrac{6}{1+(\omega_A+\omega_X)^2\tau_C^2} - \dfrac{1}{1+(\omega_A-\omega_X)^2\tau_C^2}}{\dfrac{6}{1+(\omega_A+\omega_X)^2\tau_C^2} + \dfrac{1}{1+(\omega_A-\omega_X)^2\tau_C^2} + \dfrac{3}{1+\omega_A^2\tau_C^2}} \tag{1-3}$$

式中，$\omega_A$ 和 $\omega_X$ 分别为A核和X核的共振频率；$\tau_C$ 为相关时间，是分子在溶液中运动失去相关性的时间常数[3]。

对于同核（$^1$H-$^1$H）情况，$\gamma_A = \gamma_X$，且有 $(\omega_A - \omega_X)\tau_C << 1$，按 $\omega_A \approx \omega_X \approx \omega$ 近似处理式（1-3），得到

$$\eta = \frac{5 + \omega^2\tau_C^2 - 4\omega^4\tau_C^4}{10 + 23\omega^2\tau_C^2 + 4\omega^4\tau_C^4} \tag{1-4}$$

对于小分子，由于在溶液中翻转很快，$\tau_C$ 很小，$\omega\tau_C << 1$，此时式（1-4）近似为 $\eta = 50\%$，即为同核最大NOE增强0.5。

对于大分子，$\tau_C$ 很大，式（1-4）中 $\omega^4\tau_C^4$ 项起决定作用，式（1-4）近似为 $\eta = -1$。因此，从小分子到大分子同核NOE的 $\eta$ 从0.5降到−1，通过零值。

从式（1-4）可以算出 $\eta$ 为零的条件：

$$5 + \omega^2\tau_C^2 - 4\,\omega^4\tau_C^4 = 0$$

$$\omega\tau_C \approx 1.12 \tag{1-5}$$

此时观察不到NOE。

对于异核（$^1$H-$^{13}$C）情况，在小分子快速翻转情况下，式（1-3）简化为 $\eta = \dfrac{\gamma_X}{2\gamma_A}$，也即：

$$\eta = \frac{\gamma_H}{2\gamma_C} \approx 2 \tag{1-6}$$

## 4.2 同核二维NOE谱和二维化学交换谱的脉冲序列

同核二维NOE谱（nuclear Overhauser enhancement spectroscopy，NOESY）

和二维化学交换谱（exchange spectroscopy，EXSY）所用的脉冲序列相同，如图1-47所示。设A与X两个核自旋之间存在交叉弛豫（或化学交换，或构型交换）。第一个$90°_{X'}$脉冲使处于热平衡状态中的A及X核的纵向宏观磁化强度矢量从$Z'$轴转向$Y'$轴，产生相应的横向磁化强度矢量。在发展期$t_1$各横向磁化强度矢量以一定的角速度在$X'Y'$平面上转动，因此，起了自旋标记或频率标记的作用。第二个$90°_{X'}$脉冲使标记过的横向磁化强度矢量从$X'Y'$平面转到$X'Z'$平面，在$Z'$轴方向产生纵向磁化强度矢量分量，这些纵向磁化强度矢量包含有A核和X核的进动频率信息。在随后的混合期$\tau_m$中，A核依该纵向磁化强度矢量的大小成比例地与X核产生交叉弛豫（或化学交换），故使X核的纵向磁化强度矢量受到A核进动频率的调制。第三个$90°_{X'}$脉冲使之变成横向磁化强度矢量，紧接着进行检测，即得到A核和X核之间的交叉弛豫（或化学交换）相关峰。

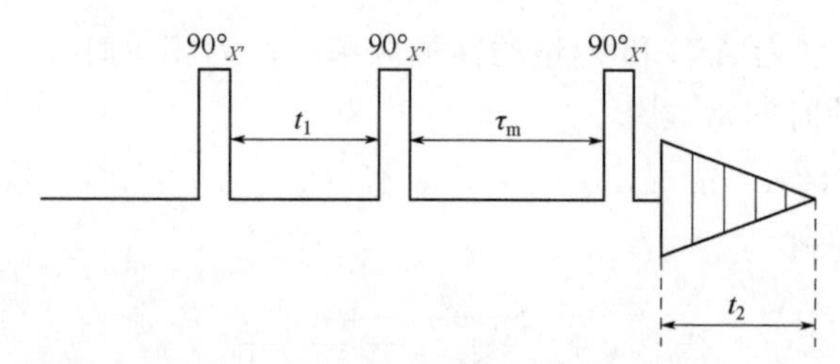


图1-47　二维NOE谱和二维化学交换谱脉冲序列

交叉弛豫的条件是二核空间距离近，但并不要求它们之间一定有$J$偶合作用。化学交换过程与交叉弛豫过程类似，但各自均应选择合适的$\tau_m$值。需注意$\tau_m$与$t_1$、$t_2$不同，$\tau_m$是经实验选取的某一定值。$\tau_m$的最适值由$\tau_m$与分子运动的相关时间之间的关系来决定，随分子量或溶剂等不同而具有相当的幅度。例如，对分子量在500以下的化合物，当用氘代氯仿为溶剂时，$\tau_m$可按几秒设定。当分子量变大时，需把$\tau_m$缩小为几十毫秒。

该脉冲序列的主要问题是不能明显地辨别实验现象是由交叉弛豫还是化学交换引起的，常常从化学观点分析是否存在化学交换，然后对NOESY或EXSY给以解释。

需要指出的是，由式（1-5）可知，当$\omega\tau_C \approx 1.12$时，NOE增益为零，因此，NOESY得不到交叉峰，这种情况往往发生在中等大小的分子（分子量1000~5000）。此时，ROESY（rotating frame Overhause effect spectroscopy）是一种理想的解决方法。

图1-48是ROESY脉冲序列图。90°脉冲产生横向磁化强度矢量，在$t_1$的时间内完成各个横向磁化强度矢量的频率标记，在自旋锁定期间则发生锁定了$Y'$轴上的交叉弛豫，即发生旋转坐标系中的NOE，经$t_2$检测，即得到ROESY。对于

ROESY，同样有一定的数学表达式，说明 ROESY 实验中不会出现 NOE 零增益问题，具体表达式不再赘述，读者感兴趣可查有关专著。

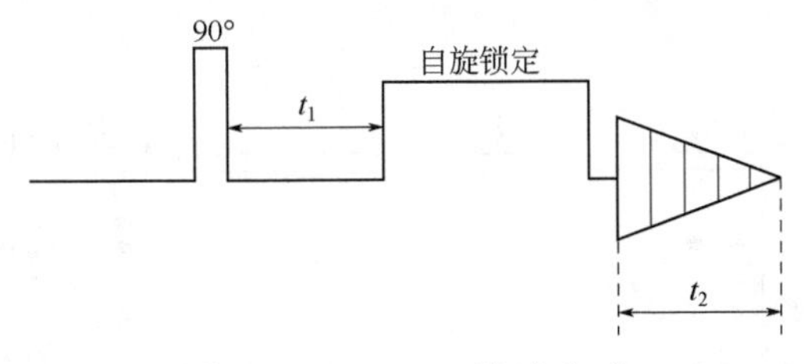


图 1-48　ROESY 脉冲序列

# 4.3　同核二维 NOE 谱和二维化学交换谱举例

因为核间 NOE 能提供有关质子间距离的重要信息，因此，二维 NOE 谱解析分子结构（特别是立体结构）十分有用。除了用于有机化合物结构鉴定之外，NOESY 多用于生物大分子，如较小的蛋白质和寡肽的氨基酸顺序测定以及寡糖的连接顺序和连接位置的测定。NOESY 对研究溶液中的小的蛋白质分子的构象有时也起着重要作用。

**例 1-11**　feshurin 的二维 NOE 谱[6,7]

图 1-49 为通过 NOESY 实验观测到的 feshurin（**1-3**）的 NOE 相关，图 1-50 为 feshurin 的 $\delta_H$ 0.70~4.50 的 NOESY（等高线图），图中，a 为 Me-13′（$\delta_H$ 0.86）和 Me-15′（$\delta_H$ 0.96）的 NOE 相关峰，但是，Me-13′和 Me-14′（$\delta_H$ 1.00）的 NOE 相关峰也包含在 a 中，通过图谱放大，a 点对应于 Me-13′与 Me-14′和 Me-15′的相关得到明确认定；b、c、d、e 和 f 分别为 Me-12′（$\delta_H$ 1.25）和 Me-15′、H-6′$\beta$（$\delta_H$ 1.37）和 Me-15′、Me-13′和 H-6′$\beta$、H-9′（$\delta_H$ 1.88）和 H-5′（$\delta_H$ 1.54）以及 H-9′和 H-1′$\alpha$（$\delta_H$ 1.69）的 NOE 相关峰。由上述各相关峰可推测 Me-12′、Me-13′、Me-15′

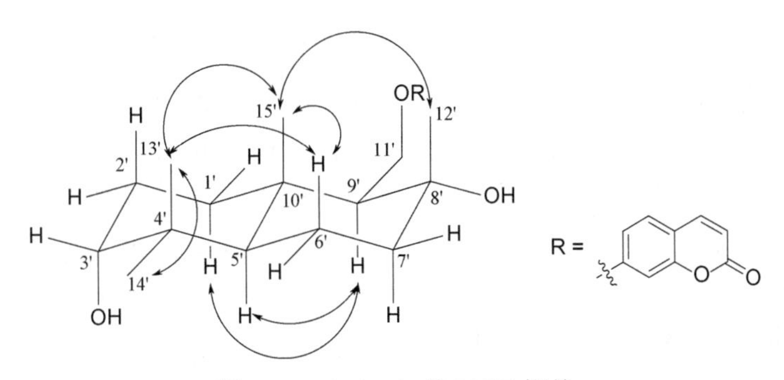


图 1-49　feshurin 的 NOE 相关

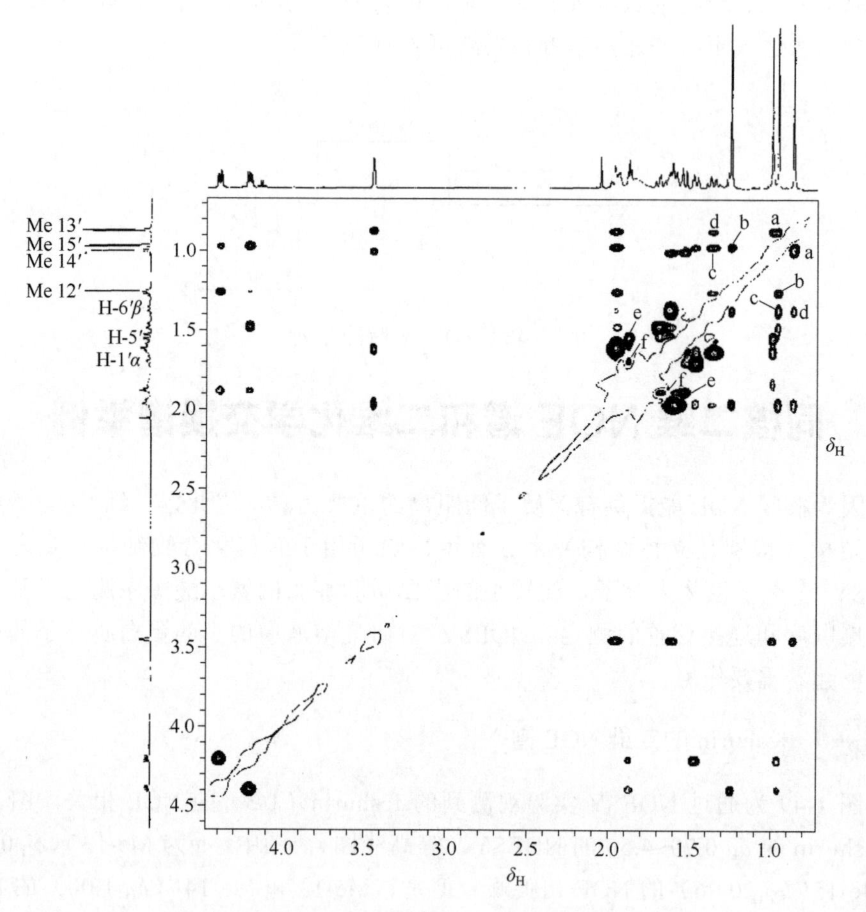


图 1-50　feshurin 的 NOESY（$CDCl_3$，500MHz）

和 H-6′β 处于同侧，即为 β-取向，而 H-9′、H-5′和 H-1′α 处于同侧，即为 α-取向。化合物 feshurin 的 NOESY 数据见表 1-1。

**例 1-12**　tamarixetin-3-*O*-α-L-ribopyranoside 的二维化学交换谱[15]

图 1-51 为 tamarixetin-3-*O*-α-L-ribopyranoside（**1-10**）的二维化学交换图谱示例。由于该化合物是黄酮苷类，其分子内含有 6 个羟基，这些羟基均可以与 DMSO-$d_6$ 溶剂中的水进行化学交换，同时它们之间互相交换的交叉峰也均能看到。由于 5-位羟基有较强的分子内氢键，OH-5 与 OH-2″、OH-3″、OH-4″相互交换交叉很微弱。通过二维化学交换谱（EXSY）测定获得的 tamarixetin-3-*O*-α-L-ribopyranoside 的 EXSY 数据见表 1-8。

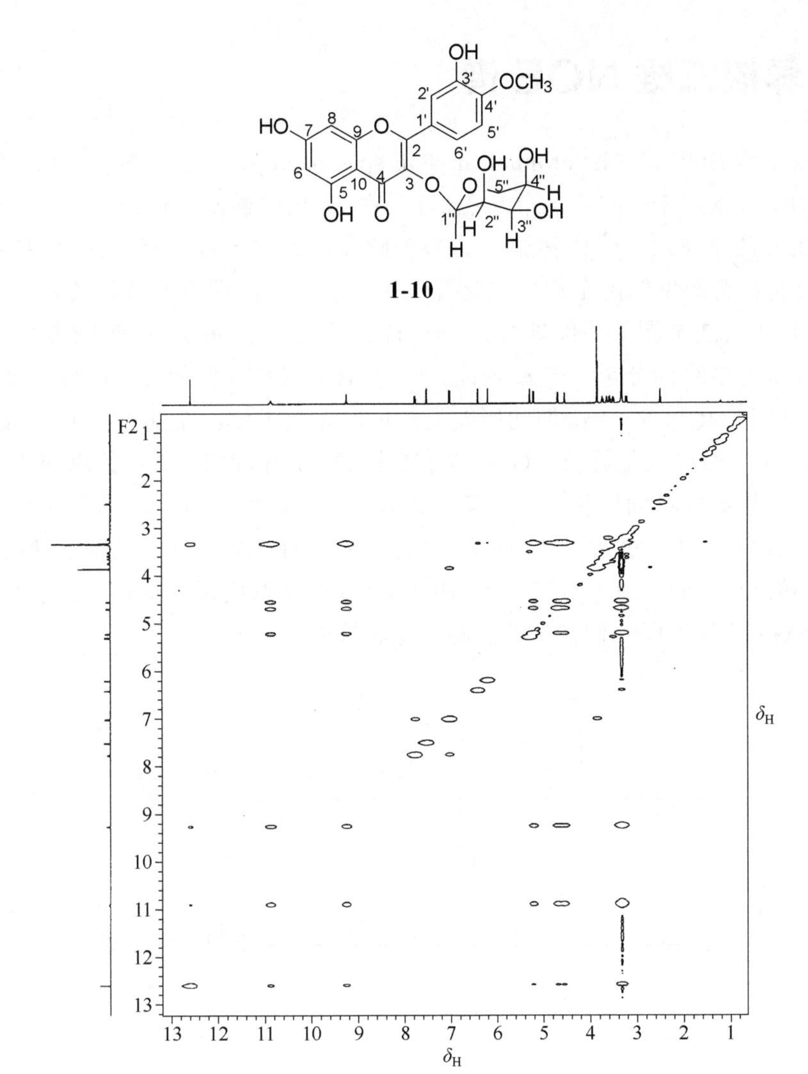


图 1-51　tamarixetin-3-*O*-*α*-L-ribopyranoside 的 EXSY

**表 1-8　tamarixetin-3-*O*-*α*-L-ribopyranoside 中羟基的 EXSY 数据（DMSO-$d_6$，500MHz）**

| OH | $\delta_H$ | EXSY($\delta_{H}/\delta_{H}$) |
|---|---|---|
| 5 | 12.59 | 12.59/3.30, 9.24, 10.87 |
| 7 | 10.87 | 10.87/3.30, 4.54, 4.69, 5.21, 9.24, 12.59 |
| 3′ | 9.24 | 9.24/3.30, 4.54, 4.69, 5.21, 10.87, 12.59 |
| 2" | 5.21 | 5.21/3.30, 4.54, 4.69, 9.24, 10.87, 12.59 |
| 3" | 4.69 | 4.69/3.30, 4.54, 5.21, 9.24, 10.87, 12.59 |
| 4" | 4.54 | 4.54/3.30, 4.69, 5.21, 9.24, 10.87, 12.59 |
| $H_2O$（溶剂中） | 3.30 | 3.30/4.54, 4.69, 5.21, 9.24, 10.87, 12.59 |

## 4.4 异核二维 NOE 谱

异核二维 NOE 谱（heteronuclear NOE spectroscopy，HOESY）的脉冲序列如图 1-52 所示。对 $^1$H 核的第一个 90°脉冲产生 $^1$H 核的横向磁化强度矢量，此时 $t_1$ 开始，在 $t_1$ 的中点对 $^{13}$C 核施加一个 180°脉冲，到达 $t_1$ 终点时，该 $^1$H 核由于受 $^{13}$C 核的偶合而产生的两个横向磁化强度矢量会聚，与偶合常数无关，受化学位移所调制（见 1.3 节图 1-7 和图 1-8）。对 $^1$H 核的第二个 90°脉冲使 $^1$H 核的横向磁化强度矢量产生纵向分量。在 $\tau_m$ 期间，产生 $^1$H 核和 $^{13}$C 核的交叉弛豫，即 NOE。此时的情况和 NOESY 中 $\tau_m$ 期间所发生的情况完全类似，差别仅在于 NOESY 中是同核 NOE，而现在是异核 NOE。对 $^{13}$C 核的 90°脉冲将 $^{13}$C 核的纵向磁化强度矢量转成可检测的横向磁化强度矢量，则检出的 $^{13}$C 信号与 $^1$H 核有 NOE 相关。HOESY 图谱与 C-H COSY 图谱相似，差别在于 C-H COSY 的交叉峰反映的是 $^{13}$C 核和 $^1$H 核之间的键连偶合关系，而 HOESY 的交叉峰则反映的是 $^{13}$C 核和 $^1$H 核之间的 NOE 关系，即它们在空间的距离是相近的。

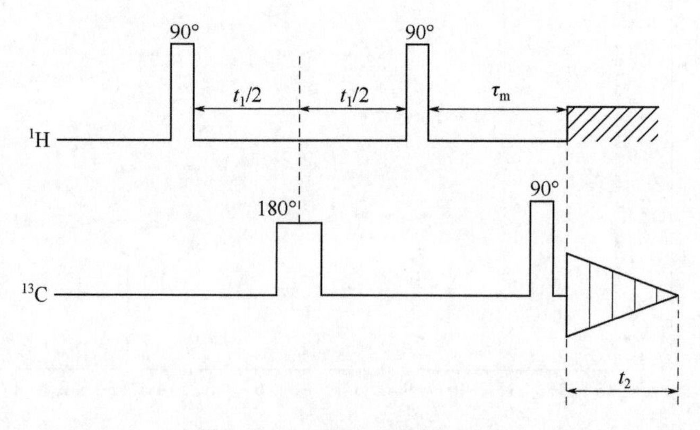


图 1-52　HOESY 脉冲序列

**例 1-13**　α-山道年的异核二维 NOE 谱

图 1-53 为 α-山道年（α-santonin，**1-11**）HOESY 示例。根据氢化学位移和偶合分裂情况，α-山道年的 H-1、H-2、H-6、H-11 和 Me-13、Me-14、Me-15 可以明确归属，在 HOESY 中可以清楚地看到，上述 C-H HOESY 相关均由强的交叉峰显示出来，碳峰归属即被明确。特别要指出的是，C-7 和 C-11 以及 3 个甲基碳归属不易区分，通过 HOESY 交叉峰立刻可将其区分。同样 C-4 和 C-5 以及 C-8 和 C-9 的归属区分可以通过 HOESY 的 C-H 相关和 C-H 远程相关确定。α-山道年的 HOESY 数据见表 1-9。

**1-11**

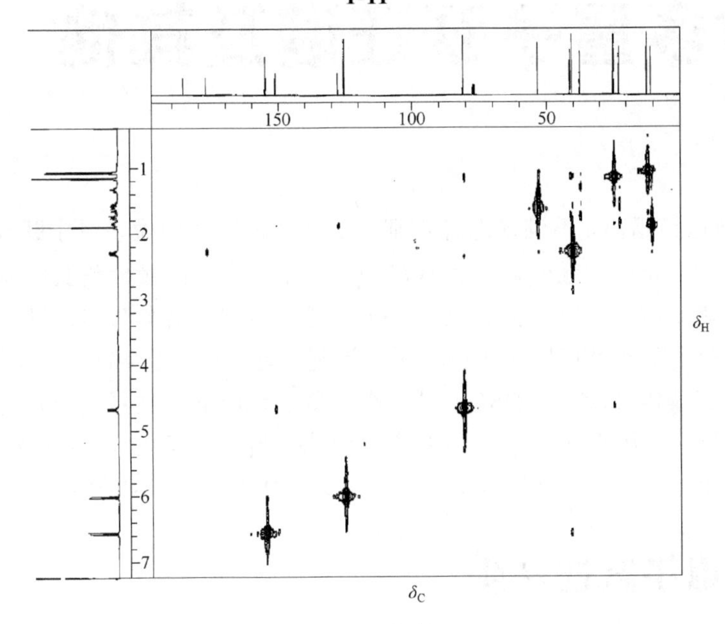


图 1-53　$\alpha$-山道年的 HOESY

**表 1-9　$\alpha$-山道年的 HOESY 数据（$CDCl_3$，400MHz/H）**

| C | $\delta_C$ | $\delta_H$ | HOESY($\delta_C$ /$\delta_H$) |
|---|---|---|---|
| 1 | 155.1 | 6.58d | 155.1/6.58 |
| 2 | 125.9 | 6.01d | 125.9/6.01 |
| 3 | 186.0 | | |
| 4 | 128.4 | | 128.4/1.95 |
| 5 | 151.5 | | 151.5/4.68 |
| 6 | 81.5 | 4.68brd | 81.5/4.68, 1.18, 2.30 |
| 7 | 54.0 | 1.62m | 54.0/1.62, 2.30 |
| 8 | 23.8 | 1.62m, 1.86m | 23.8/1.62, 1.86 |
| 9 | 39.3 | 1.34m, 1.79m | 39.3/1.34, 1.79 |
| 10 | 41.7 | | 41.7/1.18, 1.79, 6.58 |
| 11 | 41.2 | 2.30dq | 41.2/2.30 |
| 12 | 177.4 | | 177.4/2.30 |
| 13 | 12.5 | 1.05d | 12.5/1.05 |
| 14 | 10.9 | 1.95s | 10.9/1.95 |
| 15 | 25.3 | 1.18s | 25.3/1.18, 4.68 |

# 第5章

# 二维多量子跃迁谱及其他

1.3.6 节已经指出，不满足选择定则 $|\Delta m| = 1$ 的跃迁叫做多量子跃迁。一般情况下，产生的多量子跃迁不能直接观测到，利用二维谱间接检测发展期信息的特点，可以用来观测禁阻跃迁尤其是多量子跃迁，得到的谱图叫作二维多量子跃迁谱。二维多量子跃迁谱可以使谱的分析更清楚、更简化、更丰富。需要说明的是，双量子相干相关谱（DQC-COSY）是二维多量子跃迁谱的主要代表。为了讨论方便，本章顺便介绍了双量子滤波相关谱、$^{1}$H 检测的异核多量子相干相关谱（HMQC）、HSQC、$^{1}$H 检测的异核多键相关谱（HMBC）和 HMQC-TOCSY。

## 5.1 多量子跃迁产生

目前，用于产生多量子跃迁的脉冲序列以 $90°_{X'}$–$\tau$–$90°_{X'}$为代表。第一个 90°脉冲产生横向磁化强度矢量，而第二个 90°脉冲将它重新分配到所有可能的跃迁上，其中当然也包括多量子跃迁，只是在化学位移相关谱中我们观察不到它。第二个 90°脉冲的分配情况，与加脉冲前的状态有关，即与时间 $\tau$ 有关，而且分配到多量子跃迁的部分是 $J$ 偶合引起的反平行分量［参见 1.3.1 节（1）］。

为了抑制化学位移的影响，采用脉冲序列如下：

$$90°_{X'}–\tau–180°_{Y'}–\tau–90°_{X'}$$

又为了使两个分量反平行，应使

$$\sin(2\pi J_{AX}\tau) = \pm 1 \qquad (1\text{-}7)$$

亦即

$$\tau = \frac{2n+1}{4J_{AX}} \qquad (1\text{-}8)$$

式中，$n$ 可取 0，1，2，3，…

这是产生多量子跃迁的最佳条件，也即抑制了单量子跃迁的最佳条件。这时产生的双量子跃迁与零量子跃迁如图 1-54 所示。图中表明 AX 双重线反平行在某一轴上，在该轴上加 90°脉冲就能产生纯多量子跃迁，如果两个双重线的相位相同，产生纯双量子跃迁，如果两个双重线的相位相反，则产生纯零量子跃迁。

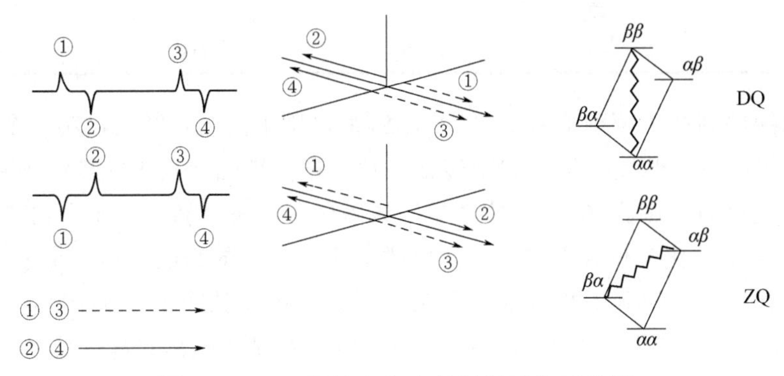


图 1-54　AX 系统产生多量子跃迁的示意图

## 5.2　双量子相干相关谱

由于 H-H COSY 的对角线（$\omega_1 = \omega_2$）上或附近，常存在密集的相关峰，故相近化学位移的质子信号不易辨析，而双量子相干相关谱（double quantum coherence correlation spectro- scopy，DQC-COSY）的斜对角线（$\omega_1 = \pm 2\omega_2$）上没有相关峰，图面干净，不存在对角线峰附近掩盖信号（交叉峰）的问题，可清晰地解决这个问题。

本节所说的双量子相干相关谱指的是同核质子之间的相干相关谱，其脉冲序列如图 1-55 所示。

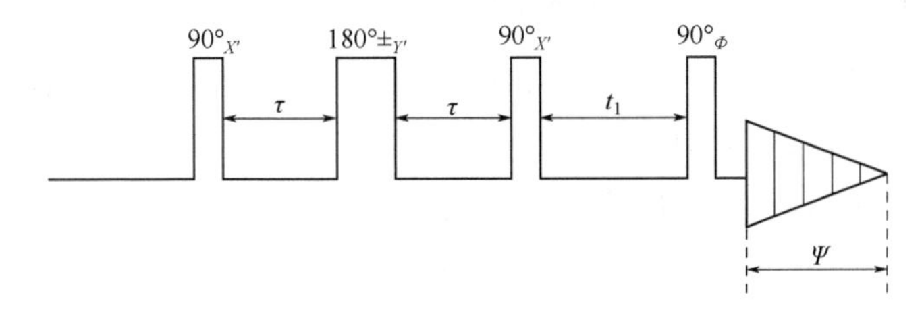


图 1-55　双量子相干相关谱脉冲序列

图 1-55 中 $\tau$ 和 $t_1$ 为时间间隔，$90°_{\Phi}$ 为一个读出脉冲（“read” pulse），$\psi$ 为取样时接收器遵从的特定的参考相位。$\Phi$ 和 $\psi$ 是相关联的，它们按表 1-10 逐次变化。下面将该脉冲序列作一简单解释。

表 1-10　读出脉冲相位 $\Phi$ 和接收器相位 $\psi$ 及三种信号的相位比较

| $\Phi$ | $S_0$ | $S_1$ | $S_2$ | $\psi$ |
|---|---|---|---|---|
| $+x$ | $-y$ | $+x$ | $+x$ | $+x$ |
| $+y$ | $+x$ | $+y$ | $-y$ | $-y$ |
| $-x$ | $+y$ | $+x$ | $-x$ | $-x$ |
| $-y$ | $-x$ | $+y$ | $+y$ | $+y$ |

该脉冲序列产生两种信号 $S_0$ 和 $S_2$。$S_0$ 来自质子的正常跃迁，第一个 $90°_{X'}$脉冲，使质子的磁化强度矢量从 $Z'$轴转到 $Y'$轴，设旋转坐标系的旋转角速度等于质子的化学位移值，则在 $90°_{X'}$脉冲之后，该磁化强度矢量将一直沿着 $Y'$轴方向。$T$−$180°_{\pm Y'}$−$\tau$ 可使化学位移重聚焦并克服磁场不均匀性的影响。第二个 $90°_{X'}$ 脉冲使该磁化强度矢量转到$-Z'$轴方向。按表 1-10，当读出脉冲相位 $\Phi$ 按$+x$，$+y$，$-x$，$-y$ 变化时，$S_0$ 的相位分别为$-y$，$+x$，$+y$，$-x$。$S_2$ 是我们感兴趣的信号，$S_2$ 并不是一个真正的磁化强度矢量，而是表示两个偶合质子的 $\alpha\alpha$ 和 $\beta\beta$ 能级的相干性，我们称它为双量子相干性（double-quantum coherence）。$S_2$ 难以用矢量模型清晰地描述。为达到磁化强度矢量向双量子相干性的最大转移，要求时间间隔 $\tau$ 满足式（1-8），经读出脉冲 $90°_{\Phi}$，$S_2$ 成为一个可检测的信号，其相位如表 1-10 所示。

接收器的相位是与 $\Phi$ 匹配的。当 $\Phi$ 分别沿$+x$，$+y$，$-x$，$-y$ 时，$\psi$ 分别沿$+x$，$-y$，$-x$，$+y$，这正是 $S_2$ 的相位，因此，$S_2$ 被检测出来。而 $S_0$ 的相位则与 $\psi$ 的相位不同，因此，$S_0$ 被抑制掉。

由于 $S_0$ 比 $S_2$ 强两个数量级，而脉冲的不准确性又不能完全避免，因此，在 $t_1$ 的时间间隔内会产生虚假的信号 $S_1$，应尽量将它去除掉。该脉冲序列中 180°脉冲采用 $180°_{\pm Y'}$，并按表 1-10 逐次变化 $\Phi$ 和 $\psi$，由此可去掉 $S_1$。

## 例 1-14　士的宁的双量子相干相关谱[16]

图 1-56 为二维双量子跃迁谱图谱示例，为士的宁（strychnine，**1-12**）的二维双量子跃迁谱。图中可以看到 $H_{22}/H_{23a}$，$H_{22}/H_{23b}$，$H_{12}/H_{11a}$，$H_{12}/H_{11b}$，$H_{20a}/H_{20b}$，$H_{18a}/H_{18b}$，$H_{11a}/H_{11b}$，$H_{12}/H_{13}$，$H_8/H_{13}$，$H_{18a}/H_{17a,b}$，$H_{18b}/H_{17a,b}$，$H_{15a}/H_{15b}$ 之间的相关峰。

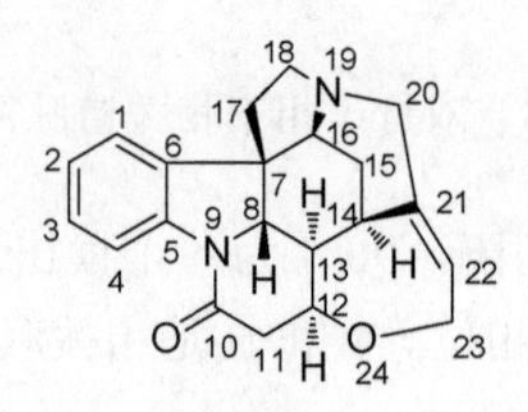


**1-12**

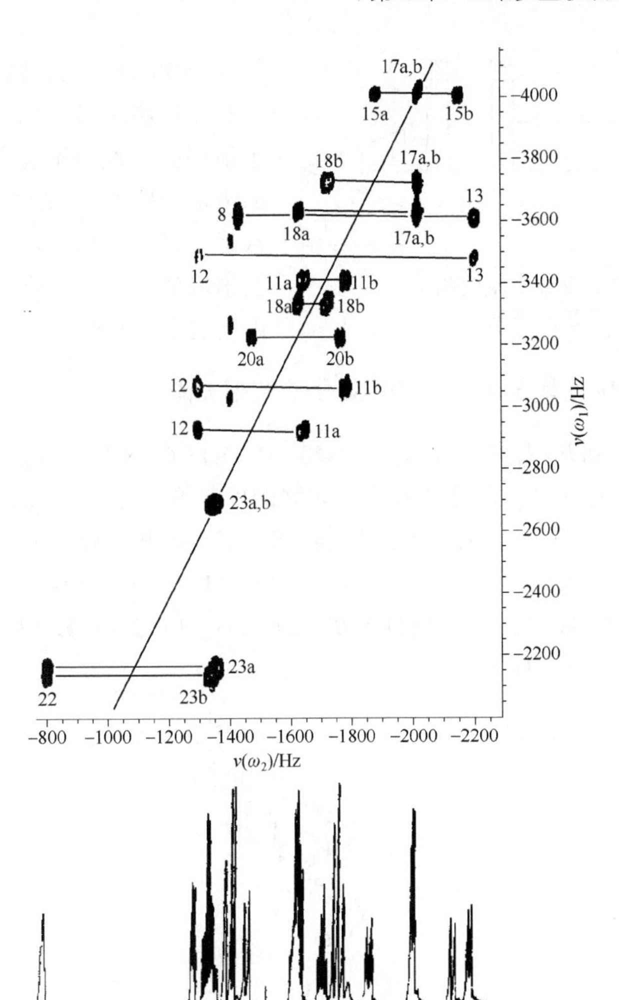


图 1-56　士的宁的 DQC-COSY（$CDCl_3$，300MHz）

## 5.3　双量子滤波相关谱

当氢谱中有强的尖锐的单峰存在（如溶剂峰或样品化合物中含有叔丁基、甲氧基等官能团）时，常规的 H-H COSY 谱常常显现不出弱的峰组所产生的相关峰，双量子滤波相关谱（double quantum filtered correlation spectroscopy，DQF-COSY）脉冲序列正是为解决该问题而设计的。

图 1-57 为双量子滤波相关谱的脉冲序列图。对比图 1-57 和图 1-27 可知，DQF-COSY 谱的脉冲序列是在 H-H COSY 谱脉冲序列第二个 90°脉冲之后，插入一个很短的固定延迟时间 $\Delta$（几个微秒），以产生相移，紧接着再加第三个 90°脉冲。

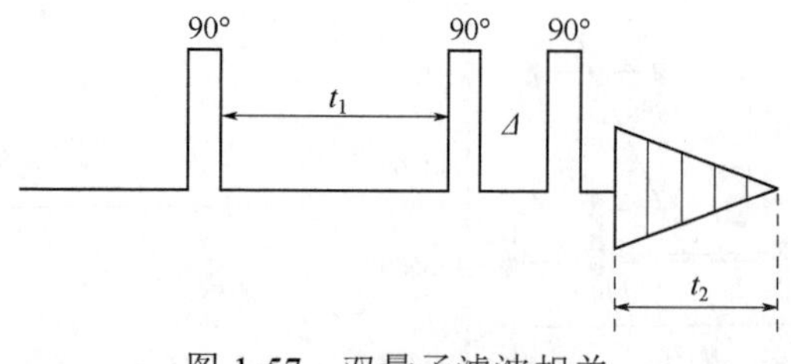


图 1-57　双量子滤波相关谱脉冲序列

第三个 90°脉冲的相循环是独立的，这一相循环将单量子相干滤去（即滤掉了很强的单峰和不能产生多量子相干的溶剂峰信号），保留并观测双量子和双量子以上的相干，同时减弱对角线上谱峰的强度，有利于解析对角线峰附近的小交叉峰。

**例 1-15**　20(*R*)-人参皂苷-Rg3 的双量子滤波相关谱[17]

图 1-58 为 20(*R*)-人参皂苷-Rg3（**1-13**）的 DQF-COSY，在 $\delta_H$ 0.50~2.00 区间，虽然 20(*R*)-人参皂苷-Rg3 氢谱中存在许多强的甲基单峰，然而其范围的 DQF-COSY 交叉峰分辨很好，可以清楚地观察到对角线峰附近的相关峰。有关数据（$\delta_H/\delta_H$）为：3.29（H-3）/2.19（H-2$\alpha$）、1.81（H-2$\beta$）；0.69（H-5）/1.50（H-6$\alpha$）、1.37（H-6$\beta$）；3.91（H-12）/1.98（H-11$\alpha$）、1.51（H-11$\beta$）、2.01（H-13）；2.40（H-17）/1.94（H-16$\alpha$）、1.37（H-16$\beta$）、2.01（H-13）。

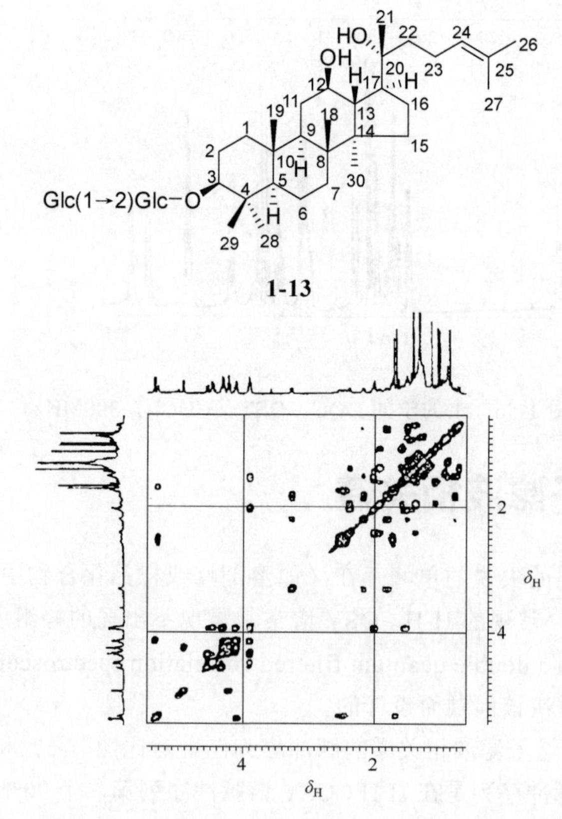


图 1-58　20(*R*)-人参皂苷-Rg3 的 DQF-COSY（$C_5D_5N$，500MHz）

# 5.4 $^{1}$H 检测的异核多量子相干相关谱

$^{1}$H 检测的异核多量子相干相关谱（$^{1}$H detected heteronuclear multiple quantum coherence correlation spectroscopy）包括 HMQC 和 HSQC 两种。下面分别介绍。

## 5.4.1 HMQC

3.5 节介绍的碳-氢相关谱（C-H COSY），由于检测旋磁比较低的 $^{13}$C 核，灵敏度较低。HMQC（$^{1}$H detected heteronuclear multiple quantum coherence）是通过多量子相干间接检测旋磁比较低的 $^{13}$C 核的技术，由于多量子相干转移，使其灵敏度大大提高。因此，现在观测相隔一键的 C-H 相关多采用 HMQC，其图谱特点与 C-H COSY 相似。不同之处是 HMQC 的 $\omega_2$ 轴是 $\delta_H$，$\omega_1$ 轴是 $\delta_C$；而 C-H COSY 的 $\omega_2$ 轴是 $\delta_C$，$\omega_1$ 轴是 $\delta_H$。

图 1-59 为 HMQC 的脉冲序列图，其原理用磁化强度矢量模型解释比较困难，应由乘积算符理论解释。为便于理解，用磁化强度矢量模型解释如下：

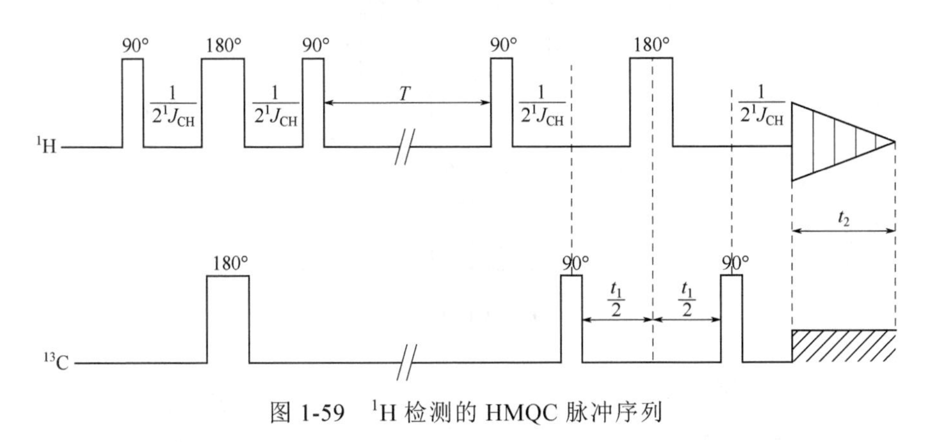


图 1-59 $^{1}$H 检测的 HMQC 脉冲序列

（1）开始用的 BIRD（bilinear rotational decoupling）脉冲序列（见图 1-60）可以有效地抑制与 $^{12}$C 直接相连的氢的干扰信号。

HMQC 谱显示直接相连的 C-H 相关。从同位素丰度看，$^{13}$C 仅占 1%，$^{12}$C 占 99%。因此，要检测直接与 $^{13}$C 相连的氢，与 $^{12}$C 直接相连的氢的磁化强度矢量必然产生强的干扰信号，具体表现为在 $\omega_2$ 轴的强峰位置出现平行于 $\omega_1$ 轴从上到下（或从左到右）的一整条干扰信号。为了消除该干扰信号，采用 BIRD 脉冲序列，使与 $^{12}$C 直接相连的氢的磁化强度矢量翻转到$-Z'$ 轴方向，经 $T$ 时间间隔，纵向弛豫使其基本变为零，因而干扰信号基本消失。

图 1-60 和图 1-61 分别为 BIRD 脉冲序列图和原理图。在 a 点，与 $^{13}$C 直接相

连的氢和与 $^{12}$C 直接相连的氢的磁化强度矢量均沿着 $Z'$ 轴。经 $90°_{X'}$脉冲的作用，两种氢的磁化强度矢量均转到 $Y'$轴（b 点）。设旋转坐标系的旋转频率等于氢的化学位移，则与 $^{12}$C 直接相连的氢的磁化强度矢量将一直沿着 $Y'$轴方向，与 $^{13}$C 直接相连的氢由于受 $^{13}$C 的偶合，将从 $Y'$轴方向开始，分别以 $\frac{2\pi ^1J_{CH}}{2}$ 的角速度沿顺时针、反时针方向旋转。经 $\frac{1}{2^1J_{CH}}$ 到达 c 点，与 $^{13}$C 相连的氢的两个磁化强度矢量均转动了 $2\pi\cdot\frac{^1J_{CH}}{2}\cdot\frac{1}{2^1J_{CH}}=\frac{\pi}{2}$ 弧度，亦即分别沿 $X'$和$-X'$方向。对 $^1$H 施加 $180°_{X'}$脉冲，到达 d 点，与 $^{12}$C 直接相连的氢的磁化强度矢量转到$-Y'$轴，与 $^{13}$C 相连的氢的磁化强度矢量沿$\pm X'$轴保持不动。此时（d 点），由于同时对 $^{13}$C 也施加了 $180°_{X'}$脉冲，所以与 $^{13}$C 直接相连的氢的两个磁化强度矢量旋转方向改变。再经历 $\frac{1}{2^1J_{CH}}$ 的时间间隔，即 e 点，与 $^{13}$C 直接相连的氢的两个磁化强度矢量会聚于 $Y'$轴，与

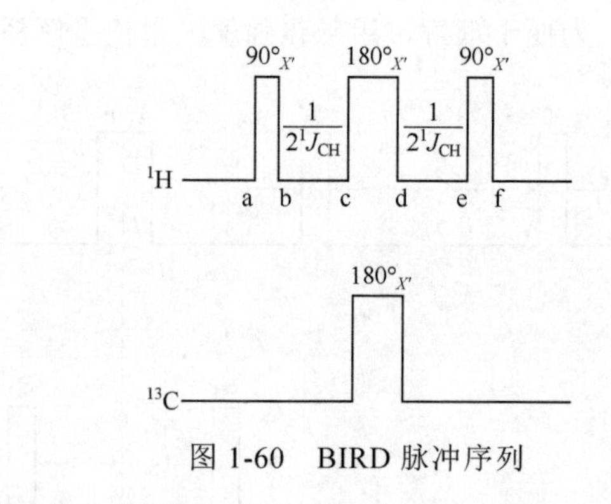


图 1-60　BIRD 脉冲序列

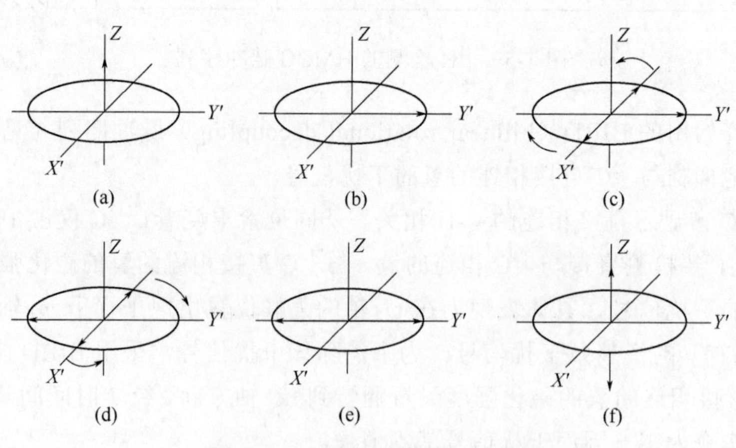


图 1-61　BIRD 脉冲序列原理

$^{12}$C 直接相连的氢的磁化强度矢量仍沿着$-Y'$轴。对 $^{1}$H 施加 $90°_{X'}$脉冲到 f 点，则与 $^{12}$C 直接相连的氢的磁化强度矢量沿 $Z'$轴方向，与 $^{13}$C 直接相连的氢的磁化强度矢量沿$-Z'$轴方向。如果 90°脉冲沿$-X'$轴，则与 $^{12}$C 和 $^{13}$C 直接相连的氢的磁化强度矢量方向互换。

（2）$t_1/2$，180°，$t_1/2$ 起 $\delta$ 标记的作用［见 1.3.1 节（2）化学位移 $\delta$ 调制］，把 $\delta_H$ 和 $\delta_C$ 关联起来。

（3） 在采样时对 $^{13}$C 去偶，得到的是不被 $^{13}$C 分裂的 $^{1}$H 信号。

在二维谱实验中，由于 $\omega_2$ 轴的分辨率决定于所用数据点的多少，$\omega_1$ 轴的分辨率决定于 $t_1$ 的长短，一般情况下，$t_1$ 要比数据点小，因此，$\omega_2$ 轴的分辨率要比 $\omega_1$ 轴的分辨率好得多。HMQC 谱 $\omega_1$ 轴（$\delta_C$）分辨率差是其较大的缺点，因此，若样品量多，宜选择 C-H COSY 谱。

**例 1-16** ravidin B 的 HMQC[18]

图 1-62 为 ravidin B（**1-14**）的 HMQC。图中，可以清楚地看到 ravidin B 的 C-H 一键相关，如 H-3、H-12、H-14、H-15 和 H-16 五个次甲基氢与 C-3、C-12、C-14、C-15 和 C-16 五个次甲基碳的相关分别是：$\delta_H$ /$\delta_C$ 2.96d/59.7，5.36dd/70.8，6.40brs/108.1，7.44brs/144.1，7.48 brs/139.9。而 $CH_2$-7 亚甲基氢与 $CH_2$-7 亚甲基碳的相关是：$\delta_H/\delta_C$ 2.93dd/43.8 和 2.33dd/43.8。ravidin B 的详细 HMQC 数据见表 1-11。

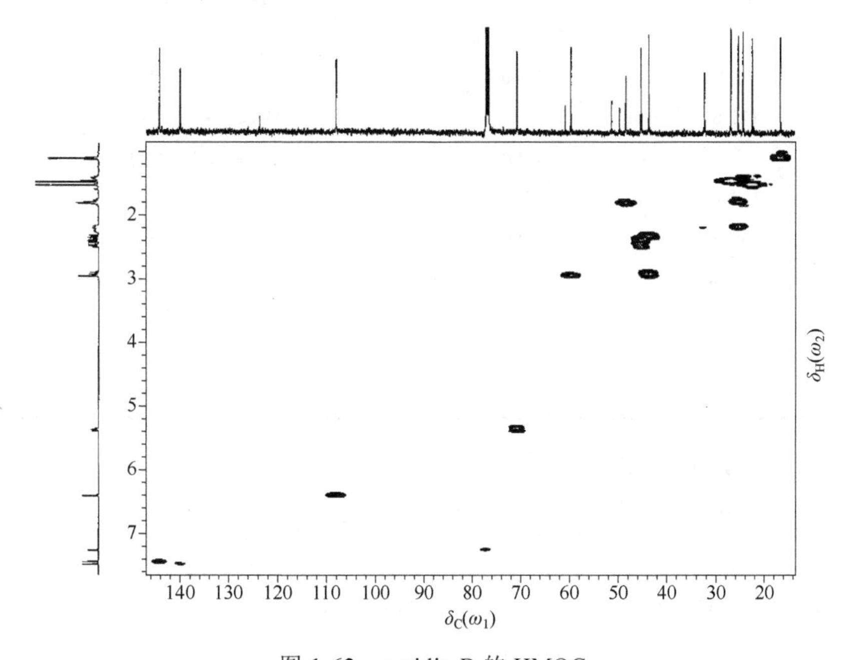


图 1-62 ravidin B 的 HMQC

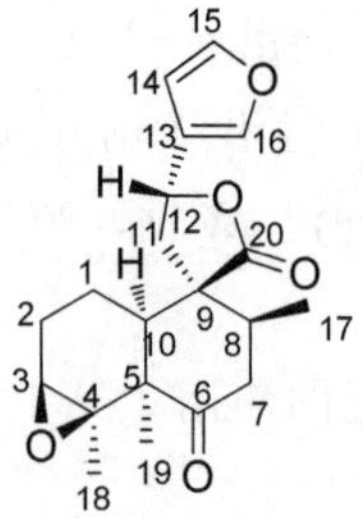

**1-14**

表 1-11 ravidin B 的 HMQC、HMBC 数据（$CDCl_3$，500MHz/H）

| C | $\delta_C$(DEPT) | HMQC($\delta_H$) | HMBC |
|---|---|---|---|
| 1 | 24.6t | 约 1.42ov | H-2, H-3, H-10 |
| 2 | 25.5t | 约 1.77ov, 2.19dd | H-1, H-3, H-10 |
| 3 | 59.7d | 2.96d | H-1, H-2, $CH_3$-18 |
| 4 | 60.8s | | H-2, $CH_3$-18, $CH_3$-19 |
| 5 | 49.7s | | H-1, H-10, H-7, $CH_3$-18, $CH_3$-19 |
| 6 | 211.5s | | H-7$\alpha$, H-7$\beta$, H-10, $CH_3$-17, $CH_3$-19 |
| 7 | 43.8t | 2.93dd, 2.33dd | $CH_3$-17, H-8 |
| 8 | 32.4d | 2.24m | $CH_3$-17, H-7, H-10 |
| 9 | 51.3s | | H-1, H-7, H-10, H-11, $CH_3$-17, $CH_3$-19 |
| 10 | 48.5d | 约 1.80ov | $CH_3$-19, H-11, H-2, H-1 |
| 11 | 45.3t | 2.48dd, 2.39dd | H-10, H-12 |
| 12 | 70.8d | 5.36dd | H-11$\beta$ |
| 13 | 123.6s | | H-12, H-14, H-15, H-16 |
| 14 | 108.1d | 6.40brs | H-12, H-15, H-16 |
| 15 | 144.1d | 7.44brs | H-14, H-16 |
| 16 | 139.9d | 7.48brs | H-12, H-15 |
| 17 | 16.7q | 1.11d | H-8, H-7$\alpha$ |
| 18 | 22.6q | 1.53s | H-3 |
| 19 | 27.1q | 1.47s | H-10 |
| 20 | 175.8s | | H-8, H-11$\alpha$ |

## 例 1-17 雪胆素 C 的 HMQC[19]

图 1-63 为雪胆素 C（hemslecin，**1-15**）的 HMQC。图中可以清楚地看到雪胆素 C 的 C-H 一键相关，如 C-2、C-3 和 C-16 三个连氧次甲基碳与 H-2、H-3 和 H-16 三个次甲基氢的相关分别是：$\delta_C/\delta_H$ 71.05/4.07m，81.47/3.39d，70.23/4.63brdd。雪胆素 C 的详细 HMQC 数据见表 1-12。

**1-15**

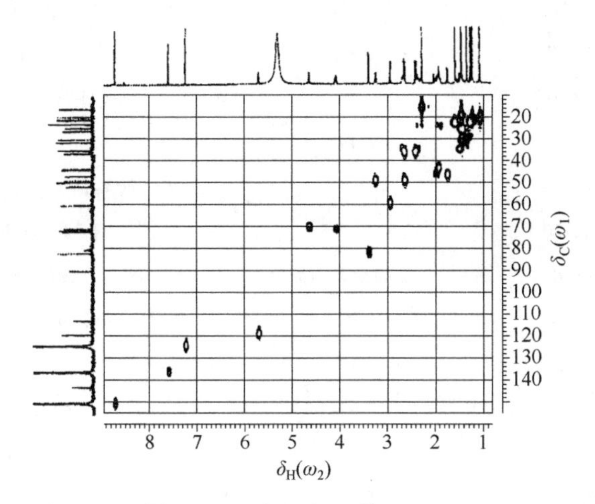


图 1-63　雪胆素 C 的 HMQC

**表 1-12　雪胆素 C 的 HMQC、HMBC 数据（$C_5D_5N$，500MHz/H）**

| C | $\delta_C$ | HMQC($\delta_H$) | HMBC |
|---|---|---|---|
| 1 | 34.73 | 2.29m, 2.37m | H-2, H-10 |
| 2 | 71.05 | 4.07m | H-1, H-3 |
| 3 | 81.47 | 3.39d | H-1, H-2, $CH_3$-28, $CH_3$-29 |
| 4 | 42.86 | | $CH_3$-28, $CH_3$-29 |
| 5 | 142.50 | | H-1, H-10, $CH_3$-28, $CH_3$-29 |
| 6 | 118.60 | 5.69brs | H-1, H-7 |
| 7 | 24.12 | 1.91m | H-6, H-8 |
| 8 | 34.41 | 1.48m | H-7, H-10 |
| 9 | 48.15 | | H-8, H-10, $CH_3$-19 |
| 10 | 43.31 | 1.92m | H-1 |

续表

| C | $\delta_C$ | HMQC($\delta_H$) | HMBC |
|---|---|---|---|
| 11 | 212.90 | | H-8, H-12, $CH_3$-19 |
| 12 | 48.91 | 2.64d, 3.22d | $CH_3$-18 |
| 13 | 48.15 | | H-12, H-17, $CH_3$-18, $CH_3$-30 |
| 14 | 50.10 | | H-8, $CH_3$-18, $CH_3$-30 |
| 15 | 46.23 | 1.73d, 1.97m | H-16 |
| 16 | 70.23 | 4.63brdd | H-15, H-17 |
| 17 | 59.56 | 2.94dd | H-16, $CH_3$-18, $CH_3$-21 |
| 18 | 19.02 | 1.22s | H-12 |
| 19 | 20.19 | 1.06s | H-10 |
| 20 | 89.46 | | H-16, H-17, $CH_3$-21 |
| 21 | 20.42 | 1.44s | |
| 22 | 207.40 | | H-17, H-24$\alpha$, H-24$\beta$, $CH_3$-21 |
| 23 | 112.20 | | H-24$\alpha$, H-24$\beta$, $CH_3$-32 |
| 24 | 35.98 | 2.41d, 2.64d | $CH_3$-26, $CH_3$-27 |
| 25 | 71.44 | | H-24$\alpha$, $CH_3$-26, $CH_3$-27 |
| 26 | 30.60 | 1.44s | H-24$\alpha$, H-24$\beta$ |
| 27 | 29.28 | 1.33s | H-24$\alpha$, H-24$\beta$ |
| 28 | 22.47 | 1.26s | H-3 |
| 29 | 25.48 | 1.57s | H-3 |
| 30 | 22.37 | 1.44s | |
| 31 | 185.80 | | H-24$\alpha$, H-24$\beta$, $CH_3$-32 |
| 32 | 15.52 | 2.27s | |

### 5.4.2 HSQC

在 HMQC 中，由于 $\omega_1$ 轴分辨率较降低，为此，常用 HSQC（$^1$H detected heteronuclear single quantum coherence）代替。

图 1-64 为 HSQC 的脉冲序列图，其原理由磁化强度矢量模型解释如下：

（1）第一部分为 INEPT 脉冲序列，$^1$H 的磁化强度矢量运动如图 1-65，到 INEPT 终点，$^1$H 的磁化强度矢量沿±$Z'$ 轴方向，产生极化转移，$^{13}$C 磁化强度矢量增强。

（2）第二部分脉冲序列 $t_1/2$, 180°, $t_1/2$ 起 $\delta$ 标记的作用（见 1.3 节化学位移 $\delta$ 调制），把 $\delta_H$ 和 $\delta_C$ 关联了起来。

（3）第三部分脉冲序列是一个反转的 INEPT，对 $^{1}$H 的 90°脉冲，产生方向相反的一对横向磁化强度矢量，再经 $\frac{1}{4^{1}J_{CH}}$，180°（同时对 $^{1}$H、$^{13}$C 核磁化强度矢量作用），$\frac{1}{4^{1}J_{CH}}$，$^{1}$H 的两个磁化强度矢量重聚焦，$^{13}$C 的磁化强度矢量增强再传回到 $^{1}$H 的磁化强度矢量。随即进行采样，得到 $^{1}$H 和 $^{13}$C 的相关信息。

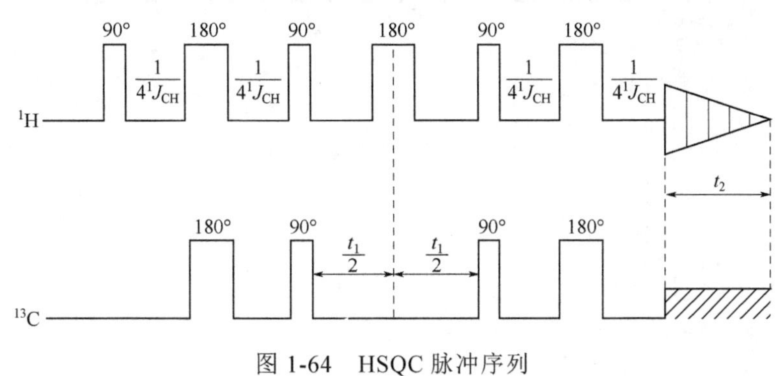


图 1-64　HSQC 脉冲序列

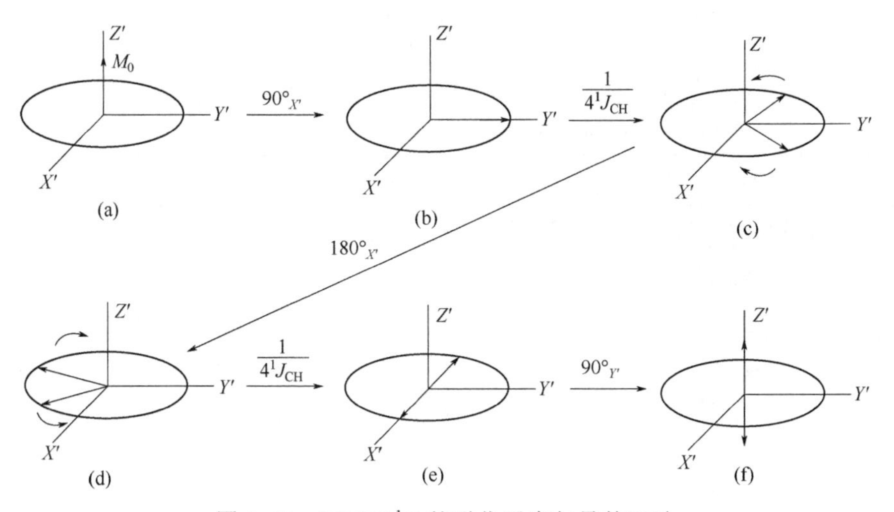


图 1-65　INEPT $^{1}$H 的磁化强度矢量的运动

这里需要特别指出的是，在 INEPT 的终点，$^{1}$H 的磁化强度矢量沿±$Z'$轴方向，$t_1$时仅 $^{13}$C 的磁化强度矢量在 $X'Y'$平面，因此，在 $\omega_1$ 轴分辨率不受影响。而在 HMQC 中，$t_1$时 $^{1}$H 的磁化强度矢量在 $X'Y'$平面上，因此，影响了 $\omega_1$ 轴的分辨率。由此可知，HMQC 和 HSQC 除了在 $\omega_1$ 轴可能有微小的差别外，二者非常近似，可根据实际情况选用其中之一即可。

## 例 1-18　feshurin 的 HSQC[6,7]

图 1-66 为化合物 feshurin（**1-3**）的 HSQC，几乎其与 HMQC 的特征完全一致。通过对图 1-66 分析，得到了全部直接连接的碳-氢之间的偶合信息，见表 1-13。

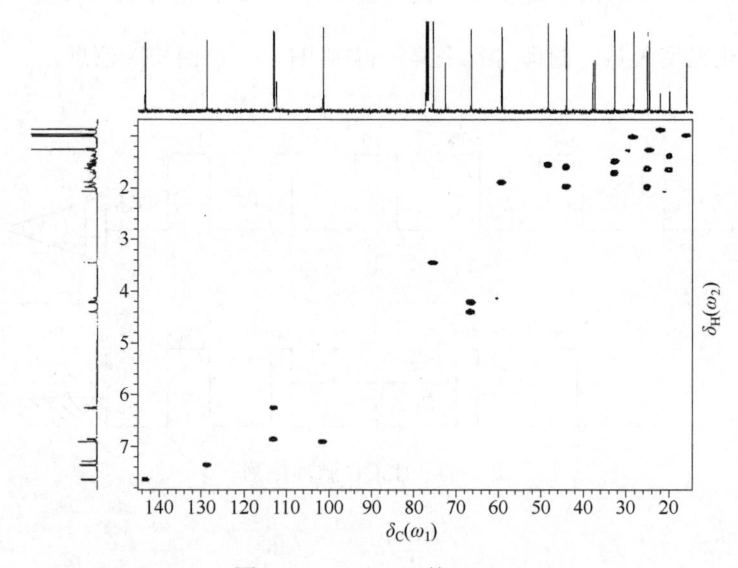


图 1-66　feshurin 的 HSQC

表 1-13　feshurin 的 HSQC 数据（$CDCl_3$，500MHz/H）

| C | $\delta_C$ | HSQC($\delta_H$) | C | $\delta_C$ | HSQC($\delta_H$) |
|---|---|---|---|---|---|
| 2 | 161.1 | | 4′ | 37.4 | |
| 3 | 113.2 | 6.25d | 5′ | 48.3 | 1.54brd |
| 4 | 143.3 | 7.64d | 6′ | 19.9 | 1.37m, 约 1.61m |
| 5 | 128.6 | 7.36d | 7′ | 44.1 | 约 1.61m, 约 1.96m |
| 6 | 113.0 | 6.88dd | 8′ | 72.6 | |
| 7 | 161.7 | | 9′ | 59.2 | 1.88brt |
| 8 | 101.5 | 6.83d | 10′ | 37.8 | |
| 9 | 155.8 | | 11′ | 65.5 | 4.39dd, 4.20dd |
| 10 | 112.5 | | 12′ | 24.6 | 1.25s |
| 1′ | 32.7 | 1.47dt, 1.69dt | 13′ | 22.0 | 0.86s |
| 2′ | 25.0 | 约 1.61m, 约 1.96m | 14′ | 28.3 | 1.00s |
| 3′ | 75.5 | 3.45brs | 15′ | 15.9 | 0.96s |

# 5.5 $^{1}$H 检测的异核多键相关谱

3.6 节介绍的碳-氢远程相关谱（COLOC），由于检测旋磁比较低的 $^{13}$C 核，灵敏度较低，与 HMQC 类似，现在一般采用 $^{1}$H 检测的异核多键相关谱（$^{1}$H detected heteronuclear multiple bond correlation spectroscopy，HMBC）。

图 1-67 为 HMBC 的脉冲序列图，其原理用磁化强度矢量模型解释比较困难，应由乘积算符理论解释，这里不再赘述。下面仅作几点说明：

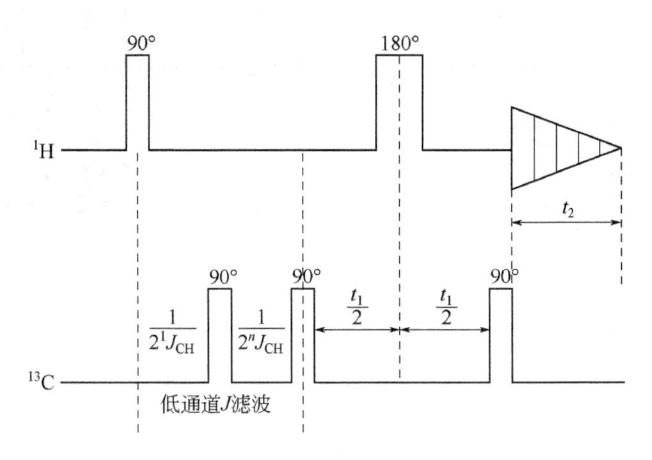


图 1-67 $^{1}$H 检测的异核多键相关谱脉冲序列

（1）该脉冲序列的前一半（包括 $^{1}$H 通道和 $^{13}$C 通道，称作低通道 $J$ 滤波）主要目的使 $^{1}J_{CH}$ 一键偶合的 $^{1}$H 的磁化强度矢量受到很强的抑制，使 $^{n}J_{CH}$ 远程偶合的 $^{1}$H 的磁化强度矢量有效保留，因此，HMBC 表示 C-H 远程偶合相关。

（2）$t_1/2$, 180°, $t_1/2$ 起 $\delta$ 标记的作用（见 1.3 节化学位移 $\delta$ 调制），把 $\delta_H$ 和 $\delta_C$ 关联了起来。

（3）为突出远程相关，在 HMBC 基本脉冲序列前可加一个 BIRD 脉冲序列，但 90°，180°，90°之间的时间间隔是 $\dfrac{1}{2^{n}J_{CH}}$，能有效地抑制与 $^{12}$C 直接相连的氢的干扰信号。

与 HMQC 类似，同样由于 $\omega_1$ 轴分辨率的考虑，如果样品量较多，宜用 COLOC 代替 HMBC。

**例 1-19**　ravidin B 的 HMBC[18]

图 1-68 为 ravidin B（**1-14**）的 HMBC 谱，可清楚地看到 ravidin B 的 C-H 远程相关，如 C-6 酮羰基碳（$\delta_C$ 211.5），图谱上清楚地显示有 $CH_3$-17、$CH_3$-19、H-10、H-7$\alpha$ 和 H-7$\beta$ 与 C-6 的相关信号，即 $\delta_C/\delta_H$ 211.5/1.11d，211.5/1.47s，211.5/约 1.80，211.5/2.93dd，211.5/2.33dd；而 $CH_3$-17 也显示了与仲碳 C-7、叔碳 C-8 和季碳 C-9 的相关信号，即 $\delta_H/\delta_C$ 1.11/43.8，1.11/32.4 和 1.11/51.3。ravidin B 的 HMBC 详细数据见表 1-11。

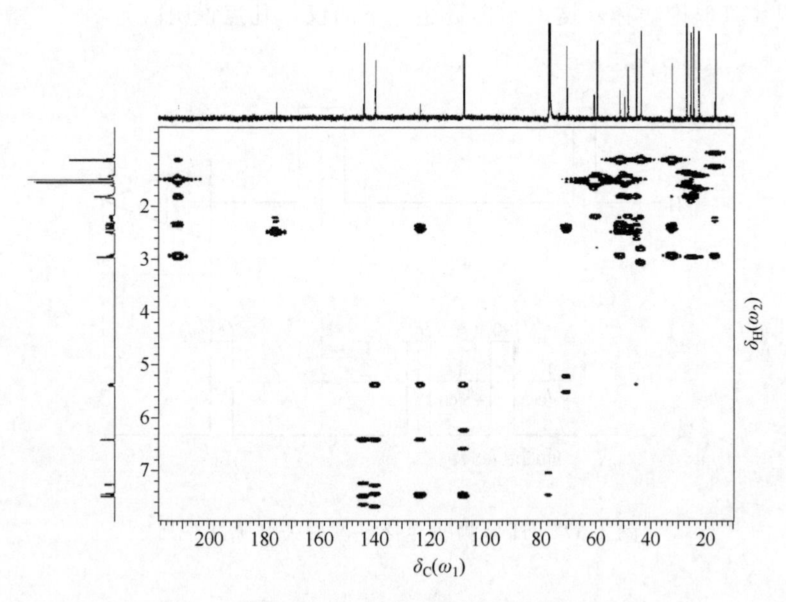


图 1-68　ravidin B 的 HMBC

**例 1-20**　雪胆素 C 的 HMBC[19]

图 1-69 为雪胆素 C（**1-15**）的 HMBC 谱。图中可经清楚地看到雪胆素 C 的 C-H 远程相关，如雪胆素 C 为少见的 $\beta$-二酮三萜类化合物，在溶液中主要以烯醇式形式存在，即-$COCH_3$ 基主要以 HO—$\overset{\|}{C}$—$CH_3$ 基形式存在。C-23 为双键季碳（$\delta_C$ 112.20），C-31 的羰基碳也为双键季碳（$\delta_C$ 185.80），它们均与 H-24$\alpha$（$\delta_H$ 2.41）、H-24$\beta$（$\delta_H$ 2.64）、H-32（$\delta_H$ 2.27）有远程相关，即 $\delta_C/\delta_H$ 112.20/2.41、112.20/2.64、112.20/2.27、185.80/2.41、185.80/2.64、185.80/2.27。雪胆素 C 的 HMBC 详细数据见表 1-12。

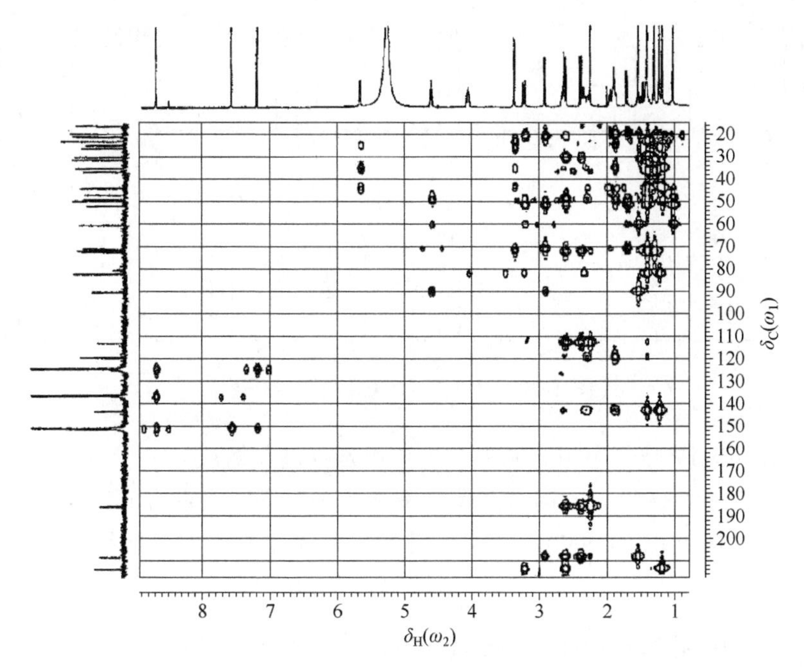


图 1-69　雪胆素 C 的 HMBC

# 5.6　HMQC-TOCSY

3.4 节介绍了 H-H TOCSY 能有效地实现偶合网络内偶合氢核之间相干的任意传递。当复杂分子具有若干独立的自旋系统而在某些区域里谱峰严重重叠时，该方法可较好地分辨各个不同自旋系统内的氢核。

HMQC-TOCSY 是将 H-H TOCSY 与 HMQC 结合起来的一种二维技术。它不但在氢谱方向得到独立自旋系统内每个碳与该系统内所有氢的相关，而且在碳谱方向得到自旋系统内每个氢与该系统内所有碳的相关。这样只要自旋系统内有一个氢和一个碳的 NMR 信号与其他系统不重叠，就有可能将各个不同的自旋系统区分开，并对谱线进行明确归属。例如，对于含有多个糖基的糖苷化合物，由于糖基部分氢谱谱峰严重重叠，碳谱谱峰严重交错，难以解析归属，HMQC-TOCSY 即可发挥重要作用。

图 1-70 为 HMQC-TOCSY 脉冲序列图，其原理用磁化强度矢量模型解释比较困难，下面仅作几点说明：

（1）第一部分为 BIRD 脉冲序列，可以有效地抑制与 $^{12}C$ 直接相连的氢的干扰信号。

（2）$t_1/2$, 180°, $t_1/2$ 起 $\delta$ 标记的作用（见 1.3 节化学位移 $\delta$ 调制），把 $\delta_H$ 和 $\delta_C$ 关联了起来。

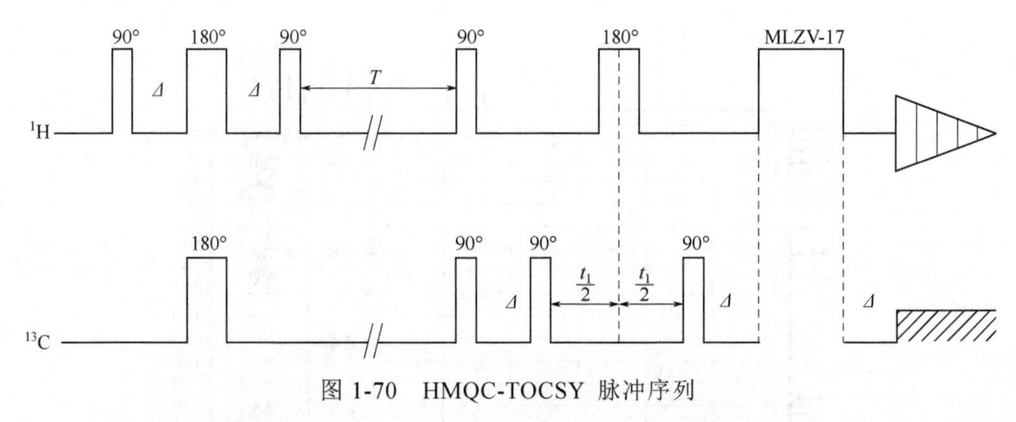


图 1-70　HMQC-TOCSY 脉冲序列

（3）MLEV-17 是一个组合脉冲，其作用是提高灵敏度。

（4）混合时间 Δ 长短不同得到偶合网络相关不同：当混合时间较短时，得到异核接力谱（HMQC-COSY）；当混合时间足以建立整个偶合网络的相关时，得 HMQC-TOCSY。

**例 1-21**　大叶吊兰苷 A 的 HMQC-TOCSY[20]

图 1-71 为大叶吊兰苷 A（**1-16**）的糖基部分 HMQC-TOCSY。其 $^{13}$C NMR 提示具有 4 个糖端基碳，化学位移分别为：$\delta_C$ 102.6（**A**：C-1），104.9（**C**：C-1），105.0（**D**：C-1），105.1（**B**：C-1），表明其含有 4 个糖。HMQC 实验显示 4 个糖基端基质子的化学位移分别为：$\delta_H$ 4.84（**A**：H-1），5.14（**B**：H-1），5.53（**C**：H-1）和 5.19（**D**：H-1），进一步证实其含有 4 个糖。HMQC-TOCSY 提示 **A**、**B** 和 **C** 为六碳糖，而 **D** 为五碳糖，进一步分析确定 **A**、**B**、**C** 和 **D** 分别为半乳糖、葡萄糖、葡萄糖和木糖。由于半乳糖（**A**）H-4 处于 e 键，H-3 和 H-4 以及 H-4 和 H-5 之间的 $^3J_{HH}$ 较小，磁化强度矢量转移效果大为降低，在 HMQC-TOCSY 实验

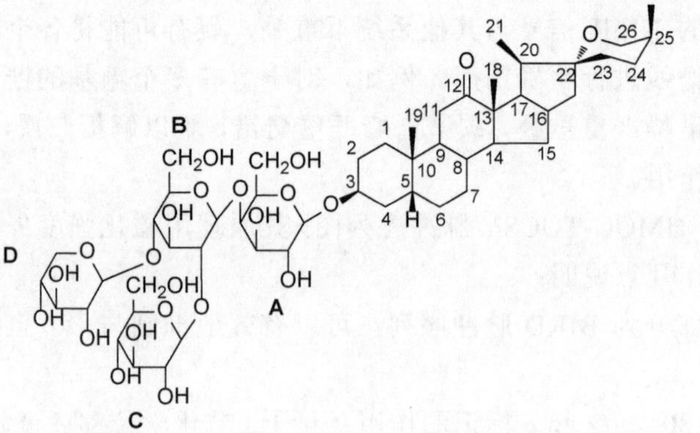

**1-16**

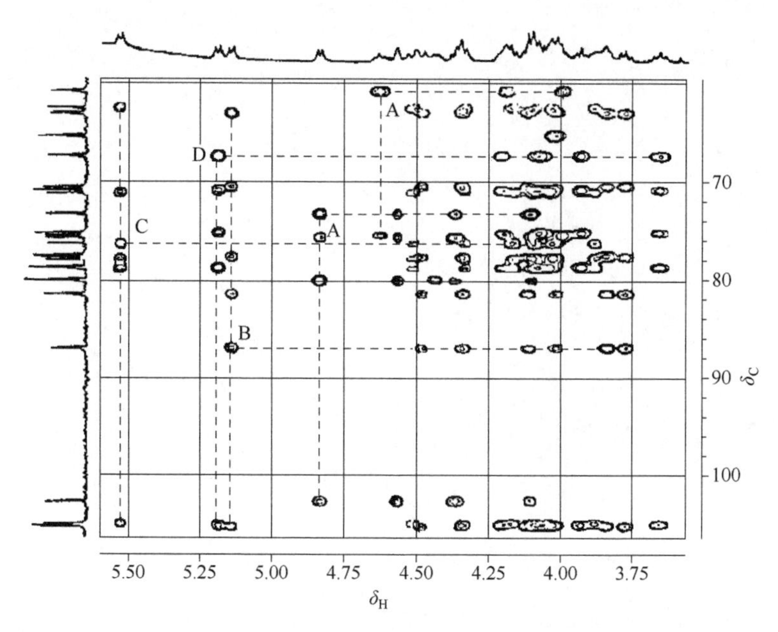


图 1-71　大叶吊兰苷 A 的糖基部分 HMQC-TOCSY

中，即使混合时间达到 180ms，也不能建立糖基偶合网络内的全相关，但可以建立糖基内端基到 4 位的相关以及 6 位到 5 位的相关。而葡萄糖和木糖当混合时间为 180ms 时，可以建立糖基偶合网络内从端基到末位的全相关。图 1-71 可以清楚地看到 **A**、**B**、**C** 和 **D** 4 个糖基中每个糖的所有碳全相关峰（纵轴方向）和所有氢全相关峰（横轴方向），图中均用虚线连接了起来，对每个糖基碳峰和氢峰的归属起着重要作用。大叶吊兰苷 A 糖基部分的 NMR 数据见表 1-14。

**表 1-14　大叶吊兰苷 A 的糖基部分 NMR 数据（$C_5H_5N$，500MHz/H）**

| 糖基 | $\delta$ | 糖基信号 | | | | | |
|---|---|---|---|---|---|---|---|
| | | 1 | 2 | 3 | 4 | 5 | 6 |
| **A** | $\delta_C$ | 102.6 | 73.2 | 75.7 | 80.0 | 75.4 | 60.8 |
| | $\delta_H$ | 4.84 | 4.37 | 4.11 | 4.58 | 3.99 | 4.64, 4.18 |
| **B** | $\delta_C$ | 105.1 | 81.4 | 87.0 | 70.5 | 77.6 | 63.1 |
| | $\delta_H$ | 5.14 | 4.35 | 4.12 | 3.78 | 3.83 | 4.49, 4.02 |
| **C** | $\delta_C$ | 104.9 | 76.2 | 77.9 | 71.2 | 78.7 | 62.6 |
| | $\delta_H$ | 5.53 | 4.03 | 4.10 | 4.17 | 3.87 | 4.52, 4.34 |
| **D** | $\delta_C$ | 105.0 | 76.2 | 78.7 | 70.9 | 67.4 | |
| | $\delta_H$ | 5.19 | 3.95 | 4.09 | 4.07 | 4.21, 3.66 | |

PART 02

# 第二部分　核磁共振二维谱应用举例

核磁共振氢谱即含氢化合物的氢原子核（$^{1}H$）的核磁共振吸收峰峰谱，常规核磁共振氢谱可提供氢的化学位移、偶合常数、含氢数目3种数据。核磁共振碳谱即含碳化合物的碳原子核（$^{13}C$）的核磁共振吸收峰峰谱，常规核磁共振碳谱可提供碳的化学位移、含碳数目2种数据。在特定条件下，核磁共振氢谱和碳谱还能提供弛豫时间数据。核磁共振氢谱和碳谱提供的这些数据与化合物的分子结构（所含基团、平面连接、立体化学等）有着紧密的联系。因此，归属好的化合物的核磁共振氢谱和碳谱数据对于鉴定、测定化合物的分子结构起着重要作用。

核磁共振二维谱出现以前，核磁共振氢谱、碳谱数据的归属主要依靠这些数据的规律、文献查阅进行，氢谱个别数据归属依靠双照射实验（主要是自旋去偶）而确定，双照射实验一次只能确定一组峰，要想确定多个峰的归属，需要做多次实验，非常麻烦。因此，早期的核磁共振氢谱和碳谱数据，一是归属不全，二是归属存在许多错误，严重影响化合物分子结构的鉴定、测定。核磁共振二维谱出现以后，由于二维谱是通过实验对核磁共振氢谱和碳谱数据进行归属，所以不存在归属错误问题；另外，由于二维谱能将所有核磁共振吸收峰之间的关系显示出来，所以也不存在归属不全问题。

由于核磁共振二维谱技术是一种实验手段，通过这种实验手段可以全面、正确地归属核磁共振氢谱和碳谱数据，所以如何正确、熟练、灵活地运用核磁共振二维谱技术是本书的重要目的，在对核磁共振二维谱基本原理及其相关基本知识作了系统介绍后，本部分将通过大量实际例子使读者对核磁共振二维谱的应用有更深入的了解。核磁共振二维谱经常采用的手段为H-H COSY、HMQC（或HSQC）、HMBC、NOESY，本部分重点介绍这些核磁共振二维谱技术和 $^{1}$H NMR、$^{13}$C NMR、DEPT 核磁共振一维谱技术的综合应用。

由于核磁共振二维图谱包含的数据特别多，如何把这些数据从图谱中准确无误地获取，一般需要把图谱进行放大或局部放大成数张，这样以来，一个化合物的核磁共振图谱 [包括氢谱、碳谱、DEPT 以及 H-H COSY、HMQC（或 HSQC）、HMBC、NOESY 等] 加之数张放大图谱，数量和版幅极多。为了节约篇幅，本部分所有例子均不附有核磁共振图谱，全部用核磁共振数据代替，如何认读核磁共振图谱并从中准确无误地获取核磁共振数据的任务由《核磁共振氢谱》[2]、《核磁共振碳谱》[3]和本书第一部分承担，本部分的任务是如何解析核磁共振数据。

本部分的目的在于通过各个例子的核磁共振数据解析，使读者了解核磁共振数据解析的思路和方法、解析出发点、逻辑关系、因果关系，通过大量核磁共振数据解析例子的实践，达到对核磁共振数据解析的得心应手。

本部分列举了 100 个例子，其中合成有机化合物例子 30 个，包括各种特色化合物、结构异构体、顺反异构体、构象异构体、含氟化合物、含磷化合物等；天然有机化合物例子 70 个，包括萜类(单萜、倍半萜、二萜、三萜)、各种含氧化合物(黄酮、香豆素、木脂素、苷、糖等)、生物碱等。化学结构多样，类型繁多，其中 50% 以上例子的数据均为本实验室发表或提供。除了核磁共振数据解析外，还有大量结构确证、结构测定例子。除了作为读者学习核磁共振二维谱和核磁共振数据解析的练兵场外，同时还提供了大量各种化合物结构的核磁共振参考数据。

## 例 2-1 恩替卡韦钠的 NMR 数据解析[21]

恩替卡韦钠(entecavir sodium，**2-1**)是一个高效、安全、具有良好药代动力学性质的抗乙肝病毒类药，化学结构为鸟嘌呤类。

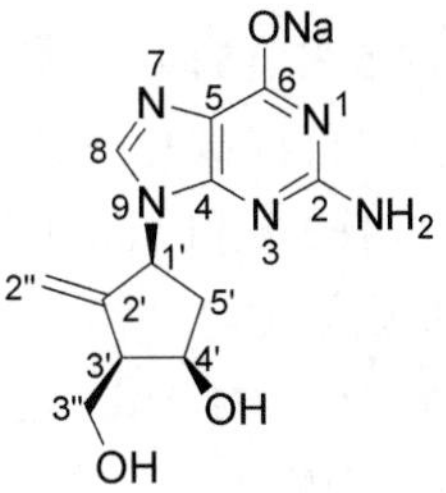

**2-1**

恩替卡韦钠的 $^{13}$C NMR 显示 12 条碳峰，表明其含有 12 个碳。DEPT 显示，3 个仲碳：$\delta_C$ 39.2、63.6、108.8；4 个叔碳：$\delta_C$ 54.1、55.2、70.9、133.1；5 个季碳：$\delta_C$ 118.5、151.0、151.9、160.9、167.8。

恩替卡韦钠的 NMR 数据解析可先从 2 个带氢连氧碳开始，根据碳化学位移规律和 DEPT, $\delta_C$ 63.6(仲碳)应归属 C-3″，70.9(叔碳)应归属 C-4′。HMQC 指出，$\delta_C$ 63.6(C-3″)与 $\delta_H$ 3.59(2H, m)、70.9(C-4′)与 4.23(1H, m) 相关，表明 $\delta_H$ 3.59、4.23 分别归属 H-3″、H-4′。

恩替卡韦钠的 $^1$H NMR 谱由于偶合复杂引起峰形复杂，但可利用偶合复杂的关系，根据 H-HCOSY 相关，逐一进行归属。

H-H COSY 指出，$\delta_H$ 5.54(1H, brdd, $J$ = 8.2Hz、10.1Hz)与 1.98(1H, brdd, $J$ = 12.1Hz、8.2Hz)、2.26(1H, m)相关，$\delta_H$ 1.98 与 2.26 相关，$\delta_H$ 4.23(H-4′)与 1.98、2.26、2.52(1H, m)相关，$\delta_H$ 2.52 与 3.59(H-3″)相关，表明恩替卡韦钠存在一个 -$CHCH_2CHCHCH_2$-片段；再根据氢化学位移规律以及前述($\delta_H$ 3.59、4.23 分别归属 H-3″、H-4′)，可以确定 $\delta_H$ 5.54 归属 H-1′、1.98 和 2.26 分别归属 H-5′a 和 H-5′b、2.52 归属 H-3′。

H-H COSY 指出，$\delta_H$ 4.56(1H, m)与 $\delta_H$ 5.32(1H, m)相关，且 $\delta_H$ 4.56 也与 5.54(H-1′)、2.52(H-3′)相关，$\delta_H$ 5.32 也与 5.54(H-1′)、2.52(H-3′)相关；再根据氢化学位移规律，$\delta_H$ 4.56、5.32 归属 C-2″上的 2 个双键氢 H-2″。

根据氢化学位移规律和偶合分裂情况，$\delta_H$ 7.38(1H, s)归属 H-8。

重水交换实验可知，$\delta_H$ 5.57(2H, s)、4.88(1H, d, $J$ = 3.3Hz)、4.83(1H, t, $J$ = 5.0Hz)为活泼氢；H-H COSY 指出，$\delta_H$ 4.88 与 4.23(H-4′)相关，$\delta_H$ 4.83 与 3.59(H-3″)相关。因此，$\delta_H$ 5.57、4.88、4.83 分别归属 $NH_2$、OH-4′、OH-3″。

至此，恩替卡韦钠所有氢的归属全部确认。然后，根据 HMQC 实验，可以确定 $\delta_C$ 39.2、54.1、55.2、108.8、133.1 分别归属 C-5′、C-3′、C-1′、C-2″、C-8。

剩下的 5 个季碳可以根据碳化学位移规律及 HMBC 进行归属：

HMBC 指出，$\delta_C$ 151.9 与 $\delta_H$ 2.52(H-3′)、3.59(H-3″)、4.23(H-4′)、4.56(H-2″a)、5.54(H-1′)相关，表明 $\delta_C$ 151.9 归属 C-2′；$\delta_C$ 118.5 与 $\delta_H$ 7.38(H-8)相关，$\delta_C$ 151.0 与 $\delta_H$ 7.38(H-8)相关，表明 $\delta_C$ 118.5 和 151.0 归属 C-5 和 C-4，但归属无法区分。C-5 连接 1 个氮，C-4 连接 2 个氮，根据碳化学位移规律，即可确定 $\delta_C$ 118.5 归属 C-5，$\delta_C$ 151.0 归属 C-4。最后，$\delta_C$ 167.8 和 160.9 归属区分可根据碳化学位移规律确定 $\delta_C$ 167.8 归属 C-6，$\delta_C$ 160.9 归属 C-2。

NOESY 指出，$\delta_H$ 5.54(H-1′)、2.52(H-3′)、4.23(H-4′) 相互相关，说明 H-1′、H-3′、H-4′三个氢在五元环平面的同侧。

本例中，恩替卡韦钠的鸟嘌呤结构中的酰胺因烯醇共振与氢氧化钠反应后形成更稳定的芳环结构，已被其 NMR 数据解析所证实。恩替卡韦钠的红外光谱中未出现羰基吸收峰，在 1594cm$^{-1}$ 和 1569cm$^{-1}$ 处出现芳环的典型吸收峰，是烯醇成盐的又一证据。

恩替卡韦钠的 NMR 详细解析数据见表 2-1。

**表 2-1　恩替卡韦钠的 NMR 数据(DMSO-$d_6$，600MHz/H)**

| 编号 | $\delta_C$ | DEPT | $\delta_H$ | $J$/Hz | H-H COSY | HMQC | HMBC($\delta_H$) |
|---|---|---|---|---|---|---|---|
| 2 | 160.9 | C | | | | | |
| 4 | 151.0 | C | | | | | 7.38(H-8) |
| 5 | 118.5 | C | | | | | 7.38(H-8) |
| 6 | 167.8 | C | | | | | |
| 8 | 133.1 | CH | 7.38s | | | + | 5.54(H-1′) |
| 1′ | 55.2 | CH | 5.54brdd | 8.2, 10.1 | H-2″a, H-2″b, H-5′a, H-5′b | + | 2.26(H-5′b), 2.52(H-3′), 4.23(H-4′), 4.56(H-2″a), 7.38(H-8) |
| 2′ | 151.9 | C | | | | | 2.52(H-3′), 3.59(H-3″), 4.23(H-4′), 4.56(H-2″a), 5.54(H-1′) |
| 3′ | 54.1 | CH | 2.52m | | H-4′, H-2″a, H-2″b, H-3″ | + | 2.26(H-5′b), 4.56(H-2″a) |
| 4′ | 70.9 | CH | 4.23m | | H-3′, H-5′a, H-5′b, OH-4′ | + | 2.52(H-3′), 3.59(H-3″) |

续表

| 编号 | $\delta_C$ | DEPT | $\delta_H$ | $J$/Hz | H-H COSY | HMQC | HMBC($\delta_H$) |
|---|---|---|---|---|---|---|---|
| 5′a | 39.2 | $CH_2$ | 1.98brdd | 12.1, 8.2 | H-4′, H-5′b, H-1′ | + | 2.52(H-3′), 5.54(H-1′) |
| 5′b | | | 2.26m | | H-1′, H-4′, H-5′a | + | |
| 2″a | 108.8 | $CH_2$ | 4.56m | | H-1′, H-3′, H-2″b | + | 5.54(H-1′) |
| 2″b | | | 5.32m | | H-1′, H-3′, H-2″a | + | |
| 3″ | 63.6 | $CH_2$ | 3.59m | | H-3′, OH-3″ | + | |
| $NH_2$ | | | 5.57s | | | | |
| OH-4′ | | | 4.88d | 3.3 | H-4′ | | |
| OH-3″ | | | 4.83t | 5.0 | H-3″ | | |

## 例 2-2　替尼泊苷的 NMR 数据解析[22]

替尼泊苷(teniposide, **2-2**)是从北美鬼臼提取到的鬼臼树脂，经化学成分分离得到鬼臼毒素通过半合成方法获得的衍生物，是一种周期特异性细胞毒药物。

替尼泊苷的 $^{13}C$ NMR 显示 27 条碳峰，分别对应结构中的 32 个碳，其中 $\delta_C$ 56.0×2、108.4×2、110.0×2、126.4×2、147.2×2 均含有 2 个碳，表明替尼泊苷含有 32 个碳。DEPT 显示，2 个伯碳：$\delta_C$ 56.0×2；3 个仲碳：$\delta_C$ 67.7、67.9、101.4；17 个叔碳：$\delta_C$ 37.2、40.5、43.0、65.7、71.8、72.7、74.5、80.6、97.5、101.5、108.4×2、110.0×2、126.0、126.4×2；10 个季碳：$\delta_C$ 128.8、130.3、132.9、134.7、140.4、146.2、147.2×2、147.8、174.8。

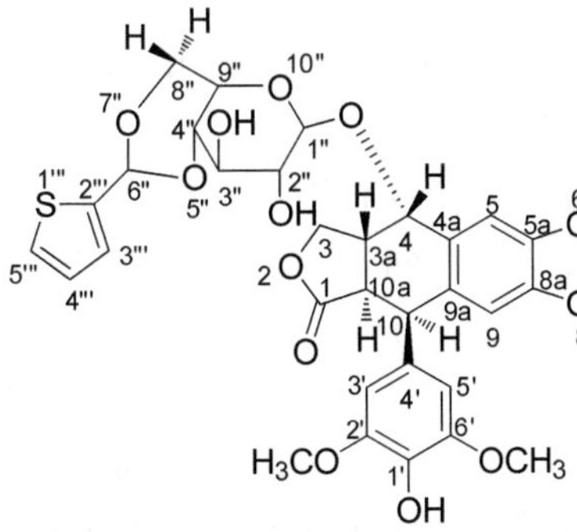

**2-2**

根据氢化学位移规律和偶合分裂情况，$\delta_H$ 3.62(6H, s)应归属 2′和 6′位 2 个甲氧基质子，伯碳信号 $\delta_C$ 56.0 与其 HSQC 相关，应归属 $OCH_3$-2′,6′碳；$\delta_H$ 8.26(1H, s)经重水交换后消失，证明为活泼氢，应归属 OH-1′质子。HMBC 指出，$\delta_C$ 147.2(季碳)与 $\delta_H$ 3.62($OCH_3$-2′,6′)相关，表明 $\delta_C$ 147.2 归属 C-2′,6′；$\delta_C$ 134.7(季碳)与 $\delta_H$ 8.26(OH-1′)相关，表明 $\delta_C$ 134.7 归属 C-1′；$\delta_C$ 134.7(C-1′)、147.2(C-2′,6′)均与 $\delta_H$ 6.19(2H, s)相关，加之 $\delta_C$ 108.4×2(叔碳)与 $\delta_H$ 6.19 HSQC 相关，表明 $\delta_H$ 6.19 归属 H-3′,5′，$\delta_C$ 108.4 归属 C-3′,5′；叔碳信号 $\delta_C$ 43.0 和季碳信号 $\delta_C$ 130.3 均与 $\delta_H$ 6.19(H-3′,5′)相关，加之 $\delta_C$ 43.0 与 $\delta_H$ 4.50(1H, d, $J$ = 5.4Hz) HSQC 相关，表明 $\delta_C$ 43.0 归属 C-10, $\delta_C$ 130.3 归属 C-4′, $\delta_H$ 4.50 归属 H-10。

H-H COSY 指出，$\delta_H$ 4.50(H-10) 与 $\delta_H$ 3.31(1H, dd, $J$ = 14.1Hz、5.4Hz)相关，加之 $\delta_C$ 40.5(叔碳)与 $\delta_H$ 3.31 HSQC 相关，表明 $\delta_H$ 3.31 归属 H-10a, $\delta_C$ 40.5 归属 C-10a；$\delta_H$ 3.31(H-10a)与 $\delta_H$ 2.94(1H, m)相关，加之 $\delta_C$ 37.2(叔碳)与 $\delta_H$ 2.94 HSQC 相关，表明 $\delta_H$ 2.94 归属 H-3a, $\delta_C$ 37.2 归属 C-3a；$\delta_H$ 2.94(H-3a)与 $\delta_H$ 4.28(2H, m)、4.95(1H, d, $J$ = 3.1Hz)相关，加之 $\delta_C$ 67.7(仲碳)与 $\delta_H$ 4.28、$\delta_C$ 71.8(叔碳)与 $\delta_H$ 4.95 HSQC 相关，表明 $\delta_H$ 4.28 归属 H-3, $\delta_H$ 4.95 归属 H-4, $\delta_C$ 67.7 归属 C-3, $\delta_C$ 71.8 归属 C-4。

HMBC 指出，$\delta_C$ 43.0(C-10)与 $\delta_H$ 6.54(1H, s)相关，加之 $\delta_C$ 110.0(叔碳)与 $\delta_H$ 6.54 HSQC 相关，表明 $\delta_H$ 6.54 归属 H-9，$\delta_C$ 110.0(其中 1 个碳)归属 C-9；季碳信号 $\delta_C$ 128.8、132.9 同时与 $\delta_H$ 4.95(H-4)、4.50(H-10)相关，且 $\delta_C$ 132.9 还与 $\delta_H$ 3.31(H-10a)相关，表明 $\delta_C$ 128.8 归属 C-4a, $\delta_C$ 132.9 归属 C-9a；$\delta_C$ 132.9(C-9a)与 $\delta_H$ 7.03(1H, s)相关，加之 $\delta_C$ 110.0(叔碳)与 $\delta_H$ 7.03 HSQC 相关，表明 $\delta_H$ 7.03 归属 H-5，$\delta_C$ 110.0(其中 1 个碳)归属 C-5。

根据氢化学位移规律和偶合分裂情况，$\delta_H$ 6.03(1H, brs)和 6.04(1H, brs)应分别归属 H-7a 和 H-7b(甲二氧基上的 2 个氢)。HSQC 指出，$\delta_C$ 101.4(仲碳)与 $\delta_H$ 6.03(H-7a)、6.04(H-7b)相关，表明 $\delta_C$ 101.4 归属 C-7。季碳 $\delta_C$ 146.2、147.8 在 HMBC 中均与 $\delta_H$ 6.03(H-7a)、6.04(H-7b)相关，同时还均与 $\delta_H$ 6.54(H-9)、7.03(H-5)相关，表明 $\delta_C$ 146.2、147.8 归属 C-5a、C-8a，但归属无法区分。季碳 $\delta_C$ 174.8 按照碳化学规律判定应归属 C-1 酯羰基。

HMBC 指出，$\delta_C$ 101.5(叔碳)与 $\delta_H$ 4.95(H-4)相关，加之 $\delta_C$ 101.5 与 $\delta_H$ 4.64(1H, d, $J$ = 7.6Hz)HSQC 相关，表明 $\delta_H$ 4.64 归属 H-1″，$\delta_C$ 101.5 归属 C-1″。H-H COSY 指出，$\delta_H$ 4.64(H-1″)与 $\delta_H$ 3.11(1H, m)相关，加之 $\delta_C$ 74.5(叔碳)与 $\delta_H$ 3.11 HSQC 相关，表明 $\delta_H$ 3.11 归属 H-2″，$\delta_C$ 74.5 归属 C-2″；$\delta_H$ 5.28(1H, d, $J$ = 5.2Hz)信号经重水交换后消失，与 $\delta_H$ 3.11(H-2″)相关，表明 $\delta_H$ 5.28 归属 OH-2″；重水交换后 $\delta_H$ 5.32(1H, d, $J$ = 3.0Hz)信号也消失，表明 $\delta_H$ 5.32 归属 OH-3″。HMBC 指出，$\delta_C$ 72.7(叔碳)同时与 $\delta_H$ 3.11(H-2″)、5.28(OH-2″)、5.32(OH-3″)相关，表明 $\delta_C$ 72.7 归属 C-3″。

根据氢化学位移规律和偶合分裂情况，$\delta_H$ 5.89(1H, s)应归属 H-6″。HSQC 指出，$\delta_C$ 97.5(叔碳)与 $\delta_H$ 5.89(H-6″)相关，表明 $\delta_C$ 97.5 归属 C-6″；$\delta_C$ 67.9(仲碳)同时与 $\delta_H$ 3.75(1H, m)、4.24(1H, m)相关，加之 $\delta_H$ 3.75/$\delta_H$ 4.24 H-H COSY 相关，表明 $\delta_H$ 3.75、4.24 分别归属 H-8″a 和 H-8″b，$\delta_C$ 67.9 归属 C-8″。HMBC 指出，$\delta_C$ 65.7(叔碳)与 $\delta_H$ 3.75(H-8″a)、4.24(H-8″b)相关，$\delta_C$ 80.6(叔碳)与 $\delta_H$ 3.75(H-8″a)、4.24(H-8″b)、5.32(OH-3″)、5.89(H-6″)相关，综合考虑，表明 $\delta_C$ 65.7 归属 C-9″，$\delta_C$ 80.6 归属 C-4″。HSQC 指出，$\delta_C$ 80.6(C-4″)、72.7(C-3″)、65.7(C-9″)均与 $\delta_H$ 3.43 (3H, m)相关，表明 $\delta_H$ 3.43 归属 H-3″,4″,9″。

HMBC 指出，$\delta_C$ 97.5(C-6″)与 $\delta_H$ 7.18(1H, d, $J$ = 3.2Hz)相关，表明 $\delta_H$ 7.18 归属 H-3‴。H-H COSY 指出，$\delta_H$ 7.18(H-3‴) 与 $\delta_H$ 7.03(1H, m) 相关，表明 $\delta_H$ 7.03 归属 H-4‴, H-4‴与 H-5 重叠；$\delta_H$ 7.03(H-4‴) 与 $\delta_H$ 7.54(1H, d, $J$ = 5.0Hz)相关，表明 $\delta_H$ 7.54 归属 H-5‴。HSQC 指出，$\delta_C$ 126.0(叔碳)与 $\delta_H$ 7.18(H-3‴)相关，表明 $\delta_C$ 126.0 归属 C-3‴；$\delta_C$ 126.4(叔碳)与 $\delta_H$ 7.03(H-4‴)、7.54(H-5‴)相关，表明 $\delta_C$ 126.4×2 归属 C-4‴和 C-5‴。

替尼泊苷存在多个手性中心(C-3a、C-4、C-10、C-10a、C-1″、C-6″)，它们的相对构型可通过 NOESY 得到确认。NOESY 指出，$\delta_H$ 4.95(H-4)、2.94(H-3a)同时与 4.64(H-1″)相关，可推断 H-4、H-3a 处于环同侧；$\delta_H$ 4.50(H-10)、$\delta_H$ 3.31(H-10a)均与 $\delta_H$ 4.95(H-4)不相关，可推断 H-10 与 H-10a 处于环同侧，而与 H-4 处于环异侧。同理，$\delta_H$ 5.89(H-6″)与 $\delta_H$ 3.75(H-8″a)相关，而与 $\delta_H$ 4.24(H-8″b)不相关，可推断 H-6″与 H-8″a 处于环同侧，而与 H-8″b 处于环异侧。综上，可得出 H-3a、H-4 为 $\beta$-取向，H-10、H-10a 为 $\alpha$-取向。由于 H-1″的偶合常数为 7.6Hz，则 C-1″构型为(D, $\beta$)。

替尼泊苷的 NMR 详细解析数据见表 2-2。

**表 2-2　替尼泊苷的 NMR 数据(DMSO-$d_6$, 600MHz/H)**

| 编号 | $\delta_C$ | DEPT | $\delta_H$ | $J$/Hz | H-H COSY | HSQC | HMBC($\delta_H$) |
|---|---|---|---|---|---|---|---|
| 1 | 174.8 | C | | | | | 3.31(H-10a), 4.28(H-3) |
| 3 | 67.7 | $CH_2$ | 4.28m | | H-3a | + | |
| 3a | 37.2 | CH | 2.94m | | H-3, H-4, H-10a | + | 3.31(H-10a), 4.50(H-10) |
| 4 | 71.8 | CH | 4.95d | 3.1 | H-3a | + | 3.31(H-10a), 4.64(H-1″), 7.03(H-5) |
| 4a | 128.8 | C | | | | | 4.50(H-10), 4.95(H-4), 6.54(H-9) |
| 5 | 110.0 | CH | 7.03s | | | + | 4.95(H-4) |
| 5a | 146.2* | C | | | | | 6.03(H-7a), 6.04(H-7b), 6.54(H-9), 7.03(H-5) |

续表

| 编号 | $\delta_C$ | DEPT | $\delta_H$ | $J$/Hz | H-H COSY | HSQC | HMBC($\delta_H$) |
|---|---|---|---|---|---|---|---|
| 7a | 101.4 | $CH_2$ | 6.03brs | | H-7b | + | |
| 7b | | | 6.04brs | | H-7a | + | |
| 8a | 147.8* | C | | | | | 6.03(H-7a), 6.04(H-7b), 6.54(H-9), 7.03(H-5) |
| 9 | 110.0 | CH | 6.54s | | | + | 4.50(H-10) |
| 9a | 132.9 | C | | | | | 3.31(H-10a), 4.50(H-10), 4.95(H-4), 7.03(H-5) |
| 10 | 43.0 | CH | 4.50d | 5.4 | H-10a | + | 3.31(H-10a), 6.19(H-3′, 5′), 6.54(H-9) |
| 10a | 40.5 | CH | 3.31dd | 14.1, 5.4 | H-3a, H-10 | + | 4.50(H-10), 4.95(H-4) |
| 1′ | 134.7 | C | | | | | 6.19(H-3′, 5′), 8.26(OH-1′) |
| OH-1′ | | | 8.26s | | | | |
| 2′, 6′ | 147.2 | C | | | | | 3.62($OCH_3$-2′, 6′), 6.19(H-3′, 5′), 8.26(OH-1′) |
| $OCH_3$-2′ | 56.0 | $CH_3$ | 3.62s | | | + | |
| $OCH_3$-6′ | 56.0 | $CH_3$ | 3.62s | | | + | |
| 3′, 5′ | 108.4 | CH | 6.19s | | | + | 4.50(H-10) |
| 4′ | 130.3 | C | | | | | 3.31(H-10a), 4.50(H-10), 6.19(H-3′, 5′) |
| 1″ | 101.5 | CH | 4.64d | 7.6 | H-2″ | + | 4.95(H-4), 5.28(OH-2″) |
| 2″ | 74.5 | CH | 3.11m | | H-1″, OH-2″, H-3″ | + | 5.28(OH-2″) |
| OH-2″ | | | 5.28d | 5.2 | H-2″ | | |
| 3″ | 72.7 | CH | 3.43m | | H-2″, OH-3″ | + | 3.11(H-2″), 5.28(OH-2″), 5.32(OH-3″) |
| OH-3″ | | | 5.32d | 3.0 | H-3″ | | |
| 4″ | 80.6 | CH | 3.43m | | | + | 3.43(H-3″, 9″), 3.75(H-8″a), 4.24(H-8″b), 5.32(OH-3″), 5.89(H-6″) |
| 6″ | 97.5 | CH | 5.89s | | | + | 7.18(H-3‴) |
| 8″a | 67.9 | $CH_2$ | 3.75m | | H-8″b, H-9″ | + | 5.89(H-6″) |
| 8″b | | | 4.24m | | H-8″a, H-9″ | + | |
| 9″ | 65.7 | CH | 3.43m | | H-8″a, H-8″b | + | 3.75(H-8″a), 4.24(H-8″b) |
| 2‴ | 140.4 | C | | | | | 7.18(H-3‴), 7.54(H-5‴) |
| 3‴ | 126.0 | CH | 7.18d | 3.2 | H-4‴ | + | 5.89(H-6″), 7.03(H-4‴), 7.54(H-5‴) |
| 4‴ | 126.4 | CH | 7.03m | | H-3‴, H-5‴ | + | 7.18(H-3‴) |
| 5‴ | 126.4 | CH | 7.54d | 5.0 | H-4‴ | + | 7.18(H-3‴) |

* 归属可互换。

## 例 2-3　1 个萘酚萘磺酸酯的 NMR 数据解析[23]

叔氨基萘酚萘磺酸酯及其衍生物可用于合成通用燃料、弱酸性染料及阳离子染料，化合物 **2-3** 是 1 个合成的萘酚萘磺酸酯，由于磺酸酯结构中 2 个萘环上取代基及取代位置非常相似，使得对其 NMR 数据进行准确归属有一定困难。

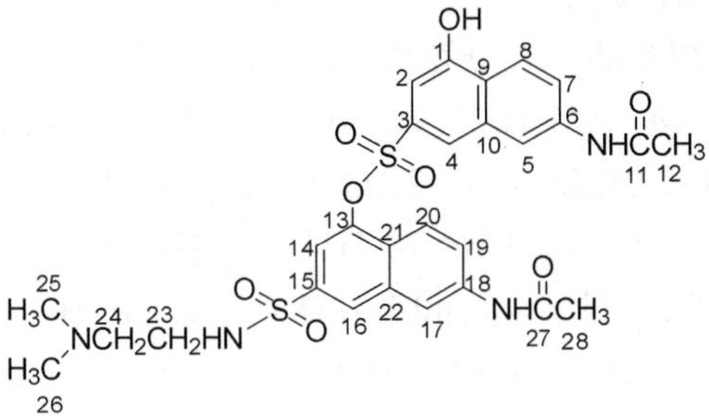

**2-3**

化合物 **2-3** 的 $^{13}$C NMR 显示 25 条碳峰，其中 $\delta_C$ 24.1×2、44.8×2、139.1×2 均含有 2 个碳，表明化合物 **2-3** 含有 28 个碳。DEPT 显示，4 个伯碳：$\delta_C$ 24.1×2、44.8×2；2 个仲碳：$\delta_C$ 40.5、57.9；10 个叔碳：$\delta_C$ 102.4、112.9、115.6、115.9、120.0、122.2、122.3、123.0、123.2、125.6；12 个季碳：$\delta_C$ 123.4、123.9、131.9、133.6、133.9、138.0、139.1×2、145.4、154.9、168.9、169.1。

化合物 **2-3** 的 NMR 数据解析可以从其苯环氢 H-2 和 H-14 的化学位移着手。根据氢化学位移规律，H-2 和 H-14 均有 1 个氧原子邻位取代，其化学位移在 10 个苯环氢中处在较高场，而 H-2 邻位为 OH，H-14 邻位氧与较强的吸电子基团-$SO_2$-相连，所以 H-2 吸收峰应出现在比 H-14 吸收峰更高场。因此，$\delta_H$ 7.09(1H, d, $J$ = 1.4Hz)归属 H-2，$\delta_H$ 7.44(1H, d, $J$ = 1.3Hz)归属 H-14。

H-H COSY 指出，$\delta_H$ 7.09(H-2)与 $\delta_H$ 7.90(1H, d, $J$ = 1.4Hz)相关，$\delta_H$ 7.44(H-14)与 $\delta_H$ 8.20 (1H, d, $J$ = 1.3Hz)相关，表明 $\delta_H$ 7.90、8.20 分别归属 H-4、H-16。通过 HSQC 可以确定 $\delta_C$ 102.4、112.9、120.0、125.6 分别归属 C-2、C-14、C-4、C-16。

HMBC 指出，$\delta_C$ 120.0(C-4)与 $\delta_H$ 7.09(H-2)、8.32(1H, d, $J$ = 1.5Hz)相关，$\delta_C$ 125.6(C-16)与 $\delta_H$ 7.44(H-14)、8.45(1H, d, $J$ = 1.4Hz) 相关，表明 $\delta_H$ 8.32、8.45 分别归属 H-5、H-17。H-H COSY 指出，$\delta_H$ 8.32(H-5)与 $\delta_H$ 7.73(1H, dd, $J$ = 1.5Hz、9.1Hz)相关，$\delta_H$ 7.73 与 $\delta_H$ 8.11(1H, d, $J$ = 9.1Hz)相关，$\delta_H$ 8.45(H-17)与 $\delta_H$ 7.67(1H, dd, $J$ = 1.4Hz、9.1Hz)相关，$\delta_H$ 7.67 与 $\delta_H$ 7.88(1H, d, $J$ = 9.1Hz)相关，表明 $\delta_H$ 7.73、8.11、7.67、7.88 分别归属 H-7、H-8、H-19、H-20。通过 HSQC 可以确定 $\delta_C$ 115.9、122.3、123.2、115.6、123.0、122.2 分别归属 C-5、C-7、C-8、C-17、C-19、C-20。

HMBC 指出，$\delta_C$ 115.9(C-5)、122.3(C-7)均与 $\delta_H$ 10.26(活泼氢)相关，$\delta_C$ 115.6 (C-17)、123.0(C-19)均与 $\delta_H$ 10.30(活泼氢)相关，表明 $\delta_H$ 10.26、10.30 分别归属 NH-6、NH-18；$\delta_C$ 168.9(C=O)与 $\delta_H$ 10.26(NH-6)、2.09(3H, s)相关，$\delta_C$ 169.1(C=O)与 $\delta_H$ 10.30(NH-18)、2.10(3H, s)相关，表明 $\delta_C$ 168.9、169.1 分别归属 C-11、C-27，$\delta_H$ 2.09、2.10 分别归属 H-12、H-28(由于 $\delta_H$ 2.09、2.10 差别太小，归属无法区分)。通过 HSQC 确定 $\delta_C$ 24.1×2 归属 C-12 和 C-28。

根据氢化学位移规律和偶合分裂情况，$\delta_H$ 2.01(6H, s)归属 H-25、H-26。HSQC 指出，$\delta_C$ 44.8(伯碳)与 $\delta_H$ 2.01(H-25, H-26)相关，表明 $\delta_C$ 44.8 归属 C-25、C-26。HMBC 指出，$\delta_C$ 44.8(C-25, 26)与 $\delta_H$ 2.16(2H, t, $J$ = 6.6Hz) 相关，表明 $\delta_H$ 2.16 归属 H-24。H-H COSY 指出，$\delta_H$ 2.16(H-24)与 $\delta_H$ 2.69(2H, t, $J$ = 6.6Hz) 相关，表明 $\delta_H$ 2.69 归属 H-23。HSQC 指出，$\delta_C$ 40.5(仲碳)与 $\delta_H$ 2.69(H-23)相关、$\delta_C$ 57.9(仲碳)与 $\delta_H$ 2.16 (H-24)相关，表明 $\delta_C$ 40.5 归属 C-23、$\delta_C$ 57.9 归属 C-24。

HMBC 指出，$\delta_C$ 154.9(季碳)与 $\delta_H$ 7.09(H-2)、8.11(H-8)相关，$\delta_C$ 131.9(季碳)与 $\delta_H$ 7.09(H-2)、7.90(H-4)相关，$\delta_C$ 139.1(季碳)与 $\delta_H$ 8.11(H-8)、8.32(H-5)、10.26(NH-6)相关，$\delta_C$ 123.4(季碳)与 $\delta_H$ 7.09(H-2)、7.73(H-7)、7.90(H-4)、8.32(H-5)相关，$\delta_C$ 133.6(季碳)与 $\delta_H$ 8.11(H-8)相关，综合考虑，表明 $\delta_C$ 154.9、131.9、139.1、123.4、133.6 分别归属 C-1、C-3、C-6、C-9、C-10；$\delta_C$ 145.4(季碳)与 $\delta_H$ 7.44(H-14)、7.88(H-20)相关，$\delta_C$ 138.0(季碳)与 $\delta_H$ 7.44(H-14)、8.20(H-16)相关，$\delta_C$ 139.1(季碳)与 $\delta_H$ 7.88(H-20)、8.45(H-17)、10.30(NH-18)相关，$\delta_C$ 123.9(季碳)与 $\delta_H$ 7.44(H-14)、7.67(H-19)、8.20(H-16)、8.45(H-17)相关，$\delta_C$ 133.9(季碳)与 $\delta_H$ 7.88(H-20)、8.20(H-16)相关，综合考虑，表明 $\delta_C$ 145.4、138.0、139.1、123.9、133.9 分别归属 C-13、C-15、C-18、C-21、C-22。

注：OH-1、NH-23 化学位移原始文献没有给出。

化合物 **2-3** 的 NMR 详细解析数据见表 2-3。

**表 2-3 化合物 2-3 的 NMR 数据(DMSO-$d_6$, 400MHz/H)**

| 编号 | $\delta_C$ | DEPT | $\delta_H$ | $J$/Hz | H-H COSY | HSQC | HMBC($\delta_H$) |
|---|---|---|---|---|---|---|---|
| 1 | 154.9 | C | | | | | 7.09(H-2), 8.11(H-8) |
| 2 | 102.4 | CH | 7.09d | 1.4 | H-4 | + | 7.90(H-4) |
| 3 | 131.9 | C | | | | | 7.09(H-2), 7.90(H-4) |
| 4 | 120.0 | CH | 7.90d | 1.4 | H-2 | + | 7.09(H-2), 8.32(H-5) |
| 5 | 115.9 | CH | 8.32d | 1.5 | H-7 | + | 7.73(H-7), 7.90(H-4), 10.26(NH-6) |
| 6 | 139.1 | C | | | | | 8.11(H-8), 8.32(H-5), 10.26(NH-6) |

续表

| 编号 | $\delta_C$ | DEPT | $\delta_H$ | J/Hz | H-H COSY | HSQC | HMBC($\delta_H$) |
|---|---|---|---|---|---|---|---|
| 7 | 122.3* | CH | 7.73dd | 1.5, 9.1 | H-5, H-8 | + | 8.32(H-5), 10.26(NH-6) |
| 8 | 123.2 | CH | 8.11d | 9.1 | H-7 | + | 7.73(H-7) |
| 9 | 123.4 | C | | | | | 7.09(H-2), 7.73(H-7), 7.90(H-4), 8.32(H-5) |
| 10 | 133.6 | C | | | | | 8.11(H-8) |
| 11 | 168.9 | C | | | | | 2.09(H-12), 10.26(NH-6) |
| 12 | 24.1 | $CH_3$ | 2.09**s | | | + | |
| 13 | 145.4 | C | | | | | 7.44(H-14), 7.88(H-20) |
| 14 | 112.9 | CH | 7.44d | 1.3 | H-16 | + | 8.20(H-16) |
| 15 | 138.0 | C | | | | | 7.44(H-14) , 8.20(H-16) |
| 16 | 125.6 | CH | 8.20d | 1.3 | H-14 | + | 7.44(H-14) , 8.45(H-17) |
| 17 | 115.6 | CH | 8.45d | 1.4 | H-19 | + | 7.67(H-19), 8.20(H-16), 10.30(NH-18) |
| 18 | 139.1 | C | | | | | 7.88(H-20), 8.45(H-17), 10.30(NH-18) |
| 19 | 123.0 | CH | 7.67dd | 1.4, 9.1 | H-17, H-20 | + | 8.45(H-17), 10.30(NH-18) |
| 20 | 122.2* | CH | 7.88d | 9.1 | H-19 | + | 7.67(H-19) |
| 21 | 123.9 | C | | | | | 7.44(H-14), 7.67(H-19), 8.20(H-16), 8.45(H-17) |
| 22 | 133.9 | C | | | | | 7.88(H-20), 8.20(H-16) |
| 23 | 40.5 | $CH_2$ | 2.69t | 6.6 | H-24 | + | 2.16(H-24) |
| 24 | 57.9 | $CH_2$ | 2.16t | 6.6 | H-23 | + | 2.01(H-25, 26), 2.69(H-23) |
| 25 | 44.8 | $CH_3$ | 2.01s | | | + | 2.01(H-26), 2.16(H-24) |
| 26 | 44.8 | $CH_3$ | 2.01s | | | + | 2.01(H-25), 2.16(H-24) |
| 27 | 169.1 | C | | | | | 2.10(H-28), 10.30(NH-18) |
| 28 | 24.1 | $CH_3$ | 2.10**s | | | + | |
| NH-6 | | | 10.26 | | | | |
| NH-18 | | | 10.30 | | | | |

*，** 相同标记的归属可互换。

## 例 2-4　1 个六氢喹啉衍生物的 NMR 数据解析[24]

1,4-二氢吡啶类化合物在生物、医药等方面具有广泛的应用，可用于治疗高血压、心绞痛、充血性心衰、局部缺血和动脉粥状硬化等心脑血管疾病，还可用于治疗肠胃疾病、雷诺氏病以及作为治疗肺动脉高压和癫痫病的辅助药物。六氢喹啉具有 1,4-二氢吡啶环的骨架，具有钙离子调节等药理活性。该类化合物的合成、结构和性能成为许多化学工作者关注的问题，对六氢喹啉衍生物的研究已成 1,4-二氢吡啶类化合物的研究热点之一，化合物 **2-4** 是 1 个新的六氢喹啉衍生物。

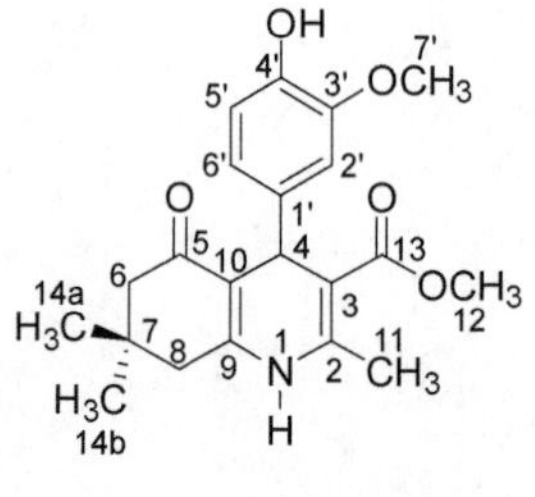

**2-4**

化合物 **2-4** 的 $^{13}$C NMR 显示 21 条碳峰，表明其含有 21 个碳。DEPT 显示，5 个伯碳：$\delta_C$ 18.4、26.6、29.4、50.8、55.7；2 个仲碳：$\delta_C$ 39.7、50.5；4 个叔碳：$\delta_C$ 35.0、112.0、115.2、119.5；10 个季碳：$\delta_C$ 32.3、103.9、110.4、139.0、144.8、144.9、147.0、149.4、167.7、194.6。

根据碳化学位移规律，$\delta_C$ 194.6(季碳)归属 C-5，$\delta_C$ 167.7(季碳)归属 C-13，$\delta_C$ 32.3(季碳)归属 C-7，$\delta_C$ 35.0(叔碳)归属 C-4。

根据氢化学位移规律和偶合分裂情况，$\delta_H$ 0.89(3H, s)、1.02(3H, s)归属 H-14a 和 H-14b(归属无法区分)，$\delta_H$ 2.27(3H, s)归属 H-11，$\delta_H$ 4.78(1H, s) 归属 H-4，$\delta_H$ 6.70(1H, d, $J$ = 2.0Hz)、6.58(1H, d, $J$ = 8.0Hz)和 $\delta_H$ 6.50(1H, dd, $J$ = 2.0Hz、8.0Hz)分别归属 H-2′、H-5′和 H-6′。H-H COSY 指出，$\delta_H$ 6.58、6.50、6.70 互相相关，构成苯环上的三氢 ABC 系统，进一步证实 H-2′、H-5′和 H-6′的归属。

HSQC 指出，$\delta_C$ 18.4(伯碳)与 $\delta_H$ 2.27(H-11)、26.6(伯碳)与 0.89(H-14a)、29.4(伯碳)与 1.02(H-14b)、35.0(叔碳)与 4.78(H-4)、112.0(叔碳)与 6.70(H-2′)、115.2(叔碳)与 6.58(H-5′)、119.5(叔碳)与 6.50(H-6′)相关，表明 $\delta_C$ 18.4、26.6、29.4、35.0、112.0、115.2、119.5 分别归属 C-11、C-14a、C-14b、C-4、C-2′、C-5′、C-6′。

HMBC 指出，$\delta_C$ 167.7(C-13)与 $\delta_H$ 3.56(3H, s)相关，表明 $\delta_H$ 3.56 归属 H-12，则根据氢化学位移规律 $\delta_H$ 3.67(3H, s)归属另一个甲氧基 H-7′。HSQC 指出，$\delta_C$ 50.8(伯碳)与 $\delta_H$ 3.56(H-12)、55.7(伯碳)与 3.67(H-7′)相关，表明 $\delta_C$ 50.8、55.7 分别归属 C-12、C-7′。

HMBC 指出，$\delta_C$ 147.0(季碳)/$\delta_H$ 3.67(H-7′) 相关，表明 $\delta_C$ 147.0 归属 C-3′；$\delta_C$ 147.0(C-3′)/$\delta_H$ 8.60(1H, s, 重水交换实验为活泼氢) 相关，表明 $\delta_H$ 8.60 归属 OH-4′；$\delta_C$ 144.8(季碳)/$\delta_H$ 8.60(OH-4′)相关，表明 $\delta_C$ 144.8 归属 C-4′；$\delta_C$ 139.0(季碳)/$\delta_H$

4.78(H-4)、6.58(H-5′)、6.70(H-2′)相关，表明 $\delta_C$ 139.0 归属 C-1′。

HMBC 指出，$\delta_C$ 194.6(C-5)与 $\delta_H$ 2.00(1H, d, $J$ = 16.0Hz )、2.18(1H, d, $J$ = 16.0Hz) 相关，且 $\delta_H$ 2.00 与 $\delta_H$ 2.18 H-H COSY 相关，表明 $\delta_H$ 2.00、2.18 分别归属 H-6a、H-6b；当然 $\delta_H$ 2.28(1H, d, $J$ = 16.0Hz )、2.42(1H, d, $J$ = 16.0Hz) 应分别归属 H-8a、H-8b，$\delta_H$ 2.28/$\delta_H$ 2.42 H-H COSY 相关，进一步证明这个结论。HSQC 指出，$\delta_C$ 50.5(仲碳)与 $\delta_H$ 2.00(H-6a)、2.18(H-6b)相关，$\delta_C$ 39.7(仲碳)与 $\delta_H$ 2.28(H-8a)、2.42(H-8b) 相关，表明 $\delta_C$ 50.5、39.7 分别归属 C-6 和 C-8。

剩下的 4 个季碳 C-2、C-3、C-9、C-10 的归属可分两步进行。先根据碳化学位移规律将它们分为 2 组，C-2 和 C-9 为连氮碳，与 C-3 和 C-10 相比，处在低场，因此，$\delta_C$ 144.9、149.4 归属 C-2、C-9, $\delta_C$ 103.9、110.4 归属 C-3、C-10。然后再通过 HMBC 进一步区分。HMBC 指出，$\delta_C$ 144.9 与 $\delta_H$ 2.27(H-11)、4.78(H-4) 相关，$\delta_C$ 149.4 与 $\delta_H$ 2.28(H-8a)、2.42(H-8b)、4.78(H-4)相关，表明 $\delta_C$ 144.9 归属 C-2, $\delta_C$ 149.4 归属 C-9；$\delta_C$ 103.9 与 $\delta_H$ 2.27(H-11)、4.78(H-4)相关，$\delta_C$ 110.4 与 $\delta_H$ 2.28(H-8a)、2.42(H-8b)、4.78(H-4)相关，表明 $\delta_C$ 103.9 归属 C-3, $\delta_C$ 110.4 归属 C-10。

$\delta_H$ 9.01(1H, s)重水实验为活泼氢，应归属 NH(H-1)。

化合物 **2-4** 的 NMR 详细解析数据见表 2-4。

表 2-4　化合物 **2-4** 的 NMR 数据(DMSO-$d_6$, 400MHz/H)

| 编号 | $\delta_C$ | DEPT | $\delta_H$ | $J$/Hz | H-H COSY | HSQC | HMBC($\delta_H$) |
|---|---|---|---|---|---|---|---|
| 1(NH) | | | 9.01s | | | | |
| 2 | 144.9 | C | | | | | 2.27(H-11), 4.78(H-4) |
| 3 | 103.9 | C | | | | | 2.27(H-11), 4.78(H-4), 9.01(H-1) |
| 4 | 35.0 | CH | 4.78s | | | + | 6.50(H-6′), 6.70(H-2′) |
| 5 | 194.6 | C | | | | | 2.00(H-6a), 2.18(H-6b), 4.78(H-4) |
| 6a | 50.5 | $CH_2$ | 2.00d | 16.0 | H-6b | + | 0.89(H-14a), 1.02(H-14b), |
| 6b | | | 2.18d | 16.0 | H-6a | + | 2.28(H-8a), 2.42(H-8b) |
| 7 | 32.3 | C | | | | | 0.89(H-14a), 1.02(H-14b), 2.00(H-6a), 2.18(H-6b), 2.28(H-8a), 2.42(H-8b) |
| 8a | 39.7 | $CH_2$ | 2.28d | 16.0 | H-8b | + | 0.89(H-14a), 1.02(H-14b), |
| 8b | | | 2.42d | 16.0 | H-8a | + | 2.00(H-6a), 2.18(H-6b), 9.01(H-1) |
| 9 | 149.4 | C | | | | | 2.28(H-8a), 2.42(H-8b), 4.78(H-4) |
| 10 | 110.4 | C | | | | | 2.28(H-8a), 2.42(H-8b), 4.78(H-4), 9.01(H-1) |

续表

| 编号 | $\delta_C$ | DEPT | $\delta_H$ | $J$/Hz | H-H COSY | HSQC | HMBC($\delta_H$) |
|---|---|---|---|---|---|---|---|
| 11 | 18.4 | $CH_3$ | 2.27s | | | + | 9.01(H-1) |
| 12 | 50.8 | $CH_3$ | 3.56s | | | + | |
| 13 | 167.7 | C | | | | | 2.27(H-11), 3.56(H-12), 4.78(H-4) |
| 14a | 26.6* | $CH_3$ | 0.89**s | | | + | 1.02(H-14b), 2.00(H-6a), 2.18(H-6b), 2.28(H-8a), 2.42(H-8b) |
| 14b | 29.4* | $CH_3$ | 1.02**s | | | + | 0.89(H-14a) |
| 1′ | 139.0 | C | | | | | 4.78(H-4), 6.58(H-5′), 6.70(H-2′) |
| 2′ | 112.0 | CH | 6.70d | 2.0 | H-6′ | + | 4.78(H-4), 6.50(H-6′) |
| 3′ | 147.0 | C | | | | | 3.67(H-7′), 6.58(H-5′), 6.70(H-2′), 8.60(OH-4′) |
| 4′ | 144.8 | C | | | | | 6.50(H-6′), 6.58(H-5′), 6.70(H-2′), 8.60(OH-4′) |
| 5′ | 115.2 | CH | 6.58d | 8.0 | H-6′ | + | 8.60(OH-4′) |
| 6′ | 119.5 | CH | 6.50dd | 2.0, 8.0 | H-2′, H-5′ | + | 4.78(H-4), 6.70(H-2′) |
| 7′ | 55.7 | $CH_3$ | 3.67s | | | + | |
| OH-4′ | | | 8.60s | | | | |

*, ** 相同标记的归属可互换。

## 例 2-5　1 个二苯乙烯衍生物的 NMR 数据解析[25]

二苯乙烯的多种衍生物表现出一系列的生理活性，如 3′,4′,5′-三羟基二苯乙烯(白藜芦醇)具有预防心脏病、抑制血小板凝聚、调控脂质和脂蛋白代谢、抗氧化及对癌症的治疗等，但由于其活性较弱，因此，寻找与发现活性较强的二苯乙烯衍生物是一个研究热点。化合物 **2-5** 是依据药物分子设计原理合成的 1 个新的目标药物化合物，由于该化合物含有 2 个芳环、1 个双键，芳氢、双键氢交叉重叠，NMR 图谱较为复杂，造成归属困难。

OH
$H_3CO$
$OCH_3$
$ClCH_2COOEt$
$K_2CO_3$, DMF
7′ 8′ 9′ 10′
$OCH_2COOCH_2CH_3$
5′ 6′ 4′ 6 7 1′ 3′ 5 1 4 8 2′ 2 3
$H_3CO$ 10
$OCH_3$ 9

**2-5**

化合物 **2-5** 的 $^{13}C$ NMR 显示 17 条碳峰，其中 $\delta_C$ 55.3×2、114.8×2、127.3×2 均含有 2 个碳，表明化合物 **2-5** 含有 20 个碳。DEPT 显示，3 个伯碳：$\delta_C$ 13.6、

55.3×2；2 个仲碳：$\delta_C$ 60.6、65.1；9 个叔碳：$\delta_C$ 109.6、112.1、114.8×2、119.6、125.9、126.9、127.3×2；6 个季碳：$\delta_C$ 130.9、131.4、149.3、149.7、157.6、168.5。

化合物 **2-5** 的 NMR 数据解析可以从 H-7′出发，由于 H-7′为连氧碳亚甲基氢，且不与任何氢偶合，所以 $\delta_H$ 4.73(2H, s) 可以确定归属 H-7′。HMBC 指出，$\delta_H$ 4.73(H-7′)与季碳 $\delta_C$ 157.6、168.5 相关，根据碳化学位移规律，$\delta_C$ 168.5 归属 C-8′，应为酯羰基碳，因此，$\delta_C$ 157.6 归属 C-4′；$\delta_C$ 157.6(C-4′)与 $\delta_H$ 6.94(2H, d, $J$ = 8.5Hz)、7.51(2H, d, $J$ = 8.5Hz)相关，同时 H-H COSY 显示 $\delta_H$ 6.94 与 $\delta_H$ 7.51 相关，表明 $\delta_H$ 6.94 和 7.51 归属 H-3′,5′和 H-2′,6′，4 个氢构成 AA′BB′系统，根据苯环氢受邻位含氧取代基给电子效应的影响，可将 H-3′,5′与 H-2′,6′进一步区分，即 $\delta_H$ 6.94 归属 H-3′,5′, 7.51 归属 H-2′,6′；$\delta_C$ 130.9(季碳)与 $\delta_H$ 6.94(H-3′,5′) 相关，表明 $\delta_C$ 130.9 归属 C-1′。HMQC 指出，$\delta_C$ 114.8(叔碳)/$\delta_H$ 6.94(H-3′,5′)、127.3(叔碳)/7.51(H-2′,6′)相关，表明 $\delta_C$ 114.8 归属 C-3′,5′, 127.3 归属 C-2′,6′。

H-7 和 H-8 两个双键氢化学位移差别较小，加之又与苯环氢重叠，其化学位移确定有一定难度，可通过 H-7 与 C-2 和 C-6 以及 H-8 与 C-2′,6′ HMBC 相关进行确定。HMBC 指出，$\delta_C$ 127.3(C-2′,6′)与 $\delta_H$ 7.05(1H, d, $J$ = 16.0Hz)相关，$\delta_C$ 109.6(叔碳)、119.6(叔碳)均与 $\delta_H$ 7.07(1H, d, $J$ = 16.0Hz)相关，暗示 $\delta_H$ 7.05 归属 H-8、7.07 归属 H-7、$\delta_C$ 109.6、119.6 归属 C-2 和 C-6(归属区分还需进一步确定，见下)；H-7 和 H-8 构成 AB 系统，$\delta_H$ 7.05/$\delta_H$ 7.07 H-H COSY 相关，进一步确定 $\delta_H$ 7.05 归属 H-8、$\delta_H$ 7.07 归属 H-7。由于 300MHz 仪器分辨率较差，进一步用 500MHz 仪器、DMSO-$d_6$ 溶剂重新作图，清晰地看到 $\delta_H$ 7.05(1H, d, $J$ = 16.0Hz)与 7.07(1H, d, $J$ = 16.0Hz)构成的 AB 系统四重峰，从偶合常数大小可确定 H-7 和 H-8 处于反式，即化合物 **2-5** 为 *E*-构型。HMQC 指出，$\delta_C$ 125.9(叔碳)与 $\delta_H$ 7.07(H-7)、$\delta_C$ 126.9(叔碳)与 $\delta_H$ 7.05(H-8) 相关，表明 $\delta_C$ 125.9、126.9 分别归属 C-7、C-8。

H-2、H-5 和 H-6 是化合物 **2-5** 另一个苯环上的 3 个氢，构成 ABC 系统。H-5 受 H-6 邻位偶合、受 H-2 对位偶合，由于对位偶合常数较小，所以 H-5 应表现为分裂较大的二重峰；H-6 受 H-5 邻位偶合、受 H-2 间位偶合，所以应表现为具有大分裂和小分裂的四重峰；H-2 受 H-6 间位偶合、受 H-5 对位偶合，所以应表现为分裂较小的二重峰。因此，根据氢化学位移规律和偶合分裂情况，$\delta_H$ 6.94(1H, d, $J$ = 8.0Hz)、7.07(1H, dd, $J$ = 8.0Hz、1.5Hz)、7.22(1H, d, $J$ = 1.5Hz)应分别归属 H-5、H-6、H-2。H-H COSY 指出，$\delta_H$ 6.94、7.07、7.22 互相相关，进一步表明 $\delta_H$ 6.94、7.07、7.22 分别归属 H-5、H-6、H-2。HMQC 指出，$\delta_C$ 109.6(叔碳)与 $\delta_H$ 7.22(H-2)、$\delta_C$ 112.1(叔碳)与 $\delta_H$ 6.94(H-5)、$\delta_C$ 119.6(叔碳)与 $\delta_H$ 7.07(H-6) 相关，表明 $\delta_C$ 109.6、112.1、119.6 分别归属 C-2、C-5、C-6。HMBC 指出，$\delta_C$ 149.3(季碳)与 $\delta_H$ 6.94(H-5)、7.07(H-6)、7.22(H-2)相关，$\delta_C$ 149.7(季碳)与 $\delta_H$ 6.94(H-5)、7.22(H-2)相关，表明 $\delta_C$ 149.3 归属 C-4、$\delta_C$ 149.7 归属 C-3。C-3、C-4 归属确定后，可以进一步利用

C-3、C-4 与所连甲氧基上氢的 HMBC 相关，区分 C-3 和 C-4 上 2 个甲氧基氢的化学位移归属，但原始文献没有给出此 HMBC 数据。根据碳化学位移规律，可以确定 $\delta_C$ 55.3×2 归属 C-9、10 两个甲氧基碳。仅剩下的季碳 $\delta_C$ 131.4(季碳)当然应归属 C-1, $\delta_C$ 131.4/$\delta_H$ 6.94(H-5)、$\delta_C$ 131.4/$\delta_H$ 7.05(H-8) HMBC 相关，进一步证实这一结论。

剩下的 C-7′、C-9′、C-10′ 以及 H-9′、H-10′ 归属可根据碳、氢化学位移规律，氢偶合分裂规律以及 HMQC 等数据确定。

这里，需要特别指出的是，H-6 和 H-7 化学位移巧合相等，但从偶合分裂情况，可以很清楚地将 H-6 和 H-7 吸收峰区分开。其原因是 H-7 为大分裂(16.0Hz)的二重峰，H-6 为 1 个大分裂(8.0Hz)、1 个小分裂(1.5Hz)的四重峰。

化合物 **2-5** 的 NMR 详细解析数据见表 2-5。

表 2-5 化合物 **2-5** 的 NMR 数据($CD_3COCD_3$, 300MHz/H)

| 编号 | $\delta_C$ | DEPT | $\delta_H$ | $J$/Hz | H-H COSY | HMQC | HMBC($\delta_H$) |
|---|---|---|---|---|---|---|---|
| 1 | 131.4 | C | | | | | 6.94(H-5), 7.05(H-8) |
| 2 | 109.6 | CH | 7.22d | 1.5 | H-6 | + | 7.07(H-6, H-7) |
| 3 | 149.7 | C | | | | | 6.94(H-5), 7.22(H-2) |
| 4 | 149.3 | C | | | | | 6.94(H-5), 7.07(H-6), 7.22(H-2) |
| 5 | 112.1 | CH | 6.94d | 8.0 | H-6 | + | |
| 6 | 119.6 | CH | 7.07dd | 1.5, 8.0 | H-2, H-5 | + | 7.07(H-7), 7.22(H-2) |
| 7 | 125.9 | CH | 7.07d | 16.0 | H-8 | + | 7.07(H-6), 7.22(H-2) |
| 8 | 126.9 | CH | 7.05d | 16.0 | H-7 | + | 7.51(H-2′, 6′) |
| 9 | 55.3 | $CH_3$ | 3.81s* | | | + | |
| 10 | 55.3 | $CH_3$ | 3.85s* | | | + | |
| 1′ | 130.9 | C | | | | | 6.94(H-3′, 5′), 7.07(H-7) |
| 2′,6′ | 127.3 | CH | 7.51d | 8.5 | H-3′,5′ | + | 7.05(H-8), 7.51(H-6′, 2′) |
| 3′,5′ | 114.8 | CH | 6.94d | 8.5 | H-2′,6′ | + | 6.94(H-5′, 3′) |
| 4′ | 157.6 | C | | | | | 4.73(H-7′), 6.94(H-3′, 5′), 7.51(H-2′, 6′) |
| 7′ | 65.1 | $CH_2$ | 4.73s | | | + | |
| 8′ | 168.5 | C | | | | | 4.22(H-9′), 4.73(H-7′) |
| 9′ | 60.6 | $CH_2$ | 4.22q | 7.0 | H-10′ | + | 1.24(H-10′) |
| 10′ | 13.6 | $CH_3$ | 1.24t | 7.0 | H-9′ | + | 4.22(H-9′) |

* 归属可互换。

## 例 2-6　1 个含芳基噻唑的糖基胍的 NMR 数据解析[26]

糖类在自然界分布很广，且具有重要的生物功能，一切重要的生命活动过程都有作为内源物质的糖的参与；胍基官能团在许多生物过程中起着重要的作用，含有胍基的分子多表现出如抗病毒、对酶的抑制、治疗糖尿病等。化合物 **2-6** 是 1 个含芳基噻唑的半乳吡喃糖基胍，是用四乙酰化的半乳吡喃糖异硫氰酸酯为原料按下图路线合成而得。

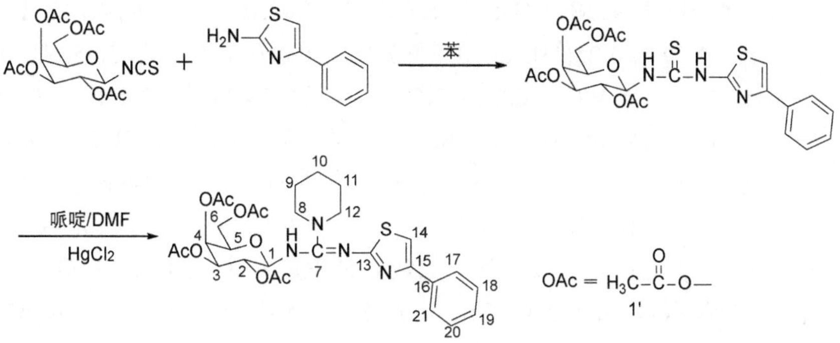

**2-6**

化合物 **2-6** 的 $^{13}$C NMR 显示 24 条碳峰，其中 $\delta_C$ 20.78×2、25.95×2、49.21×2、126.12×2、128.50×2 均含有 2 个碳，表明化合物 **2-6** 含有 29 个碳。DEPT 显示，4 个伯碳：$\delta_C$ 20.13、20.69、20.78×2；6 个仲碳：$\delta_C$ 24.79、25.95×2、49.21×2、61.79；11 个叔碳：$\delta_C$ 67.51、68.89、71.72、72.86、85.50、106.12、126.12×2、127.69、128.50×2；8 个季碳：$\delta_C$ 134.84、150.85、157.85、168.99、170.28、170.31、170.49、173.12。

化合物 **2-6** 的 NMR 数据解析可以从苯环出发。H-17,21、H-18,20、H-19 构成 AA′BB′C 系统。$^1$H NMR 显示，$\delta_H$ 7.85(2H, d, $J$ = 8.0Hz)，$\delta_H$ 7.42(2H, dd, $J$ = 8.0, 6.4Hz)，$\delta_H$ 7.30(1H, t, $J$ = 6.4Hz)；H-HCOSY 指出，$\delta_H$ 7.85 与 $\delta_H$ 7.42、$\delta_H$ 7.42 与 $\delta_H$ 7.30 相关；再根据苯环氢化学位移规律和偶合分裂情况，综合考虑，可以确定 $\delta_H$ 7.85 归属 H-17,21，$\delta_H$ 7.42 归属 H-18,20，$\delta_H$ 7.30 归属 H-19。HMQC 指出，$\delta_C$ 126.12(叔碳)与 $\delta_H$ 7.85(H-17,21)、$\delta_C$ 128.50(叔碳)与 $\delta_H$ 7.42(H-18,20)、$\delta_C$ 127.69(叔碳)与 $\delta_H$ 7.30(H-19)相关，表明 $\delta_C$ 126.12 归属 C-17,21，$\delta_C$ 128.50 归属 C-(18,20)，$\delta_C$ 127.69 归属 C-19。

根据氢化学位移规律和偶合分裂情况，$\delta_H$ 6.96(1H, s) 应归属 H-14；HMQC 指出，$\delta_C$ 106.12(叔碳)与 $\delta_H$ 6.96(H-14)相关，表明 $\delta_C$ 106.12 归属 C-14。

在六氢吡啶环上，H-8 和 H-12 对称，处于连氮碳上，由于受到胍基的去屏蔽影响而处于较低场，加之分别受到邻近氢(H-9, H-11)的偶合，分裂为三重峰，即

$\delta_H$ 3.50(4H, t, $J$ = 14.4Hz)归属 H-(8, 12)；H-9、H-10、H-11 由于化学环境相似，$\delta_H$ 1.64(6H, m)应归属 H-9,10,11。H-H COSY 指出，$\delta_H$ 3.50(H-8,12)与 $\delta_H$ 1.64(H-9,10)相关，进一步证明上述结论。HMQC 指出，$\delta_C$ 49.21(仲碳)与 $\delta_H$ 3.50(H-8,12)、$\delta_C$ 25.95(仲碳)与 $\delta_H$ 1.64(H-9,11)、$\delta_C$ 24.79(仲碳)与 $\delta_H$ 1.64(H-10)相关，同时 $\delta_C$ 25.95 峰高约相当于 2 个碳，表明 $\delta_C$ 49.21 归属 C-8,12，$\delta_C$ 25.95 归属 C-9,11，$\delta_C$ 24.79 归属 C-10。

糖环上碳、氢归属可从 NH 开始。根据氢化学位移规律和偶合分裂情况，$\delta_H$ 9.70(1H, d, $J$ = 8.8Hz)归属 NH；H-H COSY 指出，$\delta_H$ 9.70(NH)与 $\delta_H$ 4.70(1H, dd, $J$ = 8.8Hz、9.2Hz)、4.70 与 5.25(1H, dd, $J$ = 9.2Hz、10.0Hz)、5.25 与 5.05(1H, dd, $J$ = 10.0Hz、3.6Hz)、5.05 与 5.40(1H, dd, $J$ = 3.6Hz、4.4Hz)、5.40 与 3.93(1H, dt, $J$ = 4.4Hz、6.0Hz、6.0Hz)、3.93 与 4.14(2H, d, $J$ = 6.0Hz)相关，表明 $\delta_H$ 4.70、5.25、5.05、5.40、3.93、4.14 分别归属 H-1、2、3、4、5、6。需要指出的是，由于 H-6 两个氢通常化学位移不相等，H-5 仅受 H-4 和 H-6a 的偶合分裂为四重峰，而本例中却是六重峰，主要原因是 H-6 的 2 个氢化学位移巧合一致所致。HMQC 指出，$\delta_C$ 85.50(叔碳)与 $\delta_H$ 4.70 (H-1)、$\delta_C$ 68.89(叔碳)与 $\delta_H$ 5.25(H-2)、$\delta_C$ 71.72(叔碳)与 $\delta_H$ 5.05(H-3)、$\delta_C$ 67.51(叔碳)与 $\delta_H$ 5.40(H-4)、$\delta_C$ 72.86(叔碳)与 $\delta_H$ 3.93(H-5)、$\delta_C$ 61.79(仲碳)与 $\delta_H$ 4.14(H-6)相关，表明 $\delta_C$ 85.50、68.89、71.72、67.51、72.86、61.79 分别归属 C-1、C-2、C-3、C-4、C-5、C-6。根据碳、氢化学位移规律和氢偶合分裂情况，以及 HMQC 和 HMBC，可以确定 $\delta_H$ 1.72、1.93、2.05、2.15 分别归属 4 个乙酰氧基的甲基氢，$\delta_C$ 20.13、20.69、20.78×2 分别归属 4 个乙酰氧基的甲基碳，相应的 4 个乙酰氧基羰基碳为 $\delta_C$ 168.99、170.28、170.31、170.49，但由于原始文献没有给出乙酰氧基羰基与所连糖上氢的 HMBC 数据，所以无法进一步区分 4 个乙酰氧基在糖上的取代位置。

最后，4 个季碳的归属可以通过 HMBC 确定。HMBC 指出，季碳 $\delta_C$ 157.85 与 $\delta_H$ 4.70(H-1)、$\delta_C$ 173.12 与 $\delta_H$ 6.96(H-14)、$\delta_C$ 150.85 与 $\delta_H$ 6.96(H-14)和 7.85(H-17,21)、$\delta_C$ 134.84 与 $\delta_H$ 6.96(H-14)和 7.42(H-18,20)相关，综合考虑，表明 $\delta_C$ 157.85、173.12、150.85、134.84 分别归属 C-7、C-13、C-15、C-16。

至此，化合物 **2-6** 所有碳、氢得到了归属，其 NMR 详细解析数据见表 2-6。

表 2-6 化合物 **2-6** 的 NMR 数据($CDCl_3$, 400MHz/H)

| 编号 | $\delta_C$ | DEPT | $\delta_H$ | $J$/Hz | H-H COSY | HMQC | HMBC($\delta_H$) |
|---|---|---|---|---|---|---|---|
| 1 | 85.50 | CH | 4.70dd | 8.8, 9.2 | NH, H-2 | + | 5.25(H-2) |
| 2 | 68.89 | CH | 5.25dd | 9.2, 10.0 | H-1, H-3 | + | 4.70(H-1), 5.05(H-3) |
| 3 | 71.72 | CH | 5.05dd | 10.0, 3.6 | H-2, H-4 | + | 4.70(H-1), 5.25(H-2), 5.40(H-4) |

续表

| 编号 | | $\delta_C$ | DEPT | $\delta_H$ | J/Hz | H-H COSY | HMQC | HMBC($\delta_H$) |
|---|---|---|---|---|---|---|---|---|
| 4 | | 67.51 | CH | 5.40dd | 3.6, 4.4 | H-3, H-5 | + | 3.93(H-5), 5.05(H-3) |
| 5 | | 72.86 | CH | 3.93dt | 4.4, 6.0 | H-4, H-6 | + | 4.14(H-6), 5.40(H-4) |
| 6 | | 61.79 | $CH_2$ | 4.14d | 6.0 | H-5 | + | 3.93(H-5) |
| 7 | | 157.85 | C | | | | | 4.70(H-1) |
| 8,12 | | 49.21 | $CH_2$ | 3.50t | 14.4 | H-9,11 | + | 1.64(H-9,11,10) |
| 9,11 | | 25.95 | $CH_2$ | 1.64m | | H-8,12 | + | 3.50(H-8,12) |
| 10 | | 24.79 | $CH_2$ | 1.64m | | | + | 3.50(H-8,12) |
| 13 | | 173.12 | C | | | | | 6.96(H-14) |
| 14 | | 106.12 | CH | 6.96s | | | + | |
| 15 | | 150.85 | C | | | | | 6.96(H-14), 7.85(H-17,21) |
| 16 | | 134.84 | C | | | | | 6.96(H-14), 7.42(H-18,20) |
| 17,21 | | 126.12 | CH | 7.85d | 8.0 | H-18,20 | + | 7.30(H-19), 7.42(H-18,20), 7.85(H-21,17) |
| 18,20 | | 128.50 | CH | 7.42dd | 6.4, 8.0 | H-19, H-17,21 | + | 7.30(H-19), 7.42(H-20,18), 7.85(H-17,21) |
| 19 | | 127.69 | CH | 7.30t | 6.4 | H-18,20 | + | 7.42(H-18,20), 7.85(H-17,21) |
| OAc | C=O | 168.99 | C | | | | | 1.72 |
| | 1′ | 20.13 | $CH_3$ | 1.72s | | | + | |
| | C=O | 170.28 | 1′ | | | | | 1.93 |
| | 1′ | 20.69 | $CH_3$ | 1.93s | | | + | |
| | C=O | 170.31 | 1′ | | | | | 2.05 |
| | 1′ | 20.78 | $CH_3$ | 2.05s | | | + | |
| | C=O | 170.49 | C | | | | | 2.15 |
| | 1′ | 20.78 | $CH_3$ | 2.15s | | | + | |
| NH | | | | 9.70d | 8.8 | H-1 | | |

糖环中 $J_{1,2}$ = 9.2Hz，NOESY 指出，$\delta_H$ 4.70(H-1)与 $\delta_H$ 5.05(H-3)、$\delta_H$ 4.70(H-1)与 $\delta_H$ 3.93(H-5)、$\delta_H$ 5.05(H-3)与 $\delta_H$ 3.93(H-5)相关，$\delta_H$ 5.40(1H, dd, $J$ = 3.6Hz、4.4Hz, H-4)，加之糖与其他氢的偶合分裂情况，综合考虑，表明其糖基异头碳的构型为 β-构型的半乳糖。

**例 2-7** 1 个笼状 β-碳苷酮衍生物的 NMR 数据解析及结构确证[27]

碳苷是结构较为特殊的一类苷类化合物，其糖基是以 C-C 键直接连在苷元碳原子上，它们可作为手性砌块应用于一些具有重要生物活性的大分子化合物的全合成。另外研究发现碳苷还具有稳定的药理活性，例如：$\beta$-糖苷酶抑制活性等。因此，在糖化学和有机合成化学领域受到了广泛关注。化合物 **2-8** 是 $\beta$-碳苷酮 **2-7** 在酸性条件下得到的 1 个新型笼状 $\beta$-碳苷酮衍生物。

$$\mathbf{2\text{-}7} \xrightarrow[CH_3CN]{POCl_3} \mathbf{2\text{-}8} \xrightarrow[Py]{(CH_3CO)_2O} \mathbf{2\text{-}9}$$

$^{13}$C NMR 和 DEPT 显示化合物 **2-8** 共有 9 条碳峰，其中，1 个伯碳：$\delta_C$ 29.5；2 个仲碳：$\delta_C$ 39.1、69.2；5 个叔碳：$\delta_C$ 54.8、68.4、68.7、72.3、76.1；1 个季碳：$\delta_C$ 99.8。

在 2 个仲碳中，根据碳化学位移规律，$\delta_C$ 69.2 为连氧碳，归属 C-6；$\delta_C$ 39.1 为不连氧碳，归属 C-1′。HSQC 指出，$\delta_C$ 69.2(C-6)与 $\delta_H$ 4.07(1H, d, $J$ = 13.6Hz)、4.27(1H, dd, $J$ = 13.6Hz、4.4Hz)相关，表明 $\delta_H$ 4.07、4.27 分别归属 H-6a、H-6b；$\delta_C$ 39.1(C-1′)与 $\delta_H$ 2.19(1H, dd, $J$ = 15.6Hz、3.2Hz)、2.43(1H, dd, $J$ = 15.6Hz、3.2Hz)相关，表明 $\delta_H$ 2.19、2.43 分别归属 H-1′a、H-1′b。

H-H COSY 指出，$\delta_H$ 2.19(H-1′a) 与 $\delta_H$ 2.43(H-1′b)、4.01(1H, m) 相关，$\delta_H$ 2.43(H-1′b)与 $\delta_H$ 2.19(H-1′a)、4.01 相关，表明 $\delta_H$ 4.01 归属 H-1；$\delta_H$ 4.01(H-1)与 $\delta_H$ 3.92(1H, m) 相关，表明 $\delta_H$ 3.92 归属 H-2；$\delta_H$ 3.92(H-2) 与 $\delta_H$ 4.13(1H, m) 相关，表明 $\delta_H$ 4.13 归属 H-3；$\delta_H$ 4.13(H-3) 与 $\delta_H$ 4.75(1H, dd, $J$ = 2.8Hz、6.8Hz) 相关，表明 $\delta_H$ 4.75 归属 H-4；$\delta_H$ 4.75(H-4)与 $\delta_H$ 4.33(1H, m) 相关，表明 $\delta_H$ 4.33 归属 H-5。剩下 $\delta_H$ 1.53(3H, s) 应归属 H-3′。

HSQC 指出，$\delta_C$ 68.7(叔碳)与 $\delta_H$ 4.01(H-1)、$\delta_C$ 68.4(叔碳)与 $\delta_H$ 3.92(H-2)、$\delta_C$ 72.3(叔碳)与 $\delta_H$ 4.13(H-3)、$\delta_C$ 54.8(叔碳)与 $\delta_H$ 4.75(H-4)、$\delta_C$ 76.1(叔碳)与 $\delta_H$ 4.33(H-5)、$\delta_C$ 29.5(伯碳)与 $\delta_H$ 1.53(H-3′)相关，表明 $\delta_C$ 68.7、68.4、72.3、54.8、76.1、29.5 分别归属 C-1、C-2、C-3、C-4、C-5、C-3′。剩下的季碳 $\delta_C$ 99.8 归属 C-2′。HMBC 数据进一步证实化合物 **2-8** 的碳、氢归属。

化合物 **2-8** 的 NMR 详细解析数据见表 2-7。

表 2-7　化合物 **2-8** 的 NMR 数据($CDCl_3$, 400MHz/H)

| 编号 | $\delta_C$ | DEPT | $\delta_H$ | $J$/Hz | H-H COSY | HSQC | HMBC($\delta_H$) |
|---|---|---|---|---|---|---|---|
| 1 | 68.7 | CH | 4.01m | | H-2, H-1′a, H-1′b | + | 2.19(H-1′a), 2.43(H-1′b), 3.92(H-2), 4.13(H-3), 4.33(H-5) |
| 2 | 68.4 | CH | 3.92m | | H-1, H-3 | + | 4.75(H-4) |
| 3 | 72.3 | CH | 4.13m | | H-2, H-4 | + | 3.92(H-2), 4.01(H-1), 4.33(H-5) |

续表

| 编号 | $\delta_C$ | DEPT | $\delta_H$ | $J$/Hz | H-H COSY | HSQC | HMBC($\delta_H$) |
|---|---|---|---|---|---|---|---|
| 4 | 54.8 | CH | 4.75dd | 2.8, 6.8 | H-3, H-5 | + | 3.92(H-2), 4.27(H-6b), 4.33(H-5) |
| 5 | 76.1 | CH | 4.33m | | H-4, H-6b | + | 4.01(H-1), 4.07(H-6a), 4.13(H-3), 4.27(H-6b), 4.75(H-4) |
| 6a | 69.2 | $CH_2$ | 4.07d | 13.6 | H-6b | + | 4.75(H-4) |
| 6b | | | 4.27dd | 4.4, 13.6 | H-5, H-6a | + | |
| 1′a | 39.1 | $CH_2$ | 2.19dd | 3.2, 15.6 | H-1, H-1′b | + | 1.53(H-3′), 4.01(H-1) |
| 1′b | | | 2.43dd | 3.2, 15.6 | H-1, H-1′a | + | |
| 2′ | 99.8 | C | | | | | 4.01(H-1), 4.07(H-6a), 4.13(H-3), 4.27(H-6b) |
| 3′ | 29.5 | $CH_3$ | 1.53s | | | + | 2.19(H-1′a), 2.43(H-1′b) |

化合物 **2-8** 与化合物 **2-7** 的 NMR 数据对比：化合物 **2-7** 的 $\delta_C$ 212.5 羰基信号消失，而出现了 $\delta_C$ 99.8 新的缩酮碳信号；化合物 **2-7** 的 $\delta_C$ 61.0(C-6)信号变为化合物 **2-8** 的 69.2(C-6)信号，化学位移相差 8，说明化合物 **2-8** 的 C-6 在环上而非环外；化合物 **2-7** 的乙酰基甲基氢化学位移为 $\delta_H$ 2.19，在化合物 **2-8** 中，甲基氢化学位移向高场移至 $\delta_H$ 1.53。综上，推测化合物 **2-8** 为由化合物 **2-7** 经过分子内缩酮反应得到的缩酮产物。

为进一步证实化合物 **2-8** 的结构，将其乙酰化得化合物 **2-9**。化合物 **2-9** 的 NMR 数据证明只有 1 个乙酰氧基，说明化合物 **2-7** 缩酮化得到化合物 **2-8** 后只剩 1 个羟基。同时，化合物 **2-7** 的 $^1$H NMR 中，$J_{1,2}$ = 9.3Hz，根据 Karplus 经验公式此 $J$ 值在 $J_{aa}$ 范围，这也符合在环己烷构型中小取代基团应处于 a 键的原则；而在化合物 **2-9** 中，$J_{1,2}$ = 2.0Hz，同样根据 Karplus 经验公式此 $J$ 值在 $J_{ee}$ 范围，这说明化合物 **2-7** 在缩酮化过程中，1,2-位的氢由处于 a 键变为处于 e 键。因此，可以推断在由 $\beta$-碳苷酮类化合物经过分子内缩酮反应形成笼状化合物的过程中使糖环的构象由 $^4C_1$ 翻转至 $^1C_4$。而且此笼状化合物由 4 个环组成，包含 2 个七元环和 2 个六元环，其中 1 个六元环的端基异构效应可导致此类化合物具有一定的稳定性，同时在这 4 个环内部形成了一个空腔。由以上分析得出结论，化合物 **2-8** 为 4-氯-4-脱氧-$\beta$-D-吡喃半乳糖基丙酮-3,6-缩酮。

### 例 2-8　1 个含 $C_{10}$ 高碳糖片段衍生物的 NMR 数据解析[28-31]

随着人们对高碳糖类化合物在生物过程中所起的重要作用的认识以及糖类的分离、纯化、组分测定和结构分析技术的不断发展，糖类特别是高碳糖类化合物的研究引起了人们越来越多的重视。文献[28-31]报道了一系列含 $C_{10}$ 高碳糖片段衍生物的 NMR 研究，本例对化合物 **2-10**[31]的 NMR 数据进行了详细解析。

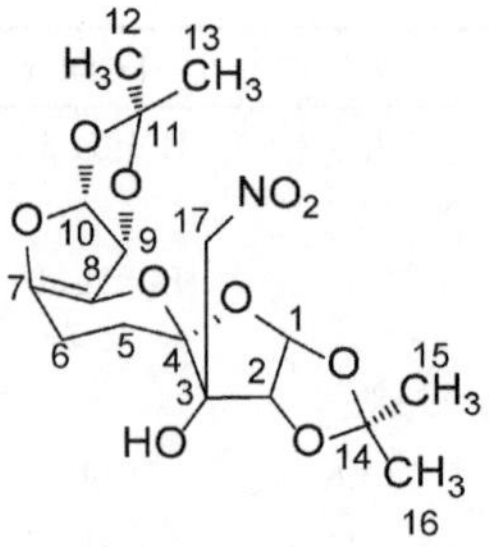

**2-10**

化合物 **2-10** 的 $^{13}$C NMR 显示 17 条碳峰，表明其含有 17 个碳。DEPT 显示，4 个伯碳：$\delta_C$ 27.4、27.6、27.8、28.0；3 个仲碳：$\delta_C$ 17.8、23.6、78.2; 4 个叔碳：$\delta_C$ 80.4、83.7、104.0、104.8；6 个季碳：$\delta_C$ 76.7、109.6、112.9、117.6、128.8、138.7。$\delta_C$ 140~220 之间无吸收峰，说明化合物 **2-10** 不含羰基碳。

化合物 **2-10** 是文献[31]由 D-木糖出发经过一系列反应得到的 1 个化合物，初步结构如图所示，该结构式是否正确，可通过对其 NMR 数据详细解析确证。

根据氢化学位移规律和偶合分裂情况，化合物 **2-10** 的 $^{1}$H NMR 中显示 2 个缩醛质子，$\delta_H$ 5.91(1H, d, $J$ = 4.0Hz) 和 5.93(1H, d, $J$ = 5.2Hz) 应该对应于化合物 **2-10** 的 H-1 和 H-10，具体相应关系还需进一步确证。根据碳化学位移规律，$\delta_C$ 76.7(季碳)归属 C-3, $\delta_C$ 128.8(季碳)、138.7(季碳)应归属 C-7、C-8 双键季碳，$\delta_C$ 109.6(季碳)、112.9(季碳)、117.6(季碳)应归属 C-4、C-11、C-14 缩酮季碳。HMBC 指出，$\delta_C$ 112.9、128.8、138.7 均与 $\delta_H$ 5.93 相关，表明 $\delta_H$ 5.93 归属 H-10, $\delta_C$ 112.9 归属 C-11；$\delta_C$ 117.6 与 $\delta_H$ 5.91 相关，可以确定 $\delta_H$ 5.91 归属 H-1。$\delta_C$ 128.8、138.7 与 C-7、C-8 的相应关系和 $\delta_C$ 109.6、117.6 与 C-14、C-4 的相应关系需进一步确证。

H-H COSY 指出，$\delta_H$ 5.91(H-1)与 $\delta_H$ 5.20(1H, d, $J$ = 4.0Hz)相关，$\delta_H$ 5.93(H-10) 与 $\delta_H$ 5.14(1H, d, $J$ = 5.2Hz) 相关，表明 $\delta_H$ 5.20 归属 H-2, $\delta_H$ 5.14 归属 H-9；$\delta_H$ 4.60(1H, d, $J$ = 13.2Hz) 与 4.73(1H, d, $J$ = 13.2Hz)相关，加之 $\delta_C$ 78.2(仲碳)与 $\delta_H$ 4.60、4.73 HSQC 相关，表明 $\delta_H$ 4.60、4.73 归属 H-17 亚甲基，$\delta_C$ 78.2 归属 C-17；$\delta_H$ 1.78(1H, m)与 $\delta_H$ 2.41(2H, m)相关，$\delta_H$ 2.25(1H, m)与 $\delta_H$ 2.41(2H, m)相关，$\delta_H$ 1.78 与 $\delta_H$ 2.25 相关，加之 $\delta_C$ 23.6(仲碳)与 $\delta_H$ 1.78、2.41 HSQC 相关，$\delta_C$ 17.8(仲碳)与 $\delta_H$ 2.25、2.41 HSQC 相关，表明 $\delta_H$ 1.78 和 2.41(其中 1 个氢)、$\delta_H$ 2.25 和 2.41(其中 1 个氢)应归属 H-5 和 H-6 这 2 个亚甲基，加之 $\delta_C$ 128.8 与 $\delta_H$ 2.25、2.41 HMBC 相关，$\delta_C$ 138.7 与 $\delta_H$ 1.78、2.25、2.41 HMBC 相关，综合考虑，可以确定 $\delta_C$ 128.8 归属 C-8, $\delta_C$ 138.7 归属 C-7，$\delta_H$ 1.78、2.41(其中 1 个氢)归属 H-5，$\delta_H$ 2.25、2.41(其中 1 个氢)归属 H-6，$\delta_C$ 23.6、17.8 分别归属 C-5、C-6。

HMBC 指出，$\delta_C$ 112.9(C-11) 与 $\delta_H$ 1.47(3H, s)、1.51(3H, s)相关，$\delta_C$ 117.6(缩酮季碳)与 $\delta_H$ 1.52(3H, s)、1.62(3H, s) 相关，表明 $\delta_H$ 1.47、1.51 归属 H-12、H-13，$\delta_H$ 1.52、1.62 归属 H-15、H-16, $\delta_C$ 117.6 归属 C-14，当然，$\delta_C$ 109.6(缩酮季碳)归属 C-4。

至此，化合物 **2-10** 所有季碳归属已经确定，还剩下其他连氢碳的归属，由于所有氢的归属已经完成，相连碳的归属可通过 HSQC 进行，不再赘述。

重水交换指出，$\delta_H$ 3.71(1H, s)归属 OH-3。

化合物 **2-10** 的 NMR 详细解析数据见表 2-8。

**表 2-8　化合物 2-10 的 NMR 数据($CDCl_3$, 400MHz/H)**

| 编号 | $\delta_C$ | DEPT | $\delta_H$ | $J$/Hz | H-H COSY | HSQC | HMBC($\delta_H$) |
|---|---|---|---|---|---|---|---|
| 1 | 104.8 | CH | 5.91d | 4.0 | H-2 | + | 5.20(H-2) |
| 2 | 83.7 | CH | 5.20d | 4.0 | H-1 | + | 3.71(OH), 4.60(H-17a), 4.73(H-17b), 5.91(H-1) |
| 3 | 76.7 | C | | | | | 3.71(OH), 4.60(H-17a), 4.73(H-17b), 5.20(H-2) |
| 4 | 109.6 | C | | | | | 1.78(H-5a), 2.25(H-6a), 2.41(H-5b, 6b) |
| 5a | 23.6 | $CH_2$ | 1.78m | | H-5b, H-6a, H-6b | + | 2.25(H-6a), 2.41(H-6b) |
| 5b | | | 2.41m | | H-5a, H-6a | + | |
| 6a | 17.8 | $CH_2$ | 2.25m | | H-6b, H-5a, H-5b | + | 1.78(H-5a), 2.41(H-5b) |
| 6b | | | 2.41m | | H-6a, H-5a | + | |
| 7 | 138.7 | C | | | | | 1.78(H-5a), 2.25(H-6a), 2.41(H-5b,6b), 5.93(H-10) |
| 8 | 128.8 | C | | | | | 2.25(H-6a), 2.41(H-6b), 5.14(H-9), 5.93(H-10) |
| 9 | 80.4 | CH | 5.14d | 5.2 | H-10 | + | 5.93(H-10) |
| 10 | 104.0 | CH | 5.93d | 5.2 | H-9 | + | |
| 11 | 112.9 | C | | | | | 1.47, 1.51(H-12, H-13), 5.14(H-9), 5.93(H-10) |
| 12,13 | 27.4, 27.6 | $CH_3$ | 1.47s, 1.51s | | | + + | |
| 14 | 117.6 | C | | | | | 1.52, 1.62(H-15, H-16), 5.20(H-2), 5.91(H-1) |
| 15,16 | 27.8, 28.0 | $CH_3$ | 1.52s, 1.62s | | | + | |
| 17a | 78.2 | $CH_2$ | 4.60d | 13.2 | H-17b | + | 3.71(OH), 5.20(H-2) |
| 17b | | | 4.73d | 13.2 | H-17a | + | |
| OH | | | 3.71s | | | | |

**例 2-9** 苦皮藤水解产物中 2 个 $\beta$-二氢沉香呋喃倍半萜多醇的 NMR 数据解析[32-34]

苦皮藤(*Celastrus angulatus*)系卫矛科南蛇藤属植物，化学成分和活性研究表明其含有一类多酯基取代的 $\beta$-二氢沉香呋喃型倍半萜衍生物，具有抗肿瘤和杀虫活性。为进一步探索活性机理，对其粗提物进行水解反应可得到一系列水解产物 $\beta$-二氢沉香呋喃倍半萜多醇，化合物 **2-11** 和 **2-12** 为其中的 2 个异构体，本例通过对其 NMR 数据解析，对互为异构体的 2 个化合物进行结构确证和区分。

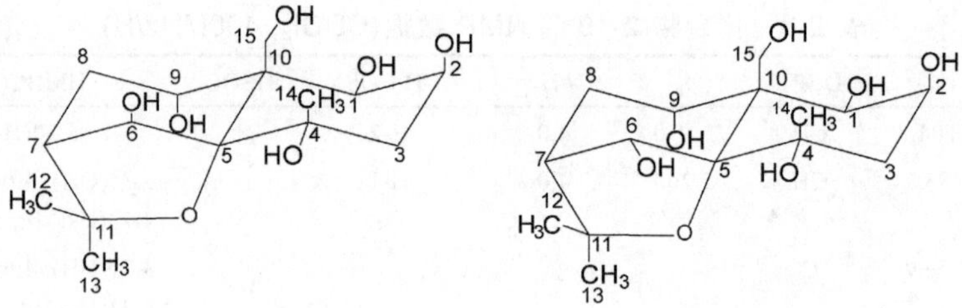

**2-11** **2-12**

首先，以化合物 **2-11** 为例对其 NMR 数据进行解析。

化合物 **2-11** 的 $^{13}$C NMR 显示 15 条碳峰，表明其含有 15 个碳。DEPT 显示，3 个伯碳：$\delta_C$ 25.6、26.1、28.1；3 个仲碳：$\delta_C$ 28.7、43.0、75.3；5 个叔碳：$\delta_C$ 47.8、65.9、69.2、72.6、82.1；4 个季碳：$\delta_C$ 54.5、67.8、85.1、91.5。

由于 C-10 为手性碳，所以 C-15 上 2 个氢构成 AB 系统，根据氢化学位移规律以及 $\delta_H$ 3.50(1H, d, $J$ = 9.2Hz)和 4.41(1H, d, $J$ = 9.2Hz) H-H COSY 相关，加之 $\delta_C$ 75.3(仲碳)与 $\delta_H$ 3.50、4.41 HMQC 相关，可确定 $\delta_H$ 3.50、4.41 分别归属 H-15a、H-15b，$\delta_C$ 75.3 归属 C-15。

HMBC 指出，$\delta_C$ 54.5(季碳) 与 $\delta_H$ 3.50(H-15a)、4.41(H-15b)相关，$\delta_C$ 91.5(季碳) 与 $\delta_H$ 3.50(H-15a) 相关，再根据碳化学位移规律，表明 $\delta_C$ 54.5 归属 C-10、$\delta_C$ 91.5 归属 C-5。

HMBC 指出，$\delta_C$ 91.5(C-5)与 $\delta_H$ 1.66(1H, dd, $J$ = 2.4Hz、14.0Hz)、1.76(1H, dd, $J$ = 4.0Hz、14.0Hz)相关，加之 $\delta_C$ 43.0(仲碳)与 $\delta_H$ 1.66、1.76 HMQC 相关，表明 $\delta_H$ 1.66 归属 H-3a、$\delta_H$ 1.76 归属 H-3b、$\delta_C$ 43.0(仲碳)归属 C-3。H-H COSY 指出，$\delta_H$ 1.66(H-3a)、1.76(H-3b)均与 $\delta_H$ 3.94(1H, m)相关，加之 $\delta_C$ 69.2(叔碳)与 $\delta_H$ 3.94 HMQC 相关，表明 $\delta_H$ 3.94 归属 H-2, $\delta_C$ 69.2 归属 C-2；$\delta_H$ 3.94(H-2)与 $\delta_H$ 4.04(1H, dd, $J$ = 4.8Hz、6.4Hz)，加之 $\delta_C$ 65.9(叔碳)与 $\delta_H$ 4.04 HMQC 相关，表明 $\delta_H$ 4.04 归属 H-1, $\delta_C$ 65.9 归属 C-1。

综上，$\delta_C$ 28.7(仲碳)归属 C-8。HMQC 指出，$\delta_C$ 28.7(C-8)与 $\delta_H$ 1.95(1H, d, $J$ =

15.2Hz)、2.05(1H, ddd, $J$ = 4.0Hz、6.0Hz、15.2Hz)相关，表明 $\delta_H$ 1.95、2.05 分别归属 H-8a、H-8b。

HMBC 指出，$\delta_C$ 91.5(C-5)与 $\delta_H$ 4.71(1H, d, $J$ = 5.2Hz)、3.84(1H, dd, $J$ = 6.0Hz、9.6Hz)、1.95(1H, dd, $J$ = 4.0Hz、5.2Hz)相关，加之 $\delta_C$ 82.1(叔碳)与 $\delta_H$ 4.71、$\delta_C$ 72.6(叔碳)与 $\delta_H$ 3.84、$\delta_C$ 47.8 (叔碳)与 $\delta_H$ 1.95 HMQC 相关，再加之 $\delta_H$ 3.84 与 $\delta_H$ 2.05(H-8b) H-H COSY 相关，表明 $\delta_H$ 4.71 归属 H-6, $\delta_H$ 3.84 归属 H-9, $\delta_H$ 1.95 归属 H-7, $\delta_C$ 82.1 归属 C-6, $\delta_C$ 72.6 归属 C-9, $\delta_C$ 47.8 归属 C-7。这里需要指出的是，H-7 和 H-8a 的化学位移均为 $\delta_H$ 1.95, $\delta_H$ 1.95 出现 2 类 3 种偶合，一类是 H-8a 和 H-8b 的偶合，$J$ = 15.2Hz；另一类是 H-7 与 H-6、H-8b 的偶合，$J$ = 5.2Hz、4.0Hz。

HMBC 指出，$\delta_C$ 67.8(季碳)与 $\delta_H$ 1.36(3H, s)、1.66(H-3a)、1.76(H-3b)、3.94(H-2)、4.71(H-6)相关，$\delta_C$ 85.1(季碳)与 $\delta_H$ 1.19(3H, s)、1.45(3H, s)、1.95(H-7, 8a)、2.05(H-8b)相关，表明 $\delta_C$ 67.8 归属 C-4, $\delta_H$ 85.1 归属 C-11, $\delta_H$ 1.36 归属 H-14, $\delta_H$ 1.19、1.45 归属 H-12, 13。H-12 和 H-13 需进一步通过 NOESY 区分(见例 2-41)。HMQC 指出，$\delta_C$ 26.1(伯碳)/$\delta_H$ 1.36(H-14)、$\delta_C$ 28.1(伯碳)/$\delta_H$ 1.19、$\delta_C$ 25.6(伯碳)/$\delta_H$ 1.45 相关，表明 $\delta_C$ 26.1 归属 C-14, $\delta_C$ 28.1、25.6 归属 C-12、C-13。

化合物 **2-11** 各个羟基在 DMSO-$d_6$ 中能够分离开，它们的归属可通过 H-H COSY 和 HMBC 进行。H-H COSY 指出，$\delta_H$ 4.04(H-1)/$\delta_H$ 4.43(1H, d, $J$ = 6.4Hz，活泼氢)、$\delta_H$ 3.94(H-2)/$\delta_H$ 4.50(1H, d, $J$ = 2.8Hz，活泼氢)、$\delta_H$ 3.84(H-9)/$\delta_H$ 4.10(1H, d, $J$ = 9.6Hz，活泼氢)相关；HMBC 指出，$\delta_C$ 65.9(C-1) 与 $\delta_H$ 4.43、4.50 相关，$\delta_C$ 69.2(C-2)与 $\delta_H$ 4.43、4.50 相关，$\delta_C$ 43.0(C-3)与 $\delta_H$ 4.50 相关，$\delta_C$ 67.8(C-4)与 $\delta_H$ 3.45(1H, s，活泼氢)相关，$\delta_C$ 91.5(C-5)与 $\delta_H$ 3.45 相关，$\delta_C$ 28.7(C-8) 与 $\delta_H$ 4.10 相关，$\delta_C$ 72.6(C-9)与 $\delta_H$ 4.10 相关，$\delta_C$ 54.5(C-10)与 $\delta_H$ 4.10、4.43 相关，$\delta_C$ 26.1(C-14)与 $\delta_H$ 3.45 相关。综合考虑，表明 $\delta_H$ 4.43、4.50、3.45、4.10 分别归属 OH-1、OH-2、OH-4、OH-9, $\delta_H$ 约 3.5（活泼氢）应归属 OH-6, 15。

化合物 **2-12** 的 NMR 数据解析同化合物 **2-11**。化合物 **2-11** 的 NMR 详细解析数据见表 2-9，化合物 **2-12** 的 NMR 详细解析数据见表 2-10。

**表 2-9 化合物 2-11 的 NMR 数据(DMSO-$d_6$, 400MHz/H)**

| 编号 | $\delta_C$ | DEPT | $\delta_H$ | $J$/Hz | H-H COSY | HMQC | HMBC($\delta_H$) |
|---|---|---|---|---|---|---|---|
| 1 | 65.9 | CH | 4.04dd | 4.8, 6.4 | H-2, OH-1 | + | 1.66(H-3a), 1.76(H-3b), 3.94(H-2), 4.41(H-15b), 4.43(OH-1), 4.50(OH-2) |
| 2 | 69.2 | CH | 3.94m | | H-1, H-3a, H-3b, OH-2 | + | 1.76(H-3b), 4.43(OH-1), 4.50(OH-2) |
| 3a | 43.0 | $CH_2$ | 1.66dd | 2.4, 14.0 | H-2, H-3b | + | 1.36(H-14), 3.94(H-2), 4.50(OH-2) |

续表

| 编号 | $\delta_C$ | DEPT | $\delta_H$ | $J$/Hz | H-H COSY | HMQC | HMBC($\delta_H$) |
|---|---|---|---|---|---|---|---|
| 3b | | | 1.76dd | 4.0, 14.0 | H-2, H-3a | + | |
| 4 | 67.8 | C | | | | | 1.36(H-14), 1.66(H-3a), 1.76(H-3b), 3.45(OH-4), 3.94(H-2), 4.71(H-6) |
| 5 | 91.5 | C | | | | | 1.66(H-3a), 1.76(H-3b), 1.95(H-7), 3.45(OH-4), 3.50(H-15a), 3.84(H-9), 4.71(H-6) |
| 6 | 82.1 | CH | 4.71d | 5.2 | H-7 | + | 1.95(H-7, H-8a), 3.50(H-15a) |
| 7 | 47.8 | CH | 1.95dd | 4.0, 5.2 | H-8b, H-6 | + | 1.19, 1.45(H-12, H-13), 2.05(H-8b), 3.84(H-9) |
| 8a | 28.7 | $CH_2$ | 1.95d | 15.2 | H-8b | + | 4.10(OH-9), 4.71(H-6) |
| 8b | | | 2.05ddd | 4.0, 6.0, 15.2 | H-7, H-9, H-8a | + | |
| 9 | 72.6 | CH | 3.84dd | 6.0, 9.6 | H-8b, OH-9 | + | 1.95(H-7, H-8a), 3.50(H-15a), 4.04(H-1), 4.10(OH-9), 4.41(H-15b) |
| 10 | 54.5 | C | | | | | 1.95(H-8a), 3.50(H-15a), 3.84(H-9), 3.94(H-2), 4.04(H-1), 4.10(OH-9), 4.41(H-15b), 4.43(OH-1), 4.71(H-6) |
| 11 | 85.1 | C | | | | | 1.19, 1.45(H-12, H-13), 1.95(H-7, 8a), 2.05(H-8b) |
| 12 | 28.1 | $CH_3$ | 1.19s | | | + | 1.45(H-13) |
| 13 | 25.6 | $CH_3$ | 1.45s | | | + | 1.19(H-12) |
| 14 | 26.1 | $CH_3$ | 1.36s | | | + | 1.66(H-3a), 1.76(H-3b), 3.45(OH-4) |
| 15a | 75.3 | $CH_2$ | 3.50d | 9.2 | H-15b | + | 4.04(H-1), 4.71(H-6) |
| 15b | | | 4.41d | 9.2 | H-15a | + | |
| OH-1 | | | 4.43d | 6.4 | H-1 | | |
| OH-2 | | | 4.50d | 2.8 | H-2 | | |
| OH-4 | | | 3.45s | | | | |
| OH-9 | | | 4.10d | 9.6 | H-9 | | |
| OH-6, 15 | | | 约 3.5 | | | | |

表 2-10 化合物 **2-12** 的 NMR 数据(DMSO-$d_6$, 400MHz/H)

| 编号 | $\delta_C$ | DEPT | $\delta_H$ | $J$/Hz | H-H COSY | HMQC($\delta_H$) |
|---|---|---|---|---|---|---|
| 1 | 70.7 | CH | 4.12dd | 3.6, 6.4 | H-2, OH-1 | 4.12 |
| 2 | 69.7 | CH | 3.89m | | H-1, H-3a, H-3b, OH-2 | 3.89 |
| 3a | 43.3 | $CH_2$ | 1.64dd | 2.8, 13.6 | H-2, H-3b | 1.64,1.84 |
| 3b | | | 1.84dd | 3.6, 13.6 | H-2, H-3a | |
| 4 | 72.3 | C | | | | |
| 5 | 91.4 | C | | | | |
| 6 | 78.0 | CH | 4.73brd | 5.2 | H-7, OH-6 | 4.73 |
| 7 | 50.8 | CH | 1.88brdd | 2.8, 3.6 | H-6, H-8a, H-8b | 1.88 |
| 8a | 35.0 | $CH_2$ | 1.95dd | 2.8, 14.8 | H-7, H-8b | 1.95,2.02 |
| 8b | | | 2.02m | | H-7, H-8a, H-9 | |
| 9 | 67.8 | CH | 4.00d | 6.8 | H-8b | 4.00 |
| 10 | 55.4 | C | | | | |
| 11 | 82.2 | C | | | | |
| 12 | 29.9 | $CH_3$ | 1.61s | | | 1.61 |
| 13 | 27.2 | $CH_3$ | 1.54s | | | 1.54 |
| 14 | 27.1 | $CH_3$ | 1.39s | | | 1.39 |
| 15a | 63.4 | $CH_2$ | 3.87d | 4.8, 11.6 | OH-15, H-15b | 3.87,3.99 |
| 15b | | | 3.99d | 4.0, 11.6 | OH-15, H-15a | |
| OH-1 | | | 4.54d | 6.4 | H-1 | |
| OH-2 | | | 4.57d | 3.2 | H-2 | |
| OH-4 | | | 4.43s | | | |
| OH-6 | | | 5.44d | 5.2 | H-6 | |
| OH-9 | | | 4.00s | | | |
| OH-15 | | | 4.73dd | 4.0, 4.8 | H-15b, H-15a | |

化合物 **2-12** 文献已经报道[33,34]，6 位和 9 位 2 个羟基均处于 $\alpha$-位置，dreiding 模型指出，H-6 与 H-7、H-9 与 H-8a 之间双面夹角接近 90°，因此，H-6 与 H-7、H-9 与 H-8a 偶合常数接近零(见表 2-10)。化合物 **2-11** 和 **2-12** 互为异构体，其差异主要为 6 位羟基取代，化合物 **2-11** 的 6 位羟基取代为 $\beta$ 构型，化合物 **2-12** 的 6 位羟基取代 $\alpha$ 构型，仅仅这一点差异，却引起了 2 个化合物 NMR 数据的很大不同。仅从化合物 **2-11** 的 H-6 与 H-7 之间的双面夹角不再接近 90°，偶合常数为 5.2Hz，即可确定化合物 **2-11** 的 6 位羟基为 $\beta$ 构型；前述化合物 **2-11** 的 NMR 数据的全归属解析，可以确定化合物 **2-11** 化学结构的正确性。

**例 2-10**　1 个双香豆蒽衍生物的 NMR 数据解析及结构确证[35]

香豆素及其苷类化合物是一类重要的具有生物活性的物质，可用于抗肿瘤、抗艾滋病、抗氧化、抗微生物、抗辐射等方面；香豆素及其衍生物还具有优异的光学特性，是很好的荧光增白剂、激光染料、荧光探针等光学材料。化合物 **2-13** 是用对溴苯甲醛和 4-羟基香豆素在微波辐射下合成的，由于 4-羟基香豆素在反应中可能发生异构化，因此，该反应可能发生异构化，得到化合物 **2-13** 和 **2-14** 两种结构，究竟是哪一种结构，本例通过对其 NMR 数据解析确证为化合物 **2-13**。

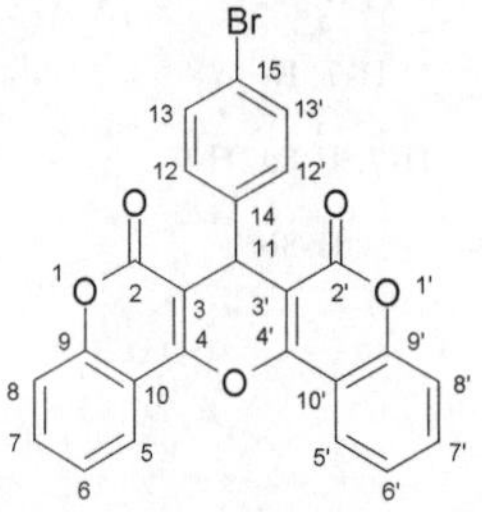

**2-13** 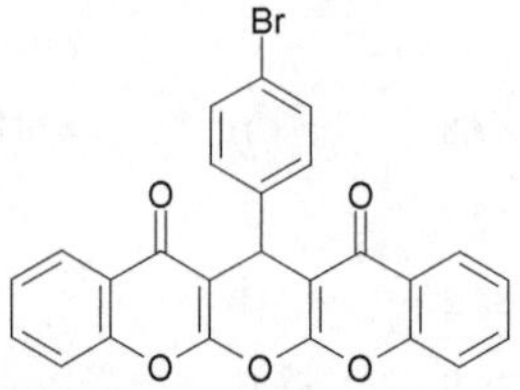　　**2-14**

$^{13}$C NMR 和 DEPT 显示该化合物中无伯碳和仲碳，有 13 个叔碳：$\delta_C$ 35.9、115.9×2、123.7×2、124.2×2、129.1×2、130.9×2、131.8×2；12 个季碳：$\delta_C$ 103.4×2、118.3、119.0×2、141.0、152.4×2、165.0×2、167.2×2。

区分化合物 **2-13** 和 **2-14** 的关键是羰基的化学位移。化合物 **2-13** 的羰基结构类似于香豆素类化合物，香豆素羰基化学位移一般在 $\delta_C$ 165 左右；化合物 **2-14** 的羰基结构类似于黄酮类化合物，黄酮类羰基化学位移一般在 $\delta_C$ 180 左右，甚至于 190 以上。该化合物 $\delta_C$ 最大为 167.2，不超过 170，因此，初步可确定该化合物结构为 **2-13**。

下面按照化合物 **2-13** 的结构对其 NMR 数据进行解析：

H-H COSY 指出，$\delta_H$ 7.05(2H, brd, $J$ = 8.4Hz)与 $\delta_H$ 7.35(2H, d, $J$ = 8.4Hz)相关，$\delta_H$ 7.05 与 $\delta_H$ 6.22(1H, brs)相关，表明 $\delta_H$ 7.05、7.35、6.22 构成 AA′BB′C 系统，分别归属 H-12,12′、H-13,13′、H-11；$\delta_H$ 7.27(2H, dd, $J$ = 8.0Hz、1.2Hz)、7.52(2H, ddd, $J$ = 8.0Hz、7.6Hz、1.6Hz)、7.24(2H, ddd, $J$ = 8.0Hz、7.6Hz、1.2Hz)、$\delta_H$ 7.81(1H, dd, $J$ = 8.0Hz、1.6Hz)互相相关，表明 $\delta_H$ 7.27、7.52、7.24、7.81 构成 ABCD 系统，$\delta_H$ 7.27、7.81 归属 H-5,5′、H-8,8′，$\delta_H$ 7.24、7.52 归属 H-6,6′、H-7,7′，但 H-5,5′与 H-8,8′、H-6,6′与 H-7,7′归属区分还需进一步确证。

根据氢化学位移规律，H-8,8′为苯环上邻位具有含氧取代基的氢，H-6,6′为苯环上对位具有含氧取代基的氢，因此，H-5,5′与 H-8,8′相比，H-6,6′与 H-7,7′相比，H-8,8′、H-6,6′在较高场，区分了 H-5,5′和 H-8,8′、H-6,6′和 H-7,7′的归属，即 $\delta_H$ 7.27 归属 H-8,8′、7.81 归属 H-5,5′，$\delta_H$ 7.24 归属 H-6,6′、7.52 归属 H-7,7′。

HSQC 指出，叔碳 $\delta_C$ 124.2/$\delta_H$ 7.81(H-5,5′)、$\delta_C$ 123.7/$\delta_H$ 7.24(H-6,6′)、$\delta_C$ 131.8/$\delta_H$ 7.52(H-7,7′)、$\delta_C$ 115.9/$\delta_H$ 7.27 (H-8,8′)、$\delta_C$ 35.9/$\delta_H$ 6.22(H-11)、$\delta_C$ 129.1/$\delta_H$ 7.05(H-12, 12′)、$\delta_C$ 130.9/$\delta_H$ 7.35(H-13,13′)相关，表明叔碳 $\delta_C$ 124.2、123.7、131.8、115.9、35.9、129.1、130.9 分别归属 C-5, 5′、C-6, 6′、C-7, 7′、C-8, 8′、C-11、C-12, 12′、C-13, 13′。

HMBC 指出，季碳 $\delta_C$ 165.0 与 $\delta_H$ 6.22(H-11)相关，$\delta_C$ 167.2 与 $\delta_H$ 6.22(H-11)、7.81(H-5,5′)相关，$\delta_C$ 103.4 与 $\delta_H$ 6.22(H-11)相关，$\delta_C$ 152.4 与 $\delta_H$ 7.27(H-8,8′)、7.52 (H-7,7′)、7.81(H-5,5′)相关，$\delta_C$ 119.0 与 $\delta_H$ 7.24(H-6,6′)、7.27(H-8,8′)相关，$\delta_C$ 141.0 与 $\delta_H$ 6.22(H-11)、7.35(H-13,13′)相关，$\delta_C$ 118.3 与 $\delta_H$ 7.05(H-12,12′)、7.35(H-13,13′)相关，结合碳化学位移规律，综合考虑，表明季碳 $\delta_C$ 165.0、167.2、103.4、152.4、119.0、141.0、118.3 分别归属 C-2,2′、C-4,4′、C-3,3′、C-9,9′、C-10,10′、C-14、C-15。

至此，化合物的所有碳、氢归属已明确，完全与化合物 **2-13** 结构相吻合，证明该化学反应所得到的化合物为 **2-13**。

化合物 **2-13** 的 NMR 详细解析数据见表 2-11。

表 2-11 化合物 **2-13** 的 NMR 数据(DMSO-$d_6$, 400MHz/H)

| 编号 | $\delta_C$ | DEPT | $\delta_H$ | $J$/Hz | H-H COSY | HSQC | HMBC($\delta_H$) |
|---|---|---|---|---|---|---|---|
| 2,2′ | 165.0 | C | | | | | 6.22(H-11) |
| 3,3′ | 103.4 | C | | | | | 6.22(H-11) |
| 4,4′ | 167.2 | C | | | | | 6.22(H-11), 7.81(H-5,5′) |
| 5,5′ | 124.2 | CH | 7.81dd | 8.0,1.6 | H-6,6′, H-7,7′ | + | 7.52(H-7,7′) |
| 6,6′ | 123.7 | CH | 7.24ddd | 8.0,7.6,1.2 | H-5,5′, H-7,7′, H-8,8′ | + | 7.27 (H-8,8′) |
| 7,7′ | 131.8 | CH | 7.52ddd | 8.0,7.6,1.6 | H-8,8′, H-6,6′, H-5,5′ | + | 7.81(H-5,5′) |
| 8,8′ | 115.9 | CH | 7.27dd | 8.0,1.2 | H-7,7′, H-6,6′ | + | 7.24(H-6,6′) |
| 9,9′ | 152.4 | C | | | | | 7.27 (H-8,8′), 7.52(H-7,7′), 7.81(H-5,5′) |
| 10,10′ | 119.0 | C | | | | | 7.24(H-6,6′), 7.27 (H-8,8′) |
| 11 | 35.9 | CH | 6.22brs | | H-12,12′ | + | 7.05 (H-12,12′) |
| 12,12′ | 129.1 | CH | 7.05brd | 8.4 | H-11, H-13,13′ | + | 6.22(H-11), 7.05 (H-12′,12) |
| 13,13′ | 130.9 | CH | 7.35d | 8.4 | H-12,12′ | + | 7.35 (H-13′,13) |
| 14 | 141.0 | C | | | | | 6.22(H-11), 7.35 (H-13,13′) |
| 15 | 118.3 | C | | | | | 7.05 (H-12,12′), 7.35(H-13,13′) |

**例 2-11** 2 个缩水蔗糖衍生物的 NMR 数据解析及结构确证[36]

蔗糖是自然界中最为廉价易得的二糖，广泛存在于动植物体内，蔗糖及其衍生物在化学和生物领域是极具开发应用价值的化合物。化合物 **2-15**、**2-16** 是用碱分别处理 4,1′,6′-三氯蔗糖、4,6,1′,6′-四氯蔗糖得到的 2 个缩水蔗糖衍生物，本例通过对这 2 个化合物的 NMR 数据解析进行结构确证，特别是脱 HCl 成环的位置。

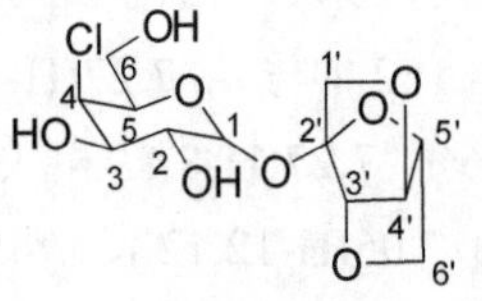

**2-15** 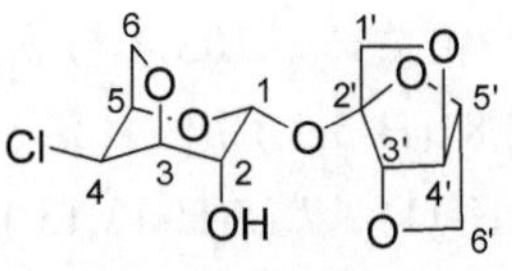 **2-16**

化合物 **2-15** 的 $^{13}$C NMR 显示 12 条碳峰，表明其含有 12 个碳。DEPT 显示，3 个仲碳：$\delta_C$ 61.2、71.9、72.6；8 个叔碳：$\delta_C$ 64.8、67.5、67.8、70.5、75.5、78.1、81.8、94.0；1 个季碳：$\delta_C$ 109.8。

根据氢化学位移规律和偶合分裂情况，$\delta_H$ 5.38(1H, d, $J$ = 4.0Hz) 应归属 H-1。根据碳化学位移规律，$\delta_C$ 61.2(仲碳)归属 C-6。HSQC 指出，$\delta_C$ 61.2(C-6)与 $\delta_H$ 3.48(2H, brd, $J$ = 6.0Hz)相关，表明 $\delta_H$ 3.48 归属 H-6。H-H COSY 指出，$\delta_H$ 5.38(H-1)与 $\delta_H$ 3.62(1H, brdd, $J$ = 4.0Hz、10.0Hz)相关，$\delta_H$ 3.62 与 $\delta_H$ 3.82(4H, m)相关，表明 $\delta_H$ 3.62、3.82(其中 1 个氢)分别归属 H-2、H-3；$\delta_H$ 3.48(H-6)与 $\delta_H$ 3.98(1H, brt, $J$ = 6.0Hz)相关，$\delta_H$ 3.98 与 $\delta_H$ 4.37(1H, brd, $J$ = 3.2Hz)相关，$\delta_H$ 4.37 与 $\delta_H$ 3.82 相关，表明 $\delta_H$ 3.98、4.37 分别归属 H-5、H-4。HSQC 指出，叔碳 $\delta_C$ 94.0/$\delta_H$ 5.38(H-1)、$\delta_C$ 67.5/$\delta_H$ 3.62(H-2)、$\delta_C$ 67.8/$\delta_H$ 3.82(H-3)、$\delta_C$ 64.8/$\delta_H$ 4.37(H-4)、$\delta_C$ 70.5/$\delta_H$ 3.98(H-5)相关，表明 $\delta_C$ 94.0、67.5、67.8、64.8、70.5 分别归属 C-1、C-2、C-3、C-4、C-5；其中，$\delta_H$ 3.82 因多个氢重叠(4H, 同时与多个氢偶合，见下)，所以表现为多重峰，与其 HSQC 相关的碳峰有多个(见下)，$\delta_C$ 67.8 归属 C-3 还需进一步确证。HMBC 指出，$\delta_C$ 67.8 与 $\delta_H$ 5.38(H-1)、3.62(H-2)、4.37(H-4)相关，进一步确证 $\delta_C$ 67.8 归属 C-3。

根据碳化学位移规律，$\delta_C$ 109.8(季碳)归属 C-2′。HMBC 指出，$\delta_C$ 109.8(C-2′)与 $\delta_H$ 3.73(1H, d, $J$ = 7.6Hz)、3.82 相关，加之 $\delta_C$ 72.6(仲碳)与 $\delta_H$ 3.73、3.82 HSQC 相关，表明 $\delta_H$ 3.73、3.82(其中 1 个氢)分别归属 H-1′a、H-1′b，$\delta_C$ 72.6 归属 C-1′。因此，$\delta_C$ 71.9(仲碳)归属 C-6′，$\delta_H$ 3.82(其中 2 个氢)与其 HSQC 相关，应归属 H-6″。

H-H COSY 指出，$\delta_H$ 3.82/$\delta_H$ 4.51(1H, brs)、$\delta_H$ 4.51/$\delta_H$ 4.57(1H, m)、$\delta_H$ 4.57/$\delta_H$ 4.56(1H, m) 相关，进一步表明，$\delta_H$ 4.51、4.57、4.56 分别归属 H-5′、H-4′、H-3′。

HSQC 指出，$\delta_C$ 75.5(叔碳)/$\delta_H$ 4.56(H-3′)、78.1(叔碳)/4.57(H-4′)、81.8(叔碳)/4.51(H-5′)相关，表明 $\delta_C$ 75.5、78.1、81.8 分别归属 C-3′、C-4′、C-5′。需要指出的是，由于 H-3′、H-4′、H-5′化学位移差别较小，基本上表现为重叠的多重峰，对其化学位移的区分，H-H COSY 发挥了重要作用。

化合物 **2-15** 的 NMR 详细解析数据见表 2-12。

表 2-12　化合物 **2-15** 的 NMR 数据(DMSO-$d_6$, 400MHz/H)①

| 编号 | $\delta_C$ | DEPT | $\delta_H$ | $J$/Hz | H-H COSY | HSQC | HMBC($\delta_H$) |
|---|---|---|---|---|---|---|---|
| 1 | 94.0 | CH | 5.38d | 4.0 | H-2 | + | 3.98(H-5) |
| 2 | 67.5 | CH | 3.62brdd | 4.0, 10.0 | OH-2, H-1, H-3 | + | 3.82(H-3), 4.37(H-4) |
| 3 | 67.8 | CH | 3.82m | | H-2, H-4, OH-3 | + | 3.62(H-2), 4.37(H-4), 5.38(H-1) |
| 4 | 64.8 | CH | 4.37brd | 3.2 | H-5, H-3 | + | 3.48(H-6), 3.82(H-3), 3.98(H-5) |
| 5 | 70.5 | CH | 3.98brt | 6.0 | H-4, H-6 | + | 3.48(H-6), 5.38(H-1) |
| 6 | 61.2 | $CH_2$ | 3.48brd | 6.0 | OH-6, H-5 | + | 3.98(H-5) |
| 1′a | 72.6 | $CH_2$ | 3.73d | 7.6 | H-1′b | + | 4.57(H-4′) |
| 1′b | | | 3.82m | | H-1′a | + | |
| 2′ | 109.8 | C | | | | | 3.73(H-1′a), 3.82(H-1′b), 4.51(H-5′), 4.56(H-3′), 4.57(H-4′), 5.38(H-1) |
| 3′ | 75.5 | CH | 4.56m | | H-4′ | + | 3.82(H-6′), 4.51(H-5′) |
| 4′ | 78.1 | CH | 4.57m | | H-3′, H-5′ | + | 3.73(H-1′a), 3.82(H-1′b, 6′), 4.51(H-5′) |
| 5′ | 81.8 | CH | 4.51brs | | H-4′, H-6′ | + | 3.82(H-6′), 4.56(H-3′) |
| 6′ | 71.9 | $CH_2$ | 3.82m | | H-5′ | + | 4.56(H-3′), 4.57(H-4′) |

① 原始文献没有给出 OH 数据。

根据对 4,1′,6′-三氯蔗糖分子 dreiding 模型分析可以推测 6′-氯甲基只能与 3′-羟基脱 HCl 成环，而 1′-氯甲基既可与 4′-羟基又可与吡喃糖环上的 2-羟基脱 HCl 成环，即可生成 1′,4′:3′,6′-二缩水产物，也可能生成 2,1′:3′,6′-二缩水产物。究竟是前者还是后者，H-H COSY 已确证 H-2 的化学位移为 $\delta_H$ 3.62，基本上可以确定不是与 2-羟基脱 HCl 成环。为进一步确证，可对化合物 **2-15** 乙酰化，$\delta_H$ 3.62 向低场位移到 5.00，而 $\delta_H$ 4.57(H-4′)几乎未变化，进一步肯定了上述结论。

化合物 **2-16** 的 NMR 数据解析同 **2-15**，不再赘述。其详细解析数据见表 2-13。由于形成了 3,6-缩水环，吡喃糖环构型翻转，导致 C-4 的化学位移向高场移动。

表 2-13 化合物 **2-16** 的 NMR 数据(DMSO-$d_6$, 400MHz/H)①

| 编号 | $\delta_C$ | DEPT | $\delta_H$ | *J*/Hz | H-H COSY | HSQC | HMBC($\delta_H$) |
|---|---|---|---|---|---|---|---|
| 1 | 90.4 | CH | 5.48d | 2.4 | H-2 | + | 4.31(H-3), 4.47(H-5) |
| 2 | 70.2 | CH | 3.74m | | H-1, H-3, OH-2 | + | 4.31(H-3), 5.48(H-1) |
| 3 | 82.6 | CH | 4.31d | 5.6 | H-2 | + | 4.02(H-6a), 4.09(H-6b), 4.47(H-5) |
| 4 | 58.2 | CH | 4.66d | 1.2 | H-5 | + | 4.09(H-6b), 4.31(H-3), 4.47(H-5) |
| 5 | 77.6 | CH | 4.47m | | H-4, H-6a | + | 4.09(H-6b), 4.31(H-3), 4.66(H-4) |
| 6a | 67.8 | $CH_2$ | 4.02dd | 2.8, 10.4 | H-5, H-6b | + | 4.47(H-5), 4.66(H-4) |
| 6b | | | 4.09d | 10.4 | H-6a | + | |
| 1′a | 72.5 | $CH_2$ | 3.70d | 7.6 | H-1′b | + | 4.59(H-4′) |
| 1′b | | | 3.81d | 7.6 | H-1′a | + | |
| 2′ | 110.2 | C | | | | | 3.70(H-1′a), 3.81(H-1′b), 4.46(H-3′), 4.59(H-4′), 5.48(H-1) |
| 3′ | 75.7 | CH | 4.46d | 3.6 | H-4′ | + | 3.70(H-1′a), 3.92(H-6′b), 4.56(H-5′), 4.59(H-4′) |
| 4′ | 78.2 | CH | 4.59dd | 3.6, 1.2 | H-3′, H-5′ | + | 3.70(H-1′a), 3.87(H-6′a), 4.46(H-3′), 4.56(H-5′) |
| 5′ | 82.2 | CH | 4.56brs | | H-4′, H-6′a | + | 3.87(H-6′a), 3.92(H-6′b), 4.46(H-3′), 4.59(H-4′) |
| 6′a | 72.2 | $CH_2$ | 3.87brd | 8.4 | H-5′, H-6′b | + | 4.46(H-3′), 4.56(H-5′), 4.59(H-4′) |
| 6′b | | | 3.92d | 8.4 | H-6′a | + | |

① 原始文献没有给出 OH 数据。

## 例 2-12 2 个对氯苯氧基氯苯乙酮异构体的 NMR 数据解析[37]

2-氯-4-(4-氯苯氧基)-苯乙酮(**2-17**)是农用杀菌剂嗯醚唑的中间体，嗯醚唑安全性好，能达到无公害的要求，因此，成为农药研究的重点。合成化合物 **2-17** 时经常出现其异构体化合物 **2-18**，如何区分这 2 个化合物，本例为通过对其二者 NMR 数据解析区分 2 个化合物的实例。

化合物 **2-17** 和 **2-18** 的结构十分相似，且二者的偶合模式也极为相近，仅简单从二者的 $^1$H NMR 和 $^{13}$C NMR 数据区分哪一个归属化合物 **2-17**、哪一个归属化合物 **2-18** 比较困难，需对二者的 NMR 数据进行详细解析，才能得到正确结论。

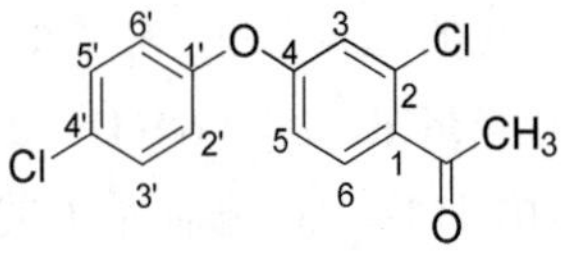

**2-17** 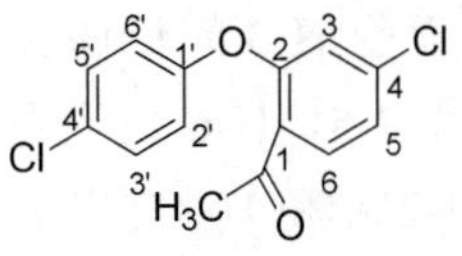　　**2-18**

首先，进行 $^1$H NMR 数据分析。从 2 个化合物结构看，均有 1 个含 3 个氢的苯环存在，3 个氢构成一个 ABC 系统，H-3、H-5、H-6 在 2 个化合物中偶合模式相似，分裂情形也相似，无法从分裂情况区分 2 个化合物归属；但从 3 个氢的化学位移看，取代基对 H-5 化学位移影响不一样，根据苯环芳氢的化学位移经验公式 $\delta_H = \Sigma S$[2]计算，化合物 **2-17** 的 H-5 应在化合物 **2-18** 的 H-5 高场。2 个化合物 H-5 的分裂峰形应为 dd 四重峰(1 个大的邻位偶合，1 个小的间位偶合)，或 brd 宽二重峰(1 个大的邻位偶合，1 个非常小的间位偶合)，与 H-3、H-6 分裂峰形有明显差别，可通过分裂峰形立刻明确归属 H-5 的一组峰，再根据 2 个化合物 H-5 化学位移的大小明确与 2 个化合物的一一对应关系。

其次，进行 $^{13}$C NMR 数据分析。2 个化合物均有 1 个取代基相同的三取代苯环，对比 2 个化合物中该三取代苯环的相同取代基连接的季碳(化合物 **2-17** 的 C-1、C-2、C-4 和化合物 **2-18** 的 C-1、C-4、C-2)的化学位移，由于取代基效应不同，根据取代苯环的化学位移经验公式 $\delta_C(k) = 128.5 + \Sigma A_i(\mathrm{R})$[3]计算，化合物 **2-17** 的 C-1 应在化合物 **2-18** 的 C-1 低场，化合物 **2-17** 的 C-2 应在化合物 **2-18** 的 C-4 高场，化合物 **2-17** 的 C-4 应在化合物 **2-18** 的 C-2 低场。通过二维 NMR 技术将 2 个化合物的 C-1、C-2、C-4 归属后即可明确 2 个化合物的一一对应关系。

再者，进行 HMBC 检测。化合物 **2-17** 的 C-4 和 H-3、H-5、H-6 均相关，化合物 **2-18** 的 C-2 仅和 H-3、H-6 相关，而与 H-5 没有相关。即可明确 2 个化合物的一一对应关系。

综上，已将利用 NMR 区分 2 个化合物的办法提出，剩下的关键就是将化合物 **2-17** 和化合物 **2-18** 的 $^1$H 和 $^{13}$C 峰归属作详细论述。

化合物 **2-17** 和化合物 **2-18** 结构类似，下面仅对化合物 **2-17** 的 $^1$H 和 $^{13}$C 峰归属作详细论述。

化合物 **2-17** 的 $^{13}$C NMR 显示 11 条碳峰，其中 $\delta_C$ 121.4×2 含有 2 个碳、$\delta_C$ 130.2×3 含有 3 个碳，表明化合物 **2-17** 含有 14 个碳。DEPT 显示，1 个伯碳：$\delta_C$ 30.6；7 个叔碳：$\delta_C$ 116.0、119.6、121.4×2、130.2×2、131.9；6 个季碳：$\delta_C$ 130.2、133.2、133.7、153.8、160.2、198.4。

根据氢化学位移规律和偶合分裂情况，$\delta_H$ 2.64(3H, s) 归属 $CH_3$；H-3、H-5、H-6 构成 ABC 系统，H-3 呈现受 H-5 间位偶合的峰形 brs，$\delta_H$ 7.00(1H, brs) 归属

H-3，H-5 呈现受 H-3 间位偶合和受 H-6 邻位偶合的峰形 brd，$\delta_H$ 6.89(1H, brd, $J$ = 8.61Hz) 归属 H-5，H-6 呈现受 H-5 邻位偶合的峰形 d，$\delta_H$ 7.64(1H, d, $J$ = 8.61Hz) 归属 H-6；H-2′,6′和 H-3′,5′构成 AA′BB′系统，由于 H-2′,6′是氧原子的邻位，其化学位移应在 H-3′,5′的高场，所以 $\delta_H$ 7.00(2H, d, $J$ = 8.58Hz) 归属 H-2′,6′，$\delta_H$ 7.36 (2H, d, $J$ = 8.58Hz) 归属 H-3′,5′。需要指出的是，虽然 H-3 和 H-2′, 6′化学位移相同，但由于偶合分裂以及含氢数目不同，峰的区分和归属还是容易进行的。

化合物 **2-17** 的质子峰归属以后，可通过 HMQC 确定叔碳 $\delta_C$ 119.6、116.0、131.9、121.4、130.2 分别归属 C-3、C-5、C-6、C-2′,6′、C-3′,5′。

化合物 **2-17** 除了 C=O 外，其他 5 个季碳归属可采取取代苯的化学位移经验公式 $\delta_C(k) = 128.5 + \Sigma A_i(R)$[3]计算结合 HMBC 加以归属。

化合物 **2-18** 的碳、氢归属与化合物 **2-17** 相似，不再赘述。

化合物 **2-17** 和 **2-18** 的 NMR 详细解析数据分别见表 2-14 和表 2-15。

表 2-14　化合物 **2-17** 的 NMR 数据($CDCl_3$, 300MHz/H)

| 编号 | $\delta_C$ | DEPT | $\delta_H$ | $J$/Hz | H-H COSY | HMQC | HMBC($\delta_H$) |
|---|---|---|---|---|---|---|---|
| 1 | 133.2 | C | | | | | 2.64($CH_3$), 6.89(H-5), 7.00(H-3) |
| 2 | 133.7 | C | | | | | 7.00(H-3), 7.64(H-6) |
| 3 | 119.6 | CH | 7.00 brs | | H-5 | + | 6.89(H-5) |
| 4 | 160.2 | C | | | | | 6.89(H-5), 7.00(H-3), 7.64(H-6) |
| 5 | 116.0 | CH | 6.89 brd | 8.61 | H-3, H-6 | + | 7.00(H-3) |
| 6 | 131.9 | CH | 7.64d | 8.61 | H-5 | + | |
| 1′ | 153.8 | C | | | | | 7.00(H-2′,6′), 7.36(H-3′,5′) |
| 2′,6′ | 121.4 | CH | 7.00d | 8.58 | H-(3′, 5′) | + | 7.36(H-3′,5′) |
| 3′,5′ | 130.2 | CH | 7.36d | 8.58 | H-(2′, 6′) | + | 7.00(H-2′,6′), 7.36(H-5′,3′) |
| 4′ | 130.2 | C | | | | | 7.00(H-2′,6′), 7.36(H-3′,5′) |
| $CH_3$ | 30.6 | $CH_3$ | 2.64s | | | + | |
| C=O | 198.4 | C | | | | | 2.64($CH_3$), 7.64(H-6) |

表 2-15　化合物 **2-18** 的 NMR 数据($CDCl_3$, 300MHz/H)

| 编号 | $\delta_C$ | DEPT | $\delta_H$ | $J$/Hz | H-H COSY | HMQC | HMBC($\delta_H$) |
|---|---|---|---|---|---|---|---|
| 1 | 128.2 | C | | | | | 2.62($CH_3$), 6.85(H-3), 7.15(H-5) |
| 2 | 156.8 | C | | | | | 6.85(H-3), 7.81(H-6) |
| 3 | 118.9 | CH | 6.85brs | | H-5 | + | 7.15(H-5) |

续表

| 编号 | $\delta_C$ | DEPT | $\delta_H$ | $J$/Hz | H-H COSY | HMQC | HMBC($\delta_H$) |
|---|---|---|---|---|---|---|---|
| 4 | 139.5 | C | | | | | 6.85(H-3), 7.81(H-6) |
| 5 | 124.1 | CH | 7.15 brd | 8.40 | H-3, H-6 | + | 6.85(H-3) |
| 6 | 131.9 | CH | 7.81d | 8.40 | H-5 | + | |
| 1′ | 154.2 | C | | | | | 6.99(H-2′,6′), 7.37(H-3′,5′) |
| 2′,6′ | 120.5 | CH | 6.99d | 8.03 | H-(3′, 5′) | + | 7.37(H-3′,5′) |
| 3′,5′ | 130.3 | CH | 7.37d | 8.03 | H-(2′, 6′) | + | 6.99(H-2′,6′), 7.37(H-5′,3′) |
| 4′ | 129.9 | C | | | | | 6.99(H-2′,6′), 7.37(H-3′,5′) |
| $CH_3$ | 31.4 | $CH_3$ | 2.62s | | | + | |
| C=O | 197.1 | C | | | | | 2.62($CH_3$), 7.81(H-6) |

## 例 2-13 马来酸罗格列酮的 NMR 数据解析[38]

马来酸罗格列酮(rosiglitazone maleate, **2-19**)是一个噻唑二酮类抗糖尿病新药，是一个有机酸盐化合物。

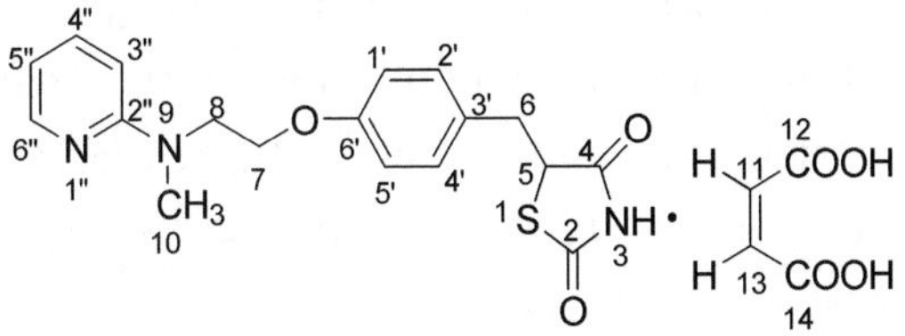

**2-19**

马来酸罗格列酮的 $^{13}$C NMR 显示 18 条碳峰，其中 $\delta_C$ 114.3×2、130.4×2、131.9×2、166.9×2 各含有 2 个碳，表明马来酸罗格列酮含有 22 个碳。DEPT 显示，1 个伯碳：$\delta_C$ 37.3；3 个仲碳：$\delta_C$ 36.2、49.1、65.2；11 个叔碳：$\delta_C$ 53.0、107.8、111.7、114.3×2、130.4×2、131.9×2、139.2、144.1；7 个季碳：$\delta_C$ 128.8、156.2、157.3、166.9×2、171.7、175.7。

马来酸罗格列酮的 H-6a、H-6b 和 H-5 构成 ABX 系统(由于 C-5 为手性碳，引起 C-6 上二个氢不等价)，H-7 和 H-8 构成 $A_2X_2$ 系统，H-1′,5′和 H-2′,4′构成 AA′BB′系统，H-3″、H-4″、H-5″、H-6″构成 ABCD 系统。根据氢化学位移规律和偶合分裂情况，$\delta_H$ 4.86(1H, dd, $J$ = 4.5Hz、9.0Hz)归属 H-5，$\delta_H$ 3.06(1H, brdd, $J$ = 14.0Hz、9.0Hz)归属 H-6a，$\delta_H$ 3.29(1H, brdd, $J$ = 14.0Hz、4.5Hz)归属 H-6b；$\delta_H$ 4.15(2H, t, $J$ = 6.0Hz)归属 H-7，$\delta_H$ 3.94(2H, t, $J$ = 6.0Hz)归属 H-8；$\delta_H$ 6.86(2H, d, $J$ =

8.5Hz)归属 H-1′,5′，$\delta_H$ 7.14(2H, brd, $J$ = 8.5Hz)归属 H-2′,4′；$\delta_H$ 6.87(1H, d, $J$ = 5.5Hz) 归属 H-3″，$\delta_H$ 7.66(1H, dt, $J$ = 2.0Hz、5.5Hz) 归属 H-4″，$\delta_H$ 6.69(1H, t, $J$ = 5.5Hz) 归属 H-5″，$\delta_H$ 8.06(1H, dd, $J$ = 5.5Hz、2.0Hz) 归属 H-6″。H-H COSY 显示，$\delta_H$ 4.86 与 $\delta_H$ 3.06 相关、$\delta_H$ 3.06 与 $\delta_H$ 3.29 相关、$\delta_H$ 3.29 与 $\delta_H$ 4.86 相关，$\delta_H$ 4.15 与 $\delta_H$ 3.94 相关，$\delta_H$ 6.86 与 $\delta_H$ 7.14 相关，$\delta_H$ 6.87 与 $\delta_H$ 7.66 相关、$\delta_H$ 7.66 与 $\delta_H$ 6.69 相关、$\delta_H$ 7.66 与 $\delta_H$ 8.06 相关、$\delta_H$ 6.69 与 $\delta_H$ 8.06 相关；进一步证实上述归属。根据氢化学位移规律和偶合分裂情况，$\delta_H$ 3.31(3H, s) 归属马来酸罗格列酮唯一的一个甲基 H-10，$\delta_H$ 6.21(2H, s) 归属马来酸罗格列酮中有机酸马来酸 2 个双键氢 H-11,13。$\delta_H$ 12.00、13.80 加重水后消失，应为 NH-3 活波氢和 COOH-12,13 与 N-9 形成盐上的活波氢，根据氢积分，$\delta_H$ 12.00(1H, br)归属 NH-3，$\delta_H$ 13.80(2H, br)归属 COOH-12,14,9。

至此，马来酸罗格列酮所有氢全部得到归属，通过 HSQC 可将相关的碳得到归属，即 $\delta_C$ 53.0、36.2、65.2、49.1、37.3、131.9×2、114.3×2、130.4×2、107.8、139.2、111.7、144.1 分别归属 C-5、C-6、C-7、C-8、C-10、C-11,13、C-1′,5′、C-2′,4′、C-3″、C-4″、C-5″、C-6″。

最后，马来酸罗格列酮的 7 个季碳归属可以通过碳化学位移规律和 HMBC 确定。HMBC 指出，季碳 $\delta_C$ 171.7 与 $\delta_H$ 4.86(H-5)相关，$\delta_C$ 175.7 与 $\delta_H$ 3.06(H-6a)、3.29 (H-6b)、4.86(H-5)相关，$\delta_C$ 166.9 与 $\delta_H$ 6.21(H-11,13)相关，$\delta_C$ 128.8 与 $\delta_H$ 3.06(H-6a)、3.29(H-6b)、6.86(H-1′,5′)、7.14(H-2′,4′)相关，$\delta_C$ 157.3 与 $\delta_H$ 4.15(H-7)、6.86(H-1′,5′)、7.14(H-2′,4′)相关，$\delta_C$ 156.2 与 $\delta_H$ 3.31(H-10)、3.94(H-8)、6.69(H-5″)、6.87(H-3″)、7.66(H-4″)、8.06(H-6″)相关，综合考虑，表明 $\delta_C$ 171.7、175.7、166.9、128.8、157.3、156.2 分别归属 C-2、C-4、C-12,14、C-3′、C-6′、C-2″；上述归属完全符合碳化学位移规律。

马来酸罗格列酮的 NMR 详细解析数据见表 2-16。

**表 2-16　马来酸罗格列酮的 NMR 数据(DMSO-$d_6$, 500MHz/H)**

| 编号 | $\delta_C$ | DEPT | $\delta_H$ | $J$/Hz | H-H COSY | HSQC | HMBC($\delta_H$) |
|---|---|---|---|---|---|---|---|
| 2 | 171.7 | C | | | | | 4.86(H-5) |
| 4 | 175.7 | C | | | | | 3.06(H-6a), 3.29(H-6b), 4.86(H-5) |
| 5 | 53.0 | CH | 4.86dd | 9.0, 4.5 | H-6a, H-6b | + | 3.06(H-6a), 3.29(H-6b) |
| 6a | 36.2 | $CH_2$ | 3.06brdd | 14.0, 9.0 | H-(2′, 4′), H-6b, H-5 | + | 4.86(H-5), 7.14(H-2′, 4′) |
| 6b | | | 3.29brdd | 14.0, 4.5 | H-(2′, 4′), H-6a, H-5 | + | |
| 7 | 65.2 | $CH_2$ | 4.15t | 6.0 | H-8 | + | 3.94(H-8) |
| 8 | 49.1 | $CH_2$ | 3.94t | 6.0 | H-7 | + | 3.31(H-10), 4.15(H-7) |
| 10 | 37.3 | $CH_3$ | 3.31s | | | + | 3.94(H-8) |

续表

| 编号 | $\delta_C$ | DEPT | $\delta_H$ | J/Hz | H-H COSY | HSQC | HMBC($\delta_H$) |
|---|---|---|---|---|---|---|---|
| 11,13 | 131.9 | CH | 6.21s | | | + | |
| 12,14 | 166.9 | C | | | | | 6.21(H-11,13) |
| 1′,5′ | 114.3 | CH | 6.86d | 8.5 | H-(2′, 4′) | + | 7.14(H-2′,4′) |
| 2′,4′ | 130.4 | CH | 7.14brd | 8.5 | H-6a, H-6b, H-(1′, 5′) | + | 3.06(H-6a), 3.29(H-6b), 6.86(H-1′,5′) |
| 3′ | 128.8 | C | | | | | 3.06(H-6a), 3.29(H-6b), 6.86(H-1′,5′), 7.14(H-2′,4′) |
| 6′ | 157.3 | C | | | | | 4.15(H-7), 6.86(H-1′,5′), 7.14(H-2′,4′) |
| 2″ | 156.2 | C | | | | | 3.31(H-10), 3.94(H-8), 6.69(H-5″), 6.87(H-3″), 7.66(H-4″), 8.06(H-6″) |
| 3″ | 107.8 | CH | 6.87d | 5.5 | H-4″ | + | 3.31(H-10), 6.69(H-5″), 7.66(H-4″), 8.06(H-6″) |
| 4″ | 139.2 | CH | 7.66dt | 2.0, 5.5 | H-6″, H-3″, H-5″ | + | 6.69(H-5″), 6.87(H-3″), 8.06(H-6″) |
| 5″ | 111.7 | CH | 6.69t | 5.5 | H-4″, H-6″ | + | 6.87(H-3″), 7.66(H-4″), 8.06(H-6″) |
| 6″ | 144.1 | CH | 8.06dd | 5.5, 2.0 | H-5″, H-4″ | + | 6.69(H-5″), 7.66(H-4″) |
| NH | | | 12.00br | | | | |
| COOH | | | 13.80br | | | | |

**例 2-14** 免疫抑制剂 FTY720 的 NMR 数据解析[39]

FTY720(**2-20**)是一种新的免疫抑制剂，它独特的结构决定其具有独特的抗排斥作用，与多种免疫抑制剂配合能产生协同效应，免疫抑制活性更强，毒性和不良反应小，在器官移植中显示了良好的临床应用前景。

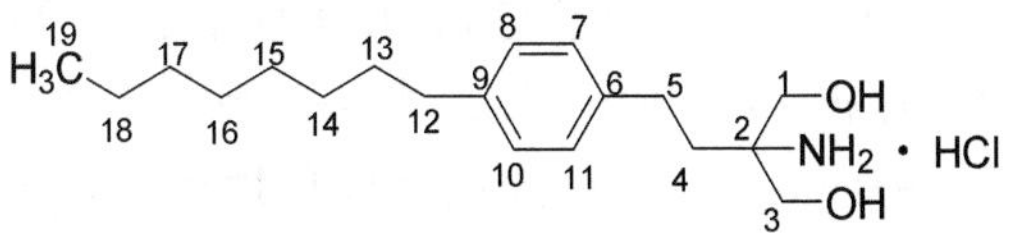

**2-20**

FTY720 中，含有 1 个含 8 个碳的脂肪链，其 $CH_2$ 的氢峰一般情况下大部分重叠，归属不易区分，其碳峰虽然大部分有区别，但归属有一定困难；苯环由于对位 2 个取代基极性差别不大，因此，碳、氢的归属也有一定困难。

FTY720 的 $^{13}$C NMR 显示 15 条碳峰，其中 $\delta_C$ 28.82×2、61.14×2、128.21×2、128.36×2 各含有 2 个碳，表明 FTY720 含有 19 个碳。DEPT 指出，1 个伯碳：$\delta_C$ 14.09；11 个仲碳：$\delta_C$ 22.23、28.12、28.82×2、28.98、31.20、31.43、33.40、34.92、61.14×2；4 个叔碳：$\delta_C$ 128.21×2、128.36×2；3 个季碳：$\delta_C$ 60.49、139.04、139.89。

由于 C-2 为前手性碳，所以 C-1(或 C-3)上的 2 个氢化学位移不等价，构成 AB 系统，加之是连氧氢，因此，根据氢化学位移规律，$\delta_H$ 3.53~3.54(4H, m) 归属 H-(1, 3)。同样由于 C-2 为前手性碳，所以 H-4、H-5 构成 ABCD 系统，根据氢化学位移规律，$\delta_H$ 1.77~1.82(2H, m) 归属 H-4, $\delta_H$ 2.57~2.61(2H, m)归属 H-5。

H-7,11 和 H-8,10 为苯环上 4 个氢，构成 AA′BB′系统，初步认定 $\delta_H$ 7.11(2H, d, $J$ = 8.0Hz)归属 H-7,11，$\delta_H$ 7.08(2H, d, $J$ = 8.0Hz)归属 H-8,10，但需进一步证实。

根据氢化学位移规律和偶合分裂情况，$\delta_H$ 2.51(2H, t, $J$ = 7.2Hz)归属 H-12, $\delta_H$ 1.51~1.54(2H, m) 归属 H-13, $\delta_H$ 0.84(3H, t, $J$ = 6.4Hz)归属 H-19, $\delta_H$ 1.23~1.26(10H, m) 归属 H-14,15,16,17,18。

$\delta_H$ 5.40(2H, t, $J$ = 5.2Hz)和 $\delta_H$ 7.97(3H, s)为活泼氢，由于 OH 受相连碳上氢的偶合而分裂，$NH_3$ 相连碳上没有氢而不分裂，所以 $\delta_H$ 5.40 归属 OH-1,3，$\delta_H$ 7.97 归属 $NH_3$-2。

至此，化合物 FTY720 除了 H-7,11、H-8,10 归属需进一步确认外，其余所有氢全部得到归属。根据 HSQC，相关的碳 C-1,3、C-4、C-5、C-12、C-13、C-19 的归属也应明确，即 $\delta_C$ 61.14、33.40、28.12、34.92、31.20、14.09。

HMBC 指出，$\delta_C$ 28.12(C-5) 与 $\delta_H$ 7.11 相关，$\delta_C$ 34.92(C-12) 与 $\delta_H$ 7.08 相关，进一步证明 $\delta_H$ 7.11 归属 H-7,11，$\delta_H$ 7.08 归属 H-8,10；$\delta_C$ 60.49(季碳)与 $\delta_H$ 1.77~1.82(H-4)、5.40(OH-1,3)相关，$\delta_C$ 139.04(季碳)与 $\delta_H$ 1.77~1.82m(H-4)、2.57~2.61(H-5)、7.08(H-8,10) 相关，$\delta_C$ 139.89(季碳)与 $\delta_H$ 1.51~1.54(H-13)、2.51(H-12)、7.11(H-7,11) 相关，表明 $\delta_C$ 60.49 归属 C-2，$\delta_C$ 139.04 归属 C-6，$\delta_C$ 139.89 归属 C-9；$\delta_C$ 28.82×2 (仲碳)与 $\delta_H$ 1.23~1.26(10H, m)、2.51(H-12)相关，表明 $\delta_C$ 28.82(其中 1 个碳)归属 C-14；$\delta_C$ 28.98(仲碳)与 $\delta_H$ 1.23~1.26(10H, m)、1.51~1.54(H-13)相关，表明 $\delta_C$ 28.98 归属 C-15；$\delta_C$ 31.43(仲碳)与 $\delta_H$ 0.84(H-19)、1.23~1.26(10H, m)相关，$\delta_C$ 22.23(仲碳)与 $\delta_H$ 0.84(H-19)、1.23~1.26(10H, m)相关，表明 $\delta_C$ 22.23 和 31.43 归属 C-17 和 C-18；当然，另一个 $\delta_C$ 28.2(仲碳)应当归属 C-16。$\delta_C$ 22.23 和 31.43 归属区分可根据碳化学位移规律确定 $\delta_C$ 22.23 归属 C-18, $\delta_C$ 31.43 归属 C-17。这里需要指出的是，用 HMBC 区分脂肪链上各个碳的归属是一个亮点，也是一个难点，请读者注意。当然，脂肪链上各个碳的归属也可以利用 Ltindeman-Adams 经验公式[3]进行计算，核对归属的正确性(见例 2-20)。

HSQC 指出，$\delta_C$ 128.21 与 $\delta_H$ 7.11(H-7,11) 相关，$\delta_C$ 128.36 与 $\delta_H$ 7.08(H-8,10)

相关，表明 $\delta_C$ 128.21 归属 C-7,11, $\delta_C$ 128.36 归属 C-8,10。

FTY720 的 NMR 详细解析数据见表 2-17。

表 2-17 FTY720 的 NMR 数据(DMSO-$d_6$, 400MHz/H)

| 编号 | $\delta_C$ | DEPT | $\delta_H$ | $J$/Hz | HSQC | HMBC($\delta_H$) |
|---|---|---|---|---|---|---|
| 1 | 61.14 | $CH_2$ | 3.53~3.54m | | + | 3.53~3.54(H-3) |
| 2 | 60.49 | C | | | | 1.77~1.82(H-4), 5.40(OH-1,3) |
| 3 | 61.14 | $CH_2$ | 3.53~3.54m | | + | 3.53~3.54(H-1) |
| 4 | 33.40 | $CH_2$ | 1.77~1.82m | | + | 2.57~2.61(H-5), 3.53~3.54(H-1,3) |
| 5 | 28.12 | $CH_2$ | 2.57~2.61m | | + | 1.77~1.82(H-4), 7.11(H-7, 11) |
| 6 | 139.04 | C | | | | 1.77~1.82(H-4), 2.57~2.61(H-5), 7.08(H-8,10) |
| 7 | 128.21 | CH | 7.11d | 8.0 | + | 2.57~2.61(H-5), 7.11(H-11) |
| 8 | 128.36 | CH | 7.08d | 8.0 | + | 2.51(H-12), 7.08(H-10) |
| 9 | 139.89 | C | | | | 1.51~1.54(H-13), 2.51(H-12), 7.11(H-7, 11) |
| 10 | 128.36 | CH | 7.08d | 8.0 | + | 2.51(H-12), 7.08(H-8) |
| 11 | 128.21 | CH | 7.11d | 8.0 | + | 2.57~2.61(H-5), 7.11(H-7) |
| 12 | 34.92 | $CH_2$ | 2.51t | 7.2 | + | 1.23~1.26(H-14), 1.51~1.54(H-13), 7.08(H-8,10) |
| 13 | 31.20 | $CH_2$ | 1.51~1.54m | | + | 2.51(H-12) |
| 14 | 28.82 | $CH_2$ | 1.23~1.26m | | + | 1.23~1.26(H-15,16), 2.51(H-12) |
| 15 | 28.98 | $CH_2$ | 1.23~1.26m | | + | 1.23~1.26(H-14,16,17), 1.51~1.54(H-13) |
| 16 | 28.82 | $CH_2$ | 1.23~1.26m | | + | 1.23~1.26(H-14,15,17,18) |
| 17 | 31.43 | $CH_2$ | 1.23~1.26m | | + | 0.84(H-19), 1.23~1.26(H-15,16,18) |
| 18 | 22.23 | $CH_2$ | 1.23~1.26m | | + | 0.84(H-19), 1.23~1.26(H-16,17) |
| 19 | 14.09 | $CH_3$ | 0.84t | 6.4 | + | 1.23~1.26(H-17,18) |
| OH-1,3 | | | 5.40t | 5.2 | | |
| $NH_3$ | | | 7.97s | | | |

**例 2-15** 硫酸头孢匹罗的 NMR 数据解析[40]

硫酸头孢匹罗(cefpirome sulfate，**2-21**)是第四代化学合成的新型超广谱头孢菌素。对于严重的细菌感染较大多数第三代头孢效果更佳，它不仅保持了第三代头孢对革兰氏阴性菌的强大作用，而且在增强对革兰氏阳性菌抗菌作用及避免耐药方面有所突破。

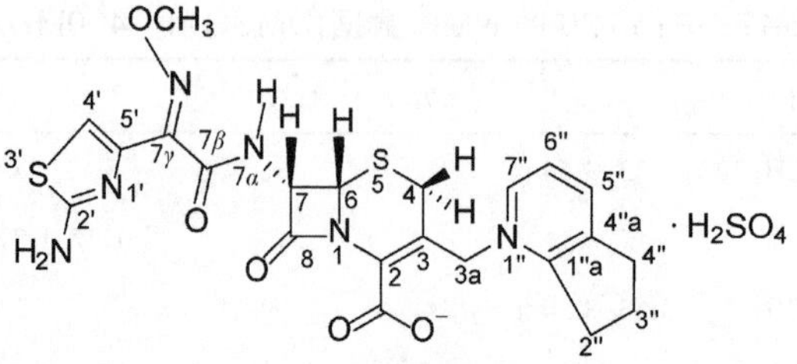

**2-21**

硫酸头孢匹罗的 $^{13}$C NMR 显示 21 条碳峰，其中 $\delta_C$ 163.0×2 含有 2 个碳，表明硫酸头孢匹罗含有 22 个碳。DEPT 显示，1 个伯碳：$\delta_C$ 62.0；5 个仲碳：$\delta_C$ 22.2、25.2、30.7、31.6, 58.4；6 个叔碳：$\delta_C$ 57.7、59.0、109.0、125.8、141.3、141.5；10 个季碳：$\delta_C$ 118.9、129.1、142.4、145.5、149.0、162.1、163.0×2、163.9、168.6。

根据氢化学位移规律和偶合分裂情况，低场区质子峰 $\delta_H$ 8.68(1H, d, $J$ = 6.0Hz) 归属 H-7″。H-H COSY 指出，$\delta_H$ 8.68(H-7″)与 $\delta_H$ 7.93(1H, dd, $J$ = 6.0Hz、7.6Hz) 相关，$\delta_H$ 7.93 与 $\delta_H$ 8.43(1H, d, $J$ = 7.6Hz) 相关，表明 $\delta_H$ 7.93 归属 H-6″，$\delta_H$ 8.43 归属 H-5″，H-7″、H-6″、H-5″三个氢构成一个 ABC 系统。通过 HMQC，表明叔碳 $\delta_C$ 125.8、141.3、141.5 分别归属 C-6″、C-5″、C-7″。

HMBC 指出，$\delta_C$ 162.1(季碳)与 $\delta_H$ 8.43(H-5″)、8.68(H-7″) 相关，$\delta_C$ 145.5(季碳)与 $\delta_H$ 7.93(H-6″)相关，综合考虑，表明 $\delta_C$ 162.1 归属 C-1″a，145.5 归属 C-4″a。根据氢化学位移规律和偶合分裂情况，高场区质子峰 $\delta_H$ 2.23(2H, m) 归属 H-3″。H-H COSY 指出，$\delta_H$ 2.23(H-3″)与 $\delta_H$ 3.14(2H, t, $J$ = 7.3Hz)、3.27(2H, t, $J$ = 7.5Hz) 相关，加之 $\delta_C$ 141.3(C-5″)与 $\delta_H$ 3.14 HMBC 相关，表明 $\delta_H$ 3.14 归属 H-4″，$\delta_H$ 3.27 归属 H-2″。通过 HMQC，表明仲碳 $\delta_C$ 22.2、30.7、31.6 分别归属 C-3″、C-4″、C-2″。

根据氢化学位移规律和偶合分裂情况，加之 $\delta_H$ 5.46(1H, d, $J$ = 15.2Hz)/$\delta_H$ 5.56(1H, d, $J$ = 15.2Hz) H-H COSY 相关，$\delta_H$ 5.46、5.56 与仲碳 $\delta_C$ 58.4 HMQC 相关，表明 $\delta_H$ 5.46、5.56 归属同碳 C-3a 的 2 个质子(H-3a 和 H-3a′)，$\delta_C$ 58.4 归属 C-3a；加之 $\delta_H$ 3.42(2H, s)与 $\delta_C$ 25.2(仲碳)HMQC 相关，以及与 $\delta_C$ 58.4(C-3a)HMBC 相关，表明 $\delta_H$ 3.42 归属 H-4, $\delta_C$ 25.2 归属 C-4。HMBC 指出，季碳 $\delta_C$ 118.9、129.1 同时与 $\delta_H$ 3.42(H-4)、5.46(H-3a)和 5.56(H-3a′) 相关，结合碳化学位移规律，$\delta_C$ 118.9 归属 C-3, $\delta_C$ 129.1 归属 C-2。重水交换 $\delta_H$ 9.66(1H, d, $J$ = 8.1Hz)、7.26(2H, s)信号消失，证明为活泼质子氢，结合氢化学位移规律和偶合分裂情况，$\delta_H$ 9.66 归属

NH-7$\alpha$，$\delta_H$ 7.26 归属 $NH_2$-2′。H-H COSY 指出，$\delta_H$ 9.66(NH-7$\alpha$)与 $\delta_H$ 5.87(1H, dd, $J$ = 4.8Hz、8.1Hz)相关，$\delta_H$ 5.87 与 $\delta_H$ 5.19(1H, d, $J$ = 4.8Hz)相关，表明 $\delta_H$ 5.87 归属 H-7, $\delta_H$ 5.19 归属 H-6。通过 HMQC，表明叔碳 $\delta_C$ 57.7、59.0 分别归属 C-6 和 C-7。

根据氢化学位移规律和偶合分裂情况，$\delta_H$ 3.82(3H, s)归属 $OCH_3$，6.73(1H, s)归属 H-4′；HMQC 指出，$\delta_C$ 62.0(伯碳)/$\delta_H$ 3.82($OCH_3$)、$\delta_C$ 109.0(叔碳)/$\delta_H$ 6.73(H-4′)相关，表明 $\delta_C$ 62.0、109.0 分别归属 C-$OCH_3$ 和 C-4′。

HMBC 指出，季碳信号 $\delta_C$ 142.4、149.0、168.6 均与 $\delta_H$ 6.73(H-4′)相关，结合碳化学位移规律，表明 $\delta_C$ 142.4、149.0、168.6 分别归属 C-5′、C-7$\gamma$、C-2′；$\delta_C$ 163.9(季碳)与 $\delta_H$ 5.19(H-6)、5.87(H-7)、9.66(NH-7$\alpha$)相关，$\delta_C$ 163.0(季碳)与 $\delta_H$ 5.87(H-7)、9.66(NH-7$\alpha$) 相关，表明 $\delta_C$ 163.9 归属 C-8, $\delta_C$ 163.0 归属 C-7$\beta$。最后，与 $\delta_C$ 163.0 重叠的 1 个季碳应归属 COO-2。

硫酸头孢匹罗的 NMR 详细解析数据见表 2-18。

**表 2-18 硫酸头孢匹罗的 NMR 数据(DMSO-$d_6$, 300MHz/H)**

| 编号 | $\delta_C$ | DEPT | $\delta_H$ | $J$/Hz | H-H COSY | HMQC | HMBC($\delta_H$) |
|---|---|---|---|---|---|---|---|
| 2 | 129.1 | C | | | | | 3.42(H-4), 5.46(H-3a), 5.56(H-3a′) |
| COO-2 | 163.0 | C | | | | | |
| 3 | 118.9 | C | | | | | 3.42(H-4), 5.46(H-3a), 5.56(H-3a′) |
| 3a | 58.4 | $CH_2$ | 5.46d | 15.2 | H-3a′ | + | 3.42(H-4), 8.68(H-7″) |
| 3a′ | | | 5.56d | 15.2 | H-3a | + | |
| 4 | 25.2 | $CH_2$ | 3.42s | | | + | 5.46(H-3a), 5.56(H-3a′) |
| 6 | 57.7 | CH | 5.19d | 4.8 | H-7 | + | 3.42(H-4), 5.87(H-7) |
| 7 | 59.0 | CH | 5.87dd | 4.8, 8.1 | H-6, NH-7$\alpha$, | + | 9.66(NH-7$\alpha$) |
| NH-7$\alpha$ | | | 9.66d | 8.1 | H-7 | | |
| 7$\beta$ | 163.0 | C | | | | | 5.87(H-7), 9.66(NH-7$\alpha$) |
| 7$\gamma$ | 149.0 | C | | | | | 6.73(H-4′) |
| $OCH_3$ | 62.0 | $CH_3$ | 3.82s | | | + | |
| 8 | 163.9 | C | | | | | 5.19(H-6), 5.87(H-7), 9.66(NH-7$\alpha$) |
| 2′ | 168.6 | C | | | | | 6.73(H-4′) |
| $NH_2$-2′ | | | 7.26s | | | | |
| 4′ | 109.0 | CH | 6.73s | | | + | |
| 5′ | 142.4 | C | | | | | 6.73(H-4′) |
| 1″a | 162.1 | C | | | | | 2.23(H-3″), 3.14(H-4″), 3.27(H-2″), 5.46(H-3a), 5.56(H-3a′), 8.43(H-5″), 8.68(H-7″) |

续表

| 编号 | $\delta_C$ | DEPT | $\delta_H$ | $J$/Hz | H-H COSY | HMQC | HMBC($\delta_H$) |
|---|---|---|---|---|---|---|---|
| 2″ | 31.6 | $CH_2$ | 3.27t | 7.5 | H-3″ | + | 2.23(H-3″), 3.14(H-4″) |
| 3″ | 22.2 | $CH_2$ | 2.23m | | H-2″, H-4″ | + | 3.14(H-4″), 3.27(H-2″) |
| 4″ | 30.7 | $CH_2$ | 3.14t | 7.3 | H-3″ | + | 2.23(H-3″) |
| 4″a | 145.5 | C | | | | | 2.23(H-3″), 3.14(H-4″), 3.27(H-2″), 7.93(H-6″) |
| 5″ | 141.3 | CH | 8.43d | 7.6 | H-6″ | + | 3.14(H-4″), 7.93(H-6″), 8.68(H-7″) |
| 6″ | 125.8 | CH | 7.93dd | 6.0, 7.6 | H-7″, H-5″ | + | 8.68(H-7″) |
| 7″ | 141.5 | CH | 8.68d | 6.0 | H-6″ | + | 5.46(H-3a), 5.56(H-3a′), 7.93(H-6″), 8.43(H-5″) |

硫酸头孢匹罗结构中含有C-6、C-7两个手性碳，它们的相对构型可通过 $^1$HNMR中H-6、H-7、NH-7$\alpha$之间偶合常数大小确定。$^1$H NMR显示，$\delta_H$ 5.19(1H, d, $J$ = 4.8Hz, H-6)、5.87(1H, dd, $J$ = 4.8Hz、8.1Hz, H-7)、9.66(1H, d, $J$ = 8.1Hz, NH-7$\alpha$)偶合分裂情况，表明H-6、H-7、NH-7$\alpha$三个质子构成一个ABC自旋偶合系统；H-6和H-7之间的偶合常数为4.8Hz，说明H-6和H-7两个质子之间的双面夹角较小接近60°；H-7和NH-7$\alpha$之间的偶合常数为8.1Hz，说明H-7和NH-7$\alpha$两个质子之间的双面夹角较大，这是由于N原子的三根键在同一平面上造成的；因此，可以判断H-6和H-7两个质子在四元环的同侧，为$\beta$-取向。

**例 2-16**　1个雄甾烷衍生物的NMR数据解析[41]

溴化1-[3$\alpha$,17$\beta$-二乙酰氧基-2$\beta$-(1-哌啶基)-5$\alpha$-雄甾烷-16$\beta$-基]-1-氰乙基哌啶（**2-22**）具有肌肉松弛作用，在全麻时的气管插管及手术中有潜在的应用前景。它的 $^1$H NMR和 $^{13}$C NMR图谱较为复杂，特别是氢谱，信号重叠厉害，归属困难。

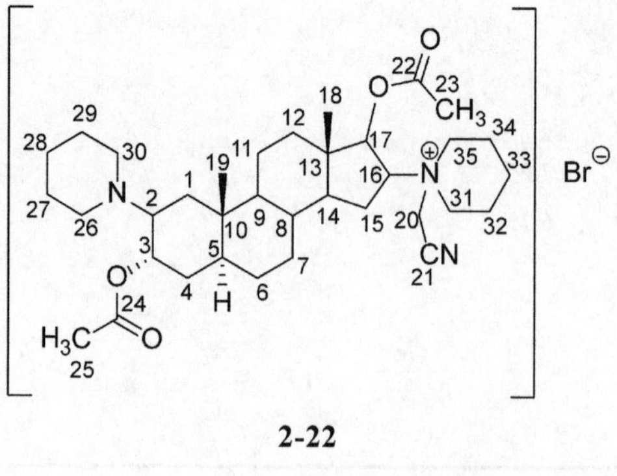

**2-22**

化合物**2-22**的$^{13}$C NMR显示32条碳峰，其中$\delta_C$ 12.9×2、26.0×2、51.6×2各含有2个碳，表明化合物**2-22**含有35个碳。DEPT显示，4个伯碳：$\delta_C$ 12.9×2、21.2、21.3；18个仲碳：$\delta_C$ 19.4、19.5、20.3、20.4、24.5、26.0×2、26.5、27.1、30.0、31.4、33.8、37.2、47.4、51.6×2、59.6、60.6；8个叔碳：$\delta_C$ 33.2、40.0、45.5、54.0、62.6、68.8、68.9、77.9；5个季碳：$\delta_C$ 35.7、44.9、112.6、169.1、169.7。

从碳化学位移规律可明确的$^{13}$C NMR信号归属如下：$\delta_C$ 112.6(季碳)归属氰基C-21；低场叔碳$\delta_C$ 68.8信号很弱，并且峰形宽，表明它受到氮正离子的影响，可归属C-16；同理，仲碳$\delta_C$ 47.4、59.6、60.6信号很弱，47.4可归属环外连氮正离子碳C-20，59.6和60.6可归属环内连氮正离子碳C-31和C-35，至于C-31和C-35的归属进一步区分无法确定；仲碳$\delta_C$ 51.6×2信号可归属连氮碳C-26,30。

从氢化学位移规律和偶合分裂情况以及已明确归属的碳峰相应的HSQC相关，可认定的$^1$H NMR信号归属如下：$\delta_H$ 0.75(3H, s)、0.98(3H, s)归属H-18、H-19(H-18和H-19归属的进一步区分见下)，2.00(3H, s)、2.22(3H, s)归属H-25、H-23(H-25和H-23归属的进一步区分见下)；C-20既与氮正离子相连，又与吸电子基CN相连，H-20受去屏蔽影响较大，$\delta_H$ 5.17~5.28(2H, m)归属H-20；H-3和H-17处于与氧相连碳上，并且处于羰基的去屏蔽区，可认定$\delta_H$ 5.15~5.17(2H, m)归属H-3和H-17(H-3和H-17归属的进一步区分见下)；H-16处于与氮正离子相连碳上，可认定$\delta_H$ 4.62~4.64(1H, m)归属H-16；H-31和H-35处于与氮正离子相连碳上，可认定$\delta_H$ 3.56~3.59(2H, m)和 3.70~3.72(2H, m) 归属H-31和H-35；H-26、H-30处于哌啶环中与氮相连的碳上，可认定$\delta_H$ 2.32~2.49(4H, m) 归属H-(26, 30)；H-2处于与哌啶环相连的无氮环中与氮相连的碳上，可认定$\delta_H$ 2.23~2.31(1H, m)归属H-2。

H-H COSY指出，$\delta_H$ 4.62~4.64(H-16) 与$\delta_H$ 1.99~2.02(2H, m)、5.16~5.17(1H, d)相关，表明$\delta_H$ 1.99~2.02归属H-15, $\delta_H$ 5.16~5.17归属H-17；$\delta_H$ 1.99~2.02(H-15)与$\delta_H$ 1.19~1.22(1H, m) 相关，表明$\delta_H$ 1.19~1.22归属H-14；$\delta_H$ 1.19~1.22(H-14)与$\delta_H$ 1.48~1.50(1H, m) 相关，表明$\delta_H$ 1.48~1.50归属H-8；$\delta_H$ 2.23~2.31(H-2) 与$\delta_H$ 5.15~5.16(1H, m)、1.11~1.19(1H, m)、1.82~1.88(1H, m) 相关，表明$\delta_H$ 5.15~5.16归属H-3(与H-17归属有了明确区分，即$\delta_H$ 5.16~5.17归属H-17)，$\delta_H$ 1.11~1.19、1.82~1.88分别归属H-1的2个氢；$\delta_H$ 5.15~5.16(H-3)与$\delta_H$ 1.28~1.33(1H, m)、1.70~1.78(1H, m) 相关，表明$\delta_H$ 1.28~1.33、1.70~1.78 分别归属H-4的2个氢；$\delta_H$ 2.32~2.49(H-26,30) 与$\delta_H$ 1.41~1.48(4H, m) 相关，表明$\delta_H$ 1.41~1.48归属H-(27,29)；$\delta_H$ 3.56~3.59和3.70~3.72(H-31和H-35) 与$\delta_H$ 1.88~1.89(4H, m) 相关，表明$\delta_H$ 1.88~1.89归属H-(32,34)。HMBC指出，$\delta_C$ 169.1(季碳)与$\delta_H$ 5.16~5.17(H-17)、2.22(3H, s)相关，表明$\delta_C$ 169.1归属C-22, $\delta_H$ 2.22归属H-23；$\delta_C$ 169.7(季碳)与$\delta_H$

5.15~5.16(H-3)、2.00(3H, s)相关，表明 $\delta_C$ 169.7 归属 C-24, $\delta_H$ 2.00 归属 H-25。至此，化合物 **2-22** 的 H-1、H-2、H-3、H-4、H-8、H-14、H-15、H-16、H-17、H-20、H-23、H-25、H-26,30、H-27,29、H-31、H-35、H-32、H-34 得到明确归属。利用 HSQC 和前述有关碳的归属，可明确 $\delta_C$ 33.8、62.6、68.9、30.0、33.2、45.5、26.5、68.8、77.9、47.4、112.6、21.2、21.3、51.6×2、26.0×2、59.6 和 60.6、19.4 和 19.5、169.1、169.7 分别归属 C-1、C-2、C-3、C-4、C-8、C-14、C-15、C-16、C-17、C-20、C-21、C-23、C-25、C-26,30、C-27,29、C-31 和 C-35、C-32 和 C-34、C-22、C-24。

剩下的碳、氢归属，可采用 HMBC 连同 HSQC 进一步明确。

HMBC 指出，$\delta_C$ 45.5(C-14)与 $\delta_H$ 0.75(3H, s)相关，表明 $\delta_H$ 0.75 归属 H-18，因此，$\delta_H$ 0.98(3H, s)归属 H-19。HSQC 指出，$\delta_C$ 12.9×2(伯碳)与 $\delta_H$ 0.75、0.98 相关，表明 $\delta_C$ 12.9×2 归属 C-18,19。

HMBC 指出，$\delta_C$ 35.7(季碳)与 $\delta_H$ 0.98(H-19) 相关，表明 $\delta_C$ 35.7 归属 C-10；$\delta_C$ 44.9(季碳)与 $\delta_H$ 0.75(H-18) 相关，表明 $\delta_C$ 44.9 归属 C-13。

HMBC 指出，$\delta_C$ 35.7(C-10) 与 $\delta_H$ 1.24~1.33(2H, m)、1.52~1.55(1H, m) 相关，$\delta_C$ 44.9(C-13) 与 $\delta_H$ 1.24~1.33(2H, m)、1.52~1.55(1H, m) 相关，加之 $\delta_H$ 20.3(仲碳)与 $\delta_H$ 1.24~1.33、1.52~1.55 HSQC 相关，表明 $\delta_H$ 1.24~1.33(其中 1 个氢)和 1.52~1.55 分别归属 H-11 的 2 个氢，$\delta_C$ 20.3 归属 C-11；$\delta_C$ 77.9(C-17)与 $\delta_H$ 1.24~1.33(2H, m)、1.63~1.66(1H, m) 相关，加之 $\delta_C$ 37.2(仲碳)与 $\delta_H$ 1.24~1.33、1.63~1.66 HSQC 相关，表明 $\delta_H$ 1.24~1.33(其中 1 个氢)和 1.63~1.66 分别归属 H-12 的 2 个氢，$\delta_C$ 37.2 归属 C-12。这里要指出的是 $\delta_H$ 1.24~1.33 相当于 2 个氢，分别归属 H-11a 和 H-12a，解析时要特别注意。

HMBC 指出，$\delta_C$ 35.7(C-10) 与 $\delta_H$ 1.19~1.24(2H, m) 相关，加之 $\delta_C$27.1(仲碳)与 $\delta_H$ 1.19~1.24 HSQC 相关，表明 $\delta_H$ 1.19~1.24 归属 H-6 的 2 个氢，$\delta_C$ 27.1 归属 C-6；$\delta_C$ 45.5(C-14)与 $\delta_H$ 0.87~0.96(1H, m)、1.66~1.70(1H, m)相关，加之 $\delta_C$31.4(仲碳)与 $\delta_H$ 0.87~0.96、1.66~1.70HSQC 相关，表明 $\delta_H$ 0.87~0.96、1.66~1.70 分别归属 H-7 的 2 个氢，$\delta_C$ 31.4 归属 C-7。

HMBC 指出，$\delta_C$ 33.2(C-8)与 $\delta_H$ 0.68~0.75(1H, m)相关，加之 $\delta_C$ 54.0(叔碳)与 $\delta_H$ 0.68~0.75 HSQC 相关，表明 $\delta_H$ 0.68~0.75 归属 H-9，$\delta_C$ 54.0 归属 C-9；$\delta_C$ 40.0(叔碳)与 $\delta_H$ 0.98(H-19)、1.11~1.19(H-1a)、1.82~1.88(H-1b)、1.28~1.33(H-4a)、1.70~1.78(H-4b)、5.15~5.16 (H-3) 相关，加之 $\delta_C$ 40.0 与 $\delta_H$ 1.50~1.52(1H, brs) HSQC 相关，表明 $\delta_C$ 40.0 归属 C-5，$\delta_H$ 1.50~1.52 归属 H-5。

HMBC 指出，$\delta_C$ 51.6(C-26, 30)与 $\delta_H$ 1.33~1.41(2H, m)相关，加之 $\delta_C$ 24.5(仲碳)与 $\delta_H$ 1.33~1.41 HSQC 相关，表明 $\delta_H$ 1.33~1.41 归属 H-28，$\delta_C$ 24.5 归属 C-28。

HMBC 指出，$\delta_C$ 19.4(C-32 或 34)、19.5(C-32 或 34)与 $\delta_H$ 1.55~1.63(2H, m) 相

关，加之 $\delta_C$ 20.4(仲碳)与 $\delta_H$ 1.55~1.63 相关，表明 $\delta_H$ 1.55~1.63 归属 H-33, $\delta_C$ 20.4 归属 C-33。

至此，化合物 **2-22** 的所有碳、氢的化学位移全部归属完毕，其 NMR 详细解析数据见表 2-19。

**表 2-19 化合物 2-22 的 NMR 数据(DMSO-$d_6$, 400MHz/H)**

| 编号 | $\delta_C$ | DEPT | $\delta_H$ | H-H COSY | HSQC | HMBC($\delta_H$) |
|---|---|---|---|---|---|---|
| 1a | 33.8 | $CH_2$ | 1.11~1.19m | H-1b, H-2,H-3 | + | 0.98(H-19), 5.15~5.16(H-3) |
| 1b | | | 1.82~1.88m | H-1a, H-2,H-3 | + | |
| 2 | 62.6 | CH | 2.23~2.31m | H-1a, H-1b, H-3 | + | 1.11~1.19(H-1a), 1.82~1.88(H-1b), 1.28~1.33(H-4a), 1.70~1.78(H-4b), 5.15~ 5.16(H-3) |
| 3 | 68.9 | CH | 5.15~5.16m | H-1a, H-1b, H-2, H-4a, H-4b | + | 1.11~1.19(H-1a), 1.82~1.88(H-1b), 1.28~1.33(H-4a), 1.70~1.78(H-4b) |
| 4a | 30.0 | $CH_2$ | 1.28~1.33m | H-3, H-4b, H-5 | + | |
| 4b | | | 1.70~1.78m | H-3, H-4a, H-5 | + | |
| 5 | 40.0 | CH | 1.50~1.52brs | H-4a, H-4b, H-6 | + | 0.98(H-19), 1.11~1.19(H-1a), 1.82~1.88(H-1b), 1.28~1.33(H-4a), 1.70~1.78(H-4b), 5.15~5.16(H-3) |
| 6 | 27.1 | $CH_2$ | 1.19~1.24m | H-5, H-7a, H-7b | + | |
| 7a | 31.4 | $CH_2$ | 0.87~0.96m | H-7b, H-6, H-8 | + | 1.19~1.24(H-6), 1.48~1.50(H-8), 1.50~1.52(H-5) |
| 7b | | | 1.66~1.70m | H-7a, H-6, H-8 | + | |
| 8 | 33.2 | CH | 1.48~1.50m | H-7a, H-7b, H-9, H-14 | + | 0.68~0.75(H-9), 0.87~0.96(H-7a), 1.66~1.70(H-7b), 1.19~1.22(H-14), 1.24~1.33(H-11a), 1.52~1.55(H-11b), 1.99~2.02(H-15) |
| 9 | 54.0 | CH | 0.68~0.75m | H-8, H-11a, H-11b | + | 0.87~0.96(H-7a), 1.66~1.70(H-7b), 0.98(H-19) |
| 10 | 35.7 | C | | | | 0.68~0.75(H-9), 0.98(H-19), 1.11~1.19(H-1a), 1.82~1.88(H-1b), 1.19~1.24(H-6), 1.24~1.33(H-11a), 1.52~1.55(H-11b), 1.28~1.33(H-4a), 1.70~1.78(H-4b), 1.48~1.50(H-8) |
| 11a | 20.3 | $CH_2$ | 1.24~1.33m | H-11b, H-9, H-12b | + | 0.68~0.75(H-9), 1.24~1.33(H-12a), 1.63~1.66(H-12b) |
| 11b | | | 1.52~1.55m | H-11a, H-9, H-12a, H-12b | + | |
| 12a | 37.2 | $CH_2$ | 1.24~1.33m | H-12b, H-11b | + | 0.75(H-18), 1.19~1.22(H-14), 1.24~1.33(H-11a), 1.52~1.55(H-11b), 5.16~5.17(H-17) |

续表

| 编号 | $\delta_C$ | DEPT | $\delta_H$ | H-H COSY | HSQC | HMBC($\delta_H$) |
|---|---|---|---|---|---|---|
| 12b | | | 1.63~1.66m | H-12a, H-11a, H-11b | + | |
| 13 | 44.9 | C | | | | 0.75(H-18), 1.19~1.22(H-14), 1.24~1.33(H-11a, 12a), 1.52~1.55(H-11b), 1.63~1.66(H-12b), 1.99~2.02(H-15), 5.16~5.17(H-17) |
| 14 | 45.5 | CH | 1.19~1.22m | H-8, H-15 | + | 0.75(H-18), 0.87~0.96(H-7a), 1.66~1.70(H-7b), 1.99~2.02(H-15) |
| 15 | 26.5 | $CH_2$ | 1.99~2.02m | H-14, H-16 | + | 1.19~1.22(H-14), 5.16~5.17(H-17) |
| 16 | 68.8 | CH | 4.62~4.64m | H-15, H-17 | + | |
| 17 | 77.9 | CH | 5.16~5.17d | H-16 | + | 0.75(H-18), 1.99~2.02(H-15) |
| 18 | 12.9 | $CH_3$ | 0.75s | | + | 1.19~1.22(H-14), 1.24~1.33(H-12a), 1.63~1.66(H-12b), 5.16~5.17(H-17) |
| 19 | 12.9 | $CH_3$ | 0.98s | | + | 0.68~0.75(H-9), 1.11~1.19(H-1a), 1.82~1.88(H-1b) |
| 20 | 47.4 | $CH_2$ | 5.17~5.28m | | + | 3.56~3.59、3.70~3.72(H-31, 35) |
| 21 | 112.6 | C | | | | 5.17~5.28(H-20) |
| 22 | 169.1 | C | | | | 2.22(H-23), 5.16~5.17(H-17) |
| 23 | 21.2 | $CH_3$ | 2.22s | | + | |
| 24 | 169.7 | C | | | | 2.00(H-25), 5.15~5.16(H-3) |
| 25 | 21.3 | $CH_3$ | 2.00s | | + | |
| 26, 30 | 51.6 | $CH_2$ | 2.32~2.49m | H-(27, 29) | + | 1.33~1.41(H-28) |
| 27, 29 | 26.0 | $CH_2$ | 1.41~1.48m | H-(26, 30) | + | 1.33~1.41(H-28) |
| 28 | 24.5 | $CH_2$ | 1.33~1.41m | | + | 1.41~1.48(H-27, 29) |
| 31 | 59.6* | $CH_2$ | 3.70~3.72m* | H-32 | + | |
| 32 | 19.4** | $CH_2$ | 1.88~1.89m | H-31 | + | 1.55~1.63(H-33), 3.70~3.72(H-31) |
| 33 | 20.4 | $CH_2$ | 1.55~1.63m | | + | 1.88~1.89(H-32, 34), 3.56~3.59(H-35), 3.70~3.72(H-31) |
| 34 | 19.5** | $CH_2$ | 1.88~1.89m | H-35 | + | 1.55~1.63(H-33), 3.56~3.59(H-35) |
| 35 | 60.6* | $CH_2$ | 3.56~3.59m* | H-34 | + | |

*, ** 相同标记的归属可互换。

## 例 2-17 比卡鲁胺的 NMR 数据解析[38]

比卡鲁胺(bicalutamide, **2-23**)是一种强效、耐受性好的非甾体抗雄激素药物，主要用于治疗晚期前列腺癌。由于比卡鲁胺含有4个氟，使得比卡鲁胺的 $^{1}$H NMR、$^{13}$C NMR 图谱分裂更为复杂。

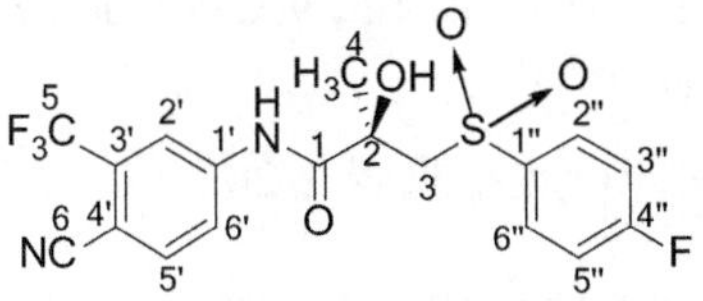

**2-23**

比卡鲁胺的 $^{13}$C NMR 显示 25 条碳峰，代表比卡鲁胺的 18 个碳。这是由于 C-5、C-3′受 F 的偶合各显示 4 条碳峰，C-4″、C-3″和 5″、C-2″和 6″受 F 的偶合各显示 2 条碳峰，C-3″和 C-5″、C-2″和 C-6″碳峰重叠，因此，比卡鲁胺显示 25 条碳峰。DEPT 显示，1 个伯碳：$\delta_C$ 27.2；1 个仲碳：$\delta_C$ 63.5；7 个叔碳：$\delta_C$ 116.0×2、117.5、122.9、131.4×2、136.1；9 个季碳：$\delta_C$ 73.1、102.0、115.8、122.4、131.5、137.1、143.2、165.0、173.8。

比卡鲁胺的 H-2′、H-5′、H-6′三氢构成 ABC 系统，根据氢化学位移规律和偶合分裂情况，$\delta_H$ 8.47(1H, d, $J$ = 1.5Hz)归属 H-2′，$\delta_H$ 8.11(1H, d, $J$ = 8.5Hz)归属 H-5′，$\delta_H$ 8.26(1H, dd, $J$ = 1.5Hz、8.5Hz)归属 H-6′；H-H COSY 指出，$\delta_H$ 8.47/$\delta_H$ 8.26、$\delta_H$ 8.26/$\delta_H$ 8.11 相关，进一步证实上述归属。H-3″,5″和 H-2″,6″构成 AA′BB′系统，同时受 F-4″的偶合，根据氢化学位移规律和偶合分裂情况，$\delta_H$ 7.41(2H, m) 归属 H-(3″,5″)，$\delta_H$ 8.00(2H, m)归属 H-2″,6″；H-H COSY 指出，$\delta_H$ 7.41/$\delta_H$ 8.00 相关，进一步证实上述归属。根据氢化学位移规律和偶合分裂情况，$\delta_H$ 1.45(3H, s)归属比卡鲁胺唯一一个甲基 H-4，$\delta_H$ 3.75(1H, d, $J$ = 15.0Hz)、3.99(1H, d, $J$ = 15.0Hz)分别归属比卡鲁胺唯一一个亚甲基 H-3 的 2 个氢，由于 C-2 为手性碳，使得亚甲基上的 2 个氢化学位移不等价。

至此，比卡鲁胺除 OH、NH 活泼氢外，所有氢得到归属，通过 HSQC 可将相关的碳得到归属，即 $\delta_C$ 63.5(仲碳)归属 C-3，$\delta_C$ 27.2(伯碳)归属 C-4, $\delta_C$ 117.5(叔碳)归属 C-2′，$\delta_C$ 136.1(叔碳)归属 C-5′，$\delta_C$ 122.9(叔碳)归属 C-6′，$\delta_C$ 131.4(叔碳)归属 C-2″,6″，$\delta_C$ 116.0(叔碳)归属 C-3″,5″。

根据碳化学位移规律和峰的分裂情况，比卡鲁胺季碳归属如下：$\delta_C$ 173.8 归属 C-1, $\delta_C$ 165.0d($J$ = 256.81Hz)归属 C-4″，$\delta_C$ 143.2 归属 C-1′，$\delta_C$ 131.5q($J$ = 32.38Hz)归属 C-3′，$\delta_C$ 122.4q($J$ = 272.75Hz)归属 C-5, $\delta_C$ 115.8 归属 C-4′，$\delta_C$ 102.0 归属 C-6, $\delta_C$ 73.1 归属 C-2。$\delta_C$ 137.1 当然归属为剩下的季碳 C-1″；HMBC 指出，$\delta_C$ 137.1(C-1″)与 $\delta_H$ 7.41(H-3″,5″)、8.00(H-2″,6″) 相关，进一步证实 $\delta_C$ 137.1 归属 C-1″。

$\delta_H$ 10.40(1H, s)、6.45(1H, s)重水交换后消失，应为 OH、NH 活泼氢；HMBC 指出，$\delta_C$ 173.8(C-1)、63.5(C-3)、27.2(C-4)、73.1(C-2)均与 $\delta_H$ 6.45 相关，$\delta_C$

173.8(C-1)、143.2(C-1′)、117.5(C-2′)、122.9(C-6′)均与 $\delta_H$ 10.40 相关，表明 $\delta_H$ 6.45 归属 OH，$\delta_H$ 10.40 归属 NH。

比卡鲁胺的 NMR 详细解析数据见表 2-20。

**表 2-20　比卡鲁胺的 NMR 数据(DMSO-$d_6$, 500MHz/H)**

| 编号 | $\delta_C$ | DEPT | $\delta_H$ | $J$/Hz | H-H COSY | HSQC | HMBC($\delta_H$) |
|---|---|---|---|---|---|---|---|
| 1 | 173.8 | C | | | | | 1.45(H-4), 3.75(H-3a), 3.99(H-3b), 6.45(OH), 10.40(NH) |
| 2 | 73.1 | C | | | | | 1.45(H-4), 3.75(H-3a), 3.99(H-3b), 6.45(OH) |
| 3a | 63.5 | $CH_2$ | 3.75d | 15.0 | H-3b | + | 1.45(H-4), 6.45(OH) |
| 3b | | | 3.99d | 15.0 | H-3a | + | |
| 4 | 27.2 | $CH_3$ | 1.45s | | | + | 3.75(H-3a), 3.99(H-3b), 6.45(OH) |
| 5 | 122.4q ($^1J_{CF}$ = 272.75Hz) | C | | | | | 8.47(H-2′) |
| 6 | 102.0 | C | | | | | 8.11(H-5′), 8.26(H-6′), 8.47(H-2′) |
| 1′ | 143.2 | C | | | | | 8.11(H-5′), 8.26(H-6′), 8.47(H-2′), 10.40(NH) |
| 2′ | 117.5 | CH | 8.47d | 1.5 | H-6′ | + | |
| 3′ | 131.5q ($^2J_{CF}$ = 32.38Hz) | C | | | | | 8.47(H-2′) |
| 4′ | 115.8 | C | | | | | 8.11(H-5′), 8.26(H-6′) |
| 5′ | 136.1 | CH | 8.11d | 8.5 | H-6′ | + | 8.26(H-6′) |
| 6′ | 122.9 | CH | 8.26dd | 1.5, 8.5 | H-2′, H-5′ | + | 8.11(H-5′), 8.47(H-2′) |
| 1″ | 137.1 | C | | | | | 7.41(H-3″,5″), 8.00(H-2″,6″) |
| 2″,6″ | 131.4d ($^3J_{CF}$ = 9.5Hz) | CH | 8.00m | | H-3″,5″ | + | 7.41(H-3″,5″), 8.00(H-6″,2″) |
| 3″,5″ | 116.0d ($^2J_{CF}$ = 22.28Hz) | CH | 7.41m | | H-2″,6″ | + | 7.41(H-5″,3″), 8.00(H-2″,6″) |
| 4″ | 165.0d ($^1J_{CF}$ = 256.81Hz) | C | | | | | 7.41(H-3″,5″), 8.00(H-2″,6″) |
| OH | | | 6.45s | | | | |
| NH | | | 10.40s | | | | |

## 例 2-18　1 个三环螺环化合物的 NMR 数据解析[42]

化合物 **2-24** 是一个含长链多氟烷基的三环螺环化合物，该类化合物存在着许多不对称氢和碳，加之多个氟原子的存在，因此，氢谱峰形表现复杂，碳峰数目增多，碳峰中各相关碳存在着明显的化学位移差异而表现出不等价性，带来碳、氢信号归属困难。

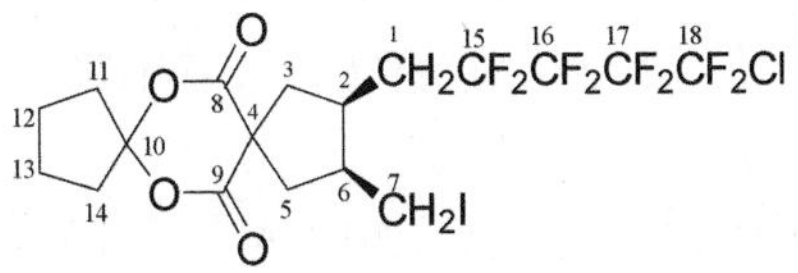

**2-24**

化合物 **2-24** 共有 18 个碳，但是 $^{13}$C NMR 显示 64 条碳峰，这是由于 F 原子的存在，对 C-1、C-15、C-16、C-17、C-18 产生偶合，使其分裂为多重峰所致。F 和 C 之间的偶合常数为 $^1J_{FC}$ = 250~300Hz，$^2J_{FC}$ = 20~35Hz，因此，C-1 由于 $^2J_{FC}$ 的偶合，呈现出了三重峰，C-15 和 C-18 由于 $^1J_{FC}$ 和 $^2J_{FC}$ 的偶合，呈现 3×3 重峰，C-16 和 C-17 由于 $^1J_{FC}$ 和 $^2J_{FC}$ 的偶合，呈现 3×5 重峰。DEPT 显示，8 个仲碳：$\delta_C$ 4.84、23.64、23.82、29.38、40.02、40.13、42.51、44.01；2 个叔碳：$\delta_C$ 36.88、46.93；8 个季碳：$\delta_C$ 52.27、107.48、111.50、114.39、118.44、122.05、171.10、171.17。

在 $^1$H NMR 中，化合物 **2-24** 表现为 7 组质子峰，由低场至高场积分比依次为 2∶2∶2∶2∶2∶4∶4。由于化合物 **2-24** 分子结构具有复杂的自旋偶合系统，各组峰均为相互重叠的多重峰，所以解析起来相当困难。但仔细分析化合物 **2-24** 的分子结构，螺环的存在，使得 H-11 与 H-14 化学环境相似，H-12 与 H-13 化学环境相似，氢谱中 4∶4 的 2 组峰是否就是 H-11,14(4 个氢)和 H-12,13(4 个氢)需进一步证实；剩下 H-3(其中 1 个氢)和 H-5(其中 1 个氢)、H-5(其中 1 个氢)和 H-3(其中 1 个氢)、H-1(2 个氢)、H-7(2 个氢)与 2∶2∶2∶2 一致；H-2(1 个氢)、H-6(1 个氢)化学环境基本相似，化学位移可能相近，应该是 7 组当中剩下的 1 个积分为 2 的一组。

H-H COSY 指出，有 6 组自旋偶合关系：$\delta_H$ 2.19(4H, m)与 $\delta_H$ 1.91(4H, m)相关；$\delta_H$ 2.29(2H, m)与 $\delta_H$ 2.90(2H, m)与 $\delta_H$ 2.42(2H, dd, $J$ = 14.0Hz、7.0Hz) 相关；$\delta_H$ 3.29(2H, m) 与 $\delta_H$ 2.90(2H, m)与 $\delta_H$ 2.42(2H, dd, $J$ = 14.0Hz、7.0Hz)相关；$\delta_H$ 2.29(2H, m)与 $\delta_H$ 2.90 (2H, m)与 $\delta_H$ 2.54(2H, dd, $J$ = 14.0Hz、7.0Hz)相关；$\delta_H$ 3.29(2H, m)与 $\delta_H$ 2.90(2H, m) 与 $\delta_H$ 2.54(2H, dd, $J$ = 14.0Hz、7.0Hz)相关；$\delta_H$ 2.29(2H, m)与 $\delta_H$ 2.90(2H, m)与 $\delta_H$ 3.29 (2H, m)相关。第 1 组自旋偶合关系应该是 H-11,14 与 H-12,13 之间的关系，根据氢

化学位移规律，$\delta_H$ 1.91 应归属 H-12,13，$\delta_H$ 2.19 应归属 H-11,14。第 2~6 组自旋偶合关系存在交叉偶合关系，即均有与 $\delta_H$ 2.90 的偶合，根据化合物 **2-24** 的分子结构，$\delta_H$ 2.90 应归属 H-2 和 H-6，二者化学环境相似，化学位移近似，因是多重峰而无法区分；根据氢化学位移规律，H-1、H-7、H-3、H-5 相比，H-7 应在最低场。加之 $\delta_C$ 4.84(仲碳)与 $\delta_H$ 3.29 HMQC 相关，表明 $\delta_H$ 3.29 应归属 H-7，$\delta_C$ 4.84 归属 C-7。

HMQC 指出，叔碳 $\delta_C$ 36.88、46.93 均与 $\delta_H$ 2.90(H-2, 6)相关，表明 $\delta_C$ 36.88、46.93 应归属 C-2 和 C-6; 可从 C-2 和 C-6 的峰高进一步进行它们的归属区分，C-2 距 C-15 较近，由于受 C-15 上 2 个 F 原子分裂，C-2 比 C-6 峰低，即可认定 $\delta_C$ 36.88 归属 C-2, $\delta_C$ 46.93 归属 C-6。

HMBC 指出，$\delta_C$ 4.84(C-7)与 $\delta_H$ 2.42、2.54 相关，加之 $\delta_C$ 42.51(仲碳)与 $\delta_H$ 2.42、2.54 HMQC 相关，$\delta_C$ 44.01(仲碳)也与 $\delta_H$ 2.42、2.54 HMQC 相关，表明 $\delta_H$ 2.42 的 2 个氢一个归属 H-3，另一个归属 H-5，$\delta_H$ 2.54 的 2 个氢也是一个归属 H-3，另一个归属 H-5，也表明 $\delta_C$ 42.51 和 44.01 归属 C-3 和 C-5，但具体怎么区分需进一步证明；$\delta_C$ 42.51 与 $\delta_H$ 2.29 相关，$\delta_C$ 44.01 与 $\delta_H$ 3.29(H-7)相关，表明 $\delta_C$ 44.01 应归属 C-5，当然 $\delta_C$ 42.51 应归属 C-3，加之 $\delta_C$ 29.38(仲碳)与 $\delta_H$ 2.29HMQC 相关，表明 $\delta_H$ 2.29 归属 H-1，$\delta_C$ 29.38 归属 C-1。

根据碳化学位移规律，$\delta_C$ 52.27(季碳)归属 C-4, $\delta_C$ 114.39(季碳)应归属 C-10；$\delta_C$ 171.10(季碳)和 171.17(季碳)归属 2 个羰基 C-8 和 C-9，但无法区分。

HMQC 指出，$\delta_C$ 40.02(仲碳)、40.13(仲碳)均与 $\delta_H$ 2.19(H-11,14) 相关，表明 $\delta_C$ 40.02 和 40.13 归属 C-11 和 C-14，但无法区分；$\delta_C$ 23.64(仲碳)、23.82(仲碳)均与 $\delta_H$ 1.91(H-12,13)相关，表明 $\delta_C$ 23.64 和 23.82 归属 C-12 和 C-13，但无法区分。

C-15 和 C-18 归属区分可以由碳化学位移规律确定，即 $\delta_C$ 118.44 归属 C-15，$\delta_C$ 122.05 归属 C-18。C-16 和 C-17 归属的区分，可通过 C-16 和 H-1 存在 HMBC 相关，C-17 与 H-1 不存在 HMBC 相关，进一步区分归属，由于原始文献没有给出 HMBC 数据，所以无法进行归属区分。

化合物 **2-24** 的 NMR 详细解数据析见表 2-21。

**表 2-21 化合物 2-24 的 NMR 数据($CDCl_3$, 500MHz/H)**

| 编号 | $\delta_C$ | DEPT | $\delta_H$ | $J$/Hz | H-H COSY | HMQC | HMBC($\delta_H$) |
|---|---|---|---|---|---|---|---|
| 1 | 29.38 ($^2J_{CF}$ = 21.90Hz) | $CH_2$ | 2.29m | | H-2 | + | 2.42(H-3a), 2.54(H-3b) |
| 2 | 36.88 | CH | 2.90m | | H-1, H-3a, H-3b, H-6 | + | 2.29(H-1), 2.42(H-3a, 5a), 2.54(H-3b, 5b), 3.29(H-7) |
| 3a | 42.51 | $CH_2$ | 2.42dd | 14.0, 7.0 | H-3b, H-2 | + | 2.29(H-1), 2.42(H-5a), |
| 3b | | | 2.54dd | 14.0, 7.0 | H-3a, H-2 | + | 2.54(H-5b) |

续表

| 编号 | $\delta_C$ | DEPT | $\delta_H$ | J/Hz | H-H COSY | HMQC | HMBC($\delta_H$) |
|---|---|---|---|---|---|---|---|
| 4 | 52.27 | C | | | | | 2.42(H-3a,5a), 2.54(H-3b,5b) |
| 5a | 44.01 | $CH_2$ | 2.42dd | 14.0, 7.0 | H-5b, H-6 | + | 2.42(H-3a), 2.54(H-3b), |
| 5b | | | 2.54dd | 14.0, 7.0 | H-5a, H-6 | + | 3.29(H-7) |
| 6 | 46.93 | CH | 2.90m | | H-2, H-5a, H-5b, H-7 | + | 2.42(H-3a,5a), 2.54(H-3b,5b) 3.29(H-7) |
| 7 | 4.84 | $CH_2$ | 3.29m | | H-6 | + | 2.42(H-5a), 2.54(H-5b), 2.90(H-2, 6) |
| 8 | 171.10* | C | | | | | |
| 9 | 171.17* | C | | | | | |
| 10 | 114.39 | C | | | | | 2.19(H-11,14) |
| 11 | 40.02** | $CH_2$ | 2.19m | | H-12 | + | 1.91(H-12,13), 2.19(H-14) |
| 12 | 23.64*** | $CH_2$ | 1.91m | | H-11 | + | 1.91(H-13), 2.19(H-11,14) |
| 13 | 23.82*** | $CH_2$ | 1.91m | | H-14 | + | 1.91(H-12), 2.19(H-11,14) |
| 14 | 40.13** | $CH_2$ | 2.19m | | H-13 | + | 1.91(H-12,13), 2.19(H-11) |
| 15 | 118.44tt ($^1J_{CF}$ = 255.00Hz, $^2J_{CF}$ = 31.25Hz) | C | | | | | |
| 16 | 111.50m**** ($^1J_{CF}$ = 268.75 Hz, $^2J_{CF}$ = 34.38 Hz) | C | | | | | |
| 17 | 107.48m**** ($^1J_{CF}$ = 236.25Hz, $^2J_{CF}$ = 32.50Hz) | C | | | | | |
| 18 | 122.05tt ($^1J_{CF}$ = 300.00Hz, $^2J_{CF}$ = 35.83Hz) | C | | | | | |

*, **, ***, **** 相同标记的归属可互换。

## 例 2-19 四氢小檗碱衍生物氟代四氢小檗碱的 NMR 数据解析[43]

四氢小檗碱(tetrahydroberberine)属于苄基异喹啉类的一种生物碱。具有多种药理活性，尤其是对多巴胺受体的活性。氟代四氢小檗碱(fluoro tetrahydroberberine，**2-25**)系指以四氢小檗碱为原料，经硝化、还原、重氮化氟反应得到的一个新化合物。

氟代四氢小檗碱的 $^{13}$C NMR 显示 24 条碳峰，代表其 20 个碳。这是由于 F 原子的存在有 4 条碳峰被 F 偶合分裂为 2。DEPT 显示，2 个伯碳：$\delta_C$ 55.93、60.34；5 个仲碳：$\delta_C$ 29.41、29.95、51.34、53.78、100.81；4 个叔碳：$\delta_C$ 58.93、98.41、105.54、108.36；9 个季碳：$\delta_C$ 113.77、127.62、129.51、130.33、140.88、146.04、

146.22、150.79、156.56。

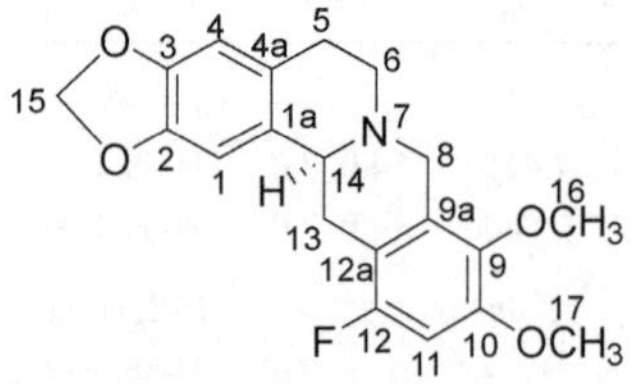

**2-25**

本例通过对氟代四氢小檗碱的 NMR 数据解析来确证 F 原子取代位置，因而其 NMR 数据解析就从 F 原子取代在什么位置入手。四氢小檗碱 H-11 和 H-12 为苯环邻位氢，构成 AB 系统，出现邻位偶合(约 9.0Hz)的 ABq 四重峰(相当于 2 个氢)，F 原子取代后仅出现与 F 偶合(11.1Hz)的双峰(相当于 1 个氢)，可初步判断 F 原子取代位置可能在 11 位或 12 位，但难以确定具体位置。

$^{13}$C NMR 中，季碳 $\delta_C$ 155.36 和 157.76(平均值为 156.56)相距 239.1Hz，$^1J_{CF}$ = 239.1Hz 符合 C-F 一键偶合常数范围，推断可能是与 F 原子直接相连 C，被 F 偶合而分裂为 2。HMBC 指出，$\delta_C$ 155.36、157.76 均与 $\delta_H$ 3.31(1H, dd, $J$ = 16.5, 3.9Hz)、6.56(1H, d, $J$ = 11.1Hz)相关；由于氟代四氢小檗碱共有 3 个苯环氢，H-1 和 H-4 互为对位，均为单峰，$\delta_H$ 6.56 为双峰，且 $J$ = 11.1Hz(相当于 $^3J_{FH}$ )，表明 $\delta_H$ 6.56 归属与 F 原子邻位的苯环氢(H-11 或 H-12)，根据氢化学位移规律，$\delta_H$ 3.31 应是该化合物中某一烷基氢，连 F 碳只有在 12 位时才可能有该 HMBC 关系，若是 11 位 $\delta_C$ 155.36、157.76 与 $\delta_H$ 3.31 不可能相关。综上所述，初步推断 F 原子取代在 12 位。

根据氢化学位移规律和偶合分裂情况，$\delta_H$ 3.80(3H, s)、3.83(3H, s)应当为苯环上 2 个甲氧基的氢。HSQC 指出，$\delta_C$ 60.34(伯碳)与 $\delta_H$ 3.80、55.93(伯碳)与 $\delta_H$ 3.83 相关，表明 $\delta_C$ 60.34、55.93 归属 2 个甲氧基碳。HMBC 指出，$\delta_C$ 140.88(季碳)与 $\delta_H$ 3.80、6.56 相关，$\delta_C$ 150.79(季碳)与 $\delta_H$ 3.83、6.56 相关，表明 $\delta_C$ 140.88、150.79 归属 C-9、C-10。由于 $\delta_C$ 140.88 无分裂，$\delta_C$ 150.79 分裂为二重峰($^3J_{CF}$ = 10.4Hz)，表明 F 原子未在 11 位取代，否则 C-9、C-10 均有分裂，从而进一步论证了 F 原子取代在 12 位，$\delta_C$ 140.88 归属 C-9，$\delta_C$ 150.79 归属 C-10。综上，可明确 $\delta_H$ 3.80 归属 H-16，$\delta_H$ 3.83 归属 H-17，$\delta_C$ 60.34 归属 C-16，$\delta_C$ 55.93 归属 C-17，$\delta_C$ 156.56 (季碳)双峰归属 C-12。至此，$\delta_H$ 6.56、3.31 可明确分别归属 H-11、H-13(其中 1 个氢)。HSQC 指出，$\delta_C$ 98.41(叔碳)双峰($^2J_{CF}$ = 26.9Hz)与 $\delta_H$ 6.56(H-11)相关，$\delta_C$ 29.95 (仲碳)与 $\delta_H$ 2.57(1H, m)、3.31(H-13 其中 1 个氢)相关，表明 $\delta_C$ 98.41 归属 C-11，$\delta_C$ 29.95 归属 C-13, $\delta_H$ 2.57 归属 H-13a，$\delta_H$ 3.31 归属 H-13b。$\delta_C$ 113.77 为季碳，且分裂为双峰($^2J_{CF}$ = 19.6Hz)，并与 $\delta_H$ 6.56(H-11) HMBC 相关，可明确 $\delta_C$ 113.77 归属 C-12a。

根据碳化学位移规律，$\delta_C$ 58.93(叔碳)为连N碳，应归属C-14。HSQC指出，$\delta_C$ 58.93(C-14)与$\delta_H$ 3.53(2H, m)相关，表明$\delta_H$ 3.53(其中1个氢)归属H-14。

HMBC指出，$\delta_C$ 113.77(C-12a)与$\delta_H$ 2.57(H-13a)、3.31(H-13b)、3.53(2H, m)、4.23(1H, d, $J$ = 15.9 Hz)、6.56(H-11)相关，加之$\delta_C$ 53.78(仲碳)与$\delta_H$ 3.53、4.23HSQC相关，表明$\delta_H$ 3.53(其中1个氢)归属H-8a，$\delta_H$ 4.23归属H-8b，$\delta_C$ 53.78归属C-8。因此，根据碳化学位移规律，$\delta_C$ 51.34(仲碳)应当归属另一个连N仲碳C-6；HSQC指出，$\delta_C$ 51.34(C-6)与$\delta_H$ 2.62(1H, m)、3.20(1H, m)相关，表明$\delta_H$ 2.62、3.20分别归属H-6a、H-6b。H-H COSY指出，$\delta_H$ 2.69(1H, m)与$\delta_H$ 2.62(H-6a)、3.20(H-6b)相关，$\delta_H$ 3.10(1H, m)与$\delta_H$ 2.62(H-6a)、3.20(H-6b)相关，$\delta_H$ 2.69与$\delta_H$ 3.10相关，加之$\delta_C$ 29.41(仲碳)与$\delta_H$ 2.69、3.10 HSQC相关，表明$\delta_H$ 2.69、3.10分别归属H-5a、H-5b，$\delta_C$ 29.41归属C-5。

HMBC指出，$\delta_C$ 58.93(C-14)与$\delta_H$ 2.57(H-13a)、3.20(H-6b)、3.31(H-13b)、3.53(H-8a)、4.23(H-8b)、6.76(1H, s)相关，表明$\delta_H$ 6.76归属H-1。因此，$\delta_H$ 6.59(1H, s)应当归属H-4。HSQC指出，$\delta_C$ 105.54(叔碳)/$\delta_H$ 6.76(H-1)、108.36(叔碳)/6.59(H-4)相关，表明$\delta_C$ 105.54归属C-1，$\delta_C$ 108.36归属C-4。

C-1a、C-4a、C-9a是3个苯环季碳，归属不好区分，可利用HMBC明确其归属。HMBC指出，$\delta_C$ 127.62(季碳)与$\delta_H$ 2.62(H-6a)、2.69(H-5a)、3.10(H-5b)、3.20(H-6b)、6.76(H-1)相关，$\delta_C$ 129.51(季碳)与$\delta_H$ 3.31(H-13b)、3.53(H-8a)、4.23(H-8b)相关，$\delta_C$ 130.33(季碳)与$\delta_H$ 2.57(H-13a)、2.69(H-5a)、6.59(H-4)相关，综合考虑，表明$\delta_C$ 127.62归属C-4a，$\delta_C$ 129.51归属C-9a，$\delta_C$ 130.33归属C-1a。

$\delta_C$ 146.04和$\delta_C$ 146.22为苯环连氧季碳C-2和C-3，归属无法区分。根据氢化学位移规律和偶合分裂情况，$\delta_H$ 5.92(2H, s)应当归属H-15。HSQC指出，$\delta_C$ 100.81(仲碳)与$\delta_H$ 5.92(H-15)相关，表明$\delta_C$ 100.81归属C-15。

氟代四氢小檗碱的$^1$H NMR、$^{13}$C NMR详细解析数据分别见表2-22和表2-23。

**表2-22 氟代四氢小檗碱的$^1$H NMR数据($CDCl_3$, 400MHz)**

| 编号 | $\delta_H$ | $J$/Hz | H-H COSY |
|---|---|---|---|
| 1 | 6.76s | | |
| 4 | 6.59s | | |
| 5a | 2.69m | | 2.62(H-6a), 3.10(H-5b), 3.20(H-6b) |
| 5b | 3.10m | | 2.62(H-6a), 2.69(H-5a), 3.20(H-6b) |
| 6a | 2.62m | | 2.69(H-5a), 3.10(H-5b), 3.20(H-6b) |
| 6b | 3.20m | | 2.62(H-6a), 2.69(H-5a), 3.10(H-5b) |
| 8a | 3.53m | | 4.23(H-8b) |

续表

| 编号 | $\delta_H$ | J/Hz | H-H COSY |
| --- | --- | --- | --- |
| 8b | 4.23d | 15.9 | 3.53(H-8a) |
| 11 | 6.56d | 11.1($^3J_{HF}$) | |
| 13a | 2.57m | | 3.31(H-13b), 3.53(H-14) |
| 13b | 3.31dd | 16.5, 3.9 | 2.57(H-13a), 3.53(H-14) |
| 14 | 3.53m | | 2.57(H-13a), 3.31(H-13b) |
| 15 | 5.92s | | |
| 16 | 3.80s | | |
| 17 | 3.83s | | |

**表 2-23 氟代四氢小檗碱的 $^{13}$C NMR 数据($CDCl_3$, 100MHz)**

| 编号 | $\delta_C$ | $J_{CF}$/Hz | DEPT | HSQC($\delta_H$) | HMBC($\delta_H$) |
| --- | --- | --- | --- | --- | --- |
| 1 | 105.54 | | CH | 6.76 | |
| 1a | 130.33 | | C | | 2.57(H-13a), 2.69(H-5a), 6.59(H-4) |
| 2 | 146.04* | | C | | 5.92(H-15), 6.59(H-4), 6.76(H-1) |
| 3 | 146.22* | | C | | 5.92(H-15), 6.59(H-4), 6.76(H-1) |
| 4 | 108.36 | | CH | 6.59 | 2.69(H-5a) |
| 4a | 127.62 | | C | | 2.62(H-6a), 2.69(H-5a), 3.10(H-5b), 3.20(H-6b), 6.76(H-1) |
| 5 | 29.41 | | $CH_2$ | 2.69, 3.10 | 3.20(H-6b), 6.59(H-4) |
| 6 | 51.34 | | $CH_2$ | 2.62, 3.20 | 3.10(H-5b), 3.53(H-8a, 14), 4.23(H-8b) |
| 8 | 53.78 | | $CH_2$ | 3.53, 4.23 | |
| 9 | 140.88 | | C | | 3.53(H-8a), 3.80(H-16), 4.23(H-8b), 6.56(H-11) |
| 9a | 129.51 | | C | | 3.31(H-13b), 3.53(H-8a), 4.23(H-8b) |
| 10 | 150.79d | $^3J_{CF}$ = 10.4 | C | | 3.83(H-17), 6.56(H-11) |
| 11 | 98.41d | $^2J_{CF}$ = 26.9 | CH | 6.56 | |
| 12 | 156.56d | $^1J_{CF}$ = 239.1 | C | | 3.31(H-13b), 6.56(H-11) |
| 12a | 113.77d | $^2J_{CF}$ = 19.6 | C | | 2.57(H-13a), 3.31(H-13b), 3.53(H-8a,14), 4.23(H-8b), 6.56(H-11) |
| 13 | 29.95 | | $CH_2$ | 2.57, 3.31 | 3.53(H-14) |
| 14 | 58.93 | | CH | 3.53 | 2.57(H-13a), 3.20(H-6b), 3.31(H-13b), 3.53(H-8a), 4.23(H-8b), 6.76(H-1) |
| 15 | 100.81 | | $CH_2$ | 5.92 | |
| 16 | 60.34 | | $CH_3$ | 3.80 | |
| 17 | 55.93 | | $CH_3$ | 3.83 | |

* 归属可互换。

## 例 2-20　地塞米松棕榈酸酯的 NMR 数据解析[44]

地塞米松棕榈酸酯(dexamethasone palmitate，**2-26**)为长效糖皮质激素类药，具有抗炎、抗过敏、抗休克及抗毒等作用，临床可用于自身免疫性疾病、过敏性疾病、血液系统疾病以及各种原因引起的休克等的治疗。由于其结构由甾体和长链脂肪酸骨架组成，$^1$H NMR 谱峰重叠厉害，由于 F 原子的存在，使得碳峰数目大大增加。

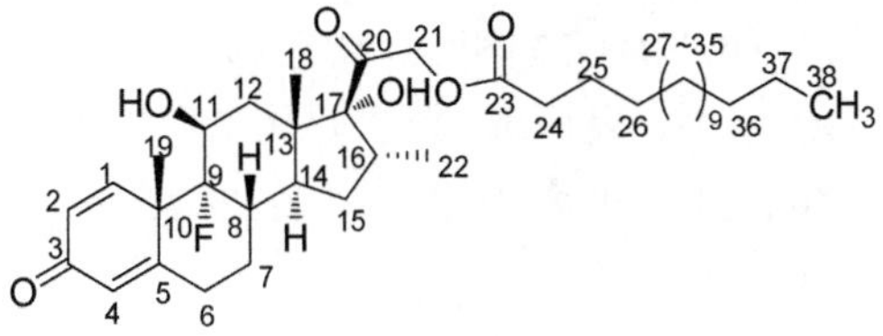

**2-26**

地塞米松棕榈酸酯共 38 个碳，除了 $\delta_C$ 29.2~29.7 外，其 $^{13}$C NMR 数据显示 34 条碳峰。这是由于 C-27~C-35 化学位移相近，在 $\delta_C$ 29.2~29.7 显示无法区分的多重碳峰；C-8、C-9、C-10、C-11、C-19 受 F 的偶合均为二重峰。DEPT 显示，4 个伯碳：$\delta_C$ 14.1、14.6、16.5、22.9；19 个仲碳：$\delta_C$ 22.7、24.9、27.4、29.1、(29.2~29.7)×9、31.0、31.9、32.2、33.9、36.6、68.3；7 个叔碳：$\delta_C$ 34.2、35.9、44.0、72.1、125.1、129.8、152.1；8 个季碳：$\delta_C$ 48.2、48.4、91.1、100.2、166.0、173.9、186.6、204.9。

C-9(季碳)与 F 的偶合常数等于 174.9Hz，属于一键 C-F 偶合的范围，其化学位移为 $\delta_C$ 100.2。C-8、C-10、C-11 与 F 的偶合常数在 16~45Hz 之间，属于二键 C-F 偶合的范围：C-10 为季碳，即可与 C-8、C-11 区分，其化学位移为 $\delta_C$ 48.2；C-11 为连氧碳，即可与 C-8 区分，其化学位移为 $\delta_C$ 72.1；C-8 的化学位移为 $\delta_C$ 34.2。C-19(伯碳)与 F 的偶合常数等于 5.6Hz，属于三键 C-F 偶合的范围，其化学位移为 $\delta_C$ 22.9。通过 HMQC，$\delta_H$ 2.44~2.48(1H, m)、4.37(1H, brd, $J$ = 9.3Hz)、1.54(3H, s)分别归属 H-8、H-11、H-19。

根据氢化学位移规律和偶合分裂情况，$\delta_H$ 7.22(1H, d, $J$ = 10.1Hz)归属 H-1, $\delta_H$ 6.34(1H, brd, $J$ = 10.1Hz)归属 H-2，$\delta_H$ 6.11(1H, brs)归属 H-4；$\delta_H$ 1.05(3H, s)归属 H-18, $\delta_H$ 0.92(3H, d, $J$ = 7.3Hz)归属 H-22, $\delta_H$ 0.88(3H, t, $J$ = 6.8Hz)归属 H-38；$\delta_H$ 4.84(1H, d, $J$ = 17.5Hz)、4.93(1H, d, $J$ = 17.5Hz)分别归属 H-21a、H-21b。通过 HMQC，$\delta_C$ 152.1、129.8、125.1、16.5、14.6、14.1、68.3 分别 C-1、C-2、C-4、C-18、C-22、C-38、C-21。

HMBC 指出，$\delta_C$ 31.0(仲碳)与 $\delta_H$ 6.11(H-4)相关，加之 $\delta_C$ 31.0 与 $\delta_H$ 2.32~2.39(2H, m)、2.62(1H, dt, $J$ = 5.6Hz、13.2Hz、13.2Hz) HMQC 相关，表明 $\delta_C$ 31.0 归属 C-6，$\delta_H$ 2.32~2.39(其中 1 个氢)、2.62 分别归属 H-6a、H-6b；$\delta_C$ 27.4(仲碳)与 $\delta_H$ 2.32~2.39(H-6a)、2.62(H-6b)相关，加之 $\delta_C$ 27.4 与 $\delta_H$ 1.51~1.57(1H, m)、1.80~1.84(1H, m) HMQC 相关，表明 $\delta_C$ 27.4 归属 C-7，$\delta_H$ 1.51~1.57、1.80~1.84 分别归属 H-7a、H-7b；$\delta_C$ 36.6(仲碳)与 $\delta_H$ 1.05(H-18)相关，加之，$\delta_C$ 36.6 与 $\delta_H$ 1.68~1.72(1H, m)、2.32~2.39(2H, m) HMQC 相关，表明 $\delta_C$ 36.6 归属 C-12, $\delta_H$ 1.68~1.72、2.32~2.39(其中 1 个氢)分别归属 H-12a，H-12b；$\delta_C$ 32.2(仲碳)与 $\delta_H$ 0.92(H-22)相关，加之 $\delta_C$ 32.2 与 $\delta_H$ 1.23~1.26(1H, m)、1.72~1.78(1H, m) HMQC 相关，表明 $\delta_C$ 32.2 归属 C-15，$\delta_H$ 1.23~1.26、1.72~1.78 分别归属 H-15a、H-15b。这里需要指出，$\delta_H$ 2.32~2.39 包含 2 个氢，分别归属 H-6a 和 H-12b。

HMBC 指出，$\delta_C$ 44.0(叔碳)与 $\delta_H$ 1.05(H-18)、1.51~1.57(H-7a)、1.68~1.72(H-12a)、1.72~1.78(H-15b)相关，加之 $\delta_C$ 44.0 与 $\delta_H$ 2.14(1H, dt, $J$ = 8.8, 12.0, 12.0Hz) HMQC 相关，表明 $\delta_C$ 44.0 归属 C-14, $\delta_H$ 2.14 归属 H-14；$\delta_C$ 35.9(叔碳)与 $\delta_H$ 0.92(H-22)、1.72~1.78(H-15b)相关，加之 $\delta_C$ 35.9 与 $\delta_H$ 3.11(1H, ddq, $J$ = 4.0Hz、11.8Hz、7.3Hz、7.3Hz、7.3Hz) HMQC 相关，表明 $\delta_C$ 35.9 归属 C-16，$\delta_H$ 3.11 归属 H-16。

根据碳化学位移规律，地塞米松棕榈酸酯剩下的季碳 $\delta_C$ 48.4、91.1、166.0、173.9、186.6、204.9 分别归属 C-13、C-17、C-5、C-23、C-3、C-20。

根据 Lindeman-Adams 经验公式及取代基对取代烷烃 $\alpha$、$\beta$、$\gamma$-碳的化学位移影响[3]，可计算地塞米松棕榈酸酯长直链部分 C-24~C-38 各个碳峰的化学位移：

$$RO\overset{\overset{O}{\|}}{C}CH_2CH_2CH_2CH_2CH_2CH_2CH_2CH_2CH_2CH_2CH_2CH_2CH_2CH_2CH_3$$

| | 24 | 25 | 26 | | | | | 27~35 | | | | | 36 | 37 | 38 |
|---|---|---|---|---|---|---|---|---|---|---|---|---|---|---|---|
| 计算值 | 32.6 | 31.4 | 28.7 | 30.0 | 30.0 | 30.0 | 30.0 | 28.7 | 30.0 | 30.0 | 30.0 | 29.7 | 32.4 | 22.6 | 13.9 |
| 实测值 | 33.9 | 24.9 | 29.1 | | | | | 29.2~29.7 | | | | | 31.9 | 22.7 | 14.1 |

C-25 的化学位移计算值与实测值相差较大，可由下述步骤进一步确定：HMQC 指出，$\delta_C$ 33.9(C-24)与 $\delta_H$ 2.41~2.44(2H, m) 相关，表明 $\delta_H$ 2.41~2.44 归属 H-24；$\delta_C$ 24.9(仲碳) 与 $\delta_H$ 1.59~1.62(2H, m) 相关，加之 $\delta_C$ 173.9(C-23) 与 $\delta_H$ 1.59~1.62、$\delta_C$ 24.9 与 $\delta_H$ 2.41~2.44(H-24) HMBC 相关，表明 $\delta_C$ 24.9 归属 C-25，$\delta_H$ 1.59~1.62 归属 H-25。根据 HMQC，长直链其他氢的归属也可确定。

地塞米松棕榈酸酯的 $^1$H NMR、$^{13}$C NMR 详细解析数据分别见表 2-24 和表 2-25。

表 2-24 地塞米松棕榈酸酯的 $^1$H NMR 数据($CDCl_3$, 400MHz)

| 编号 | $\delta_H$ | $J$/Hz | H-HCOSY |
|---|---|---|---|
| 1 | 7.22d | 10.1 | 6.34(H-2) |
| 2 | 6.34brd | 10.1 | 6.11(H-4), 7.22(H-1) |
| 4 | 6.11brs | | 6.34(H-2) |
| 6a | 2.32~2.39m | | 1.51~1.57(H-7a), 2.62(H-6b) |
| 6b | 2.62dt | 5.6, 13.2 | 1.80~1.84(H-7b), 1.51~1.57(H-7a), 2.32~2.39(H-6a) |
| 7a | 1.51~1.57m | | 1.80~1.84(H-7b), 2.32~2.39(H-6a), 2.44~2.48(H-8), 2.62(H-6b) |
| 7b | 1.80~1.84m | | 1.51~1.57(H-7a), 2.62(H-6b), 2.44~2.48(H-8) |
| 8 | 2.44~2.48m | | 1.51~1.57(H-7a), 1.80~1.84(H-7b), 2.14(H-14) |
| 11 | 4.37brd | 9.3($^3J_{HF}$) | 1.68~1.72(H-12a), 2.32~2.39(H-12b) |
| 12a | 1.68~1.72m | | 2.32~2.39(H-12b), 4.37(H-11) |
| 12b | 2.32~2.39m | | 1.68~1.72(H-12a), 4.37(H-11) |
| 14 | 2.14dt | 8.8, 12.0 | 1.23~1.26(H-15a), 1.72~1.78(H-15b), 2.44~2.48(H-8) |
| 15a | 1.23~1.26m | | 1.70~1.78(H-15b), 2.14(H-14), 3.11(H-16) |
| 15b | 1.72~1.78m | | 1.23~1.26(H-15a), 2.14(H-14), 3.11(H-16) |
| 16 | 3.11ddq | 4.0, 11.8, 7.3 | 1.23~1.26(H-15a), 1.72~1.78(H-15b), 0.92(H-22) |
| 18 | 1.05 s | | |
| 19 | 1.54s | | |
| 21a | 4.84d | 17.5 | 4.93(H-21b) |
| 21b | 4.93d | 17.5 | 4.84(H-21a) |
| 22 | 0.92d | 7.3 | 3.11(H-16) |
| 24 | 2.41~2.44m | | 1.59~1.62(H-25) |
| 25 | 1.59~1.62m | | 1.30~1.34(H-26), 2.41~2.44(H-24) |
| 26 | 1.30~1.34m | | 1.23~1.26(H-27), 1.59~1.62(H-25) |
| 27~35 | 1.23~1.26m | | 1.30~1.34(H-26), 1.70~1.78(H-36) |
| 36 | 1.70~1.78m | | 1.23~1.26(H-35, 37) |
| 37 | 1.23~1.26 | | 0.88(H-38), 1.70~1.78(H-36) |
| 38 | 0.88t | 6.8 | 1.23~1.26(H-37) |

表 2-25 地塞米松棕榈酸酯的 $^{13}C$ NMR 数据($CDCl_3$, 100MHz)

| 编号 | $\delta_C$ | $J_{CF}$/Hz | DEPT | HMQC($\delta_H$) | HMBC($\delta_H$) |
|---|---|---|---|---|---|
| 1 | 152.1 | | CH | 7.22 | 1.54(H-19) |
| 2 | 129.8 | | CH | 6.34 | 6.11(H-4) |
| 3 | 186.6 | | C | | 7.22(H-1) |
| 4 | 125.1 | | CH | 6.11 | 2.32~2.39(H-6a), 2.62(H-6b), 6.34(H-2) |
| 5 | 166.0 | | C | | 1.51~1.57(H-7a), 1.54(H-19), 1.80~ 1.84(H-7b), 2.32~2.39 (H-6a), 2.62(H-6b), 7.22(H-1) |
| 6a | 31.0 | | $CH_2$ | 2.32~2.39 | 6.11(H-4) |
| 6b | | | | 2.62 | |
| 7a | 27.4 | | $CH_2$ | 1.51~1.57 | 2.32~2.39(H-6a), 2.62(H-6b) |
| 7b | | | | 1.80~1.84 | |
| 8 | 34.2d | $^2J_{CF}$ = 19.5 | CH | 2.44~2.48 | 1.72~1.78(H-15b), 2.32~2.39(H-6a) |
| 9 | 100.2d | $^1J_{CF}$ = 174.9 | C | | 1.51~1.57(H-7a), 1.54(H-19), 1.68~1.72(H-12a), 1.80~1.84(H-7b) |
| 10 | 48.2d | $^2J_{CF}$ = 26.3 | C | | 1.54(H-19), 2.32~2.39(H-6a), 2.44~2.48(H-8), 4.37(H-11), 6.11(H-4), 6.34(H-2), 7.22(H-1) |
| 11 | 72.1d | $^2J_{CF}$ = 38.6 | CH | 4.37 | 1.68~1.72(H-12a) |
| 12a | 36.6 | | $CH_2$ | 1.68~1.72 | 1.05(H-18) |
| 12b | | | | 2.32~2.39 | |
| 13 | 48.4 | | C | | 1.05(H-18), 1.23~1.26(H-15a), 1.68~ 1.72(H-12a), 2.14(H-14), 4.37(H-11) |
| 14 | 44.0 | | CH | 2.14 | 1.05(H-18), 1.51~1.57(H-7a), 1.68~1.72(H-12a), 1.72~1.78 (H-15b) |
| 15a | 32.2 | | $CH_2$ | 1.23~1.26 | 0.92(H-22), 2.14(H-14) |
| 15b | | | | 1.72~1.78 | |
| 16 | 35. 9 | | CH | 3.11 | 0.92(H-22), 1.72~1.78(H-15b) |
| 17 | 91.1 | | C | | 0.92(H-22), 1.05(H-18) |
| 18 | 16.5 | | $CH_3$ | 1.05 | 1.68~1.72(H-12a), 2.14(H-14) |
| 19 | 22.9d | $^3J_{CF}$ = 5.6 | $CH_3$ | 1.54 | 7.22(H-1) |
| 20 | 204.9 | | C | | 4.84(H-21a), 4.93(H-21b) |
| 21a | 68.3 | | $CH_2$ | 4.84 | |
| 21b | | | | 4.93 | |
| 22 | 14.6 | | $CH_3$ | 0.92 | 1.23~1.26(H-15a) |
| 23 | 173.9 | | C | | 1.59~1.62(H-25), 2.41~2.44(H-24), 4.84(H-21a), 4.93(H-21b) |

续表

| 编号 | $\delta_C$ | $J_{CF}$/Hz | DEPT | HMQC($\delta_H$) | HMBC($\delta_H$) |
|---|---|---|---|---|---|
| 24 | 33.9 | | $CH_2$ | 2.41~2.44 | 1.59~1.62(H-25) |
| 25 | 24.9 | | $CH_2$ | 1.59~1.62 | 2.41~2.44(H-24) |
| 26 | 29.1 | | $CH_2$ | 1.30~1.34 | 1.23~1.26(H-27,28), 1.59~1.62(H-25), 2.41~2.44(H-24) |
| 27~35 | 29.2~29.7 | | $CH_2$ | 1.23~1.26 | 1.30~1.34(H-26), 1.70~1.78(H-36) |
| 36 | 31.9 | | $CH_2$ | 1.70~1.78 | 0.88(H-38), 1.23~1.26(H-34,35,37) |
| 37 | 22.7 | | $CH_2$ | 1.23~1.26 | 0.88(H-38), 1.23~1.26(H-35), 1.70~1.78(H-36) |
| 38 | 14.1 | | $CH_3$ | 0.88 | 1.23~1.26(H-37) |

## 例 2-21　单甲酯亚磺酸帕珠沙星盐的 NMR 数据解析[45]

帕珠沙星(pazufloxacin)是一种抗革兰氏阳性菌和阴性菌的防治药物，抗菌活性高、吸收快，毒性和不良反应尤其是对哺乳动物机体小。它的单甲酯亚磺酸盐(**2-27**)能溶于水，可制成针剂使用。

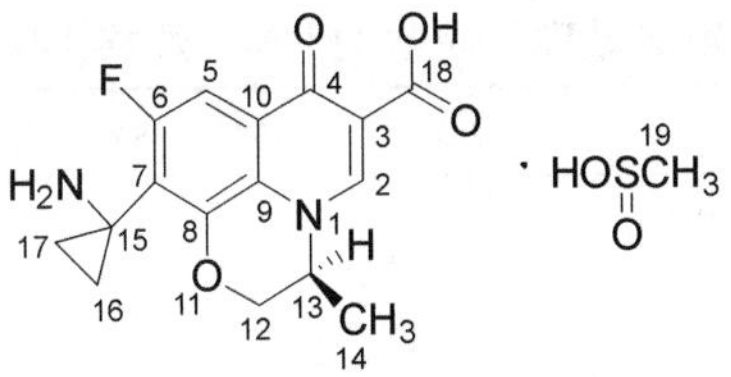

**2-27**

单甲酯亚磺酸帕珠沙星盐的 $^{13}$C NMR 显示 20 条碳峰，代表单甲酯亚磺酸帕珠沙星盐的 17 个碳。这是由于 C-5、C-6、C-7 受 F 的偶合，各分裂为 2 条碳峰，因此，单甲酯亚磺酸帕珠沙星盐的 $^{13}$C NMR 显示 20 条碳峰。DEPT 显示，2 个伯碳：$\delta_C$ 17.9、39.7；3 个仲碳：$\delta_C$ 11.4、11.8、69.0；3 个叔碳：$\delta_C$ 55.0、102.2、146.6；9 个季碳：$\delta_C$ 26.5、107.6、116.4、123.8、127.1、148.3、159.1、165.5、176.4。

根据氢化学位移规律和偶合分裂情况，$\delta_H$ 7.61(1H, d, $J$ = 10.0Hz)归属 H-5, $\delta_H$ 9.04(1H, s)归属 H-2, $\delta_H$ 2.34(3H, s)归属 H-19。H-H COSY 指出，$\delta_H$ 4.52(1H, dd, $J$ = 11.5, 1.5Hz)与 $\delta_H$ 4.70(1H, d, $J$ = 11.5Hz)、5.01(1H, m)相关，$\delta_H$ 5.01 与 $\delta_H$ 1.505(3H, d, $J$ = 7.0Hz)相关，表明 $\delta_H$ 4.52、4.70、5.01、1.505 构成 1 个自旋偶合系统，加之 $\delta_C$ 69.0(仲碳)与 $\delta_H$ 4.52、4.70 HMQC 相关，表明 $\delta_H$ 4.52、4.70 为同碳上的 2

个氢，$\delta_H$ 4.52、4.70 分别归属 H-12a、H-12b，进一步表明 $\delta_H$ 5.01 归属 H-13, $\delta_H$ 1.505 归属 H-14, $\delta_C$ 69.0 归属 C-12； $\delta_H$ 1.230(2H, d, $J$ = 11.4Hz)与 $\delta_H$ 1.510(2H, d, $J$ = 11.4Hz) 相关，表明 $\delta_H$ 1.230 归属 H-16a、17a，$\delta_H$ 1.510 归属 H-16b、17b(AA′BB′系统)。根据 HMQC，可以确定 C-2、C-5、C-13、C-14、C-16、C-17、C-19 的归属。这里需要指出的是，H-16、H-17 四个氢基本构成 AA′BB′系统，所以呈现分裂为 11.4Hz 的对称四重峰；由于 C-16 和 C-17 处于苯环的非对称位置，导致 C-16 和 C-17 不等价，所以 C-16 和 C-17 化学位移不同，但归属无法区分。

至此，仅剩 9 个季碳的归属。C-6、C-7 受 F 的偶合，根据碳化学位移规律和偶合分裂情况，$\delta_C$ 159.1d($J$ = 250.8Hz) 归属 C-6，$\delta_C$ 116.4d($J$ = 18.6Hz) 归属 C-7。HMBC 指出，$\delta_C$ 176.4 与 $\delta_H$ 9.04(H-2)、7.61(H-5)相关，$\delta_C$ 165.5 与 $\delta_H$ 9.04(H-2) 相关，$\delta_C$ 107.6 与 $\delta_H$ 9.04(H-2) 相关，$\delta_C$ 148.3 与 $\delta_H$ 4.52(H-12a)、4.70(H-12b)、7.61(H-5)、9.04(H-2) 相关，$\delta_C$ 123.8 与 $\delta_H$ 5.01(H-13)、7.61(H-5)、9.04(H-2)相关，$\delta_C$ 127.1 与 $\delta_H$ 7.61(H-5) 相关，$\delta_C$ 26.5 与 $\delta_H$ 1.230(H-16a,17a)、1.510(H-16b,17b)、7.61(H-5) 相关，结合碳化学位移规律，综合考虑，$\delta_C$ 176.4 归属 C-4，$\delta_C$ 165.5 归属 C-18，$\delta_C$ 107.6 归属 C-3，$\delta_C$ 148.3 归属 C-8，$\delta_C$ 123.8 归属 C-9，$\delta_C$ 127.1 归属 C-10，$\delta_C$ 26.5 归属 C-15。

单甲酯亚磺酸帕珠沙星盐的 NMR 详细解析数据见表 2-26。

**表 2-26 单甲酯亚磺酸帕珠沙星盐的 NMR 数据(DMSO-d$_6$, 500MHz/H)**

| 编号 | $\delta_C$ | DEPT | $\delta_H$ | $J$/Hz | H-H COSY | HMQC | HMBC($\delta_H$) |
|---|---|---|---|---|---|---|---|
| 2 | 146.6 | CH | 9.04s | | | + | 5.01(H-13) |
| 3 | 107.6 | C | | | | | 9.04(H-2) |
| 4 | 176.4 | C | | | | | 7.61(H-5), 9.04(H-2) |
| 5 | 102.2d ($^2J_{CF}$ = 24.3Hz) | CH | 7.61d | 10.0($J_{HF}$) | | + | |
| 6 | 159.1d ($^1J_{CF}$ = 250.8Hz) | C | | | | | 7.61(H-5) |
| 7 | 116.4d ($^2J_{CF}$ = 18.6Hz) | C | | | | | 1.230(H-16a, 17a), 1.510 (H-16b, 17b), 7.61(H-5) |
| 8 | 148.3 | C | | | | | 4.52(H-12a), 4.70(H-12b), 7.61(H-5), 9.04(H-2) |
| 9 | 123.8 | C | | | | | 5.01(H-13), 7.61(H-5), 9.04(H-2) |
| 10 | 127.1 | C | | | | | 7.61(H-5) |
| 12a | 69.0 | $CH_2$ | 4.52dd | 11.5, 1.5 | H-12b, H-13 | + | 1.505(H-14) |
| 12b | | | 4.70d | 11.5 | H-12a | + | |
| 13 | 55.0 | CH | 5.01m | | H-12a, H-14 | + | 1.505(H-14), 4.52(H-12a), 9.04(H-2) |

续表

| 编号 | $\delta_C$ | DEPT | $\delta_H$ | J/Hz | H-H COSY | HMQC | HMBC($\delta_H$) |
|---|---|---|---|---|---|---|---|
| 14 | 17.9 | $CH_3$ | 1.505d | 7.0 | H-13 | + | 4.52(H-12a), 4.70(H-12b), 5.01(H-13) |
| 15 | 26.5 | C | | | | | 1.230(H-16a, 17a), 1.510 (H-16b, 17b), 7.61(H-5) |
| 16a | 11.4* | $CH_2$ | 1.230d | 11.4 | H-(16b, 17b) | + | 1.230(H-17a), 1.510(H-17b) |
| 16b | | | 1.510d | 11.4 | H-(16a, 17a) | + | |
| 17a | 11.8* | $CH_2$ | 1.230d | 11.4 | H-(16b, 17b) | + | 1.230(H-16a), 1.510(H-16b) |
| 17b | | | 1.510d | 11.4 | H-(16a, 17a) | + | |
| 18 | 165.5 | C | | | | | 9.04(H-2) |
| 19 | 39.7 | $CH_3$ | 2.34s | | | + | |
| $NH_2$ } | | | 8.69①br | | | | |
| OH } | | | 3.36①s | | | | |

① 活泼氢(COOH、$NH_2$、$HOOSCH_3$)之间存在着慢速交换并可被 $D_2O$ 交换。

* 归属可互换。

## 例 2-22 盐酸洛美利嗪的 NMR 数据解析[46]

盐酸洛美利嗪(lomerizine dihydrochloride, **2-28**)是一种新型的钙通道阻断剂，能够选择性地扩张脑血管，抑制神经元炎症，并对缺血/缺氧性脑机能障碍有神经保护作用。

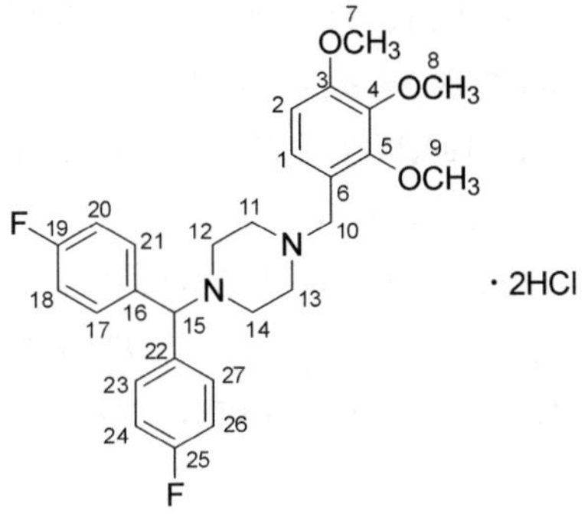

$\cdot$ 2HCl

**2-28**

盐酸洛美利嗪的 $^{13}C$ NMR 显示 20 条碳峰，代表盐酸洛美利嗪的 27 个碳。这是由于 C-11 与 C-13、C-12 与 C-14、C-16 与 C-22、C-17,21 与 C-23,27、C-18,20 与 C-24,26、C-19 与 C-25 峰重叠，同时由于受 F 的偶合，C-17,21,23,27、C-18,20,

24,26 和 C-19,25 峰分裂为 2 的缘故。DEPT 显示，3 个伯碳：$\delta_C$ 57.19、61.96、62.57；5 个仲碳：$\delta_C$ 50.14×2、51.04×2、56.50；11 个叔碳：$\delta_C$ 75.33、109.37、117.78×4、129.56、131.81×4；8 个季碳：$\delta_C$ 115.22、134.96×2、143.36、154.55、157.84、164.60×2。

由盐酸洛美利嗪的化学结构分析，其氢谱易解析，所以盐酸洛美利嗪的 NMR 数据解析可先从 $^1$H NMR 解析出发，然后再解析 $^{13}$C NMR 数据。

盐酸洛美利嗪共有 3 个苯环，其中含有 2 个完全相同的对位二取代苯环和 1 个四取代苯环，二取代苯环上 4 个氢构成 AA′BB′系统，四取代苯环上 2 个氢构成 AB 系统。根据氢化学位移规律和偶合分裂情况，初步确定 $\delta_H$ 6.81(1H, brd, $J$ = 9.0Hz)、7.18(1H, d, $J$ = 9.0Hz)分别归属 H-2 和 H-1；$\delta_H$ 7.63(4H, d, $J$ = 8.8Hz、5.2Hz)、7.09(4H, t, $J$ = 8.8Hz、8.8Hz)分别归属 H-17,21,23,27 和 H-18,20,24,26。H-H COSY 指出，$\delta_H$ 6.81 与 $\delta_H$ 7.18、$\delta_H$ 7.63 与 $\delta_H$ 7.09 相关，进一步确证上述归属正确。需要指出，$\delta_H$ 7.63 的 5.2Hz 分裂以及 $\delta_H$ 7.09 的又一 8.8Hz 分裂均为与 F 的偶合。

根据氢化学位移规律和偶合分裂情况，$\delta_H$ 4.32(2H, s)、5.16(1H, s)分别归属 H-10 和 H-15；$\delta_H$ 3.77(3H, s)、3.81(3H, brs)、3.92(3H, s)归属 7，8，9-位 3 个甲氧基氢，归属如何区分需进一步确定(见下)；$\delta_H$ 3.49(4H, br)、3.14(4H, br)归属哌嗪环上 H-11,13、H-12,14 之 8 个氢，归属如何区分需进一步确定(见下)。H-H COSY 指出，$\delta_H$ 6.81(H-2)/$\delta_H$ 3.81 相关，表明 $\delta_H$ 3.81 归属 H-7(远程偶合)。

至此，盐酸洛美利嗪所有氢的归属初步认定，3 个苯环上 10 个氢和 H-7、H-10、H-15 归属明确确定。由归属明确确定的氢，可根据 HMQC，明确 $\delta_C$ 129.56(叔碳)、109.37(叔碳)、57.19(伯碳)、56.50(仲碳)、75.33(叔碳)、131.81(叔碳)、117.78(叔碳)分别归属 C-1、C-2、C-7、C-10、C-15 和 C-17,21,23,27、C-18,20,24,26，其中 $\delta_C$ 131.81 含 4 个碳(d, $^3J_{CF}$ = 8.2Hz)，117.78 含 4 个碳(d, $^2J_{CF}$ = 21.9Hz)。

HMBC 指出，$\delta_C$ 157.84(季碳)与 $\delta_H$ 6.81(H-2)、7.18(H-1)、3.81(H-7)相关，$\delta_C$ 143.36(季碳)与 $\delta_H$ 6.81(H-2)、7.18(H-1)、3.77 相关，$\delta_C$ 154.55(季碳)与 $\delta_H$ 7.18(H-1)、6.81(H-2)、4.32(H-10)、3.92 相关，$\delta_C$ 115.22(季碳)与 $\delta_H$ 6.81(H-2)、4.32(H-10)相关，结合碳化学位移规律，综合考虑，$\delta_C$ 157.84、143.36、154.55、115.22 分别归属 C-3、C-4、C-5、C-6，进一步表明 $\delta_H$ 3.77、3.92 分别归属 H-8 和 H-9。HMQC 指出，$\delta_C$ 61.96/$\delta_H$ 3.77(H-8)、$\delta_C$ 62.57/$\delta_H$ 3.92(H-9)相关，表明 $\delta_C$ 61.96、62.57 分别归属 C-8 和 C-9。

HMBC 指出，$\delta_C$ 56.50(C-10)/$\delta_H$ 3.49(4H, br)相关，加之 $\delta_C$ 51.04(仲碳)/$\delta_H$ 3.49 HMQC 相关，表明 $\delta_H$ 3.49 归属 H-11,13，$\delta_C$ 51.04 归属 C-11,13。H-H COSY 指出，$\delta_H$ 3.49 (H-11, 13)/$\delta_H$ 3.14(4H, br)相关，加之 $\delta_C$ 50.14(仲碳)/$\delta_H$ 3.14 HMQC 相关，表明 $\delta_H$ 3.14 归属 H-(12, 14)，$\delta_C$ 50.14 归属 C-12, 14。

HMBC 指出，$\delta_C$ 134.96(季碳)与 $\delta_H$ 5.16(H-15)、7.09(H-18,20,24,26) 相关，$\delta_C$

164.60(季碳)与 $\delta_H$ 7.09(H-18,20,24,26)、7.63H-(17,21,23,27)相关，综合考虑，表明 $\delta_C$ 134.96、164.60 分别归属 C-16,22 和 C-19,25。

盐酸洛美利嗪的 NMR 详细解析数据见表 2-27。

表 2-27 盐酸洛美利嗪的 NMR 数据($CD_3OD+D_2O$, 400MHz/H)

| 编号 | $\delta_C$ | DEPT | $\delta_H$ | $J$/Hz | H-H COSY | HMQC | HMBC($\delta_H$) |
|---|---|---|---|---|---|---|---|
| 1 | 129.56 | CH | 7.18d | 9.0 | H-2 | + | 4.32(H-10) |
| 2 | 109.37 | CH | 6.81brd | 9.0 | H-7, H-1 | + | |
| 3 | 157.84 | C | | | | | 3.81(H-7), 6.81(H-2), 7.18(H-1) |
| 4 | 143.36 | C | | | | | 3.77(H-8), 6.81(H-2), 7.18(H-1) |
| 5 | 154.55 | C | | | | | 3.92(H-9), 4.32(H-10), 6.81(H-2), 7.18(H-1) |
| 6 | 115.22 | C | | | | | 4.32(H-10), 6.81(H-2) |
| 7 | 57.19 | $CH_3$ | 3.81brs | | H-2 | + | |
| 8 | 61.96 | $CH_3$ | 3.77s | | | + | |
| 9 | 62.57 | $CH_3$ | 3.92s | | | + | |
| 10 | 56.50 | $CH_2$ | 4.32s | | | + | 3.49(H-11,13), 7.18(H-1) |
| 11,13 | 51.04 | $CH_2$ | 3.49br | | H-12, 14 | + | 3.49(H-13,11), 4.32(H-10) |
| 12,14 | 50.14 | $CH_2$ | 3.14br | | H-11, 13 | + | 3.49(H-11,13), 5.16(H-15) |
| 15 | 75.33 | CH | 5.16s | | | + | 7.63(H-17,21,23,27) |
| 16,22 | 134.96 | C | | | | | 5.16(H-15), 7.09(H-18, 20, 24, 26) |
| 17,21, 23,27 | 131.81d ($^3J_{CF}$ = 8.2Hz) | CH | 7.63dd | 8.8, 5.2 ($^4J_{HF}$) | H-18, 20, 24, 26 | + | 5.16(H-15), 7.09(H-18,20,24,26), 7.63(H-21,17,27,23) |
| 18,20, 24,26 | 117.78d ($^2J_{CF}$ = 21.9Hz) | CH | 7.09t | 8.8, 8.8 ($^3J_{HF}$) | H-17, 21, 23, 27 | + | 7.09(H-20,18,26,24), 7.63(H-17,21,23,27) |
| 19,25 | 164.60d ($^1J_{CF}$ = 245.9Hz) | C | | | | | 7.09(H-18,20,24,26), 7.63(H-17,21,23,27) |

## 例 2-23 盐酸氟西汀的 NMR 数据解析[47]

盐酸氟西汀(fluoxetine hydrochloride, **2-29**)是一种含氟的双苯环化合物，为第二代抗抑郁症药物。

盐酸氟西汀的 $^{13}$C NMR 显示 22 条碳峰，代表盐酸氟西汀的 17 个碳，这是由于 F 的偶合，则 C-12,14)、C-13、C-16 均分裂为 4 条峰；以及由于 C-5,9、C-6,8、C-11,15、C-12,14 分别为对称碳，则每 2 个碳重叠为 1 条峰。DEPT 显示，1 个伯碳：$\delta_C$ 33.0； 2 个仲碳：$\delta_C$ 34.6、46.1； 10 个叔碳：$\delta_C$ 76.9、115.8×2、125.8×2、128.5、126.8×2、129.5×2；4 个季碳：$\delta_C$ 123.3、124.2、139.1、159.7。

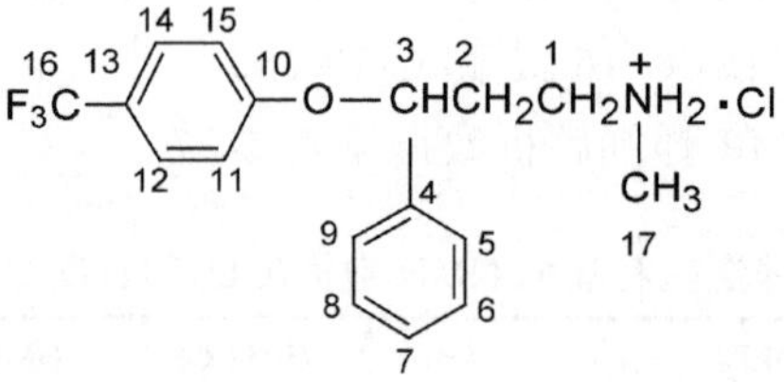

**2-29**

在 $^1$H NMR 中，由于 C-3 为手性碳，所以 H-2 两个氢原子化学位移不同，与 H-3 构成 ABX 系统，同时再与 H-1 两个氢原子偶合，H-2 两氢峰形分别为复杂的多重峰，H-3 为 dd 四重峰；由于 H-1 与氮原子相连，则与氮上两氢和 H-2 两氢偶合，为多重峰；由于 $CH_3$ 与氮相连，则 $CH_3$ 与氮上两氢偶合，为三重峰。上述各氢之间的偶合关系均被 H-H COSY 证实，即 $\delta_H$ 3.13(2H, m)归属 H-1，$\delta_H$ 2.46(1H, m)、2.52(1H, m)分别归属 H-2a、H-2b，$\delta_H$ 5.47(1H, dd, $J$ = 4.0, 8.0Hz)归属 H-3，$\delta_H$ 2.63(3H, t, $J$ = 5.6Hz)归属 H-17，$\delta_H$ 9.70(2H, m，活泼氮)归属 $NH_2$。5 个苯环氢 H-5,6,7,8,9 为不好区分的多重峰，H-11,15 和 H-12,14 四个苯环氢构成 AA′BB′系统，被 H-H COSY 证实，即 $\delta_H$ 7.24~7.36(5H, m)归属 H-(5,6,7,8,9)，$\delta_H$ 6.90(2H, d, $J$ = 8.4Hz)归属 H-(11, 15)，$\delta_H$ 7.42(2H, d, $J$ = 8.4Hz)归属 H-12,14。

根据碳化学位移规律，$\delta_C$ 33.0(伯碳)与 N 原子相连，归属 C-17；$\delta_C$ 34.6(仲碳)、46.1(仲碳)均为脂肪族碳，分别归属 C-2 和 C-1；$\delta_C$ 76.9(叔碳)为连氧碳，归属 C-3。上述碳的归属均可通过与前述相应氢的 HMQC 相关得到证实。

在 $\delta_C$ 115.8~159.7 范围内，谱峰比较复杂，共有 18 条碳峰：$\delta_C$ 124.2 为四重峰，与 F 的偶合常数很大，$J$ = 269.5Hz，即可确定为 $CF_3$ 碳原子；$\delta_C$ 123.3、126.8×2 均为四重峰，根据与 F 的偶合大小和峰高，可确定分别归属为 C-13 和 C-12,14；另外 6 条碳峰，通过碳化学位移规律和 DEPT、HMQC、HMBC 即可得到认定(见下)。

根据碳化学位移规律，季碳 $\delta_C$ 139.1 归属 C-4；季碳 $\delta_C$ 159.7 归属 C-10；HMQC 指出，$\delta_C$ 115.8(叔碳)与 $\delta_H$ 6.90 (H-11, 15)相关，表明 $\delta_C$ 115.8 归属 C-11,15。

需要特别指出的是，由于 H-5,6,7,8,9 为重叠的多重峰，仅靠 HMQC 数据无法区分 C-5,9、C-6,8 和 C-7 的归属。HMBC 指出，$\delta_C$ 125.8(叔碳)与 $\delta_H$ 5.47(H-3)相关，立即确定 $\delta_C$ 125.8×2 归属 C-5, 9，当然 $\delta_C$ 129.5×2 归属 C-6,8，$\delta_C$ 128.5 归属 C-7。

盐酸氟西汀的 $^1$H NMR、$^{13}$C NMR 的详细解析数据分别见表 2-28 和表 2-29。

表 2-28 盐酸氟西汀的 $^1$H NMR 数据($CDCl_3$, 400MHz)

| 编号 | $\delta_H$ | $J$/Hz | H-H COSY |
| --- | --- | --- | --- |
| 1 | 3.13m | | 2.46(H-2a), 2.52(H-2b), 9.70($NH_2$) |
| 2a | 2.46m | | 2.52(H-2b), 3.13(H-1), 5.47(H-3) |
| 2b | 2.52m | | 2.46(H-2a), 3.13(H-1), 5.47(H-3) |
| 3 | 5.47dd | 4.0, 8.0 | 2.46(H-2a), 2.52(H-2b) |
| 5~9 | 7.24~7.36 m | | |
| 11,15 | 6.90d | 8.4 | 7.42(H-12,14) |
| 12,14 | 7.42d | 8.4 | 6.90(H-11,15) |
| 17 | 2.63t | 5.6 | 9.70($NH_2$) |
| $NH_2$ | 9.70m | | 3.13(H-1), 2.63(H-17) |

表 2-29 盐酸氟西汀的 $^{13}$C NMR 数据($CDCl_3$, 100MHz)

| 编号 | $\delta_C$ | $J_{CF}$/Hz | DEPT | HMQC($\delta_H$) | HMBC($\delta_H$) |
| --- | --- | --- | --- | --- | --- |
| 1 | 46.1 | | $CH_2$ | 3.13 | 2.46(H-2a), 2.52(H-2b), 2.63(H-17), 5.47(H-3) |
| 2 | 34.6 | | $CH_2$ | 2.46, 2.52 | 3.13(H-1), 5.47(H-3) |
| 3 | 76.9 | | CH | 5.47 | 2.46(H-2a), 2.52(H-2b), 3.13(H-1), 7.24~7.36(H-5, 9) |
| 4 | 139.1 | | C | | 2.46(H-2a), 2.52(H-2b), 5.47(H-3), 7.24~7.36(5,9,6,8) |
| 5,9 | 125.8 | | CH | 7.24~7.36m | 5.47(H-3), 7.24~7.36(H-9,5,6,8,7) |
| 6,8 | 129.5 | | CH | 7.24~7.36m | 7.24~7.36(H-5,9,8,6,7) |
| 7 | 128.5 | | CH | 7.24~7.36m | 7.24~7.36(H-5,9,6,8) |
| 10 | 159.7 | | C | | 5.47(H-3), 6.90(H-11,15), 7.42(H-12,14) |
| 11,15 | 115.8 | | CH | 6.90 | 6.90(H-15,11), 7.42(H-12,14) |
| 12,14 | 126.8q | $^3J_{CF}$ = 3.6 | CH | 7.42 | 6.90(H-11,15), 7.42(H-14,12) |
| 13 | 123.3q | $^2J_{CF}$ = 32.5 | C | | 6.90(H-11,15), 7.42(H-12,14) |
| 16 | 124.2q | $^1J_{CF}$ = 269.5 | C | | 7.42(H-12,14) |
| 17 | 33.0 | | $CH_3$ | 2.63 | 3.13(H-1) |

**例 2-24** 二嗪磷的 NMR 数据解析[48]

二嗪磷(diazinon, **2-30**)是一种广谱高效有机磷杀虫杀螨剂，随着甲胺磷等高毒有机磷农药的限制使用，作为替代产品二嗪磷已成为世界上大吨位有机磷农药品种之一。由于 P 原子的存在，使得二嗪磷的 NMR 数据变得复杂起来。

2-30

二嗪磷共有12个碳，但在 $^{13}$C NMR 中出现了16条碳峰。从二嗪磷的化学结构分析，C-6和C-7、C-9和C-11、C-10和C-12应该化学位移相等，因此，12个碳应出现9条碳峰，加之P对C-1、C-2、C-3、C-9和C-11的偶合，使得9条碳峰增之为13条碳峰。但是，分析结果与实际检测结果不符，其原因为P-S键存在的 $P^{\delta+}$-$S^{\delta-}$ 极化程度增大而交盖程度增加，其电子云分布不均匀，形成强的极性键，即非正四面体，使得C-9和C-11、C-10和C-12化学位移和磁不等价。DEPT显示，5个伯碳：$\delta_C$ 15.68、15.78、21.36×2、23.77；2个仲碳：$\delta_C$ 65.19、65.26；2个叔碳：$\delta_C$ 36.72、107.00；3个季碳：$\delta_C$ 164.04、170.54、174.56。

二嗪磷共有5个甲基，根据氢化学位移规律和偶合分裂情况，H-6和H-7化学位移等价，$\delta_H$ 1.23(6H, d, $J$ = 7.0Hz)归属H-(6, 7)；$\delta_H$ 2.50(3H, d, $J$ = 2.4Hz)归属H-8；由于P-S键的存在引起的非正四面体，使得H-10和H-12化学位移不等价，同时引起C-9、C-11上的2个H化学位移也不等价，因此，H-10和H-12出现2组1∶2∶1的峰组，即 $\delta_H$ 1.310(3H, t, $J$ = 7.0Hz)、1.312(3H, t, $J$ = 7.0Hz)归属H-10、H-12。

二嗪磷共有2个亚甲基，前述已指出，由于P-S键的存在引起的非正四面体，使得H-10和H-12化学位移不等价，同时引起C-9、C-11上的2个氢化学位移也不等价，因此，C-9或C-11上的每个氢由于受P、$CH_3$ 和同碳氢的偶合应分裂为16条峰，$\delta_H$ 4.25(2H, m)和4.33(2H, m)应分别归属C-9或C-11上的单个氢。这里需要指出的是，C-9上1个氢的化学位移与C-11上1个氢的化学位移相等，C-9上另1个氢的化学位移与C-11上另1个氢的化学位移也相等，所以4个氢仅显现2种化学位移。

二嗪磷只有1个次甲基，$\delta_H$ 3.03(1H, set, $J$ = 7.0Hz)应归属H-5。

根据氢化学位移规律和偶合分裂情况，$\delta_H$ 6.91(1H, q, $J$ = 2.4Hz)归属H-2。

H-H COSY指出，$\delta_H$ 3.03(H-5)与 $\delta_H$ 1.23(H-6,7)相关，$\delta_H$ 4.25(H-9a,11a)与 $\delta_H$ 4.33(H-9b,11b)相关，$\delta_H$ 4.25(H-9a,11a)与 $\delta_H$ 1.310、1.312(H-10,12)相关，$\delta_H$ 4.33(H-9b,11b)与 $\delta_H$ 1.310、1.312(H-10,12)相关，$\delta_H$ 6.91(H-2)与 $\delta_H$ 2.50(H-8)相关，进一步佐证上述甲基、亚甲基和次甲基的归属是正确的。

C-H COSY 指出，$\delta_C$ 107.00(叔碳)与 $\delta_H$ 6.91(H-2)、$\delta_C$ 36.72(叔碳)与 $\delta_H$ 3.03(H-5)、$\delta_C$ 21.36(伯碳)与 $\delta_H$ 1.23(H-6,7)、$\delta_C$ 23.77(伯碳)与 $\delta_H$ 2.50(H-8)相关，$\delta_C$ 65.19(仲碳)与 $\delta_H$ 4.25、4.33(H-9a, H-9b)相关，$\delta_C$ 65.26(仲碳)与 $\delta_H$ 4.25、4.33(H-11a, H-11b)相关，$\delta_C$ 15.68(伯碳)与 $\delta_H$ 1.310(H-10)、$\delta_C$ 15.78(伯碳)与 $\delta_H$ 1.312(H-12)相关，归属了 C-2、C-5、C-6,7、C-8、C-9、C-11、C-10、C-12 的化学位移。这里需要指出的是，$\delta_C$ 15.68、15.78 与 $\delta_H$ 1.310、1.312 的 C-H COSY 严格相关，是可以确定两两之间的关系的，原始文献没有给出明确结果。

3 个季碳 C-1、C-3、C-4 的归属可以通过 COLOC 确定。COLOC 指出，$\delta_C$ 164.04(季碳)与 $\delta_H$ 6.91(H-2) 相关，$\delta_C$ 170.54(季碳)与 $\delta_H$ 2.50(H-8)、6.91(H-2)相关，$\delta_C$ 174.56(季碳)与 $\delta_H$ 1.23(H-6,7)相关，综合考虑，$\delta_C$ 164.00 归属 C-1，$\delta_C$ 170.54 归属 C-3，$\delta_C$ 174.56 归属 C-4。3 个季碳化学位移大小原因为 $P^{\delta+}$-$S^{\delta-}$键的存在以及 C-1 邻位的氧氮参与嘧啶环 π 电子共轭，C-1 的电子云密度增加而受到屏蔽，使 $\delta_C$ 移向高场为 164.0，而 C-4 受邻位两氮的诱导作用的影响，其电子云密度降低，致使其化学位移大于 C-3。

二嗪磷的 NMR 详细解析数据见表 2-30。

**表 2-30 二嗪磷的 NMR 数据(DMSO-$d_6$, 300MHz/H)**

| 编号 | $\delta_C$ | DEPT | $\delta_H$ | $J_{HH}$/Hz | H-H COSY | C-H COSY | COLOC($\delta_H$) |
|---|---|---|---|---|---|---|---|
| 1 | 164.04d ($^2J_{CP}$ = 5.5Hz) | C | | | | | 6.91(H-2) |
| 2 | 107.00d ($^3J_{CP}$ = 6.2Hz) | CH | 6.91q | 2.4 | H-8 | + | |
| 3 | 170.54d ($^4J_{CP}$ = 2.8Hz) | C | | | | | 2.50(H-8), 6.91(H-2) |
| 4 | 174.56 | C | | | | | 1.23(H-6,7) |
| 5 | 36.72 | CH | 3.03set | 7.0 | H-6,7 | + | 1.23(H-6,7) |
| 6,7 | 21.36 | $CH_3$ | 1.23d | 7.0 | H-5 | + | |
| 8 | 23.77 | $CH_3$ | 2.50d | 2.4 | H-2 | + | |
| 9a | 65.19d* ($^2J_{CP}$ = 5.5Hz) | $CH_2$ | 4.25m | 7.0, 9.9($^3J_{Hp}$) | H-10, H-9b | + | 1.310①(H-10) |
| 9b | | | 4.33m | 7.0, 9.9($^3J_{Hp}$) | H-10, H-9a | + | |
| 10 | 15.68** | $CH_3$ | 1.310①t | 7.0 | H-9a, H-9b | +① | |
| 11a | 65.26d* ($^2J_{CP}$ = 5.5Hz) | $CH_2$ | 4.25m | 7.0, 9.9($^3J_{Hp}$) | H-12, H-11b | + | 1.312①(H-12) |
| 11b | | | 4.33m | 7.0, 9.9($^3J_{Hp}$) | H-12, H-11a | + | |
| 12 | 15.78** | $CH_3$ | 1.312①t | 7.0 | H-11a, H-11b | +① | |

① C-9 和 C-11 可互换，相应的 C-10 和 C-12 也要互换。

*，** 相同标记的归属可互换。

**例 2-25** 1 个双苯并[*d*, *g*][1,3,2]-二氧磷杂八环的 NMR 数据解析[49, 50]

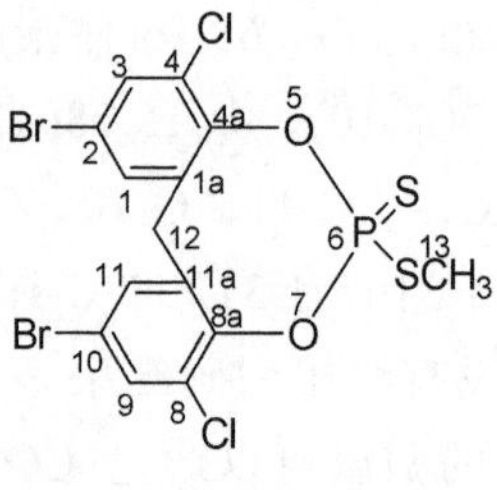

**2-31**

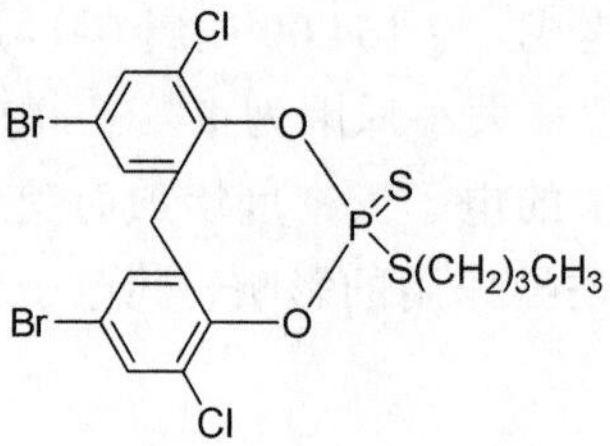

**2-32**

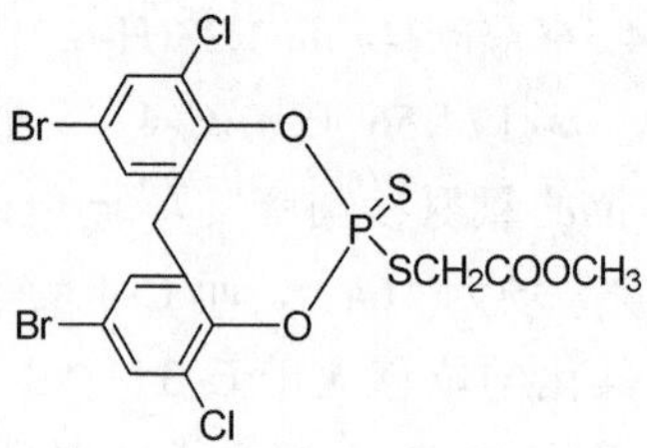

**2-33**

双苯并[*d*,*g*][1,3,2]-二氧磷杂八环是一类重要的有机磷化合物，可以用作抗氧化剂、光热稳定剂、火焰阻滞剂、防辐射剂以及石油化工产品的添加剂等，另外该类化合物还具有一定的杀菌活性。化合物 **2-31**[49]属该类化合物。

化合物 **2-31** 共有 14 个碳，$^{13}$C NMR 显示 16 条碳峰。这是由于 C-1 和 C-11、C-2 和 C-10、C-3 和 C-9、C-4 和 C-8、C-1a 和 C-11a、C-4a 和 C-8a 化学位移相等，同时所有碳均与 P 偶合分裂为 2 条碳峰的缘故。

化合物 **2-31** 的 $^{1}$H NMR 显示 5 组峰。其中，$\delta_H$ 2.75(3H, d, $^3J_{HP}$ = 20.2Hz)归属 H-13 甲基质子，由于其受到磷原子的偶合呈现双峰。$\delta_H$ 3.68(1H, d, $J$ = 13.4Hz)、4.24(1H, dd, $J$ = 13.4Hz、3.7Hz)分别归属桥亚甲基上的 2 个质子 H-12a 和 H-12b，$\delta_H$ 4.24 的质子除有 13.4Hz 的同碳偶合外还观测到 3.7Hz 的 $^5J_{HP}$ 远程偶合，属于跨环远程偶合。HSQC 指出，$\delta_C$ 14.8 与 $\delta_H$ 2.75(H-13)相关，$\delta_C$ 34.0 与 $\delta_H$ 3.68(H-12a)、4.24(H-12b) 相关，且 $\delta_C$ 14.8($^2J_{CP}$ = 3.3Hz) 和 $\delta_C$ 34.0($^4J_{CP}$ = 1.8Hz) 均双峰，表明 $\delta_C$ 14.8 归属 C-13, $\delta_C$ 34.0 归属 C-12。根据氢化学位移规律和偶合分裂情况，$\delta_H$ 7.39(2H, d, $J$ = 2.3Hz)、7.49(2H, dd, $J$ = 2.3Hz、1.0Hz)归属苯环质子 H-1,11、H-3,9，$\delta_H$ 7.49 的质子除有间位质子偶合外还观测到 1.0Hz 的 $^5J_{HP}$ 远程偶合，但是尚无法确定哪一个归属 H-1,11 质子，哪一个归属 H-3,9 质子。HMBC 指出，$\delta_C$ 34.0(C-12) 与 $\delta_H$ 7.39 相关，$\delta_C$ 131.7 与 $\delta_H$ 3.68(H-12a)、4.24(H-12b)相关，加之 $\delta_C$ 131.7 与 $\delta_H$ 7.39 HSQC 相关，从而确定 $\delta_H$ 7.39 归属 H-1,11，$\delta_C$131.7 归属 C-1,11。当然 $\delta_H$ 7.49 应当归属 H-3,9。HSQC 指出，$\delta_C$ 132.2 与 $\delta_H$ 7.49(H-3,9) 相关，表明 $\delta_C$ 132.2 归属

C-3,9。

至此，化合物 **2-31** 中还剩 C-2,10、C-4,8、C-1a,11a、C-4a,8a 四对季碳未归属。HMBC 指出，$\delta_C$ 144.5(d, $J$ = 12.4Hz)与 $\delta_H$ 3.68(H-12a)、4.24(H-12b)、7.39(H-1,11)、7.49(H-3,9)相关，加之其与 P 的偶合($^2J_{CP}$ = 12.4Hz)数据；$\delta_C$ 135.0(d, $J$ = 4.7Hz)与 $\delta_H$ 3.68(H-12a)、4.24(H-12b)、7.39(H-1,11)相关，加之其与 P 的偶合($^3J_{CP}$ = 4.7Hz)数据；$\delta_C$ 129.4(d, $J$ = 6.0Hz)与 $\delta_H$ 7.39(H-1,11)、7.49(H-3,9)、3.68(H-12a)、4.24(H-12b)相关，加之其与 P 的偶合($^3J_{CP}$ = 6.0Hz)数据；$\delta_C$ 118.9(d, $J$ = 3.5Hz)与 $\delta_H$ 7.39(H-1, 11)、7.49(H-3, 9)相关，加之其与 P 的偶合($^5J_{CP}$ = 3.5Hz)数据；结合碳化学位移规律，综合考虑，表明 $\delta_C$ 144.5、135.0、118.9 和 129.4 分别归属 C-4a,8a、C-1a,11a、C-2,10 和 C-4,8。需要进一步说明的是，由于 Br 原子的重原子效应使得与之相连的碳原子化学位移向高场移动，进一步明确了 $\delta_C$ 118.9 和 129.4 的归属。

文献[50]依据文献及经验规律对化合物 **2-31** 的 2 个类似化合物 **2-32** 和 **2-33** 的 $^{13}$C NMR 信号归属中，将 C-1,11 和 C-3,9 的化学位移分别归属为 132.22(132.29)和 131.67(131.75)，本例的结论证明上述归属正好是相反的，这表明对于化学位移相差不大的情况，仅仅依靠文献和经验规律进行归属是靠不住的。

化合物 **2-31** 的 NMR 详细解析数据见表 2-31。

**表 2-31 化合物 2-31 的 NMR 数据($CDCl_3$, 300MHz/H)**

| 编号 | $\delta_C$ | $J_{CP}$/Hz | $\delta_H$ | $J$/Hz |
|---|---|---|---|---|
| 1, 11 | 131.7d | $^4J_{CP}$ = 2.7 | 7.39d | $^4J_{HH}$ = 2.3 |
| 2, 10 | 118.9d | $^5J_{CP}$ = 3.5 | | |
| 3, 9 | 132.2d | $^4J_{CP}$ = 2.3 | 7.49dd | $^4J_{HH}$ = 2.3, $^5J_{HP}$ = 1.0 |
| 4, 8 | 129.4d | $^3J_{CP}$ = 6.0 | | |
| 1a, 11a | 135.0d | $^3J_{CP}$ = 4.7 | | |
| 4a, 8a | 144.5d | $^2J_{CP}$ = 12.4 | | |
| 12a | 34.0d | $^4J_{CP}$ = 1.8 | 3.68d | $^2J_{HH}$ = 13.4 |
| 12b | | | 4.24dd | $^2J_{HH}$ = 13.4, $^5J_{HP}$ = 3.7 |
| 13 | 14.8d | $^2J_{CP}$ = 3.3 | 2.75d | $^3J_{HP}$ = 20.2 |

**例 2-26** 1 个喹啉-4-氨基磷酸酯衍生物的 NMR 数据解析[51]

2-苯基-4-喹啉酮(2-phenyl-4-quinolone)是黄酮的类似物，其结构是将黄酮化合物中的 O-1 替换成了 NH。近几十年来，该类化合物及其衍生物作为潜在的抗肿瘤试剂，引起极大重视。化合物 **2-34** 是 2-苯基-4-喹啉酮的喹啉-4-磷酸酯衍生物，在其合成过程中，由于 2-苯基-4-喹啉酮发生了互变异构，由酮式转变成烯醇式，最终得到化合物**2-34**。通过对其NMR数据解析，可确证该结构。

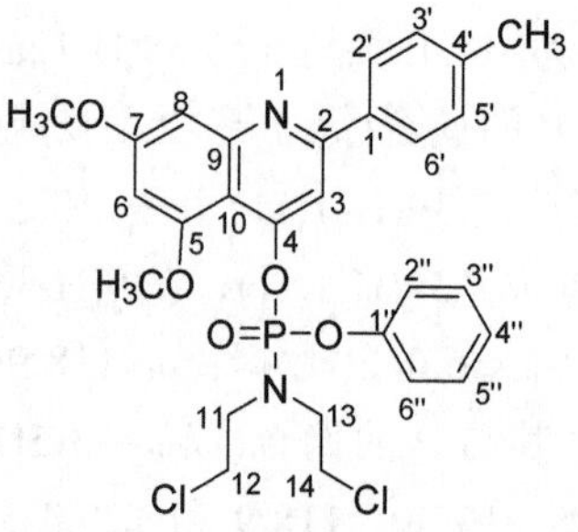

**2-34**

由于化合物**2-34**中P的存在以及对称碳较多，导致其$^{13}$C NMR碳峰数目复杂化。化合物**2-34**中共有28个碳原子，其中有6对碳原子对称，应出现22条碳峰；由于P原子的偶合，使C-3、C-4、C-10、C-1″、C-2″,6″、C-11,13六个(对)碳原子分裂为双峰，化合物**2-34**实际出现28条碳峰。DEPT显示，3个伯碳：$\delta_C$ 21.4、55.7、56.0；4个仲碳：$\delta_C$ 41.7×2、49.5×2；12个叔碳：$\delta_C$ 99.4、100.9、106.8、120.2×2、125.4、127.3×2、129.5×2、129.9×2；9个季碳：$\delta_C$ 108.0、135.8、139.9、150.5、153.6、155.1、156.4、158.7、161.4。

由于化合物**2-34**的$^1$H NMR数据规律性比较强，归属比较容易，所以对化合物**2-34**的NMR数据解析程序为先归属$^1$H NMR谱峰，再归属$^{13}$C NMR谱峰。

在$^1$H NMR中，H-2′,6′和H-3′,5′构成AA′BB′系统，$\delta_H$ 8.00(2H, d, $J$ = 8.0Hz) 和7.30(2H, d, $J$ = 8.0Hz)出现明显的对称双峰，H-H COSY指出，$\delta_H$ 7.30/$\delta_H$ 8.00相关，结合H-2′,6′比H-3′,5′去屏蔽作用强的化学位移规律，得到$\delta_H$ 8.00、7.30分别归属H-2′,6′和H-3′,5′的结论。H-2″,6″、H-3″,5″和H-4″构成AA′BB′C系统，$\delta_H$ 7.26 (2H, m) 和7.33(2H, m)出现的对称多重峰，H-H COSY指出，$\delta_H$ 7.17(1H, m)/$\delta_H$ 7.26、$\delta_H$ 7.17/$\delta_H$ 7.33、$\delta_H$ 7.26/$\delta_H$ 7.33相关，结合H-2″,6″、H-4″分别是处于氧原子的邻位和对位苯环氢，比H-3″,5″屏蔽作用更强的氢化学位移规律，得到$\delta_H$ 7.17、7.26和7.33分别归属H-4″、H-2″,6″、H-3″,5″的结论。$\delta_H$ 7.91(1H, d, $J$ = 1.2Hz)未见H-H COSY相关峰，表明$\delta_H$ 7.91归属H-3，其偶合常数1.2Hz是由于与P偶合的缘故。H-6和H-8相互为间位，$\delta_H$ 6.53(1H, d, $J$ = 2.2Hz)和$\delta_H$ 7.13(1H, d, $J$ = 2.2Hz)应归属H-6和H-8，$\delta_H$ 6.53/$\delta_H$ 7.13 H-H COSY相关，进一步证明该结论，但H-6和H-8究竟化学位移是哪一个仅从化学位移规律大小无法确定，需由HMBC判定；HMBC指出，$\delta_C$ 156.4 (季碳)与$\delta_H$ 6.53、3.93(3H, s)相关，$\delta_C$ 161.4(季碳)与$\delta_H$ 6.53、7.13、3.95(3H, s)相关，综合考虑，表明$\delta_C$ 156.4归属C-5，$\delta_C$ 161.4

归属 C-7，进一步表明 $\delta_H$ 3.93 归属 $OCH_3$-5，$\delta_H$ 3.95 归属 $OCH_3$-7，$\delta_H$ 6.53 归属 H-6，$\delta_H$ 7.13 归属 H-8，当然 $\delta_H$ 2.41(3H，s)应当归属 $CH_3$-4′。H-11,13 和 H-12,14 为叠在一起的多重峰，$\delta_H$ 3.62(8H, m)归属 H-11,13 和 H-12,14。至此，化合物 **2-34** 所有氢峰得到明确归属。

化合物 **2-34** 碳峰的归属可以通过 HSQC，将相关的含氢碳明确归属。由于 H-11,13 和 H-12,14 氢峰重叠，仅靠 HSQC 无法归属其碳峰，需采用其他办法进一步区分。$\delta_C$ 41.7(仲碳)和 49.5(仲碳)相比，由于 $\delta_C$ 49.5 是双峰，偶合常数为 4.4Hz，表明 $\delta_C$ 49.5 碳峰受 P 偶合，从化合物 **2-34** 结构看，C-11,13 离 P 较近，所以 $\delta_C$ 49.5 归属 C-11,13，当然 $\delta_C$ 41.7 归属 C-12,14。季碳的归属同样需采用其他办法归属。9 个季碳前面已将 C-5、C-7 明确归属，还有 7 个季碳需进一步区分。在 7 个季碳中又分为 C-4、C-10、C-1″与 P 偶合和 C-2、C-9、C-1′、C-4′不与 P 偶合两组。在 C-4、C-10、C-1″一组中，由于 C-4 和 C-1″均为连氧芳环碳，C-10 为一般芳环碳，根据碳化学位移大小即可区分，$\delta_C$ 108.0(d, $J$ = 6.7Hz) 归属 C-10, $\delta_C$ 155.1(d，$J$ = 6.9Hz)、150.5 (d, $J$ = 7.1Hz)初步归属 C-4 和 C-1″; HMBC 指出，$\delta_C$ 155.1 与 $\delta_H$ 7.91(H-3)相关，$\delta_C$ 150.5 与 $\delta_H$ 7.26(H-2″,6″)、7.33(H-3″,5″)相关，明确确定 $\delta_C$ 155.1 归属 C-4，$\delta_C$ 150.5 归属 C-1″。在 C-2、C-9、C-1′、C-4′一组中，C-2 和 C-9 为连氮芳环碳，C-1′和 C-4′为一般芳环碳，$\delta_C$ 158.7 和 153.6 初步归属 C-2 和 C-9, $\delta_C$ 135.8 和 139.9 初步归属 C-1′和 C-4′; HMBC 指出，$\delta_C$ 158.7 与 $\delta_H$ 7.91(H-3) 相关，$\delta_C$ 135.8 与 $\delta_H$ 7.30 (H-3′, 5′)、7.91(H-3)相关，$\delta_C$ 139.9 与 $\delta_H$ 2.41($CH_3$-4′)、8.00(H-2′,6′)相关，$\delta_C$ 153.6 未发现相关峰，综合分析，$\delta_C$ 158.7 归属 C-2，153.6 归属 C-9，135.8 归属 C-1′，139.9 归属 C-4′。

化合物(**2-34**)的 NMR 详细解析数据见表 2-32。

表 2-32 化合物 **2-34** 的 NMR 数据($CDCl_3$, 400MHz/H)

| 编号 | $\delta_C$ | $J_{CP}$/Hz | DEPT | $\delta_H$ | $J_{HH}$(Hz) | H-H COSY | HMBC($\delta_H$) |
|---|---|---|---|---|---|---|---|
| 2 | 158.7 | | C | | | | 7.91(H-3) |
| 3 | 106.8d | 3.0 | CH | 7.91d | 1.2($^4J_{HP}$) | | |
| 4 | 155.1d | 6.9 | C | | | | 7.91(H-3) |
| 5 | 156.4 | | C | | | | 3.93($OCH_3$-5), 6.53(H-6) |
| 6 | 99.4 | | CH | 6.53d | 2.2 | H-8 | 7.13(H-8) |
| 7 | 161.4 | | C | | | | 3.95($OCH_3$-7), 6.53(H-6), 7.13(H-8) |
| 8 | 100.9 | | CH | 7.13d | 2.2 | H-6 | 6.53(H-6) |
| 9 | 153.6 | | C | | | | |
| 10 | 108.0d | 6.7 | C | | | | 6.53(H-6), 7.13(H-8), 7.91(H-3) |

续表

| 编号 | $\delta_C$ | $J_{CP}$/Hz | DEPT | $\delta_H$ | $J_{HH}$(Hz) | H-H COSY | HMBC($\delta_H$) |
|---|---|---|---|---|---|---|---|
| $OCH_3$-5 | 56.0 | | $CH_3$ | 3.93s | | | |
| $OCH_3$-7 | 55.7 | | $CH_3$ | 3.95s | | | |
| 11, 13 | 49.5d | 4.4 | $CH_2$ | 3.62m | | | |
| 12, 14 | 41.7 | | $CH_2$ | 3.62m | | | |
| 1′ | 135.8 | | C | | | | 7.30(H-3′,5′), 7.91(H-3) |
| 2′, 6′ | 127.3 | | CH | 8.00d | 8.0 | H-3′,5′ | |
| 3′, 5′ | 129.5 | | CH | 7.30d | 8.0 | H-2′,6′ | |
| 4′ | 139.9 | | C | | | | 2.41($CH_3$-4′), 8.00(H-2′,6′) |
| $CH_3$-4′ | 21.4 | | $CH_3$ | 2.41s | | | 7.30(H-3′,5′) |
| 1″ | 150.5d | 7.1 | C | | | | 7.26(H-2″,6″), 7.33(H-3″,5″) |
| 2″, 6″ | 120.2d | 5.0 | CH | 7.26m | | H-4″, H-3″,5″ | 7.17(H-4″) |
| 3″, 5″ | 129.9 | | CH | 7.33m | | H-4″, H-2″,6″ | 7.26(H-2″,6″) |
| 4″ | 125.4 | | CH | 7.17m | | H-2″,6″, H-3″,5″ | 7.26(H-2″,6″) |

## 例 2-27 1 个哌啶醇的 NMR 数据解析[52,53]

哌啶醇是合成受阻胺类光稳定剂、医药、漂白剂、阻聚剂、环氧树脂交联剂等产品的重要中间体。2,2,6,6-四甲基-4-哌啶醇(**2-35**)[52]由于哌啶环上与氮相邻的碳原子上 2 个氢都分别被 2 个甲基取代，致使该化合物在空间的自由翻转困难。该化合物的空间构型相对稳定。本例为通过该化合物 NMR 数据解析确定空间结构实例。

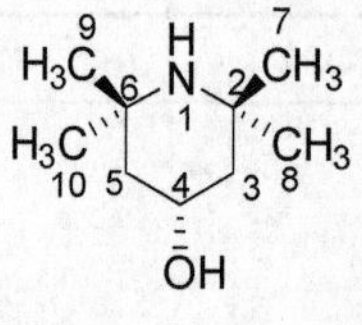

**2-35** 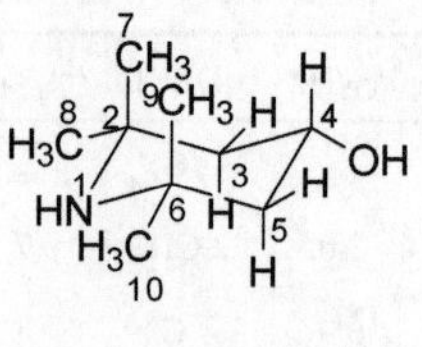 **2-35′**

由于 2,2,6,6-四甲基-4-哌啶醇的氢和碳数目较少，根据其化学位移规律、偶合常数大小即可确定归属，进一步由 H-H COSY、C-H COSY 证实。

2,2,6,6-四甲基-4-哌啶醇的空间结构应与环己烷相似，有椅式和船式两种。由于船式构象中氮原子的排斥作用使得其能量较高，因此，以椅式构象为稳定结构(**2-35′**)。可由其 $^1$H NMR 数据以及 NOESY 数据证明。

根据氢化学位移规律和偶合分裂情况，$\delta_H$ 0.83(2H, dd, $J$ = 12.3Hz、11.6Hz) 归

属 H-3a,5a。2 个大的偶合常数 $^3J_{aa}$ = 11.6Hz 和 $^2J_{ae}$ = 12.3Hz，二者相差很小，因此，H-3a,5a 的峰形出现几乎是 1∶2∶1 三重峰，这种情况只有当 C-3,5 和 C-4 上的质子同时处于直立键上，而 C-4 上的羟基处于平伏键上时才会出现上述峰形和偶合常数，从而证实化合物 **2-35** 的构象为椅式构象(**2-35'**)。$\delta_H$ 1.68(2H, dd, $J$ = 12.3Hz、4.1Hz)归属 H-3e,5e，1 个大的偶合常数 $^2J_{ea}$ = 12.3Hz 和 1 个小的偶合常数 $^3J_{ea}$ = 4.1Hz，进一步证明上述结论。NOESY 指出，$\delta_H$ 3.79(1H, m)和 $\delta_H$ 1.07(6H, brs) 相关，表明 $\delta_H$ 3.79 归属 H-4，$\delta_H$ 1.07 归属 H-7,9。说明 H-4 和 H-7,9 均处于直立键上，$\delta_H$ 4.40(1H, d, $J$ = 4.5Hz，活泼氢)归属 OH，处于平伏键上。由此，2,2,6,6-四甲基-4-哌啶醇的空间结构可以完全确定。因此，$\delta_H$ 1.00(6H, brs)归属 H-8, 10，处于平伏键上。

2,2,6,6-四甲基-4-哌啶醇这种空间结构的产生，一方面是由于氮原子与羟基上的氧原子都带有部分负电荷，二者之间可以形成静电排斥作用，而氧原子和氮原子之间的距离以-OH 处于直立键时较近，使得这种静电作用排斥作用较大，因此，只有当-OH 处于平伏键时，这种构象才会稳定；另一方面是由于氮原子邻位的 C-2 和 C-6 上的 2 个氢分别被 2 个-$CH_3$ 取代，从而干扰了氧原子和氮原子之间通过 C-H σ 键参与形成非经典的轨道超共轭作用[53]，所以其分子的稳定性受羟基与邻位碳原子 C-3 和 C-5 上所连的氢原子之间的排斥作用大小的影响，而这种排斥作用也是以羟基处于哌啶环的平伏键时为较小，此时的构象稳定。

$\delta_C$ 29.28、34.92、47.95、63.08 分别归属 C-7,9、C-8,10、C-3,5、C-4 可由 C-H COSY 确定，当然 $\delta_C$ 51.05 归属 C-2,6。

2,2,6,6-四甲基-4-哌啶醇的 $^1$H NMR、$^{13}$C NMR 详细解析数据分别见表 2-33 和表 2-34。

表 2-33　2,2,6,6-四甲基-4-哌啶醇的 $^1$H NMR 数据(DMSO-$d_6$, 300MHz)

| 编号 | $\delta_H$ | $J$/Hz | H-H COSY | NOESY |
|---|---|---|---|---|
| 3a, 5a | 0.83dd | 12.3, 11.6 | 1.68(H-3e,5e), 3.79(H-4) | |
| 3e, 5e | 1.68dd | 12.3, 4.1 | 0.83(H-3a,5a), 3.79(H-4) | |
| 4 | 3.79m | | 0.83(H-3a,5a), 1.68(H-3e,5e), 4.40(OH) | 1.07(H-7,9) |
| 7, 9 | 1.07brs | | 1.00(H-8,10) | 3.79(H-4) |
| 8, 10 | 1.00brs | | 1.07(H-7,9) | |
| OH | 4.40d | 4.5 | 3.79(H-4) | |

表 2-34　2,2,6,6-四甲基-4-哌啶醇的 $^{13}$C NMR 数据(DMSO-$d_6$, 75MHz)

| 编号 | 2, 6 | 3, 5 | 4 | 7, 9 | 8, 10 |
|---|---|---|---|---|---|
| $\delta_C$ | 51.05 | 47.95 | 63.08 | 29.28 | 34.92 |
| C-H COSY ($\delta_H$) | | 0.83(H-3a,5a)<br>1.68(H-3e,5e) | 3.79(H-4) | 1.07(H-7,9) | 1.00(H-8,10) |

## 例 2-28 美托拉宗构象异构体的 NMR 数据解析[54, 55]

美托拉宗(metolazone, **2-36**)是一种著名的利尿剂，广泛用于高血压症和充血性心衰症的治疗。本例介绍通过对其 $^1$H NMR 和 $^{13}$C NMR 数据详细解析，指出美托拉宗构象异构体变化过程。由于构象异构的存在，使得美托拉宗的 $^1$H NMR 和 $^{13}$C NMR 数据变得复杂起来。根据化学位移规律、偶合常数大小以及 DEPT、HMQC、HMBC 数据对美托拉宗所有 $^1$H NMR 和 $^{13}$C NMR 信号的详细解析分别见表 2-35 和表 2-36。

**2-36**

由表 2-35 可以看出，美托拉宗的 $^1$H NMR 数据室温下显示独特的信号特征：H-2 为 2 组四重峰，H-11(C-2 上的甲基)为 2 组二重峰，H-5、H-8 和 H-18(C-13 上的甲基)分别为 2 组单峰。55℃时，H-5 的 2 组单峰变为 1 组单峰，H-2、H-11、H-18 各自相应的 2 组峰峰间距变窄。

表 2-35 美托拉宗的 $^1$H NMR 数据(DMSO-$d_6$, 400MHz)

| 编号 | $\delta_H$ | $J$/Hz | $\delta_H$ (55℃) |
|---|---|---|---|
| 2 | 5.10q | 5.9 | 5.05q |
| | 5.48q | 5.9 | 5.44q |
| 5 | 8.25s | | 8.27s |
| | 8.24s | | |
| 8 | 6.97s | | 6.98s |
| | 6.94s | | 6.95s |
| 11 | 1.34d | 5.9 | 1.34d |
| | 1.17d | 5.9 | 1.18d |
| 14 | 7.37dd | 6.8, 1.8 | |
| | 7.33dd | 6.8, 1.8 | |
| 15,16 | 7.28~7.32m | | |
| 17 | 7.28~7.32m | | |
| | 7.27dd | 6.8, 1.8 | |
| 18 | 2.20s | | 2.19s |
| | 2.15s | | 2.15s |

由表2-36可以看出，美托拉宗的$^{13}$C NMR数据室温下显示36条碳峰信号，DEPT显示，6条伯碳、17条叔碳、13条季碳信号；其中，C-2、C-8和C-11分别为2组双峰，C-12和C-15分别为单峰，其余碳均为2组单峰。55℃时，C-2、C-8和C-11分别相应的2组双峰变为2组单峰，C-12和C-15仍为单峰，C-4、C-5、C-6、C-7、C-9分别相应的2组单峰变为1组单峰，其余碳的2组单峰峰间距变窄。

**表2-36 美托拉宗的$^{13}$C NMR数据(DMSO-$d_6$, 100MHz)**

| 编号 | $\delta_C$ | DEPT | HMQC($\delta_H$) | HMBC($\delta_H$) | $\delta_C$ (55℃) |
|---|---|---|---|---|---|
| 2 | 66.87, 66.80 | CH | 5.10 | 1.34(H-11) | 66.90 |
| | 67.83, 67.76 | CH | 5.48 | 1.17(H-11) | 67.78 |
| 4 | 160.23 | C | | 5.10(H-2), 8.25(H-5) | 160.27 |
| | 160.20 | C | | 5.48(H-2), 8.24(H-5) | |
| 5 | 130.13 | CH | 8.25 | | 130.16 |
| | 130.26 | CH | 8.24 | | |
| 6 | 150.56 | C | | 8.25(H-5) | 150.20 |
| | 150.50 | C | | 8.24(H-5) | |
| 7 | 135.50 | C | | 6.97(H-8), 8.25(H-5) | 135.58 |
| | 135.54 | C | | 6.94(H-8), 8.24(H-5) | |
| 8 | 116.49, 116.44 | CH | 6.97 | | 116.45 |
| | 116.03, 115.99 | CH | 6.94 | | 116.05 |
| 9 | 150.19 | C | | 5.10(H-2), 8.25(H-5) | 150.07 |
| | 150.14 | C | | 5.48(H-2), 8.24(H-5) | |
| 10 | 112.09 | C | | 6.97(H-8), 8.25(H-5) | 112.22 |
| | 112.25 | C | | 6.94(H-8), 8.24(H-5) | 112.32 |
| 11 | 20.77, 20.74 | $CH_3$ | 1.34 | | 20.66 |
| | 20.62, 20.58 | $CH_3$ | 1.17 | | 20.41 |
| 12 | 138.61 | C | | 2.15(H-18), 2.20(H-18), 7.27(H-17), 7.28~7.32(H-16,17) | 138.54 |
| 13 | 135.56 | C | | 2.20(H-18), 7.37(H-14) | 135.58 |
| | 137.01 | C | | 2.15(H-18), 7.33(H-14) | 136.32 |
| 14 | 131.23 | CH | 7.37 | 2.20(H-18), 7.28~7.32(H-15,16) | 131.39 |
| | 130.78 | CH | 7.33 | 2.15(H-18), 7.28~7.32(H-15,16) | 131.15 |
| 15 | 126.72 | CH | 7.28~7.32 | 7.33(H-14), 7.37(H-14) | 126.62 |
| 16 | 128.30 | CH | 7.28~7.32 | 7.27(H-17) | 128.34 |
| | 127.97 | CH | 7.28~7.32 | 7.28~7.32(H-15,17) | 128.15 |
| 17 | 127.25 | CH | 7.27 | 7.28~7.32(H-15,16) | 127.66 |
| | 127.81 | CH | 7.28~7.32 | 7.28~7.32(H-15,16) | 127.91 |
| 18 | 17.55 | $CH_3$ | 2.20 | | 16.81 |
| | 18.33 | $CH_3$ | 2.15 | | 17.39 |

美托拉宗的分子式中只有 16 个 C，由上述 $^{1}$H NMR 和 $^{13}$C NMR 出现 2 组峰(甚至 4 组峰)现象和变温实验中峰间距变窄或峰合并现象推测，美托拉宗可能由 2 对化学上无法分离的构象异构体组成。异构体来自围绕 C(12)-N(3)键受阻旋转和 C-11 甲基构象异构现象，2 种因素同时考虑，可出现 4 种情况。C-13 的 2 个化学位移值 135.56 和 137.01 相差较大和 C-2、C-11 出现 2 组双峰进一步证实上述结论。

H-5 和 H-8、C-5 和 C-8 归属不易区分，其归属区分如下：

HMBC 指出，$\delta_C$ 160.23(C-4)、160.20(C-4)分别与 $\delta_H$ 8.25、8.24 相关，表明 $\delta_H$ 8.25、8.24 归属 H-5，从而表明 $\delta_H$ 6.97、6.94 归属 H-8；HMQC 指出，$\delta_C$ 130.13、130.26 分别与 $\delta_H$ 8.25(H-5)、8.24(H-5)相关，$\delta_C$ 116.49、116.44 和 $\delta_C$ 116.03、115.99 分别与 $\delta_H$ 6.97(H-8)、6.94(H-8)相关，由此，C-5、C-8 均可归属。

H-14、H-15、H-16、H-17 之间归属难以区分，C-14、C-15、C-16、C-17 之间归属也难以区分，其归属区分如下：

H-14~H-17 在 $^{1}$HNMR 中总体显示一中间高、两边低的宽多重峰：在低场一侧，$\delta_H$ 7.37、7.33 分别出现 2 组四重峰；在高场一侧，$\delta_H$ 7.27 出现 1 组四重峰；在中间，$\delta_H$ 7.28~7.32 出现多重峰。根据氢化学位移规律，结合出现在低场和高场的四重峰偶合常数大小，可初步归属 H-14、H-17 分别处于低场和高场一侧。

HMQC 指出，$\delta_C$ 131.23(叔碳)、130.78(叔碳)分别与 $\delta_H$ 7.37、7.33 相关；HMBC 指出，$\delta_C$ 131.23、130.78 分别与 $\delta_H$ 2.20(H-18)、2.15(H-18)相关；综合分析，$\delta_C$ 131.23、130.78 和 $\delta_H$ 7.37、7.33 分别归属 C-14 和 H-14。

$^{1}$H NMR 只显示出 H-17 的一组四重峰 $\delta_H$ 7.27，另一组四重峰则与 $\delta_H$ 7.28~7.32 多重峰重叠；HMQC 指出，$\delta_C$ 127.25(叔碳)与 $\delta_H$ 7.27(H-17)相关，$\delta_C$ 127.81(叔碳)与 $\delta_H$ 7.28~7.32 相关；从而证明了 C-17 和 H-17 的归属。

HMBC 指出，$\delta_C$ 126.72(叔碳)与 $\delta_H$ 7.37(H-14)、7.33(H-14)相关，说明此碳在 2 种旋转构象异构体中化学位移相等，此碳在 C(12)-N(3)旋转轴上，受阻旋转影响其化学位移极小，故归属为 C-15。HMQC 指出，$\delta_C$ 126.72 与 $\delta_H$ 7.28~7.32 相关，表明 $\delta_H$ 7.28~7.32 归属 H-15。

当然，$\delta_C$ 128.30(叔碳)、127.97(叔碳)应当归属 C-16。HMQC 指出，$\delta_C$ 128.30、127.97 与 $\delta_H$ 7.28~7.32 多重峰相关；HMBC 指出，$\delta_C$ 128.30 与 $\delta_H$ 7.27(H-17)相关，$\delta_C$ 127.97 与 $\delta_H$ 7.28~7.32(H-17)相关；进一步证明 $\delta_C$ 128.30、127.97 归属 C-16, H-16 的化学位移位于 $\delta_H$ 7.28~7.32 多重峰处。

### 例 2-29 亚胺培南顺反异构体的 NMR 数据解析[56]

碳青霉烯类抗生素作为第三代 $\beta$-内酰胺类抗生素，由于其超广谱的抗菌作用成为目前抗炎药领域研究开发的热点。硫霉素是 20 世纪 70 年代发现的第一种碳青霉烯类抗生素，由于其体内稳定性较差应用受到限制。亚胺培南(imipenem，**2-37**)是硫霉素的 *N*-亚氨甲基衍生物，具有 $\beta$-内酰胺类抗生素的药理作用，且能有效地穿透细胞，并对多种 $\beta$-内酰胺酶稳定，具有超广谱抗菌活性。由于 CN 键的部分双键性质，亚胺培南结构存在 2 个顺反异构体(**2-37a** 和 **2-37b**)。

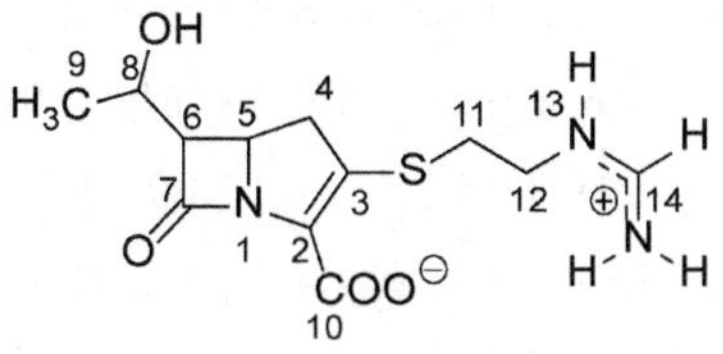

**2-37a** 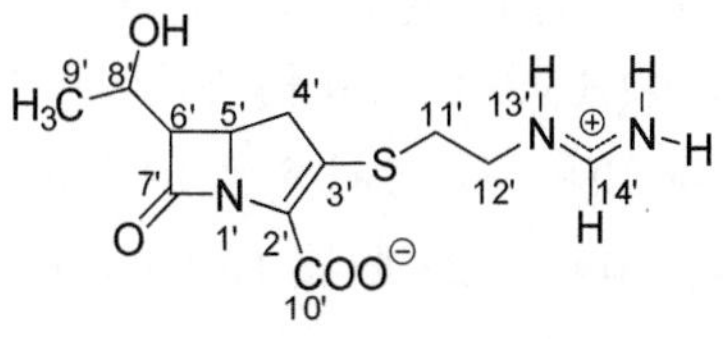 **2-37b**

亚胺培南的 $^{13}$C NMR 有 18 条碳峰。DEPT 显示，1 条伯碳：$\delta_C$ 20.6；6 条仲碳：$\delta_C$ 29.8、32.0, 39.3、39.5、41.6、47.3；5 条叔碳：$\delta_C$ 52.9、65.4、65.5、155.0、158.1；6 条季碳：$\delta_C$ 131.8、132.2、137.4、137.6、168.5、179.9。亚胺培南共有 12 个碳出现 18 条碳峰，大部分是强-弱成对出现，暗示亚胺培南存在顺反 2 个异构体。12 个碳应该出现 24 条碳峰，仅出现 18 条，表明 2 个异构体中有 6 对碳化学位移相同。

对亚胺培南的结构进行分析，由于 p-π 共轭的存在，使碳-氮键旋转受阻，因此，存在 **2-37a** 和 **2-37b** 两个顺反异构体；由于 C-5,6,7,8,9,10 远离碳-氮键，化学环境基本相同，所以推测它们的化学位移应该相同。因此，结合碳化学位移规律，$\delta_C$ 20.6 的 1 条伯碳峰应归属 C-9 和 C-9′，$\delta_C$ 179.9 季碳峰应归属 C-7 和 C-7′，$\delta_C$ 168.5 季碳峰应归属 C-10 和 C-10′；另外，$\delta_C$ 52.9、65.4、65.5 的 3 个叔碳峰应归属 C-5、C-6、C-8 和 C-5′、C-6′、C-8′，具体相应需进一步确证(见下)。至此，6 对化学位移相同的碳已明确指出，亚胺培南 2 个异构体 24 个碳仅出现 18 条碳峰得到具体解释。

根据氢化学位移规律，$\delta_H$ 7.81、7.82 应归属 H-14 和 H-14′。HMBC 指出，$\delta_C$ 41.6(仲碳)/$\delta_H$ 7.82、$\delta_C$ 47.3(仲碳)/$\delta_H$ 7.81 相关，表明 $\delta_C$ 41.6、47.3 归属 C-12 和 C- 12′。根据 $\gamma$-gauche 效应，C-12 和 C-12′的化学位移顺式与反式相比应向高场位移，因此，$\delta_C$ 41.6(峰强度强)归属 C-12, $\delta_C$ 47.3(峰强度弱) 归属 C-12′，进而表明，$\delta_H$ 7.82 归属 H-14, $\delta_H$ 7.81 归属 H-14′。由此，得出结论，图谱中谱峰较强的一组谱线属于顺式，即 **2-37a**，图谱中谱峰较弱的一组谱线属于反式，即 **2-37b**。HMQC 指出，$\delta_C$ 155.0(叔碳)/$\delta_H$ 7.82(H-14)、$\delta_C$ 158.1(叔碳)/$\delta_H$ 7.81(H-14′)相关，$\delta_C$ 41.6(C-12)/$\delta_H$ 3.57、$\delta_C$ 47.3(C-12′)/$\delta_H$ 3.61 相关，表明 $\delta_C$ 155.0 归属 C-14, $\delta_C$ 158.1 归属 C-14′，$\delta_H$ 3.57 归属 H-12, $\delta_H$ 3.61 归属 H-12′。

H-H COSY 指出，$\delta_H$ 3.57(H-12) 与 $\delta_H$ 3.03、3.16 相关，$\delta_H$ 3.61(H-12′) 与 $\delta_H$ 2.96、3.11 相关，加之 $\delta_C$ 29.8(仲碳)与 $\delta_H$ 3.03、3.16 HMQC 相关，$\delta_C$ 32.0(仲碳)与 $\delta_H$ 2.96、3.11 HMQC 相关，表明 $\delta_H$ 3.03、3.16 为同碳 2 个氢，归属 H-11, $\delta_H$ 2.96、3.11 为同碳 2 个氢，归属 H-11′，$\delta_C$ 29.8 归属 C-11, $\delta_C$ 32.0 归属 C-11′。

HMQC 指出，$\delta_C$ 20.6(C-9,9′) 与 $\delta_H$ 1.28 相关，表明 $\delta_H$ 1.28 归属 H-9,9′。H-H COSY 指出，$\delta_H$1.28(H-9,9′)与 $\delta_H$ 4.23 相关，表明 $\delta_H$ 4.23 归属 H-8,8′; $\delta_H$ 4.23(H-8,8′)与 $\delta_H$ 1.28(H-9,9′)、3.39 相关，表明 $\delta_H$ 3.39 归属 H-(6,6′); $\delta_H$ 3.39(H-6,6′)与 $\delta_H$ 4.19、4.23(H-8,8′)相关，表明 $\delta_H$ 4.19 归属 H-(5,5′)；$\delta_H$ 4.19(H-5,5′)与 $\delta_H$ 3.09、3.23 相关，表明 $\delta_H$ 3.09、3.23 归属 H-4,4′。HMQC 指出，$\delta_C$ 52.9(叔碳)与 $\delta_H$ 4.19(H-5,5′)相关，$\delta_C$ 65.5(叔碳)与 $\delta_H$ 3.39(H-6,6′)相关，$\delta_C$ 65.4(叔碳)与 $\delta_H$ 4.23(H-8,8′)相关，表明 $\delta_C$ 52.9 归属 C-5,5′, $\delta_C$ 65.5 归属 C-6,6′, $\delta_C$ 65.4 归属 C-8,8′；$\delta_C$ 39.3(叔碳)、39.5(叔碳)与 $\delta_H$ 3.09、3.23(H-4,4′)相关，表明 $\delta_C$ 39.3、39.5 归属 C-4 和 C-4′，但归属无法区分。可根据 $\delta_C$ 39.3 比 $\delta_C$ 39.5 峰强度强，确定 $\delta_C$ 39.3 归属 C-4，$\delta_C$ 39.5 归属 C-4′。

HMBC 指出，$\delta_C$ 131.8(季碳)、132.2(季碳)与 $\delta_H$ 3.09、3.23(H-4, 4′)相关，$\delta_C$ 137.6(季碳)与 $\delta_H$ 3.03、3.16(H-11)相关，$\delta_C$ 137.4(季碳)与 $\delta_H$ 2.96、3.11(H-11′)相关，再根据 $\delta_C$ 131.8 比 132.2 峰强度强，综合考虑，表明 $\delta_C$ 131.8 归属 C-2，$\delta_C$ 132.2 归属 C-2′；$\delta_C$ 137.6 归属 C-3，$\delta_C$ 137.4 归属 C-3′。

至此，亚胺培南的所有 $^1$H NMR、$^{13}$C NMR 归属得到明确归属。

根据 $\delta_H$ 7.82(H-14)和 $\delta_H$ 7.81(H-14′)的峰面积比，可推知亚胺培南在 $D_2O$ 中的顺反异构体比例为 6：4(顺式：反式)。

亚胺培南的 $^1$H NMR、$^{13}$C NMR 详细解析数据分别见表 2-37 和表 2-38。

表 2-37 亚胺培南的 $^1$H NMR 数据($D_2O$, 500MHz)

| 编号 | $\delta_H$ | H-H COSY | 编号 | $\delta_H$ | H-H COSY |
|---|---|---|---|---|---|
| 4 | 3.09, 3.23 | H-5 | 4′ | 3.09, 3.23 | H-5′ |
| 5 | 4.19 | H-4, H-6 | 5′ | 4.19 | H-4′, H-6′ |
| 6 | 3.39 | H-5, H-8 | 6′ | 3.39 | H-5′, H-8′ |
| 8 | 4.23 | H-6, H-9 | 8′ | 4.23 | H-6′, H-9′ |
| 9 | 1.28 | H-8 | 9′ | 1.28 | H-8′ |
| 11 | 3.03, 3.16 | H-12 | 11′ | 2.96, 3.11 | H-12′ |
| 12 | 3.57 | H-11 | 12′ | 3.61 | H-11′ |
| 14 | 7.82 | | 14′ | 7.81 | |

表 2-38 亚胺培南的 $^{13}C$ NMR 数据($D_2O$, 125MHz)

| 编号 | $\delta_C$ | DEPT | HMQC($\delta_H$) | HMBC($\delta_H$) |
|---|---|---|---|---|
| 2 | 131.8 | C | | 3.09、3.23(H-4) |
| 3 | 137.6 | C | | 3.03、3.16(H-11), 3.09、3.23(H-4) |
| 4 | 39.3 | $CH_2$ | 3.09, 3.23 | 3.39(H-6) |
| 5 | 52.9 | CH | 4.19 | 3.09、3.23(H-4), 3.39(H-6), 4.23(H-8) |
| 6 | 65.5 | CH | 3.39 | 3.09、3.23(H-4), 4.19(H-5) |
| 7 | 179.9 | C | | 3.39(H-6), 4.19(H-5), 4.23(H-8) |
| 8 | 65.4 | CH | 4.23 | 1.28(H-9), 3.39(H-6), 4.19(H-5) |
| 9 | 20.6 | $CH_3$ | 1.28 | 3.39(H-6), 4.23(H-8) |
| 10 | 168.5 | C | | |
| 11 | 29.8 | $CH_2$ | 3.03, 3.16 | 3.57(H-12) |
| 12 | 41.6 | $CH_2$ | 3.57 | 3.03、3.16(H-11), 7.82(H-14) |
| 14 | 155.0 | CH | 7.82 | 3.57(H-12) |
| 2′ | 132.2 | C | | 3.09、3.23(H-4′) |
| 3′ | 137.4 | C | | 2.96、3.11(H-11′), 3.09、3.23(H-4′) |
| 4′ | 39.5 | $CH_2$ | 3.09, 3.23 | 3.39(H-6′) |
| 5′ | 52.9 | CH | 4.19 | 3.09、3.23(H-4′), 3.39(H-6′), 4.23(H-8′) |
| 6′ | 65.5 | CH | 3.39 | 3.09、3.23(H-4′), 4.19(H-5′) |
| 7′ | 179.9 | C | | 3.39(H-6′), 4.19(H-5′), 4.23(H-8′) |
| 8′ | 65.4 | CH | 4.23 | 1.28(H-9′), 3.39(H-6′), 4.19(H-5′) |
| 9′ | 20.6 | $CH_3$ | 1.28 | 3.39(H-6′), 4.23(H-8′) |
| 10′ | 168.5 | C | | |
| 11′ | 32.0 | $CH_2$ | 2.96, 3.11 | 3.61(H-12′) |
| 12′ | 47.3 | $CH_2$ | 3.61 | 2.96、3.11(H-11′), 7.81(H-14′) |
| 14′ | 158.1 | CH | 7.81 | 3.61(H-12′) |

## 例 2-30 三尖杉碱中间体末端炔键的确证[57]

三尖杉酯类生物碱是三尖杉植物中具有抗癌活性的重要成分，一些三尖杉酯类生物碱已被开发为抗癌药物，它们对急性非淋巴细胞性白血病和慢性粒细胞性白血病具有很好的疗效。但三尖杉酯类生物碱在植物中含量很低，三尖杉药材资源有限。基于该类化合物很好的抑癌和抗癌活性，合成结构新颖且具有药理活性的三尖杉酯类生物碱类似物成为很多化学家研究的重点。本例介绍一个三尖杉碱合成路线中的一个关键中间体 **2-38**，其分子中的末端炔键对于构建三尖杉碱的环状结构及立体化学至关重要，但常规 DEPT 和 HSQC 实验中均不能得到化合物 **2-38** 的末端炔键存在的信息，导致合成步骤无法继续进行，如何确证化合物 **2-38** 末端炔键是否存在，本例将作详细介绍。

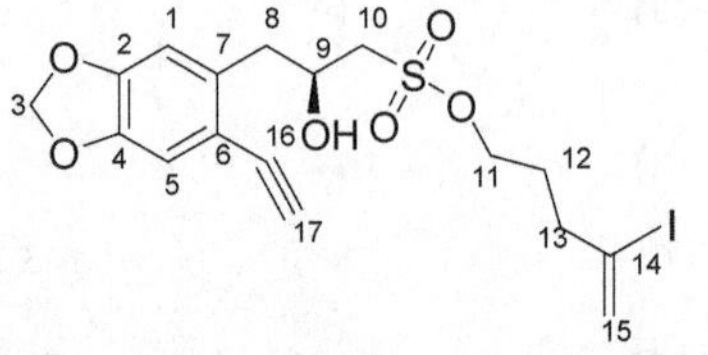

**2-38**

化合物 **2-38** 的 $^{13}$C NMR 谱显示 17 条碳峰。DEPT 显示，7 个仲碳：$\delta_C$ 28.50、40.49、41.03、55.76、68.42、101.61、127.26；3 个叔碳：$\delta_C$ 67.30、110.42、112.31；6 个季碳：$\delta_C$ 82.18、109.23、114.96、133.83、146.53、148.85。根据碳化学位移规律 $\delta$c 80.35 应为炔键叔碳，但 DEPT 未出现其信号；除了活泼氢外，$^1$H NMR 给出了 18 个质子信号：2 个烯键质子 $\delta_H$ 5.76(1H, m)、6.09(1H, m)，2 个芳香质子 $\delta_H$ 6.76(1H, s)、6.93(1H, s)，12 个亚甲基质子 $\delta_H$ 1.94(2H, m)、2.49(2H, m)、3.04(2H, dd, $J$ = 6.5Hz、2.0Hz)、3.23(2H, m)、4.21(2H, m)、5.98(2H, s)，1 个次甲基质子 $\delta_H$ 4.49(1H, m)，1 个可能的炔键质子 3.21(1H, s)。除了 $\delta_H$ 3.21 外，HSQC 指出，所有质子均与相应碳相关。上述 DEPT 和 HSQC 相对于 C-17 和 H-17 的异常现象，给末端炔键是否存在带来疑问。

在确定化合物结构的 NMR 实验中，一键偶合常数 $^1J_{CH}$ 设置是非常重要的参数，进行 DEPT、HSQC 和 HMBC 等实验都需要对 $^1J_{CH}$ 进行恰当设置。NMR 谱仪中的常规设置为 $^1J_{CH}$ = 140Hz，但对于含有特殊结构的某些样品，由于某些因素(特殊原子和取代基、碳原子的杂化状态等)的原因，采用常规 $^1J_{CH}$ = 140Hz 设置所得实验结果，不能对这些化合物结构指认提供完整和准确的信息。本文中对化合物 **2-38** 可通过设置 $^1J_{CH}$ = 160Hz 进行 DEPT 实验；或设置 $^1J_{CH}$ = 249Hz 进行 HSQC 实验；与常规图谱一起综合判断末端炔键的存在。实验证明化合物 **2-38** 存在末端炔键。

本例说明，一般情况下，DEPT、HSQC、HMBC 等实验正结果可以作为证据确证化合物的结构(构型、构象、特殊基团等)，负结果不能作为证据确证化合物的结构，需有其他证据综合考虑。

化合物 **2-38** 的 NMR 详细解析数据见表 2-39。

表 2-39 化合物 **2-38** 的 NMR 数据($CDCl_3$, 500MHz/H)

| 编号 | $\delta_C$ | DEPT | $\delta_H$ | $J$(Hz) | HSQC | HMBC($\delta_H$) |
|---|---|---|---|---|---|---|
| 1 | 112.31 | CH | 6.93s | | + | 3.21(H-17) |
| 2 | 148.85* | C | | | | 5.98(H-3), 6.76(H-5), 6.93(H-1) |
| 3 | 101.61 | $CH_2$ | 5.98s | | + | |
| 4 | 146.53* | C | | | | 5.98(H-3), 6.76(H-5), 6.93(H-1) |
| 5 | 110.42 | CH | 6.76s | | + | 3.04(H-8) |
| 6 | 133.83 | C | | | | 3.04(H-8), 3.21(H-17) , 6.93(H-1) |
| 7 | 114.96 | C | | | | 3.04(H-8), 3.21(H-17) , 6.76(H-5) |
| 8 | 40.49 | $CH_2$ | 3.04①dd | 6.5, 2.0 | + | 3.23(H-10), 6.76(H-5) |
| 9 | 67.30 | CH | 4.49m | | + | 3.04(H-8), 3.23(H-10) |
| 10 | 55.76 | $CH_2$ | 3.23m | | + | 3.04(H-8) |
| 11 | 68.42 | $CH_2$ | 4.21m | | + | 1.94(H-12), 2.49(H-13) |
| 12 | 28.50 | $CH_2$ | 1.94m | | + | 2.49(H-13), 4.21(H-11) |
| 13 | 41.03 | $CH_2$ | 2.49m | | + | 1.94(H-12), 4.21(H-11), 5.76(H-15a), 6.09(H-15b) |
| 14 | 109.23 | C | | | | 1.94(H-12), 2.49(H-13) , 5.76(H-15a), 6.09(H-15b) |
| 15a | 127.26 | $CH_2$ | 5.76m | | + | 2.49(H-13) |
| 15b | | | 6.09m | | + | |
| 16 | 82.18 | C | | | | 6.76(H-5), 6.93(H-1) |
| 17 | 80.35 | | 3.21s | | | |

① H-8 两个氢化学位移平均值。

* 归属可互换。

## 例 2-31 文冠果酮 A 的 NMR 数据解析及结构测定[58]

文冠果酮 A(xanthocerone A, **2-39**)是文冠果(*Xanthoceras sorbifolia*)花中分离提取到的一个单萜类化合物。文冠果又名木瓜，其茎枝的干燥木部称文冠果，性凉、能祛湿，近年来，对文冠果种仁、壳、果柄、叶、花均有研究。

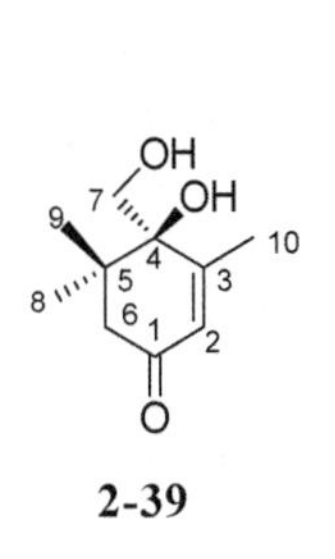

**2-39**

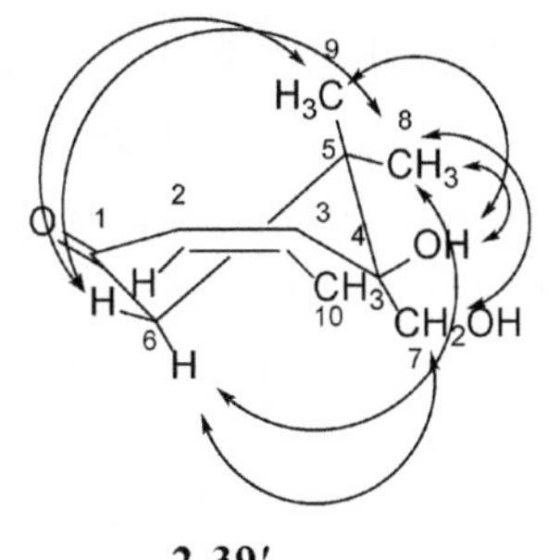

**2-39′**

文冠果酮 A 的 $^{13}$C NMR 显示 10 条碳峰，表明其含有 10 个碳。DEPT 显示，3 个伯碳：$\delta_C$ 19.6、23.6、25.0；2 个仲碳：$\delta_C$ 49.7、64.6；1 个叔碳：$\delta_C$ 126.7；4 个季碳：$\delta_C$ 40.0、76.9、164.4、197.8。

根据氢化学位移规律和偶合分裂情况，$\delta_H$ 5.79(1H, q, $J$ = 1.3Hz)推测为烯氢质子；$\delta_H$ 4.95 (1H, dd, $J$ = 5.9Hz、5.2Hz)、3.61(1H, dd, $J$ = 11.2Hz、5.9Hz)、3.48(1H, dd, $J$ = 11.2Hz、5.2Hz) 推测为一组醇羟甲基质子，连在手性碳上；$\delta_H$ 0.90(3H, s)、1.02(3H, s)、1.92(3H, d, $J$ = 1.3Hz)推测为 3 个甲基质子，前 2 个甲基连在脂肪季碳上，第 3 个甲基连在双键季碳上[与另一个双键碳上氢($\delta_H$ 5.79)发生丙烯偶合]；$\delta_H$ 1.95(1H, d, $J$ = 16.9Hz)、2.82(1H, d, $J$ = 16.9Hz)推测为同碳 $CH_2$ 上 2 个质子，连在手性碳上或处在环上；重水交换指出，$\delta_H$ 4.66(1H, s)、4.95 为活泼氢。

综合氢谱、碳谱数据，初步推测文冠果酮 A 可能为 1 个多含氧取代的单萜类化合物。

H-H COSY 指出，$\delta_H$ 5.79 与 $\delta_H$ 1.92 相关，加之 $\delta_C$ 19.6(伯碳)与 $\delta_H$ 1.92、$\delta_C$ 126.7(叔碳)与 $\delta_H$ 5.72 HSQC 相关，表明文冠果酮 A 中片段 A 存在，$\delta_H$ 5.79 归属 H-2，$\delta_H$ 1.92 归属 H-10，$\delta_C$ 19.6 归属 C-10，$\delta_C$ 126.7 归属 C-2；$\delta_H$ 4.95 与 $\delta_H$ 3.48、3.61 相关，$\delta_H$ 3.48 与 $\delta_H$ 3.61 相关，加之 $\delta_C$ 64.6(仲碳)与 $\delta_H$ 3.48、3.61 HSQC 相关，表明文冠果酮 A 中片段 B 存在，$\delta_H$ 3.48、3.61 分别归属 H-7a、H-7b，$\delta_H$ 4.95 归属 OH-7，$\delta_C$ 64.6 归属 C-7。HMBC 指出，$\delta_C$ 164.4(季碳)与 $\delta_H$ 3.48(H-7a)、3.61(H-7b)相关，$\delta_C$ 76.9(季碳)与 $\delta_H$ 1.92(H-10)相关，表明文冠果酮 A 中片段 A 和 B 通过连氧季碳($\delta_C$ 76.9)结合形成片段 C，$\delta_H$ 4.66 归属 OH-4，$\delta_C$ 164.4 归属 C-3，$\delta_C$ 76.9 归属 C-4。

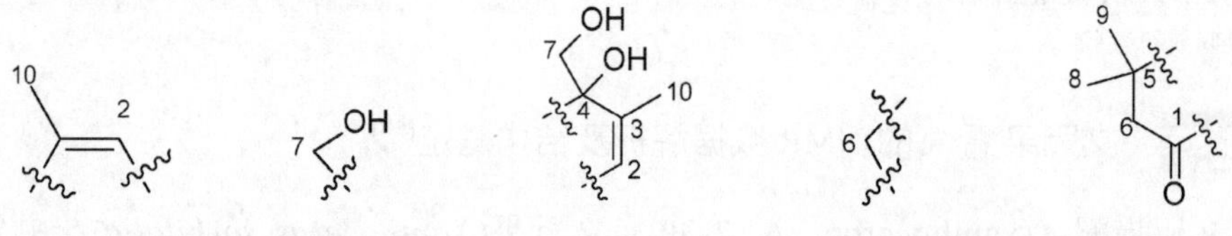

A　　B　　C　　D　　E

H-H COSY 指出，$\delta_H$ 1.95/$\delta_H$ 2.82 相关，加之 $\delta_C$ 49.7(仲碳)与 $\delta_H$ 1.95、2.82 HSQC 相关，表明文冠果酮 A 中片段 D 存在，$\delta_H$ 1.95、2.82 分别归属 H-6a、H-6b，$\delta_C$ 49.7 归属 C-6。HMBC 指出，$\delta_C$ 40.0(季碳)与 $\delta_H$ 0.90、1.02、1.95(H-6a)、2.82(H-6b)相关，$\delta_C$ 197.8(季碳)与 $\delta_H$ 1.95(H-6a)、2.82(H-6b)相关，表明文冠果酮 A 中片段 D 与连 2 个甲基的季碳($\delta_C$ 40.0)和 1 个羰基($\delta_C$ 197.8)结合形成片段 E，$\delta_H$ 0.90、1.02 分别归属 H-9、H-8，$\delta_C$ 40.0 归属 C-5，$\delta_C$ 197.8 归属 C-1。HSQC 指出，$\delta_C$ 23.6(伯碳)与 $\delta_H$ 1.02、$\delta_C$ 25.0(伯碳)与 $\delta_H$ 0.90 相关，表明 $\delta_C$ 23.6、25.0 分别归属 C-8、C-9。

上述片段 C 和 E 即为 2 个不同的异戊二烯单位，片段 C 的 C-2 与片段 E 的

C-1 相连，片段 C 的 C-4 与片段 E 的 C-5 相连，通过环合反应形成六元环状单萜化合物(**2-39**)。

NOESY 指出，$\delta_H$ 4.66(OH-4)与 $\delta_H$ 0.90(H-9)、1.02(H-8)相关，$\delta_H$ 3.48(H-7a)和 $\delta_H$ 3.61(H-7b)仅与 $\delta_H$ 1.02(H-8)相关，表明 C-4 上的 2 个基团(-$CH_2OH$ 和 OH-4)与 C-5 上的 2 个甲基相关不同；$\delta_H$ 1.02(H-8)与 $\delta_H$ 1.95(H-6a)、2.82(H-6b)相关，$\delta_H$ 0.90(H-9)仅与 $\delta_H$ 1.95(H-6a)相关，表明 C-5 上的 2 个甲基(H-8 和 H-9)与 C-6 上的 2 个氢(H-6a 和 H-6b)相关不同；$\delta_H$ 2.82(H-6b)与 $\delta_H$ 3.48(H-7a)、3.61(H-7b)相关；上述 NOESY 相关数据与文冠果酮 A 的稳定构象紧密相连，可以确证 H-6b、H-9、H-7 均位于伪直立键上，且 H-9 朝向与 H-7、H-6b 相反；即 H-9($CH_3$)为 $\beta$-取向，H-7($CH_2OH$)、H-6b 为 $\alpha$-取向(见 **2-39′**)。C-4 的立体构型为 *R*。

文冠果酮 A 的 NMR 详细解析数据见表 2-40。

**表 2-40　文冠果酮 A 的 NMR 数据(DMSO-$d_6$, 300MHz/H, 150MHz/C)**

| 编号 | $\delta_C$ | DEPT | $\delta_H$ | *J*/Hz | H-H COSY | NOESY | HSQC | HMBC($\delta_H$) |
|---|---|---|---|---|---|---|---|---|
| 1 | 197.8 | C | | | | | | 1.95(H-6a), 2.82(H-6b) |
| 2 | 126.7 | CH | 5.79q | 1.3 | H-10 | | + | 1.92(H-10), 1.95(H-6a), 2.82(H-6b) |
| 3 | 164.4 | C | | | | | | 1.92(H-10), 3.48(H-7a), 3.61(H-7b), 4.66(OH-4) |
| 4 | 76.9 | C | | | | | | 0.90(H-9), 1.02(H-8), 1.92(H-10), 1.95(H-6a), 2.82(H-6b), 3.48(H-7a), 3.61(H-7b), 4.66(OH-4), 4.95(OH-7), 5.79(H-2) |
| 5 | 40.0 | C | | | | | | 0.90(H-9), 1.02(H-8), 1.95(H-6a), 2.82(H-6b), 3.48(H-7a), 3.61(H-7b), 4.66(OH-4) |
| 6a($\beta$) | 49.7 | $CH_2$ | 1.95d | 16.9 | H-6b | H-8, H-9 | + | 0.90(H-9), 1.02(H-8), 5.79(H-2) |
| 6b($\alpha$) | | | 2.82d | 16.9 | H-6a | H-8, H-7a, H-7b | + | |
| 7a | 64.6 | $CH_2$ | 3.48dd | 11.2, 5.2 | H-7b, OH-7 | H-6b, H-8 | + | 4.66(OH-4), 4.95(OH-7) |
| 7b | | | 3.61dd | 11.2, 5.9 | H-7a, OH-7 | H-6b, H-8 | + | |
| 8 | 23.6 | $CH_3$ | 1.02s | | | H-6a, H-6b, H-7a, H-7b, OH-4 | + | 0.90(H-9), 1.95(H-6a), 2.82(H-6b) |
| 9 | 25.0 | $CH_3$ | 0.90s | | | H-6a, OH-4 | + | 1.02(H-8), 1.95(H-6a), 2.82(H-6b) |
| 10 | 19.6 | $CH_3$ | 1.92d | 1.3 | H-2 | | + | 5.79(H-2) |
| OH-4 | | | 4.66s | | | H-8, H-9 | | |
| OH-7 | | | 4.95dd | 5.2, 5.9 | H-7a, H-7b | | | |

## 例 2-32 除虫菊酯Ⅰ的 NMR 数据解析[59]

除虫菊酯Ⅰ(pyrethrin Ⅰ, **2-40**)是由除虫菊 (*Pyrethrum cineriifolium*) 花中分离提纯的一个主要杀虫活性成分。除虫菊酯是由除虫菊花中分离提取的具有杀虫效果的活性成分的总称，主要有除虫菊酯Ⅰ、除虫菊酯Ⅱ(pyrethrin Ⅱ)、瓜菊酯Ⅰ(cinerin Ⅰ)、瓜菊酯Ⅱ(cinerin Ⅱ)、茉莉菊酯Ⅰ(jasmolin Ⅰ)、茉莉菊酯Ⅱ(jasmolin Ⅱ)等。

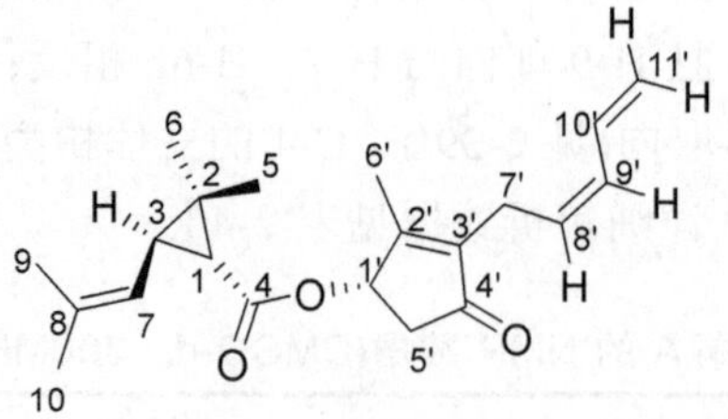

**2-40**

除虫菊酯Ⅰ的 $^{13}$C NMR 显示 21 条碳峰，表明其含有 21 个碳。DEPT 显示，5 个伯碳：$\delta_C$ 14.11、18.49、20.39、22.09、25.55；3 个仲碳：$\delta_C$ 21.72、42.03、118.29；7 个叔碳：$\delta_C$ 32.95、34.52、72.93、120.78、126.88、130.35、131.57；6 个季碳：$\delta_C$ 29.11、135.87、141.95、165.38、172.27、203.78。

根据氢化学位移规律和偶合分裂情况，$\delta_H$ 4.91(1H, brd, $J$=7.8Hz) 归属 H-7。H-H COSY 指出，$\delta_H$ 4.91(H-7) 与 $\delta_H$ 2.09 (1H, dd, $J$ =7.8, 5.4Hz)、$\delta_H$ 2.09 与 $\delta_H$ 1.41 (1H, d, $J$ =5.4Hz) 相关，$\delta_H$ 4.91 (H-7) 与 $\delta_H$ 1.71 (3H, brs)和 1.72 (3H, brs)相关，表明 $\delta_H$ 2.09 归属为 H-3，$\delta_H$ 1.41 归属 H-1，$\delta_H$ 1.71、1.72 归属 H-9 和 H-10，H-9 和 H-10 的归属还需进一步区分。HSQC 指出，$\delta_C$ 34.52(叔碳)与 $\delta_H$1.41(H-1)、$\delta_C$ 32.95(叔碳)与 $\delta_H$ 2.09(H-3)、$\delta_C$ 120.78(叔碳)与 $\delta_H$ 4.91(H-7)、$\delta_C$ 18.49(伯碳)与 $\delta_H$ 1.71(H-9 或 H-10)、$\delta_C$ 25.55(伯碳)与 $\delta_H$ 1.72(H-9 或 H-10)相关，表明 $\delta_C$ 34.52、32.95、120.78 分别归属 C-1、C-3、C-7，$\delta_C$ 18.49、25.55 归属 C-9 和 C-10，但归属区分还需进一步确定。根据碳化学位移规律和取代基 $\gamma$-效应，影响 C-9 和 C-10 的取代基 $\gamma$-效应顺式比反式强，C-9 应处在 C-10 的高场。因此，$\delta_C$18.49 归属 C-9，$\delta_C$ 25.55 归属 C-10，进而确定 $\delta_H$ 1.71 归属 H-9，$\delta_H$ 1.72 归属 H-10。

根据氢化学位移规律和偶合分裂情况，$\delta_H$ 1.14 (3H, s)、1.26 (3H, s)归属 H-5、H-6；NOESY 指出，$\delta_H$ 1.41(H-1)与 $\delta_H$ 1.14、$\delta_H$ 2.09 (H-3)与 $\delta_H$ 1.26 相关，表明 $\delta_H$ 1.14 归属 H-5，与 H-1 在三元环的同侧，$\delta_H$ 1.26 归属 H-6，与 H-3 在三元环的另一同侧。HSQC 指出，$\delta_C$ 22.09(伯碳)与 $\delta_H$ 1.14(H-5)、$\delta_C$ 20.39(伯碳)与 $\delta_H$ 1.26 (H-6)

相关，表明 $\delta_C$ 22.09、20.39 分别归属 C-5 和 C-6。

根据碳化学位移规律，$\delta_C$ 172.27(季碳)归属 C-4。HMBC 指出，$\delta_C$ 29.11(季碳)与 $\delta_H$ 1.14(H-5)、1.26(H-6)、1.41(H-1)、2.09(H-3)相关，表明 $\delta_C$ 29.11 归属 C-2；$\delta_C$ 135.87(季碳)与 $\delta_H$ 1.71(H-9)、1.72(H-10)、2.09(H-3)相关，表明 $\delta_C$ 135.87 归属 C-8。

根据氢化学位移规律和偶合分裂情况，$\delta_H$ 5.66 (1H, dd, $J$=1.9Hz、6.3Hz)归属 H-1′，$\delta_H$ 2.05 (3H, s)归属 H-6′。H-H COSY 指出，$\delta_H$ 5.66 (H-1′)与 $\delta_H$ 2.23 (1H, dd, $J$ = 1.9Hz、18.7Hz)、$\delta_H$ 2.88 (1H, dd, $J$ = 6.3Hz、18.7Hz)相关，$\delta_H$ 2.23/$\delta_H$ 2.88 相关，加之 $\delta_C$42.03(仲碳)与 $\delta_H$ 2.23、2.88 HSQC 相关，表明 $\delta_H$ 2.23 和 2.88 为同碳上的 2 个氢，$\delta_H$ 2.23、2.88 分别归属 H-5′a、H-5′b，$\delta_C$ 42.03 归属 C-5′。HSQC 指出，$\delta_C$ 72.93(叔碳)/$\delta_H$ 5.66 (H-1′) 相关，表明 $\delta_C$ 72.93 归属 C-1′；$\delta_C$ 14.11(叔碳)/$\delta_H$ 2.05(H-6′) 相关，表明 $\delta_C$ 14.11 归属 C-6′。

根据氢化学位移规律和偶合分裂情况，$\delta_H$ 3.13 (2H, brd, J=7.9Hz) 归属 H-7′。H-H COSY 指出，$\delta_H$ 3.13 (H-7′)与 $\delta_H$ 5.35 (1H, brdt, $J$=10.2Hz、7.9Hz、7.9Hz)、$\delta_H$ 5.35 与 $\delta_H$ 6.04 (1H, brt, $J$ =10.2Hz)、$\delta_H$ 6.04 与 $\delta_H$ 6.73~6.82 (1H, brdt, $J$ = 16.8Hz、10.2Hz、10.2Hz)相关，$\delta_H$ 6.73~6.82 与 $\delta_H$ 5.18 (1H, brd, $J$ = 10.2Hz)、5.25 (1H, brd, $J$ = 16.8Hz) 相关，$\delta_H$ 5.18 与 $\delta_H$ 5.25 相关，表明 $\delta_H$ 3.13、5.35、6.04、6.73~6.82、5.18、5.25 是一个大的自旋偶合体系，$\delta_H$ 5.35、6.04、6.73~6.82、5.18、5.25 分别归属 H-8′、H-9′、H-10′、H-11′a、H-11′b。HSQC 指出，$\delta_C$ 21.72(仲碳)与 $\delta_H$ 3.13 (H-7′)、$\delta_C$ 126.88(叔碳)与 $\delta_H$ 5.35(H-8′)、$\delta_C$ 130.35(叔碳)与 $\delta_H$ 6.04(H-9′)、$\delta_C$ 131.57 (叔碳)与 $\delta_H$ 6.73~6.82(H-10′)、$\delta_C$ 118.29(仲碳)与 $\delta_H$ 5.18(H-11′a)和 5.25(H-11′b) 相关，表明 $\delta_C$ 21.72、126.88、130.35、131.57、118.29 分别归属 C-7′、C-8′、C-9′、C-10′、C-11′。

根据碳化学位移规律，$\delta_C$ 203.78(季碳)归属 C-4′。HMBC 指出，$\delta_C$ 165.38 (季碳) 与 $\delta_H$ 2.05 (H-6′)、2.23 (H-5′a)、2.88 (H-5′b)、3.13 (H-7′)、5.66 (H-1′)相关，$\delta_C$ 141.95(季碳)与 $\delta_H$ 2.05 (H-6′)、2.23 (H-5′a)、2.88 (H-5′b)、3.13 (H-7′)、5.35 (H-8′)、5.66 (H-1′)相关，表明 $\delta_C$ 165.38 归属 C-2′，$\delta_C$ 141.95(季碳)归属 C-3′。

由于 H-1 与 H-5 在三元环同侧，H-3 与 H-6 在三元环另一同侧，因此，H-1 为 $\beta$-取向，H-3 为 $\alpha$-取向，即三元环为反式($E$)。由于 $J_{8',9'}$ = 10.2Hz，则 C-8′、C-9′ 双键为顺式($Z$)。NOESY 指出，$\delta_H$ 2.05(H-6′)与 $\delta_H$ 2.88(H-5′b)、3.13(H-7′)、5.66(H-1′) 相关，表明 H-1′、H-6′、H-7′、H-5′b 在五元环同侧，均处于 $\beta$-取向，当然，$\delta_H$ 2.23(H-5′a) 处于 $\alpha$-取向。

除虫菊酯 I 的 NMR 详细解析数据见表 2-41 和表 2-42。

表 2-41　除虫菊酯 Ⅰ 的 $^{1}$H NMR 数据($CDCl_3$, 400MHz)①

| 编号 | $\delta_H$ | $J$/Hz | H-H COSY | NOESY |
|---|---|---|---|---|
| 1 | 1.41d | 5.4 | 2.09(H-3) | 1.14(H-5) |
| 3 | 2.09dd | 5.4, 7.8 | 1.41(H-1), 4.91(H-7) | 1.26(H-6) |
| 5 | 1.14s | | | 1.41(H-1) |
| 6 | 1.26s | | | 2.09(H-3) |
| 7 | 4.91brd | 7.8 | 1.71(H-9), 1.72(H-10), 2.09(H-3) | |
| 9 | 1.71brs | | 4.91(H-7) | |
| 10 | 1.72brs | | 4.91(H-7) | |
| 1′ | 5.66dd | 1.9, 6.3 | 2.23(H-5′a), 2.88(H-5′b) | 2.05(H-6′), 3.13(H-7′) |
| 5′a($\alpha$) | 2.23dd | 1.9, 18.7 | 5.66(H-1′), 2.88(H-5′b) | |
| 5′b($\beta$) | 2.88dd | 6.3, 18.7 | 5.66(H-1′), 2.23(H-5′a) | 2.05(H-6′), 3.13(H-7′) |
| 6′ | 2.05s | | | 2.88(H-5′b), 3.13(H-7′), 5.66(H-1′) |
| 7′ | 3.13brd | 7.9 | 6.04(H-9′), 5.35(H-8′) | 2.05(H-6′), 2.88(H-5′b), 5.66(H-1′) |
| 8′ | 5.35brdt | 10.2, 7.9 | 6.73~6.82(H-10′), 6.04(H-9′), 3.13(H-7′) | |
| 9′ | 6.04brt | 10.2 | 3.13(H-7′), 5.35(H-8′), 6.73~6.82 (H-10′) | |
| 10′ | 6.73~6.82brdt | 16.8, 10.2 | 5.35(H-8′), 5.25 (H-11′b), 5.18(H-11′a), 6.04 (H-9′) | |
| 11′a | 5.18brd | 10.2 | 5.25 (H-11′b), 6.73~6.82 (H-10′) | |
| 11′b | 5.25brd | 16.8 | 5.18(H-11′a), 6.73~6.82 (H-10′) | |

① 本实验室数据。

表 2-42　除虫菊酯 Ⅰ 的 $^{13}$C NMR 数据($CDCl_3$, 100MHz)①

| 编号 | $\delta_C$ | DEPT | HSQC($\delta_H$) | HMBC($\delta_H$) |
|---|---|---|---|---|
| 1 | 34.52 | CH | 1.41 | 1.14(H-5), 1.26(H-6), 2.09(H-3), 4.91(H-7) |
| 2 | 29.11 | C | | 1.14(H-5), 1.26(H-6), 1.41(H-1), 2.09(H-3) |
| 3 | 32.95 | CH | 2.09 | 1.14(H-5), 1.26(H-6), 1.41(H-1), 1.71(H-9), 1.72(H-10), 4.91(H-7) |
| 4 | 172.27 | C | | 1.14(H-5), 1.41(H-1), 2.09(H-3), 5.66(H-1′) |
| 5 | 22.09 | $CH_3$ | 1.14 | 1.26(H-6), 1.41(H-1), 2.09(H-3) |
| 6 | 20.39 | $CH_3$ | 1.26 | 1.14(H-5), 1.41(H-1), 2.09(H-3) |
| 7 | 120.78 | CH | 4.91 | 1.41(H-1), 1.71(H-9), 1.72(H-10) |

续表

| 编号 | $\delta_C$ | DEPT | HSQC($\delta_H$) | HMBC($\delta_H$) |
|---|---|---|---|---|
| 8 | 135.87 | C | | 1.71(H-9), 1.72(H-10), 2.09(H-3) |
| 9 | 18.49 | $CH_3$ | 1.71 | 1.72(H-10), 4.91(H-7) |
| 10 | 25.55 | $CH_3$ | 1.72 | 1.71(H-9), 4.91(H-7) |
| 1′ | 72.93 | CH | 5.66 | 2.05(H-6′), 2.23(H-5′a), 2.88(H-5′b) |
| 2′ | 165.38 | C | | 2.05(H-6′), 2.23(H-5′a), 2.88(H-5′b), 3.13(H-7′), 5.66(H-1′) |
| 3′ | 141.95 | C | | 2.05(H-6′), 2.23(H-5′a), 2.88(H-5′b), 3.13(H-7′), 5.35(H-8′), 5.66(H-1′) |
| 4′ | 203.78 | C | | 2.05(H-6′), 2.23(H-5′a), 2.88(H-5′b), 3.13(H-7′), 5.66(H-1′) |
| 5′ | 42.03 | $CH_2$ | 2.23, 2.88 | |
| 6′ | 14.11 | $CH_3$ | 2.05 | 5.66(H-1′) |
| 7′ | 21.72 | $CH_2$ | 3.13 | 2.05(H-6′), 5.35(H-8′), 6.04(H-9′) |
| 8′ | 126.88 | CH | 5.35 | 2.05(H-6′), 3.13(H-7′), 5.66(H-1′), 6.73~6.82(H-10′) |
| 9′ | 130.35 | CH | 6.04 | 3.13(H-7′), 5.18(H-11′a), 5.25(H-11′b), 6.73~6.82(H-10′) |
| 10′ | 131.57 | CH | 6.73~6.82 | 3.13(H-7′), 5.18(H-11′a), 5.25(H-11′b), 5.35(H-8′), 6.04(H-9′) |
| 11′ | 118.29 | $CH_2$ | 5.18, 5.25 | 6.04(H-9′) |

① 本实验室数据。

## 例 2-33 瓜菊酯Ⅱ的 NMR 数据解析[59]

瓜菊酯Ⅱ(cinerin Ⅱ，**2-41**)是由除虫菊(*Pyrethrum cineriifolium*)花中分离提取的又一个主要杀虫活性成分。与除虫菊酯Ⅰ(**2-40**)相比，C-10 由-$CH_3$变成了-$COOCH_3$，C-10′由-CH═$CH_2$变成了-$CH_3$。

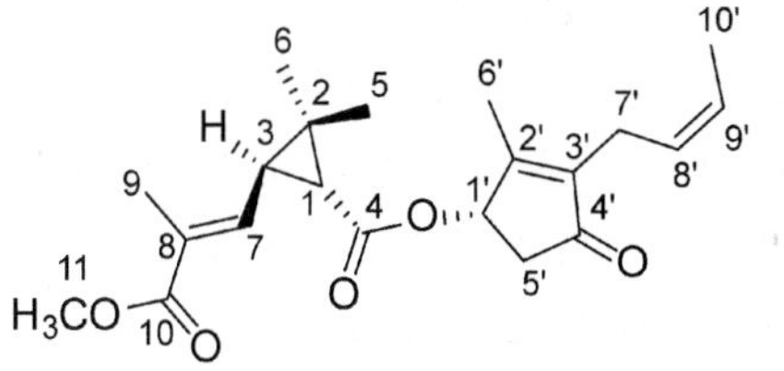

**2-41**

瓜菊酯Ⅱ的 $^{13}$C NMR 显示 21 条碳峰，表明其含有 21 个碳。DEPT 显示，6 个伯碳：$\delta_C$ 12.87、12.91、14.07、20.43、22.35、51.86；2 个仲碳：$\delta_C$ 21.01、42.02；6 个叔碳：$\delta_C$ 32.90、35.80、73.49、125.44、125.57、139.05；7 个季碳：$\delta_C$ 30.59、

129.73、143.00、164.48、168.16、171.26、203.82。

根据氢化学位移规律和偶合分裂情况，$\delta_H$ 6.47(1H, brd, $J$ = 9.6Hz)归属H-7。H-H COSY 指出，$\delta_H$ 6.47(H-7)与 $\delta_H$ 2.26(1H, dd, $J$ = 9.6Hz、5.2Hz)、$\delta_H$ 2.26与 $\delta_H$ 1.74(1H, d, $J$ = 5.2Hz)相关，$\delta_H$ 6.47(H-7)与 $\delta_H$ 1.96(3H, brs)相关，表明 $\delta_H$ 2.26 归属为 H-3，$\delta_H$ 1.74 归属 H-1，$\delta_H$ 1.96 归属 H-9。HSQC 指出，$\delta_C$ 35.80(叔碳)与 $\delta_H$ 1.74(H-1)、32.90(叔碳)与 2.26(H-3)、139.05(叔碳)与 6.47(H-7)、12.91(伯碳)与 1.96(H-9)相关，表明 $\delta_C$ 35.80、32.90、139.05、12.91 分别归属 C-1、C-3、C-7、C-9。

根据氢化学位移规律和偶合分裂情况，$\delta_H$ 3.74(3H, s)归属 H-11。HSQC 指出，$\delta_C$ 51.86(伯碳)与 $\delta_H$ 3.74(H-11)相关，表明 $\delta_C$ 51.86 归属 C-11。HMBC 指出，$\delta_C$ 168.16(季碳)与 $\delta_H$ 1.96 (H-9)、3.74 (H-11)、6.47 (H-7) 相关，表明 $\delta_C$ 168.16 归属C-10。

根据氢化学位移规律和偶合分裂情况，$\delta_H$ 1.25(3H, s)、1.33(3H, s)归属 H-5和 H-6；NOESY 指出，$\delta_H$ 1.74(H-1)与 $\delta_H$ 1.25、$\delta_H$ 2.26(H-3)与 $\delta_H$ 1.33 相关，表明 $\delta_H$ 1.25 归属 H-5，与 H-1 在三元环的同侧，$\delta_H$ 1.33 归属 H-6，与 H-3 在三元环的另一同侧。HSQC 指出，$\delta_C$ 22.35(伯碳)与 $\delta_H$ 1.25(H-5)、$\delta_C$ 20.43(伯碳)与 $\delta_H$ 1.33(H-6)相关，表明 $\delta_C$ 22.35、20.43 分别归属 C-5、C-6。

根据碳化学位移规律，$\delta_C$ 171.26(季碳)归属 C-4。HMBC 指出，$\delta_C$ 30.59(季碳)与 $\delta_H$ 1.25(H-5)、1.33(H-6)、1.74(H-1)相关，表明 $\delta_C$ 30.59 归属 C-2；$\delta_C$ 129.73(季碳)与 $\delta_H$ 1.96(H-9)、6.47(H-7)相关，表明 $\delta_C$ 129.73 归属 C-8。

根据氢化学位移规律和偶合分裂情况，$\delta_H$ 5.66(1H, dd, $J$ = 2.0Hz、5.6Hz)归属H-1′，$\delta_H$ 2.04 (3H, s)归属 H-6′。H-H COSY 指出，$\delta_H$ 5.66(H-1′)与 $\delta_H$ 2.25(1H, dd, $J$ = 2.0Hz、18.6Hz)、$\delta_H$ 2.89 (1H, dd, $J$ = 5.6Hz、18.6Hz)相关，$\delta_H$ 2.25 与 $\delta_H$ 2.89相关，加之 $\delta_C$ 42.02(仲碳)与 $\delta_H$ 2.25、2.89 HSQC 相关，表明 $\delta_H$ 2.25 和 2.89 为同碳上的 2 个氢，$\delta_H$ 2.25、2.89 分别归属 H-5′a、H-5′b，$\delta_C$ 42.02 归属 C-5′。HSQC指出，$\delta_C$ 73.49(叔碳)与 $\delta_H$ 5.66 (H-1′)相关，表明 $\delta_C$ 73.49 归属 C-1′；$\delta_C$ 14.07(伯碳)与 $\delta_H$ 2.04(H-6′)相关，表明 $\delta_C$ 14.07 归属 C-6′。

根据氢化学位移规律和偶合分裂情况，$\delta_H$ 2.99(2H, brd, $J$ = 7.2Hz)归属 H-7′。H-H COSY 指出，$\delta_H$ 2.99(H-7′)与 $\delta_H$ 5.31(1H, brdt, $J$ = 10.8Hz、7.2Hz、7.2Hz)、$\delta_H$ 5.31 与 $\delta_H$ 5.52(1H, brdq, $J$ = 10.8Hz、6.0Hz、6.0Hz、6.0Hz)、$\delta_H$ 5.52 与 $\delta_H$ 1.71(3H, brd, $J$ = 6.0Hz)相关，$\delta_H$ 5.31 与 $\delta_H$ 5.52、1.71 相关，$\delta_H$ 5.52 与 $\delta_H$ 1.71 相关，表明 $\delta_H$ 2.99、5.31、5.52、1.71 是一个大的自旋偶合体系，$\delta_H$ 5.31、5.52、1.71 分别归属 H-8′、H-9′、H-10′。HSQC 指出，$\delta_C$ 21.01(仲碳)与 $\delta_H$ 2.99(H-7′)、$\delta_C$ 125.44(叔碳)与 $\delta_H$ 5.31(H-8′)、$\delta_C$ 125.57(叔碳)与 $\delta_H$ 5.52(H-9′)、$\delta_C$ 12.87(伯碳)与 $\delta_H$ 1.71(H-10′)相关，表明 $\delta_C$ 21.01、125.44、125.57、12.87 分别归属 C-7′、C-8′、C-9′、C-10′。

根据碳化学位移规律，$\delta_C$ 203.82(季碳)归属 C-4′。HMBC 指出，$\delta_C$ 164.48(季碳)与 $\delta_H$ 2.04(H-6′)、2.25(H-5′a)、2.89(H-5′b)、2.99(H-7′)、5.66(H-1′)相关，$\delta_C$ 143.00(季碳)与 $\delta_H$ 2.04(H-6′)、2.99(H-7′)、5.66(H-1′)相关，与例 2-32 对比，确定 $\delta_C$ 164.48 归属 C-2′，$\delta_C$ 143.00 归属 C-3′。

由于 H-1 与 H-5 在三元环同侧，H-3 与 H-6 在三元环的另一同侧，因此，H-1 为 $\beta$-取向，H-3 为 $\alpha$-取向，即三元环为反式($E$)。由于 $J_{8',9'}$ = 10.8Hz，则 C-8′、C-9′双键为顺式($Z$)。NOESY 指出，$\delta_H$ 2.04(H-6′)与 $\delta_H$ 2.89(H-5′b)、2.99(H-7′)、5.66(H-1′)相关，表明 H-1′、H-6′、H-7′、H-5′b 在五元环同侧，均处于 $\beta$-取向，当然，$\delta_H$ 2.25(H-5′a)处于 $\alpha$-取向；$\delta_H$ 1.96(H-9)与 $\delta_H$ 1.25(H-5)相关，表明 9 位甲基与三元环在双键同侧，10 位酯羰基与 7 位氢在双键另一同侧。

瓜菊酯Ⅱ的 NMR 详细解析数据见表 2-43 和表 2-44。

表 2-43　瓜菊酯Ⅱ的 $^1$H NMR 数据($CDCl_3$, 400MHz)①

| 编号 | $\delta_H$ | $J$/Hz | H-H COSY | NOESY |
|---|---|---|---|---|
| 1 | 1.74d | 5.2 | 2.26(H-3) | 1.25(H-5) |
| 3 | 2.26dd | 5.2, 9.6 | 1.74(H-1), 6.47(H-7) | 1.33(H-6) |
| 5 | 1.25s | | | 1.74(H-1), 1.96(H-9) |
| 6 | 1.33s | | | 2.26(H-3) |
| 7 | 6.47brd | 9.6 | 1.96(H-9), 2.26(H-3) | |
| 9 | 1.96brs | | 6.47(H-7) | 1.25(H-5) |
| 11 | 3.74s | | | |
| 1′ | 5.66dd | 2.0, 5.6 | 2.25(H-5′a), 2.89(H-5′b) | 2.04(H-6′), 2.99(H-7′) |
| 5′a($\alpha$) | 2.25dd | 2.0, 18.6 | 5.66(H-1′), 2.89(H-5′b) | |
| 5′b($\beta$) | 2.89dd | 5.6, 18.6 | 5.66(H-1′), 2.25(H-5′a) | 2.04(H-6′), 2.99(H-7′) |
| 6′ | 2.04s | | | 2.89(H-5′b), 2.99(H-7′), 5.66(H-1′) |
| 7′ | 2.99brd | 7.2 | 1.71(H-10′), 5.52(H-9′), 5.31(H-8′) | 2.04(H-6′), 2.89(H-5′b), 5.66(H-1′) |
| 8′ | 5.31brdt | 10.8, 7.2 | 1.71(H-10′), 5.52(H-9′), 2.99(H-7′) | |
| 9′ | 5.52brdq | 10.8, 6.0 | 2.99(H-7′), 5.31(H-8′), 1.71(H-10′) | |
| 10′ | 1.71brd | 6.0 | 2.99(H-7′), 5.31(H-8′), 5.52(H-9′) | |

① 本实验室数据。

表 2-44 瓜菊酯Ⅱ的 $^{13}C$ NMR 数据($CDCl_3$, 100MHz)①

| 编号 | $\delta_C$ | DEPT | HSQC($\delta_H$) | HMBC($\delta_H$) |
|---|---|---|---|---|
| 1 | 35.80 | CH | 1.74 | 1.25(H-5), 1.33(H-6), 1.96(H-9), 2.26(H-3), 6.47(H-7) |
| 2 | 30.59 | C | | 1.25(H-5), 1.33(H-6), 1.74(H-1) |
| 3 | 32.90 | CH | 2.26 | 1.25(H-5), 1.33(H-6), 1.74(H-1) |
| 4 | 171.26 | C | | 2.26(H-3) |
| 5 | 22.35 | $CH_3$ | 1.25 | 1.33(H-6), 1.74(H-1) |
| 6 | 20.43 | $CH_3$ | 1.33 | 1.25(H-5), 2.26(H-3) |
| 7 | 139.05 | CH | 6.47 | 1.74(H-1), 1.96(H-9) |
| 8 | 129.73 | C | | 1.96(H-9), 6.47(H-7) |
| 9 | 12.91 | $CH_3$ | 1.96 | 6.47(H-7) |
| 10 | 168.16 | C | | 1.96(H-9), 3.74(H-11), 6.47(H-7) |
| 11 | 51.86 | $CH_3$ | 3.74 | |
| 1′ | 73.49 | CH | 5.66 | 2.04(H-6′), 2.25(H-5′a) |
| 2′ | 164.48 | C | | 2.04(H-6′), 2.25(H-5′a), 2.89(H-5′b), 2.99(H-7′), 5.66(H-1′) |
| 3′ | 143.00 | C | | 2.04(H-6′), 2.99(H-7′), 5.66(H-1′) |
| 4′ | 203.82 | C | | 2.25(H-5′a), 2.89(H-5′b), 2.99(H-7′) |
| 5′ | 42.02 | $CH_2$ | 2.25, 2.89 | 2.04(H-6′) |
| 6′ | 14.07 | $CH_3$ | 2.04 | |
| 7′ | 21.01 | $CH_2$ | 2.99 | 2.25(H-5′a) |
| 8′ | 125.44 | CH | 5.31 | 1.71(H-10′), 2.99(H-7′) |
| 9′ | 125.57 | CH | 5.52 | 1.71(H-10′), 2.99(H-7′) |
| 10′ | 12.87 | $CH_3$ | 1.71 | 5.31(H-8′) |

① 本实验室数据。

## 例 2-34 橄榄苦苷的 NMR 数据解析[60,61]

橄榄苦苷(oleuropein, **2-42**)属裂环环烯醚萜苷类化合物，广泛存在于木犀科植物中。

橄榄苦苷的 $^{13}C$ NMR 显示 25 条碳峰，表明其含有 25 个碳。DEPT 显示，2 个伯碳：$\delta_C$ 13.3、51.4；4 个仲碳：$\delta_C$ 34.6、40.4、62.3、65.9；12 个叔碳：$\delta_C$ 31.1、70.9、74.1、77.2、77.4、94.3、100.1、115.8、116.5、120.7、124.0、154.1；7 个季碳：$\delta_C$ 108.7、129.8、130.0、144.1、145.4、167.1、171.6。

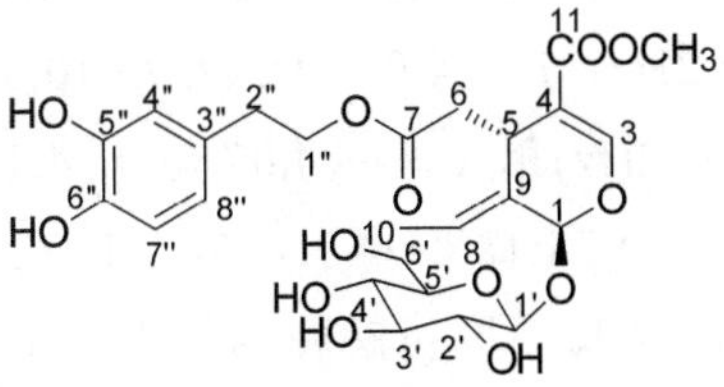

2-42

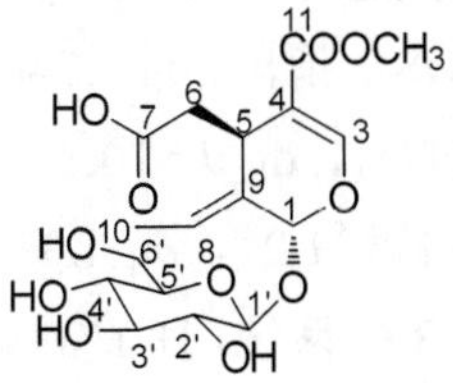

2-43

根据氢化学位移规律和偶合分裂情况，$\delta_H$ 5.91(1H, s)归属 H-1(缩醛质子)，$\delta_H$ 7.47(1H, s)归属 H-3(连氧碳双键质子)，$\delta_H$ 3.67(3H, s)归属 $OCH_3$。H-H COSY 指出，$\delta_H$ 6.01(1H, q, $J$ = 6.8Hz)与 $\delta_H$ 1.64(3H, d, $J$=6.8Hz)相关，表明 $\delta_H$ 6.01、1.64 分别归属 H-8、H-10；$\delta_H$ 2.39(1H, dd, $J$ = 14.0Hz、9.6Hz)与 $\delta_H$ 2.70(1H, dd, $J$ = 14.0Hz、4.0Hz)、$\delta_H$ 3.94(1H, dd, $J$ = 9.6Hz、4.0Hz)相关，$\delta_H$ 2.70 与 $\delta_H$ 3.94 相关，表明 $\delta_H$ 2.39、2.70、3.94 分别归属 H-6a、H-6b、H-5，H-6a、H-6b、H-5 构成 ABX 系统。通过 HMQC 确证 $\delta_C$ 94.3(叔碳)、154.1(叔碳)、31.1(叔碳)、40.4(仲碳)、124.0(叔碳)、13.3(伯碳)、51.4(伯碳)分别归属 C-1、C-3、C-5、C-6、C-8、C-10、C-$OCH_3$。HMBC 指出，$\delta_C$ 108.7(季碳)与 $\delta_H$ 2. 39(H-6a)、2.70(H-6b)、3.94(H-5)、7.47(H-3)相关，$\delta_C$ 171.6(季碳)与 $\delta_H$ 2.39(H-6a)、2.70(H-6b)、3.94(H-5)相关，$\delta_C$ 129.8(季碳)与 $\delta_H$ 1.64(H-10)、2.39(H-6a)、2.70(H-6b)、3.94(H-5)、6.01(H-8)相关，$\delta_C$ 167.1(季碳)与 $\delta_H$ 3.94(H-5)、7.47(H-3)相关，结合碳化学位移规律，综合考虑，表明 $\delta_C$ 108.7、171.6、129.8、167.1 分别归属 C-4、C-7、C-9、C-11。

根据氢化学位移规律和偶合分裂情况，$\delta_H$ 4.87(1H, d, $J$ = 8.0Hz)归属 H-1′(缩醛质子)。H-H COSY 指出，$\delta_H$ 4.87(H-1′)与 $\delta_H$ 3.41~3.45(3H, m)相关，表明 $\delta_H$ 3.41~3.45(其中 1 个氢)归属 H-2′；$\delta_H$ 3.66(1H, dd, $J$ =11.6Hz、6.0Hz)与 $\delta_H$ 3.87(1H, d, $J$ = 11.6Hz)、3.41~3.45 相关，加之 $\delta_C$ 62.3(仲碳)与 $\delta_H$ 3.66、3.87 HMQC 相关，表明 $\delta_H$ 3.66、3.87 分别归属 H-6′a、H-6′b，$\delta_H$ 3.41~3.45(其中 1 个氢)归属 H-5′，$\delta_C$ 62.3 归属 C-6′；$\delta_H$ 3.55(1H, t, $J$ = 8.8Hz)与 $\delta_H$ 3.41~3.45 相关，表明 $\delta_H$ 3.41~3.45 中剩下的 1 个氢和 $\delta_H$ 3.55 归属 H-3′和 H-4′，H-3′和 H-4′归属的区分需要通过 HMQC 和 HMBC 进一步确定。$\delta_C$ 77.2(叔碳)与 $\delta_H$ 3.55 HMQC 相关；$\delta_C$ 77.2(叔碳)与 $\delta_H$ 4.87(H-1′)HMBC 相关，表明 $\delta_C$ 77.2 归属 C-3′，当然 $\delta_H$ 3.55 归属 H-3′。因此，$\delta_H$ 3.41~3.45(其中 1 个氢)归属 H-4′。HMQC 指出，$\delta_C$ 100.1(叔碳)与 $\delta_H$ 4.87(H-1′)相关，$\delta_C$ 74.1(叔碳)、70.9(叔碳)、77.4(叔碳)与 $\delta_H$ 3.41~3.45(H-2′、4′、5′)相关，表明 $\delta_C$ 100.1 归属 C-1′，$\delta_C$ 74.1、70.9、77.4 归属 C-2′、C-4′、C-5′，后者的归属区分需进一步确定；HMBC 指出，$\delta_C$ 70.9 与 $\delta_H$ 3.41~3.45 相关，$\delta_C$ 74.1 与 $\delta_H$ 3.55 (H-3′)、4.87(H-1′)相关，$\delta_C$ 77.4 与 $\delta_H$ 4.87(H-1′)相关，由于 $\delta_C$ 70.9 没有与 $\delta_H$ 4.87 (H-1′)相关，表明 $\delta_C$ 70.9 归属 C-4′，但 $\delta_C$ 74.1 和 77.4 的归属仍无法区分。参照例

2-37 数据，确定 $\delta_C$ 74.1 归属 C-2′，$\delta_C$ 77.4 归属 C-5′，进一步确定 $\delta_C$ 70.9 归属 C-4′。

H-H COSY 指出，$\delta_H$ 2.74(2H, t, *J* = 7.2Hz)与 $\delta_H$ 4.07(1H, dt, *J* =10.8Hz、7.2Hz、7.2Hz)、4.18(1H, dt, *J* =10.8Hz、7.2Hz、7.2Hz)相关，$\delta_H$ 4.07 与 $\delta_H$ 4.18 相关，表明 $\delta_H$ 2.74 归属 H-2″，$\delta_H$ 4.07 归属 H-1″a，$\delta_H$ 4.18 归属 H-1″b，H-1″a、H-1″b 和 H-2″构成 $ABX_2$ 系统，H-1″a 和 H-1″b 化学位移不同可解释为相距 4 个键距的 C-5 手性碳的影响所致；$\delta_H$ 6.56(1H, dd, J=8.0Hz、1.6Hz)与 $\delta_H$ 6.73(1H, d, *J* =1.6Hz)、6.74(1H, d, *J* = 8.0Hz)相关，表明 $\delta_H$ 6.56 归属 H-8″，$\delta_H$ 6.73 归属 H-4″，$\delta_H$ 6.74 归属 H-7″， H-4″、H-7″、H-8″构成 ABC 系统。通过 HMQC 确证 $\delta_C$ 65.9(仲碳)、34.6(仲碳)、116.5(叔碳)、115.8(叔碳)、120.7(叔碳)分别归属 C-1″、C-2″、C-4″、C-7″、C-8″。HMBC 指出，$\delta_C$ 130.0(季碳)与 $\delta_H$ 2.74(H-2″)、4.07(H-1″a)、4.18(H-1″b)、6.73(H-4″)、6.74(H-7″)相关，$\delta_C$ 144.1(季碳)与 $\delta_H$ 6.56(H-8″)、6.73(H-4″)、6.74(H-7″)相关，$\delta_C$ 145.4(季碳)与 $\delta_H$ 6.73(H-4″)、6.74(H-7″)相关，表明 $\delta_C$ 130.0、144.1、145.4 分别归属 C-3″、C-6″、C-5″。

NOESY 指出，$\delta_H$ 5.91(H-1)与 $\delta_H$ 2.39(H-6a)相关，证明橄榄苦苷 1 位碳上和 5 位碳上取代基为反式；$\delta_H$ 3.94(H-5)与 $\delta_H$ 1.64(H-10)相关，证明 9 位双键为反式(*E*)；上述结果与文献[62]报道一致(1*S*, 5*S*, 9*E*)。

文献[63]报道的化合物 jaspolyside(**2-43**)的 1 位和 5 位碳构型与橄榄苦苷不同，其 $\delta_H$ 6.27(1H, s, H-1)、3.70(1H, dd, *J* = 8.7Hz、3.3Hz, H-5)、5.70(1H, q, *J* =7.2Hz, H-8)和 $\delta$c 93.8(C-1)、132.6(C-9)、112.6(C-4)、33.8(C-5)与橄榄苦苷数据有明显差别，也可用来鉴定 C-1 和 C-5 的构型。

根据 H-1′的偶合常数 *J* = 8.0Hz，证明葡萄糖 1′位构型为($\beta$, D)。

橄榄苦苷的 $^1$H NMR 和 $^{13}$C NMR 详细解析数据分别见表 2-45 和表 2-46。

表 2-45 橄榄苦苷的 $^1$H NMR 数据($CD_3COCD_3$, 400MHz)

| 编号 | $\delta_H$ | *J*/Hz | H-H COSY | NOESY |
|---|---|---|---|---|
| 1 | 5.91s | | | 2.39(H-6a), 4.87(H-1′) |
| 3 | 7.47s | | | |
| 5 | 3.94dd | 9.6, 4.0 | 2.39(H-6a), 2.70(H-6b) | 1.64(H-10) |
| 6a | 2.39dd | 14.0, 9.6 | 2.70(H-6b), 3.94(H-5) | 5.91(H-1) |
| 6b | 2.70dd | 14.0, 4.0 | 2.39(H-6a), 3.94(H-5) | |
| 8 | 6.01q | 6.8 | 1.64(H-10) | |
| 10 | 1.64d | 6.8 | 6.01(H-8) | 3.94(H-5) |
| OMe | 3.67s | | | |
| 1′ | 4.87d | 8.0 | 3.41~3.45(H-2′) | 3.41~3.45(H-5′), 3.55(H-3′), 5.91(H-1) |

续表

| 编号 | $\delta_H$ | $J$/Hz | H-H COSY | NOESY |
| --- | --- | --- | --- | --- |
| 2′, 4′, 5′ | 3.41~3.45m | | 3.55(H-3′), 3.66(H-6a), 4.87(H-1′) | 4.87(H-1′) |
| 3′ | 3.55t | 8.8 | 3.41~3.45(H-2′,4′) | 4.87(H-1′) |
| 6′a | 3.66dd | 11.6, 6.0 | 3.87(H-6′b), 3.41~3.45(H-5′) | |
| 6′b | 3.87d | 11.6 | 3.66(H-6′a) | |
| 1″a | 4.07dt | 10.8, 7.2 | 4.18(H-1″b), 2.74(H-2″) | |
| 1″b | 4.18dt | 10.8, 7.2 | 4.07(H-1″a), 2.74(H-2″) | |
| 2″ | 2.74t | 7.2 | 4.07(H-1″a), 4.18(H-1″b) | |
| 4″ | 6.73d | 1.6 | 6.56(H-8″) | |
| 7″ | 6.74d | 8.0 | 6.56(H-8″) | |
| 8″ | 6.56 dd | 1.6, 8.0 | 6.73(H-4″), 6.74(H-7″) | |

**表 2-46 橄榄苦苷的 $^{13}C$ NMR 数据($CD_3COCD_3$, 100MHz)**

| 编号 | $\delta_C$ | DEPT | HMQC($\delta_H$) | HMBC($\delta_H$) |
| --- | --- | --- | --- | --- |
| 1 | 94.3 | CH | 5.91 | 3.94(H-5), 4.87(H-1′), 6.01(H-8), 7.47(H-3) |
| 3 | 154.1 | CH | 7.47 | 3.94(H-5) |
| 4 | 108.7 | C | | 2.39(H-6a), 2.70(H-6b), 3.94(H-5),7.47(H-3) |
| 5 | 31.1 | CH | 3.94 | 2.39(H-6a), 2.70(H-6b), 6.01(H-8), 7.47(H-3) |
| 6 | 40.4 | $CH_2$ | 2.39, 2.70 | 3.94(H-5) |
| 7 | 171.6 | C | | 2.39(H-6a), 2.70(H-6b), 3.94(H-5) |
| 8 | 124.0 | CH | 6.01 | 1.64(H-10), 3.94(H-5), 5.91(H-1) |
| 9 | 129.8 | C | | 1.64(H-10), 2.39(H-6a), 2.70(H-6b),3.94(H-5), 6.01(H-8) |
| 10 | 13.3 | $CH_3$ | 1.64 | 6.01(H-8) |
| 11 | 167.1 | C | | 3.94(H-5), 7.47(H-3) |
| OMe | 51.4 | $CH_3$ | 3.67 | |
| 1′ | 100.1 | CH | 4.87 | 3.41~3.45(H-2′, 5), 5.91(H-1) |
| 2′ | 74.1 | CH | 3.41~3.45 | 3.55(H-3′), 4.87(H-1′) |
| 3′ | 77.2 | CH | 3.55 | 3.41~3.45(H-2′, 4′, 5′), 4.87(H-1′) |
| 4′ | 70.9 | CH | 3.41~3.45 | 3.55(H-3′) |
| 5′ | 77.4 | CH | 3.41~3.45 | 4.87(H-1′) |
| 6′ | 62.3 | $CH_2$ | 3.66, 3.87 | |
| 1″ | 65.9 | $CH_2$ | 4.07, 4.18 | 2.74(H-2″) |
| 2″ | 34.6 | $CH_2$ | 2.74 | 4.07(H-1″a), 4.18(H-1″b), 6.56(H-8″),6.73(H-4″) |

续表

| 编号 | $\delta_C$ | DEPT | HMQC($\delta_H$) | HMBC($\delta_H$) |
|---|---|---|---|---|
| 3″ | 130.0 | C | | 2.74(H-2″), 4.07(H-1″a), 4.18(H-1″b),6.73(H-4″), 6.74(H-7″) |
| 4″ | 116.5 | CH | 6.73 | 2.74(H-2″), 6.56(H-8″) |
| 5″ | 145.4 | C | | 6.73(H-4″), 6.74(H-7″) |
| 6″ | 144.1 | C | | 6.56(H-8″), 6.73(H-4″), 6.74(H-7″) |
| 7″ | 115.8 | CH | 6.74 | 6.56(H-8″) |
| 8″ | 120.7 | CH | 6.56 | 2.74(H-2″), 6.73(H-4″), 6.74(H-7″) |

**例 2-35** 金花忍冬素的结构测定[64]

金花忍冬素(chrysathain, **2-44**)是从金花忍冬(*Lonicera chrysatha*)叶中分离得到的一个化合物。金花忍冬是金银花(原名忍冬，*Lonicara*)的一个种，金银花为传统中药，具有清热解毒功效，主治丹毒、痈肿、热毒等。

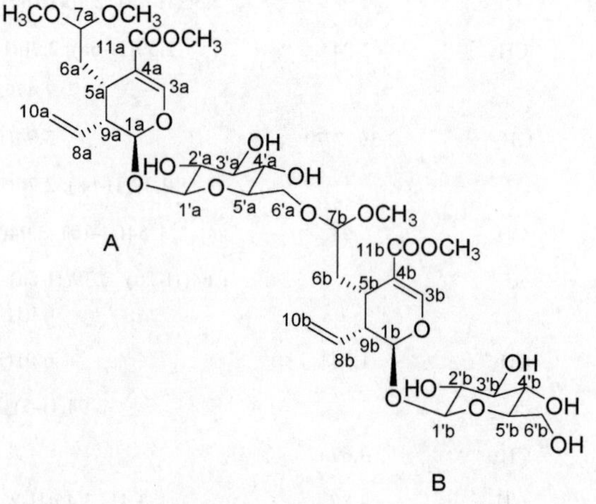

**2-44**

金花忍冬素的 $^{13}$C NMR 及 DEPT 谱显示共有 37 个碳，5 个伯碳：$\delta_C$ 51.8×2、52.8×2、53.9；6 个仲碳：$\delta_C$ 33.5、33.7、62.7、66.7、119.8、120.0；22 个叔碳：$\delta_C$ 29.3、29.7、45.2×2、71.4×2、74.5×2、77.0、77.7、77.9、78.2、97.8×2、100.1×2、104.0、104.4、135.6、135.7、153.3×2；4 个季碳：$\delta_C$ 111.7×2、169.2×2。结合其 $^1$H NMR 谱和 HMQC 可知该分子中有 5 个甲氧基 [($\delta_C$/$\delta_H$：51.8×2/3.71×2，

52.8×2/(3.30、3.32)，53.9/3.28)]；2 个末端双键 [$\delta_C/\delta_H$: 119.8/(5.26、5.32)，120.0/(5.28、5.32)，135.6/5.70，135.7/5.73]；2 个连氧的环内双键($\delta_C/\delta_H$：153.3×2/7.45×2, $\delta_C$111.7×2)；6 个缩醛碳及其相连质子 [$\delta_C/\delta_H$：97.8×2/(5.47、5.53)，104.0/4.64，104.4/4.48，另加 2 个葡萄糖 C-1 和 H-1 数据(见下)]；2 个酯羰基($\delta_C$ 169.2×2)；2 个葡萄糖[$\delta_C/\delta_H$：100.1×2/(4.68、4.70)，74.5×2/(3.25、3.26)，77.9/3.36，78.2/3.36，71.4×2/(3.24、3.38)，77.0/3.43，77.7/3.36，62.7/(3.70、3.93)，66.7/(3.61、3.90)]。上述 2 个末端双键 C-H、H-H 之间的关系由 HMBC [$\delta_C/\delta_H$：135.6/(5.28、5.32)，135.7/(5.26、5.32)]和 H-H COSY [$\delta_H/\delta_H$: 5.70/(5.28、5.32)，5.73/(5.26、5.32)]进一步指出，2 个连氧环内双键 C-H 之间的关系也由 HMBC($\delta_C/\delta_H$：111.7×2/7.45×2)进一步指出。综上，再结合高分辨质谱测定的分子式 $C_{37}H_{56}O_{21}$(不饱和度为 10)，可初步推断金花忍冬素为一个二聚体裂环环烯醚萜苷。

$\delta_C$ 97.8×2 和 $\delta_H$ 5.47、5.53, $\delta_C$ 153.3×2 和 $\delta_H$ 7.45×2, $\delta_C$ 111.7×2, $\delta_C$ 29.3、29.7 和 $\delta_H$ 2.93、2.94, $\delta_C$ 33.5、33.7 和 $\delta_H$ 1.75、2.04、1.64、2.00, $\delta_C$ 135.6、135.7 和 $\delta_H$ 5.70、5.73, $\delta_C$ 45.2×2 和 $\delta_H$ 2.66、2.70, $\delta_C$ 119.8、120.0 和 $\delta_H$ 5.26、5.32、5.28、5.32 分别为 2 个裂环环烯醚萜的 1、3、4、5、6、8、9、10-位的碳和氢化学位移，符合裂环环烯醚萜主要碳、氢化学位移规律，通过它们之间的 H-H COSY、HMQC、HMBC 确证了它们的归属，进一步证明金花忍冬素为 1 个二聚体裂环环烯醚萜苷。

$\delta_C$ 104.0、104.4 和 $\delta_H$ 4.48、4.64 属于缩醛的碳、氢化学位移范围，推测为 2 个裂环环烯醚萜苷的 7-位碳、氢，其中一个 7-位碳连有 2 个甲氧基，另一个 7-位碳连有 1 个甲氧基和一个葡萄糖氧。HMBC 指出，$\delta_C$ 104.4 与 $\delta_H$(3.30、3.32)、$\delta_C$ 104.0 与 $\delta_H$(3.28、3.61、3.90)、$\delta_C$ 66.7 与 $\delta_H$ 4.64 相关，证实了上述结论。且证明第 2 个裂环环烯醚萜苷(B)的 7-位碳连在第 1 个裂环环烯醚萜苷(A)葡萄糖 6-位氧上，这也可以由 A 的葡萄糖 6-位碳化学位移为 $\delta_C$ 66.7，B 的葡萄糖 6-位碳化学位移为 $\delta_C$ 62.7，A 发生了配糖效应得到说明。

金花忍冬素的 C-1a、C-5a、C-9a 的立体构型可以通过 H-1a、H-5a、H-8a(或 H-10a)之间的 NOESY 相关，确定 H-1a、H-5a、H-9a 的立体取向；C-1b、C-5b、C-9b 的立体构型可以通过 H-1b、H-5b、H-8b(或 H-10b)之间的 NOESY 相关，确定 H-1b、H-5b、H-9b 的立体取向。由于原始文献没有给出有关数据，相关立体构型的确定仅是参考有关文献而定。

金花忍冬素的 NMR 详细归属数据见表 2-47。

表 2-47　金花忍冬素的 NMR 数据($CD_3OD$, 400MHz/H)

| 编号 | $\delta_C$ | $\delta_H$($J$/Hz) | 编号 | $\delta_C$ | $\delta_H$($J$/Hz) |
|---|---|---|---|---|---|
| 1a | 97.8 | 5.53d(4.0) | 1b | 97.8 | 5.47d(4.0) |
| 3a | 153.3 | 7.45s | 3b | 153.3 | 7.45s |
| 4a | 111.7 | | 4b | 111.7 | |
| 5a | 29.3 | 2.94dt(8.4, 6.4, 6.4) | 5b | 29.7 | 2.93dt(8.4, 6.4, 6.4) |
| 6a | 33.7 | 2.00ddd(6.4, 7.8, 12.4)<br>1.64ddd(6.4, 7.8, 12.4) | 6b | 33.5 | 2.04ddd(6.4, 7.8, 11.9)<br>1.75ddd(6.4, 7.8, 11.9) |
| 7a | 104.4 | 4.48t(7.8) | 7b | 104.0 | 4.64t(7.8) |
| 8a | 135.7 | 5.73m | 8b | 135.6 | 5.70m |
| 9a | 45.2 | 2.70m | 9b | 45.2 | 2.66m |
| 10a | 119.8 | 5.26brd(10.0)<br>5.32brd(16.4) | 10b | 120.0 | 5.28brd(10.0)<br>5.32brd(16.4) |
| 11a | 169.2 | | 11b | 169.2 | |
| $OCH_3$-11a | 51.8 | 3.71s | $OCH_3$-11b | 51.8 | 3.71s |
| $OCH_3$-7a | 52.8 | 3.30s | $OCH_3$-7b | 53.9 | 3.28s |
| $OCH_3$-7a | 52.8 | 3.32s | | | |
| 1′a | 100.1 | 4.70d(5.6) | 1′b | 100.1 | 4.68d(5.6) |
| 2′a | 74.5 | 3.26m | 2′b | 74.5 | 3.25m |
| 3′a | 78.2* | 3.36m | 3′b | 77.9** | 3.36m |
| 4′a | 71.4 | 3.24m | 4′b | 71.4 | 3.38m |
| 5′a | 77.7* | 3.36m | 5′b | 77.0** | 3.43m |
| 6′a | 66.7 | 3.90m, 3.61m | 6′b | 62.7 | 3.93m, 3.70m |

*，** 相同标记的归属可互换。

**例 2-36**　HMQC 和 HMBC 在苯乙醇酯裂环环烯醚萜苷结构测定中的应用[65-68]

在苯乙醇酯裂环环烯醚萜苷中，其苯环上 6 个碳的归属文献中常出现错误，从而导致化合物结构测定的错误。根据偶合常数大小和峰分裂数目可以很容易将 H-4″、H-7″、H-8″明确归属，利用 HMQC 和 HMBC 实验可以很容易地将苯环 6 个碳的归属确定。然后再利用糖苷中碳化学位移配糖效应确定葡萄糖在苯环上的取代位置，下面举例说明。

化合物橄榄苦苷(**2-42**)、6″-*O*-*β*-D-glucopyranosyloleuropein(**2-45**)、angustifolioside A(**2-46**)、insularoside(**2-47**)、insularoside-6″-*O*-*β*-D-glucoside(**2-48**)、10-hydroxyoleuropein(**2-49**)、multriroside(**2-50**)的三取代苯环碳化学位移通过 HMQC 和 HMBC 实验，其明确归属和配糖效应分别见表 2-48 和表 2-49。

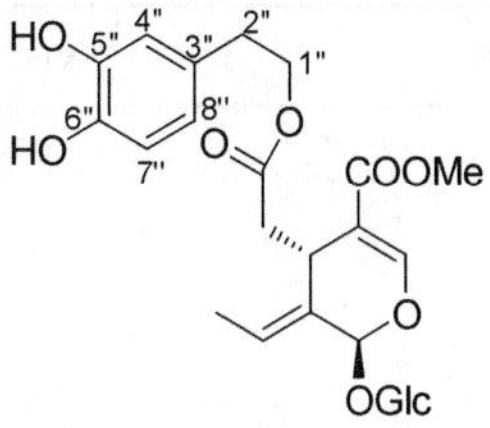

2-42 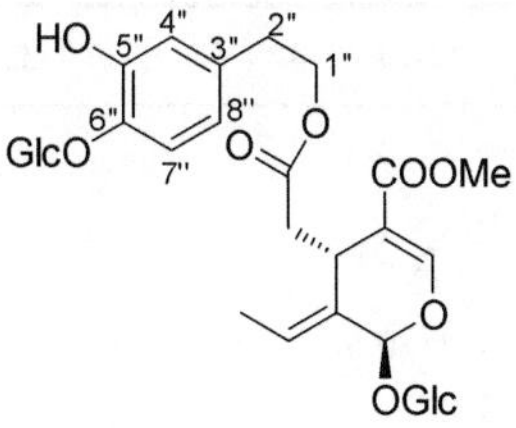　2-45 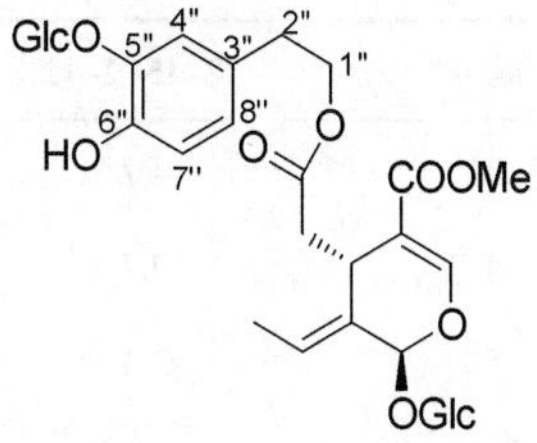　2-46

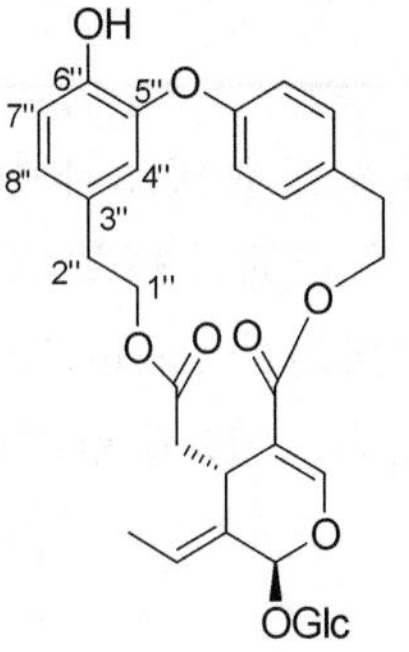

2-47 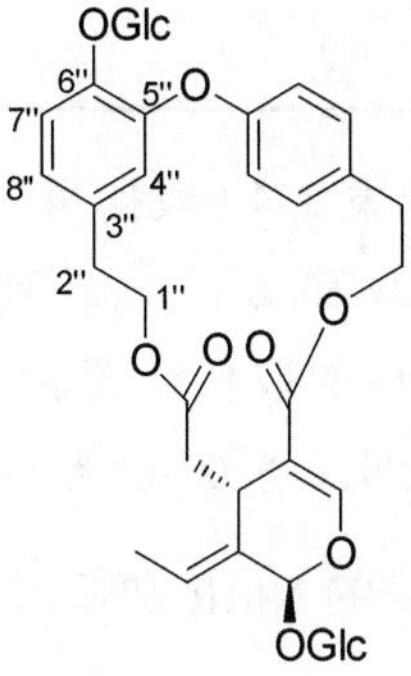　2-48

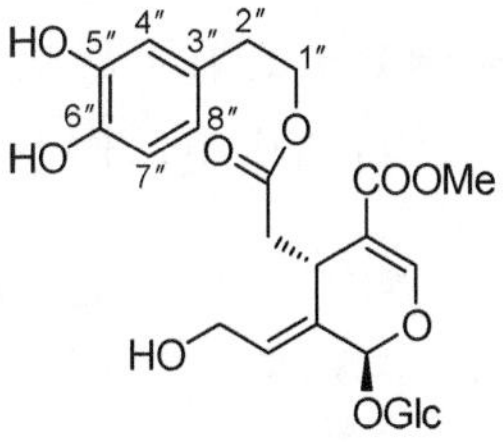

2-49 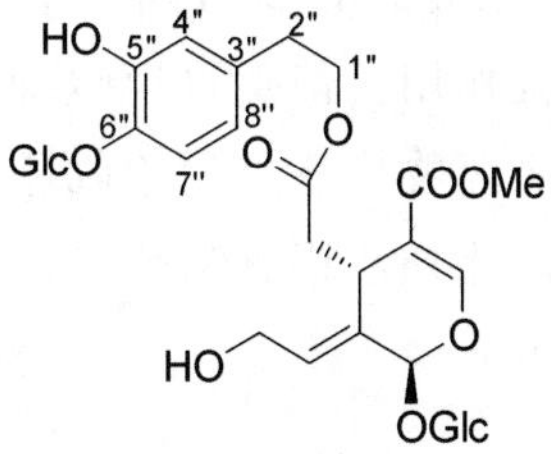　2-50

表 2-48　化合物 2-42、2-45～2-50 三取代苯环 $^{13}C$ 化学位移($CD_3OD$)

| 编号 | 2-42[65] | 2-45[65] | 2-46[66] | 2-47[67] | 2-48[67] | 2-49[68] | 2-50[68] |
|---|---|---|---|---|---|---|---|
| 3″ | 130.7 | 135.4 | 131.0 | 132.3 | 135.6 | 130.8 | 135.2 |
| 4″ | 117.1 | 117.8 | 119.7* | 120.1 | 120.3 | 117.0** | 117.1 |
| 5″ | 146.2 | 148.6 | 146.7 | 147.1 | 149.3 | 146.0 | 148.3*** |
| 6″ | 144.9 | 145.6 | 147.2 | 147.7 | 147.9 | 144.7 | 145.4*** |
| 7″ | 116.4 | 119.5 | 117.2* | 117.8 | 119.2 | 116.4** | 119.3 |
| 8 ″ | 121.3 | 121.5 | 125.4 | 125.0 | 124.8 | 121.3 | 121.5 |

*，**，*** 对原文献二数据通过 HMQC 和 HMBC 实验进行了互换修正。

表 2-49　化合物 **2-42**、**2-45**～**2-50** 三取代苯环 $^{13}$C 化学位移配糖效应

| 编号 | Δ2-45−2-42 | Δ2-46−2-42 | Δ2-48−2-47 | Δ2-50−2-49 |
|---|---|---|---|---|
| 3″ | 4.7 | 0.3 | 3.3 | 4.4 |
| 4″ | 0.7 | 2.6 | 0.2 | 0.1 |
| 5″ | 2.4 | 0.5 | 2.2 | 2.3 |
| 6″ | 0.7 | 2.3 | 0.2 | 0.7 |
| 7″ | 3.1 | 0.8 | 1.4 | 2.9 |
| 8″ | 0.2 | 4.1 | −0.2 | 0.2 |

由表 2-48 和表 2-49 数据可以看出，葡萄糖在三取代苯环中的取代使邻、对位化学位移向低场移动。此配糖效应规律与黄酮苷的配糖效应一致。根据配糖效应可明确葡萄糖的取代位置。同时对文献[66]报道的 angustifolioside A 的结构为 **2-45** 进行了纠正，将 6″-*O*-葡萄糖取代基修正为 5″-*O*-葡萄糖取代基，即 **2-46**。

**例 2-37**　马钱素的 NMR 数据解析[69]

中药山茱萸(*Cornus officinalis*)是山茱萸科植物山茱萸的果实，中医常用作补肾药。马钱素(loganin, **2-51**)是中药山茱萸中的重要活性成分。具有对非特异性免疫功能有增强作用，能促进巨噬细胞吞噬功能，延缓衰老。有良好生物活性，作为新型抗癌类药物广泛应用于临床。有良好的抗炎、抗菌作用，作为常用的中成药原料添加。此外，还有镇咳、祛痰等作用。

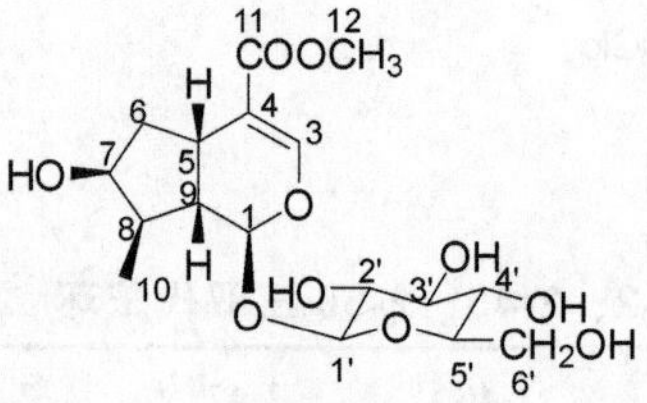

**2-51**

马钱素的 $^{13}$C NMR 显示 17 条碳峰，表明其含有 17 个碳。DEPT 显示，2 个伯碳：$\delta_C$ 12.37、52.18；2 个仲碳：$\delta_C$ 40.70、61.05；11 个叔碳：$\delta_C$ 30.21、40.46、45.29、69.94、73.03、74.68、76.03、76.70、97.03、98.98、151.28；2 个季碳：$\delta_C$ 113.46、170.40。

根据氢化学位移规律和偶合分裂情况，$\delta_H$ 5.31(1H, d, $J$ = 3.6Hz)归属 H-1。H-H COSY 指出，$\delta_H$ 5.31(H-1)与 $\delta_H$ 2.04(1H, dt, $J$ = 3.6Hz、7.9Hz、7.9Hz)相关，$\delta_H$ 2.04

与 $\delta_H$1.82(1H, m)、2.99(1H, q, $J$ = 7.9Hz、7.9Hz、7.9Hz)相关，$\delta_H$ 2.99 与 $\delta_H$1.65(1H, dt, $J$ = 14.5Hz、7.9Hz、7.9Hz)、2.11(1H, ddd, $J$ = 14.5Hz、7.9Hz、1.4Hz)相关，$\delta_H$1.82 与 $\delta_H$ 0.99(3H, d, $J$ = 6.9Hz)、4.06(1H, dt, $J$ = 1.4Hz、7.9Hz、7.9Hz)相关，$\delta_H$1.65 与 $\delta_H$ 2.11、4.06 相关，$\delta_H$ 2.11 与 $\delta_H$ 4.06 相关，加之 $\delta_C$ 40.70(仲碳)与 $\delta_H$1.65、2.11 HSQC 相关，表明 $\delta_H$ 5.31、2.04、1.82、2.99、1.65、2.11、0.99、4.06 组成一个大的自旋偶合系统，$\delta_H$ 2.04、1.82、2.99、0.99、4.06 分别归属 H-9、H-8、H-5、H-10、H-7, $\delta_H$ 1.65、2.11 是同碳上的 2 个氢，分别归属 H-6a、H-6b，$\delta_C$ 40.70 归属 C-6。

根据氢化学位移规律和偶合分裂情况，$\delta_H$ 7.35(1H, s)归属 H-3, $\delta_H$ 3.65(3H, s)归属 H-12。根据碳化学位移规律，$\delta_C$113.46(季碳)归属 C-4, $\delta_C$170.40(季碳)归属 C-11。

HSQC 指出，叔碳 $\delta_C$ 97.03 与 $\delta_H$ 5.31(H-1)、$\delta_C$ 151.28 与 $\delta_H$ 7.35(H-3)、$\delta_C$ 30.21 与 $\delta_H$ 2.99(H-5)、$\delta_C$ 74.68 与 $\delta_H$ 4.06(H-7)、$\delta_C$ 40.46 与 $\delta_H$ 1.82(H-8)、$\delta_C$ 45.29 与 $\delta_H$ 2.04(H-9)相关，伯碳 $\delta_C$ 12.37 与 $\delta_H$ 0.99(H-10)、$\delta_C$ 52.18 与 $\delta_H$ 3.65(H-12)相关，表明 $\delta_C$ 97.03、151.28、30.21、74.68、40.46、45.29、12.37、52.18 分别归属 C-1、C-3、C-5、C-7、C-8、C-9、C-10、C-12。

根据氢化学位移规律和偶合分裂情况，$\delta_H$ 4.71(1H, d, $J$ = 9.2Hz)归属 H-1′。H-H COSY 指出，$\delta_H$ 4.71(H-1′)与 $\delta_H$ 3.20(1H, t, $J$ = 9.2Hz、9.2Hz)相关，$\delta_H$ 3.20 与 $\delta_H$ 3.42(1H, t, $J$ = 9.2Hz、9.2Hz)相关，$\delta_H$ 3.42 与 $\delta_H$ 3.32(1H, t, $J$ = 9.2Hz、9.2Hz)相关，$\delta_H$ 3.32 与 $\delta_H$ 3.41(1H, m)相关，$\delta_H$ 3.41 与 $\delta_H$ 3.64(1H, dd, $J$ = 6.0Hz、12.4Hz)、3.84(1H, dd, $J$=1.8Hz、12.4Hz)相关，$\delta_H$ 3.64 与 $\delta_H$ 3.84 相关，表明 $\delta_H$ 4.71、3.20、3.42、3.32、3.41、3.64、3.84 组成一个大的自旋偶合系统，分别归属 H-1′、H-2′、H-3′、H-4′、H-5′、H-6′a、H-6′b。

HSQC 指出，叔碳 $\delta_C$ 98.98 与 $\delta_H$ 4.71(H-1′)、$\delta_C$ 73.03 与 $\delta_H$ 3.20(H-2′)、$\delta_C$ 76.03 与 $\delta_H$ 3.42(H-3′)、$\delta_C$ 69.94 与 $\delta_H$ 3.32(H-4′)、$\delta_C$ 76.70 与 $\delta_H$ 3.41(H-5′)相关，仲碳 $\delta_C$ 61.05 与 $\delta_H$ 3.64(H-6′a)、3.84(H-6′b)相关，表明 $\delta_C$ 98.98、73.03、76.03、69.94、76.70、61.05 分别归属 C-1′、C-2′、C-3′、C-4′、C-5′、C-6′。

HMBC 指出，$\delta_C$ 98.98(C-1′)与 $\delta_H$ 5.31(H-1)、$\delta_C$ 97.03(C-1)与 $\delta_H$ 4.71(H-1′)相关，表明马钱素的苷元与葡萄糖是 1-O-1′相连。

NOESY 指出，$\delta_H$ 5.31(H-1)与 $\delta_H$1.65(H-6a)、1.82(H-8)、4.06(H-7)相关，表明 H-1、H-6a、H-8、H-7 在苷元九元环的同一侧，$\alpha$-取向；$\delta_H$ 0.99(H-10)与 $\delta_H$ 2.04(H-9)、2.11(H-6b)、2.99(H-5)相关，在苷元九元环的另一侧，$\beta$-取向。

马钱素的 $^1$H NMR 和 $^{13}$C NMR 详细解析数据分别见表 2-50 和表 2-51。

表 2-50 马钱素的 $^1$H NMR 数据($D_2O$, 400MHz)①

| 编号 | $\delta_H$ | $J$/Hz | H-H COSY | NOESY |
|---|---|---|---|---|
| 1 | 5.31d | 3.6 | 2.04(H-9) | 1.65(H-6a), 1.82(H-8), 4.06(H-7) |
| 3 | 7.35s | | | |
| 5 | 2.99q | 7.9, 7.9, 7.9 | 1.65(H-6a), 2.04(H-9), 2.11(H-6b) | 0.99(H-10) |
| 6a($\alpha$) | 1.65dt | 14.5, 7.9, 7.9 | 2.11(H-6b), 2.99(H-5), 4.06(H-7) | 1.82(H-8), 5.31(H-1) |
| 6b($\beta$) | 2.11ddd | 14.5, 7.9, 1.4 | 1.65(H-6a), 2.99(H-5), 4.06(H-7) | 0.99(H-10), 2.04(H-9) |
| 7 | 4.06dt | 1.4, 7.9, 7.9 | 2.11(H-6b), 1.65(H-6a), 1.82(H-8) | 5.31(H-1) |
| 8 | 1.82m | | 0.99(H-10), 2.04(H-9), 4.06(H-7) | 1.65(H-6a), 5.31(H-1) |
| 9 | 2.04dt | 3.6, 7.9, 7.9 | 5.31(H-1), 1.82(H-8), 2.99(H-5) | 0.99(H-10), 2.11(H-6b) |
| 10 | 0.99d | 6.9 | 1.82(H-8) | 2.04(H-9), 2.11(H-6b), 2.99(H-5) |
| 12 | 3.65s | | | |
| 1′ | 4.71d | 9.2 | 3.20(H-2′) | |
| 2′ | 3.20t | 9.2, 9.2 | 3.42(H-3′), 4.71(H-1′) | |
| 3′ | 3.42t | 9.2, 9.2 | 3.20(H-2′), 3.32(H-4′) | |
| 4′ | 3.32t | 9.2, 9.2 | 3.41(H-5′), 3.42(H-3′) | |
| 5′ | 3.41m | | 3.32(H-4′), 3.64(H-6′a), 3.84(H-6′b) | |
| 6′a | 3.64dd | 6.0, 12.4 | 3.41(H-5′), 3.84(H-6′b) | |
| 6′b | 3.84dd | 1.8, 12.4 | 3.41(H-5′), 3.64(H-6′a) | |

① 本实验室数据。

表 2-51 马钱素的 $^{13}$C NMR 数据($D_2O$, 100 MHz)①

| 编号 | $\delta_C$ | DEPT | HSQC($\delta_H$) | HMBC($\delta_H$) |
|---|---|---|---|---|
| 1 | 97.03 | CH | 5.31 | 1.82(H-8), 2.04(H-9), 2.99(H-5), 4.71(H-1′), 7.35(H-3) |
| 3 | 151.28 | CH | 7.35 | 2.99(H-5), 5.31(H-1) |
| 4 | 113.46 | C | | 1.65(H-6a), 2.04(H-9), 2.11(H-6b), 2.99(H-5), 3.65(H-12), 7.35(H-3) |
| 5 | 30.21 | CH | 2.99 | 1.65(H-6a), 2.04(H-9)，2.11(H-6b), 4.06(H-7), 5.31(H-1), 7.35(H-3) |

续表

| 编号 | $\delta_C$ | DEPT | HSQC($\delta_H$) | HMBC($\delta_H$) |
|---|---|---|---|---|
| 6 | 40.70 | $CH_2$ | 1.65, 2.11 | 1.82(H-8), 2.99(H-5) |
| 7 | 74.68 | CH | 4.06 | 0.99(H-10), 2.11(H-6b), 2.99(H-5) |
| 8 | 40.46 | CH | 1.82 | 0.99(H-10), 1.65(H-6a), 2.04(H-9), 2.11(H-6b), 2.99(H-5), 5.31(H-1) |
| 9 | 45.29 | CH | 2.04 | 0.99(H-10), 1.65(H-6a), 1.82(H-8), 2.11(H-6b), 2.99(H-5), 4.06(H-7) |
| 10 | 12.37 | $CH_3$ | 0.99 | 1.82(H-8), 2.04(H-9) |
| 11 | 170.40 | C | | 2.99(H-5), 3.65(H-12), 7.35(H-3) |
| 12 | 52.18 | $CH_3$ | 3.65 | |
| 1′ | 98.98 | CH | 4.71 | 3.20(H-2′), 3.41(H-5′), 3.42(H-3′), 5.31(H-1) |
| 2′ | 73.03 | CH | 3.20 | 3.32(H-4′), 3.42(H-3′), 4.71(H-1′) |
| 3′ | 76.03 | CH | 3.42 | 3.20(H-2′), 3.32(H-4′), 3.41(H-5′), 4.71(H-1′) |
| 4′ | 69.94 | CH | 3.32 | 3.41(H-5′), 3.42(H-3′), 3.64(H-6′a), 3.84(H-6′b) |
| 5′ | 76.70 | CH | 3.41 | 3.32(H-4′), 3.64(H-6′a), 4.71(H-1′) |
| 6′ | 61.05 | $CH_2$ | 3.64, 3.84 | 3.32(H-4′), 3.41(H-5′) |

① 本实验室数据。

## 例 2-38 7α-莫诺苷和 7β-莫诺苷的 NMR 数据解析与结构研究[70,71]

7α-莫诺苷(7α-morroniside, **2-52**)、7β-莫诺苷(7β-morroniside, **2-53**)是中药山茱萸(*Cornus officinalis*)中的重要活性成分，由于二者是半缩醛异构体，NMR 检测时，二者处于动态平衡状态，给二者 NMR 数据解析带来困难。

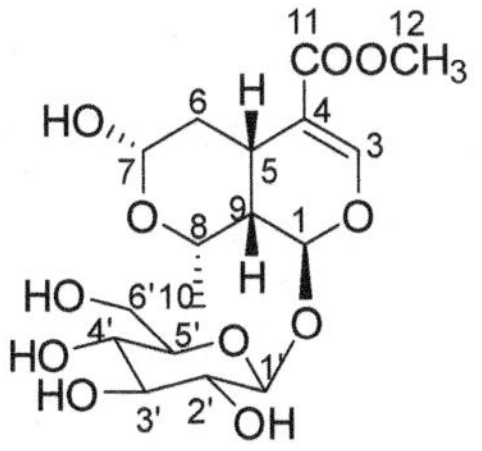

**2-52** 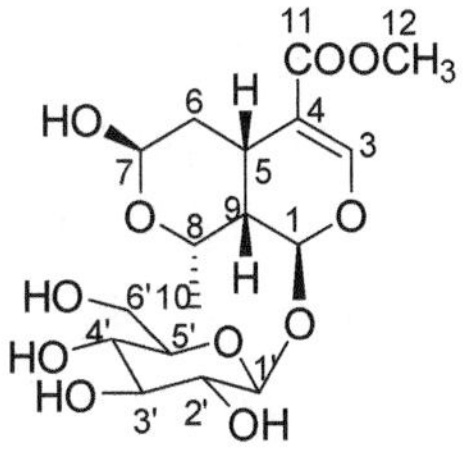　　**2-53**

7α-莫诺苷的 $^{13}C$ NMR 显示 17 条碳峰，表明其含有 17 个碳。DEPT 显示，2 个伯碳：$\delta_C$ 19.73、51.84；2 个仲碳：$\delta_C$ 35.63、62.96；11 个叔碳：$\delta_C$ 31.88、40.14、71.75、74.30、75.05、77.96、78.42、95.92、100.03、103.72、154.57；2 个季碳：

$\delta_C$ 110.74、168.68。

根据氢化学位移规律和偶合分裂情况，$\delta_H$ 5.81(1H, d, $J$ = 9.2Hz)归属 H-1。H-H COSY 指出，$\delta_H$ 5.81(H-1)与 $\delta_H$ 1.78(1H，m)相关，$\delta_H$ 1.78 与 $\delta_H$ 2.82(1H, m)、3.97(1H, m)相关，$\delta_H$ 2.82 与 $\delta_H$1.20(1H, m)、2.03(1H, m)相关，$\delta_H$ 3.97 与 $\delta_H$ 1.40(3H, d, $J$ = 6.9Hz)相关，$\delta_H$ 1.20 与 $\delta_H$ 4.66(1H, dd, $J$ = 11.2Hz、3.9Hz)相关，$\delta_H$ 2.03 与 $\delta_H$ 4.66 相关，$\delta_H$ 1.20 与 $\delta_H$ 2.03 相关，加之 $\delta_C$ 35.63(仲碳)与 $\delta_H$ 1.20、2.03 HSQC 相关；表明 $\delta_H$ 5.81、1.78、2.82、3.97、1.20、2.03、1.40、4.66 组成一个大的自旋偶合系统，$\delta_H$ 1.78、2.82、3.97、1.40、4.66 分别归属 H-9、H-5、H-8、H-10、H-7, $\delta_H$ 1.20、2.03 是同碳上的 2 个氢，分别归属 H-6a、H-6b，$\delta_C$ 35.63 归属 C-6。

根据氢化学位移规律和偶合分裂情况，$\delta_H$ 7.51(1H, s)归属 H-3, $\delta_H$ 3.69(3H, s)归属 H-12。根据碳化学位移规律，$\delta_C$ 110.74(季碳)归属 C-4, $\delta_C$ 168.68(季碳)归属 C-11。

HSQC 指出，叔碳 $\delta_C$ 95.92 与 $\delta_H$ 5.81(H-1)、$\delta_C$ 154.57 与 $\delta_H$ 7.51(H-3)、$\delta_C$ 31.88 与 $\delta_H$ 2.82(H-5)、$\delta_C$ 103.72 与 $\delta_H$ 4.66(H-7)、$\delta_C$ 75.05 与 $\delta_H$ 3.97(H-8)、$\delta_C$ 40.14 与 $\delta_H$ 1.78(H-9)相关，伯碳 $\delta_C$ 19.73 与 $\delta_H$ 1.40(H-10)、$\delta_C$ 51.84 与 $\delta_H$ 3.69(H-12)相关，表明 $\delta_C$ 95.92、154.57、31.88、103.72、75.05、40.14、19.73、51.84 分别归属 C-1、C-3、C-5、C-7、C-8、C-9、C-10、C-12。

根据氢化学位移规律和偶合分裂情况，$\delta_H$ 4.78(1H, d, $J$ = 8.4Hz)归属 H-1′，$\delta_H$ 3.67(1H, dd, $J$ = 6.0Hz、9.9Hz)、3.87(1H, d, $J$ = 9.9Hz)分别归属 H-6′a、H-6′b。H-H COSY 指出，$\delta_H$ 4.78(H-1′)与 $\delta_H$ 3.22(1H, t, $J$ = 8.4Hz)相关，$\delta_H$ 3.22 与 $\delta_H$ 3.37(1H, t, $J$ = 8.4Hz)相关，$\delta_H$ 3.37、3.67(H-6′a)、3.87(H-6′b)均与 $\delta_H$ 3.27~3.34(2H,m)相关，综合考虑，表明 $\delta_H$ 3.22、3.37、3.27~3.34 分别归属 H-2′、H-3′、H-4′,5′。

HSQC 指出，叔碳 $\delta_C$ 100.03 与 $\delta_H$ 4.78(H-1′)、$\delta_C$ 74.30 与 $\delta_H$ 3.22(H-2′)、$\delta_C$ 77.96/$\delta_H$ 3.37(H-3′)、$\delta_C$ 71.75 与 $\delta_H$ 3.27~3.34(H-4′,5′)、$\delta_C$ 78.42 与 $\delta_H$ 3.27~3.34 (H-4′,5′)相关，仲碳 $\delta_C$ 62.96 与 $\delta_H$ 3.67(H-6′a)、3.87(H-6′b)相关，表明 $\delta_C$ 100.03、74.30、77.96、62.96 分别归属 C-1′、C-2′、C-3′、C-6′，$\delta_C$ 71.75 和 78.42 归属 C-4′、C-5′(归属无法区分，可通过 HMBC 进一步区分)。HMBC 指出，$\delta_C$ 78.42 与 $\delta_H$ 4.78 (H-1′)相关，$\delta_C$ 71.75 不与 $\delta_H$ 4.78 相关，表明 $\delta_C$ 78.42 归属 C-5′，$\delta_C$ 71.75 归属 C-4′。

HMBC 指出，$\delta_C$ 100.03(C-1′)与 $\delta_H$ 5.81(H-1)、$\delta_C$ 95.92(C-1)与 $\delta_H$4.78(H-1′)相关，表明 7$\alpha$-莫诺苷的苷元与葡萄糖是 1-O-1′相连。

NOESY 指出，$\delta_H$ 5.81(H-1)与 $\delta_H$ 1.20(H-6a)、1.40(H-10)相关，表明 H-1、H-6a、H-10 在苷元 10 元环的同一侧($\alpha$)；$\delta_H$ 2.82(H-5)与 $\delta_H$ 3.97(H-8)相关，$\delta_H$ 4.66(H-7)与 $\delta_H$ 3.97(H-8)相关，$\delta_H$ 1.78(H-9)与 $\delta_H$ 2.03(H-6b)相关，表明 H-5、H-6b、H-7、H-8、H-9 在苷元 10 元环的另一侧($\beta$)。

7α-莫诺苷的 $^{1}$H NMR 和 $^{13}$C NMR 详细解析数据分别见表 2-52 和表 2-53。

表 2-52 7α-莫诺苷的 $^{1}$H NMR 数据($CD_3OD$, 400 MHz)[①]

| 编号 | $\delta_H$ | J/Hz | H-H COSY | NOESY |
|---|---|---|---|---|
| 1 | 5.81d | 9.2 | 1.78(H-9) | 1.20(H-6a), 1.40(H-10) |
| 3 | 7.51s | | | |
| 5 | 2.82m | | 1.20(H-6a), 1.78(H-9), 2.03(H-6b) | 3.97(H-8) |
| 6a(α) | 1.20m | | 2.03(H-6b), 2.82(H-5), 4.66(H-7) | 5.81(H-1) |
| 6b(β) | 2.03m | | 1.20(H-6a), 2.82(H-5), 4.66(H-7) | 1.78(H-9) |
| 7 | 4.66dd | 11.2, 3.9 | 1.20(H-6a), 2.03(H-6b) | 3.97(H-8) |
| 8 | 3.97m | | 1.40(H-10), 1.78(H-9) | 2.82(H-5), 4.66(H-7) |
| 9 | 1.78m | | 3.97(H-8), 2.82(H-5), 5.81(H-1) | 2.03(H-6b) |
| 10 | 1.40d | 6.9 | 3.97(H-8) | 5.81(H-1) |
| 12 | 3.69s | | | |
| 1′ | 4.78d | 8.4 | 3.22(H-2′) | |
| 2′ | 3.22t | 8.4 | 3.37(H-3′), 4.78(H-1′) | |
| 3′ | 3.37t | 8.4 | 3.22(H-2′), 3.27~3.34(H-4′) | |
| 4′, 5′ | 3.27~3.34m | | 3.37(H-3′), 3.67(H-6′a) | |
| 6′a | 3.67dd | 6.0, 9.9 | 3.27~3.34(H-5′), 3.87(H-6′b) | |
| 6′b | 3.87d | 9.9 | 3.67(H-6′a) | |

① 本实验室数据。

表 2-53 7α-莫诺苷的 $^{13}$C NMR 数据($CD_3OD$, 100MHz)[①]

| 编号 | $\delta_C$ | DEPT | HSQC($\delta_H$) | HMBC($\delta_H$) |
|---|---|---|---|---|
| 1 | 95.92 | CH | 5.81 | 1.78(H-9), 2.82(H-5), 3.97(H-8), 4.78(H-1′), 7.51(H-3) |
| 3 | 154.57 | CH | 7.51 | 2.82(H-5), 5.81(H-1) |
| 4 | 110.74 | C | | 1.20(H-6a), 2.82(H-5), 7.51(H-3) |
| 5 | 31.88 | CH | 2.82 | 1.20(H-6a), 1.78(H-9)，2.03(H-6b), 3.97(H-8), 7.51(H-3) |
| 6 | 35.63 | $CH_2$ | 1.20, 2.03 | 1.78(H-9), 2.82(H-5), 4.66(H-7) |
| 7 | 103.72 | CH | 4.66 | 1.20(H-6a), 2.03(H-6b), 3.97(H-8) |
| 8 | 75.05 | CH | 3.97 | 1.40(H-10), 5.81(H-1) |
| 9 | 40.14 | CH | 1.78 | 1.40(H-10), 2.03(H-6b ), 2.82(H-5), 7.51(H-3) |
| 10 | 19.73 | $CH_3$ | 1.40 | 3.97(H-8) |

续表

| 编号 | $\delta_C$ | DEPT | HSQC($\delta_H$) | HMBC($\delta_H$) |
|---|---|---|---|---|
| 11 | 168.68 | C | | 3.69(H-12), 7.51(H-3) |
| 12 | 51.84 | $CH_3$ | 3.69 | |
| 1′ | 100.03 | CH | 4.78 | 3.22(H-2′), 3.27~3.34(H-5′), 3.37(H-3′), 5.81(H-1) |
| 2′ | 74.30 | CH | 3.22 | 3.37(H-3′), 3.27~3.34(H-4′) |
| 3′ | 77.96 | CH | 3.37 | 3.22(H-2′), 3.27~3.34(H-4′, 5′) |
| 4′ | 71.75 | CH | 3.27~3.34 | 3.27~3.34(H-5′), 3.37(H-3′), 3.67(H-6′a), 3.87(H-6′b) |
| 5′ | 78.42 | CH | 3.27~3.34 | 3.27~3.34(H-4′), 3.67(H-6′a), 4.78(H-1′) |
| 6′ | 62.96 | $CH_2$ | 3.67，3.87 | 3.27~3.34(H-4′, 5′) |

① 本实验室数据。

7*β*-莫诺苷的 NMR 数据解析同 7*α*-莫诺苷，其 $^1$H NMR 和 $^{13}$C NMR 详细解析数据表分别见表 2-54 和表 2-55。

**表 2-54 7*β*-莫诺苷的 $^1$H NMR 数据($CD_3OD$, 400MHz)①**

| 编号 | $\delta_H$ | *J*/Hz | H-H COSY | NOESY |
|---|---|---|---|---|
| 1 | 5.85d | 9.3 | 1.78(H-9) | |
| 3 | 7.50s | | | |
| 5 | 2.83m | | 1.16(H-6a), 1.78(H-9), 2.20(H-6b) | 3.95(H-8) |
| 6a(*α*) | 1.16m | | 2.20(H-6b), 2.83(H-5), 4.93(H-7) | |
| 6b(*β*) | 2.20m | | 1.16(H-6a), 2.83(H-5), 4.93(H-7) | 1.78(H-9) |
| 7 | 4.93brd | 3.5 | 2.20(H-6b), 1.16(H-6a) | |
| 8 | 3.95m | | 1.42(H-10), 1.78(H-9) | 2.83(H-5) |
| 9 | 1.78m | | 2.83(H-5), 3.95(H-8), 5.85(H-1) | 2.20(H-6b) |
| 10 | 1.42d | 6.7 | 3.95(H-8) | |
| 12 | 3.69s | | | |
| 1′ | 4.77d | 7.8 | 3.22(H-2′) | |
| 2′ | 3.22t | 7.8 | 3.36(H-3′), 4.77(H-1′) | |
| 3′ | 3.36t | 7.8 | 3.22(H-2′), 3.29~3.34(H-4′) | |
| 4′, 5′ | 3.29~3.34m | | 3.36(H-3′), 3.69(H-6′a) | |
| 6′a | 3.69dd | 6.0, 11.6 | 3.29~3.34(H-5′), 3.88(H-6′b) | |
| 6′b | 3.88d | 11.6 | 3.69(H-6′a) | |

① 本实验室数据。

表 2-55　7$\beta$-莫诺苷的 $^{13}$C NMR 数据($CD_3OD$, 100MHz)①

| 编号 | $\delta_C$ | DEPT | HMBC($\delta_H$) | HMBC($\delta_H$) |
|---|---|---|---|---|
| 1 | 96.05 | CH | 5.85 | 1.78(H-9), 2.83(H-5), 3.95(H-8), 4.77(H-1′), 7.50(H-3) |
| 3 | 154.59 | CH | 7.50 | 2.83(H-5), 5.85(H-1) |
| 4 | 110.81 | C | | 2.83(H-5), 7.50(H-3) |
| 5 | 32.05 | CH | 2.83 | 1.16(H-6a), 1.78(H-9), 2.20(H-6b), 3.95(H-8), 7.50(H-3) |
| 6 | 35.65 | $CH_2$ | 1.16, 2.20 | 1.78(H-9), 4.93(H-7) |
| 7 | 103.66 | CH | 4.93 | 1.16(H-6a), 2.20(H-6b), 3.95(H-8) |
| 8 | 74.64 | CH | 3.95 | 1.42(H-10), 5.85(H-1) |
| 9 | 39.82 | CH | 1.78 | 1.42(H-10), 2.20(H-6b) |
| 10 | 19.66 | $CH_3$ | 1.42 | 3.95(H-8) |
| 11 | 168.64 | C | | 3.69(H-12), 7.50(H-3) |
| 12 | 51.76 | $CH_3$ | 3.69 | |
| 1′ | 100.36 | CH | 4.77 | 3.22(H-2′), 3.29~3.34(H-5′), 3.36(H-3′), 5.85(H-1) |
| 2′ | 74.13 | CH | 3.22 | 3.36(H-3′), 3.29~3.34(H-4′) |
| 3′ | 77.67 | CH | 3.36 | 3.22(H-2′), 3.29~3.34(H-4′, 5′) |
| 4′ | 71.42 | CH | 3.29~3.34 | 3.29~3.34(H-5′), 3.36(H-3′), 3.88(H-6′b) |
| 5′ | 78.44 | CH | 3.29~3.34 | 3.29~3.34(H-4′), 3.69(H-6′a) |
| 6′ | 62.62 | $CH_2$ | 3.69，3.88 | 3.29~3.34(H-4′, 5′) |

① 本实验室数据。

对比 7$\alpha$-莫诺苷和 7$\beta$-莫诺苷的 $^1$H NMR 和 $^{13}$C NMR 数据(表 2-52 和表 2-54，表 2-53 和表 2-55)，非常近似，极难区分，唯独 7-位质子化学位移差别较大，相差 $\delta$ 值为 0.27，可以此数据区分 7$\alpha$-莫诺苷和 7$\beta$-莫诺苷，但最终区分还得靠 NOESY 确定。

将表 2-52~表 2-55 所得数据与文献[70]报道的 7$\alpha$-莫诺苷和 7$\beta$-莫诺苷 NMR 数据(表 2-56)进行对比，可以得到如下结论：

（1）7$\alpha$-莫诺苷与 7$\beta$-莫诺苷是一对半缩醛互变异构体，二者与醛式一起构成醛式、半缩醛式互变异构体。

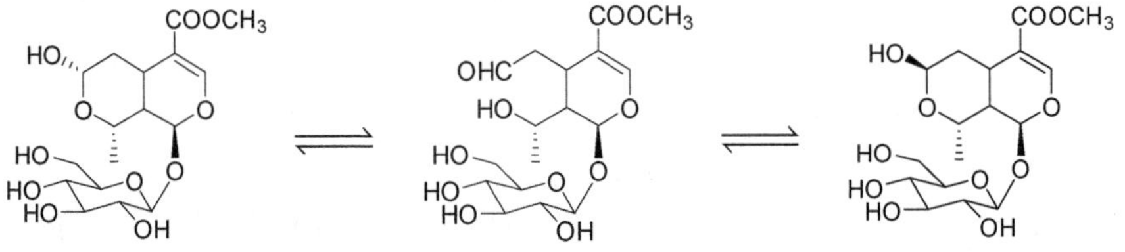

$\alpha$-式　　　　醛式　　　　$\beta$-式

（2）表 2-56 报道的 7$\alpha$-莫诺苷的 7,8-位 $^{13}$C NMR 数据为：$\delta_C$ 96.06(C-7)，75.12(C-8)；7$\beta$-莫诺苷的 7,8-位 $^{13}$C NMR 数据为：$\delta_C$ 92.49(C-7)、66.02(C-8)。利用此套数据可以很容易将 7$\alpha$-莫诺苷和 7$\beta$-莫诺苷区分开。7$\alpha$-和 7$\beta$-莫诺苷 7 位之间、8 位之间 $^{13}$C NMR 化学位移差别较大，其原因为 OH-7 取向的变换，引起 7,8-位碳受取代基 $\alpha$-效应和 $\gamma$-效应不同所致，同时表明 7$\alpha$-莫诺苷和 7$\beta$-莫诺苷快速通过醛式互相转换，达到平衡($\alpha$/$\beta$ 大约 2：1)[70]。该平衡看不到醛式的存在。

表 2-56　7$\alpha$-和 7$\beta$-莫诺苷的 NMR 数据($CD_3OD$, 300MHz/H)[70]

| 7$\alpha$-莫诺苷 | | | | | 7$\beta$-莫诺苷 | | | | |
|---|---|---|---|---|---|---|---|---|---|
| 编号 | $\delta_H$ | $J$/Hz | $\delta_C$ | PRFT | 编号 | $\delta_H$ | $J$/Hz | $\delta_C$ | PRFT |
| 1 | 5.82d | 9.8 | 97.15 | d | 1 | 5.85d | 10.5 | 95.76 | d |
| 3 | 7.51brs | | 154.58 | d | 3 | 7.51brs | | 154.58 | d |
| 4 | | | 110.97 | s | 4 | | | 111.84 | s |
| 5 | 2.81dt | 13.0, 4.4 | 34.70 | d | 5 | 3.13dt | 13.0, 4.6 | 27.59 | d |
| 6a | 1.18dt | 13.0, 10.0 | 37.37 | t | 6a | 1.50td | 13.0, 3.5 | 34.71 | t |
| 6b | 2.01ddd | 10.0, 4.4, 2.3 | | | 6b | 1.90brdd | 13.0, 4.6 | | |
| 7 | 4.80dd | 10.0, 2.3 | 96.06 | d | 7 | 5.23brd | 3.5 | 92.49 | d |
| 8 | 3.94qd | 6.8, 2.3 | 75.12 | d | 8 | 4.54qd | 7.0, 2.3 | 66.02 | d |
| 9 | 1.77ddd | 9.8, 4.4, 2.3 | 39.98 | d | 9 | 1.82m | | 40.65 | d |
| 10 | 1.40d | 6.8 | 20.00 | q | 10 | 1.32d | 7.0 | 20.00 | q |
| 11 | | | 168.75 | s | 11 | | | 168.75 | s |
| 12 | | | | | 12 | | | | |
| 1′ | 4.78d | 7.8 | 100.15 | d | 1′ | 4.78d | 7.8 | 100.15 | d |
| 2′ | 3.20~3.50m | | 74.22 | d | 2′ | 3.20~3.50m | | 74.22 | d |
| 3′ | 3.20~3.50m | | 78.03 | d | 3′ | 3.20~3.50m | | 78.03 | d |
| 4′ | 3.20~3.50m | | 71.72 | d | 4′ | 3.20~3.50m | | 71.72 | d |
| 5′ | 3.20~3.50m | | 78.50 | d | 5′ | 3.20~3.50m | | 78.50 | d |
| 6′ | 3.87m | | 62.91 | t | 6′ | 3.87m | | 62.91 | t |

（3）表 2-53 中 7$\alpha$-莫诺苷的 7,8-位 $^{13}$C NMR 数据为：$\delta_C$ 103.72(C-7)，75.05 (C-8)；表 2-55 中 7$\beta$-莫诺苷的 7,8-位 $^{13}$C NMR 数据为：$\delta_C$ 103.66(C-7)，74.64(C-8)。7$\alpha$-莫诺苷和 7$\beta$-莫诺苷 7 位之间、8 位之间 $^{13}$C NMR 化学位移差别较小，无法利用此套数据区分 7$\alpha$-和 7$\beta$-莫诺苷。该现象表明 7$\alpha$-莫诺苷和 7$\beta$-莫诺苷与醛式之间快速转变，达到以 7$\alpha$-莫诺苷为主或以 7$\beta$-莫诺苷为主的平衡体，也即有醛式存在

的 2 个可以分离开的平衡体。因此，由于短暂醛式影响，与表 2-56 数据相比，7$\alpha$-莫诺苷和 7$\beta$-莫诺苷 7,8-位 $^{13}$C NMR 化学位移发生了变化，这是综合因素影响的结果。假设短暂醛式占有 5%，醛基碳和半缩醛碳化学位移之差约为 110 个 $\delta$ 值，则 5%醛式对 C-7 化学位移的贡献是 5.5 个 $\delta$ 值，因此，C-7 化学位移较大的增大更加证明短暂醛式的影响。

（4）表 2-56 报道的 7$\alpha$-莫诺苷的 7,8-位 $^1$H NMR 数据为：$\delta_H$ 4.80(dd, $J$ = 10.0Hz、2.3Hz，H-7)，3.94(qd, $J$ = 6.8Hz、6.8Hz、6.8Hz、2.3Hz，H-8)；7$\beta$-莫诺苷的 7,8-位 $^1$H NMR 数据为：$\delta_H$ 5.23(brd, $J$ =3.5Hz, H-7)，4.54(qd, $J$ = 7.0Hz、7.0Hz、7.0Hz、2.3Hz，H-8)。利用此套数据可以很容易将 7$\alpha$-莫诺苷和 7$\beta$-莫诺苷区分开。7$\alpha$-莫诺苷和 7$\beta$-莫诺苷 7,8-位 $^1$H NMR 数据的差别较大的原因为 OH-7 取向的变换，同时表明 7$\alpha$-莫诺苷和 7$\beta$-莫诺苷快速通过醛式互相转换，达到平衡($\alpha/\beta$ 大约 2∶1)[70]。该平衡看不到醛式的存在。

（5）表 2-52 的 7$\alpha$-莫诺苷的 7,8-位 $^1$H NMR 数据为：$\delta_H$ 4.66(dd，$J$ = 11.2Hz、3.9Hz, H-7)，3.97(m, H-8)；表 2-54 中的 7$\beta$-莫诺苷的 7,8-位 $^1$H NMR 数据为：$\delta_H$ 4.93(brd, $J$ = 3.5Hz, H-7)，3.95(m, H-8)。7$\alpha$-莫诺苷和 7$\beta$-莫诺苷的 8-位 $^1$H NMR 数据差别较小，但 7-位 $^1$H NMR 数据差别较大，可以此区分 7$\alpha$-莫诺苷和 7$\beta$-莫诺苷。该现象同样表明 7$\alpha$-莫诺苷和 7$\beta$-莫诺苷与醛式之间快速转变，达到以 7$\alpha$-莫诺苷为主或以 7$\beta$-莫诺苷为主的平衡体，也即有醛式存在的 2 个可以分离开的平衡体。因此，由于短暂醛式的存在，与表 2-56 数据相比，7$\alpha$-莫诺苷和 7$\beta$-莫诺苷的 7,8-位 $^1$H NMR 化学位移发生了变化，这同样是综合因素影响的结果。同样，假设短暂醛式占有 5%，醛基氢和半缩醛氢化学位移之差约为 4 个 $\delta$ 值，则 5%醛式对 H-7 化学位移的贡献是 0.2 个 $\delta$ 值，因此，H-7 的化学位移可以基本不考虑醛式的贡献。

### 例 2-39 山茱萸新苷的 NMR 数据解析及结构测定[72]

山茱萸新苷(cornuside，**2-54**)是中药山茱萸(*Cornus officinalis*)中的一个双环烯醚萜苷化合物。

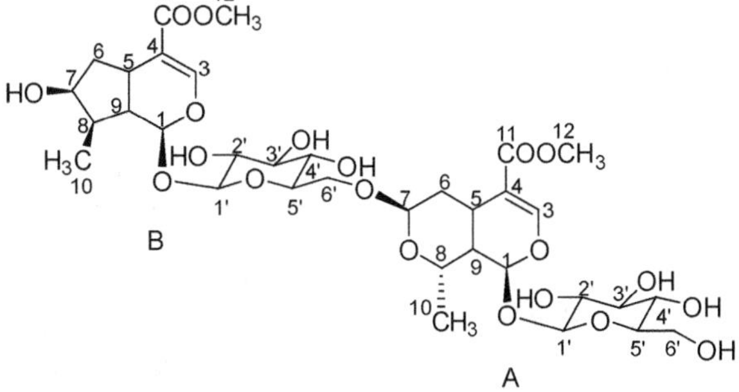

**2-54**

山茱萸新苷的 $^{13}$C NMR 显示 34 条碳峰，表明其含有 34 个碳。DEPT 显示，4 个伯碳：$\delta_C$ 13.61、19.77、51.68、51.76；4 个仲碳：$\delta_C$ 33.92、42.90、62.82、68.32；22 个叔碳：$\delta_C$ 27.95、32.42、40.43、42.41、46.39、66.42、71.64、71.80、74.62、74.90、74.99、76.96、77.95、77.99、78.46、95.30、95.61、99.20、100.09、100.44、152.25、154.50；4 个季碳：$\delta_C$ 111.60、113.93、168.61、169.44。

经与例 2-37(马钱素)和例 2-38(7$\beta$-莫诺苷)的数据对比(表 2-57)，初步推断化合物山茱萸新苷为 1 个马钱素和 1 个 7$\beta$-莫诺苷相连接而成。由于在 2 个葡萄糖的信号中，有一个葡萄 C-6 位 $^{13}$C NMR 化学位移向低场移动约 6 个 $\delta$ 值；7$\beta$-莫诺苷 C-7 位 $^{13}$C NMR 化学位移向低场移动约 7 个 $\delta$ 值，而马钱素 C-7 位 $^{13}$C NMR 化学位移没有大的变化；推测山茱萸新苷应是由马钱素上的葡萄糖 6′-位与 7$\beta$-莫诺苷 7-位相连(6′-O-7)。

**表 2-57　山茱萸新苷与 7$\beta$-莫诺苷、马钱素的 $^{13}$C NMR 数据对比($CD_3OD$)**

| 编号 | 山茱萸新苷①(A 部分) | 7$\beta$-莫诺苷[70] | 山茱萸新苷①(B 部分) | 马钱素[69] |
|---|---|---|---|---|
| 1 | 95.61 | 95.76 | 95.30 | 97.6 |
| 3 | 154.50 | 154.58 | 152.25 | 152.0 |
| 4 | 111.60 | 111.84 | 113.93 | 114.0 |
| 5 | 27.95 | 27.59 | 32.42 | 32.1 |
| 6 | 33.92 | 34.71 | 42.90 | 42.7 |
| 7 | 99.20 | 92.49 | 74.99 | 74.9 |
| 8 | 66.42 | 66.02 | 42.41 | 42.1 |
| 9 | 40.43 | 40.65 | 46.39 | 46.4 |
| 10 | 19.77 | 20.00 | 13.61 | 13.4 |
| 11 | 168.61 | 168.75 | 169.44 | 169.4 |
| 12 | 51.68 | | 51.76 | 51.6 |
| 1′ | 100.09 | 100.15 | 100.44 | 100.0 |
| 2′ | 74.90 | 74.22 | 74.62 | 74.7 |
| 3′ | 77.95 | 78.03 | 76.96 | 77.9 |
| 4′ | 71.64 | 71.72 | 71.80 | 71.5 |
| 5′ | 78.46 | 78.50 | 77.99 | 78.3 |
| 6′ | 62.82 | 62.91 | 68.32 | 62.7 |

① 本实验室数据。

山茱萸新苷的 NMR 数据解析归属同例 2-37 的马钱素和例 2-38 的 7$\beta$-莫诺苷，本例不再赘述。山茱萸新苷的 $^1$H NMR 详细解析数据见表 2-58，$^{13}$C NMR 详细解析数据见表 2-59。

表 2-58 山茱萸新苷的 $^{1}$H NMR 数据($CD_3OD$, 400MHz)[①]

| A 部分 | | | | B 部分 | | | |
|---|---|---|---|---|---|---|---|
| 编号 | $\delta_H$ | $J$/Hz | H-H COSY | 编号 | $\delta_H$ | $J$/Hz | H-H COSY |
| 1 | 5.87d | 9.2 | 1.84(H-9) | 1 | 5.13d | 4.9 | 1.98(H-9) |
| 3 | 7.50s | | | 3 | 7.39s | | |
| 5 | 3.08m | | 1.51(H-6a), 1.84(H-9), 1.98(H-6b) | 5 | 3.08m | | 1.51(H-6a), 1.98(H-9), 2.23(H-6b) |
| 6a | 1.51m | | 1.98(H-6b), 3.08(H-5), 4.91(H-7) | 6a | 1.51m | | 2.23(H-6b), 3.08(H-5), 4.01(H-7) |
| 6b | 1.98m | | 1.51(H-6a), 3.08(H-5) | 6b | 2.23m | | 1.51(H-6a), 3.08(H-5) |
| 7 | 4.91d | 3.1 | 1.51(H-6a) | 7 | 4.01t | 4.2 | 1.51(H-6a), 1.84(H-8) |
| 8 | 4.37m | | 1.33(H-10), 1.84(H-9) | 8 | 1.84m | | 1.07(H-10), 1.98(H-9), 4.01(H-7) |
| 9 | 1.84m | | 3.08(H-5), 4.37(H-8), 5.87(H-1) | 9 | 1.98m | | 1.84(H-8), 3.08(H-5), 5.13(H-1) |
| 10 | 1.33d | 6.9 | 4.37(H-8) | 10 | 1.07d | 6.9 | 1.84(H-8) |
| 12 | 3.67s | | | 12 | 3.68s | | |
| 1′ | 4.78d | 7.8 | 3.22(H-2′) | 1′ | 4.64d | 7.8 | 3.22(H-2′) |
| 2′ | 3.22t | 7.8 | 3.38(H-3′), 4.78(H-1′) | 2′ | 3.22t | 7.8 | 3.38(H-3′), 4.64(H-1′) |
| 3′ | 3.38t | 7.8 | 3.22(H-2′), 3.27~3.34(H-4′) | 3′ | 3.38t | 7.8 | 3.22(H-2′), 3.27~3.34(H-4′) |
| 4′, 5′ | 3.27~3.34m | | 3.38(H-3′), 3.62~3.67(H-6′a) | 4′, 5′ | 3.27~3.34m | | 3.38(H-3′), 3.62~3.67(H-6′a) |
| 6′a | 3.62~3.67m | | 3.27~3.34(H-5′), 3.88(H-6′b) | 6′a | 3.62~3.67m | | 3.27~3.34(H-5′), 3.97(H-6′b) |
| 6′b | 3.88d | 11.3 | 3.62~3.67(H-6′a) | 6′b | 3.97d | 11.3 | 3.62~3.67(H-6′a) |

① 本实验室数据。

表 2-59 山茱萸新苷的 $^{13}$C NMR 数据($CD_3OD$, 100MHz)[①]

| 编号 | $\delta_C$ | DEPT | HSQC($\delta_H$) | HMBC($\delta_H$) |
|---|---|---|---|---|
| A 部分 | | | | |
| 1 | 95.61 | CH | 5.87 | 1.84(H-9), 3.08(H-5), 4.37(H-8), 4.78(H-1′), 7.50(H-3) |
| 3 | 154.50 | CH | 7.50 | 3.08(H-5), 5.87(H-1) |
| 4 | 111.60 | C | | 3.08(H-5), 7.50(H-3) |
| 5 | 27.95 | CH | 3.08 | 1.51(H-6a), 1.84(H-9)，1.98(H-6b), 4.37(H-8), 4.91(H-7), 5.87(H-1), 7.50(H-3) |
| 6 | 33.92 | $CH_2$ | 1.51, 1.98 | 1.84(H-9), 3.08(H-5) |

续表

| 编号 | $\delta_C$ | DEPT | HSQC($\delta_H$) | HMBC($\delta_H$) |
|---|---|---|---|---|
| 7 | 99.20 | CH | 4.91 | 1.98(H-6b), 3.08(H-5) |
| 8 | 66.42 | CH | 4.37 | 1.33(H-10), 4.91(H-7), 5.87(H-1) |
| 9 | 40.43 | CH | 1.84 | 1.33(H-10), 1.98(H-6b), 3.08(H-5) |
| 10 | 19.77 | $CH_3$ | 1.33 | 4.37(H-8) |
| 11 | 168.61 | C | | 3.05(H-5), 3.67(H-12), 7.50(H-3) |
| 12 | 51.68* | $CH_3$ | 3.67 | |
| 1′ | 100.09 | CH | 4.78 | 3.22(H-2′), 3.27~3.34(H-5′), 3.38(H-3′), 5.87(H-1) |
| 2′ | 74.90 | CH | 3.22 | 3.27~3.34(H-4′), 3.38(H-3′), 4.78(H-1′) |
| 3′ | 77.95** | CH | 3.38 | 3.22(H-2′), 3.27~3.34(H-4′, 5′), 4.78(H-1′) |
| 4′ | 71.64 | CH | 3.27~3.34 | 3.22(H-2′), 3.27~3.34(H-5′), 3.38(H-3′),3.88(H-6′b) |
| 5′ | 78.46 | CH | 3.27~3.34 | 3.27~3.34(H-4′), 3.62~3.67(H-6′a), 4.78(H-1′) |
| 6′ | 62.82 | $CH_2$ | 3.62~3.67, 3.88 | 3.27~3.34(H-4′, 5′) |
| | | B 部分 | | |
| 1 | 95.30 | CH | 5.13 | 1.84(H-8), 1.98(H-9), 3.08(H-5), 4.64(H-1′), 7.39(H-3) |
| 3 | 152.25 | CH | 7.39 | 3.08(H-5), 5.13(H-1) |
| 4 | 113.93 | C | | 1.51(H-6a), 1.98(H-9)，2.23(H-6b), 3.08(H-5), 7.39(H-3) |
| 5 | 32.42 | CH | 3.08 | 1.51(H-6a), 1.98(H-9)，2.23(H-6b), 4.01(H-7), 5.13(H-1), 7.39(H-3) |
| 6 | 42.90 | $CH_2$ | 1.51, 2.23 | 1.84(H-8), 1.98(H-9)，3.08(H-5) |
| 7 | 74.99 | CH | 4.01 | 1.07(H-10), 2.23(H-6b), 3.08(H-5) |
| 8 | 42.41 | CH | 1.84 | 1.07(H-10), 1.98(H-9), 2.23(H-6b), 3.08(H-5) |
| 9 | 46.39 | CH | 1.98 | 1.07(H-10), 1.84(H-8), 2.23(H-6b), 3.08(H-5), 4.01(H-7) |
| 10 | 13.61 | $CH_3$ | 1.07 | 1.84(H-8), 1.98(H-9), 2.23(H-6b) |
| 11 | 169.44 | C | | 3.08(H-5), 3.68(H-12), 7.39(H-3) |
| 12 | 51.76* | $CH_3$ | 3.68 | |
| 1′ | 100.44 | CH | 4.64 | 3.22(H-2′), 3.27~3.34(H-5′), 3.38(H-3′), 5.13(H-1) |
| 2′ | 74.62 | CH | 3.22 | 3.27~3.34(H-4′), 3.38(H-3′), 4.64(H-1′) |
| 3′ | 76.96 | CH | 3.38 | 3.27~3.34(H-4′, 5′), 4.64(H-1′) |
| 4′ | 71.80 | CH | 3.27~3.34 | 3.22(H-2′), 3.27~3.34(H-5′), 3.97(H-6′b) |
| 5′ | 77.99** | CH | 3.27~3.34 | 3.27~3.34(H-4′), 3.38(H-3′), 3.62~3.67(H-6′a), 4.64(H-1′) |
| 6′ | 68.32 | $CH_2$ | 3.62~3.67, 3.97 | 3.27~3.34(H-4′, 5′) |

① 本实验室数据。

*，** 相同标记的归属可互换。

## 例 2-40　白芍苷 $R_1$ 的 NMR 数据解析及结构测定[73]

白芍为传统常用中药，其主要功能为平肝止痛、养血调经、敛阴止汗，有抗炎、解痉、镇静、护肝、免疫调节等作用。白芍苷 $R_1$(albiflorin $R_1$, **2-55**)是从白芍(*Paeouia lactiflora*)根中分离得到的一个单萜苷类化合物。

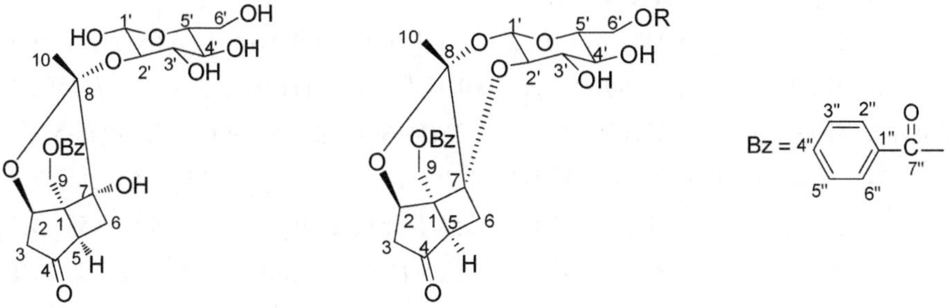

**2-55**　　**2-56**　R=H　**2-57**　R=Ac

白芍苷 $R_1$ 的 $^{13}$C NMR 显示 21 条碳峰，其中 $\delta_C$128.51×2、129.23×2 各为 2 个碳，因此，白芍苷含有 23 个碳。DEPT 显示，1 个伯碳：$\delta_C$ 15.63；4 个仲碳：$\delta_C$ 30.44、47.75、61.09、62.84；12 个叔碳：$\delta_C$ 37.33、70.09、72.97、74.33、77.87、80.89、95.00、128.51×2、129.23×2、133.35；6 个季碳：$\delta_C$ 55.18、85.17、102.76、128.40、166.17、216.69。

根据碳化学位移规律，其中 $\delta_C$ 95.00(叔碳)、74.33(叔碳)、72.97(叔碳)、70.09(叔碳)、77.87(叔碳)、61.09(仲碳)推测为一组葡萄糖碳峰，$\delta_C$166.17(季碳)、133.35(叔碳)、129.23×2(叔碳)、128.51×2(叔碳)、128.40(季碳)推测为一组苯甲酰基碳峰，$\delta_C$216.69(季碳)、102.76(季碳)、85.17(季碳)、80.89(叔碳)、62.84(仲碳)、55.18(季碳)、47.75(仲碳)、37.33(叔碳)、30.44(仲碳)、15.63(伯碳)推测为一组单萜苷元碳峰。上述碳峰数据及其 DEPT 数据与芍药新苷(lactiflorin, **2-56**)[74]的 $^{13}$C NMR 数据及其 DEPT 数据相比，非常相似(见表 2-60)。因此，初步推测白芍苷 $R_1$ 的结构为 **2-55**。

下面通过对白芍苷 $R_1$ 的 NMR 数据详细解析进一步确证其结构。

H-H COSY 指出，$\delta_H$ 2.80(1H, dd, $J$ = 13.5Hz、4.5Hz)与 $\delta_H$ 2.60(1H, t, $J$ = 13.5Hz、13.5Hz)、2.25(1H, dd, $J$ = 13.5Hz、4.5Hz)相关，$\delta_H$ 2.60 与 $\delta_H$ 2.25 相关，加之 $\delta_C$ 37.33(叔碳)与 $\delta_H$ 2.80、$\delta_C$ 30.44(仲碳)与 $\delta_H$(2.25、2.60) HMQC 相关；$\delta_H$ 2.69(2H, d, $J$ = 6.6Hz)与 $\delta_H$ 4.93(1H, t, $J$ = 6.6Hz)相关，加之 $\delta_C$ 47.75(仲碳)与 $\delta_H$ 2.69、$\delta_C$ 80.89(叔碳)与 $\delta_H$ 4.93 HMQC 相关；表明白芍苷 $R_1$ 苷元中存在 2 个三旋自旋偶合系统。再根据碳、氢化学位移规律，$\delta_H$ 2.25、2.60 分别归属 H-6a、H-6b，$\delta_H$ 2.80 归属 H-5；$\delta_H$ 2.69 归属 H-3, $\delta_H$ 4.93 归属 H-2；$\delta_C$ 30.44、37.33、47.75、

80.89 分别归属 C-6、C-5、C-3、C-2。

根据氢化学位移规律以及偶合分裂情况，$\delta_H$ 1.55(3H, s)归属 H-10, $\delta_H$ 4.78(2H, s)归属 H-9。HMQC 指出，$\delta_C$ 15.63(伯碳)与 $\delta_H$ 1.55(H-10)、$\delta_C$ 62.84(仲碳)与 $\delta_H$ 4.78(H-9)相关，表明 $\delta_C$ 15.63 归属 C-10，$\delta_C$ 62.84 归属 C-9。

根据碳化学位移规律，白芍苷 $R_1$ 苷元的 4 个季碳：$\delta_C$ 55.18 归属 C-1, $\delta_C$ 85.17 归属 C-7，$\delta_C$ 102.76 归属 C-8，$\delta_C$ 216.69 归属 C-4。

HMBC 指出，$\delta_C$ 55.18(C-1)与 $\delta_H$ 2.25(H-6a)、2.60(H-6b)、2.69(H-3)、4.78(H-9)相关，$\delta_C$ 80.89(C-2)与 $\delta_H$2.69(H-3)、2.80(H-5)、4.78(H-9)相关，$\delta_C$ 47.75(C-3)与 $\delta_H$ 2.80(H-5)相关，$\delta_C$ 216.69(C-4)与 $\delta_H$ 2.25(H-6a)、2.60(H-6b)、2.80(H-5)相关，$\delta_C$ 37.33(C-5)与 $\delta_H$ 2.60(H-6b)、2.69(H-3)、4.78(H-9)相关，$\delta_C$ 30.44(C-6)与 $\delta_H$ 2.80(H-5)相关，$\delta_C$ 85.17(C-7)与 $\delta_H$1.55(H-10)、2.25(H-6a)、2.60(H-6b)、2.80(H-5)、4.78(H-9)相关，$\delta_C$ 102.76(C-8)与 $\delta_H$ 1.55(H-10)、2.25(H-6a)、2.60(H-6b)相关，$\delta_C$ 62.84(C-9)与 $\delta_H$ 2.80(H-5)相关，确证了白芍苷 $R_1$ 苷元的平面结构。

根据氢化学位移规律和偶合分裂情况，$\delta_H$ 4.54(1H, d, $J$ = 8.0Hz)归属 H-1′, $\delta_H$ 3.80(1H, dd, $J$ = 12.0Hz、4.0Hz)、3.90(1H, d, $J$ = 12.0Hz)分别归属 H-6′a、H-6′b。H-H COSY 指出，$\delta_H$ 4.54(H-1′)与 $\delta_H$ 3.30(1H, t, $J$ = 8.0Hz)相关，$\delta_H$ 3.30 与 $\delta_H$ 3.59(1H, t, $J$ = 8.0Hz)相关，$\delta_H$ 3.59、3.80(H-6′a)、3.90(H-6′b)均与 $\delta_H$ 3.52(2H, m)相关，综合考虑，表明 $\delta_H$ 3.30、3.59、3.52、3.52 分别归属糖的 H-2′、H-3′、H-4′、H-5′，从偶合常数大小进一步确证该糖为葡萄糖。需要指出的是，H-4′和 H-5′氢峰重叠，为多重峰，无法直接看出 H-4′和 H-5′之间的偶合常数。通过 HMQC，确证 $\delta_C$ 95.00、74.33、72.97、61.09 分别归属 C-1′、C-2′、C-3′、C-6′；$\delta_C$ 70.09、77.87 归属 C-4′、C-5′，由于 H-4′、H-5′ 氢峰重叠，故 C-4′、C-5′ 归属无法区分，参照例 2-37 葡萄糖的碳化学位移数据，确定 $\delta_C$ 70.09 归属 C-4′，77.87 归属 C-5′。

根据氢化学位移规律和偶合分裂情况，苯乙酰基上 5 个苯环氢的归属如下：$\delta_H$7.97(2H, brd, $J$ = 7.5Hz)归属 H-2″,6″，$\delta_H$ 7.49(2H, t, $J$ = 7.5Hz)归属 H-3″,5″，$\delta_H$7.63(1H, brt, $J$ = 7.5Hz)归属 H-4″。根据 HMQC 和碳化学位移规律，$\delta_C$ 128.40(季碳)、129.23×2(叔碳)、128.51×2(叔碳)、133.35(叔碳)、166.17(季碳)分别归属 C-1″、C-2″,6″、C-3″,5″、C-4″、C-7″。

HMBC 指出，$\delta_C$ 102.76(C-8)与 $\delta_H$ 3.30(H-2′)相关，表明苷元与葡萄糖的连接是苷元 8-位与葡萄糖 2′-位相连(8-O-2′)。

白芍苷 $R_1$ 苷元部分 C-1、C-2、C-5、C-7、C-8 为手性碳，它们的相对构型确定如下：

NOESY 指出，$\delta_H$ 4.78(H-9)与 $\delta_H$ 4.93(H-2)、4.54(H-1′)、3.30(H-2′)、3.59(H-3′)、3.52(H-4′)相关，表明 H-9、H-2 和葡萄糖处在苷元五元醚环同侧，$\alpha$-取向，当然 H-10($CH_3$)处在苷元五元醚环的另一侧，$\beta$-取向。参照文献[74]化合物 **2-57** 的 H-5、

H-6a、H-6b 的化学位移和偶合分裂($C_6D_6$, 400MHz)情况为：$\delta_H$1.86(1H, dd, $J$ = 13.4Hz、4.0Hz, H-6a)，2.11(1H, t, $J$ = 13.4Hz、13.4Hz, H-6b)，2.01(1H, dd, $J$ = 13.4Hz、4.0Hz, H-5)；白芍苷 $R_1$ H-5、H-6a、H-6b 的化学位移和偶合分裂情况为：$\delta_H$2.25(1H, dd, $J$ = 13.5Hz、4.5Hz, H-6a)，2.60(1H, t, $J$ = 13.5Hz、13.5Hz, H-6b)，2.80(1H, dd, $J$ = 13.5Hz、4.5Hz, H-5)；两者相比，H-5、H-6a、H-6b 三者之间偶合分裂情况及偶合常数非常相似，说明 H-6a 与 H-5、H-6b 与 H-5 之间双面夹角相似，进一步表明白芍苷 $R_1$ 和化合物 **2-57** 的 C-5、C-7 的立体构型相同，即 H-5、OH-7 均为 $\alpha$-取向。根据 H-1′的偶合常数 $J$ = 8.0Hz，证明葡萄糖 1′的构型为($\beta$, D)。

综上，白芍苷 $R_1$ 的化学结构如 **2-55** 所示。

白芍苷 $R_1$ 的 NMR 详细解析数据见表 2-61。

**表 2-60 白芍苷 $R_1$ 与芍药新苷的 $^{13}C$ NMR 数据对比**

| 白芍苷 $R_1$ ($CD_3OD$-$CDCl_3$, 75MHz) | | | 芍药新苷[74] ($C_5D_5N$, 22.5MHz) | | | 白芍苷 $R_1$ ($CD_3OD$-$CDCl_3$, 75MHz) | | | 芍药新苷[74] ($C_5D_5N$, 22.5MHz) | | |
|---|---|---|---|---|---|---|---|---|---|---|---|
| 编号 | $\delta_C$ | DEPT | 编号 | $\delta_C$ | DEPT | 编号 | $\delta_C$ | DEPT | 编号 | $\delta_C$ | DEPT |
| 1 | 55.18 | C | 1 | 55.9 | C | 1′ | 95.00 | CH | 1′ | 96.0 | CH |
| 2 | 80.89 | CH | 2 | 80.6 | CH | 2′ | 74.33 | CH | 2′ | 80.1 | CH |
| 3 | 47.75 | $CH_2$ | 3 | 47.5 | $CH_2$ | 3′ | 72.97 | CH | 3′ | 74.3 | CH |
| 4 | 216.69 | C | 4 | 215.8 | C | 4′ | 70.09 | CH | 4′ | 71.3 | CH |
| 5 | 37.33 | CH | 5 | 37.8 | CH | 5′ | 77.87 | CH | 5′ | 76.0 | CH |
| 6 | 30.44 | $CH_2$ | 6 | 31.1 | $CH_2$ | 6′ | 61.09 | $CH_2$ | 6′ | 62.0 | $CH_2$ |
| 7 | 85.17 | C | 7 | 85.7 | C | 1″ | 128.40 | C | 1″ | 129.0 | C |
| 8 | 102.76 | C | 8 | 103.1 | C | 2″, 6″ | 129.23 | CH | 2″, 6″ | 129.6 | CH |
| 9 | 62.84 | $CH_2$ | 9 | 63.0 | $CH_2$ | 3″, 5″ | 128.51 | CH | 3″, 5″ | 128.9 | CH |
| 10 | 15.63 | $CH_3$ | 10 | 16.2 | $CH_3$ | 4″ | 133.35 | CH | 4″ | 133.8 | CH |
| | | | | | | 7″ | 166.17 | C | 7″ | 166.1 | C |

**表 2-61 白芍苷 $R_1$ 的 NMR 数据($CD_3OD$-$CDCl_3$, 300MHz/H)**

| 编号 | $\delta_C$ | $\delta_H$ | $J$/Hz | H-H COSY | NOESY | HMQC | HMBC($\delta_H$) |
|---|---|---|---|---|---|---|---|
| 1 | 55.18 | | | | | | 2.25(H-6a), 2.60(H-6b), 2.69(H-3), 4.78(H-9) |
| 2 | 80.89 | 4.93t | 6.6 | H-3 | H-9 | + | 2.69(H-3), 2.80(H-5), 4.78(H-9) |
| 3 | 47.75 | 2.69d | 6.6 | H-2 | | + | 2.80(H-5) |
| 4 | 216.69 | | | | | | 2.25(H-6a), 2.60(H-6b), 2.80(H-5) |

续表

| 编号 | $\delta_C$ | $\delta_H$ | J/Hz | H-H COSY | NOESY | HMQC | HMBC($\delta_H$) |
|---|---|---|---|---|---|---|---|
| 5 | 37.33 | 2.80dd | 13.5, 4.5 | H-6b, H-6a | | + | 2.60(H-6b), 2.69(H-3), 4.78(H-9) |
| 6a(β) | 30.44 | 2.25dd | 13.5, 4.5 | H-6b, H-5 | H-10 | + | 2.80(H-5) |
| 6b(α) | | 2.60t | 13.5 | H-6a, H-5 | | | |
| 7 | 85.17 | | | | | | 1.55(H-10), 2.25(H-6a), 2.60(H-6b), 2.80(H-5), 4.78(H-9) |
| 8 | 102.76 | | | | | | 1.55(H-10), 2.25(H-6a), 2.60(H-6b), 3.30(H-2′) |
| 9 | 62.84 | 4.78s | | | H-2, H-1′, H-2′, H-3′, H-4′ | + | 2.80(H-5) |
| 10 | 15.63 | 1.55s | | | H-6a | + | |
| 1′ | 95.00 | 4.54d | 8.0 | H-2′ | H-9 | + | 3.30(H-2′) |
| 2′ | 74.33 | 3.30t | 8.0 | H-1′, H-3′ | H-9 | + | 3.59(H-3′), 4.54(H-1′) |
| 3′ | 72.97 | 3.59t | 8.0 | H-2′, H-4′ | H-9 | + | 3.30(H-2′), 3.52(H-4′,5′) |
| 4′ | 70.09 | 3.52m | | H-3′ | H-9 | + | 3.52(H-5′), 3.59(H-3′), 3.80(H-6′a), 3.90(H-6′b) |
| 5′ | 77.87 | 3.52m | | H-6′a | | + | 3.52(H-4′) |
| 6′a | 61.09 | 3.80dd | 12.0, 4.0 | H-6′b, H-5′ | | + | 3.52(H-4′, 5′) |
| 6′b | | 3.90d | 12.0 | H-6′a | | + | |
| 1″ | 128.40 | | | | | | 7.97(H-2″, 6″) |
| 2″, 6″ | 129.23 | 7.97brd | 7.5 | H-4″, H-(3″, 5″) | | + | 7.49(H-3″,5″), 7.63(H-4″) |
| 3″, 5″ | 128.51 | 7.49t | 7.5 | H-(2″, 6″), H-4″ | | + | 7.63(H-4″), 7.97(H-2″,6″) |
| 4″ | 133.35 | 7.63brt | 7.5 | H-(2″, 6″), H-(3″, 5″) | | + | 7.49(H-3″, 5″), 7.97(H-2″,6″) |
| 7″ | 166.17 | | | | | | 4.78(H-9), 7.97(H-2″,6″) |

## 例 2-41 苦皮素 A 的 NMR 数据解析和结构测定[75,76]

苦皮素 A(angulatin A, **2-58**)是从杀虫植物苦皮藤(*Celastrus angulatus*)根皮中分离得到的对昆虫具有毒杀活性的主要化合物。

苦皮素 A 的 $^{13}$C NMR 显示 32 条碳峰，其中$\delta_C$ 128.63×2、129.44×2 各为 2 个碳，因此，苦皮素 A 含有 34 个碳。DEPT 显示，9 个伯碳：$\delta_C$ 18.46、18.66、19.06、

19.14、20.50、21.13、24.14、26.35、30.05；2 个仲碳：$\delta_C$ 41.15、61.69；13 个叔碳：$\delta_C$ 34.09、34.31、53.51、67.26、73.69、75.01、75.28、76.89、128.63×2、129.44×2、133.45；10 个季碳：$\delta_C$ 50.52、72.13、84.54、91.41、129.26、165.67、169.49、169.60、175.82、176.77。

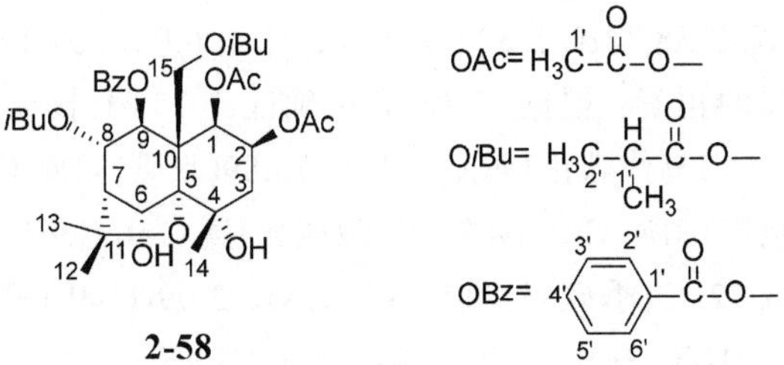

**2-58**

苦皮素 A 的 $^1$H NMR 显示 46 个氢：$\delta_H$ 0.92(3H, d, $J$ = 7.0Hz)，0.95(3H, d, $J$ = 7.0Hz)，1.348(3H, d, $J$ = 6.9Hz)，1.351(3H, d, $J$ = 6.9Hz)，1.55(3H, s)，1.61(3H, s)，1.72(3H, s)，1.78(3H, s)，2.01(1H, dd, $J$ = 2.5Hz、14.9Hz)，2.09(1H, m)，2.11(3H, s)，2.38(1H, sept, $J$ = 7.0Hz)，2.58(1H, brd, $J$ = 2.9Hz)，2.85(1H, sept, $J$ = 6.9Hz)，3.12(1H, s, OH)，4.65(1H, d, $J$ = 13.4Hz)，4.87(1H, d, $J$ = 13.4Hz)，5.21(1H, brd, $J$ = 5.1Hz)，5.23(1H, d, $J$ = 5.1Hz, OH)，5.39(1H, m)，5.49(1H, d, $J$ = 3.2Hz)，5.62(1H, dd, $J$ = 2.9Hz、9.8Hz)，6.06(1H, d, $J$ = 9.8Hz)，7.41(2H, m)，7.55(1H, m)，7.85(2H, m)。

根据碳化学位移规律，季碳$\delta_C$ 50.52、72.13、84.54、91.41 分别为 4-OH-$\beta$-二氢沉香呋喃型倍半萜骨架碳的 C-10、C-4、C-11 和 C-5 的特征峰(见例 2-9)，伯碳$\delta_C$ 24.14、26.35、30.05 是其 C-14、C-13、C-12 的特征峰(见例 2-9)，因此，可以初步确定苦皮素 A 为 4-OH-$\beta$-二氢沉香呋喃型倍半萜类化合物；$\delta_C$165.67(季碳)在芳香酯羰基化学位移范围，$\delta_C$ 169.49(季碳)、169.60(季碳)在乙酰氧基羰基化学位移范围，$\delta_C$ 175.82(季碳)、176.77(季碳)在异丁酯羰基化学位移范围，因此，可进一步推测苦皮素 A 为 4-OH-$\beta$-二氢沉香呋喃型倍半萜多醇酯类化合物，具有 2 个乙酰氧基取代基、2 个异丁酰氧基取代基、1 个苯甲酰氧基取代基；HMBC 指出，$\delta_C$ 165.57 与$\delta_H$ 7.85(苯甲酰氧基苯环氢)相关，$\delta_C$ 169.49 与$\delta_H$ 1.55(乙酰氧基甲基氢)相关，$\delta_C$ 169.60 与$\delta_H$ 2.11(乙酰氧基甲基氢)相关，$\delta_C$175.82 与$\delta_H$ 0.92 和 0.95(异丁酰氧基甲基氢)、2.38(异丁酰氧基次甲基氢)相关，$\delta_C$176.77 与$\delta_H$ 1.348 和 1.351(异丁酰氧基甲基氢)、2.85(异丁酰氧基次甲基氢)相关，更进一步明确 5 个取代基为 2 个乙酰氧基、2 个异丁酰氧基、1 个苯甲酰氧基。

根据氢化学位移规律和偶合分裂情况，可初步推测$\delta_H$ 5.49(1H, d, $J$ = 3.2Hz)

归属 H-1，5.39(1H, m)归属 H-2，2.01(1H, dd, $J$=2.5Hz、14.9Hz)和 2.09(1H, m)分别归属 H-3a、H-3b，5.21(1H, brd, $J$ = 5.1Hz)归属 H-6，2.58(1H, brd, $J$ = 2.9Hz)归属 H-7，5.62(1H, dd, $J$ = 2.9Hz、9.8Hz)归属 H-8，6.06(1H, d, $J$ = 9.8Hz)归属 H-9，4.65(1H, d, $J$ = 13.4Hz)和 4.87(1H, d, $J$ = 13.4Hz)分别归属 H-15a、H-15b；H-H COSY 指出，$\delta_H$ 5.49 与$\delta_H$ 5.39 相关、$\delta_H$ 5.39 与$\delta_H$ 2.01、2.09 相关，$\delta_H$ 2.01 与$\delta_H$ 2.09、$\delta_H$ 5.21 与$\delta_H$ 2.58、$\delta_H$ 2.58 与$\delta_H$ 5.62、$\delta_H$ 5.62 与$\delta_H$ 6.06、$\delta_H$ 4.65 与$\delta_H$ 4.87 相关，进一步确定上述归属的正确。根据 HSQC，可确证$\delta_C$ 75.01(叔碳)归属 C-1，$\delta_C$ 67.26(叔碳)归属 C-2，$\delta_C$ 41.15(仲碳)归属 C-3，$\delta_C$ 76.89(叔碳)归属 C-6，$\delta_C$ 53.51(叔碳)归属 C-7，$\delta_C$ 73.69(叔碳)归属 C-8，$\delta_C$ 75.28(叔碳)归属 C-9，$\delta_C$ 61.69(仲碳)归属 C-15。

HMBC 指出，$\delta_C$72.13(季碳)与$\delta_H$1.78(3H, s)、2.09(H-3b)相关，$\delta_C$ 91.41(季碳)与$\delta_H$ 1.78(3H, s)、2.01(H-3a)、2.58(H-7)、4.65(H-15a)、4.87(H-15b)、5.12(H-6)相关，$\delta_C$ 50.52(季碳)与$\delta_H$ 4.65(H-15a)、5.49(H-1)、6.06(H-9)相关，$\delta_C$ 84.54(季碳)与$\delta_H$ 1.61(3H, s)和 1.72(3H, s)、5.21(H-6)、5.62(H-8)相关，综合考虑，进一步表明前述季碳$\delta_C$ 72.13、91.41、50.52、84.54 分别归属 C-4、C-5、C-10 和 C-11，同时表明$\delta_H$1.78 归属 H-14，$\delta_H$ 1.61、1.72 应归属 H-12、H-13。

HSQC 指出，$\delta_C$ 24.14(伯碳)与 $\delta_H$ 1.78(H-14)、26.35(伯碳) 与 1.72(H-12 或 H-13)、30.05(伯碳)与 1.61(H-12 或 H-13)相关；HMBC 指出，$\delta_C$ 24.14(伯碳)与 $\delta_H$ 2.01(H-3a)、2.09(H-3b)相关，$\delta_C$ 26.35(伯碳)与 $\delta_H$ 1.61 相关，$\delta_C$ 30.05(伯碳)与 $\delta_H$ 1.72 相关；进一步表明 $\delta_C$ 24.14、26.35(伯碳)、30.05 分别归属 C-14、C-13 和 C-12，$\delta_H$ 1.78、1.72 和 1.61 分别归属 H-14、H-13 和 H-12，但是，C-13 与 C-12、H-13 与 H-12 归属还需进一步区分(见后)。

HMBC 指出，$\delta_C$165.67(季碳)与$\delta_H$ 6.06(H-9)、$\delta_C$169.49(季碳)与$\delta_H$ 5.49(H-1)、$\delta_C$169.60(季碳)与$\delta_H$ 5.39(H-2)、$\delta_C$175.82(季碳)与$\delta_H$ 5.62(H-8)、$\delta_C$176.77(季碳)与$\delta_H$ 4.65(H-15a)相关，与前述和下段综合考虑，确证取代基 OBz 处于 C-9 位、OAc($\delta_C$169.49、20.50，$\delta_H$ 1.55)处于 C-1 位、OAc($\delta_C$169.60、21.13，$\delta_H$ 2.11)处于 C-2 位、O*i*Bu($\delta_C$175.82、34.09、18.46、18.66，$\delta_H$ 2.38、0.92、0.95)处于 C-8 位、O*i*Bu($\delta_C$176.77、34.31、19.06、19.14，$\delta_H$ 2.85、1.348、1.351)处于 C-15 位。

根据氢化学位移规律和偶合分裂情况，$\delta_H$ 7.85(2H, m)归属 H-OBz-(2′, 6′)，7.41(2H, m)归属 H-OBz-3′,5′，7.55(1H, m)归属 H-OBz-4′；$\delta_H$ 2.38(1H, sept, $J$ = 7.0Hz)归属 H-O*i*Bu-8(1′)，0.92(3H, d, $J$ = 7.0Hz)和 0.95(3H, d, $J$ =7.0Hz)归属 H-O*i*Bu-8(2′)；$\delta_H$ 2.85(1H, sept, $J$ = 6.9Hz)归属 H-O*i*Bu-15(1′)，$\delta_H$ 1.348(3H, d, $J$ = 6.9Hz)和 1.351(3H, d, $J$ = 6.9Hz)归属 H-O*i*Bu-15(2′)；$\delta_H$ 1.55(3H, s)归属 H-OAc-1(1′)；$\delta_H$ 2.11(3H, s)归属 H-OAc-2(1′)。通过 HSQC 和 HMBC 进一步明确，$\delta_C$ 129.44×2、128.63×2、133.45、34.09、18.46 和 18.66、34.31、19.06 和 19.14、20.50、21.13 分别归属 C-OBz-2′,6′、C-OBz-3′,5′、C-OBz-4′、C-O*i*Bu-8(1′)、

C-O*i*Bu-8(2′)、C-O*i*Bu-15(1′)、C-O*i*Bu-15(2′)、C-OAc-1(1′)、C-OAc-2(1′)。

HMBC 指出，$\delta_C$ 129.26(季碳)与 $\delta_H$ 7.41(OBz-3′,5′)、7.85(OBz-2′,6′)相关，结合碳化学位移规律，表明 $\delta_C$ 129.26 归属 C-OBz-1′；$\delta_C$ 72.13(C-4)与 $\delta_H$ 3.12(1H, s)、$\delta_C$ 24.14(C-14)与 $\delta_H$ 3.12 相关，表明 $\delta_H$ 3.12 归属 OH-4；$\delta_C$ 91.41(C-5)与 $\delta_H$ 5.23(1H, d, 5.1Hz)相关，加之 $\delta_H$ 5.21(H-6)与 $\delta_H$ 5.23 H-H COSY 相关，表明 $\delta_H$ 5.23 归属 OH-6。

根据 H-8 和 H-9 之间偶合常数为 9.8Hz，表明 H-8 和 H-9 均为直立氢，观看其 Dreiding 模型，H-8 为 $\beta$-H，H-9 为 $\alpha$-H；NOESY 指出，$\delta_H$ 2.58(H-7)与 $\delta_H$ 1.61、$\delta_H$6.06(H-9)与 $\delta_H$1.72 相关，表明 $\delta_H$1.61 归属 H-12，$\delta_H$ 1.72 归属 H-13。这里需要特别指出，当 H-9 为 $\alpha$-H 时，C-9 取代基为 $\beta$-取代，对 C-15 产生 $\gamma$-gauche 效应，C-15 的化学位移在 $\delta_C$ 61.00 左右，这也是确定 C-9 取代基立体化学的重要依据。

苦皮素 A 的 $^1$H NMR 和 $^{13}$C NMR 详细解析数据分别见表 2-62 和表 2-63，通过对其 NMR 数据的详细解析确证苦皮素 A 的结构为 1$\beta$,2$\beta$-二乙酰氧基-8$\alpha$,15-二异丁酰氧基-9$\beta$-苯甲酰氧基-4$\alpha$,6$\alpha$-二羟基-$\beta$-二氢沉香呋喃。

**表 2-62 苦皮素 A 的 $^1$H NMR 数据($CDCl_3$, 400MHz)①**

| 编号 | | $\delta_H$ | *J*/Hz | H-H COSY | NOESY |
|---|---|---|---|---|---|
| 1 | | 5.49d | 3.2 | 5.39(H-2) | 6.06(H-9) |
| 2 | | 5.39m | | 2.01(H-3a), 2.09(H-3b), 5.49(H-1) | 6.06(H-9) |
| 3a | | 2.01dd | 2.5, 14.9 | 5.39(H-2), 2.09(H-3b) | |
| 3b | | 2.09m | | 2.01(H-3a), 5.39(H-2) | |
| 6 | | 5.21brd | 5.1 | 2.58(H-7), 5.23(OH-6) | 1.78(H-14), 4.87(H-15b), 5.62(H-8) |
| 7 | | 2.58brd | 2.9 | 5.21(H-6), 5.62(H-8) | 1.61(H-12) |
| 8 | | 5.62dd | 2.9, 9.8 | 2.58(H-7), 6.06(H-9) | 5.21(H-6) |
| 9 | | 6.06d | 9.8 | 5.62(H-8) | 1.72(H-13), 5.39(H-2), 5.49(H-1) |
| 12 | | 1.61s | | | 1.72(H-13), 2.58(H-7) |
| 13 | | 1.72s | | | 1.61(H-12), 6.06(H-9) |
| 14 | | 1.78s | | | 4.87(H-15b), 5.21(H-6) |
| 15a | | 4.65d | 13.4 | 4.87(H-15b) | |
| 15b | | 4.87d | 13.4 | 4.65(H-15a) | 1.78(H-14), 5.21(H-6) |
| OAc-1 | | 1.55s | | | |
| OAc-2 | | 2.11s | | | |
| O*i*Bu-8 | 1′ | 2.38sept | 7.0 | 0.92, 0.95[O*i*Bu-8(2′)] | |
| | 2′ | 0.92d | 7.0 | 2.38[O*i*Bu-8(1′)] | |
| | | 0.95d | 7.0 | 2.38[O*i*Bu-8(1′)] | |

续表

| 编号 | | $\delta_H$ | $J$/Hz | H-H COSY | NOESY |
| --- | --- | --- | --- | --- | --- |
| O*i*Bu-15 | 1′ | 2.85sept | 6.9 | 1.348, 1.351[O*i*Bu-15(2′)] | |
| | 2′ | 1.348d | 6.9 | 2.85[O*i*Bu-15(1′)] | |
| | | 1.351d | 6.9 | 2.85[O*i*Bu-15(1′)] | |
| OBz | 2′, 6′ | 7.85m | | 7.41(OBz-3′,5′), 7.55(OBz-4′) | |
| | 3′, 5′ | 7.41m | | 7.55(OBz-4′), 7.85(OBz-2′,6′) | |
| | 4′ | 7.55m | | 7.41(OBz-3′,5′), 7.85(OBz-2′,6′) | |
| OH-4 | | 3.12s | | | |
| OH-6 | | 5.23d | 5.1 | 5.21(H-6) | |

① 本实验室数据。

**表 2-63 苦皮素 A 的 $^{13}C$ NMR 数据($CDCl_3$, 100MHz)①**

| 编号 | | $\delta_C$ | DEPT | HSQC($\delta_H$) | HMBC($\delta_H$) |
| --- | --- | --- | --- | --- | --- |
| 1 | | 75.01 | CH | 5.49 | 2.01(H-3a), 4.65(H-15a), 4.87(H-15b), 6.06(H-9) |
| 2 | | 67.26 | CH | 5.39 | 2.01(H-3a) |
| 3 | | 41.15 | $CH_2$ | 2.01, 2.09 | 1.78(H-14) |
| 4 | | 72.13 | C | | 1.78(H-14), 2.09(H-3b), 3.12(OH-4) |
| 5 | | 91.41 | C | | 1.78(H-14), 2.01(H-3a), 2.58(H-7), 4.65(H-15a), 4.87(H-15b), 5.21(H-6), 5.23(OH-6) |
| 6 | | 76.89 | CH | 5.21 | 2.58(H-7), 5.23(OH-6) |
| 7 | | 53.51 | CH | 2.58 | 1.61(H-12), 1.72(H-13) |
| 8 | | 73.69 | CH | 5.62 | 2.58(H-7), 5.21(H-6), 6.06(H-9) |
| 9 | | 75.28 | CH | 6.06 | 2.58(H-7), 4.65(H-15a), 4.87(H-15b), 5.49(H-1), 5.62(H-8) |
| 10 | | 50.52 | C | | 4.65(H-15a), 5.49(H-1), 6.06(H-9) |
| 11 | | 84.54 | C | | 1.61(H-12), 1.72(H-13), 5.21(H-6), 5.62(H-8) |
| 12 | | 30.05 | $CH_3$ | 1.61 | 1.72(H-13) |
| 13 | | 26.35 | $CH_3$ | 1.72 | 1.61(H-12) |
| 14 | | 24.14 | $CH_3$ | 1.78 | 2.01(H-3a), 2.09(H-3b), 3.12(OH-4) |
| 15 | | 61.69 | $CH_2$ | 4.65, 4.87 | 5.49(H-1), 6.06(H-9) |
| OAc-1 | C=O | 169.49 | C | | 1.55[OAc-1(1′)], 5.49(H-1) |
| | 1′ | 20.50 | $CH_3$ | 1.55 | |
| OAc-2 | C=O | 169.60 | C | | 2.11[OAc-2(1′)], 5.39(H-2) |
| | 1′ | 21.13 | $CH_3$ | 2.11 | |

续表

| 编号 | | $\delta_C$ | DEPT | HSQC($\delta_H$) | HMBC($\delta_H$) |
|---|---|---|---|---|---|
| O*i*Bu-8 | C=O | 175.82 | C | | 0.92, 0.95[O*i*Bu-8(2′)], 2.38[O*i*Bu-8(1′)], 5.62(H-8) |
| | 1′ | 34.09 | CH | 2.38 | 0.92, 0.95[O*i*Bu-8(2′)] |
| | 2′ | 18.46 | $CH_3$ | 0.92 | 0.95[O*i*Bu-8(2′)], 2.38[O*i*Bu-8(1′)] |
| | | 18.66 | $CH_3$ | 0.95 | 0.92[O*i*Bu-8(2′)], 2.38[O*i*Bu-8(1′)] |
| O*i*Bu-15 | C=O | 176.77 | C | | 1.348, 1.351[O*i*Bu-15(2′)], 2.85[O*i*Bu-15(1′)], 4.65(H-15a) |
| | 1′ | 34.31 | CH | 2.85 | 1.348, 1.351[O*i*Bu-15(2′)] |
| | 2′ | 19.06 | $CH_3$ | 1.348 | 1.351[O*i*Bu-15(2′)], 2.85[OiBu-15(1′)] |
| | | 19.14 | $CH_3$ | 1.351 | 1.348[O*i*Bu-15(2′)], 2.85[OiBu-15(1′)] |
| OBz | C=O | 165.67 | C | | 6.06(H-9), 7.85(OBz-2′, 6′) |
| | 1′ | 129.26 | C | | 7.41(OBz-3′, 5′), 7.85(OBz-2′, 6′) |
| | 2′, 6′ | 129.44 | CH | 7.85 | 7.41(OBz-3′, 5′), 7.55(OBz-4′), 7.85(OBz-6′, 2′) |
| | 3′, 5′ | 128.63 | CH | 7.41 | 7.41(OBz-5′, 3′), 7.55(OBz-4′), 7.85(OBz-2′, 6′) |
| | 4′ | 133.45 | CH | 7.55 | 7.85(OBz-2′, 6′) |

① 本实验室数据。

**例 2-42** HMBC 在 *β*-二氢沉香呋喃倍半萜多醇酯结构测定中的应用[76, 77]

*β*-二氢沉香呋喃倍半萜多醇酯化合物 1、2、6、8、9、15-位可以有不同的酯取代基，如乙酰氧基(OAc)、异丁酰氧基(O*i*Bu)、苯甲酰氧基(OBz)、呋喃甲酰氧基(OFu)等，这些酯取代基位置的确定可通过酯羰基碳与 1、2、6、8、9、15-位氢的 HMBC 相关进行，例 2-41 中苦皮素 A(**2-58**)的 NMR 数据解析中已有明确阐述。本例通过对 HMBC 技术的应用，对文献[78,79]报道的苦皮素 B 的化学结构修正为 **2-59**，同时对文献[80,81]报道的 2 个化合物(根据其 NMR 数据推测应为苦皮素 A、苦皮素 B)的化学结构也进行了修正。

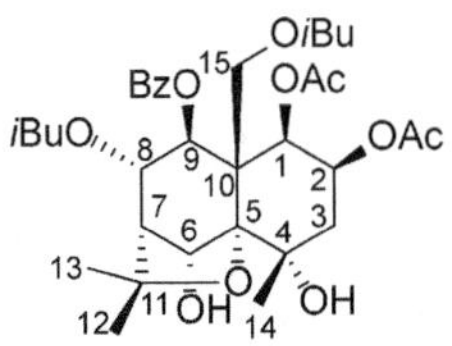

**2-58**(苦皮素 A) 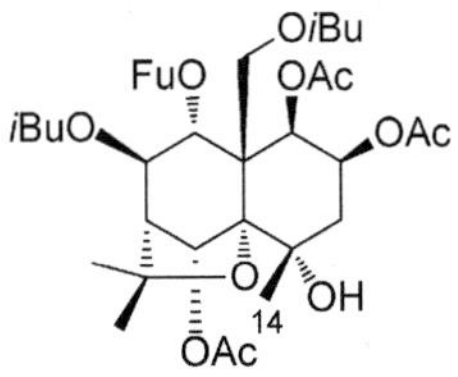　　**2-59**(苦皮素 B) 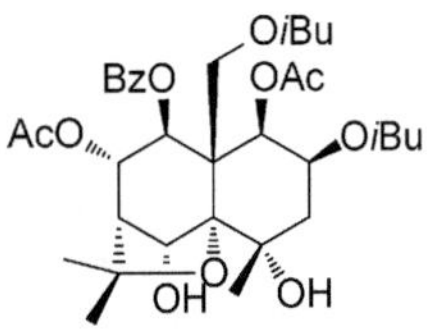　　**2-60**

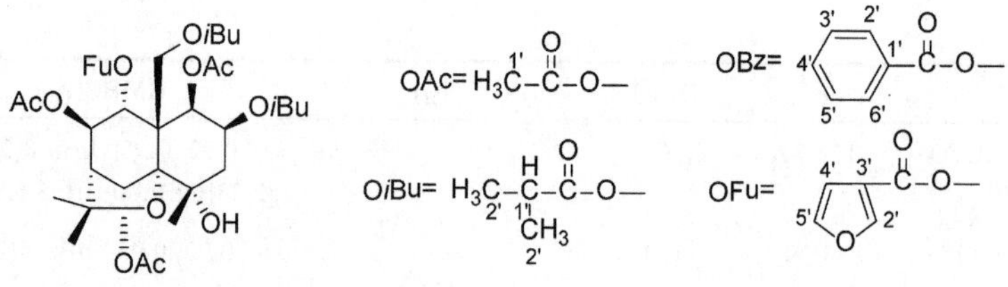

**2-61**

文献[80]报道的化合物(2)或文献[81]报道的化合物(5)的化学结构均为 **2-60**，其 $^{1}$H NMR 和 $^{13}$C NMR 数据与苦皮素 A 一致(见表 2-64)，因此，其应与苦皮素 A 为同一个化合物，化学结构 **2-60** 是错误的，应修正为 **2-58**；文献[78,79]报道的苦皮素 B 与文献[80]报道的化合物(1)或文献[81]报道的化合物(4)的化学结构均为 **2-61**，其 $^{1}$H NMR 和 $^{13}$C NMR 数据与化合物 **2-59** 一致(见表 2-65)，因此，文献[78,79]报道的苦皮素 B 和文献[80]报道的化合物(1)或文献[81]报道的化合物(4)应为同一化合物，化学结构 **2-61** 是错误的，应修正为 **2-59**。苦皮素 A 和苦皮素 B 的正确结构分别为 **2-58** 和 **2-59**，关键在于应用 HMBC 技术确定酯取代基的取代位置(见表 2-66)，既方便又可靠。文献[78-81]的错误是将 2,8-位酯取代基定错了，其原因是根据质谱中异丁酰氧基麦氏重排 1 位概率没有 2 位大[82]，确定异丁酰氧基的位置不可靠。

**表 2-64　苦皮素 A 相关文献报道 NMR 数据($CDCl_3$, 400MHz/H)**

| 编号 | $\delta_H$[76] | $J$[76]/Hz | $\delta_H$[80, 81] | $J$[80, 81]/Hz | $\delta_C$[76] | DEPT[76] | $\delta_C$[80, 81] | DEPT[80, 81] |
|---|---|---|---|---|---|---|---|---|
| 1 | 5.49d | 3.2 | 5.49d | 3.4 | 75.01 | CH | 75.2 | CH |
| 2 | 5.39m | | 5.39m | | 67.26 | CH | 67.5 | CH |
| 3a | 2.01dd | 2.5, 14.9 | 1.99-2.15m | | 41.15 | $CH_2$ | 41.3 | $CH_2$ |
| 3b | 2.09m | | | | | | | |
| 4 | | | | | 72.13 | C | 72.2 | C |
| 5 | | | | | 91.41 | C | 91.6 | C |
| 6 | 5.21brd | 5.1 | 5.23s | | 76.89 | CH | 76.5 | CH |
| 7 | 2.58brd | 2.9 | 2.58d | 2.9 | 53.51 | CH | 53.7 | CH |
| 8 | 5.62dd | 2.9, 9.8 | 5.62dd | 2.9, 10.0 | 73.69 | CH | 73.9 | CH |
| 9 | 6.06d | 9.8 | 6.07d | 10.0 | 75.28 | CH | 75.5 | CH |
| 10 | | | | | 50.52 | C | 50.7 | C |
| 11 | | | | | 84.54 | C | 84.6 | C |
| 12 | 1.61s | | 1.62s | | 30.05 | $CH_3$ | 30.1 | $CH_3$ |
| 13 | 1.72s | | 1.73s | | 26.35 | $CH_3$ | 26.4 | $CH_3$ |
| 14 | 1.78s | | 1.78s | | 24.14 | $CH_3$ | 24.3 | $CH_3$ |

续表

| 编号 | | $\delta_H$[76] | $J$[76]/Hz | $\delta_H$[80, 81] | $J$[80, 81]/Hz | $\delta_C$[76] | DEPT[76] | $\delta_C$[80, 81] | DEPT[80, 81] |
|---|---|---|---|---|---|---|---|---|---|
| 15a | | 4.65d | 13.4 | 4.66d | 13.0 | 61.69 | $CH_2$ | 61.8 | $CH_2$ |
| 15b | | 4.87d | 13.4 | 4.87d | 13.0 | | | | |
| OAc-1 | C=O | | | | | 169.49 | C | 169.4 | C |
| | 1′ | 1.55s | | 1.56s | | 20.50 | $CH_3$ | 20.5 | $CH_3$ |
| OAc-2 | C=O | | | | | 169.60 | C | 169.5 | C |
| | 1′ | 2.11s | | 2.11s | | 21.13 | $CH_3$ | 21.1 | $CH_3$ |
| O*i*Bu-8 | C=O | | | | | 175.82 | C | 175.8 | C |
| | 1′ | 2.38sept | 7.0 | 2.38m | | 34.09 | CH | 34.2 | CH |
| | 2′ | 0.92d<br>0.95d | 7.0<br>7.0 | 0.92d,<br>0.95d | 7.0<br>7.0 | 18.46<br>18.66 | $CH_3$<br>$CH_3$ | 18.5<br>18.7 | $CH_3$<br>$CH_3$ |
| O*i*Bu-15 | C=O | | | | | 176.77 | C | 176.7 | C |
| | 1′ | 2.85sept | 6.9 | 2.85m | | 34.31 | CH | 34.4 | CH |
| | 2′ | 1.348d<br>1.351d | 6.9<br>6.9 | 1.34d<br>1.36d | 7.0<br>7.0 | 19.06<br>19.14 | $CH_3$<br>$CH_3$ | 19.1<br>19.2 | $CH_3$<br>$CH_3$ |
| OBz | C=O | | | | | 165.67 | C | 165.7 | C |
| | 1′ | | | | | 129.26 | C | | |
| | 2′, 6′ | 7.85m | | (7.40~8.14)m | | 129.44 | CH | | 128.6~133.4 |
| | 3′, 5′ | 7.41m | | | | 128.63 | CH | | |
| | 4′ | 7.55m | | | | 133.45 | CH | | |
| OH-4 | | 3.12brs | | | | | | | |
| OH-6 | | 5.23d | 5.1 | | | | | | |

表 2-65 苦皮素 B 相关文献报道 NMR 数据($CDCl_3$, 400MHz/H)

| 编号 | $\delta_H$[77] | $J$[77]/Hz | $\delta_H$[80, 81] | $J$[80, 81]/Hz | $\delta_C$[77] | DEPT[77] | $\delta_C$[80, 81] | DEPT[80, 81] |
|---|---|---|---|---|---|---|---|---|
| 1 | 5.56d | 3.6 | 5.55d | 3.0 | 70.63 | CH | 70.8 | CH |
| 2 | 5.54m | | 5.54m | | 67.96 | CH | 68.1 | CH |
| 3a | 1.98dd | 2.4,15.2 | 1.96~2.27m | | 42.00 | $CH_2$ | 42.2 | $CH_2$ |
| 3b | 2.21dd | 3.7, 15.2 | | | | | | |
| 4 | | | | | 69.84 | C | 70.0 | C |
| 5 | | | | | 91.33 | C | 91.5 | C |
| 6 | 6.24s | | 6.24s | | 75.39 | CH | 75.6 | CH |
| 7 | 2.37d | 2.9 | 2.36d | 2.5 | 52.97 | CH | 53.1 | CH |
| 8 | 5.27d | 2.9 | 5.26d | 2.5 | 76.05 | CH | 76.2 | CH |
| 9 | 5.58s | | 5.58s | | 71.44 | CH | 71.6 | CH |

续表

| 编号 | $\delta_H$[77] | $J$[77]/Hz | $\delta_H$[80, 81] | $J$[80, 81]/Hz | $\delta_C$[77] | DEPT[77] | $\delta_C$[80, 81] | DEPT[80, 81] |
|---|---|---|---|---|---|---|---|---|
| 10 | | | | | 53.87 | C | 54.1 | C |
| 11 | | | | | 83.44 | C | 83.5 | C |
| 12 | 1.56s | | 1.57s | | 29.59 | $CH_3$ | 30.0 | $CH_3$ |
| 13 | 1.61s | | 1.61s | | 25.45 | $CH_3$ | 25.5 | $CH_3$ |
| 14 | 1.48s | | 1.49s | | 24.47 | $CH_3$ | 24.6 | $CH_3$ |
| 15a | 4.77d | 12.7 | 4.77d | 13.0 | 65.45 | $CH_2$ | 65.5 | $CH_2$ |
| 15b | 4.89d | 12.7 | 4.89d | 13.0 | | | | |
| OAc-1 C=O | | | | | 169.66 | C | 169.6 | C |
| 1′ | 1.64s | | 1.65s | | 20.55 | $CH_3$ | 20.5 | $CH_3$ |
| OAc-2 C=O | | | | | 169.79 | C | 169.7 | C |
| 1′ | 2.08s | | 2.09s | | 21.12 | $CH_3$ | 21.1 | $CH_3$ |
| OAc-6 C=O | | | | | 169.54 | C | 169.5 | C |
| 1′ | 2.11s | | 2.11s | | 21.48 | $CH_3$ | 21.4 | $CH_3$ |
| O*i*Bu-8 C=O | | | | | 175.74 | C | 175.7 | C |
| 1′ | 2.66sept | 7.0 | 2.66m | | 33.95 | CH | 34.0 | CH |
| 2′ | 1.25d | 7.0 | 1.25d | 7.0 | 18.73 | $CH_3$ | 18.8 | $CH_3$ |
| | 1.25d | 7.0 | 1.25d | 7.0 | 18.89 | $CH_3$ | 18.9 | $CH_3$ |
| O*i*Bu-15 C=O | | | | | 176.90 | C | 176.8 | C |
| 1′ | 2.75sept | 7.0 | 2.74m | | 34.10 | CH | 34.2 | CH |
| 2′ | 1.25d | 7.0 | 1.26d | 7.0 | 19.00 | $CH_3$ | 19.0 | $CH_3$ |
| | 1.26d | 7.0 | 1.26d | 7.0 | 19.06 | $CH_3$ | 19.1 | $CH_3$ |
| OFu C=O | | | | | 160.91 | C | 161.4 | C |
| 2′ | 8.00dd | 0.7, 1.1 | 8.00m | | 148.99 | CH | 148.5 | CH |
| 3′ | | | | | 117.81 | C | 118.4 | C |
| 4′ | 6.71dd | 0.7, 1.8 | 6.73m | | 109.69 | CH | 109.6 | CH |
| 5′ | 7.43dd | 1.1, 1.8 | 7.43m | | 144.00 | CH | 143.8 | CH |

表 2-66 苦皮素 A、苦皮素 B 酯羰基的 HMBC 相关($CDCl_3$, 400MHz/H)

| 苦皮素 A[76] | | | 苦皮素 B[77] | | |
|---|---|---|---|---|---|
| 编号 | $\delta_C$ | $\delta_H$ | 编号 | $\delta_C$ | $\delta_H$ |
| OAc-1 | 169.49 | 5.49(H-1) | OAc-1 | 169.66 | 5.56(H-1) |
| OAc-2 | 169.60 | 5.39(H-2) | OAc-2 | 169.79 | 5.54(H-2) |
| O*i*Bu-8 | 175.82 | 5.62(H-8) | OAc-6 | 169.54 | 6.24(H-6) |
| O*i*Bu-15 | 176.77 | 4.65(H-15a) | O*i*Bu-8 | 175.74 | 5.27(H-8) |
| OBz | 165.67 | 6.06(H-9) | O*i*Bu-15 | 176.90 | 4.77(H-15a), 4.89(H-15b) |
| | | | OFu | 160.91 | 5.58(H-9) |

苦皮素 B(**2-59**)的 NMR 数据详细解析同苦皮素 A(见例 2-41)，本例不再赘述，其 $^1$H NMR 和 $^{13}$C NMR 详细解析数据分别见表 2-67 和表 2-68。

**表 2-67　苦皮素 B 的 $^1$HNMR 数据($CDCl_3$, 400MHz/H)[77]**

| 编号 | | $\delta_H$ | J/Hz | H-H COSY | NOESY |
|---|---|---|---|---|---|
| 1 | | 5.56d | 3.6 | 5.54(H-2) | |
| 2 | | 5.54m | | 1.98(H-3a), 2.21(H-3b), 5.56(H-1) | |
| 3a | | 1.98dd | 2.4, 15.2 | 5.54(H-2), 2.21(H-3b) | |
| 3b | | 2.21dd | 3.7, 15.2 | 5.54(H-2), 1.98(H-3a) | |
| 6 | | 6.24s | | | 1.48(H-14), 4.77(H-15a), 4.89(H-15b), 5.58(H-9) |
| 7 | | 2.37d | 2.9 | 5.27(H-8) | 1.56(H-12) |
| 8 | | 5.27d | 2.9 | 2.37(H-7) | 1.61(H-13) |
| 9 | | 5.58s | | | 4.77(H-15a), 4.89(H-15b), 6.24(H-6) |
| 12 | | 1.56s | | | 2.37(H-7) |
| 13 | | 1.61s | | | 5.27(H-8) |
| 14 | | 1.48s | | | 4.77(H-15a), 4.89(H-15b), 6.24(H-6) |
| 15a | | 4.77d | 12.7 | 4.89(H-15b) | 1.48(H-14), 5.58(H-9), 6.24(H-6) |
| 15b | | 4.89d | 12.7 | 4.77(H-15a) | 1.48(H-14), 5.58(H-9), 6.24(H-6) |
| OAc-1 | | 1.64s | | | |
| OAc-2 | | 2.08s* | | | |
| OAc-6 | | 2.11s* | | | |
| O*i*Bu-8 | 1′ | 2.66sept | 7.0 | 1.25[O*i*Bu-8(2′)] | |
| | 2′ | 1.25d**<br>1.25d** | 7.0<br>7.0 | 2.66[O*i*Bu-8(1′)]<br>2.66[O*i*Bu-8(1′)] | |
| O*i*Bu-15 | 1′ | 2.75sept | 7.0 | 1.25, 1.26[O*i*Bu-15(2′)] | |
| | 2′ | 1.25d**<br>1.26d** | 7.0<br>7.0 | 2.75[O*i*Bu-15(1′)]<br>2.75[O*i*Bu-15(1′)] | |
| OFu | 2′ | 8.00dd | 0.7, 1.1 | 6.71(OFu-4′ ), 7.43(OFu-5′) | |
| | 4′ | 6.71dd | 0.7, 1.8 | 8.00(OFu-2′ ), 7.43(OFu-5′) | |
| | 5′ | 7.43dd | 1.1, 1.8 | 8.00(OFu-2′), 6.71(OFu-4′) | |

*, ** 相同标记的归属可互换。

表 2-68 苦皮素 B 的 $^{13}C$ NMR 数据($CDCl_3$, 100MHz)[77]

| 编号 | | $\delta_C$ | DEPT | HSQC($\delta_H$) | HMBC($\delta_H$) |
|---|---|---|---|---|---|
| 1 | | 70.63 | CH | 5.56 | 1.98(H-3a), 4.77(H-15a) |
| 2 | | 67.96 | CH | 5.54 | 1.98(H-3a) |
| 3 | | 42.00 | $CH_2$ | 1.98, 2.21 | 1.48(H-14) |
| 4 | | 69.84 | C | | 1.48(H-14), 1.98(H-3a), 2.21(H-3b), 5.54(H-2) |
| 5 | | 91.33 | C | | 1.48(H-14), 1.98(H-3a), 2.37(H-7), 4.77(H-15a), 4.89(H-15b), 5.58(H-9), 6.24(H-6) |
| 6 | | 75.39 | CH | 6.24 | 2.37(H-7), 5.27(H-8) |
| 7 | | 52.97 | CH | 2.37 | 1.56(H-12), 1.61(H-13), 5.58(H-9), 6.24(H-6) |
| 8 | | 76.05 | CH | 5.27 | 2.37(H-7), 5.58(H-9), 6.24(H-6) |
| 9 | | 71.44 | CH | 5.58 | 2.37(H-7), 4.77(H-15a), 4.89(H-15b), 5.27(H-8) |
| 10 | | 53.87 | C | | 4.77(H-15a), 4.89(H-15b), 5.27(H-8), 5.54(H-2), 5.56(H-1), 5.58(H-9), 6.24(H-6) |
| 11 | | 83.44 | C | | 1.56(H-12), 1.61(H-13), 6.24(H-6) |
| 12 | | 29.59 | $CH_3$ | 1.56 | 1.61(H-13) |
| 13 | | 25.45 | $CH_3$ | 1.61 | 1.56(H-12) |
| 14 | | 24.47 | $CH_3$ | 1.48 | 1.98(H-3a), 2.21(H-3b) |
| 15 | | 65.45 | $CH_2$ | 4.77, 4.89 | 5.54(H-1), 5.58(H-9) |
| OAc-1 | C=O | 169.66* | C | | 1.64[OAc-1(1′)], 5.56(H-1) |
| | 1′ | 20.55 | $CH_3$ | 1.64 | |
| OAc-2 | C=O | 169.79* | C | | 2.08[OAc-2(1′)], 5.54(H-2) |
| | 1′ | 21.22** | $CH_3$ | 2.08 | |
| OAc-6 | C=O | 169.54 | C | | 2.11[OAc-6(1′)], 6.24(H-6) |
| | 1′ | 21.48** | $CH_3$ | 2.11 | |
| O*i*Bu-8 | C=O | 175.74 | C | | 1.25[O*i*Bu-8(2′)], 2.66[O*i*Bu-8(1′)], 5.27(H-8) |
| | 1′ | 33.95 | CH | 2.66 | 1.25[O*i*Bu-8(2′)] |
| | 2′ | 18.73 | $CH_3$ | 1.25 | 2.66[O*i*Bu-8(1′)] |
| | | 18.89 | $CH_3$ | 1.25 | 2.66[O*i*Bu-8(1′)] |
| O*i*Bu-15 | C=O | 176.90 | C | | 1.25, 1.26[O*i*Bu-15(2′)], 2.75[O*i*Bu-15(1′)], 4.77(H-15a), 4.89(H-15b) |
| | 1′ | 34.10 | CH | 2.75 | 1.25, 1.26[O*i*Bu-15(2′)] |
| | 2′ | 19.00 | $CH_3$ | 1.25 | 2.75[O*i*Bu-15(1′)] |
| | | 19.06 | $CH_3$ | 1.26 | 2.75[O*i*Bu-15(1′)] |
| OFu | C=O | 160.91 | C | | 5.58(H-9), 6.71(OFu-4′) |
| | 2′ | 148.99 | CH | 8.00 | 6.71(OFu-4′), 7.43(OFu-5′) |
| | 3′ | 117.81 | C | | 6.71(OFu-4′), 7.43(OFu-5′), 8.00(OFu-2′) |
| | 4′ | 109.69 | CH | 6.71 | 7.43(OFu-5′ ), 8.00(OFu-2′) |
| | 5′ | 144.00 | CH | 7.43 | 6.71(OFu-4′ ), 8.00(OFu-2′) |

*, ** 相同标记的归属可互换。

这里需要特别指出，苦皮素 B 的 C-9 取代基为 $\alpha$-取向，对 C-15 产生 $\gamma$-*trans* 效应，C-15 的化学位移在 $\delta_C$ 65.00 左右，这也是确定 C-9 取代基立体化学的重要依据。

## 例 2-43　苦皮种素Ⅱ、Ⅲ的 NMR 数据解析及结构测定[83, 84]

苦皮种素Ⅱ(angulatinoid Ⅱ，**2-62**)、苦皮种素Ⅲ(angulatinoid Ⅲ，**2-63**)是由苦皮藤种子中提取分离得到的 2 个化合物。

苦皮种素Ⅱ的 $^{13}$C NMR 显示 27 条碳峰，其中 $\delta_C$ 128.29×2、130.27×2、169.96×2 各为 2 个碳，因此，苦皮种素Ⅱ含有 30 个碳。DEPT 显示，7 个伯碳：$\delta_C$ 18.82、20.33、20.88、21.34、21.41、25.04、31.00；3 个仲碳：$\delta_C$ 30.89、36.39、64.42；11 个叔碳：$\delta_C$ 39.10、48.24、68.60、69.80、71.08、71.72、128.29×2、130.27×2、133.38；9 个季碳：$\delta_C$ 51.53、82.34、86.09、129.17、165.79、169.39、169.96×2、170.55。由上述碳谱数据推测，苦皮种素Ⅱ具有 4*H*-$\beta$-二氢沉香呋喃型倍半萜骨架碳的特征[$\delta_C$ 39.10(C-4)、86.09(C-5)、51.53(C-10)、82.34(C-11)][83,84]，含有 4 个乙酰氧基($\delta_C$169.39、169.96×2、170.55；$\delta_C$ 20.33、20.88、21.34、21.41)、1 个苯甲酰氧基($\delta_C$165.79、129.17、128.29×2、130.27×2、133.38)。对比文献[83]报道的苦皮种素 B(angulatueoid B, **2-64**)，苦皮种素Ⅱ应为其异构体。

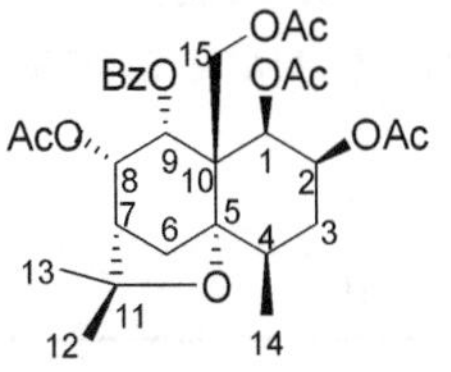

**2-62** 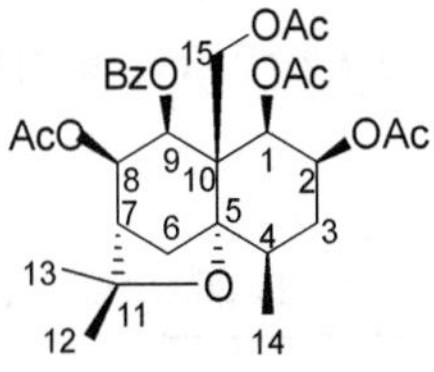　　**2-63** 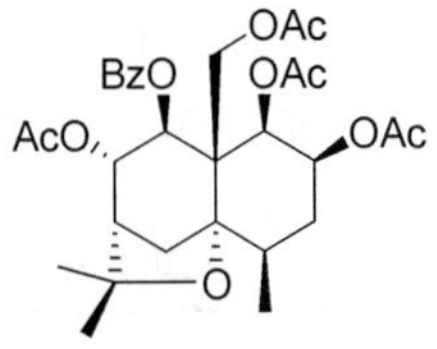　　**2-64**

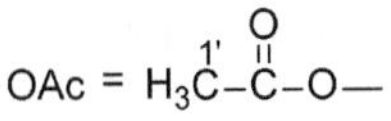

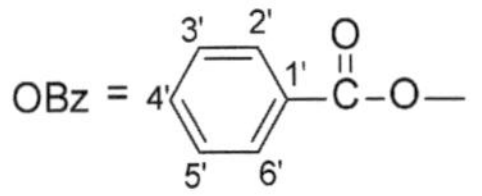

OAc = $H_3\overset{1'}{C}-\overset{O}{\overset{\|}{C}}-O-$

OBz = (苯环，2'、3'、4'、5'、6'，1')$-\overset{O}{\overset{\|}{C}}-O-$

苦皮种素Ⅱ的 $^1$H NMR 显示，含有 4 个乙酰氧基：$\delta_H$ 1.65(3H, s)、1.91(3H, s)、2.11(3H, s)、2.29(3H, s)；1 个苯甲酰氧基：$\delta_H$ 7.48(2H, m)、7.60(1H, m)、8.09(2H, m)；3 个骨架甲基：$\delta_H$ 1.25(3H, s)、1.30(3H, d, $J$ = 8.1Hz)、1.55(3H, s)。H-H COSY 指出，$\delta_H$ 5.68(1H, d, $J$ = 3.2Hz)与 $\delta_H$ 5.56(1H, m)相关，$\delta_H$ 5.56 与 $\delta_H$ 1.80(1H, dd, $J$ = 2.2Hz、15.3Hz)、2.48(1H, ddd, $J$ = 2.2Hz、6.8Hz、15.3Hz)相关，$\delta_H$ 1.80 与 $\delta_H$ 2.48 相关，$\delta_H$ 2.48 与 $\delta_H$ 2.01(1H, m)相关，$\delta_H$ 2.01 与 $\delta_H$ 1.30(3H, d, $J$ = 8.0Hz)相关，表

明苦皮种素Ⅱ骨架H-1~H-2~H-3~H-4~H-14之间构成的自旋偶合系统；$\delta_H$ 2.32(1H, d, $J$ = 3.0Hz)与$\delta_H$ 5.69(1H, dd, $J$ = 3.0, 6.2Hz)相关，$\delta_H$ 5.69 与$\delta_H$ 5.60(1H, d, $J$=6.2Hz)相关，表明苦皮种素Ⅱ骨架 H-7~H-8~H-9 之间构成的自旋偶合系统；$\delta_H$ 2.30(1H, d, $J$ = 11.9Hz)与$\delta_H$ 2.40(1H, d, $J$ = 11.9Hz)相关，表明苦皮种素Ⅱ骨架 H-6 本身 2 个氢之间的偶合；$\delta_H$ 4.53(1H, d, $J$ = 12.7Hz)与$\delta_H$ 4.74(1H, d, $J$ = 12.7Hz)相关，表明苦皮种素Ⅱ骨架 H-15 本身 2 个氢之间的偶合。至此，苦皮种素Ⅱ所有氢得到分析，进一步证实苦皮种素Ⅱ为苦皮种素 B 的异构体。

苦皮种素Ⅱ的 HMBC 指出，$\delta_C$169.39(季碳)与$\delta_H$ 5.68(H-1)、$\delta_C$169.96(季碳)与$\delta_H$ 5.69(H-8)、$\delta_C$170.55(季碳)与$\delta_H$ 4.53(H-15a)、$\delta_C$165.79(季碳)与$\delta_H$ 5.60(H-9)相关，表明 3 个乙酰氧基分别处于 C-1、C-8、C-15 位，1 个苯甲酰氧基处于 C-9 位，剩下的 1 个乙酰氧基($\delta_C$169.96)当然应该处在 C-2 位。至此，苦皮种素Ⅱ的平面结构证实与苦皮种素 B 的平面结构完全一致。

根据碳化学位移规律以及$\delta_C$ 64.42(仲碳)与$\delta_H$ 4.53(H-15a)、4.74(H-15b)HSQC 相关，表明苦皮种素Ⅱ的 C-15 化学位移为$\delta_C$ 64.42，C-9 苯甲酰氧基处于 $\alpha$-取向，对 C-15 存在 $\gamma$-*trans* 效应(见例 2-42)；NOESY 指出，$\delta_H$ 5.60(H-9)、5.69(H-8)均与$\delta_H$ 4.53(H-15a)相关，表明 H-9、H-8 与 H-15a 处于同侧，均为 $\beta$-H，当然 C-9、C-8-位取代基均处于 $\alpha$-取向；观察 Dreiding 模型，H-9 与 H-8 之间的双面夹角 30°左右，测定的 H-9 与 H-8 之间的偶合常数 6.2Hz 与双面夹角 30°之 $J$ 值完全符合。综上，苦皮种素Ⅱ的空间结构如 **2-62** 所示，其 $^1$H NMR 和 $^{13}$C NMR 详细解析数据分别见表 2-69 和表 2-70。

**表 2-69　苦皮种素 II 的 $^1$H NMR 数据($CDCl_3$, 400MHz)①**

| 编号 | $\delta_H$ | $J$/Hz | H-H COSY | NOESY |
|---|---|---|---|---|
| 1 | 5.68d | 3.2 | 5.56(H-2) | |
| 2 | 5.56m | | 1.80(H-3a), 2.48(H-3b), 5.68(H-1) | |
| 3a | 1.80 dd | 15.3, 2.2 | 2.48(H-3b), 5.56(H-2) | |
| 3b | 2.48ddd | 15.3, 6.8, 2.2 | 1.80(H-3a), 5.56(H-2), 2.01(H-4) | |
| 4 | 2.01m | | 1.30(H-14), 2.48(H-3b) | |
| 6a | 2.30d | 11.9 | 2.40(H-6b) | |
| 6b | 2.40d | 11.9 | 2.30(H-6a) | |
| 7 | 2.32d | 3.0 | 5.69(H-8) | |
| 8 | 5.69dd | 3.0, 6.2 | 2.32(H-7), 5.60(H-9) | 4.53(H-15a) |
| 9 | 5.60d | 6.2 | 5.69(H-8) | 4.53(H-15a) |
| 12 | 1.25s | | | |
| 13 | 1.55s | | | |

续表

| 编号 | | $\delta_H$ | $J$/Hz | H-H COSY | NOESY |
|---|---|---|---|---|---|
| 14 | | 1.30d | 8.1 | 2.01(H-4) | |
| 15a | | 4.53d | 12.7 | 4.74(H-15b) | 5.60(H-9), 5.69(H-8) |
| 15b | | 4.74d | 12.7 | 4.53(H-15a) | |
| OAc-1 | | 1.65s | | | |
| OAc-2 | | 1.91*s | | | |
| OAc-8 | | 2.11*s | | | |
| OAc-15 | | 2.29s | | | |
| OBz | 2′, 6′ | 8.09m | | 7.48(OBz-3′,5′), 7.60(OBz-4′) | |
| | 3′, 5′ | 7.48m | | 7.60(OBz-4′), 8.09(OBz-2′,6′) | |
| | 4′ | 7.60m | | 7.48(OBz-3′,5′), 8.09(OBz-2′,6′) | |

① 本实验室数据。

* 归属可互换。

表 2-70 苦皮种素 Ⅱ 的 $^{13}C$ NMR 数据($CDCl_3$, 100MHz)①

| 编号 | $\delta_C$ | DEPT | HSQC($\delta_H$) | HMBC($\delta_H$) |
|---|---|---|---|---|
| 1 | 71.08 | CH | 5.68 | 1.80(H-3a), 4.53(H-15a), 5.60(H-9) |
| 2 | 69.80 | CH | 5.56 | 1.80(H-3a), 2.01(H-4) |
| 3 | 30.89 | $CH_2$ | 1.80, 2.48 | 1.30(H-14), 2.01(H-4) |
| 4 | 39.10 | CH | 2.01 | 1.30(H-14), 1.80(H-3a), 2.30(H-6a) |
| 5 | 86.09 | C | | 1.30(H-14), 1.80(H-3a), 2.01(H-4), 2.30(H-6a), 2.32(H-7), 4.53(H-15a), 4.74(H-15b), 5.60(H-9) |
| 6 | 36.39 | $CH_2$ | 2.30, 2.40 | |
| 7 | 48.24 | CH | 2.32 | 1.25(H-12), 1.55(H-13), 2.30(H-6a), 2.40(H-6b), 5.60(H-9) |
| 8 | 71.72 | CH | 5.69 | 2.30(H-6a), 2.32(H-7), 2.40(H-6b), 5.60(H-9) |
| 9 | 68.60 | CH | 5.60 | 4.74(H-15b) |
| 10 | 51.53 | C | | 2.01(H-4), 2.30(H-6a), 4.53(H-15a), 5.60(H-9), 5.68(H-1), 5.69(H-8) |
| 11 | 82.34 | C | | 1.25(H-12), 1.55(H-13), 2.40(H-6b), 5.69(H-8) |
| 12 | 31.00 | $CH_3$ | 1.25 | 1.55(H-13) |
| 13 | 25.04 | $CH_3$ | 1.55 | 1.25(H-12) |
| 14 | 18.82 | $CH_3$ | 1.30 | 2.01(H-4) |

续表

| 编号 | | $\delta_C$ | DEPT | HSQC($\delta_H$) | HMBC($\delta_H$) |
| --- | --- | --- | --- | --- | --- |
| 15 | | 64.42 | $CH_2$ | 4.53, 4.74 | 5.60(H-9), 5.68(H-1) |
| OAc-1 | C=O | 169.39 | C | | 1.65[OAc-1(1′)], 5.68(H-1) |
| | 1′ | 20.33 | $CH_3$ | 1.65 | |
| OAc-2 | C=O | 169.96 | C | | 1.91[OAc-2(1′)] |
| | 1′ | 20.88* | $CH_3$ | 1.91 | |
| OAc-8 | C=O | 169.96 | C | | 2.11[OAc-8(1′)], 5.69(H-8) |
| | 1′ | 21.34* | $CH_3$ | 2.11 | |
| OAc-15 | C=O | 170.55 | C | | 2.29[OAc-15(1′)], 4.53(H-15a) |
| | 1′ | 21.41 | $CH_3$ | 2.29 | |
| OBz | C=O | 165.79 | C | | 5.60(H-9), 8.09(OBz-2′,6′) |
| | 1′ | 129.17 | C | | 7.48(OBz-3′,5′), 8.09(OBz-2′,6′) |
| | 2′, 6′ | 130.27 | CH | 8.09 | 7.48(OBz-3′,5′), 7.60(OBz-4′), 8.09(OBz-6′,2′) |
| | 3′, 5′ | 128.29 | CH | 7.48 | 7.48(OBz-5′,3′) |
| | 4′ | 133.38 | CH | 7.60 | 8.09(OBz-2′,6′) |

① 本实验室数据。

* 归属可互换。

同样，苦皮种素Ⅲ的 $^{13}$C NMR 显示 28 条碳峰，其中$\delta_C$ 128.53×2、129.54×2各为 2 个碳，因此，苦皮种素Ⅲ含有 30 个碳。DEPT 显示，7 个伯碳：$\delta_C$ 18.38、20.52、21.11、21.34、21.58、23.07、29.85；3 个仲碳：$\delta_C$ 31.41、32.13、61.97；11 个叔碳：$\delta_C$ 39.26、48.23、69.80、69.82、73.70、77.17、128.53×2、129.54×2、133.27；9 个季碳：$\delta_C$ 49.32、80.61、87.77、129.64、164.86、169.94、169.96、170.01、170.55。由上述碳谱数据推测，苦皮种素Ⅲ具有 4*H*-*β*-二氢沉香呋喃型倍半萜骨架碳的特征[$\delta_C$ 39.26(C-4)、87.77(C-5)、49.32(C-10)、80.61(C-11)][83, 84]，含有 4 个乙酰氧基($\delta_C$ 169.94、169.96、170.01、170.55；$\delta_C$ 20.52、21.11、21.34、21.58)、1 个苯甲酰氧基($\delta_C$ 164.86、129.64、128.53×2、129.54×2、133.27)。对比文献[83]报道的苦皮种素 B(angulatueoid B, **2-64**)，苦皮种素Ⅲ应为其异构体。

苦皮种素Ⅲ的 $^1$H NMR 显示，含有 4 个乙酰氧基：$\delta_H$ 1.51(3H, s)、2.03(3H, s)、2.06(3H, s)、2.10(3H, s)；1 个苯甲酰氧基：$\delta_H$ 7.44(2H, m)、7.56(1H, m)、7.99(2H, m)；3 个骨架甲基：$\delta_H$ 1.23(3H, s)、1.31(3H, d, $J$ = 8.0Hz)、1.53(3H, s)。H-H COSY 指出，$\delta_H$ 5.51(1H, d, $J$ = 3.3Hz)与$\delta_H$ 5.40(1H, m)相关，$\delta_H$5.40 与$\delta_H$1.74(1H, dd, $J$ =

3.9, 15.2Hz)、2.44(1H, ddd, $J$ = 3.9, 6.6, 15.2Hz)相关，$\delta_H$1.74 与$\delta_H$ 2.44 相关，$\delta_H$ 2.44 与$\delta_H$ 1.94(1H, m)相关，$\delta_H$ 1.94 与$\delta_H$1.31(3H, d, $J$ =8.0Hz)相关，表明苦皮种素Ⅲ骨架 H-1~H-2~H-3~H-4~H-14 之间构成的自旋偶合系统；$\delta_H$2.08(1H, dd, $J$ = 3.4Hz、12.9Hz)与 2.92(1H, d, $J$ = 12.9Hz)、2.31(1H, t, $J$ = 3.4Hz、3.4Hz)相关，$\delta_H$2.31 与 5.56(1H, dd, $J$ = 3.4Hz、5.6Hz)相关，$\delta_H$ 5.56 与$\delta_H$ 5.63(1H, d, $J$ = 5.6Hz)相关，表明苦皮种素Ⅲ骨架 H-6~H-7~H-8~H-9 之间构成的自旋偶合系统；$\delta_H$4.86(1H, d, $J$ = 12.7Hz)与$\delta_H$ 5.13(1H, d, $J$ = 12.7Hz)相关，表明苦皮种素Ⅲ骨架 H-15 本身 2 个氢之间的偶合。至此，苦皮种素Ⅲ所有氢得到分析，进一步证实苦皮种素Ⅲ为苦皮种素 B 的异构体。

苦皮种素Ⅲ的 HMBC 指出，$\delta_C$169.94(季碳)与$\delta_H$ 5.51(H-1)、$\delta_C$169.96(季碳)与$\delta_H$ 5.56(H-8)、$\delta_C$170.01(季碳)与$\delta_H$ 5.40(H-2)、$\delta_C$170.55 与$\delta_H$ 4.86(H-15a)和 5.13(H-15b)、$\delta_C$164.86(季碳)与$\delta_H$ 5.63(H-9)相关，表明 4 个乙酰氧基分别处于 C-1、C-2、C-8、C-15 位，1 个苯甲酰氧基处于 C-9 位。至此，苦皮种素Ⅲ的平面结构证实与苦藤种素 B 的平面结构完全一致。

根据碳化学位移规律以及$\delta_C$ 61.97(仲碳)与$\delta_H$ 4.86(H-15a)、5.13(H-15b)HSQC 相关，表明苦皮种素Ⅲ的 C-15 化学位移为$\delta_C$ 61.97, C-9 苯甲酰氧基处于$\beta$-取向，对 C-15 存在$\gamma$-gauche 效应(见例 2-41)；NOESY 指出，$\delta_H$ 5.56(H-8)、5.63(H-9)均与$\delta_H$ 1.53(H-13)相关，表明 H-8、H-9 与 H-13 处于同侧，均为$\alpha$-H，当然 C-9、C-8-位取代基均处于$\beta$-取向；观察 Dreiding 模型，H-9 与 H-8 之间的双面夹角 30°左右，测定的 H-8、H-9 之间的偶合常数 5.6Hz 与双面夹角 30°之 $J$ 值完全符合。综上，苦皮种素Ⅲ的空间结构如(**2-63**)所示，其 $^1$H NMR 和 $^{13}$C NMR 的详细解析数据分别见表 2-71 和表 2-72。

**表 2-71 苦皮种素Ⅲ的 $^1$H NMR 数据($CDCl_3$, 400MHz)①**

| 编号 | $\delta_H$ | $J$/Hz | H-H COSY | NOESY |
|---|---|---|---|---|
| 1 | 5.51d | 3.3 | 5.40(H-2) | |
| 2 | 5.40m | | 1.74(H-3a), 2.44(H-3b), 5.51(H-1) | |
| 3a | 1.74 dd | 15.2, 3.9 | 2.44(H-3b), 5.40(H-2) | |
| 3b | 2.44ddd | 15.2, 6.6, 3.9 | 1.74(H-3a), 5.40(H-2), 1.94(H-4) | |
| 4 | 1.94m | | 1.31(H-14), 2.44(H-3b) | |
| 6a | 2.08dd | 3.4, 12.9 | 2.31(H-7), 2.92(H-6b) | |
| 6b | 2.92 d | 12.9 | 2.08(H-6a) | |
| 7 | 2.31t | 3.4, 3.4 | 2.08(H-6a), 5.56(H-8) | |
| 8 | 5.56dd | 3.4, 5.6 | 2.31(H-7), 5.63(H-9) | 1.53(H-13) |
| 9 | 5.63d | 5.6 | 5.56(H-8) | 1.53(H-13) |

续表

| 编号 | | $\delta_H$ | J/Hz | H-H COSY | NOESY |
|---|---|---|---|---|---|
| 12 | | 1.23s | | | |
| 13 | | 1.53s | | | 5.56(H-8), 5.63(H-9) |
| 14 | | 1.31d | 8.0 | 1.94(H-4) | |
| 15a | | 4.86d | 12.7 | 5.13(H-15b) | |
| 15b | | 5.13d | 12.7 | 4.86(H-15a) | |
| OAc-1 | | 1.51s | | | |
| OAc-2 | | 2.03*s | | | |
| OAc-8 | | 2.06*s | | | |
| OAc-15 | | 2.10s | | | |
| OBz | 2′, 6′ | 7.99m | | 7.44(OBz-3′,5′), 7.56(OBz-4′) | |
| | 3′, 5′ | 7.44m | | 7.56(OBz-4′), 7.99(OBz-2′,6′) | |
| | 4′ | 7.56m | | 7.44(OBz-3′,5′), 7.99(OBz-2′,6′) | |

① 本实验室数据。

* 归属可互换。

表 2-72 苦皮种素Ⅲ的 $^{13}C$ NMR 数据($CDCl_3$, 100MHz/H)①

| 编号 | $\delta_C$ | DEPT | HSQC($\delta_H$) | HMBC($\delta_H$) |
|---|---|---|---|---|
| 1 | 77.17 | CH | 5.51 | 1.74(H-3a), 5.13(H-15b), 5.40(H-2), 5.63(H-9) |
| 2 | 69.82 | CH | 5.40 | 1.74(H-3a), 1.94(H-4) |
| 3 | 31.41 | $CH_2$ | 1.74, 2.44 | 1.31(H-14), 1.94(H-4) |
| 4 | 39.26 | CH | 1.94 | 1.31(H-14), 1.74(H-3a), 2.08(H-6a), 5.40(H-2) |
| 5 | 87.77 | C | | 1.31(H-14), 1.74(H-3a), 1.94(H-4), 2.08(H-6a), 2.31(H-7), 4.86(H-15a) |
| 6 | 32.13 | $CH_2$ | 2.08, 2.92 | |
| 7 | 48.23 | CH | 2.31 | 1.23(H-12), 1.53(H-13), 2.92(H-6b) |
| 8 | 69.80 | CH | 5.56 | 2.31(H-7), 2.08(H-6a), 2.92(H-6b), 5.63(H-9) |
| 9 | 73.70 | CH | 5.63 | 2.31(H-7), 4.86(H-15a), 5.13(H-15b), 5.51(H-1) |
| 10 | 49.32 | C | | 1.94(H-4), 2.08(H-6a), 4.86(H-15a), 5.13(H-15b), 5.40(H-2), 5.51(H-1), 5.56(H-8), 5.63(H-9) |
| 11 | 80.61 | C | | 1.23(H-12), 1.53(H-13), 2.92(H-6b) |

续表

| 编号 | | $\delta_C$ | DEPT | HSQC($\delta_H$) | HMBC($\delta_H$) |
|---|---|---|---|---|---|
| 12 | | 29.85 | $CH_3$ | 1.23 | 1.53(H-13) |
| 13 | | 23.07 | $CH_3$ | 1.53 | 1.23(H-12) |
| 14 | | 18.38 | $CH_3$ | 1.31 | 1.74(H-3a), 1.94(H-4), 2.44(H-3b) |
| 15 | | 61.97 | $CH_2$ | 4.86, 5.13 | 5.51(H-1), 5.63(H-9) |
| OAc-1 | C=O | 169.94 | C | | 1.51[OAc-1(1′)], 5.51(H-1) |
| | 1′ | 20.52 | $CH_3$ | 1.51 | |
| OAc-2 | C=O | 170.01 | C | | 2.03[OAc-2(1′)], 5.40(H-2) |
| | 1′ | 21.34* | $CH_3$ | 2.03 | |
| OAc-8 | C=O | 169.96 | C | | 2.06[OAc-8(1′)], 5.56(H-8) |
| | 1′ | 21.11* | $CH_3$ | 2.06 | |
| OAc-15 | C=O | 170.55 | C | | 2.10[OAc-15(1′)], 4.86(H-15a), 5.13(H-15b) |
| | 1′ | 21.58 | $CH_3$ | 2.10 | |
| OBz | C=O | 164.86 | C | | 5.63(H-9), 7.99(OBz-2′,6′) |
| | 1′ | 129.64 | C | | 7.44(OBz-3′,5′)，7.99(OBz-2′,6′) |
| | 2′, 6′ | 129.54 | CH | 7.99 | 7.44(OBz-3′,5′), 7.56(OBz-4′), 7.99(OBz-6′,2′) |
| | 3′, 5′ | 128.53 | CH | 7.44 | 7.44(OBz-5′,3′), 7.56(OBz-4′), 7.99(OBz-2′,6′) |
| | 4′ | 133.27 | CH | 7.56 | 7.99(OBz-2′,6′) |

① 本实验室数据。

* 归属可互换。

苦皮种素 B(**2-64**)的 NMR 数据见表 2-73。

**表 2-73　苦皮种素 B 的 NMR 数据($CDCl_3$, 500MHz/H)[83]**

| 编号 | $\delta_H$ | $J$/Hz | $\delta_C$ | DEPT |
|---|---|---|---|---|
| 1 | 5.50d | 3.4 | 75.5 | CH |
| 2 | 5.41dd | 6.5, 3.4 | 69.1 | CH |
| 3a | 1.72m① | | 31.0 | $CH_2$ |
| 3b | 2.40ddd① | 15.2, 4.1, 1.2 | | |
| 4 | 1.92m | | 39.2 | CH |
| 5 | | | 87.8 | C |
| 6a | 2.16dd | 13.0, 4.8 | 36.1 | $CH_2$ |
| 6b | 2.80dd | 13.0, 0.6 | | |

续表

| 编号 | | $\delta_H$ | J/Hz | $\delta_C$ | DEPT |
|---|---|---|---|---|---|
| 7 | | 2.40m | | 47.2 | CH |
| 8 | | 5.62dd | 9.7, 3.2 | 76.3 | CH |
| 9 | | 5.99d | 9.7 | 76.2 | CH |
| 10 | | | | 50.6 | C |
| 11 | | | | 81.9 | C |
| 12 | | 1.22brs | | 30.7 | $CH_3$ |
| 13 | | 1.58s | | 24.4 | $CH_3$ |
| 14 | | 1.30d | 8.0 | 18.4 | $CH_3$ |
| 15a | | 4.74d | 12.5 | 61.8 | $CH_2$ |
| 15b | | 4.77d | 12.5 | | |
| OAc-1 | C=O | | | 169.6 | C |
| | 1′ | 1.52s | | 20.5 | $CH_3$ |
| OAc-2 | C=O | | | 170.3 | C |
| | 1′ | 1.87 s | | 20.9 | $CH_3$ |
| OAc-8 | C=O | | | 169.7 | C |
| | 1′ | 2.05s | | 21.3 | $CH_3$ |
| OAc-15 | C=O | | | 170.4 | C |
| | 1′ | 2.05s | | 21.5 | $CH_3$ |
| OBz | C=O | | | 165.7 | C |
| | 1′ | | | 129.8 | C |
| | 2′, 6′ | 7.90m | | 129.5 | CH |
| | 3′, 5′ | 7.42m | | 128.6 | CH |
| | 4′ | 7.52m | | 133.2 | CH |

① 原始文献解析有误，笔者根据苦皮种素Ⅱ、Ⅲ数据对其进行了修正。

对比表 2-69~表 2-73，可以看出，苦皮种素Ⅱ、苦皮种素Ⅲ、苦皮种素 B 三个化合物虽然是异构体，且平面结构一样，仅仅是 8 位、9 位空间结构存在差异，但其 NMR 数据有很大差异，特别是 $^{13}$C NMR 数据差别更大。可以采取 8 位、9 位氢之间偶合常数大小、NOESY 数据、C-15 化学位移综合考虑，确定 C-8、C-9 的相对构型。

## 例 2-44 H-H COSY 在西北风毛菊素 NMR 数据解析中的应用[85]

西北风毛菊素(petroviin, **2-65**)是从西北风毛菊(*Saussurea petrovii*)全草中分离得到的一个桉叶烷型倍半萜酯，由于该化合物含氢比较多，$^1$H NMR 比较复杂，H-H COSY 在其 NMR 数据解析中发挥了重要作用。

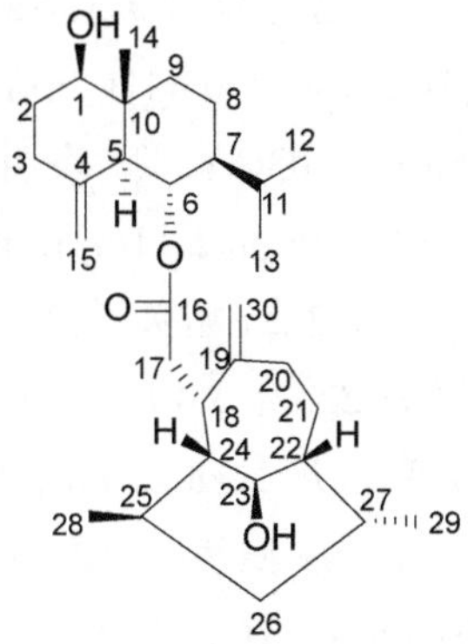

**2-65**

西北风毛菊素的 $^{13}$C NMR 显示 29 条碳峰，其中 $\delta_C$ 41.8×2 为 2 个碳，因此，西北风毛菊素含有 30 个碳。DEPT 显示，5 个伯碳：$\delta_C$ 11.6、13.4、14.0、16.2、21.1；10 个仲碳：$\delta_C$ 18.2、29.7、31.9、33.0、35.1、36.3、39.1、44.0、107.8、112.6；11 个叔碳：$\delta_C$26.0、39.8、41.8、47.3、48.7、49.3、51.0、55.9、67.0、79.0、88.5；4 个季碳：$\delta_C$41.8、146.2、149.2、178.0。需要指出的是，$\delta_C$ 41.8 包含的 2 个碳，1 个是叔碳，1 个是季碳。

根据氢化学位移规律和偶合分裂情况，$\delta_H$3.72(1H, dd, $J$ = 9.9Hz、9.7Hz)归属桉叶烷型倍半萜酯的 H-6, $\delta_H$ 3.44(1H, dd, $J$ = 11.5Hz、4.7Hz)归属桉叶烷型倍半萜酯的 H-1, $\delta_H$ 3.97(1H, t, $J$ = 8.9Hz、8.9Hz)归属桉叶烷型倍半萜酯的酯取代基上的 H-23。西北风毛菊素其他氢的归属可以从 H-6、H-1、H-23 出发，采用 H-H COSY，逐一得到确证。

H-H COSY 指出，$\delta_H$ 3.72(H-6)与 $\delta_H$ 1.76(1H, brd, $J$ = 9.9Hz)、1.31(1H, m)相关，表明 $\delta_H$ 1.76 归属 H-5、1.31 归属 H-7；$\delta_H$ 1.31(H-7)与 $\delta_H$ 1.20(4H, m)、1.53(1H, m)、2.23(1H, m)相关，$\delta_H$ 1.20 与 $\delta_H$ 1.53 相关，加之仲碳 $\delta_C$ 18.2 与 $\delta_H$ 1.20、1.53 HMQC 相关，表明 $\delta_H$ 1.20(其中 1 个氢)、1.53 分别归属 H-8a 和 H-8b，$\delta_H$ 2.23 归属 H-11；$\delta_H$ 1.53(H-8b)与 $\delta_H$ 1.20(4H, m)、1.95(1H, m)相关，$\delta_H$ 1.20 与 $\delta_H$ 1.95 相关，加之仲碳 $\delta_C$ 36.3 同时与 $\delta_H$ 1.20、1.95 HMQC 相关，可以确定 $\delta_H$ 1.20(其中 1 个氢)、1.95 分别归属 H-9a 和 H-9b；$\delta_H$ 2.23(H-11)与 $\delta_H$ 0.88(3H, d, $J$=7.1Hz)、0.96(3H, d, $J$ = 7.1Hz)相关，表明 $\delta_H$ 0.88、0.96 归属 2 个甲基 H-12 和 H-13，但归属无法区分。

H-H COSY 指出，$\delta_H$ 3.44(H-1)与 $\delta_H$ 1.55(1H, m)、1.91(1H, m)相关，$\delta_H$ 1.55 与 $\delta_H$ 1.91 相关，加之仲碳 $\delta_C$ 31.9 与 $\delta_H$ 1.55、1.91 HMQC 相关，表明 $\delta_H$ 1.55、1.91 分别归属 H-2a 和 H-2b；$\delta_H$ 1.55(H-2a)与 $\delta_H$ 2.08(1H, m)、2.33(1H, m)相关，$\delta_H$ 1.91(H-2b)与 $\delta_H$ 2.08、2.33 相关，$\delta_H$ 2.08 与 $\delta_H$ 2.33 相关，加之仲碳 $\delta_C$ 35.1 与 $\delta_H$ 2.08、

2.33 HMQC 相关，表明 $\delta_H$ 2.08、2.33 分别归属 H-3a 和 H-3b；$\delta_H$ 2.08(H-3a)、2.33(H-3b)、1.76(H-5)均与 $\delta_H$ 4.76(1H, brs)、5.03(1H, brs)相关，$\delta_H$ 4.76 与 $\delta_H$ 5.03 相关，加之仲碳 $\delta_C$ 107.8 与 $\delta_H$ 4.76、5.03 HMQC 相关，表明 $\delta_H$ 4.76、5.03 归属烯氢 H-15。

H-H COSY 指出，$\delta_H$ 3.97(H-23)与 $\delta_H$ 2.11(1H, m)相关，$\delta_H$ 2.11 与 $\delta_H$ 1.40(1H, m)、2.23(1H, m)相关，$\delta_H$ 1.40 与 $\delta_H$ 2.23 相关，加之仲碳 $\delta_C$ 33.0 与 $\delta_H$ 1.40、2.23 HMQC 相关，表明 $\delta_H$ 2.11 归属 H-22, $\delta_H$ 1.40、2.23 分别归属 H-21a 和 H-21b；$\delta_H$ 3.97(H-23)与 $\delta_H$ 2.18(1H, m)相关，$\delta_H$ 2.18 与 $\delta_H$ 3.06(1H, dt, $J$ = 3.6Hz、7.5Hz)相关，表明 $\delta_H$ 2.18 归属 H-24, $\delta_H$ 3.06 归属 H-18；$\delta_H$ 2.11(H-22)与 $\delta_H$ 2.27(1H, m)相关，表明 $\delta_H$ 2.27 归属 H-27；$\delta_H$ 2.27(H-27)与 $\delta_H$ 1.28(3H, d, $J$ = 6.8Hz)相关，表明 $\delta_H$ 1.28 归属甲基 H-29；$\delta_H$ 2.18(H-24)与 $\delta_H$ 2.32(1H, m)相关，表明 $\delta_H$ 2.32 归属 H-25；$\delta_H$ 2.32(H-25)与 $\delta_H$ 1.26(3H, d, $J$ = 6.9Hz)相关，表明 $\delta_H$ 1.26 归属甲基 H-28；$\delta_H$ 2.32(H-25)、2.27(H-27)同时与 $\delta_H$ 1.20(4H, m)相关，表明 $\delta_H$ 1.20(其中 2 个氢)归属 H-26；$\delta_H$ 3.06(H-18)与 $\delta_H$ 2.53(2H, d, $J$ = 7.5Hz)相关，表明 $\delta_H$ 2.53 归属 H-17；$\delta_H$ 1.40(H-21a)与 $\delta_H$ 2.14(1H, m)、2.58(1H, m)相关，$\delta_H$ 2.23(H-21b)与 $\delta_H$ 2.14(1H, m)、2.58(1H, m)相关，$\delta_H$ 2.14 与 $\delta_H$ 2.58 相关，加之仲碳 $\delta_C$ 39.1 与 $\delta_H$ 2.14、2.58 HMQC 相关，表明 $\delta_H$ 2.14、2.58 归属 H-20；$\delta_H$ 3.06(H-18)、2.14(H-20a)、2.58(H-20b)均与 $\delta_H$ 4.73(1H, brs)、4.99(1H, brs)相关，$\delta_H$ 4.73 与 $\delta_H$ 4.99 相关，加之仲碳 $\delta_C$ 112.6 与 $\delta_H$ 4.73、4.99 HMQC 相关，表明 $\delta_H$ 4.73、4.99 归属烯氢 H-30。

剩下的 $\delta_H$ 0.71(3H, s)当然归属甲基 H-14。

至此，西北风毛菊素所有氢的归属得到确证。

综上所述，H-H COSY 所观测到的西北风毛菊素所含氢的关系如下图：

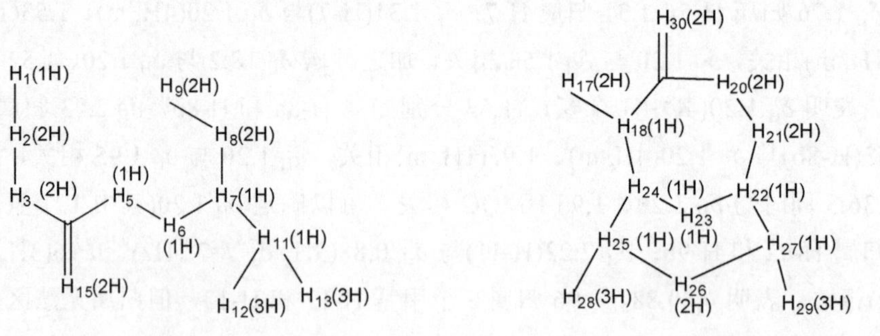

$H_1$(1H) $H_2$(2H) $H_3$ (2H) $H_5$ (1H) $H_6$ (1H) $H_7$(1H) $H_8$(2H) $H_9$(2H) $H_{11}$(1H) $H_{12}$(3H) $H_{13}$(3H) $H_{15}$(2H)

A

$H_{30}$(2H) $H_{17}$(2H) $H_{20}$(2H) $H_{18}$(1H) $H_{21}$(2H) $H_{24}$ (1H) $H_{22}$(1H) $H_{23}$ (1H) $H_{25}$ (1H) $H_{27}$(1H) $H_{26}$ (2H) $H_{28}$(3H) $H_{29}$(3H)

B

西北风毛菊素的连氢碳可通过 HMQC 归属，季碳可通过碳化学位移规律和 HMBC 归属，其 NMR 数据见表 2-74。

表 2-74 西北风毛菊素的 NMR 数据($CDCl_3$, 400MHz/H)

| 编号 | $\delta_C$ | $\delta_H$ | $J$/Hz | 编号 | $\delta_C$ | $\delta_H$ | $J$/Hz |
|---|---|---|---|---|---|---|---|
| 1 | 79.0 | 3.44dd | 11.5, 4.7 | 15 | 107.8 | 4.76brs, 5.03brs | |
| 2a | 31.9 | 1.55m | | 16 | 178.0 | | |
| 2b | | 1.91m | | 17 | 44.0 | 2.53d | 7.5 |
| 3a | 35.1 | 2.08m | | 18 | 39.8 | 3.06dt | 3.6, 7.5 |
| 3b | | 2.33m | | 19 | 149.2 | | |
| 4 | 146.2 | | | 20a | 39.1 | 2.14m | |
| 5 | 55.9 | 1.76brd | 9.9 | 20b | | 2.58m | |
| 6 | 67.0 | 3.72dd | 9.9, 9.7 | 21a | 33.0 | 1.40m | |
| 7 | 49.3 | 1.31m | | 21b | | 2.23m | |
| 8a | 18.2 | 1.20m | | 22 | 48.7 | 2.11m | |
| 8b | | 1.53m | | 23 | 88.5 | 3.97t | 8.9, 8.9 |
| 9a | 36.3 | 1.20m | | 24 | 51.0 | 2.18m | |
| 9b | | 1.95m | | 25 | 47.3 | 2.32m | |
| 10 | 41.8 | | | 26 | 29.7 | 1.20m | |
| 11 | 26.0 | 2.23m | | 27 | 41.8 | 2.27m | |
| 12 | 16.2* | 0.88d** | 7.1 | 28 | 14.0 | 1.26d | 6.9 |
| 13 | 21.1* | 0.96d** | 7.1 | 29 | 13.4 | 1.28d | 6.8 |
| 14 | 11.6 | 0.71s | | 30 | 112.6 | 4.73brs, 4.99brs | |

*, ** 相同标记的归属可互换。

西北风毛菊素有 C-1、C-5、C-6、C-7、C-10、C-18、C-22、C-23、C-24、C-25、C-27 共 11 个手性碳，其相对构型可通过 NOESY 确定。NOESY 指出，H-1 /H-5、H-5/H-7 相关，表明 H-1、H-5、H-7 处于倍半萜环同侧，为 $\alpha$-取向；H-6/H-14 相关，表明 H-6、H-14 处于倍半萜环另一侧，为 $\beta$-取向；H-23/H-25、H-29/H-23 相关，表明 H-23、H-25、H-29 处于酯基环同侧，为 $\alpha$-取向；H-24/H-22、H-28/H-24、H-18/H-22 相关，表明 H-18、H-22、H-24、H-28 处于酯基环另一侧，为 $\beta$-取向。

**例 2-45** 没药中 1 个呋喃倍半萜的 NMR 数据解析及结构测定[86]

没药(myrrh)为橄榄科(Burseraceae)没药属(*Commiphora*)植物没药树(*C.myrrha* 或 *C.molmol*)及同属其他植物树干皮部分泌渗出的油胶树脂，具有活血止痛、消肿生肌的功效，化合物 **2-66** 是从没药氯仿提取物中分离得到的 1 个呋喃倍半萜类化合物。

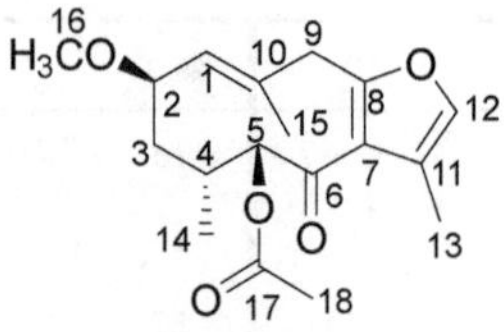

**2-66**

化合物 **2-66** 的 $^{13}$C NMR 显示 18 条碳峰，表明其含有 18 个碳。DEPT 显示，5 个伯碳：$\delta_C$ 8.7、17.3、18.8、20.7、55.7；2 个仲碳：$\delta_C$ 37.8、38.1；5 个叔碳：$\delta_C$ 30.6、73.7、78.8、132.6、138.0；6 个季碳：$\delta_C$ 121.1、123.1、135.2、154.2、170.2、195.5。其中 $\delta_C$ 55.7 推测为甲氧基碳，$\delta_C$ 20.7、170.2 推测为乙酰氧基碳，提示化合物 **2-66** 除去一个甲氧基和一个乙酰氧基的 3 个碳外，还有 15 个碳，根据以上 $^{13}$C NMR 特征， 初步推断化合物 **2-66** 可能为倍半萜类化合物。

H-H COSY 指出，$\delta_H$ 5.23(1H, brd, $J$ = 9.3Hz)与 $\delta_H$ 4.13(1H, m)、1.96(3H, brs)相关，$\delta_H$ 4.13 与 $\delta_H$ 1.92(1H, m)相关，$\delta_H$ 1.92 与 $\delta_H$ 1.88(1H, m)相关，$\delta_H$ 1.88、1.92 均与 $\delta_H$ 2.37(1H, m)相关，$\delta_H$ 2.37 与 $\delta_H$ 1.08(3H, d, $J$ = 7.0Hz)、5.53(1H, d, $J$ = 8.3Hz)相关；HSQC 指出，$\delta_C$132.6(叔碳)与 $\delta_H$ 5.23 相关，$\delta_C$ 73.7(叔碳)与 $\delta_H$ 4.13 相关，$\delta_C$ 37.8(仲碳)与 $\delta_H$ 1.88、1.92 相关，$\delta_C$ 30.6(叔碳)与 $\delta_H$ 2.37 相关，$\delta_C$ 17.3(伯碳)与 $\delta_H$1.08 相关，$\delta_C$ 78.8(叔碳)与 $\delta_H$5.53 相关；根据碳、氢化学位移规律，暗示化合物 **2-66** 含有一个大的氢自旋偶合系统即结构片段 A。

H-H COSY 指出，$\delta_H$ 3.31(1H, d, $J$ = 16.5Hz)与 $\delta_H$ 3.64(1H, d, $J$ = 16.5Hz)相关，加之 $\delta_C$ 38.1(仲碳)与 $\delta_H$ 3.31、3.64 HSQC 相关，表明 $\delta_H$ 3.31、3.64 为一对同碳质子。此外，HSQC 指出，$\delta_C$ 18.8(伯碳)与 $\delta_H$ 1.96(3H, s)相关；HMBC 指出，伯碳 $\delta_C$ 18.8、叔碳 $\delta_C$ 132.6、季碳 $\delta_C$ 123.1、135.2 均与 $\delta_H$ 3.31、3.64 相关，仲碳 $\delta_C$ 38.1、叔碳 $\delta_C$ 132.6、季碳 $\delta_C$ 135.2 均与 $\delta_H$ 1.96 相关；根据碳、氢化学位移规律，暗示化合物 **2-66** 含有结构片段 B。

HSQC 指出，$\delta_C$ 138.0(叔碳)与 $\delta_H$ 7.03(1H, s)相关，根据碳、氢化学位移规律，暗示 $\delta_H$ 7.03 应为连氧双键碳上氢，$\delta_C$ 138.0 应为连氧双键碳；$\delta_C$ 8.7(伯碳)/$\delta_H$ 1.92(3H, brs)相关，根据碳、氢化学位移规律，暗示 $\delta_H$ 1.92 为双键碳上甲基氢，$\delta_C$ 8.7 应为双键碳上甲基碳；H-H COSY 指出，$\delta_H$ 7.03 与 $\delta_H$ 1.92 相关，暗示 $\delta_H$ 1.92 甲基氢(或 $\delta_C$ 8.7 甲基碳)所连双键碳与上述连氧双键碳为同一双键上的 2 个碳；HMBC 指出，季碳 $\delta_C$ 121.1、123.1、154.2 均与 $\delta_H$ 7.03 相关，季碳 $\delta_C$ 121.1、123.1、154.2 和叔碳 $\delta_C$ 138.0 均与 $\delta_H$ 1.92 相关，综上，暗示化合物 **2-66** 含有呋喃环结构片段 C。

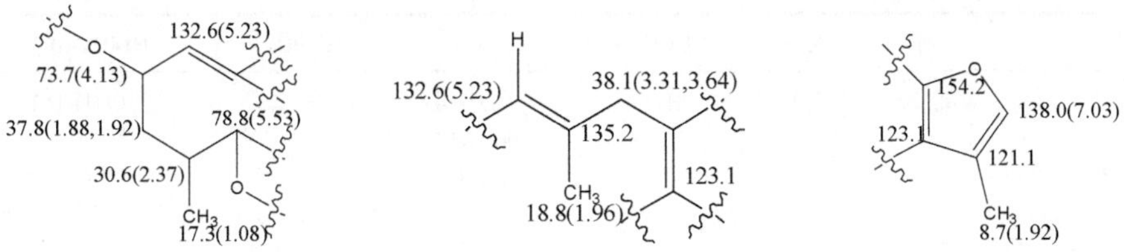

A B C

注：括号外数字为碳化学位移，括号内数字为氢化学位移

根据碳、氢化学位移规律，$\delta_C$ 55.7(伯碳)和 $\delta_H$3.25(3H, s)构成 $CH_3O$-基，$\delta_C$ 170.2(季碳)、20.7(伯碳)和 $\delta_H$ 2.04(3H, s)构成 $CH_3COO$-基；HMBC 指出，$\delta_C$ 170.2/$\delta_H$ 5.53 相关，表明 $CH_3O$-连在 $\delta_C$ 73.7 的碳上，$CH_3COO$-连在 $\delta_C$ 78.8 的碳上。

综上，和 $\delta_C$ 195.5(季碳)一起考虑，推测化合物 **2-66** 的平面结构如式 **2-66** 连接。用碳、氢化学位移规律、DEPT、H-HCOSY、HSQC、HMBC 核对所有 NMR 数据，与推测平面结构完全一致。

化合物 **2-66** 存在 C-2、C-4、C-5 三个手性碳和 C-1(10)双键的构型需进一步确定，可通过偶合常数大小(推测双面夹角大小)及 NOESY 进行确定。NOESY 指出，H-1 与 H-4 相关，表明 H-1 和 H-4 同侧，$\beta$-取向；H-2、H-5、H-15 相关，表明 H-2、H-5、H-15 同侧，$\alpha$-取向。$J_{1,2}$=9.3Hz 与 H-1 和 H-2 处于 10 元环平面两侧一致。

化合物 **2-66** 的 NMR 详细解析数据见表 2-75。

**表 2-75 化合物 2-66 的 NMR 数据($CDCl_3$, 600MHz/H, 75MHz/C)**

| 编号 | $\delta_C$ | $\delta_H$ | $J$/Hz | H-HCOSY | NOESY | HSQC | HMBC ($\delta_H$) |
|---|---|---|---|---|---|---|---|
| 1 | 132.6 | 5.23brd | 9.3 | H-15, H-2 | 2.37(H-4), 3.25(H-16) | + | 1.88(H-3a), 1.92(H-3b), 1.96(H-15), 3.31(H-9a), 3.64(H-9b) |
| 2 | 73.7 | 4.13m | | H-1, H-3b | 1.08(H-14), 1.96(H-15), 5.53(H-5) | + | 1.88(H-3a), 1.92(H-3b), 3.25(H-16) |
| 3a | 37.8 | 1.88m | | H-3b, H-4 | | + | 1.08(H-14) |
| 3b | | 1.92m | | H-3a, H-2, H-4 | | + | |
| 4 | 30.6 | 2.37m | | H-3a, H-3b, H-5, H-14 | 5.23(H-1) | + | 1.08(H-14), 1.88(H-3a), 1.92(H-3b), 5.53(H-5) |

续表

| 编号 | $\delta_C$ | $\delta_H$ | J/Hz | H-HCOSY | NOESY | HSQC | HMBC ($\delta_H$) |
|---|---|---|---|---|---|---|---|
| 5 | 78.8 | 5.53d | 8.3 | H-4 | 1.08(H-14), 1.96(H-15), 4.13(H-2) | + | 1.08(H-14) |
| 6 | 195.5 | | | | | | |
| 7 | 123.1 | | | | | | 1.92(H-13), 3.31(H-9a), 3.64(H-9b), 7.03(H-12) |
| 8 | 154.2 | | | | | | 7.03(H-12) |
| 9a | 38.1 | 3.31d | 16.5 | H-9b | | + | 1.96(H-15) |
| 9b | | 3.64d | 16.5 | H-9a | | + | |
| 10 | 135.2 | | | | | | 1.96(H-15), 3.31(H-9a), 3.64(H-9b) |
| 11 | 121.1 | | | | | | 1.92(H-13), 7.03(H-12) |
| 12 | 138.0 | 7.03brs | | H-13 | | + | 1.92(H-13) |
| 13 | 8.7 | 1.92brs | | H-12 | | + | |
| 14 | 17.3 | 1.08d | 7.0 | H-4 | 1.96(H-15), 4.13(H-2), 5.53(H-5) | + | 1.88(H-3a), 1.92(H-3b), 5.53(H-5) |
| 15 | 18.8 | 1.96brs | | H-1 | 1.08(H-14), 4.13(H-2), 5.53(H-5) | + | 3.31(H-9a), 3.64(H-9b) |
| 16 | 55.7 | 3.25s | | | 5.23(H-1) | + | |
| 17 | 170.2 | | | | | | 2.04(H-18), 5.53(H-5) |
| 18 | 20.7 | 2.04s | | | | + | |

**例 2-46** NOESY 在地胆草倍半萜内酯化合物结构鉴定中的应用[87-90]

菊科植物地胆草(*Elephantopus scaber*)的重要化学成分为倍半萜内酯化合物，地胆草种内酯(scabertopin, **2-67**)和异地胆草种内酯(isoscabertopin, **2-68**)是一对C-2 立体构型异构体，式 **2-67′**、**2-68′**分别是结构式 **2-67**、**2-68** 的构象式。本例介绍 NOESY 技术对其 C-2 立体构型的确定和对其 $^1$H NMR 中 3 位和 9 位亚甲基中两个质子 $\alpha$、$\beta$-取向的确定。

表 2-76 是文献[87-90]通过碳、氢化学位移规律、偶合分裂情况以及二维实验给出的地胆草种内酯和异地胆草种内酯的碳、氢 NMR 归属数据，表 2-77 是它们的部分 NOESY 数据[87-89]。

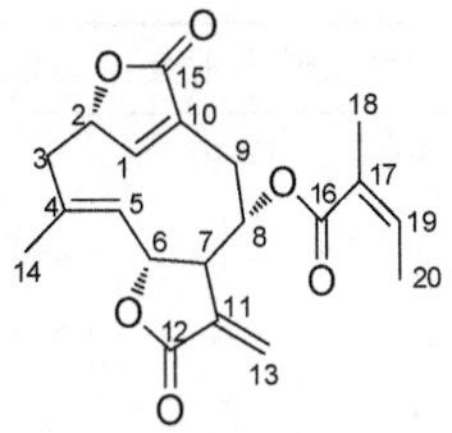

2-67 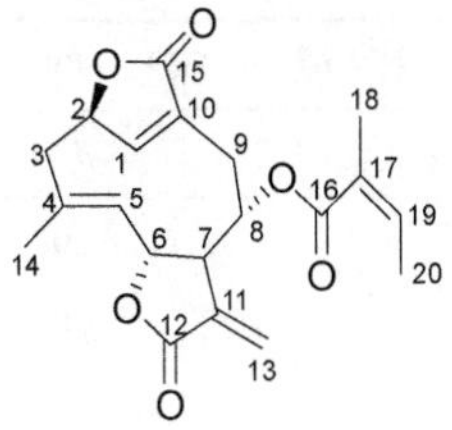　　　　2-68

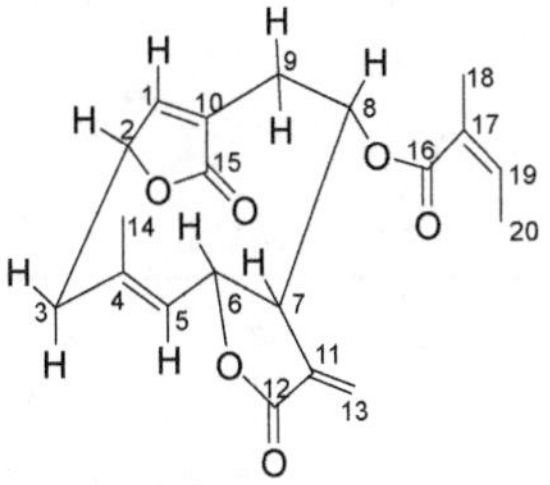

2-67′ 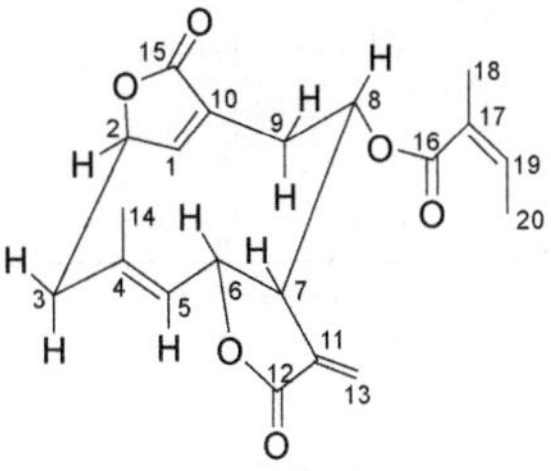　　　　2-68′

表 2-76　地胆草种内酯和异地胆草种内酯的 $^1$H 和 $^{13}$C NMR 数据

| 地胆草种内酯[90]($CDCl_3$, 270MHz/H) | | | | | 异地胆草种内酯[87-89]($CDCl_3$, 400MHz/H)① | | | | |
|---|---|---|---|---|---|---|---|---|---|
| 编号 | $\delta_C$ | DEPT | $\delta_H$ | $J$/Hz | 编号 | $\delta_C$ | DEPT | $\delta_H$ | $J$/Hz |
| 1 | 149.3 | CH | 7.17s | | 1 | 153.2 | CH | 7.07s | |
| 2 | 79.4 | CH | 5.38d | 4.5 | 2 | 81.4 | CH | 5.46dd | |
| 3a($\beta$) | 40.0 | $CH_2$ | 2.40dd | 4.5, 14.0 | 3a($\alpha$) | 41.5 | $CH_2$ | 2.70dd | 1.9, 13.5 |
| 3b($\alpha$) | | | 2.92d | 14.0 | 3b($\beta$) | | | 2.85m | |
| 4 | 135.4 | C | | | 4 | 136.0 | C | | |
| 5 | 125.3 | CH | 5.13d | 10.0 | 5 | 133.9 | CH | 4.78d | 10.4 |
| 6 | 78.7 | CH | 5.17dd | 8.0, 10.0 | 6 | 78.1 | CH | 5.17dd | 8.0, 10.4 |
| 7 | 49.6 | CH | 3.14m | | 7 | 52.4 | CH | 2.92m | |
| 8 | 73.6 | CH | 4.53dt | 12.0, 4.0, 4.0 | 8 | 71.2 | CH | 4.53dt | |
| 9a($\beta$) | 30.0 | $CH_2$ | 2.75dd | 4.0, 12.0 | 9a($\alpha$) | 33.7 | $CH_2$ | 2.80t | 11.5 |
| 9b($\alpha$) | | | 3.06t | 12.0 | 9b($\beta$) | | | 3.02dd | 1.2, 11.5 |
| 10 | 131.4 | C | | | 10 | 128.9 | C | | |
| 11 | 134.2 | C | | | 11 | 134.4 | C | | |
| 12 | 169.4 | C | | | 12 | 169.5 | C | | |
| 13a | 123.0 | $CH_2$ | 5.63d | 3.2 | 13a | 123.7 | $CH_2$ | 5.60d | |

续表

| 地胆草种内酯[90]($CDCl_3$, 270MHz/H) | | | | | 异地胆草种内酯[87-89]($CDCl_3$, 400MHz/H)① | | | | |
|---|---|---|---|---|---|---|---|---|---|
| 编号 | $\delta_C$ | DEPT | $\delta_H$ | $J$/Hz | 编号 | $\delta_C$ | DEPT | $\delta_H$ | $J$/Hz |
| 13b | | | 6.20d | 3.2 | 13b | | | 6.24d | |
| 14 | 21.5 | $CH_3$ | 1.80d | 1.3 | 14 | 20.4 | $CH_3$ | 1.85d | |
| 15 | 174.3 | C | | | 15 | 172.5 | C | | |
| 16 | 166.9 | C | | | 16 | 166.8 | C | | |
| 17 | 126.6 | C | | | 17 | 126.8 | C | | |
| 18 | 20.3 | $CH_3$ | 1.90dq | 1.5, 1.5 | 18 | 20.2 | $CH_3$ | | |
| 19 | 140.5 | CH | 6.18m | | 19 | 140.8 | CH | | |
| 20 | 15.8 | $CH_3$ | 1.97dq | 7.5, 1.5 | 20 | 15.9 | $CH_3$ | | |

① 有些 $\delta_H$ 和 $J$ 值原始文献没有给出。

**表 2-77 地胆草种内酯和异地胆草种内酯的部分 NOESY 数据[87-89]($CDCl_3$, 400MHz)**

| 地胆草种内酯 | | 异地胆草种内酯 | |
|---|---|---|---|
| 编号 | NOESY | 编号 | NOESY |
| H-1 | H-8, H-9a, H-14 | H-1 | H-3a, H-5, H-7, H-9a |
| H-3a | H-14 | H-3a | H-1, H-5 |
| H-3b | H-5 | H-3b | H-14 |
| H-5 | H-3b, H-7 | H-5 | H-1, H-3a, H-7 |
| H-6 | H-8, H-14 | H-6 | H-8, H-14 |
| H-7 | H-5, H-9b | H-7 | H-1, H-5 |
| H-8 | H-1, H-6, H-14 | H-8 | H-6, H-14 |
| H-9a | H-1 | H-9a | H-1 |
| H-9b | H-7 | H-9b | |
| H-14 | H-1, H-3a, H-6, H-8 | H-14 | H-3b, H-6, H-8 |

由表 2-77 可以看到，地胆草种内酯的 H-1、H-8、H-9a、H-14 之间 NOESY 相关，表示这些氢处于其大十元环平面之上，故由 C-2、C-15 环合成的五元 $\alpha,\beta$-不饱和内酯环的羰基应处于大十元环平面之下，即 C-2 为 $\alpha$-取向；异地胆草种内酯的 H-1、H-3a、H-5、H-9a 之间 NOESY 相关，表示这些氢处于其大十元环平面之下，故由 C-2、C-15 环合成的五元 $\alpha,\beta$-不饱和内酯环的羰基应处于大十元环平面之上，即 C-2 为 $\beta$-取向。由表 2-76 可以看到，地胆草种内酯和异地胆草种内酯相比，地胆草种内酯的 H-5($\delta_H$ 5.13)、H-7($\delta_H$ 3.14)比异地胆草种内酯的 H-5($\delta_H$ 4.78)、H-7($\delta_H$ 2.92)处于较低场，这是由于地胆草

种内酯的 H-5、H-7 距离羰基较近，异地胆草种内酯的 H-5、H-7 距离羰基较远引起的(见构象式)。

同样，可以观看地胆草种内酯和异地胆草内酯之 H-3 和 H-9 化学位移的差别：由表 2-77 可以看到，地胆草种内酯的 H-1 与 H-9a($\beta$)相关，异地胆草种内酯的 H-1 与 H-3a($\alpha$)、H-9a($\alpha$)相关，结合表 2-76，得到地胆草种内酯的 H-9$\beta$ 化学位移为 $\delta_H$ 2.75，H-9$\alpha$ 化学位移为 $\delta_H$ 3.06，异地胆草种内酯的 H-3$\alpha$、H-9$\alpha$ 化学位移分别为 $\delta_H$ 2.70、2.80，H-3$\beta$、H-9$\beta$ 化学位移分别为 $\delta_H$ 2.85、3.02；由表 2-77 可以看到，地胆草种内酯的 H-5 与 H-3b($\alpha$)相关，异地胆草种内酯的 H-5 与 H-3a($\alpha$)相关，结合表 2-76，得到地胆草种内酯的 H-3$\alpha$ 化学位移为 $\delta_H$ 2.92，H-3$\beta$ 化学位移为 $\delta_H$ 2.40，异地胆草种内酯的 H-3$\alpha$ 化学位移为 $\delta_H$ 2.70，H-3$\beta$ 化学位移为 $\delta_H$ 2.85。综合分析，地胆草种内酯的 H-3$\alpha$、H-3$\beta$、H-9$\alpha$、H-9$\beta$ 化学位移分别为 2.92、2.40、3.06、2.75，异地胆草种内酯的 H-3$\alpha$、H-3$\beta$、H-9$\alpha$、H-9$\beta$ 化学位移分别为 2.70、2.85、2.80、3.02；即 C-2 为 $\alpha$-构型和 $\beta$-构型的两个异构体 3-位和 9-位上 2 个质子的化学位移大小相反。

## 例 2-47　艾菊素的 NMR 数据解析[91]

艾菊素(tanacetin, **2-69**)是从中草药芙蓉菊(*Crossostephium chinense*)全草中分离得到的一个桉烷内酯类倍半萜化合物，由于该类化合物对乙酰胆碱酶活性的抑制作用，艾菊素以期发展为老年性痴呆和阿尔茨海默症预防和治疗药物。

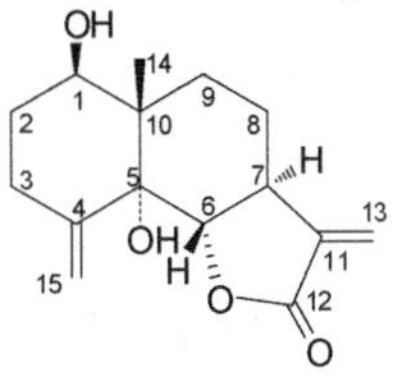

**2-69**

艾菊素的 $^{13}$C NMR 显示 15 条碳峰，表明其含有 15 个碳。DEPT 显示，1 个伯碳：$\delta_C$ 13.2；6 个仲碳：$\delta_C$ 21.1、29.6、29.7、30.3、112.7、117.0；3 个叔碳：$\delta_C$ 43.1、71.6、81.8；5 个季碳：$\delta_C$ 44.6、76.9、139.7、144.5、170.7。

艾菊素的 $^1$H NMR 可观察到 19 个质子信号，其中包括 1 个羟基质子信号，另一个羟基质子信号没有观察到，可能是由于信号峰太宽，隐藏在其他峰中。$^1$H NMR 信号与 $^{13}$C NMR 信号吻合。

艾菊素的 NMR 数据解析可先从 $^1$H NMR 数据着手。虽然艾菊素的 $^1$H NMR 数据在 $\delta_H$ 1.50~2.50 信号重叠，比较复杂，但其存在比较明显的 2 个自旋偶合系统，因此，利用 H-H COSY 依次解析 2 个自旋偶合系统是首选方法。剩下的质子为 2 组末端双键质子和 1 个甲基质子，易于解析。

根据氢化学位移规律和偶合分裂情况，$\delta_H$ 4.17(1H, dd, $J$ = 5.0Hz、12.0Hz)和 4.26(1H, d, $J$ = 11.5Hz)应分别归属艾菊素的 2 个连氧碳上氢 H-1 和 H-6。

H-H COSY 指出，$\delta_H$ 4.17(H-1)与 $\delta_H$ 1.56(1H, m)、1.84(1H, m)相关，$\delta_H$ 1.56 与 $\delta_H$ 1.84 相关，加之 $\delta_C$ 30.3(仲碳)与 $\delta_H$ 1.56、1.84 HSQC 相关，表明 $\delta_H$ 1.56、1.84 为同碳上的 2 个氢，分别归属 H-2a 和 H-2b，$\delta_C$ 30.3 归属 C-2；$\delta_H$ 1.56(H-2a)与 $\delta_H$ 2.18(1H, m)、2.66(1H, m)相关，$\delta_H$ 1.84(H-2b)与 $\delta_H$ 2.18(1H, m)、2.66(1H, m)相关，$\delta_H$ 2.18 与 $\delta_H$ 2.66 相关，加之 $\delta_C$ 29.6(仲碳)与 $\delta_H$ 2.18、2.66 HSQC 相关，表明 $\delta_H$ 2.18、2.66 为同碳上的 2 个氢，分别归属 H-3a 和 H-3b，$\delta_C$ 29.6 归属 C-3。

H-H COSY 指出，$\delta_H$ 4.26(H-6)与 $\delta_H$ 3.34(1H, m)相关，表明 $\delta_H$ 3.34 归属 H-7；$\delta_H$ 3.34(H-7)与 $\delta_H$ 1.61(1H, m)、2.04(1H, m)相关，$\delta_H$ 1.61 与 $\delta_H$ 2.04 相关，加之 $\delta_C$ 21.1(仲碳)与 $\delta_H$ 1.61、2.04 HSQC 相关，表明 $\delta_H$ 1.61、2.04 为同碳上的 2 个氢，分别归属 H-8a 和 H-8b，$\delta_C$ 21.1 归属 C-8；$\delta_H$ 1.61(H-8a)与 $\delta_H$ 1.75(1H, m)、1.78(1H, m)相关，$\delta_H$ 2.04(H-8b)与 $\delta_H$ 1.75(1H, m)、1.78(1H, m)相关，$\delta_H$ 1.75 与 $\delta_H$ 1.78 相关，加之 $\delta_C$ 29.7(仲碳)与 $\delta_H$ 1.75、1.78 HSQC 相关，表明 $\delta_H$ 1.75、1.78 为同碳上的 2 个氢，分别归属 H-9 a 和 H-9b，$\delta_C$ 29.71 归属 C-9。

根据上述 H-1、H-6、H-7 的化学位移，通过 HSQC，可以确定 C-1、C-6、C-7 的化学位移分别为 $\delta_C$ 71.6、81.8、43.1。

HMBC 指出，$\delta_C$ 29.6(C-3)与 $\delta_H$ 5.02(1H, d, $J$ = 2.0Hz)、5.05(1H, brd, $J$ = 2.0Hz)相关；H-H COSY 指出，$\delta_H$ 5.02 与 $\delta_H$ 5.05、$\delta_H$ 5.05 与 $\delta_H$ 2.66(H-3b)相关；HSQC 指出，$\delta_C$ 112.7(仲碳)与 $\delta_H$ 5.02、5.05 相关；结合碳、氢化学位移规律，可以确定 $\delta_H$ 5.02、5.05 分别归属 H-15a 和 H-15b，$\delta_C$ 112.7 归属 C-15。

HMBC 指出，$\delta_C$ 43.1(C-7)与 $\delta_H$ 5.42(1H, brd, J=3.0Hz)、6.09(1H, brd, J=3.0Hz)相关；H-H COSY 指出，$\delta_H$ 5.42/$\delta_H$ 6.09 相关，$\delta_H$ 3.34(H-7)与 $\delta_H$ 5.42、6.09 相关；HSQC 指出，$\delta_C$ 117.0(仲碳)与 $\delta_H$ 5.42、6.09 相关；结合碳、氢化学位移规律，可以确定 $\delta_H$ 5.42、6.09 分别归属 H-13a 和 H-13b，$\delta_C$ 117.0 归属 C-13。

根据碳、氢化学位移规律和氢偶合分裂情况，可以确定 $\delta_H$ 0.88(3H, s)归属 H-14, $\delta_C$ 13.2(伯碳)归属 C-14。

最后，5 个季碳的归属可以通过碳化学位移规律和 HMBC 确定。根据碳化学位移规律，$\delta_C$ 44.6(季碳)归属 C-10，$\delta_C$ 76.9(季碳)归属 C-5，$\delta_C$ 170.7(季碳)归属 C-12，$\delta_C$ 139.7(季碳)和 144.5(季碳)归属 C-4、C-11；$\delta_C$ 139.7 和 144.5 的归属区分可通过 HMBC 进行。HMBC 指出，$\delta_C$ 139.7 与 $\delta_H$ 1.61(H-8a)、3.34(H-7)、4.26(H-6)、6.09(H-13b)相关，$\delta_C$ 144.5 与 $\delta_H$ 1.56(H-2a)、1.84(H-2b)、2.18(H-3a)、2.66(H-3b)、

5.02(H-15a)、5.05(H-15b)相关，表明 $\delta_C$ 139.7 归属 C-11, $\delta_C$ 144.5 归属 C-4。

HMBC 指出，$\delta_C$ 44.6(C-10)、76.9(C-5)、81.8 C-6)均与 $\delta_H$ 1.91(1H, s, 活泼氢)相关，表明 $\delta_H$ 1.91 归属 OH-5。

艾菊素的 NMR 详细解析数据见表 2-78。

表 2-78 艾菊素的 NMR 数据($CDCl_3$, 500MHz/H)[①]

| 编号 | $\delta_C$ | DEPT | $\delta_H$ | $J$/Hz | H-H COSY | HSQC | HMBC($\delta_H$) |
|---|---|---|---|---|---|---|---|
| 1 | 71.6 | CH | 4.17dd | 12.0, 5.0 | H-2a, H-2b | + | 1.56(H-2a), 1.75(H-9a), 1.78(H-9b), 1.84(H-2b), 2.18(H-3a), 2.66(H-3b) |
| 2a | 30.3 | $CH_2$ | 1.56m | | H-1, H-2b, H-3a, H-3b | + | 2.18(H-3a), 2.66(H-3b) |
| 2b | | | 1.84m | | H-1, H-2a, H-3a, H-3b | + | |
| 3a | 29.6 | $CH_2$ | 2.18m | | H-2a, H-2b, H-3b | + | 1.56(H-2a), 1.84(H-2b), 4.17(H-1), 5.02(H-15a), 5.05(H-15b) |
| 3b | | | 2.66m | | H-2a, H-2b, H-3a, H-15b | + | |
| 4 | 144.5 | C | | | | | 1.56(H-2a), 1.84(H-2b), 2.18(H-3a), 2.66(H-3b), 5.02(H-15a), 5.05(H-15b) |
| 5 | 76.9 | C | | | | | 0.88(H-14), 1.75(H-9a), 1.78(H-9b), 1.91(OH-5), 2.18(H-3a), 3.34(H-7), 4.26(H-6), 5.02(H-15a), 5.05(H-15b) |
| 6 | 81.8 | CH | 4.26d | 11.5 | H-7 | + | 1.61(H-8a), 1.91(OH-5), 2.04(H-8b), 3.34(H-7) |
| 7 | 43.1 | CH | 3.34m | | H-6, H-8a, H-8b, H-13a, H-13b | + | 1.61(H-8a), 1.75(H-9a), 1.78(H-9b), 2.04(H-8b), 4.26(H-6), 5.42(H-13a), 6.09(H-13b) |
| 8a | 21.1 | $CH_2$ | 1.61m | | H-7, H-8b, H-9a, H-9b | + | 1.75(H-9a), 1.78(H-9b), 3.34(H-7), 4.26(H-6) |
| 8b | | | 2.04m | | H-7, H-8a, H-9a, H-9b | + | |
| 9a | 29.7 | $CH_2$ | 1.75m | | H-8a, H-8b, H-9b | + | 0.88(H-14), 1.61(H-8a), 2.04(H-8b), 3.34(H-7), 4.17(H-1) |

续表

| 编号 | $\delta_C$ | DEPT | $\delta_H$ | $J$/Hz | H-H COSY | HSQC | HMBC($\delta_H$) |
|---|---|---|---|---|---|---|---|
| 9b | | | 1.78m | | H-8a, H-8b, H-9a | + | |
| 10 | 44.6 | C | | | | | 0.88(H-14), 1.56(H-2a), 1.61(H-8a), 1.75(H-9a), 1.78(H-9b), 1.84(H-2b), 1.91(OH-5), 2.04(H-8b), 4.71(H-1) |
| 11 | 139.7 | C | | | | | 1.61(H-8a), 3.34(H-7), 4.26(H-6) |
| 12 | 170.7 | C | | | | | 5.42(H-13a), 6.09(H-13b) |
| 13a | 117.0 | $CH_2$ | 5.42brd | 3.0 | H-7, H-13b | + | 3.34(H-7) |
| 13b | | | 6.09brd | 3.0 | H-7, H-13a | + | |
| 14 | 13.2 | $CH_3$ | 0.88s | | | + | 1.75(H-9a), 1.78(H-9b), 4.71(H-1) |
| 15a | 112.7 | $CH_2$ | 5.02d | 2.0 | H-15b | + | 2.18(H-3a), 2.66(H-3b) |
| 15b | | | 5.05brd | 2.0 | H-3b, H-15a | + | |
| OH-5 | | | 1.91s | | | | |

① OH-1 没有观察到。

## 例 2-48　表二氢羟基马桑毒素的 NMR 数据解析[92]

木奶果(*Baccaurea ramiflora*)的果肉含人体所需的营养成分，其根、果均可入药，初步筛选，发现木奶果具有抗肿瘤活性。表二氢羟基马桑毒素(epidihydrotutin, **2-70**)是从木奶果根中分离得到的一个倍半萜内酯化合物。

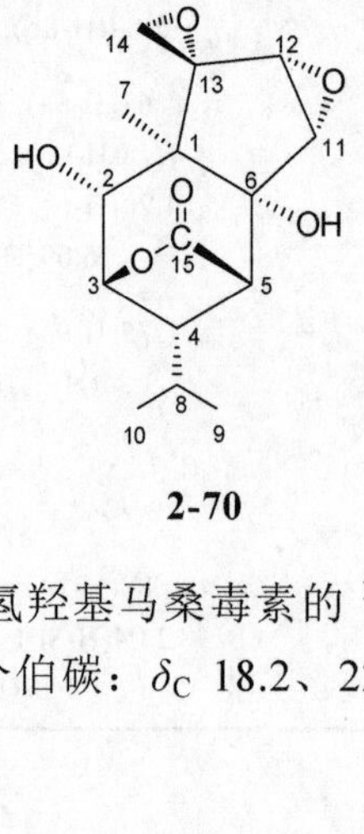

**2-70** 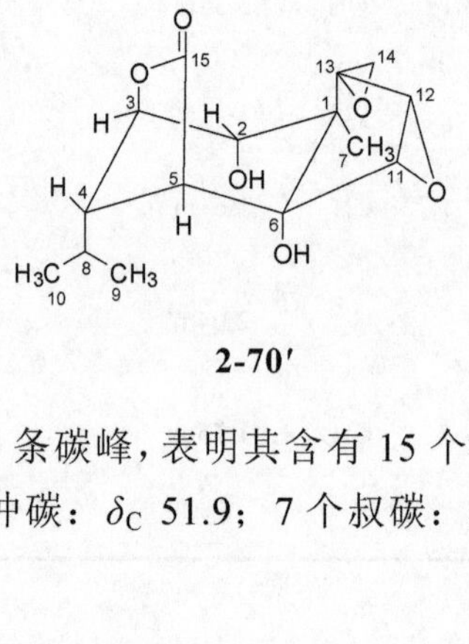　　　　**2-70′**

表二氢羟基马桑毒素的 $^{13}C$ NMR 显示 15 条碳峰，表明其含有 15 个碳。DEPT 显示，3 个伯碳：$\delta_C$ 18.2、22.3、22.7；1 个仲碳：$\delta_C$ 51.9；7 个叔碳：$\delta_C$ 26.4、

49.3、52.9、59.6、62.3、67.0、81.5；4 个季碳：$\delta_C$ 43.8、67.3、77.2、176.5。

根据氢化学位移规律和偶合分裂情况，$\delta_H$ 1.21(3H, d, $J$ = 6.5Hz)、1.24(3H, d, $J$ = 6.5Hz)归属 H-9 和 H-10。H-H COSY 指出，$\delta_H$ 1.21、1.24 均与 $\delta_H$ 3.39(1H, m)相关，$\delta_H$ 3.39 与 $\delta_H$ 2.21(1H, m)相关，$\delta_H$ 2.21 与 $\delta_H$ 3.28(1H, d, $J$ = 4.0Hz)、5.02(1H, m)相关，$\delta_H$ 5.02 与 $\delta_H$ 3.99(1H, brd, $J$ = 6.5Hz)相关，$\delta_H$ 3.99 与 $\delta_H$ 7.12(1H, d, $J$ = 6.5Hz，活泼氢)相关，表明 $\delta_H$ 1.21 和 1.24、3.39、2.21、3.28、5.02、3.99、7.12 组成一个大的自旋偶合系统，$\delta_H$ 1.21 和 1.24、3.39、2.21、3.28、5.02、3.99、7.12 分别归属 H-9 和 H-10、H-8、H-4、H-5、H-3、H-2、OH-2。HMQC 指出，$\delta_C$ 22.7(伯碳)与 $\delta_H$ 1.21(H-9 或 H-10)、22.3(伯碳)与 1.24(H-9 或 H-10)、26.4(叔碳)与 3.39(H-8)、52.9(叔碳)与 2.21(H-4)、49.3(叔碳)与 3.28(H-5)、81.5(叔碳)与 5.02(H-3)、67.0(叔碳)与 3.99(H-2)相关，表明 $\delta_C$ 22.7 和 22.3、26.4、52.9、49.3、81.5、67.0 分别归属 C-9 和 C-10、C-8、C-4、C-5、C-3、C-2。

H-H COSY 指出，$\delta_H$ 3.08(1H, d, $J$ = 4.0Hz)与 $\delta_H$ 3.45(1H, d, $J$ = 4.0Hz)相关，加之 $\delta_C$ 51.9(仲碳)与 $\delta_H$ 3.08、3.45 HMQC 相关，表明 $\delta_H$ 3.08、3.45 为同碳上的 2 个氢，即分别归属 H-14a 和 H-14b，$\delta_C$ 51.9 归属 C-14。

H-H COSY 指出，$\delta_H$ 4.11(1H, d, $J$ = 3.0Hz)与 $\delta_H$ 3.60(1H, d, $J$ = 3.0Hz)相关，且 $\delta_C$ 62.3(叔碳)与 $\delta_H$ 4.11 及 $\delta_C$ 59.6(叔碳)与 $\delta_H$ 3.60 HMQC 相关，表明 $\delta_H$ 4.11、3.60 归属 H-11 和 H-12，$\delta_C$ 62.3、59.6 归属 C-11 和 C-12，但需进一步区分；HMBC 指出，$\delta_C$ 62.3 与 $\delta_H$ 3.28(H-5)相关，$\delta_C$ 59.6 与 $\delta_H$ 3.08(H-14a)、3.45(H-14b)相关，表明 $\delta_C$ 62.3、59.6 分别归属 C-11 和 C-12，因此，$\delta_H$ 4.11、3.60 分别归属 H-11 和 H-12。

根据氢化学位移规律和偶合分裂情况，$\delta_H$ 1.91(3H, s)归属 H-7, $\delta_H$ 7.83(1H, s，活泼氢)归属 OH-6。

至此，所有氢和连氢碳归属完毕，仅剩 4 个季碳没有归属。根据碳化学位移规律，$\delta_C$ 176.5(季碳)归属 C-15，$\delta_C$ 43.8(季碳)归属 C-1，$\delta_C$ 67.3(季碳)、77.2(季碳)归属 C-6 和 C-13。HMBC 指出，$\delta_C$ 67.3 与 $\delta_H$ 1.91(H-7)、3.08(H-14a)、3.45(H-14b)、3.60(H-12)、3.99(H-2)相关，$\delta_C$ 77.2 与 $\delta_H$ 1.91(H-7)、2.21(H-4)、3.28(H-5)、3.99(H-2)、4.11(H-11)相关，表明 $\delta_C$ 67.3 归属 C-13，$\delta_C$ 77.2 归属 C-6。

NOESY 指出，$\delta_H$ 5.02(H-3)、$\delta_H$ 3.28(H-5)、$\delta_H$ 1.21(H-9)、$\delta_H$ 1.24(H-10)相关，表明 H-3、H-5、H-9、H-10 处于六元环同侧($\alpha$-取向，见 **2-70′**构象式)；$\delta_H$ 3.99(H-2)与 $\delta_H$ 3.08(H-14a)、3.45(H-14b)相关，表明 H-2 不与 H-3、H-5 处于六元环同侧($\beta$-取向，见 **2-70′**构象式)；$\delta_H$ 1.91(H-7)、$\delta_H$ 7.12(OH-2)、$\delta_H$ 7.83(OH-6)相关，表明 H-7、OH-2、OH-6 处于六元环同侧，由于 OH-2 与 H-2 异侧，因此，为 $\alpha$-取向(见 **2-70′**构象式)。

表二氢羟基马桑毒素的 NMR 详细解析数据见表 2-79。

表 2-79　表二氢羟基马桑毒素的 NMR 数据($C_5D_5N$, 500MHz/H)

| 编号 | $\delta_C$ | DEPT | $\delta_H$ | J/Hz | H-H COSY | HMQC | HMBC($\delta_H$) |
|---|---|---|---|---|---|---|---|
| 1 | 43.8 | C | | | | | 1.91(H-7), 3.28(H-5), 3.60(H-12), 3.99(H-2), 4.11(H-11), 5.02(H-3) |
| 2 | 67.0 | CH | 3.99brd | 6.5 | 5.02(H-3), 7.12(OH-2) | + | 1.91(H-7), 2.21(H-4) |
| 3 | 81.5 | CH | 5.02m | | 2.21(H-4), 3.99(H-2) | + | 2.21(H-4), 3.28(H-5), 3.99(H-2) |
| 4 | 52.9 | CH | 2.21m | | 3.28(H-5), 3.39(H-8), 5.02(H-3) | + | 1.21(H-9), 1.24(H-10), 3.28(H-5), 3.99(H-2) |
| 5 | 49.3 | CH | 3.28d | 4.0 | 2.21(H-4) | + | 2.21(H-4), 5.02(H-3) |
| 6 | 77.2 | C | | | | | 1.91(H-7), 2.21(H-4), 3.28(H-5), 3.99(H-2), 4.11(H-11) |
| 7 | 18.2 | $CH_3$ | 1.91s | | | + | |
| 8 | 26.4 | CH | 3.39m | | 1.21(H-9), 1.24(H-10), 2.21(H-4) | + | 1.21(H-9), 1.24(H-10), 2.21(H-4) |
| 9 | 22.7* | $CH_3$ | 1.21**d | 6.5 | 3.39(H-8) | + | 1.24(H-10), 2.21(H-4), 3.39(H-8) |
| 10 | 22.3* | $CH_3$ | 1.24**d | 6.5 | 3.39(H-8) | + | 1.21(H-9), 2.21(H-4), 3.39(H-8) |
| 11 | 62.3 | CH | 4.11d | 3.0 | 3.60(H-12) | + | 3.28(H-5) |
| 12 | 59.6 | CH | 3.60d | 3.0 | 4.11(H-11) | + | 3.08(H-14a), 3.45(H-14b) |
| 13 | 67.3 | C | | | | | 1.91(H-7), 3.08(H-14a), 3.45(H-14b), 3.60(H-12), 3.99(H-2) |
| 14a | 51.9 | $CH_2$ | 3.08d | 4.0 | 3.45(H-14b) | + | |
| 14b | | | 3.45d | 4.0 | 3.08(H-14a) | + | |
| 15 | 176.5 | C | | | | | 2.21(H-4), 3.28(H-5), 5.02(H-3) |
| OH-2 | | | 7.12d | 6.5 | 3.99(H-2) | | |
| OH-6 | | | 7.83s | | | | |

*，** 相同标记的归属可互换。

## 例 2-49　乌药烷型倍半萜内酯 8β,9-dihydro-onoseriolide 的 NMR 数据解析[93]

乌药烷型倍半萜内酯 8β,9-dihydro-onoseriolide(**2-71**)是从栌菊木(*Nouelia insignis*)

分离出的 1 个带环丙烷的化合物。栌菊木是一种特有的、菊科栌菊木属单种属植物，仅局限于中国四川和云南地区，特别是攀枝花市。

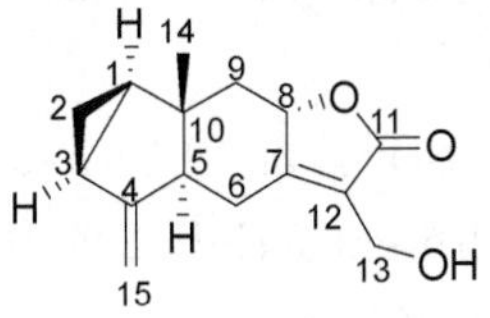

**2-71**

8$\beta$, 9-dihydro-onoseriolide 的 $^{13}$C NMR 显示 15 条碳峰：$\delta_C$ 15.9、17.3、23.5、23.9、26.8、38.4、43.9、54.8、63.9、80.2、106.4、124.1、149.9、164.5、173.7，预示其可能为倍半萜类化合物。

根据氢化学位移规律和偶合分裂情况，8$\beta$,9-dihydro-onoseriolide 的质子归属如下：

$\delta_H$ 1.38(1H, brt, $J$ =3.7Hz、3.7Hz)、0.83(1H, dd, $J$ = 3.7Hz、8.7Hz)、0.91(1H, dd, $J$ = 3.7Hz、8.7Hz)、1.97(1H, brs)构成一个自旋偶合系统，$\delta_H$ 1.38 归属 H-1，$\delta_H$ 0.83 归属 H-2a，$\delta_H$ 0.91 归属 H-2b，$\delta_H$ 1.97 归属 H-3；$\delta_H$ 2.54(1H, dd, $J$ = 3.0Hz、13.7Hz)、2.11(1H, t, $J$ = 13.7Hz、13.7Hz)、2.84(1H, dd, $J$ = 3.0Hz、13.7Hz)构成一个自旋偶合系统，$\delta_H$ 2.54 归属 H-5, $\delta_H$ 2.11 归属 H-6a，$\delta_H$ 2.84 归属 H-6b；$\delta_H$ 5.10(1H, dd, $J$ = 7.0Hz、11.4Hz)、1.58(1H, t, $J$ = 11.4Hz、11.4Hz)、2.67(1H, dd, $J$ = 7.0Hz、11.4Hz)构成一个自旋偶合系统，$\delta_H$ 5.10 归属 H-8, $\delta_H$ 1.58 归属 H-9a，$\delta_H$ 2.67 归属 H-9b；$\delta_H$ 4.40(2H, s)归属 H-13；$\delta_H$ 0.78(3H, s)归属 H-14；$\delta_H$ 4.75(1H, brs)、5.02(1H, brs)构成一个自旋偶合系统，$\delta_H$ 4.75 归属 H-15a，$\delta_H$ 5.02 归属 H-15b。

HSQC 指出，$\delta_C$ 26.8 与 $\delta_H$ 1.38(H-1)相关，$\delta_C$ 15.9 与 $\delta_H$ 0.83(H-2a)、0.91(H-2b)相关，$\delta_C$ 23.5 与 $\delta_H$1.97(H-3)相关，$\delta_C$ 54.8 与 $\delta_H$ 2.54(H-5)相关，$\delta_C$ 23.9 与 $\delta_H$2.11(H-6a)、2.84(H-6b)相关，$\delta_C$ 80.2 与 $\delta_H$ 5.10(H-8)相关，$\delta_C$ 43.9 与 $\delta_H$ 1.58(H-9a)、2.67(H-9b)相关，$\delta_C$ 63.9 与 $\delta_H$ 4.40(H-13)相关，$\delta_C$ 17.3 与 $\delta_H$ 0.78(H-14)相关，$\delta_C$ 106.4 与 $\delta_H$ 4.75(H-15a)、5.02(H-15b)相关，表明 $\delta_C$ 26.8、15.9、23.5、54.8、23.9、80.2、43.9、63.9、17.3、106.4 分别归属 C-1、C-2、C-3、C-5、C-6、C-8、C-9、C-13、C-14、C-15。

至此，8$\beta$,9-dihydro-onoseriolide 所有氢和相关碳得到归属，剩下的碳峰应该是季碳：$\delta_C$ 38.4、124.1、149.9、164.5、173.7。

根据碳化学位移规律，$\delta_C$ 38.4 归属 C-10，$\delta_C$ 173.7 归属 C-11；$\delta_C$ 124.1、149.9、164.5 均应为双键季碳，即 C-4、C-7、C-12，无法仅从碳化学位移规律进行归属区分，可利用 HMBC 进行归属区分。

HMBC 指出，$\delta_C$ 149.9 与 $\delta_H$ 0.83(H-2a)、0.91(H-2b)相关，$\delta_C$ 164.5 与 $\delta_H$ 2.11(H-6a)、2.84(H-6b)、2.67(H-9b)、4.40(H-13)相关，$\delta_C$ 124.1 与 $\delta_H$ 2.11(H-6a)、2.84(H-6b)、4.40(H-13)、5.10(H-8)相关，表明 $\delta_C$ 149.9、164.5、124.1 分别归属 C-4、C-7、C-12。

NOESY 指出，$\delta_H$ 0.78(H-14)与 $\delta_H$ 5.10(H-8)相关，$\delta_H$ 0.78(H-14)不与 $\delta_H$ 2.54(H-5)相关，表明 8$\beta$,9-dihydro-onoseriolide 的两个六元环为反式相连，中间的六元环与五元环之间相连 H-8 为 $\beta$-取向。

8$\beta$, 9-dihydro-onoseriolide 的 NMR 详细解析数据见表 2-80。

表 2-80 8$\beta$,9-dihydro-onoseriolide 的 NMR 数据($CDCl_3$, 600MHz/H)①

| 编号 | $\delta_C$ | $\delta_H$ | $J$/Hz | HSQC | HMBC($\delta_H$) |
|---|---|---|---|---|---|
| 1 | 26.8 | 1.38brt | 3.7 | + | 0.78(H-14), 1.58(H-9a) |
| 2a | 15.9 | 0.83dd | 3.7, 8.7 | + | 0.78(H-14) |
| 2b | | 0.91dd | 3.7, 8.7 | + | |
| 3 | 23.5 | 1.97brs | | + | 0.83(H-2a), 0.91(H-2b), 4.75(H-15a), 5.02(H-15b) |
| 4 | 149.9 | | | | 0.83(H-2a), 0.91(H-2b) |
| 5 | 54.8 | 2.54dd | 3.0, 13.7 | + | 0.78(H-14), 1.58(H-9a), 2.11(H-6a), 2.67(H-9b), 2.84(H-6b), 4.75(H-15a), 5.02(H-15b) |
| 6a | 23.9 | 2.11t | 13.7 | + | |
| 6b | | 2.84dd | 3.0, 13.7 | + | |
| 7 | 164.5 | | | | 2.11(H-6a), 2.67(H-9b), 2.84(H-6b), 4.40(H-13) |
| 8 | 80.2 | 5.10dd | 7.0, 11.4 | + | 1.58(H-9a), 2.67(H-9b), 2.84(H-6b) |
| 9a | 43.9 | 1.58t | 11.4 | + | 0.78(H-14), 5.10(H-8) |
| 9b | | 2.67dd | 7.0, 11.4 | + | |
| 10 | 38.4 | | | | 0.78(H-14), 0.83(H-2a), 0.91(H-2b), 1.58(H-9a), 2.11(H-6a), 2.67(H-9b), 2.84(H-6b) |
| 11 | 173.7 | | | | 4.40(H-13) |
| 12 | 124.1 | | | | 2.11(H-6a), 2.84(H-6b), 4.40(H-13), 5.10(H-8) |
| 13 | 63.9 | 4.40s | | + | |
| 14 | 17.3 | 0.78s | | + | 1.58(H-9a), 2.67(H-9b) |
| 15a | 106.4 | 4.75brs | | + | |
| 15b | | 5.02brs | | + | |

① 由于原始文献没有给出 DEPT、H-HCOSY 数据，NMR 数据解析凭经验规律较多。

**例 2-50** jolkinolide A 和 B 的 NMR 数据解析[94]

jolkinolide A(**2-72**)、jolkinolide B(**2-73**)是中药狼毒大戟(*Euphorbia fischriana*)根中的 2 个主要二萜化学成分，中药狼毒大戟中医临床常用于治疗多种恶性肿瘤。

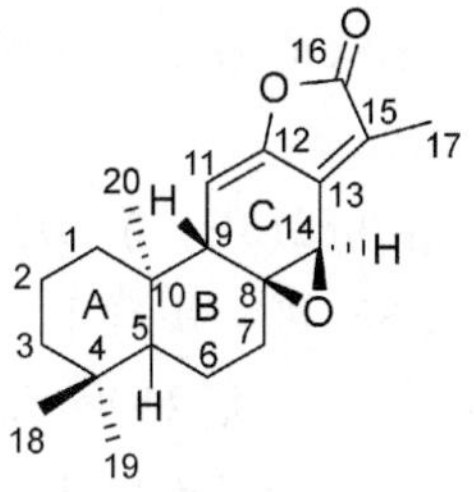

**2-72** 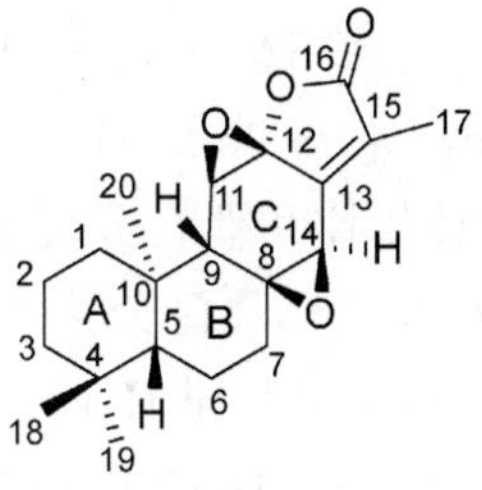 **2-73**

jolkinolide A 的 $^{13}$C NMR 显示 19 条碳峰，其中 $\delta_C$ 33.42×2 为 2 个碳，因此，jolkinolide A 含有 20 个碳：$\delta_C$ 8.64、14.93、18.35、20.77、21.85、33.42×2、34.04、39.76、41.33、41.39、51.70、53.36、54.39、61.13、104.11、125.14、144.94、147.35、170.59。预示其可能是二萜化合物。

根据氢化学位移规律和偶合分裂情况，$\delta_H$ 2.61(1H, d, $J$ = 5.6Hz)和 5.44(1H, d, $J$ = 5.6Hz)H-H COSY 相关，构成一组自旋偶合系统，表明 $\delta_H$ 2.61 归属 H-9, $\delta_H$ 5.44 归属 H-11。

HSQC 指出，$\delta_C$ 51.70/$\delta_H$ 2.61(H-9)、104.11/5.44(H-11)相关，表明 $\delta_C$ 51.70 归属 C-9, $\delta_C$ 104.11 归属 C-11。HMBC 指出，$\delta_C$ 51.70(C-9)与 $\delta_H$ 0.69(3H, s)相关，加之 $\delta_C$ 14.93 与 $\delta_H$ 0.69 HSQC 相关，表明 $\delta_H$ 0.69 归属 H-20, $\delta_C$ 14.93 归属 C-20；$\delta_C$ 14.93(C-20)与 $\delta_H$ 1.17(1H, dd, $J$ = 12.4Hz、2.0Hz)相关，且 $\delta_C$ 53.36 仅与 $\delta_H$ 1.17(1H, dd, $J$ = 12.4Hz、2.0Hz)HSQC 相关，表明 $\delta_H$ 1.17 归属 H-5, $\delta_C$ 53.36 归属 C-5。

H-H COSY 指出，$\delta_H$ 1.17(H-5)与 $\delta_H$ 1.43(1H, m)、1.78(1H, brdd, $J$ = 13.2Hz、2.0Hz)相关，$\delta_H$ 1.43 与 $\delta_H$ 1.78 相关，加之 $\delta_C$ 20.7 与 $\delta_H$ 1.43、1.78 HSQC 相关，表明 $\delta_H$ 1.43、1.78 为同碳上的 2 个氢，分别归属 H-6a、H-6b，$\delta_C$ 20.7 归属 C-6；$\delta_H$ 1.43(H-6a)、1.78(H-6b)均与 $\delta_H$ 1.58(1H, brdd, $J$ = 13.2Hz、1.6Hz)、2.07(1H, m)相关，$\delta_H$ 1.58 与 $\delta_H$ 2.07 相关，加之 $\delta_C$ 34.04 与 $\delta_H$ 1.58、2.07 HSQC 相关，表明 $\delta_H$ 1.58、2.07 为同碳上的 2 个氢，分别归属 H-7a、H-7b，$\delta_C$ 34.04 归属 C-7。

HSQC 指出，$\delta_C$ 41.39 与 $\delta_H$ 1.21(1H, m)、1.44(1H, m)相关，表明 $\delta_C$ 41.39 为仲碳；HMBC 指出，$\delta_C$ 41.39 与 $\delta_H$ 2.61(H-9)相关，与 H-9 HMBC 相关的仲碳除了 C-7 以外，仅有 C-1，因此，$\delta_C$ 41.39 归属 C-1, $\delta_H$ 1.21、1.44 分别归属 H-1a、H-1b。

H-H COSY 指出，$\delta_H$ 1.21(H-1a)与 $\delta_H$ 1.44(H-1b)、$\delta_H$ 1.21(H-1a)与 $\delta_H$ 1.47(2H, m)、$\delta_H$ 1.44(H-1b)与 $\delta_H$ 1.47(2H, m)相关，加之 $\delta_C$ 18.35/$\delta_H$ 1.47 HSQC 相关，表明 $\delta_H$ 1.47 归属 H-2, $\delta_C$ 18.35 归属 C-2；$\delta_H$ 1.47(H-2)与 $\delta_H$ 1.24(1H, m)、$\delta_H$ 1.69(1H, brd, $J$ = 12.4Hz)相关，加之 $\delta_C$ 39.76 与 $\delta_H$ 1.24、1.69 HSQC 相关，表明 $\delta_H$ 1.24、1.69 分别归属 H-3a、H-3b，$\delta_C$ 39.76 归属 C-3。

根据氢化学位移规律和偶合分裂情况，$\delta_H$ 0.83(3H, s)、0.92(3H, s)归属 H-18 和 H-19, H-18 和 H-19 的归属区分需通过 NOESY 进一步确定（见下）；$\delta_H$ 2.03(3H, s)归属 H-17, $\delta_H$ 3.69(1H, s)归属 H-14。HSQC 指出，$\delta_C$ 21.85/$\delta_H$ 0.83、$\delta_C$ 33.42 与 $\delta_H$ 0.92、$\delta_C$ 8.64 与 $\delta_H$ 2.03(H-17)、$\delta_C$ 54.39 与 $\delta_H$ 3.69(H-14)相关，表明 $\delta_C$ 21.85、33.42(其中 1 个碳)归属 C-18 和 C-19，待 H-18、H-19 归属区分确定后，其归属区分即确定，$\delta_C$8.64、54.39 分别归属 C-17、C-14。

NOESY 指出，$\delta_H$ 0.69(H-20)与 $\delta_H$ 0.83 相关，$\delta_H$ 0.92 与 $\delta_H$ 1.17(H-5)相关，表明 H-20 与 H-5 反向，环 A 和环 B 反式相连；若定 H-20 为 $\alpha$-取向，则 H-5 为 $\beta$-取向，$\delta_H$ 0.83 归属 H-19($\alpha$-取向)，$\delta_H$ 0.92 归属 H-18($\beta$-取向)，$\delta_C$ 21.85、33.42(其中 1 个碳)分别归属 C-19、C-18。

根据碳化学位移规律，$\delta_C$ 170.59 归属 C-16, $\delta_C$ 147.35 归属 C-12, $\delta_C$ 61.13 归属 C-8。HMBC 指出，$\delta_C$ 41.33 与 $\delta_H$ 0.69(H-20)、1.21(H-1a)、1.44(H-1b)、1.43(H-6a)、1.78(H-6b)、2.61(H-9)、5.44(H-11)相关，$\delta_C$ 33.42 与 $\delta_H$ 0.92(H-18)、1.43(H-6a)、1.47(H-2)、1.78(H-6b)相关，$\delta_C$ 144.94 与 $\delta_H$ 2.03(H-17)、3.69(H-14)、5.44(H-11)相关，$\delta_C$ 125.14 与 $\delta_H$ 2.03(H-17)、3.69(H-14)相关，综合考虑，表明 $\delta_C$ 41.33、33.42(其中 1 个碳)、144.94、125.14 分别归属 C-10、C-4、C-13、C-15。

NOESY 指出，$\delta_H$ 2.07(H-7b)与 $\delta_H$ 1.17(H-5)相关，表明 $\delta_H$ 2.07(H-7b)为 $\beta$-取向，$\delta_H$ 1.58(H-7a)为 $\alpha$-取向；$\delta_H$ 2.61(H-9)与 $\delta_H$ 1.17(H-5)相关，$\delta_H$ 3.69(H-14)与 $\delta_H$ 1.58(H-7a)相关，表明 H-9 为 $\beta$-取向，H-14 为 $\alpha$-取向，H-9 与 H-14 反向，则环 B 和环 C 顺式相连。

NOESY 指出，$\delta_H$ 1.21(H-1a)与 $\delta_H$ 1.24(H-3a)、2.61(H-9)相关，$\delta_H$ 1.44(H-1b)与 $\delta_H$ 0.69(H-20)相关，$\delta_H$ 1.24(H-3a)与 0.92(H-18)相关，表明 $\delta_H$1.21(H-1a)、1.24(H-3a)为 $\beta$-取向，$\delta_H$ 1.44(H-1b)、1.69(H-3b)为 $\alpha$-取向。对于 H-6a 与 H-6b 的取向，虽然没有 NOESY 数据，参照 jolkinolide B 的 H-6a、H-6b NOESY 数据，确定 $\delta_H$ 1.43(H-6a)为 $\alpha$-取向，$\delta_H$ 1.78(H-6b)为 $\beta$-取向。

jolkinolide A 的 NMR 详细解析数据见表 2-81。

表 2-81 jolkinolide A 的 NMR 数据($CDCl_3$, 400MHz/H)

| 编号 | $\delta_C$ | $\delta_H$ | $J$/Hz | H-H COSY | NOESY | HSQC | HMBC($\delta_H$) |
|---|---|---|---|---|---|---|---|
| 1a($\beta$) | 41.39 | 1.21m | | H-1b, H-2 | H-3a, H-9 | + | 0.69(H-20), 1.17(H-5), |
| 1b($\alpha$) | | 1.44m | | H-1a, H-2 | H-20 | + | 1.24(H-3a), 1.47(H-2), 1.69(H-3b), 2.61(H-9) |
| 2 | 18.35 | 1.47m | | H-1a, H-1b, H-3a, H-3b | | + | 1.21(H-1a), 1.24(H-3a), 1.44(H-1b), 1.69(H-3b) |
| 3a($\beta$) | 39.76 | 1.24m | | H-2, H-3b | H-1a, H-18 | + | 1.21(H-1a), 1.44(H-1b), |
| 3b($\alpha$) | | 1.69brd | 12.4 | H-2, H-3a | | + | 1.47(H-2) |
| 4 | 33.42 | | | | | | 0.92(H-18), 1.43(H-6a), 1.47(H-2), 1.78(H-6b) |
| 5 | 53.36 | 1.17dd | 12.4, 2.0 | H-6a, H-6b | H-7b, H-9, H-18 | + | 0.69(H-20), 0.83(H-19), 1.24(H-3a), 1.43(H-6a), 1.58(H-7a), 1.69(H-3b), 1.78(H-6b), 2.07(H-7b) |
| 6a($\alpha$) | 20.77 | 1.43m | | H-5, H-6b, H-7a, H-7b | | + | 1.58(H-7a), 2.07(H-7b) |
| 6b($\beta$) | | 1.78brdd | 13.2, 2.0 | H-7a, H-7b, H-6a, H-5 | | + | |
| 7a($\alpha$) | 34.04 | 1.58brdd | 13.2, 1.6 | H-6a, H-7b, H-6b | H-14 | + | 1.17(H-5), 1.43(H-6a), 1.78(H-6b), 2.61(H-9), 3.69(H-14) |
| 7b($\beta$) | | 2.07m | | H-7a, H-6a, H-6b | H-5, H-9 | + | |
| 8 | 61.13 | | | | | | 1.58(H-7a), 2.07(H-7b), 2.61(H-9), 3.69(H-14) |
| 9 | 51.70 | 2.61d | 5.6 | H-11 | H-1a, H-5, H-7b | + | 0.69(H-20), 1.17(H-5), 1.58(H-7a), 2.07(H-7b), 5.44(H-11) |
| 10 | 41.33 | | | | | | 0.69(H-20), 1.21(H-1a), 1.43(H-6a), 1.44(H-1b), 1.78(H-6b), 2.61(H-9), 5.44(H-11) |
| 11 | 104.11 | 5.44d | 5.6 | H-9 | | + | 2.03(H-17), 2.61(H-9) |
| 12 | 147.35 | | | | | | 2.03(H-17), 2.61(H-9), 3.69(H-14), 5.44(H-11) |
| 13 | 144.94 | | | | | | 2.03(H-17), 2.61(H-9), 3.69(H-14), 5.44(H-11) |
| 14 | 54.39 | 3.69s | | | H-7a, H-20 | + | 1.58(H-7a), 2.07(H-7b), 2.61(H-9) |
| 15 | 125.14 | | | | | | 2.03(H-17), 3.69(H-14) |

续表

| 编号 | $\delta_C$ | $\delta_H$ | J/Hz | H-H COSY | NOESY | HSQC | HMBC($\delta_H$) |
|---|---|---|---|---|---|---|---|
| 16 | 170.59 | | | | | | 2.03(H-17) |
| 17 | 8.64 | 2.03s | | | | + | |
| 18 | 33.42 | 0.92s | | | H-3a, H-5 | + | 0.83(H-19), 1.17(H-5), 1.24(H-3a), 1.69(H-3b) |
| 19 | 21.85 | 0.83s | | | H-20 | + | 0.92(H-18), 1.17(H-5), 1.24(H-3a), 1.69(H-3b) |
| 20 | 14.93 | 0.69s | | | H-1b, H-14, H-19 | + | 1.17(H-5), 2.61(H-9) |

jolkinolide B 的 NMR 数据解析同 jolkinolide A，不同之处在于 jolkinolide B 的 C-11、12 位不再是双键碳，而被环氧环取代，C-11、C-12 以及相近碳和 H-11 化学位移受影响而差别较大。jolkinolide B 的 NMR 详细解析数据见表 2-82。

表 2-82 jolkinolide B 的 NMR 数据($CDCl_3$, 400MHz/H)

| 编号 | $\delta_C$ | $\delta_H$ | J/Hz | H-H COSY | NOESY | HSQC | HMBC($\delta_H$) |
|---|---|---|---|---|---|---|---|
| 1a($\beta$) | 41.18 | 1.22m | | H-1b, H-2 | H-5, H-9, H-18 | + | 0.80(H-20), 1.29(H-3a), 1.53(H-2), 1.90(H-3b) |
| 1b($\alpha$) | | 1.43m | | H-1a, H-2 | H-11, H-19, H-20 | + | |
| 2 | 18.31 | 1.53m | | H-1a, H-1b, H-3a, H-3b | | + | 1.22(H-1a), 1.29(H-3a), 1.43(H-1b), 1.90(H-3b) |
| 3a($\beta$) | 39.11 | 1.29m | | H-2, H-3b | H-5, H-18 | + | 0.83(H-19), 0.91(H-18), |
| 3b($\alpha$) | | 1.90m | | H-2, H-3a | H-11, H-19 | + | 1.08(H-5), 1.53(H-2) |
| 4 | 33.41 | | | | | | 0.83(H-19), 0.91(H-18), 1.08(H-5), 1.29(H-3a), 1.48(H-6a), 1.53(H-2), 1.79(H-6b), 1.90(H-3b) |
| 5 | 53.38 | 1.08dd | 12.0, 2.0 | H-6a, H-6b | H-1a, H-3a, H-7b, H-9, H-18 | + | 0.83(H-19), 0.91(H-18), 1.22(H-1a), 1.29(H-3a), 1.43(H-1b), 1.48(H-6a), 1.79(H-6b), 1.90(H-3b), 2.26(H-9) |
| 6a($\alpha$) | 20.77 | 1.48m | | H-5, H-6b H-7a, H-7b | H-20 | + | 1.08(H-5), 1.46(H-7a), 1.97(H-7b) |
| 6b($\beta$) | | 1.79m | | H-6a, H-5, H-7a, H-7b | H-18 | + | |
| 7a($\alpha$) | 34.04 | 1.46m | | H-6a, H-6b, H-7b | H-14 | + | 1.08(H-5), 1.48(H-6a), |

续表

| 编号 | $\delta_C$ | $\delta_H$ | J/Hz | H-H COSY | NOESY | HSQC | HMBC($\delta_H$) |
|---|---|---|---|---|---|---|---|
| 7b(β) | | 1.97m | | H-6a, H-6b, H-7a | H-5, H-9 | + | 1.79(H-6b), 3.65(H-14) |
| 8 | 65.95 | | | | | | 1.46(H-7a), 1.48(H-6a), 1.79(H-6b), 1.97(H-7b), 2.26(H-9), 3.65(H-14), 4.01(H-11) |
| 9 | 47.91 | 2.26brs | | H-11 | H-1a, H-5, H-7b, H-18 | + | 0.80(H-20), 1.08(H-5), 1.22(H-1a), 1.43(H-1b), 1.46(H-7a), 1.97(H-7b), 4.01(H-11) |
| 10 | 39.04 | | | | | | 1.08(H-5), 1.22(H-1a), 1.43(H-1b), 1.48(H-6a), 1.79(H-6b), 2.26(H-9), 4.01(H-11) |
| 11 | 60.83 | 4.01brs | | H-9 | H-1b, H-20 | + | 2.26(H-9) |
| 12 | 85.09 | | | | | | 2.05(H-17), 2.26(H-9), 3.65(H-14), 4.01(H-11) |
| 13 | 148.51 | | | | | | 2.05(H-17), 2.26(H-9), 3.65(H-14) |
| 14 | 55.23 | 3.65s | | | H-7a, H-20 | + | 1.46(H-7a), 1.97(H-7b), 2.26(H-9) |
| 15 | 130.16 | | | | | | 2.05(H-17), 3.65(H-14) |
| 16 | 169.49 | | | | | | 2.05(H-17) |
| 17 | 8.61 | 2.05s | | | | + | |
| 18 | 33.41 | 0.91s | | | H-1a, H-3a, H-5, H-6b, H-9 | + | 1.08(H-5), 1.29(H-3a), 1.90(H-3b) |
| 19 | 21.77 | 0.83s | | | H-1b, H-3b | + | 0.91(H-18) |
| 20 | 15.31 | 0.80s | | | H-1b, H-6a, H-11, H-14 | + | 1.08(H-5), 1.22(H-1a), 1.43(H-1b), 2.26(H-9) |

## 例 2-51　sarcocrassolide B 的 NMR 数据解析及结构测定[95]

sarcocrassolide B(**2-74**)是软珊瑚(*Sarcophyton crassocaule*)中的 1 个主要大环二萜类化学成分，对癌细胞 P388 具有明显的抑制活性。

sarcocrassolide B 的 $^{13}$C NMR 显示 20 条碳峰，预示其可能是二萜类化合物。DEPT 显示，3 个伯碳：$\delta_C$ 14.8、15.4、17.5；7 个仲碳：$\delta_C$ 22.3、22.7、28.7、30.2、

37.2、37.6、123.7；5 个叔碳：$\delta_C$ 40.7、41.2、57.7、81.5、125.8；5 个季碳：$\delta_C$ 58.9、135.0、136.6、169.2、211.2。

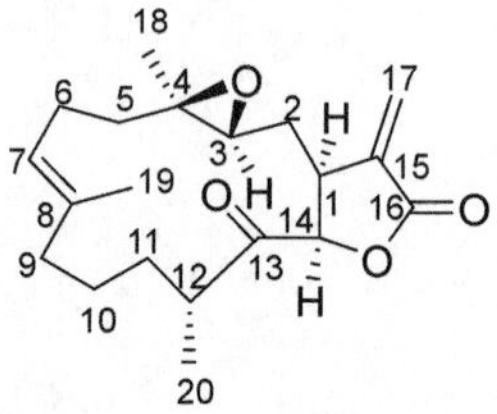
18
O
17
6
5
4
2
H
3
15
7
19
O
H
1
16
O
8
14
11
9
12
13
O
H
10
20

**2-74**

sarcocrassolide B 的 $^1$H NMR 显示三组自旋偶合系统。通过 H-H COSY，初步表明 $\delta_H$ 4.94(1H, d, $J$ = 7.5Hz)、3.46(1H, m)、1.55(1H, m)、2.64(1H, ddd, $J$ = 2.6, 3.6, 14.5Hz)、2.48(1H, dd, $J$ =3.6, 6.9Hz)构成 1 个自旋偶合系统；$\delta_H$ 2.34(1H, m)、2.55(1H, m)、2.26~2.30(2H, m)、5.00(1H, t, $J$ = 6.2Hz)构成 1 个自旋偶合系统；$\delta_H$ 1.86(2H, m)、1.53(2H, m)、1.16(1H, m)、1.85(1H, m)、3.03(1H, m)、1.15(3H, d, $J$ = 6.9Hz)构成 1 个自旋偶合系统。

HMQC 指出，$\delta_C$ 81.5(叔碳)/$\delta_H$ 4.94、40.7(叔碳)/3.46、57.7(叔碳)/2.48、$\delta_C$ 30.2(仲碳)与 $\delta_H$ 1.55 和 2.64 相关，表明 $\delta_H$ 4.94、3.46、2.48 均为叔碳氢，$\delta_H$ 1.55、2.64 为同一仲碳上的 2 个氢；$\delta_C$ 37.6(仲碳)与 $\delta_H$ 2.34 和 2.55、$\delta_C$ 22.7(仲碳)/$\delta_H$ 2.26~2.30、125.8(叔碳)/5.00 相关，表明 $\delta_H$ 2.34、2.55 为同一仲碳上的 2 个氢，2.26~2.30 为仲碳上的 2 个氢，5.00 为叔碳氢；$\delta_C$ 37.2(仲碳)/$\delta_H$ 1.86、22.3(仲碳)/1.53、$\delta_C$ 28.7(仲碳)与 $\delta_H$ 1.16 和 1.85、$\delta_C$ 41.2(叔碳)/$\delta_H$ 3.03、$\delta_C$ 14.8(伯碳)/$\delta_H$ 1.15 相关，表明 $\delta_H$ 1.86 为仲碳上的 2 个氢，$\delta_H$ 1.53 为仲碳上的 2 个氢，$\delta_H$ 1.16、1.85 为同一仲碳上的 2 个氢，$\delta_H$ 3.03 为叔碳氢，$\delta_H$ 1.15 为甲基碳氢。

H-H COSY 指出，$\delta_H$ 4.94/$\delta_H$ 3.46 相关，$\delta_H$ 3.46/$\delta_H$ 1.55、2.64 相关，$\delta_H$ 1.55、2.64/$\delta_H$ 2.48 相关，$\delta_H$ 1.55/$\delta_H$ 2.64 相关，结合上述 HMQC 相关，表明上述第 1 个自旋偶合系统构成结构片段 **A(1)**。

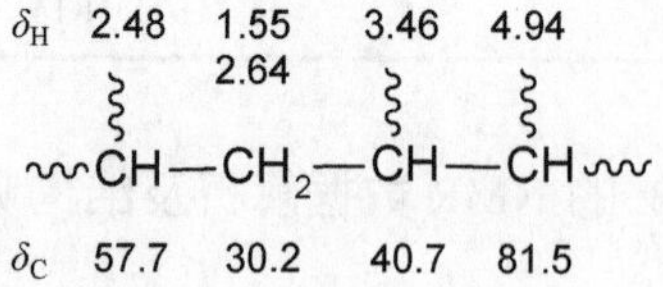
δH 2.48 1.55 3.46 4.94
2.64
CH—CH2—CH—CH
δC 57.7 30.2 40.7 81.5

**A(1)**

H-H COSY 指出，$\delta_H$ 2.34、2.55/$\delta_H$ 2.26~2.30 相关，$\delta_H$ 2.26~2.30/$\delta_H$ 5.00 相关，$\delta_H$ 2.34/$\delta_H$ 2.55 相关，结合上述 HMQC 相关，表明上述第 2 个自旋偶合系统构成

结构片段 **B(1)**。

$\delta_H$ 2.34　2.26~2.30　5.00
2.55

~CH$_2$—CH$_2$—CH~

$\delta_C$ 37.6　22.7　125.8

**B(1)**

H-H COSY 指出，$\delta_H$ 1.86 与 $\delta_H$ 1.53 相关，$\delta_H$ 1.53 与 $\delta_H$ 1.16、1.85 相关，$\delta_H$ 1.16、1.85 与 $\delta_H$ 3.03 相关，$\delta_H$ 3.03 与 $\delta_H$ 1.15 相关，$\delta_H$ 1.16 与 $\delta_H$ 1.85 相关，结合上述 HMQC 相关，表明上述第 3 个自旋偶合系统构成结构片段 **C(1)**。

$\delta_H$ 1.86　1.53　1.16/1.85　3.03　1.15

~CH$_2$—CH$_2$—CH$_2$—CH—CH$_3$

$\delta_C$ 37.2　22.3　28.7　　14.8

**C(1)**

根据碳化学位移规律，$\delta_C$ 57.7(叔碳)、58.9(季碳)为连氧碳峰(分子中不含氮，应为三元环氧叔碳和季碳)，$\delta_C$ 135.0(季碳)为双键碳峰，$\delta_C$ 211.2(季碳)为酮羰基碳峰。结合碳、氢化学位移规律以及氢偶合分裂情况，**A(1)**、**B(1)**、**C(1)**片段可进一步表达为 **A(2)**、**B(2)**、**C(2)**。

$\delta_H$　2.48　1.55/2.64　3.46　4.94

~C(—O—)CH—CH$_2$—CH—CH—O~

$\delta_C$ 58.9　57.7　　　81.5

**A(2)**

$\delta_H$ 2.34/2.55　2.26~2.30　5.00

~CH$_2$—CH$_2$—CH=C~

$\delta_C$　　　125.8　135.0

**B(2)**

$\delta_H$ 1.86　1.53　　3.03　1.15 (CH$_3$)

~CH$_2$—CH$_2$—CH$_2$—CH(CH$_3$)—C(=O)~

$\delta_C$　　　　211.2

**C(2)**

HMBC 指出，$\delta_C$ 58.9 与 $\delta_H$ 1.55、2.64、2.48、2.34、2.55、2.26~2.30 相关，$\delta_C$

135.0 与 $\delta_H$ 2.26~2.30、5.00、1.86、1.53 相关，$\delta_C$ 211.2 与 $\delta_H$ 1.15、3.03、4.94、3.46 相关，表明 $\delta_C$ 58.9、135.0、211.2 为连接片段 **A(2)**、**B(2)**、**C(2)**的 3 个接点，形成 1 个大的 14 元环结构片段 **D(1)**。

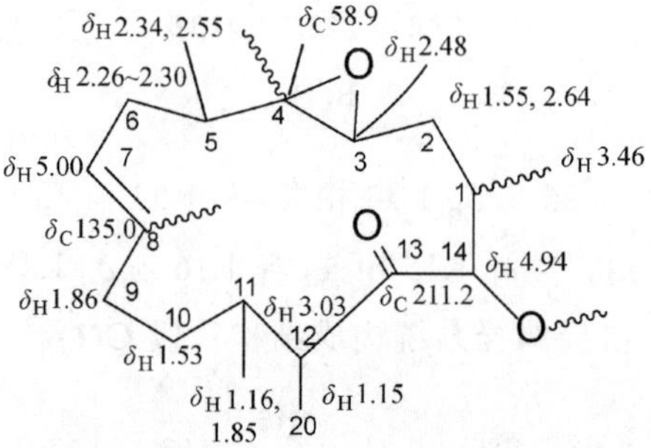

**D(1)**

综上所述，$\delta_H$ 3.46、1.55、2.64、2.48、2.34、2.55、2.26~2.30、5.00、1.86、1.53、1.16、1.85、3.03、4.94、1.15 分别归属 H-1、H-2a、H-2b、H-3、H-5a、H-5b、H-6、H-7、H-9、H-10、H-11a、H-11b、H-12、H-14、H-20；$\delta_C$ 40.7、30.2、57.7、58.9、37.6、22.7、125.8、135.0、37.2、22.3、28.7、41.2、211.2、81.5、14.8 分别归属 C-1、C-2、C-3、C-4、C-5、C-6、C-7、C-8、C-9、C-10、C-11、C-12、C-13、C-14、C-20。

根据碳化学位移规律，$\delta_C$ 169.2(季碳)为酯羰基碳，该酯羰基只有与 O-14 相连。$\delta_C$ 136.6(季碳)、$\delta_C$ 123.7(仲碳)均为双键碳；HMQC 指出，$\delta_C$ 123.7 与 $\delta_H$ 5.74(1H, d, $J$ =1.8Hz)、6.38(1H, d, $J$ =1.8Hz)相关；HMBC 指出，$\delta_C$ 136.6 与 $\delta_H$ 3.46(H-1)、1.55(H-2a)、2.64(H-2b)、4.94(H-14)、5.74、6.38 相关，$\delta_C$ 169.2 与 $\delta_H$ 3.46(H-1)、4.94(H-14)、5.74、6.38 相关；表明 $\delta_C$ 169.2 与 O-14 形成一个 $\alpha$-亚甲基 $\gamma$-内酯，使得结构片段 **D(1)**变为 **D(2)**，$\delta_C$ 136.6、169.2、123.7 分别归属 C-15、C-16、C-17，$\delta_H$ 5.74、6.38 分别归属 H-17a、H-17b。

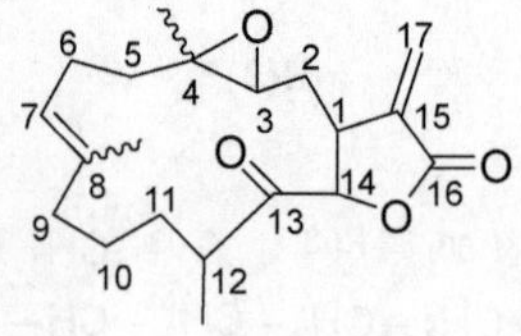

**D(2)**

HMBC 指出，$\delta_C$ 58.9(C-4)、57.7(C-3)均与 $\delta_H$ 1.17(3H, s)相关；HMQC 指出，$\delta_C$ 17.5(伯碳)与 $\delta_H$ 1.17 相关；表明 $\delta_H$ 1.17 为甲基氢，$\delta_C$ 17.5 为甲基碳，该甲基

连在 C-4。

HMBC 指出，$\delta_C$ 135.0(C-8)与 $\delta_H$ 1.53(3H, s)相关；HMQC 指出，$\delta_C$ 15.4(伯碳)与 $\delta_H$ 1.53 相关；表明 $\delta_H$ 1.53 为甲基氢，$\delta_C$ 15.4 为甲基碳，该甲基连在 C-8。

综上，sarcocrassolide B 的平面结构为 **E**。$\delta_H$ 1.17、1.53 分别归属 H-18、H-19，$\delta_C$ 17.5、15.4 分别归属 C-18、C-19。

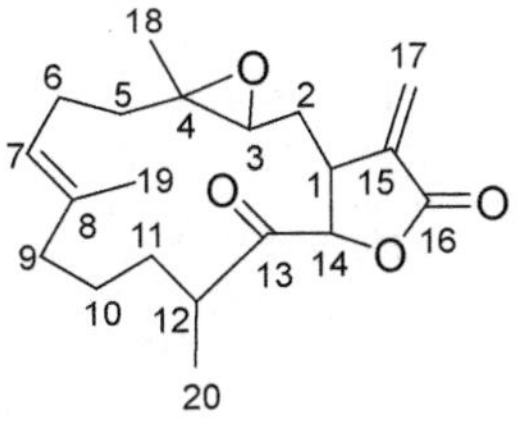

**E**

NOESY 指出，$\delta_H$ 1.15(H-20)与 $\delta_H$ 3.46(H-1)、4.94(H-14)相关，$\delta_H$ 1.17(H-18)与 $\delta_H$ 2.48(H-3)、3.46(H-1)相关，表明 H-1、H-3、H-14、H-18、H-20 均在 14 元环的同一侧，为 $\alpha$-取向。因此，sarcocrassolide B 的立体结构为 **2-74**。

sarcocrassolide B 的 NMR 详细解析数据见表 2-83。

表 2-83 sarcocrassolide B 的 NMR 数据(500MHz/H)①

| 编号 | $\delta_C$ | DEPT | $\delta_H$ | $J$/Hz | H-H COSY | NOESY | HMQC | HMBC($\delta_H$) |
|---|---|---|---|---|---|---|---|---|
| 1 | 40.7 | CH | 3.46m | | H-2a, H-2b, H-14 | H-3, H-18, H-20 | + | |
| 2a | 30.2 | $CH_2$ | 1.55m | | H-1, H-2b, H-3 | | + | |
| 2b | | | 2.64ddd | 2.6, 3.6, 14.5 | H-1, H-3, H-2a | | + | |
| 3 | 57.7 | CH | 2.48dd | 3.6, 6.9 | H-2b, H-2a | H-1, H-18 | + | |
| 4 | 58.9 | C | | | | | | 1.17(H-18), 1.55(H-2a), 2.26~2.30(H-6), 2.34(H-5a), 2.48(H-3), 2.55(H-5b), 2.64(H-2b) |
| 5a | 37.6 | $CH_2$ | 2.34m | | H-5b, H-6 | | + | |
| 5b | | | 2.55m | | H-5a, H-6 | | + | |
| 6 | 22.7 | $CH_2$ | 2.26~2.30m | | H-5a, H-5b, H-7 | | | |
| 7 | 125.8 | CH | 5.00t | 6.2 | H-6 | | + | |
| 8 | 135.0 | C | | | | | | 1.53(H-10, 19), 1.86(H-9), 2.26~2.30(H-6), 5.00(H-7) |

续表

| 编号 | $\delta_C$ | DEPT | $\delta_H$ | J/Hz | H-H COSY | NOESY | HMQC | HMBC($\delta_H$) |
|---|---|---|---|---|---|---|---|---|
| 9 | 37.2 | $CH_2$ | 1.86m | | H-10 | | + | |
| 10 | 22.3 | $CH_2$ | 1.53m | | H-9, H-11a, H-11b | | + | |
| 11a | 28.7 | $CH_2$ | 1.16m | | H-10, H-11b, H-12 | | + | |
| 11b | | | 1.85m | | H-10, H-11a, H-12 | | + | |
| 12 | 41.2 | CH | 3.03m | | H-11a, H-11b, H-20 | | + | |
| 13 | 211.2 | C | | | | | | 1.15(H-20), 3.03(H-12), 3.46(H-1), 4.94(H-14) |
| 14 | 81.5 | CH | 4.94d | 7.5 | H-1 | H-20 | + | |
| 15 | 136.6 | C | | | | | | 1.55(H-2a), 2.64(H-2b), 3.46(H-1), 4.94(H-14), 5.74(H-17a), 6.38(H-17b) |
| 16 | 169.2 | C | | | | | | 3.46(H-1), 4.94(H-14), 5.74(H-17a), 6.38(H-17b) |
| 17a | 123.7 | $CH_2$ | 5.74d | 1.8 | H-17b | | + | |
| 17b | | | 6.38d | 1.8 | H-17a | | + | |
| 18 | 17.5 | $CH_3$ | 1.17s | | | H-1, H-3 | + | |
| 19 | 15.4 | $CH_3$ | 1.53s | | | | + | |
| 20 | 14.8 | $CH_3$ | 1.15d | 6.9 | H-12 | H-1, H-14 | + | |

① 检测溶剂原始文献未给出。

## 例 2-52 neodiosbulbin 的 NMR 数据解析及结构测定[96]

neodiosbulbin(**2-75**)是薯蓣科植物黄独(*Dioscorea bulbifera*)中的 1 个主要呋喃二萜类化学成分，黄独具有解毒消肿、化痰散结、凉血止血的功能。

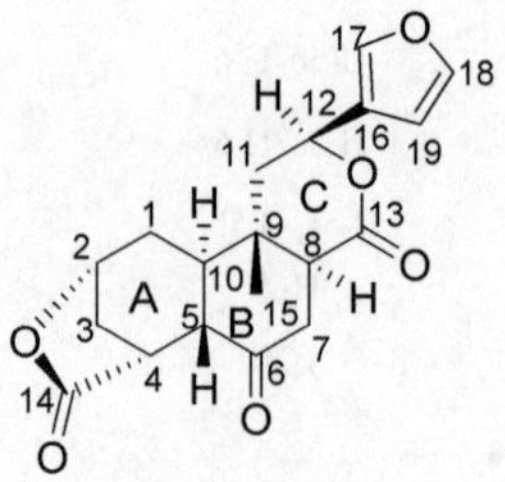

**2-75**

neodiosbulbin 的 $^{13}$C NMR 显示 19 碳峰，预示其可能是二萜类化合物。DEPT 显示，1 个伯碳：$\delta_C$18.1；4 个仲碳：$\delta_C$ 28.1、36.1、37.2、40.1；9 个叔碳：$\delta_C$ 36.2、45.1、45.3、49.4、69.6、76.2、109.0、140.1、143.9；5 个季碳：$\delta_C$ 35.2、124.3、172.6、175.6、204.1。

neodiosbulbin 的 $^1$H NMR 显示 4 组自旋偶合系统。通过 H-H COSY，初步表明 $\delta_H$ 1.57(2H, m)、4.85(1H, dd, $J$ =5.1Hz、9.9Hz)、2.34(1H, dd, $J$ =5.1 Hz、15.0Hz)、2.66(1H, dd, $J$ =9.9Hz、15.0Hz)、3.08(1H, br)、2.75(1H, m)、2.04(1H, m)构成 1 个自旋偶合系统；$\delta_H$1.80(1H, d, $J$ =11.7Hz)、2.36(1H, dd, $J$ =11.7Hz、15.0Hz)、3.36(1H, d, $J$ =15.0Hz)构成 1 个自旋偶合系统；$\delta_H$1.74(1H, dd, $J$ =11.2Hz、14.1Hz)、2.21(1H, dd, $J$ =6.0Hz、14.1Hz)、5.54(1H, dd, $J$ =6.0Hz、11.2Hz)构成 1 个自旋偶合系统；$\delta_H$7.72(1H, d, $J$ =0.7Hz)、7.67(1H, dd, $J$ =0.7Hz、0.95Hz)、6.57(1H, d, $J$ =0.95Hz)构成 1 个自旋偶合系统。

HMQC 指出，$\delta_C$ 28.1(仲碳)与 $\delta_H$ 1.57 相关，$\delta_C$ 76.2(叔碳)与 $\delta_H$ 4.85 相关，$\delta_C$ 37.2(仲碳)与 $\delta_H$ 2.34、2.66 相关，$\delta_C$ 36.2(叔碳)与 $\delta_H$ 3.08 相关，$\delta_C$ 49.4(叔碳)与 $\delta_H$ 2.75 相关，$\delta_C$ 45.1(叔碳)与 $\delta_H$ 2.04 相关，表明 $\delta_H$ 1.57 为仲碳 2 个氢，$\delta_H$ 4.85、3.08、2.75、2.04 均为叔碳氢，$\delta_H$ 2.34、2.66 为同一仲碳上的 2 个氢；$\delta_C$ 36.1(仲碳)与 $\delta_H$ 1.80、2.36 相关，$\delta_C$ 45.3(叔碳)与 $\delta_H$ 3.36 相关，表明 $\delta_H$ 1.80、2.36 为同一仲碳上的 2 个氢，$\delta_H$ 3.36 为叔碳氢；$\delta_C$ 40.1(仲碳)与 $\delta_H$ 1.74、2.21 相关，$\delta_C$ 69.6(叔碳)与 $\delta_H$ 5.54 相关，表明 $\delta_H$ 1.74、2.21 为同一仲碳上的 2 个氢，$\delta_H$ 5.54 为叔碳氢；$\delta_C$ 140.1(叔碳)与 $\delta_H$ 7.72、$\delta_C$ 143.9(叔碳)与 $\delta_H$ 7.67、$\delta_C$ 109.0(叔碳)与 $\delta_H$ 6.57 相关，表明 $\delta_H$ 7.72、7.67、6.57 均为叔碳氢。

H-H COSY 指出，$\delta_H$ 1.57 与 $\delta_H$ 2.04 相关，$\delta_H$ 4.85/$\delta_H$ 2.34、2.66 相关，$\delta_H$ 2.34 与 $\delta_H$ 2.66 相关，$\delta_H$ 3.08 与 $\delta_H$ 2.75 相关，$\delta_H$ 2.75 与 $\delta_H$ 2.04 相关，结合上述 HMQC 相关，表明上述第 1 个自旋偶合系统构成结构片段 **A**。

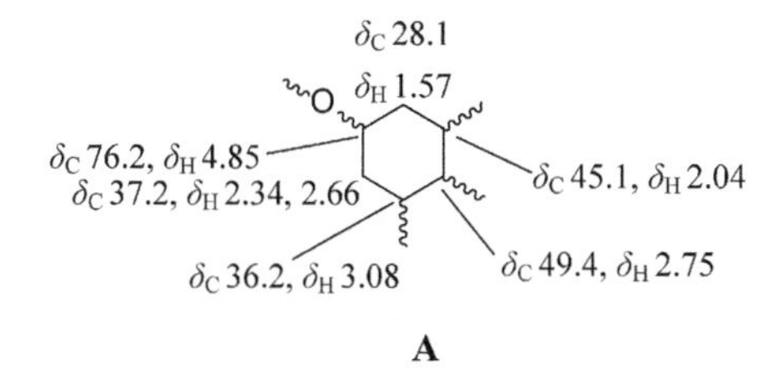


**A**

H-H COSY 指出，$\delta_H$ 1.80 与 $\delta_H$ 2.36 相关，$\delta_H$ 2.36 与 $\delta_H$ 3.36 相关，结合上述 HMQC 相关，表明上述第 2 个自旋偶合系统构成结构片段 **B**。

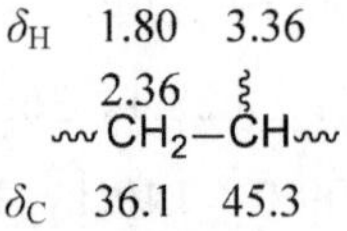

$\delta_H$ 1.80 3.36
2.36
~CH$_2$—CH~
$\delta_C$ 36.1 45.3

**B**

H-H COSY 指出，$\delta_H$ 1.74 与 $\delta_H$ 5.54 相关，$\delta_H$ 2.21 与 $\delta_H$ 5.54 相关，$\delta_H$ 1.74 与 $\delta_H$ 2.21 相关，结合上述 HMQC 相关，表明上述第 3 个自旋偶合系统构成结构片段 **C**。

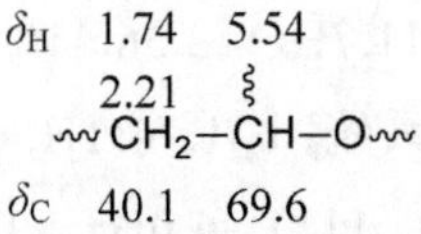

$\delta_H$ 1.74 5.54
2.21
~CH$_2$—CH—O~
$\delta_C$ 40.1 69.6

**C**

H-H COSY 指出，$\delta_H$ 7.72 与 $\delta_H$ 7.67 相关，$\delta_H$ 7.67 与 $\delta_H$ 6.57 相关，结合上述 HMQC 相关，表明上述第 4 个自旋偶合系统构成结构片段 **D**。

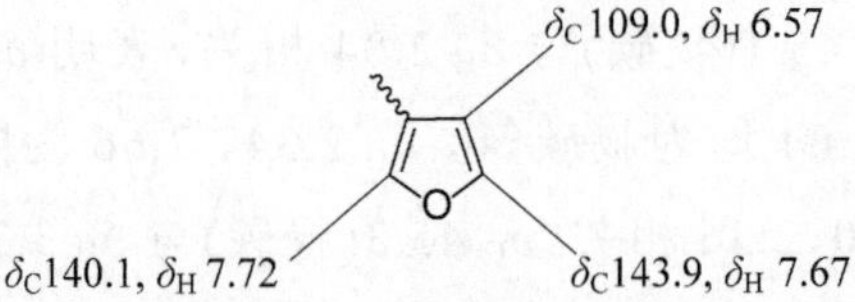

$\delta_C$109.0, $\delta_H$ 6.57
O
$\delta_C$140.1, $\delta_H$ 7.72
$\delta_C$143.9, $\delta_H$ 7.67

**D**

根据碳化学位移规律，$\delta_C$ 204.1 为酮羰基碳，$\delta_C$ 172.6(季碳)、175.6(季碳)为酯羰基碳，$\delta_C$ 35.2(季碳)为脂肪碳，$\delta_C$ 124.3(季碳)为双键或芳香(杂)环碳。

HMBC 指出，$\delta_C$ 204.1 与 $\delta_H$ 2.04、2.75、3.08、1.80、2.36、3.36 相关，$\delta_C$ 35.2 与 $\delta_H$ 1.57、2.04、1.80、2.36、3.36 相关，表明 $\delta_C$ 204.1、35.2 为结构片段 **A**、**B** 的 2 个接点，形成结构片段 **E**。

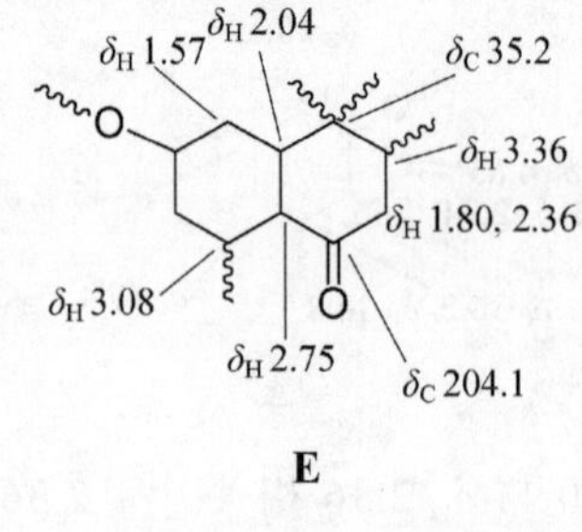

$\delta_H$ 1.57 $\delta_H$ 2.04 $\delta_C$ 35.2
O
$\delta_H$ 3.36
$\delta_H$ 1.80, 2.36
O
$\delta_H$ 3.08
$\delta_H$ 2.75
$\delta_C$ 204.1

**E**

HMBC 指出，$\delta_C$ 35.2 与 $\delta_H$ 1.74、2.21 相关，$\delta_C$ 172.6 与 $\delta_H$ 1.80、2.36、

3.36、5.54 相关，表明 $\delta_C$35.2、172.6 为结构片段 **E**、**C** 的 2 个接点，形成结构片段 **F**。

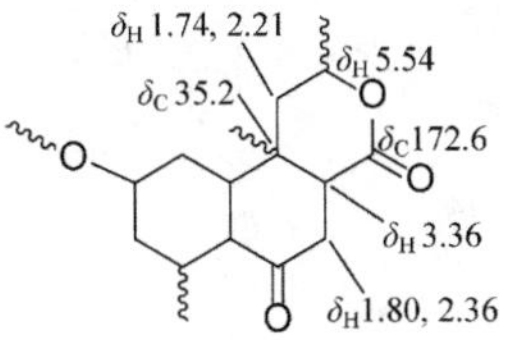

**F**

HMBC 指出，$\delta_C$ 124.3 与 $\delta_H$ 1.74、2.21、5.54、6.57、7.67、7.72 相关，表明 $\delta_C$ 124.3 为 **F**、**D** 的 1 个接点，形成结构片段 **G**。

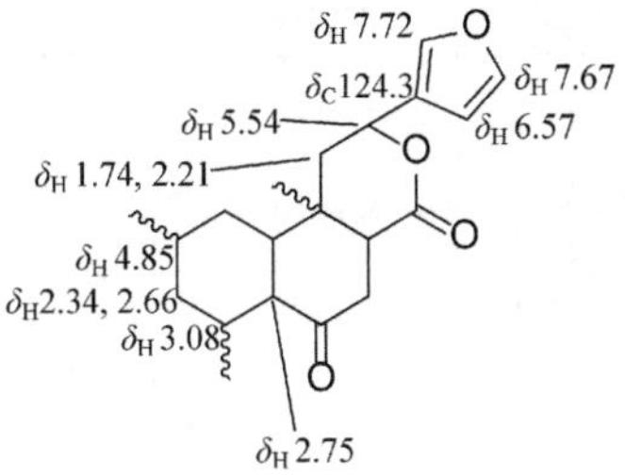

**G**

HMBC 指出，$\delta_C$ 175.6 与 $\delta_H$ 2.34、2.66、2.75、3.08、4.85 相关，表明 $\delta_C$ 175.6 与结构片段 **G** 有 2 个连接点，形成结构片段 **H**。

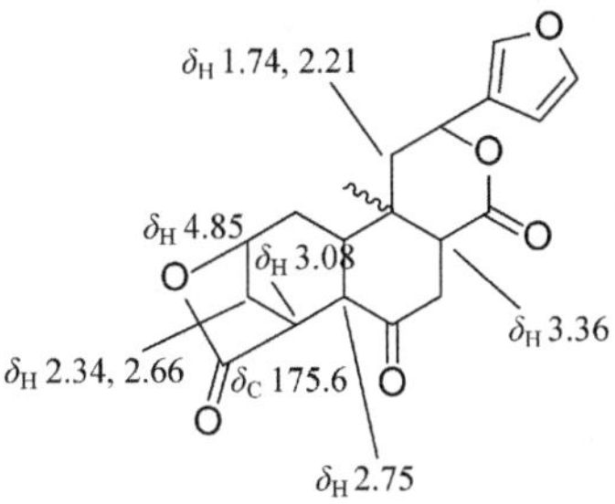

**H**

根据氢化学位移规律和偶合裂分情况，$\delta_H$ 1.10(3H, s)为 1 个连接在季碳上的甲基氢。HMQC 指出，$\delta_C$ 18.1(伯碳)与 $\delta_H$ 1.10 相关，表明 $\delta_C$ 18.1 为该甲基碳。HMBC 指出，$\delta_C$ 18.1 与 $\delta_H$ 1.74、2.21、3.36 相关，表明 $\delta_C$ 18.1 与结构片段 **H** 连接成 neodiosbulbin 的平面结构 **I**。

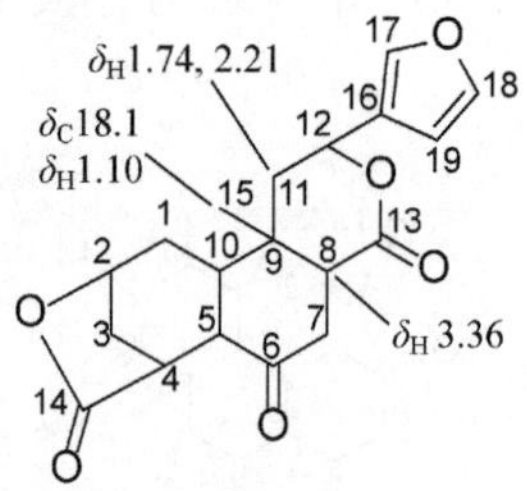

I

综上所述，neodiosbulbin 的 NMR 详细解析数据见表 2-84。

表 2-84 neodiosbulbin 的 NMR 数据(500MHz/H)[①]

| 编号 | $\delta_C$ | DEPT | $\delta_H$ | $J$/Hz | H-H COSY | NOESY | HMQC | HMBC($\delta_H$) |
|---|---|---|---|---|---|---|---|---|
| 1 | 28.1 | $CH_2$ | 1.57m | | H-10 | | + | |
| 2 | 76.2 | CH | 4.85dd | 5.1, 9.9 | H-3a, H-3b | | + | 2.04(H-10), 3.08(H-4) |
| 3a | 37.2 | $CH_2$ | 2.34dd | 5.1, 15.0 | H-2, H-3b | | + | |
| 3b | | | 2.66dd | 9.9, 15.0 | H-2, H-3a | | + | |
| 4 | 36.2 | CH | 3.08br | | H-5 | | + | 2.75(H-5), 4.85(H-2) |
| 5 | 49.4 | CH | 2.75m | | H-4, H-10 | H-15 | + | 1.57(H-1), 1.80(H-7a), 2.04(H-10), 2.34(H-3a), 2.36(H-7b), 2.66(H-3b), 3.08(H-4) |
| 6 | 204.1 | C | | | | | | 1.80(H-7a), 2.04(H-10), 2.36(H-7b), 2.75(H-5), 3.08(H-4), 3.36(H-8) |
| 7a | 36.1 | $CH_2$ | 1.80d | 11.7 | H-7b | | + | |
| 7b | | | 2.36dd | 11.7, 15.0 | H-7a, H-8 | | + | |
| 8 | 45.3 | CH | 3.36d | 15.0 | H-7b | H-10, H-12 | + | 1.80(H-7a), 2.04(H-10), 2.36(H-7b) |
| 9 | 35.2 | C | | | | | | 1.10(H-15), 1.57(H-1), 1.74(H-11a), 1.80(H-7a), 2.04(H-10), 2.21(H-11b), 2.36(H-7b), 3.36(H-8) |
| 10 | 45.1 | CH | 2.04m | | H-1, H-5 | H-8, H-12 | + | 1.10(H-15), 1.57(H-1), 1.74(H-11a), 2.21(H-11b), 2.75(H-5), 3.08(H-4) |

续表

| 编号 | $\delta_C$ | DEPT | $\delta_H$ | $J$/Hz | H-H COSY | NOESY | HMQC | HMBC($\delta_H$) |
|---|---|---|---|---|---|---|---|---|
| 11a | 40.1 | $CH_2$ | 1.74dd | 11.2, 14.1 | H-12, H-11b | | + | 1.10(H-15), 3.36(H-8), |
| 11b | | | 2.21dd | 6.0, 14.1 | H-12, H-11a | | + | 5.54(H-12) |
| 12 | 69.6 | CH | 5.54dd | 6.0, 11.2 | H-11b, H-11a | H-8, H-10 | + | 1.74(H-11a), 2.21(H-11b), 6.57(H-19) |
| 13 | 172.6 | C | | | | | | 1.80(H-7a), 2.36(H-7b), 3.36(H-8), 5.54(H-12) |
| 14 | 175.6 | C | | | | | | 2.34(H-3a), 2.66(H-3b), 2.75(H-5), 3.08(H-4), 4.85(H-2) |
| 15 | 18.1 | $CH_3$ | 1.10s | | | H-5 | + | 1.74(H-11a), 2.21(H-11b), 3.36(H-8) |
| 16 | 124.3 | C | | | | | | 1.74(H-11a), 2.21(H-11b), 5.54(H-12), 6.57(H-19), 7.67(H-18), 7.72(H-17) |
| 17 | 140.1 | CH | 7.72d | 0.7 | H-18 | | + | 5.54(H-12), 6.57(H-19) |
| 18 | 143.9 | CH | 7.67dd | 0.7, 0.95 | H-17, H-19 | | + | 6.57(H-19) |
| 19 | 109.0 | CH | 6.57d | 0.95 | H-18 | | + | 5.54(H-12), 7.67(H-18), 7.72(H-17) |

① 检测溶剂原始文献未给出。

NOESY 指出，$\delta_H$ 1.10(H-15)与 $\delta_H$ 2.75(H-5)相关，$\delta_H$ 2.04(H-10)与 $\delta_H$ 3.36(H-8)、5.54(H-12)相关，表明 H-15 和 H-5 在 A、B、C 三环平面的一侧，为 $\beta$-取向，H-10、H-8、H-12 在 A、B、C 三环平面的另一侧，为 $\alpha$-取向，因此，A、B 环连接为反式，B、C 环连接也为反式。

由 Dreiding 模型以及 H-2 与 H-1 之间偶合常数接近零，同时 H-2 与 H-3a、H-3b 之间偶合常数为 5.1Hz 和 9.9Hz，以及 H-4 与 H-3a、H-3b 之间偶合常数接近零等数据(见表 2-84)可知，C-14 酯羰基连接在 C-2、C-4 直立键上，为 $\alpha$-取向。

## 例 2-53 ravidin A 的 NMR 数据解析及结构测定[18]

ravidin A(**2-76**)是从青海毛冠菊(*Nannoglottis ravida*)根中分离得到的 1 个克罗烷型(clerodane)二萜。

ravidin A 的 $^{13}C$ NMR 显示 20 条碳峰，预示其可能是二萜类化合物。DEPT 显示，3 个伯碳：$\delta_C$ 16.5、21.6、27.9；4 个仲碳：$\delta_C$ 17.6、22.6、36.5、43.3；7 个叔碳：$\delta_C$ 45.3、55.4、57.1、72.2、108.3、139.6、143.8；6 个季碳：$\delta_C$ 36.8、49.9、59.1、124.8、171.1、210.2。

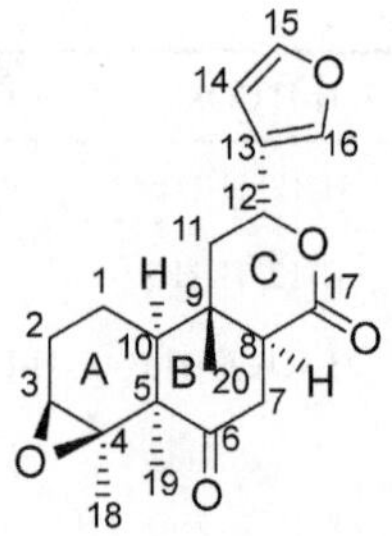
15
14
O
13
16
12
11
O
1
H
C
17
2
9
O
10
8
3
A
5
B
20
H
7
O
4
6
19
O
18

**2-76**

ravidin A的$^1$H NMR显示4组自旋偶合系统。通过H-H COSY，初步表明$\delta_H$ 1.37(1H, m)、1.63(2H, m)、1.75(1H, m)、2.12(1H, brdd, $J$=14.5Hz、3.0Hz)、2.91(1H, d, $J$ = 3.0Hz)构成1个自旋偶合系统；$\delta_H$ 2.66(1H, dd, $J$ = 17.5Hz、11.0Hz)、3.02(1H, dd, $J$ = 17.5Hz、8.0Hz)、3.08(1H, dd, $J$ = 11.0Hz、8.0Hz)构成1个自旋偶合系统；$\delta_H$ 1.77(1H, dd, $J$ =13.5Hz、12.5Hz)、2.24(1H, dd, $J$ =13.5Hz、4.0Hz)、5.39(1H, dd, $J$ = 12.5Hz、4.0Hz)构成1个自旋偶合系统；$\delta_H$ 6.42(1H, brs)、7.42(1H, brs)、7.46(1H, brs)构成1个自旋偶合系统。

HMQC 指出，$\delta_C$ 17.6(仲碳)与 $\delta_H$ 1.37、1.63 相关，$\delta_C$ 22.6(仲碳)与 $\delta_H$ 1.75、2.12 相关，$\delta_C$ 57.1(叔碳)与 $\delta_H$ 2.91、$\delta_C$ 55.4(叔碳)与 $\delta_H$ 1.63 相关，表明 $\delta_H$ 1.37、1.63(其中 1 个氢)为同一仲碳上的 2 个氢，$\delta_H$ 1.75、2.12 为另一同一仲碳上的 2 个氢，$\delta_H$ 2.91 为叔碳氢，$\delta_H$ 1.63 还含有 1 个叔碳氢；$\delta_C$ 36.5(仲碳)与 $\delta_H$ 2.66 和 3.02 相关，$\delta_C$ 45.3(叔碳)与 $\delta_H$ 3.08 相关，表明 $\delta_H$ 2.66、3.02 为同一仲碳上的 2 个氢，$\delta_H$ 3.08 为叔碳氢；$\delta_C$ 43.3(仲碳)与 $\delta_H$ 1.77、2.24，$\delta_C$ 72.2(叔碳)与 $\delta_H$ 5.39 相关，表明 $\delta_H$ 1.77、2.24 为同一仲碳上的 2 个氢，$\delta_H$ 5.39 为叔碳氢；$\delta_C$ 108.3(叔碳)与 $\delta_H$ 6.42 相关，143.8(叔碳)与 7.42 相关，139.6(叔碳)/7.46 相关，表明 $\delta_H$ 6.42、7.42、7.46 均为叔碳氢。

H-H COSY 指出，$\delta_H$ 1.37 与 $\delta_H$ 1.63、1.75、2.12 相关，$\delta_H$ 1.63 与 $\delta_H$ 1.75 相关，$\delta_H$ 1.75 与 $\delta_H$ 2.12 相关，$\delta_H$ 2.12 与 $\delta_H$ 2.91 相关，结合上述 HMQC 相关，表明上述第 1 个自旋偶合系统构成结构片段 **A**。

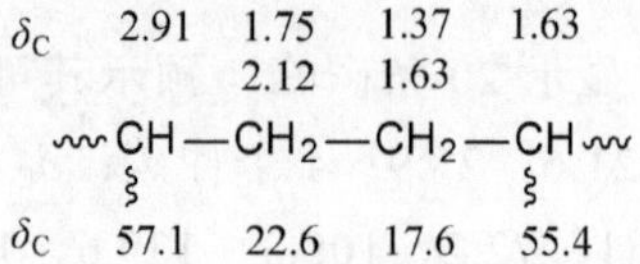
δC 2.91 1.75 1.37 1.63
2.12 1.63
CH—CH2—CH2—CH
δC 57.1 22.6 17.6 55.4

**A**

H-H COSY 指出，$\delta_H$ 2.66 与 $\delta_H$ 3.02、3.08 相关，$\delta_H$ 3.02 与 $\delta_H$ 3.08 相关，结合上述 HMQC 相关，表明上述第 2 个自旋偶合系统构成结构片段 **B**。

$\delta_H$ 2.66 3.08
3.02
~CH$_2$—CH~
$\delta_C$ 36.5 45.3

**B**

H-H COSY 指出，$\delta_H$ 1.77 与 $\delta_H$ 2.24、5.39 相关，$\delta_H$ 2.24 与 $\delta_H$ 5.39 相关，结合上述 HMQC 相关，表明上述第 3 个自旋偶合系统构成结构片段 **C**。

$\delta_H$ 1.77 5.39
2.24
~CH$_2$—CH~
$\delta_C$ 43.3 72.2

**C**

H-H COSY 指出，$\delta_H$ 6.42 与 $\delta_H$ 7.42 相关，$\delta_H$ 7.42 与 $\delta_H$ 7.46 相关，结合上述 HMQC 相关，表明上述第 4 个自旋偶合系统构成结构片段 **D**。

$\delta_H$ 6.42
$\delta_C$ 108.3
$\delta_H$ 7.46 O $\delta_H$ 7.42
$\delta_C$ 139.6 $\delta_C$ 143.8

**D**

根据碳化学位移规律，$\delta_C$ 57.1 为三元环氧叔碳、$\delta_C$ 59.1 为三元环氧季碳(分子中不含氮)，因此，结构片段 **A** 可进一步表达为 **E**。

$\delta_C$ 57.1
~C—CH—CH$_2$—CH$_2$—CH~
$\delta_C$ 59.1 O

**E**

根据碳化学位移规律，$\delta_C$ 210.2(季碳)为酮羰基碳，$\delta_C$ 171.1(季碳)为酯羰基碳，$\delta_C$ 36.8(季碳)、49.9(季碳)为脂肪碳，$\delta_C$ 124.8(季碳)为双键或芳香(杂)环碳。

根据氢化学位移规律和偶合分裂情况，$\delta_H$ 1.01(3H, s)、1.40(3H, s)、1.44(3H, s)分别为连接在季碳上的甲基氢。HMQC 指出，$\delta_C$ 16.5(伯碳)与 $\delta_H$ 1.01、$\delta_C$ 21.6(伯

碳)与 $\delta_H$ 1.40、$\delta_C$ 27.9(伯碳)与 $\delta_H$ 1.44 相关，表明 $\delta_C$ 16.5、21.6、27.9 归属相应的 3 个甲基碳。

HMBC 指出，$\delta_C$ 57.1 与 $\delta_H$ 1.40、$\delta_C$ 59.1 与 $\delta_H$ 1.40 相关，表明结构片段 **E** 进一步表达为 **F**。

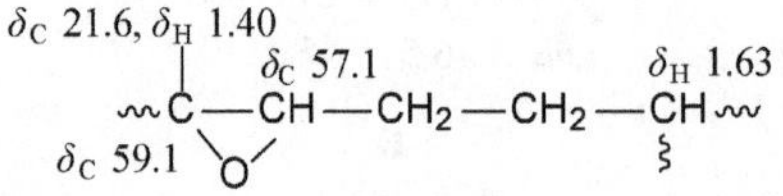

$\delta_C$ 21.6, $\delta_H$ 1.40
$\delta_C$ 57.1
$\delta_H$ 1.63
$\delta_C$ 59.1

**F**

HMBC 指出，$\delta_C$ 210.2 与 $\delta_H$ 1.44、1.63、2.66、3.02 相关，$\delta_C$ 36.8 与 $\delta_H$ 1.01、3.02、3.08 相关，$\delta_C$ 59.1 与 $\delta_H$ 1.40 和 1.44 相关，$\delta_C$ 49.9 与 $\delta_H$ 1.40、1.44、2.66 相关，表明 $\delta_C$ 210.2、36.8、49.9 为结构片段 **B**、**F** 的 3 个接点，形成结构片段 **G**，3 个甲基在片段 **G** 上的位置也确定。

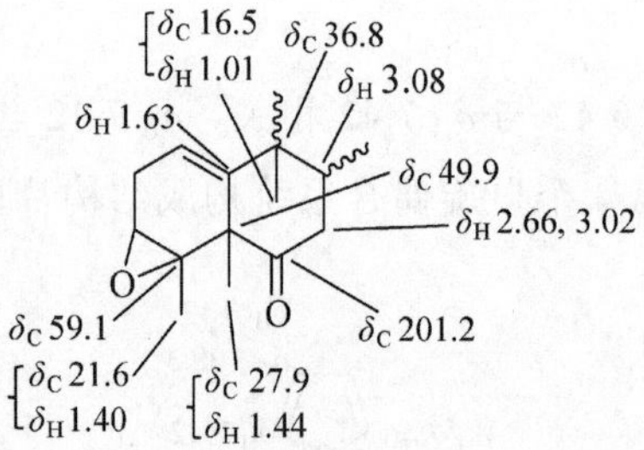

$\delta_C$ 16.5, $\delta_H$ 1.01
$\delta_C$ 36.8
$\delta_H$ 3.08
$\delta_H$ 1.63
$\delta_C$ 49.9
$\delta_H$ 2.66, 3.02
$\delta_C$ 59.1
$\delta_C$ 201.2
$\delta_C$ 21.6, $\delta_H$ 1.40
$\delta_C$ 27.9, $\delta_H$ 1.44

**G**

HMBC 指出，$\delta_C$ 36.8 与 $\delta_H$ 2.24、3.02、5.39 相关，$\delta_C$ 171.1 与 $\delta_H$ 2.66、3.08 相关，表明 $\delta_C$ 36.8、171.1 为结构片段 **C**、**G** 的 2 个接点，形成结构片段 **H**。

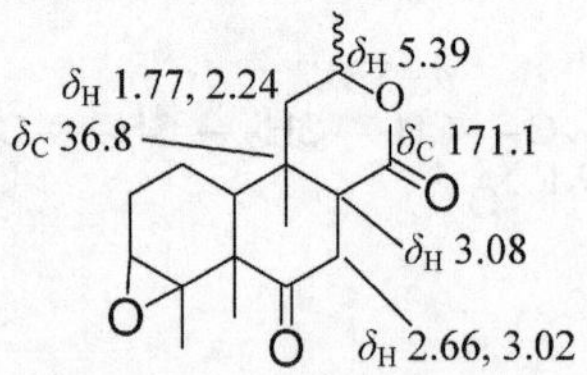

$\delta_H$ 5.39
$\delta_H$ 1.77, 2.24
$\delta_C$ 36.8
$\delta_C$ 171.1
$\delta_H$ 3.08
$\delta_H$ 2.66, 3.02

**H**

HMBC 指出，$\delta_C$ 124.8 与 $\delta_H$ 1.77、5.39、6.42、7.42、7.46 相关，表明 $\delta_C$ 124.8 为结构片段 **D**、**H** 的 1 个接点，形成结构片段 **I**，即 ravdin A 的平面结构。

$\delta_H$ 7.42
$\delta_H$ 6.42
15
O
14
16
$\delta_C$ 124.8
13
$\delta_H$ 7.46
$\delta_H$ 5.39
$\delta_H$ 1.77, 2.24
11
12
O
1
9
17
2
8
O
10
3
5
7
4
6
O
19
O
18

I

NOESY 指出，$\delta_H$ 2.91(H-3)与 $\delta_H$ 1.40(H-18)相关，$\delta_H$ 3.08(H-8)、1.63(H-10)、1.44(H-19)相关，$\delta_H$ 1.40(H-18)与 $\delta_H$ 1.44(H-19)相关，表明 H-3、H-8、H-10、H-18、H-19 在 A、B、C 三环平面的一侧，为 $\alpha$-取向；$\delta_H$ 5.39(H-12)与 $\delta_H$ 1.01 (H-20)相关，表明 H-12、H-20 在 A、B、C 三环平面的另一侧，为 $\beta$-取向。因此，A、B 环连接为顺式，B、C 环连接为反式。综上所述，ravidin A 的化学结构为 **2-76**。

ravidin A 的 NMR 详细解析数据见表 2-85。

表 2-85 ravidin A 的 NMR 数据($CDCl_3$, 500MHz/H)

| 编号 | $\delta_C$ | DEPT | $\delta_H$ | J/Hz | H-H COSY | NOESY | HMQC | HMBC($\delta_H$) |
|---|---|---|---|---|---|---|---|---|
| 1a | 17.6 | $CH_2$ | 约 1.37m | | H-1b, H-2a, H-2b, H-10 | | + | 2.12(H-2b), 2.91(H-3) |
| 1b | | | 约 1.63m | | H-1a, H-2a | | + | |
| 2a | 22.6 | $CH_2$ | 约 1.75m | | H-1a, H-1b, H-2b | | + | 2.91(H-3) |
| 2b | | | 2.12brdd | 14.5, 3.0 | H-1a, H-2a, H-3 | | + | |
| 3 | 57.1 | CH | 2.91d | 3.0 | H-2b | H-18 | + | 1.40(H-18) |
| 4 | 59.1 | C | | | | | | 1.40(H-18), 1.44(H-19) |
| 5 | 49.9 | C | | | | | | 1.40(H-18), 1.44(H-19), 2.66(H-7a) |
| 6 | 210.2 | C | | | | | | 1.44(H-19), 1.63(H-10), 2.66(H-7a), 3.02(H-7b) |
| 7a | 36.5 | $CH_2$ | 2.66dd | 17.5, 11.0 | H-7b, H-8 | | + | 3.08(H-8) |
| 7b | | | 3.02dd | 17.5, 8.0 | H-7a, H-8 | | + | |
| 8 | 45.3 | CH | 3.08dd | 11.0, 8.0 | H-7a, H-7b | H-10, H-19 | + | 1.01(H-20), 2.66(H-7a), 3.02(H-7b) |

续表

| 编号 | $\delta_C$ | DEPT | $\delta_H$ | J/Hz | H-H COSY | NOESY | HMQC | HMBC($\delta_H$) |
|---|---|---|---|---|---|---|---|---|
| 9 | 36.8 | C | | | | | | 1.01(H-20), 2.24(H-11b), 3.02(H-7b), 3.08(H-8), 5.39(H-12) |
| 10 | 55.4 | CH | 约 1.63m | | H-1a | H-8, H-19 | + | 1.01(H-20), 1.44(H-19) |
| 11a | 43.3 | $CH_2$ | 1.77dd | 13.5, 12.5 | H-11b, H-12 | | + | 1.01(H-20), 5.39(H-12) |
| 11b | | | 2.24dd | 13.5, 4.0 | H-11a, H-12 | | + | |
| 12 | 72.2 | CH | 5.39dd | 12.5, 4.0 | H-11a, H-11b | H-20 | + | 6.42(H-14) |
| 13 | 124.8 | C | | | | | | 1.77(H-11a), 5.39(H-12), 6.42(H-14), 7.42(H-15), 7.46(H-16) |
| 14 | 108.3 | CH | 6.42brs | | H-15 | | + | 5.39(H-12), 7.42(H-15), 7.46(H-16) |
| 15 | 143.8 | CH | 7.42brs | | H-14, H-16 | | + | 6.42(H-14), 7.46(H-16) |
| 16 | 139.6 | CH | 7.46brs | | H-15 | | + | 5.39(H-12), 6.42(H-14), 7.42(H-15) |
| 17 | 171.1 | C | | | | | | 2.66(H-7a), 3.08(H-8) |
| 18 | 21.6 | $CH_3$ | 1.40s | | | H-3, H-19 | + | |
| 19 | 27.9 | $CH_3$ | 1.44s | | | H-8, H-10, H-18 | + | |
| 20 | 16.5 | $CH_3$ | 1.01s | | | H-12 | + | 2.24(H-11b), 3.08(H-8) |

## 例 2-54　冬凌草甲素的 NMR 数据解析[97-100]

冬凌草(又名冰凌草)，学名碎米亚(*Rabdosia rubescens*)，系唇形科(Labtea)香茶菜属(*Rabdosia*)植物，具有清热解毒、消炎止痛、健胃活血及抗肿瘤之功效。冬凌草甲素(oridonin，**2-77**)是香茶菜属二萜中被发现最早者之一，也是此类二萜的典型代表，属对映-贝壳杉烷类(ent-kanrane)贝壳杉烯型(kanrene type)二萜化合物。

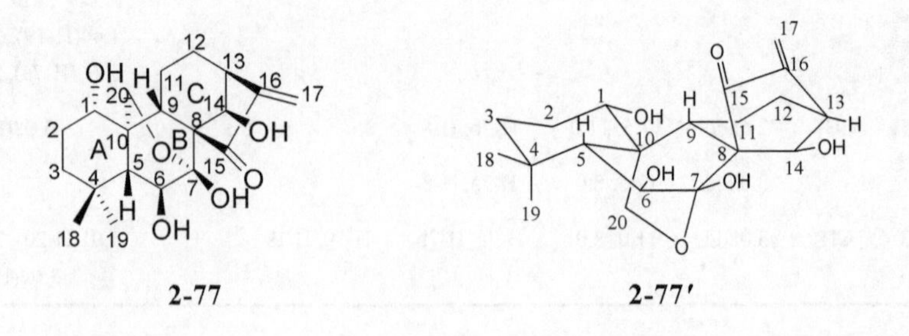

**2-77**　　　　**2-77′**

冬凌草甲素的 $^{13}$C NMR 显示 20 条碳峰，表明其含有 20 个碳。DEPT 显示，2 个伯碳：$\delta_C$ 22.13、33.27；6 个仲碳：$\delta_C$ 20.31、30.47、30.84、39.30、63.93、119.00；6 个叔碳：$\delta_C$ 43.88、54.11、60.51、73.05、73.44、74.76；6 个季碳：$\delta_C$ 33.98、41.69、62.92、98.38、153.35、209.19。

HSQC 指出，$\delta_C$ 63.93(仲碳)与 $\delta_H$ 4.39、4.77 相关；H-H COSY 指出，$\delta_H$ 4.39(1H, d, $J$ = 10.0Hz)与 $\delta_H$ 4.77(1H, d, $J$ = 10.0Hz)相关；根据这些碳氢化学位移、偶合常数以及二维相关数据，可以确定 $\delta_C$ 63.93 归属 C-20, $\delta_H$ 4.39、4.77 分别归属 H-20a、H-20b。

HMBC 指出，$\delta_C$ 63.93(C-20)与 $\delta_H$ 3.62(1H，m)相关，结合氢化学位移规律，表明 $\delta_H$ 3.62 归属 H-1。H-H COSY 指出，$\delta_H$ 3.62(H-1)与 $\delta_H$ 1.84(2H, m)、$\delta_H$ 1.84 与 $\delta_H$ 1.38(2H, m)相关，表明 $\delta_H$ 1.84、1.38 分别归属 H-2、H-3。HSQC 指出，$\delta_C$ 73.05(叔碳)与 $\delta_H$ 3.62(H-1)、$\delta_C$ 30.47(仲碳)与 $\delta_H$ 1.84(H-2)、$\delta_C$ 39.30(仲碳)与 $\delta_H$ 1.38(H-3)相关，表明 $\delta_C$ 73.05、30.47、39.30 分别归属 C-1、C-2、C-3。

根据氢化学位移规律和偶合分裂情况，$\delta_H$ 1.12(3H, s)、1.29(3H, s)应归属 H-18、H-19，二者的进一步归属区分可由 NOESY 确定。HMBC 指出，$\delta_C$ 33.98(季碳)与 $\delta_H$ 1.12(H-18 或 H-19)、1.29(H-18 或 H-19)、1.38(H-3)、1.46(1H, d, $J$ = 6.8Hz)、1.84(H-2)、4.25(1H, dd, $J$ = 6.8Hz、10.6Hz)相关，加之 $\delta_H$ 1.46 与 $\delta_H$ 4.25 H-H COSY 相关，表明 $\delta_C$ 33.98 归属 C-4, $\delta_H$ 1.46、4.25 分别归属 H-5、H-6。HSQC 指出，$\delta_C$ 60.51(叔碳)与 $\delta_H$ 1.46(H-5)、$\delta_C$ 74.76(叔碳)与 $\delta_H$ 4.25(H-6)相关，表明 $\delta_C$ 60.51、74.76 分别归属 C-5、C-6。

HMBC 指出，$\delta_C$ 60.51(C-5)与 $\delta_H$ 1.12(H-18 或 H-19)、1.29(H-18 或 H-19)、1.38(H-3)、1.94(2H，m)、4.25(H-6)、4.39(H-20a)、4.77(H-20b)相关，表明 $\delta_H$ 1.94(其中 1 个氢)归属 H-9。

根据氢化学位移规律和偶合分裂情况，$\delta_H$ 5.48(1H, brs)、6.26(1H, brs)分别归属 H-17a、H-17b；H-H COSY 指出，$\delta_H$ 5.48 与 $\delta_H$ 6.26 相关，进一步证实这一结论。HSQC 指出，$\delta_C$ 119.00(仲碳)与 $\delta_H$ 5.48、6.26 相关，表明 $\delta_C$ 119.00 归属 C-17。

HMBC 指出，$\delta_C$ 119.00(C-17)与 $\delta_H$ 3.18(1H, brd, $J$ = 8.9Hz)相关，表明 $\delta_H$ 3.18 归属 H-13。HSQC 指出，$\delta_C$ 43.88(叔碳)与 $\delta_H$ 3.18(H-13)相关，表明 $\delta_C$ 43.88 归属 C-13。

根据碳化学位移规律，$\delta_C$ 153.35(季碳)归属 C-16。HMBC 指出，$\delta_C$ 153.35(C-16)与 $\delta_H$ 1.58(1H, m)、2.44(2H，m)、3.18(H-13)、5.32(1H, brs)、6.26(H-17b)相关，加之 $\delta_C$ 30.84(仲碳)与 $\delta_H$ 1.58 和 2.44、$\delta_C$ 73.44(叔碳)与 $\delta_H$ 5.32 HSQC 相关，表明 $\delta_H$ 1.58、2.44(其中 1 个氢)分别归属 H-12a 和 H-12b，$\delta_H$ 5.32 归属 H-14，$\delta_C$ 30.84 归属 C-12，$\delta_C$ 73.44 归属 C-14；$\delta_C$ 43.88(C-13)与 $\delta_H$ 1.58(H-12a)、1.94(2H, m)、

2.44(2H, m)、5.48(H-17a)、6.26(H-17b)、7.38(1H, brs, 活泼氢)相关，加之 $\delta_C$ 20.31(仲碳)与 $\delta_H$ 1.94、2.44 HSQC 相关，结合 $\delta_H$ 1.94 其中 1 个氢已确定归属 H-9, $\delta_H$ 2.44(其中 1 个氢)已确定归属 H-12b，可以确定 $\delta_H$ 1.94、2.44 的另 1 个氢分别归属 H-11a、H-11b，$\delta_C$ 20.31 归属 C-11, $\delta_H$ 7.38 归属 OH-14；$\delta_C$ 54.11(叔碳)与 $\delta_H$ 1.46(H-5)、1.94(H-11a)、2.44(H-11b, 12b)、4.39(H-20a)、4.77(H-20b)、5.32(H-14)相关，加之 $\delta_C$ 54.11 与 $\delta_H$ 1.94 HSQC 相关，表明 $\delta_C$ 54.11 归属 C-9。

至此，4 个季碳 $\delta_C$ 41.69、62.92、98.38、209.19 尚未有归属。根据碳化学位移规律，$\delta_C$ 209.19 归属 C-15，98.38 归属 C-7。HMBC 指出，$\delta_C$ 41.69 与 $\delta_H$ 1.46(H-5)、1.84(H-2)、1.94(H-9, 11a)、4.39(H-20a)、4.77(H-20b)、5.93(1H, d, $J$ = 4.4Hz, 活泼氢)相关，表明 $\delta_C$ 41.69 归属 C-10，$\delta_H$ 5.93 归属 OH-1；$\delta_C$ 62.92 与 $\delta_H$ 1.94(H-9, 11a)、3.19(H-13)、4.25(H-6)、5.32(H-14)、7.38(OH-14)、9.16(1H, s, 活泼氢)相关，表明 $\delta_C$ 62.92 归属 C-8, $\delta_H$ 9.16 归属 OH-7；$\delta_C$ 98.38(C-7)与 $\delta_H$ 6.91(1H, d, $J$ = 10.6Hz, 活泼氢)相关，表明 $\delta_H$ 6.91 归属 OH-6。

H-H COSY 指出，$\delta_H$ 5.93(OH-1)与 $\delta_H$ 3.62(H-1)、$\delta_H$ 6.91(OH-6)与 $\delta_H$ 4.25(H-6)、$\delta_H$ 7.38(OH-14)与 $\delta_H$ 5.32(H-14)相关，表明 OH-1、OH-6、OH-14 均与相连碳上的氢偶合，表明它们均与 C-15 羰基形成强弱不同的分子内氢键。

NOESY 指出，$\delta_H$ 3.62(H-1)与 $\delta_H$ 1.46(H-5)、1.94(H-9, 11a)相关，$\delta_H$ 5.32(H-14)与 $\delta_H$ 4.39(H-20a)、4.77(H-20b)相关，$\delta_H$ 5.93(OH-1)与 $\delta_H$ 4.39(H-20a)、4.77(H-20b)相关，表明 H-1、H-5、H-9 在 A、B、C 三环平面一侧，为 $\beta$-取向；H-14、OH-1、H-20a、H-20b 在 A、B、C 三环平面另一侧，为 $\alpha$-取向；即 A 环和 B 环反式连接，B 环和 C 环顺式连接。

NOESY 指出，$\delta_H$ 1.58(H-12a)与 $\delta_H$ 5.48(H-17a)相关，表明 H-12a 与 H-17a 均处于 C 环同侧，为 $\beta$-取向，因此，$\delta_H$ 2.44(H-12b)为 $\alpha$-取向；$\delta_H$ 2.44(H-11b，12b)与 $\delta_H$ 4.77(H-20b)相关，表明 H-11b、H-12b 均为 $\alpha$-取向，由此推断 H-11a($\delta_H$ 1.94)为 $\beta$-取向；$\delta_H$ 1.12 与 $\delta_H$ 4.39(H-20a)相关，表明 $\delta_H$ 1.12 归属 H-19, $\delta_H$ 1.29 归属 H-18。

$\delta_H$ 3.18(H-13)与 $\delta_H$ 1.58(H-12a)、5.32(H-14)之间的偶合常数接近为零，表明 H-13 与 H-12a 以及 H-13 与 H-14 之间双面夹角接近 90°，因此，观察 Dreiding 模型，H-13、H-14 均为 $\alpha$-取向。$\delta_H$ 1.46(H-5)与 $\delta_H$ 4.25(H-6)之间的偶合常数为 6.8Hz，观察 Dreiding 模型，H-5 与 H-6 之间双面夹角 120°左右，表明 H-5 和 H-6 处于不同方向，H-5 为 $\beta$-取向，则 H-6 为 $\alpha$-取向。

综上，冬凌草甲素的构象式如 **2-77′**，A 环为椅式构象，B 环、C 环为船式构象。

冬凌草甲素的 NMR 详细解析数据见表 2-86。

表 2-86　冬凌草甲素的 NMR 数据($C_5D_5N$, 400MHz/H)①

| 编号 | $\delta_C$ | DEPT | $\delta_H$ | J/Hz | H-H COSY | NOESY | HSQC | HMBC($\delta_H$) |
|---|---|---|---|---|---|---|---|---|
| 1 | 73.05 | CH | 3.62m | | H-2, OH-1 | H-5, H-9 | + | 1.38(H-3), 1.46(H-5), 1.84(H-2) |
| 2 | 30.47 | $CH_2$ | 1.84m | | H-1, H-3 | | + | 1.38(H-3) |
| 3 | 39.30 | $CH_2$ | 1.38m | | H-2 | | + | 1.12(H-19), 1.29(H-18), 1.46(H-5), 1.84(H-2) |
| 4 | 33.98 | C | | | | | | 1.12(H-19), 1.29(H-18), 1.38(H-3), 1.46(H-5), 1.84(H-2), 4.25(H-6) |
| 5 | 60.51 | CH | 1.46d | 6.8 | H-6 | H-1 | + | 1.12(H-19), 1.29(H-18), 1.38(H-3), 1.94(H-9), 4.25(H-6), 4.39(H-20a), 4.77(H-20b) |
| 6 | 74.76 | CH | 4.25dd | 6.8, 10.6 | H-5, OH-6 | | + | 1.46(H-5), 6.92(OH-6) |
| 7 | 98.38 | C | | | | | | 4.25(H-6), 4.39(H-20a), 4.77(H-20b), 6.91(OH-6) |
| 8 | 62.92 | C | | | | | | 1.94(H-9, 11a), 3.18(H-13), 4.25(H-6), 5.32(H-14), 7.38(OH-14), 9.16(OH-7) |
| 9 | 54.11 | CH | 1.94m | | H-11b | H-1 | + | 1.46(H-5), 1.94(H-11a), 2.44(H-11b, 12b), 4.39(H-20a), 4.77(H-20b), 5.32(H-14) |
| 10 | 41.69 | C | | | | | | 1.46(H-5), 1.84(H-2), 1.94(H-9, 11a), 4.39(H-20a), 4.77(H-20b), 5.93(OH-1) |
| 11a(β) | 20.31 | $CH_2$ | 1.94m | | H-11b, H-12a, H-12b | | + | 1.58(H-12a), 1.94(H-9), 2.44(H-12b), 3.18(H-13) |
| 11b(α) | | | 2.44m | | H-9, H-11a, H-12a | H-20b | + | |
| 12a(β) | 30.84 | $CH_2$ | 1.58m | | H-11a, H-11b, H-12b | H-17a | + | 1.94(H-9, 11a), 2.44(H-11b), 3.18(H-13), 5.32(H-14), 5.48(H-17a), 6.26(H-17b) |
| 12b(α) | | | 2.44m | | H-11a, H-12a, H-13 | H-20b | + | |
| 13 | 43.88 | CH | 3.18brd | 8.9 | H-14, H-17a, H-17b, H-12b | | + | 1.58(H-12a), 1.94(H-11a), 2.44(H-11b, 12b), 5.48(H-17a), 6.26(H-17b), 7.38(OH-14) |

续表

| 编号 | $\delta_C$ | DEPT | $\delta_H$ | J/Hz | H-H COSY | NOESY | HSQC | HMBC($\delta_H$) |
|---|---|---|---|---|---|---|---|---|
| 14 | 73.44 | CH | 5.32brs | | H-13, H-17b, OH-14 | H-20a, H-20b | + | 1.58(H-12a), 1.94(H-9), 3.18(H-13) |
| 15 | 209.19 | C | | | | | | 1.94(H-9), 3.18(H-13), 5.32(H-14), 5.48(H-17a), 6.26(H-17b) |
| 16 | 153.35 | C | | | | | | 1.58(H-12a), 2.44(H-12b), 3.18(H-13), 5.32(H-14), 6.26(H-17b) |
| 17a | 119.00 | $CH_2$ | 5.48brs | | H-13, H-17b | H-12a | + | 3.18(H-13) |
| 17b | | | 6.26brs | | H-13, H-14, H-17a | | + | |
| 18 | 33.27 | $CH_3$ | 1.29s | | | | + | 1.12(H-19), 1.38(H-3), 1.46(H-5) |
| 19 | 22.13 | $CH_3$ | 1.12s | | | H-20a | + | 1.29(H-18), 1.38(H-3), 1.46(H-5) |
| 20a | 63.93 | $CH_2$ | 4.39d | 10.0 | H-20b | H-14, H-19, OH-1 | + | 1.46(H-5), 3.62(H-1) |
| 20b | | | 4.77d | 10.0 | H-20a | H-11b, H-12b, H-14, OH-1 | + | |
| OH-1 | | | 5.93d | 4.4 | H-1 | H-20a, H-20b | | |
| OH-6 | | | 6.91d | 10.6 | H-6 | | | |
| OH-7 | | | 9.16s | | | | | |
| OH-14 | | | 7.38brs | | H-14 | | | |

① 本实验室数据。

## 例 2-55　lasiodonin acetonide 的 NMR 数据解析[101-104]

lasiodonin acetonide(**2-78**)是冬凌草中发现的对映-贝壳杉烷类贝壳杉烯型二萜化合物与丙酮的缩合物。

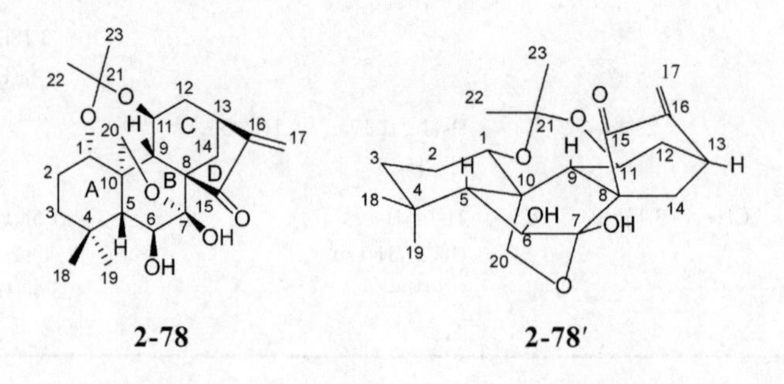

**2-78**　　　　**2-78′**

lasiodonin acetonide 的 $^{13}$C NMR 显示 23 条碳峰，表明其含有 23 个碳。DEPT 显示，4 个伯碳：$\delta_C$ 22.6、24.4、24.7、33.0；6 个仲碳：$\delta_C$ 26.6、26.8、37.0、40.0、64.5、117.5；6 个叔碳：$\delta_C$ 34.9、54.4、60.3、63.6、73.7、74.4；7 个季碳：$\delta_C$ 33.9、40.3、59.5、96.1、101.1、153.3、209.2。

HSQC 指出，$\delta_C$ 64.5(仲碳)与 $\delta_H$ 4.35(1H, d, $J$ =10.4Hz)、4.49(1H, d, $J$ =10.4Hz)相关；H-H COSY 指出，$\delta_H$ 4.35 与 $\delta_H$ 4.49 相关；根据这些碳氢化学位移、偶合常数以及二维相关数据，可以确定 $\delta_C$ 64.5 归属 C-20，$\delta_H$ 4.35、4.49 分别归属 H-20a、H-20b。

HMBC 指出，$\delta_C$ 64.5(C-20)与 $\delta_H$ 3.72(1H, dd, $J$ =4.8, 12.4Hz)相关，表明 $\delta_H$ 3.72 归属 H-1。H-H COSY 指出，$\delta_H$ 3.72(H-1)与 $\delta_H$ 1.48(1H, ddt, $J$ =4.8Hz、12.4Hz、3.2Hz、3.2Hz)、1.71(1H, dq, $J$ =3.2Hz、12.4Hz、12.4Hz、12.4Hz)相关，$\delta_H$ 1.48 与 $\delta_H$ 1.31(1H, dt, $J$ =3.2Hz、12.4Hz、12.4Hz)、1.41(1H, dt, $J$ =12.4Hz、3.2Hz、3.2Hz)相关，$\delta_H$ 1.71 与 $\delta_H$ 1.31、1.41 相关，$\delta_H$ 1.48 与 $\delta_H$ 1.71 相关，$\delta_H$ 1.31 与 $\delta_H$ 1.41 相关；HSQC 指出，$\delta_C$ 73.7(叔碳)与 $\delta_H$ 3.72(H-1)相关，$\delta_C$ 26.6(仲碳)与 $\delta_H$ 1.48、1.71 相关，$\delta_C$ 40.0(仲碳)与 $\delta_H$ 1.31、1.41 相关；根据这些碳、氢化学位移和氢偶合分裂情况以及二维相关数据，$\delta_H$ 1.48、1.71 属同碳上的 2 个氢，分别归属 H-2a、H-2b，$\delta_H$ 1.31、1.41 属同碳上的 2 个氢，分别归属 H-3a、H-3b，$\delta_C$ 73.7 归属 C-1，$\delta_C$ 26.6、40.0 分别归属 C-2、C-3。

根据氢化学位移规律和偶合分裂情况，$\delta_H$ 1.06(3H, s)、1.21(3H, s)应归属 H-18、H-19，参照例 2-54, $\delta_H$ 1.06、1.21 分别归属 H-19、H-18。HSQC 指出，$\delta_C$ 33.0(伯碳)与 $\delta_H$ 1.21(H-18)、$\delta_C$ 22.6(伯碳)与 $\delta_H$ 1.06(H-19)相关，表明 $\delta_C$ 33.0、22.6 分别归属 C-18、C-19。HMBC 指出，$\delta_C$ 33.9(季碳)与 $\delta_H$ 1.06(H-19)、1.21(H-18)、1.40(1H, d, $J$ =6.0Hz)、4.22(1H, dd, $J$ =6.0Hz、10.4Hz)相关，加之 $\delta_H$ 1.40 与 $\delta_H$ 4.22、$\delta_H$ 4.22 与 $\delta_H$ 6.91(1H, d, $J$ = 10.4Hz, 活泼氢)H-H COSY 相关，表明 $\delta_C$ 33.9 归属 C-4，$\delta_H$ 1.40、4.22 分别归属 H-5、H-6，$\delta_H$ 6.91 归属 OH-6。HSQC 指出，$\delta_C$ 60.3(叔碳)与 $\delta_H$ 1.40(H-5)、$\delta_C$ 74.4(叔碳)与 $\delta_H$ 4.22(H-6)相关，表明 $\delta_C$ 60.3、74.4 分别归属 C-5、C-6。

根据碳、氢化学位移规律和氢偶合分裂情况，$\delta_C$ 209.2(季碳)归属 C-15, $\delta_H$ 5.34(1H, brs)、6.01(1H, brs)分别归属 H-17a, H-17b。$\delta_H$ 5.34 与 $\delta_H$ 6.01 H-H COSY 相关，$\delta_C$ 117.5(仲碳)与 $\delta_H$ 5.34、6.01 HSQC 相关，进一步证明 $\delta_H$ 5.34、6.01 归属的正确性，同时表明 $\delta_C$ 117.5 归属 C-17。

HMBC 指出，$\delta_C$ 209.2(C-15)与 $\delta_H$ 2.39(1H, dd, $J$ =4.4Hz、12.4Hz)、2.47(1H, brd, $J$ =12.4Hz)相关，加之 $\delta_C$ 26.8(仲碳)/$\delta_H$ 2.39、2.47HSQC 相关，表明 $\delta_H$ 2.39、2.47 属同碳 2 个氢，分别归属 H-14a、H-14b，$\delta_C$ 26.8 归属 C-14；$\delta_C$ 209.2(C-15)与 $\delta_H$ 1.51(1H, d, $J$ =10.0Hz)、3.05(1H, brdd, $J$ =10.0, 4.4Hz)相关，表明 $\delta_H$ 1.51、3.05 应归属 H-9 和 H-13，需进一步归属区分。H-H COSY 指出，$\delta_H$ 2.39(H-14a)与 $\delta_H$ 3.05、$\delta_H$ 2.47(H-14b)与 $\delta_H$ 3.05 相

关，表明 $\delta_H$ 3.05 归属 H-13，当然 $\delta_H$ 1.51 归属 H-9。HSQC 指出，$\delta_C$ 34.9(叔碳)与 $\delta_H$ 3.05 (H-13)、$\delta_C$ 54.4(叔碳)与 $\delta_H$ 1.51（H-9）相关，表明 $\delta_C$ 34.9、54.4 分别归属 C-13、C-9。

H-H COSY 指出，$\delta_H$ 1.51(H-9)与 $\delta_H$ 4.59(1H, q, $J$ =10.0Hz、10.0Hz、10.0Hz) 相关，表明 $\delta_H$ 4.59 归属 H-11；$\delta_H$ 3.05(H-13)与 $\delta_H$ 1.56(1H, dd, $J$ =10.0Hz、12.4Hz)、$\delta_H$ 3.05(H-13)与 $\delta_H$ 2.54(1H, dt, $J$ =12.4Hz、10.0Hz、10.0Hz)相关，表明 $\delta_H$ 1.56、2.54 分别归属 H-12a、H-12b。HSQC 指出，$\delta_C$ 63.6(叔碳)与 $\delta_H$ 4.59(H-11)、$\delta_C$ 37.0(仲碳)与 $\delta_H$ 1.56(H-12a)、2.54(H-12b)相关，表明 $\delta_C$ 63.6、37.0 分别归属 C-11、C-12。

根据碳化学位移规律，$\delta_C$ 96.1(季碳)归属 C-7，$\delta_C$ 101.1(季碳)归属 C-21，$\delta_C$ 153.3(季碳)归属 C-16；$\delta_C$ 59.5(季碳)、$\delta_C$ 40.3(季碳)应归属 C-8、C-10，其归属区分可进一步通过 HMBC 进行。HMBC 指出，$\delta_C$ 59.5 与 $\delta_H$ 2.47(H-14b)相关，$\delta_C$ 40.3 与 $\delta_H$ 1.40(H-5)、1.51(H-9)、4.49(H-20b)相关，表明 $\delta_C$ 59.5 归属 C-8，$\delta_C$ 40.3 归属 C-10。

HMBC 指出，$\delta_C$ 101.1(C-21)与 $\delta_H$ 1.35(3H, s)、1.36(3H, s)相关，表明 $\delta_H$ 1.35、1.36 归属 H-22、H-23(无法区分)；HSQC 指出，$\delta_C$ 24.4(伯碳)与 $\delta_H$ 1.36、$\delta_C$ 24.7(伯碳)与 $\delta_H$ 1.35 相关，表明 $\delta_C$ 24.4、24.7 归属 C-22 和 C-23(无法区分)。

HMBC 指出，$\delta_C$ 101.1(C-21)与 $\delta_H$ 3.72(H-1)、4.59(H-11)相关，表明 lasiodonin acetonide 中的丙酮缩合在 C-1 和 C-11 连氧碳上。

lasiodonin acetonide 与 lasiodonin(**2-79**)[102]相比，多了 3 条碳峰信号($\delta_C$ 24.4、24.7、101.1)，即 2 个甲基碳和 1 个季碳，其他信号非常相似，进一步证明 lasiodonin acetonide 是 lasiodonin 与丙酮的缩合物。进一步分析：C-2($\delta_C$ 26.6→28.6)、C-9($\delta_C$ 54.4→57.8)、C-10($\delta_C$ 40.3→42.9)、C-12($\delta_C$ 37.0→39.9)，这 4 个碳的高场位移是由于 lasiodonin acetonide 的 $\gamma$ 效应引起的。

lasiodonin acetonide 与 wikstroempoidin B(**2-80**)[103]相比，因 wikstroempoidin B 的 C-15 不是羰基，其 H-6($\delta_H$ 4.23d)不显示与 OH-6 的偶合，仅仅显示与 H-5 的偶合($J$ = 5.0Hz)；与 rabdocoetsin A(**2-81**)[104]相比，lasiodonin acetonide 的 C-15 羰基化学位移明显向低场位移($\delta_C$ 209.2→205.4)；上述数据进一步证明 lasiodonin acetonide C-15 羰基与 OH-6 形成分子内氢键的事实。

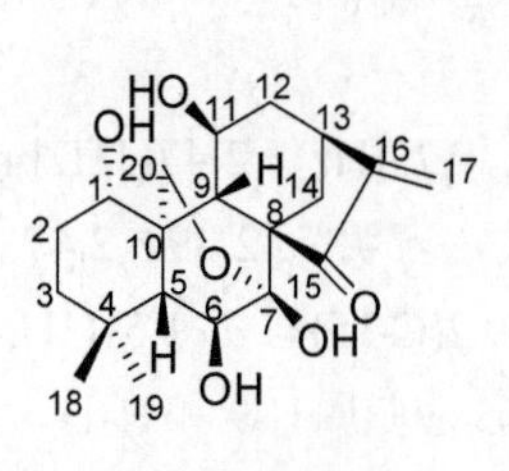

**2-79**(lasiodonin)

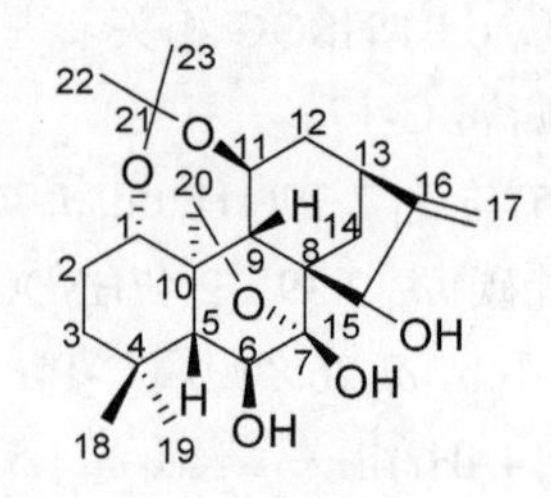

**2-80**(wikstroempoidin B)

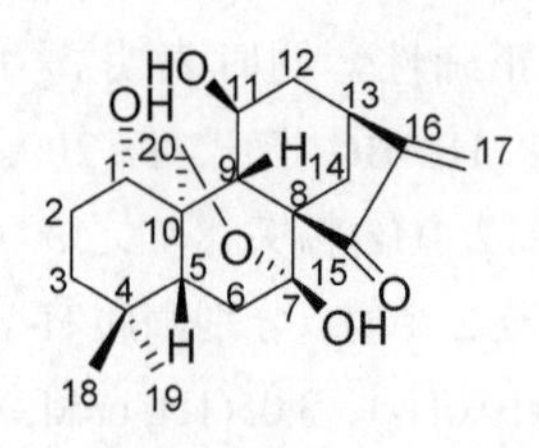

**2-81**(rabdocoetsin A)

lasiodonin acetonide 的相对立体构型与例 2-54 中的冬凌草甲素相似，其构象式如 **2-78′**，与下面 $^1$H NMR 数据是一致的：$\delta_H$ 3.05(1H, brdd, $J$ =10.0Hz、4.4Hz, H-13)分裂为四重峰，H-13 具有 4 个邻位质子(H-12a, H-12b, H-14a, H-14b)，但其偶合仅显示 2 种，表明 H-13 为 $\alpha$-取向，观察 Dreiding 模型，H-13($\alpha$)与 H-12a($\beta$, $\delta_H$ 1.56)、H-14b($\alpha$, $\delta_H$ 2.47)之间的双面夹角接近 90°，它们之间的偶合常数接近零；$\delta_H$ 4.59(1H, q, $J$ =10.0Hz、10.0Hz、10.0Hz, H-11)分裂为等距四重峰，表明 H-11 为 $\alpha$-取向，H-9 为 $\beta$-取向，观察 Dreiding 模型，H-11($\alpha$)与 H-9($\beta$, $\delta_H$ 1.51)、H-12a($\beta$, $\delta_H$ 1.56)之间的双面夹角接近 180°，H-11($\alpha$)与 H-12b($\alpha$, $\delta_H$ 2.54)之间的双面夹角接近 0°，因此，H-11($\alpha$)与 H-9($\beta$)、H-12a($\beta$)、H-12b($\alpha$)之间的偶合常数均较大，近似 10.0Hz，H-11($\alpha$)显示分裂等距四重峰；$\delta_H$ 4.22(1H, dd, $J$ =6.0Hz、10.4Hz, H-6)分裂为四重峰，表明 H-5 为 $\beta$-取向，H-6 为 $\alpha$-取向，观察 Dreiding 模型，H-5($\beta$)与 H-6($\alpha$)之间的双面夹角在 120°左右，因此，H-5 与 H-6 之间的偶合常数为 6.0Hz，H-6 的另一偶合常数 10.4Hz 为其与 OH-6 之间的偶合；$\delta_H$ 3.72(1H, dd, $J$ =4.8Hz、12.4Hz, H-1)分裂为四重峰，表明 H-1 为直立氢 $\beta$-取向，H-2a 为平伏氢 $\beta$-取向，H-2b 为直立氢 $\alpha$-取向，观察 Dreiding 模型，H-1 与 $\delta_H$ 1.48(1H, ddt, $J$ = 4.8Hz、12.4Hz、3.2Hz、3.2Hz, H-2a)双面夹角在 60°左右，因此，H-1 与 H-2a 之间的偶合常数为 4.8Hz，H-1 与 $\delta_H$ 1.71(1H, dq, $J$ = 3.2Hz、12.4Hz、12.4Hz、12.4Hz, H-2b)的双面夹角 180°左右，因此，H-1 与 H-2b 直立氢之间的偶合常数为 12.4Hz；$\delta_H$ 1.31(1H, dt, $J$ =3.2Hz、12.4Hz、12.4Hz, H-3a)、1.41(1H, dt, $J$ =12.4Hz、3.2Hz、3.2Hz, H-3b)均分裂为六重峰，表明 H-3a 为直立氢 $\beta$-取向，H-3b 为平伏氢 $\alpha$-取向，观察 Dreiding 模型，H-3a 与 H-2a 为小偶合，与 H-2b、H-3b 为大偶合，H-3b 与 H-3a 为大偶合，与 H-2a、H-2b 为小偶合。

综上，lasiodonin acetonide 的环 A 与环 B 反式连接、环 B 与环 C 顺式连接、环 C 与环 D 顺式连接；环 A 为椅式构象，环 B、环 C 为船式构象。

lasiodonin acetonide 的 NMR 详细解析数据见表 2-87。

表 2-87 lasiodonin acetonide 的 NMR 数据($C_5D_5N$, 400MHz/H)

| 编号 | $\delta_C$ | DEPT | $\delta_H$ | $J$/Hz | H-H COSY | HSQC | HMBC($\delta_H$) |
|---|---|---|---|---|---|---|---|
| 1 | 73.7 | CH | 3.72dd | 4.8, 12.4 | H-2a, H-2b | + | 1.41(H-3b) |
| 2a($\beta$) | 26.6 | $CH_2$ | 1.48ddt | 4.8, 12.4, 3.2, 3.2 | H-1, H-2b H-3a, H-3b | + | |
| 2b($\alpha$) | | | 1.71dq | 3.2, 12.4, 12.4, 12.4 | H-3b, H-1, H-2a, H-3a | + | |
| 3a($\beta$) | 40.0 | $CH_2$ | 1.31dt | 3.2, 12.4, 12.4 | H-2a, H-2b, H-3b | + | 1.06(H-19), 1.21(H-18), 1.40(H-5), 1.48(H-2a) |
| 3b($\alpha$) | | | 1.41dt | 12.4, 3.2, 3.2 | H-3a, H-2a, H-2b | + | |

续表

| 编号 | $\delta_C$ | DEPT | $\delta_H$ | J/Hz | H-H COSY | HSQC | HMBC($\delta_H$) |
|---|---|---|---|---|---|---|---|
| 4 | 33.9 | C | | | | | 1.06(H-19), 1.21(H-18), 1.40(H-5), 4.22(H-6) |
| 5 | 60.3 | CH | 1.40d | 6.0 | H-6 | + | 1.06(H-19), 1.21(H-18), 4.49(H-20b) |
| 6 | 74.4 | CH | 4.22dd | 6.0, 10.4 | H-5, OH-6 | + | 1.40(H-5), 6.91(OH-6) |
| 7 | 96.1 | C | | | | | 4.26(H-6), 4.35(H-20a) |
| 8 | 59.5 | C | | | | | 2.47(H-14b) |
| 9 | 54.4 | CH | 1.51d | 10.0 | H-11 | + | 1.40(H-5), 2.47(H-14b), 2.54(H-12b), 4.35(H-20a) |
| 10 | 40.3 | C | | | | | 1.40(H-5), 1.51(H-9), 4.49(H-20b) |
| 11 | 63.6 | CH | 4.59q | 10.0, 10.0, 10.0 | H-9, H-12a, H-12b | + | 1.51(H-9), 1.56(H-12a), 2.54(H-12b) |
| 12a(β) | 37.0 | $CH_2$ | 1.56dd | 10.0, 12.4 | H-11, H-12b | + | 2.39(H-14a), 4.59(H-11) |
| 12b(α) | | | 2.54dt | 12.4, 10.0, 10.0 | H-12a, H-11, H-13 | + | |
| 13 | 34.9 | CH | 3.05brdd | 10.0, 4.4 | H-14b, H-12b, H-14a | + | 5.34(H-17a), 6.01(H-17b) |
| 14a(β) | 26.8 | $CH_2$ | 2.39dd | 4.4, 12.4 | H-13, H-14b | + | |
| 14b(α) | | | 2.47brd | 12.4 | H-13, H-14a | + | |
| 15 | 209.2 | C | | | | | 1.51(H-9), 2.39(H-14a), 2.47(H-14b), 3.05(H-13), 5.34(H-17a), 6.01(H-17b) |
| 16 | 153.3 | C | | | | | 1.56(H-12a), 2.39(H-14a), 2.47(H-14b), 2.54(H-12b), 6.01(H-17b) |
| 17a | 117.5 | $CH_2$ | 5.34brs | | H-17b | + | |
| 17b | | | 6.01brs | | H-17a | + | |
| 18 | 33.0 | $CH_3$ | 1.21s | | | + | 1.06(H-19) |
| 19 | 22.6 | $CH_3$ | 1.06s | | | + | 1.21(H-18), 1.31(H-3a), 1.40(H-5), 1.41(H-3b) |
| 20a | 64.5 | $CH_2$ | 4.35d | 10.4 | H-20b | + | 1.40(H-5), 3.72(H-1) |
| 20b | | | 4.49d | 10.4 | H-20a | + | |
| 21 | 101.1 | C | | | | | 1.35, 1.36(H-22, 23), 3.72(H-1), 4.59(H-11) |
| 22 | 24.4* | $CH_3$ | 1.36**s | | | + | |
| 23 | 24.7* | $CH_3$ | 1.35**s | | | + | |
| OH-6 | | | 6.91d | 10.4 | H-6 | | |
| OH-7 | | | 8.93br | | | | |

*，** 相同标记的归属可互换。

**例 2-56**　jianshirubesin A 的 NMR 数据解析[105]

jianshirubesin A(**2-82**)是冬凌草中发现的对映-6,7-断裂-贝壳杉烷型(ent-6,7-seco-kaurane type)中的延命素型(enmein-type)二萜类化合物，其结构形成了 1 个新颖的 3,6:6,20-二环氧分子，并形成罕见的 A 环船式构象。

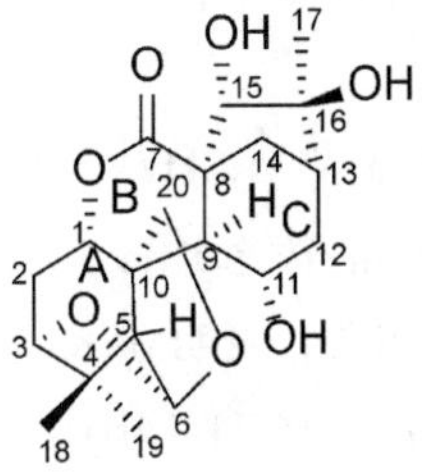

**2-82** 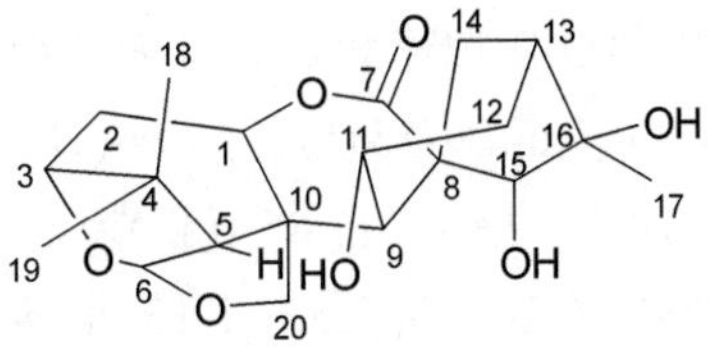　　**2-82′**

jianshirubesin A 的 $^{13}$C NMR 显示 20 条碳峰，表明其含有 20 个碳。DEPT 显示，3 个伯碳：$\delta_C$ 21.8、23.8、29.5；4 个仲碳：$\delta_C$ 34.0、36.3、36.8、75.8；8 个叔碳：$\delta_C$ 46.5、47.4、54.0、65.3、71.5、82.6、85.1、110.5；5 个季碳：$\delta_C$ 43.6、51.9、56.7、81.6、176.7。

HSQC 指出，$\delta_C$ 75.8(仲碳)与 $\delta_H$ 4.74(2H, brs)，结合碳、氢化学位移规律，表明 $\delta_H$ 4.74 归属 H-20, $\delta_C$ 75.8 归属 C-20。

HMBC 指出，$\delta_C$ 75.8(C-20)与 $\delta_H$ 5.46(1H, t, $J$ =8.4Hz、8.4Hz)、6.00(1H, d, $J$ = 3.5Hz)相关，加之 $\delta_C$ 71.5(叔碳)与 $\delta_H$ 5.46、$\delta_C$ 110.5(叔碳)与 $\delta_H$ 6.00 HSQC 相关，结合氢化学位移规律和偶合分裂情况，表明 $\delta_H$ 5.46 归属 H-1, $\delta_H$ 6.00 归属 H-6，$\delta_C$ 71.5、110.5 分别归属 C-1、C-6。

H-H COSY 指出，$\delta_H$ 5.46(H-1)与 $\delta_H$ 2.29(1H, dd, $J$ =8.4Hz、14.9Hz)、2.60(1H, m)相关，$\delta_H$ 2.29 与 $\delta_H$ 2.60 相关，加之 $\delta_C$ 36.3(仲碳)与 $\delta_H$ 2.29、2.60 HSQC 相关，表明 $\delta_H$ 2.29 和 2.60 为同碳上的 2 个氢，$\delta_H$ 2.29、2.60 分别归属 H-2a、H-2b，$\delta_C$ 36.3 归属 C-2；$\delta_H$ 2.60(H-2b)与 $\delta_H$ 3.92(1H, d, $J$ =4.5Hz)相关，结合碳、氢化学位移规律和 $\delta_C$ 82.6(叔碳)与 $\delta_H$ 3.92 HSQC 相关，表明 $\delta_H$ 3.92 归属 H-3, $\delta_C$ 82.6 归属 C-3；$\delta_H$ 6.00(H-6)与 $\delta_H$ 4.17(1H, d, $J$ =3.5Hz)相关，加之 $\delta_C$ 54.0(叔碳)与 $\delta_H$ 4.17 HSQC 相关，表明 $\delta_H$ 4.17 归属 H-5，$\delta_C$ 54.0 归属 C-5。

HMBC 指出，$\delta_C$ 75.8(C-20)与 $\delta_H$ 3.29(1H, d, $J$ =10.8Hz)相关，加之 $\delta_C$ 46.5(叔碳)/$\delta_H$ 3.29 HSQC 相关，表明 $\delta_H$ 3.29 归属 H-9，$\delta_C$ 46.5 归属 C-9。H-H COSY 指出，$\delta_H$ 3.29(H-9)与 $\delta_H$ 4.56(1H, m)相关，加之 $\delta_C$ 65.3(叔碳)与 $\delta_H$ 4.56 HSQC 相关，表明 $\delta_H$ 4.56 归属 H-11，$\delta_C$ 65.3 归属 C-11；$\delta_H$ 4.56(H-11)与 $\delta_H$ 2.13(1H, dd, $J$ =8.5Hz、14.3Hz)、2.66(1H, m)、6.42(1H, d, $J$ =5.9Hz, 活泼氢)相关，$\delta_H$ 2.13 与 $\delta_H$ 2.66 相

关，加之 $\delta_C$ 36.8(仲碳)与 $\delta_H$ 2.13、2.66 HSQC 相关，表明 $\delta_H$ 2.13 和 2.66 为同碳上 2 个氢，$\delta_H$ 2.13、2.66 分别归属 H-12a、H-12b，$\delta_C$ 36.8 归属 C-12，$\delta_H$ 6.42 归属 OH-11；$\delta_H$ 2.66(H-12b)与 $\delta_H$ 2.53(1H, m)相关，加之 $\delta_C$ 47.4(叔碳)与 $\delta_H$ 2.53 HSQC 相关，表明 $\delta_H$ 2.53 归属 H-13，$\delta_C$ 47.4 归属 C-13；$\delta_H$ 2.53(H-13)与 $\delta_H$ 2.46(1H, dd, $J$ =4.5Hz、11.7Hz)相关，$\delta_H$ 2.46 与 $\delta_H$ 2.32(1H, d, $J$ =11.7Hz)相关，加之 $\delta_C$ 34.0(仲碳)与 $\delta_H$ 2.32、2.46 HSQC 相关，表明 $\delta_H$ 2.32、2.46 为同碳上的 2 个氢，$\delta_H$ 2.32、2.46 分别归属 H-14a、H-14b，$\delta_C$ 34.0 归属 C-14。

根据氢化学位移规律和偶合分裂情况，$\delta_H$ 5.64(1H, d, $J$ =5.3Hz)归属 H-15。H-H COSY 指出，$\delta_H$ 5.64(H-15)与 $\delta_H$ 7.90(1H, d, $J$ = 5.3Hz, 活泼氢)相关，表明 $\delta_H$ 7.90 归属 OH-15。HSQC 指出，$\delta_C$ 85.1(叔碳)与 $\delta_H$ 5.64(H-15)相关，表明 $\delta_C$ 85.1 归属 C-15。

H-H COSY 指出，$\delta_H$ 2.53(H-13)与 $\delta_H$ 2.66(H-12b)、2.46(H-14b)相关，而 H-13 与 H-12a、H-14a 偶合接近零，观察 Dreiding 模型，只有 C 环为船式构象、H-13 为 $\beta$-取向时，符合这种情况。因此，H-12a、H-14a 为 $\alpha$-取向，H-12b、H-14b 为 $\beta$-取向。

ROESY 指出，$\delta_H$ 5.46(H-1)与 $\delta_H$ 4.17(H-5)相关，$\delta_H$ 4.74(H-20)与 $\delta_H$ 3.29(H-9)相关，表明 H-1 和 H-5 在 jianshirubesin A 构成 A、B、C 大环环平面的一侧，为 $\beta$-取向，H-20 和 H-9 在其环平面的另一侧，为 $\alpha$-取向，即 jianshirubesin A 的 A 环和 B 环反式连接；$\delta_H$ 5.46(H-1)与 $\delta_H$ 1.42(3H, s)相关，$\delta_H$ 2.13(H-12a)与 $\delta_H$ 1.75(3H, s)相关，结合氢化学位移规律和偶合分裂情况，得到 $\delta_H$ 1.42 归属 H-18, $\delta_H$ 1.75 归属 H-17，当然 $\delta_H$ 1.14(3H, s)归属 H-19。HSQC 指出，$\delta_C$ 21.8(伯碳)/$\delta_H$ 1.42(H-18)、$\delta_C$ 29.5(伯碳)与 $\delta_H$ 1.14(H-19)、$\delta_C$ 23.8(伯碳)与 $\delta_H$ 1.75(H-17)相关，表明 $\delta_C$ 21.8、29.5、23.8 分别归属 C-18、C-19、C-17。

ROESY 指出，$\delta_H$ 2.13(H-12a)与 $\delta_H$ 1.75(H-17)相关，表明 H-12a、H-17 均为 $\alpha$-取向；$\delta_H$ 4.56(H-11)与 $\delta_H$ 2.46(H-14b)相关，表明 H-11 为 $\beta$-取向；$\delta_H$ 5.64(H-15)与 $\delta_H$ 2.32(H-14a)相关，表明 H-15$\alpha$-取向。相对于 C 环，H-15 和 H-9 均为 $\alpha$-取向，因此，B 环和 C 环顺式连接。

ROESY 指出，$\delta_H$ 3.92(H-3)与 $\delta_H$ 5.46(H-1)相关，表明 H-3 为 $\beta$-取向。H-H COSY 指出，$\delta_H$ 3.92(H-3)与 $\delta_H$ 2.60(H-2b)相关，而 H-3 与 H-2a 偶合接近零，观察 Dreiding 模型，只有 A 环船式构象时符合这种情况。因此，H-2a 为 $\alpha$-取向，H-2b 为 $\beta$-取向。

综上，jianshirubesin A 的构象式为 **2-82′**。

至此，jianshirubesin A 还有 5 个季碳没有归属。根据碳化学位移规律，$\delta_C$ 81.6 归属 C-16，$\delta_C$ 176.7 归属 C-7。C-4、C-8、C-10 的归属可以通过 HMBC 进行归属区分，由于原始文献没有给出相关数据，可以从 $\alpha$-诱导和 $\beta$-诱导效应进行归属区分。C-8有1个$\alpha$-酯羰基、C-10有2个$\beta$-氧原子、C-4有1个$\beta$-氧原子，因此，$\delta_C$ 56.7、51.9、43.6依次分别归属C-8、C-10、C-4。

jianshirubesin A的NMR详细解析数据见表2-88。

表2-88　jianshirubesin A的NMR数据($C_5D_5N$, 600 MHz/H, 125 MHz/C)

| 编号 | $\delta_C$ | DEPT | $\delta_H$ | $J$/Hz | H-H COSY | ROESY | HSQC | HMBC($\delta_H$) |
|---|---|---|---|---|---|---|---|---|
| 1 | 71.5 | CH | 5.46t | 8.4, 8.4 | H-2a, H-2b | H-3, H-5, H-18 | + | |
| 2a($\alpha$) | 36.3 | $CH_2$ | 2.29dd | 8.4, 14.9 | H-1, H-2b | | + | |
| 2b($\beta$) | | | 2.60m | | H-1, H-2a, H-3 | | + | |
| 3 | 82.6 | CH | 3.92d | 4.5 | H-2b | H-1 | + | 1.42(H-18), 5.46(H-1), 6.00(H-6) |
| 4 | 43.6 | C | | | | | | |
| 5 | 54.0 | CH | 4.17d | 3.5 | H-6 | H-1 | + | 5.46(H-1) |
| 6 | 110.5 | CH | 6.00d | 3.5 | H-5 | H-19 | + | |
| 7 | 176.7 | C | | | | | | 5.64(H-15) |
| 8 | 56.7 | C | | | | | | |
| 9 | 46.5 | CH | 3.29d | 10.8 | H-11 | H-20 | + | 5.64(H-15) |
| 10 | 51.9 | C | | | | | | |
| 11 | 65.3 | CH | 4.56m | | H-9, H-12a, H-12b, OH-11 | H-14b | + | |
| 12a($\alpha$) | 36.8 | $CH_2$ | 2.13dd | 8.5, 14.3 | H-11, H-12b | H-17 | + | |
| 12b($\beta$) | | | 2.66m | | H-11, H-12a, H-13 | | + | |
| 13 | 47.4 | CH | 2.53m | | H-12b, H-14b | | + | 1.75(H-17) |
| 14a($\alpha$) | 34.0 | $CH_2$ | 2.32d | 11.7 | H-14b | H-15 | + | 3.29(H-9), 5.64(H-15) |
| 14b($\beta$) | | | 2.46dd | 4.5, 11.7 | H-13, H-14a | H-11 | + | |
| 15 | 85.1 | CH | 5.64d | 5.3 | OH-15 | H-14a | + | 1.75(H-17) |
| 16 | 81.6 | C | | | | | | 2.32(H-14a), 2.46(H-14b) |
| 17 | 23.8 | $CH_3$ | 1.75s | | | H-12a | + | |
| 18 | 21.8 | $CH_3$ | 1.42s | | | H-1 | + | |
| 19 | 29.5 | $CH_3$ | 1.14s | | | H-6 | + | |
| 20 | 75.8 | $CH_2$ | 4.74①brs | | | H-9 | + | 3.29(H-9), 5.46(H-1), 6.00(H-6) |
| OH-11 | | | 6.42d | 5.9 | H-11 | | | |
| OH-15 | | | 7.90d | 5.3 | H-15 | | | |
| OH-16 | | | 6.37br | | | | + | |

① AB系统，几乎重叠。

**例 2-57** 7,9-dideacetyltaxayuntin 的 NMR 数据解析[106,107]

云南红豆杉(*Taxus yunnanensis*)是我国特有红豆杉科(Taxaceae)红豆杉属(*Taxus*)植物品种之一，主要分布于云南、四川和西藏，其树皮的乙醇提取物有明显的抗肿瘤活性。7,9-dideacetyltaxayuntin(**2-83**)是从其中分离的一个 5/7/6 型紫杉烷二萜。

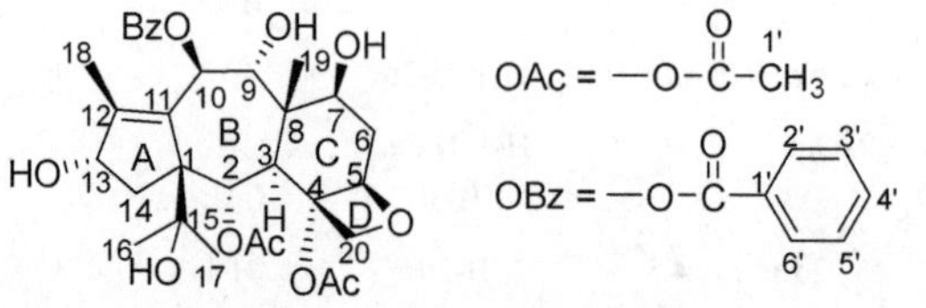

**2-83**

7,9-dideacetyltaxayuntin 的 $^{13}$C NMR 显示 28 条碳峰，其中 $\delta_C$ 11.87×2、128.70×2、129.50×2 各为 2 个碳，因此，该化合物含有 31 个碳。DEPT 显示，6 个伯碳：$\delta_C$ 11.87×2、21.69、22.00、25.90、27.79；3 个仲碳：$\delta_C$ 37.92、39.71、74.92；12 个叔碳：$\delta_C$ 44.19、68.17、71.56、72.69、77.66、78.38、85.06、128.70×2、129.50×2、133.40；10 个季碳：43.01、66.76、76.03、80.33、129.60、135.11、150.00、165.26、170.70、171.20。

根据碳化学物位移规律，$\delta_C$ 170.70(季碳)、21.69(伯碳)和 171.20(季碳)、22.00(伯碳)分别归属为 2 个乙酰氧基碳；$\delta_C$ 165.26(季碳)、129.60(季碳)、129.50×2(叔碳)、128.70×2(叔碳)、133.40(叔碳)归属为一个苯甲酰氧基碳。根据氢化学位移规律和偶合分裂情况，$\delta_H$ 2.01(3H, s)、2.15(3H, s)分别归属为 2 个乙酰氧基的甲基氢；$\delta_H$ 7.93(2H, m)、7.45(2H, m)、7.57(1H, m)分别归属为苯甲酰氧基的 OBz-2′,6′、OBz-3′,5′、OBz-4′。需要指出的是 $\delta_C$ 21.69 和 22.00、$\delta_H$ 2.01 和 2.15 归属区分可通过 HMBC、HMQC 进行，但是原始文献阐述不全。

H-H COSY 指出，$\delta_H$ 6.41(1H, d, $J$ = 10.5Hz)与 $\delta_H$ 4.58(1H, dd, $J$ = 10.5Hz、7.7Hz)相关，$\delta_H$ 4.58 与 $\delta_H$ 4.18(1H, d, $J$ = 7.7Hz, 活泼氢)相关，表明 $\delta_H$ 6.41、4.58、4.18 分别归属 H-10、H-9、OH-9，由于 H-10 与 H-9 之间偶合常数(10.5Hz)较大，是典型的 H-10($\alpha$)与 H-9($\beta$)之间的偶合[107]；$\delta_H$ 2.92(1H, brd, $J$ = 7.7Hz)与 5.94(1H, d, $J$ = 7.7Hz)、1.84(3H, brs)相关，表明 $\delta_H$ 2.92、5.94、1.84 分别归属 H-3、H-2、H-19，由于 H-3 与 H-2 之间的偶合常数(7.7Hz)较小，是典型的 H-3($\alpha$)与 H-2($\alpha$)之间的偶合[107]。根据 HMQC，可以确定 $\delta_C$ 71.56(叔碳)、78.38(叔碳)、44.19(叔碳)、68.17(叔碳)、11.87(伯碳)分别归属为 C-10、C-9、C-3、C-2、C-19。

HMBC 指出，$\delta_C$ 165.26(季碳)与 $\delta_H$ 6.41(H-10)、$\delta_C$ 170.70(季碳)与 $\delta_H$ 5.94(H-2)相关，表明 $\delta_C$ 165.26(苯甲酰氧酯羰基)连在 C-10 位，$\delta_C$ 170.70(乙酰氧酯羰基)连在 C-2 位，当然，$\delta_C$ 171.20(季碳，乙酰氧酯羰基)归属连在 C-4 位的乙酰氧酯羰基。

HMQC 指出，$\delta_C$ 74.92(仲碳)与 $\delta_H$ 4.41(2H, brd, $J$ = 7.9Hz)、4.50(2H, brd, $J$ = 7.9Hz)相关，加之 $\delta_H$ 4.41 与 $\delta_H$ 4.50 H-H COSY 相关，结合碳、氢化学位移规律和氢偶合分裂情况，表明 $\delta_C$ 74.92 归属 C-20, $\delta_H$ 4.41(其中 1 个氢)、$\delta_H$ 4.50(其中 1 个氢)分别归属 H-20a、H-20b。

H-H COSY 指出，$\delta_H$ 4.94(1H, brdd, $J$ = 7.9Hz、2.3Hz)与 1.75(1H, m)、2.61(1H, m)、4.41(H-20a)、4.50(H-20b)相关，$\delta_H$ 1.75 与 $\delta_H$ 2.61 相关，加之 $\delta_C$ 85.06(叔碳)与 $\delta_H$ 4.94 以及 $\delta_C$ 37.92(仲碳)与 $\delta_H$ 1.75、2.61 HMQC 相关，表明 $\delta_H$ 4.94、1.75、2.61 分别归属 H-5、H-6a、H-6b，$\delta_C$ 85.06、37.92 分别归属 C-5、C-6；$\delta_H$ 1.75(H-6a)、2.61(H-6b)均与 $\delta_H$ 4.41(2H, m)相关，$\delta_H$ 4.41 与 $\delta_H$ 3.55(1H, d, $J$ = 7.5Hz, 活泼氢)相关，加之 $\delta_C$ 72.69(叔碳)与 $\delta_H$ 4.41 HMQC 相关，表明 $\delta_H$ 4.41(其中 1 个氢)、3.55 分别归属 H-7、OH-7，$\delta_C$ 72.69 归属 C-7。

H-H COSY 指出，$\delta_H$ 4.50(2H, brdt, $J$ = 7.5Hz、8.7Hz、8.7Hz)与 1.58(1H, m)、2.21(1H, m)、1.80(1H, d, $J$ = 7.5Hz, 活泼氢)、1.95(3H, brs)相关，$\delta_H$ 1.58 与 $\delta_H$ 2.21 相关，加之 $\delta_C$ 77.66(叔碳)与 $\delta_H$ 4.50 HMQC 相关，$\delta_C$ 39.71(仲碳)与 $\delta_H$ 1.58、2.21 HMQC 相关，$\delta_C$ 11.87(伯碳)与 $\delta_H$ 1.95 HMQC 相关，综合考虑，表明 $\delta_H$ 4.50(其中 1 个氢)、1.58、2.21、1.80、1.95 分别归属 H-13、H-14a、H-14b、OH-13、H-18, $\delta_C$ 77.66、39.71、11.87 分别归属 C-13、C-14、C-18。

根据氢化学位移规律和偶合分裂情况，$\delta_H$ 1.12(3H, s)、1.17(3H, s)归属 H-16、H-17，归属无法区分。HMQC 指出，$\delta_C$ 25.90(伯碳)与 $\delta_H$ 1.17、$\delta_C$ 27.79(伯碳)与 $\delta_H$ 1.12 相关，表明 $\delta_C$ 25.90、27.79 归属 C-16、C-17，归属无法区分。

HMBC 指出，$\delta_C$ 66.76(季碳)与 $\delta_H$ 1.12(H-16 或 H-17)、1.17(H-16 或 H-17)相关，$\delta_C$ 76.03(季碳)与 $\delta_H$ 1.12(H-16 或 H-17)、1.17(H-16 或 H-17)、2.76(1H, s, 活泼氢)、5.94 (H-2)相关，结合碳化学位移规律，表明 $\delta_C$ 66.76 归属 C-1，$\delta_C$ 76.03 归属 C-15，$\delta_H$ 2.76 归属 OH-15；$\delta_C$ 80.33(季碳)与 $\delta_H$ 4.41(H-20a)、4.50(H-20b)相关，表明 $\delta_C$ 80.33 归属 C-4；$\delta_C$ 135.11(季碳)与 $\delta_H$ 6.41(H-10)、$\delta_C$ 150.00(季碳)与 $\delta_H$ 6.41(H-10)相关，结合碳位移规律，表明 $\delta_C$ 135.11 归属 C-12, $\delta_C$ 150.00 归属 C-11。

根据碳化学位移规律，$\delta_C$ 43.01(季碳)归属 C-8。

$\delta_H$ 1.12(H-16 或 H-17)和 1.17(H-16 或 H-17)均与 $\delta_C$ 76.03(C-15)存在 HMBC 相关，而与 $\delta_C$ 150.00(C-11)不存在 HMBC 相关，表明 7,9-dideacetyltaxayuntin 属 5/7/6 型而不属于 6/8/6 型紫杉烷二萜(见例 2-58)。

7,9-dideacetyltaxayuntin 的 NMR 详细解析数据见表 2-89。

表 2-89　7,9-dideacetyltaxayuntin 的 NMR 数据($CDCl_3$, 400MHz/H)

| 编号 | $\delta_C$ | DEPT | $\delta_H$ | J/Hz | H-H COSY | HMQC | HMBC①($\delta_H$) |
|---|---|---|---|---|---|---|---|
| 1 | 66.76 | C | | | | | 1.12(H-17), 1.17(H-16) |
| 2 | 68.17 | CH | 5.94 d | 7.7 | H-3 | + | |
| 3 | 44.19 | CH | 2.92 brd | 7.7 | H-19, H-2 | + | |
| 4 | 80.33 | C | | | | | 4.41(H-20a), 4.50(H-20b) |
| 5 | 85.06 | CH | 4.94 brdd | 2.3, 7.9 | H-20a, H-20b, H-6a, H-6b | + | 4.41(H-20a), 4.50(H-20b) |
| 6a | 37.92 | $CH_2$ | 1.75 m | | H-5, H-6b, H-7 | + | |
| 6b | | | 2.61 m | | H-5, H-6a, H-7 | + | |
| 7 | 72.69 | CH | 4.41 m | | H-6a, H-6b, OH-7 | + | |
| 8 | 43.01 | C | | | | | |
| 9 | 78.38 | CH | 4.58 dd | 10.5, 7.7 | H-10, OH-9 | + | |
| 10 | 71.56 | CH | 6.41 d | 10.5 | H-9 | + | |
| 11 | 150.00 | C | | | | | 6.41(H-10) |
| 12 | 135.11 | C | | | | | 6.41(H-10) |
| 13 | 77.66 | CH | 4.50 brdt | 7.5, 8.7, 8.7 | H-18, OH-13, H-14a, H-14b | + | |
| 14a | 39.71 | $CH_2$ | 1.58 m | | H-13, H-14b | + | |
| 14b | | | 2.21 m | | H-13, H-14a | + | |
| 15 | 76.03 | C | | | | | 1.12(H-17), 1.17(H-16), 2.76(OH-15), 5.94(H-2) |
| 16 | 25.90* | $CH_3$ | 1.17** s | | | + | 1.12(H-17) |
| 17 | 27.79* | $CH_3$ | 1.12** s | | | + | 1.17(H-16) |
| 18 | 11.87 | $CH_3$ | 1.95 brs | | H-13 | + | |
| 19 | 11.87 | $CH_3$ | 1.84 brs | | H-3 | + | |
| 20a | 74.92 | $CH_2$ | 4.41 brd | 7.9 | H-5, H-20b | + | |
| 20b | | | 4.50 brd | 7.9 | H-5, H-20a | + | |
| OAc-2 | | | | | | | |
| C=O | 170.70 | C | | | | | 5.94(H-2) |
| 1′ | 21.69② | $CH_3$ | 2.01 s② | | | + | |
| OAc-4 | | | | | | | |
| C=O | 171.20 | C | | | | | |
| 1′ | 22.00② | $CH_3$ | 2.15 s② | | | + | |
| OBz | | | | | | | |
| C=O | 165.26 | C | | | | | 6.41(H-10) |

续表

| 编号 | $\delta_C$ | DEPT | $\delta_H$ | J/Hz | H-H COSY | HMQC | HMBC[①]($\delta_H$) |
|---|---|---|---|---|---|---|---|
| 1′ | 129.60 | C | | | | | |
| 2′, 6′ | 129.50 | CH | 7.93 m | | OBz-(3′, 5′), OBz-4′ | + | |
| 3′, 5′ | 128.70 | CH | 7.45 m | | OBz-(2′, 6′), OBz-4′ | + | |
| 4′ | 133.40 | CH | 7.57 m | | OBz-(2′, 6′), OBz-(3′, 5′) | + | |
| OH-7 | | | 3.55d | 7.5[③] | H-7 | | |
| OH-9 | | | 4.18 d | 7.7 | H-9 | | |
| 0H-13 | | | 1.80 d | 7.5 | H-13 | | |
| 0H-15 | | | 2.76 s | | | | |

① HMBC 数据原始文献没有提供完全。

② 归属区分可通过 HMBC、HMQC 进行，原始文献阐述不全。

③ 估计值，原始文献没有提供。

*，** 相同标记的归属可互换。

## 例 2-58　14$\beta$-羟基巴卡亭Ⅵ的 NMR 数据解析[108,109]

14$\beta$-羟基巴卡亭Ⅵ(14$\beta$-hydroxy-baccatin Ⅵ，**2-84**)是从云南红豆杉中分离的一个 6/8/6 型紫杉烷二萜。

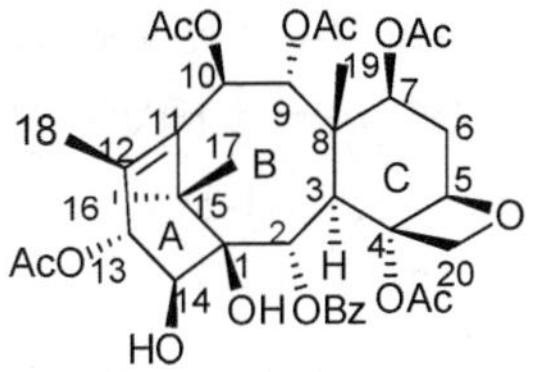

**2-84** 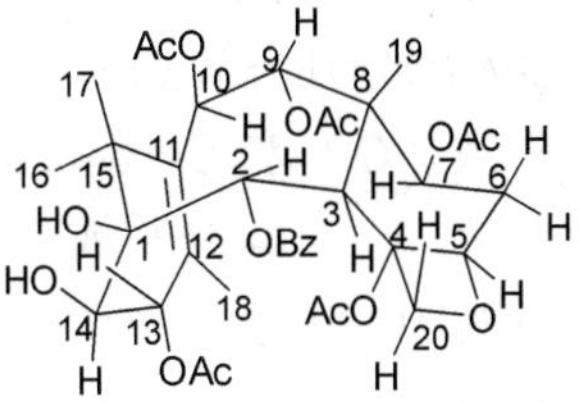　　**2-84′**

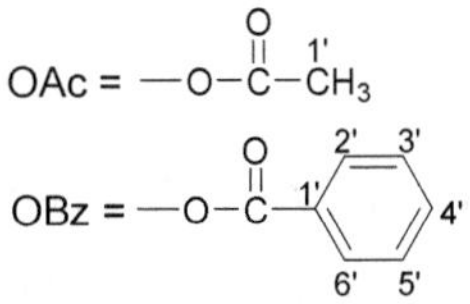

OAc = —O—C(=O)—CH$_3$

OBz = —O—C(=O)—C$_6$H$_5$

14$\beta$-羟基巴卡亭Ⅵ的 $^{13}$C NMR 显示 34 条碳峰，其中 $\delta_C$ 20.8×2、129.4×2、130.7×2 各为 2 个碳，因此，14$\beta$-羟基巴卡亭Ⅵ含有 37 个碳。DEPT 显示，9 个伯碳：$\delta_C$ 13.0、14.5、20.8×2、21.1、21.4、22.8、24.5、28.7；2 个仲碳：$\delta_C$ 35.4、76.4；13 个叔碳：$\delta_C$ 47.4、70.7、71.3、72.5、73.3、75.4、79.2、84.2、129.4×2、

130.7×2、134.1；13 个季碳：$\delta_C$ 43.6、46.6、76.8、82.0、131.0、136.6、138.7、166.1、169.4、170.3、170.8、170.9、171.3。

根据碳化学位移规律，$\delta_C$ 169.4、170.3、170.8、170.9、171.3 分别归属为 5 个乙酰氧基羰基碳，$\delta_C$ 20.8×2、21.1、21.4、22.8 分别归属为 5 个乙酰氧基甲基碳；$\delta_C$ 166.1、131.0、130.7×2、129.4×2、134.1 归属为一个苯甲酰氧基碳。根据氢化学位移规律和偶合分裂情况，$\delta_H$ 1.98(3H, s)、2.08(6H, s)、2.21(3H, s)、2.37(3H, s)分别归属 5 个乙酰氧基的甲基氢；$\delta_H$ 8.11(2H, m)、7.51(2H, m)、7.63(1H, m)分别归属苯甲酰氧基的 OBz-2′,6′、OBz-3′,5′、OBz-4′。根据 HMQC，$\delta_C$ 130.7×2 归属 OBz-2′,6′，$\delta_C$ 129.4×2 归属 OBz-3′,5′，$\delta_C$ 134.1 归属 OBz-4′，当然 $\delta_C$ 131.0(季碳)归属 OBz-1′。

根据氢化学位移规律和偶合分裂情况，$\delta_H$ 6.14(2H, brs)初步推测为 H-9、H-10 两个氢化学位移巧合一致(在氘代丙酮中检测)；在 $C_5D_5N$ 中检测，则得到 $\delta_H$ 6.60(1H, d, $J$ = 11.2Hz)、6.67(1H, d, $J$ = 11.2Hz)分别归属 H-9、H-10, H-9、H-10 之间偶合常数(11.2Hz)较大，表明为 H-9($\beta$)、H-10($\alpha$)之间的偶合(见例 2-57)；同时进一步证实 $\delta_H$ 6.14 归属 H-9、H-10 二氢。

H-H COSY 指出，$\delta_H$ 3.18(1H, brd, $J$ = 6.1Hz)与 $\delta_H$ 6.03(1H, d, $J$ = 6.1Hz)、1.62(3H, brs)相关，结合氢化学位移规律和偶合分裂情况，表明 $\delta_H$ 3.18、6.03、1.62 分别归属 H-3、H-2、H-19；H-3、H-2 之间偶合常数(6.1Hz)表明为 H-3($\alpha$)、H-2($\alpha$)之间的偶合(见例 2-57)。

综上，根据 HMQC，可以确定 $\delta_C$ 73.3(叔碳)、47.4(叔碳)、13.0(伯碳)、75.4(叔碳)、71.3(叔碳)分别归属为 C-2、C-3、C-19、C-9、C-10。由于 H-9 和 H-10 化学位移巧合一致，C-9 和 C-10 归属的区分需要通过 HMBC 进一步确定；HMBC 指出，$\delta_C$ 71.3 与 $\delta_H$ 6.14(H-9 或 H-10)相关，$\delta_C$ 75.4 与 $\delta_H$ 1.62(H-19)、3.18(H-3)、6.41(H-9 或 H-10)相关，表明 $\delta_C$ 75.4、71.3 分别归属 C-9、C-10。

HMQC 指出，$\delta_C$ 76.4(仲碳)与 $\delta_H$ 4.12(1H, brd, $J$ = 8.0Hz)、4.17(1H, brd, $J$ = 8.0Hz)相关，加之 $\delta_H$ 4.12 与 $\delta_H$ 4.17 H-H COSY 相关，结合碳、氢化学位移规律和氢偶合分裂情况，表明 $\delta_C$ 76.4 归属 C-20, $\delta_H$ 4.12、4.17 分别归属 H-20a、H-20b。

H-H COSY 指出，$\delta_H$ 4.92(1H, brt, $J$ = 8.9Hz、8.9Hz)与 $\delta_H$ 1.79(1H, m)、2.41(1H, m)、4.12(H-20a)、4.17(H-20b)相关，$\delta_H$ 1.79 与 $\delta_H$ 2.41 相关，加之 $\delta_C$ 84.2(叔碳)与 $\delta_H$ 4.92 HMQC 相关，$\delta_C$ 35.4(仲碳)与 $\delta_H$ 1.79、2.41 HMQC 相关，表明 $\delta_H$ 4.92、1.79、2.41 分别归属 H-5、H-6a、H-6b，$\delta_C$ 84.2、35.4 分别归属 C-5、C-6；$\delta_H$ 1.79(H-6a)、2.41(H-6b)均与 $\delta_H$ 5.56(1H, dd, $J$ = 9.8, 8.0Hz)相关，加之 $\delta_C$ 72.5(叔碳)与 $\delta_H$ 5.56 HMQC 相关，表明 $\delta_H$ 5.56 归属 H-7，$\delta_C$ 72.5 归属 C-7。

H-H COSY 指出，$\delta_H$ 6.07(1H, brd, $J$ = 6.7Hz)与 $\delta_H$ 4.28(1H, d, $J$ = 6.7Hz)、

1.98(6H, brs)相关，结合氢化学位移规律和偶合分裂情况，表明 $\delta_H$ 6.07、4.28、1.98(其中 3 个氢)分别归属 H-13、H-14、H-18。根据 HMQC，可以确定 $\delta_C$ 79.2(叔碳)、70.7(叔碳)、14.5(伯碳)分别归属 C-13、C-14、C-18。

HMBC 指出，$\delta_C$ 170.3(季碳)与 $\delta_H$ 5.56(H-7)、$\delta_C$ 170.8(季碳)与 $\delta_H$ 6.14(H-9,10)和 $\delta_C$ 169.4(季碳)与 $\delta_H$ 6.14(H-9,10)、$\delta_C$ 170.9(季碳)与 $\delta_H$ 6.07(H-13)、$\delta_C$ 166.1(季碳)/$\delta_H$ 6.03(H-2)相关，表明 $\delta_C$ 170.3、170.8、169.4、170.9、166.1 分别归属 OAc(C=O)-7、OAc(C=O)-9 和 OAc(C=O)-10、OAc(C=O)-13、OBz(C=O)；其中，OAc(C=O)-9 和 OAc(C=O)-10 的归属区分可进一步采用改变检测溶剂为 $C_5D_5N$ 进行测定，参考此结果进行归属区分，当然 $\delta_C$ 171.3 应当归属 OAc(C=O)-4。最后，需要指出的是，$\delta_C$ 20.8×2、21.1、21.4、22.8 以及相应的 $\delta_H$ 1.98、2.08×2、2.21、2.37 归属区分可通过 HMBC、HMQC 进行，但是，原始文献阐述不全。

根据氢化学位移规律和偶合分裂情况，$\delta_H$ 1.17(3H, s)、1.74(3H, s)归属 H-16、H-17；根据 HMQC，$\delta_C$ 28.7(伯碳)、24.5(伯碳)归属 C-16、C-17；H-16 和 H-17、C-17 和 C-16 归属区分可通过 NOESY 进行(见下)。

HMBC 指出，$\delta_C$ 76.8(季碳)与 $\delta_H$ 1.17(H-16 或 H-17)、1.74(H-16 或 H-17)、3.18(H-3)、4.28(H-14)、6.03(H-2)相关，表明 $\delta_C$ 76.8 归属 C-1；$\delta_C$ 82.0(季碳)与 $\delta_H$ 1.79(H-6a)、2.41(H-6b)、3.18(H-3)、4.12(H-20a)、4.92(H-5)相关，表明 $\delta_C$ 82.0 归属 C-4；$\delta_C$ 46.6(季碳)与 $\delta_H$ 1.62(H-19)、3.18(H-3)、5.56(H-7)、6.03(H-2)、6.14(H-9)相关，表明 $\delta_C$ 46.6 归属 C-8；$\delta_C$ 136.6(季碳)与 $\delta_H$ 1.17(H-16 或 H-17)、1.74(H-16 或 H-17)、1.98(H-18)、6.07(H-13)、6.14(H-9, 10)相关，表明 $\delta_C$ 136.6 归属 C-11；$\delta_C$ 138.7(季碳)与 $\delta_H$ 1.98(H-18)、6.07(H-13)、6.14(H-10)相关，表明 $\delta_C$ 138.7 归属 C-12；$\delta_C$ 43.6(季碳)与 $\delta_H$ 1.17(H-16 或 H-17)、1.74(H-16 或 H-17)、4.28(H-14)、6.03(H-2)、6.14(H-10)相关，表明 $\delta_C$ 43.6 归属 C-15。

HMBC 指出，$\delta_C$ 43.6(C-15)与 $\delta_H$ 1.17(H-16 或 H-17)、1.74(H-16 或 H-17)相关，$\delta_C$ 136.6(C-11)也与 $\delta_H$ 1.17(H-16 或 H-17)、1.74(H-16 或 H-17)相关，表明 14$\beta$-羟基巴卡亭Ⅵ属 6/8/6 型紫杉烷二萜(见例 2-57)。

NOESY 指出，$\delta_H$ 6.03(H-2)与 $\delta_H$ 1.79(H-6a)、6.14(H-9)、1.74(H-17)相关，$\delta_H$ 1.79(H-6a)与 $\delta_H$ 1.62(H-19)相关，$\delta_H$ 1.62(H-19)与 $\delta_H$ 4.17(H-20b)相关，表明 H-2、H-6a、H-9、H-17、H-19、H-20b 处于 A、B、C、D 环平面同侧，$\beta$-取向；$\delta_H$ 5.56(H-7)与 $\delta_H$ 6.14(H-10)相关，$\delta_H$ 4.28(H-14)与 $\delta_H$ 3.18(H-3)、4.12(H-20a)相关，表明 H-3、H-6b、H-7、H-10、H-14、H-20a 处于同侧，$\alpha$-取向。需要指出的是，由 Dreiding 模型看(见构象式 **2-84′**)，$\delta_H$ 1.17(H-16，$\alpha$-取向)与 $\delta_H$ 6.07(H-13，$\beta$-取向)存在 NOESY 相关，是由于空间相近所致；而 H-9、H-10 在氘代丙酮溶剂中化学唯一巧合一致，NOESY 检测可在 $C_5D_5N$ 溶剂中进行。

14$\beta$-羟基巴卡亭Ⅵ的 NMR 详细解析数据见表 2-90。

表 2-90 14$\beta$-羟基巴卡亭Ⅵ的 NMR 数据($CD_3COCD_3$, 400MHz/H)

| 编号 | $\delta_C$ | DEPT | $\delta_H$ | $J$/Hz | H-H COSY | NOESY | HMQC | HMBC①($\delta_H$) |
|---|---|---|---|---|---|---|---|---|
| 1 | 76.8 | C | | | | | | 1.17(H-16), 1.74(H-17), 3.18(H-3), 4.28(H-14), 6.03(H-2) |
| 2 | 73.3 | CH | 6.03d | 6.1 | H-3 | H-6a, H-9, H-17 | + | 3.18(H-3), 4.28(H-14) |
| 3 | 47.4 | CH | 3.18brd | 6.1 | H-19, H-2 | H-14 | + | 4.12(H-20a), 4.17(H-20b), 4.92(H-5), 6.03(H-2) |
| 4 | 82.0 | C | | | | | | 1.79(H-6a), 2.41(H-6b), 3.18(H-3), 4.12(H-20a), 4.92(H-5) |
| 5 | 84.2 | CH | 4.92brt | 8.9, 8.9 | H-20a, H-20b, H-6a, H-6b | | + | 1.79(H-6a), 2.41(H-6b), 3.18(H-3), 4.17(H-20b) |
| 6a($\beta$) | 35.4 | $CH_2$ | 1.79m | | H-5, H-6b, H-7 | H-2, H-19 | + | 5.56(H-7) |
| 6b($\alpha$) | | | 2.41m | | H-5, H-6a, H-7 | | + | |
| 7 | 72.5 | CH | 5.56dd | 9.8, 8.0 | H-6a, H-6b | H-10 | + | 1.62(H-19), 1.79(H-6a), 2.41(H-6b), 3.18(H-3), 4.92(H-5), 6.14(H-9) |
| 8 | 46.6 | C | | | | | | 1.62(H-19), 3.18(H-3), 5.56(H-7), 6.03(H-2), 6.14(H-9) |
| 9 | 75.4 | CH | 6.14brs② | | | H-2 | + | 1.62(H-19), 3.18(H-3), 5.56(H-7), 6.14(H-10) |
| 10 | 71.3 | CH | 6.14brs② | | | H-7 | + | 6.14(H-9) |
| 11 | 136.6 | C | | | | | | 1.17(H-16), 1.74(H-17), 1.98(H-18), 6.07(H-13), 6.14(H-9, 10) |
| 12 | 138.7 | C | | | | | | 1.98(H-18), 6.07(H-13), 6.14(H-10) |
| 13 | 79.2 | CH | 6.07brd | 6.7 | H-18, H-14 | H-16 | + | 4.28(H-14) |
| 14 | 70.7 | CH | 4.28d | 6.7 | H-13 | H-3, H-20a | + | 4.41(OH-14), 6.03(H-2), 6.07(H-13) |
| 15 | 43.6 | C | | | | | | 1.17(H-16), 1.74(H-17), 4.28(H-14), 6.03(H-2), 6.14(H-10) |
| 16 | 28.7 | $CH_3$ | 1.17s | | | H-13 | + | 1.74(H-17) |
| 17 | 24.5 | $CH_3$ | 1.74s | | | H-2 | + | 1.17(H-16) |
| 18 | 14.5 | $CH_3$ | 1.98brs | | H-13 | | + | |
| 19 | 13.0 | $CH_3$ | 1.62brs | | H-3 | H-6a, H-20b | + | 3.18(H-3), 5.56(H-7), 6.14(H-9) |

续表

| 编号 | $\delta_C$ | DEPT | $\delta_H$ | $J$/Hz | H-H COSY | NOESY | HMQC | HMBC[①]($\delta_H$) |
|---|---|---|---|---|---|---|---|---|
| 20a($\alpha$) | 76.4 | $CH_2$ | 4.12brd | 8.0 | H-5, H-20b | H-14 | + | 3.18(H-3) |
| 20b($\beta$) | | | 4.17brd | 8.0 | H-5, H-20a | H-19 | + | |
| OAc-4 | | | | | | | | |
| C=O | 171.3 | C | | | | | | |
| 1′ | 22.8[③] | $CH_3$ | 2.37[③]s | | | | + | |
| OAc-7 | | | | | | | | |
| C=O | 170.3 | C | | | | | | 5.56(H-7) |
| 1′ | 20.8[③] | $CH_3$ | 2.08[③]s | | | | + | |
| OAc-9 | | | | | | | | |
| C=O | 170.8[④] | C | | | | | | 6.14(H-9,10) |
| 1′ | 21.4[③] | $CH_3$ | 2.08[③]s | | | | + | |
| OAc-10 | | | | | | | | |
| C=O | 169.4[④] | C | | | | | | 6.14(H-9,10) |
| 1′ | 20.8[③] | $CH_3$ | 2.21[③]s | | | | + | |
| OAc-13 | | | | | | | | |
| C=O | 170.9 | C | | | | | | 6.07(H-13) |
| 1′ | 21.1[③] | $CH_3$ | 1.98[③]s | | | | + | |
| OBz | | | | | | | | |
| C=O | 166.1 | | | | | | | 6.03(H-2), 8.11(OBz-2′,6′) |
| 1′ | 131.0 | C | | | | | | 7.51(OBz-3′,5′), 8.11(OBz-2′,6′) |
| 2′, 6′ | 130.7 | CH | 8.11m | | OBz-3′,5′, OBz-4′ | | + | 7.51(OBz-3′,5′), 7.63(OBz-4′), 8.11(OBz-6′,2′) |
| 3′, 5′ | 129.4 | CH | 7.51m | | OBz-2′,6′, OBz-4′ | | + | 7.51(OBz-5′,3′), 7.63(OBz-4′), 8.11(OBz-2′,6′) |
| 4′ | 134.1 | CH | 7.63m | | OBz-2′,6′, OBz-3′,5′ | | + | 7.51(OBz-3′,5′), 8.11(OBz-2′,6′) |
| OH-1[⑤] | | | | | | | | |
| OH-14[⑥] | | | 4.41s | | | | | |

① HMBC 数据检测仪器为 500MHz/H。

② H-9, H-10 在 $CD_3COCD_3$ 中检测，化学位移巧合接近，表现 brs；在 $C_5D_5N$ 中检测时，则为 $\delta_H$ 6.60(1H, d, $J$ = 11.2Hz, H-9), $\delta_H$ 6.67(1H, d, $J$ = 11.2Hz, H-10)。

③ 可通过 HMBC、HMQC 进行归属区分，原始文献阐述不全。

④ 进一步区分可改变溶剂为 $C_5D_5N$ 进行测定。

⑤ 原始文献没有给出具体数据。

⑥ 原始文献给出的归属，证据为 $\delta_C$ 70.7(C-14)与 $\delta_H$ 4.41 存在 HMBC 相关，但该证据排除不了 $\delta_H$ 4.41 归属 OH-1。

## 例 2-59 罗汉果醇的 NMR 数据解析[110]

罗汉果(*Momordica grosvenori*)中含有一系列具有生物活性的三萜皂苷类化合物，罗汉果醇(mogrol, **2-85**)为其苷元，属葫芦烷型四环三萜。

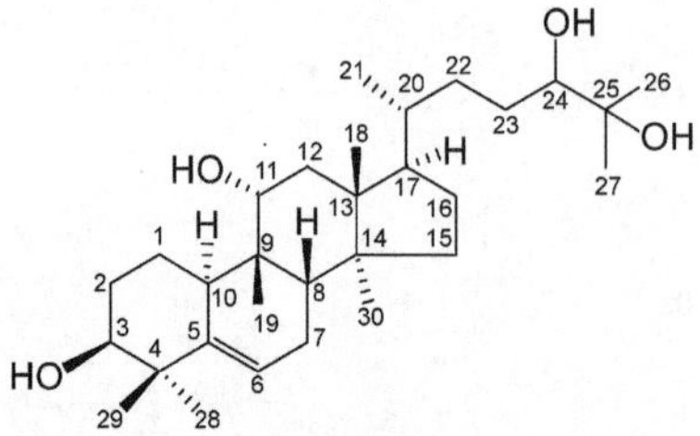

**2-85**

罗汉果醇的 $^{13}$C NMR 显示 29 条碳峰，其中 $\delta_C$ 43.5×2 为 2 个碳，所以罗汉果醇含有 30 个碳。DEPT 显示，8 个伯碳：$\delta_C$ 17.0、18.9、19.5、20.3、25.8、25.9、26.1、26.3；8 个仲碳：$\delta_C$ 24.6、28.4、28.9、30.4、32.4、34.1、34.4、41.1；8 个叔碳：$\delta_C$ 36.3、36.5、43.5、50.9、77.1、77.8、79.0、118.0；6 个季碳：$\delta_C$ 40.1、43.5、47.4、49.7、72.7、146.4。

根据碳化学位移规律，$\delta_C$ 146.4(季碳)归属 C-5。HMBC 指出，$\delta_C$ 146.4(C-5)与 $\delta_H$ 1.31(3H, s)、1.47(3H, s)相关，表明 $\delta_H$ 1.31、1.47 归属 H-28、H-29；根据 HSQC，$\delta_C$ 20.3(伯碳)、25.8(伯碳)归属 C-28、C-29；H-28 和 H-29、C-28 和 C-29 归属区分需通过 NOESY 进行(见下)。

HMBC 指出，$\delta_C$ 20.3(C-28 或 C-29)、25.8(C-28 或 C-29)均与 $\delta_H$ 3.54(1H, dt, *J* =11.5Hz、4.5Hz、4.5Hz)相关，加之 $\delta_C$ 77.1(叔碳)与 $\delta_H$ 3.54 HSQC 相关，表明 $\delta_H$ 3.54 归属 H-3, $\delta_C$ 77.1 归属 C-3。H-H COSY 指出，$\delta_H$ 3.54(H-3)与 $\delta_H$ 1.98(2H, m)、2.05(1H, m)相关，$\delta_H$ 1.98 与 $\delta_H$ 2.05 相关，加之 $\delta_C$ 32.4(仲碳)与 $\delta_H$ 1.98、2.05 HSQC 相关，表明 $\delta_H$ 1.98(其中 1 个氢)、2.05 分别归属 H-2a、H-2b，$\delta_C$ 32.4 归属 C-2；$\delta_H$ 1.98(H-2a)与 $\delta_H$ 1.27(1H, m)、3.18(1H, m)相关，$\delta_H$ 2.05(H-2b)与 $\delta_H$ 1.27、3.18 相关，$\delta_H$ 1.27/$\delta_H$ 3.18 相关，加之 $\delta_C$ 30.4(仲碳)与 $\delta_H$ 1.27、3.18 HSQC 相关，表明 $\delta_H$ 1.27、3.18 分别归属 H-1a、H-1b，$\delta_C$ 30.4 归属于 C-1；$\delta_H$ 1.27(H-1a)与 $\delta_H$ 2.78(1H, brd, *J* =11.0Hz)、$\delta_H$ 3.18(H-1b)与 $\delta_H$ 2.78 相关，加之 $\delta_C$ 36.5(叔碳)与 $\delta_H$ 2.78 HSQC 相关，表明 $\delta_H$ 2.78 归属 H-10，36.5 归属 C-10。

根据氢化学位移规律和偶合分裂情况，加之 $\delta_C$ 118.0(叔碳)与 $\delta_H$ 5.67(1H, t, *J* = 7.0Hz、7.0Hz) HSQC 相关，表明 $\delta_H$ 5.67 归属 H-6, $\delta_C$ 118.0 归属 C-6。H-H COSY

指出，$\delta_H$ 5.67(H-6)与 $\delta_H$ 1.83(1H, dt, $J$=18.5Hz、7.0Hz、7.0Hz)、2.45(1H, ddd, $J$=18.5Hz、7.0Hz、2.0Hz)相关，$\delta_H$ 1.83 与 $\delta_H$ 2.45 相关，加之 $\delta_C$ 24.6(仲碳)与 $\delta_H$ 1.83、2.45 HSQC 相关，表明 $\delta_H$ 1.83、2.45 分别归属 H-7a、H-7b，$\delta_C$ 24.6 归属 C-7；$\delta_H$ 1.83(H-7a)、2.45(H-7b)均与 $\delta_H$ 1.69(1H, dd, $J$=7.0Hz、2.0Hz)相关，加之 $\delta_C$ 43.5(叔碳)与 1.69 HSQC 相关，表明 $\delta_H$ 1.69 归属 H-8，$\delta_C$ 43.5 归属 C-8。

根据氢化学位移规律和偶合分裂情况，加之 $\delta_C$ 77.8(叔碳)与 $\delta_H$ 4.20(1H, dt, $J$=11.0Hz、5.5Hz、5.5Hz)HSQC 相关，表明 $\delta_H$ 4.20 归属 H-11，$\delta_C$ 77.8 归属 C-11。H-H COSY 指出，$\delta_H$ 4.20(H-11)与 $\delta_H$ 2.08(1H, dd, $J$=11.0Hz、5.5Hz)、2.12(1H, t, $J$=11.0Hz、11.0Hz)相关，$\delta_H$ 2.08 与 $\delta_H$ 2.12 相关，加之 $\delta_C$ 41.1(仲碳)/$\delta_H$ 2.08、2.12 HSQC 相关，表明 $\delta_H$ 2.08、2.12 分别归属 H-12a、H-12b，$\delta_C$ 41.1 归属 C-12。

根据氢化学位移规律和偶合分裂情况，加之 $\delta_C$ 18.9(伯碳)与 $\delta_H$ 0.99(3H, d, $J$=6.5Hz)HSQC 相关，表明 $\delta_H$ 0.99 归属 H-21，$\delta_C$ 18.9 归属 C-21。H-H COSY 指出，$\delta_H$ 0.99(H-21)与 $\delta_H$ 1.57(1H, m)相关，加之 $\delta_C$ 36.3(叔碳)与 $\delta_H$ 1.57 HSQC 相关，表明 $\delta_H$ 1.57 归属 H-20, $\delta_C$ 36.3 归属 C-20；$\delta_H$ 1.57(H-20)与 $\delta_H$ 1.68(1H, m)、1.84(1H, m)、1.98(2H, m)相关，$\delta_H$ 1.84 与 $\delta_H$ 1.98 相关，加之 50.9(叔碳)与 1.68 HSQC 相关，$\delta_C$ 28.9(仲碳)与 $\delta_H$ 1.84、1.98 HSQC 相关，表明 $\delta_H$ 1.68、1.84、1.98(其中 1 个氢)分别归属 H-17、H-22a、H-22b，$\delta_C$ 50.9、28.9 分别归属 C-17、C-22；$\delta_H$ 1.68(H-17)与 $\delta_H$ 1.33(1H, m)、1.96(1H, m)相关，$\delta_H$ 1.33 与 $\delta_H$ 1.96 相关，加之 $\delta_C$ 28.4(仲碳)与 $\delta_H$ 1.33、1.96 HSQC 相关，表明 $\delta_H$ 1.33、1.96 分别归属 H-16a、H-16b，$\delta_C$ 28.4 归属 C-16；$\delta_H$ 1.33(H-16a)、1.96(H-16b)均与 $\delta_H$ 1.08(1H, brdd, $J$=12.5Hz、10.5Hz)、1.18(1H, brt, $J$=12.5Hz、12.5Hz)相关，$\delta_H$ 1.08 与 $\delta_H$ 1.18 相关，加之 $\delta_C$ 34.4(仲碳)与 $\delta_H$ 1.08、1.18 HSQC 相关，表明 $\delta_H$ 1.08、1.18 分别归属 H-15a、H-15b，$\delta_C$ 34.4 归属 C-15；$\delta_H$ 1.84(H-22a)、1.98(H-22b)均与 $\delta_H$ 1.16(1H, m)、1.64(1H, m)相关，$\delta_H$ 1.16/$\delta_H$ 1.64 相关，加之 $\delta_C$ 34.1(仲碳)与 $\delta_H$ 1.16、1.64 HSQC 相关，表明 $\delta_H$ 1.16、1.64 分别归属 H-23a、H-23b，$\delta_C$ 34.1 归属 C-23；$\delta_H$ 1.16(H-23a)、1.64(H-23b)均与 $\delta_H$ 3.75(1H, br)相关，加之 $\delta_C$ 79.0(叔碳)与 $\delta_H$ 3.75 HSQC 相关，表明 $\delta_H$ 3.75 归属 H-24, $\delta_C$ 79.0 归属 C-24。

HMBC 指出，$\delta_C$ 17.0(伯碳)与 $\delta_H$ 1.68(H-17)、2.08(H-12a)、2.12(H-12b)相关，加之 $\delta_C$ 17.0 与 $\delta_H$ 0.90(3H, s) HSQC 相关，表明 $\delta_C$ 17.0 归属 C-18, $\delta_H$ 0.90 归属 H-18；$\delta_C$ 26.3(伯碳)与 $\delta_H$ 1.69(H-8)、4.20(H-11)相关，加之 $\delta_C$ 26.3 与 $\delta_H$ 1.33(3H, s) HSQC 相关，表明 $\delta_C$ 26.3 归属 C-19，$\delta_H$ 1.33 归属 H-19；$\delta_C$ 25.9(伯碳)与 $\delta_H$ 1.50(3H, s)、3.75(H-24)相关，$\delta_C$ 26.1(伯碳)与 $\delta_H$ 1.52(3H, s)、3.75(H-24)相关，加之 $\delta_C$ 25.9/$\delta_H$ 1.52、26.1/1.50 HSQC 相关，表明 $\delta_C$ 25.9、26.1 归属 C-26、C-27(归属可互换)，$\delta_H$ 1.50、1.52 归属 H-26、H-27(归属可互换)；$\delta_C$ 19.5(伯碳)与 $\delta_H$ 1.69(H-8)相关，加之 $\delta_C$ 19.5/$\delta_H$ 0.93(3H, s)HSQC 相关，表明 $\delta_C$ 19.5 归属 C-30，$\delta_H$ 0.93 归属 H-30。

HMBC 指出，$\delta_C$ 43.5(季碳)与 $\delta_H$ 1.31(H-28 或 H-29)、1.47(H-28 或 H-29)、1.98(H-2a)、2.05(H-2b)、3.54(H-3)、5.67(H-6)相关，$\delta_C$ 40.1(季碳)与 1.33(H-19)、1.69(H-8)、1.83(H-7a)、2.08(H-12a)、2.12(H-12b)、2.45(H-7b)、4.20(H-11)相关，$\delta_C$ 47.4(季碳)与 $\delta_H$ 0.90(H-18)、0.93(H-30)、1.08(H-15a)、1.18(H-15b)、1.33(H-16a)、1.68(H-17)、1.69(H-8)、1.96(H-16b)、2.08(H-12a)、2.12(H-12b)相关，$\delta_C$ 49.7(季碳)与 $\delta_H$ 0.90(H-18)、0.93(H-30)、1.08(H-15a)、1.18(H-15b)、1.33(H-16a)、1.69(H-8)、1.83(H-7a)、1.96(H-16b)、2.08(H-12a)、2.12(H-2b)、2.45(H-7b)相关，$\delta_C$ 72.7(季碳)与 $\delta_H$ 1.50(H-26 或 H-27)、1.52(H-26 或 H-27)、3.75(H-24)相关，综合考虑，表明 $\delta_C$ 43.5、40.1、47.4、49.7、72.7 分别归属 C-4、C-9、C-13、C-14、C-25。

H-H COSY 指出，$\delta_H$ 3.54(H-3)与 $\delta_H$ 5.91(1H, d, $J$ =4.5Hz, 活泼氢)相关，$\delta_H$ 4.20(H-11)与 $\delta_H$ 5.72(1H, d, $J$ =5.5Hz, 活泼氢)相关，$\delta_H$ 3.75(H-24)与 $\delta_H$ 5.73(1H, br, 活泼氢)相关，表明 $\delta_H$ 5.91、5.72、5.73 分别归属 OH-3、OH-11、OH-24。剩下的 1 个活泼氢 $\delta_H$ 5.45(1H, s)应归属 OH-25。

NOESY 指出，$\delta_H$ 4.20(H-11)与 $\delta_H$ 0.90(H-18)、1.33(H-19)、1.69(H-8)相关，表明 H-11、H-18、H-19、H-8 处在罗汉果醇四环平面一侧($\beta$)；$\delta_H$ 2.78( H-10)与 $\delta_H$ 0.93(H-30)、1.31(H-28 或 H-29)相关，$\delta_H$ 0.93(H-30)与 $\delta_H$ 1.68(H-17)相关，表明 H-10、H-30、H-17 处在罗汉果醇四环平面一侧($\alpha$)，$\delta_H$ 1.31 归属 H-28($\alpha$)，$\delta_H$ 1.47 归属 H-29($\beta$)；$\delta_H$ 3.54(H-3)/$\delta_H$ 1.31(H-28)相关，表明 OH-3 处在罗汉果醇四环平面 $\beta$-取向。

罗汉果醇的 NMR 详细解析数据见表 2-91。

表 2-91 罗汉果醇的 NMR 数据($C_5D_5N$, 500MHz/H)

| 编号 | $\delta_C$ | DEPT | $\delta_H$ | $J$/Hz | H-H COSY | NOESY | HSQC | HMBC($\delta_H$) |
|---|---|---|---|---|---|---|---|---|
| 1a | 30.4 | $CH_2$ | 1.27m | | H-1b, H-2a, H-2b, H-10 | | + | 1.33(H-19), 1.98(H-2a), 2.05(H-2b), 3.54(H-3), 5.67(H-6) |
| 1b | | | 3.18m | | H-1a, H-2a, H-2b, H-10 | | + | |
| 2a | 32.4 | $CH_2$ | 1.98m | | H-1a, H-1b, H-2b, H-3 | | + | 1.27(H-1a), 1.31(H-28), 1.47(H-29), 3.18(H-1b), 3.54(H-3) |
| 2b | | | 2.05m | | H-1a, H-1b, H-2a, H-3 | | + | |
| 3 | 77.1 | CH | 3.54dt | 11.5, 4.5, 4.5 | H-2a, H-2b, OH-3 | 1.31(H-28) | + | 1.27(H-1a), 1.31(H-28), 1.47(H-29), 1.98(H-2a), 2.05(H-2b), 3.18(H-1b) |
| 4 | 43.5 | C | | | | | | 1.31(H-28), 1.47(H-29), 1.98(H-2a), 2.05(H-2b), 3.54(H-3), 5.67(H-6) |

续表

| 编号 | $\delta_C$ | DEPT | $\delta_H$ | J/Hz | H-H COSY | NOESY | HSQC | HMBC($\delta_H$) |
|---|---|---|---|---|---|---|---|---|
| 5 | 146.4 | C | | | | | | 1.31(H-28), 1.47(H-29), 1.83(H-7a), 2.45(H-7b), 2.78(H-10), 3.18(H-1b) |
| 6 | 118.0 | CH | 5.67t | 7.0, 7.0 | H-7a, H-7b | | + | 1.47(H-29), 1.69(H-8), 1.83(H-7a), 2.45(H-7b) |
| 7a | 24.6 | $CH_2$ | 1.83dt | 18.5, 7.0, 7.0 | H-7b, H-6, H-8 | | + | 1.69(H-8), 5.67(H-6) |
| 7b | | | 2.45ddd | 18.5, 7.0, 2.0 | H-7a, H-6, H-8 | | + | |
| 8 | 43.5 | CH | 1.69dd | 7.0, 2.0 | H-7a, H-7b | 4.20(H-11) | + | 0.93(H-30), 1.08(H-15a), 1.18(H-15b), 1.33(H-19), 1.83(H-7a), 2.45(H-7b), 5.67(H-6) |
| 9 | 40.1 | C | | | | | | 1.33(H-19), 1.69(H-8), 1.83(H-7a), 2.08(H-12a), 2.12(H-12b), 2.45(H-7b), 4.20(H-11) |
| 10 | 36.5 | CH | 2.78brd | 11.0 | H-1a, H-1b | 0.93(H-30), 1.31(H-28) | + | 1.33(H-19), 1.69(H-8), 1.98(H-2a), 2.05(H-2b) |
| 11 | 77.8 | CH | 4.20dt | 11.0, 5.5, 5.5 | H-12b, H-12a, OH-11 | 0.90(H-18), 1.33(H-19), 1.69(H-8) | + | 0.90(H-18), 1.33(H-19), 1.69(H-8), 2.08(H-12a), 2.12(H-12b) |
| 12a | 41.1 | $CH_2$ | 2.08dd | 11.0, 5.5 | H-12b, H-11 | | + | 0.90(H-18), 4.20(H-11) |
| 12b | | | 2.12t | 11.0, 11.0 | H-12a, H-11 | | + | |
| 13 | 47.4 | C | | | | | | 0.90(H-18), 0.93(H-30), 1.08(H-15a), 1.18(H-15b), 1.33(H-16a), 1.68(H-17), 1.69(H-8), 1.96(H-16b), 2.08(H-12a), 2.12(H-12b) |
| 14 | 49.7 | C | | | | | | 0.90(H-18), 0.93(H-30), 1.08(H-15a), 1.18(H-15b), 1.33(H-16a), 1.68(H-17), 1.69(H-8), 1.83(H-7a), 1.96(H-16b), 2.08(H-12a), 2.12(H-12b), 2.45(H-7b) |
| 15a | 34.4 | $CH_2$ | 1.08br dd | 12.5, 10.5 | H-16a, H-15b, H-16b | | + | 0.93(H-30), 1.33(H-16a), 1.69(H-8), 1.96(H-16b) |

续表

| 编号 | $\delta_C$ | DEPT | $\delta_H$ | $J$/Hz | H-H COSY | NOESY | HSQC | HMBC($\delta_H$) |
|---|---|---|---|---|---|---|---|---|
| 15b | | | 1.18brt | 12.5, 12.5 | H-16b, H-15a, H-16a | | + | |
| 16a | 28.4 | $CH_2$ | 1.33m | | H-15a, H-15b, H-16b, H-17 | | + | 1.08(H-15a), 1.18(H-15b), 1.68(H-17) |
| 16b | | | 1.96m | | H-15a, H-15b, H-16a, H-17 | | + | |
| 17 | 50.9 | CH | 1.68m | | H-16a, H-16b, H-20 | 0.93(H-30) | + | 0.90(H-18), 0.99(H-21), 1.08(H-15a), 1.16(H-23a), 1.18(H-15b), 1.33(H-16a), 1.64(H-23b), 1.84(H-22a), 1.96(H-16b), 1.98(H-22b) |
| 18 | 17.0 | $CH_3$ | 0.90s | | | 4.20(H-11) | + | 1.68(H-17), 2.08(H-12a), 2.12(H-12b) |
| 19 | 26.3 | $CH_3$ | 1.33s | | | 4.20(H-11) | + | 1.69(H-8), 4.20(H-11) |
| 20 | 36.3 | CH | 1.57m | | H-17, H-21, H-22a, H-22b | | + | 0.99(H-21), 1.16(H-23a), 1.33(H-16a), 1.64(H-23b), 1.68(H-17), 1.96(H-16b) |
| 21 | 18.9 | $CH_3$ | 0.99d | 6.5 | H-20 | | + | 1.16(H-23a), 1.64(H-23b), 1.68(H-17), 1.84(H-22a), 1.98(H-22b) |
| 22a | 28.9 | $CH_2$ | 1.84m | | H-20, H-22b, H-23a, H-23b | | + | 1.16(H-23a), 1.64(H-23b), 1.68(H-17), 3.75(H-24) |
| 22b | | | 1.98m | | H-20, H-22a, H-23a, H-23b | | + | |
| 23a | 34.1 | $CH_2$ | 1.16m | | H-22a, H-22b, H-23b, H-24 | | + | 0.99(H-21), 1.84(H-22a), 1.98(H-22b), 3.75(H-24) |
| 23b | | | 1.64m | | H-22a, H-22b, H-23a, H-24 | | + | |
| 24 | 79.0 | CH | 3.75br | | H-23a, H-23b, OH-24 | | + | 1.16(H-23a), 1.50(H-27), 1.52(H-26), 1.64(H-23b), 1.84(H-22a), 1.98(H-22b) |
| 25 | 72.7 | C | | | | | | 1.50(H-27), 1.52(H-26), 3.75(H-24) |
| 26 | 25.9* | $CH_3$ | 1.52**s | | | | + | 1.16(H-23a), 1.50(H-27), 1.64(H-23b), 3.75(H-24) |

续表

| 编号 | $\delta_C$ | DEPT | $\delta_H$ | J/Hz | H-H COSY | NOESY | HSQC | HMBC($\delta_H$) |
|---|---|---|---|---|---|---|---|---|
| 27 | 26.1* | $CH_3$ | 1.50**s | | | | + | 1.16(H-23a), 1.52(H-26), 1.64(H-23b), 3.75(H-24) |
| 28 | 20.3 | $CH_3$ | 1.31s | | | 2.78(H-10), 3.54(H-3) | + | 1.47(H-29), 3.54(H-3) |
| 29 | 25.8 | $CH_3$ | 1.47s | | | | + | 1.31(H-28), 3.54(H-3) |
| 30 | 19.5 | $CH_3$ | 0.93s | | | 1.68(H-17), 2.78(H-10) | + | 1.69(H-8) |
| OH-3 | | | 5.91d | 4.5 | H-3 | | | |
| OH-11 | | | 5.72d | 5.5 | H-11 | | | |
| OH-24 | | | 5.73br | | H-24 | | | |
| OH-25 | | | 5.45s | | | | | |

*，** 相同标记的归属可互换。

## 例 2-60 达玛烷-20(22),24-二烯-3$\beta$,6$\alpha$,12$\beta$-三醇的 NMR 数据解析[111,112]

达玛烷-20(22),24-二烯-3$\beta$,6$\alpha$,12$\beta$-三醇[dammar-20(22),24-diene-3$\beta$,6$\alpha$,12$\beta$-triol, **2-86**]是从人参(*Panax ginseng*)茎叶中分离到的一个化合物，属达玛烷型四环三萜。

**2-86**

**2-87**(ginsenoside $Rh_3$)

达玛烷-20(22),24-二烯-3$\beta$,6$\alpha$,12$\beta$-三醇的 $^{13}$C NMR 显示 28 条碳峰，其中 $\delta_C$ 17.7×2、40.4×2 各为 2 个碳，所以该化合物含有 30 个碳。DEPT 显示，8 个伯碳：$\delta_C$ 13.2、16.5、17.1、17.5、17.7×2、25.7、32.0；7 个仲碳：$\delta_C$ 27.5、28.2、28.9、32.3、32.7、39.6、47.7；9 个叔碳：$\delta_C$ 50.4、50.5、50.7、61.8、67.7、72.6、78.4、123.2、123.5；6 个季碳：$\delta_C$ 40.4×2、41.5、50.9、131.3、140.1。

达玛烷-20(22),24-二烯-3$\beta$,6$\alpha$,12$\beta$-三醇有 3 个羟基，根据氢化学位移规律和偶合分裂情况，$\delta_H$ 3.55(1H, m)、3.94(1H, m)、4.42(1H, m)应归属 3 个连羟基碳上的氢。HMBC 指出，$\delta_C$ 32.0(伯碳)与 $\delta_H$ 1.45(3H, s)、3.55 相关，$\delta_C$ 16.5(伯碳)与 $\delta_H$ 1.99(3H, s)、3.55 相关，加之 $\delta_C$ 32.0 与 $\delta_H$ 1.99、$\delta_C$ 16.5 与 $\delta_H$ 1.45 HMQC 相关，综合考虑，表明 $\delta_H$ 3.55 归属 H-3，$\delta_H$ 1.45、1.99 归属 H-28 和 H-29，$\delta_C$ 32.0、16.5 归属 C-28 和 C-29，H-28 和 H-29、C-28 和 C-29 归属的进一步区分需通过 NOESY 确定(见例 2-59)；$\delta_C$ 32.0、16.5(C-28, C-29)均与 $\delta_H$ 1.22(1H, d, $J$=10.4)相关，加之 $\delta_C$ 61.8(叔碳)与 $\delta_H$ 1.22 HMQC 相关，表明 $\delta_H$ 1.22 归属 H-5，$\delta_C$ 61.8 归属 C-5；$\delta_C$ 61.8(C-5)与 $\delta_H$ 4.42 相关，表明 $\delta_H$ 4.42 归属 H-6。因此，$\delta_H$ 3.94 归属 H-12。HMQC 指出，$\delta_C$ 78.4(叔碳)与 $\delta_H$ 3.55(H-3)、67.7(叔碳)与 $\delta_H$ 4.42(H-6)、$\delta_C$ 72.6(叔碳)与 $\delta_H$ 3.94 (H-12)相关，表明 $\delta_C$ 78.4、67.7、72.6 分别归属 C-3、C-6、C-12。

HMBC 指出，$\delta_C$ 61.8(C-5)与 $\delta_H$ 1.00(3H, s)相关，加之 $\delta_C$ 17.1(伯碳)与 $\delta_H$ 1.00 HMQC 相关，表明 $\delta_H$ 1.00 归属 H-19，$\delta_C$ 17.1 归属 C-19；$\delta_C$ 17.1(C-19)与 $\delta_H$ 1.02(1H, m)、1.65(2H, m)、1.98(2H, m)相关，加之 $\delta_C$ 39.6(仲碳)与 $\delta_H$ 1.02、1.65 HMQC 相关，表明 $\delta_H$ 1.02、1.65(其中 1 个氢)、1.98(其中 1 个氢)分别归属 H-1a、H-1b、H-9，$\delta_C$ 39.6 归属 C-1。

HMBC 指出，$\delta_C$ 67.7(C-6)与 $\delta_H$ 1.89(1H, m)、1.96(1H, m)相关，加之 $\delta_C$ 47.7 与 $\delta_H$ 1.89、1.96 HMQC 相关，表明 $\delta_H$ 1.89、1.96 分别归属 H-7a、H-7b，$\delta_C$ 47.7 归属 C-7；$\delta_C$ 17.7(伯碳)与 $\delta_H$ 1.89(H-7a)、1.96(H-7b)相关，加之 $\delta_C$ 17.7 与 $\delta_H$ 0.96(3H, s) HMQC 相关，表明 $\delta_C$ 17.7 归属 C-18，$\delta_H$ 0.96 归属 H-18。

HMBC 指出，$\delta_C$ 72.6(C-12)、17.1(C-19)、17.7(C-18)均与 $\delta_H$ 1.98(2H, m)相关，加之 $\delta_C$ 17.7 又与 $\delta_H$ 1.15(3H, s) HMQC 相关，综合考虑，表明 $\delta_C$ 17.7×2 既归属 C-18，又归属 C-30，$\delta_H$ 1.98(其中 1 个氢)归属 H-9，另 1 个氢归属 H-13，$\delta_H$ 1.15 归属 H-30；$\delta_C$ 17.7(C-30)与 $\delta_H$ 1.40(2H, m)相关，加之 $\delta_C$ 32.3(仲碳)与 $\delta_H$ 1.40 HMQC 相关，表明 $\delta_H$ 1.40 归属 H-15，$\delta_C$ 32.3 归属 C-15；$\delta_C$ 50.7(叔碳)与 $\delta_H$ 1.15(H-30)、2.77(3H, m)相关，$\delta_C$ 50.4(叔碳)与 $\delta_H$ 1.82(H-21, 见下)相关，加之 $\delta_C$ 50.7 与 $\delta_H$ 1.98、$\delta_C$ 50.5(叔碳)与 $\delta_H$ 1.98、$\delta_C$ 50.4(叔碳)与 $\delta_H$ 2.77 HMQC 相关，综合考虑，表明 $\delta_H$ 2.77(其中 1 个氢)归属 H-17，$\delta_C$ 50.7 归属 C-13，$\delta_C$ 50.5 归属 C-9，$\delta_C$ 50.4 归属 C-17。

至此，达玛烷-20(22),24-二烯-3$\beta$,6$\alpha$,12$\beta$-三醇四环上的 C-2、C-11、C-16 和 H-2、H-11、H-16 由于原始文献缺乏一些基础数据，如 H-H COSY、HMBC 等数据，它们的归属无法讨论。

HMBC 指出，$\delta_C$ 40.4(季碳)与 $\delta_H$ 1.22(H-5)、1.45 和 1.99(H-28,29)相关，同时，$\delta_C$ 40.4(季碳)与 $\delta_H$ 1.00(H-19)相关，表明 $\delta_C$ 40.4 归属 C-4 和 C-10；$\delta_C$ 41.5(季碳)与 $\delta_H$ 0.96(H-18)、$\delta_C$ 50.9(季碳)与 $\delta_H$ 0.96(H-18)相关，表明 $\delta_C$ 41.5、$\delta_C$ 50.9 归属 C-8、C-14, C-8、C-14 归属区分因原始文献数据不全无法进一步讨论。需要指出

的是 C-4 和 C-10 化学位移巧合一致。

HMBC 指出，$\delta_C$ 17.5(伯碳)与 $\delta_H$ 1.61(3H, s)、5.22(1H, brd, $J$ = 6.7Hz)相关，$\delta_C$ 25.7(伯碳)与 $\delta_H$ 1.57(3H, s)、5.22 相关，加之 $\delta_C$ 17.5 与 $\delta_H$ 1.57、$\delta_C$ 25.7 与 $\delta_H$ 1.61、$\delta_C$ 123.5(叔碳)与 $\delta_H$ 5.22 HMQC 相关，以及双键碳、氢化学位移规律和氢偶合分裂情况，和双键顺、反取代基碳的 $\gamma$-效应，表明 $\delta_C$ 17.5、25.7、123.5 分别归属 C-26、C-27、C-24, $\delta_H$ 1.57、1.61、5.22 分别归属 H-26、H-27、H-24；$\delta_C$ 13.2(伯碳)与 $\delta_H$ 2.77(H-17)、5.49(1H, dd, $J$ =6.7Hz、7.0Hz)相关，加之 $\delta_C$ 13.2 与 $\delta_H$ 1.82(3H, s)、$\delta_C$ 123.2 与 $\delta_H$ 5.49 HMQC 相关，以及双键碳、氢化学位移规律和氢偶合分裂情况，表明 $\delta_C$ 13.2、123.2 分别归属 C-21、C-22，$\delta_H$ 1.82、5.49 分别归属 H-21、H-22；$\delta_C$ 27.5(仲碳)与 $\delta_H$ 5.22(H-24)相关，加之 $\delta_C$ 27.5/$\delta_H$ 2.77(3H, m)HMQC 相关，表明 $\delta_C$ 27.5 归属 C-23，$\delta_H$ 2.77(其中 2 个氢)归属 H-23；$\delta_C$ 140.1(季碳)与 $\delta_H$ 1.82(H-21)、2.77(H-23)相关，表明 $\delta_C$ 140.1 归属 C-20；$\delta_C$ 131.3(季碳)与 $\delta_H$ 1.57(H-26)、1.61(H-27)、2.77(H-23)相关，表明 $\delta_C$ 131.3 归属 C-25。

达玛烷-20(22),24-二烯-3$\beta$,6$\alpha$,12$\beta$-三醇的 C-21 甲基碳化学位移为 $\delta_C$ 13.2，与 ginsenoside $Rh_3$(**2-87**)[112]的 C-21 甲基碳化学位移($\delta_C$ 27.3)相比，向高场位移 14.1 个化学位移值，说明 20(22)双键前者为顺式($Z$)、后者为反式($E$)，C-21 化学位移差别是受 C-23$\gamma$-效应影响所致。

达玛烷-20(22),24-二烯-3$\beta$,6$\alpha$,12$\beta$-三醇的 3 个羟基 OH-3、OH-6、OH-12 和 5 个甲基 H-18、H-19、H-28、H-29、H-30 以及 H-5、H-9、H-13、H-17 的 $\alpha$、$\beta$ 取向可通过 NOESY 确定，由于原始文献缺乏数据，这里不再讨论。

达玛烷-20(22),24-二烯-3$\beta$,6$\alpha$,12$\beta$-三醇的 NMR 详细解析数据见表 2-92。

**表 2-92　达玛烷-20(22),24-二烯-3$\beta$,6$\alpha$,12$\beta$-三醇的 NMR 数据($C_5D_5N$, 600MHz/H)**

| 编号 | $\delta_C$ | DEPT | $\delta_H$ | $J$/Hz | HMQC | HMBC($\delta_H$) |
|---|---|---|---|---|---|---|
| 1a | 39.6 | $CH_2$ | 1.02m | | + | 1.00(H-19) |
| 1b | | | 1.65m | | + | |
| 2a | 28.2 | $CH_2$ | 1.86m | | + | |
| 2b | | | 1.90m | | + | |
| 3 | 78.4 | CH | 3.55m | | + | 1.45(H-28) |
| 4 | 40.4 | C | | | | 1.22(H-5), 1.45(H-28), 1.99(H-29) |
| 5 | 61.8 | CH | 1.22d | 10.4 | + | 1.00(H-19), 1.02(H-1a), 1.65(H-1b), 1.99(H-28), 4.42(H-6) |
| 6 | 67.7 | CH | 4.42m | | + | 1.22(H-5), 1.89(H-7a), 1.96(H-7b) |
| 7a | 47.7 | $CH_2$ | 1.89m | | + | 1.22(H-5) |
| 7b | | | 1.96m | | + | |

续表

| 编号 | $\delta_C$ | DEPT | $\delta_H$ | J/Hz | HMQC | HMBC($\delta_H$) |
|---|---|---|---|---|---|---|
| 8 | 41.5 | C | | | | 0.96(H-18) |
| 9 | 50.5 | CH | 1.98m | | + | |
| 10 | 40.4 | C | | | | 1.00(H-19) |
| 11a | 32.7 | $CH_2$ | 1.03m | | + | |
| 11b | | | 1.65m | | + | |
| 12 | 72.6 | CH | 3.94m | | + | 1.98(H-9, 13) |
| 13 | 50.7 | CH | 1.98m | | + | 1.15(H-30), 2.77(H-17) |
| 14 | 50.9 | C | | | | 0.96(H-18) |
| 15 | 32.3 | $CH_2$ | 1.40m | | + | |
| 16 | 28.9 | $CH_2$ | –① | | | |
| 17 | 50.4 | CH | 2.77m | | + | 1.82(H-21) |
| 18 | 17.7 | $CH_3$ | 0.96s | | + | 1.15(H-30), 1.89(H-7a), 1.96(H-7b) |
| 19 | 17.1 | $CH_3$ | 1.00s | | + | 1.02(H-1a), 1.22(H-5), 1.65(H-1b), 1.98(H-9) |
| 20 | 140.1 | C | | | | 1.82(H-21), 2.77(H-23) |
| 21 | 13.2 | $CH_3$ | 1.82s | | + | 2.77(H-17), 5.49(H-22) |
| 22 | 123.2 | CH | 5.49dd | 6.7, 7.0 | + | 1.82(H-21), 2.77(H-17) |
| 23 | 27.5 | $CH_2$ | 2.77m | | + | 5.22(H-24) |
| 24 | 123.5 | CH | 5.22brd | 6.7 | + | 1.57(H-26), 1.61(H-27), 2.77(H-23), 5.49(H-22) |
| 25 | 131.3 | C | | | | 1.57(H-26), 1.61(H-27), 2.77(H-23) |
| 26 | 17.5 | $CH_3$ | 1.57s | | + | 1.61(H-27), 5.22(H-24) |
| 27 | 25.7 | $CH_3$ | 1.61s | | + | 1.57(H-26), 5.22(H-24) |
| 28 | 16.5 | $CH_3$ | 1.45s | | + | 1.22(H-5), 1.99(H-29), 3.55(H-3) |
| 29 | 32.0 | $CH_3$ | 1.99s | | + | 1.22(H-5), 1.45(H-28), 3.55(H-3) |
| 30 | 17.7 | $CH_3$ | 1.15s | | + | 1.40(H-15), 1.98(H-13) |

① 原始文献缺数据。

## 例 2-61 熊果酸的 NMR 数据解析[113-121]

熊果酸(ursolic acid, **2-88**)广泛存在于各种植物中，是一个五环三萜，由于其 C、H 数目较多，特别是氢峰重叠厉害，所以碳峰、氢峰归属起来比较困难。虽然很早其结构得到确定，$^{13}$C 和 $^{1}$H NMR 数据给以报道，但是，数据归属错误很多。

熊果酸的 $^{13}$C NMR 显示 29 个碳峰，其中 $\delta_C$ 38.27×2 为 2 个碳，因此，熊果

酸含有 30 个碳。DEPT 显示，7 个伯碳：$\delta_C$ 15.09、15.89、16.82、16.86、20.92、23.17、28.15；9 个仲碳：$\delta_C$ 17.93、22.77、23.75、26.82、27.48、30.12、32.67、36.45、38.27；7 个叔碳：$\delta_C$ 38.40、38.42、47.01、52.36、54.79、76.92、124.54；7 个季碳：$\delta_C$ 36.24、38.27、39.07、41.57、46.79、138.09、178.19。

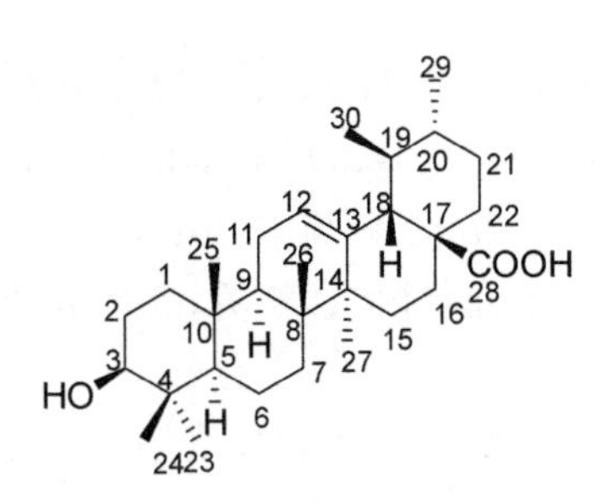


**2-88**

熊果酸的 $^1$H NMR 除了甲基氢、COOH 和 H-18 显示尖锐的单峰或双峰外，其他氢显示复杂峰或重叠的多重峰，分为 9 组：$\delta_H$ 0.64~0.68(1H, m, 取值 0.66)、0.87~0.97(3H, m, 取值 0.93)、1.25~1.33(5H, m, 取值 1.29)、1.42~1.50(6H, m, 取值 1.46)、1.51~1.57(3H, m, 取值 1.54)、1.78~1.97(4H, m, 取值 1.89)、2.99~3.02(1H, m, 取值 3.00)、4.20(1H, br)、5.13(1H, br)。归属解析比较困难。

根据氢化学位移规律和偶合分裂情况，$\delta_H$ 2.12(1H, d, $J$ = 11.2Hz)归属 H-18, $\delta_H$ 3.00(1H, m)归属 H-3, $\delta_H$ 5.13(1H, br)归属 H-12, $\delta_H$ 11.79(1H, s)归属 COOH。HSQC 指出，$\delta_C$ 52.36(叔碳)与 $\delta_H$ 2.12(H-18)、$\delta_C$ 76.92(叔碳)与 $\delta_H$ 3.00(H-3)、$\delta_C$ 124.54(叔碳)与 $\delta_H$ 5.13(H-12)相关，表明 $\delta_C$ 52.36、76.92、124.54 分别归属 C-18、C-3、C-12。

H-H COSY 指出，$\delta_H$ 3.00(H-3)与 $\delta_H$ 1.46(6H, m)、$\delta_H$ 3.00 与 $\delta_H$ 4.20(1H, br, 活泼氢)相关，加之 $\delta_C$ 26.82(仲碳)与 $\delta_H$ 1.46 HSQC 相关，表明 $\delta_H$ 1.46(其中 2 个氢)归属 H-2, $\delta_H$ 4.20 归属 OH-3，$\delta_C$ 26.82 归属 C-2；$\delta_H$ 1.46(H-2)同时与 $\delta_H$ 0.93(3H, m)、1.29(5H, m)相关，$\delta_H$ 0.93 与 $\delta_H$ 1.29 相关，加之 $\delta_C$ 38.27(仲碳)与 $\delta_H$ 0.93、1.29 HSQC 相关，初步表明 $\delta_H$ 0.93(其中 1 个氢)、1.29(其中 1 个氢)分别归属 H-1a、H-1b，$\delta_C$ 38.27 归属 C-1。

HMBC 指出，$\delta_C$ 76.92(C-3)与 $\delta_H$ 0.68(3H, s)、0.90(3H, s)相关，表明 $\delta_H$ 0.90、0.68 归属 H-23、H-24，进一步归属区分需通过 NOESY(见下)。HSQC 指出，$\delta_C$ 28.15(伯碳)与 $\delta_H$ 0.90、$\delta_C$ 15.89(伯碳)与 $\delta_H$ 0.68 相关，表明 $\delta_C$ 28.15、15.89 归属 C-23、24(归属区分见下)。

HMBC 指出，$\delta_C$ 54.79(叔碳)与 $\delta_H$ 0.68、0.90(H-23, 24)相关，$\delta_C$ 28.15、15.89(C-23, 24)与 $\delta_H$ 0.66(1H, m)相关，加之 $\delta_C$ 54.79 与 $\delta_H$ 0.66 HSQC 相关，表明

$\delta_C$ 54.79 归属 C-5, $\delta_H$ 0.66 归属 H-5；$\delta_C$ 15.09(伯碳)与 $\delta_H$ 0.66(H-5)相关，加之 $\delta_C$ 15.09 与 $\delta_H$ 0.87(3H, s)HSQC 相关，表明 $\delta_C$ 15.09 归属 C-25, $\delta_H$ 0.87 归属 H-25；$\delta_C$ 15.09(C-25)与 $\delta_H$ 0.93(3H, m)、1.46(6H, m)相关，进一步确证前述 $\delta_H$ 0.93(其中 1 个氢)、1.29(其中 1 个氢)分别归属 H-1a、H-1b，同时表明 $\delta_H$ 1.46(其中 1 个氢)归属 H-9。

HMBC 指出，$\delta_C$ 47.01(叔碳)与 $\delta_H$ 0.76(3H, s)、0.87(H-25)、5.13(H-12)相关，加之 $\delta_C$ 47.01 与 $\delta_H$ 1.46(6H, m)、$\delta_C$ 16.82 与 $\delta_H$ 0.76 HSQC 相关，表明 $\delta_C$ 47.01 归属 C-9，$\delta_H$ 0.76 归属 H-26，$\delta_C$ 16.82 归属 C-26；$\delta_C$ 22.77(仲碳)与 $\delta_H$ 5.13(H-12)相关，加之 $\delta_C$ 22.77 与 $\delta_H$ 1.89(4H, m) HSQC 相关，表明 $\delta_C$ 22.77 归属 C-11, $\delta_H$ 1.89(其中 2 个氢)归属 H-11。

HMBC 指出，$\delta_C$ 52.36(C-18)/$\delta_H$ 0.82(3H, d, $J$ = 6.2Hz)相关，加之 $\delta_C$ 16.86(伯碳)/$\delta_H$ 0.82 HSQC 相关，表明 $\delta_C$ 16.86 归属 C-30, $\delta_H$ 0.82 归属 H-30；$\delta_C$ 16.86(C-30)与 $\delta_H$ 1.29(5H, m)、0.93(3H, m)相关，加之 $\delta_C$ 38.42(叔碳)与 $\delta_H$ 1.29、$\delta_C$ 38.40(叔碳)/$\delta_H$ 0.93 HSQC 相关，$\delta_H$ 2.12(H-18)与 $\delta_H$ 1.29、$\delta_H$ 1.29 与 $\delta_H$ 0.93 H-H COSY 相关，表明 $\delta_H$ 1.29(其中 1 个氢)、0.93(其中 1 个氢)分别归属 H-19、H-20，初步表明 $\delta_C$ 38.42、38.40 归属 C-19、C-20；$\delta_C$ 38.42、38.40 均与 $\delta_H$ 0.82(H-30)、0.91(3H, d, $J$ = 5.5Hz)、2.12(H-18)相关，加之 $\delta_C$ 20.92(伯碳)与 $\delta_H$ 0.91 HSQC 相关，进一步确证 $\delta_C$ 38.42、38.40 分别归属 C-19、C-20，同时表明 $\delta_H$ 0.91 归属 H-29，$\delta_C$ 20.92 归属 C-29。

根据碳化学位移规律，$\delta_C$ 138.09(季碳)归属 C-13。HMBC 指出，$\delta_C$ 138.09(C-13)与 $\delta_H$ 1.04(3H, s)相关，表明 $\delta_H$ 1.04 归属 H-27。HSQC 指出，$\delta_C$ 23.17(伯碳)与 $\delta_H$ 1.04(H-27)相关，表明 $\delta_C$ 23.17 归属 C-27。

HMBC 指出，$\delta_C$ 27.48(仲碳)与 $\delta_H$ 1.04(H-27)相关，加之 $\delta_C$ 27.48 与 $\delta_H$ 0.93(3H, m)、1.89(4H, m) HSQC 相关，表明 $\delta_C$ 27.48 归属 C-15，$\delta_H$ 0.93(其中 1 个氢)、1.89(其中 1 个氢)分别归属 H-15a、H-15b。

根据碳化学位移规律，$\delta_C$ 178.19(季碳)归属 C-28。HMBC 指出，$\delta_C$ 178.19 (C-28)、27.48(C-15)均与 $\delta_H$ 1.89(4H, m)相关，加之 $\delta_C$ 23.75(仲碳)与 $\delta_H$ 1.54(3H, m)、1.89(4H, m) HSQC 相关，$\delta_H$ 1.54 与 $\delta_H$ 1.89 H-H COSY 相关，表明 $\delta_H$ 1.54(其中 1 个氢)、1.89(其中 1 个氢)分别归属 H-16a、H-16b，$\delta_C$ 23.75 归属 C-16。

HMBC 指出，$\delta_C$ 20.92(C-29)与 $\delta_H$ 1.46(6H, m)相关，加之 $\delta_H$ 1.29(5H, m)与 $\delta_H$ 1.46 H-H COSY 相关，$\delta_C$ 30.12(仲碳)与 $\delta_H$ 1.29、1.46 HSQC 相关，表明 $\delta_H$ 1.29(其中 1 个氢)、1.46(其中 1 个氢)分别归属 H-21a、H-21b，初步表明 $\delta_C$ 30.12 归属 C-21；$\delta_C$ 36.45(仲碳)与 $\delta_H$ 0.93(H-20)、1.46(H-21b)相关，加之 $\delta_C$ 36.45(仲碳)与 $\delta_H$ 1.54(3H, m) HSQC 相关，$\delta_H$ 1.54 与 $\delta_H$ 1.29(H-21a)、1.46(H-21b) H-H COSY 相关，表明 $\delta_C$ 36.45 归属 C-22, $\delta_H$ 1.54(其中 2 个氢)归属 H-22。

至此，C-6、C-7、C-21 的归属，由于其相连氢的化学位移重叠，加之未见标志性的 HMBC 数据，所以归属比较困难。参考例 2-62、例 2-63 结构类似的 C-6、C-7 的 2 个仲碳化学位移，表明 $\delta_C$ 17.93(仲碳)、32.67(仲碳)分别归属 C-6、C-7，根据 HSQC，$\delta_H$ 1.29(其中 2 个氢)分别归属 H-6a、H-7a，$\delta_H$ 1.46(其中 2 个氢)分别归属 H-6b、H-7b，当然 $\delta_C$ 30.12 归属 C-21 得到进一步确证。

HMBC 指出，$\delta_C$ 38.27(季碳)与 $\delta_H$ 0.68、0.90(H-23, 24)相关，$\delta_C$ 39.07(季碳)与 $\delta_H$ 1.04(H-27)、1.46(H-9)相关，$\delta_C$ 36.24(季碳)与 $\delta_H$ 0.87(H-25)相关，$\delta_C$ 41.57(季碳)与 $\delta_H$ 1.04(H-27)、2.12(H-18)相关，$\delta_C$ 46.79(季碳)与 $\delta_H$ 2.12(H-18)相关，综合考虑，表明 $\delta_C$ 38.27 归属 C-4，$\delta_C$ 39.07 归属 C-8，$\delta_C$ 36.24 归属 C-10，$\delta_C$ 41.57 归属 C-14，$\delta_C$ 46.79 归属 C-17。

NOESY 指出，$\delta_H$ 3.00(H-3)与 $\delta_H$ 0.90(H-23 或 H-24)、0.91(H-29)、1.04(H-27)相关，表明 $\delta_H$ 0.90 与 H-3、H-29、H-27 处在熊果酸五环平面一侧($\alpha$-取向)，$\delta_H$ 0.90 归属 H-23；$\delta_H$ 0.68(H-23 或 H-24)与 $\delta_H$ 5.13(H-12)相关，$\delta_H$ 0.53(H-12)与 $\delta_H$ 2.12(H-18)相关，表明 $\delta_H$ 0.68 与 H-18、H-12 处在熊果酸五元环平面另一侧($\beta$-取向)，$\delta_H$ 0.68 归属 H-24。当然，$\delta_C$ 28.15 归属 C-23，$\delta_C$ 15.8 归属 C-24。

熊果酸的 NMR 详细解析数据见表 2-93。

表 2-93　熊果酸的 NMR 数据(DMSO-$d_6$, 400MHz/H)[①]

| 编号 | $\delta_C$ | DEPT | $\delta_H$ | J/Hz | H-H COSY | NOESY | HSQC | HMBC($\delta_H$) |
|---|---|---|---|---|---|---|---|---|
| 1a | 38.27 | $CH_2$ | 0.93m | | H-1b, H-2 | | + | 0.66(H-5), 0.87(H-25), 1.46(H-2) |
| 1b | | | 1.29m | | H-1a, H-2 | | + | |
| 2 | 26.82 | $CH_2$ | 1.46m | | H-1a, H-1b, H-3 | | + | 4.20(OH-3) |
| 3 | 76.92 | CH | 3.00m | | H-2, OH-3 | 0.90(H-23), 0.91(H-29), 1.04(H-27) | + | 0.68(H-24), 0.90(H-23), 0.93(H-1a), 1.46(H-2), 4.20(OH-3) |
| 4 | 38.27 | C | | | | | | 0.66(H-5), 0.68(H-24), 0.90(H-23), 1.46(H-2, 6b), 4.20(OH-3) |
| 5 | 54.79 | CH | 0.66m | | H-6a, H-6b | | + | 0.68(H-24), 0.87(H-25), 0.90(H-23), 0.93(H-1a), 1.29(H-1b, 6a, 7a), 1.46(H-6b, 7b) |
| 6a | 17.93 | $CH_2$ | 1.29m | | H-5, H-6b, H-7b | | + | 0.66(H-5) |
| 6b | | | 1.46m | | H-5, H-6a, H-7a | | + | |
| 7a | 32.67 | $CH_2$ | 1.29m | | H-6b, H-7b | | + | |
| 7b | | | 1.46m | | H-6a, H-7a | | + | |

续表

| 编号 | $\delta_C$ | DEPT | $\delta_H$ | J/Hz | H-H COSY | NOESY | HSQC | HMBC($\delta_H$) |
|---|---|---|---|---|---|---|---|---|
| 8 | 39.07 | C | | | | | | 1.04(H-27), 1.29(H-6a, 7a), 1.46(H-6b, 7b, 9) |
| 9 | 47.01 | CH | 1.46m | | H-11 | | + | 0.76(H-26), 0.87(H-25), 0.93(H-1a), 1.29(H-1b, 7a), 1.46(H-7b), 5.13(H-12) |
| 10 | 36.24 | C | | | | | | 0.66(H-5), 0.87(H-25), 0.93(H-1a), 1.46(H-2, 6b, 9) |
| 11 | 22.77 | $CH_2$ | 1.89m | | H-9, H-12 | | + | 1.46(H-9), 5.13(H-12) |
| 12 | 124.54 | CH | 5.13br | | H-11 | 0.68(H-24), 2.12(H-18) | + | 1.89(H-11), 2.12(H-18) |
| 13 | 138.09 | C | | | | | | 1.04(H-27), 1.89(H-11), 2.12(H-18) |
| 14 | 41.57 | C | | | | | | 0.76(H-26), 1.04(H-27), 1.54(H-16a), 2.12(H-18), 5.13(H-12) |
| 15a | 27.48 | $CH_2$ | 0.93m | | H-15b, H-16a, H-16b | | + | 1.04(H-27), 1.89(H-16b) |
| 15b | | | 1.89m | | H-15a, H-16a | | + | |
| 16a | 23.75 | $CH_2$ | 1.54m | | H-15a, H-15b, H-16b | | + | 1.54(H-22), 1.89(H-15b), 2.12(H-18) |
| 16b | | | 1.89m | | H-15a, H-16a | | + | |
| 17 | 46.79 | C | | | | | | 0.93(H-15a), 1.29(H-19), 2.12(H-18) |
| 18 | 52.36 | CH | 2.12d | 11.2 | H-19 | 5.13(H-12) | + | 0.82(H-30), 5.13(H-12) |
| 19 | 38.42 | CH | 1.29m | | H-18, H-20, H-30 | | + | 0.82(H-30), 0.91(H-29), 0.93(H-20), 1.46(H-21b), 2.12(H-18) |
| 20 | 38.40 | CH | 0.93m | | H-19, H-21a, H-21b, H-29 | | + | 0.82(H-30), 0.91(H-29), 1.46(H-21b), 1.54(H-22), 2.12(H-18) |
| 21a | 30.12 | $CH_2$ | 1.29m | | H-20, H-21b, H-22 | | + | |
| 21b | | | 1.46m | | H-20, H-21a, H-22 | | + | |
| 22 | 36.45 | $CH_2$ | 1.54m | | H-21a, H-21b | | + | 0.93(H-20), 1.46(H-21b) |
| 23 | 28.15 | $CH_3$ | 0.90s | | | 3.00(H-3) | + | 0.66(H-5), 0.68(H-24), 3.00(H-3) |
| 24 | 15.89 | $CH_3$ | 0.68s | | | 5.13(H-12) | + | 0.66(H-5), 0.90(H-23), 3.00(H-3) |

续表

| 编号 | $\delta_C$ | DEPT | $\delta_H$ | $J$/Hz | H-H COSY | NOESY | HSQC | HMBC($\delta_H$) |
|---|---|---|---|---|---|---|---|---|
| 25 | 15.09 | $CH_3$ | 0.87s | | | | + | 0.66(H-5), 0.93(H-1a), 1.46(H-9) |
| 26 | 16.82 | $CH_3$ | 0.76s | | | | + | 1.29(H-7a), 1.46(H-7b, 9) |
| 27 | 23.17 | $CH_3$ | 1.04s | | | 3.00(H-3) | + | 0.93(H-15a), 1.89(H-15b), 5.13(H-12) |
| 28 | 178.19 | C | | | | | | 1.89(H-16b), 2.12(H-18) |
| 29 | 20.92 | $CH_3$ | 0.91d | 5.5 | H-20 | 3.00(H-3) | + | 1.46(H-21b) |
| 30 | 16.86 | $CH_3$ | 0.82d | 6.2 | H-19 | | + | 0.93(H-20), 1.29(H-19), 2.12(H-18) |
| OH-3 | | | 4.20br | | H-3 | | | |
| COOH | | | 11.79s | | | | | |

① 本实验室数据。

## 例 2-62　齐墩果酸的 NMR 数据解析[119-124]

齐墩果酸(oleanolic acid, **2-89**)与熊果酸一样广泛存在于各种植物中，往往二者同时存在，也是一个五环三萜。同样由于其 C、H 数目较多，氢峰重叠厉害，NMR 数据解析困难。

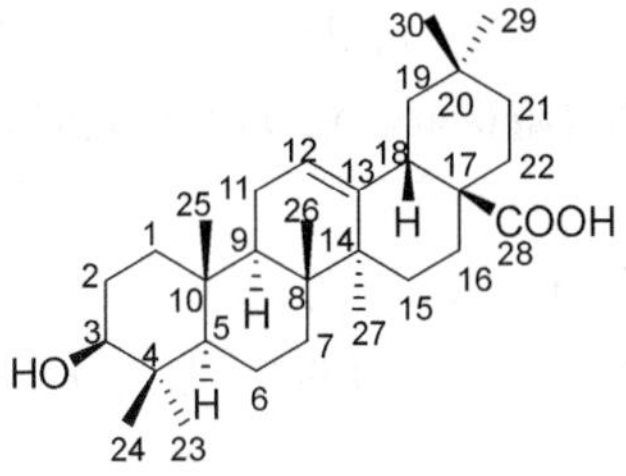

**2-89** 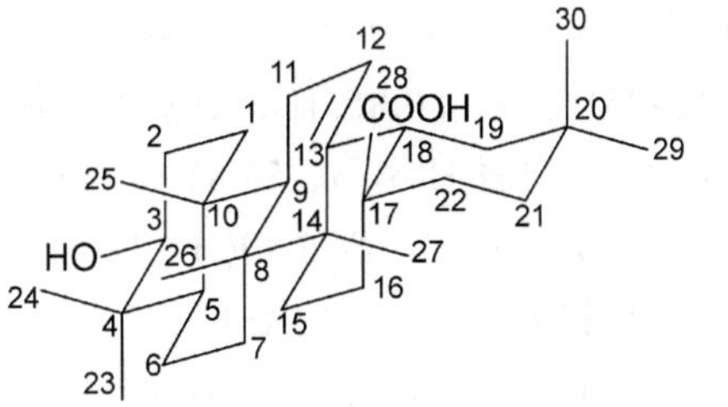　　**2-89′**

齐墩果酸的 $^{13}$C NMR 显示 29 条碳峰，其中 $\delta_C$ 33.29×2 为 2 个碳，因此，齐墩果酸含有 30 个碳。DEPT 显示，7 个伯碳：$\delta_C$ 15.57、16.58、17.45、23.77、26.18、28.80、33.29；10 个仲碳：$\delta_C$ 18.81、23.71、23.84、28.13、28.33、33.21、33.29、34.22、38.93、46.49；5 个叔碳：$\delta_C$ 42.02、48.13、55.81、78.07、122.58；8 个季碳：$\delta_C$ 30.99、37.39、39.41、39.76、42.18、46.69、144.85、180.21。

与熊果酸类似，齐墩果酸的 $^1$H NMR 除了甲基氢、H-3、H-12、H-18 易解析外，其他氢显示复杂峰或重叠的多重峰，分为 14 组：$\delta_H$ 0.85(1H, m)、0.94(1H, m)、

1.17-1.21(2H, m, 取值 1.19)、1.27(1H, m)、1.30~1.35(2H, m, 取值 1.33)、1.40(1H, m)、1.49~1.55(2H, m, 取值 1.54)、1.68(1H, t)、1.77~1.84(4H, m, 取值 1.81)、1.91~1.96(3H, m, 取值 1.94)、1.98~2.02(1H, m, 取值 2.00)、2.03~2.11(1H, m, 取值 2.07)、2.12~2.22(1H, m, 取值 2.17)、4.60~6.20(2H, br)。归属解析比较困难。

根据氢化学位移规律和偶合分裂情况，$\delta_H$ 3.30(1H, dd, $J$ = 3.9Hz、13.7Hz)归属 H-18, $\delta_H$ 3.44(1H, dd, $J$ = 5.9Hz、10.3Hz)归属 H-3, $\delta_H$ 5.49(1H, t, $J$ = 3.2Hz、3.2Hz)归属 H-12。HSQC 指出，$\delta_C$ 42.02(叔碳)与 $\delta_H$ 3.30(H-18)、$\delta_C$ 78.07(叔碳)与 $\delta_H$ 3.44(H-3)、$\delta_C$ 122.58(叔碳)/$\delta_H$ 5.49(H-12)相关，表明 $\delta_C$ 42.02、78.07、122.58 分别归属 C-18、C-3、C-12。

H-H COSY 指出，$\delta_H$ 3.44(H-3)与 $\delta_H$ 1.81(4H, m)相关，加之 $\delta_C$ 28.13(仲碳)与 $\delta_H$ 1.81 HSQC 相关，表明 $\delta_H$ 1.81(其中 2 个氢)归属 H-2，需要说明的是，由于 H-2 中 2 个氢化学位移不完全相等，使得 H-3 峰分裂为 dd，$\delta_C$ 28.13 归属 C-2；$\delta_H$ 1.81 与 $\delta_H$ 0.94(1H, m)、$\delta_H$ 1.54(2H, m)相关，加之 $\delta_C$ 38.93(仲碳)与 $\delta_H$ 0.94、1.54 HSQC 相关，$\delta_C$ 28.13(C-2)与 $\delta_H$ 0.94 HMBC 相关，表明 $\delta_H$ 0.94、1.54(其中 1 个氢)分别归属 H-1a、H-1b，$\delta_C$ 38.93 归属 C-1。

HMBC 指出，$\delta_C$ 78.07(C-3)与 $\delta_H$ 1.02(6H, s)、1.24(3H, s)相关，加之 $\delta_C$ 28.80(伯碳)与 $\delta_H$ 1.24、$\delta_C$ 16.58(伯碳)和 $\delta_C$ 17.45(伯碳)均与 $\delta_H$ 1.02 HSQC 相关，表明 $\delta_H$ 1.02(其中 3 个氢)、1.24 归属 H-23、H-24(进一步归属区别需通过 NOESY, 见下)，$\delta_C$ 28.80、16.58、17.45 归属 C-23、C-24、C-26，归属区分需进一步进行(见下)。

HMBC 指出，$\delta_C$ 38.93(C-1)与 $\delta_H$ 0.88(3H, s)相关，加之 $\delta_C$ 15.57(伯碳)与 $\delta_H$ 0.88 HSQC 相关，表明 $\delta_H$ 0.88 归属 H-25，$\delta_C$ 15.57 归属 C-25；$\delta_C$ 28.80(C-23 或 C-24)、15.57(C-25)均与 $\delta_H$ 0.85(1H, m)相关，加之 $\delta_C$ 55.81(叔碳)与 $\delta_H$ 0.85 HSQC 相关，表明 $\delta_H$ 0.85 归属 H-5，$\delta_C$ 55.81 归属 C-5。

H-H COSY 指出，$\delta_H$ 5.49(H-12)与 $\delta_H$ 1.94(3H, m)相关，加之 $\delta_C$ 23.71(仲碳)与 $\delta_H$ 1.94 HSQC 相关，表明 $\delta_H$ 1.94(其中 2 个氢)归属 H-11，$\delta_C$ 23.71 归属 C-11；$\delta_H$ 1.94(H-11)与 $\delta_H$ 1.68(1H, t, $J$ = 9.0Hz、9.0Hz)相关，加之 $\delta_C$ 48.13(叔碳)与 $\delta_H$ 1.68 HSQC 相关，$\delta_C$ 15.57(C-25)与 $\delta_H$ 1.68 HMBC 相关，表明 $\delta_H$ 1.68 归属 H-9，$\delta_C$ 48.13 归属 C-9。

HMBC 指出，$\delta_C$ 17.45(伯碳)与 $\delta_H$ 1.68(H-9)相关，加之 $\delta_C$ 17.45 与 $\delta_H$ 1.02(6H, s) HSQC 相关，表明 $\delta_C$ 17.45 归属 C-26，$\delta_H$ 1.02(其中 3 个氢)归属 H-26。

H-H COSY 指出，$\delta_H$ 0.85(H-5)与 $\delta_H$ 1.33(2H, m)、1.54(2H, m)相关、$\delta_H$ 1.33 与 $\delta_H$ 1.54 相关，加之 $\delta_C$ 18.81(仲碳)与 $\delta_H$ 1.33、1.54 HSQC 相关，表明 $\delta_H$ 1.33(其中 1 个氢)、1.54(其中 1 个氢)分别归属 H-6a、H-6b，$\delta_C$ 18.81 归属 C-6；$\delta_H$ 1.33 与 $\delta_H$ 1.81(4H, m)、$\delta_C$ 1.54 与 $\delta_H$ 1.81 相关，加之 $\delta_C$ 33.21(仲碳)与 $\delta_H$ 1.33、1.81 HSQC 相关，$\delta_C$ 33.21(仲碳)与 $\delta_H$ 1.02(H-26) HMBC 相关，综合考虑，表明 $\delta_H$ 1.33(其中 1 个氢)、1.81(其中 1 个氢)分别归属 H-7a、H-7b，$\delta_C$ 33.21 归属 C-7。

H-H COSY 指出，$\delta_H$ 3.30(H-18)与 $\delta_H$ 1.27(1H, m)、1.81(4H, m)相关，加之 $\delta_C$ 46.49(仲碳)与 $\delta_H$ 1.27、1.81 HSQC 相关，表明 $\delta_H$ 1.27、1.81(其中 1 个氢)分别归属 H-19a、H-19b，$\delta_C$ 46.49 归属 C-19。

HMBC 指出，$\delta_C$ 46.49(C-19)与 $\delta_H$ 0.94(3H, s)、1.00(3H, s)、1.19(2H, m)相关，加之 $\delta_C$ 33.29(伯碳)与 $\delta_H$ 0.94、$\delta_C$ 23.77(伯碳)与 $\delta_H$ 1.00、$\delta_C$ 34.22(仲碳)与 $\delta_H$ 1.19(2H, m)和 1.40(1H, m) HSQC 相关，$\delta_H$ 1.19 与 $\delta_H$ 1.40 H-H COSY 相关，综合考虑，表明 $\delta_H$ 0.94、1.00、1.19(其中 1 个氢)、1.40 分别归属 H-29 和 H-30(归属区别需通过 NOESY)、H-21a、H-21b，$\delta_C$ 33.29、23.77 归属 C-29 和 C-30(需进一步归属区别)，$\delta_C$ 34.22 归属 C-21。

H-H COSY 指出，$\delta_H$ 1.19(H-21a)与 $\delta_H$ 1.45(1H, m)、$\delta_H$ 2.00(1H, m)相关，$\delta_H$ 1.40(H-21b)与 $\delta_H$ 1.45、$\delta_H$ 2.00 相关，$\delta_H$ 1.45 与 $\delta_H$ 2.00 相关，加之 $\delta_C$ 33.29(仲碳)与 $\delta_H$ 1.45、2.00 HSQC 相关，表明 $\delta_H$ 1.45、2.00 分别归属 H-22a、H-22b，$\delta_C$ 33.29 归属 C-22。

HMBC 指出，$\delta_C$ 42.02(C-18)与 $\delta_H$ 1.94(3H, m)相关，加之 $\delta_C$ 23.84(仲碳)与 $\delta_H$ 1.94、2.07(1H, m) HSQC 相关，$\delta_H$ 1.94 与 $\delta_H$ 2.07 H-H COSY 相关，综合考虑，表明 $\delta_H$ 1.94(其中 1 个氢)、2.07 分别归属 H-16a、H-16b，$\delta_C$ 23.84 归属 C-16。

H-H COSY 指出，$\delta_H$ 1.94(H-16a)与 $\delta_H$ 1.19(2H, m)、2.17(1H, m)相关，$\delta_H$ 2.07(H-16b)与 $\delta_H$ 1.19、2.17 相关，$\delta_H$ 1.19 与 $\delta_H$ 2.17 相关，加之 $\delta_C$ 28.33(仲碳)与 $\delta_H$ 1.19、2.17 HSQC 相关，表明 $\delta_H$ 1.19(其中 1 个氢)、2.17 分别归属 H-15a、H-15b，$\delta_C$ 28.33 归属 C-15。

根据碳化学位移规律，$\delta_C$ 144.85(季碳)归属 C-13。HMBC 指出，$\delta_C$ 144.85(C-13)与 $\delta_H$ 1.27(3H, s)相关，表明 $\delta_H$ 1.27 归属 H-27。HSQC 指出，$\delta_C$ 26.18(伯碳)与 $\delta_H$ 1.27(H-27)相关，表明 $\delta_C$ 26.18 归属 C-27。

NOESY 指出，$\delta_H$ 3.44(H-3)与 $\delta_H$ 1.24(H-23 或 H-24)相关，表明 $\delta_H$ 1.24 与 H-3 处在齐墩果酸五环平面同一侧($\alpha$-取向)，归属 H-23, $\delta_H$ 1.02(其中 3 个氢)归属 H-24, $\delta_C$ 28.80、16.58 分别归属 C-23、C-24；$\delta_H$ 3.30(H-18)与 $\delta_H$ 1.00(H-29 或 H-30)、5.49(H-12)相关，$\delta_H$ 1.00 与 $\delta_H$ 5.49 相关，表明 $\delta_H$ 1.00 与 H-18、H-12 处在齐墩果酸五环平面同一侧($\beta$-取向)，归属 H-30, $\delta_H$ 0.94 归属 H-29, $\delta_C$ 33.29、23.77 分别归属 C-29、C-30(见齐墩果酸构象式 **2-89′**)。需要指出的是 $\delta_H$ 0.94(1H, m)归属 H-1a(见前述)，$\delta_H$ 0.94(3H, s)归属 H-29。

根据碳化学位移规律，$\delta_C$ 180.21(季碳)归属 C-28。HMBC 指出，$\delta_C$ 39.41(季碳)与 $\delta_H$ 0.85(H-5)、1.02(H-24)、1.24(H-23)、3.44(H-3)相关，表明 $\delta_C$ 39.41 归属 C-4；$\delta_C$ 37.39(季碳)与 $\delta_H$ 0.85(H-5)、0.88(H-25)、1.68(H-9)相关，表明 $\delta_C$ 37.39 归属 C-10；$\delta_C$ 39.76(季碳)与 $\delta_H$ 1.02(H-26)、1.19(H-15a)、1.27(H-27)、1.54(H-6b)、1.68(H-9)相关，表明 $\delta_C$ 39.76 归属 C-8；$\delta_C$ 42.18(季碳)与 $\delta_H$ 1.02(H-26)、1.27(H-27)、3.30(H-18)、1.81(H-7b)、5.49(H-12)相关，表明 $\delta_C$ 42.18 归属 C-14；

$\delta_C$ 46.69(季碳)与 $\delta_H$ 1.19(H-15a, 21a)、1.27(H-19a)、3.30(H-18)相关，表明 $\delta_C$ 46.69 归属 C-17；$\delta_C$ 30.99(季碳)与 $\delta_H$ 0.94(H-29)、1.00(H-30)、1.81(H-19b)相关，表明 $\delta_C$ 30.99 归属 C-20。

齐墩果酸的 NMR 详细解析数据见表 2-94。

表 2-94 齐墩果酸的 NMR 数据($C_5D_5N$, 400MHz/H)①

| 编号 | $\delta_C$ | DEPT | $\delta_H$ | $J$/Hz | H-H COSY | NOESY | HSQC | HMBC($\delta_H$) |
|---|---|---|---|---|---|---|---|---|
| 1a | 38.93 | $CH_2$ | 0.94m | | H-1b, H-2 | | + | 0.85(H-5), 0.88(H-25) |
| 1b | | | 1.54m | | H-1a, H-2 | | + | |
| 2 | 28.13 | $CH_2$ | 1.81m | | H-1a, H-1b, H-3 | | + | 0.94(H-1a) |
| 3 | 78.07 | CH | 3.44dd② | 5.9, 10.3 | H-2a, H-2b | 1.24(H-23) | + | 1.02(H-24), 1.24(H-23), 1.54(H-1b) |
| 4 | 39.41 | C | | | | | | 0.85(H-5), 1.02(H-24), 1.24(H-23), 3.44(H-3) |
| 5 | 55.81 | CH | 0.85m | | H-6a, H-6b | | + | 0.88(H-25), 1.02(H-24), 1.24(H-23), 1.33(H-6a, 7a), 1.54(H-1b, 6b) |
| 6a | 18.81 | $CH_2$ | 1.33m | | H-5, H-6b, H-7b | | + | 0.85(H-5) |
| 6b | | | 1.54m | | H-5, H-6a, H-7a, H-7b | | + | |
| 7a | 33.21 | $CH_2$ | 1.33m | | H-6b, H-7b | | + | 1.02(H-26) |
| 7b | | | 1.81m | | H-6a, H-6b, H-7a | | + | |
| 8 | 39.76 | C | | | | | | 1.02(H-26), 1.19(H-15a), 1.27(H-27), 1.54(H-6b), 1.68(H-9) |
| 9 | 48.13 | CH | 1.68t | 9.0 | H-11 | | + | 0.88(H-25), 1.02(H-26), 5.49(H-12) |
| 10 | 37.39 | C | | | | | | 0.85(H-5), 0.88(H-25), 1.68(H-9) |
| 11 | 23.71 | $CH_2$ | 1.94m | | H-9, H-12 | | + | 1.68(H-9), 5.49(H-12) |
| 12 | 122.58 | CH | 5.49t | 3.2 | H-11 | 1.00(H-30), 3.30(H-18) | + | 1.94(H-11), 3.30(H-18) |
| 13 | 144.85 | C | | | | | | 1.19(H-15a), 1.27(H-27), 1.94(H-11), 3.30(H-18) |
| 14 | 42.18 | C | | | | | | 1.02(H-26), 1.27(H-27), 3.30(H-18), 1.81(H-7b), 5.49(H-12) |

续表

| 编号 | $\delta_C$ | DEPT | $\delta_H$ | $J$/Hz | H-H COSY | NOESY | HSQC | HMBC($\delta_H$) |
|---|---|---|---|---|---|---|---|---|
| 15a | 28.33 | $CH_2$ | 1.19m | | H-15b, H-16a, H-16b | | + | 1.27(H-27), 2.07(H-16b) |
| 15b | | | 2.17m | | H-15a, H-16a, H-16b | | + | |
| 16a | 23.84 | $CH_2$ | 1.94m | | H-15a, H-15b, H-16b | | + | 1.19(H-15a), 2.17(H-15b), 3.30(H-18) |
| 16b | | | 2.07m | | H-15a, H-15b, H-16a | | + | |
| 17 | 46.69 | C | | | | | | 1.19(H-15a, 21a), 1.27(H-19a), 3.30(H-18) |
| 18 | 42.02 | CH | 3.30dd | 3.9, 13.7 | H-19a, H-19b | 1.00(H-30), 5.49(H-12) | + | 1.81(H-19b), 1.94(H-16a), 5.49(H-12) |
| 19a | 46.49 | $CH_2$ | 1.27m | | H-18, H-19b | | + | 0.94(H-29), 1.00(H-30), 1.19(H-21a) |
| 19b | | | 1.81m | | H-18, H-19a | | + | |
| 20 | 30.99 | C | | | | | | 0.94(H-29), 1.00(H-30), 1.81(H-19b) |
| 21a | 34.22 | $CH_2$ | 1.19m | | H-21b, H-22a, H-22b | | + | 0.94(H-29), 1.00(H-30) |
| 21b | | | 1.40m | | H-21a, H-22a, H-22b | | + | |
| 22a | 33.29 | $CH_2$ | 1.45m | | H-21a, H-21b, H-22b | | + | |
| 22b | | | 2.00m | | H-21a, H-21b, H-22a | | + | |
| 23 | 28.80 | $CH_3$ | 1.24s | | | 3.44(H-3) | + | 0.85(H-5), 1.02(H-24), 3.44(H-3) |
| 24 | 16.58 | $CH_3$ | 1.02s | | | | + | 0.85(H-5), 1.24(H-23), 3.44(H-3) |
| 25 | 15.57 | $CH_3$ | 0.88s | | | | + | 0.85(H-5), 1.68(H-9) |
| 26 | 17.45 | $CH_3$ | 1.02s | | | | + | 1.68(H-9) |
| 27 | 26.18 | $CH_3$ | 1.27s | | | | + | 1.19(H-15a) |
| 28 | 180.21 | C | | | | | | 2.07(H-16b) |
| 29 | 33.29 | $CH_3$ | 0.94s | | | | + | 1.00(H-30), 1.81(H-19b) |
| 30 | 23.77 | $CH_3$ | 1.00s | | | 3.30(H-18), 5.49(H-12) | + | 0.94(H-29), 1.81(H-19b) |
| OH-3<br>COOH | | | 4.60~6.20br | | | | | |

① 本实验室数据。

② H-2 中 2 个氢化学位移不完全相等所致。

## 例 2-63 triptohypol F 的 NMR 数据解析[125]

triptohypol F(**2-90**)是从卫矛科雷公藤属昆明山海棠(*Tripterygium hypoglaucuma*)中分离出的1个齐墩果酸型三萜化合物，我们从苦皮藤(*Celastrus angulatus*)根皮中也分离到。

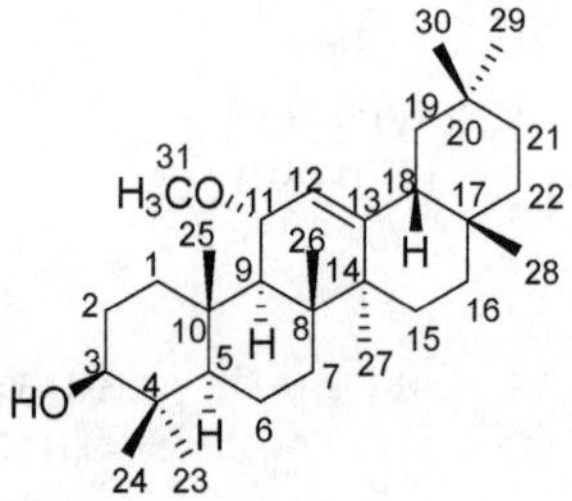

**2-90**

triptohypol F 的 $^{13}$C NMR 显示 31 条碳峰，表明其含有 31 个碳。DEPT 显示，9 个伯碳：$\delta_C$ 15.57、16.90、18.21、23.66、25.21、28.19、28.49、33.24、53.82；9 个仲碳：$\delta_C$ 18.41、26.31、26.78、27.50、33.27、34.68、37.01、39.44、46.54；6 个叔碳：$\delta_C$ 46.94、51.78、55.21、76.00、78.74、121.58；7 个季碳：$\delta_C$ 31.08、32.31、38.15、39.03、41.74、43.08、149.63。

triptohypol F 的 $^1$H NMR 除了甲基、H-3、H-9、H-11、H-12 易解析外，其他峰显示复杂峰或重叠的多重峰，分为 11 组：$\delta_H$ 0.78(1H, m)、0.84(1H, m)、0.98~1.01(2H, m, 取值 1.00)、1.08~1.14(2H, m, 取值 1.11)、1.23(2H, m)、1.28~1.32(2H, m, 取值 1.30)、1.40~1.48(3H, m, 取值 1.44)、1.61~1.64(4H, m, 取值 1.63)、1.93(1H, m)、1.97~2.04(2H, m, 取值 2.00)、4.00~6.00(1H, br)。归属解析比较困难。

根据氢化学位移规律和偶合分裂情况，$\delta_H$ 1.69(1H, d, $J$=8.9Hz)归属 H-9，$\delta_H$ 3.23(1H, m)归属 H-3，$\delta_H$ 3.83(1H, dd, $J$ = 3.5Hz、8.9Hz)归属 H-11，$\delta_H$ 5.35(1H, d, $J$ = 3.5Hz)归属 H-12。HSQC 指出，$\delta_C$ 78.74(叔碳)与 $\delta_H$ 3.23(H-3)、$\delta_C$ 51.78(叔碳)与 $\delta_H$ 1.69(H-9)、$\delta_C$ 76.00(叔碳)与 $\delta_H$ 3.83(H-11)、$\delta_C$ 121.58(叔碳)与 $\delta_H$ 5.35(H-12)相关，表明 78.74、51.78、76.00、121.58 分别归属 C-3、C-9、C-11、C-12。

H-H COSY 指出，$\delta_H$ 3.23(H-3)与 $\delta_H$ 1.63(4H, m)相关，加之 $\delta_C$ 26.78(仲碳)与 $\delta_H$ 1.63 HSQC 相关，表明 $\delta_H$ 1.63(其中 2 个氢)归属 H-2, $\delta_C$ 26.78 归属 C-2；$\delta_H$ 1.63(H-2)与 $\delta_H$ 1.23(2H, m)、1.93(1H, m)相关，加之 $\delta_C$ 39.44(仲碳)与 $\delta_H$ 1.23、1.93 HSQC 相关，初步表明 $\delta_H$ 1.23(其中 1 个氢)、1.93 分别归属 H-1a、H-1b，$\delta_C$ 39.44 归属 C-1。

HMBC 指出，$\delta_C$ 78.74(C-3)与 $\delta_H$ 0.80(3H, s)、1.00(6H, s)相关，$\delta_C$ 28.19(伯碳)与 $\delta_H$ 3.23(H-3)、0.80(3H, s)相关，$\delta_C$ 15.57(伯碳)与 $\delta_H$ 3.23(H-3)、1.00(6H, s)相关，加之 $\delta_C$ 28.19 与 $\delta_H$ 1.00，$\delta_C$ 15.57 与 $\delta_H$ 0.80 HSQC 相关，表明 $\delta_H$ 0.80、1.00(其中 3 个氢)归属 H-23、H-24(进一步归属区别需通过 NOESY，见下)，$\delta_C$ 28.19、15.57 归属 C-23、C-24(需进一步归属区别，见下)；$\delta_C$ 15.57(C-23 或 C-24)、28.19(C-23 或 C-24)均与 $\delta_H$ 0.78(1H, m)相关，加之 $\delta_C$ 55.21(叔碳)与 $\delta_H$ 0.78 HSQC 相关，表明 $\delta_H$ 0.78 归属 H-5，$\delta_C$ 55.21 归属 C-5；$\delta_C$ 55.21(C-5)与 $\delta_H$ 1.04(3H, s)相关，加之 $\delta_C$ 16.90(伯碳)与 $\delta_H$ 1.04 HSQC 相关，表明 $\delta_H$ 1.04 归属 H-25，$\delta_C$ 16.90 归属 C-25；$\delta_C$ 16.90(C-25)与 $\delta_H$ 1.23(2H, m)相关，进一步确证 $\delta_H$ 1.23(其中 1 个氢)、1.93 分别归属 H-1a、H-1b，$\delta_C$ 39.44 归属 C-1。

HMBC 指出，$\delta_C$ 18.21(伯碳)与 $\delta_H$ 1.69(H-9)、1.30(2H, m)、1.44(3H, m)相关，$\delta_C$ 33.27(仲碳)与 $\delta_H$ 1.00(6H, s)相关，加之 $\delta_C$ 18.21(伯碳)与 $\delta_H$ 1.00(6H, s)、$\delta_C$ 33.27(仲碳)与 $\delta_H$ 1.30、1.44 HSQC 相关，$\delta_H$ 1.30 与 $\delta_H$ 1.44 H-H COSY 相关，综合考虑，表明 $\delta_C$ 18.21 归属 C-26，$\delta_H$ 1.00(其中 3 个氢)归属 H-26，$\delta_C$ 33.27 归属 C-7，$\delta_H$ 1.30(其中 1 个氢)、1.44(其中 1 个氢)分别归属 H-7a、H-7b。

H-H COSY 指出，$\delta_H$ 0.78(H-5)与 $\delta_H$ 1.44(3H, m)、1.63(4H, m)相关，$\delta_H$ 1.44 与 $\delta_H$ 1.63 相关，加之 $\delta_C$ 18.41(仲碳)与 $\delta_H$ 1.44、1.63 HSQC 相关，$\delta_C$ 18.41(仲碳)与 $\delta_H$ 0.78(H-5)HMBC 相关，综合考虑，表明 $\delta_H$ 1.44(其中 1 个氢)、1.63(其中 1 个氢)分别归属 H-6a、H-6b，$\delta_C$ 18.41 归属 C-6。

根据碳化学位移规律，$\delta_C$ 149.63(季碳)归属 C-13。HMBC 指出，$\delta_C$ 149.63(C-13)与 $\delta_H$ 1.21(3H, s)、$\delta_C$ 76.00(C-11)与 $\delta_H$ 3.23(3H, s)相关，加之 $\delta_C$ 25.21(伯碳)与 $\delta_H$ 1.21、$\delta_C$ 53.82(伯碳)与 $\delta_H$ 3.23 HSQC 相关，表明 $\delta_H$ 1.21、3.23 分别归属 H-27、H-31，$\delta_C$ 25.21、53.82 分别归属 C-27、C-31。需要指出的是 $\delta_H$ 3.23(1H, m)归属 H-3(见前述)，$\delta_H$ 3.23(3H, s)归属 H-31。

HMBC 指出，$\delta_C$ 25.21(C-27)与 $\delta_H$ 1.00(2H, m)相关，$\delta_C$ 26.31(仲碳)与 $\delta_H$ 1.21(H-27)相关，加之 $\delta_H$ 1.00 与 $\delta_H$ 2.00(2H, m) H-H COSY 相关，$\delta_C$ 26.31(仲碳)与 $\delta_H$ 1.00、2.00 HSQC 相关，综合考虑，表明 $\delta_H$ 1.00(其中 1 个氢)、2.00(其中 1 个氢)分别归属 H-15a、H-15b，$\delta_C$ 26.31 归属 C-15；$\delta_C$ 26.31(C-15)与 $\delta_H$ 0.84 (1H, m)相关，$\delta_H$ 0.84(1H, m)与 $\delta_H$ 1.00 H-H COSY 相关，加之 $\delta_C$ 27.50(仲碳)与 $\delta_H$ 0.84、1.00 HSQC 相关，表明 $\delta_H$ 0.84、1.00(其中 1 个氢)分别归属 H-16a、H-16b，$\delta_C$ 27.50 归属 C-16；$\delta_C$ 27.50(C-16)与 $\delta_H$ 0.84(3H, s)相关，加之 $\delta_C$ 28.49(伯碳)与 $\delta_H$ 0.84 HSQC 相关，表明 $\delta_H$ 0.84(3H, s)归属 H-28，$\delta_C$ 28.49 归属 C-28。需要指出的是 $\delta_H$ 1.00(2H, m)分别归属 H-15a、H-16b，$\delta_H$ 1.00(6H, s)分别归属 H-23(待进一步确定)、H-26，$\delta_H$ 0.84(1H, m)、0.84(3H, s)分别归属 H-16a、H-28，解析时要特别注意。

HMBC 指出，$\delta_C$ 28.49(C-28)与 $\delta_H$ 1.44(3H, m)相关，$\delta_C$ 37.01(仲碳)与 $\delta_H$ 0.84(H-16a,28)相关，加之 $\delta_H$ 1.44 与 $\delta_H$ 1.23(2H, m)H-H COSY 相关，$\delta_C$ 37.01(仲碳)与 $\delta_H$ 1.23、1.44 HSQC 相关，表明 $\delta_H$ 1.23(其中 1 个氢)，1.44(其中 1 个氢)分别归属 H-22a、H-22b，$\delta_C$ 37.01 归属 C-22；$\delta_C$ 37.01(C-22)与 $\delta_H$ 1.30(2H, m)相关，加之 $\delta_C$ 34.68(仲碳)与 $\delta_H$ 1.11(2H, m)、1.30 HSQC 相关，$\delta_H$ 1.11 与 $\delta_H$ 1.30 H-H COSY 相关，表明 $\delta_H$ 1.11(其中 1 个氢)、1.30(其中 1 个氢)分别归属 H-21a、H-21b，$\delta_C$ 34.68 归属 C-21；$\delta_C$ 34.68(C-21)与 $\delta_H$ 0.88(3H, s)、0.89(3H, s)相关，加之 $\delta_C$ 23.66(伯碳)与 $\delta_H$ 0.88、$\delta_C$ 33.24(伯碳)与 $\delta_H$ 0.89 HSQC 相关，表明 $\delta_H$ 0.88、0.89 归属 H-29、H-30(进一步归属区别需通过 NOESY, 见下)，$\delta_C$ 23.66、33.24 归属 C-29、C-30，取决于 H-29 和 H-30 的归属区分(见下)；$\delta_C$ 23.66、33.24(C-29, 30)均与 $\delta_H$ 1.63(4H, m)相关，加之 $\delta_C$ 46.54(仲碳)与 $\delta_H$ 1.11、1.63 HSQC 相关，$\delta_H$ 1.11 与 $\delta_H$ 1.63 H-H COSY 相关，表明 $\delta_H$ 1.11(其中 1 个氢)、1.63(其中 1 个氢)分别归属 H-19a、H-19b，$\delta_C$ 46.54 归属 C-19；$\delta_C$ 28.49(C-28)与 $\delta_H$ 2.00(2H, m)相关，加之 $\delta_C$ 46.94(叔碳)与 $\delta_H$ 2.00 HSQC 相关，表明 $\delta_H$ 2.00(其中 1 个氢)归属 H-18，$\delta_C$ 46.94 归属 C-18。

NOESY 指出，$\delta_H$ 3.23(H-3)与 $\delta_H$ 1.00(H-23 或 H-24)相关，表明 $\delta_H$ 1.00(其中 3 个氢)归属 H-23($\alpha$-取向)，$\delta_H$ 0.80 归属 H-24($\beta$-取向)，$\delta_C$ 28.19、15.57 分别归属 C-23、C-24；$\delta_H$ 2.00(H-18)与 $\delta_H$ 0.88(H-29 或 H-30)相关，表明 $\delta_H$ 0.88 归属 H-30($\beta$-取向)，$\delta_H$ 0.89 归属 H-29($\alpha$-取向)，$\delta_C$ 33.24、23.66 分别归属 C-29、C-30。需要指出的是，$\delta_H$ 3.23 为 H-3 和 H-31 重叠峰，$\delta_H$ 1.00 为 H-23 和 H-26 重叠峰，$\delta_H$ 2.00 为 H-18 和 H-15b 重叠峰，观察 $\delta_H$ 3.23 与 $\delta_H$ 1.00、$\delta_H$ 2.00 与 $\delta_H$ 0.88 NOESY 相关时，上述因素的干扰应排除；参考例 2-61、例 2-62，综合考虑，可以明确 H-23 与 H-24、H-30 与 H-29、C-23 与 C-24、C-30 与 C-29 的归属区分。

HMBC 指出，$\delta_C$ 39.03(季碳)与 $\delta_H$ 0.78(H-5)、0.80(H-24)、1.00(H-23)、1.63 (H-2,6b)相关，表明 $\delta_C$ 39.03 归属 C-4；$\delta_C$ 38.15(季碳)与 $\delta_H$ 0.78(H-5)、1.04(H-25)、1.63(H-2,6b)、1.69(H-9)、1.93(H-1b)、3.83(H-11)相关，表明 $\delta_C$ 38.15 归属 C-10；$\delta_C$ 43.08(季碳)与 $\delta_H$ 1.00(H-15a,26)、1.21(H-27)、1.30(H-7a)、1.44(H-6a, 7b)、1.69(H-9)相关，表明 $\delta_C$ 43.08 归属 C-8；$\delta_C$ 41.74(季碳)与 $\delta_H$ 1.00(H-15a, 16b, 26)、1.21(H-27)、1.69(H-9)、2.00(H-15b,18)、5.35(H-12)相关，表明 $\delta_C$ 41.74 归属 C-14；$\delta_C$ 32.31(季碳)与 $\delta_H$ 0.84(H-16a,28)、1.00(H-15a,16b)、1.11(H-19a,21a)、1.30(H-21b)、1.44(H-22b)、1.63(H-19b)、2.00(H-15b,18)相关，表明 $\delta_C$ 32.31 归属 C-17；$\delta_C$ 31.08(季碳)与 $\delta_H$ 0.88(H-30)、0.89(H-29)、1.11(H-19a,21a)、1.30(H-21b)、1.63(H-19b)相关，表明 $\delta_C$ 31.08 归属 C-20。

triptohypol F 的 NMR 详细解析数据见表 2-95。

表 2-95 triptohypol F 的 NMR 数据($CDCl_3$, 400MHz/H)①

| 编号 | $\delta_C$ | DEPT | $\delta_H$ | J/Hz | H-H COSY | NOESY | HSQC | HMBC($\delta_H$) |
|---|---|---|---|---|---|---|---|---|
| 1a | 39.44 | $CH_2$ | 1.23m | | H-1b, H-2 | | + | 0.78(H-5), 1.04(H-25), 1.63(H-2), 1.69(H-9) |
| 1b | | | 1.93m | | H-1a, H-2 | | + | |
| 2 | 26.78 | $CH_2$ | 1.63m | | H-1a, H-1b, H-3 | | + | 1.93(H-1b) |
| 3 | 78.74 | CH | 3.23m | | H-2 | 1.00(H-23) | + | 0.80(H-24), 1.00(H-23), 1.63(H-2), 1.93(H-1b) |
| 4 | 39.03 | C | | | | | | 0.78(H-5), 0.80(H-24), 1.00(H-23), 1.63(H-2, 6b) |
| 5 | 55.21 | CH | 0.78m | | H-6a, H-6b | | + | 0.80(H-24), 1.00(H-23), 1.04(H-25), 1.23(H-1a), 1.63(H-6b), 1.69(H-9), 1.93(H-1b) |
| 6a | 18.41 | $CH_2$ | 1.44m | | H-5, H-6b, H-7a | | + | 0.78(H-5), 1.30(H-7a), 1.44(H-7b) |
| 6b | | | 1.63m | | H-5, H-6a, H-7a, H-7b | | + | |
| 7a | 33.27 | $CH_2$ | 1.30m | | H-6a, H-6b, H-7b | | + | 0.78(H-5), 1.00(H-26), 1.44(H-6a), 1.63(H-6b), 1.69(H-9) |
| 7b | | | 1.44m | | H-6b, H-7a | | + | |
| 8 | 43.08 | C | | | | | | 1.00(H-15a, 26), 1.21(H-27), 1.30(H-7a), 1.44(H-6a, 7b), 1.69(H-9) |
| 9 | 51.78 | CH | 1.69d | 8.9 | H-11 | | + | 0.78(H-5), 1.00(H-26), 1.04(H-25), 1.23(H-1a), 1.30(H-7a), 1.44(H-7b), 1.93(H-1b), 3.83(H-11), 5.35(H-12) |
| 10 | 38.15 | C | | | | | | 0.78(H-5), 1.04(H-25), 1.63(H-2, 6b), 1.69(H-9), 1.93(H-1b), 3.83(H-11) |
| 11 | 76.00 | CH | 3.83dd | 8.9, 3.5 | H-9, H-12 | | + | 1.69(H-9), 3.23(H-31), 5.35(H-12) |
| 12 | 121.58 | CH | 5.35d | 3.5 | H-11 | | + | 2.00(H-18), 3.83(H-11) |
| 13 | 149.63 | C | | | | | | 1.21(H-27), 1.69(H-15a), 2.00(H-15b, 18), 3.83(H-11) |
| 14 | 41.74 | C | | | | | | 1.00(H-15a, 16b, 26), 1.21(H-27), 1.69(H-9), 2.00(H-15b, 18), 5.35(H-12) |

续表

| 编号 | $\delta_C$ | DEPT | $\delta_H$ | $J$/Hz | H-H COSY | NOESY | HSQC | HMBC($\delta_H$) |
|---|---|---|---|---|---|---|---|---|
| 15a | 26.31 | $CH_2$ | 1.00m | | H-15b, H-16a | | + | 0.84(H-16a), 1.21(H-27) |
| 15b | | | 2.00m | | H-15a, H-16a, H-16b | | + | |
| 16a | 27.50 | $CH_2$ | 0.84m | | H-15a, H-15b, H-16b | | + | 0.84(H-28), 1.00(H-15a), 2.00(H-15b, 18) |
| 16b | | | 1.00m | | H-15b, H-16a | | + | |
| 17 | 32.31 | C | | | | | | 0.84(H-16a, 28), 1.00(H15a, 16b), 1.11(H-19a, 21a), 1.30(H-21b), 1.44(H-22b), 1.63(H-19b), 2.00(H-15b, 18) |
| 18 | 46.94 | CH | 2.00m | | H-19a, H-19b | 0.88(H-30) | + | 0.84(H-16a, 28), 1.11(H-19a), 1.63(H-19b), 5.35(H-12) |
| 19a | 46.54 | $CH_2$ | 1.11m | | H-18, H-19b | | + | 0.88(H-30), 0.89(H-29), 1.11(H-21a), 2.00(H-18) |
| 19b | | | 1.63m | | H-18, H-19a | | + | |
| 20 | 31.08 | C | | | | | | 0.88(H-30), 0.89(H-29), 1.11(H-19a, 21a), 1.30(H-21b), 1.63(H-19b) |
| 21a | 34.68 | $CH_2$ | 1.11m | | H-21b, H-22a, H-22b | | + | 0.88(H-30), 0.89(H-29), 1.11(H-19a)1.23(H-22a), 1.44(H-22b) |
| 21b | | | 1.30m | | H-21a, H-22a, H-22b | | + | |
| 22a | 37.01 | $CH_2$ | 1.23m | | H-21a, H-21b, H-22b | | + | 0.84(H-16a, 28), 1.00(H-16b), 1.30(H-21b) |
| 22b | | | 1.44m | | H-21a, H-21b, H-22a | | + | |
| 23 | 28.19 | $CH_3$ | 1.00s | | | 3.23(H-3) | + | 0.78(H-5), 0.80(H-24), 3.23(H-3) |
| 24 | 15.57 | $CH_3$ | 0.80s | | | | + | 0.78(H-5), 1.00(H-23), 3.23(H-3) |
| 25 | 16.90 | $CH_3$ | 1.04s | | | | + | 0.78(H-5), 1.23(H-1a), 1.69(H-9) |
| 26 | 18.21 | $CH_3$ | 1.00s | | | | + | 1.34(H-7a), 1.44(H-7b), 1.69(H-9) |

续表

| 编号 | $\delta_C$ | DEPT | $\delta_H$ | J/Hz | H-H COSY | NOESY | HSQC | HMBC($\delta_H$) |
|---|---|---|---|---|---|---|---|---|
| 27 | 25.21 | $CH_3$ | 1.21s | | | | + | 1.00(H-15a), 3.83(H-11), 5.35(H-12) |
| 28 | 28.49 | $CH_3$ | 0.84s | | | | + | 1.00(H-16b), 1.44(H-22b), 2.00(H -18) |
| 29 | 33.24 | $CH_3$ | 0.89s | | | | + | 0.88(H-30), 1.30(H-21b), 1.63(H-19b) |
| 30 | 23.66 | $CH_3$ | 0.88s | | | 2.00(H-18) | + | 0.89(H-29), 1.30(H-21b), 1.63(H-19b) |
| 31 | 53.82 | $CH_3$ | 3.23s | | | | + | 3.83(H-11) |
| OH-3 | | | 4.00~6.00br | | | | | |

① 本实验室数据。

**例 2-64** 路路通酮 A 的 NMR 数据解析和结构测定[126,127]

路路通酮 A(11$\alpha$-甲氧基-28-去甲基-$\beta$-脂檀酮，11$\alpha$-methoxyl-28-nor-$\beta$-amyrenone, **2-91**)是从中药路路通(*Liquidambaris fructus*)中分离出的 1 个化合物。本例介绍其 NMR 数据解析和结构测定。路路通味苦、性平、归肝和肾经，具有祛风湿、通经、利尿等功效。

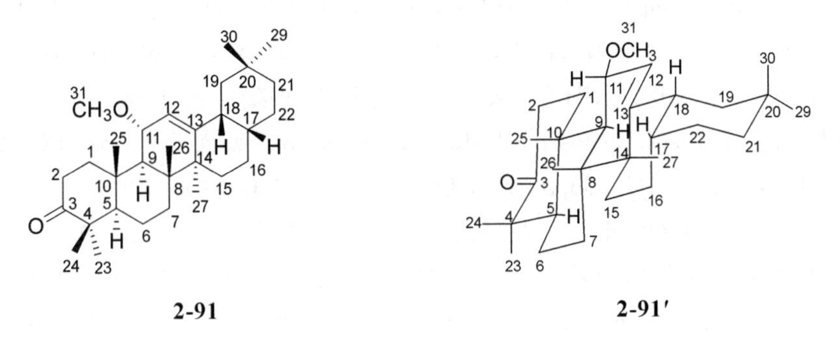

**2-91**　　**2-91′**

路路通酮 A 的 $^{13}$C NMR 显示 29 条碳峰，其中 $\delta_C$ 33.7×2 含有 2 个碳，因此，该化合物含有 30 个碳。DEPT 显示，8 个伯碳：$\delta_C$ 16.4、19.3、21.6、24.0、24.4、26.8、33.7、54.0；9 个仲碳：$\delta_C$ 20.0、22.2、27.9、31.2、33.4、33.7、34.6、40.1、44.7；6 个叔碳：$\delta_C$ 35.4、40.8、51.2、55.6、76.2、120.9；7 个季碳：$\delta_C$ 31.4、38.0、42.5、42.9、47.8、150.6、218.1。

根据碳化学位移规律，$\delta_C$ 54.0(伯碳)应归属 C-31，$\delta_C$ 218.1(季碳)应归属 C-3。将路路通酮 A 的 $^{13}$C NMR 数据进行初步分析，并与 triptohypol F(**2-90**)的 $^{13}$C NMR 数据(见例 2-63)进行比较，发现路路通酮 A 少 1 个伯碳，多 1 个 C=O；与

28-nor-$\beta$-amyrenone(**2-92**)[127]的 $^{13}$C NMR 数据进行比较，发现路路通酮 A 多一个 $CH_3O$-。虽然路路通酮 A 含 30 个碳，$CH_3O$-应为取代基，因此，初步推测路路通酮 A 为少 1 个碳(可能 28 位甲基去掉变为氢)、且 3 位羟基变为羰基的三萜化合物，如式 **2-91** 所示。为了进一步证明推测结构的正确性，需进一步对式 **2-91** 的 $^{1}$H、$^{13}$C NMR 数据进行详细解析。

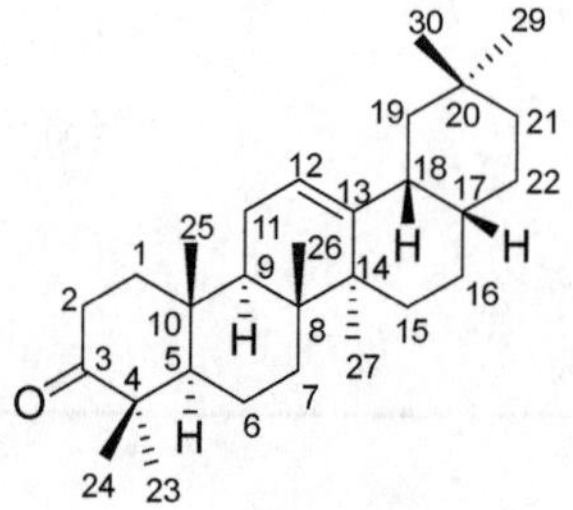

**2-92**

HMBC 指出，$\delta_C$ 218.1(C-3)与 $\delta_H$ 1.06(3H, s)、1.10(3H, s)、1.38(1H, m)相关，加之 $\delta_C$ 21.6(伯碳)与 $\delta_H$ 1.06、$\delta_C$ 26.8(伯碳)与 $\delta_H$ 1.10、$\delta_C$ 55.6(叔碳)与 $\delta_H$ 1.38 HSQC 相关，表明 $\delta_H$ 1.06、1.10 归属 H-23、H-24(归属需进一步区分，见下)，$\delta_H$ 1.38 归属 H-5, $\delta_C$ 21.6、26.8 归属 C-23、C-24(归属需进一步区分，见下)，$\delta_C$ 55.6 归属 C-5；$\delta_C$ 55.6(C-5)与 $\delta_H$ 1.14(3H, s)相关，加之 $\delta_C$ 16.4(伯碳)与 $\delta_H$ 1.14 HSQC 相关，表明 $\delta_H$ 1.14 归属 H-25, $\delta_C$ 16.4 归属 C-25；$\delta_C$ 16.4(C-25)与 $\delta_H$ 1.68(1H, m)、2.22(1H, ddd, $J$=14.0Hz、7.3Hz、3.8Hz)相关，加之 $\delta_C$ 40.1(仲碳)与 $\delta_H$ 1.68、2.22 HSQC 相关，表明 $\delta_H$ 1.68、2.22 分别归属 H-1a、H-1b，$\delta_C$ 40.1 归属 C-1；$\delta_C$ 218.1(C-3)与 $\delta_H$ 2.38(1H, m)、2.54(1H, ddd, $J$=16.0Hz、10.7Hz、7.3Hz)相关，加之 $\delta_C$ 34.6(仲碳)与 $\delta_H$ 2.38、2.54 HSQC 相关，表明 $\delta_H$ 2.38、2.54 分别归属 H-2a、H-2b，$\delta_C$ 34.6 归属 C-2。需要特别指出的是，由 $\delta_H$ 2.22(1H, ddd, $J$=14.0Hz、7.3Hz、3.8Hz，H-1b)和 $\delta_H$ 2.54(1H, ddd, $J$= 16.0Hz、10.7Hz、7.4Hz，H-2b)可以得出 H-1b 为平伏氢 $\beta$-取向，H-2b 为直立氢 $\beta$-取向(见式 **2-91′**)。

HMBC 指出，$\delta_C$ 47.8(季碳)与 $\delta_H$ 1.06(H-23 或 H-24)、1.10(H-23 或 H-24)、1.38(H-5)、1.49(3H, m)相关，加之 $\delta_C$ 20.0(仲碳)与 $\delta_H$ 1.49 HSQC 相关，表明 $\delta_C$ 47.8 归属 C-4，$\delta_H$ 1.49(其中 2 个氢)归属 H-6，$\delta_C$ 20.0 归属 C-6；$\delta_C$ 38.0(季碳)与 $\delta_H$ 1.14(H-25)、1.38(H-5)、1.49(H-6)、1.68(H-1a)、1.80(1H, d, $J$ = 8.9Hz)、2.22(H-1b)、2.38(H-2a)、2.54(H-2b)、3.88(1H, dd, $J$=8.9, 3.3Hz)相关，加之 $\delta_C$ 51.2(叔碳)与 $\delta_H$ 1.80 HSQC 相关，$\delta_C$ 76.2(叔碳)与 $\delta_H$ 3.88 HSQC 相关，表明 $\delta_C$ 38.0 归属 C-10，$\delta_H$ 1.80、3.88 分别归属 H-9、H-11，$\delta_C$ 51.2、76.2 分别归属 C-9、C-11；$\delta_C$ 51.2(C-9)

与 $\delta_H$ 0.95(3H, s)、1.14(H-25)、1.36(1H, m)、1.49(3H, m)、3.88(H-11)、5.37(1H, d, $J$ = 3.3Hz)相关，加之 $\delta_C$ 19.3(伯碳)与 $\delta_H$ 0.95 HSQC 相关，$\delta_C$ 33.4(仲碳)与 $\delta_H$ 1.36、1.49 HSQC 相关，$\delta_C$ 120.9(叔碳)与 $\delta_H$ 5.37 HSQC 相关，综合考虑，表明 $\delta_H$ 0.95、1.36、1.49(其中 1 个氢)、5.37 分别归属 H-26、H-7a、H-7b、H-12，$\delta_C$ 19.3、33.4、120.9 分别归属 C-26、C-7、C-12。

HMBC 指出，$\delta_C$ 42.9(季碳)与 $\delta_H$ 0.95(H-26)、1.24(1H, m)、1.54(1H, m)、5.37(H-12)相关，加之 $\delta_C$ 31.2(仲碳)与 $\delta_H$ 1.24、1.54 HSQC 相关，表明 $\delta_H$ 1.24、1.54 分别归属 H-15a、H-15b，$\delta_C$ 42.9、31.2 分别归属 C-14、C-15；$\delta_C$ 31.2(C-15)与 $\delta_H$ 1.20(3H, s)相关，加之 $\delta_C$ 24.4(伯碳)与 $\delta_H$ 1.20 HSQC 相关，表明 $\delta_H$ 1.20 归属 H-27, $\delta_C$ 24.4 归属 C-27。

根据碳化学位移规律，$\delta_C$ 150.6(季碳)归属 C-13。HMBC 指出，$\delta_C$ 150.6(C-13)与 $\delta_H$ 1.08(1H, m)、1.63(1H, m)相关，加之 $\delta_C$ 44.7(仲碳)与 $\delta_H$ 1.08、1.63 HSQC 相关，表明 $\delta_H$ 1.08、1.63 分别归属 H-19a、H-19b，$\delta_C$ 44.7 归属 C-19；$\delta_C$ 120.9(C-12)与 $\delta_H$ 2.40(1H, m)相关，加之 $\delta_C$ 40.8(叔碳)与 $\delta_H$ 2.40 HSQC 相关，表明 $\delta_H$ 2.40 归属 H-18，$\delta_C$ 40.8 归属 C-18。

HMBC 指出，$\delta_C$ 40.8(C-18)与 $\delta_H$ 1.59(2H, m)、1.84(1H, m)相关，$\delta_C$ 31.2(C-15)与 $\delta_H$ 1.59、1.84 相关，加之 $\delta_C$ 22.2(仲碳)与 $\delta_H$ 1.59、1.84 HSQC 相关，表明 $\delta_H$ 1.59(其中 1 个氢)、1.84 分别归属 H-16a、H-16b，$\delta_C$ 22.2 归属 C-16；$\delta_C$ 44.7(C-19)与 $\delta_H$ 0.88(3H, s)、0.92(3H, s)相关，加之 $\delta_C$ 24.0(伯碳)与 $\delta_H$ 0.92、$\delta_C$ 33.7(伯碳)与 $\delta_H$ 0.88 HSQC 相关，表明 $\delta_H$ 0.88、0.92 归属 H-29、H-30(归属需进一步区分，见下)，$\delta_C$ 24.0、33.7 归属 C-29、C-30(归属需进一步区分，见下)；$\delta_C$ 33.7(仲碳)与 $\delta_H$ 0.88(H-29 或 H-30)、0.92(H-29 或 H-30)、1.08(H-19a)、1.63(H-19b)相关，加之 $\delta_C$ 33.7(仲碳)与 $\delta_H$ 1.10(1H, m)、1.26(1H, m)HSQC 相关，表明 $\delta_C$ 33.7 归属 C-21，$\delta_H$ 1.10、1.26 分别归属 H-21a、H-21b；$\delta_C$ 31.4(季碳)与 $\delta_H$ 0.88(H-29 或 H-30)、0.92(H-29 或 H-30)、1.08(H-19a)、1.10(H-21a)、1.26(H-21b)、1.38(1H, m)、1.63(H-19b)、1.72(1H, m)相关，加之 $\delta_C$ 27.9(仲碳)与 $\delta_H$ 1.38、1.72 HSQC 相关，表明 $\delta_C$ 31.4 归属 C-20，$\delta_H$ 1.38、1.72 归属 H-22a、H-22b，$\delta_C$ 27.9 归属 C-22；$\delta_C$ 35.4(叔碳)与 $\delta_H$ 1.08(H-19a)、1.10(H-21a)、1.24(H-15a)、1.26(H-21b)、1.38(H-22a)、1.54(H-15b)、1.63(H-19b)、1.72(H-22b)、1.84(H-16b)、2.40(H-18)相关，表明 $\delta_C$ 35.4 归属 C-17。HSQC 指出，$\delta_C$ 35.4(C-17)与 $\delta_H$ 1.59(2H, m)相关，表明 $\delta_H$ 1.59(其中 1 个氢)归属 H-17。

HMBC 指出，$\delta_C$ 54.0(C-31)与 $\delta_H$ 3.88(H-11)相关，加之 $\delta_C$ 54.0 与 $\delta_H$ 3.24(3H, s)HSQC 相关，表明 $\delta_H$ 3.24 归属 H-31，也表明甲氧基连在 C-11 位。

最后，剩下的 $\delta_C$ 42.5(季碳)应归属 C-8，$\delta_C$ 42.5 与 $\delta_H$ 1.36(H-7a)、1.49(H-6, 7b)、

1.80(H-9) HMBC 相关，进一步证明 $\delta_C$ 42.5 归属的正确性。

NOESY 指出，$\delta_H$ 3.24(H-31)与 $\delta_H$ 1.20(H-27)相关，表明 C-11 位甲氧基 $\alpha$-取向(见 **2-91′**)；$\delta_H$ 2.40(H-18)与 $\delta_H$ 0.92(H-29 或 H-30)相关，表明 $\delta_H$ 0.92 归属 H-30，$\beta$-取向，当然 $\delta_H$ 0.88 归属 H-29, $\delta_C$ 33.7、24.0 分别归属 C-29、C-30。

路路通酮 A 的 NMR 详细解析数据见表 2-96，triptohypol F(**2-90**)、28-nor-$\beta$-amyrenone(**2-92**)与路路通酮 A(**2-91**)的 $^{13}$C NMR 数据对比见表 2-97。

表 2-96　路路通酮 A 的 NMR 数据解析($CDCl_3$, 500MHz/H)

| 编号 | $\delta_C$ | DEPT | $\delta_H$ | J/Hz | NOESY | HSQC | HMBC($\delta_H$) |
|---|---|---|---|---|---|---|---|
| 1a(a, $\alpha$) | 40.1 | $CH_2$ | 1.68m | | | + | 1.14(H-25), 1.80(H-9), 2.38(H-2a), 2.54(H-2b) |
| 1b(e, $\beta$) | | | 2.22ddd | 14.0, 7.3, 3.8 | | + | |
| 2a(e, $\alpha$) | 34.6 | $CH_2$ | 2.38m | | | + | 1.68(H-1a), 2.22(H-1b) |
| 2b(a, $\beta$) | | | 2.54ddd | 16.0, 10.7, 7.3 | | + | |
| 3 | 218.1 | C | | | | | 1.06(H-24), 1.10(H-23), 1.38(H-5), 1.68(H-1a), 2.22(H-1b), 2.38(H-2a), 2.54(H-2b) |
| 4 | 47.8 | C | | | | | 1.06(H-24), 1.10(H-23), 1.38(H-5), 1.49(H-6) |
| 5 | 55.6 | CH | 1.38m | | | + | 1.06(H-24), 1.10(H-23), 1.14(H-25), 1.36(H-7a), 1.49(H-6, 7b), 1.80(H-9) |
| 6 | 20.0 | $CH_2$ | 1.49m | | | + | 0.95(H-26), 1.36(H-7a), 1.38(H-5), 1.49(H-7b) |
| 7a | 33.4 | $CH_2$ | 1.36m | | | + | 1.38(H-5), 1.49(H-6), 1.80(H-9) |
| 7b | | | 1.49m | | | + | |
| 8 | 42.5 | C | | | | | 1.36(H-7a), 1.49(H-6,7b), 1.80(H-9) |
| 9 | 51.2 | CH | 1.80d | 8.9 | | + | 0.95(H-26), 1.14(H-25), 1.36(H-7a), 1.49(H-7b), 3.88(H-11), 5.37(H-12) |
| 10 | 38.0 | C | | | | | 1.14(H-25), 1.38(H-5), 1.49(H-6), 1.68(H-1a), 1.80(H-9), 2.22(H-1b), 2.38(H-2a), 2.54(H-2b), 3.88(H-11) |
| 11 | 76.2 | CH | 3.88dd | 8.9, 3.3 | | + | 1.80(H-9), 3.24(H-31), 5.37(H-12) |

续表

| 编号 | $\delta_C$ | DEPT | $\delta_H$ | J/Hz | NOESY | HSQC | HMBC($\delta_H$) |
|---|---|---|---|---|---|---|---|
| 12 | 120.9 | CH | 5.37d | 3.3 | | + | 2.40(H-18), 3.88(H-11) |
| 13 | 150.6 | C | | | | | 1.08(H-19a), 1.63(H-19b), 2.40(H-18), 3.88(H-11), 5.37(H-12) |
| 14 | 42.9 | C | | | | | 0.95(H-26), 1.24(H-15a), 1.54(H-15b), 2.40(H-18), 5.37(H-12) |
| 15a | 31.2 | $CH_2$ | 1.24m | | | + | 1.20(H-27), 1.59(H-16a), 1.84(H-16b) |
| 15b | | | 1.54m | | | + | |
| 16a | 22.2 | $CH_2$ | 1.59m | | | + | 1.24(H-15a), 1.38(H-22a), 1.54(H-15b), 1.72(H-22b), |
| 16b | | | 1.84m | | | + | 2.40(H-18) |
| 17 | 35.4 | CH | 1.59m | | | + | 1.08(H-19a), 1.10(H-21a), 1.24(H-15a), 1.26(H-21b), 1.38(H-22a), 1.54(H-15b), 1.59(H-16a), 1.63(H-19b), 1.72(H-22b), 1.84(H-16b), 2.40(H-18) |
| 18 | 40.8 | CH | 2.40m | | H-30 | + | 1.08(H-19a), 1.59(H-16a), 1.63(H-19b), 1.84(H-16b), 5.37(H-12) |
| 19a | 44.7 | $CH_2$ | 1.08m | | | + | 0.88(H-29), 0.92(H-30), 2.40(H-18) |
| 19b | | | 1.63m | | | + | |
| 20 | 31.4 | C | | | | | 0.88(H-29), 0.92(H-30), 1.08(H-19a), 1.10(H-21a), 1.26(H-21b), 1.38(H-22a), 1.63(H-19b), 1.72(H-22b) |
| 21a | 33.7 | $CH_2$ | 1.10m | | | + | 0.88(H-29), 0.92(H-30), 1.08(H-19a), 1.38(H-22a), |
| 21b | | | 1.26m | | | + | 1.63(H-19b), 1.72(H-22b) |
| 22a | 27.9 | $CH_2$ | 1.38m | | | + | 1.10(H-21a), 1.26(H-21b) |
| 22b | | | 1.72m | | | + | |
| 23 | 26.8 | $CH_3$ | 1.10s | | | + | 1.06(H-24), 1.38(H-5) |
| 24 | 21.6 | $CH_3$ | 1.06s | | | + | 1.10(H-23), 1.38(H-5) |
| 25 | 16.4 | $CH_3$ | 1.14s | | | + | 1.38(H-5), 1.68(H-1a), 1.80(H-9), 2.22(H-1b) |
| 26 | 19.3 | $CH_3$ | 0.95s | | | + | 1.36(H-7a), 1.49(H-7b), 1.80(H-9) |

续表

| 编号 | $\delta_C$ | DEPT | $\delta_H$ | $J$/Hz | NOESY | HSQC | HMBC($\delta_H$) |
|---|---|---|---|---|---|---|---|
| 27 | 24.4 | $CH_3$ | 1.20s | | H-31 | + | 1.24(H-15a), 1.54(H-15b) |
| 29 | 33.7 | $CH_3$ | 0.88s | | | + | 0.92(H-30), 1.08(H-19a), 1.10(H-21a), 1.26(H-21b), 1.63(H-19b) |
| 30 | 24.0 | $CH_3$ | 0.92s | | H-18 | + | 0.88(H-29), 1.08(H-19a), 1.63(H-19b) |
| 31 | 54.0 | $CH_3$ | 3.24s | | H-27 | + | 3.88(H-11) |

表 2-97　triptohypol F(**2-90**)、路路通酮 A、28-nor-$\beta$-amyrenone 的 $^{13}$C NMR 数据

| 编号 | **2-90**① | **2-91**② | **2-92**③ | 编号 | **2-90**① | **2-91**② | **2-92**③ |
|---|---|---|---|---|---|---|---|
| 1 | 39.44 | 40.1 | 39.2 | 16 | 27.50 | 22.2 | 22.2 |
| 2 | 26.78 | 34.6 | 34.2 | 17 | 32.31 | 35.4 | 35.8 |
| 3 | 78.74 | 218.1 | 217.7 | 18 | 46.94 | 40.8 | 41.0 |
| 4 | 39.03 | 47.8 | 47.4 | 19 | 46.54 | 44.7 | 44.9 |
| 5 | 55.21 | 55.6 | 55.3 | 20 | 31.08 | 31.4 | 31.2 |
| 6 | 18.41 | 20.0 | 19.7 | 21 | 34.68 | 33.7 | 33.7 |
| 7 | 33.27 | 33.4 | 32.6 | 22 | 37.01 | 27.9 | 27.9 |
| 8 | 43.08 | 42.5 | 39.1 | 23 | 28.19 | 26.8 | 26.6 |
| 9 | 51.78 | 51.2 | 47.0 | 24 | 15.57 | 21.6 | 21.5 |
| 10 | 38.15 | 38.0 | 36.8 | 25 | 16.90 | 16.4 | 15.1 |
| 11 | 76.00 | 76.2 | 23.4 | 26 | 18.21 | 19.3 | 17.4 |
| 12 | 121.58 | 120.9 | 120.9 | 27 | 25.21 | 24.4 | 24.9 |
| 13 | 149.63 | 150.6 | 146.0 | 28 | 28.49 | — | — |
| 14 | 41.74 | 42.9 | 42.6 | 29 | 33.24 | 33.7 | 33.6 |
| 15 | 26.31 | 31.2 | 31.1 | 30 | 23.66 | 24.0 | 23.9 |
| | | | | 31 | 53.82 | 54.0 | |

① $CDCl_3$, 100MHz。

② $CDCl_3$, 125MHz。

③ $CDCl_3$, 75MHz。

H-23 与 H-24、C-23 与 C-24 归属的区分可参照与 28-nor-$\beta$-amyrenone(**2-92**)的对比，确定 $\delta_C$ 26.8、21.6 分别归属 C-23、C-24(见表 2-97)，根据 HSQC 相关，确定 $\delta_H$ 1.10、1.06 分别归属 H-23、H-24。

由表 2-97 可以看出，路路通酮 A(**2-91**)和 triptohypol F(**2-90**)相比，C-2、C-4 化学位移向低场发生位移，是由于 C-3 变为羰基的缘故；C-15~C-19、C-21、C-22 化学位移有明显差异(向低场或向高场位移)是由于 28-去甲基所致。路路通酮

A(**2-91**)与 28-nor-$\beta$-amyrenone(**2-92**)相比，C-7~C-11、C-13、C-25、C-26 化学位移有明显差异(向低场或向高场位移)是由于 11 位甲氧基取代所致。

综上，路路通酮 A 的化学结构用式(**2-89**)表示是正确的。

## 例 2-65　21$\beta$-羟基柴胡皂苷 b$_2$的 NMR 数据解析[128-130]

21$\beta$-羟基柴胡皂苷 b$_2$ (21$\beta$-hydroxysaikosaponin b$_2$, **2-93**) 是从中药柴胡 (*Bupleurum chinense*) 中分离出的 1 个三萜皂苷化合物，该化合物含有 2 个糖，1 个是葡萄糖，1 个是岩藻糖，与苷元的连接为 3-*O*-[$\beta$-D-吡喃葡萄糖基-(1→3)-$\beta$-D-吡喃岩藻糖基]。

柴胡属解表类中药，其主要化学成分为柴胡皂苷(saikosaponins a、b、c、d 等)。

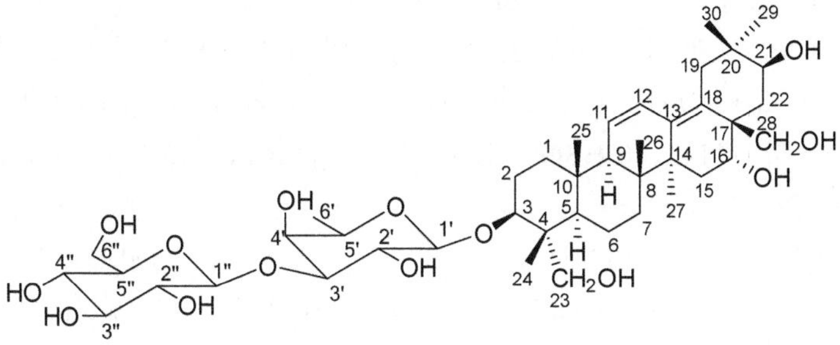

**2-93**

21$\beta$-羟基柴胡皂苷 b$_2$ 是一个含有 2 个六碳糖的三萜苷，本来三萜苷元的 $^1$H NMR 谱峰重叠就很厉害，再加上 2 个六碳糖的氢峰重叠就更厉害，加之 C、H 数目多，因此，21$\beta$-羟基柴胡皂苷 b$_2$ 的 NMR 数据详细解析相当困难。

21$\beta$-羟基柴胡皂苷 b$_2$的 $^{13}$C NMR 显示 41 条碳峰，其中 $\delta_C$ 17.26×2 含有 2 个碳，因此，21$\beta$-羟基柴胡皂苷 b$_2$含有 42 个碳。DEPT 显示，7 个伯碳：$\delta_C$ 13.12、17.26×2、18.37、18.88、21.87、29.24；10 个仲碳：$\delta_C$ 18.24、26.15、31.72、32.28、33.12、38.44、39.35、62.72、64.08、65.73；17 个叔碳：$\delta_C$ 47.37、54.01、67.28、71.06、71.57、71.86、72.18、73.64、75.85、78.46、78.81、81.66、85.29、106.02、106.76、126.40、126.48；8 个季碳：$\delta_C$ 36.52、38.00、41.09、41.86、43.70、47.78、132.16、136.32。

HMBC 指出，$\delta_C$ 81.66(叔碳)与 $\delta_H$ 0.92(3H, s)相关，加之 $\delta_C$ 81.66 与 $\delta_H$ 4.30(1H, dd, $J$ = 4.5Hz、12.0Hz)、$\delta_C$ 13.12(伯碳)与 $\delta_H$ 0.92 HSQC 相关，结合碳、氢化学位移规律和氢偶合分裂情况，综合考虑，$\delta_C$ 81.66、13.12 分别归属 C-3、C-24，$\delta_H$ 4.30、0.92 分别归属 H-3、H-24；$\delta_C$ 81.66(C-3)与 $\delta_H$ 1.75(1H, m)相关，加之 $\delta_C$ 47.37(叔碳)与 $\delta_H$ 1.75 HSQC 相关，表明 $\delta_H$ 1.75 归属 H-5, $\delta_C$ 47.37 归属 C-5；$\delta_C$ 81.66(C-3)与 $\delta_H$ 3.71(1H, m)、4.40(2H, m)相关，加之 $\delta_C$ 64.08(仲碳)与 $\delta_H$ 3.71、4.40 HSQC

相关，$\delta_H$ 3.71 与 $\delta_H$ 4.40 H-H COSY 相关，表明 $\delta_H$ 3.71、4.40(其中 1 个氢)分别归属 H-23a、H-23b，$\delta_C$ 64.08 归属 C-23；$\delta_C$ 47.37(C-5)与 $\delta_H$ 1.01(3H, s)相关，加之 $\delta_C$ 18.88(伯碳)与 $\delta_H$ 1.01 HSQC 相关，表明 $\delta_H$ 1.01 归属 H-25, $\delta_C$ 18.88 归属 C-25；$\delta_C$ 18.88(C-25)与 $\delta_H$ 1.13(1H, d, $J$ = 13.0Hz)相关，$\delta_C$ 81.66(C-3)与 $\delta_H$ 1.90(1H, d, $J$ = 13.0Hz)相关，加之 $\delta_C$ 38.44(仲碳)与 $\delta_H$ 1.13、1.90 HSQC 相关，$\delta_H$ 1.13 与 $\delta_H$ 1.90 H-H COSY 相关，表明 $\delta_H$ 1.13、1.90 分别归属 H-1a、H-1b，$\delta_C$ 38.44 归属 C-1；$\delta_C$ 43.70(季碳)与 $\delta_H$ 0.92(H-24)、1.75(H-5)、3.71(H-23a)、4.30(H-3)、4.40(H-23b)相关，表明 $\delta_C$ 43.70 归属 C-4；$\delta_C$ 36.52(季碳)与 $\delta_H$ 1.01(H-25)、1.13(H-1a)、1.75(H-5)、1.90(H-1b)相关，表明 $\delta_C$ 36.52 归属 C-10。

H-H COSY 指出，$\delta_H$ 4.30(H-3)分别与 $\delta_H$ 2.09(1H, m)、2.34(1H, dd, $J$ = 12.0Hz、4.5Hz)相关，$\delta_H$ 2.09 与 $\delta_H$ 2.34 相关，加之 $\delta_C$ 26.15(仲碳)与 $\delta_H$ 2.09、2.34 HSQC 相关，表明 $\delta_H$ 2.09、2.34 分别归属 H-2a、H-2b，$\delta_C$ 26.15 归属 C-2；$\delta_H$ 1.75(H-5)与 $\delta_H$ 1.41(1H, m)、1.80(1H, m)相关，$\delta_H$ 1.41/$\delta_H$ 1.80 相关，加之 $\delta_C$ 18.24(仲碳)与 $\delta_H$ 1.41、1.80 HSQC 相关，表明 $\delta_H$ 1.41、1.80 分别归属 H-6a、H-6b，$\delta_C$ 18.24 归属 C-6。

HMBC 指出，$\delta_C$ 47.37(C-5)与 $\delta_H$ 1.32(1H, d, $J$ = 9.5Hz)相关，加之 $\delta_H$ 1.32 与 $\delta_H$ 1.56(1H, d, $J$ =9.5Hz)H-H COSY 相关，$\delta_C$ 32.28(仲碳)与 $\delta_H$ 1.32、1.56 HSQC 相关，表明 $\delta_H$ 1.32、1.56 分别归属 H-7a、H-7b，$\delta_C$ 32.28 归属 C-7；$\delta_C$ 32.28(C-7)与 $\delta_H$ 0.89(3H, s)相关，加之 $\delta_C$ 17.26(伯碳)与 $\delta_H$ 0.89 HSQC 相关，表明 $\delta_H$ 0.89 归属 H-26, $\delta_C$ 17.26 归属 C-26；$\delta_C$ 17.26(C-26)与 $\delta_H$ 2.26(1H, brs)相关，加之 $\delta_C$ 54.01(叔碳)与 $\delta_H$ 2.26 HSQC 相关，表明 $\delta_H$ 2.26 归属 H-9, $\delta_C$ 54.01 归属 C-9；$\delta_C$ 41.09(季碳)与 $\delta_H$ 0.89(H-26)、1.32(H-7a)、2.26(H-9)、1.70(3H, s)、5.75(1H, d, $J$ = 10.5Hz)相关，加之 $\delta_C$ 21.87(伯碳)与 $\delta_H$ 1.70、$\delta_C$ 126.48(叔碳)与 $\delta_H$ 5.75 HSQC 相关，表明 $\delta_C$ 41.09 归属 C-8, $\delta_H$ 1.70、5.75 分别归属 H-27、H-11, $\delta_C$ 21.87、126.48 分别归属 C-27、C-11。

H-H COSY 指出，$\delta_H$ 5.75(H-11)与 $\delta_H$ 6.77(1H, brd, $J$ = 10.5Hz)相关，加之 $\delta_C$ 126.40(叔碳)与 $\delta_H$ 6.77 HSQC 相关，表明 $\delta_H$ 6.77 归属 H-12, $\delta_C$ 126.40 归属 C-12。

HMBC 指出，$\delta_C$ 21.87(C-27)与 $\delta_H$ 1.67(1H, brd, $J$ = 12.0Hz)、2.20(1H, brd, $J$ = 12.0Hz)相关，加之 $\delta_H$ 1.67 与 $\delta_H$ 2.20 H-H COSY 相关，$\delta_C$ 31.72(仲碳)与 $\delta_H$ 1.67、2.20 HSQC 相关，表明 $\delta_H$ 1.67、2.20 分别归属 H-15a、H-15b，$\delta_C$ 31.72 归属 C-15；$\delta_C$ 136.32(季碳)与 $\delta_H$ 1.70(H-27)、5.75(H-11)、6.77(H-12)相关，表明 $\delta_C$ 136.32 归属 C-13；$\delta_C$ 132.16(季碳)与 $\delta_H$ 4.79(1H, brs)、6.77(H-12)相关，加之 $\delta_C$ 67.28(叔碳)与 $\delta_H$ 4.79 HSQC 相关，$\delta_H$ 4.79 与 $\delta_H$ 6.12(1H, brs, 活泼氢) H-H COSY 相关，表明 $\delta_C$ 132.16 归属 C-18，$\delta_H$ 4.79 归属 H-16，$\delta_H$ 6.12 归属 OH-16，$\delta_C$ 67.28 归属 C-16；$\delta_C$ 67.28(C-16)与 $\delta_H$ 3.82(1H, d, $J$ = 11.0Hz)、4.27(2H, m)相关，加之 $\delta_H$ 3.82 与 $\delta_H$

4.27 H-H COSY 相关，$\delta_C$ 65.73(仲碳)与 $\delta_H$ 3.82、4.27 HSQC 相关，表明 $\delta_H$ 3.82、4.27(其中 1 个氢)分别归属 H-28a、H-28b，$\delta_C$ 65.73 归属 C-28；$\delta_C$ 41.86(季碳)与 $\delta_H$ 0.89(H-26)、1.70(H-27)、4.79(H-16)、6.77(H-12)相关，表明 $\delta_C$ 41.86 归属 C-14；$\delta_C$ 47.78(季碳)与 $\delta_H$ 1.67(H-15a)、3.82(H-28a)、4.27(H-28b)相关，表明 $\delta_C$ 47.78 归属 C-17。

HMBC 指出，$\delta_C$ 132.16(C-18)与 $\delta_H$ 2.09(1H, d, $J$ = 14.5Hz)、2.84(1H, d, $J$ = 14.5Hz)相关，加之 $\delta_H$ 2.09 与 $\delta_H$ 2.84 H-H COSY 相关，$\delta_C$ 39.35(仲碳)与 $\delta_H$ 2.09、2.84 HSQC 相关；同时，$\delta_C$ 132.16(C-18)与 $\delta_H$ 2.77(1H, dd, $J$ = 13.0Hz、5.0Hz)相关，加之 $\delta_H$ 2.77 与 $\delta_H$ 2.93(1H, t, $J$ = 13.0Hz、13.0Hz)、$\delta_H$ 2.77 与 $\delta_H$ 4.27(2H, m)、$\delta_H$ 2.93 与 $\delta_H$ 4.27 H-H COSY 相关，$\delta_C$ 33.12(仲碳)与 $\delta_H$ 2.77、2.93 HSQC 相关，$\delta_C$ 73.64(叔碳)与 $\delta_H$ 4.27 HSQC 相关；综合考虑，$\delta_H$ 2.09、2.84 分别归属 H-19a、H-19b，$\delta_C$ 39.35 归属 C-19；$\delta_H$ 2.77、2.93 分别归属 H-22a、H-22b，$\delta_C$ 33.12 归属 C-22，$\delta_H$ 4.27(其中 1 个氢)归属 H-21，$\delta_C$ 73.64 归属 C-21。

HMBC 指出，$\delta_C$ 39.35(C-19)与 $\delta_H$ 1.28(3H, s)、1.32(3H, s)相关，加之 $\delta_C$ 18.37(伯碳)与 $\delta_H$ 1.28、$\delta_C$ 29.24(伯碳)与 $\delta_H$ 1.32 HSQC 相关，表明 $\delta_H$ 1.28、1.32 归属 H-29、H-30(进一步归属区分需通过 ROESY，见下)，$\delta_C$ 18.37、29.24 归属 C-29、C-30(进一步归属区分需 H-29、H-30 归属确定后再定，见下)；$\delta_C$ 38.00(季碳)与 $\delta_H$ 1.28(H-29 或 H-30)、1.32(H-29 或 H-30)、2.09(H-19a)、2.77(H-22a)、2.84(H-19b)、2.93(H-22b)相关，表明 $\delta_C$ 38.00 归属 C-20。

ROESY 指出，$\delta_H$ 4.30(H-3)与 $\delta_H$ 1.75(H-5)相关，$\delta_H$ 1.75(H-5)与 $\delta_H$ 3.71(H-23a)相关，表明 H-3、H-5、H-23a 处在三萜环的一侧，$\alpha$-取向；$\delta_H$ 0.92(H-24)与 $\delta_H$ 1.01(H-25)相关，$\delta_H$ 1.01(H-25)与 $\delta_H$ 0.89(H-26)相关，$\delta_H$ 0.89(H-26)与 $\delta_H$ 1.32(H-29 或 H-30)相关，表明 H-24、H-25、H-26、$\delta_H$ 1.32 处在三萜环的另一侧，$\beta$-取向，也表明 $\delta_H$ 1.32 归属 H-30, $\delta_H$ 1.28 归属 H-29，$\delta_C$ 18.37、29.24 分别归属 C-29、C-30；$\delta_H$ 1.28(H-29, $\alpha$-取向)与 $\delta_H$ 2.84(H-19b)、2.93(H-22b)、4.27(H-21)相关，表明 H-29、H-19b、H-22b、H-21 在三萜环一侧，$\alpha$-取向，因此，OH-21 为 $\beta$-取向，这里需要说明的是 $\delta_H$ 4.27 含有 2 个氢，此处 $\delta_H$ 4.27 应为 H-21，而不是 H-28，因此，H-28 为 $\beta$-取向[129]；$\delta_H$ 1.70(H-27)与 $\delta_H$ 6.12(OH-16)相关，表明 OH-16 为 $\alpha$-取向。

将 21$\beta$-羟基柴胡皂苷 $b_2$(**2-93**)与柴胡皂苷 $b_2$ (**2-94**)[129,130]其苷元 $^{13}C$ NMR 数据进行比较(见表 2-98)，发现 C-20、C-21、C-22、C-29、C-30 化学位移差别较大是由于 21$\beta$-羟基引入后，对 $\alpha$-C、$\beta$-C、$\gamma$-C 的取代基效应所致，$\alpha$-效应和 $\beta$-效应为去屏蔽(如 C-20、C-21、C-22，其中 C-21 为 $\alpha$-效应，去屏蔽最强)，$\gamma$-效应为屏蔽(如 C-29、C-30)。

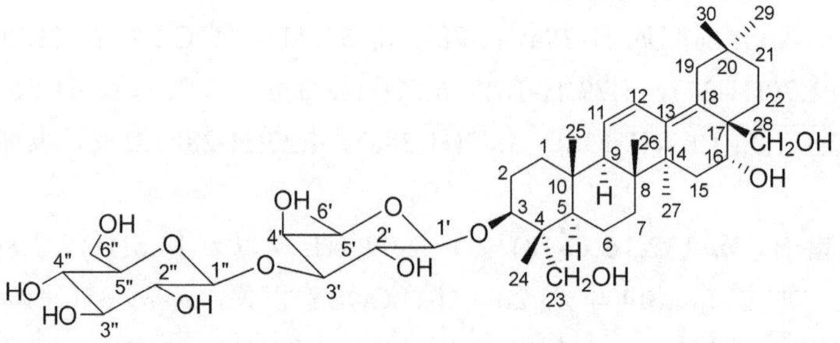

**2-94**

**表 2-98　21β-羟基柴胡皂苷 $b_2$ 与柴胡皂苷 $b_2$[129-130] 其苷元 $^{13}C$ NMR 数据比较**

| 编号 | 2-93① | 2-94② | 编号 | 2-93① | 2-94② | 编号 | 2-93① | 2-94② |
|---|---|---|---|---|---|---|---|---|
| 1 | 38.44 | 38.7 | 11 | 126.48 | 126.3 | 21 | 73.64 | 35.8 |
| 2 | 26.15 | 25.9 | 12 | 126.40 | 126.3 | 22 | 33.12 | 24.9 |
| 3 | 81.66 | 82.6 | 13 | 136.32 | 137.1 | 23 | 64.08 | 65.3 |
| 4 | 43.70 | 43.7 | 14 | 41.86 | 42.2 | 24 | 13.2 | 12.9 |
| 5 | 47.37 | 48.2 | 15 | 31.72 | 32.8 | 25 | 18.88 | 18.6 |
| 6 | 18.24 | 18.8 | 16 | 67.28 | 68.8 | 26 | 17.26 | 17.5 |
| 7 | 32.28 | 32.5 | 17 | 47.78 | 45.4 | 27 | 21.87 | 22.3 |
| 8 | 41.09 | 41.4 | 18 | 132.16 | 133.0 | 28 | 65.73 | 65.6 |
| 9 | 54.01 | 54.2 | 19 | 39.35 | 39.2 | 29 | 18.37 | 25.3 |
| 10 | 36.52 | 36.9 | 20 | 38.00 | 32.8 | 30 | 29.24 | 32.5 |

① $C_5D_5N$，125MHz。

② $C_5D_5N$，15MHz。

HMBC 指出，$\delta_C$ 81.66(C-3)与 $\delta_H$ 4.99(1H, d, $J$ = 8.5Hz)相关，表明 $\delta_H$ 4.99 归属 H-1′。H-H COSY 指出，$\delta_H$ 4.99(H-1′)与 $\delta_H$ 4.53(1H, t, $J$ =8.5Hz、8.5Hz)、$\delta_H$ 4.53/$\delta_H$ 4.05(1H, m)、$\delta_H$ 4.05 与 $\delta_H$ 4.13(1H, m)、$\delta_H$ 4.13 与 $\delta_H$ 3.69(1H, m)、$\delta_H$ 3.69 与 $\delta_H$ 1.45(3H, d, $J$ =6.5Hz)相关，表明 $\delta_H$ 4.99、4.53、4.05、4.13、3.69、1.45 构成 1 个大的自旋偶合系统，分别归属 H-1′、H-2′、H-3′、H-4′、H-5′、H-6′。HSQC 指出，$\delta_C$ 106.02(叔碳)与 $\delta_H$ 4.99(H-1′)、$\delta_C$ 71.86(叔碳)与 $\delta_H$ 4.53(H-2′)、$\delta_C$ 85.29(叔碳)与 $\delta_H$ 4.05(H-3′)、$\delta_C$ 72.18(叔碳)与 $\delta_H$ 4.13(H-4′)、$\delta_C$ 71.06(叔碳)与 $\delta_H$ 3.69(H-5′)、$\delta_C$ 17.26(伯碳)与 $\delta_H$ 1.45(H-6′)相关，表明 $\delta_C$ 106.02、71.86、85.29、72.18、71.06、17.26 分别归属 C-1′、C-2′、C-3′、C-4′、C-5′、C-6′。

HMBC 指出，$\delta_C$ 85.29(C-3′)与 $\delta_H$ 5.34(1H, d, $J$ = 7.5Hz)相关，加之 $\delta_C$ 106.76(叔

碳)与 $\delta_H$ 5.34(H-1″) HSQC 相关，表明 $\delta_H$ 5.34 归属 H-1″，$\delta_C$ 106.76 归属 C-1″。根据碳化学位移规律，$\delta_C$ 62.72(仲碳)归属 C-6″，加之 $\delta_C$ 62.72(C-6″)与 $\delta_H$ 4.40(2H, m)、4.57(1H, d, $J$=12.0Hz) HSQC 相关，$\delta_H$ 4.40 与 $\delta_H$ 4.57 H-H COSY 相关，表明 $\delta_H$ 4.40(其中 1 个氢)、4.57 分别归属 H-6″a、H-6″b。

HMBC 指出，$\delta_C$ 78.81(叔碳)与 $\delta_H$ 4.40(H-6″a)、4.57(H-6″b)、5.34(H-1″)相关，表明 $\delta_C$ 78.81 归属 C-5″；$\delta_C$ 78.46(叔碳)与 $\delta_H$ 5.34(H-1″)相关，加之 $\delta_C$ 78.46 与 $\delta_H$ 4.23(1H, t, $J$=7.5Hz、7.5Hz) HSQC 相关，$\delta_H$ 4.23 与 $\delta_H$ 5.34(H-1″)不存在 H-H COSY 相关，表明 $\delta_C$ 78.46 归属 C-3″，$\delta_H$ 4.23 归属 H-3″；$\delta_C$ 71.57(叔碳)与 $\delta_H$ 4.23(H-3″)、4.40(H-6″a)、4.57(H-6″b)相关，表明 $\delta_C$ 71.57 归属 C-4″。剩下的 $\delta_C$ 75.85(叔碳)当然应归属 C-2″。$\delta_H$ 4.03(3H, m)分别与 $\delta_C$ 75.85(C-2″)、71.57(C-4″)、78.81(C-5″) HSQC 相关，表明 $\delta_H$ 4.03 归属 H-2″、H-4″、H-5″。

最后需要指出的是，OH-21、OH-23、OH-28 和糖上的羟基由于相互交换，不好归属。$\delta_C$ 85.29(C-3′)与 $\delta_H$ 5.34(H-1″) HMBC 相关，表明葡萄糖与岩藻糖(1-O-3)相连。

21$\beta$-羟基柴胡皂苷 $b_2$ 的详细解析数据见表 2-99。

**表 2-99　21$\beta$-羟基柴胡皂苷 $b_2$ 的 NMR 数据($C_5D_5N$, 500MHz/H)[①]**

| 编号 | $\delta_C$ | DEPT | $\delta_H$ | $J$/Hz | H-H COSY | ROESY | HSQC | HMBC($\delta_H$) |
|---|---|---|---|---|---|---|---|---|
| 1a | 38.44 | $CH_2$ | 1.13d | 13.0 | H-1b | | + | 1.01(H-25) |
| 1b | | | 1.90d | 13.0 | H-1a | | + | |
| 2a | 26.15 | $CH_2$ | 2.09m[②] | | H-2b, H-3 | | + | |
| 2b | | | 2.34dd | 12.0, 4.5 | H-2a, H-3 | | + | |
| 3 | 81.66 | CH | 4.30dd | 12.0, 4.5 | H-2a, H-2b | H-5 | + | 0.92(H-24), 1.75(H-5), 1.90(H-1b), 3.71(H-23a), 4.40(H-23b), 4.99(H-1′) |
| 4 | 43.70 | C | | | | | | 0.92(H-24), 1.75(H-5), 1.80(H-6b), 3.71(H-23a), 4.30(H-3), 4.40(H-23b) |
| 5 | 47.37 | CH | 1.75m | | H-6a, H-6b | H-3, H-23a | + | 0.92(H-24), 1.01(H-25), 1.32(H-7a), 1.90(H-1b), 3.71(H-23a), 4.40(H-23b) |
| 6a | 18.24 | $CH_2$ | 1.41m | | H-5, H-6b | | + | 1.32(H-7a)1.56(H-7b) |
| 6b | | | 1.80m | | H-5, H-6a | | + | |
| 7a | 32.28 | $CH_2$ | 1.32d[③] | 9.5 | H-7b | | + | 0.89(H-26), 1.75(H-5) |
| 7b | | | 1.56d | 9.5 | H-7a | | + | |
| 8 | 41.09 | C | | | | | | 0.89(H-26), 1.32(H-7a), 1.70(H-27), 2.20(H-15b), 2.26(H-9), 5.75(H-11) |

续表

| 编号 | $\delta_C$ | DEPT | $\delta_H$ | J/Hz | H-H COSY | ROESY | HSQC | HMBC($\delta_H$) |
|---|---|---|---|---|---|---|---|---|
| 9 | 54.01 | CH | 2.26brs | | H-12 | | + | 0.89(H-26), 1.01(H-25), 1.32(H-7a), 1.75(H-5), 5.75(H-11), 6.77(H-12) |
| 10 | 36.52 | C | | | | | | 1.01(H-25), 1.13(H-1a), 1.75(H-5), 1.80(H-6b), 1.90(H-1b), 2.26(H-9), 5.75(H-11) |
| 11 | 126.48 | CH | 5.75d | 10.5 | H-12 | | + | 2.09(H-19a), 2.26(H-9) |
| 12 | 126.40 | CH | 6.77brd | 10.5 | H-9, H-11 | | + | 2.09(H-19a), 2.26(H-9) |
| 13 | 136.32 | C | | | | | | 1.70(H-27), 2.09(H-19a), 2.84(H-19b), 5.75(H-11), 6.77(H-12) |
| 14 | 41.86 | C | | | | | | 0.89(H-26), 1.70(H-27), 4.79(H-16), 6.77(H-12) |
| 15a($\beta$) | 31.72 | $CH_2$ | 1.67brd | 12.0 | H-16, H-15b | | + | 1.70(H-27) |
| 15b($\alpha$) | | | 2.20brd | 12.0 | H-16, H-15a | | + | |
| 16 | 67.28 | CH | 4.79brs | | H-15a, H-15b, OH-16 | | + | 1.67(H-15a), 2.77(H-22a), 2.93(H-22b), 3.82(H-28a), 4.27(H-28b) |
| OH-16 | | | 6.12brs | | H-16 | H-27 | | |
| 17 | 47.78 | C | | | | | | 1.67(H-15a), 3.82(H-28a), 4.27(H-21, 28b) |
| 18 | 132.16 | C | | | | | | 1.32(H-30), 2.09(H-19a), 2.77(H-22a), 2.84(H-19b), 4.27(H-28b), 4.79(H-16), 6.77(H-12) |
| 19a($\beta$) | 39.35 | $CH_2$ | 2.09d[②] | 14.5 | H-19b | H-30 | + | 1.28(H-29), 1.32(H-30) |
| 19b($\alpha$) | | | 2.84d | 14.5 | H-19a | H-29 | + | |
| 20 | 38.00 | C | | | | | | 1.28(H-29), 1.32(H-30), 2.09(H-19a), 2.77(H-22a), 2.84(H-19b), 2.93(H-22b) |
| 21 | 73.64 | CH | 4.27m | | H-22a, H-22b | H-29 | + | 1.28(H-29), 1.32(H-30), 2.09(H-19a), 2.77(H-22a), 2.84(H-19b), 2.93(H-22b) |
| 22a($\beta$) | 33.12 | $CH_2$ | 2.77dd | 13.0, 5.0 | H-22b, H-21 | H-30 | + | 4.27(H-28b) |
| 22b($\alpha$) | | | 2.93t | 13.0, 13.0 | H-22a, H-21 | H-29 | + | |
| 23a | 64.08 | $CH_2$ | 3.71m | | H-23b | H-5 | + | 0.92(H-24), 4.30(H-3) |
| 23b | | | 4.40m | | H-23a | | + | |

续表

| 编号 | $\delta_C$ | DEPT | $\delta_H$ | $J$/Hz | H-H COSY | ROESY | HSQC | HMBC($\delta_H$) |
|---|---|---|---|---|---|---|---|---|
| 24 | 13.12 | $CH_3$ | 0.92s | | | H-25 | + | 1.75(H-5), 3.71(H-23a), 4.30(H-3), 4.40(H-23b) |
| 25 | 18.88 | $CH_3$ | 1.01s | | | H-24, H-26 | + | 1.13(H-1a), 1.75(H-5), 2.26(H-9) |
| 26 | 17.26 | $CH_3$ | 0.89s | | | H-25, H-30 | + | 1.32(H-7a), 1.56(H-7b), 2.26(H-9) |
| 27 | 21.87 | $CH_3$ | 1.70s | | | OH-16 | + | 1.67(H-15a), 2.20(H-15b) |
| 28a | 65.73 | $CH_2$ | 3.82d | 11.0 | H-28b | | + | 2.77(H-22a), 2.93(H-22b) |
| 28b | | | 4.27m | | H-28a | | + | |
| 29 | 18.37 | $CH_3$ | 1.28s | | | H-19b, H-21, H-22b | + | 2.09(H-19a), 2.84(H-19b), 4.27(H-21) |
| 30 | 29.24 | $CH_3$ | 1.32s③ | | | H-19a, H-22a, H-26 | + | 2.09(H-19a), 2.84(H-19b), 4.27(H-21) |
| 1′ | 106.02 | CH | 4.99d | 8.5 | H-2′ | | + | 3.69(H-5′), 4.30(H-3), 4.53(H-2′) |
| 2′ | 71.86 | CH | 4.53t | 8.5 | H-1′, H-3′ | | + | 3.69(H-5′), 4.05(H-3′), 4.13(H-4′) |
| 3′ | 85.29 | CH | 4.05m | | H-2′, H-4′ | | + | 3.69(H-5′), 4.13(H-4′), 4.53(H-2′), 4.99(H-1′), 5.34(H-1″) |
| 4′ | 72.18 | CH | 4.13m | | H-3′, H-5′ | | + | 1.45(H-6′), 3.69(H-5′) |
| 5′ | 71.06 | CH | 3.69m | | H-4′, H-6′ | | + | 1.45(H-6′), 4.99(H-1′) |
| 6′ | 17.26 | $CH_3$ | 1.45d | 6.5 | H-5′ | | + | 3.69(H-5′) |
| 1″ | 106.76 | CH | 5.34d | 7.5 | H-2″ | | + | 4.03(H-2″,5″), 4.05(H-3′) |
| 2″ | 75.85 | CH | 4.03m | | H-1″, H-3″ | | + | 4.23(H-3″) |
| 3″ | 78.46 | CH | 4.23t | 7.5 | H-2″, H-4″ | | + | 4.03(H-2″,4″,5″), 5.34(H-1″) |
| 4″ | 71.57 | CH | 4.03m | | H-3″ | | + | 4.03(H-2″, 5″), 4.23(H-3″), 4.40(H-6″a), 4.57(H-6″b) |
| 5″ | 78.81 | CH | 4.03m | | H-6″a | | + | 4.03(H-4″), 4.23(H-3″), 4.40(H-6″a), 4.57(H-6″b), 5.34(H-1″) |
| 6″a | 62.72 | $CH_2$ | 4.40m | | H-5″, H-6″b | | + | |
| 6″b | | | 4.57d | 12.0 | H-6″a | | + | |

① 本实验室数据。

②, ③ 谱峰重叠。

## 例 2-66　满树星苷Ⅰ的 NMR 数据解析[131]

满树星苷Ⅰ(aculeoside Ⅰ，**2-95**)是从满树星(*Ilex aculeolata*)中分离出的 1 个 18,19-裂三萜皂苷化合物，该化合物含有 2 个糖，1 个是鼠李糖，1 个是阿拉伯糖，与苷元连接为 19-*O*-[α-L-吡喃鼠李糖基-(1→2)-α-L-吡喃阿拉伯糖基]。满树星分布于江西、福建、湖南、广东和广西，民间用于治疗牙龈炎、湿疹、毒疮和感冒咳嗽，有清热解毒、止咳化痰的功效。

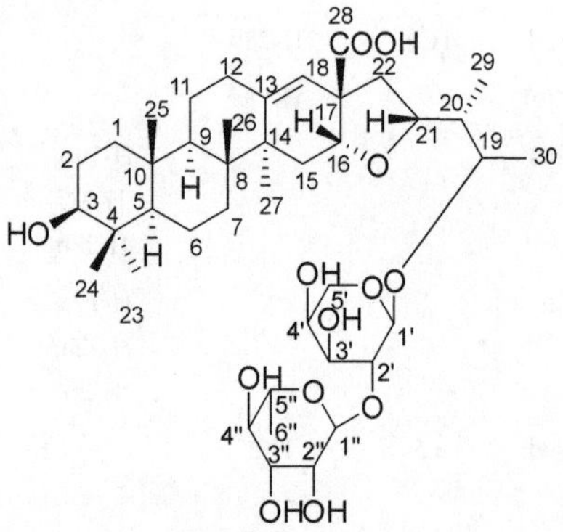

**2-95**

满树星苷Ⅰ的 $^{13}$C NMR 显示 41 条碳峰，表明其含有 41 个碳。DEPT 显示，8 个伯碳：$\delta_C$ 10.3、16.6、16.8、17.6、18.9、19.1、24.1、28.9；9 个仲碳：$\delta_C$ 18.8、27.8、28.3、29.6、30.2、35.5、39.6、42.6、67.1；17 个叔碳：$\delta_C$ 43.6、45.9、56.4、69.4、70.0、72.5、72.7、73.2、73.8、74.2、75.1、75.7、78.2、79.2、101.3、101.8、127.7；7 个季碳：$\delta_C$ 37.6、39.4、41.4、43.2、46.0、149.4、179.0。

除了糖上的连氧氢外，满树星苷Ⅰ的连氧碳上氢有 H-3、H-16、H-19、H-21，根据氢化学位移规律和偶合分裂情况，$\delta_H$ 3.45(1H, m)应归属 H-3。HMQC 指出，$\delta_C$ 78.2(叔碳)与 $\delta_H$ 3.45(H-3)相关，表明 $\delta_C$ 78.2 归属 C-3。

H-H COSY 指出，$\delta_H$ 3.45(H-3)与 $\delta_H$ 2.26(2H, m)、2.32(1H, m)相关，$\delta_H$ 2.26 与 $\delta_H$ 2.32 相关，加之 $\delta_C$ 27.8(仲碳)与 $\delta_H$ 2.26、2.32 HMQC 相关，表明 $\delta_H$ 2.26(其中 1 个氢)、2.32 分别归属 H-2a、H-2b，$\delta_C$ 27.8 归属 C-2；$\delta_H$ 2.26(H-2a)与 $\delta_H$ 1.23(1H, m)、1.82(1H, m)相关，$\delta_H$ 2.32(H-2b)与 $\delta_H$ 1.23、1.82 相关，$\delta_H$ 1.23 与 $\delta_H$ 1.82 相关，加之 $\delta_C$ 39.6(仲碳)与 $\delta_H$ 1.23、1.82 HMQC 相关，表明 $\delta_H$ 1.23、1.82 分别归属 H-1a、H-1b，$\delta_C$ 39.6 归属 C-1。

NOESY 指出，$\delta_H$ 3.45(H-3)与 $\delta_H$ 1.24(3H, s)、0.95(1H, m)相关，加之 $\delta_C$ 28.9(伯碳)与 $\delta_H$ 1.24、$\delta_C$ 56.4(叔碳)与 $\delta_H$ 0.95 HMQC 相关，表明 $\delta_H$ 1.24、0.95 分别归属

H-23、H-5, $\delta_C$ 28.9、56.4 分别归属 C-23、C-5。

H-H COSY 指出，$\delta_H$ 0.95(H-5)与 $\delta_H$ 1.63(2H, m)、1.79(1H, m)相关，$\delta_H$ 1.63 与 $\delta_H$ 1.79 相关，加之 $\delta_C$ 18.8(仲碳)与 $\delta_H$ 1.63、1.79 HMQC 相关，表明 $\delta_H$ 1.63(其中 1 个氢)、1.79 分别归属 H-6a、H-6b，$\delta_C$ 18.8 归属 C-6；$\delta_H$ 1.63(H-6a)与 $\delta_H$ 1.47(1H, m)、1.70(2H, m)相关，$\delta_H$ 1.79(H-6b)与 $\delta_H$ 1.47、$\delta_H$ 1.70 相关，$\delta_H$ 1.47 与 $\delta_H$ 1.70 相关，加之 $\delta_C$ 35.5(仲碳)与 $\delta_H$ 1.47、1.70 HMQC 相关，表明 $\delta_H$ 1.47、1.70(其中 1 个氢)分别归属 H-7a、H-7b，$\delta_C$ 35.5 归属 C-7。

根据碳化学位移规律，$\delta_C$ 179.0(季碳)、149.4(季碳)、127.7(叔碳)分别归属 C-28、C-13、C-18。HMBC 指出，$\delta_C$ 149.4(C-13)与 $\delta_H$ 1.60(3H, s)相关，加之 $\delta_C$ 24.1(伯碳)与 $\delta_H$ 1.60 HMQC 相关，表明 $\delta_H$ 1.60 归属 H-27, $\delta_C$ 24.1 归属 C-27；$\delta_C$ 127.7(C-18)与 $\delta_H$ 4.66(1H, m)相关，加之 $\delta_C$ 73.8(叔碳)与 $\delta_H$ 4.66、$\delta_C$ 127.7(C-18)与 $\delta_H$ 5.66(1H, s) HMQC 相关，表明 $\delta_H$ 4.66、5.66 分别归属 H-16、H-18，$\delta_C$ 73.8 归属 C-16。

除了糖上的连氧碳外，满树星苷 I 的连氧碳还有 C-19、C-21 没有归属。HMBC 指出，$\delta_C$ 73.2(叔碳)与 $\delta_H$ 4.60(1H, d, $J$ = 5.7Hz)相关，加之 $\delta_C$ 73.2 与 $\delta_H$ 4.09(1H, m)、$\delta_C$ 101.3(叔碳)与 $\delta_H$ 4.60 HMQC 相关，结合碳、氢化学位移规律和氢偶合分裂情况，表明 $\delta_C$ 73.2 归属 C-19，$\delta_H$ 4.09 归属 H-19，$\delta_H$ 4.60 归属 H-1′，$\delta_C$ 101.3 归属 C-1′；$\delta_C$ 73.2(C-19)、79.2(叔碳)均与 $\delta_H$ 1.25(3H, d, $J$ = 3.3Hz)相关，加之 $\delta_C$ 79.2 与 $\delta_H$ 4.46(2H, m)、$\delta_C$ 10.6(伯碳)与 $\delta_H$ 1.25 HMQC 相关，表明 $\delta_C$ 79.2 归属 C-21，$\delta_H$ 4.46(其中 1 个氢)归属 H-21，$\delta_C$ 10.6 归属 C-29，$\delta_H$ 1.25 归属 H-29。

H-H COSY 指出，$\delta_H$ 4.66(H-16)与 $\delta_H$ 1.70(2H, m)、1.90(1H, m)相关，$\delta_H$ 1.70 与 $\delta_H$ 1.90 相关，加之 $\delta_C$ 30.2(仲碳)与 $\delta_H$ 1.70、1.90 HMQC 相关，表明 $\delta_H$ 1.70(其中 1 个氢)、1.90 分别归属 H-15a、H-15b，$\delta_C$ 30.2 归属 C-15；$\delta_H$ 4.09(H-19)与 $\delta_H$ 1.33(3H, d, $J$ = 5.1Hz)相关，加之 $\delta_C$ 17.6(伯碳)与 $\delta_H$ 1.33 HMQC 相关，表明 $\delta_H$ 1.33 归属 H-30, $\delta_C$ 17.6 归属 C-30；$\delta_H$ 4.09(H-19)与 $\delta_H$ 1.78(1H, m)相关，$\delta_H$ 1.78 与 $\delta_H$ 4.46(H-21)、1.25(H-29)相关，加之 $\delta_C$ 43.6(叔碳)与 $\delta_H$ 1.78 HMQC 相关，表明 $\delta_H$ 4.09(H-19)、1.78、4.46(H-21)、1.25(H-29)构成 1 个大的自旋偶合系统，$\delta_H$ 1.78 归属 H-20，$\delta_C$ 43.6 归属 C-20；$\delta_H$ 4.46(H-21)与 $\delta_H$ 2.12(1H, m)、2.26(2H, m)相关，$\delta_H$ 2.12 与 $\delta_H$ 2.26 相关，加之 $\delta_C$ 42.6(仲碳)与 $\delta_H$ 2.12、2.26 HMQC 相关，结合碳、氢化学位移规律和氢偶合分裂情况，表明 $\delta_H$ 2.12、2.26(其中 1 个氢)分别归属 H-22a、H-22b，$\delta_C$ 42.6 归属 C-22。

HMBC 指出，$\delta_C$ 28.3(仲碳)与 $\delta_H$ 5.66(H-18)相关，加之 $\delta_C$ 28.3(仲碳)与 $\delta_H$ 1.11(1H, m)、1.81(1H, m) HMQC 相关，$\delta_H$ 1.11 与 $\delta_H$ 1.81 H-H COSY 相关，表明 $\delta_C$ 28.3 归属 C-12，$\delta_H$ 1.11、1.81 分别归属 H-12a、H-12b。

H-H COSY 指出，$\delta_H$ 1.11(H-12a)与 $\delta_H$ 1.63(2H, m)、1.98(1H, m)相关，$\delta_H$ 1.81(H-12b)与 $\delta_H$ 1.63(2H, m)、1.98(1H, m)相关，$\delta_H$ 1.63(2H, m)与 $\delta_H$ 1.98(1H, m)相关，加之 $\delta_C$ 29.6(仲碳)与 $\delta_H$ 1.63、1.98 HMQC 相关，表明 $\delta_H$ 1.63(其中 1 个氢)、1.98 分别归属 H-11a、H-11b，$\delta_C$ 29.6 归属 C-11；$\delta_H$ 1.63(H-11a)、1.98(H-11b)同时与 $\delta_H$ 2.21(1H, m)相关，加之 $\delta_C$ 45.9(叔碳)与 $\delta_H$ 2.21 HMQC 相关，表明 $\delta_H$ 2.21 归属 H-9, $\delta_C$ 45.9 归属 C-9。

至此，满树星苷 I 苷元部分的甲基 C-24、C-25、C-26、H-24、H-25、H-26 及季碳 C-4、C-8、C-10、C-14、C-17 的归属，由于原始文献 HMBC 数据较少，无法进行论证。

H-H COSY 指出，$\delta_H$ 4.60(H-1′)与 $\delta_H$ 4.17(1H, m)相关，$\delta_H$ 4.17 与 $\delta_H$ 4.46(2H, m)相关，加之 $\delta_C$ 75.7(叔碳)与 $\delta_H$ 4.17、$\delta_C$ 75.1(叔碳)与 $\delta_H$ 4.46 HMQC 相关(与 $\delta_H$ 4.46 HMQC 相关有 2 个碳：$\delta_C$ 79.2 和 $\delta_C$ 75.1, $\delta_C$ 79.2 归属 C-21，见前述)，表明 $\delta_H$ 4.17、4.46(其中 1 个氢)分别归属 H-2′、H-3′，$\delta_C$ 75.7、75.1 分别归属 C-2′、C-3′。

根据氢化学位移规律和偶合分裂情况，加之 $\delta_C$ 67.1(仲碳)与 $\delta_H$ 3.70(1H, brd, $J$ = 7.4Hz)、4.23(1H, brd, $J$ = 7.4Hz) HMQC 相关，表明 $\delta_H$ 3.70、4.23 分别归属 H-5′a、H-5′b，$\delta_C$ 67.1 归属 C-5′。H-H COSY 指出，$\delta_H$ 3.70(H-5′a)、4.23(H-5′b)均与 $\delta_H$ 4.19(1H, m)相关，加之 $\delta_C$ 70.0(叔碳)与 $\delta_H$ 4.19 HMQC 相关，表明 $\delta_H$ 4.19 归属 H-4′，$\delta_C$ 70.0 归属 C-4′。

根据氢化学位移规律和偶合分裂情况，$\delta_H$ 6.29(1H, brs)归属 H-1″。H-H COSY 指出，$\delta_H$ 6.29(H-1″)与 $\delta_H$ 4.52(1H, m)相关，$\delta_H$ 4.52 与 $\delta_H$ 4.74(1H, m)相关，$\delta_H$ 4.74 与 $\delta_H$ 4.30(1H, m)相关，$\delta_H$ 4.30 与 $\delta_H$ 4.70(1H, m)相关，$\delta_H$ 4.70 与 $\delta_H$ 1.66(3H, d, $J$ = 5.0Hz)相关，表明 $\delta_H$ 6.29、4.52、4.74、4.30、4.70、1.66 构成 1 个大的自旋偶合系统，$\delta_H$ 4.52、4.74、4.30、4.70、1.66 分别归属 H-2″、H-3″、H-4″、H-5″、H-6″。

HMQC 指出，$\delta_C$ 101.8(叔碳)与 $\delta_H$ 6.29(H-1″)相关，$\delta_C$ 72.7(叔碳)与 $\delta_H$ 4.52(H-2″)相关，$\delta_C$ 72.5(叔碳)与 $\delta_H$ 4.74(H-3″)相关，$\delta_C$ 74.2(叔碳)与 $\delta_H$ 4.30(H-4″)相关，$\delta_C$ 69.4(叔碳)与 $\delta_H$ 4.70(H-5″)相关，$\delta_C$ 18.9(伯碳)与 $\delta_H$ 1.66(H-6″)相关，表明 $\delta_C$ 101.8、72.7、72.5、74.2、69.4、18.9 分别归属 C-1″、C-2″、C-3″、C-4″、C-5″、C-6″。

HMBC 指出，$\delta_C$ 75.7(C-2′)与 $\delta_H$ 6.29(H-1″)相关，表明鼠李糖与阿拉伯糖是(1-O-2)相连；$\delta_C$ 73.2(C-19)与 $\delta_H$ 4.60(H-1′)相关，表明苷元 C-19 与阿拉伯糖 H-1′(19-O-1)相连。

满树星苷 I 的 NMR 详细解析数据见表 2-100。

表 2-100 满树星苷 Ⅰ 的 NMR 数据($C_5D_5N$, 500MHz/H)

| 编号 | $\delta_C$ | DEPT | $\delta_H$ | J/Hz | H-H COSY | NOESY | HMQC | HMBC($\delta_H$) |
|---|---|---|---|---|---|---|---|---|
| 1a | 39.6 | $CH_2$ | 1.23m | | H-1b, H-2a, H-2b | | + | |
| 1b | | | 1.82m | | H-1a, H-2a, H-2b | | + | |
| 2a | 27.8 | $CH_2$ | 2.26m | | H-1a, H-1b, H-2b, H-3 | | + | |
| 2b | | | 2.32m | | H-1a, H-1b, H-2a, H-3 | | + | |
| 3 | 78.2 | CH | 3.45m | | H-2a, H-2b | 0.95(H-5), 1.24(H-23) | + | |
| 4 | 39.4 | C | | | | | | |
| 5 | 56.4 | CH | 0.95m | | H-6a, H-6b | 3.45(H-3) | + | |
| 6a | 18.8 | $CH_2$ | 1.63m | | H-5, H-6b, H-7a, H-7b | | + | |
| 6b | | | 1.79m | | H-5, H-6a, H-7a, H-7b | | + | |
| 7a | 35.5 | $CH_2$ | 1.47m | | H-6a, H-6b, H-7b | | + | |
| 7b | | | 1.70m | | H-6a, H-6b, H-7a | | + | |
| 8 | 41.4 | C | | | | | | |
| 9 | 45.9 | CH | 2.21m | | H-11a, H-11b | | + | |
| 10 | 37.6 | C | | | | | | |
| 11a | 29.6 | $CH_2$ | 1.63m | | H-9, H-11b, H-12a, H-12b | | + | |
| 11b | | | 1.98m | | H-9, H-11a, H-12a, H-12b | | + | |
| 12a | 28.3 | $CH_2$ | 1.11m | | H-11a, H-11b, H-12b | | + | 5.66(H-18) |
| 12b | | | 1.81m | | H-11a, H-11b, H-12a | | + | |
| 13 | 149.4 | C | | | | | | 1.60(H-27) |
| 14 | 43.2 | C | | | | | | 4.66(H-16) |
| 15a | 30.2 | $CH_2$ | 1.70m | | H-15b, H-16a, H-16b | | + | |
| 15b | | | 1.90m | | H-15a, H-16a, H-16b | | + | |
| 16 | 73.8 | CH | 4.66m | | H-15a, H-15b | 4.46(H-21), 5.66(H-18) | + | 5.66(H-18) |
| 17 | 46.0[①] | C | | | | | | 4.66(H-16), 5.66(H-18) |
| 18 | 127.7 | CH | 5.66s | | | 4.66(H-16) | + | 4.66(H-16) |
| 19 | 73.2 | CH | 4.09m | | H-20, H-30 | | + | 1.25(H-29), 4.60(H-1′) |
| 20 | 43.6 | CH | 1.78m | | H-19, H-21, H-29 | | + | 1.33(H-30) |
| 21 | 79.2 | CH | 4.46m | | H-20, H-22a, H-22b | 4.66(H-16) | + | 1.25(H-29) |
| 22a | 42.6 | $CH_2$ | 2.12m | | H-21, H-22b | | + | 4.66(H-16) |

续表

| 编号 | $\delta_C$ | DEPT | $\delta_H$ | J/Hz | H-H COSY | NOESY | HMQC | HMBC($\delta_H$) |
|---|---|---|---|---|---|---|---|---|
| 22b | | | 2.26m | | H-21, H-22a | | + | |
| 23 | 28.9 | $CH_3$ | 1.24s | | | 3.45(H-3) | + | |
| 24 | 16.6① | $CH_3$ | 1.03②s | | | | + | |
| 25 | 16.8① | $CH_3$ | 0.93②s | | | | + | |
| 26 | 19.1① | $CH_3$ | 1.26②s | | | | + | |
| 27 | 24.1 | $CH_3$ | 1.60s | | | | + | |
| 28 | 179.0 | C | | | | | | 5.66(H-18) |
| 29 | 10.3 | $CH_3$ | 1.25d | 3.3 | H-20 | | + | |
| 30 | 17.6 | $CH_3$ | 1.33d | 5.1 | H-19 | | + | |
| 1′ | 101.3 | CH | 4.60d | 5.7 | H-2′ | | + | |
| 2′ | 75.7 | CH | 4.17m | | H-1′, H-3′ | | + | 6.29(H-1″) |
| 3′ | 75.1 | CH | 4.46m | | H-2′, H-4′ | | + | |
| 4′ | 70.0 | CH | 4.19m | | H-3′, H-5′a, H-5′b | | + | |
| 5′a | 67.1 | $CH_2$ | 3.70brd | 7.4 | H-4′, H-5′b | | + | |
| 5′b | | | 4.23brd | 7.4 | H-4′, H-5′a | | + | |
| 1″ | 101.8 | CH | 6.29brs | | H-2″ | | + | |
| 2″ | 72.7 | CH | 4.52m | | H-1″, H-3″ | | + | |
| 3″ | 72.5 | CH | 4.74m | | H-2″, H-4″ | | + | |
| 4″ | 74.2 | CH | 4.30m | | H-3″, H-5″ | | + | |
| 5″ | 69.4 | CH | 4.70m | | H-4″, H-6″ | | + | |
| 6″ | 18.9 | $CH_3$ | 1.66d | 5.0 | H-5″ | | + | |

①, ② 由于原始文献数据不够，本例没有进行归属论证。

## 例 2-67 canaric acid 的 NMR 数据解析[132]

canaric acid(**2-96**)是从 *Rudgea jasminoides* 叶子中分离出的 1 个罕见的 3, 4-裂-三萜衍生物。*Rudgea* 属广泛分布在巴西东海岸，在那里 *Rudgea* 的一些物种被用作治疗风湿、梅毒和缓解肿胀。

canaric acid 的 $^{13}$C NMR 显示 28 条碳峰，其中 $\delta_C$ 27.45×2、43.19×2 各为 2 个碳，因此，canaric acid 含有 30 个碳。DEPT 显示，6 个伯碳：$\delta_C$ 14.54、16.00、18.01、19.21、20.09、23.22；12 个仲碳：$\delta_C$ 21.70、24.19、27.45×2、28.36、29.70、33.90、33.94、35.51、40.55、109.50、113.38；5 个叔碳：$\delta_C$ 38.10、40.74、47.93、48.22、50.39；7 个季碳：$\delta_C$ 39.24、39.90、43.19×2、147.58、150.78、179.91。

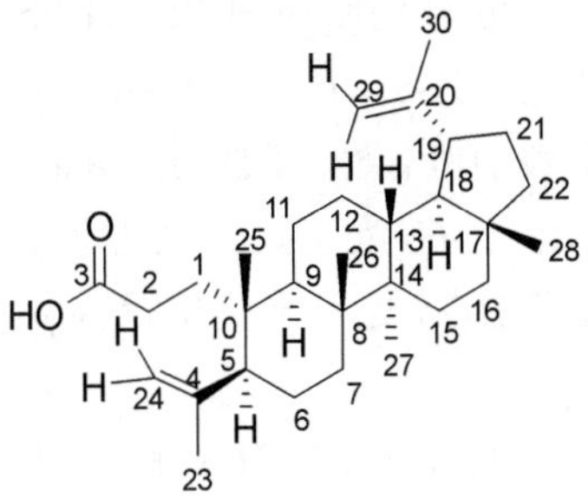

**2-96**

根据碳化学位移规律，$\delta_C$ 179.91(季碳)归属 C-3。HMBC 指出，$\delta_C$ 179.91(C-3)与 $\delta_H$ 1.99(1H, m)、2.45(1H, m)相关，加之 $\delta_C$ 28.36(仲碳)与 $\delta_H$ 1.99、2.45 HMQC 相关，$\delta_H$ 1.99 与 $\delta_H$ 2.45 H-H COSY 相关；$\delta_C$ 33.90(仲碳)与 $\delta_H$ 1.08(3H, s)相关，加之 $\delta_C$ 33.90(仲碳)与 $\delta_H$ 1.42(1H, m)和 1.59(1H, m)、$\delta_C$ 23.22(伯碳)与 $\delta_H$ 1.08 HMQC 相关，$\delta_H$ 1.99、2.45 与 $\delta_H$ 1.42、1.59 以及 $\delta_H$ 1.42(1H, m)与 $\delta_H$ 1.59(1H, m)H-H COSY 相关；结合碳、氢化学位移规律和氢偶合分裂情况，综合考虑，$\delta_H$ 1.99、2.45 分别归属 H-2a、H-2b，$\delta_H$ 1.42、1.59 分别归属 H-1a、H-1b，$\delta_H$ 1.08 归属 H-25，$\delta_C$ 28.36、33.90 分别归属 C-2、C-1，$\delta_C$ 23.22 归属 C-25。

HMQC 指出，$\delta_C$ 113.38(仲碳)与 $\delta_H$ 4.57(1H, brs)、4.77(1H, brs)相关，$\delta_C$ 109.50(仲碳)与 $\delta_H$ 4.50(1H, brs)、4.61(1H, brs)相关，根据碳、氢化学位移规律和氢偶合分裂情况，表明 $\delta_H$ 4.57、4.77 和 4.50、4.61 归属 H-24a、H-24b 和 H-29a、H-29b，$\delta_C$ 113.38、109.50 归属 C-24、C-29，它们的归属如何区分需进一步确定。

HMBC 指出，$\delta_C$ 40.74(叔碳)与 $\delta_H$ 1.08(H-25)、1.61(3H, s)、4.57(H-24a 或 H-29a)、4.77(H-24b 或 H-29b)相关，加之 $\delta_C$ 20.09(伯碳)与 $\delta_H$ 1.61 HMQC 相关，$\delta_C$ 40.74 与 $\delta_H$ 2.65(1H, dd, $J$ = 10.5Hz、4.8Hz) HMQC 相关，表明 $\delta_C$ 20.09、40.74 分别归属 C-23、C-5，$\delta_H$ 2.65 归属 H-5，$\delta_H$ 1.61、4.57、4.77 分别归属 H-23、H-24a、H-24b，当然 $\delta_H$ 4.50、4.61 应分别归属 H-29a、H-29b，$\delta_C$ 113.38、109.50 分别归属 C-24、C-29；$\delta_C$ 109.50(C-29)与 $\delta_H$ 1.65(3H, s)相关，加之 $\delta_C$ 19.21(伯碳)与 $\delta_H$ 1.65 HMQC 相关，表明 $\delta_H$ 1.65 归属 H-30, $\delta_C$ 19.21 归属 C-30。

H-H COSY 指出，$\delta_H$ 2.65(H-5)与 $\delta_H$ 2.10(1H, dddd, $J$ = 19.0Hz、6.4Hz、4.8Hz、2.0Hz)、2.26(1H, ddd, $J$ = 19.0Hz、10.5Hz、5.0Hz)相关，$\delta_H$ 2.10 与 $\delta_H$ 2.26 相关，$\delta_H$ 2.10 与 $\delta_H$ 1.98(1H, dd, $J$ = 16.5Hz、2.0Hz)、2.06(1H, ddd, $J$ = 16.5Hz、6.4Hz、5.0Hz)相关，$\delta_H$ 2.26 与 $\delta_H$ 2.06 相关，$\delta_H$ 1.98 与 $\delta_H$ 2.06 相关，表明 $\delta_H$ 2.65、2.10、2.26、1.98、2.06 构成 1 个大的自旋偶合系统，加之 $\delta_C$ 24.19(仲碳)与 $\delta_H$ 2.10、2.26 以及 $\delta_C$ 33.94(仲碳)与 $\delta_H$ 1.98、2.06 HMQC 相关，综合考虑，$\delta_H$ 2.10、2.26 分别

归属 H-6a、H-6b，$\delta_H$ 1.98、2.06 分别归属 H-7a、H-7b，$\delta_C$ 24.19、33.94 分别归属 C-6、C-7。需要特别指出的是，H-5、H-6a、H-6b、H-7a、H-7b 构成的大自旋偶合系统中，相互之间偶合常数清晰；由 H-5 与 H-6a、H-6b 的偶合情况可以明确得到 H-6a 处于平伏位置为 $\alpha$，H-6b 处于直立位置为 $\beta$，由 H-6a、H-6b 与 H-7a、H-7b 偶合情况，可以明确得到 H-7a 处于平伏位置为 $\beta$，H-7b 处于直立位置为 $\alpha$[参见例 2-62，结构式 **2-89**]。

HMBC 指出，$\delta_C$ 33.94(C-7)与 $\delta_H$ 0.72(3H, s)相关，加之 $\delta_C$ 16.00(伯碳)与 $\delta_H$ 0.72 HMQC 相关，表明 $\delta_H$ 0.72 归属 H-26, $\delta_C$ 16.00 归属 C-26；$\delta_C$ 23.22(C-25)与 $\delta_H$ 1.77(1H, dd, $J$ = 10.0Hz、8.4Hz)相关，加之 $\delta_C$ 50.39(叔碳)与 $\delta_H$ 1.77 HMQC 相关，表明 $\delta_H$ 1.77 归属 H-9，$\delta_C$ 50.39 归属 C-9；$\delta_C$ 39.24(季碳)与 $\delta_H$ 1.08(H-25)、1.99(H-2a)、2.45(H-2b)、2.65(H-5)相关，表明 $\delta_C$ 39.24 归属 C-10；$\delta_C$ 39.90(季碳)与 $\delta_H$ 0.72(H-26)、0.78(3H, s)、2.10(H-6a)、2.26(H-6b)相关，$\delta_C$ 14.54(伯碳)与 $\delta_H$ 0.78 HMQC 相关，表明 $\delta_C$ 39.90 归属 C-8，$\delta_H$ 0.78 归属 H-27，$\delta_C$ 14.54 归属 C-27。

H-H COSY 指出，$\delta_H$ 1.77(H-9)与 $\delta_H$ 1.13(1H, m)、1.26(4H, m)相关，$\delta_H$ 1.13 与 $\delta_H$ 1.26 相关，加之 $\delta_C$ 21.70(仲碳)与 $\delta_H$ 1.13、1.26 HMQC 相关，表明 $\delta_H$ 1.13、1.26(其中 1 个氢)分别归属 H-11a、H-11b，$\delta_C$ 21.70 归属 C-11；$\delta_H$ 1.13(H-11a)、1.26(H-11b)均与 $\delta_H$ 1.36(1H, m)、1.56(1H, m)相关，$\delta_H$ 1.36 与 $\delta_H$ 1.56 相关，加之 $\delta_C$ 27.45(仲碳)与 $\delta_H$ 1.36、1.56 HMQC 相关，表明 $\delta_H$ 1.36、1.56 分别归属 H-12a、H-12b，$\delta_C$ 27.45 归属 C-12；$\delta_H$ 1.36(H-12a)、$\delta_H$ 1.56(H-12b)均与 $\delta_H$ 2.01(1H, m)相关，加之 $\delta_C$ 38.10(叔碳)与 $\delta_H$ 2.01 HMQC 相关，表明 $\delta_H$ 2.01 归属 H-13, $\delta_C$ 38.10 归属 C-13；$\delta_H$ 2.01(H-13)与 $\delta_H$ 2.05(1H, brd, $J$ = 8.8Hz)相关，加之 $\delta_C$ 48.22(叔碳)与 $\delta_H$ 2.05 HMQC 相关，表明 $\delta_H$ 2.05 归属 H-18, $\delta_C$ 48.22 归属 C-18；$\delta_H$ 2.05(H-18)与 $\delta_H$ 1.90(1H, m)相关，加之 $\delta_C$ 47.93(叔碳)与 $\delta_H$ 1.90 HMQC 相关，表明 $\delta_H$ 1.90 归属 H-19，$\delta_C$ 47.93 归属 C-19；$\delta_H$ 1.90(H-19)与 $\delta_H$ 1.49(3H, m)、1.68(1H, m)相关，$\delta_H$ 1.49 与 1.68 相关，加之 $\delta_C$ 29.70(仲碳)与 $\delta_H$ 1.49、1.68 HMQC 相关，表明 $\delta_H$ 1.49(其中 1 个氢)、1.68 分别归属 H-21a、H-21b，$\delta_C$ 29.70 归属 C-21。

HMBC 指出，$\delta_C$ 18.01(伯碳)与 $\delta_H$ 2.05(H-18)相关，加之 $\delta_C$ 18.01 与 $\delta_H$ 0.95(3H, s)HMQC 相关，表明 $\delta_C$ 18.01 归属 C-28，$\delta_H$ 0.95 归属 H-28；$\delta_C$ 35.51(仲碳)与 $\delta_H$ 0.95(H-28)相关，$\delta_C$ 40.55(仲碳)与 $\delta_H$ 1.90(H-19)、2.05(H-18)相关，加之 $\delta_C$ 35.51 与 $\delta_H$ 1.49(3H, m) HMQC 相关，$\delta_C$ 40.55 与 $\delta_H$ 1.26(4H, m)、1.76(1H, dd, $J$ = 11.5Hz、9.5Hz)HMQC 相关，综合考虑，$\delta_C$ 35.51 归属 C-16，$\delta_C$ 40.55 归属 C-22，$\delta_H$ 1.49(其中 2 个氢)归属 H-16，$\delta_H$ 1.26(其中 1 个氢)、1.76 分别归属 H-22a、H-22b。

至此，canaric acid 除 H-15a、H-15b 没有归属外，其他所有氢均得到了明确归属，因此，$\delta_H$ 1.26(其中 2 个氢)归属 H-15。与 $\delta_H$ 1.26 HMQC 相关的有 3 个碳：$\delta_C$ 21.70、40.55 和 27.45，其中 $\delta_C$ 21.70、40.55 分别归属 C-11、C-22 前述已明确，

因此，$\delta_C$ 27.45 归属 C-15。

HMBC 指出，$\delta_C$ 147.58(季碳)与 $\delta_H$ 1.61(H-23)、2.10(H-6a)、2.26(H-6b)、4.57(H-24a)、4.77(H-24b)相关，表明 $\delta_C$ 147.58 归属 C-4；$\delta_C$ 150.78(季碳)与 $\delta_H$ 1.65(H-30)、2.05(H-18)、4.50(H-29a)、4.61(H-29b)相关，表明 $\delta_C$ 150.78 归属 C-20；$\delta_C$ 43.19(季碳)与 $\delta_H$ 0.72(H-26)、0.78(H-27)、2.01(H-13)、2.05(H-18)相关，同时 $\delta_C$ 43.19(季碳)又与 $\delta_H$ 0.95(H-28)、1.90(H-19)、2.01(H-13)相关，表明 $\delta_C$ 43.19×2 分别归属 C-14、C-17。

原始文献没有表明 3-位羧羟基的化学位移。

canaric acid 的 NMR 详细解析数据见表 2-101。

表 2-101 canaric acid 的 NMR 数据($CDCl_3$, 500MHz/H)

| 编号 | $\delta_C$ | DEPT | $\delta_H$ | $J$/Hz | H-H COSY | HMQC | HMBC($\delta_H$) |
|---|---|---|---|---|---|---|---|
| 1a | 33.90 | $CH_2$ | 1.42m | | H-1b, H-2a, H-2b | + | 1.08(H-25) |
| 1b | | | 1.59m | | H-1a, H-2a, H-2b | + | |
| 2a | 28.36 | $CH_2$ | 1.99m | | H-1a, H-1b, H-2b | + | |
| 2b | | | 2.45m | | H-1a, H-1b, H-2a | + | |
| 3 | 179.91 | C | | | | | 1.99(H-2a), 2.45(H-2b) |
| 4 | 147.58 | C | | | | | 1.61(H-23), 2.10(H-6a), 2.26(H-6b), 4.57(H-24a), 4.77(H-24b) |
| 5 | 40.74 | CH | 2.65dd | 10.5, 4.8 | H-6b, H-6a | + | 1.08(H-25), 1.61(H-23), 1.77(H-9), 4.57(H-24a), 4.77(H-24b) |
| 6a($\alpha$)① | 24.19 | $CH_2$ | 2.10dddd | 19.0, 4.8, 6.4, 2.0 | H-6b, H-5, H-7b, H-7a | + | |
| 6b($\beta$)① | | | 2.26ddd | 19.0, 10.5, 5.0 | H-6a, H-5, H-7b | + | |
| 7a($\beta$)① | 33.94 | $CH_2$ | 1.98dd | 16.5, 2.0 | H-7b, H-6a | + | 0.72(H-26), 2.65(H-5) |
| 7b($\alpha$)① | | | 2.06ddd | 16.5, 6.4, 5.0 | H-7a, H-6a, H-6b | + | |
| 8 | 39.90 | C | | | | | 0.72(H-26), 0.78(H-27), 2.10(H-6a), 2.26(H-6b) |
| 9 | 50.39 | CH | 1.77dd | 10.0②, 8.4② | H-11a, H-11b | + | 0.72(H-26), 1.08(H-25) |
| 10 | 39.24 | C | | | | | 1.08(H-25), 1.99(H-2a), 2.45(H-2b), 2.65(H-5) |

续表

| 编号 | $\delta_C$ | DEPT | $\delta_H$ | $J$/Hz | H-H COSY | HMQC | HMBC($\delta_H$) |
|---|---|---|---|---|---|---|---|
| 11a | 21.70 | $CH_2$ | 1.13m | | H-9, H-11b, H-12a, H-12b | + | 1.77(H-9) |
| 11b | | | 1.26m | | H-9, H-11a, H-12a, H-12b | + | |
| 12a | 27.45 | $CH_2$ | 1.36m | | H-12b, H-11a, H-11b, H-13 | + | 1.77(H-9) |
| 12b | | | 1.56m | | H-12a, H-11a, H-11b, H-13 | + | |
| 13 | 38.10 | CH | 2.01m | | H-12a, H-12b, H-18 | + | 0.78(H-27), 1.90(H-19), 2.05(H-18) |
| 14 | 43.19 | C | | | | | 0.72(H-26), 0.78(H-27), 2.01(H-13), 2.05(H-18) |
| 15 | 27.45 | $CH_2$ | 1.26m | | H-16 | + | |
| 16 | 35.51 | $CH_2$ | 1.49m | | H-15 | + | 0.95(H-28) |
| 17 | 43.19 | C | | | | | 0.95(H-28), 1.90(H-19), 2.01(H-13) |
| 18 | 48.22 | CH | 2.05brd | 8.8 | H-19, H-13 | + | 0.95(H-28), 1.90(H-19), 2.01(H-13) |
| 19 | 47.93 | CH | 1.90m | | H-18, H-21a, H-21b, H-29a, H-29b | + | 1.65(H-30), 4.50(H-29a), 4.61(H-29b) |
| 20 | 150.78 | C | | | | | 1.65(H-30), 2.05(H-18), 4.50(H-29a), 4.61(H-29b) |
| 21a | 29.70 | $CH_2$ | 1.49m | | H-19, H-21b, H-22a 和 H-22b(或 H-22b) | + | |
| 21b | | | 1.68m | | H-19, H-21a, H-22a 和 H-22b(或 H-22b) | + | |
| 22a | 40.55 | $CH_2$ | 1.26m | | H-22b, H-21a 和 H-21b(或其中之一) | + | 1.90(H-19), 2.05(H-18) |
| 22b | | | 1.76dd | 11.5, 9.5[③] | H-22a, H-21a 或 H-21b | + | |
| 23 | 20.09 | $CH_3$ | 1.61s | | | + | 2.65(H-5), 4.57(H-24a), 4.77(H-24b) |
| 24a | 113.38 | $CH_2$ | 4.57brs | | H-24b | + | 1.61(H-23), 2.65(H-5) |

续表

| 编号 | $\delta_C$ | DEPT | $\delta_H$ | J/Hz | H-H COSY | HMQC | HMBC($\delta_H$) |
|---|---|---|---|---|---|---|---|
| 24b | | | 4.77brs | | H-24a | | |
| 25 | 23.22 | $CH_3$ | 1.08s | | | + | 1.77(H-9) |
| 26 | 16.00 | $CH_3$ | 0.72s | | | + | 1.77(H-9) |
| 27 | 14.54 | $CH_3$ | 0.78s | | | + | 2.01(H-13) |
| 28 | 18.01 | $CH_3$ | 0.95s | | | + | 2.05(H-18) |
| 29a | 109.50 | $CH_2$ | 4.50brs | | H-29b | + | 1.65(H-30), 1.90(H-19) |
| 29b | | | 4.61brs | | H-29a | + | |
| 30 | 19.21 | $CH_3$ | 1.65s | | | + | 1.90(H-19), 4.50(H-29a), 4.61(H-29b) |

① 参见例 2-62，式 **2-89′**。

② 由于 H-11a、H-11b 为多重峰，无法确定 $J$ = 10.0Hz、8.4Hz 与 H-11a、H-11b 的对应关系。

③ 原始文献未明确 $J$ = 9.5Hz 是与 H-21a 还是与 H-21b 的偶合关系。

## 例 2-68 川楝素的 NMR 数据解析[133-135]

川楝素(chuanliansu)是从四川川楝(*Melia toosendan*)和广西苦楝(*Melia azedarach*)树皮中分离出的一种烷型三萜(meliacane)，其骨架由 26 个碳构成，因此，又称四降三萜。由于川楝素 C-28 为半缩醛碳，因此，川楝素始终有 2 个半缩醛互变异构体($\beta$-川楝素, **2-97** 和 $\alpha$-川楝素, **2-98**)存在。

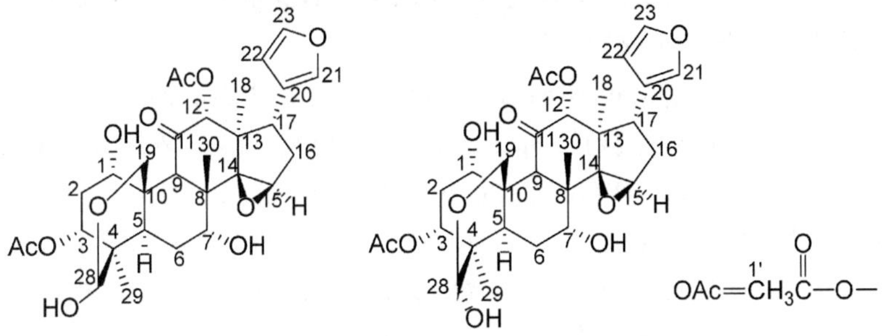

OAc=$CH_3$C(=O)—O—

**2-97** **2-98**

$\beta$-川楝素的 $^{13}$C NMR 显示 30 条碳峰，表明其含有 30 个碳。DEPT 显示，5 个伯碳：$\delta_C$ 15.75、20.32、20.94、21.30、23.09；4 个仲碳：$\delta_C$ 26.29、34.17、37.45、64.92；12 个叔碳：$\delta_C$ 29.09、39.12、49.72、59.18、69.79、70.16、74.30、79.03、96.98、112.66、141.30、142.97；9 个季碳：$\delta_C$ 40.73、42.65、43.17、46.27、73.29、123.80、170.59、170.76、208.52。

根据氢化学位移规律和偶合分裂情况，加之 $\delta_C$ 64.92(仲碳)与 $\delta_H$ 4.64(1H, d, $J$ = 12.4Hz)、4.80(1H, d, $J$ = 12.4Hz)HSQC 相关，$\delta_H$ 4.64 与 $\delta_H$ 4.80 H-H COSY 相关，表明 $\delta_H$ 4.64、4.80 分别归属 H-19a、H-19b，$\delta_C$ 64.92 归属 C-19。

HMBC 指出，$\delta_C$ 64.92(C-19)与 $\delta_H$ 5.46(1H, s)相关，加之 $\delta_C$ 49.72(叔碳)与 $\delta_H$ 5.46 HSQC 相关，表明 $\delta_H$ 5.46 归属 H-9, $\delta_C$ 49.72 归属 C-9；$\delta_C$ 42.65(季碳)与 $\delta_H$ 4.80(H-19b)、4.94(1H, brd, $J$ = 4.9Hz)、5.46(H-9)相关，加之 $\delta_C$ 67.79(叔碳)与 $\delta_H$ 4.94 HSQC 相关，表明 $\delta_C$ 42.65 归属 C-10，$\delta_H$ 4.94 归属 H-1，$\delta_C$ 69.79 归属 C-1；$\delta_C$ 69.79(C-1)与 $\delta_H$ 5.99(1H, brd, $J$ = 4.9Hz)相关，加之 $\delta_C$ 74.30(叔碳)与 $\delta_H$ 5.99 HSQC 相关，表明 $\delta_H$ 5.99 归属 H-3，$\delta_C$ 74.30 归属 C-3；$\delta_C$ 170.76(季碳)与 $\delta_H$ 1.82(3H, s)、5.99(H-3)相关，加之 $\delta_C$ 21.30(伯碳)与 $\delta_H$ 1.82 HSQC 相关，表明 $\delta_C$ 170.76、21.30 分别归属 OAc-3(C=O)、OAc-3(1′)甲基碳，$\delta_H$ 1.82 归属 OAc-3(1′)甲基氢；$\delta_C$ 74.30(C-3)与 $\delta_H$ 1.17(3H, s)、5.38(1H, s)相关，加之 $\delta_C$ 20.32(伯碳)与 $\delta_H$ 1.17(3H, s)、$\delta_C$ 96.98(叔碳)与 $\delta_H$ 5.38 HSQC 相关，表明 $\delta_H$ 1.17、5.38 分别归属 H-29、H-28，$\delta_C$ 20.32、96.98 分别归属 C-29、C-28；$\delta_C$ 40.73(季碳)与 $\delta_H$ 1.17(H-29)、3.60(1H, dd, $J$ =13.8Hz、3.8Hz)、5.38(H-28)相关，加之 $\delta_C$ 29.09(叔碳)与 $\delta_H$ 3.60 HSQC 相关，表明 $\delta_C$ 40.73 归属 C-4，$\delta_H$ 3.60 归属 H-5，$\delta_C$ 29.09 归属 C-5。需要提出的是，参照例 2-62 中 **2-89′**的构象或根据 H-5 的偶合常数数值，可以确定 H-5 为直立氢，$\alpha$-取向。

H-H COSY 指出，$\delta_H$ 5.99(H-3)与 $\delta_H$ 2.36(1H, brd, $J$ = 15.8Hz)、3.35(1H, dt, $J$ = 15.8Hz、4.9Hz、14.9Hz)相关，$\delta_H$ 2.36 与 $\delta_H$ 3.35 相关，加之 $\delta_C$ 37.45(仲碳)与 $\delta_H$ 2.36、3.35 HSQC 相关，表明 $\delta_H$ 2.36、3.35 分别归属 H-2a、H-2b，$\delta_C$ 37.45 归属 C-2。同样，参照例 2-62 中 **2-89′**的构象式，根据 H-1、H-3 的偶合常数数值，可以确定 H-1、H-3 均为平伏氢，$\beta$-取向。

H-H COSY 指出，$\delta_H$ 3.60(H-5)与 2.01(1H, m)、2.13(2H, m)相关，$\delta_H$ 2.01 与 $\delta_H$ 2.13 相关，加之 $\delta_C$ 26.29(仲碳)与 $\delta_H$ 2.01、2.13 HSQC 相关，表明 $\delta_H$ 2.01、2.13(其中 1 个氢)分别归属 H-6a、H-6b，$\delta_C$ 26.29 归属 C-6；$\delta_H$ 2.01(H-6a)、2.13(H-6b)均与 $\delta_H$ 3.90(1H, brs)相关，加之 $\delta_C$ 70.16(叔碳)与 $\delta_H$ 3.90 HSQC 相关，表明 $\delta_H$ 3.90 归属 H-7, $\delta_C$ 70.16 归属 C-7。同样，参照例 2-62 中 **2-89′**的构象式，根据 H-7 峰形，可以确定 H-7 为平伏氢，$\beta$-取向。

HMBC 指出，$\delta_C$ 43.17(季碳)与 $\delta_H$ 1.32(3H, s)、2.01(H-6a)、5.46(H-9)相关，加之 $\delta_C$ 23.09(伯碳)与 $\delta_H$ 1.32 HSQC 相关，表明 $\delta_C$ 43.17、23.09 分别归属 C-8、C-30, $\delta_H$ 1.32 归属 H-30。

根据碳化学位移规律，$\delta_C$ 208.52(季碳)归属 C-11。HMBC 指出，$\delta_C$ 208.52(C-11)与 $\delta_H$ 5.46(H-9)、5.98(1H, s)相关，加之 $\delta_C$ 79.03(叔碳)与 $\delta_H$ 5.98 HSQC 相关，表明 $\delta_H$ 5.98 归属 H-12, $\delta_C$ 79.03 归属 C-12；$\delta_C$ 79.03(C-12)与 $\delta_H$ 1.87(3H, s)、3.23(1H, dd, $J$ = 11.1Hz、6.3Hz)相关，加之 $\delta_C$ 15.75(伯碳)与 $\delta_H$ 1.87、$\delta_C$ 39.12(叔碳)与 $\delta_H$ 3.23 HSQC 相关，表明 $\delta_H$ 1.87、3.23 分别归属 H-18、H-17, $\delta_C$ 15.75、39.12 分别归属 C-18、C-17，同样参照例 2-62 中 **2-89′**的构象式，根据 H-17 的偶合常数数值，可以确定 H-17 为直立氢，$\beta$-取向；$\delta_C$ 73.29(季碳)与 $\delta_H$ 1.32(H-30)、1.87(H-18)、5.46(H-9)相关，表明 $\delta_C$ 73.29 归属 C-14；$\delta_C$ 46.27(季碳)与 $\delta_H$ 1.87(H-18)、3.23(H-17)、5.98(H-12)相关，表明 $\delta_C$ 46.27 归属 C-13。

H-H COSY 指出，$\delta_H$ 3.23(H-17)与 $\delta_H$ 1.95(1H, m)、2.13(2H, m)相关，$\delta_H$ 1.95 与 $\delta_H$ 2.13 相关，加之 $\delta_C$ 34.17(仲碳)与 $\delta_H$ 1.95、2.13 HSQC 相关，表明 $\delta_H$ 1.95、2.13(其中 1 个氢)分别归属 H-16a、H-16b，$\delta_C$ 34.17 归属 C-16；$\delta_H$ 1.95(H-16a)、2.13(H-16b)均与 $\delta_H$ 4.00(1H, brs)相关，加之 $\delta_C$ 59.18(叔碳)与 $\delta_H$ 4.00 HSQC 相关，表明 $\delta_H$ 4.00 归属 H-15，$\delta_C$ 59.18 归属 C-15。

HMBC 指出，$\delta_C$ 112.66(叔碳)与 $\delta_H$ 3.23(H-17)相关，$\delta_C$ 141.30(叔碳)与 $\delta_H$ 3.23(H-17)相关，加之 $\delta_C$ 112.66 与 $\delta_H$ 6.29(1H, m)、$\delta_C$ 141.30 与 $\delta_H$ 7.37(1H, m) HSQC 相关，结合碳化学位移规律，综合考虑，$\delta_C$ 112.66 归属 C-22，141.30 归属 C-21，$\delta_H$ 6.29、7.37 分别归属 H-22、H-21。

根据碳化学位移规律，$\delta_C$ 123.80(季碳)归属 C-20, $\delta_C$ 142.97(叔碳)应归属 C-23，加之 $\delta_C$ 142.97(C-23)与 $\delta_H$ 7.50(1H, m) HSQC 相关，表明 $\delta_H$ 7.50(1H, m) 归属 H-23。

HMBC 指出，$\delta_C$ 170.59(季碳)与 $\delta_H$ 1.98(3H, s)、5.98(H-12)相关，加之 $\delta_C$ 20.94(伯碳)与 $\delta_H$ 1.98 HSQC 相关，表明 $\delta_C$ 170.59 归属 OAc-12(C=O)，$\delta_H$ 1.98 归属 OAc-12(1′)甲基氢，$\delta_C$ 20.94 归属 OAc-12(1′)甲基碳。

NOESY 指出，$\delta_H$ 5.98(H-12)与 $\delta_H$ 3.23(H-17)相关，表明 H-12 为 $\beta$-取向；$\delta_H$ 1.32(H-30)与 $\delta_H$ 5.98(H-12)相关，表明 H-30 为 $\beta$-取向；$\delta_H$ 4.63(H-19a)与 $\delta_H$ 1.32(H-30)相关，表明 C-19 为 $\beta$-取向；$\delta_H$ 1.87(H-18)与 $\delta_H$ 7.37(H-21)、6.29(H-22)相关，表明 H-18 为 $\alpha$-取向。由于 C-19 与 C-28 之间的环氧连接，使得环 A 变形，用 NOESY 确定 H-1、H-3、H-5 的取向易造成错误，前述已通过偶合常数数值大小对 H-1、H-3、H-5 取向进行了确定。

$\beta$-川楝素的 NMR 详细解析数据见表 2-102。

$\alpha$-川楝素的 NMR 数据解析阐述同 $\beta$-川楝素，其 NMR 详细解析数据见表 2-103。

由表 2-102 和表 2-103 数据对比可以看出，$\beta$-川楝素和 $\alpha$-川楝素的大部分 NMR 数据基本相似，主要差别在于 2 个化合物的 C-3、C-19 之间差别较大，是由于 OH 处于 $\beta$-取向和 $\alpha$-取向引起 $\gamma$-效应不同引起的。

表 2-102 β-川楝素的 NMR 数据($C_5D_5N$, 400MHz/H)[①]

| 编号 | $\delta_C$ | DEPT | $\delta_H$ | J/Hz | H-H COSY | NOESY | HSQC | HMBC($\delta_H$) |
|---|---|---|---|---|---|---|---|---|
| 1 | 69.79 | CH | 4.94brd | 4.9 | H-2a, H-2b | | + | 2.36(H-2a), 4.64(H-19a), 4.80(H-19b), 5.46(H-9), 5.99(H-3) |
| 2a | 37.45 | $CH_2$ | 2.36brd | 15.8 | H-1, H-3, H-2b | | + | |
| 2b | | | 3.35dt | 15.8, 4.9, 4.9 | H-2a, H-1, H-3 | | + | |
| 3 | 74.30 | CH | 5.99brd | 4.9 | H-2a, H-2b | | + | 1.17(H-29), 2.36(H-2a), 4.94(H-1), 5.38(H-28) |
| 4 | 40.73 | C | | | | | | 1.17(H-29), 2.36(H-2a), 3.60(H-5), 5.38(H-28) |
| 5 | 29.09 | CH | 3.60dd | 13.8[②], 3.8[②] | H-6a, H-6b | | + | 1.17(H-29), 2.13(H-6b), 3.90(H-7), 4.80(H-19b), 4.94(H-1), 5.38(H-28), 5.99(H-3) |
| 6a | 26.29 | $CH_2$ | 2.01m | | H-5, H-6b, H-7 | | + | 1.17(H-29), 3.60(H-5) |
| 6b | | | 2.13m | | H-5, H-6a, H-7 | | + | |
| 7 | 70.16 | CH | 3.90brs | | H-6a, H-6b | | + | 1.32(H-30), 5.46(H-9) |
| 8 | 43.17 | C | | | | | | 1.32(H-30), 2.01(H-6a), 5.46(H-9) |
| 9 | 49.72 | CH | 5.46s | | | | + | 1.32(H-30), 3.90(H-7) |
| 10 | 42.65 | C | | | | | | 2.01(H-6a), 2.36(H-2a), 4.80(H-19b), 4.94(H-1), 5.46(H-9) |
| 11 | 208.52 | C | | | | | | 5.46(H-9), 5.98(H-12) |
| 12 | 79.03 | CH | 5.98s | | | H-17, H-30 | + | 1.87(H-18), 3.23(H-17) |
| 13 | 46.27 | C | | | | | | 1.87(H-18), 2.13(H-16b), 3.23(H-17), 5.98(H-12) |
| 14 | 73.29 | C | | | | | | 1.32(H-30), 1.87(H-18), 2.13(H-16b), 5.46(H-9) |
| 15 | 59.18 | CH | 4.00brs | | H-16a, H-16b | | + | 2.13(H-16b) |
| 16a | 34.17 | $CH_2$ | 1.95m | | H-15, H-16b, H-17 | | + | 3.23(H-17), 4.00(H-15) |
| 16b | | | 2.13m | | H-15, H-16a, H-17 | | + | |
| 17 | 39.12 | CH | 3.23dd | 11.1[③], 6.3[③] | H-16a, H-16b | H-12 | + | 1.87(H-18), 1.95(H-16a), 2.13(H-16b), 4.00(H-15), 5.98(H-12) |
| 18 | 15.75 | $CH_3$ | 1.87s | | | H-21, H-22 | + | 3.23(H-17), 5.98(H-12) |

续表

| 编号 | $\delta_C$ | DEPT | $\delta_H$ | $J$/Hz | H-H COSY | NOESY | HSQC | HMBC($\delta_H$) |
|---|---|---|---|---|---|---|---|---|
| 19a | 64.92 | $CH_2$ | 4.64d | 12.4 | H-19b | H-30 | + | 5.46(H-9) |
| 19b | | | 4.80d | 12.4 | H-19a | | + | |
| 20 | 123.80 | C | | | | | | 1.95(H-16a), 3.23(H-17), 6.29(H-22), 7.37(H-21), 7.50(H-23) |
| 21 | 141.30 | CH | 7.37m | | H-22, H-23 | H-18 | + | 3.23(H-17), 6.29(H-22), 7.50(H-23) |
| 22 | 112.66 | CH | 6.29m | | H-21, H-23 | H-18 | + | 3.23(H-17), 7.37(H-21), 7.50(H-23) |
| 23 | 142.97 | CH | 7.50m | | H-21, H-22 | | + | 6.29(H-22), 7.37(H-21) |
| 28 | 96.98 | CH | 5.38s | | | | + | 1.17(H-29), 3.60(H-5), 4.64(H-19a), 4.80(H-19b) |
| 29 | 20.32 | $CH_3$ | 1.17s | | | | + | 5.38(H-28) |
| 30 | 23.09 | $CH_3$ | 1.32s | | | H-12, H-19a | + | 5.46(H-9) |
| OAc-3 | | | | | | | | |
| C=O | 170.76 | C | | | | | | 1.82[OAc-3(1′)], 5.99(H-3) |
| 1′ | 21.30 | $CH_3$ | 1.82s | | | | + | |
| OAc-12 | | | | | | | | |
| C=O | 170.59 | C | | | | | | 1.98[OAc-12(1′)], 5.98(H-12) |
| 1′ | 20.94 | $CH_3$ | 1.98s | | | | + | |

① 本实验室数据。

② 由于 H-6a、H-6b 为多重峰，无法确定 $J$ = 13.9Hz、3.8Hz 与 H-6a、H-6b 的对应关系。

③ 由于 H-16a、H-16b 为多重峰，无法确定 $J$ = 11.1Hz、6.3Hz 与 H-16a、H-16b 的对应关系。

**表 2-103 α-川楝素的 NMR 数据($C_5D_5N$, 400MHz/H)①**

| 编号 | $\delta_C$ | DEPT | $\delta_H$ | $J$/Hz | H-H COSY | HSQC | HMBC($\delta_H$) |
|---|---|---|---|---|---|---|---|
| 1 | 69.96 | CH | 4.98brd | 4.9 | H-2a, H-2b | + | 4.63(H-19a), 5.09(H-19b), 5.49(H-9) |
| 2a | 37.95 | $CH_2$ | 2.29brd | 15.8 | H-1, H-3, H-2b | + | |
| 2b | | | 3.18dt | 15.8, 4.9, 4.9 | H-2a, H-1, H-3 | + | |
| 3 | 77.35 | CH | 5.18brd | 4.9 | H-2a, H-2b | + | 1.18(H-29), 2.29(H-2a), 4.98(H-1) |
| 4 | 40.80 | C | | | | | 1.18(H-29), 3.52(H-5) |
| 5 | 28.56 | CH | 3.52dd | 13.8②, 3.8② | H-6a, H-6b | + | 3.93(H-7), 4.98(H-1) |
| 6a | 26.80 | $CH_2$ | 2.01m | | H-5, H-6b, H-7 | + | 1.18(H-29) |
| 6b | | | 2.13m | | H-5, H-6a, H-7 | + | |

续表

| 编号 | $\delta_C$ | DEPT | $\delta_H$ | J/Hz | H-H COSY | HSQC | HMBC($\delta_H$) |
|---|---|---|---|---|---|---|---|
| 7 | 70.45 | CH | 3.93brs | | H-6a, H-6b | + | 1.42(H-30), 5.49(H-9) |
| 8 | 43.27 | C | | | | | 1.42(H-30), 5.49(H-9) |
| 9 | 50.02 | CH | 5.49s | | | + | 1.42(H-30), 3.93(H-7) |
| 10 | 42.65 | C | | | | | 2.01(H-6a), 2.29(H-2a), 5.49(H-9) |
| 11 | 208.60 | C | | | | | 5.49(H-9), 5.98(H-12) |
| 12 | 79.19 | CH | 5.98s | | | + | 1.87(H-18), 3.23(H-17) |
| 13 | 46.27 | C | | | | | 1.87(H-18), 2.13(H-16b), 3.23(H-17), 5.98(H-12) |
| 14 | 73.37 | C | | | | | 1.42(H-30), 1.87(H-18), 2.13(H-16b), 5.49(H-9) |
| 15 | 59.06 | CH | 3.96brs | | H-16a, H-16b | + | 2.13(H-16b) |
| 16a | 34.17 | $CH_2$ | 1.95m | | H-15, H-16b, H-17 | + | 3.23(H-17) |
| 16b | | | 2.13m | | H-15, H-16a, H-17 | + | |
| 17 | 39.12 | CH | 3.23dd | 11.1[③], 6.3[③] | H-16a, H-16b | + | 1.87(H-18), 1.95(H-16a), 2.13(H-16b), 3.96(H-15), 5.98(H-12) |
| 18 | 15.75 | $CH_3$ | 1.87s | | | + | 3.23(H-17), 5.98(H-12) |
| 19a | 59.41 | $CH_2$ | 4.63d | 12.4 | 19b | + | 5.13(H-28), 5.49(H-9) |
| 19b | | | 5.09d | 12.4 | 19a | + | |
| 20 | 123.80 | C | | | | | 1.95(H-16a), 3.23(H-17), 6.29(H-22), 7.37(H-21), 7.50(H-23) |
| 21 | 141.30 | CH | 7.37m | | H-22, H-23 | + | 3.23(H-17), 6.29(H-22), 7.50(H-23) |
| 22 | 112.66 | CH | 6.29m | | H-21, H-23 | + | 3.23(H-17), 7.37(H-21), 7.50(H-23) |
| 23 | 142.97 | CH | 7.50m | | H-21, H-22 | + | 6.29(H-22), 7.37(H-21) |
| 28 | 96.59 | CH | 5.13s | | | + | 1.18(H-29), 3.52(H-5), 4.63(H-19a) |
| 29 | 19.47 | $CH_3$ | 1.18s | | | + | |
| 30 | 23.31 | $CH_3$ | 1.42s | | | + | 5.49(H-9) |
| OAc-3 | | | | | | | |
| C=O | 170.76 | C | | | | | 1.83[OAc-3(1′)] |
| 1′ | 21.21 | $CH_3$ | 1.83s | | | + | |
| OAc-12 | | | | | | | |
| C=O | 170.64 | C | | | | | 1.99[OAc-12(1′)], 5.98(H-12) |
| 1′ | 20.94 | $CH_3$ | 1.99s | | | + | |

① 本实验室数据。

② 由于 H-6a、H-6b 为多重峰，无法确定 $J$ = 13.9Hz、3.8Hz 与 H-6a、H-6b 的对应关系。

③ 由于 H-16a、H-16b 为多重峰，无法确定 $J$ = 11.1Hz、6.3Hz 与 H-16a、H-16b 的对应关系。

## 例 2-69 金丝桃苷的 NMR 数据解析[136]

金丝桃苷(hyperoside, **2-99**)，又名槲皮素-3-*O*-*β*-D-吡喃半乳糖苷、田基黄苷、海棠因、hyperin。广泛存在于各种植物体内，如金丝桃科、蔷薇科、桔梗科、唇形科、杜鹃花科、葵科、藤黄科、豆科以及卫矛科等的果实与全草中，具有抗炎、解痉、利尿、止咳、降压、降低胆固醇、蛋白同化、局部和中枢镇痛以及对心、脑血管的保护作用等多种生理活性，是一个重要的天然产物。

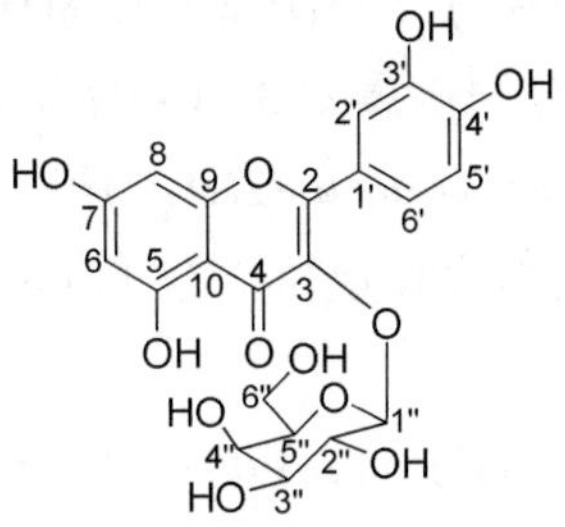

**2-99**

金丝桃苷的 $^{13}$C NMR 显示 21 条碳峰，表明其含有 21 个碳。DEPT 显示，1 个仲碳：$\delta_C$ 60.09；10 个叔碳：$\delta_C$ 67.87、71.14、73.12、75.80、93.45、98.61、101.69、115.13、115.87、121.98；10 个季碳：$\delta_C$ 103.87、121.04、133.41、144.79、148.42、156.17、156.24、161.19、164.07、177.44。

H-H COSY 指出，$\delta_H$ 6.20(1H, d, $J$ = 2.0Hz)与 $\delta_H$ 6.41(1H, d, $J$ = 2.0Hz)相关，结合氢化学位移规律，表明 $\delta_H$ 6.20、6.41 归属 H-6 和 H-8，但归属区分还需进一步确定。由于 OH-5 与 4-位羰基碳形成较强分子内氢键，所以其化学位移应出现在最低场，$\delta_H$ 12.64(1H, s, 活泼氢)归属 OH-5。

HMBC 指出，$\delta_C$ 103.87(季碳)与 $\delta_H$ 6.20(H-6 或 H-8)、6.41(H-6 或 H-8)、12.64(OH-5)相关，$\delta_C$ 156.24(季碳)与 $\delta_H$ 6.41 相关，加之 $\delta_C$ 98.61(叔碳)与 $\delta_H$ 6.20、$\delta_C$ 93.45(叔碳)与 $\delta_H$ 6.41 HSQC 相关，结合碳化学位移规律，综合考虑，表明 $\delta_C$ 103.87、156.24 分别归属 C-10、C-9，$\delta_H$ 6.20、6.41 分别归属 H-6、H-8，$\delta_C$ 98.61、93.45 分别归属 C-6、C-8；$\delta_C$ 93.45(C-8)与 $\delta_H$ 6.20(H-6)、10.88(1H, s, 活泼氢)相关，$\delta_C$ 98.61(C-6)与 $\delta_H$ 6.41(H-8)、10.88(1H, s, 活泼氢)、12.64(OH-5)相关，表明 $\delta_H$ 10.88 归属 OH-7；$\delta_C$ 164.07(季碳)与 $\delta_H$ 6.20(H-6)、6.41(H-8)、10.88(OH-7)相关，表明 $\delta_C$ 164.07 归属 C-7。

H-H COSY 指出，$\delta_H$ 7.53(1H, d, $J$ = 2.2Hz)与 $\delta_H$ 7.68(1H, dd, $J$ = 2.2Hz、8.5Hz)相关，$\delta_H$ 7.68 与 $\delta_H$ 6.82(1H, d, $J$ = 8.5Hz)相关，表明 H-2′、H-5′、H-6′构成 1 个

ABC 自旋偶合系统，$\delta_H$ 7.53、7.68、6.82 分别归属 H-2′、H-6′、H-5′。HSQC 指出，$\delta_C$ 115.87(叔碳)与 $\delta_H$ 7.53(H-2′)相关，$\delta_C$ 121.98(叔碳)与 $\delta_H$ 7.68(H-6′)相关，$\delta_C$ 115.13(叔碳)与 $\delta_H$ 6.82(H-5′)相关，表明 $\delta_C$ 115.87、121.98、115.13 分别归属 C-2′、C-6′、C-5′。

HMBC 指出，$\delta_C$ 115.87(C-2′)与 $\delta_H$ 7.68(H-6′)、9.17(1H, s, 活泼氢)相关，$\delta_C$ 115.13(C-5′)与 $\delta_H$ 9.75(1H, s, 活泼氢)相关，表明 $\delta_H$ 9.17、9.75 分别归属 OH-3′、OH-4′；$\delta_C$ 144.79(季碳)与 $\delta_H$ 6.82(H-5′)、7.53(H-2′)、9.17(OH-3′)、9.75(OH-4′)相关，$\delta_C$ 148.42(季碳)与 $\delta_H$ 6.82(H-5′)、7.53(H-2′)、7.68(H-6′)、9.17(OH-3′)、9.75(OH-4′)相关，表明 $\delta_C$ 144.79、148.42 分别归属 C-3′、C-4′；$\delta_C$ 156.17(季碳)与 $\delta_H$ 7.53(H-2′)、7.68(H-6′)相关，$\delta_C$ 121.04(季碳)与 $\delta_H$ 6.82(H-5′)相关，表明 $\delta_C$ 156.17、121.04 分别归属 C-2、C-1′。根据碳化学位移规律，$\delta_C$ 177.44(季碳)归属 C-4。剩下的 $\delta_C$ 133.41(季碳)当然应当归属 C-3。

HMBC 指出，$\delta_C$ 133.41(C-3)与 $\delta_H$ 5.39(1H, d, $J$ = 7.7Hz)相关，表明 $\delta_H$ 5.39 归属 H-1″。H-H COSY 指出，$\delta_H$ 5.39(H-1″)与 $\delta_H$ 3.57(1H, dt, $J$ = 4.4Hz、7.7Hz、7.7Hz)相关，$\delta_H$ 3.57 与 $\delta_H$ 3.37(1H, m)相关，$\delta_H$ 3.37 与 $\delta_H$ 3.65(1H, m)相关，$\delta_H$ 3.65 与 $\delta_H$ 3.32(1H, m)相关，$\delta_H$ 3.32 与 $\delta_H$ 3.29(1H, m)、3.46(1H, m)相关，$\delta_H$ 3.29 与 $\delta_H$ 3.46 相关，表明 $\delta_H$ 5.39、3.57、3.37、3.65、3.32、3.29、3.46 构成 1 个大的自旋偶合系统，分别归属 H-1″、H-2″、H-3″、H-4″、H-5″、H-6″a、H-6″b；$\delta_H$ 3.57(H-2″)与 $\delta_H$ 5.15(1H, d, $J$ = 4.4Hz, 活泼氢)相关，表明 $\delta_H$ 5.15 归属 OH-2″；$\delta_H$ 3.37(H-3″)与 $\delta_H$ 4.88(1H, d, $J$ = 4.6Hz, 活泼氢)相关，表明 $\delta_H$ 4.88 归属 OH-3″；$\delta_H$ 3.65(H-4″)与 $\delta_H$ 4.45(2H, m, 活泼氢)相关，表明 $\delta_H$ 4.45(其中 1 个氢)归属 OH-4″；$\delta_H$ 3.29(H-6″a)、3.46(H-6″b)均与 $\delta_H$ 4.45(2H, m, 活泼氢)相关，表明 $\delta_H$ 4.45(其中 1 个氢)归属 OH-6″。

HSQC 指出，$\delta_C$ 101.69(叔碳)与 $\delta_H$ 5.39(H-1″)相关，$\delta_C$ 71.14(叔碳)与 $\delta_H$ 5.37(H-2″)相关，$\delta_C$ 73.12(叔碳)与 $\delta_H$ 3.37(H-3″)相关，$\delta_C$ 67.87(叔碳)与 $\delta_H$ 3.65(H-4″)相关，$\delta_C$ 75.80(叔碳)与 $\delta_H$ 3.32(H-5″)相关，$\delta_C$ 60.09(仲碳)与 $\delta_H$ 3.29(H-6″a)、3.46(H-6″b)相关，表明 $\delta_C$ 101.69、71.14、73.12、67.87、75.80、60.09 分别归属 C-1″、C-2″、C-3″、C-4″、C-5″、C-6″。

NOESY 指出，$\delta_H$ 5.39(H-1″)与 $\delta_H$ 3.37(H-3″)、3.65(H-4″)、3.32(H-5″)相关，$\delta_H$ 3.57(H-2″)与 $\delta_H$ 3.46(H-6″b)相关，表明 H-1″、H-3″、H-4″、H-5″在半乳糖平面同一侧，$\alpha$-取向；H-2″、H-6″在半乳糖平面另一侧，$\beta$-取向。

金丝桃苷的 NMR 详细解析数据见表 2-104。

表 2-104 金丝桃苷的 NMR 数据(DMSO-$d_6$, 400 MHz/H)[①]

| 编号 | $\delta_C$ | DEPT | $\delta_H$ | $J$/Hz | H-H COSY | NOESY | HSQC | HMBC($\delta_H$) |
|---|---|---|---|---|---|---|---|---|
| 2 | 156.17 | C | | | | | | 7.53(H-2′), 7.68(H-6′) |
| 3 | 133.41 | C | | | | | | 5.39(H-1″) |
| 4 | 177.44 | C | | | | | | |
| 5 | 161.19 | C | | | | | | 6.20(H-6), 12.64(OH-5) |
| OH-5 | | | 12.64s | | | | | |
| 6 | 98.61 | CH | 6.20d | 2.0 | H-8 | | + | 6.41(H-8), 10.88(OH-7), 12.64(OH-5) |
| 7 | 164.07 | C | | | | | | 6.20(H-6), 6.41(H-8), 10.88(OH-7) |
| OH-7 | | | 10.88s | | | | | |
| 8 | 93.45 | CH | 6.41d | 2.0 | H-6 | | + | 6.20(H-6), 10.88(OH-7) |
| 9 | 156.24 | C | | | | | | 6.41(H-8) |
| 10 | 103.87 | C | | | | | | 6.20(H-6), 6.41(H-8), 12.64(OH-5) |
| 1′ | 121.04 | C | | | | | | 6.82(H-5′) |
| 2′ | 115.87 | CH | 7.53d | 2.2 | H-6′ | | + | 7.68(H-6′), 9.17(OH-3′) |
| 3′ | 144.79 | C | | | | | | 6.82(H-5′), 7.53(H-2′), 9.17(OH-3′), 9.75(OH-4′) |
| OH-3′ | | | 9.17s | | | | | |
| 4′ | 148.42 | C | | | | | | 6.82(H-5′), 7.53(H-2′), 7.68(H-6′), 9.17(OH-3′), 9.75(OH-4′) |
| OH-4′ | | | 9.75s | | | | | |
| 5′ | 115.13 | CH | 6.82d | 8.5 | H-6′ | | + | 9.75(OH-4′) |
| 6′ | 121.98 | CH | 7.68dd | 2.2, 8.5 | H-2′, H-5′ | | + | 7.53(H-2′) |
| 1″ | 101.69 | CH | 5.39d | 7.7 | H-2″ | H-3″, H-4″, H-5″ | + | 3.57(H-2″) |
| 2″ | 71.14 | CH | 3.57dt | 4.4, 7.7, 7.7 | OH-2″, H-1″, H-3″ | H-6″b | + | 3.37(H-3″), 3.65(H-4″) |
| OH-2″ | | | 5.15d | 4.4 | H-2″ | | | |
| 3″ | 73.12 | CH | 3.37m | | H-2″, H-4″, OH-3″ | H-1″ | + | 3.57(H-2″), 3.65(H-4″) |
| OH-3″ | | | 4.88d | 4.6 | H-3″ | | | |
| 4″ | 67.87 | CH | 3.65m | | H-3″, H-5″, OH-4″ | H-1″ | + | 3.29(H-6″a), 3.32(H-5″) |
| OH-4″ | | | 4.45m | | H-4″ | | | |

续表

| 编号 | $\delta_C$ | DEPT | $\delta_H$ | J/Hz | H-H COSY | NOESY | HSQC | HMBC($\delta_H$) |
|---|---|---|---|---|---|---|---|---|
| 5″ | 75.80 | CH | 3.32m | | H-4″, H-6″a, H-6″b | H-1″ | + | |
| 6″a | 60.09 | $CH_2$ | 3.29m | | H-5″, H-6″b, OH-6″ | | + | 3.32(H-5″) |
| 6″b | | | 3.46m | | H-5″, H-6″a, OH-6″ | H-2″ | + | |
| OH-6″ | | | 4.45m | | H-6″a, H-6″b | | | |

① 本实验室数据。

## 例 2-70 芦丁的 NMR 数据解析[137,138]

芦丁(rutin, **2-100**)，又名芸香苷、维生素 P、紫槲皮苷、路丁、路丁粉、路通、络通、紫皮苷、rutoside、violaquereitrin。广泛存在于芸香叶、烟叶、枣、杏、橙皮、番茄、荞麦花中。具有降低毛细血管通透性和脆性的作用，保持及恢复毛细血管的正常弹性。用于预防高血压脑出血、糖尿病视网膜出血和出血性紫癜等，也用作食品抗氧剂和色素。

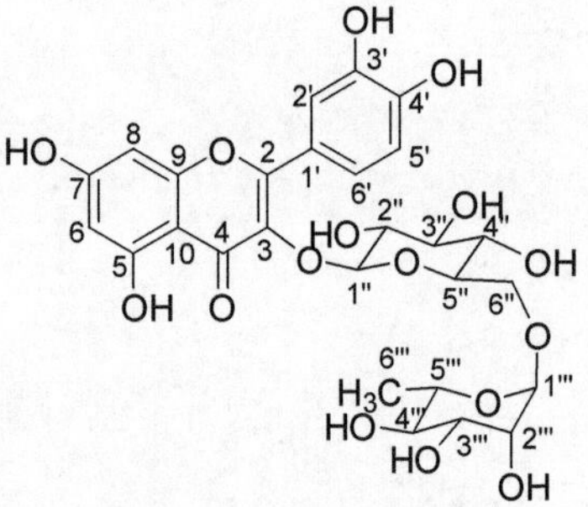

**2-100**

芦丁的 $^{13}$C NMR 显示 27 条碳峰，表明其含有 27 个碳。DEPT 显示，1 个伯碳：$\delta_C$ 17.70；1 个仲碳：$\delta_C$ 66.94；15 个叔碳：$\delta_C$ 68.20、69.93、70.32、70.49、71.77、74.01、75.85、76.37、93.53、98.62、100.70、101.11、115.17、116.20、121.54；10 个季碳：$\delta_C$ 103.91、121.11、133.23、144.70、148.36、156.37、156.56、161.17、164.03、177.31。

芦丁的苷元与金丝桃苷(见例 2-69)的苷元完全相同，均为槲皮素，所以其苷元的 $^1$H 和 $^{13}$C NMR 数据归属解析同金丝桃苷苷元，不再赘述。但归属结果需稍加说明：OH-7、OH-3′、OH-4′的 $^1$H NMR 数据归属，由于本实验中没有看到它们的 HMBC 相关，因此，它们的归属是参照例 2-69 中金丝桃苷苷元的 OH-7、OH-3′、OH-4′数据归属的；C-2 和 C-9 的 $^{13}$C NMR 数据本例大小顺序与例 2-69 相反，是由于 C-2 的 $\beta$-取代基效应不同引起的。

由于芦丁包含两个糖：葡萄糖和鼠李糖，它们的 $^{1}$H NMR 氢峰重叠厉害，解析困难。但是，H-1″和 H-1‴的化学位移和偶合分裂情况差别较大，可从此入手进行解析。

根据碳、氢化学位移规律和氢偶合分裂情况，$\delta_H$ 5.35(1H, d, $J$ = 7.4Hz)归属 H-1″，$\delta_H$ 4.38(1H, brs)归属 H-1‴，$\delta_H$ 0.99(3H, d, $J$ = 6.2Hz)归属 H-6‴，$\delta_C$ 66.94(仲碳)归属 C-6″。

HSQC 指出，$\delta_C$ 101.11(叔碳)与 $\delta_H$ 5.35(H-1″)相关，$\delta_C$ 100.70(叔碳)与 $\delta_H$ 4.38(H-1‴)相关，$\delta_C$ 17.70(伯碳)与 $\delta_H$ 0.99(H-6‴)相关，$\delta_C$ 66.94(C-6″)与 $\delta_H$ 3.27(4H, m)、3.70(1H, d, $J$ = 10.3Hz)相关，表明 $\delta_C$ 101.11、100.70、17.70 分别归属 C-1″、C-1‴、C-6‴，$\delta_H$ 3.27(其中 1 个氢)、3.70 分别归属 H-6″a、H-6″ b。

H-H COSY 指出，$\delta_H$ 5.35(H-1″)与 $\delta_H$ 3.24(2H, m)相关，表明 $\delta_H$ 3.24(其中 1 个氢)归属 H-2″；$\delta_H$ 4.38(H-1‴)与 $\delta_H$ 3.27(4H, m)相关，$\delta_H$ 0.99(H-6‴)与 $\delta_H$ 3.27(4H, m)相关，表明 $\delta_H$ 3.27(其中 2 个氢)分别归属 H-2‴、H-5‴。

HMBC 指出，$\delta_C$ 68.20(叔碳)与 $\delta_H$ 0.99(H-6‴)、4.38(H-1‴)相关，表明 $\delta_C$ 68.20 归属 C-5‴；$\delta_C$ 70.32(叔碳)与 $\delta_H$ 3.27(H-2‴, 5‴)、4.38(H-1‴)相关，加之 $\delta_C$ 70.32 与 $\delta_H$ 3.38(1H, m)HSQC 相关，表明 $\delta_C$ 70.32 归属 C-3‴，$\delta_H$ 3.38 归属 H-3‴；$\delta_C$ 71.77(叔碳)与 $\delta_H$ 0.99(H-6‴)、3.27(H-2‴, 5‴)、3.38(H-3‴)相关，加之 71.77(叔碳)与 $\delta_H$ 3.07(2H, m)HSQC 相关，表明 $\delta_C$ 71.77 归属 C-4‴，$\delta_H$ 3.07(其中 1 个氢)归属 H-4‴；$\delta_C$ 70.49(叔碳)与 $\delta_H$ 3.38(H-3‴)、4.38(H-1‴)相关，表明 $\delta_C$ 70.49 归属 C-2‴。

HMBC 指出，$\delta_C$ 66.94(C-6″)与 $\delta_H$ 3.07(2H, m)、3.27(4H, m)相关，加之 $\delta_H$ 3.07 与 $\delta_H$ 4.38(1H, br，活泼氢)、5.10(1H, br，活泼氢) H-H COSY 相关，表明 $\delta_H$ 3.07(其中 1 个氢)归属 H-4″，$\delta_H$ 3.27(其中 1 个氢)归属 H-5″。

参见例 2-34、例 2-35 和例 2-37，芦丁中葡萄糖几个碳的归属为：$\delta_C$ 74.01(叔碳)归属 C-2″，$\delta_C$ 69.93(叔碳)归属 C-4″，$\delta_C$ 75.85(叔碳)和 76.37(叔碳)归属 C-3″和 C-5″(归属区分需进一步确定)。

HSQC 指出，$\delta_C$ 74.01(C-2″)、76.37(C-3″或 C-5″)均与 $\delta_H$ 3.24(2H, m)相关，$\delta_C$ 75.85(C-3″或 C-5″)与 $\delta_H$ 3.27(4H, m)相关，综合考虑，$\delta_C$ 76.37、75.85 分别归属 C-3″、C-5″，$\delta_H$ 3.24 归属 H-2″和 H-3″。

H-H COSY 指出，$\delta_H$ 4.42(2H, br, 活泼氢)与 $\delta_H$ 3.27(H-2‴)、3.38(H-3‴)相关，表明 $\delta_H$ 4.42 归属 OH-2‴和 OH-3‴；$\delta_H$ 4.38(1H, br, 活泼氢)、5.10(1H, br, 活泼氢)均与 $\delta_H$ 3.07(H-4″, H-4‴)相关，表明 $\delta_H$ 4.38、5.10 归属 OH-4″和 OH-4‴，但无法归属区分；$\delta_H$ 5.13(1H, br, 活泼氢)、5.33(1H, br, 活泼氢)均与 $\delta_H$ 3.24(H-2″和 H-3″)

相关，表明 $\delta_H$ 5.13、5.33 归属 OH-2″和 OH-3″，但无法归属区分。

HMBC 指出，$\delta_C$ 66.94(C-6″)与 $\delta_H$ 4.38(H-1‴)相关，加之 C-6″的较低场化学位移(见例 2-73、例 2-74)，表明鼠李糖与葡萄糖是(1-O-6)相连。

芦丁的 NMR 详细解析数据见表 2-105。

**表 2-105 芦丁的 NMR 数据(DMSO-$d_6$, 400MHz)①**

| 编号 | $\delta_C$ | DEPT | $\delta_H$ | $J$/Hz | H-H COSY | HSQC | HMBC($\delta_H$) |
|---|---|---|---|---|---|---|---|
| 2 | 156.56 | C | | | | | 7.53(H-2′), 7.54(H-6′) |
| 3 | 133.23 | C | | | | | |
| 4 | 177.31 | C | | | | | |
| 5 | 161.17 | C | | | | | 6.20(H-6), 12.61(OH-5) |
| OH-5 | | | 12.61s | | | | |
| 6 | 98.62 | CH | 6.20d | 2.0 | H-8 | + | 6.39(H-8), 12.61(OH-5) |
| 7 | 164.03 | C | | | | | 6.20(H-6), 6.39(H-8) |
| OH-7 | | | 10.86br | | | | |
| 8 | 93.53 | CH | 6.39d | 2.0 | H-6 | + | 6.20(H-6) |
| 9 | 156.37 | C | | | | | 6.39(H-8) |
| 10 | 103.91 | C | | | | | 6.20(H-6), 6.39(H-8), 12.61(OH-5) |
| 1′ | 121.11 | C | | | | | 6.84(H-5′) |
| 2′ | 116.20 | CH | 7.53d | 2.1 | H-6′ | + | 7.54(H-6′) |
| 3′ | 144.70 | C | | | | | 6.84(H-5′), 7.53(H-2′) |
| OH-3′ | | | 9.20br | | | | |
| 4′ | 148.36 | C | | | | | 6.84(H-5′), 7.53(H-2′), 7.54(H-6′) |
| OH-4′ | | | 9.70br | | | | |
| 5′ | 115.17 | CH | 6.84d | 8.2 | H-6′ | + | |
| 6′ | 121.54 | CH | 7.54dd | 2.1, 8.2 | H-2′, H-5′ | + | 6.84(H-5′), 7.53(H-2′) |
| 1″ | 101.11 | CH | 5.35d | 7.4 | H-2″ | + | |
| 2″ | 74.01 | CH | 3.24m | | H-1″, OH-2″ | + | 3.24(H-3″) |
| OH-2″ | | | 5.13br* | | H-2″ | | |
| 3″ | 76.37 | CH | 3.24m | | H-4″, OH-3″ | + | 3.07(H-4″), 3.24(H-2″) |
| OH-3″ | | | 5.33br* | | H-3″ | | |
| 4″ | 69.93 | CH | 3.07m | | H-3″, H-5″, OH-4″ | + | 3.24(H-2″, 3″), 3.27(H-5″) |
| OH-4″ | | | 5.10br** | | H-4″ | | |

续表

| 编号 | $\delta_C$ | DEPT | $\delta_H$ | $J$/Hz | H-H COSY | HSQC | HMBC($\delta_H$) |
|---|---|---|---|---|---|---|---|
| 5″ | 75.85 | CH | 3.27m | | H-4″ | + | 3.24(H-3″), 3.27(H-6″a) |
| 6″a | 66.94 | $CH_2$ | 3.27m | | H-6″b | + | 3.07(H-4″), 3.27(H-5″), 4.38(H-1‴) |
| 6″b | | | 3.70d | 10.3 | H-6″a | + | |
| 1‴ | 100.70 | CH | 4.38brs | | H-2‴ | + | |
| 2‴ | 70.49 | CH | 3.27m | | H-1‴, H-3‴, OH-2‴ | + | 3.38(H-3‴), 4.38(H-1‴) |
| OH-2‴ | | | 4.42br | | H-2‴ | | |
| 3‴ | 70.32 | CH | 3.38m | | H-2‴, H-4‴, OH-3‴ | + | 3.27(H-2‴, 5‴), 4.38(H-1‴) |
| OH-3‴ | | | 4.42br | | H-3‴ | | |
| 4‴ | 71.77 | CH | 3.07m | | H-3‴, H-5‴, OH-4‴ | + | 0.99(H-6‴), 3.27(H-2‴, 5‴), 3.38(H-3‴) |
| OH-4‴ | | | 4.38br** | | H-4‴ | | |
| 5‴ | 68.20 | CH | 3.27m | | H-4‴, H-6‴ | + | 0.99(H-6‴), 4.38(H-1‴) |
| 6‴ | 17.70 | $CH_3$ | 0.99d | 6.2 | H-5‴ | + | 3.07(H-4″) |

① 本实验室数据。

*，** 相同标记的归属可互换。

## 例 2-71 萹蓄苷和番石榴苷的 NMR 数据解析[139-143]

萹蓄苷(avicularin, **2-101**)[139-141]为萹蓄(*Polygonum aviculare*)的主要化学成分。萹蓄为蓼科(Polygonaceae)蓼属一年生草本植物，又名扁竹、竹叶草、扁竹蓼、乌蓼、牛鞭草等，世界各地广泛分布，我国大部分地区均产之。萹蓄性寒、味苦，具有清热利尿、解毒驱虫、消炎、止泻等功效。

番石榴苷(guaijaverin, **2-102**)[142,143]为番石榴(*Psidium guajava*)的主要化学成分。番石榴属常绿小乔木或灌木，又名花念、芭乐、鸡屎果、拔子、喇叭番石榴，原产美洲，现在华南地区及四川盆地均有栽培，在台湾算是土生水果之一，是很好的减肥水果，可以预防高血压、肥胖症，具有促进新陈代谢、调节生理机能等作用。

萹蓄苷和番石榴苷的苷元均为槲皮素，均在 3 位连有 1 个糖，一个为 $\alpha$-L-呋喃阿拉伯糖，另一个为 $\alpha$-L-吡喃阿拉伯糖。本例旨在通过对其 NMR 数据解析区分二者的 NMR 数据差异。

萹蓄苷的 NMR 显示 20 条碳峰，表明其含有 20 个碳。DEPT 显示，1 个仲碳：$\delta_C$ 60.54；9 个叔碳：$\delta_C$ 76.85、82.08、85.75、93.51、98.62、107.76、115.45、115.50、121.69；10 个季碳：$\delta_C$ 103.91、120.89、133.32、145.04、148.42、156.29、156.93、161.18、164.17、177.65。

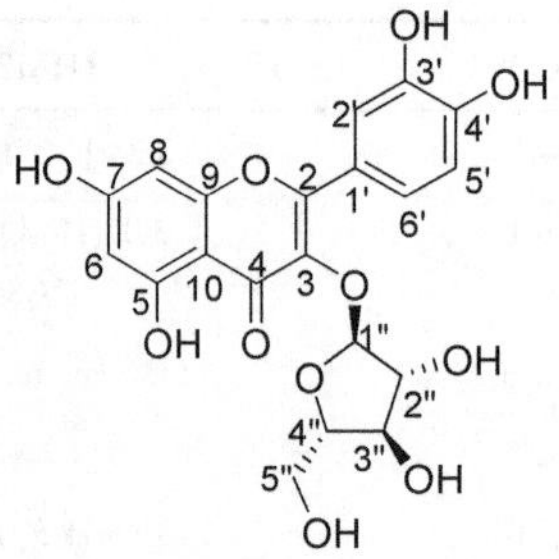

2-101 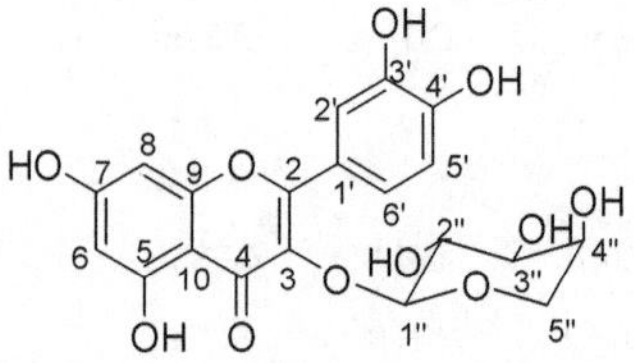　　　　2-102

萹蓄苷的苷元槲皮素的 NMR 数据解析同例 2-69、例 2-70，不再赘述。

根据碳化学位移规律，$\delta_{\mathrm{C}}$ 107.76(叔碳)归属 C-1″。HSQC 指出，$\delta_{\mathrm{C}}$ 107.76(C-1″)与 $\delta_{\mathrm{H}}$ 5.59(1H, brs)相关，表明 $\delta_{\mathrm{H}}$ 5.59 归属 H-1″。H-H COSY 指出，$\delta_{\mathrm{H}}$ 5.59(H-1″)与 $\delta_{\mathrm{H}}$ 4.16(1H, brs)相关，$\delta_{\mathrm{H}}$ 4.16 与 $\delta_{\mathrm{H}}$ 3.72(1H, brs)相关，$\delta_{\mathrm{H}}$ 3.72 与 $\delta_{\mathrm{H}}$ 3.55(1H, brs)相关，$\delta_{\mathrm{H}}$ 3.55 与 $\delta_{\mathrm{H}}$ 3.30(1H, m)、$\delta_{\mathrm{H}}$ 3.37(1H, m)相关，$\delta_{\mathrm{H}}$ 3.30 与 $\delta_{\mathrm{H}}$ 3.37 相关，表明 $\delta_{\mathrm{H}}$ 5.59、4.16、3.72、3.55、3.30、3.37 构成 1 个大的自旋偶合系统，加之 $\delta_{\mathrm{C}}$ 82.08(叔碳)与 $\delta_{\mathrm{H}}$ 4.16、$\delta_{\mathrm{C}}$ 76.85(叔碳)与 $\delta_{\mathrm{H}}$ 3.72、$\delta_{\mathrm{C}}$ 85.75(叔碳)与 $\delta_{\mathrm{H}}$ 3.55、$\delta_{\mathrm{C}}$ 60.54(仲碳)与 $\delta_{\mathrm{H}}$ 3.30、3.37 HSQC 相关，表明 $\delta_{\mathrm{H}}$ 4.16、3.72、3.55、3.30、3.37 分别归属 H-2″、H-3″、H-4″、H-5″a、H-5″b，$\delta_{\mathrm{C}}$ 82.08、76.85、85.75、60.54 分别归属 C-2″、C-3″、C-4″、C-5″。

H-H COSY 指出，$\delta_{\mathrm{H}}$ 5.54(1H, br, 活泼氢)与 $\delta_{\mathrm{H}}$ 4.16(H-2″)相关，$\delta_{\mathrm{H}}$ 5.25(1H, br, 活泼氢)与 $\delta_{\mathrm{H}}$ 3.72(H-3″)相关，$\delta_{\mathrm{H}}$ 4.69(1H, br, 活泼氢)与 $\delta_{\mathrm{H}}$ 3.30(H-5″a)、3.37(H-5″b)相关，表明 $\delta_{\mathrm{H}}$ 5.54、5.25、4.69 分别归属 OH-2″、OH-3″、OH-5″。

HMBC 指出，$\delta_{\mathrm{C}}$ 133.32(C-3)与 $\delta_{\mathrm{H}}$ 5.59(H-1″)相关，表明萹蓄苷苷元与 $\alpha$-L-呋喃阿拉伯糖是(3-O-1)相连。

NOESY 指出，$\delta_{\mathrm{H}}$ 5.59(H-1″)与 $\delta_{\mathrm{H}}$ 3.72(H-3″)相关，$\delta_{\mathrm{H}}$ 4.16(H-2″)与 $\delta_{\mathrm{H}}$ 3.55(H-4″)相关，表明 H-1″与 H-3″处在 $\alpha$-L-呋喃阿拉伯糖平面同一侧，H-2′与 H-4″处在 $\alpha$-L-呋喃阿拉伯糖平面另一侧。

萹蓄苷的 NMR 详细解析数据见表 2-106。

番石榴苷的 $^{13}$C NMR 显示 19 条碳峰，其中 $\delta_{\mathrm{C}}$ 156.22×2 为 2 个碳，因此，番石榴苷含有 20 个碳。DEPT 显示，1 个仲碳：$\delta_{\mathrm{C}}$ 64.23；9 个叔碳：$\delta_{\mathrm{C}}$ 66.02、70.67、71.58、93.45、98.61、101.33、115.31、115.68、122.06；10 个季碳：$\delta_{\mathrm{C}}$ 103.87、120.84、133.69、144.94、148.54、156.22×2、161.17、164.12、177.47。

表 2-106 萹蓄苷的 NMR 数据(DMSO-$d_6$, 400MHz/H)[①]

| 编号 | $\delta_C$ | DEPT | $\delta_H$ | $J$/Hz | H-H COSY | NOESY | HSQC | HMBC($\delta_H$) |
|---|---|---|---|---|---|---|---|---|
| 2 | 156.93 | C | | | | | | 7.48(H-2′), 7.56(H-6′) |
| 3 | 133.32 | C | | | | | | 5.59(H-1″) |
| 4 | 177.65 | C | | | | | | 6.42(H-8) |
| 5 | 161.18 | C | | | | | | 6.21(H-6), 12.66(OH-5) |
| OH-5 | | | 12.66s | | | | | |
| 6 | 98.62 | CH | 6.21brs | | H-8 | | + | 6.42(H-8), 12.66(OH-5) |
| 7 | 164.17 | C | | | | | | 6.21(H-6), 6.42(H-8), 12.66(OH-5) |
| OH-7 | | | 10.90br | | | | | |
| 8 | 93.51 | CH | 6.42brs | | H-6 | | + | 6.21(H-6) |
| 9 | 156.29 | C | | | | | | 6.42(H-8) |
| 10 | 103.91 | C | | | | | | 6.21(H-6), 6.42(H-8), 12.66(OH-5) |
| 1′ | 120.89 | C | | | | | | 6.86(H-5′) |
| 2′ | 115.50 | CH | 7.48brs | | H-6′ | | + | 7.56(H-6′) |
| 3′ | 145.04 | C | | | | | | 6.86(H-5′), 7.48(H-2′) |
| OH-3′ | | | 9.30br | | | | | |
| 4′ | 148.42 | C | | | | | | 6.86(H-5′), 7.48(H-2′), 7.56(H-6′) |
| OH-4′ | | | 9.76brs | | | | | |
| 5′ | 115.45 | CH | 6.86d | 8.4 | H-6′ | | + | 7.56(H-6′) |
| 6′ | 121.69 | CH | 7.56brd | 8.4 | H-2′, H-5′ | | + | 6.86(H-5′), 7.48(H-2′) |
| 1″ | 107.76 | CH | 5.59brs | | H-2″ | H-3″ | + | 4.16(H-2″) |
| 2″ | 82.08 | CH | 4.16brs | | H-1″, H-3″, OH-2″ | H-4″ | + | 3.55(H-4″) |
| OH-2″ | | | 5.54br | | H-2″ | | | |
| 3″ | 76.85 | CH | 3.72brs | | H-2″, H-4″, OH-3″ | H-1″ | + | 3.30(H-5″a), 3.55(H-4″), 4.16(H-2″), 5.59(H-1″) |
| OH-3″ | | | 5.25br | | H-3″ | | | |
| 4″ | 85.75 | CH | 3.55brs | | H-3″, H-5″a, H-5″b | H-2″ | + | 3.30(H-5″a), 3.72(H-3″), 5.25(OH-3″), 5.59(H-1″) |
| 5″a | 60.54 | $CH_2$ | 3.30m | | H-4″, H-5″b, OH-5″ | | + | 4.69(OH-5″) |
| 5″b | | | 3.37m | | H-4″, H-5″a, OH-5″ | | + | |
| OH-5″ | | | 4.69br | | H-5″a, H-5″b | | | |

① 本实验室数据。

与蒿蓄苷一样，番石榴苷苷元槲皮素的 NMR 数据解析同例 2-69、例 2-70，不再赘述。

根据碳化学位移规律，$\delta_C$ 101.33(叔碳)归属 C-1″。HSQC 指出，$\delta_C$ 101.33(C-1″)与 $\delta_H$ 5.28(1H, d, $J$ = 5.2Hz)相关，表明 $\delta_H$ 5.28 归属 H-1″。H-H COSY 指出，$\delta_H$ 5.28(H-1″)与 $\delta_H$ 3.76(1H, m)相关，$\delta_H$ 3.76 与 $\delta_H$ 3.52(1H, m)相关，$\delta_H$ 3.52 与 $\delta_H$ 3.65(1H, m)相关，$\delta_H$ 3.65 与 $\delta_H$ 3.22(1H, m)、3.60(1H, m)相关，$\delta_H$ 3.22 与 $\delta_H$ 3.60 相关，表明 $\delta_H$ 5.28、3.76、3.52、3.65、3.22、3.60 构成 1 个大的自旋偶合系统，加之 $\delta_C$ 70.67(叔碳)与 $\delta_H$ 3.76、$\delta_C$ 71.58(叔碳)与 $\delta_H$ 3.52、$\delta_C$ 66.02(叔碳)与 $\delta_H$ 3.65 相关，$\delta_C$ 64.23(仲碳)与 $\delta_H$ 3.22、3.60 HSQC 相关，表明 $\delta_H$ 3.76、3.52、3.65、3.22、3.60 分别归属 H-2″、H-3″、H-4″、H-5″a、H-5″b，$\delta_C$ 70.67、71.58、66.02、64.23 分别归属 C-2″、C-3″、C-4″、C-5″。

H-H COSY 指出，$\delta_H$ 5.25(1H, d, $J$ = 4.6Hz, 活泼氢)与 $\delta_H$ 3.76(H-2″)相关，$\delta_H$ 4.72(1H, d, $J$ = 4.7Hz, 活泼氢)与 $\delta_H$ 3.52(H-3″)相关，$\delta_H$ 4.59(1H, d, $J$ = 4.1Hz, 活泼氢)与 $\delta_H$ 3.65(H-4″)相关，表明 $\delta_H$ 5.25、4.72、4.59 分别归属 OH-2″、OH-3″、OH-4″。

HMBC 指出，$\delta_C$ 133.69(C-3)与 $\delta_H$ 5.28(H-1″)相关，表明番石榴苷苷元与 $\alpha$-L-吡喃阿拉伯糖是(3-O-1)相连。

NOESY 指出，$\delta_H$ 5.28(H-1″)与 $\delta_H$ 3.52(H-3″)、3.65(H-4″)相关，表明 H-1″、H-3″、H-4″处在 $\alpha$-L-呋喃阿拉伯糖平面同一侧。另外，从 3.76(H-2″)、3.52(H-3″)、3.65(H-4″)各个多重峰基线宽度分析，H-2″最宽(约 16Hz)、H-3″次之(约 12Hz)、H-4″最窄次之(约 8Hz)，从而证明 H-2″多重峰是由 2 个双直立氢偶合组成，H-3″多重峰是由 1 个双直立氢偶合和 1 个平伏-直立氢偶合组成，H-4″多重峰由 2 个平伏-直立氢偶合和 1 个双平伏氢偶合组成，进一步证明 $\alpha$-L-吡喃阿拉伯糖各氢的取向。

番石榴苷的 NMR 详细解析数据见表 2-107。

表 2-107 番石榴苷的 NMR 数据(DMSO-$d_6$, 400MHz/H)①

| 编号 | $\delta_C$ | DEPT | $\delta_H$ | $J$/Hz | H-H COSY | NOESY | HSQC | HMBC($\delta_H$) |
|---|---|---|---|---|---|---|---|---|
| 2 | 156.22 | C | | | | | | 7.51(H-2′), 7.67(H-6′) |
| 3 | 133.69 | C | | | | | | 5.28(H-1″) |
| 4 | 177.47 | C | | | | | | |
| 5 | 161.17 | C | | | | | | 6.20(H-6), 12.66(OH-5) |
| OH-5 | | | 12.66s | | | | | |
| 6 | 98.61 | CH | 6.20d | 2.0 | H-8 | | + | 6.41(H-8), 12.66(OH-5) |
| 7 | 164.12 | C | | | | | | 6.20(H-6), 6.41(H-8), 12.66(OH-5) |
| OH-7 | | | 10.89br | | | | | |

续表

| 编号 | $\delta_C$ | DEPT | $\delta_H$ | J/Hz | H-H COSY | NOESY | HSQC | HMBC($\delta_H$) |
|---|---|---|---|---|---|---|---|---|
| 8 | 93.45 | CH | 6.41d | 2.0 | H-6 | | + | 6.20(H-6) |
| 9 | 156.22 | C | | | | | | 6.41(H-8) |
| 10 | 103.87 | C | | | | | | 6.20(H-6), 6.41(H-8), 12.66(OH-5) |
| 1′ | 120.84 | C | | | | | | 6.84(H-5′) |
| 2′ | 115.68 | CH | 7.51d | 2.2 | H-6′ | | + | 7.67(H-6′) |
| 3′ | 144.94 | C | | | | | | 6.84(H-5′), 7.51(H-2′) |
| OH-3′ | | | 9.23br | | | | | |
| 4′ | 148.54 | C | | | | | | 6.84(H-5′), 7.51(H-2′), 7.67(H-6′) |
| OH-4′ | | | 9.78br | | | | | |
| 5′ | 115.31 | CH | 6.84d | 8.4 | H-6′ | | + | 7.67(H-6′) |
| 6′ | 122.06 | CH | 7.67dd | 2.2, 8.4 | H-2′, H-5′ | | + | 6.84(H-5′), 7.51(H-2′) |
| 1″ | 101.33 | CH | 5.28d | 5.2 | H-2″ | H-3″, H-4″ | + | 3.22(H-5″a), 3.60(H-5″b) |
| 2″ | 70.67 | CH | 3.76m | | H-1″, H-3″, OH-2″ | | + | 3.65(H-4″) |
| OH-2″ | | | 5.25d | 4.6 | H-2″ | | | |
| 3″ | 71.58 | CH | 3.52m | | H-2″, H-4″, OH-3″ | H-1″ | + | 3.22(H-5″ a), 3.60(H-5″b), 3.65(H-4″), 5.25(OH-2″) |
| OH-3″ | | | 4.72d | 4.7 | H-3″ | | | |
| 4″ | 66.02 | CH | 3.65m | | H-3″, H-5″a, H-5″b, OH-4″ | H-1″ | + | 3.60(H-5″ b) |
| OH-4″ | | | 4.59d | 4.1 | H-4″ | | | |
| 5″a | 64.23 | $CH_2$ | 3.22m | | H-4″, H-5″b | | + | 5.28(H-1″) |
| 5″b | | | 3.60m | | H-4″, H-5″a | | + | |

① 本实验室数据。

由表 2-106 和表 2-107 数据对比可知，$\alpha$-L-呋喃阿拉伯糖和 $\alpha$-L-吡喃阿拉伯糖的 NMR 数据差别很大。

## 例 2-72　山奈苷和川藿苷 A 的 NMR 数据解析[144-147]

山奈苷(kaempferitrin, **2-103**)在多个科属植物中分离得到[144-146]，由于其含有 2 个鼠李糖，其糖的 $^1$H 和 $^{13}$C NMR 数据解析有一定的困难，文献报道归属错误较多。

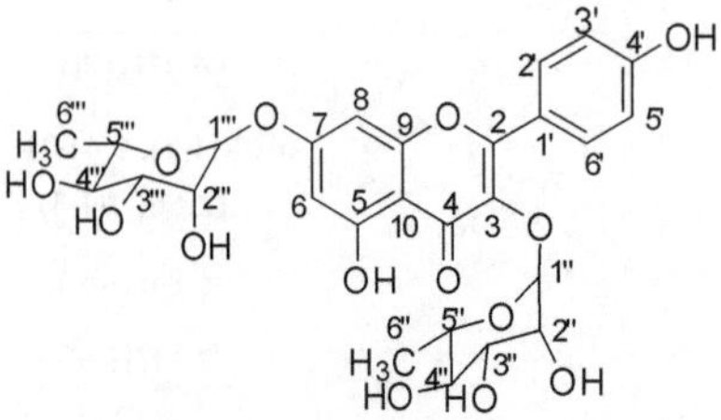

**2-103** 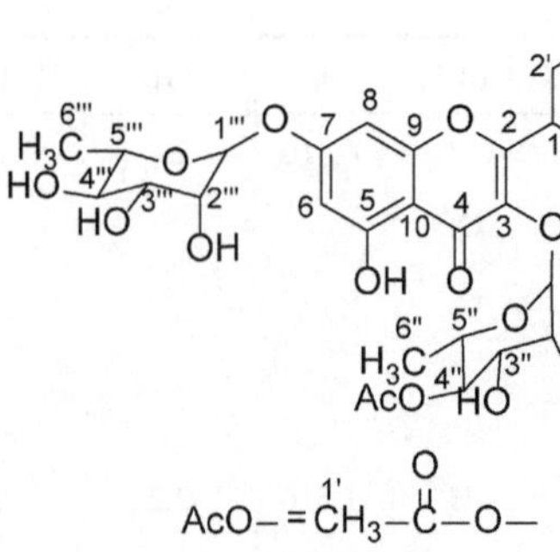　　　　**2-104**

山柰苷的 $^{13}$C NMR 数据显示 25 条碳峰，其中 115.38×2、130.69×2 各为 2 个碳，因此，山柰苷含有 27 个碳。DEPT 显示，2 个伯碳：$\delta_C$ 17.44、17.89；16 个叔碳：$\delta_C$ 69.76、70.03、70.05、70.17、70.25、70.65、71.04、71.53、94.53、98.03、98.33、101.80、115.38×2、130.69×2；9 个季碳：$\delta_C$ 105.73、120.30、134.46、156.05、157.76、160.11、160.87、161.63、177.88。

根据氢化学位移规律和偶合分裂情况，$\delta_H$ 6.47(1H, d, $J$ = 2.1Hz)、6.80(1H, d, $J$ = 2.1Hz)归属 H-6、H-8, H-6 和 H-8 构成 AB 自旋偶合系统，通过 C-9、C-10 的 HMBC 相关(见下)，可以进一步确定 H-6 和 H-8 归属区分；$\delta_H$ 6.94(2H, d, $J$ = 8.8Hz)、7.81(2H, d, $J$ = 8.8Hz)分别归属 H-3′,5′和 H-2′,6′，H-3′,5′和 H-2′,6′构成 AA′BB′自旋偶合系统；$\delta_H$ 10.30(1H, s, 活泼氢)、12.62(1H, s, 活泼氢)分别归属 OH-4′、OH-5，由于 OH-5 与 4-位羰基形成较强的氢键，所以 OH-5 与 OH-4′相比，化学位移出现在更低场。

HMBC 指出，$\delta_C$ 160.87(季碳)与 $\delta_H$ 6.47(H-6 或 H-8)、12.62(OH-5)相关，$\delta_C$ 161.63(季碳)与 $\delta_H$ 5.57(H-1‴，见下)、6.47(H-6 或 H-8)、6.80(H-6 或 H-8)相关，$\delta_C$ 156.05(季碳)与 $\delta_H$ 6.80(H-8)相关，$\delta_C$ 105.73(季碳)与 $\delta_H$ 6.47(H-6 或 H-8)、6.80(H-6 或 H-8)、12.62(OH-5)相关，综合考虑，$\delta_C$ 160.87、161.63、156.05、105.73 分别归属 C-5、C-7、C-9、C-10，同时进一步确定 $\delta_H$ 6.47 归属 H-6, $\delta_H$ 6.80 归属 H-8；$\delta_C$ 157.76(季碳)与 $\delta_H$ 7.81(H-2′, 6′)相关，$\delta_C$ 134.46(季碳)与 $\delta_H$ 5.32(H-1″，见下)相关，$\delta_C$ 120.30(季碳)与 $\delta_H$ 6.94(H-3′,5′)相关，$\delta_C$ 160.11(季碳)与 $\delta_H$ 6.94(H-3′,5′)、7.81(H-2′,6′)相关，综合考虑，结合碳化学位移规律，$\delta_C$ 157.76、134.46、120.30、160.11 分别归属 C-2、C-3、C-1′、C-4′。根据碳化学位移规律 $\delta_C$ 177.88(季碳)归属 C-4。

HSQC 指出，$\delta_C$ 98.33(叔碳)与 $\delta_H$ 6.47(H-6)、$\delta_C$ 94.53(叔碳)与 $\delta_H$ 6.80(H-8)、$\delta_C$ 130.69(叔碳)与 $\delta_H$ 7.81(H-2′, 6′)、$\delta_C$ 115.38(叔碳)与 $\delta_H$ 6.94(H-3′, 5′)相关，表明 $\delta_C$ 98.33、94.53、130.69、115.38 分别归属 C-6、C-8、C-2′,6′、C-3′,5′。

HMBC 指出，$\delta_C$ 134.46(C-3)与 $\delta_H$ 5.32(1H, d, $J$ = 1.3Hz)相关，结合氢化学位移规律和偶合分裂情况，表明 $\delta_H$ 5.32 归属 H-1″，证明 1 个鼠李糖连在 C-3 位。

H-H COSY 指出，$\delta_H$ 5.32(H-1″)与 $\delta_H$ 4.00(1H, br)、$\delta_H$ 4.00 与 $\delta_H$ 3.50(1H, m)、$\delta_H$ 3.50 与 $\delta_H$ 3.18(1H, m)、$\delta_H$ 3.18 与 $\delta_H$ 3.13(1H, m)、$\delta_H$ 3.13 与 $\delta_H$ 0.82(3H, d, $J$ = 5.6Hz)相关，表明 $\delta_H$ 5.32、4.00、3.50、3.18、3.13、0.82 构成 1 个大的自旋偶合系统，分别归属 H-1″、H-2″、H-3″、H-4″、H-5″、H-6″。

HSQC 指出，$\delta_C$ 101.80(叔碳)与 $\delta_H$ 5.32(H-1″)、$\delta_C$ 70.03(叔碳)与 $\delta_H$ 4.00(H-2″)、$\delta_C$ 70.25(叔碳)与 $\delta_H$ 3.50(H-3″)、$\delta_C$ 71.04(叔碳)与 $\delta_H$ 3.18(H-4″)、$\delta_C$ 70.65(叔碳)与 $\delta_H$ 3.13(H-5″)、$\delta_C$ 17.44(伯碳)与 $\delta_H$ 0.82(H-6″)相关，表明 $\delta_C$ 101.80、70.03、70.25、71.04、70.65、17.44 分别归属 C-1″、C-2″、C-3″、C-4″ C-5″、C-6″。

HMBC 指出，$\delta_C$ 161.63(C-7)与 $\delta_H$ 5.57(1H, d, $J$ = 0.6Hz)相关，结合氢化学位移规律和偶合分裂情况，表明 $\delta_H$ 5.57 归属 H-1″，证明另一个鼠李糖连在 C-7 位。

H-H COSY 指出，$\delta_H$ 5.57(H-1‴)与 $\delta_H$ 3.86(1H, br)、$\delta_H$ 3.86 与 $\delta_H$ 3.66(1H, m)、$\delta_H$ 3.66 与 $\delta_H$ 3.30(1H, m)、$\delta_H$ 3.30 与 $\delta_H$ 3.43(1H, m)、$\delta_H$ 3.43 与 $\delta_H$ 1.15(3H, d, $J$ = 6.1Hz)相关，表明 $\delta_H$ 5.57、3.86、3.66、3.30、3.43、1.15 构成 1 个大的自旋偶合系统，分别归属 H-1‴、H-2‴、H-3‴、H-4‴、H-5‴、H-6‴。

HSQC 指出 $\delta_C$ 98.03(叔碳)与 $\delta_H$ 5.57(H-1‴)、$\delta_C$ 69.76(叔碳)与 $\delta_H$ 3.86(H-2‴)、$\delta_C$ 70.17(叔碳)与 $\delta_H$ 3.66(H-3‴)、$\delta_C$ 71.53(叔碳)与 $\delta_H$ 3.30(H-4‴)、$\delta_C$ 70.05(叔碳)与 $\delta_H$ 3.43(H-5‴)、$\delta_C$ 17.89(伯碳)与 $\delta_H$ 1.15(H-6‴)相关，表明 $\delta_C$ 98.03、69.76、70.17、71.53、70.05、17.89 分别归属 C-1‴、C-2‴、C-3‴、C-4‴、C-5‴、C-6‴。

H-H COSY 指出，$\delta_H$ 5.03(1H, d, $J$ = 4.3Hz, 活泼氢)与 $\delta_H$ 4.00(H-2″)、$\delta_H$ 4.71(1H, d, $J$ = 5.6Hz, 活泼氢)与 $\delta_H$ 3.50(H-3″)、$\delta_H$ 4.81(1H, d, $J$ = 4.1Hz, 活泼氢)与 $\delta_H$ 3.18(H-4″)相关，表明 $\delta_H$ 5.03、4.71、4.81 分别归属 OH-2″、OH-3″、OH-4″；$\delta_H$ 5.20(1H, d, $J$ = 4.3Hz, 活泼氢)与 $\delta_H$ 3.86(H-2‴)、$\delta_H$ 4.86(1H, d, $J$ = 5.6Hz, 活泼氢)与 $\delta_H$ 3.66(H-3‴)、$\delta_H$ 4.97(1H, d, $J$ = 5.6Hz, 活泼氢)与 $\delta_H$ 3.30(H-4‴)相关，表明 $\delta_H$ 5.20、4.86、4.97 分别归属 OH-2‴、OH-3‴、OH-4‴。

NOESY 指出，$\delta_H$ 5.32(H-1″)与 $\delta_H$ 3.18(H-4″)、$\delta_H$ 3.18(H-4″)与 $\delta_H$ 0.82(H-6″)相关，表明连在 C-3 位的鼠李糖 H-1″、H-4″、H-6″处在鼠李糖平面同一侧；$\delta_H$ 4.00(H-2″)与 $\delta_H$ 3.13(H-5″)、$\delta_H$ 4.71(OH-3″)与 $\delta_H$ 0.82(H-6″)相关，表明 H-2″、H-3″、H-5″处在该鼠李糖平面另一侧；同样，$\delta_H$ 5.57(H-1‴)与 $\delta_H$ 3.30(H-4‴)、$\delta_H$ 3.30 (H-4‴)与 $\delta_H$ 1.15(H-6‴)相关，表明连在 C-7 位的鼠李糖 H-1‴、H-4‴、H-6‴处在鼠李糖平面同一侧；$\delta_H$ 3.86(H-2‴)与 $\delta_H$ 3.43(H-5‴)、$\delta_H$ 4.86(OH-3‴)与 $\delta_H$ 1.15 (H-6‴)相关，表明 H-2‴、H-3‴、H-5‴ 处在该鼠李糖平面另一侧。上述 NOESY 数据进一步证实了鼠李糖的空间结构。

山柰苷的 NMR 详细解析数据见表 2-108。

表 2-108　山柰苷的 NMR 数据(DMSO-$d_6$, 400MHz/H)[1]

| 编号 | $\delta_C$ | DEPT | $\delta_H$ | J/Hz | H-H COSY | NOESY | HSQC | HMBC($\delta_H$) |
|---|---|---|---|---|---|---|---|---|
| 2 | 157.76 | C | | | | | | 7.81(H-2′, 6′) |
| 3 | 134.46 | C | | | | | | 5.32(H-1″) |
| 4 | 177.88 | C | | | | | | 6.80(H-8) |
| 5 | 160.87 | C | | | | | | 6.47(H-6), 12.62(OH-5) |
| OH-5 | | | 12.62s | | | | | |
| 6 | 98.33 | CH | 6.47d | 2.1 | H-8 | | + | 6.80(H-8), 12.62(OH-5) |
| 7 | 161.63 | C | | | | | | 5.57(H-1‴), 6.47(H-6), 6.80(H-8) |
| 8 | 94.53 | CH | 6.80d | 2.1 | H-6 | | + | 6.47(H-6) |
| 9 | 156.05 | C | | | | | | 6.80(H-8) |
| 10 | 105.73 | C | | | | | | 6.47(H-6), 6.80(H-8), 12.62(OH-5) |
| 1′ | 120.30 | C | | | | | | 6.94(H-3′,5′) |
| 2′, 6′ | 130.69 | CH | 7.81d | 8.8 | H-(3′, 5′) | | + | 7.81(H-6′,2′) |
| 3′, 5′ | 115.38 | CH | 6.94d | 8.8 | H-(2′, 6′) | | + | 6.94(H-5′,3′), 7.81(H-2′,6′) |
| 4′ | 160.11 | C | | | | | | 6.94(H-3′,5′), 7.81(H-2′,6′) |
| OH-4′ | | | 10.30s | | | | | |
| 1″ | 101.80 | CH | 5.32d | 1.3 | H-2″ | H-4″ | + | 5.03(OH-2″) |
| 2″ | 70.03 | CH | 4.00br | | H-1″, H-3″, OH-2″ | H-5″ | + | 5.32(H-1″) |
| OH-2″ | | | 5.03d | 4.3 | H-2″ | | | |
| 3″ | 70.25 | CH | 3.50m | | H-2″, H-4″, OH-3″ | | + | 5.32(H-1″) |
| OH-3″ | | | 4.71d | 5.6 | H-3″ | H-6″ | | |
| 4″ | 71.04 | CH | 3.18m | | H-3″, H-5″, OH-4″ | H-1″, H-6″ | + | 0.82(H-6″) |
| OH-4″ | | | 4.81d | 4.1 | H-4″ | | | |
| 5″ | 70.65 | CH | 3.13m | | H-4″, H-6″ | H-2″ | + | 0.82(H-6″), 5.32(H-1″) |
| 6″ | 17.44 | $CH_3$ | 0.82d | 5.6 | H-5″ | H-4″, OH-3″ | + | |
| 1‴ | 98.03 | CH | 5.57d | 0.6 | H-2‴ | H-4‴ | + | 5.20(OH-2‴) |
| 2‴ | 69.76 | CH | 3.86br | | H-1‴, H-3‴, OH-2‴ | H-5‴ | + | 5.57(H-1‴) |
| OH-2‴ | | | 5.20d | 4.3 | H-2‴ | | | |

续表

| 编号 | $\delta_C$ | DEPT | $\delta_H$ | J/Hz | H-H COSY | NOESY | HSQC | HMBC($\delta_H$) |
|---|---|---|---|---|---|---|---|---|
| 3‴ | 70.17 | CH | 3.66m | | H-2‴, H-4‴, OH-3‴ | | + | 5.57(H-1‴) |
| OH-3‴ | | | 4.86d | 5.6 | H-3‴ | H-6‴ | | |
| 4‴ | 71.53 | CH | 3.30m | | H-3‴, H-5‴, OH-4‴ | H-1‴, H-6‴ | + | 1.15(H-6‴) |
| OH-4‴ | | | 4.97d | 5.6 | H-4‴ | | | |
| 5‴ | 70.05 | CH | 3.43m | | H-4‴, H-6‴ | H-2‴ | + | 1.15(H-6‴), 5.57(H-1‴) |
| 6‴ | 17.89 | $CH_3$ | 1.15d | 6.1 | H-5‴ | H-4‴, OH-3‴ | + | |

① 本实验室数据。

川霍苷 A(sutchuenoside A, 2-104)迄今已从小檗科淫羊藿属(*Epimedium sutchuenense*)、鳞毛蕨科鳞毛蕨属粗茎鳞毛蕨(*Dryoptens crassirhizoma*)等植物中发现。

川霍苷 A 的结构与山柰苷的结构相比，差别在 C-4″位乙酰化，因此，引起了 C-4″、C-3″、C-5″和 H-4″、H-3″、H-5″的化学位移有较大位移，特别 C-4″ 和 H-4″。川霍苷 A 的 NMR 数据解析过程与山柰苷相同，不再赘述。

川霍苷 A 的 NMR 详细解析数据见表 2-109。

**表 2-109　川霍苷 A 的 NMR 数据(DMSO-$d_6$, 400MHz/H)**

| 编号 | $\delta_C$ | DEPT | $\delta_H$ | J/Hz | H-H COSY | HSQC | HMBC($\delta_H$) |
|---|---|---|---|---|---|---|---|
| 2 | 158.23 | C | | | | | 7.78(H-2′, 6′) |
| 3 | 134.53 | C | | | | | 5.27(H-1″) |
| 4 | 178.03 | C | | | | | 6.80(H-8) |
| 5 | 161.13 | C | | | | | 6.47(H-6), 12.56(OH-5) |
| OH-5 | | | 12.56s | | | | |
| 6 | 99.72 | CH | 6.47d | 2.0 | H-8 | + | 6.80(H-8), 12.56(OH-5) |
| 7 | 161.95 | C | | | | | 5.56(H-1‴), 6.47(H-6), 6.80(H-8) |
| 8 | 94.85 | CH | 6.80d | 2.0 | H-6 | + | 6.47(H-6) |
| 9 | 156.35 | C | | | | | 6.80(H-8) |
| 10 | 106.00 | C | | | | | 6.47(H-6), 6.80(H-8), 12.56(OH-5) |
| 1′ | 120.40 | C | | | | | 6.95(H-3′, 5′) |
| 2′, 6′ | 130.90 | CH | 7.78d | 8.8 | H-(3′, 5′) | + | 7.78(H-6′, 2′) |

续表

| 编号 | $\delta_C$ | DEPT | $\delta_H$ | J/Hz | H-H COSY | HSQC | HMBC($\delta_H$) |
|---|---|---|---|---|---|---|---|
| 3′, 5′ | 115.64 | CH | 6.95d | 8.8 | H-(2′, 6′) | + | 6.95(H-5′, 3′), 7.78(H-2′, 6′), 10.31(OH-4′) |
| 4′ | 160.52 | C | | | | | 6.95(H-3′, 5′), 7.78(H-2′, 6′), 10.31(OH-4′) |
| OH-4′ | | | 10.31s | | | | |
| 1″ | 101.67 | CH | 5.27brs | | H-2″ | + | 5.32(OH-2″) |
| 2″ | 70.14 | CH | 4.02br | | H-1″, H-3″, OH-2″ | + | 4.96(OH-3″), 5.27(H-1″) |
| OH-2″ | | | 5.32d | 4.4 | H-2″ | | |
| 3″ | 68.04 | CH | 3.70m | | H-2″, H-4″, OH-3″ | + | 4.02(H-2″), 4.71(H-4″), 5.27(H-1″) |
| OH-3″ | | | 4.96d | 6.0 | H-3″ | | |
| 4″ | 73.27 | CH | 4.71t | 10.0, 10.0 | H-3″, H-5″ | + | 0.70(H-6″), 3.29(H-5″), 3.70(H-3″), 4.02(H-2″), 4.96(OH-3″) |
| 5″ | 68.16 | CH | 3.29m | | H-4″, H-6″ | + | 0.70(H-6″), 4.71(H-4″), 5.27(H-1″) |
| 6″ | 17.27 | $CH_3$ | 0.70d | 6.0 | H-5″ | + | 4.71(H-4″) |
| OAc | | | | | | | |
| C=O | 170.08 | C | | | | | 2.00(OAc-1′), 4. 71(H-4″) |
| 1′ | 21.08 | $CH_3$ | 2.00s | | | + | |
| 1‴ | 98.63 | CH | 5.56brs | | H-2‴ | + | 5.17(OH-2‴) |
| 2‴ | 70.00 | CH | 3.84br | | H-1‴, H-3‴, OH-2‴ | + | 3.32(H-4‴), 3.63(H-3‴), 5.56(H-1‴) |
| OH-2‴ | | | 5.17d | 4.4 | H-2‴ | | |
| 3‴ | 70.43 | CH | 3.63m | | H-2‴, H-4‴, OH-3‴ | + | 3.32(H-4‴), 3.84(H-2‴), 4.94(OH-4‴), 5.56(H-1‴) |
| OH-3‴ | | | 4.84d | 5.6 | H-3‴ | | |
| 4‴ | 71.78 | CH | 3.32m | | H-3‴, H-5‴, OH-4‴ | + | 1.13(H-6‴), 3.43(H-5‴), 3.84(H-2‴) |
| OH-4‴ | | | 4.94d | 5.2 | H-4‴ | | |
| 5‴ | 70.29 | CH | 3.43m | | H-4‴, H-6‴ | + | 3.63(H-3‴), 4.94(OH-4‴), 5.56(H-1‴) |
| 6‴ | 18.10 | $CH_3$ | 1.13d | 6.0 | H-5‴ | + | 3.32(H-4‴) |

**例 2-73** 淫羊藿苷的 NMR 数据解析[148]

淫羊藿苷(icariin, **2-105**)是从我国传统常用中药淫羊藿(*Epimedium grandiflorum*)茎叶中提取分离到的一个活性化合物，能显著降低高血压动物的舒张压，并具有明显增加冠脉血流量的作用，是从中药中发现的比较典型的具有降压扩管活性的单体化合物，对寻找治疗心血管疾病的新药具有重要价值。

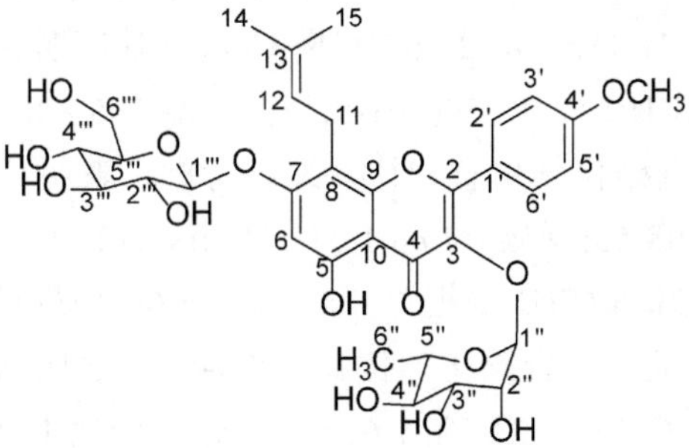

**2-105**

淫羊藿苷是一个结构较复杂的黄酮醇苷类化合物，其黄酮母核骨架上连接有羟基、甲氧基、异戊烯基、鼠李糖和葡萄糖等基团。如何确定这些基团在黄酮母核上的连接位置，早期文献主要是应用化学反应，这种方法需要样品量大、操作麻烦，2D NMR 技术是一个非常简便的方法。

淫羊藿苷的 $^{13}$C NMR 显示 31 条碳峰，其中 114.30×2、130.79×2 各为 2 个碳，因此，淫羊藿苷含有 33 个碳。DEPT 显示，4 个伯碳：$\delta_C$ 17.68、18.08、25.69、55.73；2 个仲碳：$\delta_C$ 21.64、60.86；16 个叔碳：69.88、70.30、70. 54、70.93、71.34、73.59、76.83、77.41、98.35、100.76、102.21、114.30×2、122.36、130.79×2；11 个季碳：105.82、108.53、122.48、131.35、134.86、153.24、157.55、159.31、160.73、161.64、178.52。

根据氢化学位移规律和偶合分裂情况，$\delta_H$ 6.65(1H, s)归属 H-6；$\delta_H$ 7.14(2H, d, $J$ = 8.7Hz)、7.91(2H, d, $J$ = 8.7Hz)分别归属 H-3′,5′和 H-2,6′，H-3′,5′和 H-2′,6′构成 AA′BB′自旋偶合系统；$\delta_H$ 3.87(3H, s)归属 H-OCH$_3$；$\delta_H$ 5.18(1H, brt, $J$ = 7.3Hz、7.3Hz)归属 H-12；$\delta_H$ 12.59(1H, s, 活泼氢)归属 OH-5；$\delta_H$ 5.30(1H, brs)、5.02(1H, d, $J$ = 7.9Hz)分别归属 H-1″、H-1‴；$\delta_H$ 0.80(3H, d, $J$ = 5.8Hz)归属 H-6″。

HSQC 指出，$\delta_C$ 98.35(叔碳)与 $\delta_H$ 6.65(H-6)、130.79(叔碳)与 7.91(H-2′,6′)、114.30(叔碳)与 7.14(H-3′,5′)、55.73(伯碳)与 3.87(H-OCH$_3$)、122.36(叔碳)与 5.18(H-12)、102.21(叔碳)与 5.30(H-1″)、100.76(叔碳)与 5.02(H-1‴)、17.68(伯碳)与 0.80(H-6″)相关，表明 $\delta_C$ 98.35、130.79、114.30、55.73、122.36、102.21、100.76、17.68 分别归属 C-6、C-2′,6′、C-3′,5′、C-OCH$_3$、C-12、C-1″、C-1‴、C-6″。

HMBC 指出，$\delta_C$ 157.55(季碳)与 $\delta_H$ 7.91(H-2′, 6′)相关，$\delta_C$ 122.48(季碳)与 $\delta_H$ 7.14(H-3′,5′)相关，$\delta_C$ 161.64(季碳)与 $\delta_H$ 3.87(OCH$_3$)、7.14(H-3′,5′)、7.91(H-2′,6′)相关，结合碳化学位移规律，综合考虑，表明 $\delta_C$ 157.55、122.48、161.64 分别归属 C-2、C-1′、C-4′；$\delta_C$ 134.86(季碳)与 $\delta_H$ 5.30(H-1″)相关，表明 $\delta_C$ 134.86 归属 C-3，

且证明鼠李糖连在 C-3 位；$\delta_C$ 160.73(季碳)与 $\delta_H$ 3.45(1H, m)、3.58(1H, brdd, $J$ = 7.3, 14.0Hz)、5.02(H-1‴)、6.65(H-6)相关，加之 $\delta_H$ 3.45 与 3.58 H-H COSY 相关，$\delta_C$ 21.64(仲碳)与 $\delta_H$ 3.45、3.58 HSQC 相关，综合考虑，表明 $\delta_C$ 160.73 归属 C-7，$\delta_H$ 3.45、3.58 分别归属 H-11a、H-11b，$\delta_C$ 21.64 归属 C-11，且证明葡萄糖连在 C-7 位；$\delta_C$ 159.31(季碳)与 $\delta_H$ 6.65(H-6)、12.59(OH-5)相关，$\delta_C$ 105.82(季碳)与 $\delta_H$ 6.65(H-6)、12.59(OH-5)相关，结合碳化学位移规律，综合考虑，表明 $\delta_C$ 159.31、105.82 分别归属 C-5、C-10；$\delta_C$ 108.53(季碳)与 $\delta_H$ 1.61(3H, brs)、1.70(3H, brs)、3.45(H-11a)、3.58(H-11b)、5.18(H-12)、6.65(H-6)相关，加之 $\delta_C$ 25.69(伯碳)与 $\delta_H$ 1.61、$\delta_C$ 18.08(伯碳)与 $\delta_H$ 1.70HSQC 相关，结合碳化学位移 $\gamma$-效应[3]，表明 $\delta_C$ 108.53 归属 C-8，$\delta_C$ 25.69、18.08 分别归属 C-14、C-15，$\delta_H$ 1.61、1.70 分别归属 H-14、H-15；$\delta_C$ 153.24(季碳)与 $\delta_H$ 3.45(H-11a)、3.58(H-11b)相关，$\delta_C$ 131.35(季碳)与 $\delta_H$ 1.61(H-14)、1.70(H-15)、3.45(H-11a)、3.58(H-11b)相关，综合考虑，表明 $\delta_C$ 153.24、131.35 分别归属 C-9、C-13。上述 $\delta_C$ 108.53(C-8)与 $\delta_H$ 1.61(H-14)、1.70(H-15)的 HMBC 相关是由于高丙烯体系缘故[2]。

这里再进一步对 H-14 和 H-15、C-14 和 C-15 归属区分作一说明：H-14 与 H-11a、11b 为反式高丙烯体系偶合，H-15 与 H-11a、H-11b 为顺式高丙烯体系偶合，一般情况下，高丙烯体系偶合 $J_{反} > J_{顺}$[2]，因此，图谱中看到了 H-14 和 H-11a,11b 的 H-H COSY 相关，而没有看到 H-15 和 H-11a,11b 的 H-H COSY 相关；H-14 与 H-12 为顺式丙烯体系偶合，H-15 与 H-12 为反式丙烯体系偶合，H-14、H-15 都看到了与 H-12 的 H-H COSY 相关，一般情况下，丙烯体系偶合 $J_{顺} > J_{反}$[2]；综合考虑，H-14 比 H-15 峰矮和宽，区分了 H-14 和 H-15 的归属。C-14 与 C-11 为反式 $\gamma$-效应，C-15 与 C-11 为顺式 $\gamma$-效应，一般情况下，反式 $\gamma$-效应比顺式 $\gamma$-效应弱[3]，因此，C-14 比 C-15 化学位移出现在较低场，区分了 C-14 和 C-15 的归属。H-14 和 H-15、C-14 和 C-15 归属的区分进一步被 HSQC 证实。

H-H COSY 指出，$\delta_H$ 5.30(H-1″)与 $\delta_H$ 4.02(1H, m)、$\delta_H$ 4.02 与 $\delta_H$ 3.49(2H, m)相关，$\delta_H$ 0.80(H-6″)与 $\delta_H$ 3.08(1H, m)、$\delta_H$ 3.08 与 $\delta_H$ 3.15(1H, m)、$\delta_H$ 3.15 与 $\delta_H$ 3.49(2H, m)相关，综合考虑，表明 $\delta_H$ 5.30、4.02、3.49(其中 1 个氢)、3.15、3.08、0.80 构成 1 个大的自旋偶合系统，分别归属 H-1″、H-2″、 H-3″、H-4″、H-5″、H-6″；$\delta_H$ 5.00(1H, d, $J$ = 4.6Hz, 活泼氢)与 $\delta_H$ 4.02(H-2″)、$\delta_H$ 4.68(1H, d, $J$ = 5.8Hz, 活泼氢)与 $\delta_H$ 3.49(H-3″)、$\delta_H$ 4.75(1H, d, $J$ = 4.7Hz, 活泼氢)与 $\delta_H$ 3.15(H-4″)相关，表明 $\delta_H$ 5.00、4.68、4.75 分别归属 OH-2″、OH-3″、OH-4″，这里需要指出的是，由于 $\delta_H$ 3.49 包含 2 个氢，使得 $\delta_H$ 4.68 归属 OH-3″的正确性还需进一步证明(见下)。

HSQC 指出，$\delta_C$ 70.30(叔碳)与 $\delta_H$ 4.02(H-2″)、$\delta_C$ 70.54(叔碳)与 $\delta_H$ 3.49(H-3″)、$\delta_C$ 71.34(叔碳)与 $\delta_H$ 3.15(H-4″)、$\delta_C$ 70.93(叔碳)与 $\delta_H$ 3.08(H-5″)相关，表明 $\delta_C$ 70.30、70.54、71.34、70.93 分别归属 C-2″、C-3″、C-4″、C-5″。同样，$\delta_C$ 70.54 归属 C-3″

还需进一步确证(见下)。

根据碳化学位移规律，$\delta_C$ 60.86(仲碳)归属 C-6‴。HSQC 指出，$\delta_C$ 60.86 与 $\delta_H$ 3.49(2H, m)、3.73(1H, dd, $J$ = 11.0Hz、5.4Hz)相关，加之 $\delta_H$ 3.49 与 $\delta_H$ 3.73 H-H COSY 相关，表明 $\delta_H$ 3.49(其中 1 个氢)、3.73 分别归属 H-6‴a、H-6‴b。该结果进一步确证 $\delta_C$ 70.54 归属 C-3″。

H-H COSY 指出，$\delta_H$ 5.02(H-1‴)与 $\delta_H$ 3.33(2H, m)相关，表明 $\delta_H$ 3.33(其中 1 个氢)归属 H-2‴；$\delta_H$ 3.49(2H, m)与 $\delta_H$ 3.44(1H, m)相关，加之 $\delta_C$ 60.86(C-6‴)与 $\delta_H$ 3.44 HMBC 相关，综合考虑，表明此 $\delta_H$ 3.49(其中 1 个氢)应当是 H-6‴a，当然 $\delta_H$ 3.44 归属 H-5‴；$\delta_H$ 3.44(H-5‴)与 $\delta_H$ 3.19(1H, m)相关，表明 $\delta_H$ 3.19 归属 H-4‴；$\delta_H$ 3.19(H-4‴)与 $\delta_H$ 3.33(2H, m)相关，表明 $\delta_H$ 3.33(其中 1 个氢)归属 H-3‴；$\delta_H$ 5.15(1H, d, $J$ = 3.8Hz, 活泼氢)、5.37(1H, d, $J$ = 3.8Hz, 活泼氢)均与 $\delta_H$ 5.33(H-2″, 3″)相关，表明 $\delta_H$ 5.15、5.37 归属 OH-2‴、OH-3‴，由于 $\delta_C$ 100.76(C-1‴)与 $\delta_H$ 5.37 HMBC 相关，则 $\delta_H$ 5.37 归属 OH-2‴，$\delta_H$ 5.15 归属 OH-3‴；$\delta_H$ 5.08(1H, d, $J$ = 5.2Hz, 活泼氢)与 $\delta_H$ 3.19(H-4‴)相关，表明 $\delta_H$ 5.08 归属 OH-4‴；$\delta_H$ 4.65(1H, t, $J$ = 5.4Hz、5.4Hz, 活泼氢)与 $\delta_H$ 3.49(H-6‴a)、3.73(H-6‴b)相关，表明 $\delta_H$ 4.65 归属 OH-6‴，该结果进一步确证 $\delta_H$ 4.68 归属 OH-3″。

HSQC 指出，$\delta_C$ 69.88(叔碳)与 $\delta_H$ 3.19(H-4‴)、$\delta_C$ 77.41(叔碳)与 $\delta_H$ 3.44(H-5‴)相关，表明 $\delta_C$ 69.88、77.41 分别归属 C-4‴、C-5‴。HMBC 指出，$\delta_C$ 76.83(叔碳)与 $\delta_H$ 5.08(OH-4‴)相关，表明 $\delta_C$ 76.83 归属 C-3‴；$\delta_C$ 73.59(叔碳)与 $\delta_H$ 5.15(OH-3‴)、5.37(OH-2‴)相关，表明 $\delta_C$ 73.59 归属 C-2‴。

最后，根据碳化学位移规律，$\delta_C$ 178.52(季碳)归属 C-4。

淫羊藿苷的 NMR 详细解析数据见表 2-110。

**表 2-110 淫羊藿苷的 NMR 数据(DMSO-$d_6$, 400MHz/H)[①]**

| 编号 | $\delta_C$ | DEPT | $\delta_H$ | $J$/Hz | H-H COSY | HSQC | HMBC($\delta_H$) |
|---|---|---|---|---|---|---|---|
| 2 | 157.55 | C | | | | | 7.91(H-2′,6′) |
| 3 | 134.86 | C | | | | | 5.30(H-1″) |
| 4 | 178.52 | C | | | | | 6.65(H-6) |
| 5 | 159.31 | C | | | | | 6.65(H-6), 12.59(OH-5) |
| OH | | | 12.59s | | | | |
| 6 | 98.35 | CH | 6.65s | | | + | 12.59(OH-5) |
| 7 | 160.73 | C | | | | | 3.45(H-11a), 3.58(H-11b), 5.02(H-1‴), 6.65(H-6) |
| 8 | 108.53 | C | | | | | 1.61(H-14), 1.70(H-15), 3.45(H-11a), 3.58(H-11b), 5.18(H-12), 6.65(H-6) |

续表

| 编号 | $\delta_C$ | DEPT | $\delta_H$ | $J$/Hz | H-H COSY | HSQC | HMBC($\delta_H$) |
|---|---|---|---|---|---|---|---|
| 9 | 153.24 | C | | | | | 3.45(H-11a), 3.58(H-11b) |
| 10 | 105.82 | C | | | | | 6.65(H-6), 12.59(OH-5) |
| 1′ | 122.48 | C | | | | | 7.14(H-3′,5′) |
| 2′, 6′ | 130.79 | CH | 7.91d | 8.7 | H-(3′, 5′) | + | 7.91(H-6′,2′) |
| 3′, 5′ | 114.30 | CH | 7.14d | 8.7 | H-(2′, 6′) | + | 7.14(H-5′,3′), 7.91(H-2′,6′) |
| 4′ | 161.64 | C | | | | | 3.87($OCH_3$), 7.14(H-3′,5′), 7.91(H-2′,6′) |
| $OCH_3$ | 55.73 | $CH_3$ | 3.87s | | | + | |
| 11a | 21.64 | $CH_2$ | 3.45m | | H-14, H-11b, H-12 | + | 5.18(H-12) |
| 11b | | | 3.58brdd | 14.0, 7.3 | H-14, H-11a, H-12 | + | |
| 12 | 122.36 | CH | 5.18brt | 7.3, 7.3 | H-14, H-15, H-11a, H-11b | + | 1.61(H-14); 1.70(H-15), 3.45(H-11a), 3.58(H-11b) |
| 13 | 131.35 | C | | | | | 1.61(H-14), 1.70(H-15), 3.45(H-11a), 3.58(H-11b) |
| 14 | 25.69 | $CH_3$ | 1.61brs | | H-11a, H-11b, H-12 | + | 1.70(H-15), 5.18(H-12) |
| 15 | 18.08 | $CH_3$ | 1.70brs | | H-12 | + | 1.61(H-14), 5.18(H-12) |
| 1″ | 102.21 | CH | 5.30brs | | H-2″ | + | 5.00(OH-2″) |
| 2″ | 70.30 | CH | 4.02m | | H-1″, H-3″, OH-2″ | + | 4.68(OH-3″), 5.00(OH-2″), 5.30(H-1″) |
| OH-2″ | | | 5.00d | 4.6 | H-2″ | | |
| 3″ | 70.54 | CH | 3.49m | | H-2″, H-4″, OH-3″ | + | 3.15(H-4″), 4.68(OH-3″), 4.75(OH-4″), 5.00(OH-2″), 5.30(H-1″) |
| OH-3″ | | | 4.68d | 5.8 | H-3″ | | |
| 4″ | 71.34 | CH | 3.15m | | H-3″, H-5″, OH-4″ | + | 3.08(H-5″), 3.49(H-3″), 4.75(OH-4″) |
| OH-4″ | | | 4.75d | 4.7 | H-4″ | | |
| 5″ | 70.93 | CH | 3.08m | | H-4″, H-6″ | + | 0.80(H-6″), 3.15(H-4″), 4.75(OH-4″) |
| 6″ | 17.68 | $CH_3$ | 0.80d | 5.8 | H-5″ | + | |
| 1‴ | 100.76 | CH | 5.02d | 7.9 | H-2‴ | + | 3.33(H-2‴, 3‴), 5.37(OH-2‴) |
| 2‴ | 73.59 | CH | 3.33m | | H-1‴, OH-2‴ | + | 3.33(H-3‴), 5.15(OH-3‴), 5.37(OH-2‴) |
| OH-2‴ | | | 5.37d | 3.8 | H-2‴ | | |

续表

| 编号 | $\delta_C$ | DEPT | $\delta_H$ | J/Hz | H-H COSY | HSQC | HMBC($\delta_H$) |
|---|---|---|---|---|---|---|---|
| 3‴ | 76.83 | CH | 3.33m | | H-4‴, OH-3‴ | + | 3.19(H-4‴), 3.33(H-2‴), 5.08(OH-4‴), 5.37(OH-2‴) |
| OH-3‴ | | | 5.15d | 3.8 | H-3‴ | | |
| 4‴ | 69.88 | CH | 3.19m | | H-3‴, H-5‴, OH-4‴ | + | 3.33(H-2‴,3‴), 5.15(OH-3‴) |
| OH-4‴ | | | 5.08d | 5.2 | H-4‴ | | |
| 5‴ | 77.41 | CH | 3.44m | | H-4‴, H-6‴a | + | 5.08(OH-4‴) |
| 6‴a | 60.86 | $CH_2$ | 3.49m | | H-5‴, H-6‴b, OH-6‴ | + | 3.44(H-5‴) |
| 6‴b | | | 3.73dd | 11.0, 5.4 | H-6‴a, OH-6‴ | + | |
| OH-6‴ | | | 4.65t | 5.4, 5.4 | H-6‴a, H-6‴b | | |

① 本实验室数据。

## 例 2-74　朝藿定 C 的 NMR 数据解析[149]

朝藿定 C(epimedin C, **2-106**)是从淫羊藿中分离得到的又一黄酮醇苷。

**2-106**

朝藿定 C 的 $^{13}$C NMR 显示 37 条碳峰，其中 114.01×2、130.49×2 各为 2 个碳，因此，朝藿定 C 含有 39 个碳。DEPT 显示，5 个伯碳：$\delta_C$ 17.40、17.53、17.77、25.37、55.42；2 个仲碳：$\delta_C$ 21.33、60.54；21 个叔碳：$\delta_C$ 68.73、69.56、70.02、70.15、70.38、70.62、71.25、71.83、73.27、75.47、76.51、77.09、98.05、100.45、100.62、101.54、114.01×2、122.02、130.49×2；11 个季碳：$\delta_C$ 105.45、108.26、

122.05、131.05、134.48、152.91、157.19、159.02、160.46、161.38、178.14。

根据氢化学位移规律和偶合分裂情况，$\delta_H$ 6.66(1H, s)归属 H-6；$\delta_H$ 7.14(2H, d, $J$ = 8.8Hz)、7.91(2H, d, $J$ = 8.8Hz)分别归属 H-3′,5′和 H-2′,6′，H-2′,6′和 H-3′,5′构成 AA′BB′自旋偶合系统；$\delta_H$ 3.87(3H, s)归属 $OCH_3$；$\delta_H$ 5.18(1H, brt, $J$ = 6.7Hz、6.7Hz)归属 H-12, $\delta_H$ 12.64(1H, s, 活泼氢)归属 OH-5；$\delta_H$ 5.02(1H, d, $J$ = 7.1Hz)归属 H-1‴。

HSQC 指出，$\delta_C$ 98.05(叔碳)与 $\delta_H$ 6.66(H-6)、130.49(叔碳)与 7.91(H-2′,6′)、114.01(叔碳)与 7.14(H-3′,5′)、55.42(伯碳)与 3.87(H-$OCH_3$)、122.02(叔碳)与 5.18 (H-12)、100.45(叔碳)与 5.02(H-1‴)相关，表明 $\delta_C$ 98.05、130.49、114.01、55.42、122.02、100.45 分别归属 C-6、C-2′,6′、C-3′,5′、C-$OCH_3$、C-12、C-1‴。

HMBC 指出，$\delta_C$ 157.19(季碳)与 $\delta_H$ 7.91(H-2′,6′)相关，$\delta_C$ 122.05(季碳)与 $\delta_H$ 7.14(H-3′,5′)相关，$\delta_C$ 161.38(季碳)与 $\delta_H$ 3.87($OCH_3$)、7.14(H-3′,5′)、7.91(H-2′,6′)相关，结合碳化学位移规律，综合考虑，表明 $\delta_C$ 157.19、122.05、161.38 分别归属 C-2、C-1′、C-4′；$\delta_C$ 159.02(季碳)与 $\delta_H$ 6.66(H-6)、12.64(OH-5)相关，$\delta_C$ 105.45(季碳)与 $\delta_H$ 6.66(H-6)、12.64(OH-5)相关，结合碳化学位移规律，综合考虑，表明 $\delta_C$ 159.02、105.45 分别归属 C-5、C-10；$\delta_C$ 160.46(季碳)与 $\delta_H$ 3.51(1H, dd, $J$ = 6.7Hz、11.8Hz)、3.59(1H, dd, $J$ = 6.7Hz、11.8Hz)、5.02(H-1‴)、6.66(H-6)相关，加之 $\delta_H$ 3.51 与 3.59 H-H COSY 相关，$\delta_C$ 21.33(仲碳)与 $\delta_H$ 3.51、3.59 HSQC 相关，综合考虑，表明 $\delta_C$ 160.46 归属 C-7, $\delta_H$ 3.51、3.59 分别归属 H-11a、H-11b，$\delta_C$ 21.33 归属 C-11，且证明葡萄糖连在 C-7 位；$\delta_C$ 108.26(季碳)与 $\delta_H$ 1.62(3H, brs)、1.70(3H, brs)、3.51(H-11a)、3.59(H-11b)、5.18(H-12)、6.66(H-6)相关，加之 $\delta_C$ 25.37(伯碳)与 $\delta_H$ 1.62、$\delta_C$ 17.77(伯碳)与 $\delta_H$ 1.70 HSQC 相关，结合碳化学位移 $\gamma$-效应，表明 $\delta_C$ 108.26 归属 C-8, $\delta_C$ 25.37、17.77 分别归属 C-14、C-15, $\delta_H$ 1.62、1.70 分别归属 H-14、H-15；$\delta_C$ 152.91(季碳)与 $\delta_H$ 3.51(H-11a)、3.59(H-11b)相关，表明 $\delta_C$ 152.91 归属 C-9；$\delta_C$ 131.05(季碳)与 $\delta_H$ 1.62(H-14)、1.70(H-15)、3.51(H-11a)、3.59(H-11b)相关，表明 $\delta_C$ 131.05 归属 C-13。上述 $\delta_C$ 108.26(C-8)与 $\delta_H$ 1.62(H-14)、1.70(H-15)的 HMBC 相关是高丙烯体系的缘故[2]。

H-14 和 H-15、C-14 和 C-15 归属区分作进一步说明同例 2-73 不再赘述。

根据碳化学位移规律，$\delta_C$ 178.14(季碳)归属 C-4。

HMBC 指出，$\delta_C$ 134.48(季碳)与 $\delta_H$ 5.40(1H, d, $J$ =1.0Hz)相关，加之 $\delta_C$ 100.62(叔碳)与 $\delta_H$ 5.40 HSQC 相关，结合氢化学位移规律和偶合分裂情况，表明 $\delta_C$ 134.48 归属 C-3，$\delta_H$ 5.40 归属 H-1″，$\delta_C$ 100.62 归属 C-1″，且证明 1 个鼠李糖连在 C-3 位。

H-H COSY 指出，$\delta_H$ 5.40(H-1″)与 $\delta_H$ 4.14(1H, br)相关，加之 $\delta_C$ 75.47(叔碳)与 $\delta_H$ 4.14 HSQC 相关，表明 $\delta_H$ 4.14 归属 H-2″，$\delta_C$ 75.47 归属 C-2″；$\delta_H$ 4.14(H-2″)

与 $\delta_H$ 3.62(1H, m)相关，加之 $\delta_C$ 70.02(叔碳)与 $\delta_H$ 3.62 HSQC 相关，表明 $\delta_H$ 3.62 归属 H-3″，$\delta_C$ 70.02 归属 C-3″；$\delta_H$ 3.62 与 $\delta_H$ 3.16(2H, m)相关，表明 $\delta_H$ 3.16(其中 1 个氢)归属 H-4″；$\delta_H$ 3.16(2H, m)与 $\delta_H$ 0.83(3H, d, $J$ = 5.2Hz)相关，加之 $\delta_C$ 17.40(伯碳)与 $\delta_H$ 0.83、$\delta_C$ 70.62(叔碳)和 71.25(叔碳)同时与 $\delta_H$ 3.16 HSQC 相关，$\delta_C$ 70.62 与 $\delta_H$ 0.83、3.16、5.41(H-1″) HMBC 相关，$\delta_C$ 71.25(叔碳)与 $\delta_H$ 0.83、3.16、4.14(H-2″)HMBC 相关，综合考虑，表明 $\delta_H$ 0.83 归属 H-6″，$\delta_H$ 3.16(其中 1 个氢)归属 H-5″，$\delta_C$ 17.40、70.62、71.25 分别归属 C-6″、C-5″、C-4″；$\delta_H$ 4.99(1H, d, $J$ = 5.2Hz, 活泼氢)与 $\delta_H$ 3.62(H-3″)相关，表明 $\delta_H$ 4.99 归属 OH-3″；$\delta_H$ 4.89(1H, d, $J$ = 5.2Hz, 活泼氢)与 $\delta_H$ 3.16(H-4″)相关，表明 $\delta_H$ 4.89 归属 OH-4″。

HMBC 指出，$\delta_C$ 101.54(叔碳)与 $\delta_H$ 4.14(H-2″)、4.71(1H, d, $J$ = 4.4Hz, 活泼氢)相关，加之 $\delta_C$ 101.54 与 $\delta_H$ 4.90(1H, s)HSQC 相关，表明 $\delta_C$ 101.54 归属 C-1‴，$\delta_H$ 4.90、4.71 分别归属 H-1‴、OH-2‴，同时表明 2 个鼠李糖内外为(2-O-1)相连。

H-H COSY 指出，$\delta_H$ 3.70(1H, m)与 $\delta_H$ 4.71(OH-2‴)相关，加之 $\delta_C$ 70.15(叔碳)与 $\delta_H$ 3.70 HSQC 相关，表明 $\delta_H$ 3.70 归属 H-2‴，$\delta_C$ 70.15 归属 C-2″；$\delta_H$ 3.70(H-2‴)与 $\delta_H$ 3.38(2H, m)相关，表明 $\delta_H$ 3.38(其中 1 个氢)归属 H-3‴；$\delta_H$ 3.38 与 $\delta_H$ 1.12(3H, d, $J$ = 6.0Hz)、3.20(2H, m)相关，加之 $\delta_C$ 17.53(伯碳)与 $\delta_H$ 1.12 HSQC 相关，$\delta_C$ 69.56(叔碳)与 $\delta_H$ 3.20 HSQC 相关，$\delta_C$ 17.53 与 $\delta_H$ 3.20 HMBC 相关，$\delta_C$ 69.56 与 $\delta_H$ 1.12 HMBC 相关，综合考虑，表明 $\delta_H$ 1.12 归属 H-6‴，$\delta_H$ 3.38(其中 1 个氢)归属 H-5‴，$\delta_H$ 3.20(其中 1 个氢)归属 H-4‴，$\delta_C$ 17.53 归属 C-6‴，$\delta_C$ 69.56 归属 C-4‴；$\delta_H$ 4.52(1H, d, $J$ = 5.8Hz, 活泼氢)与 $\delta_H$ 3.38(H-3‴)相关，表明 $\delta_H$ 4.52 归属 OH-3‴；$\delta_H$ 4.69(1H, d, $J$ = 5.6Hz, 活泼氢)与 $\delta_H$ 3.20 相关，加之 $\delta_C$ 69.56(C-4‴)与 $\delta_H$ 4.69 HMBC 相关，表明 $\delta_H$ 4.69 归属 OH-4‴。

HMBC 指出，$\delta_C$ 70.38(叔碳)与 $\delta_H$ 4.52(OH-3‴)、4.69(OH-4‴)、4.71(OH-2‴)、4.90(H-1‴)相关，表明 $\delta_C$ 70.38 归属 C-3‴；$\delta_C$ 68.73(叔碳)与 $\delta_H$ 1.12(H-6‴)、4.69(OH-4‴)、4.90(H-1‴)相关，表明 $\delta_C$ 68.73 归属 C-5‴。

根据碳化学位移规律，$\delta_C$ 60.54(仲碳)归属 C-6⁗，加之 $\delta_C$ 60.54(C-6⁗)与 $\delta_H$ 3.47(1H, m)、3.74(1H, m) HSQC 相关，表明 $\delta_H$ 3.47、3.74 分别归属 H-6⁗a、H-6⁗b。

H-H COSY 指出，$\delta_H$ 3.47(H-6⁗a)与 $\delta_H$ 3.43(1H, m)相关，加之 $\delta_C$ 77.09(叔碳)与 $\delta_H$ 3.43 HSQC 相关，表明 $\delta_H$ 3.43 归属 H-5⁗，$\delta_C$ 77.09 归属 C-5⁗；$\delta_H$ 3.43(H-5⁗)与 $\delta_H$ 3.20(2H, m)相关，表明 $\delta_H$ 3.20(其中 1 个氢)归属 H-4⁗；$\delta_H$ 4.65(1H, t, $J$ = 5.6Hz、5.6Hz, 活泼氢)与 $\delta_H$ 3.47(H-6⁗a)、3.74(H-6⁗b)相关，表明 $\delta_H$ 4.65 归属 OH-6⁗；$\delta_H$ 5.08(1H, d, $J$ = 5.2Hz, 活泼氢)与 $\delta_H$ 3.20 相关，加之 $\delta_C$ 77.09(C-5⁗)与 $\delta_H$ 5.08 HMBC 相关，表明 $\delta_H$ 5.08 归属 OH-4⁗。

HMBC 指出，$\delta_C$ 76.51(叔碳)与 $\delta_H$ 3.20(2H, m)、5.08(OH-4'''')、5.15(1H, d, $J$ = 3.8Hz, 活泼氢)相关，$\delta_C$ 100.45(C-1'''')与 $\delta_H$ 5.37(1H, d, $J$ = 4.5Hz, 活泼氢)相关，加之 $\delta_C$ 71.83(叔碳)与 $\delta_H$ 3.20(2H, m) HSQC 相关，综合考虑，表明 $\delta_H$ 5.15、5.37 分别归属 OH-3''''、OH-2''''，参考例 2-73，$\delta_C$ 71.83、76.51 分别归属 C-4''''、C-3''''；$\delta_C$ 73.27(叔碳)与 $\delta_H$ 5.37(OH-2'''')相关，加之 $\delta_C$ 73.27、76.51(C-3'''')均与 $\delta_H$ 3.33 (2H, m) HSQC 相关，表明 $\delta_C$ 73.27 归属 C-2''''，$\delta_H$ 3.33(2 个氢)分别归属 H-2''''、H-3''''。

朝藿定 C 的 NMR 详细解析数据见表 2-111。

表 2-111 朝藿定 C 的 NMR 数据(DMSO-$d_6$, 400MHz/H)

| 编号 | $\delta_C$ | DEPT | $\delta_H$ | $J$/Hz | H-H COSY | HSQC | HMBC($\delta_H$) |
|---|---|---|---|---|---|---|---|
| 2 | 157.19 | C | | | | | 7.91(H-2', 6') |
| 3 | 134.48 | C | | | | | 5.40(H-1'') |
| 4 | 178.14 | C | | | | | 6.66(H-6), 12.64(OH-5) |
| 5 | 159.02 | C | | | | | 6.66(H-6), 12.64(OH-5) |
| OH-5 | | | 12.64s | | | | |
| 6 | 98.05 | CH | 6.66s | | | + | 12.64(OH-5) |
| 7 | 160.46 | C | | | | | 3.51(H-11a), 3.59(H-11b), 5.02(H-1''''), 6.66(H-6) |
| 8 | 108.26 | C | | | | | 1.62(H-14), 1.70(H-15), 3.51(H-11a), 3.59(H-11b), 5.18(H-12), 6.66(H-6) |
| 9 | 152.91 | C | | | | | 3.51(H-11a), 3.59(H-11b) |
| 10 | 105.45 | C | | | | | 6.66(H-6), 12.64(OH-5) |
| 1' | 122.05 | C | | | | | 7.14(H-3',5') |
| 2', 6' | 130.49 | CH | 7.91d | 8.8 | H-3',5' | + | 7.91(H-6',2') |
| 3', 5' | 114.01 | CH | 7.14d | 8.8 | H-2',6' | + | 7.14(H-5',3'), 7.91(H-2',6') |
| 4' | 161.38 | C | | | | | 3.87($OCH_3$), 7.14(H-3',5'), 7.91(H-2',6') |
| $OCH_3$ | 55.42 | $CH_3$ | 3.87s | | | + | |
| 11a | 21.33 | $CH_2$ | 3.51dd | 6.7, 11.8 | H-12, H-11b | + | 5.18(H-12) |
| 11b | | | 3.59dd | 6.7, 11.8 | H-12, H-11a | + | |
| 12 | 122.02 | CH | 5.18brt | 6.7, 6.7 | H-14, H-15, H-11a, H-11b | + | 1.62(H-14), 1.70(H-15), 3.51(H-11a), 3.59(H-11b) |

续表

| 编号 | $\delta_C$ | DEPT | $\delta_H$ | J/Hz | H-H COSY | HSQC | HMBC($\delta_H$) |
|---|---|---|---|---|---|---|---|
| 13 | 131.05 | C | | | | | 1.62(H-14), 1.70(H-15), 3.51(H-11a), 3.59(H-11b) |
| 14 | 25.37 | $CH_3$ | 1.62brs | | H-11a, H-11b H-12 | + | 1.70(H-15), 5.18(H-12) |
| 15 | 17.77 | $CH_3$ | 1.70brs | | H-12 | + | 1.62(H-14), 5.18(H-12) |
| 1″ | 100.62 | CH | 5.40d | 1.0 | H-2″ | + | 4.14(H-2″) |
| 2″ | 75.47 | CH | 4.14br | | H-1″, H-3″ | + | 4.90(H-1‴), 4.99(OH-3″), 5.40(H-1″) |
| 3″ | 70.02 | CH | 3.62m | | H-3″, H-4″, OH-3″ | + | 3.16(H-4″, 5″), 4.14(H-2″), 4.89(OH-4″), 4.99(OH-3″), 5.40(H-1″) |
| OH-3″ | | | 4.99d | 5.2 | H-3″ | | |
| 4″ | 71.25 | CH | 3.16m | | H-3″, OH-4″ | + | 0.83(H-6″), 3.16(H-5″), 3.62(H-3″), 4.14(H-2″), 4.89(OH-4″) |
| OH-4″ | | | 4.89d | 5.2 | H-4″ | | |
| 5″ | 70.62 | CH | 3.16m | | H-6″ | + | 0.83(H-6″), 3.16(H-4″), 4.89(OH-4″), 5.40(H-1″) |
| 6″ | 17.40 | $CH_3$ | 0.83d | 5.2 | H-5″ | + | 3.16(H-4″, 5″) |
| 1‴ | 101.54 | CH | 4.90s | | | + | 4.14(H-2″), 4.71(OH-2‴) |
| 2‴ | 70.15 | CH | 3.70m | | H-3‴, OH-2‴ | + | 3.20(H-4‴), 4.52(OH-3‴), 4.71(OH-2‴), 4.90(H-1‴) |
| OH-2‴ | | | 4.71d | 4.4 | H-2‴ | | |
| 3‴ | 70.38 | CH | 3.38m | | H-2‴, H-4‴, OH-3‴ | + | 3.20(H-4‴), 4.52(OH-3‴), 4.69(OH-4‴), 4.71(OH-2‴), 4.90(H-1‴) |
| OH-3‴ | | | 4.52d | 5.8 | H-3‴ | | |
| 4‴ | 69.56 | CH | 3.20m | | H-3‴, H-5‴, OH-4‴ | + | 1.12(H-6‴), 3.38(H-3‴,5‴), 4.69(OH-4‴) |
| OH-4‴ | | | 4.69d | 5.6 | H-4‴ | | |
| 5‴ | 68.73 | CH | 3.38m | | H-4‴, H-6‴ | + | 1.12(H-6‴), 4.69(OH-4‴), 4.90(H-1‴) |
| 6‴ | 17.53 | $CH_3$ | 1.12d | 6.0 | H-5‴ | + | 3.20(H-4‴) |
| 1⁗ | 100.45 | CH | 5.02d | 7.1 | H-2⁗ | + | 3.33(H-2⁗,3⁗), 5.37(OH-2⁗) |
| 2⁗ | 73.27 | CH | 3.33m | | H-1⁗, OH-2⁗ | + | 3.33(H-3⁗), 5.37(OH-2⁗) |
| OH-2⁗ | | | 5.37d | 4.5 | H-2⁗ | | |

续表

| 编号 | $\delta_C$ | DEPT | $\delta_H$ | J/Hz | H-H COSY | HSQC | HMBC($\delta_H$) |
|---|---|---|---|---|---|---|---|
| 3'''' | 76.51 | CH | 3.33m | | H-4'''', OH-3'''' | + | 3.20(H-4''''), 5.08(OH-4''''), 5.15(OH-3'''') |
| OH-3'''' | | | 5.15d | 3.8 | H-3'''' | | |
| 4'''' | 71.83 | CH | 3.20m | | H-3'''', H-5'''', OH-4'''' | + | |
| OH-4'''' | | | 5.08d | 5.2 | H-4'''' | | |
| 5'''' | 77.09 | CH | 3.43m | | H-4'''', H-6''''a | + | 5.08(OH-4'''') |
| 6''''a | 60.54 | $CH_2$ | 3.47m | | H-5'''', H-6''''b, OH-6'''' | + | 3.43(H-5''''), 4.65(OH-6'''') |
| 6''''b | | | 3.74m | | H-6''''a, OH-6'''' | + | |
| OH-6'''' | | | 4.65t | 5.6, 5.6 | H-6''''a, H-6''''b | | |

**例 2-75** 3'''-羰基-2''-β-L-奎诺糖基淫羊藿次苷Ⅱ及 3'''-羰基-2''-β-L-奎诺糖基淫羊藿苷的 NMR 数据解析及结构测定 [150,151]

3'''-羰基-2''-β-L-奎诺糖基淫羊藿次苷Ⅱ(3'''-carbonyl-2''-β-L-quinovosyl icariside Ⅱ, **2-107**)及 3'''-羰基-2''-β-L-奎诺糖基淫羊藿苷(3'''-carbonyl-2''-β-L-quinovosyl icariin, **2-108**)是从朝鲜淫羊藿(*Epimedium koreanum*)中分离出的 2 个化合物。

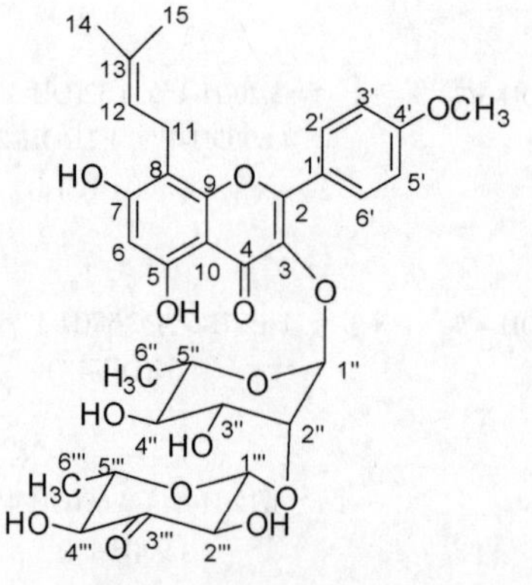

**2-107** 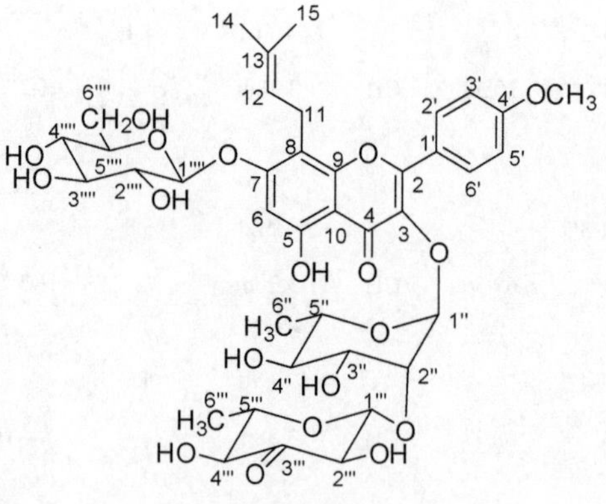 **2-108**

化合物 **2-107** 的 $^{13}C$ NMR 显示 31 条碳峰，其中 114.39×2、130.58×2 各为 2 个碳，因此，该化合物含有 33 个碳。DEPT 显示，5 个伯碳：$\delta_C$ 17.61、18.02、18.58、25.65、55.71；1 个仲碳：$\delta_C$ 21.39；15 个叔碳：$\delta_C$ 70.29、70.71、71.74、

72.04、77.09、77.28、80.89、98.57、101.00、106.22、114.39×2、122.48、130.58×2；12 个季碳：$\delta_C$ 104.29、106.28、122.43、131.29、134.77、153.96、156.69、159.08、161.61、161.90、178.21、204.72。

对化合物 **2-107** 的 $^{13}$C NMR 数据进行分析，暗示该化合物为连有 2 个含甲基五碳糖(其中 1 个含有 C=O)的黄酮醇苷，其苷元与淫羊藿苷(**2-105**)苷元完全相同。参照例 2-73, $\delta_C$ 25.65(伯碳)、18.02(伯碳)分别为异戊烯基上 14 位和 15 位甲基碳信号，$\delta_C$ 21.39(仲碳)为异戊烯基上 11 位亚甲基碳信号，$\delta_C$ 122.48(叔碳)、131.29(季碳)分别为异戊烯基上 12 位和 13 位双键碳信号；$\delta_C$ 159.08(季碳)、98.57(叔碳)、161.90(季碳)、106.28(季碳)、153.96(季碳)、104.29(季碳)分别为 A 环 5、6、7、8、9 和 10 位苯环碳信号，$\delta_C$ 122.43(季碳)、130.58×2(叔碳)、114.39×2(叔碳)、161.61(季碳)分别为 B 环 1′位、2′,6′位、3′,5′位、4′位苯环碳信号；178.21(季碳)为黄酮醇类化合物 C-4 羰基信号，156.69(季碳)、134.77(季碳)分别为黄酮醇类化合物 C-2、C-3 信号，$\delta_C$ 55.71(伯碳)为 $OCH_3$-4 甲氧基碳信号。上述数据证明化合物 **2-107** 具有淫羊藿苷苷元骨架。$\delta_C$ 17.61(伯碳)和 18.58(伯碳)为 2 个甲基五碳糖的 6 位甲基碳信号，$\delta_C$ 101.00(叔碳)和 106.22(叔碳)为 2 个甲基五碳糖的端位碳信号，$\delta_C$ 70.29(叔碳)、70.71(叔碳)、71.74(叔碳)、72.04(叔碳)、77.09(叔碳)、77.28(叔碳)、80.89(叔碳)为 2 个甲基五碳糖的其他 7 个碳信号，$\delta_C$ 204.72(季碳)暗示 2 个甲基五碳糖中有 1 个 CHOH 被氧化为 C=O。

化合物(**2-107**)的 $^1$H NMR 数据中，$\delta_H$ 6.33(1H, s)为苷元 A 环 H-6 质子信号，7.90(2H, d, $J$ =8.8Hz)、7.15(2H, d, $J$ =8.8Hz)为苷元 B 环 AA′BB′系统中 H-(2′, 6′)和 H-(3′, 5′)的质子信号，$\delta_H$ 3.85(3H, s)为苷元 B 环 C-4′位甲氧基质子信号，1.62(3H, brs)、1.68(3H, brs)、3.40(2H, m)、5.16(1H, brt, $J$ = 6.9Hz、6.9Hz)分别为苷元 C-8 异戊烯基上 H-14 和 H-15 的 2 个甲基、H-11 的 1 个亚甲基和 H-12 的 1 个烯基质子信号，$\delta_H$ 10.86(1H, s)和 12.57(1H, s)分别为苷元 OH-7 和 OH-5 的质子信号；上述数据进一步证明化合物 **2-107** 具有淫羊藿苷苷元骨架。$\delta_H$ 0.88(3H, d, $J$ =6.2Hz)、1.17(3H, d, $J$ =6.0Hz)分别为 2 个甲基五碳糖的 6 位甲基质子信号，$\delta_H$ 5.52(1H, brs)、4.45(1H, d, $J$ =8.0Hz)分别为 2 个甲基五碳糖的端位质子信号，进一步暗示化合物 **2-107** 的取代糖基为 2 个甲基五碳糖。

$\delta_C$ 101.00(叔碳)/$\delta_H$ 5.52、106.22(叔碳)/4.45HSQC 相关，$\delta_C$ 134.77(C-3)/$\delta_H$ 5.52 HMBC 相关，综合考虑，表明 $\delta_H$ 5.52 归属 H-1″，$\delta_C$ 101.00 归属 C-1″，$\delta_H$ 4.45 归属 H-1‴，$\delta_C$ 106.22 归属 C-1‴，同时表明 2 个甲基五碳中 1 个糖连在 C-3 位(3-O-1)。$\delta_C$ 80.89(叔碳)暗示 2 个甲基五碳糖相连；$\delta_C$ 80.89 与 $\delta_H$ 5.52(H-1″)、4.45(H-1‴)HMBC 相关，表明 2 个甲基五碳糖内外为(2-O-1)或(3-O-1)相连，即 $\delta_C$ 80.89 归属 C-2″或 C-3″。

H-H COSY 指出，$\delta_H$ 5.52(H-1″)与 $\delta_H$ 4.17(1H, brd, $J$ = 3.2Hz)、$\delta_H$ 4.17 与 $\delta_H$

3.59(1H, dt, $J$ = 3.2Hz、9.2Hz、9.2Hz)、$\delta_H$ 3.59 与 $\delta_H$ 3.15(1H, dt, $J$ = 4.2Hz、9.2Hz、9.2Hz)、$\delta_H$ 3.15 与 $\delta_H$ 3.35(1H, m)、$\delta_H$ 3.35 与 $\delta_H$ 0.88(3H, d, $J$ = 6.2Hz)相关，表明 $\delta_H$ 5.52、4.17、3.59、3.15、3.35、0.88 构成 1 个大的自旋偶合系统，与 C-3 相连的甲基五碳糖各氢归属为 $\delta_H$ 5.52(H-1″)、4.17(H-2″)、3.59(H-3″)、3.15(H-4″)、3.35(H-5″)、0.88(H-6″)，C=O 在另 1 个甲基五碳糖上；$\delta_H$ 4.46(1H, d, $J$ = 9.2Hz, 活泼氢)与 $\delta_H$ 3.59(H-3″)相关，表明 $\delta_H$ 4.46 归属 OH-3″；$\delta_H$ 4.92(1H, d, $J$ = 4.2Hz, 活泼氢)与 $\delta_H$ 3.15(H-4″)相关，表明 $\delta_H$ 4.92 归属 OH-4″。

H-H COSY 指出，$\delta_H$ 4.45(H-1‴)与 $\delta_H$ 4.08(1H, ddd, $J$ =1.6Hz、4.4Hz、8.0Hz)、$\delta_H$ 4.08 与 $\delta_H$ 3.74(1H, ddd, $J$ =1.6Hz、6.0Hz、9.9Hz)、$\delta_H$ 3.74 与 $\delta_H$ 3.19(1H, m)、$\delta_H$ 3.19 与 $\delta_H$ 1.17(3H, d, $J$ = 6.0Hz)相关，表明 $\delta_H$ 4.45、4.08、3.74、3.19、1.17 构成 1 个大的自旋偶合系统，另 1 个甲基五碳糖(末端甲基五碳糖)各氢归属为 $\delta_H$ 4.45(H-1‴)、4.08(H-2‴)、3.74(H-4‴)、3.19(H-5‴)、1.17(H-6‴)，同时表明 C=O 在 C-3‴位，根据碳化学位移规律，$\delta_C$ 204.72(季碳)归属 C-3‴；$\delta_H$ 5.63(1H, d, $J$ = 4.4Hz, 活泼氢)与 $\delta_H$ 4.08(H-2‴)相关，表明 $\delta_H$ 5.63 归属 OH-2‴；$\delta_H$ 5.35(1H, d, $J$ = 6.0Hz, 活泼氢)与 $\delta_H$ 3.74(H-4‴)相关，表明 $\delta_H$ 5.35 归属 OH-4‴。

HSQC 指出，$\delta_C$ 80.89(叔碳)与 $\delta_H$ 4.17(H-2″)相关，表明 2 个甲基五碳糖内外为(2-O-1)连接，$\delta_C$ 80.89 归属 C-2″；$\delta_C$ 70.29(叔碳)与 $\delta_H$ 3.59(H-3″)、$\delta_C$ 71.74(叔碳)与 $\delta_H$ 3.15(H-4″)、$\delta_C$ 70.71(叔碳)与 $\delta_H$ 3.35(H-5″)、$\delta_C$ 17.61(伯碳)与 $\delta_H$ 0.88(H-6″)相关，表明 $\delta_C$ 70.29、71.74、70.71、17.61 分别归属 C-3″、C-4″、C-5″、C-6″；$\delta_C$ 77.09(叔碳)与 $\delta_H$ 4.08(H-2‴)、$\delta_C$ 77.28(叔碳)与 $\delta_H$ 3.74(H-4‴)、$\delta_C$ 72.04(叔碳)与 $\delta_H$ 3.19(H-5‴)、$\delta_C$ 18.58(伯碳)与 $\delta_H$ 1.17(H-6‴)相关，表明 $\delta_C$ 77.09、77.28、72.04、18.58 分别归属 C-2‴、C-4‴、C-5‴、C-6‴。

HMBC 指出，$\delta_C$ 106.22(C-1‴)与 $\delta_H$ 4.08(H-2‴)、4.17(H-2″)相关，$\delta_C$ 204.72(C-3‴)与 $\delta_H$ 3.74(H-4‴)、4.08(H-2‴)、5.35(OH-4‴)、5.63(OH-2‴)相关，$\delta_C$ 77.28(C-4‴)与 $\delta_H$ 1.17(H-6‴)、5.35(OH-4‴)相关；$\delta_C$ 72.04(C-5‴)与 $\delta_H$ 1.17(H-6‴)、3.74(H-4‴)、5.35(OH-4‴)相关，$\delta_C$ 18.58(C-6‴)与 $\delta_H$ 3.74(H-4‴)相关，进一步表明末端甲基五碳糖各氢、羟基氢和碳归属的正确性，同时进一步证明 C=O 在 C-3‴位。

NOESY 指出，$\delta_H$ 4.46(OH-3″)与 $\delta_H$ 5.52(H-1″)、3.15(H-4″)相关，$\delta_H$ 3.15(H-4″)与 $\delta_H$ 0.88(H-6″)相关，表明 OH-3″、H-1″、H-4″、H-6″处在 C-3 相连甲基五碳糖六元环平面同一侧；$\delta_H$ 4.92(OH-4″)与 $\delta_H$ 3.59(H-3″)、3.35(H-5″)相关，表明 OH-4″、H-3″、H-5″处在 C-3 相连甲基五碳糖六元环平面另一侧。结合 $J_{1'',2''}$很小、$J_{2'',3''}$ = 3.2Hz、$J_{4'',5''}$ = 9.2Hz，综合分析，C-3 相连甲基五碳糖为 $\alpha$-L-鼠李糖。

NOESY 指出，$\delta_H$ 5.63(OH-2‴)与 $\delta_H$ 4.45(H-1‴)相关，$\delta_H$ 5.35(OH-4‴)与 $\delta_H$ 3.19(H-5‴)相关，$\delta_H$ 3.74(H-4‴)与 $\delta_H$ 1.17(H-6‴)相关，结合 $J_{1''',2'''}$ = 8.0Hz、$J_{4''',5'''}$ =

9.9Hz，表明 H-1‴、H-2‴、H-4‴、H-5‴均处在直立键上，H-1‴和 H-5‴处在末端甲基五碳糖平面同一侧，H-2‴、H-4‴、H-6‴处在末端甲基五碳糖平面另一侧。综合分析，末端甲基五碳糖为 $\beta$-L-奎诺糖。

综上，化合物 **2-107** 为 3‴-羰基-2″-$\beta$-L-奎诺糖基淫羊藿次苷Ⅱ，其 NMR 详细解析数据见表 2-112。

**表 2-112　3‴-羰基-2″-$\beta$-L-奎诺糖基淫羊藿次苷Ⅱ的 NMR 数据(DMSO-$d_6$, 400MHz/H)**

| 编号 | $\delta_C$ | DEPT | $\delta_H$ | $J$/Hz | H-H COSY | NOESY | HSQC | HMBC($\delta_H$) |
|---|---|---|---|---|---|---|---|---|
| 2 | 156.69 | C | | | | | | 7.90(H-2′, 6′) |
| 3 | 134.77 | C | | | | | | 5.52(H-1″) |
| 4 | 178.21 | C | | | | | | |
| 5 | 159.08 | C | | | | | | 6.33(H-6), 12.57(OH-5) |
| OH-5 | | | 12.57s | | | | | |
| 6 | 98.57 | CH | 6.33s | | | | + | 10.86(OH-7), 12.57(OH-5) |
| 7 | 161.90 | C | | | | | | 3.40(H-11), 6.33(H-6), 10.86(OH-7) |
| OH-7 | | | 10.86s | | | | | |
| 8 | 106.28 | C | | | | | | 3.40(H-11), 6.33(H-6), 10.86(OH-7) |
| 9 | 153.96 | C | | | | | | 3.40(H-11) |
| 10 | 104.29 | C | | | | | | 6.33(H-6), 12.57(OH-5) |
| 1′ | 122.43 | C | | | | | | 7.15(H-3′,5′) |
| 2′, 6′ | 130.58 | CH | 7.90d | 8.8 | H-3′,5′ | | + | 7.90(H-6′,2′) |
| 3′, 5′ | 114.39 | CH | 7.15d | 8.8 | H-2′,6′ | | + | 7.15(H-5′,3′), 7.90(H-2′,6′) |
| 4′ | 161.61 | C | | | | | | 3.85($OCH_3$), 7.15(H-3′,5′), 7.90(H-2′,6′) |
| $OCH_3$ | 55.71 | $CH_3$ | 3.85s | | | | + | |
| 11 | 21.39 | $CH_2$ | 3.40m | | H-12, H-14 | | + | 5.16(H-12) |
| 12 | 122.48 | CH | 5.16brt | 6.9, 6.9 | H-14, H-15, H-11 | | + | 1.62(H-14), 1.68(H-15), 3.40(H-11) |
| 13 | 131.29 | C | | | | | | 1.62(H-14), 1.68(H-15), 3.40(H-11) |
| 14 | 25.65 | $CH_3$ | 1.62brs | | H-11, H-12 | | + | 1.68(H-15), 5.16(H-12) |
| 15 | 18.02 | $CH_3$ | 1.68brs | | H-12 | | + | 1.62(H-14), 5.16(H-12) |
| $OCH_3$ | 55.71 | $CH_3$ | 3.85s | | | | + | |
| 1″ | 101.00 | CH | 5.52brs | | H-2″ | OH-3″ | + | |
| 2″ | 80.89 | CH | 4.17brd | 3.2 | H-1″, H-3″ | H-1‴ | + | 4.45(H-1‴), 4.46(OH-3″), 5.52(H-1″) |

续表

| 编号 | $\delta_C$ | DEPT | $\delta_H$ | $J$/Hz | H-H COSY | NOESY | HSQC | HMBC($\delta_H$) |
|---|---|---|---|---|---|---|---|---|
| 3″ | 70.29 | CH | 3.59dt | 3.2, 9.2, 9.2 | H-2″, H-4″, OH-3″ | OH-4″ | + | 3.15(H-4″), 3.35(H-5″), 4.17(H-2″), 4.46(OH-3″), 4.92(OH-4″), 5.52(H-1″) |
| OH-3″ | | | 4.46d | 9.2 | H-3″ | H-1″, H-4″ | | |
| 4″ | 71.74 | CH | 3.15dt | 4.2, 9.2, 9.2 | OH-4″, H-3″, H-5″ | H-6″, OH-3″ | + | 0.88(H-6″), 3.59(H-3″), 4.17(H-2″) |
| OH-4″ | | | 4.92d | 4.2 | H-4″ | H-3″, H-5″ | | |
| 5″ | 70.71 | CH | 3.35m | | H-4″, H-6″ | OH-4″ | + | 0.88(H-6″), 3.15(H-4″), 4.92(OH-4″), 5.52(H-1″) |
| 6″ | 17.61 | $CH_3$ | 0.88d | 6.2 | H-5″ | H-4″ | + | 3.15(H-4″) |
| 1‴ | 106.22 | CH | 4.45d | 8.0 | H-2‴ | OH-2‴ | + | 4.08(H-2‴), 4.17(H-2″) |
| 2‴ | 77.09 | CH | 4.08ddd | 1.6, 4.4, 8.0 | H-4‴, OH-2‴, H-1‴ | | + | |
| OH-2‴ | | | 5.63d | 4.4 | H-2‴ | H-1‴ | | |
| 3‴ | 204.72 | C | | | | | | 3.74(H-4‴), 4.08(H-2‴), 5.35(OH-4‴), 5.63(OH-2‴) |
| 4‴ | 77.28 | CH | 3.74ddd | 1.6, 6.0, 9.9 | H-2‴, OH-4‴, H-5‴ | H-6‴ | + | 1.17(H-6‴), 5.35(OH-4‴) |
| OH-4‴ | | | 5.35d | 6.0 | H-4‴ | H-5‴ | | |
| 5‴ | 72.04 | CH | 3.19m | | H-4‴, H-6‴ | OH-4‴ | + | 1.17(H-6‴), 3.74(H-4‴), 5.35(OH-4‴) |
| 6‴ | 18.58 | $CH_3$ | 1.17d | 6.0 | H-5‴ | H-4‴ | + | 3.74(H-4‴) |

化合物**2-108**的$^{13}$C NMR显示36条碳峰，其中114.42×2、130.73×2、122.37×2各为2个碳，因此，该化合物含有39个碳。DEPT显示，5个伯碳：$\delta_C$ 17.61、18.10、18.59、25.69、55.73；2个仲碳：$\delta_C$ 21.63、60.83；20个叔碳：$\delta_C$ 69.84、70.30、70.79、71.73、72.05、73.57、76.81、77.10、77.29、77.40、80.88、98.38、100.77、101.06、106.30、114.42×2、122.37、130.73×2；12个季碳：$\delta_C$ 105.71、108.57、122.37、131.38、134.99、153.20、157.28、159.32、160.79、161.76、178.51、204.73。

对比化合物**2-108**和**2-107**的$^{13}$C NMR数据，发现化合物**2-108**比**2-107**多了6个碳，即$\delta_C$ 100.77、73.57、76.81、69.84、77.40、60.83，其他数据吻合一致。对照例2-34橄榄苦苷中葡萄糖的$^{13}$C NMR数据，推测此6个$^{13}$C NMR数据构成1个葡萄糖，推测化合物**2-108**可能是化合物(**2-107**)的5位或7位连了1个葡萄糖。HMBC指出，$\delta_C$ 160.79(经分析归属C-7)与$\delta_H$ 5.01(经分析归属H-1‴)

相关，表明葡萄糖连在 7 位。化合物 **2-108** 的 $\delta_C$ 160.79(C-7)与化合物 **2-107** 的 $\delta_C$ 161.90(C-7)相比化学位移向高场位移了 1.11 个单位，进一步支持葡萄糖连在 7 位[3]。

化合物 **2-108** 的 NMR 数据解析同化合物 **2-107**，葡萄糖 NMR 数据解析同例 2-34，不再赘述。

综上，化合物 **2-108** 为 3‴-羰基-2″-*β*-L-奎诺糖基淫羊藿苷，其 NMR 详细解析数据见表 2-113。

表 2-113　3‴-羰基-2″-*β*-L-奎诺糖基淫羊藿苷的 NMR 数据(DMSO-d6, 400MHz/H)

| 编号 | $\delta_C$ | DEPT | $\delta_H$ | *J*/Hz | H-H COSY | HSQC | HMBC($\delta_H$) |
|---|---|---|---|---|---|---|---|
| 2 | 157.28 | C | | | | | 7.94(H-2′, 6′) |
| 3 | 134.99 | C | | | | | 5.54(H-1″) |
| 4 | 178.51 | C | | | | | 6.65(H-6) |
| 5 | 159.32 | C | | | | | 6.65(H-6), 12.63(OH-5) |
| OH-5 | | | 12.63 | | | | |
| 6 | 98.38 | CH | 6.65s | | | + | 12.63(OH-5) |
| 7 | 160.79 | C | | | | | 3.45(H-11a), 3.61(H-11b), 5.01(H-1⁗), 6.65(H-6) |
| 8 | 108.57 | C | | | | | 3.45(H-11a), 3.61(H-11b), 6.65(H-6) |
| 9 | 153.20 | C | | | | | 3.45(H-11a), 3.61(H-11b) |
| 10 | 105.71 | C | | | | | 6.65(H-6), 12.63(OH-5) |
| 1′ | 122.37 | C | | | | | 7.16(H-3′,5′) |
| 2′, 6′ | 130.73 | CH | 7.94d | 8.9 | H-3′,5′ | + | 7.94(H-6′,2′) |
| 3′, 5′ | 114.42 | CH | 7.16d | 8.9 | H-2′,6′ | + | 7.16(H-5′,3′), 7.94(H-2′,6′) |
| 4′ | 161.76 | C | | | | | 3.85(OCH3), 7.16(H-3′,5′), 7.94(H-2′,6′) |
| OCH3 | 55.73 | CH3 | 3.85s | | | + | |
| 11a | 21.63 | CH2 | 3.45m | | H-11b, H-12, H-14 | + | 5.19(H-12) |
| 11b | | | 3.61m | | H-11a, H-12, H-14 | + | |
| 12 | 122.37 | CH | 5.19brt | 7.0, 7.0 | H-14, H-15, H-11a, H-11b | + | 1.61(H-14), 1.70(H-15), 3.45(H-11a), 3.61(H-11b) |
| 13 | 131.38 | C | | | | | 1.61(H-14), 1.70(H-15), 3.45(H-11a), 3.61(H-11b) |
| 14 | 25.69 | CH3 | 1.61brs | | H-11a, H-11b, H-12 | + | 1.70(H-15), 5.19(H-12) |
| 15 | 18.10 | CH3 | 1.70brs | | H-12 | + | 1.61(H-14), 5.19(H-12) |
| 1″ | 101.06 | CH | 5.54brs | | H-2″ | + | |

续表

| 编号 | $\delta_C$ | DEPT | $\delta_H$ | J/Hz | H-H COSY | HSQC | HMBC($\delta_H$) |
|---|---|---|---|---|---|---|---|
| 2″ | 80.88 | CH | 4.19brd | 2.1 | H-1″, H-3″ | + | 4.46(H-1‴), 5.54(H-1″) |
| 3″ | 70.30 | CH | 3.61m | | H-2″, H-4″, OH-3″ | + | 3.18(H-4″), 4.19(H-2″), 5.54(H-1″) |
| OH-3″ | | | 4.52br | | H-3″ | | |
| 4″ | 71.73 | CH | 3.18m | | H-3″, H-5″, OH-4″ | + | 0.88(H-6″), 4.19(H-2″) |
| OH-4″ | | | 4.97br* | | H-4″ | | |
| 5″ | 70.79 | CH | 3.45m | | H-4″, H-6″ | + | 0.88(H-6″), 3.18(H-4″), 5.54(H-1″) |
| 6″ | 17.61 | $CH_3$ | 0.88d | 6.2 | H-5″ | + | 3.18(H-4″) |
| 1‴ | 106.30 | CH | 4.46d | 8.0 | H-2‴ | + | 4.09(H-2‴), 4.19(H-2″) |
| 2‴ | 77.10 | CH | 4.09brd | 8.0 | H-4‴, OH-2‴, H-1‴ | + | |
| OH-2‴ | | | 5.66br | | H-2‴ | | |
| 3‴ | 204.73 | C | | | | | 4.09(H-2‴) |
| 4‴ | 77.29 | CH | 3.74m | | H-2‴, H-5‴, OH-4‴ | + | 1.17(H-6‴), 3.20(H-5‴) |
| OH-4‴ | | | 5.39br | | H-4‴ | | |
| 5‴ | 72.05 | CH | 3.20m | | H-4‴, H-6‴ | + | 1.17(H-6‴), 3.74(H-4‴) |
| 6‴ | 18.59 | $CH_3$ | 1.17d | 6.0 | H-5‴ | + | 3.74(H-4‴) |
| 1⁗ | 100.77 | CH | 5.01d | 7.2 | H-2⁗ | + | |
| 2⁗ | 73.57 | CH | 3.31m | | H-1⁗, OH-2⁗ | + | 3.31(H-3⁗) |
| OH-2⁗ | | | 5.39br | | H-2⁗ | | |
| 3⁗ | 76.81 | CH | 3.31m | | H-4⁗, OH-3⁗ | + | 3.18(H-4⁗), 3.31(H-2⁗) |
| OH-3⁗ | | | 5.39br | | H-3⁗ | | |
| 4⁗ | 69.84 | CH | 3.18m | | H-3⁗, H-5⁗, OH-4⁗ | + | 3.31(H-2⁗, 3⁗) |
| OH-4⁗ | | | 5.11br* | | H-4⁗ | | |
| 5⁗ | 77.40 | CH | 3.45m | | H-4⁗, H-6⁗a | + | 3.18(H-4⁗), 3.31(H-3⁗) |
| 6⁗a | 60.83 | $CH_2$ | 3.48m | | H-5⁗, H-6⁗b, OH-6⁗ | + | |
| 6⁗b | | | 3.74m | | H-6⁗a, OH-6⁗ | + | |
| OH-6⁗ | | | 4.66br | | H-6⁗a, H-6⁗b | | |

* 归属可互换。

## 例 2-76 大豆异黄酮苷的 NMR 数据解析[152-155]

大豆异黄酮苷(daidzin, **2-109**)是豆科植物大豆(*Glycine max*)种子的主要活性成分，又名 daidzoside。具有降低血压、改善脑循环、扩张冠脉、改善心肌功能、解热、松弛平滑肌等作用。

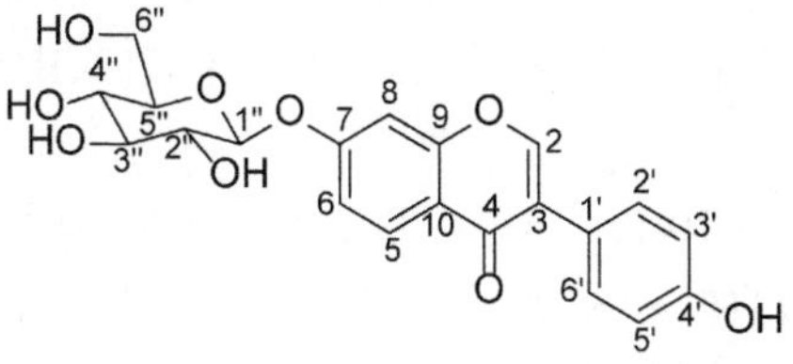

2-109

大豆异黄酮苷的 $^{13}C$ NMR 显示 19 条碳峰，其中 114.94×2、130.05×2 各为 2 个碳，因此，大豆异黄酮苷含有 21 个碳。DEPT 显示，1 个仲碳：$\delta_C$ 60.59；13 个叔碳：$\delta_C$ 69.58、73.09、76.44、77.18、99.94、103.34、114.94×2、115.55、126.92、130.05×2、153.31；7 个季碳：$\delta_C$ 118.42、122.27、123.66、156.99、157.23、161.36、174.71。

H-5、H-6、H-8 构成 ABC 系统，根据氢化学位移规律和偶合分裂情况，$\delta_H$ 8.05(1H, d, $J$ = 8.9Hz)归属 H-5, $\delta_H$ 7.14(1H, dd, $J$ = 8.9Hz、2.3Hz)归属 H-6, $\delta_H$ 7.24(1H, d, $J$ = 2.3Hz)归属 H-8；H-H COSY 指出，$\delta_H$ 8.05 与 $\delta_H$ 7.14 相关，$\delta_H$ 7.24 与 $\delta_H$ 7.14 相关，进一步证实了上述归属。HSQC 指出，$\delta_C$ 126.92(叔碳)与 $\delta_H$ 8.05(H-5)、$\delta_C$ 115.55(叔碳)与 $\delta_H$ 7.14(H-6)、$\delta_C$ 103.34(叔碳)与 $\delta_H$ 7.24(H-8)相关，表明 $\delta_C$ 126.92、115.55、103.34 分别归属 C-5、C-6、C-8。

H-2′,6′和 H-3′,5′构成 AA′BB′系统，根据氢化学位移规律和偶合分裂情况，$\delta_H$ 7.41(2H, d, $J$ = 8.6Hz)归属 H-2′,6′, $\delta_H$ 6.82(2H, d, $J$ = 8.6Hz)归属 H-3′,5′；H-H COSY 指出，$\delta_H$ 7.41 与 $\delta_H$ 6.82 相关，进一步证实上述归属。HSQC 指出，$\delta_C$ 130.05×2(叔碳)与 $\delta_H$ 7.41(H-2′,6′)、$\delta_C$ 114.94×2(叔碳)与 $\delta_H$ 6.82(H-3′,5′)相关，表明 $\delta_C$ 130.05×2、114.94×2 分别归属 C-2′,6′、C-3′,5′。

根据氢化学位移和偶合分裂情况，$\delta_H$ 8.40(1H, s)归属 H-2；$\delta_H$ 5.10(1H, d, $J$ = 7.0Hz)归属 H-1″。HSQC 指出，$\delta_C$ 153.31(叔碳)与 $\delta_H$ 8.40(H-2)、$\delta_C$ 99.94(叔碳)与 $\delta_H$ 5.10(H-1″)相关，表明 $\delta_C$ 153.31、99.94 分别归属 C-2、C-1″。

根据碳化学位移规律，$\delta_C$ 174.71(季碳)归属 C-4。

HMBC 指出，$\delta_C$ 123.66(季碳)与 $\delta_H$ 7.41(H-2′, 6′)、$\delta_H$ 8.40(H-2)相关，$\delta_C$ 161.36(季碳)与 $\delta_H$ 5.10(H-1″)、$\delta_H$ 7.14(H-6)、7.24(H-8)、8.05(H-5)相关，$\delta_C$ 156.99(季碳)与 $\delta_H$ 7.24(H-8)、8.05(H-5)、$\delta_H$ 8.40(H-2)相关，$\delta_C$ 118.42(季碳)与 $\delta_H$ 7.14(H-6)、7.24(H-8)相关，$\delta_C$ 122.27(季碳)与 $\delta_H$ 6.82(H-3′, 5′)、$\delta_H$ 8.40(H-2)相关，$\delta_C$ 157.23(季碳)与 $\delta_H$ 6.82(H-3′,5′)、7.41(H-2′,6′)、9.56(1H, s, 活泼氢)相关，结合碳、氢化学位移规律和氢偶合分裂情况，综合考虑，$\delta_C$ 123.66、161.36、156.99、118.42、122.27、157.23 分别归属 C-3、C-7、C-9、C-10、C-1′、C-4′，$\delta_H$ 9.56 归属 OH-4′。上述 $\delta_C$ 161.36(C-7)与 $\delta_H$ 5.10(H-1″ )HMBC 相关，证明大豆异黄酮苷苷元与葡萄糖是(7-O-1)相连。

根据碳化学位移规律，$\delta_C$ 60.59(仲碳)归属 C-6″。HSQC 指出，$\delta_C$ 60.59(C-6″)与 $\delta_H$ 3.47(2H, m)、$\delta_H$ 3.72(1H, m)相关，表明 $\delta_H$ 3.47(其中 1 个氢)、3.72 分别归属 H-6″a、H-6″b。

H-H COSY 指出，$\delta_H$ 5.10(H-1″)与 $\delta_H$ 3.29(1H, m)相关，表明 $\delta_H$ 3.29 归属 H-2″；$\delta_H$ 3.29(H-2″)与 $\delta_H$ 3.31(1H, m)相关，表明 $\delta_H$ 3.31 归属 H-3″；$\delta_H$ 3.31(H-3″)与 $\delta_H$ 3.19(1H, m)相关，表明 $\delta_H$ 3.19 归属 H-4″；$\delta_H$ 3.19(H-4″)与 $\delta_H$ 3.47(2H, m)相关，表明 $\delta_H$ 3.47(其中 1 个氢)归属 H-5″。

H-H COSY 指出，$\delta_H$ 5.45(1H, d, $J$ = 4.6Hz, 活泼氢)与 $\delta_H$ 3.29(H-2″)相关，表明 $\delta_H$ 5.45 归属 OH-2″；$\delta_H$ 5.16(1H, d, $J$ = 4.4Hz, 活泼氢)与 $\delta_H$ 3.31(H-3″)相关，表明 $\delta_H$ 5.16 归属 OH-3″；$\delta_H$ 5.09(1H, d, $J$ = 5.2Hz, 活泼氢)与 $\delta_H$ 3.19(H-4″)相关，表明 $\delta_H$ 5.09 归属 OH-4″；$\delta_H$ 4.62(1H, t, $J$ = 5.5Hz、5.5Hz, 活泼氢)与 $\delta_H$ 3.47(H-6″a)、3.72(H-6″b)相关，表明 $\delta_H$ 4.62 归属 OH-6″。

HSQC 指出，$\delta_C$ 73.09(叔碳)与 $\delta_H$ 3.29(H-2″)、$\delta_C$ 76.44(叔碳)与 $\delta_H$ 3.31(H-3″)、$\delta_C$ 69.58(叔碳)与 $\delta_H$ 3.19(H-4″)相关，表明 $\delta_C$ 73.09、76.44、69.58 分别归属 C-2″、C-3″、C-4″；$\delta_C$ 77.18(叔碳)、60.59(C-6″)均与 $\delta_H$ 3.47(H-5″和 H-6″a)相关，表明 $\delta_C$ 77.18 归属 C-5″。

大豆异黄酮苷的 NMR 详细解析数据见表 2-114。

表 2-114　大豆异黄酮苷的 NMR 数据(DMSO-$d_6$, 400MHz/H)[①]

| 编号 | $\delta_C$ | DEPT | $\delta_H$ | $J$/Hz | H-H COSY | HSQC | HMBC($\delta_H$) |
|---|---|---|---|---|---|---|---|
| 2 | 153.31 | CH | 8.40s | | | + | |
| 3 | 123.66 | C | | | | | 7.41(H-2′, 6′), 8.40(H-2) |
| 4 | 174.71 | C | | | | | 8.05(H-5), 8.40(H-2) |
| 5 | 126.92 | CH | 8.05d | 8.9 | H-6 | + | |
| 6 | 115.55 | CH | 7.14dd | 8.9, 2.3 | H-5, H-8 | + | 7.24(H-8) |
| 7 | 161.36 | C | | | | | 5.10(H-1″), 7.14(H-6), 7.24(H-8), 8.05(H-5) |
| 8 | 103.34 | CH | 7.24d | 2.3 | H-6 | + | 7.14(H-6) |
| 9 | 156.99 | C | | | | | 7.24(H-8), 8.05(H-5), 8.40(H-2) |
| 10 | 118.42 | C | | | | | 7.14(H-6), 7.24(H-8) |
| 1′ | 122.27 | C | | | | | 6.82(H-3′, 5′), 8.40(H-2) |
| 2′, 6′ | 130.05 | CH | 7.41d | 8.6 | H-3′,5′ | + | 7.41(H-6′, 2′) |
| 3′, 5′ | 114.94 | CH | 6.82d | 8.6 | H-2′,6′ | + | 6.82(H-5′,3′), 7.41(H-2′,6′), 9.56(OH-4′) |
| 4′ | 157.23 | C | | | | | 6.82(H-3′,5′), 7.41(H-2′,6′), 9.56(OH-4′) |
| OH-4′ | | | 9.56s | | | | |

续表

| 编号 | $\delta_C$ | DEPT | $\delta_H$ | $J$/Hz | H-H COSY | HSQC | HMBC($\delta_H$) |
|---|---|---|---|---|---|---|---|
| 1″ | 99.94 | CH | 5.10d | 7.0 | H-2″ | + | 5.45(OH-2″) |
| 2″ | 73.09 | CH | 3.29m | | H-1″, H-3″, OH-2″ | + | 3.31(H-3″), 5.16(OH-3″), 5.45(OH-2″) |
| OH-2″ | | | 5.45d | 4.6 | H-2″ | | |
| 3″ | 76.44 | CH | 3.31m | | H-2″, H-4″, OH-3″ | + | 3.19(H-4″), 3.29(H-2″), 5.16(OH-3″), 5.45(OH-2″) |
| OH-3″ | | | 5.16d | 4.4 | H-3″ | | |
| 4″ | 69.58 | CH | 3.19m | | H-3″, H-5″, OH-4″ | + | 3.29(H-2″), 3.31(H-3″), 5.09(OH-4″), 5.16(OH-3″) |
| OH-4″ | | | 5.09d | 5.2 | H-4″ | | |
| 5″ | 77.18 | CH | 3.47m | | H-4″ | + | 3.47(H-6″a), 4.62(OH-6″), 5.09(OH-4″), 5.10(H-1″) |
| 6″a | 60.59 | $CH_2$ | 3.47m | | H-6″b, OH-6″ | + | 3.47(H-5″), 4.62(OH-6″) |
| 6″b | | | 3.72m | | H-6″a, OH-6″ | + | |
| OH-6″ | | | 4.62t | 5.5, 5.5 | H-6″a, H-6″b | | |

① 本实验室数据。

## 例 2-77 葛根素的 NMR 数据解析[154,155]

葛根素(puerarin, **2-110**)是豆科植物葛根(*Pueraria lobata*)的主要成分，又名葛根黄酮、8-*β*-D-葡萄吡喃糖-4′, 7-二羟基异黄酮，与大豆异黄酮苷经常同时分离得到。具有提高免疫、增强心肌收缩力、保护心肌细胞、降低血压、抗血小板聚集等作用。

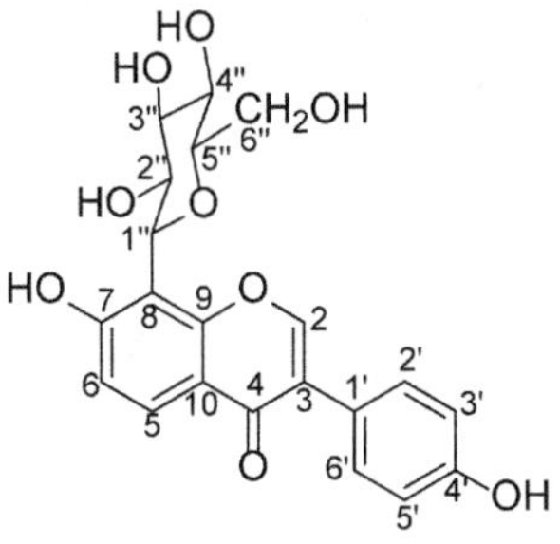

**2-110**

葛根素的 $^{13}$C NMR 显示 17 条碳峰，其中 $\delta_C$ 114.92×3 为 3 个碳，$\delta_C$ 129.99×2、157.11×2 各为 2 个碳，因此，葛根素含有 21 个碳。DEPT 显示，1 个仲碳：$\delta_C$ 61.38；12 个叔碳：$\delta_C$ 70.48、70.70、73.37、78.72、81.84、114.92×3、126.20、129.99×2、

152.63；8 个季碳：$\delta_C$ 112.63、116.70、122.48、123.02、157.11×2、161.03、174.86。

H-5、H-6 构成 AB 系统，根据氢化学位移和偶合分裂情况，$\delta_H$ 7.94(1H, d, $J$ = 8.8Hz)归属 H-5, $\delta_H$ 6.99(1H, d, $J$ = 8.8Hz)归属 H-6；$\delta_H$ 7.94 与 $\delta_H$ 6.99 H-H COSY 相关进一步证实了上述归属。HSQC 指出，$\delta_C$ 126.20(叔碳)与 $\delta_H$ 7.94(H-5)相关，$\delta_C$ 114.92×3(叔碳)与 $\delta_H$ 6.99(H-6)相关，表明 $\delta_C$ 126.20、114.92(其中 1 个碳)分别归属 C-5、C-6。

H-2′,6′和 H-3′,5′构成 AA′BB′系统，根据氢化学位移规律和偶合分裂情况，$\delta_H$ 7.40(2H, d, $J$ = 8.6Hz)归属 H-2′,6′，$\delta_H$ 6.80(2H, d, $J$ = 8.6Hz)归属 H-3′,5′；$\delta_H$ 7.40 与 $\delta_H$ 6.80 H-H COSY 相关进一步证实了上述归属。HSQC 指出，$\delta_C$ 129.99×2(叔碳)与 $\delta_H$ 7.40(H-2′,6′)相关，$\delta_C$ 114.92×3(叔碳)与 $\delta_H$ 6.80(H-3′,5′)相关，表明 $\delta_C$ 129.99×2、114.92×3(其中 2 个碳)分别归属 C-2′,6′、C-3′,5′。

根据氢化学位移规律和偶合分裂情况，$\delta_H$ 8.35(1H, s)归属 H-2。HSQC 指出，$\delta_C$ 152.63(叔碳)与 $\delta_H$ 8.35(H-2)相关，表明 $\delta_C$ 152.63 归属 C-2。

HMBC 指出，$\delta_C$ 123.02(季碳)与 $\delta_H$ 7.40(H-2′, 6′)、8.35(H-2)相关，$\delta_C$ 174.86(季碳)与 $\delta_H$ 7.94(H-5)、8.35(H-2)相关，$\delta_C$ 122.48(季碳)与 $\delta_H$ 6.80(H-3′,5′)、7.40(H-2′,6′)、8.35(H-2)相关，结合碳、氢化学位移规律，综合考虑，表明 $\delta_C$ 123.02、174.86、122.48 分别归属 C-3、C-4、C-1′；$\delta_C$ 161.03(季碳)与 $\delta_H$ 4.81(1H, d, $J$ = 9.7Hz)、6.99(H-6)、7.94(H-5)相关，结合氢化学位移规律和偶合分裂情况，表明 $\delta_C$ 161.03 归属 C-7, $\delta_H$ 4.81 归属 H-1″；$\delta_C$ 157.11×2(季碳)与 $\delta_H$ 7.94(H-5)、8.35(H-2)相关，同时与 $\delta_H$ 6.80(H-3′,5′)、7.40(H-2′,6′)、9.53(1H, s, 活泼氢)相关，综合考虑，表明 $\delta_C$ 157.11×2 分别归属 C-9、C-4′，$\delta_H$ 9.53 归属 OH-4′。

需要特别指出，在葛根素的 $^1$H NMR 图谱中，$\delta_H$ 10.16(0.5H, br)和 $\delta_H$ 10.71(0.5H, br)显示 2 个宽峰，推测应当归属 OH-7。

但是，为什么显示 2 个 0.5H 的宽峰值得推敲。研究葛根素的化学结构，葛根素存在下面 2 种互变异构过程可能：

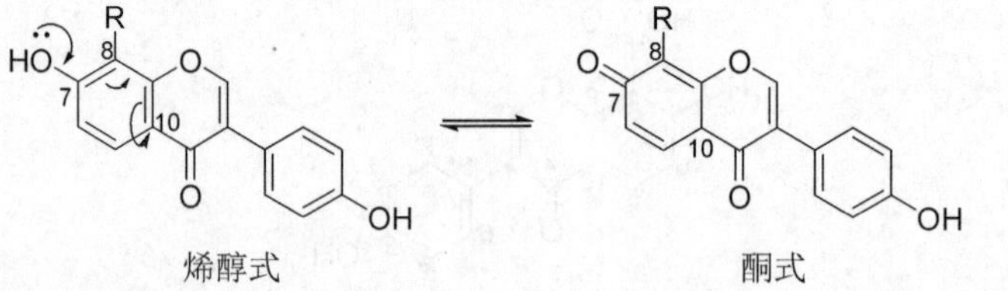

烯醇式　⇌　酮式　(I)

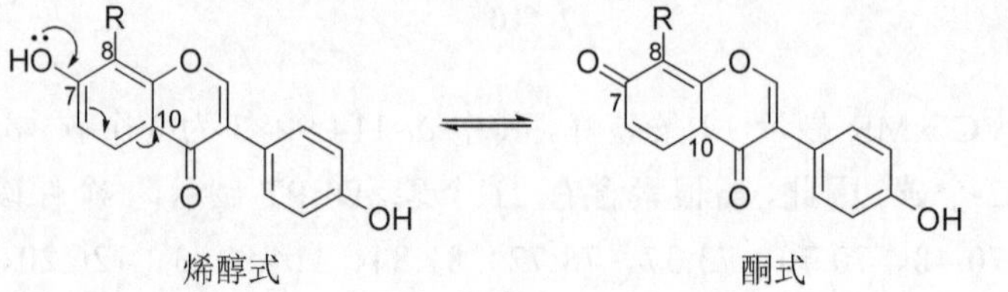

烯醇式　⇌　酮式　(II)

在本实验条件下，2 种平衡主要显示烯醇式，但 2 种平衡仍然存在，酮式表现为瞬时平衡体，因此，$^{1}$H NMR 在 $\delta_H$ 10.16、10.71 处分别显示 2 个 0.5H 宽峰。$^{13}$C NMR 谱中，$\delta_C$ 112.63、116.70 碳峰较弱，应归属 C-8 和 C-10，进一步证实上述 2 种平衡的存在。按主要以烯醇式存在的可能，根据取代芳碳化学位移经验公式[3]计算，C-8 和 C-10 相比，处在高场，因此，$\delta_C$ 112.63 归属 C-8, $\delta_C$ 116.70 归属 C-10。

HSQC 指出，$\delta_C$ 73.37(叔碳)与 $\delta_H$ 4.81(H-1″)相关，表明 $\delta_C$ 73.37 归属 C-1″，加之 $\delta_C$ 161.03(C-7)与 $\delta_H$ 4.81(H-1″)HMBC 相关，表明葛根素为碳链黄酮，苷元与葡萄糖相连为碳-碳相连，即(8-1)相连。

根据碳化学位移规律，$\delta_C$ 61.38(仲碳)归属 C-6″。HSQC 指出，$\delta_C$ 61.38(C-6″)与 $\delta_H$ 3.42(1H, m)、3.71(1H, m)相关，表明 $\delta_H$ 3.42、3.71 分别归属 H-6″a、H-6″b。

H-H COSY 指出，$\delta_H$ 4.81(H-1″)与 $\delta_H$ 4.01(1H, m)相关，$\delta_H$ 4.01 与 $\delta_H$ 3.24(3H, m)相关，加之 $\delta_C$ 70.70(叔碳)与 $\delta_H$ 4.01 HSQC 相关，表明 $\delta_H$ 4.01、3.24(其中 1 个氢)分别归属 H-2″、H-3″，$\delta_C$ 70.70 归属 C-2″；$\delta_H$ 3.42(H-6″a)与 $\delta_H$ 3.24(3H, m)相关，表明 $\delta_H$ 3.24(其中 1 个氢)归属 H-5″；当然 $\delta_H$ 3.24(剩下的 1 个氢)归属 H-4″。

由于 H-3″、H-4″、H-5″重叠，依据 HSQC 无法区分 C-3″、C-4″、C-5″的归属，因此，可以参照例 2-76 进行归属。葛根素与大豆异黄酮苷相比，葡萄糖 1″-位取代基 1 个是连碳、1 个是连氧，相对于 C-3″、C-5″为 $\gamma$-取代基发生了大的变化，因此，化学位移影响较大；相对于 C-4″为 $\delta$-取代基，对化学位移影响不大。因此，参照例 2-76, $\delta_C$ 70.48 归属 C-4″，$\delta_C$ 78.72 归属 C-3″，$\delta_C$ 81.84 归属 C-5″。

H-H COSY 指出，$\delta_H$ 4.82(1H, br, 活泼氢)与 $\delta_H$ 4.01(H-2″)相关，表明 $\delta_H$ 4.82 归属 OH-2″；$\delta_H$ 4.52(1H, br, 活泼氢)与 $\delta_H$ 3.42(H-6″a)、3.71(H-6″b)相关，表明 $\delta_H$ 4.52 归属 OH-6″；$\delta_H$ 4.96(1H, d, $J$ = 4.7Hz, 活泼氢)、$\delta_H$ 4.99(1H, d, $J$ = 4.2Hz, 活泼氢)均与 $\delta_H$ 3.24(3H, m)相关，结合 $\delta_C$ 81.84(C-5″)与 $\delta_H$ 4.96 HMBC 相关，综合考虑，$\delta_H$ 4.96 归属 OH-4″，当然 $\delta_H$ 4.99 应归属 OH-3″。

葛根素的 NMR 详细解析数据见表 2-115。

**表 2-115　葛根素的 NMR 数据(DMSO-$d_6$, 400MHz/H)①**

| 编号 | $\delta_C$ | DEPT | $\delta_H$ | $J$/Hz | H-H COSY | HSQC | HMBC($\delta_H$) |
|---|---|---|---|---|---|---|---|
| 2 | 152.63 | CH | 8.35s | | | + | |
| 3 | 123.02 | C | | | | | 7.40(H-2′, 6′), 8.35(H-2) |
| 4 | 174.86 | C | | | | | 7.94(H-5), 8.35(H-2) |
| 5 | 126.20 | CH | 7.94d | 8.8 | H-6 | + | |
| 6 | 114.92 | CH | 6.99d | 8.8 | H-5 | + | |
| 7 | 161.03 | C | | | | | 4.81(H-1″), 6.99(H-6), 7.94(H-5) |

续表

| 编号 | $\delta_C$ | DEPT | $\delta_H$ | J/Hz | H-H COSY | HSQC | HMBC($\delta_H$) |
|---|---|---|---|---|---|---|---|
| OH-7 | | | 10.16br(0.5)<br>10.71br(0.5) | | | | |
| 8 | 112.63 | C | | | | | 6.99(H-6) |
| 9 | 157.11 | C | | | | | 7.94(H-5), 8.35(H-2) |
| 10 | 116.70 | C | | | | | 6.99(H-6) |
| 1′ | 122.48 | C | | | | | 6.80(H-3′,5′), 7.40(H-2′,6′), 8.35(H-2) |
| 2′, 6′ | 129.99 | CH | 7.40d | 8.6 | H-3′,5′ | + | 7.40(H-6′, 2′) |
| 3′, 5′ | 114.92 | CH | 6.80d | 8.6 | H-2′,6′ | + | 6.80(H-5′,3′), 7.40(H-2′,6′), 9.53(OH-4′) |
| 4′ | 157.11 | C | | | | | 6.80(H-3′,5′), 7.40(H-2′,6′), 9.53(OH-4′) |
| OH-4′ | | | 9.53s | | | | |
| 1″ | 73.37 | CH | 4.81d | 9.7 | H-2″ | + | |
| 2″ | 70.70 | CH | 4.01m | | H-1″, H-3″, OH-2″ | + | 3.24(H-3″,4″), 4.99(OH-3″) |
| OH-2″ | | | 4.82br | | H-2″ | | |
| 3″ | 78.72 | CH | 3.24m | | H-2″, OH-3″ | + | 3.24(H-4″,5″), 4.99(OH-3″) |
| OH-3″ | | | 4.99d | 4.2 | H-3″ | | |
| 4″ | 70.48 | CH | 3.24m | | OH-4″ | + | 3.24(H-3″,5″), 4.96(OH-4″), 4.99(OH-3″) |
| OH-4″ | | | 4.96d | 4.7 | H-4″ | | |
| 5″ | 81.84 | CH | 3.24m | | H-6″a | + | 3.24(H-3″,4″), 4.96(OH-4″) |
| 6″a | 61.38 | $CH_2$ | 3.42m | | H-5″, H-6″b, OH-6″ | + | 3.24(H-4″,5″) |
| 6″b | | | 3.71m | | H-6″a, OH-6″ | + | |
| OH-6″ | | | 4.52br | | H-6″a, H-6″b | | |

① 本实验室数据。

## 例 2-78 黄杞苷的 NMR 数据解析[156]

黄杞苷(engeletin, **2-111**)属二氢黄酮苷。来源于黄芪、土茯苓、黄杞叶、菝葜等植物中。具有较强的利尿和镇痛作用。

黄杞苷的 $^{13}$C NMR 显示 18 条碳峰，其中 100.32×2、115.14×2、129.06×2 各为 2 个碳，因此，黄杞苷含有 21 个碳。DEPT 显示，1 个伯碳：$\delta_C$ 17.73；13 个叔碳：$\delta_C$ 68.98、70.04、70.36、71.58、75.93、81.50、95.03、96.03、100.32、115.14×2、129.06×2；7 个季碳：$\delta_C$ 100.32、126.48、157.83、162.22、163.38、166.89、194.83。

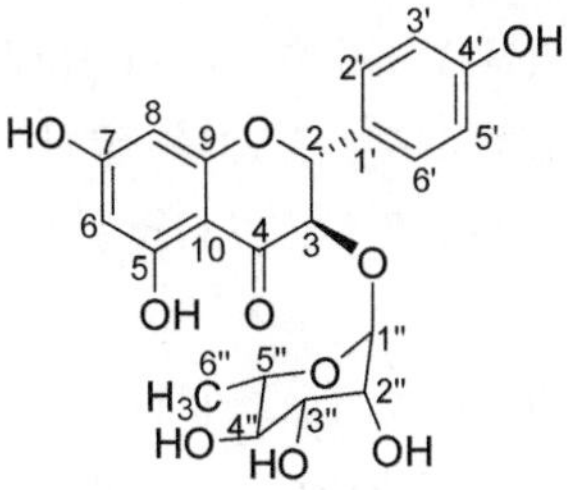

**2-111**

H-H COSY 指出，$\delta_H$ 6.79(2H, d, $J$ = 8.6Hz)与 $\delta_H$ 7.33(2H, brd, $J$ = 8.6Hz)相关，表明 $\delta_H$ 6.79 和 $\delta_H$ 7.33 构成 AA′BB′系统，根据氢化学位移规律，加之 $\delta_C$ 115.14×2(叔碳)与 $\delta_H$ 6.79、$\delta_C$ 129.06×2(叔碳)与 $\delta_H$ 7.33 HSQC 相关，表明 $\delta_H$ 7.33、6.79 分别归属 H-2′,6′、H-3′,5′，$\delta_C$ 129.06×2、115.14×2 分别归属 C-2′,6′、C-3′,5′；$\delta_H$ 4.76(1H, d, $J$ = 10.4Hz)与 $\delta_H$ 5.29(1H, brd, $J$ = 10.4Hz)相关，表明 $\delta_H$ 4.76 和 $\delta_H$ 5.29 构成 AB 系统，加之 $\delta_C$ 129.06×2(C-2′,6′)与 $\delta_H$ 5.29 HMBC 相关，$\delta_C$ 75.93(叔碳)与 $\delta_H$ 4.76、$\delta_C$ 81.50(叔碳)与 $\delta_H$ 5.29 HSQC 相关，综合考虑，$\delta_H$ 4.76、5.29 分别归属 H-3、H-2，$\delta_C$ 75.93、81.50 分别归属 C-3、C-2。

HMBC 指出，$\delta_C$ 162.22(季碳)与 $\delta_H$ 5.29(H-2)、5.88(1H, d, $J$ = 2.1Hz)相关，表明 $\delta_C$ 162.22 归属 C-9, $\delta_H$ 5.88 归属 H-8；$\delta_C$ 100.32(季碳)与 $\delta_H$ 4.76(H-3)、5.88(H-8)、5.91(1H, d, $J$ = 2.1Hz)、11.03(1H, s, 活泼氢)相关，表明 $\delta_C$ 100.32 归属 C-10，$\delta_H$ 5.91 归属 H-6, $\delta_H$ 11.03 归属 OH-5；$\delta_C$ 163.38(季碳)与 $\delta_H$ 5.91(H-6)、11.03(OH-5)相关，表明 $\delta_C$ 163.38 归属 C-5；$\delta_C$ 166.89(季碳)与 $\delta_H$ 5.88(H-8)、5.91(H-6)相关，表明 $\delta_C$ 166.89 归属 C-7；$\delta_C$ 126.48(季碳)与 $\delta_H$ 4.76(H-3)、5.29(H-2)、6.79(H-3′,5′)相关，表明 $\delta_C$ 126.48 归属 C-1′；$\delta_C$ 157.83(季碳)与 $\delta_H$ 6.79(H-3′,5′)、7.33(H-2′,6′)、9.62(1H, s, 活泼氢)相关，表明 $\delta_C$ 157.83 归属 C-4′，$\delta_H$ 9.62 归属 OH-4′；$\delta_C$ 194.83(季碳)与 $\delta_H$ 4.76(H-3)、5.29(H-2)、5.88(H-8)、5.91(H-6)相关，表明 $\delta_C$ 194.83 归属 C-4；$\delta_C$ 75.93(C-3)与 $\delta_H$ 3.96(1H, brs)、5.29(H-2)相关，表明 $\delta_H$ 3.96 归属 H-1″。

H-H COSY 指出，$\delta_H$ 3.96(H-1″)与 $\delta_H$ 3.26(1H, m)相关，表明 $\delta_H$ 3.26 归属 H-2″；$\delta_H$ 3.26(H-2″)与 $\delta_H$ 3.38(1H, m)相关，表明 $\delta_H$ 3.38 归属 H-3″；$\delta_H$ 3.38(H-3″)与 $\delta_H$ 3.11(1H, m)相关，表明 $\delta_H$ 3.11 归属 H-4″；$\delta_H$ 3.11(H-4″)与 $\delta_H$ 3.91(1H, m)相关，表明 $\delta_H$ 3.91 归属 H-5″；$\delta_H$ 3.91(H-5″)与 $\delta_H$ 1.04(3H, d, $J$ = 6.2Hz)相关，表明 $\delta_H$ 1.04 归属 H-6″；$\delta_H$ 4.49(1H, d, $J$ = 4.4Hz, 活泼氢)与 $\delta_H$ 3.26(H-2″)相关，表明 $\delta_H$ 4.49 归属 OH-2″；$\delta_H$ 4.52(1H, d, $J$ = 5.6Hz, 活泼氢)与 $\delta_H$ 3.38(H-3″)相关，表明 $\delta_H$ 4.52 归属 OH-3″；$\delta_H$ 4.71(1H, d, $J$ = 5.2Hz, 活泼氢)与 $\delta_H$ 3.11(H-4″)相关，表明 $\delta_H$ 4.71 归属 OH-4″。当然 $\delta_H$ 10.88(1H, br, 活泼氢)应归属 OH-7。

HSQC 指出，$\delta_C$ 100.32(叔碳)与 $\delta_H$ 3.96(H-1″)相关，$\delta_C$ 70.04 与 $\delta_H$ 3.26(H-2″)相关，$\delta_C$ 70.36(叔碳)与 $\delta_H$ 3.38(H-3″)相关，$\delta_C$ 71.58(叔碳)与 $\delta_H$ 3.11(H-4″)相关，$\delta_C$ 68.98(叔碳)与 $\delta_H$ 3.91(H-5″)相关，$\delta_C$ 17.73(伯碳)与 $\delta_H$ 1.04(H-6″)相关，表明 $\delta_C$ 100.32、70.04、70.36、71.58、68.98、17.73 分别归属 C-1″、C-2″、C-3″、C-4″、C-5″、C-6″。

需要特别指出的是，$\delta_C$ 100.32 含有 2 个碳，1 个是季碳，1 个是叔碳，分别归属 C-10 和 C-1″，前述已分别由 HMBC、HSQC 证明。

H-2 与 H-3 之间的偶合常数为 10.4Hz，表明 H-2 和 H-3 分别处在环的两侧。

黄杞苷的 NMR 详细解析数据见表 2-116。

表 2-116　黄杞苷的 NMR 数据(DMSO-$d_6$, 400MHz/H)①

| 编号 | $\delta_C$ | DEPT | $\delta_H$ | J/Hz | H-H COSY | HSQC | HMBC($\delta_H$) |
|---|---|---|---|---|---|---|---|
| 2 | 81.50 | CH | 5.29brd | 10.4 | H-2′,6′,H-3 | + | 4.76(H-3), 7.33(H-2′, 6′) |
| 3 | 75.93 | CH | 4.76d | 10.4 | H-2 | + | 3.96(H-1″), 5.29(H-2) |
| 4 | 194.83 | C |  |  |  |  | 4.76(H-3), 5.29(H-2), 5.88(H-8), 5.91(H-6) |
| 5 | 163.38 | C |  |  |  |  | 5.91(H-6), 11.03(OH-5) |
| OH-5 |  |  | 11.03s |  |  |  |  |
| 6 | 96.03 | CH | 5.91d | 2.1 | H-8 | + | 5.88(H-8), 11.03(OH-5) |
| 7 | 166.89 | C |  |  |  |  | 5.88(H-8), 5.91(H-6) |
| OH-7 |  |  | 10.88br |  |  |  |  |
| 8 | 95.03 | CH | 5.88d | 2.1 | H-6 | + | 5.91(H-6) |
| 9 | 162.22 | C |  |  |  |  | 5.29(H-2), 5.88(H-8) |
| 10 | 100.32 | C |  |  |  |  | 4.76(H-3), 5.88(H-8), 5.91(H-6), 11.03(OH-5) |
| 1′ | 126.48 | C |  |  |  |  | 4.76(H-3), 5.29(H-2), 6.79(H-3′, 5′) |
| 2′, 6′ | 129.06 | CH | 7.33brd | 8.6 | H-2, H-3′,5′ | + | 5.29(H-2), 7.33(H-6′,2′) |
| 3′, 5′ | 115.14 | CH | 6.79d | 8.6 | H-2′,6′ | + | 6.79(H-5′,3′), .7.33(H-2′,6′), 9.62(OH-4′) |
| 4′ | 157.83 | C |  |  |  |  | 6.79(H-3′,5′), 7.33(H-2′,6′), 9.62(OH-4′) |
| OH-4′ |  |  | 9.62s |  |  |  |  |
| 1″ | 100.32 | CH | 3.96brs |  | H-2″ | + | 4.49(OH-2″), 4.76(H-3) |
| 2″ | 70.04 | CH | 3.26m |  | H-1″, H-3″, OH-2″ | + | 3.11(H-4″), 3.96(H-1″), 4.49(OH-2″), 4.52(OH-3″) |
| OH-2″ |  |  | 4.49d | 4.4 | H-2″ |  |  |

续表

| 编号 | $\delta_C$ | DEPT | $\delta_H$ | J/Hz | H-H COSY | HSQC | HMBC($\delta_H$) |
|---|---|---|---|---|---|---|---|
| 3″ | 70.36 | CH | 3.38m | | H-2″, H-4″, OH-3″ | + | 3.11(H-4″), 3.96(H-1″), 4.49(OH-2″), 4.52(OH-3″), 4.71(OH-4′) |
| OH-3″ | | | 4.52d | 5.6 | H-3″ | | |
| 4″ | 71.58 | CH | 3.11m | | H-3″, H-5″, OH-4″ | + | 1.04(H-6″), 3.26(H-2″), 3.38(H-3″) |
| OH-4″ | | | 4.71d | 5.2 | H-4″ | | |
| 5″ | 68.98 | CH | 3.91m | | H-4″, H-6″ | + | 1.04(H-6″), 3.11(H-4″), 3.96(H-1″), 4.71(OH-4′) |
| 6″ | 17.73 | $CH_3$ | 1.04d | 6.2 | H-5″ | + | 3.11(H-4″) |

① 本实验室数据。

## 例 2-79 儿茶精和表儿茶精的 NMR 数据解析[157,158]

儿茶精又称儿茶素、茶单宁，为黄烷醇类衍生物，是茶叶中的主要成分。临床实验调查显示，儿茶精可以通过血液循环进入全身，加强新陈代谢，增强脂肪的氧化和能量的消耗，从而达到抑制肥胖的作用，尤其是对内脏脂肪的抑制作用，能达到理想的减肥效果。

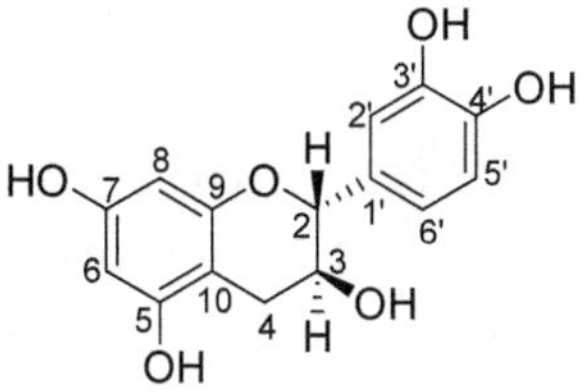

**2-112** 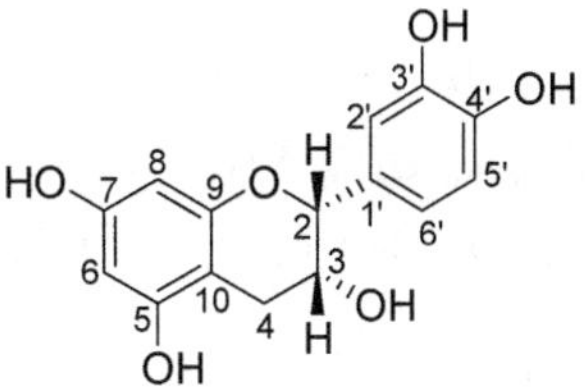 **2-113**

儿茶精作为鞣质的前体，广泛分布于植物中，且常与相对应的黄酮类化合物共存。由于分子中有 2 个手性碳原子，故有 4 个立体异构体，(+)-儿茶精(catechin, **2-112**)、(−)-儿茶精、(+)-表儿茶精、(−)-表儿茶精(epicatechin, **2-113**)，2 个儿茶精 NMR 数据一致，2 个表儿茶精数据一致，儿茶精和表儿茶精 NMR 数据不一致，本例旨在表明儿茶精和表儿茶精 NMR 数据的差别，以及如何利用 NMR 数据区分它们。

儿茶精的 $^{13}$C NMR 显示 14 条碳峰，其中 $\delta_C$ 144.79×2 为 2 个碳，因此，儿茶精含有 15 个碳。DEPT 显示，1 个仲碳：$\delta_C$ 27.84；7 个叔碳：$\delta_C$ 66.25、80.95、93.76、95.01、114.45、115.00、118.38；7 个季碳：$\delta_C$ 98.98、130.52、144.79×2、

155.30、156.12、156.40。

H-2、H-3、H-4a、H-4b、OH-3 构成 ABXYZ 系统。H-H COSY 指出，$\delta_H$ 2.35(1H, dd, $J$ = 8.0Hz、15.9Hz)与 $\delta_H$ 2.65(1H, dd, $J$ = 5.3Hz、15.9Hz)相关，$\delta_H$ 2.35 和 $\delta_H$ 2.65 均与 $\delta_H$ 3.81(1H, m)相关，$\delta_H$ 3.81 与 $\delta_H$ 4.47(1H, brd, $J$ = 7.5Hz)、4.86(1H, d, $J$ = 5.2Hz, 活泼氢)相关，结合氢化学位移规律，表明 $\delta_H$ 2.35、2.65、3.81、4.47、4.86 分别归属 H-4a、H-4b、H-3、H-2、OH-3。HSQC 指出，$\delta_C$ 80.95(叔碳)与 $\delta_H$ 4.47(H-2)相关，$\delta_C$ 66.25(叔碳)与 $\delta_H$ 3.81(H-3)相关，$\delta_C$ 27.84(仲碳)与 $\delta_H$ 2.35(H-4a)、2.65(H-4b)相关，表明 $\delta_C$ 80.95、66.25、27.84 分别归属 C-2、C-3、C-4。

H-6、H-8 构成 AB 系统。H-H COSY 指出，$\delta_H$ 5.68(1H, d, $J$ = 2.2Hz)与 $\delta_H$ 5.88(1H, d, $J$ = 2.2Hz)相关，表明 $\delta_H$ 5.68、5.88 归属 H-6、H-8，但归属区分还需要进一步确定。

HMBC 指出，$\delta_C$ 155.30(季碳)与 $\delta_H$ 2.35(H-4a)、2.65(H-4b)、4.47(H-2)、5.68 相关，加之 $\delta_C$ 93.76(叔碳)与 $\delta_H$ 5.68 HSQC 相关，表明 $\delta_C$ 155.30 归属 C-9, $\delta_H$ 5.68 归属 H-8, $\delta_C$ 93.76 归属 C-8；$\delta_C$ 98.98(季碳)与 $\delta_H$ 2.35(H-4a)、2.65(H-4b)、3.81(H-3)、5.68(H-8)、5.88、9.17(1H, s, 活泼氢)相关，加之 $\delta_C$ 95.01(叔碳)与 $\delta_H$ 5.88 HSQC 相关，表明 $\delta_C$ 98.98 归属 C-10，$\delta_H$ 5.88、9.17 分别归属 H-6、OH-5，$\delta_C$ 95.01 归属 C-6；$\delta_C$ 95.01(C-6)与 $\delta_H$ 5.68(H-8)、8.93(1H, s, 活泼氢)、9.17(OH-5)相关，$\delta_C$ 93.76(C-8)与 $\delta_H$ 5.88(H-6)、8.93(1H, s, 活泼氢)相关，表明 $\delta_H$ 8.93 归属 OH-7；$\delta_C$ 156.12(季碳)与 $\delta_H$ 2.35(H-4a)、2.65(H-4b)、5.88(H-6)、9.17(OH-5)相关，表明 $\delta_C$ 156.12 归属 C-5；$\delta_C$ 156.40(季碳)与 $\delta_H$ 5.68(H-8)、5.88(H-6)、8.93(OH-7)相关，表明 $\delta_C$ 156.40 归属 C-7。

H-2′、H-5′、H-6′构成 ABC 系统。H-H COSY 指出，$\delta_H$ 6.72(1H, brd, $J$ = 1.9Hz)与 $\delta_H$ 6.59(1H, brdd, J = 1.9Hz、8.0Hz)相关，$\delta_H$ 6.59 与 $\delta_H$ 6.68(1H, brd, $J$ = 8.0Hz)相关，表明 $\delta_H$ 6.72、6.59、6.88 分别归属 H-2′、H-6′、H-5′。HSQC 指出，$\delta_C$ 114.45(叔碳)与 $\delta_H$ 6.72(H-2′)相关，$\delta_C$ 115.00(叔碳)与 $\delta_H$ 6.68(H-5′)相关，$\delta_C$ 118.38(叔碳)与 $\delta_H$ 6.59(H-6′)相关，表明 $\delta_C$ 114.45、115.00、118.38 分别归属 C-2′、C-5′、C-6′。

HMBC 指出，$\delta_C$ 130.52(季碳)与 $\delta_H$ 4.47(H-2)、6.68(H-5′)相关，$\delta_C$ 144.79×2(季碳)与 $\delta_H$ 6.59(H-6′)、6.68(H-5′)、6.72(H-2′)、8.81(1H, brs, 活泼氢)、8.86(1H, brs, 活泼氢)相关，结合碳化学位移规律，综合考虑，表明 $\delta_C$ 130.52 归属 C-1′，$\delta_C$ 144.79×2 分别归属 C-3′、C-4′，$\delta_H$ 8.81、8.86 归属 OH-3′、OH-4′，OH-3′和 OH-4′的归属区分需进一步确定。

H-H COSY 指出，$\delta_H$ 6.72(H-2′)与 $\delta_H$ 8.81 相关，$\delta_H$ 6.68(H-5′)与 $\delta_H$ 8.86 相关，根据远程偶合折线型偶合较强或高丙烯偶合强于丙烯偶合的规律[2]，可确定 $\delta_H$ 8.81 归属 OH-4′，$\delta_H$ 8.86 归属 OH-3′。

表儿茶精的 NMR 数据解析同儿茶精，不再赘述。

需要指出的是，仅从 $^{1}H$、$^{13}C$ NMR 化学位移数据不同无法确定儿茶精和表儿茶精的对应关系，可以利用 H-2 的偶合常数区分儿茶精和表儿茶精的归属。

儿茶精和表儿茶精的 NMR 详细解析数据分别见表 2-117 和表 2-118。

**表 2-117 儿茶精的 NMR 数据(DMSO-$d_6$, 400MHz/H)①**

| 编号 | $\delta_C$ | DEPT | $\delta_H$ | $J$/Hz | H-H COSY | HSQC | HMBC($\delta_H$) |
|---|---|---|---|---|---|---|---|
| 2 | 80.95 | CH | 4.47brd | 7.5 | H-2′, H-6′, H-3 | + | 2.35(H-4a), 2.65(H-4b), 4.86(OH-3), 6.59(H-6′), 6.72(H-2′) |
| 3 | 66.25 | CH | 3.81m | | H-2, H-4a, H-4b, OH-3 | + | 2.35(H-4a), 2.65(H-4b), 4.47(H-2), 4.86(OH-3) |
| OH-3 | | | 4.86d | 5.2 | H-3 | | |
| 4a | 27.84 | $CH_2$ | 2.35dd | 8.0, 15.9 | H-3, H-4b | + | 4.47(H-2), 4.86(OH-3) |
| 4b | | | 2.65dd | 5.3, 15.9 | H-3, H-4a | + | |
| 5 | 156.12 | C | | | | | 2.35(H-4a), 2.65(H-4b), 5.88(H-6), 9.17(OH-5) |
| OH-5 | | | 9.17s | | | | |
| 6 | 95.01 | CH | 5.88d | 2.2 | H-8 | + | 5.68(H-8), 8.93(OH-7), 9.17(OH-5) |
| 7 | 156.40 | C | | | | | 5.68(H-8), 5.88(H-6), 8.93(OH-7) |
| OH-7 | | | 8.93s | | | | |
| 8 | 93.76 | CH | 5.68d | 2.2 | H-6 | + | 5.88(H-6), 8.93(OH-7) |
| 9 | 155.30 | C | | | | | 2.35(H-4a), 2.65(H-4b), 4.47(H-2), 5.68(H-8) |
| 10 | 98.98 | C | | | | | 2.35(H-4a), 2.65(H-4b), 3.81(H-3), 5.68(H-8), 5.88(H-6), 9.17(OH-5) |
| 1′ | 130.52 | C | | | | | 4.47(H-2), 6.68(H-5′) |
| 2′ | 114.45 | CH | 6.72brd | 1.9 | H-2, OH-4′, H-5′, H-6′ | + | 4.47(H-2), 6.59(H-6′), 8.86(OH-3′) |
| 3′ | 144.79 | C | | | | | 6.68(H-5′), 6.72(H-2′), 8.81(OH-4′), 8.86(OH-3′) |
| OH-3′ | | | 8.86brs | | H-5′ | | |
| 4′ | 144.79 | C | | | | | 6.59(H-6′), 6.68(H-5′), 6.72(H-2′), 8.81(OH-4′), 8.86(OH-3′) |
| OH-4′ | | | 8.81brs | | H-2′ | | |
| 5′ | 115.00 | CH | 6.68brd | 8.0 | H-2′, OH-3′, H-6′ | + | 8.81(OH-4′) |
| 6′ | 118.38 | CH | 6.59brdd | 1.9, 8.0 | H-2, H-2′, H-5′ | + | 4.47(H-2), 6.72(H-2′) |

① 本实验室数据。

表 2-118 表儿茶精的 NMR 数据(DMSO-$d_6$, 400MHz/H)[①]

| 编号 | $\delta_C$ | DEPT | $\delta_H$ | $J$/Hz | H-H COSY | HSQC | HMBC($\delta_H$) |
|---|---|---|---|---|---|---|---|
| 2 | 78.01 | CH | 4.73brs | | H-3, H-4a, H-4b, H-2′, H-6′ | + | 2.47(H-4a), 4.66(OH-3), 6.64(H-6′), 6.89(H-2′) |
| 3 | 64.86 | CH | 4.00m | | H-2, H-4a, H-4b, OH-3 | + | 2.47(H-4a), 2.65(H-4b), 4.66(OH-3) |
| OH-3 | | | 4.66d | 4.6 | H-3 | | |
| 4a | 28.19 | $CH_2$ | 2.47brdd | 3.3, 16.2 | H-2, H-8, H-3, H-4b, | + | 4.66(OH-3), 4.73(H-2) |
| 4b | | | 2.65brdd | 4.3, 16.2 | H-2, H-6, H-8, H-3, H-4a | + | |
| 5 | 156.49 | C | | | | | 5.89(H-6), 9.10(OH-5) |
| OH-5 | | | 9.10s | | | | |
| 6 | 94.99 | CH | 5.89brd | 2.2 | H-4b, H-8 | + | 5.71(H-8), 8.89(OH-7), 9.10(OH-5) |
| 7 | 156.18 | C | | | | | 5.89(H-6), 8.89(OH-7) |
| OH-7 | | | 8.89s | | | | |
| 8 | 94.02 | CH | 5.71brd | 2.2 | H-4a, H-4b, H-6 | + | 5.89(H-6), 8.89(OH-7) |
| 9 | 155.74 | C | | | | | 2.47(H-4a), 2.65(H-4b), 4.73(H-2), 5.71(H-8) |
| 10 | 98.42 | C | | | | | 2.47(H-4a), 2.65(H-4b), 4.00(H-3), 5.71(H-8), 5.89(H-6), 9.10(OH-5) |
| 1′ | 130.56 | C | | | | | 4.73(H-2), 6.64(H-6′), 6.67(H-5′), 6.89(H-2′) |
| 2′ | 114.84 | CH | 6.89brd | 1.6 | H-2, H-5′, H-6′ | + | 4.73(H-2), 6.64(H-6′), 8.80(OH-3′) |
| 3′ | 144.45* | C | | | | | 6.67(H-5′), 6.89(H-2′), 8.71(OH-4′), 8.80(OH-3′) |
| OH-3′ | | | 8.80s | | | | |
| 4′ | 144.40* | C | | | | | 6.64(H-6′), 6.67(H-5′), 6.89(H-2′), 8.71(OH-4′), 8.80(OH-3′) |
| OH-4′ | | | 8.71s | | | | |
| 5′ | 114.70 | CH | 6.67brd | 8.1 | H-2′, H-6′ | + | 6.64(H-6′), 8.71(OH-4′) |
| 6′ | 117.90 | CH | 6.64brdd | 1.6, 8.1 | H-2, H-2′, H-5′ | + | 4.73(H-2), 6.89(H-2′) |

① 本实验室数据。

* 归属可互换。

## 例 2-80 橙皮苷的 NMR 数据解析[159]

橙皮苷(hesperidin, **2-114**)又名陈皮苷、川陈皮素、柚苷、柚皮苷、橘皮苷等，存在于芸香科植物枸橘(Poncirus trifoliata)果实中，在其他许多科植物果实中也存在。橙皮苷为二氢黄酮类化合物，含有 2 个糖——1 个葡萄糖和 1 个鼠李糖。具有降低毛细血管脆性及通透性作用，用于高血压病及毛细血管出血性疾患的辅助治疗。

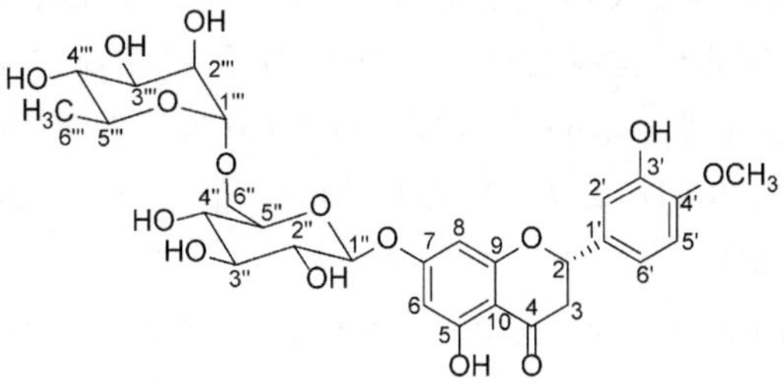

**2-114**

橙皮苷的 $^{13}$C NMR 显示 28 条碳峰，表明其含有 28 个碳。DEPT 显示，2 个伯碳：$\delta_C$ 17.81、55.63；2 个仲碳：$\delta_C$ 42.01、65.99；16 个叔碳：$\delta_C$ 68.28、69.53、70.22、70.65、72.01、72.94、75.46、76.22、78.41、95.49、96.32、99.38、100.57、111.96、114.11、117.91；8 个季碳：$\delta_C$ 103.26、130.85、146.41、147.92、162.46、163.00、165.09、197.01。

根据碳化学位移规律，$\delta_C$ 78.41(叔碳)归属 C-2, $\delta_C$ 42.01(仲碳)归属 C-3。HSQC 指出，$\delta_C$ 78.41(C-2)与 $\delta_H$ 5.50(1H, dd, $J$ = 12.2Hz、3.1Hz)相关，$\delta_C$ 42.01(C-3)与 $\delta_H$ 2.77(1H, dd, $J$ = 17.2, 3.1Hz)、3.25(3H, m)相关，加之 $\delta_H$ 5.50 与 $\delta_H$ 2.77、3.25 H-H COSY 相关，$\delta_H$ 2.77 与 $\delta_H$ 3.25 H-H COSY 相关，表明 $\delta_H$ 2.77、3.25(其中 1 个氢)和 5.50 构成 ABX 系统，分别归属 H-3a、H-3b 和 H-2。

H-H COSY 指出，$\delta_H$ 6.90(1H, d, $J$ = 8.5Hz)与 $\delta_H$ 6.95(1H, dd, $J$ = 2.2Hz、8.5Hz)相关，$\delta_H$ 6.93(1H, d, $J$=2.2Hz)与 $\delta_H$ 6.95 相关，加之 $\delta_C$ 111.96(叔碳)与 $\delta_H$ 6.90、$\delta_C$ 117.91(叔碳)与 $\delta_H$ 6.95、$\delta_C$ 114.11(叔碳)与 $\delta_H$ 6.93 HSQC 相关，综合考虑，表明 $\delta_H$ 6.90、6.95、6.93 构成 ABC 系统，分别归属 H-5′、H-6′、H-2′，$\delta_C$ 111.96、117.91、114.11 分别归属 C-5′、C-6′、C-2′；$\delta_H$ 6.12(1H, d, $J$ = 2.2Hz)与 $\delta_H$ 6.14(1H, d, $J$ = 2.2Hz)相关，加之 $\delta_C$ 103.26(季碳)与 $\delta_H$ 2.77(H-3a)、6.12、6.14、12.02(1H, s, 活泼氢) HMBC 相关，$\delta_C$ 162.46(季碳)与 $\delta_H$ 6.14 HMBC 相关，$\delta_C$ 95.49(叔碳)与 $\delta_H$ 6.12、$\delta_C$ 96.32(叔碳)与 $\delta_H$ 6.14 HSQC 相关，结合碳、氢化学位移规律和氢偶合分裂情况，综合考虑，$\delta_H$ 6.12、6.14 分别归属 H-6、H-8，$\delta_H$ 12.02 归属 OH-5，$\delta_C$ 103.26、162.46 分别归属 C-10、C-9，$\delta_C$ 95.49、96.32 分别归属 C-6、C-8。

HMBC 指出，$\delta_C$ 163.00(季碳)与 $\delta_H$ 6.12(H-6)、12.02(OH-5)相关，表明 $\delta_C$ 163.00

归属 C-5；$\delta_C$ 165.09(季碳)与 $\delta_H$ 4.98(1H, d, $J$ = 7.3Hz)、6.12(H-6)、6.14(H-8)相关，加之 $\delta_C$ 99.38(叔碳)与 $\delta_H$ 4.98 HSQC 相关，表明 $\delta_C$ 165.09 归属 C-7，$\delta_H$ 4.98 归属 H-1″，$\delta_C$ 99.38 归属 C-1″，并且表明苷元与葡萄糖(7-O-1)相连；$\delta_C$ 130.85(季碳)与 $\delta_H$ 5.50(H-2)、6.90(H-5′)、6.93(H-2′)、6.95(H-6′)相关，$\delta_C$ 146.41(季碳)与 $\delta_H$ 6.90(H-5′)、6.93(H-2′)、9.10(1H, s，活泼氢)相关，$\delta_C$ 147.92(季碳)与 $\delta_H$ 3.77(3H, s)、6.90(H-5′)相关，加之 $\delta_C$ 55.63(伯碳)与 $\delta_H$ 3.77 HSQC 相关，表明 $\delta_C$ 130.85、146.41、147.92 分别归属 C-1′、C-3′、C-4′，$\delta_H$ 9.10、3.77 分别归属 OH-3′、H-$OCH_3$，$\delta_C$ 55.63 归属 C-$OCH_3$。根据碳化学位移规律，$\delta_C$ 197.01(季碳)归属 C-4。

根据碳化学位移规律，$\delta_C$ 65.99(仲碳)归属 C-6″。HSQC 指出，$\delta_C$ 65.99(C-6″)与 $\delta_H$ 3.42(2H, m)、3.79(1H, d, $J$ = 11.2Hz)相关，表明 $\delta_H$ 3.42(其中 1 个氢)、3.79 分别归属 H-6″a、H-6″b。

HMBC 指出，$\delta_C$ 65.99(C-6″)与 $\delta_H$ 3.54(1H, m)、4.52(1H, brs)相关，$\delta_C$ 69.53(叔碳)与 $\delta_H$ 3.54(1H, m)、3.79(H-6″b)相关，加之 $\delta_H$ 3.54 与 $\delta_H$ 3.42(H-6″a)、$\delta_H$ 3.14(2H, m)与 $\delta_H$ 3.54 H-H COSY 相关，$\delta_C$ 75.46(叔碳)与 $\delta_H$ 3.54、$\delta_C$ 69.53(叔碳)与 $\delta_H$ 3.14、$\delta_C$ 100.57(叔碳)与 $\delta_H$ 4.52 HSQC 相关，结合碳、氢化学位移规律和氢偶合分裂情况，综合考虑，$\delta_H$ 3.54、3.14(其中 1 个氢)、4.52 分别归属 H-5″、H-4″、H-1‴，$\delta_C$ 75.46、69.53、100.57 分别归属 C-5″、C-4″、C-1‴，并且表明葡萄糖与鼠李糖(6-O-1)相连。

H-H COSY 指出，$\delta_H$ 4.98(H-1″)与 $\delta_H$ 3.25(3H, m)相关，表明 $\delta_H$ 3.25(其中 1 个氢)归属 H-2″；$\delta_H$ 3.14(H-4″)与 $\delta_H$ 3.25(3H, m)相关，表明 $\delta_H$ 3.25(其中 1 个氢)归属 H-3″(前述 $\delta_H$ 3.25(3H, m)已有 2 个氢明确归属)。

由于 $\delta_C$ 72.94(叔碳)、76.22(叔碳)均与 $\delta_H$ 3.25 HSQC 相关，加之前述 $\delta_C$ 42.25(C-3)与 $\delta_H$ 3.25 HSQC 相关已明确，因此，$\delta_C$ 72.94、76.22 应归属 C-2″、C-3″，参考例 2-39, $\delta_C$ 72.94 归属 C-2″，$\delta_C$ 76.22 归属 C-3″。

根据碳、氢化学位移和氢偶合分裂情况，$\delta_C$ 17.81 归属 C-6‴，$\delta_H$ 1.08(3H, d, $J$ = 6.2Hz)归属 H-6‴。

HMBC 指出，$\delta_C$ 17.81(C-6‴)与 $\delta_H$ 3.14(2H, m)相关，$\delta_C$ 68.28(叔碳)与 $\delta_H$ 4.52(H-1‴)相关，$\delta_C$ 72.01(叔碳)与 $\delta_H$ 3.42(2H, m)相关，加之 $\delta_H$ 1.08(H-6‴)与 $\delta_H$ 3.42(3H, m)、$\delta_H$ 3.42 与 $\delta_H$ 3.14(2H, m)H-H COSY 相关，$\delta_C$ 68.28(叔碳)与 $\delta_H$ 3.42、$\delta_C$ 72.01(叔碳)与 $\delta_H$ 3.14 HSQC 相关，综合考虑，$\delta_C$ 68.28、72.01 分别归属 C-5‴、C-4‴，$\delta_H$ 3.42(其中 1 个氢)、$\delta_H$ 3.14(其中 1 个氢)分别归属 H-5‴、H-4‴。

H-H COSY 指出，$\delta_H$ 4.52(H-1‴)与 $\delta_H$ 3.63(2H, m)相关，表明 $\delta_H$ 3.63(其中 1 个氢)归属 H-2‴，当然，$\delta_H$ 3.63(另 1 个氢)归属 H-3‴。

HSQC 指出，$\delta_C$ 70.22(叔碳)、70.65(叔碳)均与 $\delta_H$ 3.63(H-2‴或 H-3‴)相关，参考例 2-73、例 2-74 等，$\delta_C$ 70.22、70.65 分别归属 C-2‴、C-3‴。

H-H COSY 指出，$\delta_H$ 5.17(1H, d, $J$ = 5.0Hz, 活泼氢)、5.40(1H, d, $J$ = 5.0Hz, 活泼氢)均与 $\delta_H$ 3.25(H-2″, 3″)相关，表明 $\delta_H$ 5.17、5.40 归属 OH-2″和 OH-3″(归属可互换)；$\delta_H$ 5.19(1H, d, $J$ = 5.5Hz, 活泼氢)、$\delta_H$ 4.48(1H, d, $J$ = 6.1Hz, 活泼氢)均与 $\delta_H$ 3.14(H-4″, H-4‴)相关，加之 $\delta_C$ 75.46(C-5″)与 $\delta_H$ 5.19 HMBC 相关，表明 $\delta_H$ 5.19 归属 OH-4″，$\delta_H$ 4.48 归属 OH-4‴；$\delta_H$ 4.61(1H, d, $J$ = 4.4Hz, 活泼氢)、$\delta_H$ 4.68(1H, d, $J$ = 5.4Hz, 活泼氢)均与 $\delta_H$ 3.63(H-2‴, H-3‴)相关，加之 $\delta_C$ 100.57(C-1‴)与 $\delta_H$ 4.61 HMBC 相关，表明 $\delta_H$ 4.61 归属 OH-2‴, $\delta_H$ 4.68 归属 OH-3‴。

橙皮苷的 NMR 详细解析数据见表 2-119。

**表 2-119　橙皮苷的 NMR 数据(DMSO-$d_6$, 400MHz/H)①**

| 编号 | $\delta_C$ | DEPT | $\delta_H$ | $J$/Hz | H-H COSY | HSQC | HMBC($\delta_H$) |
|---|---|---|---|---|---|---|---|
| 2 | 78.41 | CH | 5.50dd | 3.1, 12.2 | H-3a, H-3b | + | 3.25(H-3b), 6.93(H-2′), 6.95(H-6′) |
| 3a | 42.01 | $CH_2$ | 2.77dd | 3.1, 17.2 | H-2, H-3b | + | |
| 3b | | | 3.25m | | H-2, H-3a | + | |
| 4 | 197.01 | C | | | | | 2.77(H-3a), 3.25(H-3b), 5.50(H-2) |
| 5 | 163.00 | C | | | | | 6.12(H-6), 12.02(OH-5) |
| OH-5 | | | 12.02s | | | | |
| 6 | 95.49 | CH | 6.12d | 2.2 | H-8 | + | 6.14(H-8), 12.02(OH-5) |
| 7 | 165.09 | C | | | | | 4.98(H-1″), 6.12(H-6), 6.14(H-8) |
| 8 | 96.32 | CH | 6.14d | 2.2 | H-6 | + | 6.12(H-6) |
| 9 | 162.46 | C | | | | | 6.14(H-8) |
| 10 | 103.26 | C | | | | | 2.77(H-3a), 6.12(H-6), 6.14(H-8), 12.02(OH-5) |
| 1′ | 130.85 | C | | | | | 3.25(H-3b), 5.50(H-2), 6.90(H-5′), 6.93(H-2′), 6.95(H-6′) |
| 2′ | 114.11 | CH | 6.93d | 2.2 | H-6′ | + | 5.50(H-2), 6.95(H-6′), 9.10(OH-3′) |
| 3′ | 146.41 | C | | | | | 6.90(H-5′), 6.93(H-2′), 9.10(OH-3′) |
| OH-3′ | | | 9.10s | | | | |
| 4′ | 147.92 | C | | | | | 3.77($OCH_3$), 6.90(H-5′) |
| 5′ | 111.96 | CH | 6.90d | 8.5 | H-6′ | + | |
| 6′ | 117.91 | CH | 6.95dd | 2.2, 8.5 | H-2′, H-5′ | + | 5.50(H-2), 6.93(H-2′) |
| $OCH_3$ | 55.63 | $CH_3$ | 3.77s | | | + | |
| 1″ | 99.38 | CH | 4.98d | 7.3 | H-2″ | + | 3.25(H-2″,3″) |
| 2″ | 72.94 | CH | 3.25m | | H-1″, OH-2″ | + | 3.25(H-3″) |
| OH-2″ | | | 5.17d* | 5.0 | H-2″ | | |

续表

| 编号 | $\delta_C$ | DEPT | $\delta_H$ | $J$/Hz | H-H COSY | HSQC | HMBC($\delta_H$) |
|---|---|---|---|---|---|---|---|
| 3″ | 76.22 | CH | 3.25m | | H-4″, OH-3″ | + | 3.14(H-4″), 5.40(OH-2″或 OH-3″) |
| OH-3″ | | | 5.40d* | 5.0 | H-3″ | | |
| 4″ | 69.53 | CH | 3.14m | | H-3″, H-5″, OH-4″ | + | 3.25(H-2″,3″), 3.54(H-5″), 3.79(H-6″b) |
| OH-4″ | | | 5.19d | 5.5 | H-4″ | | |
| 5″ | 75.46 | CH | 3.54m | | H-4″, H-6″a | + | 3.42(H-6″a), 5.19(OH-4″) |
| 6″a | 65.99 | $CH_2$ | 3.42m | | H-5″, H-6″b | + | 3.54(H-5″), 4.52(H-1‴) |
| 6″b | | | 3.79d | 11.2 | H-6″a | + | |
| 1‴ | 100.57 | CH | 4.52brs | | H-2‴ | + | 3.42(H-6″a,5″), 3.63(H-2‴,3‴), 4.61(OH-2‴) |
| 2‴ | 70.22 | CH | 3.63m | | H-1‴, OH-2‴ | + | 4.52(H-1‴), 4.68(OH-3‴) |
| OH-2‴ | | | 4.61d | 4.4 | H-2‴ | | |
| 3‴ | 70.65 | CH | 3.63m | | H-4‴,OH-3‴ | + | 3.14(H-4‴), 3.63(H-2‴), 4.52(H-1‴), 4.68(OH-3‴) |
| OH-3‴ | | | 4.68d | 5.4 | H-3‴ | | |
| 4‴ | 72.01 | CH | 3.14m | | H-3‴, H-5‴, OH-4‴ | + | 3.42(H-5‴) |
| OH-4‴ | | | 4.48d | 6.1 | H-4‴ | | |
| 5‴ | 68.28 | CH | 3.42m | | H-4‴, H-6‴ | + | 4.52(H-1‴) |
| 6‴ | 17.81 | $CH_3$ | 1.08d | 6.2 | H-5‴ | + | 3.14(H-4‴) |

① 本实验室数据。

* 归属可互换。

## 例 2-81 鱼藤酮的 NMR 数据解析[160]

鱼藤酮(rotenone, **2-115**)又名鱼藤精、鱼藤素，存在于亚洲、热带及亚热带区所产豆科(Leguminosae SP.)鱼藤属(*Derris* Lour.)植物根中，在一些中草药如地瓜子、苦檀子、昆明鸡血藤根中也含有。

鱼藤酮主要用于蔬菜、果树、茶树、花卉等作物的杀虫剂，也可用于卫生杀虫剂。对害虫具有触杀和胃毒作用。对昆虫及鱼的毒性很强，但对哺乳动物的毒性却很轻。在光照下易氧化成去氢鱼藤酮而失去杀虫活性。

鱼藤酮的 $^{13}C$ NMR 显示 23 条碳峰，表明其含有 23 个碳。DEPT 显示，3 个伯碳：$\delta_C$ 17.14、55.86、56.30；3 个仲碳：$\delta_C$ 31.27、66.28、112.61；7 个叔碳：$\delta_C$ 44.59、72.21、87.85、100.88、104.91、110.27、129.99；10 个季碳：$\delta_C$ 104.79、112.98、113.33、143.03、143.85、147.36、149.45、157.95、167.37、188.98。

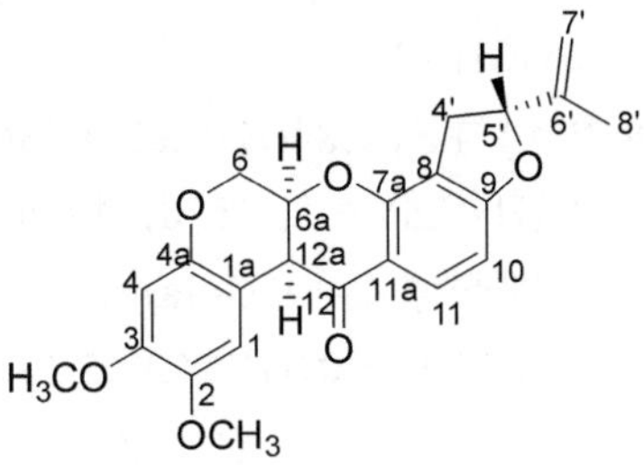

**2-115**

根据氢化学位移规律和偶合分裂情况，$\delta_H$ 6.77(1H, s)、6.45(1H, s)分别归属H-1、H-4；$\delta_H$ 6.51(1H, d, $J$ = 8.5Hz)、7.84(1H, d, $J$ = 8.5Hz)构成AB系统，分别归属H-10、H-11。HSQC指出，$\delta_C$ 110.27(叔碳)与$\delta_H$ 6.77(H-1)、$\delta_C$ 100.88(叔碳)与$\delta_H$ 6.45(H-4)、$\delta_C$ 104.91(叔碳)与$\delta_H$ 6.51(H-10)、$\delta_C$ 129.99(叔碳)与$\delta_H$ 7.84(H-11)相关，表明$\delta_C$ 110.27、100.88、104.91、129.99分别归属C-1、C-4、C-10、C-11。

H-H COSY指出，$\delta_H$ 4.18(1H, d, $J$ = 12.0Hz)与$\delta_H$ 4.60(1H, dd, $J$ = 12.0Hz、3.1Hz)相关，$\delta_H$ 4.60与$\delta_H$ 4.93(2H, m)相关，$\delta_H$ 4.93与$\delta_H$ 3.84(1H, d, $J$ = 4.0Hz)相关，加之$\delta_C$ 66.28(仲碳)与$\delta_H$ 4.18、4.60 HSQC相关，$\delta_C$ 72.21(叔碳)与$\delta_H$ 4.93、$\delta_C$ 44.59(叔碳)与$\delta_H$ 3.84(H-12a)HSQC相关，综合考虑，表明$\delta_H$ 4.18、4.60、4.93(其中1个氢)、3.84构成1个大的自旋偶合系统，分别归属$H_a$-6、$H_b$-6、H-6a、H-12a，$\delta_C$ 66.28、72.21、44.59分别归属C-6、C-6a、C-12a，C-6a的归属还需进一步确定(见下)；$\delta_H$ 2.95(1H, dd, $J$ = 15.8Hz、8.2Hz)与$\delta_H$ 3.32(1H, dd, $J$ = 15.8Hz、9.8Hz)相关，$\delta_H$ 2.95和$\delta_H$ 3.32均与$\delta_H$ 5.24(1H, brdd, $J$ = 8.2Hz、9.8Hz)相关，加之$\delta_C$ 31.27(仲碳)与$\delta_H$ 2.95、3.32 HSQC相关，$\delta_C$ 87.85(叔碳)与$\delta_H$ 5.24 HSQC相关，综合考虑，表明$\delta_H$ 2.95、3.32、5.24构成ABX系统，分别归属H-4′a、H-4′b、H-5′，$\delta_C$ 31.27、87.85分别归属C-4′、C-5′。

根据氢化学位移规律和偶合分裂情况，$\delta_H$ 4.93(2H, m，与H-6a重叠)、5.07(1H, brs)、1.77(3H, brs)分别归属H-7′a、H-7′b、H-8′。HSQC指出，$\delta_C$ 112.61(仲碳)与$\delta_H$ 4.93(H-7′a)、5.07(H-7′b)相关，$\delta_C$ 17.14(伯碳)与$\delta_H$ 1.77(H-8′)相关，表明$\delta_C$ 112.61、17.14分别归属C-7′、C-8′，$\delta_C$ 72.21归属C-6a进一步得到了确证。

HMBC指出，$\delta_C$ 143.85(季碳)与$\delta_H$ 6.45(H-4)、6.77(H-1)、3.77(3H, s)相关，$\delta_C$ 149.45(季碳)与$\delta_H$ 6.45(H-4)、6.77(H-1)、3.81(3H, s)相关，表明$\delta_C$ 143.85、149.45归属C-2、C-3，但归属区分不能确定。通过苯环碳化学位移经验计算公式$\delta_{C(k)} = 128.5 + \sum_i A_i\,(\mathrm{R})$[3]可确定$\delta_C$ 143.85归属C-2、$\delta_C$ 149.45归属C-3。因此，$\delta_H$ 3.77归属H-$OCH_3$-2，$\delta_H$ 3.81归属H-$OCH_3$-3。HSQC指出，$\delta_C$ 56.30(伯碳)与$\delta_H$

3.77(H-$OCH_3$-2)相关，$\delta_C$ 55.86(伯碳)与 $\delta_H$ 3.81(H-$OCH_3$-3)相关，表明 $\delta_C$ 56.30、55.86 分别归属 C-$OCH_3$-2、C-$OCH_3$-3。

HMBC 指出，$\delta_C$ 104.79(季碳)与 $\delta_H$ 3.84(H-12a)、4.93(H-6a)、6.45(H-4)、6.77(H-1)相关，$\delta_C$ 147.36(季碳)与 $\delta_H$ 3.84(H-12a)、4.18($H_a$-6)、4.60($H_b$-6)、6.45(H-4)、6.77(H-1)相关，表明 $\delta_C$ 104.79、147.36 分别归属 C-1a、C-4a；$\delta_C$ 143.03(季碳)与 $\delta_H$ 1.77(H-8′)、2.95(H-4′a)、3.32(H-4′b)、4.93(H-7′a)、5.07(H-7′b)、5.24(H-5′)相关，表明 $\delta_C$ 143.03 归属 C-6′。

根据碳化学位移规律，$\delta_C$ 188.98(季碳)归属 C-12, $\delta_C$ 157.95(季碳)、167.37(季碳)归属 C-7a、C-9, $\delta_C$ 112.98(季碳)、113.33(季碳)归属 C-8、C-11a；但是 C-7a 和 C-9、C-8 和 C-11a 的归属区分还需进一步确定。

HMBC 指出，$\delta_C$ 157.95 与 $\delta_H$ 2.95(H-4′a)、3.32(H-4′b)、4.18($H_a$-6)、6.51(H-10)、7.84(H-11)相关，$\delta_C$ 167.37 与 $\delta_H$ 2.95(H-4′a)、3.32(H-4′b)、5.24(H-5′)、6.51(H-10)、7.84(H-11)相关，表明 $\delta_C$ 157.95、167.37 分别归属 C-7a、C-9；$\delta_C$ 112.98 与 $\delta_H$ 2.95(H-4′a)、3.32(H-4′b)、5.24(H-5′)、6.51(H-10)、7.84(H-11)相关，$\delta_C$ 113.33 与 $\delta_H$ 2.95(H-4′a)、3.32(H-4′b)、6.51(H-10)、7.84(H-11)相关，表明 $\delta_C$ 112.98、113.33 分别归属 C-8、C-11a。

H-6a 与 H-12a 之间的 $^3J$ = 4.0Hz 表明 H-6a 与 H-12a 处在所在六元环的同侧。

鱼藤酮的 NMR 详细解析数据见表 2-120。

表 2-120 鱼藤酮的 NMR 数据($CDCl_3$, 400MHz/H)①

| 编号 | $\delta_C$ | DEPT | $\delta_H$ | J/Hz | H-H COSY | HSQC | HMBC($\delta_H$) |
|---|---|---|---|---|---|---|---|
| 1 | 110.27 | CH | 6.77s | | | + | 3.77(H-$OCH_3$-2), 3.84(H-12a), 6.45(H-4) |
| 1a | 104.79 | C | | | | | 3.84(H-12a), 4.93(H-6a), 6.45(H-4), 6.77(H-1) |
| 2 | 143.85 | C | | | | | 3.77(H-$OCH_3$-2), 6.45(H-4), 6.77(H-1) |
| $OCH_3$-2 | 56.30 | $CH_3$ | 3.77s | | | + | 6.45(H-4) |
| 3 | 149.45 | C | | | | | 3.81(H-$OCH_3$-3), 6.45(H-4), 6.77(H-1) |
| $OCH_3$-3 | 55.86 | $CH_3$ | 3.81s | | | | |
| 4 | 100.88 | CH | 6.45s | | | + | 3.81(H-$OCH_3$-3), 6.77(H-1) |
| 4a | 147.36 | C | | | | | 3.84(H-12a), 4.18($H_a$-6), 4.60($H_b$-6), 6.45(H-4), 6.77(H-1) |
| 6 | 66.28 | $CH_2$ | 4.18d(a) | 12.0 | $H_b$-6 | + | 3.84(H-12a) |
| | | | 4.60dd(b) | 2.0, 3.1 | $H_a$-6, H-6a | + | |
| 6a | 72.21 | CH | 4.93m | | $H_b$-6, H-12a | + | 4.18($H_a$-6), 4.60($H_b$-6) |

续表

| 编号 | $\delta_C$ | DEPT | $\delta_H$ | J/Hz | H-H COSY | HSQC | HMBC($\delta_H$) |
|---|---|---|---|---|---|---|---|
| 7a | 157.95 | C | | | | | 2.95(H-4′a), 3.32(H-4′b), 4.18($H_a$-6), 6.51(H-10), 7.84(H-11) |
| 8 | 112.98 | C | | | | | 2.95(H-4′a), 3.32(H-4′b), 5.24(H-5′), 6.51(H-10), 7.84(H-11) |
| 9 | 167.37 | C | | | | | 2.95(H-4′a), 3.32(H-4′b), 5.24(H-5′), 6.51(H-10), 7.84(H-11) |
| 10 | 104.91 | CH | 6.51d | 8.5 | H-11 | + | 2.95(H-4′a), 3.32(H-4′b), 7.84(H-11) |
| 11 | 129.99 | CH | 7.84d | 8.5 | H-10 | + | 2.95(H-4′a), 3.32(H-4′b), 6.51(H-10) |
| 11a | 113.33 | C | | | | | 2.95(H-4′a), 3.32(H-4′b), 6.51(H-10), 7.84(H-11) |
| 12 | 188.98 | C | | | | | 3.84(H-12a), 4.18($H_a$-6), 4.60($H_b$-6), 4.93(H-6a), 7.84(H-11) |
| 12a | 44.59 | CH | 3.84d | 4.0 | H-6a | + | 4.18($H_a$-6), 4.60($H_b$-6), 6.45(H-4), 6.77(H-1) |
| 4′a | 31.27 | $CH_2$ | 2.95dd | 15.8, 8.2 | H-4′b, H-5′ | + | 1.77(H-8′), 5.07(H-7′b), 5.24(H-5′) |
| 4′b | | | 3.32dd | 15.8, 9.8 | H-4′a, H-5′ | + | |
| 5′ | 87.85 | CH | 5.24brdd | 8.2, 9.8 | H-7′a, H-7′b, H-8′, H-4′a, H-4′b | + | 1.77(H-8′), 2.95(H-4′a), 3.32(H-4′b), 4.93(H-7′a), 5.07(H-7′b) |
| 6′ | 143.03 | C | | | | | 1.77(H-8′), 2.95(H-4′a), 3.32(H-4′b), 4.93(H-7′a), 5.07(H-7′b), 5.24(H-5′) |
| 7′a | 112.61 | $CH_2$ | 4.93m | | H-5′, H-7′b, H-8′ | + | 1.77(H-8′), 2.95(H-4′a), 3.32(H-4′b), 5.24(H-5′) |
| 7′b | | | 5.07brs | | H-5′, H-7′a, H-8′ | + | |
| 8′ | 17.14 | $CH_3$ | 1.77brs | | H-5′, H-7′a, H-7′b | + | 2.95(H-4′a), 3.32(H-4′b), 5.24(H-5′) |

① 本实验室数据。

## 例 2-82 白当归脑的 NMR 数据解析[161]

白当归脑(byakangelicol, **2-116**)是白芷(*Angelica dahurica*)等中药中的活性成分之一，为呋喃香豆素类化合物，具有平喘、降压、抗菌、解痉等作用。

白当归脑的 $^{13}C$ NMR 显示 17 条碳峰，表明其含有 17 个碳。DEPT 显示，3 个伯碳：$\delta_C$ 25.05、26.70、60.74；1 个仲碳：$\delta_C$ 76.11；5 个叔碳：$\delta_C$ 75.98、105.36、112.88、139.51、145.25；8 个季碳：$\delta_C$ 71.53、107.49、114.53、126.83、143.94、144.90、150.18、160.21。

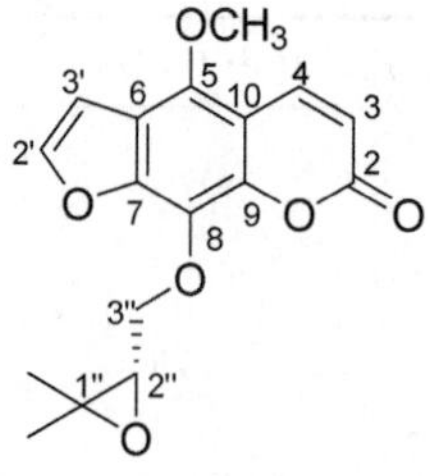

**2-116**

根据氢化学位移规律和偶合分裂情况，$\delta_H$ 4.19(3H, s)归属 H-OCH$_3$，$\delta_H$ 1.29(3H, s)、1.32(3H, s)分别归属 H-CH$_3$-a 和 H-CH$_3$-b。HSQC 指出，$\delta_C$ 60.74(伯碳)与 $\delta_H$ 4.19(H-OCH$_3$)相关，$\delta_C$ 25.05(伯碳)与 $\delta_H$ 1.29(H-CH$_3$-a)相关，$\delta_C$ 26.70(伯碳)与 $\delta_H$ 1.32(H-CH$_3$-b)相关，表明 $\delta_C$ 60.74、25.05、26.70 分别归属 C-OCH$_3$、C-CH$_3$-a、C-CH$_3$-b。

H-H COSY 指出，$\delta_H$ 6.30(1H, d, $J$ = 9.8Hz)与 $\delta_H$ 8.13(1H, d, $J$ = 9.8Hz)相关，表明 $\delta_H$ 6.30、8.13 构成 AB 系统，根据氢化学位移规律和偶合分裂情况，加之 $\delta_C$ 112.88(叔碳)与 $\delta_H$ 6.30、$\delta_C$ 139.51(叔碳)与 $\delta_H$ 8.13 HSQC 相关，表明 $\delta_H$ 6.30、8.13 分别归属 H-3、H-4, $\delta_C$ 112.88、139.51 分别归属 C-3、C-4; $\delta_H$ 7.64(1H, d, $J$ = 2.3Hz)与 $\delta_H$ 7.02(1H, d, $J$ = 2.3Hz)相关，表明 $\delta_H$ 7.64、7.02 构成 AB 系统，根据氢化学位移规律和偶合分裂情况，加之 $\delta_C$ 145.25(叔碳)与 $\delta_H$ 7.64、$\delta_C$ 105.36(叔碳)与 $\delta_H$ 7.02 HSQC 相关，表明 $\delta_H$ 7.64、7.02 分别归属 H-2′、H-3′，$\delta_C$ 145.25、105.36 分别归属 C-2′、C-3′；$\delta_H$ 3.84(1H, dd, $J$ = 7.9Hz、2.6Hz)与 $\delta_H$ 4.27(1H, dd, $J$ = 7.9Hz、10.2Hz)、$\delta_H$ 4.61(1H, dd, $J$ = 2.6Hz、10.2Hz)相关，$\delta_H$ 4.27 与 $\delta_H$ 4.61 相关，表明 $\delta_H$ 4.27、4.61、3.84 构成 ABX 系统，加之 $\delta_C$ 76.11(仲碳)与 $\delta_H$ 4.27、4.61 HSQC 相关，$\delta_C$ 75.98(叔碳)与 $\delta_H$ 3.84 HSQC 相关，表明 $\delta_H$ 4.27、4.61、3.84 分别归属 H-3″a、H-3″b、H-2″，$\delta_C$ 76.11、75.98 分别归属 C-3″、C-2″。

HMBC 指出，$\delta_C$ 144.90(季碳)与 $\delta_H$ 4.19(OCH$_3$)、7.02(H-3′)相关，表明 $\delta_C$ 144.90 归属 C-5；$\delta_C$ 114.53(季碳)与 $\delta_H$ 7.02(H-3′)、7.64(H-2′)相关，$\delta_C$ 150.18(季碳)与 $\delta_H$ 7.02(H-3′)、7.64(H-2′)相关，根据碳化学位移规律，表明 $\delta_C$ 114.53、150.18 分别归属 C-6、C-7；$\delta_C$ 126.83(季碳)与 $\delta_H$ 4.27(H-3″a)、4.61(H-3″b)相关，表明 $\delta_C$ 126.83 归属 C-8；$\delta_C$ 143.94(季碳)与 $\delta_H$ 8.13(H-4)相关，$\delta_C$ 107.49(季碳)与 $\delta_H$ 6.30(H-3)相关，根据碳化学位移规律，表明 $\delta_C$ 143.94、107.49 分别归属 C-9、C-10；$\delta_C$ 71.53(季碳)与 $\delta_H$ 1.29(CH$_3$-a)、1.32(CH$_3$-b)相关，表明 $\delta_C$ 71.53 归属 C-1″；$\delta_C$ 160.21(季碳)与 $\delta_H$ 6.30(H-3)、8.13(H-4)相关，表明 $\delta_C$ 160.21 归属 C-2。

白当归脑的 NMR 详细解析数据见表 2-121。

表 2-121　白当归脑的 NMR 数据($CDCl_3$, 400MHz/H)①

| 编号 | $\delta_C$ | DEPT | $\delta_H$ | J/Hz | H-H COSY | HSQC | HMBC($\delta_H$) |
|---|---|---|---|---|---|---|---|
| 2 | 160.21 | C | | | | | 6.30(H-3), 8.13(H-4) |
| 3 | 112.88 | CH | 6.30d | 9.8 | H-4 | + | |
| 4 | 139.51 | CH | 8.13d | 9.8 | H-3 | + | |
| 5 | 144.90 | C | | | | | 4.19($OCH_3$), 7.02(H-3′) |
| $OCH_3$ | 60.74 | $CH_3$ | 4.19s | | | + | |
| 6 | 114.53 | C | | | | | 7.02(H-3′), 7.64(H-2′) |
| 7 | 150.18 | C | | | | | 7.02(H-3′), 7.64(H-2′) |
| 8 | 126.83 | C | | | | | 4.27(H-3″a), 4.61(H-3″b) |
| 9 | 143.94 | C | | | | | 8.13(H-4) |
| 10 | 107.49 | C | | | | | 6.30(H-3) |
| 2′ | 145.25 | CH | 7.64d | 2.3 | H-3′ | + | 7.02(H-3′) |
| 3′ | 105.36 | CH | 7.02d | 2.3 | H-2′ | + | 7.64(H-2′) |
| 1″ | 71.53 | C | | | | | 1.29(H-$CH_3$-a), 1.32(H-$CH_3$-b) |
| 2″ | 75.98 | CH | 3.84dd | 7.9, 2.6 | H-3″a, H-3″b | + | 1.29(H-$CH_3$-a), 1.32(H-$CH_3$-b), 4.27(H-3″a) |
| 3″a | 76.11 | $CH_2$ | 4.27dd | 7.9, 10.2 | H-2″, H-3″b | + | |
| 3″b | | | 4.61dd | 2.6, 10.2 | H-2″, H-3″a | + | |
| $CH_3$-a | 25.05 | $CH_3$ | 1.29s | | | + | |
| $CH_3$-b | 26.70 | $CH_3$ | 1.32s | | | + | |

① 本实验室数据。

## 例 2-83　紫花前胡苷的 NMR 数据解析[162,163]

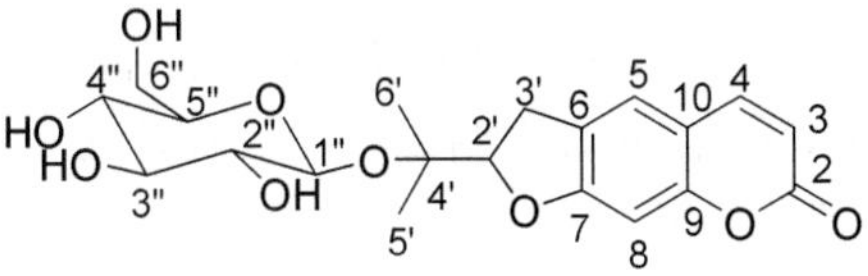

**2-117**

紫花前胡苷(nodakenin, **2-117**)是 1 个具有代表性的呋喃香豆素类化合物，以传统抗哮喘中药紫花前胡(*Peucedani decursivi*)中含量最高。研究表明紫花前胡苷具有抗炎、抗过敏、抗氧化等多种生物活性。

紫花前胡苷的 $^{13}C$ NMR 显示 20 条碳峰，表明其含有 20 个碳。DEPT 显示，

2 个伯碳：$\delta_C$ 20.63、23.20；2 个仲碳：$\delta_C$ 29.11、61.20；10 个叔碳：$\delta_C$ 70.23、73.45、76.65、76.88、89.73、96.85、97.19、111.32、123.93、144.69；6 个季碳：$\delta_C$ 77.01、112.25、125.47、155.00、160.45、163.05。

H-H COSY 指出，$\delta_H$ 6.22(1H, d, $J$ = 9.5Hz)与 $\delta_H$ 7.95(1H, brd, $J$ = 9.5Hz)相关，表明 $\delta_H$ 6.22、7.95 构成 AB 系统，根据氢化学位移规律和偶合分裂情况，$\delta_H$ 6.22、7.95 分别归属 H-3、H-4；$\delta_H$ 7.49(1H, brs)与 $\delta_H$ 6.82(1H, brs)相关，$\delta_H$ 7.49 与 $\delta_H$ 3.27(2H, brd, $J$ = 8.6Hz)相关，$\delta_H$ 6.82 与 $\delta_H$ 7.95(H-4)相关，表明 $\delta_H$ 7.49、6.82 分别归属 H-5、H-8；$\delta_H$ 4.90(1H, t, $J$ = 8.6Hz、8.6Hz)与 $\delta_H$ 3.27(2H, brd, $J$ = 8.6Hz)相关，表明 $\delta_H$ 4.90、3.27 分别归属 H-2′、H-3′。这里需要指出的是，H-5 与 H-3′的偶合为丙烯型远程偶合[2]，H-8 与 H-4 的偶合为折线型远程偶合[2]。

HSQC 指出，$\delta_C$ 111.32(叔碳)与 $\delta_H$ 6.22(H-3)相关，$\delta_C$ 144.69(叔碳)与 $\delta_H$ 7.95(H-4)相关，$\delta_C$ 123.93(叔碳)与 $\delta_H$ 7.49(H-5)相关，$\delta_C$ 96.85(叔碳)与 $\delta_H$ 6.82(H-8)相关，$\delta_C$ 89.73(叔碳)与 $\delta_H$ 4.90(H-2′)相关，$\delta_C$ 29.11(仲碳)与 $\delta_H$ 3.27(H-3′)相关，表明 $\delta_C$ 111.32、144.69、123.93、96.85、89.73、29.11 分别归属 C-3、C-4、C-5、C-8、C-2′、C-3′。

可将 C-2、C-7、C-9 与 C-6、C-10 分为连氧季碳和非连氧季碳 2 组进行归属。HMBC 指出，$\delta_C$ 160.45(季碳)与 $\delta_H$ 6.22(H-3)、7.95(H-4)相关，$\delta_C$ 163.05(季碳)与 $\delta_H$ 3.27(H-3′)、4.90(H-2′)、6.82(H-8)、7.49(H-5)相关，$\delta_C$ 155.00(季碳)与 $\delta_H$ 6.82(H-8)、7.49(H-5)、7.95(H-4)相关，表明 $\delta_C$ 160.45、163.05、155.00 分别归属 C-2、C-7、C-9；$\delta_C$ 125.47(季碳)与 $\delta_H$ 3.27(H-3′)、4.90(H-2′)、6.82(H-8)相关，$\delta_C$ 112.25(季碳)与 $\delta_H$ 6.22(H-3)、6.82(H-8)、7.49(H-5)、7.95(H-4)相关，表明 $\delta_C$ 125.47、112.25 分别归属 C-6、C-10。剩下的季碳 $\delta_C$ 77.01 归属 C-4′。

根据氢化学位移规律和偶合分裂情况，$\delta_H$ 1.13(3H, s)、1.31(3H, s)归属 H-5′、H-6′，归属可互换。HSQC 指出，$\delta_C$ 20.63(伯碳)与 $\delta_H$ 1.13(H-5′)相关，$\delta_C$ 23.20(伯碳)与 $\delta_H$ 1.31(H-6′)相关，表明 $\delta_C$ 20.63、23.20 归属 C-5′、C-6′，归属可互换。

HMBC 指出，$\delta_C$ 77.01(C-4′)与 $\delta_H$ 1.13(H-5′)、1.31(H-6′)、3.27(H-3′)、4.41(1H, d, $J$ = 7.9Hz)、4.90(H-2′)相关，加之 $\delta_C$ 97.19(叔碳)与 $\delta_H$ 4.41 HSQC 相关，表明 $\delta_H$ 4.41 归属 H-1″，$\delta_C$ 97.19 归属 C-1″；并且表明紫花前胡苷苷元与葡萄糖(4′-O-1)相连。

根据碳化学位移规律，加之 $\delta_C$ 61.20(仲碳)与 $\delta_H$ 3.39(1H, m)、$\delta_H$ 3.67(1H, ddd, $J$ = 1.9Hz、5.6Hz、11.6Hz) HSQC 相关，表明 $\delta_C$ 61.20 归属 C-6，$\delta_H$ 3.39、3.67 分别归属 H-6″a、H-6″b。

H-H COSY 指出，$\delta_H$ 4.41(H-1″)与 $\delta_H$ 2.89(1H, m)相关，$\delta_H$ 2.89 与 $\delta_H$ 3.12(2H, m)相关，加之 $\delta_C$ 73.45(叔碳)与 $\delta_H$ 2.89 HSQC 相关，表明 $\delta_H$ 2.89、3.12(其中 1 个氢)分别归属 H-2″、H-3″，$\delta_C$ 73.45 归属 C-2″；$\delta_H$ 3.39(H-6″a)、$\delta_H$ 3.67(H-6″b)均与 $\delta_H$ 3.12(2H, m)相关，表明 $\delta_H$ 3.12(其中 1 个氢)归属 H-5″。

HMBC 指出，$\delta_C$ 76.65(叔碳)与 $\delta_H$ 3.01(1H, m)、3.39(H-6″a)、4.41(H-1″)相关，$\delta_C$ 76.88(叔碳)$\delta_H$ 2.89(H-2″)、3.01(1H, m)、4.41(H-1″)相关，加之 $\delta_C$ 76.65、76.88 均与 $\delta_H$ 3.12(H-2″, 3″)HSQC 相关，$\delta_C$ 70.23(叔碳)与 $\delta_H$ 3.01 HSQC 相关，综合考虑，$\delta_C$ 76.65 归属 C-5″，$\delta_C$ 76.88 归属 C-3″，$\delta_H$ 3.01 归属 H-4″，$\delta_C$ 70.23 归属 C-4″。

H-H COSY 指出，$\delta_H$ 4.75(1H, d, $J$ = 4.7Hz，活泼氢)与 $\delta_H$ 2.89(H-2″)相关，表明 $\delta_H$ 4.75 归属 OH-2″；$\delta_H$ 4.89(1H, d, $J$ = 5.1Hz，活泼氢)与 $\delta_H$ 3.12(H-3″)相关，表明 $\delta_H$ 4.89 归属 OH-3″；$\delta_H$ 4.88(1H, d, $J$ = 5.4Hz，活泼氢)与 $\delta_H$ 3.01(H-4″)相关，表明 $\delta_H$ 4.88 归属 OH-4″；$\delta_H$ 4.41(1H, t, $J$ = 5.6Hz、5.6Hz)与 $\delta_H$ 3.39(H-6″a)、3.67(H-6″b)相关，表明 $\delta_H$ 4.41 归属 OH-6″。需要指出的是，$\delta_H$ 4.41 既归属 H-1″，又归属 OH-6″，由于二者分裂情况不同，可以区分开。

紫花前胡苷的 NMR 详细解析数据见表 2-122。

**表 2-122 紫花前胡苷的 NMR 数据(DMSO-$d_6$, 400MHz)①**

| 编号 | $\delta_C$ | DEPT | $\delta_H$ | $J$/Hz | H-H COSY | HSQC | HMBC($\delta_H$) |
|---|---|---|---|---|---|---|---|
| 2 | 160.45 | C | | | | | 6.22(H-3), 7.95(H-4), |
| 3 | 111.32 | CH | 6.22d | 9.5 | H-4 | + | |
| 4 | 144.69 | CH | 7.95brd | 9.5 | H-8, H-3 | + | 7.49(H-5) |
| 5 | 123.93 | CH | 7.49brs | | H-8, H-3′ | + | 3.27(H-3′), 7.95(H-4) |
| 6 | 125.47 | C | | | | | 3.27(H-3′), 4.90(H-2′), 6.82(H-8) |
| 7 | 163.05 | C | | | | | 3.27(H-3′), 4.90(H-2′), 6.22(H-3), 6.82(H-8), 7.49(H-5) |
| 8 | 96.85 | CH | 6.82brs | | H-4, H-5 | + | 7.49(H-5) |
| 9 | 155.00 | C | | | | | 3.27(H-3′), 6.82(H-8), 7.49(H-5), 7.95(H-4) |
| 10 | 112.25 | C | | | | | 3.27(H-3′), 6.22(H-3), 6.82(H-8), 7.49(H-5), 7.95(H-4) |
| 2′ | 89.73 | CH | 4.90t | 8.6, 8.6 | H-3′ | + | 1.13(H-5′), 1.31(H-6′), 3.27(H-3′) |
| 3′ | 29.11 | $CH_2$ | 3.27brd | 8.6 | H-5, H-2′ | + | 4.90(H-2′), 7.49(H-5) |
| 4′ | 77.01 | C | | | | | 1.13(H-5′), 1.31(H-6′), 3.27(H-3′), 4.41(H-1″), 4.90(H-2′) |
| 5′ | 20.63* | $CH_3$ | 1.13**s | | | + | 1.31(H-6′), 4.90(H-2′) |
| 6′ | 23.20* | $CH_3$ | 1.31**s | | | + | 1.13(H-5′), 4.90(H-2′) |
| 1″ | 97.19 | CH | 4.41d | 7.9 | H-2″ | + | 2.89(H-2″), 3.12(H-3″, 5″), 4.75(OH-2″) |
| 2″ | 73.45 | CH | 2.89m | | H-1″, H-3″, OH-2″ | + | 3.12(H-3″), 4.75(OH-2″), 4.89(OH-3″) |
| OH-2″ | | | 4.75d | 4.7 | H-2″ | | |

续表

| 编号 | $\delta_C$ | DEPT | $\delta_H$ | J/Hz | H-H COSY | HSQC | HMBC($\delta_H$) |
|---|---|---|---|---|---|---|---|
| 3″ | 76.88 | CH | 3.12m | | H-2″, H-4″, OH-3″ | + | 2.89(H-2″), 3.01(H-4″), 4.41(H-1″), 4.75(OH-2″), 4.88(OH-4″), 4.89(OH-3″) |
| OH-3″ | | | 4.89m | 5.1 | H-3″ | | |
| 4″ | 70.23 | CH | 3.01m | | H-3″, H-5″, OH-4″ | + | 3.12(H-3″, 5″), 4.88(OH-4″), 4.89(OH-3″) |
| OH-4″ | | | 4.88d | 5.4 | H-4″ | | |
| 5″ | 76.65 | CH | 3.12m | | H-4″, H-6″a, H-6″b | + | 3.01(H-4″), 3.12(H-3″), 3.39(H-6″a), 4.41(H-1″, OH-6″), 4.88(OH-4″) |
| 6″a | 61.20 | $CH_2$ | 3.39m | | H-5″, H-6″b, OH-6″ | + | 3.01(H-4″), 4.41(OH-6″) |
| 6″b | | | 3.67ddd | 1.9, 11.6, 5.6 | H-5″, H-6″a, OH-6″ | + | |
| OH-6″ | | | 4.41t | 5.6, 5.6 | H-6″a, H-6″b | | |

① 本实验室数据。

*, ** 相同标记的归属可互换。

## 例 2-84 连翘苷的 NMR 数据解析[164-166]

连翘系木犀科(Oleaceae)连翘属植物连翘(*Forsythia suspensa*)的果实，为常用中药。味苦，性微寒。归肺、心、小肠经。具有清热解毒、清痈散结、疏散风热之功效。

连翘苷(phillyrin, **2-118**)是连翘中主要活性成分之一，是一种具有双并呋喃环的木脂素糖苷类天然产物，具有抗菌、抗病毒、抗氧化、降血脂等作用。

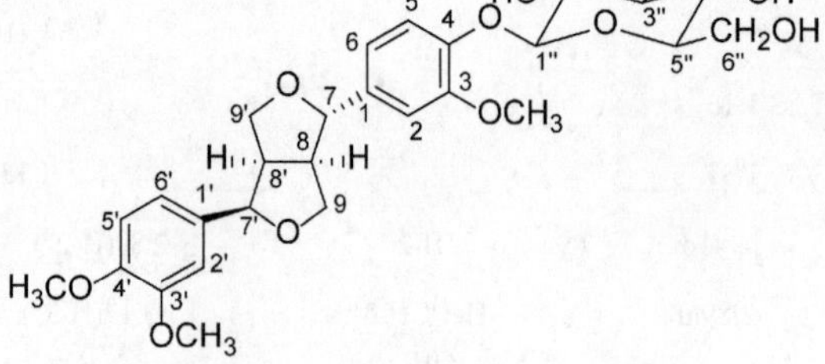

**2-118**

连翘苷的 $^{13}$C NMR 显示 26 条碳峰，其中 $\delta_C$ 55.39×2 为 2 个碳，因此，连翘苷含有 27 个碳。DEPT 显示，3 个伯碳：$\delta_C$ 55.39×2、55.59；3 个仲碳：$\delta_C$ 60.62、68.92、70.25；15 个叔碳：$\delta_C$ 49.26、53.99、69.61、73.16、76.82、76.97、81.19、86.63、100.04、109.29、110.30、111.42、115.08、117.48、118.09；6 个季碳：$\delta_C$ 131.11、135.20、145.83、147.52、148.38、148.85。

根据碳、氢化学位移规律和氢偶合分裂情况，加之 $\delta_C$ 100.04(叔碳)与 $\delta_H$ 4.89(1H, d, $J$ = 7.3Hz)HSQC 相关，表明 $\delta_C$ 100.04 归属 C-1″，$\delta_H$ 4.89 归属 H-1″。

HMBC 指出，$\delta_C$ 145.83(季碳)与 $\delta_H$ 4.89(H-1″)、6.86(1H, dd, $J$ = 2.2, 8.4Hz)、6.97(1H, d, $J$ = 2.2Hz)相关，$\delta_C$ 148.85(季碳)与 $\delta_H$ 3.77(3H, s)、6.97、7.05(1H, d, $J$ = 8.4Hz)相关，加之 $\delta_H$ 6.86 与 $\delta_H$ 6.97、7.05 H-H COSY 相关，综合考虑，$\delta_C$ 145.83、148.85 分别归属 C-4、C-3, $\delta_H$ 6.97、7.05、6.86、3.77 分别归属 H-2、H-5、H-6、H-$OCH_3$-3。并且表明连翘苷苷元与葡萄糖(4-O-1)相连。

HSQC 指出，$\delta_C$ 110.30(叔碳)与 $\delta_H$ 6.97(H-2)相关，$\delta_C$ 115.08(叔碳)与 $\delta_H$ 7.05(H-5)相关，$\delta_C$ 118.09(叔碳)与 $\delta_H$ 6.86(H-6)相关，$\delta_C$ 55.59(伯碳)与 $\delta_H$ 3.77(H-$OCH_3$-3)相关，表明 $\delta_C$ 110.30、115.08、118.09、55.59 分别归属 C-2、C-5、C-6、C-$OCH_3$-3。

HMBC 指出，$\delta_C$ 135.20(季碳)与 $\delta_H$ 2.85(1H, m)、4.38(1H, d, $J$ = 6.8Hz)、6.97(H-2)、7.05(H-5)相关，加之 $\delta_H$ 4.38 与 $\delta_H$ 2.85 H-H COSY 相关，$\delta_C$ 86.63(叔碳)与 $\delta_H$ 4.38、$\delta_C$ 53.99(叔碳)与 $\delta_H$ 2.85 HSQC 相关，综合考虑，$\delta_H$ 4.38、2.85 分别归属 H-7、H-8，$\delta_C$ 135.20、86.63、53.99 分别归属 C-1、C-7、C-8；$\delta_C$ 86.63(C-7)与 $\delta_H$ 2.85(H-8)、3.09(1H, t, $J$ = 8.6Hz、8.6Hz)、3.76(1H, m)、4.10(1H, brd, $J$ = 9.3Hz)、$\delta_H$ 6.97(H-2)相关，加之 $\delta_H$ 2.85(H-8)与 $\delta_H$ 3.76(1H, m)、4.10 H-H COSY 相关，$\delta_H$ 3.09 与 $\delta_H$ 3.76(1H, brd, $J$ = 8.6Hz)H-H COSY 相关，$\delta_H$ 3.76(1H, m)与 $\delta_H$ 4.10 H-H COSY 相关，$\delta_C$ 70.25(仲碳)与 $\delta_H$ 3.76(1H, m)、4.10 HSQC 相关，$\delta_C$ 68.92(仲碳)与 $\delta_H$ 3.09、3.76(1H, brd, $J$ = 8.6Hz) HSQC 相关，综合考虑，$\delta_H$ 3.76(1H, m)、4.10 分别归属 H-9a、H-9b，$\delta_H$ 3.09、3.76(1H, brd, $J$ = 8.6Hz)分别归属 H-9′a、H-9′b，$\delta_C$ 70.25、68.92 分别归属 C-9、C-9′。这里需要指出，$\delta_H$ 3.76(1H, m)和 $\delta_H$ 3.76(1H, brd, $J$ = 8.6Hz)分别归属 H-9a、H-9′b，可以区分开。

H-H COSY 指出，$\delta_H$ 6.87(1H, dd, $J$ = 2.1Hz、8.3Hz)与 $\delta_H$ 6.93(1H, d, $J$ = 2.1Hz)、6.92(1H, d, $J$ = 8.3Hz)相关，加之 $\delta_C$ 109.29(叔碳)与 $\delta_H$ 6.93、$\delta_C$ 111.42(叔碳)与 $\delta_H$ 6.92、$\delta_C$ 117.48(叔碳)与 $\delta_H$ 6.87 HSQC 相关，综合考虑，$\delta_H$ 6.87、6.92、6.93 分别归属 H-6′、H-5′、H-2′，$\delta_C$ 109.29、111.42、117.48 分别归属 C-2′、C-5′、C-6′。

HMBC 指出，$\delta_C$ 148.38(季碳)与 $\delta_H$ 3.76(3H, s)、6.92(H-5′)、6.93(H-2′)相关，

$\delta_C$ 147.52(季碳)与 $\delta_H$ 3.74(3H, s)、6.87(H-6′)、6.92(H-5′)、6.93(H-2′)相关，加之 $\delta_C$ 55.39×2(伯碳)与 $\delta_H$ 3.76、3.74 HSQC 相关，表明 $\delta_C$ 148.38、147.52 分别归属 C-3′、C-4′，$\delta_H$ 3.76、3.74 分别归属 H-$OCH_3$-3′、H-$OCH_3$-4′，$\delta_C$ 55.39×2 归属 C-$OCH_3$-3′、C-$OCH_3$-4′；$\delta_C$ 131.11(季碳)与 $\delta_H$ 4.80(1H, d, $J$ = 5.9Hz)、6.92(H-5′)、6.93(H-2′)相关，加之 $\delta_C$ 81.19(叔碳)与 $\delta_H$ 4.80 HSQC 相关，表明 $\delta_C$ 131.11 归属 C-1′，$\delta_H$ 4.80 归属 H-7′，$\delta_C$ 81.19 归属 C-7′。

H-H COSY 指出，$\delta_H$ 4.80(H-7′)与 $\delta_H$ 3.42(1H, m)相关，加之 $\delta_C$ 49.26(叔碳)与 $\delta_H$ 3.42 HSQC 相关，表明 $\delta_H$ 3.42 归属 H-8′，$\delta_C$ 49.26 归属 C-8′。

根据碳、氢化学位移规律和氢偶合分裂情况，加之 $\delta_C$ 60.62(仲碳)与 $\delta_H$ 3.45(1H, m)、3.68(1H, dd, $J$ = 10.9Hz、5.7Hz)HSQC 相关，表明 $\delta_C$ 60.62 归属 C-6″，$\delta_H$ 3.45、3.68 分别归属 H-6″a、H-6″b。

H-H COSY 指出，$\delta_H$ 4.89(H-1″)与 $\delta_H$ 3.26(2H, m)相关，表明 $\delta_H$ 3.26(其中 1 个氢)归属 H-2″；$\delta_H$ 3.45(H-6″a)与 $\delta_H$ 3.28(1H, m)相关，加之 $\delta_C$ 76.97(叔碳)$\delta_H$ 3.28 HSQC 相关，表明 $\delta_H$ 3.28 归属 H-5″，$\delta_C$ 76.97 归属 C-5″；$\delta_H$ 3.28(H-5″)与 $\delta_H$ 3.17(1H, m)相关，加之 $\delta_C$ 69.61(叔碳)与 $\delta_H$ 3.17 HSQC 相关，表明 $\delta_H$ 3.17 归属 H-4″，$\delta_C$ 69.61 归属 C-4″；$\delta_H$ 3.17(H-4″)与 $\delta_H$ 3.26(2H, m)相关，表明 $\delta_H$ 3.26(其中 1 个氢)归属 H-3″。

H-H COSY 指出，$\delta_H$ 5.24(1H, d, $J$ = 4.8Hz，活泼氢)、$\delta_H$ 5.09(1H, d, $J$ = 4.0Hz，活泼氢)均与 $\delta_H$ 3.26(H-2″, 3″)相关，加之 $\delta_C$ 100.04(C-1″)与 $\delta_H$ 5.24、$\delta_C$ 69.61(C-4″)与 $\delta_H$ 5.09 HMBC 相关，表明 $\delta_H$ 5.24、5.09 分别归属 OH-2″、OH-3″；$\delta_H$ 5.03(1H, d, $J$ = 5.2Hz，活泼氢)与 $\delta_H$ 3.17(H-4″)相关，表明 $\delta_H$ 5.03 归属 OH-4″；$\delta_H$ 4.55(1H, t, $J$ = 5.7Hz、5.7Hz，活泼氢)与 $\delta_H$ 3.45(H-6″a)、3.68(H-6″b)相关，表明 $\delta_H$ 4.55 归属 OH-6″。

HSQC 指出，$\delta_C$ 73.16(叔碳)、$\delta_C$ 76.82(叔碳)均与 $\delta_H$ 3.26(H-2″,3″)相关，加之 $\delta_C$ 73.16 与 $\delta_H$ 5.09(OH-3″)、5.24(OH-2″) HMBC 相关，$\delta_C$ 76.82 与 $\delta_H$ 5.03(OH-4″)、5.09(OH-3″)、5.24(OH-2″) HMBC 相关，综合考虑，$\delta_C$ 73.16、$\delta_C$ 76.82 分别归属 C-2″、C-3″。

需要指出的是，从连翘中分得的双并呋喃环木脂素类化合物有 2 种，根据 C-7、C-7′的构型分为 $\alpha,\alpha$-构型和 $\alpha,\beta$-构型，连翘苷属于 $\alpha,\beta$-构型，其 C-7 为 $\alpha$-构型，C-7′为 $\beta$-构型，$\delta_H$ 4.80(H-7′)与 $\delta_H$ 2.85(H-8) NOESY 相关完全证实了这一点。

连翘苷的 NMR 详细解析数据见表 2-123。

表 2-123　连翘苷的 NMR 数据(DMSO-$d_6$, 400MHz/H)[①]

| 编号 | $\delta_C$ | DEPT | $\delta_H$ | $J$/Hz | H-H COSY | NOESY | HSQC | HMBC($\delta_H$) |
|---|---|---|---|---|---|---|---|---|
| 1 | 135.20 | C | | | | | | 2.85(H-8), 4.38(H-7), 6.97(H-2), 7.05(H-5) |
| 2 | 110.30 | CH | 6.97d | 2.2 | H-6 | | + | 4.38(H-7), 6.86(H-6) |
| 3 | 148.85 | C | | | | | | 3.77($OCH_3$-3), 6.97(H-2), 7.05(H-5) |
| $OCH_3$ | 55.59 | $CH_3$ | 3.77s | | | | + | |
| 4 | 145.83 | C | | | | | | 4.89(H-1″), 6.86(H-6), 6.97(H-2) |
| 5 | 115.08 | CH | 7.05d | 8.4 | H-6 | | + | |
| 6 | 118.09 | CH | 6.86dd | 2.2, 8.4 | H-2, H-5 | | + | 4.38(H-7), 6.97(H-2), 7.05(H-5) |
| 7 | 86.63 | CH | 4.38d | 6.8 | H-8 | | + | 2.85(H-8), 3.09(H-9′a), 3.76(H-9a, 9′b), 4.10(H-9b), 6.86(H-6), 6.97(H-2) |
| 8 | 53.99 | CH | 2.85m | | H-7, H-8′, H-9a, H-9b | H-7′ | + | 3.42(H-8′), 3.76(H-9a, 9′b), 4.10(H-9b), 4.38(H-7) |
| 9a | 70.25 | $CH_2$ | 3.76m | | H-8, H-9b | | + | 3.42(H-8′), 4.38(H-7) |
| 9b | | | 4.10brd | 9.3 | H-8, H-9a | | + | |
| 1′ | 131.11 | C | | | | | | 4.80(H-7′), 6.92(H-5′), 6.93(H-2′) |
| 2′ | 109.29 | CH | 6.93d | 2.1 | H-6′ | | + | 4.80(H-7′), 6.87(H-6′) |
| 3′ | 148.38 | C | | | | | | 3.76($OCH_3$-3′), 6.92(H-5′), 6.93(H-2′) |
| $OCH_3$-3′ | 55.39 | $CH_3$ | 3.76s | | | | | |
| 4′ | 147.52 | C | | | | | | 3.74($OCH_3$-4′), 6.87(H-6′), 6.92(H-5′), 6.93(H-2′) |
| $OCH_3$-4′ | 55.39 | $CH_3$ | 3.74s | | | | | |
| 5′ | 111.42 | CH | 6.92d | 8.3 | H-6′ | | + | 6.87(H-6′) |
| 6′ | 117.48 | CH | 6.87dd | 2.1, 8.3 | H-2′, H-5′ | | + | 4.80(H-7′), 6.92(H-5′), 6.93(H-2′) |
| 7′ | 81.19 | CH | 4.80d | 5.9 | H-8′ | H-8 | + | 2.85(H-8), 3.09(H-9′a), 3.76(H-9a, 9′b), 4.10(H-9b), 6.87(H-6′), 6.93(H-2′) |
| 8′ | 49.26 | CH | 3.42m | | H-7′, H-8, H-9′a, H-9′b | | + | 2.85(H-8), 3.09(H-9′a), 3.76(H-9a, 9′b), 4.10(H-9b), 4.38(H-7), 4.80(H-7′) |
| 9′a | 68.92 | $CH_2$ | 3.09t | 8.6, 8.6 | H-8′, H-9′b | | + | 2.85(H-8), 4.80(H-7′) |
| 9′b | | | 3.76brd | 8.6 | H-8′, H-9′b | | + | |
| 1″ | 100.04 | CH | 4.89d | 7.3 | H-2″ | | + | 3.26(H-2″, 3″), 5.24(OH-2″) |

续表

| 编号 | $\delta_C$ | DEPT | $\delta_H$ | $J$/Hz | H-H COSY | NOESY | HSQC | HMBC($\delta_H$ ) |
|---|---|---|---|---|---|---|---|---|
| 2″ | 73.16 | CH | 3.26m | | H-1″, OH-2″ | | + | 3.26(H-3″), 5.09(OH-3″), 5.24(OH-2″) |
| OH-2″ | | | 5.24d | 4.8 | H-2″ | | | |
| 3″ | 76.82 | CH | 3.26m | | H-4″, OH-3″ | | + | 3.17(H-4″), 3.26(H-2″), 4.89(H-1″), 5.03(OH-4″), 5.09(OH-3″), 5.24(OH-2″) |
| OH-3″ | | | 5.09d | 4.0 | H-3″ | | | |
| 4″ | 69.61 | CH | 3.17m | | H-3″, H-4″, OH-4″ | | + | 3.26(H-2″, 3″), 3.28(H-5″), 3.45(H-6″a), 3.68(H-6″b), 5.03(OH-4″), 5.09(OH-3″) |
| OH-4″ | | | 5.03d | 5.2 | H-4″ | | | |
| 5″ | 76.97 | CH | 3.28m | | H-4″, H-6″a | | + | 3.17(H-4″), 3.26(H-3″), 3.45(H-6″a), 4.55(OH-6″), 5.03(OH-4″) |
| 6″a | 60.62 | $CH_2$ | 3.45m | | H-5″, H-6″b, OH-6″ | | + | 3.28(H-5″), 4.55(OH-6″) |
| 6″b | | | 3.68dd | 10.9, 5.7 | H-6″a, OH-6″ | | + | |
| OH-6″ | | | 4.55t | 5.7, 5.7 | H-6″a, H-6″b | | | |

① 本实验室数据。

## 例 2-85　五味子醇乙的 NMR 数据解析[167,168]

五味子(*Schizandra chinensis*)主产于辽宁、吉林、黑龙江等地。其主功效为益气滋肾、生津敛汗、涩精止泻、宁心安神。其主要活性成分为木脂素类化合物，五味子醇乙(gomisin A, **2-119**)为其主要化学成分之一。

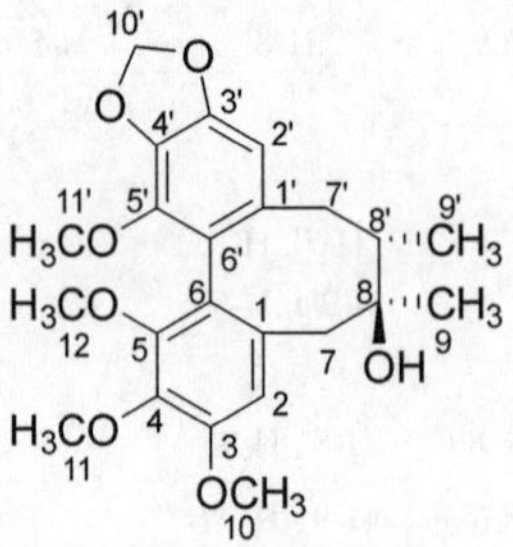

**2-119**

五味子醇乙的 $^{13}$C NMR 显示 23 条碳峰，表明其含有 23 个碳。DEPT 显示，6 个伯碳：$\delta_C$ 15.78、30.09、55.93、59.65、60.59、61.01；3 个仲碳：$\delta_C$ 33.66、40.46、100.81；3 个叔碳：$\delta_C$ 42.01、105.93、110.26；11 个季碳：$\delta_C$ 71.59、121.81、124.12、131.98、132.46、134.89、140.70、141.17、147.86、152.09、152.28。

H-H COSY 指出，$\delta_H$ 2.35(1H, d, $J$ =13.4Hz)与 $\delta_H$ 2.68(1H, d, $J$ =13.4Hz)相关，表明 $\delta_H$ 2.35、2.68 分别归属 H-7a、H-7b；$\delta_H$ 2.34(1H, dd, $J$ =7.6Hz、14.1Hz)与 $\delta_H$ 2.58(1H, dd, $J$ =1.0Hz、14.1Hz)相关，$\delta_H$ 2.34、2.58 均与 $\delta_H$ 1.86(1H, m)相关，$\delta_H$ 1.86 与 $\delta_H$ 0.82(3H, d, $J$ =7.3Hz)相关，表明 $\delta_H$ 2.34、2.58、1.86、0.82 构成 1 个 ABMX 自旋偶合系统，$\delta_H$ 2.34、2.58、1.86、0.82 分别归属 H-7′a、H-7′b、H-8′、H-9′。

根据氢化学位移规律和偶合分裂情况，$\delta_H$ 1.25(3H, s)归属 H-9。

HSQC 指出，$\delta_C$ 40.46(仲碳)与 $\delta_H$ 2.35(H-7a)、2.68(H-7b)相关，$\delta_C$ 33.66(仲碳)与 $\delta_H$ 2.34(H-7′a)、2.58(H-7′b)相关，$\delta_C$ 42.01(叔碳)与 $\delta_H$ 1.86(H-8′)相关，$\delta_C$ 15.78(伯碳)与 $\delta_H$ 0.82(H-9′)相关，$\delta_C$ 30.09(伯碳)与 $\delta_H$ 1.25(H-9)相关，表明 $\delta_C$ 40.46、33.66、42.01、15.78、30.09 分别归属 C-7、C-7′、C-8′、C-9′、C-9。

HMBC 指出，$\delta_C$ 40.46(C-7)与 $\delta_H$ 1.25(H-9)、1.86(H-8′)、1.89(1H, br, 活泼氢)、6.62(1H, s)相关，表明 $\delta_H$ 1.89 归属 OH-8, $\delta_H$ 6.62 归属 H-2；$\delta_C$ 33.66(C-7′)与 $\delta_H$ 0.82(H-9′)、1.86(H-8′)、6.48(1H, s)相关，表明 $\delta_H$ 6.48 归属 H-2′；$\delta_C$ 132.46(季碳)与 $\delta_H$ 1.86(H-8′)、2.34(H-7′a)、2.58(H-7′b)、6.48(H-2′)相关，$\delta_C$ 121.81(季碳)与 $\delta_H$ 2.34(H-7′a)、2.58(H-7′b)、6.48(H-2′)相关，表明 $\delta_C$ 132.46、121.81 分别归属 C-1′、C-6′；$\delta_C$ 131.98(季碳)与 $\delta_H$ 2.35(H-7a)、2.68(H-7b)、6.62(H-2)相关，$\delta_C$ 124.12(季碳)与 $\delta_H$ 2.35(H-7a)、2.68(H-7b)、6.62(H-2)相关，表明 $\delta_C$ 131.98、124.12 归属 C-1、C-6，但无法区分归属，可通过苯环碳化学位移经验计算公式 $\delta_{C(k)}=128.5+\sum_i A_i(\mathrm{R})$[3]进行区分，结果为 $\delta_C$ 131.98、124.12 分别归属 C-1、C-6。

根据氢化学位移规律和偶合分裂情况，加之 $\delta_H$ 5.96(1H, d, $J$ =1.3Hz)和 $\delta_H$ 5.97(1H, d, $J$ = 1.3Hz) H-H COSY 相关，表明 $\delta_H$ 5.96、5.97 分别归属 H-10′a、H-10′b；$\delta_H$ 3.52(3H, s)、3.84(3H, s)、3.91(6H, s)归属 4 个甲氧基，参见文献[2]背垫效应(buttress effect)，$\delta_H$ 3.52 归属 H-12, $\delta_H$ 3.84 归属 H-11′，$\delta_H$ 3.91×2 归属 H-10, 11。

HMBC 指出，$\delta_C$ 152.09(季碳)与 $\delta_H$ 3.91(H-10, 11)、6.62(H-2)相关，$\delta_C$ 140.70(季碳)与 $\delta_H$ 3.91(H-10, 11)、6.62(H-2)相关，表明 $\delta_C$ 152.09、140.70 归属 C-3、C-4，但无法区分归属，可通过苯环碳化学位移经验计算公式[3]进行区分，结果为 $\delta_C$ 152.09、140.70 分别归属 C-3、C-4；$\delta_C$ 147.86(季碳)与 $\delta_H$ 5.96(H-10′a)、5.97(H-10′b)、6.48(H-2′)相关，$\delta_C$ 134.89(季碳)与 $\delta_H$ 5.96(H-10′a)、5.97(H-10′b)、6.48(H-2′)相关，表明 $\delta_C$ 147.86、134.89 归属 C-3′、C-4′，但无法区分归属，可通过苯环碳化学位移经验计算公式[3]进行区分，结果为 $\delta_C$ 147.86、134.89 分别归属 C-3′、C-4′；$\delta_C$

152.28(季碳)与 $\delta_H$ 3.52(H-12)、6.62(H-2)相关，表明 $\delta_C$ 152.28 归属 C-5；$\delta_C$ 141.17(季碳)与 $\delta_H$ 3.84(H-11′)、6.48(H-2′)相关，表明 $\delta_C$ 141.17 归属 C-5′。

HSQC 指出，$\delta_C$ 60.59(伯碳)与 $\delta_H$ 3.52(H-12)相关，$\delta_C$ 59.65(伯碳)与 $\delta_H$ 3.84(H-11′)相关，表明 $\delta_C$ 60.59、59.65 分别归属 C-12、C-11′；$\delta_C$ 55.93(伯碳)、61.01(伯碳)均与 $\delta_H$ 3.91(H-10, 11)相关，表明 $\delta_C$ 55.93、61.01 归属 C-10、C-11，归属无法区分；$\delta_C$ 100.81(仲碳)与 $\delta_H$ 5.96(H-10a′)、5.97(H-10′b)相关，表明 $\delta_C$ 100.81 归属 C-10′。

NOESY 指出，$\delta_H$ 1.25(H-9)与 $\delta_H$ 0.82(H-9′)相关，表明 H-9 和 H-9′两个甲基处在八元环同侧；$\delta_H$ 3.91(H-10)与 $\delta_H$ 6.62(H-2)相关，$\delta_H$ 3.84(H-11′)与 $\delta_H$ 6.48(H-2′)不相关，进一步表明 H-11′甲氧基处在 C-5′位，而不在 C-3′位。

五味子醇乙的 NMR 详细解析数据见表 2-124。

表 2-124　五味子醇乙的 NMR 数据($CDCl_3$, 400MHz/H)[①]

| 编号 | $\delta_C$ | DEPT | $\delta_H$ | J/Hz | H-H COSY | NOESY | HSQC | HMBC($\delta_H$) |
|---|---|---|---|---|---|---|---|---|
| 1 | 131.98 | C | | | | | | 2.35(H-7a), 2.68(H-7b), 6.62(H-2) |
| 2 | 110.26 | CH | 6.62s | | | H-10 | + | 2.35(H-7a), 2.68(H-7b) |
| 3 | 152.09 | C | | | | | | 3.91(H-10), 6.62(H-2) |
| 4 | 140.70 | C | | | | | | 3.91(H-11), 6.62(H-2) |
| 5 | 152.28 | C | | | | | | 3.52(H-12), 6.62(H-2) |
| 6 | 124.12 | C | | | | | | 2.35(H-7a), 2.68(H-7b), 6.62(H-2) |
| 7a | 40.46 | $CH_2$ | 2.35d | 13.4 | H-7b | | + | 1.25(H-9), 1.86(H-8′), 1.89(OH-8), 6.62(H-2) |
| 7b | | | 2.68d | 13.4 | H-7a | | + | |
| 8 | 71.59 | C | | | | | | 0.82(H-9′), 1.25(H-9), 1.86(H-8′), 2.34(H-7′a), 2.35(H-7a), 2.58(H-7′b), 2.68(H-7b) |
| 9 | 30.09 | $CH_3$ | 1.25s | | | H-9′ | + | 0.82(H-9′), 1.86(H-8′), 1.89(OH-8), 2.34(H-7′a), 2.35(H-7a) |
| 10 | 55.93* | $CH_3$ | 3.91s | | | H-2 | + | |
| 11 | 61.01* | $CH_3$ | 3.91s | | | | + | |
| 12 | 60.59 | $CH_3$ | 3.52s | | | | + | |
| OH-8 | | | 1.89br | | | | | |
| 1′ | 132.46 | C | | | | | | 1.86(H-8′), 2.34(H-7′a), 2.58(H-7′b), 6.48(H-2′) |

续表

| 编号 | $\delta_C$ | DEPT | $\delta_H$ | $J$/Hz | H-H COSY | NOESY | HSQC | HMBC($\delta_H$) |
|---|---|---|---|---|---|---|---|---|
| 2′ | 105.93 | CH | 6.48s | | | | + | 2.34(H-7′a), 2.58(H-7′b) |
| 3′ | 147.86 | C | | | | | | 5.96(H-10′a), 5.97(H-10′b), 6.48(H-2′) |
| 4′ | 134.89 | C | | | | | | 5.96(H-10′a), 5.97(H-10′b), 6.48(H-2′) |
| 5′ | 141.17 | C | | | | | | 3.84(H-11′), 6.48(H-2′) |
| 6′ | 121.81 | C | | | | | | 2.34(H-7′a), 2.58(H-7′b), 6.48(H-2′) |
| 7′a | 33.66 | $CH_2$ | 2.34dd | 7.6, 14.1 | H-8′, H-7′b | | + | 0.82(H-9′), 1.86(H-8′), 6.48(H-2′) |
| 7′b | | | 2.58dd | 1.0, 14.1 | H-8′, H-7′a | | + | |
| 8′ | 42.01 | CH | 1.86m | | H-7′a, H-7′b, H-9′ | | + | 0.82(H-9′), 1.89(OH-8), 2.34(H-7′a), 2.58(H-7′b) |
| 9′ | 15.78 | $CH_3$ | 0.82d | 7.3 | H-8′ | H-9 | + | 1.25(H-9), 1.86(H-8′), 2.34(H-7′a), 2.58(H-7′b) |
| 10′a | 100.81 | $CH_2$ | 5.96d | 1.3 | H-10′b | | + | |
| 10′b | | | 5.97d | 1.3 | H-10′a | | + | |
| 11′ | 59.65 | $CH_3$ | 3.84s | | | | + | |

① 本实验室数据。

* 归属可互换。

## 例 2-86　淫藿根木脂素的 NMR 数据解析及结构测定[169-172]

淫藿根木脂素(epimedic lignoid, **2-120**)是本实验室首次从光叶淫羊藿(*Epimedium sagittatum*)根、茎中分离得到的 1 个木脂素化合物。该化合物可能与 Tokuoka 等[170]1975 年从 *Epimedium grandiflorum* 中分离出的 1 个木脂素为同一个化合物，由于文献[170]仅报道有限的 $^1$H NMR 数据，本例从 NMR 数据解析到结构测定进行了全面介绍，对文献[170]中立体结构进行了修正。

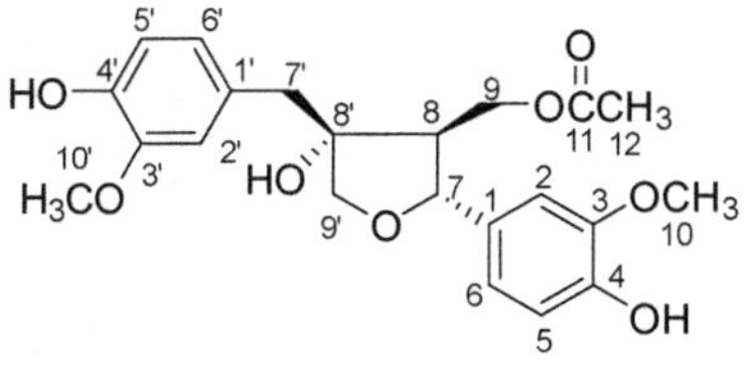

**2-120**

淫藿根木脂素的 $^{13}$C NMR 显示 22 条碳峰，表明其含有 22 个碳。DEPT 显示，3 个伯碳：$\delta_C$ 20.75、55.71、55.78；3 个仲碳：$\delta_C$ 39.27、62.34、77.39；

8 个叔碳：$\delta_C$ 56.13、84.23、108.82、112.60、114.04、114.47、119.50、122.53；8 个季碳：$\delta_C$ 81.06、127.68、133.11、144.61、145.29、146.49、146.67、170.88。

根据碳化学位移规律，分析上述 $^{13}C$ NMR 数据：在 3 个伯碳中，有 2 个苯环甲氧基碳($\delta_C$ 55.71、55.78)、1 个乙酰基甲基碳($\delta_C$ 20.75)；在 3 个仲碳中，有 2 个连氧碳($\delta_C$ 62.34、77.39)、1 个非连氧碳($\delta_C$ 39.27)；在 8 个叔碳中，有 1 个连氧碳($\delta_C$ 84.23)、1 个非连氧碳($\delta_C$ 56.13)、6 个苯环碳($\delta_C$ 108.82、112.60、114.04、114.47、119.50、122.53)；在 8 个季碳中，有 1 个酯羰基碳($\delta_C$ 170.88)、1 个连氧碳($\delta_C$ 81.06)、6 个苯环碳($\delta_C$ 127.68、133.11、144.61、145.29、146.49、146.67)。

H-H COSY 指出，$\delta_H$ 6.99(1H, d, $J$ =1.6Hz)、6.82(1H, d, $J$ =8.1Hz)均与 $\delta_H$ 6.84(1H, dd, $J$ =1.6, 8.1Hz)相关，表明 $\delta_H$ 6.99、6.82、6.84 构成 1 个同处在 1, 3, 4-三取代苯的 ABC 自旋偶合系统；$\delta_H$ 6.76(1H, d, $J$ =1.9Hz)、6.83(1H, d, $J$ =8.0Hz)均与 $\delta_H$ 6.71(1H, dd, $J$ =1.9Hz、8.0Hz)相关，表明 $\delta_H$ 6.76、6.83、6.71 构成另 1 个同处在 1, 3, 4-三取代苯的 ABC 自旋偶合系统。

HSQC 指出，$\delta_C$ 108.82(叔碳)与 $\delta_H$ 6.99、$\delta_C$ 114.04(叔碳)与 6.82、$\delta_C$ 119.50(叔碳)与 $\delta_H$ 6.84、$\delta_C$ 112.60(叔碳)与 $\delta_H$ 6.76、$\delta_C$ 114.47(叔碳)与 $\delta_H$ 6.83、$\delta_C$ 122.53(叔碳)与 $\delta_H$ 6.71 相关，表明 $\delta_C$ 108.82、114.04、119.50 同处在 1 个苯环上，$\delta_C$ 112.60、114.47、122.53 同处在另 1 个苯环上。

根据氢化学位移规律和偶合分裂情况，$\delta_H$ 5.88(1H, br, 活泼氢)、5.91(1H, br, 活泼氢)归属 2 个 OH，$\delta_H$ 3.82(3H, s)、3.84 归属 2 个 $OCH_3$。H-H COSY 指出，$\delta_H$ 2.81 (1H, d, $J$ =13.7Hz)与 $\delta_H$ 2.92(1H, d, $J$ =13.7Hz)相关，加之 $\delta_C$ 39.27(仲碳)与 $\delta_H$ 2.81、2.92 HSQC 相关，表明 $\delta_H$ 2.81、2.92 为 $CH_2$ 上同碳 2 个氢。

综上，加之 HMBC 指出，$\delta_C$ 114.04(叔碳)与 $\delta_H$ 5.91(OH)相关，$\delta_C$ 146.49(季碳)与 $\delta_H$ 3.82($OCH_3$)、5.91(OH)、6.82 相关，$\delta_C$ 133.11(季碳)与 $\delta_H$ 6.82、6.84、6.99 相关，表明淫藿根木脂素含有结构片段 **A**；$\delta_C$ 114.47(叔碳)与 $\delta_H$ 5.88(OH)相关，$\delta_C$ 146.67 (季碳)与 $\delta_H$ 3.84($OCH_3$)、5.88(OH)、6.83 相关，$\delta_C$ 127.68(季碳)与 $\delta_H$ 2.81、2.92、6.71、6.76、6.83 相关，表明淫藿根木脂素含有结构片段 **B**。

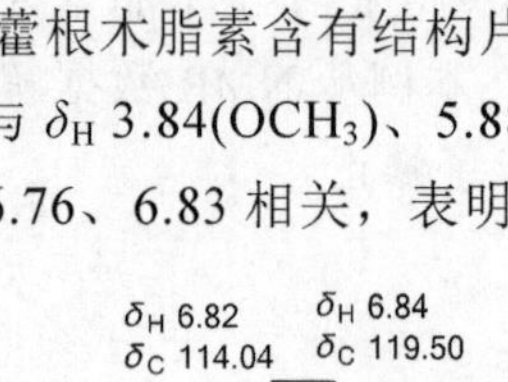

**A** 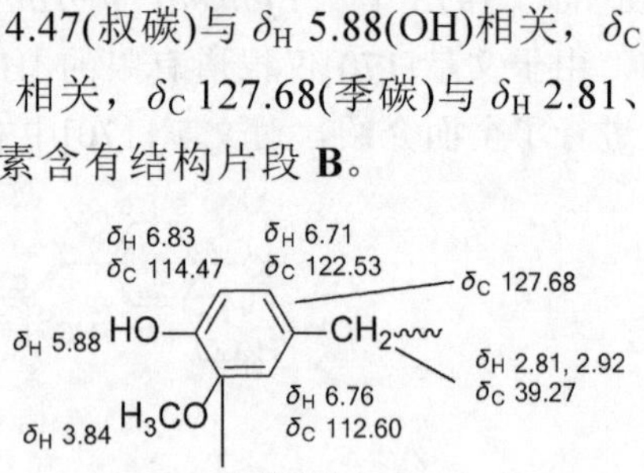　　**B**

H-H COSY 指出，$\delta_H$ 4.18(1H, dd, $J$ = 6.8Hz、11.3Hz)与 $\delta_H$ 4.34(1H, dd, $J$ = 6.8Hz、11.3Hz)相关，$\delta_H$ 2.56(1H, q, $J$ =6.8Hz、6.8Hz、6.8Hz)与 $\delta_H$ 4.18、4.34、

4.65(1H, d, $J$ =6.8Hz)相关，加之 $\delta_C$ 62.34(仲碳)与 $\delta_H$ 4.18、4.34 HSQC 相关，$\delta_C$ 56.13(叔碳)与 $\delta_H$ 2.56、$\delta_C$ 84.23(叔碳)与 $\delta_H$ 4.65 HSQC 相关，$\delta_C$ 170.88(季碳)与 $\delta_H$ 2.01(3H, s)、4.18、4.34 HMBC 相关，结合碳、氢化学位移规律，综合考虑，$\delta_H$ 4.18、4.34、2.56、4.65 构成 1 个 ABXY 自旋偶合系统，$\delta_H$ 2.01 和 $\delta_C$ 170.88 分别归属 1 个乙酰氧基的甲基氢和羰基碳，ABXY 系统和乙酰氧基形成结构片段 **C(1)**。

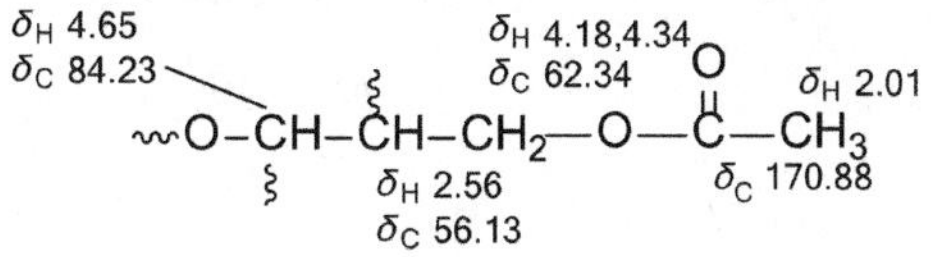

**C(1)**

H-H COSY 指出，$\delta_H$ 3.67(1H, d, $J$ = 9.5Hz)与 $\delta_H$ 3.85(1H, d, $J$ = 9.5Hz)相关，加之 $\delta_C$ 77.39(仲碳)与 $\delta_H$ 3.67、3.85 HSQC 相关，表明 $\delta_H$ 3.67、3.85 为 $CH_2$ 上同碳 2 个氢。加之，HMBC 指出，$\delta_C$ 77.39(仲碳)与 $\delta_H$ 2.56、4.65 相关，$\delta_C$ 84.23(叔碳)与 $\delta_H$ 2.56、3.67、3.85 相关，$\delta_C$ 81.06(季碳)与 $\delta_H$ 2.56、3.67、3.85、4.18、4.34 相关，综合考虑，结构片段 **C(1)**形成 **C(2)**。

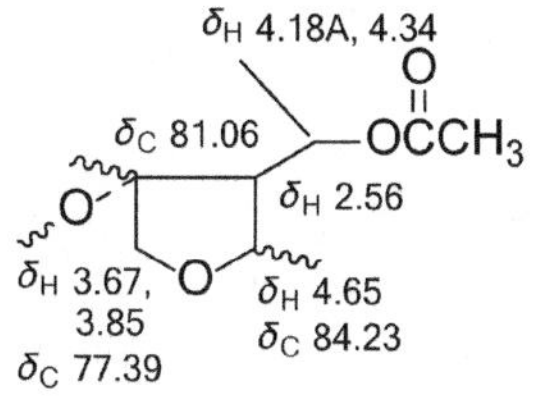

**C(2)**

HMBC 指出，$\delta_C$ 133.11(季碳)与 $\delta_H$ 2.56、4.65、6.82、6.84、6.99 相关，$\delta_C$ 84.23(叔碳)与 $\delta_H$ 6.84、6.99 相关，$\delta_C$ 39.27(仲碳)与 $\delta_H$ 2.56、3.67、3.85、6.71、6.76 相关，$\delta_C$ 81.06(季碳)与 $\delta_H$ 2.56、2.81、2.92、3.67、3.85、4.18、4.34 相关，表明结构片段 **A**、**B** 与 **C(2)**相连形成 **D**。

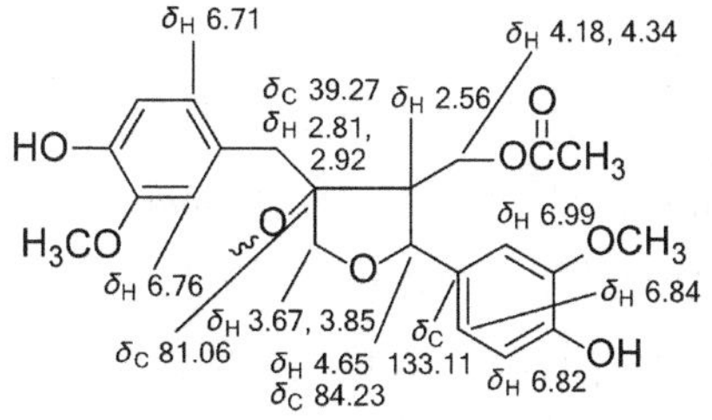

**D**

淫藿根木脂素的 ESI-MS $m/z$：418$[M]^{+\cdot}$；HRESI-MS $m/z$：441.1519$[M+Na]^+$；

确定分子式为 $C_{22}H_{26}O_8$；计算值：441.1525$[M+Na]^+$。因此，淫藿根木脂素的平面结构为 **E**。

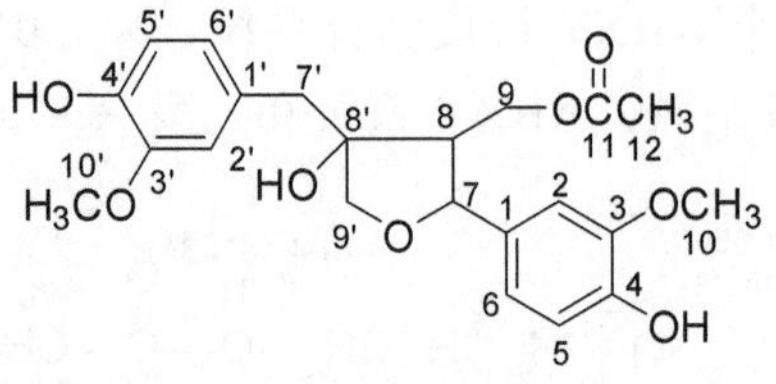

**E**

NOESY 指出，$\delta_H$ 4.18(H-9a)、4.34(H-9b)均与 $\delta_H$ 2.81(H-7′a)、2.92(H-7′b)相关，$\delta_H$ 4.65(H-7)与 $\delta_H$ 4.18(H-9a)、4.34(H-9b)、2.81(H-7′a)相关，表明 H-7、H-9a、H-9b、H-7′a、H-7′b 处在五元环的同侧。因此，淫藿根木脂素的化学结构存在式**(i)**和式**(ii)**两种写法。由于淫藿根木脂素的旋光为负值，与化合物 olivil[171](**2-121**)相同，与化合物 lariciresinol acetat [172](**2-122**)相反，所以淫藿根木脂素的化学结构为式**(i)**，即式(**2-120**)，为(7*R*,8*S*,8′*S*)-3,3′-二甲氧基-4,4′-二羟基-9-乙酰氧基-7,9′-环氧木脂素。

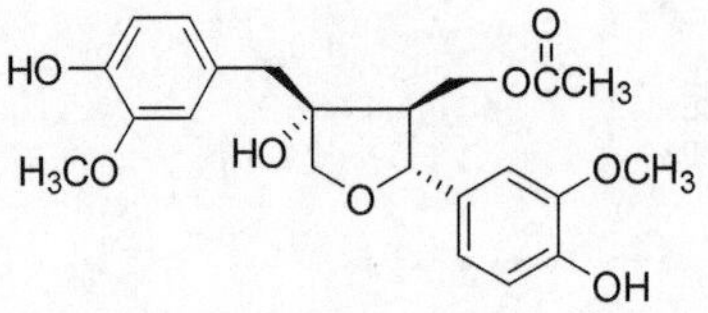

**(i)** 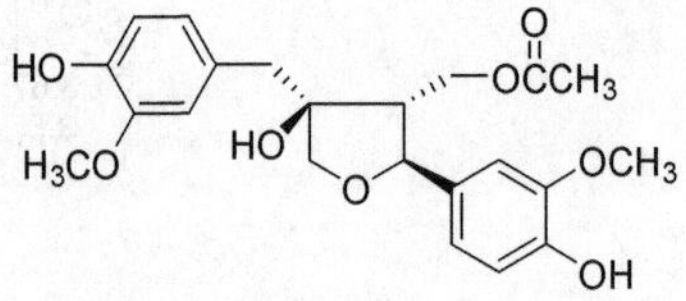　　**(ii)**

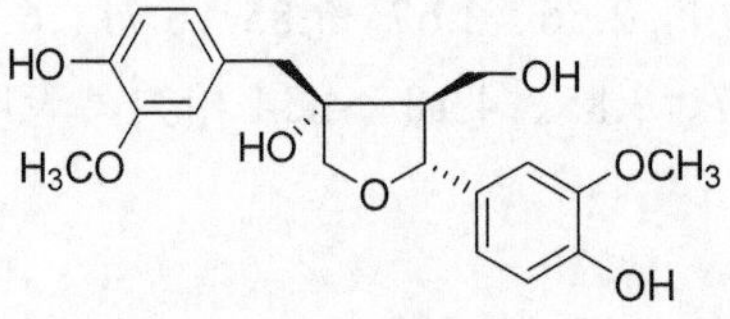

**2-121** 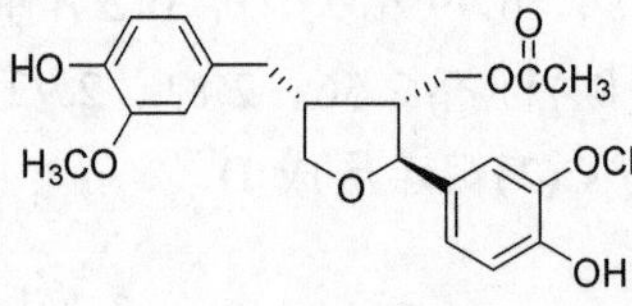　　**2-122**

需要指出的是，Tokuoka 等[170]1975 年从 *Epimedium grandiflorum* Morr.中分离出 1 个木脂素，其化学结构式用式**(iii)**表示，从其不完善的 $^1$H NMR 数据看，可能与淫藿根木脂素为同一个化合物，但其立体结构错了。

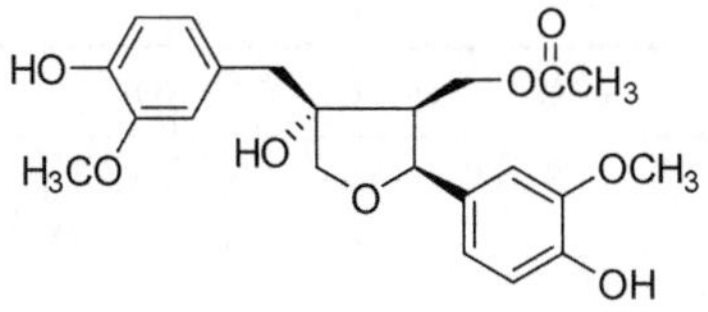

(iii)

淫藿根木脂素的 NMR 详细解析数据见表 2-125。

**表 2-125　淫藿根木脂素的 NMR 数据($CDCl_3$, 400MHz/H)**

| 编号 | $\delta_C$ | DEPT | $\delta_H$ | $J$/Hz | H-H COSY | NOESY | HSQC | HMBC($\delta_H$) |
| --- | --- | --- | --- | --- | --- | --- | --- | --- |
| 1 | 133.11 | C | | | | | | 2.56(H-8), 4.65(H-7), 6.82(H-5), 6.84(H-6), 6.99(H-2) |
| 2 | 108.82 | CH | 6.99d | 1.6 | H-6 | | + | 4.65(H-7), 6.84(H-6) |
| 3 | 146.49* | C | | | | | | 3.82(H-10), 5.91(OH-4), 6.82(H-5) |
| 4 | 145.29 | C | | | | | | 5.91(OH-4), 6.84(H-6), 6.99(H-2) |
| 5 | 114.04** | CH | 6.82d | 8.1 | H-6 | | + | 5.91(OH-4) |
| 6 | 119.50 | CH | 6.84dd | 1.6, 8.1 | H-2, H-5 | | + | 4.65(H-7), 6.99(H-2) |
| 7 | 84.23 | CH | 4.65d | 6.8 | H-8 | H-9a, H-9b, H-7′a | + | 2.56(H-8), 3.67(H-9′a), 3.85(H-9′b), 4.18(H-9a), 4.34(H-9b), 6.84(H-6), 6.99(H-2) |
| 8 | 56.13 | CH | 2.56q | 6.8, 6.8, 6.8 | H-7, H-9a, H-9b | | + | 2.81(H-7′a), 2.92(H-7′b), 3.67(H-9′a), 3.85(H-9′b), 4.18(H-9a), 4.34(H-9b), 4.65(H-7) |
| 9a | 62.34 | $CH_2$ | 4.18dd | 6.8, 11.3 | H-8, H-9b | H-7, H-7′a, H-7′b | + | 2.01(H-12), 2.56(H-8), 4.65(H-7) |
| 9b | | | 4.34dd | 6.8, 11.3 | H-8, H-9a | H-7, H-7′a, H-7′b | + | |
| 10 | 55.71*** | $CH_3$ | 3.82****s | | | | + | |
| 11 | 170.88 | C | | | | | | 2.01(H-12), 4.18(H-9a), 4.34(H-9b) |
| 12 | 20.75 | $CH_3$ | 2.01s | | | | + | |
| OH-4 | | | 5.91br | | | | | |
| 1′ | 127.68 | C | | | | | | 2.81(H-7′a), 2.92(H-7′b), 6.71(H-6′), 6.76(H-2′), 6.83(H-5′) |

续表

| 编号 | $\delta_C$ | DEPT | $\delta_H$ | $J$/Hz | H-H COSY | NOESY | HSQC | HMBC($\delta_H$) |
|---|---|---|---|---|---|---|---|---|
| 2′ | 112.60 | CH | 6.76d | 1.9 | H-6′ | | + | 2.81(H-7′a), 2.92(H-7′b), 6.71(H-6′) |
| 3′ | 146.67* | C | | | | | | 3.84(H-10′), 5.88(OH-4′), 6.83(H-5′) |
| 4′ | 144.61 | C | | | | | | 5.88(OH-4′), 6.71(H-6′), 6.76(H-2′) |
| 5′ | 114.47** | CH | 6.83d | 8.0 | H-6′ | | | 5.88(OH-4′) |
| 6′ | 122.53 | CH | 6.71dd | 1.9, 8.0 | H-2′, H-5′ | | | 2.81(H-7′a), 2.92(H-7′b), 6.76(H-2′) |
| 7′a | 39.27 | $CH_2$ | 2.81d | 13.7 | H-7′b | H-7, H-9a, H-9b | + | 2.56(H-8), 3.67(H-9′a), 3.85(H-9′b), 6.71(H-6′), 6.76(H-2′) |
| 7′b | | | 2.92d | 13.7 | H-7′a | H-9a, H-9b | + | |
| 8′ | 81.06 | C | | | | | + | 2.56(H-8), 2.81(H-7′a), 2.92(H-7′b), 3.67(H-9′a), 3.85(H-9′b), 4.18(H-9a), 4.34(H-9b) |
| 9′a | 77.39 | $CH_2$ | 3.67d | 9.5 | H-9′b | | + | 2.56(H-8), 2.81(H-7′a), 2.92(H-7′b), 4.65(H-7) |
| 9′b | | | 3.85d | 9.5 | H-9′a | | + | |
| 10′ | 55.78*** | $CH_3$ | 3.84****s | | | | + | |
| OH-4′ | | | 5.88br | | | | | |
| OH-8′ | | | 2.30br | | | | | |

*，**，***，**** 相同标记的归属可互换。

## 例 2-87　连翘酯苷 A 的 NMR 数据解析[173-175]

连翘酯苷 A(forsythoside A, **2-123**)是从连翘中分离出来的又一种活性成分。连翘酯苷 A 为苯乙醇咖啡酸(见 **2-126**)酯苷类化合物，具有解热、抗感染等作用，同时具有较强的抗氧化活性，对合胞病毒等呼吸道病毒具有较强的抑制作用。

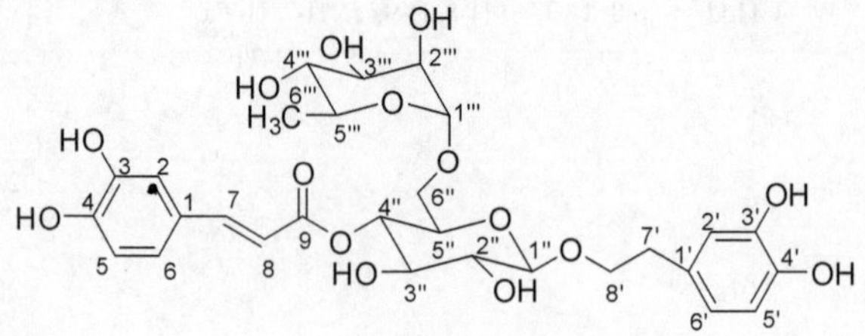

**2-123**

连翘酯苷 A 的 $^{13}$C NMR 显示 28 条碳峰，其中 $\delta_C$ 145.55×2 为 2 个碳，因此，连翘酯苷 A 含有 29 个碳。DEPT 显示，1 个伯碳：$\delta_C$ 17.75；3 个仲碳：$\delta_C$ 35.09、

66.02、70.23；18 个叔碳：$\delta_C$ 68.35、70.27、70.54、70.99、71.81、72.91、73.43、73.88、100.49、102.84、113.68、114.81、115.48、115.76、116.27、119.49、121.38、145.55；7 季碳：$\delta_C$ 125.42、129.15、143.48、144.91、145.55、148.47、165.83。

根据碳化学位移规律，$\delta_C$ 165.83(季碳)归属 C-9。HMBC 指出，$\delta_C$ 165.83(C-9)与 $\delta_H$ 6.28(1H, d, $J$ = 15.9Hz)、7.52(1H, d, $J$ = 15.9Hz)相关，加之 $\delta_H$ 6.28 与 $\delta_H$ 7.52 H-H COSY 相关，$\delta_C$ 145.55(叔碳)与 $\delta_H$ 7.52、$\delta_C$ 113.68(叔碳)与 $\delta_H$ 6.28 HSQC 相关，结合氢化学位移规律，综合考虑，$\delta_H$ 6.28、7.52 分别归属 H-8、H-7, $\delta_C$ 113.68、145.55 分别归属 C-8、C-7；$\delta_C$ 145.55(C-7)与 $\delta_H$ 7.01(1H, brd, $J$ = 8.2Hz)、7.05(1H, brs)相关，加之 $\delta_H$ 7.01 与 $\delta_H$ 7.05、$\delta_H$ 7.01 与 $\delta_H$ 6.78(1H, d, $J$ = 8.2Hz)H-H COSY 相关，$\delta_C$ 114.81(叔碳)/$\delta_H$ 7.05、115.76(叔碳)/6.78、121.38(叔碳)/7.01 HSQC 相关，综合考虑，表明 $\delta_H$ 7.05、6.78、7.01 分别归属 H-2、H-5、H-6, $\delta_C$ 114.81、115.76、121.38 分别归属 C-2、C-5、C-6。

H-H COSY 指出，$\delta_H$ 6.49(1H, brd, $J$ = 8.1Hz)与 $\delta_H$ 6.64(1H, d, $J$ = 8.1Hz)、6.63(1H, brs)相关，加之 $\delta_C$ 116.27(叔碳)与 $\delta_H$ 6.63、$\delta_C$ 115.48(叔碳)与 $\delta_H$ 6.64、$\delta_C$ 119.49(叔碳)与 $\delta_H$ 6.49 HSQC 相关，表明 $\delta_H$ 6.49、6.64、6.63 分别归属 H-6′、H-5′、H-2′，$\delta_C$ 116.27、115.48、119.49 分别归属 C-2′、C-5′、C-6′；$\delta_H$ 2.69(2H, m)与 $\delta_H$ 3.61(1H, m)、3.84(1H, m)相关，$\delta_H$ 3.61 与 $\delta_H$ 3.84 相关，加之 $\delta_C$ 35.09(仲碳)与 $\delta_H$ 2.69、$\delta_C$ 70.23(仲碳)与 $\delta_H$ 3.61 和 3.84 HSQC 相关，$\delta_C$ 116.27(C-2′)、119.49(C-6′)均与 $\delta_H$ 2.69 HMBC 相关，综合考虑，$\delta_H$ 2.69、3.61、3.84 分别归属 H-7′、H-8′a、H-8′b，$\delta_C$ 35.09、70.23 分别归属 C-7′、C-8′。

HMBC 指出，$\delta_C$ 70.23(C-8′)与 $\delta_H$ 4.31(1H, d, $J$ = 7.8Hz)相关，表明 $\delta_H$ 4.31 归属 H-1″。并且表明苯乙醇与葡萄糖(8-O-1)相连。H-H COSY 指出，$\delta_H$ 4.31(H-1″)与 $\delta_H$ 3.11(1H, m)相关，$\delta_H$ 3.11 与 $\delta_H$ 3.45(1H, m)相关，$\delta_H$ 3.45 与 $\delta_H$ 4.67(1H, t, $J$ = 9.6Hz、9.6Hz)相关，$\delta_H$ 4.67 与 $\delta_H$ 3.55(3H, m)相关，加之 $\delta_C$ 102.84(叔碳)与 $\delta_H$ 4.31、$\delta_C$ 73.43(叔碳)与 $\delta_H$ 3.11、$\delta_C$ 73.88(叔碳)与 $\delta_H$ 3.45、$\delta_C$ 70.99(叔碳)与 $\delta_H$ 4.67 HSQC 相关，综合考虑，$\delta_H$ 3.11、3.45、4.67、3.55(其中 1 个氢)分别归属 H-2″、H-3″、H-4″、H-5″，$\delta_C$ 102.84、73.43、73.88、70.99 分别归属 C-1″、C-2″、C-3″、C-4″。

HMBC 指出，$\delta_C$ 165.83(C-9)与 $\delta_H$ 4.67(H-4″)相关，表明咖啡酸与葡萄糖(9-O-4)相连。

根据碳化学位移规律，加之 $\delta_C$ 66.02(仲碳)与 $\delta_H$ 3.34(2H, m)、3.55(3H, m)HSQC 相关，表明 $\delta_C$ 66.02 归属 C-6″，$\delta_H$ 3.34(其中 1 个氢)和 3.55(其中 1 个氢)分别归属 H-6″a、H-6″b。

HMBC 指出，$\delta_C$ 72.91(叔碳)与 $\delta_H$ 3.45(H-3″)、4.67(H-4″)相关，表明 $\delta_C$ 72.91 归属 C-5″；$\delta_C$ 66.02(C-6″)与 $\delta_H$ 4.50(1H, brs)相关，表明 $\delta_H$ 4.50 归属 H-1‴。并且表明葡萄糖与鼠李糖(6-O-1)相连。

H-H COSY 指出，$\delta_H$ 4.50(H-1‴)与 $\delta_H$ 3.43(1H, m)相关，$\delta_H$ 3.43 与 $\delta_H$ 3.55(3H, m)相关，加之 $\delta_C$ 100.49(叔碳)与 $\delta_H$ 4.50(H-1‴)、$\delta_C$ 70.54(叔碳)与 $\delta_H$ 3.43 HSQC 相关，综合考虑，$\delta_H$ 3.43、3.55(其中 1 个氢)分别归属 H-2‴、H-3‴，$\delta_C$ 100.49、70.54 分别归属 C-1‴、C-2‴。

根据碳、氢化学位移规律和氢偶合分裂情况，加之 $\delta_C$ 17.75(伯碳)与 $\delta_H$ 1.05(3H, d, $J$ = 6.2Hz) HSQC 相关，$\delta_H$ 1.05 与 $\delta_H$ 3.34(2H, m)H-H COSY 相关，$\delta_C$ 17.75(伯碳)与 $\delta_H$ 3.17(1H, m)HMBC 相关，$\delta_C$ 71.81(叔碳)与 $\delta_H$ 3.17 HSQC 相关，$\delta_C$ 68.35(叔碳)与 $\delta_H$ 3.34 HSQC 相关、同时与 $\delta_H$ 1.05、4.50(H-1″) HMBC 相关，综合考虑，$\delta_C$ 17.75 归属 C-6‴，$\delta_H$ 1.05、3.34(其中 1 个氢)、3.17 分别归属 H-6‴、H-5‴、H-4‴，$\delta_C$ 71.81、68.35 分别归属 C-4‴、C-5‴。当然 $\delta_C$ 70.27(叔碳)与 $\delta_H$ 4.50(H-1‴)HMBC 相关，归属 C-3‴。

HMBC 指出，$\delta_C$ 125.42(季碳)与 $\delta_H$ 6.28(H-8)、6.78(H-5)、7.52(H-7)相关，表明 $\delta_C$ 125.42 归属 C-1；$\delta_C$ 145.55(季碳)与 $\delta_H$ 6.78(H-5)、7.05(H-2)相关，$\delta_C$ 148.47(季碳)与 $\delta_H$ 6.78(H-5)、7.01(H-6)、7.05(H-2)相关，表明 $\delta_C$ 145.55、148.47 分别归属 C-3、C-4；$\delta_C$ 129.15(季碳)与 $\delta_H$ 2.69(H-7′)、3.61(H-8′a)、3.84(H-8′b)、6.63(H-2′)、6.64(H-5′)相关，表明 $\delta_C$ 129.15 归属 C-1′；$\delta_C$ 144.91(季碳)与 $\delta_H$ 6.64(H-5′)相关，$\delta_C$ 143.48(季碳)与 $\delta_H$ 6.49(H-6′)、6.63(H-2′)相关，表明 $\delta_C$ 144.91、143.48 分别归属 C-3′、C-4′。

H-H COSY 指出，$\delta_H$ 4.76(2H, br, 活泼氢)与 $\delta_H$ 3.11(H-2″)、3.43(H-2‴)相关，表明 $\delta_H$ 4.76 归属 OH-2″、OH-2‴；$\delta_H$ 5.33(2H, br, 活泼氢)与 $\delta_H$ 3.45(H-3″)、3.17(H-4‴)相关，表明 $\delta_H$ 5.33 归属 OH-3″、OH-4‴；$\delta_H$ 4.60(1H, br, 活泼氢)与 $\delta_H$ 3.55(H-3‴)相关，表明 $\delta_H$ 4.60 归属 OH-3‴。

参照例 2-70、2-71，$\delta_H$ 8.77(2H, br)、9.32(1H, br)、9.64(1H, br)归属 OH-3、OH-4、OH-3′、OH-4′，归属可互换。

连翘酯苷 A 的 NMR 详细解析数据见表 2-126。

表 2-126 连翘酯苷 A 的 NMR 数据(DMSO-$d_6$, 400MHz/H)①

| 编号 | $\delta_C$ | DEPT | $\delta_H$ | $J$/Hz | H-H COSY | HSQC | HMBC($\delta_H$) |
|---|---|---|---|---|---|---|---|
| 1 | 125.42 | C | | | | | 6.28(H-8), 6.78(H-5), 7.52(H-7) |
| 2 | 114.81 | CH | 7.05brs | | H-6 | + | 7.01(H-6), 7.52(H-7) |
| 3 | 145.55 | C | | | | | 6.78(H-5), 7.05(H-2) |
| OH-3 | | | 9.32*br | | | | |
| 4 | 148.47 | C | | | | | 6.78(H-5), 7.01(H-6), 7.05(H-2) |
| OH-4 | | | 9.64*br | | | | |
| 5 | 115.76 | CH | 6.78d | 8.2 | H-6 | + | |

续表

| 编号 | $\delta_C$ | DEPT | $\delta_H$ | J/Hz | H-H COSY | HSQC | HMBC($\delta_H$) |
|---|---|---|---|---|---|---|---|
| 6 | 121.38 | CH | 7.01brd | 8.2 | H-2, H-5 | + | 7.05(H-2), 7.52(H-7) |
| 7 | 145.55 | CH | 7.52d | 15.9 | H-8 | + | 7.01(H-6), 7.05(H-2) |
| 8 | 113.68 | CH | 6.28d | 15.9 | H-7 | + | |
| 9 | 165.83 | C | | | | | 4.67(H-4″), 6.28(H-8), 7.52(H-7) |
| 1′ | 129.15 | C | | | | | 2.69(H-7′), 3.61(H-8′a), 3.84(H-8′b), 6.63(H-2′), 6.64(H-5′) |
| 2′ | 116.27 | CH | 6.63brs | | H-6′ | + | 2.69(H-7′), 6.49(H-6′) |
| 3′ | 144.91 | C | | | | | 6.64(H-5′) |
| OH-3′ | | | 8.77*br | | | | |
| 4′ | 143.48 | C | | | | | 6.49(H-6′), 6.63(H-2′) |
| OH-4′ | | | 8.77*br | | | | |
| 5′ | 115.48 | CH | 6.64d | 8.1 | H-6′ | + | |
| 6′ | 119.49 | CH | 6.49brd | 8.1 | H-2′, H-5′ | + | 2.69(H-7′), 6.63(H-2′), 6.64(H-5′) |
| 7′ | 35.09 | $CH_2$ | 2.69m | | H-8′a, H-8′b | + | 3.61(H-8′a), 3.84(H-8′b), 6.49(H-6′), 6.63(H-2′), 6.64(H-5′) |
| 8′a | 70.23 | $CH_2$ | 3.61m | | H-7′, H-8′b | + | 2.69(H-7′), 4.31(H-1″) |
| 8′b | | | 3.84m | | H-7′, H-8′a | + | |
| 1″ | 102.84 | CH | 4.31d | 7.8 | H-2″ | + | 3.11(H-2″), 3.61(H-8′a), 3.84(H-8′b) |
| 2″ | 73.43 | CH | 3.11m | | H-1″, H-3″, OH-2″ | + | 3.45(H-3″), 4.67(H-4″) |
| OH-2″ | | | 4.76br | | H-2″ | | |
| 3″ | 73.88 | CH | 3.45m | | H-2″, H-4″, OH-3″ | + | 3.11(H-2″), 4.67(H-4″) |
| OH-3″ | | | 5.33br | | | | |
| 4″ | 70.99 | CH | 4.67t | 9.6, 9.6 | H-3″, H-5″ | + | 3.45(H-3″), 3.55(H-5″, 6″b), 4.31(H-1″) |
| 5″ | 72.91 | CH | 3.55m | | H-4″, H-6″a | + | 3.45(H-3″), 4.67(H-4″) |
| 6″a | 66.02 | $CH_2$ | 3.34m | | H-5″, H-6″b | + | 4.50(H-1‴), 4.67(H-4″) |
| 6″b | | | 3.55m | | H-6″a | + | |
| 1‴ | 100.49 | CH | 4.50brs | | H-2‴ | + | 3.34(H-5‴), 3.43(H-2‴) |
| 2‴ | 70.54 | CH | 3.43m | | H-1‴, H-3‴, OH-2‴ | + | 3.17(H-4‴), 4.50(H-1‴) |

续表

| 编号 | $\delta_C$ | DEPT | $\delta_H$ | J/Hz | H-H COSY | HSQC | HMBC($\delta_H$) |
|---|---|---|---|---|---|---|---|
| OH-2‴ | | | 4.76br | | H-2‴ | | |
| 3‴ | 70.27 | CH | 3.55m | | H-2‴, H-4‴, OH-3‴ | + | 4.50(H-1‴) |
| OH-3‴ | | | 4.60br | | H-3‴ | | |
| 4‴ | 71.81 | CH | 3.17m | | H-3‴, H-5‴, OH-4‴ | + | 3.43(H-2‴), 3.55(H-3‴) |
| OH-4‴ | | | 5.33br | | H-4‴ | | |
| 5‴ | 68.35 | CH | 3.34m | | H-4‴, H-6‴ | + | 1.05(H-6‴), 4.50(H-1‴) |
| 6‴ | 17.75 | $CH_3$ | 1.05d | 6.2 | H-5‴ | + | 3.17(H-4‴) |

① 本实验室数据。

* 归属可互换。

## 例 2-88　小叶丁香苷 A 的 NMR 数据解析及结构测定[176-178]

小叶丁香(*Syringa pubescens*)属木樨科丁香属，灌木。长期以来用小叶丁香植物花、实泡茶饮用，用于消炎、镇咳、治疗肝炎等，故誉为“药茶”。小叶丁香苷 A(pubescenside A, **2-124**)是从小叶丁香中分离得到的 1 个寡糖酯苷类化合物。

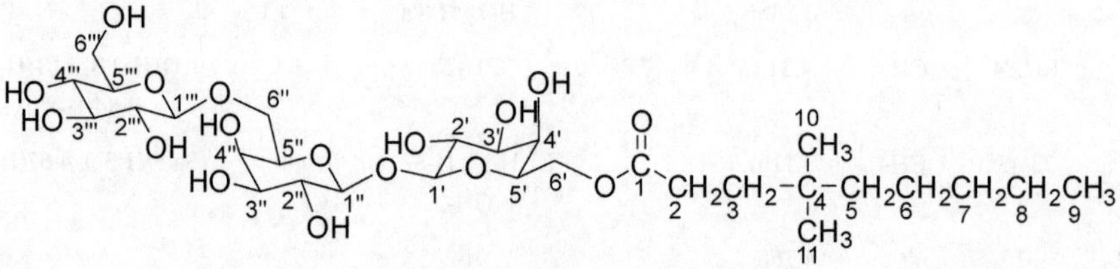

**2-124**

小叶丁香苷 A 的 $^{13}$C NMR 显示 21 条碳峰。其中 $\delta_C$ 16.5×2、66.8×2、75.3×2、100.6×2 各为 2 个碳，29.2×5 为 5 个碳，因此，小叶丁香苷 A 含有 29 个碳。DEPT 显示，3 个伯碳：$\delta_C$ 13.1、16.5×2；9 个仲碳：$\delta_C$ 29.2×5、38.4、62.4、66.8×2；15 个叔碳：$\delta_C$ 68.6、69.5、69.8、69.9、70.2、71.9、72.6、73.2、74.7、75.3×2、76.0、100.6×2、100.7；2 个季碳：$\delta_C$ 36.6、174.7。

小叶丁香苷 A 含有 3 个端基糖碳：$\delta_C$ 100.6×2(叔碳)、100.7(叔碳)，加之 3 个 6 位仲碳：$\delta_C$ 62.4(仲碳)、66.8×2(仲碳)，表明小叶丁香苷 A 含有 3 个 6-碳糖，3 个糖有 2 个 6 位被连接占用，且 3 个糖 1 位碳均被连接占用。

FAB MS $m/z$ 764[M+92]$^{+}$数据，推测其分子式为$C_{29}H_{52}O_{17}$。

小叶丁香苷 A 经酸水解、高效层析、标准品对照等办法，定性定量确定其含有 2 个半乳糖和 1 个葡萄糖。

$^{1}H$ NMR 图谱中，$\delta_H$ 3.08~4.33 呈多重峰为糖的特征信号；$\delta_H$ 4.33(2H, br)、4.65(1H, d, $J$ = 7.6Hz)为 3 个糖的 H-1 数据，提示 3 个糖 C-1 构型为$\beta$。$\delta_C$ 62.4~100.7 呈现 15 条碳峰，其中 66.8×2、75.3×2、100.6×2 表明 3 个糖含有 18 个碳；HRESIMS: $m/z$ 503.4329 与碎片$C_{18}H_{31}O_{16}$(计算值 503.4333)吻合，进一步表明 3 个糖紧紧连在一起，且糖的 1-位均被连接占用。

小叶丁香苷 A 的 $^{1}H$ NMR 高场区：$\delta_H$ 1.00~1.12 出现尖锐峰的重叠，$\delta_H$ 2.20~2.64 出现中间特大两边小的 3 组峰，推测高场区的信号可能为脂肪链峰；$\delta_C$ 13.1~38.4 出现 5 条碳峰，其中 $\delta_C$ 16.5×2、29.2×5，加上低场 $\delta_C$ 174.7，表明脂肪链含有 11 个碳。小叶丁香 A 经弱碱水解(液氨封管法)得一酸，HRESI MS: $m/z$ 186.2921 与分子式$C_{11}H_{22}O_2$(计算值 186.2936)吻合。

综上所述，小叶丁香苷 A 是 1 个含有 3 个相连糖(2 个半乳糖、1 个葡萄糖)与 1 个含有 11 个碳的脂肪酸形成的寡糖酯苷。

根据碳化学位移规律，$\delta_C$ 100.6×2、100.7 为 3 个糖的 C-1 数据，若苷元(脂肪酸)与糖的 1-位碳相连，则糖的 1-位 $\delta_C$ 值应为 95 左右[177]，表明 3 个糖中有 2 个为(1-O-1)相连。

根据糖与苷元远近不同而呈现不同的 $NT_1$ 值[178]可推测 3 个糖的连接顺序。在 $\delta_C$ 62.4~100.7 呈现的 3 个糖的碳峰中，正好有 1 组峰($\delta_C$ 62.4、70.2、73.2、75.3、76.0、100.7)峰高与其他碳峰相比很低(大约 1∶1.5)，说明对应于该组峰的糖各碳弛豫时间较长($NT_1$ 值较大)，离苷元较远，处于整个小叶丁香苷 A 分子外侧。分析该组数据，正好与$\beta$-葡萄糖数据相符，即可确定葡萄糖在 3 个糖的连接中处于外侧，2 个半乳糖处于内侧，使得小叶丁香苷 A 关于糖的连接顺序大大简化，其化学结构仅有下面 2 种写法：

葡萄糖(1-O-6)半乳糖 (1-O-1)半乳糖(6-OC(=O)R)　　(i)

葡萄糖(1-O-1)半乳糖 (6-O-1)半乳糖(6-OC(=O)R)　　(ii)

因此，根据碳化学位移规律以及碳峰高低，进一步明确 $\delta_C$ 100.7 归属葡萄糖 C-1, $\delta_C$ 100.6×2 归属 2 个半乳糖 C-1, $\delta_C$ 62.4 归属葡萄糖 C-6, $\delta_C$ 66.8×2 归属 2 个半乳糖 C-6。

HMQC 指出，$\delta_C$ 100.7/$\delta_H$ 4.65、$\delta_C$ 100.6/$\delta_H$ 4.33 相关，表明 $\delta_H$ 4.65 归属葡萄糖 H-1, $\delta_H$ 4.33×2 归属 2 个半乳糖 H-1；$\delta_C$ 62.4 与 $\delta_H$ 3.90~4.04(2H, m)相关，$\delta_C$ 66.8×2

与 $\delta_H$ 3.42~3.51(2H, m)、3.75~3.85(2H, m)相关，表明 $\delta_H$ 3.90~4.04 归属葡萄糖 H-6, $\delta_H$ 3.42~3.51、3.75~3.85 分别归属 2 个半乳糖的 H-6a、H-6b。

HMBC 指出，$\delta_C$ 100.6(半乳糖 C-1)与 $\delta_H$ 4.33(半乳糖 H-1)相关，$\delta_C$ 66.8(半乳糖 C-6)与 $\delta_H$ 4.65(葡萄糖 H-1)相关，确证小叶丁香苷 A 的化学结构应为(i)，而不是(ii)。

对于苷元，根据其 $^1$H NMR 和 $^{13}$C NMR 数据推测如式(iii)表示：

$$HO-\overset{O}{\overset{\|}{C}}-CH_2CH_2-\underset{CH_3}{\overset{CH_3}{C}}-CH_2CH_2CH_2CH_2CH_3 \qquad \text{(iii)}$$

(编号：C-1 羧基碳，C-2、C-3，C-4 季碳，C-5、C-6、C-7、C-8、C-9；C-10、C-11 为 C-4 上的两个 $CH_3$)

根据碳、氢化学位移规律和氢偶合分裂情况，$\delta_C$ 174.7(季碳)归属 C-1, $\delta_C$ 36.6(季碳)归属 C-4, $\delta_H$ 2.64(2H, brs)归属 H-2, $\delta_H$ 2.43(8H, brs)归属 H-3、H-5、H-6、H-7, $\delta_H$ 2.20(2H, m)归属 H-8, $\delta_H$ 1.05(3H, t, $J$ = 6.8Hz、6.8Hz)归属 H-9, $\delta_H$ 1.08(6H, s)归属 H-10、H-11。

HMQC 指出，$\delta_C$ 38.4(仲碳)与 $\delta_H$ 2.64(H-2)相关，$\delta_C$ 29.2×4(仲碳)与 $\delta_H$ 2.43(H-3, 5, 6, 7)相关，$\delta_C$ 29.2(仲碳)与 $\delta_H$ 2.20(H-8)相关，$\delta_C$ 13.1(伯碳)与 $\delta_H$ 1.05(H-9)相关，$\delta_C$ 16.5×2(伯碳)与 $\delta_H$ 1.08(H-10, 11)相关，表明 $\delta_C$ 38.4、29.2×5、13.1、16.5×2 分别归属 C-2、C-3、C-5、C-6、C-7、C-8、C-9、C-10、C-11。苷元中各个 $CH_2$ 之间 C-H 的 HMBC 相关(见表 2-127)进一步证明式(iii)的正确性。

综上，小叶丁香苷 A 的化学结构如 **2-124** 所示。

葡萄糖、半乳糖碳峰归属分别参照例 2-34、2-69 得到，依据相应 HMQC 数据归属其 $^1$H NMR 数据。

小叶丁香苷 A 的 NMR 详细解析数据见表 2-127。

表 2-127 小叶丁香苷 A 的 NMR 数据($D_2O$, 400MHz/H)

| 编号 | $\delta_C$ | DEPT | $\delta_H$ | $J$/Hz | HMQC | HMBC($\delta_H$) |
|---|---|---|---|---|---|---|
| 1 | 174.7 | C | | | | 3.42-3.51(H-6′a) |
| 2 | 38.4 | $CH_2$ | 2.64brs | | + | 2.43(H-3) |
| 3 | 29.2 | $CH_2$ | 2.43brs | | + | 2.43(H-5) |
| 4 | 36.6 | C | | | | |
| 5 | 29.2 | $CH_2$ | 2.43brs | | + | 2.43(H-3, 6, 7) |
| 6 | 29.2 | $CH_2$ | 2.43brs | | + | 2.43(H-5, 7) |
| 7 | 29.2 | $CH_2$ | 2.43brs | | + | 2.43(H-5, 6) |
| 8 | 29.2 | $CH_2$ | 2.20m | | + | 2.43(H-6, 7) |

续表

| 编号 | $\delta_C$ | DEPT | $\delta_H$ | $J$/Hz | HMQC | HMBC($\delta_H$) |
|---|---|---|---|---|---|---|
| 9 | 13.1 | $CH_3$ | 1.05t | 6.8, 6.8 | + | |
| 10 | 16.5 | $CH_3$ | 1.08s | | + | |
| 11 | 16.5 | $CH_3$ | 1.08s | | + | |
| 1′ | 100.6 | CH | 4.33br | | + | 4.33(H-1″) |
| 2′ | 69.8* | CH | 3.51-3.60m | | + | |
| 3′ | 71.9** | CH | 3.15-3.22m | | + | |
| 4′ | 68.6* | CH | 3.42-3.51m | | + | |
| 5′ | 74.7*** | CH | 3.35-3.42m | | + | |
| 6′a | 66.8 | $CH_2$ | 3.42-3.51m | | + | |
| 6′b | | | 3.75-3.85m | | + | |
| 1″ | 100.6 | CH | 4.33br | | + | 4.33(H-1′) |
| 2″ | 69.9* | CH | 3.75-3.85m | | + | |
| 3″ | 72.6** | CH | 3.08m | | + | |
| 4″ | 69.5* | CH | 3.15-3.22m | | + | |
| 5″ | 75.3*** | CH | 3.15-3.22m | | + | |
| 6″a | 66.8 | $CH_2$ | 3.42-3.51m | | + | 4.65(H-1‴) |
| 6″b | | | 3.75-3.85m | | + | |
| 1‴ | 100.7 | CH | 4.65d | 7.6 | + | |
| 2‴ | 73.2 | CH | 3.42-3.51m | | + | |
| 3‴ | 75.3 | CH | 3.22-3.30m | | + | |
| 4‴ | 70.2 | CH | 3.90-4.04m | | + | |
| 5‴ | 76.0 | CH | 3.22-3.30m | | + | |
| 6‴ | 62.4 | $CH_2$ | 3.90-4.04m | | + | |

*, **, *** 相同标记的归属可互换。

## 例 2-89 绿原酸的 NMR 数据解析[179]

绿原酸(chlorogenic acid, **2-125**)别名氯原酸、咖啡鞣酸、3-咖啡酰奎尼酸等，广泛分布在大量植物中，如：杜仲科植物杜仲(*Eucommia ulmoides*)的叶、忍冬科植物忍冬(*Lonicera japonica*)的干燥花蕾或带初开的花中，等等。具有抗菌、抗病毒、增高白血球、保肝利胆、抗肿瘤、降血压、降血脂、清除自由基和兴奋中枢神经系统等作用。绿原酸是由咖啡酸(caffeic acid, **2-126**)与奎尼酸(quinic acid, **2-127**)生成的缩酚酸，根据咖啡酰在奎尼酸上的结合部位和数目不同，绿原酸异构体共 10 种，绿原酸为 3-咖啡酰奎尼酸。

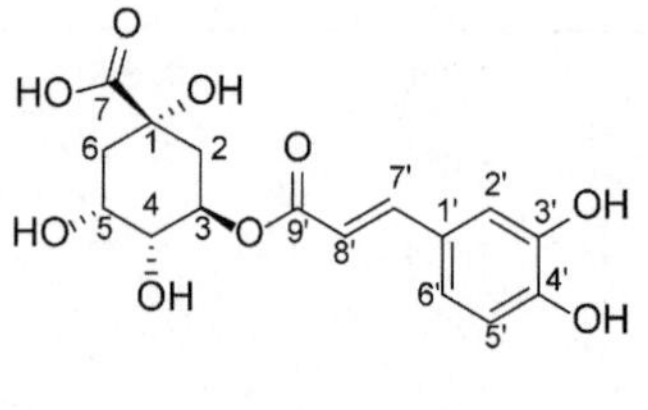

2-125

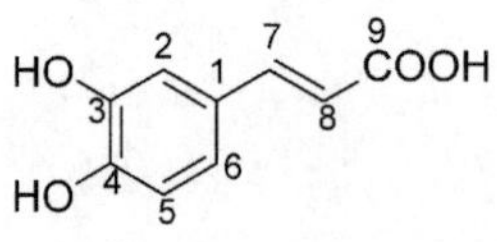

2-126

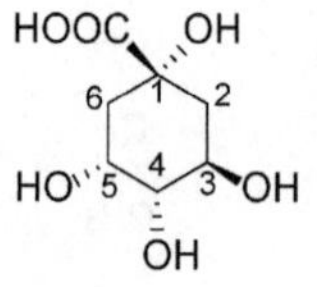

2-127

绿原酸的 $^{13}$C NMR 显示 16 条碳峰，表明其含有 16 个碳。DEPT 显示，2 个仲碳：$\delta_C$ 36.12、37.14；8 个叔碳：$\delta_C$ 67.93、70.25、70.84、114.22、114.72、115.68、121.33、144.92；6 个季碳：$\delta_C$ 73.38、125.54、145.51、148.30、165.67、174.89。

H-H COSY 指出，$\delta_H$ 1.78(1H, m)与 $\delta_H$ 2.04(2H, m)相关，$\delta_H$ 1.78、2.04 均与 $\delta_H$ 3.93(1H, m)相关，$\delta_H$ 3.93 与 $\delta_H$ 3.57(1H, m)相关，加之 $\delta_C$ 37.14(仲碳)与 $\delta_H$ 1.78、2.04 HSQC 相关，$\delta_C$ 67.93(叔碳)与 $\delta_H$ 3.93 HSQC 相关，$\delta_C$ 70.25(叔碳)与 $\delta_H$ 3.57 HSQC 相关，表明 $\delta_H$ 1.78、2.04(其中 1 个氢)、3.93 与 $\delta_H$ 3.57 构成 1 个 ABXY 自旋偶合系统；$\delta_H$ 1.94(1H, m)与 $\delta_H$ 2.04(2H, m)相关，$\delta_H$ 1.94、2.04 均与 $\delta_H$ 5.07(1H, m)相关，$\delta_H$ 5.07 与 $\delta_H$ 3.57(1H, m)相关，加之 $\delta_C$ 36.12(仲碳)与 $\delta_H$ 1.94、2.04 HSQC 相关，$\delta_C$ 70.84(仲碳)与 $\delta_H$ 5.07 HSQC 相关，表明 $\delta_H$ 1.94、2.04(其中 1 个氢)、5.07 与 $\delta_H$ 3.57 构成 1 个 ABXY 自旋偶合系统。根据氢化学位移规律和偶合分裂情况，$\delta_H$ 5.07 应归属 H-3。因此，上述第 1 个 ABXY 系统中，$\delta_H$ 1.78、2.04(其中 1 个氢)、3.93、3.57 分别归属 H-6a、H-6b、H-5、H-4, $\delta_C$ 37.14、67.93、70.25 分别归属 C-6、C-5、C-4；第 2 个 ABXY 系统中，$\delta_H$ 1.94、2.04(其中 1 个氢)、5.07、3.57 分别归属 H-2a、H-2b、H-3、H-4，$\delta_C$ 36.12、70.84 分别归属 C-2、C-3。需要指出的是，2 个 ABXY 自旋偶合系统中，Y 均为 H-4。

特别需要指出的是，绿原酸的 $^{13}$C NMR 图谱中显示出 C-6 峰比 C-2 峰强(大约 2∶1)，C-3 峰比 C-4、C-5 峰强(大约 2:1)现象，这是因为绿原酸分子存在 1 个大的酯链，使得绿原酸沿着 C-3……C-6 有 1 个占优势转动轴存在，则 C-6 与 C-2 相比，C-3 与 C-4、C-5 相比，弛豫时间较短，因而出现了上述结果[3]。进一步证明 C-2 与 C-6 归属的正确性。

H-H COSY 指出，$\delta_H$ 4.78(1H, br, 活泼氢)与 $\delta_H$ 3.93(H-5)相关，表明 $\delta_H$ 4.78 归属 OH-5；$\delta_H$ 4.94(1H, br, 活泼氢)与 $\delta_H$ 3.57(H-4)相关，表明 $\delta_H$ 4.94 归属 OH-4。当然，根据氢化学位移规律和偶合分裂情况，$\delta_H$ 5.55(1H, br, 活泼氢)归属 OH-1，$\delta_H$ 12.42(1H, br)归属 OH-7(OH-1 与 OH-7、OH-3′与 OH-4′的归属区分见下)。

HMBC 指出，$\delta_C$ 73.38(季碳)与 $\delta_H$ 1.78(H-6a)、1.94(H-2a)、2.04(H-2b, 6b)相关，$\delta_C$ 174.89(季碳)与 $\delta_H$ 1.78(H-6a)、1.94(H-2a)、2.04(H-2b, 6b)相关，结合碳化学位移规律，综合考虑，$\delta_C$ 73.38 归属 C-1, $\delta_C$ 174.89 归属 C-7。

H-H COSY 指出，$\delta_H$ 7.04(1H, d, $J$ = 1.9Hz)、$\delta_H$ 6. 77(1H, d, $J$ = 8.2Hz)均与 $\delta_H$ 6.99(1H, dd, $J$ = 1.9Hz、8.2Hz)相关，加之 $\delta_C$ 114.72(叔碳)与 $\delta_H$ 7.04、$\delta_C$ 115.68(叔碳)与 $\delta_H$ 6.77、$\delta_C$ 121.33(叔碳)与 $\delta_H$ 6.99 HSQC 相关，表明 $\delta_H$ 7.04、6.77、6.99 构成 1 个 ABC 自旋偶合系统，$\delta_H$ 7.04、6.77、6.99 分别归属 H-2′、H-5′、H-6′，$\delta_C$ 114.72、115.68、121.33 分别归属 C-2′、C-5′、C-6′；$\delta_H$ 6.15(1H, d, $J$ = 15.9Hz)与 $\delta_H$ 7.42(1H, d, $J$ = 15.9Hz)相关，加之 $\delta_C$ 114.22(叔碳)与 $\delta_H$ 6.15、$\delta_C$ 144.92(叔碳)与 $\delta_H$ 7.42 HSQC 相关，表明 $\delta_H$ 6.15、7.42 构成 1 个 AB 自旋偶合系统，结合氢化学位移规律和偶合分裂情况，$\delta_H$ 6.15、7.42 分别归属 H-8′、H-7′，且为双键上反式氢，$\delta_C$ 114.22、144.92 分别归属 C-8′、C-7′。

根据碳化学位移规律，$\delta_C$ 165.67(季碳)归属 C-9′。HMBC 指出，$\delta_C$ 125.54(季碳)与 $\delta_H$ 6.15(H-8′)、6.77(H-5′)相关，表明 $\delta_C$ 125.54 归属 C-1′；$\delta_C$ 145.51(季碳)与 $\delta_H$ 6.77(H-5′)、9.17(1H, br, 活泼氢)、9.60(1H, br, 活泼氢)相关，$\delta_C$ 148.30(季碳)与 $\delta_H$ 6.77(H-5′)、6.99(H-6′)、7.04(H-2′)、9.17(1H, br, 活泼氢)、9.60(1H, br, 活泼氢)相关，表明 $\delta_C$ 145.51、148.30 分别归属 C-3′、C-4′，$\delta_H$ 9.17、9.60 归属 OH-3′、OH-4′(但无法归属区分)；$\delta_C$ 114.72(C-2′)与 $\delta_H$ 9.17 相关，$\delta_C$ 115.68(C-5′)与 $\delta_H$ 9.60 相关，表明 $\delta_H$ 9.17 归属 OH-3′，$\delta_H$ 9.60 归属 OH-4′。

NOESY 指出，$\delta_H$ 5.55(OH-1)、4.78(OH-5)、4.94(OH-4)互相相关，$\delta_H$ 4.78(OH-5)与 $\delta_H$ 5.07(H-3)相关，表明 OH-1、OH-4、OH-5、H-3 处在六元环的同侧。

绿原酸的 NMR 详细解析数据见表 2-128。

**表 2-128 绿原酸的 NMR 数据(DMSO-$d_6$, 400MHz/H)**[①]

| 编号 | $\delta_C$ | DEPT | $\delta_H$ | $J$/Hz | H-H COSY | NOESY | HSQC | HMBC($\delta_H$) |
|---|---|---|---|---|---|---|---|---|
| 1 | 73.38 | C | | | | | | 1.78(H-6a), 1.94(H-2a), 2.04(H-2b, 6b) |
| 2a | 36.12 | $CH_2$ | 1.94m | | H-2b, H-3 | | + | 1.78(H-6a), 2.04(H-6b) |
| 2b | | | 2.04m | | H-2a, H-3 | | + | |

续表

| 编号 | $\delta_C$ | DEPT | $\delta_H$ | J/Hz | H-H COSY | NOESY | HSQC | HMBC($\delta_H$) |
|---|---|---|---|---|---|---|---|---|
| 3 | 70.84 | CH | 5.07m | | H-2a, H-2b, H-4 | OH-5 | + | 1.94(H-2a), 2.04(H-2b), 3.57(H-4) |
| 4 | 70.25 | CH | 3.57m | | H-3, H-5, OH-4 | | + | 1.78(H-6a), 1.94(H-2a), 2.04(H-2b, 6b) |
| 5 | 67.93 | CH | 3.93m | | H-4, H-6a, H-6b, OH-5 | | + | 1.78(H-6a), 2.04(H-6b) |
| 6a | 37.14 | $CH_2$ | 1.78m | | H-5, H-6b | | + | 1.94(H-2a) |
| 6b | | | 2.04m | | H-5, H-6a | | + | |
| 7 | 174.89 | C | | | | | | 1.78(H-6a), 1.94(H-2a), 2.04(H-2b, 6b) |
| OH-1 | | | 5.55br | | | OH-4, OH-5 | | |
| OH-4 | | | 4.94br | | H-4 | OH-1, OH-5 | | |
| OH-5 | | | 4.78br | | H-5 | H-3, OH-1, OH-4 | | |
| OH-7 | | | 12.42br | | | | | |
| 1′ | 125.54 | C | | | | | | 6.15(H-8′), 6.77(H-5′) |
| 2′ | 114.72 | CH | 7.04d | 1.9 | H-6′ | | + | 6.99(H-6′), 7.42(H-7′), 9.17(OH-3′) |
| 3′ | 145.51 | C | | | | | | 6.77(H-5′), 9.17(OH-3′), 9.60(OH-4′) |
| 4′ | 148.30 | C | | | | | | 6.77(H-5′), 6.99(H-6′), 7.04(H-2′), 9.17(OH-3′), 9.60(OH-4′) |
| 5′ | 115.68 | CH | 6.77d | 8.2 | H-6′ | | + | 9.60(OH-4′) |
| 6′ | 121.33 | CH | 6.99dd | 1.9, 8.2 | H-2′, H-5′ | | + | 7.04(H-2′), 7.42(H-7′) |
| 7′ | 144.92 | CH | 7.42d | 15.9 | H-8′ | | + | 6.99(H-6′), 7.04(H-2′) |
| 8′ | 114.22 | CH | 6.15d | 15.9 | H-7′ | | + | 7.42(H-7′) |
| 9′ | 165.67 | C | | | | | | 6.15(H-8′), 7.42(H-7′) |
| OH-3′ | | | 9.17br | | | | | |
| OH-4′ | | | 9.60br | | | | | |

① 本实验室数据。

## 例 2-90　丹酚酸 B 的 NMR 数据解析[180,181]

丹参又名赤参、紫丹参、红根等，系唇形科鼠尾草属植物丹参(*Salvia miltiorrhiza*)的干燥根及根茎，主产地为河北、山西、陕西、山东、河南、江苏、浙江、安徽、江西、湖南。丹参具有活血调经、祛瘀止痛、凉血消痈、清心除烦、养血安神之功效。现代医学及药理证明丹参有抗缺氧、扩张冠脉、抗血小板凝集、拮抗钙离子等作用， 对冠心病、心绞痛、心肌梗死、心动过速有显著疗效。丹酚酸B(salvianolic acid B, **2-128**)是丹参水溶性主要活性成分之一，是由 3 个丹参素(**2-129**)和 1 个咖啡酸(**2-126**)聚合而成，结构相当复杂，其 NMR 数据解析相对困难。

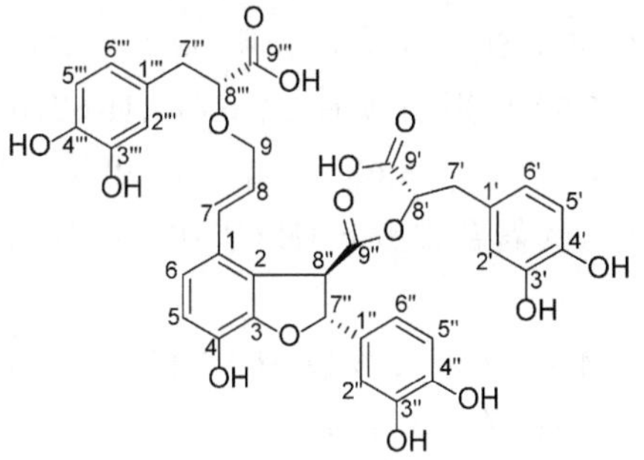

**2-128** 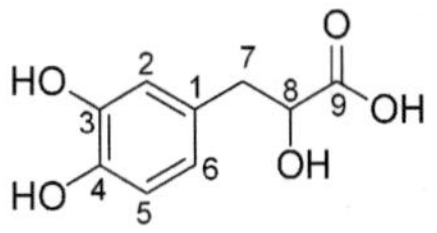　　**2-129**

丹酚酸 B 的 $^{13}$C NMR 显示 34 条碳峰，其中 115.36×2、143.92×2 各为 2 个碳，因此，丹酚酸 B 含有 36 个碳。DEPT 显示：2 个仲碳：$\delta_C$ 35.73、36.05；17 个叔碳：$\delta_C$ 54.92、72.87、73.78、85.81、112.46、115.21、115.36×2、115.46、116.48、116.56、116.89、117.28、120.06、120.12、120.77、142.18；17 个季碳：$\delta_C$ 122.52、124.91、126.72、127.14、131.18、143.92×2、143.95、144.83、144.85、145.36、145.63、147.07、165.63、169.99、170.10、170.72。

H-H COSY 指出，$\delta_H$ 6.33(1H, d, $J$ = 15.8Hz)与 $\delta_H$ 7.57(1H, d, $J$ = 15.8Hz)相关，加之 $\delta_C$ 115.21(叔碳)与 $\delta_H$ 6.33、$\delta_C$ 142.18(叔碳)与 $\delta_H$ 7.57 HSQC 相关，结合氢化学位移规律和偶合分裂情况，表明 $\delta_H$ 6.33、7.57 分别归属 H-8、H-7，且二氢处于反式[2]，$\delta_C$ 115.21(叔碳)、142.18 分别归属 C-8、C-7；$\delta_H$ 6.82(1H, d, $J$ = 8.5Hz)与 $\delta_H$ 7.29(1H, d, $J$ = 8.5Hz)相关，加之 $\delta_C$ 117.28(叔碳)与 $\delta_H$ 6.82、$\delta_C$ 120.77(叔碳)与 $\delta_H$ 7.29 HSQC 相关，结合氢化学位移规律和偶合分裂情况，表明 $\delta_H$ 6.82、7.29 分别归属 H-5、H-6, $\delta_C$ 117.28、120.77 分别归属 C-5、C-6。

HMBC 指出，$\delta_C$ 122.52(季碳)与 $\delta_H$ 6.33(H-8)、6.82(H-5)、7.57(H-7)相关，表明 $\delta_C$ 122.52 归属 C-1；$\delta_C$ 124.91(季碳)与 $\delta_H$ 4.42(1H, d, $J$ = 4.1Hz)、7.29(H-6)、

7.57(H-7)相关，加之 $\delta_C$ 54.92(叔碳)与 $\delta_H$ 4.42 HSQC 相关，结合碳、氢化学位移规律和氢偶合分裂情况，综合考虑，表明 $\delta_C$ 124.91 归属 C-2, $\delta_H$ 4.42 归属 H-8″, $\delta_C$ 54.92 归属 C-8″；$\delta_C$ 147.07(季碳)与 $\delta_H$ 4.42(H-8″)、5.68(1H, d, $J$ = 4.1Hz)、6.82(H-5)、10.08(1H, s, 活泼氢)相关，加之 $\delta_C$ 85.81(叔碳)与 $\delta_H$ 5.68 HSQC 相关，结合碳、氢化学位移规律和氢偶合分裂情况，综合考虑，表明 $\delta_C$ 147.07 归属 C-3, $\delta_H$ 5.68 归属 H-7″, $\delta_H$ 10.08 归属 OH-4, $\delta_C$ 85.81 归属 C-7″；$\delta_C$ 143.92(季碳)与 $\delta_H$ 7.29(H-6)、10.08(OH-4)相关，表明 $\delta_C$ 143.92 归属 C-4；$\delta_C$ 165.63(季碳)与 $\delta_H$ 6.33(H-8)、7.57(H-7)相关，表明 $\delta_C$ 165.63 归属 C-9。

H-H COSY 指出，$\delta_H$ 6.67(1H, d, $J$ = 2.0Hz)、6.71(1H, d, $J$ = 8.1Hz)均与 $\delta_H$ 6.54(1H, dd, $J$ = 2.0Hz、8.1Hz)相关，加之 $\delta_C$ 112.46(叔碳)与 $\delta_H$ 6.67、$\delta_C$ 115.46(叔碳)与 $\delta_H$ 6.71、$\delta_C$ 116.89(叔碳)与 $\delta_H$ 6.54 HSQC 相关，表明 $\delta_H$ 6.67、6.71、6.54 构成 ABC 自旋偶合系统，$\delta_H$ 6.67、6.71、6.54 分别归属 H-2″、H-5″、H-6″，$\delta_C$ 112.46、115.46、116.89 分别归属 C-2″、C-5″、C-6″；$\delta_H$ 5.68 与 $\delta_H$ 4.42 相关，进一步证明 $\delta_H$ 5.68、4.42 分别归属 H-7″、H-8″，其偶合常数 4.1Hz 表明 H-7″和 H-8″处于环的异侧[2]。

HMBC 指出，$\delta_C$ 131.18(季碳)与 $\delta_H$ 4.42(H-8″)、6.71(H-5″)相关，$\delta_C$ 145.36(季碳)与 $\delta_H$ 6.71(H-5″)、8.71(4H, br, 活泼氢)相关，$\delta_C$ 144.85(季碳)与 $\delta_H$ 6.54(H-6″)、6.67(H-2″)、9.02(1H, s, 活泼氢)相关，$\delta_C$ 112.46(C-2″)与 $\delta_H$ 5.68(H-7″)、6.54(H-6″)、9.02(1H, s, 活泼氢)相关，综合考虑，表明 $\delta_C$ 131.18、145.36、144.85 分别归属 C-1″、C-3″、C-4″，$\delta_H$ 8.71(其中 1 个氢)、9.02 分别归属 OH-4″、OH-3″；$\delta_C$ 85.81(C-7″)与 $\delta_H$ 6.54(H-6″)、6.67(H-2″)相关，进一步确证 H-2″、H-5″、H-6″归属的正确性；$\delta_C$ 169.99(季碳)与 $\delta_H$ 4.42(H-8″)、5.68(H-7″)相关，表明 $\delta_C$ 169.99 归属 C-9″。

丹酚酸 B 中，连接 COO-9 和 COO-9″的 2 个取代基团完全相同，区分该 2 个取代基团的归属存在一定困难。分析丹酚酸 B 的化学结构，C-9‴羧基与 C-9′羧基相比，C-9‴羧基与 OH-4 形成分子内氢键概率最大，因此，结合碳化学位移规律，$\delta_C$ 170.72(季碳)归属 C-9‴[3]。

HMBC 指出，$\delta_C$ 170.72(C-9‴)与 $\delta_H$ 2.94(2H, m)相关，加之 $\delta_C$ 36.05(仲碳)与 $\delta_H$ 2.94 HSQC 相关，表明 $\delta_H$ 2.94 归属 H-7‴，$\delta_C$ 36.05 归属 C-7‴。

H-H COSY 指出，$\delta_H$ 2.94(H-7‴)与 $\delta_H$ 5.03(2H, m)相关，加之 $\delta_C$ 72.87(叔碳)与 $\delta_H$ 2.94(H-7‴)HMBC 相关、与 $\delta_H$ 5.03 HSQC 相关，综合考虑，表明 $\delta_H$ 5.03(其中 1 个氢)归属 H-8‴，$\delta_C$ 72.87 归属 C-8‴；$\delta_H$ 6.65(1H, d, $J$ = 1.9Hz)、6.62(1H, d, $J$ = 8.0Hz)均与 $\delta_H$ 6.52(1H, dd, $J$ = 1.9Hz、8.0Hz)相关，加之 $\delta_C$ 116.56(叔碳)与 $\delta_H$ 6.65、$\delta_C$ 115.36(叔碳)与 $\delta_H$ 6.62、$\delta_C$ 120.12(叔碳)与 $\delta_H$ 6.52 HSQC 相关，表明 $\delta_H$ 6.65、6.62、6.52 构成 ABC 自旋偶合系统，$\delta_H$ 6.65、6.62、6.52 分别归属 H-2‴、H-5‴、H-6‴，$\delta_C$ 116.56、115.36、120.12 分别归属 C-2‴、C-5‴、C-6‴。

HMBC 指出，$\delta_C$ 127.14(季碳)与 $\delta_H$ 2.94(H-7‴)、5.03(H-8‴)、6.62(H-5‴)相关，$\delta_C$ 144.83(季碳)与 $\delta_H$ 6.62(H-5‴)、8.71(4H, br, 活泼氢)相关，$\delta_C$ 143.92(季碳)与 $\delta_H$ 6.52(H-6‴)、6.65(H-2‴)、8.71(4H, br, 活泼氢)相关，综合考虑，表明 $\delta_C$ 127.14、144.83、143.92 分别归属 C-1‴、C-3‴、C-4‴，$\delta_H$ 8.71(其中 2 个氢)分别归属 OH-3‴、OH-4‴，加之 $\delta_C$ 36.05(C-7‴)与 $\delta_H$ 5.03(H-8‴)、6.52(H-6‴)、6.65(H-2‴)相关，进一步确证 H-2‴、H-5‴、H-6‴归属的正确性。

H-H COSY 指出，$\delta_H$ 6.57(1H, d, $J$ = 1.9Hz)、6.54(1H, d, $J$ = 8.1Hz)均与 $\delta_H$ 6.30(1H, dd, $J$ = 1.9, 8.1Hz)相关，加之 $\delta_C$ 116.48(叔碳)与 $\delta_H$ 6.57、$\delta_C$ 115.36(叔碳)与 $\delta_H$ 6.54、$\delta_C$ 120.06(叔碳)与 $\delta_H$ 6.30 HSQC 相关，表明 $\delta_H$ 6.57、6.54、6.30 构成 1 个 ABC 自旋偶合系统，$\delta_H$ 6.57、6.54、6.30 分别归属 H-2′、H-5′、H-6′，$\delta_C$ 116.48、115.36、120.06 分别归属 C-2′、C-5′、C-6′。

HMBC 指出，$\delta_C$ 116.48(C-2′)与 $\delta_H$ 2.87(2H, m)、6.30(H-6′)、8.71(4H, br, 活泼氢)相关，$\delta_C$ 120.06(C-6′)与 $\delta_H$ 2.87(2H, m)、6.57(H-2′)相关，$\delta_C$ 126.72(季碳)与 $\delta_H$ 2.87(2H, m)、5.03(2H, m)、6.54(H-5′)相关，加之 $\delta_H$ 2.87 与 $\delta_H$ 5.03 H-H COSY 相关，综合考虑，$\delta_H$ 2.87、5.03(其中 1 个氢)分别归属 H-7′、H-8′，$\delta_H$ 8.71(其中 1 个氢)归属 OH-3′，$\delta_C$ 126.72 归属 C-1′；$\delta_C$ 145.63(季碳)与 $\delta_H$ 6.54(H-5′)、9.00(1H, s, 活泼氢)相关，$\delta_C$ 143.95(季碳)与 $\delta_H$ 6.30(H-6′)、6.57(H-2′)相关，$\delta_C$ 115.36(C-5′)与 $\delta_H$ 9.00(1H, s, 活泼氢)相关，综合考虑，表明 $\delta_C$ 145.63、143.95 分别归属 C-3′、C-4′，$\delta_H$ 9.00 归属 OH-4′；$\delta_C$ 73.78(叔碳)与 $\delta_H$ 2.87(H-7′)相关，加之 $\delta_C$ 73.78 与 $\delta_H$ 5.03HSQC 相关，表明 $\delta_C$ 73.78 归属 C-8′；$\delta_C$ 170.10(季碳)与 $\delta_H$ 2.87(H-7′)、5.03(H-8′)相关，表明 $\delta_C$ 170.10 归属 C-9′。

根据氢化学位移规律和偶合分裂情况，$\delta_H$ 13.07(2H, br, 活泼氢)归属 OH-9′、OH-9‴。

丹酚酸 B 的 NMR 详细解析数据见表 2-129。

**表 2-129 丹酚酸 B 的 NMR 数据(DMSO-$d_6$, 400MHz/H)①**

| 编号 | $\delta_C$ | DEPT | $\delta_H$ | $J$/Hz | H-H COSY | HSQC | HMBC($\delta_H$) |
|---|---|---|---|---|---|---|---|
| 1 | 122.52 | C | | | | | 6.33(H-8), 6.82(H-5), 7.57(H-7) |
| 2 | 124.91 | C | | | | | 4.42(H-8″), 7.29(H-6), 7.57(H-7) |
| 3 | 147.07 | C | | | | | 4.42(H-8″), 5.68(H-7″), 6.82(H-5), 10.08(OH-4) |
| 4 | 143.92* | C | | | | | 7.29(H-6), 10.08(OH-4) |
| 5 | 117.28 | CH | 6.82d | 8.5 | H-6 | + | 10.08(OH-4) |
| 6 | 120.77 | CH | 7.29d | 8.5 | H-5 | + | 7.57(H-7) |
| 7 | 142.18 | CH | 7.57d | 15.8 | H-8 | + | 7.29(H-6) |
| 8 | 115.21 | CH | 6.33d | 15.8 | H-7 | + | 7.57(H-7) |

续表

| 编号 | $\delta_C$ | DEPT | $\delta_H$ | J/Hz | H-H COSY | HSQC | HMBC($\delta_H$) |
|---|---|---|---|---|---|---|---|
| 9 | 165.63 | C | | | | | 6.33(H-8), 7.57(H-7) |
| OH-4 | | | 10.08s | | | | |
| 1′ | 126.72 | C | | | | | 2.87(H-7′), 5.03(H-8′), 6.54(H-5′) |
| 2′ | 116.48 | CH | 6.57d | 1.9 | H-6′ | + | 2.87(H-7′), 6.30(H-6′), 8.71(OH-3′) |
| 3′ | 145.63 | C | | | | | 6.54(H-5′), 9.00(OH-4′) |
| 4′ | 143.95* | C | | | | | 6.30(H-6′), 6.57(H-2′) |
| 5′ | 115.36 | CH | 6.54d | 8.1 | H-6′ | + | 9.00(OH-4′) |
| 6′ | 120.06 | CH | 6.30dd | 1.9, 8.1 | H-2′, H-5′ | + | 2.87(H-7′), 6.57(H-2′) |
| 7′ | 35.73 | $CH_2$ | 2.87m | | H-8′ | + | 5.03(H-8′), 6.30(H-6′), 6.57(H-2′) |
| 8′ | 73.78 | CH | 5.03m | | H-7′ | + | 2.87(H-7′) |
| 9′ | 170.10 | C | | | | | 2.87(H-7′), 5.03(H-8′) |
| OH-3′ | | | 8.71br | | | | |
| OH-4′ | | | 9.00s | | | | |
| 1″ | 131.18 | C | | | | | 4.42(H-8″), 6.71(H-5″) |
| 2″ | 112.46 | CH | 6.67d | 2.0 | H-6″ | + | 5.68(H-7″), 6.54(H-6″), 9.02(OH-3″) |
| 3″ | 145.36 | C | | | | | 6.71(H-5″), 8.71(OH-4″) |
| 4″ | 144.85** | C | | | | | 6.54(H-6″), 6.67(H-2″), 9.02(OH-3″) |
| 5″ | 115.46 | CH | 6.71d | 8.1 | H-6″ | + | 8.71(OH-4″) |
| 6″ | 116.89 | CH | 6.54dd | 2.0, 8.1 | H-2″, H-5″ | + | 5.68(H-7″), 6.67(H-2″) |
| 7″ | 85.81 | CH | 5.68d | 4.1 | H-8″ | + | 6.54(H-6″), 6.67(H-2″) |
| 8″ | 54.92 | CH | 4.42d | 4.1 | H-7″ | + | |
| 9″ | 169.99 | C | | | | | 4.42(H-8″), 5.68(H-7″) |
| OH-3″ | | | 9.02s | | | | |
| OH-4″ | | | 8.71br | | | | |
| 1‴ | 127.14 | C | | | | | 2.94(H-7‴), 5.03(H-8‴), 6.62(H-5‴) |
| 2‴ | 116.56 | CH | 6.65d | 1.9 | H-6‴ | + | 2.94(H-7‴), 6.52(H-6‴), 8.71(OH-3‴) |
| 3‴ | 144.83** | C | | | | | 6.62(H-5‴), 8.71(OH-3‴, 4‴) |
| 4‴ | 143.92* | C | | | | | 6.52(H-6‴), 6.65(H-2‴), 8.71(OH-3‴, 4‴) |
| 5‴ | 115.36 | CH | 6.62d | 8.0 | H-6‴ | + | 8.71(OH-4‴) |
| 6‴ | 120.12 | CH | 6.52dd | 1.9, 8.0 | H-2‴, H-5‴ | + | 2.94(H-7‴), 6.65(H-2‴) |

续表

| 编号 | $\delta_C$ | DEPT | $\delta_H$ | J/Hz | H-H COSY | HSQC | HMBC($\delta_H$) |
|---|---|---|---|---|---|---|---|
| 7‴ | 36.05 | $CH_2$ | 2.94m | | H-8‴ | + | 5.03(H-8‴), 6.52(H-6‴), 6.65(H-2‴) |
| 8‴ | 72.87 | CH | 5.03m | | H-7‴ | + | 2.94(H-7‴) |
| 9‴ | 170.72 | C | | | | | 2.94(H-7‴) |
| OH-3‴ | | | 8.71br | | | | |
| OH-4‴ | | | 8.71br | | | | |
| OH-9′ | | | 13.07br | | | | |
| OH-9‴ | | | 13.07br | | | | |

① 本实验室数据。

*，** 相同标记的归属可互换。

## 例 2-91 几个丹参酮的 NMR 数据解析[182,183]

丹参酮Ⅰ(tanshinone Ⅰ, **2-130**)、二氢丹参酮Ⅰ(dihydrotanshinone Ⅰ, **2-131**)、丹参酮ⅡA(tanshinone ⅡA, **2-132**)是丹参脂溶性主要活性成分。

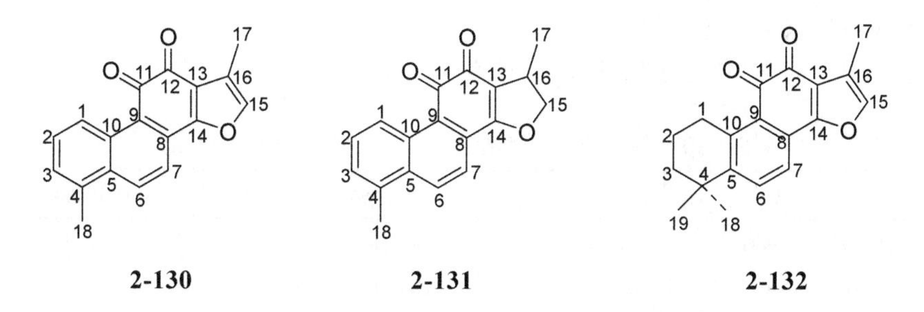


丹参酮Ⅰ的 $^{13}C$ NMR 显示 18 条碳峰，表明其含有 18 个碳。DEPT 显示，2 个伯碳：$\delta_C$ 8.81、19.85；6 个叔碳：$\delta_C$ 118.70、124.74、128.32、130.63、132.90、142.02；10 个季碳：$\delta_C$ 120.44、121.74、123.01、129.56、132.69、133.58、135.21、161.12、175.53、183.34。

根据碳、氢化学位移规律和氢偶合分裂情况，加之 $\delta_C$ 19.85(伯碳)与 $\delta_H$ 2.66(3H, brs)HSQC 相关，表明 $\delta_H$ 2.66 归属 H-18, $\delta_C$ 19.85 归属 C-18。

HMBC 指出，$\delta_C$ 19.85(C-18)与 $\delta_H$ 7.32(1H, brd, $J$ = 7.0Hz)相关，加之 $\delta_H$ 7.32 与 $\delta_H$ 7.52(1H, dd, $J$ = 7.0Hz、8.8Hz)、$\delta_H$ 7.52 与 $\delta_H$ 9.21(1H, brd, $J$ = 8.8Hz)、$\delta_H$ 2.66(H-18)与 $\delta_H$ 7.32 H-H COSY 相关，$\delta_C$ 128.32(叔碳)与 $\delta_H$ 7.32、$\delta_C$ 130.63(叔碳)与 $\delta_H$ 7.52、$\delta_C$ 124.74(叔碳)与 $\delta_H$ 9.21 HSQC 相关，综合考虑，表明 $\delta_H$ 7.32、7.52、9.21 与 $\delta_H$ 2.66 构成 $ABCX_3$ 自旋偶合系统，系统中存在正常偶合和远程偶合，$\delta_H$ 7.32、7.52、9.21 分别归属 H-3、H-2、H-1, $\delta_C$ 128.32、130.63、124.74 分别归属

C-3、C-2、C-1。

HMBC 指出，$\delta_C$ 135.21(季碳)与 $\delta_H$ 2.66(H-18)、7.52(H-2)、8.25(1H, d, $J$ = 8.7Hz)相关，$\delta_C$ 133.58(季碳)与 $\delta_H$ 2.66(H-18)、7.32(H-3)、7.75(1H, d, $J$ = 8.7Hz)、9.21(H-1)相关，$\delta_C$ 132.69(季碳)与 $\delta_H$ 7.52(H-2)、8.25(1H, d, $J$ = 8.7Hz)相关，加之 $\delta_H$ 8.25 与 $\delta_H$ 7.75 H-H COSY 相关，$\delta_C$ 132.90(叔碳)与 $\delta_H$ 8.25、$\delta_C$ 118.70(叔碳)与 $\delta_H$ 7.75 HSQC 相关，综合考虑，表明 $\delta_C$ 135.21、133.58、132.69 分别归属 C-4、C-5、C-10，$\delta_H$ 8.25、7.75 分别归属 H-6、H-7, $\delta_C$ 132.90、118.70 分别归属 C-6、C-7; $\delta_C$ 129.56(季碳)与 $\delta_H$ 8.25(H-6)相关，$\delta_C$ 123.01(季碳)与 $\delta_H$ 7.75(H-7)、9.21(H-1)相关，表明 $\delta_C$ 129.56、123.01 分别归属 C-8、C-9。

根据碳、氢化学位移规律和氢偶合分裂情况，加之 $\delta_C$ 8.81(伯碳)与 $\delta_H$ 2.28(3H, d, $J$ = 1.0Hz)HSQC 相关，表明 $\delta_H$ 2.28 归属 H-17, $\delta_C$ 8.81 归属 C-17。

H-H COSY 指出，$\delta_H$ 2.28(H-17)与 $\delta_H$ 7.28(1H, q, $J$ = 1.0Hz)相关，加之 $\delta_C$ 142.02(叔碳)与 $\delta_H$ 7.28 HSQC 相关，表明 $\delta_H$ 7.28 归属 H-15, $\delta_C$ 142.02 归属 C-15。

HMBC 指出，$\delta_C$ 161.12(季碳)与 $\delta_H$ 7.28(H-15)、7.75(H-7)相关，$\delta_C$ 183.34(季碳)与 $\delta_H$ 7.75(H-7)相关，表明 $\delta_C$ 161.12、183.34 分别归属 C-14、C-11。

根据碳化学位移规律，$\delta_C$ 175.53(季碳)归属 C-12，$\delta_C$ 120.44(季碳)、121.74(季碳)归属 C-13、C-16(无法区分)。

丹参酮Ⅰ的 NMR 详细解析数据见表 2-130。

**表 2-130　丹参酮Ⅰ的 NMR 数据($CDCl_3$, 400MHz/H)①**

| 编号 | $\delta_C$ | DEPT | $\delta_H$ | $J$/Hz | H-H COSY | HSQC | HMBC($\delta_H$) |
|---|---|---|---|---|---|---|---|
| 1 | 124.74 | CH | 9.21brd | 8.8 | H-3, H-2 | + | 7.32(H-3) |
| 2 | 130.63 | CH | 7.52dd | 7.0, 8.8 | H-3, H-1 | + | |
| 3 | 128.32 | CH | 7.32brd | 7.0 | H-1, H-18, H-2 | + | 2.66(H-18), 9.21(H-1) |
| 4 | 135.21 | C | | | | | 2.66(H-18), 7.52(H-2), 8.25(H-6) |
| 5 | 133.58 | C | | | | | 2.66(H-18), 7.32(H-3), 7.75(H-7), 9.21(H-1) |
| 6 | 132.90 | CH | 8.25d | 8.7 | H-7 | + | |
| 7 | 118.70 | CH | 7.75d | 8.7 | H-6 | + | |
| 8 | 129.56 | C | | | | | 8.25(H-6) |
| 9 | 123.01 | C | | | | | 7.75(H-7), 9.21(H-1) |
| 10 | 132.69 | C | | | | | 7.52(H-2), 8.25(H-6) |
| 11 | 183.34 | C | | | | | 7.75(H-7) |
| 12 | 175.53 | C | | | | | |
| 13 | 120.44* | C | | | | | 2.28(H-17), 7.28(H-15) |

续表

| 编号 | $\delta_C$ | DEPT | $\delta_H$ | J/Hz | H-H COSY | HSQC | HMBC($\delta_H$) |
|---|---|---|---|---|---|---|---|
| 14 | 161.12 | C | | | | | 7.28(H-15), 7.75(H-7) |
| 15 | 142.02 | CH | 7.28q | 1.0 | H-17 | + | 2.28(H-17) |
| 16 | 121.74* | C | | | | | 2.28(H-17), 7.28(H-15) |
| 17 | 8.81 | $CH_3$ | 2.28d | 1.0 | H-15 | + | 7.28(H-15) |
| 18 | 19.85 | $CH_3$ | 2.66brs | | H-3 | + | 7.32(H-3) |

① 本实验室数据。

* 归属可互换。

二氢丹参酮Ⅰ的 $^{13}$C NMR 显示 18 条碳峰，表明其含有 18 个碳。DEPT 显示，2 个伯碳：$\delta_C$ 18.88、19.91；1 个仲碳：$\delta_C$ 81.67；6 个叔碳：$\delta_C$ 34.76、120.36、125.08、128.89、130.68、131.69；9 个季碳：$\delta_C$ 118.39、126.12、128.26、132.15、134.04、135.01、170.59、175.75、184.33。

根据碳、氢化学位移规律和氢偶合分裂情况，加之 $\delta_C$ 19.91(伯碳)与 $\delta_H$ 2.69(3H, brs)HSQC 相关，表明 $\delta_H$ 2.69 归属 H-18, $\delta_C$ 19.91 归属 C-18。

HMBC 指出，$\delta_C$ 19.91(C-18)与 $\delta_H$ 7.39(1H, brd, $J$ = 6.9Hz)相关，加之 $\delta_H$ 7.39 与 $\delta_H$ 7.55(1H, m)、$\delta_H$ 7.55 与 $\delta_H$ 9.28(1H, brd, $J$ = 8.9Hz)、$\delta_H$ 2.69(H-18)与 $\delta_H$ 7.39 H-H COSY 相关，$\delta_C$ 128.89(叔碳)与 $\delta_H$ 7.39、$\delta_C$ 130.68(叔碳)与 $\delta_H$ 7.55、$\delta_C$ 125.08(叔碳)与 $\delta_H$ 9.28 HSQC 相关，综合考虑，表明 $\delta_H$ 7.39、7.55、9.28 与 $\delta_H$ 2.69 构成 $ABCX_3$ 自旋偶合系统，系统中存在正常偶合和远程偶合，$\delta_H$ 7.39、7.55、9.28 分别归属 H-3、H-2、H-1, $\delta_C$ 128.89、130.68、125.08 分别归属 C-3、C-2、C-1。

HMBC 指出，$\delta_C$ 135.01(季碳)与 $\delta_H$ 2.69(H-18)、7.55(H-2)、8.26(1H, d, $J$ = 9.0Hz)相关，$\delta_C$ 134.04(季碳)与 $\delta_H$ 2.69(H-18)、7.39(H-3)、7.74(1H, d, $J$ = 9.0Hz)、9.28(H-1)相关，$\delta_C$ 132.15(季碳)与 $\delta_H$ 7.55(H-2)、8.26(1H, d, $J$ = 9.0Hz)相关，加之 $\delta_H$ 8.26 与 $\delta_H$ 7.74 H-H COSY 相关，$\delta_C$ 131.69(叔碳)与 $\delta_H$ 8.26、$\delta_C$ 120.36(叔碳)与 $\delta_H$ 7.74 HSQC 相关，综合考虑，表明 $\delta_C$ 135.01、134.04、132.15 分别归属 C-4、C-5、C-10, $\delta_H$ 8.26、7.74 分别归属 H-6、H-7, $\delta_C$ 131.69、120.36 分别归属 C-6、C-7; $\delta_C$ 128.26(季碳)与 $\delta_H$ 8.26(H-6)相关，$\delta_C$ 126.12(季碳)与 $\delta_H$ 7.74(H-7)、9.28(H-1)相关，表明 $\delta_C$ 128.26、126.12 分别归属 C-8、C-9。

根据碳、氢化学位移规律和氢偶合分裂情况，加之 $\delta_C$ 18.88(伯碳)与 $\delta_H$ 1.41(3H, d, $J$ = 6.8Hz)HSQC 相关，表明 $\delta_H$ 1.41 归属 H-17，$\delta_C$ 18.88 归属 C-17。

H-H COSY 指出，$\delta_H$ 1.41(H-17)与 $\delta_H$ 3.65(1H, m)相关，$\delta_H$ 3.65 与 $\delta_H$ 4.43(1H, dd, $J$ = 6.3Hz、9.2Hz)、4.97(1H, t, $J$ = 9.2Hz、9.2Hz)相关，加之 $\delta_C$ 81.67(仲碳)与 $\delta_H$ 4.43、4.97 以及 $\delta_C$ 34.76(叔碳)与 $\delta_H$ 3.65 HSQC 相关，综合考虑，表明 $\delta_H$ 4.43、

4.97、3.65、1.41 构成 $ABMX_3$ 自旋偶合系统，$\delta_H$ 4.43、4.97 分别归属 H-15a、H-15b，$\delta_H$ 3.65 归属 H-16, $\delta_C$ 81.67、34.76 分别归属 C-15、C-16。

根据碳化学位移规律，$\delta_C$ 184.33(季碳)、$\delta_C$ 175.75(季碳)归属 C-11、C-12(归属应进一步区分)，$\delta_C$ 118.39(季碳)归属 C-13, $\delta_C$ 170.59(季碳)归属 C-14。

HMBC 指出，$\delta_C$ 184.33 与 $\delta_H$ 7.74(H-7)相关，表明 $\delta_C$ 184.33 归属 C-11，当然 $\delta_C$ 175.75 归属 C-12；$\delta_C$ 118.39 与 $\delta_H$ 1.41(H-17)、3.65(H-16)、4.43(H-15a)、4.97(H-15b)相关，$\delta_C$ 170.59 与 $\delta_H$ 3.65(H-16)、4.43(H-15a)、4.97(H-15b)、7.74(H-7)相关，进一步证明 $\delta_C$ 118.39、170.59 的归属正确。

二氢丹参酮 I 的 NMR 详细解析数据见表 2-131。

表 2-131 二氢丹参酮 I 的 NMR 数据($CDCl_3$, 400MHz/H)①

| 编号 | $\delta_C$ | DEPT | $\delta_H$ | J/Hz | H-H COSY | HSQC | HMBC($\delta_H$) |
|---|---|---|---|---|---|---|---|
| 1 | 125.08 | CH | 9.28brd | 8.9 | H-3, H-2 | + | 7.39(H-3) |
| 2 | 130.68 | CH | 7.55m | | H-1, H-3 | + | |
| 3 | 128.89 | CH | 7.39brd | 6.9 | H-1, H-18, H-2 | + | 2.69(H-18), 9.28(H-1) |
| 4 | 135.01 | C | | | | | 2.69(H-18), 7.55(H-2), 8.26(H-6) |
| 5 | 134.04 | C | | | | | 2.69(H-18), 7.39(H-3), 7.74(H-7), 9.28(H-1) |
| 6 | 131.96 | CH | 8.26d | 9.0 | H-7 | + | |
| 7 | 120.36 | CH | 7.74d | 9.0 | H-6 | + | |
| 8 | 128.26 | C | | | | | 8.26(H-6) |
| 9 | 126.12 | C | | | | | 7.74(H-7), 9.28(H-1) |
| 10 | 132.15 | C | | | | | 7.55(H-2), 8.26(H-6) |
| 11 | 184.33 | C | | | | | 7.74(H-7) |
| 12 | 175.75 | C | | | | | |
| 13 | 118.39 | C | | | | | 1.41(H-17), 3.65(H-16), 4.43(H-15a), 4.97(H-15b) |
| 14 | 170.59 | C | | | | | 3.65(H-16), 4.43(H-15a), 4.97(H-15b), 7.74(H-7) |
| 15a | 81.67 | $CH_2$ | 4.43dd | 6.3, 9.2 | H-16, H-15b | + | 1.41(H-17) |
| 15b | | | 4.97t | 9.2, 9.2 | H-16, H-15a | + | |
| 16 | 34.76 | CH | 3.65m | | H-17, H-15a, H-15b | + | 1.41(H-17), 4.43(H-15a), 4.97(H-15b) |
| 17 | 18.88 | $CH_3$ | 1.41d | 6.8 | H-16 | + | 3.65(H-16), 4.43(H-15a), 4.97(H-15b) |
| 18 | 19.91 | $CH_3$ | 2.69brs | | H-3 | + | 7.39(H-3) |

① 本实验室数据。

丹参酮ⅡA 的 $^{13}$C NMR 显示 19 条碳峰，表明丹参酮ⅡA 含有 19 个碳。DEPT 显示，3 个伯碳：$\delta_C$ 8.86、31.85、31.87；3 个仲碳：$\delta_C$ 19.15、29.94、37.86；3 个叔碳：$\delta_C$ 120.27、133.52、141. 32；10 个季碳：$\delta_C$ 34.69、119.91、121.16、126.49、127.47、144.52、150.15、161.75、175.79、183.65。

根据氢化学位移规律和偶合分裂情况，加之 $\delta_C$ 31.85(伯碳)、31.87(伯碳)均与 $\delta_H$ 1.31(6H, s) HSQC 相关，表明 $\delta_H$ 1.31(6H, s)归属 H-(18, 19)，$\delta_C$ 31.85、31.87 归属 C-18、C-19(无法区分)。

HMBC 指出，$\delta_C$ 31.85、31.87(C-18、C-19)均与 $\delta_H$ 1.66(2H, m)相关，表明 $\delta_H$ 1.66 归属 H-3。H-H COSY 指出，$\delta_H$ 1.66(H-3)与 $\delta_H$ 1.78(2H, m)相关，$\delta_H$ 1.78 与 $\delta_H$ 3.18(2H, m)相关，加之 $\delta_C$ 37.86(仲碳)与 $\delta_H$ 1.66、$\delta_C$ 19.15(仲碳)与 $\delta_H$ 1.78、$\delta_C$ 29.94(仲碳)与 $\delta_H$ 3.18 HSQC 相关，表明 $\delta_H$ 1.66、1.78、3.18 分别归属 H-3、H-2、H-1，$\delta_C$ 37.86、19.15、29.94 分别归属 C-3、C-2、C-1。

HMBC 指出，$\delta_C$ 34.69(季碳)与 $\delta_H$ 1.31(H-18, 19)、1.66(H-3)、1.78(H-2)、7.63(1H, d, $J$ = 8.0Hz)相关，$\delta_C$ 150.15(季碳)与 $\delta_H$ 1.31(H-18, 19)、1.66(H-3)、3.18(H-1)、7.54(1H, d, $J$ = 8.0Hz)相关，$\delta_C$ 144.52(季碳)与 $\delta_H$ 1.78(H-2)、3.18(H-1)、7.63(1H, d, $J$ = 8.0Hz) 相关，加之 $\delta_H$ 7.63 与 $\delta_H$ 7.54 H-H COSY 相关，$\delta_C$ 133.52(叔碳)与 $\delta_H$ 7.63、$\delta_C$ 120.27(叔碳)与 $\delta_H$ 7.54 HSQC 相关，综合考虑，表明 $\delta_C$ 34.69、150.15、144.52 分别归属 C-4、C-5、C-10, $\delta_H$ 7.63、7.54 分别归属 H-6、H-7, $\delta_C$ 133.52、120.27 分别归属 C-6、C-7；$\delta_C$ 127.47(季碳)与 $\delta_H$ 7.63(H-6)相关，$\delta_C$ 126.49(季碳)与 $\delta_H$ 3.18(H-1)、7.54(H-7)相关，表明 $\delta_C$ 127.47、126.49 分别归属 C-8、C-9。

根据氢化学位移规律和偶合分裂情况，加之 $\delta_C$ 8.86(伯碳)与 $\delta_H$ 2.26(3H, d, $J$ = 1.0Hz) HSQC 相关，表明 $\delta_H$ 2.26 归属 H-17，$\delta_C$ 8.86 归属 C-17。

H-H COSY 指出，$\delta_H$ 2.26(H-17)与 $\delta_H$ 7.22(1H, q, $J$ = 1.0Hz)相关，加之 $\delta_C$ 141.32(叔碳)与 $\delta_H$ 7.22 HSQC 相关，表明 $\delta_H$ 7.22 归属 H-15, $\delta_C$ 141.32 归属 C-15。

HMBC 指出，$\delta_C$ 161.75(季碳)与 $\delta_H$ 7.22(H-15)、7.54(H-7)相关，表明 $\delta_C$ 161.75 归属 C-14。

根据碳化学位移规律，$\delta_C$ 183.65(季碳)、$\delta_C$ 175.79(季碳)归属 C-11、C-12(无法区分)，$\delta_C$ 119.91(季碳)、121.16(季碳)归属 C-13、C-16(无法区分)；参照丹参酮Ⅰ和二氢丹参酮Ⅰ的碳化学位移归属，$\delta_C$ 183.65 归属 C-11，$\delta_C$ 175.79 归属 C-12。

丹参酮ⅡA 的 NMR 详细解析数据见表 2-132。

表 2-132 丹参酮ⅡA 的 NMR 数据($CDCl_3$, 400MHz/H)[①]

| 编号 | $\delta_C$ | DEPT | $\delta_H$ | $J$/Hz | H-H COSY | HSQC | HMBC($\delta_H$) |
|---|---|---|---|---|---|---|---|
| 1 | 29.94 | $CH_2$ | 3.18m | | H-2 | + | 1.66(H-3), 1.78(H-2) |
| 2 | 19.15 | $CH_2$ | 1.78m | | H-1, H-3 | + | 1.66(H-3), 3.18(H-1) |

续表

| 编号 | $\delta_C$ | DEPT | $\delta_H$ | $J$/Hz | H-H COSY | HSQC | HMBC($\delta_H$) |
|---|---|---|---|---|---|---|---|
| 3 | 37.86 | $CH_2$ | 1.66m | | H-2 | + | 1.31(H-18, 19), 1.78(H-2), 3.18(H-1) |
| 4 | 34.69 | C | | | | | 1.31(H-18, 19), 1.66(H-3), 1.78(H-2), 7.63(H-6) |
| 5 | 150.15 | C | | | | | 1.31(H-18, 19), 1.66(H-3), 3.18(H-1), 7.54(H-7) |
| 6 | 133.52 | CH | 7.63d | 8.0 | H-7 | + | |
| 7 | 120.27 | CH | 7.54d | 8.0 | H-6 | + | |
| 8 | 127.47 | C | | | | | 7.63(H-6) |
| 9 | 126.49 | C | | | | | 3.18(H-1), 7.54(H-7) |
| 10 | 144.52 | C | | | | | 1.78(H-2), 3.18(H-1), 7.63(H-6) |
| 11 | 183.65 | C | | | | | |
| 12 | 175.79 | C | | | | | |
| 13 | 119.91* | C | | | | | 2.26(H-17), 7.22(H-15) |
| 14 | 161.75 | C | | | | | 7.22(H-15), 7.54(H-7) |
| 15 | 141.32 | CH | 7.22q | 1.0 | H-17 | + | 2.26(H-17) |
| 16 | 121.16* | C | | | | | 2.26(H-17), 7.22(H-15) |
| 17 | 8.86 | $CH_3$ | 2.26d | 1.0 | H-15 | + | |
| 18 | 31.87** | $CH_3$ | 1.31s | | | + | 1.31(H-19), 1.66(H-3) |
| 19 | 31.85** | $CH_3$ | 1.31s | | | + | 1.31(H-18), 1.66(H-3) |

① 本实验室数据。

*, ** 相同标记的归属可互换。

## 例 2-92 甘西鼠尾新酮 A 的结构测定[184,185]

甘西鼠尾新酮 A(new-przewaquinone, **2-133**)是从甘西鼠尾(*Salvia przewalskii*)根中分离得到的 1 个化合物。

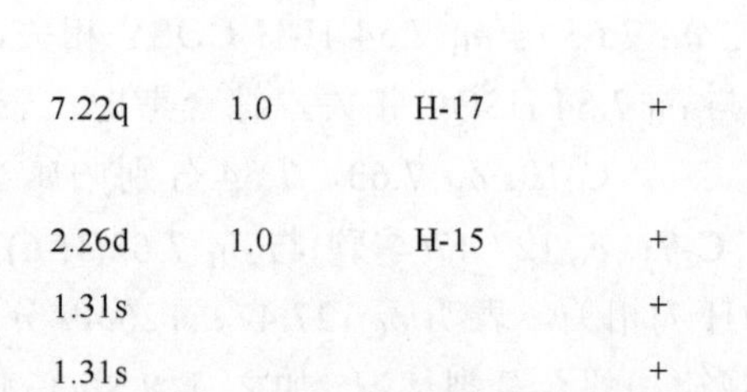

**2-133**

甘西鼠尾新酮 A 的 FAB MS *m/z*: 595[M+K]$^+$、579[M+Na]$^+$、556[M]$^{+\cdot}$; HRFAB MS *m/z*: 556.1884[M]$^{+\cdot}$; 确定其分子式为 $C_{36}H_{28}O_6$(计算值 556.1886)。

甘西鼠尾新酮 A 的 $^{13}$C NMR 显示 34 条碳峰，其中 $\delta_C$ 8.8×2、120.7×2 各为 2 个碳，因此，甘西鼠尾新酮 A 含有 36 个碳。DEPT 显示，3 个伯碳：$\delta_C$ 8.8×2、19.8；6 个仲碳：$\delta_C$ 22.5、23.3、24.9、29.4、32.1、110.5；7 个叔碳：$\delta_C$ 120.3、120.7、128.2、128.6、130.8、141.2、141.6；20 个季碳：$\delta_C$ 120.1、120.7、121.2、121.3、126.2、126.5、127.3、129.0、131.0、138.5、139.0、143.3、144.4、144.6、161.3、161.6、175.5、176.2、183.3、184.2。

H-H COSY 指出，$\delta_H$ 7.45(1H, d, $J$ = 7.9Hz)与 $\delta_H$ 7.33(1H, d, $J$ = 7.9Hz)相关，$\delta_H$ 7.78(1H, d, $J$ = 7.9Hz)与 $\delta_H$ 7.42(1H, d, $J$ = 7.9Hz)相关，提示甘西鼠尾新酮 A 中有 2 组苯环上的邻位质子；$\delta_H$ 7.18(1H, q, $J$ = 1.2Hz)与 $\delta_H$ 2.20(3H, d, $J$ = 1.2Hz)相关，$\delta_H$ 7.20(1H, q, $J$ = 1.2Hz)与 $\delta_H$ 2.00(3H, d, $J$ = 1.2Hz)相关，提示甘西鼠尾新酮 A 中有 2 个呋喃环氢，且其邻位碳上连有甲基。根据碳、氢化学位移规律及氢偶合分裂情况，$\delta_C$ 175.5(季碳)、176.2(季碳)、183.3(季碳)、184.2(季碳)应为 4 个羰基碳，加之 $\delta_H$ 5.00(1H, brs)与 $\delta_H$ 5.50(1H, brs)H-H COSY 相关，提示 $\delta_H$ 5.00 和 5.50 为同碳双键氢。为此，结合质谱数据，对照丹参酮ⅡA(**2-132**, 见例 2-91)和次甲丹参醌(**2-134**[185]) $^1$H NMR 和 $^{13}$C NMR 数据(见表 2-132、表 2-133)，提示甘西鼠尾新酮 A 可能是丹参酮ⅡA 和次甲丹参醌的 A 环开环聚合而成。

**2-132**　　**2-134**

**表 2-133　次甲丹参醌的 NMR 数据(CDCl$_3$, 400MHz/H)**

| 编号 | $\delta_C$ | $\delta_H$ | $J$/Hz | 编号 | $\delta_C$ | $\delta_H$ | $J$/Hz |
|---|---|---|---|---|---|---|---|
| 1 | 29.3 | 3.29t | 8.0, 8.0 | 10 | 144.6 | | |
| 2 | 23.3 | 1.88m | | 11 | 183.5 | | |
| 3 | 32.2 | 2.51m | | 12 | 175.6 | | |
| 4 | 130.2 | | | 13 | 120.2 | | |
| 5 | 143.3 | | | 14 | 161.3 | | |
| 6 | 130.0 | 7.89d | 8.2 | 15 | 141.6 | 7.24d | 1.2 |
| 7 | 120.3 | 7.56d | 8.2 | 16 | 121.6 | | |
| 8 | 138.7 | | | 17 | 8.9 | | |
| 9 | 126.6 | | | 18a | 110.7 | 5.07brs | |
| | | | | 18b | | 5.50brs | |

H-H COSY 指出，$\delta_H$ 1.85(2H, m)与 $\delta_H$ 2.47(2H, brt, $J$ = 6.4Hz、6.4Hz)、3.21 (2H, t, $J$ = 6.4Hz、6.4Hz)相关，推测甘西鼠尾新酮 A 中含有结构片段 **A**，$\delta_H$ 3.21、1.85、2.47 分别归属 H-a、H-b、H-c；$\delta_H$ 2.22(2H, m)与 $\delta_H$ 6.00(1H, m)、3.28(2H, t, $J$ = 6.4Hz、6.4Hz)相关，推测甘西鼠尾新酮 A 中含有结构片段 **B**，$\delta_H$ 2.00(3H, d, $J$ = 1.6Hz)与 $\delta_H$ 6.00(1H, m)相关，进一步推测结构片段 **B** 上连有甲基，即结构片段 **C**，$\delta_H$ 2.00、6.00、2.22、3.28 分别归属 H-d、H-f、H-g、H-h。为此，提示甘西鼠尾新酮 A 可能是丹参酮ⅡA 和次甲丹参醌的 A 环 C-2 与 C-3 键开环聚合而成。

$\sim CH_2CH_2CH_2\sim$ (a b c) **A**　　$C{=}CHCH_2CH_2\sim$ **B**　　$\sim C(d)(e){=}CHCH_2CH_2\sim$ (f g h) **C**

HMQC 指出，$\delta_C$ 23.3(仲碳)与 $\delta_H$ 1.85(H-b)相关，$\delta_C$ 32.1(仲碳)与 $\delta_H$ 2.47(H-c)相关，$\delta_C$ 29.4(仲碳)与 $\delta_H$ 3.21(H-a)相关，表明 $\delta_C$ 29.4、23.3、32.1 分别归属结构片段 **A** 中的 C-a、C-b、C-c；$\delta_C$ 22.5(仲碳)与 $\delta_H$ 2.22(H-g)相关，$\delta_C$ 24.9(仲碳)与 $\delta_H$ 3.28(H-h)相关，$\delta_C$ 128.6(叔碳)与 $\delta_H$ 6.00(H-f)相关，$\delta_C$ 19.8(伯碳)与 $\delta_H$ 2.00(H-d)相关，表明 $\delta_C$ 19.8、128.6、22.5、24.9 分别归属结构片段 C 中的 C-d、C-f、C-g、C-h。

H-H COSY 指出，$\delta_H$ 2.47(H-c)与 $\delta_H$ 5.00(1H, brs)、5.50(1H, brs)相关，$\delta_H$ 5.00 与 $\delta_H$ 5.50 相关，加之 $\delta_C$ 110.5(仲碳)与 $\delta_H$ 5.00、5.50 HMQC 相关，提示结构片段 **A** 上连有 $\sim C{=}CH_2$ 基，即结构片段 **D**，$\delta_H$ 5.00、5.50 分别归属 H-$j_a$、H-$j_b$，$\delta_C$ 110.5 归属 C-j。

$\sim CH_2CH_2CH_2{-}C{=}CH_2$ (a b c i j)

**D**

HMBC 指出，$\delta_C$ 143.3(季碳)、144.4(季碳)均与 $\delta_H$ 1.85(H-b)相关，$\delta_C$ 110.5(C-j)、138.5(季碳)均与 $\delta_H$ 2.47(H-c)相关，$\delta_C$ 126.5(季碳)与 $\delta_H$ 3.21(H-a)相关，$\delta_C$ 32.1(C-c)、138.5(季碳)均与 $\delta_H$ 5.00(H-$j_a$)、5.50(H-$j_b$)相关，提示结构片段 **D** 两端均连在苯环上；$\delta_C$ 126.2(季碳)、128.6(C-f)均与 $\delta_H$ 3.28(H-h)相关，$\delta_C$ 128.6(C-f)、139.0(季碳)均与 $\delta_H$ 2.00(H-d)相关，$\delta_C$ 19.8(C-d)、24.9(C-h)、139.0(季碳)均与 $\delta_H$ 6.00(H-f)相关，提示片段 **C** 两端均连在苯环上。综上，推测甘西鼠尾新酮 A 含有结构片段 **E**。

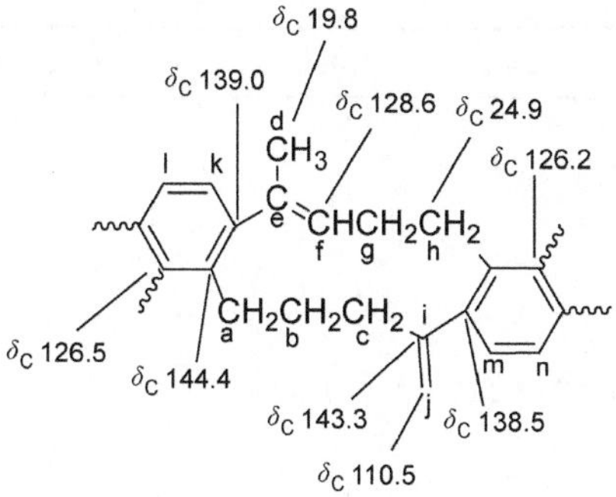

$\delta_C$ 19.8, $\delta_C$ 139.0, $\delta_C$ 128.6, $\delta_C$ 24.9, $\delta_C$ 126.2, $\delta_C$ 126.5, $\delta_C$ 144.4, $\delta_C$ 143.3, $\delta_C$ 138.5, $\delta_C$ 110.5

**E**

NOESY 指出，$\delta_H$ 2.00(H-d)与 $\delta_H$ 7.33 相关，加之 $\delta_H$ 7.33 与 $\delta_H$ 7.45 H-H COSY 相关(见前述)，表明 $\delta_H$ 7.33 归属 H-k、$\delta_H$ 7.45 归属 H-l；$\delta_H$ 5.50(H-$j_b$)与 $\delta_H$ 7.78 相关，加之 $\delta_H$ 7.78 与 $\delta_H$ 7.42 H-H COSY 相关(见前述)，表明 $\delta_H$ 7.78 归属 H-m、$\delta_H$ 7.45 归属 H-n。NOESY 数据进一步证实结构片段 **E** 中 12 环的存在。

参考表 2-132、表 2-133, $\delta_C$ 184.2(季碳)、176.2(季碳)、183.3(季碳)、175.5(季碳)应为 2 个邻醌的 4 个酮碳的化学位移，$\delta_H$ 7.18(1H, q, $J$ = 1.2Hz)、7.20(1H, q, $J$ = 1.2Hz)应为 2 个呋喃环上的氢。

综上，推测甘西鼠尾新酮 A 的结构如式 **2-133** 所示，其 NMR 数据详细解析见表 2-134。需要指出的是表 2-134 中的碳号表示与文中对应关系如下：

| 编号 | a | b | c | d | e | f | g | h | i | j | k | l | m | n |
|---|---|---|---|---|---|---|---|---|---|---|---|---|---|---|
| 编号 | 1 | 2 | 3′ | 18 | 4 | 3 | 2′ | 1′ | 4′ | 18′ | 6 | 7 | 6′ | 7′ |

表 2-134 甘西鼠尾新酮 A 的 NMR 数据($CDCl_3$, 300MHz/H)

| 编号 | $\delta_C$ | DEPT | $\delta_H$ | $J$/Hz | H-H COSY | NOESY | HMQC | HMBC($\delta_H$)[①] |
|---|---|---|---|---|---|---|---|---|
| 1 | 29.4 | $CH_2$ | 3.21t | 6.4, 6.4 | H-2 | | + | |
| 2 | 23.3 | $CH_2$ | 1.85m | | H-1, H-3′ | | + | |
| 3 | 128.6 | CH | 6.00m | | H-18, H-2′ | | + | 2.00(H-18), 3.28(H-1′) |
| 4 | 131.0 | C | | | | | | |
| 5 | 139.0 | C | | | | | | 2.00(H-18) |
| 6 | 128.2 | CH | 7.33d | 7.9 | H-7 | H-18 | + | |
| 7 | 120.7 | CH | 7.45d | 7.9 | H-6 | | + | |
| 8 | 127.3 | C | | | | | | |
| 9 | 126.5 | C | | | | | | 3.21(H-1) |
| 10 | 144.4 | C | | | | | | 1.85(H-2) |

续表

| 编号 | $\delta_C$ | DEPT | $\delta_H$ | $J$/Hz | H-H COSY | NOESY | HMQC | HMBC($\delta_H$)① |
|---|---|---|---|---|---|---|---|---|
| 11 | 184.2 | C | | | | | | |
| 12 | 176.2 | C | | | | | | |
| 13 | 120.7* | C | | | | | | |
| 14 | 161.6 | C | | | | | | |
| 15 | 141.6 | CH | 7.18q | 1.2 | H-17 | | + | |
| 16 | 121.3* | C | | | | | | |
| 17 | 8.8 | $CH_3$ | 2.20d | 1.2 | H-15 | | + | |
| 18 | 19.8 | $CH_3$ | 2.00d | 1.6 | H-3 | H-6 | + | |
| 1′ | 24.9 | $CH_2$ | 3.28t | 6.4, 6.4 | H-2′ | | + | |
| 2′ | 22.5 | $CH_2$ | 2.22m | | H-1′, H-3 | | + | |
| 3′ | 32.1 | $CH_2$ | 2.47brt | 6.4, 6.4 | H-18′a, H-18′b, H-2 | | + | 5.00(H-18′a), 5.50(H-18′b) |
| 4′ | 143.3 | C | | | | | | 1.85(H-2) |
| 5′ | 138.5 | C | | | | | | 2.47(H-3′), 5.00(H-18′a), 5.50(H-18′b) |
| 6′ | 130.8 | CH | 7.78d | 7.9 | H-7′ | H-18′b | + | |
| 7′ | 120.3 | CH | 7.42d | 7.9 | H-6′ | | + | |
| 8′ | 129.0 | C | | | | | | |
| 9′ | 126.2 | C | | | | | | 3.28(H-1′) |
| 10′ | 144.6 | C | | | | | | |
| 11′ | 183.3 | C | | | | | | |
| 12′ | 175.5 | C | | | | | | |
| 13′ | 120.1* | C | | | | | | |
| 14′ | 161.3 | C | | | | | | |
| 15′ | 141.2 | CH | 7.20q | 1.2 | H-17′ | | + | |
| 16′ | 121.2* | C | | | | | | |
| 17′ | 8.8 | $CH_3$ | 2.00d | 1.2 | H-15′ | | + | |
| 18′a | 110.5 | $CH_2$ | 5.00brs | | H-3′, H-18′b | | + | 2.47(H-3′) |
| 18′b | | | 5.50brs | | H-3′, H-18′a | H-6′ | + | |

① 原始文献中 HMBC 数据不全。

* 归属可互换。

由表 2-134 可以看出，C-5 至 C-17 与 C-5′至 C-17′相对应的化学位移相近，也与丹参酮ⅡA 相对应的碳化学位移相近，是由于它们的化学结构环境一致，进一步证实甘西鼠尾新酮 A 是由于丹参酮ⅡA 和次甲丹参醌的 A 环 C-2 与 C-3 键开环聚合而成。对于 C-5～C-17、C-5′～C-17′的归属区别可由 H-H COSY、HMQC、HMBC 数据综合考虑，由于原始文献没有给出详细的 HMBC 数据，这里无法详细赘述。

**例 2-93** 几个寡糖的 NMR 数据解析[186-188]

海藻糖[trehalose, α-D-吡喃葡萄糖-(1-O-1)-α-D-吡喃葡萄糖, **2-135**]、棉子糖[raffinose, α-D-吡喃半乳糖-(1-O-6)-α-D-吡喃葡萄糖-(1-O-2)-β-D-呋喃果糖, **2-136**]、麦芽糖[maltose, α-D-吡喃葡萄糖-(1-O-4)-D-吡喃葡萄糖, **2-137**]是几个代表性的寡糖，由于其结构的特殊性，氢峰的重叠，碳峰数目的变化，给谱峰解析带来很多困难。

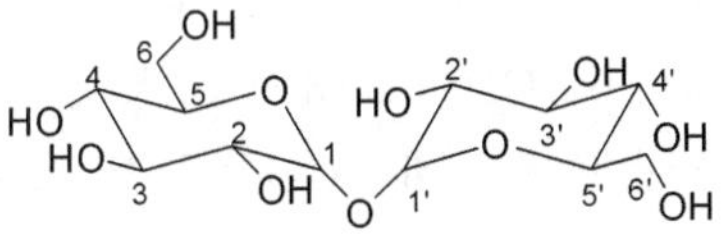

**2-135**

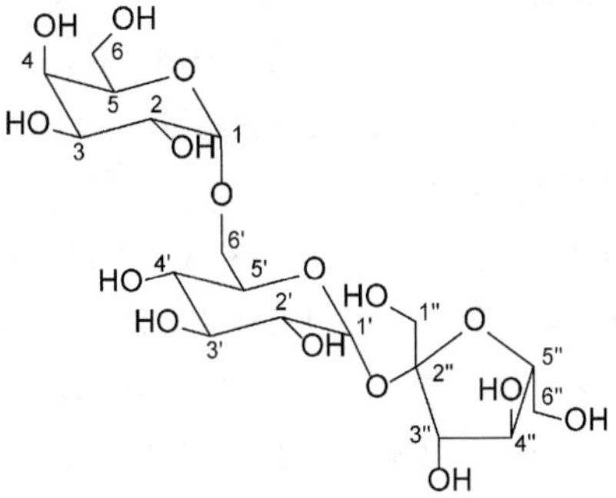

**2-136**

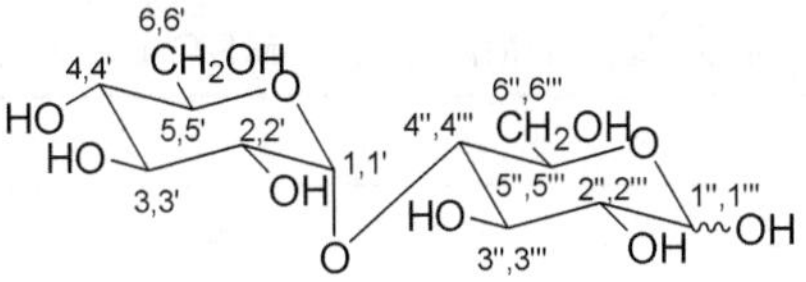

**2-137**

海藻糖的 $^{13}$C NMR 显示 6 条碳峰。由于海藻糖中 2 个 α-葡萄糖相对应，碳化学环境相同，实际上 6 条碳峰包含 12 个碳。DEPT 显示，2 个仲碳：$\delta_C$ 60.67×2；10 个叔碳：$\delta_C$ 70.02×2、71.53×2、72.40×2、72.81×2、93.03×2。

根据氢化学位移规律和偶合分裂情况，$\delta_H$ 4.88(2H, d, $J$ =3.6Hz)归属 H-(1, 1′)。H-H COSY 指出，$\delta_H$ 4.88(H-1,1′)与 $\delta_H$ 3.24(2H, m)相关，$\delta_H$ 3.24 与 $\delta_H$ 3.55(4H, m)相关，加之 $\delta_C$ 93.03(叔碳)与 $\delta_H$ 4.88(H-1, 1′)、$\delta_C$ 71.53(叔碳)与 $\delta_H$ 3.24 HSQC 相关，表明 $\delta_H$ 3.24、3.55(其中 2 个氢)分别归属 H-2,2′、H-3,3′，$\delta_C$ 93.03、71.53 分别归属 C-1,1′、C-2,2′。

根据碳化学位移规律，$\delta_C$ 60.67×2(仲碳)归属 C-6,6′，加之 $\delta_C$ 60.67 与 $\delta_H$ 3.47(2H, m)、3.55(4H, m) HSQC 相关，表明 $\delta_H$ 3.47、3.55(其中 2 个氢)分别归属 H-6a,6′a、H-6b,6′b。

H-H COSY 指出，$\delta_H$ 3.47(H-6a,6′a)与 $\delta_H$ 3.64(2H, m)相关，$\delta_H$ 3.64 与 $\delta_H$ 3.13(2H, m)相关，加之 $\delta_C$ 72.40(叔碳)与 $\delta_H$ 3.64、$\delta_C$ 70.02(叔碳)与 $\delta_H$ 3.13 HSQC 相关，综合考虑，表明 $\delta_H$ 3.64、3.13 分别归属 H-5,5′、H-4,4′，$\delta_C$ 72.40、70.02 分别归属 C-5,5′、C-4,4′。

HMBC 指出，$\delta_C$ 72.81(叔碳)与 $\delta_H$ 3.13(H-4,4′)、3.24(H-2,2′)、4.88(H-1,1′)相关，加之 $\delta_C$ 72.81 与 $\delta_H$ 3.55 HSQC 相关，表明 $\delta_C$ 72.81 归属 C-(3, 3′)。

H-H COSY 指出，$\delta_H$ 4.62(2H, d, $J$ = 6.3Hz, 活泼氢)与 $\delta_H$ 3.24(H-2, 2′)相关，表明 $\delta_H$ 4.62 归属 OH-(2, 2′)；$\delta_H$ 4.77(2H, d, $J$ = 4.6Hz, 活泼氢)与 $\delta_H$ 3.55(H-3,3′)相关，表明 $\delta_H$ 4.77 归属 OH-(3, 3′)；$\delta_H$ 4.78(2H, d, $J$ = 5.4Hz, 活泼氢)与 $\delta_H$ 3.13(H-4,4′)相关，表明 $\delta_H$ 4.78 归属 OH-4,4′($\delta_H$ 4.77 与 4.78 特别相近，归属可以互换)；$\delta_H$ 4.37(2H, t, $J$ = 5.9Hz、5.9Hz)与 $\delta_H$ 3.47(H-6a,6′a)、$\delta_H$ 3.55(H-6b,6′b)相关，表明 $\delta_H$ 4.37 归属 OH-6,6′。

NOESY 指出，$\delta_H$ 4.88(H-1,1′)与 $\delta_H$ 4.37(OH-6,6′)相关，$\delta_H$ 3.24(H-2,2′)与 $\delta_H$ 3.13(H-4,4′)相关，$\delta_H$ 3.13(H-4,4′)与 3.47(H-6a,6′a)相关，表明 H-1,1′、H-2,2′、H-4,4′、H-6,6′同处糖环平面一侧；$\delta_H$ 3.64(H-5,5′)与 $\delta_H$ 4.62(OH-2,2′)相关，表明 H-5,5′处在糖环平面另一侧。由于 H-3,3′与 H-6b,6′b 化学位移相同，OH-3,3′与 OH-4,4′化学位移相近，H-3,3′的取向无法用 NOESY 确定。

海藻糖的 NMR 详细解析数据见表 2-135。

表 2-135　海藻糖的 NMR 数据(DMSO-$d_6$, 400MHz/H)①

| 编号 | $\delta_C$ | DEPT | $\delta_H$ | $J$/Hz | H-H COSY | NOESY | HSQC | HMBC($\delta_H$) |
|---|---|---|---|---|---|---|---|---|
| 1, 1′ | 93.03 | CH | 4.88d | 3.6 | H-2,2′ | OH-6,6′ | + | 3.55(H-3, 3′), 4.62(OH-2, 2′), 4.88(H-1′, 1) |
| 2, 2′ | 71.53 | CH | 3.24m | | H-1,1′, H-3,3′, OH-2,2′ | H-4,4′ | + | 4.62(OH-2, 2′), 4.88(H-1, 1′) |
| OH-2,2′ | | | 4.62d | 6.3 | H-2,2′ | H-5,5′ | | |
| 3, 3′ | 72.81 | CH | 3.55m | | H-2,2′, H-4,4′, OH-3,3′ | | + | 3.13(H-4, 4′), 3.24(H-2, 2′) 4.77(OH-3, 3′), 4.78(OH-4, 4′), 4.88(H-1, 1′) |
| OH-3,3′ | | | 4.77*d | 4.6 | H-3,3′ | | | |
| 4, 4′ | 70.02 | CH | 3.13m | | H-3,3′, H-5,5′, OH-4,4′ | H-2,2′ H-6a,6′a | + | 3.47(H-6a, 6′a), 3.55[H-(3, 3′), H-(6b, 6′b)], 3.64(H-5, 5′), 4.77(OH-3, 3′), 4.78(OH-4, 4′) |

续表

| 编号 | $\delta_C$ | DEPT | $\delta_H$ | J/Hz | H-H COSY | NOESY | HSQC | HMBC($\delta_H$) |
|---|---|---|---|---|---|---|---|---|
| OH-4,4′ | | | 4.78*d | 5.4 | H-4,4′ | | | |
| 5, 5′ | 72.40 | CH | 3.64m | | H-4,4′, H-6a,6′a, H-6b,6′b | OH-(2, 2′) | + | 3.13(H-4, 4′), 3.47(H-6a, 6′a), 3.55[(H-3, 3′), H-(6b, 6′b)], 4.37(OH-6, 6′), 4.78(OH-4, 4′), 4.88(H-1, 1′) |
| 6a, 6′a | 60.67 | $CH_2$ | 3.47m | | H-5,5′, H-6b,6′b, OH-6,6′ | H-(4, 4′) | + | 3.13(H-4, 4′), 3.64(H-5, 5′) |
| 6b, 6′b | | | 3.55m | | H-5,5′, H-6a,6′a OH-6,6′ | | + | |
| OH-6,6′ | | | 4.37t | 5.9, 5.9 | H-6a,6′a, H-6b,6′b | H-(1, 1′) | | |

① 本实验室数据。

* 归属可以互换。

棉子糖的 $^{13}$C NMR 显示 18 条碳峰，表明其含有 18 个碳。DEPT 显示，4 个仲碳：$\delta_C$ 60.51、62.09、62.17、66.64；13 个叔碳：$\delta_C$ 68.48、68.78、69.40、70.20、70.88、71.18、71.42、72.76、74.14、76.88、82.32、91.56、99.05；1 个季碳：$\delta_C$ 103.99。

根据碳、氢化学位移规律和氢偶合分裂情况，加之 $\delta_C$ 66.64(仲碳)与 $\delta_H$ 3.47(2H, m)、3.71(2H, m)HSQC 相关，$\delta_C$ 66.64 与 $\delta_H$ 4.65(1H, brs) HMBC 相关，表明 $\delta_C$ 66.64 归属 C-6′，$\delta_H$ 3.47(其中 1 个氢)、3.71(其中 1 个氢)、4.65 分别归属 H-6′a、H-6′b、H-1。

根据碳、氢化学位移规律和氢偶合分裂情况，加之 $\delta_C$ 60.51(仲碳)与 $\delta_H$ 3.43(1H, m)、3.48(1H, m)HSQC 相关，$\delta_C$ 60.51 与 $\delta_H$ 3.64(1H, m) HMBC 相关，$\delta_H$ 3.43、3.48、3.64 均与 $\delta_H$ 4.54(3H, m, 活泼氢) H-H COSY 相关，综合考虑，表明 $\delta_C$ 60.51 归属 C-6，$\delta_H$ 3.43、3.48、3.64、4.54(其中 2 个氢)分别归属 H-6a、H-6b、H-4、OH-4、OH-6。

H-H COSY 指出，$\delta_H$ 4.65(H-1)与 $\delta_H$ 3.58(5H, m)相关，加之 $\delta_C$ 99.05(叔碳)与 $\delta_H$ 4.65(H-1)HSQC 相关，表明 $\delta_H$ 3.58(其中 1 个氢)归属 H-2，$\delta_C$ 99.05 归属 C-1；$\delta_H$ 3.43(H-6a)与 $\delta_H$ 3.86(3H, m)相关，表明 3.86(其中 1 个氢)归属 H-5；$\delta_H$ 3.64(H-4)与 $\delta_H$ 3.71(2H, m)相关，加之 $\delta_C$ 70.88(叔碳)与 $\delta_H$ 3.64(H-4) HSQC 相关，表明 $\delta_H$ 3.71(其中 1 个氢)归属 H-3，$\delta_C$ 70.88 归属 C-4。

HMBC 指出，$\delta_C$ 71.18(叔碳)与 $\delta_H$ 3.43(H-6a)、3.48(H-6b)相关，加之 $\delta_C$ 71.18 与 $\delta_H$ 3.86 HSQC 相关，表明 $\delta_C$ 71.18 归属 C-5；$\delta_C$ 69.40(叔碳)与 $\delta_H$ 3.64(H-4)、

4.36(1H, d, $J$ = 4.3Hz, 活泼氢)、4.65(H-1)相关，$\delta_C$ 68.78(叔碳)与 $\delta_H$ 3.64(H-4)、4.36(1H, d, $J$ = 4.3Hz, 活泼氢)、4.47(1H, m, 活泼氢)、4.54(OH-4)、4.65(H-1)相关，加之 $\delta_H$ 4.36 与 $\delta_H$ 3.71(H-3) H-H COSY 相关，综合考虑，表明 $\delta_C$ 69.40、68.78 分别归属 C-2、C-3, $\delta_H$ 4.36、4.47 分别归属 OH-3、OH-2。

根据碳化学位移规律，$\delta_C$ 103.99(季碳)、82.32(叔碳)分别归属 C-2″、C-5″，加之 $\delta_C$ 82.32(C-5″)与 $\delta_H$ 3.58(5H, m)、$\delta_C$ 62.09(仲碳)与 $\delta_H$ 3.41(2H, m) HSQC 相关，$\delta_H$ 3.58 与 $\delta_H$ 3.41 H-H COSY 相关，综合考虑，表明 $\delta_H$ 3.58(其中 1 个氢)、$\delta_H$ 3.41 分别归属 H-5″、H-6″，$\delta_C$ 62.09 归属 C-6″；因此，$\delta_C$ 62.17(仲碳)归属 C-1″，加之 $\delta_C$ 62.17(C-1″)与 $\delta_H$ 3.58(5H, m)HSQC 相关，表明 $\delta_H$ 3.58(其中 2 个氢)归属 H-1″。

HMBC 指出，$\delta_C$ 62.17(C-1″)与 $\delta_H$ 4.41(1H, t, $J$ = 4.8, 4.8Hz, 活泼氢)相关，表明 $\delta_H$ 4.41 归属 OH-1″；$\delta_C$ 62.09(C-6″)与 $\delta_H$ 4.81(1H, t, $J$ = 6.3Hz、6.3Hz, 活泼氢)相关，表明 $\delta_H$ 4.81 归属 OH-6″；$\delta_C$ 76.88(叔碳)与 $\delta_H$ 3.41(H-6″)、5.17(1H, d, $J$ = 5.6Hz, 活泼氢)相关，加之 $\delta_C$ 76.88 与 $\delta_H$ 3.86(3H, m)HSQC 相关，$\delta_H$ 5.17 与 $\delta_H$ 3.86 H-H COSY 相关，表明 $\delta_C$ 76.88 归属 C-4″，$\delta_H$ 3.86(其中 1 个氢)、5.17 分别归属 H-4″，OH-4″；$\delta_C$ 70.20(叔碳)与 $\delta_H$ 4.88(2H, m, 活泼氢)相关，加之 $\delta_C$ 70.20 与 $\delta_H$ 3.13(1H, m)HSQC 相关，$\delta_H$ 4.88 与 $\delta_H$ 3.13 H-H COSY 相关，表明 $\delta_C$ 70.20 归属 C-3″，$\delta_H$ 3.13、4.88(其中 1 个氢)分别归属 H-3″、OH-3″。

根据碳、氢化学位移规律和氢偶合分裂情况，加之 $\delta_C$ 91.56(叔碳)与 $\delta_H$ 5.19(1H, d, $J$ = 3.7Hz)HSQC 相关，表明 $\delta_C$ 91.56 归属 C-1′，$\delta_H$ 5.19 归属 H-1′。

H-H COSY 指出，$\delta_H$ 5.19(H-1′)与 $\delta_H$ 3.21(1H, m)相关，$\delta_H$ 3.21 与 3.47(2H, m)相关，加之 $\delta_C$ 71.42(叔碳)与 $\delta_H$ 3.21 HSQC 相关，表明 $\delta_H$ 3.21、3.47(其中 1 个氢)分别归属 H-2′、H-3′，$\delta_C$ 71.42 归属 C-2′；$\delta_H$ 5.11(1H, d, $J$ = 6.1Hz, 活泼氢)与 $\delta_H$ 3.21(H-2′)H-H COSY 相关，表明 $\delta_H$ 5.11 归属 OH-2′。

HMBC 指出，$\delta_C$ 72.76(叔碳)与 $\delta_H$ 3.21(H-2′)、4.88(2H, m, 活泼氢)、5.11(OH-2′)、5.19(H-1′)相关，加之 $\delta_C$ 72.76 与 $\delta_H$ 3.47(2H, m)HSQC 相关，$\delta_H$ 3.47 与 $\delta_H$ 4.88 H-H COSY 相关，综合考虑，表明 $\delta_C$ 72.76 归属 C-3′，$\delta_H$ 3.47(其中 1 个氢)、$\delta_H$ 4.88(其中 1 个氢)分别归属 H-3′、OH-3′。

参考例 2-70, $\delta_C$ 74.14(叔碳)、68.48(叔碳)应分别归属 C-5′、C-4′。HMBC 指出，$\delta_C$ 74.14(C-5′)与 $\delta_H$ 3.58(5H, m)、4.54(3H, m, 活泼氢)相关，$\delta_C$ 68.48(C-4′)与 $\delta_H$ 4.54(3H, m, 活泼氢)相关，加之 $\delta_C$ 74.14(C-5′)与 $\delta_H$ 3.86(3H, m)、68.48(C-4′)与 $\delta_H$ 3.58(5H, m)HSQC 相关，$\delta_H$ 3.58 与 $\delta_H$ 4.54 H-H COSY 相关，综合考虑，$\delta_H$ 3.86(其中 1 个氢)、3.58(其中 1 个氢)、4.54(其中 1 个氢)分别归属 H-5′、H-4′、OH-4′。

棉子糖的 NMR 详细解析数据见表 2-136。

表 2-136 棉子糖的 NMR 数据(DMSO-$d_6$, 400MHz/H)[①]

| 编号 | $\delta_C$ | DEPT | $\delta_H$ | J/Hz | H-H COSY | HSQC | HMBC($\delta_H$) |
|---|---|---|---|---|---|---|---|
| 1 | 99.05 | CH | 4.65brs | | H-2 | + | 3.43(H-6a), 3.48(H-6b), 3.64(H-4), 3.71(H-3), 4.47(OH-2) |
| 2 | 69.40 | CH | 3.58m | | H-1, H-3, OH-2 | + | 3.64(H-4), 4.36(OH-3), 4.65(H-1) |
| OH-2 | | | 4.47m | | H-2 | | |
| 3 | 68.78 | CH | 3.71m | | H-2, H-4, OH-3 | + | 3.43(H-6a), 3.64(H-4), 4.36(OH-3), 4.47(OH-2), 4.54(OH-4), 4.65(H-1) |
| OH-3 | | | 4.36d | 4.3 | H-3 | | |
| 4 | 70.88 | CH | 3.64m | | H-3, H-5, OH-4 | + | 3.43(H-6a), 3.48(H-6b), 4.36(OH-3), 4.54(OH-4), 4.65(H-1) |
| OH-4 | | | 4.54m | | H-4 | | |
| 5 | 71.18 | CH | 3.86m | | H-4, H-6a | + | 3.43(H-6a), 3.48(H-6b) |
| 6a | 60.51 | $CH_2$ | 3.43m | | H-5, H-6b, OH-6 | + | 3.64(H-4), 4.54(OH-6) |
| 6b | | | 3.48m | | H-6a, OH-6 | + | |
| OH-6 | | | 4.54m | | H-6a, H-6b | | |
| 1′ | 91.56 | CH | 5.19d | 3.7 | H-2′ | + | 5.11(OH-2′) |
| 2′ | 71.42 | CH | 3.21m | | H-1′, H-3′, OH-2′ | + | 3.47(H-3′), 4.88(OH-3′), 5.11(OH-2′), 5.19(H-1′) |
| OH-2′ | | | 5.11d | 6.1 | H-2′ | | |
| 3′ | 72.76 | CH | 3.47m | | H-2′, H-4′, OH-3′ | + | 3.21(H-2′), 4.88(OH-3′)5.11(OH-2′), 5.19(H-1′) |
| OH-3′ | | | 4.88m | | H-3′ | | |
| 4′ | 68.48 | CH | 3.58m | | H-3′, H-5′, OH-4′ | + | 4.54(OH-4′) |
| OH-4′ | | | 4.54m | | H-4′ | | |
| 5′ | 74.14 | CH | 3.86m | | H-4′, H-6′a | + | 3.58(H-4′), 4.54(OH-4′) |
| 6′a | 66.64 | $CH_2$ | 3.47m | | H-5′, H-6′b | + | 4.65(H-1) |
| 6′b | | | 3.71m | | H-6a′ | + | |
| 1″ | 62.17 | $CH_2$ | 3.58m | | OH-1″ | + | 4.41(OH-1″) |
| OH-1″ | | | 4.41t | 4.8, 4.8 | H-1″ | | |
| 2″ | 103.99 | C | | | | | 5.19(H-1′) |

续表

| 编号 | $\delta_C$ | DEPT | $\delta_H$ | $J$/Hz | H-H COSY | HSQC | HMBC($\delta_H$) |
|---|---|---|---|---|---|---|---|
| 3″ | 70.20 | CH | 3.13m | | H-4″, OH-3″ | + | 4.88(OH-3″) |
| OH-3″ | | | 4.88m | | H-3″ | | |
| 4″ | 76.88 | CH | 3.86m | | H-3″, H-5″ | + | 3.41(H-6″), 5.17(OH-4″) |
| OH-4″ | | | 5.17d | 5.6 | H-4″ | | |
| 5″ | 82.32 | CH | 3.58m | | H-4″, H-6″ | + | 5.17(OH-4″) |
| 6″ | 62.09 | $CH_2$ | 3.41m | | H-5″, OH-6″ | + | 3.86(H-4″), 4.81(OH-6″) |
| OH-6″ | | | 4.81t | 6.3, 6.3 | H-6″ | | |

① 本实验室数据。

麦芽糖的 $^{13}C$ NMR 显示 23 条碳峰，其中 $\delta_C$ 60.28×2 相当于 2 个碳，表明麦芽糖端羟基处于 $\alpha$ 和 $\beta$ 两种平衡状态，即 C-1″为 $\alpha$-态，C-1‴为 $\beta$-态，引起麦芽糖所有碳(12 个碳)显示 23 个碳化学位移值(相当于 24 个碳)。DEPT 显示，4 个仲碳：$\delta_C$ 60.06、60.16、60.28×2；20 个叔碳：$\delta_C$ 69.37、69.41、69.73、71.37、71.95、72.06、72.31、72.80、72.83、72.86、72.88、73.82、74.52、75.91、79.34、79.90、91.57、96.28、100.23、100.28。

根据碳、氢化学位移规律和氢偶合分裂规律，加之 $\delta_C$ 100.23(叔碳)与 $\delta_H$ 4.98(1H, d, $J$ = 3.7Hz)、$\delta_C$ 100.28(叔碳)与 $\delta_H$ 5.01(1H, d, $J$ = 3.7Hz)、$\delta_C$ 91.57(叔碳)与 $\delta_H$ 4.91(1H, brd, $J$ = 3.4Hz)、$\delta_C$ 96.28(叔碳)与 $\delta_H$ 4.31(1H, br d, $J$ = 7.7Hz) HSQC 相关，表明 $\delta_C$ 100.23、100.28、91.57、96.28 分别归属 C-1、C-1′、C-1″、C-1‴，$\delta_H$ 4.98、5.01、4.91、4.31 分别归属 H-1、H-1′、H-1″、H-1‴。

H-H COSY 指出，$\delta_H$ 4.98(H-1)、5.01(H-1′)均与 $\delta_H$ 3.22(2H, brdd, $J$ =3.7Hz、9.5Hz)相关，$\delta_H$ 3.22 与 $\delta_H$ 3.38(3H, m)相关，加之 $\delta_C$ 71.95(叔碳)、72.06(叔碳)均与 $\delta_H$ 3.22 HSQC 相关，表明 $\delta_H$ 3.22、3.38(其中 2 个氢)分别归属 H-2,2′、H-3,3′，$\delta_C$ 71.95、70.26 分别归属 C-2、C-2′。

参考海藻糖 4,4′-位碳、氢化学位移和氢偶合分裂情况，加之 $\delta_C$ 69.37(叔碳)、69.41(叔碳)均与 $\delta_H$ 3.07(2H, brt, $J$ = 9.0Hz、9.0Hz)HSQC 相关，表明 $\delta_C$ 69.37、69.41 分别归属 C-4、C-4′，$\delta_H$ 3.07 归属 H-4,4′。

H-H COSY 指出，$\delta_H$ 3.07(H-4,4′)与 $\delta_H$ 3.47(2H, m)相关，$\delta_H$ 3.47 分别与 $\delta_H$ 3.44(2H, m)、3.55(2H, m)相关，$\delta_H$ 3.44 与 $\delta_H$ 3.55 相关，加之 $\delta_C$ 72.86(叔碳)、72.88(叔碳)均与 $\delta_H$ 3.47 以及 $\delta_C$ 60.28×2(仲碳)与 $\delta_H$ 3.44、3.55 HSQC 相关，$\delta_C$ 72.86、72.88、60.28×2 均与 $\delta_H$ 3.07(H-4,4′) HMBC 相关，综合考虑，表明 3.47、3.44、3.55 分别归属 H-5,5′、H-6a,6′a、H-6b,6′b，$\delta_C$ 72.86、72.88、60.28×2 分别归属 C-5、C-5′、

C-6、C-6′。

HMBC 指出，$\delta_C$ 72.80(叔碳)与 $\delta_H$ 3.07(H-4)、3.22(H-2)、4.98(H-1)相关，加之 $\delta_C$ 72.80 与 $\delta_H$ 3.38(H-3, 3′)HSQC 相关，表明 $\delta_C$ 72.80 归属 C-3；$\delta_C$ 72.83(叔碳)与 $\delta_H$ 3.07(H-4′)、3.22(H-2′)、5.01(H-1′)相关，加之 $\delta_C$ 72.83 与 $\delta_H$ 3.38(H-3,3′)HSQC 相关，表明 $\delta_C$ 72.83、归属 C-3′。

H-H COSY 指出，$\delta_H$ 4.91(H-1″)与 $\delta_H$ 3.18(1H, brdd, $J$=3.4Hz、9.8Hz)、$\delta_H$ 3.18 与 $\delta_H$ 3.64(4H, m)相关，加之 $\delta_C$ 71.37 与 $\delta_H$ 3.18 HSQC 相关，表明 $\delta_H$ 3.18、3.64(其中 1 个氢)分别归属 H-2″、H-3″，$\delta_C$ 71.37 归属 C-2″。

HMBC 指出，$\delta_C$ 79.90(叔碳)与 $\delta_H$ 3.69(2H, m)、4.98(H-1)相关，加之 $\delta_C$ 79.90 与 $\delta_H$ 3.29(2H, t, $J$ = 9.0, 9.0Hz)、$\delta_C$ 60.16(仲碳)与 $\delta_H$ 3.64(4H, m)、3.69(2H, m)HSQC 相关，$\delta_H$ 3.64 与 $\delta_H$ 3.69 H-H COSY 相关，综合考虑，表明 $\delta_C$ 79.90、60.16 分别归属 C-4″、C-6″，$\delta_H$ 3.29(其中 1 个氢)、3.64(其中 1 个氢)、3.69(其中 1 个氢)分别归属 H-4″、C-6″a、C-6″b；$\delta_C$ 72.31(叔碳)与 $\delta_H$ 3.18(H-2″)、4.91(H-1″)相关，$\delta_C$ 69.73(叔碳)与 $\delta_H$ 3.29(H-4″)、4.91(H-1″)相关，加之 $\delta_C$ 72.31、69.73 均与 $\delta_H$ 3.64(4H, m)HSQC 相关，综合考虑，表明 $\delta_C$ 72.31、69.73 分别归属 C-3″、C-5″，$\delta_H$ 3.64(其中 2 个氢)分别归属 H-3″、H-5″。

H-H COSY 指出，$\delta_H$ 4.31(H-1‴)与 $\delta_H$ 2.95(1H, brt, $J$ = 8.4Hz、8.4Hz)、$\delta_H$ 2.95 与 $\delta_H$ 3.38(3H, m)相关，加之 $\delta_C$ 73.82(叔碳)与 $\delta_H$ 2.95 HSQC 相关，表明 $\delta_H$ 2.95、3.38(其中 1 个氢)分别归属 H-2‴、H-3‴，$\delta_C$ 73.82 归属 C-2‴。

HMBC 指出，$\delta_C$ 73.94(叔碳)与 $\delta_H$ 3.20(1H, m)、3.38(3H, m)、3.69(2H, m)、5.01(H-1′)相关，加之 $\delta_C$ 73.94 与 $\delta_H$ 3.29(2H, t, $J$ = 9.0Hz、9.0Hz)、$\delta_C$ 74.52(叔碳)与 $\delta_H$ 3.20、$\delta_C$ 60.06(仲碳)与 $\delta_H$ 3.64(4H, m)和 3.69(2H, m) HSQC 相关，$\delta_H$ 3.64 与 $\delta_H$ 3.69、$\delta_H$ 3.20 与 $\delta_H$ 3.64 H-H COSY 相关，综合考虑，表明 $\delta_C$ 79.34、74.52、60.06 分别归属 C-4‴、C-5‴、C-6‴，$\delta_H$ 3.29(其中 1 个氢)、3.20、3.64(其中 1 个氢)、3.69(其中 1 个氢)分别归属 H-4‴、H-5‴、H-6‴a、H-6‴b；$\delta_C$ 75.91(叔碳)与 $\delta_H$ 2.95(H-2‴)、3.20(H-5‴)、3.29(H-4‴)相关，加之 $\delta_C$ 75.91 与 $\delta_H$ 3.38(H-3‴)HSQC 相关，表明 $\delta_C$ 75.91 归属 C-3‴。

H-H COSY 指出，$\delta_H$ 6.36(1H, br, 活泼氢)与 $\delta_H$ 4.91(H-1″)、$\delta_H$ 6.69(1H, br, 活泼氢)与 $\delta_H$ 4.31(H-1‴)相关，表明 $\delta_H$ 6.36、6.69 分别归属 OH-1″、OH-1‴。其他在 $\delta_H$ 4.51、5.44 出现大的宽峰，应当归属麦芽糖上的其他羟基，归属无法区分。

麦芽糖的 NMR 详细解析数据见表 2-137。

表 2-137 麦芽糖的 NMR 数据(DMSO-$d_6$, 400MHz/H)①

| 编号 | $\delta_C$ | DEPT | $\delta_H$ | J/Hz | H-H COSY | HSQC | HMBC($\delta_H$) |
|---|---|---|---|---|---|---|---|
| 1 | 100.23 | CH | 4.98d | 3.7 | H-2 | + | 3.22(H-2) |
| 1′ | 100.28 | CH | 5.01d | 3.7 | H-2′ | + | 3.22(H-2′) |
| 2 | 71.95 | CH | 3.22brdd | 3.7, 9.5 | OH-2, H-1, H-3 | + | 3.38(H-3) |
| 2′ | 72.06 | CH | 3.22brdd | 3.7, 9.5 | OH-2′, H-1′, H-3′ | + | 3.38(H-3′) |
| 3 | 72.80 | CH | 3.38m | | OH-3, H-2, H-4 | + | 3.07(H-4), 3.22(H-2), 4.98(H-1) |
| 3′ | 72.83 | CH | 3.38m | | OH-3′, H-2′, H-4′ | + | 3.07(H-4′), 3.22(H-2′), 5.01(H-1′) |
| 4 | 69.37 | CH | 3.07brt | 9.0, 9.0 | OH-4, H-3, H-5 | + | 3.22(H-2), 3.38(H-3) |
| 4′ | 69.41 | CH | 3.07brt | 9.0, 9.0 | OH-4′, H-3′, H-5′ | + | 3.22(H-2′), 3.38(H-3′) |
| 5 | 72.86 | CH | 3.47m | | H-4, H-6a | + | 3.07(H-4) |
| 5′ | 72.88 | CH | 3.47m | | H-4′, H-6′a | + | 3.07(H-4′) |
| 6a | 60.28 | $CH_2$ | 3.44**m | | OH-6, H-5, H-6b | + | 3.07(H-4) |
| 6b | | | 3.55***m | | H-6a | + | |
| 6′a | 60.28 | $CH_2$ | 3.44**m | | OH-6′a, H-5′, H-6′b | + | 3.07(H-4′) |
| 6′b | | | 3.55***m | | H-6′a | + | |
| 1″ | 91.57 | CH | 4.91brd | 3.4 | OH-1″, H-2″ | + | |
| OH-1″ | | | 6.36br | | H-1″ | | |
| 2″ | 71.37 | CH | 3.18brdd | 3.4, 9.8 | OH-2″, H-1″, H-3″ | + | 3.64(H-3″) |
| 3″ | 72.31 | CH | 3.64m | | OH-3″, H-2″, H-4″ | + | 3.18(H-2″), 4.91(H-1″) |
| 4″ | 79.90 | CH | 3.29t | 9.0, 9.0 | H-3″, H-5″ | + | 3.69(H-6″b), 4.98(H-1) |
| 5″ | 69.73 | CH | 3.64m | | H-4″ | + | 3.29(H-4″), 4.91(H-1″) |
| 6″a | 60.16* | $CH_2$ | 3.64**m | | OH-6″, H-6″b | + | 3.29(H-4″) |
| 6″b | | | 3.69***m | | H-6″a | + | |
| 1‴ | 96.28 | CH | 4.31brd | 7.7 | OH-1‴, H-2‴ | + | 2.95(H-2‴) |
| OH-1‴ | | | 6.69br | | H-1‴ | | |
| 2‴ | 73.82 | CH | 2.95brt | 8.4, 8.4 | OH-2‴, H-1‴, H-3‴ | + | 3.38(H-3‴) |
| 3‴ | 75.91 | CH | 3.38m | | OH-3‴, H-2‴, H-4‴ | + | 2.95(H-2‴), 3.20(H-5‴), 3.29(H-4‴) |
| 4‴ | 79.34 | CH | 3.29t | 9.0, 9.0 | H-3‴, H-5‴ | + | 3.20(H-5‴), 3.38(H-3‴), 3.69(H-6″b), 5.01(H-1′) |
| 5‴ | 74.52 | CH | 3.20m | | H-4‴, H-6‴a | + | 3.29(H-4‴) |

续表

| 编号 | $\delta_C$ | DEPT | $\delta_H$ | J/Hz | H-H COSY | HSQC | HMBC($\delta_H$) |
|---|---|---|---|---|---|---|---|
| 6‴a | 60.06* | $CH_2$ | 3.64**m | | OH-6‴, H-5‴, H-6‴b | + | 3.29(H-4‴) |
| 6‴b | | | 3.69***m | | H-6‴a | + | |
| OH-(2, 3, 4, 6) | | | 4.51****br | | | | |
| OH-(2′, 3′, 4′, 6′) | | | 4.51****br | | | | |
| OH-(2″, 3″, 6″) | | | 5.44****br | | | | |
| OH-(2‴, 3‴, 6‴) | | | 5.44****br | | | | |

① 本实验室数据。

*，**，***，**** 相同标记的归属可互换。

## 例 2-94 苦皮藤生物碱Ⅲ的 NMR 数据解析及结构测定[189]

苦皮藤生物碱Ⅲ(chinese bittersweet alkaloid Ⅲ, **2-138**)是从杀虫植物苦皮藤(*Celastrus angulatus*)叶中分离出的 1 个新骨架生物碱。

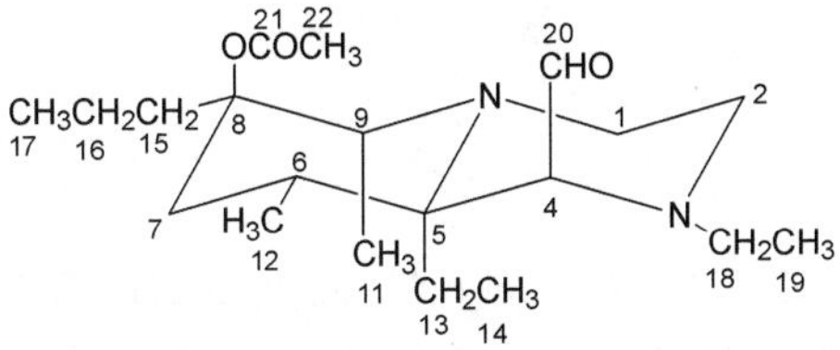

**2-138**

苦皮藤生物碱Ⅲ的 $^{13}C$ NMR 显示 18 条碳峰，其中 20.6×2、48.6×2 各为 2 个碳，因此，苦皮藤生物碱Ⅲ含有 20 个碳。DEPT 显示，6 个伯碳：$\delta_C$ 11.1、12.8、17.6、20.6×2、22.7；7 个仲碳：$\delta_C$ 21.1、30.5、34.1、40.1、43.0、48.6、49.2；4 个叔碳：$\delta_C$ 43.1、48.6、49.8、166.0；3 个季碳：$\delta_C$ 50.7、63.3、169.4。

H-H COSY 指出，$\delta_H$ 1.14(3H, t, $J$ = 7.6Hz、7.6Hz)与 $\delta_H$ 2.79(2H, q, $J$ =7.6Hz)相关，加之 $\delta_C$ 12.8(伯碳)与 $\delta_H$ 1.14、$\delta_C$ 34.1(仲碳)与 $\delta_H$ 2.79 HMQC 相关，推测结构片段 **A** 存在；

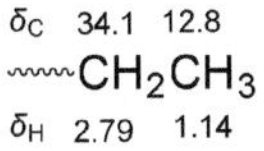

$\delta_C$ 34.1 12.8
～$CH_2CH_3$
$\delta_H$ 2.79 1.14

**A**

$\delta_H$ 0.89(3H, t, $J$ = 7.6Hz、7.6Hz)与 $\delta_H$ 1.56(2H, m)、$\delta_H$ 1.56 与 $\delta_H$ 2.70(2H, t, $J$ =

7.6Hz、7.6Hz)相关，加之 $\delta_C$ 11.1(伯碳)与 $\delta_H$ 0.89、$\delta_C$ 21.1(仲碳)与 $\delta_H$ 1.56、$\delta_C$ 40.1(仲碳)与 $\delta_H$ 2.70 HMQC 相关，推测结构片段 **B** 存在；

$\delta_C$ 40.1 21.1 11.1
~$CH_2CH_2CH_3$
$\delta_H$ 2.70 1.56 0.89

**B**

$\delta_H$ 1.77(3H, m)与 $\delta_H$ 3.20(5H, m)相关，加之 $\delta_C$ 20.6(伯碳)与 $\delta_H$ 1.77、$\delta_C$ 43.0(仲碳)与 $\delta_H$ 3.20HMQC 相关，推测结构片段 **C** 存在；

$\delta_C$ 43.0 20.6
$NCH_2CH_3$
$\delta_H$ 3.20 1.77

**C**

$\delta_H$ 2.95(3H, m)与 $\delta_H$ 3.20(5H, m)相关，加之 $\delta_C$ 48.6(仲碳)与 $\delta_H$ 2.95、$\delta_C$ 49.2(仲碳)与 $\delta_H$ 3.20 HMQC 相关，推测结构片段 **D** 存在；

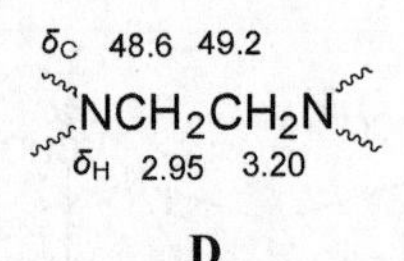


**D**

$\delta_H$ 4.26(1H, d, $J$ =5.2Hz)与 $\delta_H$ 8.60(1H, d, $J$ =5.2Hz)相关，加之 $\delta_C$ 48.6(叔碳)与 $\delta_H$ 4.26、$\delta_C$ 166.0(叔碳)与 $\delta_H$ 8.60HMQC 相关，推测结构片段 **E** 存在；

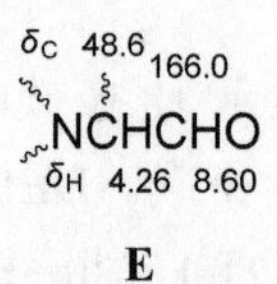


**E**

$\delta_H$ 1.05(3H, d, $J$ = 6.4Hz)与 $\delta_H$ 2.95(3H, m)相关，加之 $\delta_C$ 17.6(伯碳)与 $\delta_H$ 1.05、$\delta_C$ 49.8(叔碳)与 $\delta_H$ 2.95HMQC 相关，推测结构片段 **F** 存在；

$\delta_C$ 49.8 17.6
$NCHCH_3$
$\delta_H$ 2.95 1.05

**F**

$\delta_H$ 1.18(3H, d, $J$ =6.8Hz)与 $\delta_H$ 3.20(5H, m)相关，$\delta_H$ 3.20 与 $\delta_H$ 1.79(1H, m)、2.04(1H, m)相关，$\delta_H$ 1.79 与 $\delta_H$ 2.04 相关，加之 $\delta_C$ 20.6(伯碳)与 $\delta_H$ 1.18、$\delta_C$ 43.1(叔

碳)与 $\delta_H$ 3.20、$\delta_C$ 30.5(仲碳)与 $\delta_H$ 1.79 和 2.04 HMQC 相关，推测结构片段 **G** 存在，其中 $\delta_H$ 1.79 和 2.04 为-$CH_2$-上的 2 个氢，化学位移不等价。

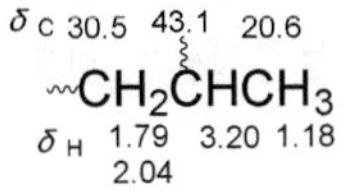

**G**

另外，$\delta_C$ 169.4(季碳)和 $\delta_H$ 1.83(3H, s)HMBC 相关，以及 $\delta_C$ 22.7(伯碳)与 $\delta_H$ 1.83HMQC 相关，表明 $CH_3C(=O)-O-$ 存在；$\delta_C$ 50.7(季碳)表明该碳连接氮，63.3(季碳)表明该碳连接氧。

综上分析，结合苦皮藤生物碱Ⅲ的 EIMS *m/z* 352[M]$^{+\cdot}$和元素分析，推测其分子式为 $C_{20}H_{36}O_3N_2$，不饱和度为 4。考虑分子中 2 个羰基已占有 2 个不饱和度，$^1H$ 和 $^{13}C$ NMR 化学位移数据未发现双键存在，剩下的 2 个不饱和度应该是 2 个环。因此，其可能的平面结构如下(其中-$CH_2CH_3$ 和-$CH_2CH_2CH_3$ 连接位置可以互换)：

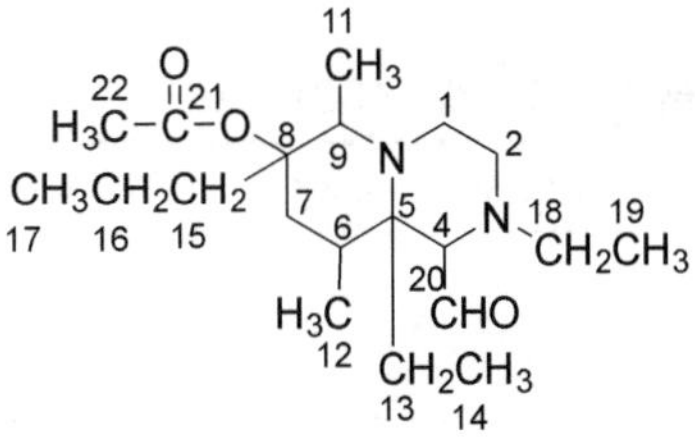

**(i)**

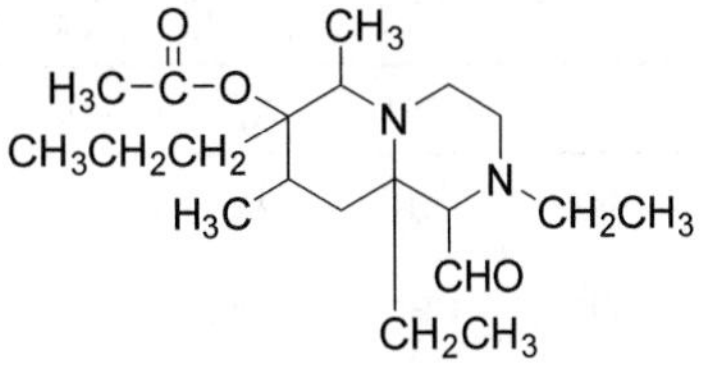

**(ii)**

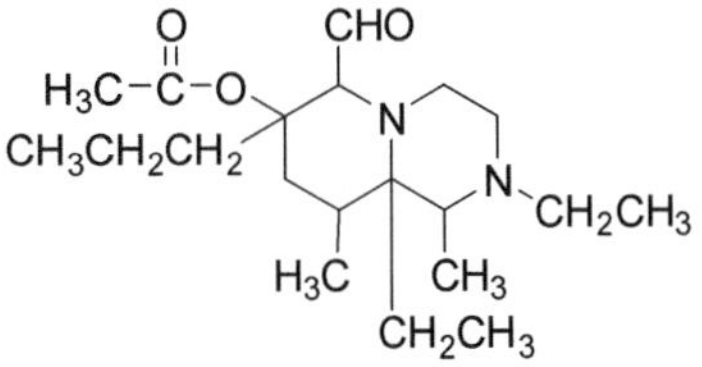

**(iii)**

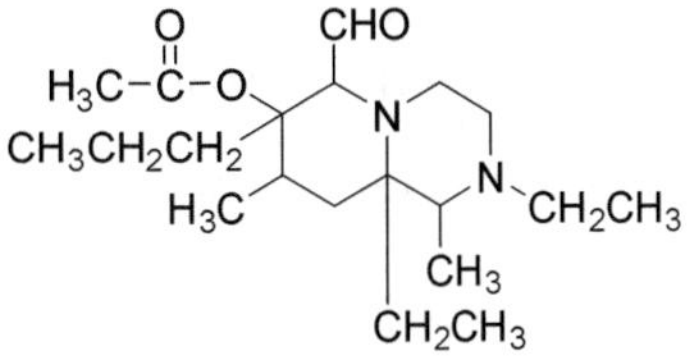

**(iv)**

HMBC 指出，$\delta_C$ 63.3(季碳，连氧碳)与 $\delta_H$ 1.05(3H, d, $J$ = 6.4Hz, -$CH_3$)相关，而与 $\delta_H$ 1.18(3H, d, $J$ = 6.8Hz, -$CH_3$)不相关；$\delta_C$ 50.7(季碳，连氮碳)与 $\delta_H$ 1.18(-$CH_3$)相关，而与 $\delta_H$ 1.05(-$CH_3$)不相关，确定苦皮藤生物碱Ⅲ的平面结构应为(**i**)，排除了平面结构(**ii**)、(**iii**)、(**iv**)的可能性。对于-$CH_2CH_3$ 和-$CH_2CH_2CH_3$ 连接位置互换问题，EIMS *m/z* 142 [$CH_3CH=C(OCOCH_3)CH_2CH_2CH_3$]$^{+\cdot}$碎片离子的存在，支持

$-CH_2CH_2CH_3$ 连接在 C-8 位，而不是$-CH_2CH_3$ 连接在 C-8 位。

NOESY 指出，$\delta_H$ 1.83(H-22)与 $\delta_H$ 8.60(H-20)相关，表明-OAc 和 CHO 在环平面的同侧，为 $\beta$-取向；$\delta_H$ 1.05(H-11)与 $\delta_H$ 0.89(H-17)、$\delta_H$ 1.05(H-11)与 $\delta_H$ 1.14(H-14)相关，表明 H-11、H-17、H-14 甲基在环平面的同侧，为 $\alpha$-取向。

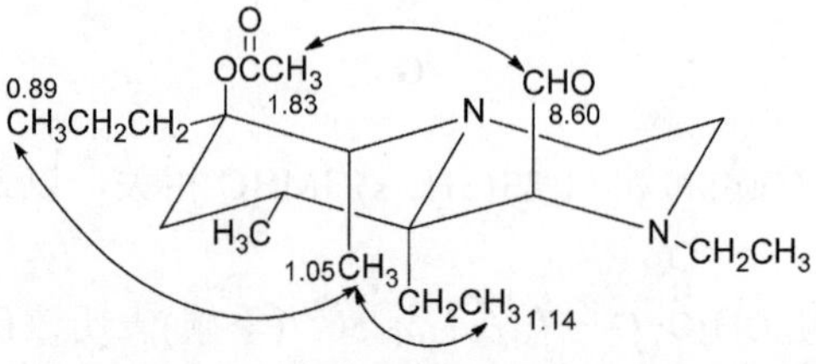

**NOESY**

$\delta_H$ 2.04(H-7b)峰基线宽度大于 20Hz，表明 H-6 为直立氢，则 C-6 上的 H-12 甲基为 $\alpha$-取向。由 Dreding 模型看到，H-6 为直立氢时，正好处于-OAc 和 CHO 之间，其化学位移($\delta_H$ 3.20)在较低场，可能是 2 个羰基去屏蔽影响所致。

综上所述，苦皮藤生物碱Ⅲ的化学结构如 **2-138** 所示。

苦皮藤生物碱Ⅲ的 NMR 详细解析数据见表 2-138。

表 2-138　苦皮藤生物碱Ⅲ的 NMR 数据(DMSO-$d_6$, 400MHz/H)

| 编号 | $\delta_C$ | DEPT | $\delta_H$ | J/Hz | H-H COSY | NOESY | HMQC | HMBC($\delta_H$) |
|---|---|---|---|---|---|---|---|---|
| 1 | 48.6 | $CH_2$ | 2.95m | | H-2 | | + | |
| 2 | 49.2 | $CH_2$ | 3.20m | | H-1 | | + | |
| 4 | 48.6 | CH | 4.26d | 5.2 | H-20 | | + | |
| 5 | 50.7 | C | | | | | | 1.18(H-12) |
| 6 | 43.1 | CH | 3.20m | | H-7a, H-7b, H-12 | | + | 1.18(H-12) |
| 7a | 30.5 | $CH_2$ | 1.79m | | H-6, H-7b | | + | |
| 7b | | | 2.04m | | H-6, H-7a | | + | |
| 8 | 63.3 | C | | | | | | 1.05(H-11) |
| 9 | 49.8 | CH | 2.95m | | H-11 | | + | 1.05(H-11) |
| 11 | 17.6 | $CH_3$ | 1.05d | 6.4 | H-9 | H-14, H-17 | + | |
| 12 | 20.6 | $CH_3$ | 1.18d | 6.8 | H-6 | | + | |
| 13 | 34.1 | $CH_2$ | 2.79q | 7.6 | H-14 | | + | 1.14(H-14) |
| 14 | 12.8 | $CH_3$ | 1.14t | 7.6, 7.6 | H-13 | H-11 | | 2.79(H-13) |

续表

| 编号 | $\delta_C$ | DEPT | $\delta_H$ | J/Hz | H-H COSY | NOESY | HMQC | HMBC($\delta_H$) |
|---|---|---|---|---|---|---|---|---|
| 15 | 40.1 | $CH_2$ | 2.70t | 7.6, 7.6 | H-16 | | + | 0.89(H-17), 1.56(H-16) |
| 16 | 21.1 | $CH_2$ | 1.56m | | H-15, H-17 | | + | 0.89(H-17), 2.70(H-15) |
| 17 | 11.1 | $CH_3$ | 0.89t | 7.6, 7.6 | H-16 | H-11 | + | 1.56(H-16), 2.70(H-15) |
| 18 | 43.0 | $CH_2$ | 3.20m | | H-19 | | + | |
| 19 | 20.6 | $CH_3$ | 1.77m | | H-18 | | + | 3.20(H-18) |
| 20 | 166.0 | CH | 8.60d | 5.2 | H-4 | H-22 | + | |
| 21 | 169.4 | C | | | | | | 1.83(H-22) |
| 22 | 22.7 | $CH_3$ | 1.83s | | | H-20 | + | |

## 例 2-95 几个百部生物碱的 NMR 数据解析[190]

stemonatuberone A(**2-139**)、stemonatuberone B(**2-140**)、stemonatuberone C (**2-141**)是从对叶百部(*Stemona tuberosa*)的干燥根中分离提取到的 3 个百部生物碱，它们之间化学结构的差别在于 H-11、H-12、H-15 相对于 γ-内酯环平面的取向，本例通过 NMR 数据归属和 ROESY 实验对 3 者进行了结构区分。

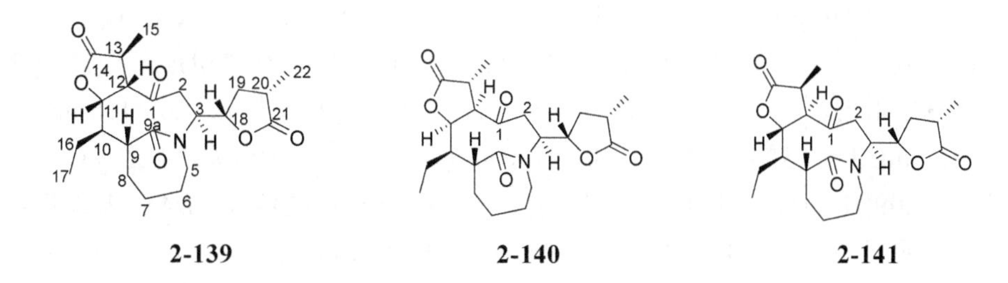


stemonatuberone A 的 $^{13}$C NMR 显示 22 条碳峰，表明其含有 22 个碳。DEPT 显示，3 个伯碳：$\delta_C$ 7.4、14.4、14.5；7 个仲碳：$\delta_C$ 19.6、23.2、23.8、27.7、33.6、39.8、52.9；8 个叔碳：$\delta_C$ 35.0、36.5、39.0、49.3、58.4、68.3、77.9、80.3；4 个季碳：$\delta_C$ 177.0、177.2、178.6、210.5。

根据氢化学位移规律和偶合分裂情况，加之 $\delta_C$ 7.4(伯碳)与 $\delta_H$ 0.80(3H, t, $J$ = 7.5Hz、7.5Hz) HSQC 相关，表明 $\delta_H$ 0.80 归属 H-17, $\delta_C$ 7.4 归属 C-17。

HMBC 指出，$\delta_C$ 7.4(C-17)与 $\delta_H$ 2.15(1H, m)相关，加之 $\delta_C$ 36.5(叔碳)与 $\delta_H$ 2.15 HSQC 相关，表明 $\delta_H$ 2.15 归属 H-10, $\delta_C$ 36.5 归属 C-10。

H-H COSY 指出，$\delta_H$ 2.15(H-10)与 $\delta_H$ 4.80(1H, dd, $J$ = 6.5Hz、9.5Hz)、$\delta_H$ 2.52(1H, m)、$\delta_H$ 1.47-1.56(2H, br)相关，$\delta_H$ 1.47-1.56 与 $\delta_H$ 0.80(H-17)相关，$\delta_H$ 4.80 与 $\delta_H$ 3.65(1H, dd, $J$ = 6.5Hz、9.5Hz)相关，$\delta_H$ 3.65 与 $\delta_H$ 2.70(1H, dq, $J$ = 6.5Hz、7.0Hz)

相关，$\delta_H$ 2.70 与 $\delta_H$ 1.14(3H, d, $J$ = 7.0Hz)相关，综合考虑，表明 $\delta_H$ 2.15、2.52、1.47~1.56、0.80、4.80、3.65、2.70、1.14 构成 1 个大的自旋偶合系统，分别归属 H-10、H-9、H-16、H-17、H-11、H-12、H-13、H-15。

HSQC 指出，$\delta_C$ 14.5(伯碳)与 $\delta_H$ 1.14(H-15)、$\delta_C$ 39.0(叔碳)与 $\delta_H$ 2.70(H-13)、$\delta_C$ 58.4(叔碳)与 $\delta_H$ 3.65(H-12)、$\delta_C$ 80.3(叔碳)与 $\delta_H$ 4.80(H-11)、$\delta_C$ 49.3(叔碳)与 $\delta_H$ 2.52(H-9)、$\delta_C$ 19.6(仲碳)与 $\delta_H$ 1.47~1.56(H-16)相关，表明 $\delta_C$ 14.5、39.0、58.4、80.3、49.3、19.6 分别归属 C-15、C-13、C-12、C-11、C-9、C-16。

H-H COSY 指出，$\delta_H$ 2.52(H-9)与 $\delta_H$ 1.50(5H, m)、$\delta_H$ 1.50 与 $\delta_H$ 1.70(1H, m)，加之 $\delta_C$ 23.2(仲碳)与 $\delta_H$ 1.50、$\delta_C$ 23.8(仲碳)与 $\delta_H$ 1.50 和 1.70 HSQC 相关，综合考虑，表明 $\delta_H$ 1.50(其中 2 个氢)归属 H-8, $\delta_H$ 1.50(其中 1 个氢)、1.70 分别归属 H-7a、H-7b，$\delta_C$ 23.2 归属 C-8，$\delta_C$ 23.8 归属 C-7。需要指出的是，$\delta_C$ 23.2 和 $\delta_C$ 27.7 (仲碳)均与 $\delta_H$ 1.50 HSQC 相关，其归属需要进一步区分：$\delta_C$ 23.2 与 $\delta_H$ 2.52(H-9) HMBC 相关，$\delta_C$ 27.7 不与 $\delta_H$ 2.52(H-9) HMBC 相关，进一步证明了 $\delta_C$ 23.2 归属 C-8。

H-H COSY 指出，$\delta_H$ 3.05(1H, brd, $J$ = 14.0Hz)和 $\delta_H$ 3.35(1H, m)相关，$\delta_H$ 3.05、3.35 均与 $\delta_H$ 1.50(5H, m)相关，加之 $\delta_C$ 52.9(仲碳)与 $\delta_H$ 3.05、3.35 HSQC 相关，结合氢化学位移规律，综合考虑，表明 $\delta_H$ 3.05、3.35 分别归属 H-5a、H-5b，$\delta_C$ 52.9 归属 C-5, $\delta_H$ 1.50(其中 2 个氢)归属 H-6。结合前述，$\delta_C$ 27.7 应归属 C-6。

根据氢化学位移规律和偶合分裂情况，$\delta_H$ 1.09(3H, d, $J$ = 7.0Hz)，归属 H-22。H-H COSY 指出，$\delta_H$ 1.09(H-22)与 $\delta_H$ 2.75(1H, m)、$\delta_H$ 2.75 与 $\delta_H$ 1.42(1H, m)和 $\delta_H$ 2.27(1H, ddd, $J$ = 5.5Hz、8.5Hz、14.0Hz)、$\delta_H$ 1.42 与 $\delta_H$ 2.27 相关，加之 $\delta_C$ 14.4(伯碳)与 $\delta_H$ 1.09(H-22)、$\delta_C$ 35.0(叔碳)与 $\delta_H$ 2.75、$\delta_C$ 33.6(仲碳)与 $\delta_H$ 1.42、2.27 HSQC 相关，表明 $\delta_H$ 2.75、1.42、2.27 分别归属 H-20、H-19a、H-19b，$\delta_C$ 14.4、35.0、33.6 分别归属 C-22、C-20、C-19。

H-H COSY 指出，$\delta_H$ 1.42(H-19a)、2.27(H-19b)均与 $\delta_H$ 5.04(1H, m)、$\delta_H$ 5.04 与 $\delta_H$ 3.50(2H, m)相关，加之 $\delta_C$ 77.9(叔碳)与 $\delta_H$ 5.04、$\delta_C$ 68.3(叔碳)与 $\delta_H$ 3.50HSQC 相关，表明 $\delta_H$ 5.04、3.50(其中 1 个氢)分别归属 H-18、H-3，$\delta_C$ 77.9 归属 C-18，$\delta_C$ 68.3 归属 C-3(需进一步确证，见下)。

HMBC 指出，$\delta_C$ 77.9(C-18)、68.3(C-3)均与 $\delta_H$ 2.38(1H, dd, $J$ = 5.5Hz、10.5Hz)、3.50(2H, m)相关，加之 $\delta_C$ 39.8(仲碳)与 $\delta_H$ 2.38 和 $\delta_H$ 3.50 HSQC 相关，$\delta_H$ 2.38 与 $\delta_H$ 3.50 H-H COSY 相关，表明 $\delta_H$ 2.38、3.50(其中 1 个氢)分别归属 H-2a、H-2b，$\delta_C$ 39.8 归属 C-2。进一步确证 $\delta_C$ 68.3 归属 C-3。

HMBC 指出，$\delta_C$ 210.5(季碳)与 $\delta_H$ 2.38(H-2a)、2.70(H-13)、3.50(H-2b, 3)、3.65(H-12)、4.80(H-11)相关，表明 $\delta_C$ 210.5 归属 C-1；$\delta_C$ 177.2(季碳)与 $\delta_H$ 1.14(H-15)、2.70(H-13)、3.65(H-12)、4.80(H-11)相关，表明 $\delta_C$ 177.2 归属于 C-14；

$\delta_C$ 178.6(季碳)与 $\delta_H$ 1.09(H-22)、2.27(H-19b)、2.75(H-20)相关，表明 $\delta_C$ 178.6 归属于 C-21，剩下 $\delta_C$ 177.0(季碳)当然应当归属 C-9a，$\delta_C$ 177.0 与 $\delta_H$ 3.50(H-3)HMBC 相关，进一步证明 $\delta_C$ 177.0 归属的正确性。

stemonatuberone A 的 NMR 详细解析数据见表 2-139。

**表 2-139 stemonatuberone A 的 NMR 数据(DMSO-$d_6$, 500MHz/H)**

| 编号 | $\delta_C$ | DEPT | $\delta_H$ | $J$/Hz | H-H COSY | ROESY | HSQC | HMBC($\delta_H$) |
|---|---|---|---|---|---|---|---|---|
| 1 | 210.5 | C | | | | | | 2.38(H-2a), 2.70(H-13), 3.50(H-2b,3), 3.65(H-12), 4.80(H-11) |
| 2a | 39.8 | $CH_2$ | 2.38dd | 5.5, 10.5 | H-3, H-2b | | + | |
| 2b | | | 3.50m | | H-2a | | + | |
| 3 | 68.3 | CH | 3.50m | | H-2a, H-18 | | + | 1.42(H-19a), 2.38(H-2a), 3.50(H-2b), 5.04(H-18) |
| 5a | 52.9 | $CH_2$ | 3.05brd | 14.0 | H-6, H-5b | | + | 3.50(H-3) |
| 5b | | | 3.35m | | H-6, H-5a | | + | |
| 6 | 27.7 | $CH_2$ | 1.50m | | H-5a, H-5b, H-7b | | + | |
| 7a | 23.8 | $CH_2$ | 1.50m | | H-7b | | + | 2.52(H-9) |
| 7b | | | 1.70m | | H-6, H-7a, H-8 | | + | |
| 8 | 23.2 | $CH_2$ | 1.50m | | H-7b, H-9 | | + | 2.52(H-9) |
| 9 | 49.3 | CH | 2.52m | | H-8, H-10 | | + | 1.50(H-7a,8), 2.15(H-10), 4.80(H-11) |
| 9a | 177.0* | C | | | | | | 3.50(H-3) |
| 10 | 36.5 | CH | 2.15m | | H-9, H-11, H-16 | | + | 0.80(H-17), 2.52(H-9), 3.65(H-12), 4.80(H-11) |
| 11 | 80.3 | CH | 4.80dd | 6.5, 9.5 | H-10, H-12 | H-15, H-17 | + | 2.52(H-9), 2.70(H-13), 3.65(H-12) |
| 12 | 58.4 | CH | 3.65dd | 6.5, 9.5 | H-13, H-11 | H-15 | + | 1.14(H-15), 2.70(H-13), 4.80(H-11) |
| 13 | 39.0 | CH | 2.70dq | 6.5, 7.0 | H-12, H-15 | | + | 1.14(H-15), 3.65(H-12) |
| 14 | 177.2* | C | | | | | | 1.14(H-15), 2.70(H-13), 3.65(H-12), 4.80(H-11) |
| 15 | 14.5** | $CH_3$ | 1.14d | 7.0 | H-13 | H-11, H-12 | + | 2.70(H-13), 3.65(H-12) |
| 16 | 19.6 | $CH_2$ | 1.47~1.56br | | H-10, H-17 | | + | 0.80(H-17), 4.80(H-11) |
| 17 | 7.4 | $CH_3$ | 0.80t | 7.5, 7.5 | H-16 | H-11 | + | 2.15(H-10) |
| 18 | 77.9 | CH | 5.04m | | H-3, H-19a, H-19b | | + | 1.42(H-19a), 2.38(H-2a), 3.50(H-2b, 3) |
| 19a | 33.6 | $CH_2$ | 1.42m | | H-18, H-19b, H-20 | | + | 1.09(H-22), 2.75(H-20), 3.50(H-3) |

续表

| 编号 | $\delta_C$ | DEPT | $\delta_H$ | J/Hz | H-H COSY | ROESY | HSQC | HMBC($\delta_H$) |
|---|---|---|---|---|---|---|---|---|
| 19b | | | 2.27ddd | 5.5, 8.5, 14.0 | H-18, H-20, H-19a | | + | |
| 20 | 35.0 | CH | 2.75m | | H-19a, H-19b, H-22 | | + | 1.09(H-22), 1.42(H-19a), 2.27(H-19b) |
| 21 | 178.6 | C | | | | | | 1.09(H-22), 2.27(H-19b), 2.75(H-20) |
| 22 | 14.4** | $CH_3$ | 1.09d | 7.0 | H-20 | | + | 1.42(H-19a), 2.75(H-20) |

*，** 相同标记的归属可互换。

stemonatuberone B、C 的 NMR 数据解析同 stemonatuberone A，不再赘述。stemonatuberone B 的 NMR 详细解析数据见表 2-140。

表 2-140　stemonatuberone B 的 NMR 数据(DMSO-$d_6$, 500MHz/H)

| 编号 | $\delta_C$ | DEPT | $\delta_H$ | J/Hz | H-HCOSY | ROESY | HSQC | HMBC($\delta_H$ ) |
|---|---|---|---|---|---|---|---|---|
| 1 | 207.7 | C | | | | | | 2.12(H-2a), 2.97(H-2b), 2.65(H-13), 3.67(H-12), 4.92(H-11), 5.02(H-3) |
| 2a | 42.7 | $CH_2$ | 2.12dd | 5.0, 12.0 | H-3, H-2b | | + | 5.02(H-3) |
| 2b | | | 2.97t | 12.0, 12.0 | H-3, H-2a | | + | |
| 3 | 56.3 | CH | 5.02ddd | 5.0, 10.0, 12.0 | H-2a, H-18, H-2b | | + | 2.12(H-2a), 2.35(H-19b), 2.97(H-2b), 3.36(H-5a), 3.84(H-5b), 4.66(H-18) |
| 5a | 38.6 | $CH_2$ | 3.36td | 4.0, 15.0 | H-6, H-5b | | + | 5.02(H-3) |
| 5b | | | 3.84m | | H-6, H-5a | | + | |
| 6 | 25.2 | $CH_2$ | 1.75m | | H-5a, H-5b, H-7a, H-7b | | + | 3.36(H-5a) |
| 7a | 20.9 | $CH_2$ | 1.35m | | H-6, H-7b, H-8a, H-8b | | + | 1.50(H-8a), 3.36(H-5a) |
| 7b | | | 1.87m | | H-6, H-7a, H-8a, H-8b | | + | |
| 8a | 18.0 | $CH_2$ | 1.50m | | H-7a, H-7b, H-8b, H-9 | | + | 2.75(H-9) |
| 8b | | | 1.67m | | H-7a, H-7b, H-8a, H-9 | | | |
| 9 | 50.2 | CH | 2.75m | | H-8a, H-8b, H-10 | | + | 1.35(H-7a), 1.50(H-8a), 1.87(H-7b) |
| 9a | 176.9* | C | | | | | | 1.50(H-8a), 2.75(H-9), 3.36(H-5a), 5.02(H-3) |

续表

| 编号 | $\delta_C$ | DEPT | $\delta_H$ | J/Hz | H-HCOSY | ROESY | HSQC | HMBC($\delta_H$) |
|---|---|---|---|---|---|---|---|---|
| 10 | 46.0 | CH | 2.15m | | H-9, H-11, H-16a, H-16b | | + | 0.89(H-17), 1.30(H-16a), 4.92(H-11) |
| 11 | 80.6 | CH | 4.92dd | 5.5, 10.5 | H-12, H-10 | H-15 | + | 1.30(H-16a), 2.15(H-10), 2.65(H-13), 2.75(H-9) |
| 12 | 56.6 | CH | 3.67dd | 3.5, 5.5 | H-13, H-11 | H-15 | + | 1.26(H-15), 2.12(H-2a), 2.65(H-13), 2.97(H-2b), 4.92(H-11) |
| 13 | 40.3 | CH | 2.65dq | 3.5, 7.5 | H-12, H-15 | | + | 1.26(H-15), 3.67(H-12) |
| 14 | 177.0* | C | | | | | | 1.26(H-15), 2.65(H-13), 3.67(H-12), 4.92(H-11) |
| 15 | 15.1 | $CH_3$ | 1.26d | 7.5 | H-13 | H-11, H-12 | + | 2.65(H-13), 3.67(H-12) |
| 16a | 23.3 | $CH_2$ | 1.30m | | H-10, H-16b, H-17 | | + | 0.89(H-17), 4.92(H-11) |
| 16b | | | 1.67m | | H-10, H-16a, H-17 | | + | |
| 17 | 11.8 | $CH_3$ | 0.89t | 7.0, 7.0 | H-16a, H-16b | | + | 1.30(H-16a) |
| 18 | 74.7 | CH | 4.66ddd | 5.5, 10.0, 12.0 | H-19a, H-3, H-19b | | + | 1.62(H-19a), 2.97(H-2b), 5.02(H-3) |
| 19a | 33.9 | $CH_2$ | 1.62m | | H-18, H-19b, H-20 | | + | 1.13(H-22) |
| 19b | | | 2.35m | | H-18, H-19a, H-20 | | + | |
| 20 | 35.0 | CH | 2.80m | | H-19a, H-19b, H-22 | | + | 1.13(H-22), 1.62(H-19a), 2.35(H-19b) |
| 21 | 178.5 | C | | | | | | 1.13(H-22), 1.62(H-19a) |
| 22 | 14.5 | $CH_3$ | 1.13d | 7.0 | H-20 | | + | 2.35(H-19b), 2.80(H-20) |

* 归属可互换。

stemonatuberone C 的 NMR 详细解析数据见表 2-141。

需要指出的是，3 个生物碱之间化学结构的差别在于 H-11、H-12、H-15 相对于 $\gamma$-内酯环平面的取向，可以通过 ROESY 实验进行结构区分。

在 stemonatuberone A 中，ROESY 指出，$\delta_H$ 4.80(H-11)与 $\delta_H$ 1.14(H-15)相关，$\delta_H$ 3.65(H-12)与 $\delta_H$ 1.14(H-15)相关，表明 H-11、H-12、H-15 处在 C-11~C-14$\gamma$-内酯环平面同侧；$\delta_H$ 0.80(H-17)与 $\delta_H$ 4.80(H-11)相关，表明 H-11、H-12、H-15、H-17 处在 $\gamma$-内酯环平面同侧，均为 $\beta$-取向。

表 2-141　stemonatuberone C 的 NMR 数据(DMSO-$d_6$, 500MHz/H)

| 编号 | $\delta_C$ | DEPT | $\delta_H$ | $J$/Hz | H-H COSY | ROESY | HSQC | HMBC($\delta_H$) |
|---|---|---|---|---|---|---|---|---|
| 1 | 209.9 | C | | | | | | 3.37(H-12), 4.63(H-11) |
| 2a | 46.9 | $CH_2$ | 2.54m | | H-2b, H-3 | | + | 4.65(H-18), 5.07(H-3) |
| 2b | | | 3.22m | | H-2a, H-3 | | + | |
| 3 | 55.6 | CH | 5.07m | | H-2a, H-2b, H-18 | | + | 1.56(H-19a), 4.65(H-18) |
| 5a | 42.3 | $CH_2$ | 3.01dd | 12.0[①], 14.5 | H-6a(或 H-6b), H-5b | | + | 5.07(H-3) |
| 5b | | | 3.22m | | H-5a, H-6a, H-6b | | + | |
| 6 | 23.7* | $CH_2$ | 1.45~1.65m | | H-5a, H-5b | | + | |
| 7 | 23.4* | $CH_2$ | 1.45~1.65m | | H-8a, H-8b | | + | 2.70(H-9) |
| 8a | 27.8 | $CH_2$ | 1.32m | | H-7, H-8b, H-9 | | + | |
| 8b | | | 1.84 | | H-7, H-8a, H-9 | | | |
| 9 | 48.2 | CH | 2.70m | | H-8a, H-8b, H-10 | | + | 1.68(H-16b), 4.63(H-11) |
| 9a | 178.6 | C | | | | | | 2.32(H-10), 2.70(H-9), 5.07(H-3) |
| 10 | 36.0 | CH | 2.32brt | 11.0, 11.0 | H-16a, H-16b, H-9, H-11 | | + | 0.80(H-17), 1.68(H-16b), 4.63(H-11) |
| 11 | 80.6 | CH | 4.63dd | 5.0, 11.0 | H-12, H-10 | H-15, H-17 | + | |
| 12 | 51.9 | CH | 3.37brd | 5.0 | H-13, H-11 | | + | 1.27(H-15) |
| 13 | 41.5 | CH | 2.54m | | H-12, H-15 | | + | 1.27(H-15), 3.37(H-12) |
| 14 | 177.3 | C | | | | | | 1.27(H-15), 3.37(H-12) |
| 15 | 15.3 | $CH_3$ | 1.27d | 7.5 | H-13 | H-11 | + | 3.37(H-12) |
| 16a | 19.3 | $CH_2$ | 1.44m | | H-10, H-16b, H-17 | | + | 0.80(H-17), 4.63(H-11) |
| 16b | | | 1.68m | | H-10, H-16a, H-17 | | | |
| 17 | 6.5 | $CH_3$ | 0.80t | 7.5, 7.5 | H-16a, H-16b | H-11 | + | 1.68(H-16b), 2.32(H-10) |
| 18 | 77.3 | CH | 4.65m | | H-3, H-19a, H-19b | | + | 1.56(H-19a), 5.07(H-3) |
| 19a | 33.8 | $CH_2$ | 1.56m | | H-18, H-19b, H-20 | | + | 1.13(H-22), 2.76(H-20), 5.07(H-3) |

续表

| 编号 | $\delta_C$ | DEPT | $\delta_H$ | J/Hz | H-H COSY | ROESY | HSQC | HMBC($\delta_H$) |
|---|---|---|---|---|---|---|---|---|
| 19b | | | 2.42m | | H-18, H-19a, H-20 | | + | |
| 20 | 34.3 | CH | 2.76m | | H-19a, H-19b, H-22 | | + | 1.13(H-22), 1.56(H-19a) |
| 21 | 178.6 | C | | | | | | 1.13(H-22), 2.42(H-19b), 2.76(H-20) |
| 22 | 15.0 | $CH_3$ | 1.13d | 7.0 | H-20 | | + | 1.56(H-19a), 2.42(H-19b), 2.76(H-20) |

① 由于 H-6a、H-6b 为重叠多重峰，原始文献未明确归属区分，因此，也未明确与 H-6a 或 H-6b 的偶合。
* 归属可互换。

在 stemonatuberone B 中，ROESY 指出，$\delta_H$ 4.92(H-11)与 $\delta_H$ 1.26(H-15)相关，$\delta_H$ 3.67(H-12)与 $\delta_H$ 1.26(H-15)相关，表明 H-11、H-12、H-15 处在 C-11~C-14$\gamma$-内酯环平面同侧，但未见 $\delta_H$ 0.89(H-17)与 $\delta_H$ 4.92(H-11)相关，表明化合物 stemonatuberone B 与 stemonatuberone A 相比，H-11、H-12、H-15 均为 $\alpha$-取向。

在 stemonatuberone C 中，ROESY 指出，$\delta_H$ 4.63(H-11)与 $\delta_H$ 1.27(H-15)相关，但未见 $\delta_H$ 3.37(H-12)与 $\delta_H$ 1.27(H-15)相关，表明 H-11、H-15 处在 C-11~C-14$\gamma$-内酯环平面同侧，H-12 处在平面另一侧；$\delta_H$ 0.80(H-17)与 $\delta_H$ 4.63(H-11)相关，表明 H-11、H-15、H-17 处在 $\gamma$-内酯环平面同侧，均为 $\beta$-取向，H-12 为 $\alpha$-取向。

## 例 2-96　几个吲哚里西丁类生物碱的 NMR 数据解析[191-196]

Secu'amamine A(**2-142**)、左旋一叶萩碱(*l*-securinine, **2-143**)、右旋一叶萩碱(*d*-securinine, virosecurinine, **2-144**)、左旋别一叶萩碱(allosecurinine, **2-145**)、右旋别一叶萩碱(viroallosecurinine, **2-146**)均从一叶萩(*Securinega suffruticosa*)的叶枝中获得，属吲哚里西丁类(indolizidines)生物碱。一叶萩有活血舒筋、健脾益肾等功效，用于治疗风湿腰痛、四肢麻木和小儿疳积等。

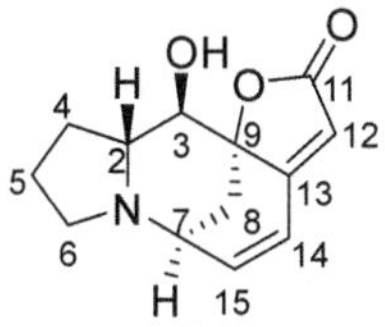

**2-142** 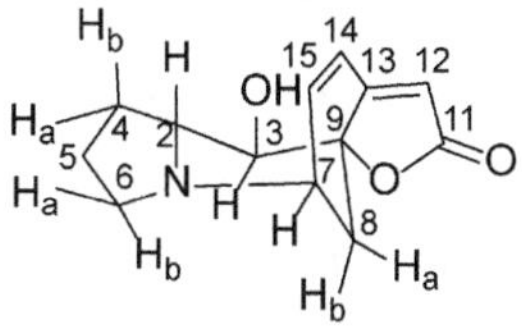　　**2-142′** 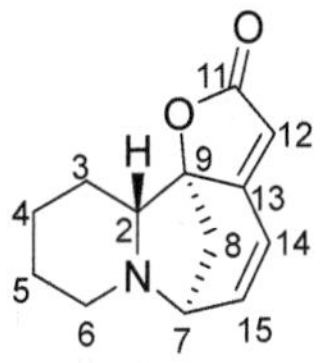　　**2-143**

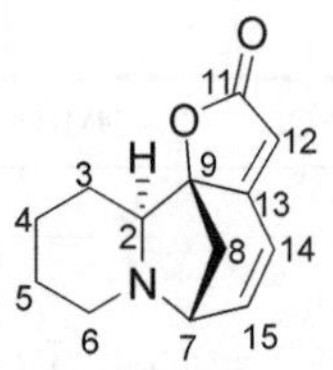

2-144 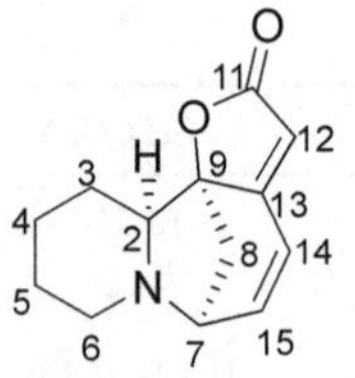　　2-145 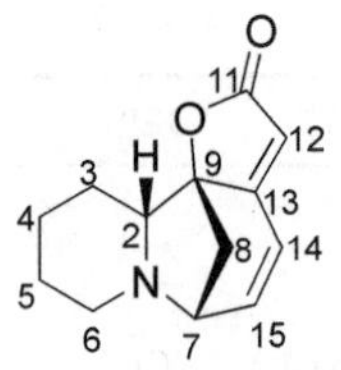　　2-146

Secu'amamine A 的 $^{13}$C NMR 显示 13 条碳峰，表明其含有 13 个碳。DEPT 显示，4 个仲碳：$\delta_C$ 22.14、28.11、36.55、48.53；6 个叔碳：$\delta_C$ 52.04、59.63、74.45、114.13、124.18、134.00；3 个季碳：$\delta_C$ 87.10、162.07、172.57。

根据氢化学位移规律和偶合分裂情况，加之 $\delta_C$ 74.45(叔碳)与 $\delta_H$ 3.74(1H, d, $J$ = 9.8Hz)HMQC 相关，表明 $\delta_H$ 3.74 归属 H-3, $\delta_C$ 74.45 归属 C-3。

H-H COSY 指出，$\delta_H$ 3.74(H-3)与 $\delta_H$ 2.57(1H, dt, $J$ = 9.8Hz、6.7Hz、6.7Hz)相关，加之 $\delta_C$ 59.63(叔碳)与 $\delta_H$ 2.57 HMQC 相关，表明 $\delta_H$ 2.57 归属 H-2, $\delta_C$ 59.63 归属 C-2；$\delta_H$ 2.57(H-2)与 $\delta_H$ 1.65(1H, m)、2.08(1H, m)相关，$\delta_H$ 1.65 与 $\delta_H$ 2.08 相关，加之 $\delta_C$ 28.11(仲碳)与 $\delta_H$ 1.65、2.08 HMQC 相关，表明 $\delta_H$ 1.65、2.08 分别归属 H-4a、H-4b，$\delta_C$ 28.11 归属 C-4；$\delta_H$ 1.65(H-4a)、2.08(H-4b)均与 $\delta_H$ 1.77(1H, m)、1.93(1H, m)相关，$\delta_H$ 1.77 与 $\delta_H$ 1.93 相关，加之 $\delta_C$ 22.14(仲碳)与 $\delta_H$ 1.77、1.93 HMQC 相关，表明 $\delta_H$ 1.77、1.93 分别归属 H-5a、H-5b，$\delta_C$ 22.14 归属 C-5；$\delta_H$ 1.77(H-5a)、1.93(H-5b)均与 $\delta_H$ 2.61(1H, q, $J$ = 8.5Hz)、3.02(1H, dt, $J$ = 3.7Hz、8.5Hz、8.5Hz)相关，$\delta_H$ 2.61 与 $\delta_H$ 3.02 相关，加之 $\delta_C$ 48.53(仲碳)与 $\delta_H$ 2.61、3.02 HMQC 相关，表明 $\delta_H$ 2.61、3.02 分别归属 H-6a、H-6b，$\delta_C$ 48.53 归属 C-6。

根据碳化学位移规律，$\delta_C$ 172.57(季碳)归属 C-11。HMBC 指出，$\delta_C$ 172.57(C-11)与 $\delta_H$ 5.86(1H, s)相关，加之 $\delta_C$ 114.13(叔碳)与 $\delta_H$ 5.86 HMQC 相关，表明 $\delta_H$ 5.86 归属 H-12, $\delta_C$ 114.13 归属 C-12；$\delta_C$ 114.13(C-12)与 $\delta_H$ 6.78(1H, d, $J$ = 9.8Hz)相关，加之 $\delta_C$ 124.18(叔碳)与 $\delta_H$ 6.78HMQC 相关，表明 $\delta_H$ 6.78 归属 H-14, $\delta_C$ 124.18 归属 C-14。

H-H COSY 指出，$\delta_H$ 6.78(H-14)与 $\delta_H$ 6.19(1H, dd, $J$ = 6.1Hz、9.8Hz)相关，加之 $\delta_C$ 134.00(叔碳)与 $\delta_H$ 6.19 HMQC 相关，表明 $\delta_H$ 6.19 归属 H-15, $\delta_C$ 134.00 归属 C-15；$\delta_H$ 6.19(H-15)与 $\delta_H$ 3.94(1H, dt, $J$ = 6.1Hz、3.7Hz、3.7Hz)相关，加之 $\delta_C$ 52.04(叔碳)与 $\delta_H$ 3.94 HMQC 相关，表明 $\delta_H$ 3.94 归属 H-7, $\delta_C$ 52.04 归属 C-7；$\delta_H$ 3.94(H-7)与 $\delta_H$ 2.01(1H, dd, $J$ = 3.7Hz、11.6Hz)、2.38(1H, dd, $J$ = 3.7Hz、11.6Hz)相关，$\delta_H$ 2.01 与 $\delta_H$ 2.38 相关，加之 $\delta_C$ 36.55(仲碳)与 $\delta_H$ 2.01、2.38 HMQC 相关，表明 $\delta_H$ 2.01、2.38 分别归属 H-8a、H-8b，$\delta_C$ 36.55 归属 C-8。

根据碳化学位移规律，$\delta_C$ 87.10(季碳)归属 C-9, $\delta_C$ 162.07(季碳)归属 C-13。HMBC 指出，$\delta_C$ 87.10(C-9)与 $\delta_H$ 2.01(H-8a)、2.38(H-8b)、3.74(H-3)、3.94(H-7)、

5.86(H-12)、6.78(H-14)相关，$\delta_C$ 162.07(C-13)与 $\delta_H$ 2.38(H-8b)、3.74(H-3)、5.86(H-12)、6.19(H-15)、6.78(H-14)相关，进一步证明了 C-9 和 C-13 归属的正确。

NOESY 指出，$\delta_H$ 2.57(H-2)与 $\delta_H$ 6.19(H-15)相关，$\delta_H$ 3.94(H-7)与 $\delta_H$ 2.61(H-6a)相关，表明 H-2、H-15、H-7、H-6a 为 $\beta$-取向；$\delta_H$ 3.74(H-3)与 $\delta_H$ 1.65(H-4a)相关，$\delta_H$ 3.02(H-6b)与 $\delta_H$ 2.38(H-8b)相关，表明 H-3、H-4a、H-6b、H-8b 为 $\alpha$-取向，如同构象式 **2-142′**所示。

Secu'amamine A 的 NMR 详细解析数据见表 2-142。

表 2-142 Secu'amamine A 的 NMR 数据($CDCl_3$)①

| 编号 | $\delta_C$ | DEPT | $\delta_H$ | J/Hz | H-H COSY | NOESY | HMQC | HMBC($\delta_H$) |
|---|---|---|---|---|---|---|---|---|
| 2 | 59.63 | CH | 2.57dt | 9.8, 6.7, 6.7 | H-3, H-4a, H-4b | H-15 | + | 1.65(H-4a), 3.02(H-6b), 3.74(H-3), 3.94(H-7) |
| 3 | 74.45 | CH | 3.74d | 9.8 | H-2 | H-4a | + | 1.65(H-4a), 2.01(H-8a), 2.38(H-8b), 2.57(H-2) |
| OH-3 | | | 缺 | | | | | |
| 4a | 28.11 | $CH_2$ | 1.65m | | H-2, H-4b, H-5a, H-5b | H-3 | + | 1.77(H-5a), 1.93(H-5b), 3.02(H-6b), 3.74(H-3) |
| 4b | | | 2.08m | | H-2, H-4a, H-5a, H-5b | | + | |
| 5a | 22.14 | $CH_2$ | 1.77m | | H-4a, H-4b, H-5b, H-6a, H-6b | | + | 1.65(H-4a), 2.08(H-4b), 2.61(H-6a), 3.02(H-6b) |
| 5b | | | 1.93m | | H-4a, H-4b, H-5a, H-6a, H-6b | | + | |
| 6a | 48.53 | $CH_2$ | 2.61q | 8.5 | H-5a, H-5b, H-6b | H-7 | + | 2.08(H-4b), 2.57(H-2) |
| 6b | | | 3.02dt | 3.7, 8.5, 8.5 | H-5a, H-5b, H-6a | H-8b | + | |
| 7 | 52.04 | CH | 3.94dt | 6.1, 3.7, 3.7 | H-15, H-8a, H-8b | H-6a | + | 2.01(H-8a), 2.38(H-8b), 2.61(H-6a), 6.19(H-15), 6.78(H-14) |
| 8a | 36.55 | $CH_2$ | 2.01dd | 3.7, 11.6 | H-7, H-8b | | + | 3.74(H-3), 6.19(H-15) |
| 8b | | | 2.38dd | 3.7, 11.6 | H-7, H-8a | H-6b | + | |
| 9 | 87.10 | C | | | | | | 2.01(H-8a), 2.38(H-8b), 3.74(H-3), 3.94(H-7), 5.86(H-12), 6.78(H-14) |
| 11 | 172.57 | C | | | | | | 5.86(H-12) |

续表

| 编号 | $\delta_C$ | DEPT | $\delta_H$ | J/Hz | H-H COSY | NOESY | HMQC | HMBC($\delta_H$) |
|---|---|---|---|---|---|---|---|---|
| 12 | 114.13 | CH | 5.86s | | | | + | 6.78(H-14) |
| 13 | 162.07 | C | | | | | | 2.38(H-8b), 3.74(H-3), 5.86(H-12), 6.19(H-15), 6.78(H-14) |
| 14 | 124.18 | CH | 6.78d | 9.8 | H-15 | | + | 3.94(H-7), 5.86(H-12) |
| 15 | 134.00 | CH | 6.19dd | 6.1, 9.8 | H-7, H-14 | H-2 | + | 2.38(H-8b), 3.94(H-7) |

① 原始文献没有给出仪器兆周数。

左旋一叶萩碱的 $^{13}C$ NMR 显示 13 条碳峰，表明其含有 13 个碳。DEPT 显示，5 个仲碳：$\delta_C$ 24.27、25.65、27.01、42.07、48.67；5 个叔碳：$\delta_C$ 58.98、62.91、105.40、121.59、140.02；3 个季碳：$\delta_C$ 89.42、169.86、173.45。

根据氢化学位移规律和偶合分裂情况，加之 $\delta_C$ 105.40(叔碳)与 $\delta_H$ 5.56(1H, s)HSQC 相关，表明 $\delta_H$ 5.56 归属 H-12, $\delta_C$ 105.40 归属 C-12。

HMBC 指出，$\delta_C$ 105.40(C-12)与 $\delta_H$ 6.62(1H, d, 9.1Hz)相关，加之 $\delta_C$ 121.59(叔碳)与 $\delta_H$ 6.62 HSQC 相关，表明 $\delta_H$ 6.62 归属 H-14, $\delta_C$ 121.59 归属 C-14。

H-H COSY 指出，$\delta_H$ 6.62(H-14)与 $\delta_H$ 6.45(1H, br)相关，加之 $\delta_C$ 140.02(叔碳)与 $\delta_H$ 6.45 HSQC 相关，表明 $\delta_H$ 6.45 归属 H-15，$\delta_C$ 140.02 归属 C-15；$\delta_H$ 6.45(H-15)与 $\delta_H$ 3.83(1H, brdd, $J$ = 3.9Hz、4.3Hz)相关，加之 $\delta_C$ 58.98(叔碳)与 $\delta_H$ 3.83HSQC 相关，表明 $\delta_H$ 3.83 归属 H-7，$\delta_C$ 58.98 归属 C-7；$\delta_H$ 3.83(H-7)与 $\delta_H$ 1.80(1H, brd, $J$ = 9.3Hz)、2.52(1H, brdd, $J$ = 3.9Hz、9.3Hz)相关，$\delta_H$ 1.80 与 $\delta_H$ 2.52 相关，加之 $\delta_C$ 42.07(仲碳)与 $\delta_H$ 1.80、2.52 HSQC 相关，表明 $\delta_H$ 1.80、2.52 分别归属 H-8a、H-8b，$\delta_C$ 42.07 归属 C-8。

根据碳、氢化学位移规律和氢偶合分裂情况，加之 $\delta_C$ 62.91(叔碳)与 $\delta_H$ 2.16(1H, br)HSQC 相关，$\delta_C$ 48.67(仲碳)与 $\delta_H$ 2.48(1H, br)、2.98(1H, m)HSQC 相关，同时，$\delta_H$ 2.48 与 $\delta_H$ 2.98H-H COSY 相关，综合考虑，表明 $\delta_H$ 2.16 归属 H-2, $\delta_C$ 62.91 归属 C-2, $\delta_H$ 2.48、2.98 分别归属 H-6a、H-6b，$\delta_C$ 48.67 归属 C-6。

H-H COSY 指出，$\delta_H$ 2.16(H-2)与 $\delta_H$ 1.61(2H, m)相关，加之 $\delta_C$ 25.65(仲碳)与 $\delta_H$ 1.61HSQC 相关，表明 $\delta_H$ 1.61 归属 H-3, $\delta_C$ 25.65 归属 C-3；$\delta_H$ 1.61(H-3)与 $\delta_H$ 1.26(1H, m)、1.89(1H, m)相关，$\delta_H$ 1.26 与 $\delta_H$ 1.89 相关，加之 $\delta_C$ 24.27(仲碳)与 $\delta_H$ 1.26、1.89HSQC 相关，表明 $\delta_H$ 1.26、1.89 分别归属 H-4a、H-4b，$\delta_C$ 24.27 归属 C-4；$\delta_H$ 1.26(H-4a)、$\delta_H$ 1.89(H-4b)均与 $\delta_H$ 1.57(1H, m)、1.66(1H, m)相关，$\delta_H$ 1.57 与 $\delta_H$ 1.66 相关，加之 $\delta_C$ 27.01(仲碳)与 $\delta_H$ 1.57、1.66 HSQC 相关，表明 $\delta_H$ 1.57、1.66 分别归属 H-5a、H-5b，$\delta_C$ 27.01 归属 C-5。

根据碳化学位移规律，$\delta_C$ 89.42(季碳)、$\delta_C$ 173.45(季碳)、$\delta_C$ 169.86(季碳)

分别归属 C-9、C-11、C-13。HMBC 指出，$\delta_C$ 89.42(C-9)与 $\delta_H$ 1.80(H-8a)、1.89(H-4b)、2.52(H-8b)、2.98(H-6b)、3.83(H-7)、5.56(H-12)、6.62(H-14)相关，$\delta_C$ 173.45(C-11)与 $\delta_H$ 5.56(H-12)相关，$\delta_C$ 169.86(C-13)与 $\delta_H$ 1.80(H-8a)、2.52(H-8b)、5.56(H-12)、6.45(H-15)、6.62(H-14)相关，进一步证明了 C-9、C-11、C-13 归属的正确。

特别需要指出的是，左旋一叶萩碱的 $\delta_H$ 2.16(H-2)、2.48(H-6a)、6.45(H-15)和 $\delta_C$ 24.27(C-4)、25.65(C-3)、27.01(C-5)、42.07(C-8)均呈现宽峰，这可能与文献[192]报道的左旋一叶萩碱在室温下处于 1 个构象平衡体系 **2-143′a ⇌ 2-143′b** 中有关。

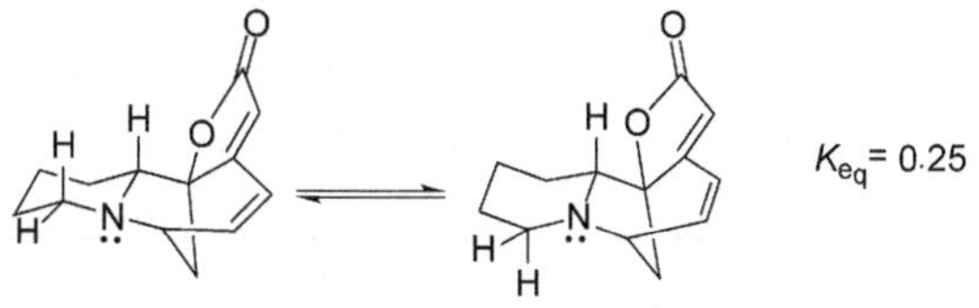

$K_{eq}$ = 0.25

**2-143′a** **2-143′b**

左旋一叶萩碱的 NMR 详细解析数据见表 2-143。右旋一叶萩碱的 NMR 数据与左旋一叶萩碱完全相同，只是旋光不同。

**表 2-143 左旋一叶萩碱的 NMR 数据($CDCl_3$, 400MHz/H)①**

| 编号 | $\delta_C$ | DEPT | $\delta_H$ | J/Hz | H-H COSY | HSQC | HMBC($\delta_H$) |
|---|---|---|---|---|---|---|---|
| 2 | 62.91 | CH | 2.16br | | H-3 | + | 1.61(H-3), 1.80(H-8a), 1.89(H-4b), 2.98(H-6b), 3.83(H-7) |
| 3 | 25.65br | $CH_2$ | 1.61m | | H-2, H-4a, H-4b | + | |
| 4a | 24.27br | $CH_2$ | 1.26m | | H-3, H-4b, H-5a, H-5b | + | 1.61(H-3), 2.98(H-6b) |
| 4b | | | 1.89m | | H-3, H-4a, H-5a, H-5b | + | |
| 5a | 27.01br | $CH_2$ | 1.57m | | H-4a, H-4b, H-5b, H-6a, H-6b | + | |
| 5b | | | 1.66m | | H-4a, H-4b, H-5a, H-6a, H-6b | + | |
| 6a | 48.67 | $CH_2$ | 2.48br | | H-5a, H-5b, H-6b | + | 1.80(H-8a), 1.89(H-4b) |
| 6b | | | 2.98m | | H-5a, H-5b, H-6a | + | |
| 7 | 58.98 | CH | 3.83brdd | 3.9, 4.3 | H-8a, H-8b, H-15 | + | 1.80(H-8a), 2.48(H-6a), 2.52(H-8b), 2.98(H-6b), 6.45(H-15), 6.62(H-14) |
| 8a | 42.07br | $CH_2$ | 1.80brd | 9.3 | H-7, H-8b | + | 3.83(H-7), 6.45(H-15), 6.62(H-14) |

续表

| 编号 | $\delta_C$ | DEPT | $\delta_H$ | $J$/Hz | H-H COSY | HSQC | HMBC($\delta_H$) |
|---|---|---|---|---|---|---|---|
| 8b | | | 2.52brdd | 3.9, 9.3 | H-15, H-7, H-8a | | |
| 9 | 89.42 | C | | | | | 1.80(H-8a), 1.89(H-4b), 2.52(H-8b), 2.98(H-6b), 3.83(H-7), 5.56(H-12), 6.62(H-14) |
| 11 | 173.45 | C | | | | | 5.56(H-12) |
| 12 | 105.40 | CH | 5.56s | | | + | 6.62(H-14) |
| 13 | 169.86 | C | | | | | 1.80(H-8a), 2.52(H-8b), 5.56(H-12), 6.45(H-15), 6.62(H-14) |
| 14 | 121.59 | CH | 6.62d | 9.1 | H-15 | + | 3.83(H-7), 5.56(H-12) |
| 15 | 140.02 | CH | 6.45br | | H-7, H-8b, H-14 | + | 1.80(H-8a), 2.52(H-8b), 2.98(H-6b), 6.62(H-14) |

① 本实验室数据。

左旋或右旋别一叶萩碱的 NMR 数据解析同左旋一叶萩碱，可参考左旋一叶萩碱进行解析，不再赘述。

左旋或右旋别一叶萩碱的 NMR 详细解析数据见表 2-144。

**表 2-144　左旋或右旋别一叶萩碱的 NMR 数据($CDCl_3$, 400MHz/H)①**

| 编号 | $\delta_C$ | DEPT | $\delta_H$ | $J$/Hz | H-H COSY | HSQC |
|---|---|---|---|---|---|---|
| 2 | 60.74 | CH | 3.65dd | 3.5, 13.5 | H-3a, H-3b | + |
| 3a | 21.03 | $CH_2$ | 1.15m | | H-2, H-3b, H-4a, H-4b | + |
| 3b | | | 1.34m | | H-2, H-3a, H-4a, H-4b | + |
| 4a | 18.44 | $CH_2$ | 1.42m | | H-3a, H-3b, H-4b, H-5 | + |
| 4b | | | 1.68m | | H-3a, H-3b, H-4a | + |
| 5 | 22.13 | $CH_2$ | 1.68m | | H-4a, H-6 | + |
| 6 | 43.63 | $CH_2$ | 2.75m | | H-5 | + |
| 7 | 58.80 | CH | 3.89t | 5.0, 5.0 | H-8b, H-15 | + |
| 8a | 42.65 | $CH_2$ | 1.91d | 9.5 | H-8b | + |
| 8b | | | 2.67dd | 5.0, 9.5 | H-7, H-8a | |
| 9 | 91.67 | C | | | | |
| 11 | 172.62 | C | | | | |
| 12 | 108.98 | CH | 5.72s | | | + |
| 13 | 167.45 | C | | | | |
| 14 | 122.65 | CH | 6.64d | 9.0 | H-15 | + |
| 15 | 148.61 | CH | 6.81dd | 5.0, 9.0 | H-7, H-14 | + |

① 综合文献[192]和[196]编写。

## 例 2-97　藜芦胺的 NMR 数据解析[197]

藜芦胺(veratramine, **2-147**)是百合科(Liliaceae)藜芦属(*Veratrum* L)各种植物中一个主要活性成分，属 C-27 甾体生物碱的异胆甾烷类生物碱。

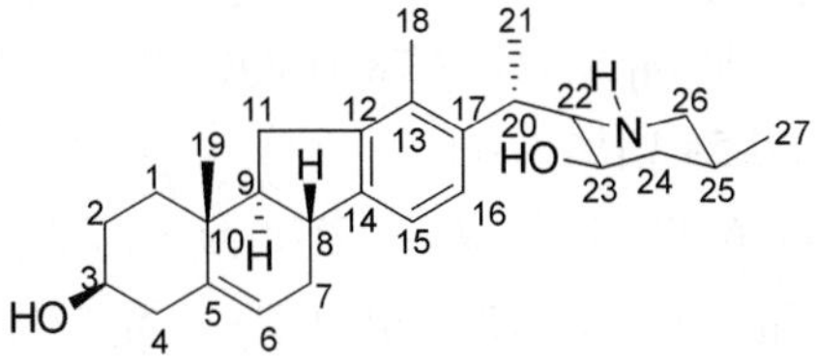

**2-147**

藜芦胺的 $^{13}$C NMR 显示 27 条碳峰，表明其含有 27 个碳。DEPT 显示，4 个伯碳：$\delta_C$ 15.81、18.76、19.25、19.34；7 个仲碳：$\delta_C$ 30.37、30.54、31.34、38.04、41.91、44.00、53.92；10 个叔碳：$\delta_C$ 31.92、36.19、41.26、56.98、67.01、70.75、71.83、119.89、122.02、125.20；6 个季碳：$\delta_C$ 36.91、132.66、140.22、142.50、143.07、143.98。

根据氢化学位移规律和偶合分裂情况，加之 $\delta_C$ 19.25(伯碳)与 $\delta_H$ 1.15(3H, s)、$\delta_C$ 15.81(伯碳)与 2.31(3H, s)HSQC 相关，表明 $\delta_H$ 1.15(H-19)、$\delta_H$ 2.31 分别归属 H-19、H-18, $\delta_C$ 19.25、15.81 分别归属 C-19、C-18。

HMBC 指出，$\delta_C$ 38.04(仲碳)、142.50(季碳)、36.91(季碳)、56.98(叔碳)均与 $\delta_H$ 1.15(H-19)相关，结合碳化学位移规律，表明 $\delta_C$ 38.04、142.50、36.91、56.98 分别归属 C-1、C-5、C-10、C-9。

HSQC 指出，$\delta_C$ 38.04(C-1)与 $\delta_H$ 1.27(1H, m)、1.86(2H, m)相关，表明 $\delta_H$ 1.27、1.86(其中 1 个氢)分别归属 H-1a、H-1b。

H-H COSY 指出，$\delta_H$ 1.27(H-1a)与 $\delta_H$ 1.61(1H, m)、1.86(2H, m)相关，$\delta_H$ 1.61(1H, m)与 $\delta_H$ 1.86 相关，加之 $\delta_C$ 31.34(仲碳)与 $\delta_H$ 1.61、1.86 HSQC 相关，表明 $\delta_H$ 1.61、1.86(其中 1 个氢)分别归属 H-2a、H-2b，$\delta_C$ 31.34 归属 C-2；$\delta_H$ 1.61(H-2a)、$\delta_H$ 1.86(H-2b)均与 $\delta_H$ 3.58(1H, m)相关，加之 $\delta_C$ 71.83(叔碳)与 $\delta_H$ 3.58 HSQC 相关，表明 $\delta_H$ 3.58 归属 H-3, $\delta_C$ 71.83 归属 C-3；$\delta_H$ 3.58(H-3)与 $\delta_H$ 2.27(1H, brdd, $J$ = 4.3, 13.8Hz)、2.43(1H, ddd, $J$ = 1.7, 4.6, 13.8Hz)相关，$\delta_H$ 2.27 与 $\delta_H$ 2.43 相关，加之 $\delta_C$ 41.91(仲碳)与 $\delta_H$ 2.27、2.43 HSQC 相关，表明 $\delta_H$ 2.27、2.43 分别归属 H-4a、H-4b，$\delta_C$ 41.91 归属 C-4；$\delta_H$ 2.27(H-4a)、2.43(H-4b)均与 $\delta_H$ 5.49(1H, m)相关，加之 $\delta_C$ 122.02(叔碳)与 $\delta_H$ 5.49 HSQC 相关，表明 $\delta_H$ 5.49 归属 H-6，$\delta_C$ 122.02 归属 C-6；$\delta_H$ 5.49(H-6)与 $\delta_H$ 2.02(2H, m)、2.56(1H, m)相关，$\delta_H$ 2.02 与 $\delta_H$ 2.56 相关，加之 $\delta_C$ 30.37(仲碳)与 $\delta_H$ 2.02、2.56 HSQC 相关，表明 $\delta_H$ 2.02(其中 1 个氢)、2.56 分别归

属 H-7a、H-7b，$\delta_C$ 30.37 归属 C-7；$\delta_H$ 2.02(H-7a)、2.56(H-7b)均与 $\delta_H$ 2.97(1H, m)相关，加之 $\delta_C$ 41.26(叔碳)与 $\delta_H$ 2.97 HSQC 相关，表明 $\delta_H$ 2.97 归属 H-8, $\delta_C$ 41.26 归属 C-8；$\delta_H$ 2.97(H-8)与 $\delta_H$ 1.83(1H, m)相关，加之 $\delta_C$ 56.98(叔碳)与 $\delta_H$ 1.83 HSQC 相关，表明 $\delta_H$ 1.83 归属 H-9, $\delta_C$ 56.98 归属 C-9(与前述一致)；$\delta_H$ 1.83(H-9)与 $\delta_H$ 2.63(1H, brd, $J$ = 14.8Hz)、2.78(1H, dd, $J$ = 7.4Hz、14.8Hz)相关，$\delta_H$ 2.63 与 $\delta_H$ 2.78 相关，加之 $\delta_C$ 30.54(仲碳)与 $\delta_H$ 2.63、2.78 HSQC 相关，表明 $\delta_H$ 2.63、2.78 分别归属 H-11a、H-11b，$\delta_C$ 30.54 归属 C-11。

H-H COSY 指出，$\delta_H$ 6.97(1H, d, $J$ = 7.7Hz)与 $\delta_H$ 7.21(1H, d, $J$ = 7.7Hz)相关，加之 $\delta_C$ 119.89(叔碳)与 $\delta_H$ 6.97、$\delta_C$ 125.20(叔碳)与 $\delta_H$ 7.21 HSQC 相关，结合碳、氢化学位移规律和氢偶合分裂情况，加之 $\delta_C$ 41.26(C-8)与 $\delta_H$ 6.97 HMBC 相关，表明 $\delta_H$ 6.97、7.21 分别归属 H-15、H-16, $\delta_C$ 119.89、125.20 分别归属 C-15、C-16。

HMBC 指出，$\delta_C$ 143.07(季碳)与 $\delta_H$ 2.31(H-18)、2.63(H-11a)、2.78(H-11b)、6.97(H-15)相关，$\delta_C$ 132.66(季碳)与 $\delta_H$ 2.31(H-18)、7.21(H-16)相关，$\delta_C$ 143.98(季碳)与 $\delta_H$ 2.78(H-11b)、2.97(H-8)、7.21(H-16)相关，$\delta_C$ 140.22(季碳)与 $\delta_H$ 1.40(3H, d, $J$ =7.2Hz)、2.31(H-18)、3.50(1H, dq, $J$ =4.5Hz、7.2Hz)、6.97(H-15)相关，加之 $\delta_H$ 1.40 与 $\delta_H$ 3.50 H-H COSY 相关，综合考虑，表明 $\delta_C$ 143.07、132.66、143.98、140.22 分别归属 C-12、C-13、C-14、C-17, $\delta_H$ 1.40、3.50 分别归属 H-21、H-20。

HSQC 指出，$\delta_C$ 19.34(伯碳)与 $\delta_H$ 1.40(H-21)相关，$\delta_C$ 36.19(叔碳)与 $\delta_H$ 3.50(H-20)相关，表明 $\delta_C$ 19.34、36.19 分别归属 C-21, C-20。

H-H COSY 指出，$\delta_H$ 3.50(H-20)与 $\delta_H$ 2.50(1H, dd, $J$ =4.5Hz、9.1Hz)相关，加之 $\delta_C$ 67.01(叔碳)与 $\delta_H$ 2.50 HSQC 相关，表明 $\delta_H$ 2.50 归属 H-22, $\delta_C$ 67.01 归属 C-22；$\delta_H$ 2.50(H-22)与 $\delta_H$ 3.30(1H, m)相关，加之 $\delta_C$ 70.75(叔碳)与 $\delta_H$ 3.30 HSQC 相关，表明与 $\delta_H$ 3.30 归属 H-23, $\delta_C$ 70.75 归属 C-23；$\delta_H$ 3.30(H-23)与 $\delta_H$ 1.00(1H, m)、2.02(2H, m)相关，$\delta_H$ 1.00 与 $\delta_H$ 2.02 相关，加之 $\delta_C$ 44.00(仲碳)与 $\delta_H$ 1.00、2.02 HSQC 相关，表明 $\delta_H$ 1.00、2.02(其中 1 个氢)分别归属 H-24a、H-24b，$\delta_C$ 44.00 归属 C-24；$\delta_H$ 1.00(H-24a)、2.02(H-24b)均与 $\delta_H$ 1.52(1H, m)相关，加之 $\delta_C$ 31.92(叔碳)与 $\delta_H$ 1.52 HSQC 相关，表明 $\delta_H$ 1.52 归属 H-25, $\delta_C$ 31.92 归属 C-25；$\delta_H$ 1.52(H-25)与 $\delta_H$ 2.11(1H, t, $J$ = 11.5Hz、11.5Hz)、2.92(1H, dd, $J$ = 4.2Hz、11.5Hz)相关，$\delta_H$ 2.11 与 $\delta_H$ 2.92 相关，加之 $\delta_C$ 53.92(仲碳)与 $\delta_H$ 2.11、2.92 HSQC 相关，表明 $\delta_H$ 2.11、2.92 分别归属 H-26a、H-26b，$\delta_C$ 53.92 归属 C-26；$\delta_H$ 1.52(H-25)与 $\delta_H$ 0.83(3H, d, $J$ = 6.6Hz)相关，加之 $\delta_C$ 18.76(伯碳)与 $\delta_H$ 0.83 HSQC 相关，表明 $\delta_H$ 0.83 归属 H-27, $\delta_C$ 18.76 归属 C-27。

OH-3、OH-23 和 NH 三个活泼氢分子内发生交换，在 $\delta_H$ 1.72 出现宽峰。

藜芦胺的 NMR 详细解析数据见表 2-145。

表 2-145 藜芦胺的 NMR 数据($CDCl_3$, 400MHz/H)①

| 编号 | $\delta_C$ | DEPT | $\delta_H$ | J/Hz | H-H COSY | HSQC | HMBC($\delta_H$) |
|---|---|---|---|---|---|---|---|
| 1a | 38.04 | $CH_2$ | 1.27m | | H-1b, H-2a, H-2b | + | 1.15(H-19), 1.86(H-2b) |
| 1b | | | 1.86m | | H-1a, H-2a | + | |
| 2a | 31.34 | $CH_2$ | 1.61m | | H-1a, H-1b, H-2b, H-3 | + | 1.86(H-1b) |
| 2b | | | 1.86m | | H-1a, H-2a, H-3 | + | |
| 3 | 71.83 | CH | 3.58m | | H-2a, H-2b, H-4a, H-4b | + | 1.86(H-1b, 2b), 2.27(H-4a), 2.43(H-4b) |
| 4a | 41.91 | $CH_2$ | 2.27brdd | 4.3, 13.8 | H-6, H-3, H-4b | + | 1.86(H-2b) |
| 4b | | | 2.43ddd | 1.7, 4.6, 13.8 | H-6, H-3, H-4a | + | |
| 5 | 142.50 | C | | | | | 1.15(H-19), 1.86(H-1b), 2.27(H-4a), 2.43(H-4b), 2.56(H-7b), 2.63(H-11a), 2.78(H-11b) |
| 6 | 122.02 | CH | 5.49m | | H-4a, H-4b, H-7a, H-7b | + | 2.02(H-7a), 2.27(H-4a), 2.43(H-4b), 2.56(H-7b) |
| 7a | 30.37 | $CH_2$ | 2.02m | | H-6, H-7b, H-8 | + | 2.97(H-8) |
| 7b | | | 2.56m | | H-6, H-7a, H-8 | + | |
| 8 | 41.26 | CH | 2.97m | | H-7a, H-7b, H-9 | + | 1.83(H-9), 2.78(H-11b), 6.97(H-15) |
| 9 | 56.98 | CH | 1.83m | | H-8, H-11a, H-11b | + | 1.15(H-19), 2.56(H-7b), 2.63(H-11a), 2.78(H-11b), 2.97(H-8) |
| 10 | 36.91 | C | | | | | 1.15(H-19), 1.86(H-1b, 2b), 2.43(H-4b), 5.49(H-6) |
| 11a | 30.54 | $CH_2$ | 2.63brd | 14.8 | H-9, H-11b | + | 1.83(H-9), 2.97(H-8) |
| 11b | | | 2.78dd | 7.4, 14.8 | H-9, H-11a | + | |
| 12 | 143.07 | C | | | | | 2.31(H-18), 2.56(H-7b), 2.63(H-11a), 2.78(H-11b), 6.97(H-15) |
| 13 | 132.66 | C | | | | | 2.31(H-18), 7.21(H-16) |
| 14 | 143.98 | C | | | | | 2.78(H-11b), 2.97(H-8), 7.21(H-16) |
| 15 | 119.89 | CH | 6.97d | 7.7 | H-16 | + | |
| 16 | 125.20 | CH | 7.21d | 7.7 | H-15 | + | 3.50(H-20), 6.97(H-15) |

续表

| 编号 | $\delta_C$ | DEPT | $\delta_H$ | $J$/Hz | H-H COSY | HSQC | HMBC($\delta_H$) |
|---|---|---|---|---|---|---|---|
| 17 | 140.22 | C | | | | | 1.40(H-21), 2.31(H-18), 3.50(H-20), 6.97(H-15) |
| 18 | 15.81 | $CH_3$ | 2.31s | | | + | |
| 19 | 19.25 | $CH_3$ | 1.15s | | | + | 1.83(H-9), 1.86(H-1b) |
| 20 | 36.19 | CH | 3.50dq | 4.5, 7.2 | H-22, H-21 | + | 1.40(H-21), 7.21(H-16) |
| 21 | 19.34 | $CH_3$ | 1.40d | 7.2 | H-20 | + | 3.50(H-20) |
| 22 | 67.01 | CH | 2.50dd | 4.5, 9.1 | H-20, H-23 | + | 1.40(H-21), 2.11(H-26a), 2.92(H-26b), 3.50(H-20) |
| 23 | 70.75 | CH | 3.30m | | H-22, H-24a, H-24b | + | 1.00(H-24a) |
| 24a | 44.00 | $CH_2$ | 1.00m | | H-23, H-24b, H-25 | + | 0.83(H-27), 2.11(H-26a), 2.92(H-26b) |
| 24b | | | 2.02m | | H-23, H-24a, H-25 | + | |
| 25 | 31.92 | CH | 1.52m | | H-24a, H-24b, H-26a, H-26b, H-27 | + | 0.83(H-27), 1.00(H-24a) |
| 26a | 53.92 | $CH_2$ | 2.11t | 11.5, 11.5 | H-25, H-26b | + | 0.83(H-27) |
| 26b | | | 2.92dd | 4.2, 11.5 | H-25, H-26a | + | |
| 27 | 18.76 | $CH_3$ | 0.83d | 6.6 | H-25 | + | 1.00(H-24a) |
| OH-3, OH-23, NH } | | | 1.72br | | | | |

① 本实验室数据。

## 例 2-98 苦参碱的 NMR 数据解析[198-202]

苦参碱(matrine, **2-148**)广泛存在于豆科(Leguminosae)植物苦参属(*Sophora flavescens* Ait)苦豆子(*Sophora alopecuroides*)及广豆根(*Sophora subprostrata*)中，具有抗心律失常、抗炎及抗肿瘤等作用。

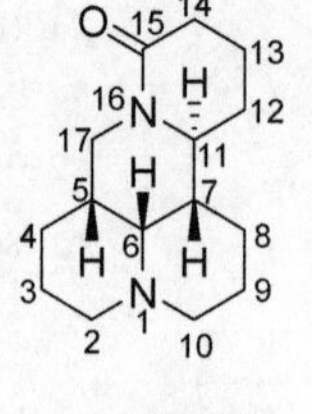


**2-148**

**2-148′**

苦参碱的 $^{13}$C NMR 显示 12 条碳峰，其中 $\delta_C$ 20.55×2、27.17×2、57.03×2 均含有 2 个碳，因此，苦参碱含有 15 个碳。DEPT 显示，10 个仲碳：$\delta_C$ 18.80、20.55×2、26.14、27.17×2、32.77、41.20、57.03×2；4 个叔碳：$\delta_C$ 35.07、42.98、52.94、64.03；1 个季碳：$\delta_C$ 169.47。

根据碳、氢化学位移规律和氢偶合分裂情况，加之 $\delta_C$ 41.20(仲碳)与 $\delta_H$ 3.16(1H, br)、4.45(1H, brd, $J$ = 8.3Hz) HSQC 相关，$\delta_H$ 3.16 与 $\delta_H$ 4.45 H-H COSY 相关，表明 $\delta_H$ 3.16、4.45 分别归属 H-17a、H-17b，$\delta_C$ 41.20 归属 C-17。

H-H COSY 指出，$\delta_H$ 3.16(H-17a)、4.45(H-17b)均与 $\delta_H$ 1.75(2H, br)相关，$\delta_H$ 1.75 与 $\delta_H$ 1.52(5H, br)相关，加之 $\delta_C$ 35.07(叔碳)与 $\delta_H$ 1.75 HSQC 相关，$\delta_C$ 27.17(仲碳)与 $\delta_H$ 1.52、1.75 HSQC 相关，综合考虑，表明 $\delta_H$ 1.75(其中 1 个氢)归属 H-5, $\delta_H$ 1.52(其中 1 个氢)、1.75(其中 1 个氢)分别归属 H-4a、H-4b，$\delta_C$ 35.07 归属 C-5, $\delta_C$ 27.17(其中 1 个碳)归属 C-4。

根据碳化学位移规律，$\delta_C$ 169.47(季碳)归属 C-15。根据氢化学位移规律和偶合分裂情况，加之 $\delta_C$ 32.77(仲碳)与 $\delta_H$ 2.24(1H, ddd, $J$ = 5.5Hz、10.8Hz、16.6Hz)、2.44(1H, ddd, $J$ = 3.3Hz、4.3Hz、16.6Hz) HSQC 相关，$\delta_C$ 169.47(C-15)与 $\delta_H$ 2.24、2.44 HMBC 相关，$\delta_H$ 2.24 与 2.44 H-H COSY 相关，综合考虑，$\delta_H$ 2.24、2.44 分别归属 H-14a、H-14b，$\delta_C$ 32.77 归属 C-14。

H-H COSY 指出，$\delta_H$ 2.24(H-14a)、2.44(H-14b)均与 $\delta_H$ 1.65(1H, br)、1.80(1H, m)相关，$\delta_H$ 1.65 与 $\delta_H$ 1.80 相关，加之 $\delta_C$ 18.80(仲碳)与 $\delta_H$ 1.65、1.80 HSQC 相关，表明 $\delta_H$ 1.65、1.80 分别归属 H-13a、H-13b，$\delta_C$ 18.80 归属 C-13，由 $\delta_H$ 2.24(H-14a)、2.44(H-14b)的偶合常数大小分析，得知 $\delta_H$ 1.65(H-13a)为直立氢、1.80(H-13b)为平伏氢、2.24(H-14a)为直立氢、2.44(H-14b)为平伏氢；$\delta_H$ 1.65(H-13a)与 $\delta_H$ 1.40(2H, m)、2.11(2H, br)，$\delta_H$ 1.80(H-13b)与 $\delta_H$ 1.40、2.11 相关，$\delta_H$ 1.40 与 $\delta_H$ 2.11 相关，加之 $\delta_C$ 27.17(仲碳)与 $\delta_H$ 1.40、2.11 HSQC 相关，表明 $\delta_H$ 1.40(其中 1 个氢)、2.11(其中 1 个氢)分别归属 H-12a、H-12b，$\delta_C$ 27.17(其中 1 个氢)归属 C-12；$\delta_H$ 1.40(H-12a)、2.11(H-12b)均与 $\delta_H$ 3.92(1H, br)相关，加之 $\delta_C$ 52.94(叔碳)与 $\delta_H$ 3.92 HSQC 相关，结合碳、氢化学位移规律，表明 $\delta_H$ 3.92 归属 H-11, $\delta_C$ 52.94 归属 C-11；$\delta_H$ 3.92(H-11)与 $\delta_H$ 1.44(1H, m)相关，加之 $\delta_C$ 42.98(叔碳)与 $\delta_H$ 1.44 HSQC 相关，表明 $\delta_H$ 1.44 归属 H-7, $\delta_C$ 42.98 归属 C-7；$\delta_H$ 1.44(H-7)、1.75(H-5, 见前)均与 2.11(2H, br)相关，加之 $\delta_C$ 64.03(叔碳)与 $\delta_H$ 2.11 HSQC 相关，结合碳、氢化学位移规律，表明 2.11(其中 1 个氢)归属 H-6, $\delta_C$ 64.03 归属 C-6；$\delta_H$ 1.44(H-7)与 $\delta_H$ 1.93(3H, br)相关，$\delta_H$ 1.40(2H, m)与 $\delta_H$ 1.93 相关，加之 $\delta_C$ 26.14(仲碳)与 $\delta_H$ 1.40、1.93 HSQC 相关，综合考虑，表明 $\delta_H$ 1.40(其中 1 个氢)、1.93(其中 1 个氢)分别归属 H-8a、H-8b，$\delta_C$ 26.14 归属 C-8；$\delta_H$ 1.40(H-8a)、1.75(H-4b)均与 $\delta_H$ 1.52(5H, br)相关，加之 $\delta_C$ 20.55×2(仲碳)与 $\delta_H$ 1.52 HSQC 相关，综合考虑，表明 $\delta_H$ 1.52(其中 2 个氢)归属 H-9, $\delta_H$ 1.52(其

中 2 个氢)归属 H-3, $\delta_C$ 20.55(其中 1 个碳)归属 C-9, $\delta_C$ 20.55(其中 1 个碳)归属 C-3；$\delta_H$ 1.52(H-3,9)与 $\delta_H$ 1.93(3H, br)相关，$\delta_H$ 1.93 与 $\delta_H$ 2.89(2H, br)相关，加之 $\delta_C$ 57.03×2(仲碳)与 $\delta_H$ 1.93、2.89 HSQC 相关，表明 $\delta_H$ 1.93(其中 1 个氢)、2.89(其中 1 个氢)分别归属 H-2a、H-2b，$\delta_H$ 1.93(其中 1 个氢)、2.89(其中 1 个氢)分别归属 H-10a、H-10b，$\delta_C$ 57.03(其中 1 个碳)归属 C-2，$\delta_C$ 57.03(其中 1 个碳)归属 C-10。

需要指出的是，$\delta_C$ 64.03 归属 C-6。但是，常规条件($^1J_{CH}$ = 145Hz)下，DEPT 看不到 $\delta_C$ 64.03 信号，HSQC 也看不到 $\delta_C$ 64.03 相关的质子交叉峰。当改变条件($^1J_{CH}$ = 160Hz)时，$\delta_C$ 64.03 的 DEPT 为 CH，同时观察到与 $\delta_C$ 64.03 相关的质子交叉峰为 $\delta_H$ 2.11，因此，$\delta_C$ 64.03 归属 C-6，$\delta_H$ 2.11(其中 1 个氢)归属 H-6。

还需要指出的是，当采用 $C_6D_6$ 作溶剂时，常规条件下可以看到 $\delta_C$ 64.03(C-6)与相关质子 $\delta_H$ 1.71(H-6)的交叉峰[198,199]，溶剂的改变并不影响 $^1J_{CH}$ 值的大小，为什么常规条件下 $CDCl_3$ 为溶剂时不能看到 C-6 和 H-6 HSQC 交叉峰，而 $C_6D_6$ 为溶剂时能看到？这种事实反映 2 种不同溶剂影响了 $^1J_{CH}$ 值，可能是苦参碱存在构象异构的转换所致。构象式 **2-148′**是苦参碱的最大优势构象。当用 $C_6D_6$ 作溶剂时，苦参碱基本上全是该构象；当用 $CDCl_3$ 作溶剂时，苦参碱以该构象为主，但存在其他构象(如船式构象)，是一个平衡体系。构象的变化当然影响 $^1J_{CH}$ 值。事实上，当用 $C_6D_6$ 作溶剂时，苦参碱的 $^1H$ 和 $^{13}C$ NMR 谱峰均出现分辨好的尖峰，而当用 $CDCl_3$ 作溶剂时，苦参碱的 $^1H$ 和 $^{13}C$ NMR 谱峰多处出现宽峰，也证明 $C_6D_6$ 为溶剂时苦参碱基本上是 **2-148′**构象，$CDCl_3$ 为溶剂时苦参碱是 1 个多种构象异构的平衡体。

NOESY 指出，$\delta_H$ 1.44(H-7)、1.75(H-5)、2.11(H-6)均与 $\delta_H$ 2.89(H-2b, H-10b)相关，初步表明 H-5、H-6、H-7 处在苦参碱平面同侧；$\delta_H$ 2.11(H-6)与 $\delta_H$ 4.45(H-17b)相关，$\delta_H$ 3.92(H-11)与 $\delta_H$ 3.16(H-17a)相关，表明 H-6 与 H-11 处在苦参碱的平面异侧。综合考虑，表明 H-11 与 H-5、H-6、H-7 取向不同，如构象式 **2-148′**所示。

苦参碱的 NMR 详细解析数据见表 2-146。

**表 2-146 苦参碱的 NMR 数据($CDCl_3$, 400MHz/H)①**

| 编号 | $\delta_C$ | DEPT | $\delta_H$ | $J$/Hz | H-H COSY | NOESY | HSQC | HMBC($\delta_H$) |
|---|---|---|---|---|---|---|---|---|
| 2a | 57.03 | $CH_2$ | 1.93br | | H-2b, H-3 | | + | |
| 2b | | | 2.89br | | H-2a | | + | |
| 3 | 20.55 br | $CH_2$ | 1.52br | | H-2a, H-4b | | + | |
| 4a | 27.17 br | $CH_2$ | 1.52br | | H-4b, H-5 | | + | |
| 4b | | | 1.75br | | H-3, H-4a | | + | |
| 5 | 35.07 br | CH | 1.75br | | H-4a, H-6, H-17a, H-17b | H-2b, H-10b | + | |

续表

| 编号 | $\delta_C$ | DEPT | $\delta_H$ | J/Hz | H-H COSY | NOESY | HSQC | HMBC($\delta_H$) |
|---|---|---|---|---|---|---|---|---|
| 6 | 64.03 br | CH② | 2.11br | | H-5, H-7 | H-2b, H-10b, H-17b | + | |
| 7 | 42.98 br | CH | 1.44m | | H-6, H-8b, H-11 | H-2b, H-10b | + | 1.40(H-8a, 12a) |
| 8a | 26.14 br | $CH_2$ | 1.40m | | H-8b, H-9 | | + | |
| 8b | | | 1.93br | | H-7, H-8a, H-9 | | + | |
| 9 | 20.55 br | $CH_2$ | 1.52br | | H-8a, H-8b, H-10a | | + | |
| 10a | 57.03 | $CH_2$ | 1.93br | | H-9, H-10b | | + | |
| 10b | | | 2.89br | | H-10a | | + | |
| 11 | 52.94 | CH | 3.92br | | H-7, H-12a, H-12b | H-17a | + | 1.40(H-8a, 12a) |
| 12a | 27.17 br | $CH_2$ | 1.40m | | H-11, H-12b, H-13a, H-13b | | + | 1.80(H-13b), 2.24(H-14a), 2.44(H-14b) |
| 12b | | | 2.11br | | H-11, H-12a, H-13b | | + | |
| 13a(a) | 18.80 | $CH_2$ | 1.65br | | H-12a, H-13b, H-14a, H-14b | | + | 1.40(H-12a), 2.24(H-14a), 2.44(H-14b) |
| 13b(e) | | | 1.80m | | H-12a, H-12b, H-13a, H-14a, H-14b | | + | |
| 14a(a) | 32.77 | $CH_2$ | 2.24ddd | 5.5, 10.8, 16.6 | H-13b, H-13a, H-14b | | + | 1.40(H-12a), 2.11(H-12b) |
| 14b(e) | | | 2.44ddd | 3.3, 4.3, 16.6 | H-13b, H-13a, H-14a | | + | |
| 15 | 169.47 | C | | | | | | 1.80(H-13b), 2.24(H-14a), 2.44(H-14b) |
| 17a | 41.20 | $CH_2$ | 3.16br | | H-5, H-17b | H-11 | + | |
| 17b | | | 4.45brd | 8.3 | H-5, H-17a | H-6 | + | |

① 本实验室数据。

② 改变条件($^1J_{CH}$ = 160Hz)后才能得到。

注：编号列 13a, 13b, 14a, 14b 后面的(a)、(e)分别表示直立键和平伏键。

## 例 2-99 秋水仙碱的 NMR 数据解析[203-204]

秋水仙碱(colchicine, **2-149**)归属于苯乙基四氢异喹啉类生物碱。秋水仙碱类生物碱在自然界分布较窄，主要分布于百合科秋水仙碱属植物。秋水仙碱早在 19 世纪初就从欧洲产的药用植物秋水仙(*Colchicum autumnale*)的球茎中分离得到。

自 20 世纪中后期发现秋水仙碱具有抗癌活性后，又从同属其他植物中分离出不少秋水仙碱类生物碱。

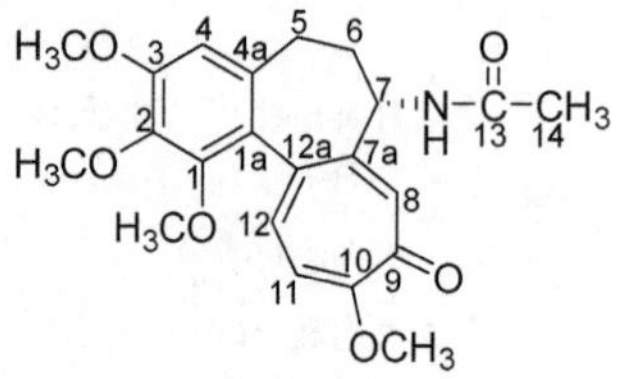

**2-149**

秋水仙碱的 $^{13}$C NMR 显示 22 条碳峰，表明其含有 22 个碳。DEPT 显示，5 个伯碳：$\delta_C$ 22.86、56.16、56.75、61.36、61.64；2 个仲碳：$\delta_C$ 29.92、36.81；5 个叔碳：$\delta_C$ 52.92、107.58、115.18、130.41、137.69；10 个季碳：$\delta_C$ 125.21、134.47、139.20、141.72、151.08、153.99、155.14、164.05、170.30、177.36。

根据氢化学位移规律和偶合分裂情况，$\delta_H$ 6.56(1H, s)归属 H-4，$\delta_H$ 8.05(1H, s)归属 H-8；$\delta_H$ 7.10(1H, d, $J$ = 10.9Hz)与 $\delta_H$ 7.57(1H, d, $J$ = 10.9Hz) H-H COSY 相关，加之 $\delta_C$ 125.21(季碳)与 6.56(H-4)、7.57 HMBC 相关，$\delta_C$ 115.18(叔碳)与 $\delta_H$ 7.10、$\delta_C$ 137.69(叔碳)与 $\delta_H$ 7.57、$\delta_C$ 107.58(叔碳)与 $\delta_H$ 6.56(H-4)、$\delta_C$ 130.41(叔碳)与 $\delta_H$ 8.05(H-8)HSQC 相关，综合考虑，表明 $\delta_H$ 7.10、7.57 分别归属 H-11、H-12, $\delta_C$ 115.18、137.69、107.58、130.41 分别归属 C-11、C-12、C-4、C-8, $\delta_C$ 125.21 归属 C-1a。

HMBC 指出，$\delta_C$ 125.21(C-1a)与 $\delta_H$ 2.33(2H, m)、2.55(1H, m)相关，加之 $\delta_C$ 29.92(仲碳)与 $\delta_H$ 2.33、2.55 HSQC 相关，表明 $\delta_H$ 2.33(其中 1 个氢)、2.55 分别归属 H-5a、H-5b，$\delta_C$ 29.92 归属 C-5。

H-H COSY 指出，$\delta_H$ 2.33(H-5a)、2.55(H-5b)均与 $\delta_H$ 2.13(1H, m)相关，加之 $\delta_C$ 36.81(仲碳)与 $\delta_H$ 2.13、2.33 HSQC 相关，表明 $\delta_H$ 2.13、2.33(其中 1 个氢)分别归属 H-6a、H-6b，$\delta_C$ 36.81 归属 C-6；$\delta_H$ 2.13(H-6a)、2.33(H-6b)均与 $\delta_H$ 4.71(1H, m)相关，加之 $\delta_C$ 52.92(叔碳)与 $\delta_H$ 4.71 HSQC 相关，表明 $\delta_H$ 4.17 归属 H-7, $\delta_C$ 52.92 归属 C-7；$\delta_H$ 4.71(H-7)与 $\delta_H$ 8.14(1H, d, $J$ = 6.7Hz, 活泼氢)相关，表明 $\delta_H$ 8.14 归属 NH。

HMBC 指出，$\delta_C$ 155.14(季碳)与 $\delta_H$ 2.33(H-6b)、4.71(H-7)、7.57(H-12)相关，表明 $\delta_C$ 155.14 归属 C-7a；$\delta_C$ 139.20(季碳)与 $\delta_H$ 4.71(H-7)、7.10(H-11)、7.57(H-12)、8.05(H-8)相关，表明 $\delta_C$ 139.20 归属 C-12a；$\delta_C$ 134.47(季碳)与 $\delta_H$ 2.13(H-6a)、2.33(H-5a, 6b)、2.55(H-5b)相关，表明 $\delta_C$ 134.47 归属 C-4a。

根据氢化学位移规律和偶合分裂情况，加之 $\delta_C$ 22.86(伯碳)与 $\delta_H$ 2.03(3H, s)

相关，表明 $\delta_H$ 2.03 归属 H-14, $\delta_C$ 22.86 归属 C-14。

HMBC 指出，$\delta_C$ 170.30(季碳)与 $\delta_H$ 2.03(H-14)、4.71(H-7)相关，表明 $\delta_C$ 170.30 归属 C-13；$\delta_C$ 177.36(季碳)与 $\delta_H$ 7.10(H-11)相关，表明 $\delta_C$ 177.36 归属 C-9；$\delta_C$ 164.05(季碳)与 $\delta_H$ 4.08(3H, s)、7.10(H-11)、7.57(H-12)相关，加之 $\delta_C$ 56.75(伯碳)与 $\delta_H$ 4.08 HSQC 相关，表明 $\delta_C$ 164.05 归属 C-10, $\delta_H$ 4.08 归属 H-OCH$_3$-10，$\delta_C$ 56.75 归属 C-OCH$_3$-10。

根据氢化学位移规律和偶合分裂情况，$\delta_H$ 3.65(3H, s)、3.92(3H, s)、3.95(3H, s)应归属 H-OCH$_3$-1、H-OCH$_3$-2、H-OCH$_3$-3 三个甲氧基氢，其归属区分可先将 C-1、C-2、C-3 归属进行区分，然后通过 HMBC 即可将三个甲氧基氢归属区分开。

根据背垫效应[2](见例 2-85)，$\delta_H$ 3.65 应归属 H-OCH$_3$-1。HMBC 指出，$\delta_C$ 151.08(季碳)与 $\delta_H$ 3.65(H-OCH$_3$-1)相关，加之 $\delta_C$ 61.64(伯碳)与 $\delta_H$ 3.65(H-OCH$_3$-1) HSQC 相关，表明 $\delta_C$ 151.08、61.64 分别归属 C-1、C-OCH$_3$-1。

C-2、C-3 可通过苯环碳化学位移经验公式[3]进行区分，结果为 $\delta_C$ 141.72(季碳)、$\delta_C$ 153.99(季碳)分别归属 C-2、C-3。HMBC 指出，$\delta_C$ 141.72(C-2)与 $\delta_H$ 3.95 相关，加之 $\delta_C$ 61.36(伯碳)与 $\delta_H$ 3.95 HSQC 相关，表明 $\delta_H$ 3.95 归属 H-OCH$_3$-2，$\delta_C$ 61.36 归属 C-OCH$_3$-2; $\delta_C$ 153.99(C-3)与 $\delta_H$ 3.92 相关，加之 $\delta_C$ 56.16(伯碳)与 $\delta_H$ 3.92 HSQC 相关，表明 $\delta_H$ 3.92 归属 H-OCH$_3$-3，$\delta_C$ 56.16 归属 C-OCH$_3$-3。需要指出的是，$\delta_C$ 151.08(C-1)、141.72(C-2)、153.99(C-3)均与 $\delta_H$ 6.56(H-4)HMBC 相关，但相关强度由弱到强，也可以此结果区分 C-1、C-2、C-3 的归属。

秋水仙碱的 NMR 详细解析数据见表 2-147。

**表 2-147 秋水仙碱的 NMR 数据(CDCl$_3$, 400MHz/H)①**

| 编号 | $\delta_C$ | DEPT | $\delta_H$ | $J$/Hz | H-H COSY | HSQC | HMBC($\delta_H$) |
|---|---|---|---|---|---|---|---|
| 1 | 151.08 | C | | | | | 3.65(OCH$_3$-1), 6.56(H-4) |
| 1a | 125.21 | C | | | | | 2.33(H-5a), 2.55(H-5b), 6.56(H-4), 7.57(H-12) |
| 2 | 141.72 | C | | | | | 3.95(OCH$_3$-2), 6.56(H-4) |
| 3 | 153.99 | C | | | | | 3.92(OCH$_3$-3), 6.56(H-4) |
| 4 | 107.58 | CH | 6.56s | | | + | 2.33(H-5a), 2.55(H-5b) |
| 4a | 134.47 | C | | | | | 2.13(H-6a), 2.33(H-5a, 6b), 2.55(H-5b) |
| 5a | 29.92 | CH$_2$ | 2.33m | | H-5b, H-6a | + | 2.13(H-6a), 2.33(H-6b), 6.56(H-4) |
| 5b | | | 2.55m | | H-5a, H-6a, H-6b, H-7 | + | |
| 6a | 36.81 | CH$_2$ | 2.13m | | H-5a, H-5b, H-6b, H-7 | + | 2.33(H-5a), 2.55(H-5b), 4.71(H-7) |
| 6b | | | 2.33m | | H-5b, H-6b, H-7 | + | |
| 7 | 52.92 | CH | 4.71m | | H-5b, H-6a, H-6b, NH | + | 2.13(H-6a), 2.33(H-5a, 6b), 2.55(H-5b), 7.57(H-12), 8.05(H-8) |

续表

| 编号 | $\delta_C$ | DEPT | $\delta_H$ | $J$/Hz | H-H COSY | HSQC | HMBC($\delta_H$) |
|---|---|---|---|---|---|---|---|
| 7a | 155.14 | C | | | | | 2.33(H-6b), 4.71(H-7), 7.57(H-12) |
| 8 | 130.41 | CH | 8.05s | | | + | 4.71(H-7) |
| 9 | 177.36 | C | | | | | 7.10(H-11) |
| 10 | 164.05 | C | | | | | 4.08($OCH_3$-10), 7.10(H-11), 7.57(H-12) |
| 11 | 115.18 | CH | 7.10d | 10.9 | H-12 | + | 4.08($OCH_3$-10) |
| 12 | 137.69 | CH | 7.57d | 10.9 | H-11 | + | 7.10(H-11) |
| 12a | 139.20 | C | | | | | 4.71(H-7), 7.10(H-11), 7.57(H-12), 8.05(H-8) |
| 13 | 170.30 | C | | | | | 2.03(H-14), 4.71(H-7) |
| 14 | 22.86 | $CH_3$ | 2.03s | | | + | |
| $OCH_3$-1 | 61.64 | $CH_3$ | 3.65s | | | + | |
| $OCH_3$-2 | 61.36 | $CH_3$ | 3.95s | | | + | |
| $OCH_3$-3 | 56.16 | $CH_3$ | 3.92s | | | + | |
| $OCH_3$-10 | 56.75 | $CH_3$ | 4.08s | | | + | |
| NH | | | 8.14d | 6.7 | H-7 | | |

① 本实验室数据。

## 例 2-100 苦皮素碱 A 和苦皮素碱 B 的 NMR 数据解析及结构测定[205-208]

苦皮素碱 A(chinese bittersweet alkaloid A, **2-150**)和苦皮素碱 B(chinese bittersweet alkaloid B, **2-151**)是从杀虫植物苦皮藤(*Celastrus angulatus*)根皮中分离得到的 2 个新的 $\beta$-二氢沉香呋喃倍半萜多醇酯大环吡啶生物碱。

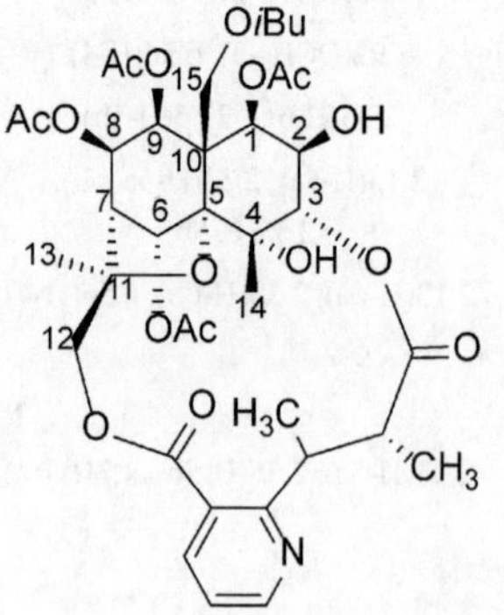

OAc = $H_3C-C(=O)-O-$

O*i*Bu = $H_3C-CH(CH_3)-C(=O)-O-$

OEVO =

**2-150** 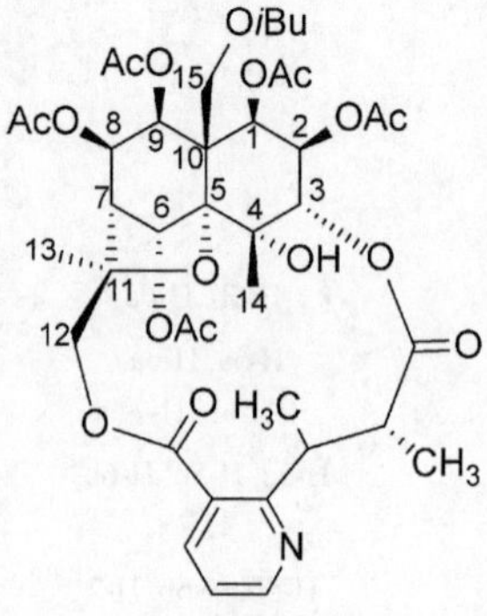 **2-151**

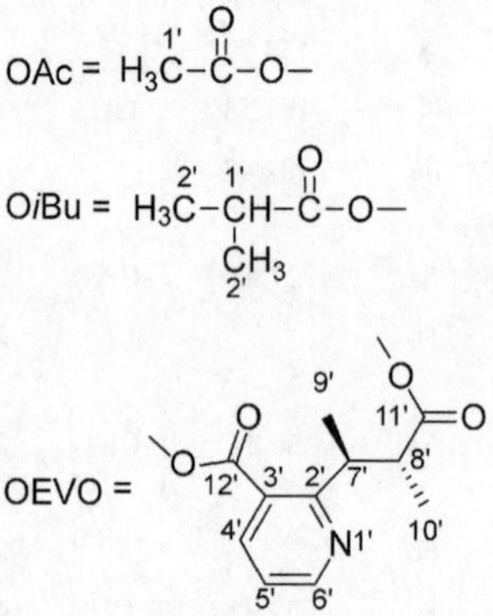

苦皮素碱 A 的 $^{13}$C NMR 显示 38 条碳峰，表明其含有 38 个碳。DEPT 显示，10 个伯碳：$\delta_C$ 9.30、11.85、18.47、18.82、19.21、20.53、20.77、21.18、21.66、23.05；2 个仲碳：$\delta_C$ 60.59、69.97；13 个叔碳：$\delta_C$ 34.01、36.33、44.99、50.52、68.52、69.45、71.20、73.89、75.46、78.28、121.11、137.65、151.39；13 个季碳：$\delta_C$ 52.38、70.45、83.99、94.38、125.32、165.10、168.49、169.02、169.41、169.87、170.30、174.64、176.55。

根据碳化学位移规律，$\delta_C$ 52.38(季碳)、70.45(季碳)、83.99(季碳)、94.38(季碳)为 4-OH-$\beta$-二氢沉香呋喃倍半萜骨架的 C-10、C-4、C-11 和 C-5 的特征峰(见例 2-9、例 2-41、例 2-42)，可初步确定苦皮素碱 A 为 4-OH-$\beta$-二氢沉香呋喃型倍半萜类化合物。但是，虽然出现 $\delta_C$ 23.05(伯碳)的 C-14 特征峰，却未出现在 $\delta_C$ 26.00 左右(伯碳)和 $\delta_C$ 30.00 左右(伯碳)的 C-13、C-12 特征峰；参考文献[206, 207]，根据 $\delta_C$ 18.47(伯碳)、69.97(仲碳)、174.64(季碳)、168.49(季碳)、165.10(季碳)、125.32(季碳)、137.65(叔碳)、121.11(叔碳)、151.39(叔碳)、36.33(叔碳)、44.99(叔碳)、11.85(伯碳)、9.30(伯碳)，可初步确定苦皮素碱 A 为含有卫矛酰氧基(evoninoyloxy, 表示为 OEVO)的 4-OH-$\beta$-二氢沉香呋喃型倍半萜大环生物碱，它们分别为 C-13、C-12、C-OEVO-11′、C-OEVO-12′、C-OEVO-2′、C-OEVO-3′、C-OEVO-4′、C-OEVO-5′、C-OEVO-6′、C-OEVO-7′、C-OEVO-8′、C-OEVO-9′、C-OEVO-10′。

根据氢化学位移规律和偶合分裂情况，参考例 2-9、例 2-41，可推测 $\delta_H$ 5.42(1H, d, $J$ = 3.8Hz)归属 H-1，4.07(1H, br)归属 H-2，4.74(1H, d, $J$ = 2.5Hz)归属 H-3，7.03(1H, brs)归属 H-6，2.31(1H, brd, $J$ = 4.1Hz)归属 H-7，5.54(1H, dd, $J$ = 4.1Hz、6.0Hz)归属 H-8，5.36(1H, d, $J$ = 6.0Hz)归属 H-9。根据 HSQC，可确证 $\delta_C$ 75.46(叔碳)、69.45(叔碳)、78.28(叔碳)、73.89(叔碳)、50.52(叔碳)、68.52(叔碳)、71.20(叔碳)分别归属 C-1、C-2、C-3、C-6、C-7、C-8、C-9。

根据碳化学位移规律，$\delta_C$ 169.02(季碳)、169.41(季碳)、169.87(季碳)、170.30(季碳)在乙酰氧基羰基化学位移范围，$\delta_C$ 176.55(季碳)在异丁酯羰基化学位移范围。HMBC 指出，$\delta_C$ 169.02 与 $\delta_H$ 1.99(3H, s)、5.36(H-9)相关，$\delta_C$ 169.41 与 $\delta_H$ 1.94(3H, s)、5.42(H-1)相关，$\delta_C$ 169.87 与 $\delta_H$ 2.21(3H, s)、7.03(H-6)相关，$\delta_C$ 170.30 与 $\delta_H$ 2.30(3H, s)、5.54(H-8)相关，表明 $\delta_C$ 169.02、169.41、169.87、170.30 分别归属 C-9、C-1、C-6、C-8 位上的乙酰氧基羰基，$\delta_H$ 1.99、1.94、2.21、2.30 分别归属 H-OAc-9(1′)、H-OAc-1(1′)、H-OAc-6(1′)、H-OAc-8(1′)； $\delta_C$ 176.55(季碳)与 $\delta_H$ 1.20(3H, d, $J$ = 7.0Hz)、1.22(3H, d, $J$ = 7.0Hz)、2.64(1H, sept, $J$ = 7.0Hz)相关，加之 $\delta_H$ 2.64 与 $\delta_H$ 1.20、1.22 H-H COSY 相关，表明 $\delta_H$ 2.64 归属 H-*i*Bu-1′, $\delta_H$ 1.20、1.22 归属 H-*i*Bu-2′。根据 HSQC 可以确证 $\delta_C$ 20.53、20.77、21.18、21.66、34.01

分别归属 C-OAc-1(1′)、C-OAc-9(1′)、C-OAc-8(1′)、C-OAc-6(1′)、C-O*i*Bu-1′；$\delta_C$ 18.82 和 19.21 分别归属 2 个 C-*i*Bu-2′。但是异丁酯氧基(O*i*Bu)具体处在什么位置需进一步确证。

H-H COSY 指出，$\delta_H$ 4.07(H-2)与 $\delta_H$ 5.42(H-1)、4.74(H-3)、2.90(1H, br, 活泼氢)相关，表明 $\delta_H$ 2.90 归属 OH-2，即 C-2 为羟基取代，则 C-15 不是羟基取代，进一步证明异丁酯氧基(O*i*Bu)处在 C-15。

HMBC 指出，$\delta_C$ 52.38(C-10)与 $\delta_H$ 4.55(1H, d, $J$ = 14.1Hz)、5.37(1H, d, $J$ = 14.1Hz)相关，加之 $\delta_H$ 4.55 与 $\delta_H$ 5.37 H-H COSY 相关，表明 $\delta_H$ 4.55、5.37 分别归属 H-15a、H-15b；$\delta_C$ 70.45(C-4)与 $\delta_H$ 1.57(3H, d, $J$ = 1.3Hz)、4.50(1H, d, $J$ = 1.3Hz, 活泼氢)、4.74(H-3)相关，加之 $\delta_H$ 1.57 与 $\delta_H$ 4.50 H-H COSY 相关，表明 $\delta_H$ 1.57、4.50 分别归属 H-14、OH-4；$\delta_C$ 83.99(C-11)与 $\delta_H$ 1.67(3H, s)、5.98(1H, d, $J$ = 11.7Hz)、7.03(H-6)相关，加之 $\delta_H$ 3.67(1H, d, $J$ = 11.7Hz)与 $\delta_H$ 5.98 H-H COSY 相关，表明 $\delta_H$ 1.67、3.67、5.98 分别归属 H-13、H-12a、H-12b。根据 HSQC，可确证 $\delta_C$ 60.59(仲碳)、23.05(伯碳)、18.47(伯碳)、69.97(仲碳)分别归属 C-15、C-14、C-13、C-12。

HMBC 指出，$\delta_C$ 168.49(季碳)与 $\delta_H$ 3.67(H-12a)、5.98(H-12b)、8.05(1H, dd, $J$ = 1.8Hz、7.8Hz)相关，加之 $\delta_C$ 137.65(叔碳)与 $\delta_H$ 8.05 HSQC 相关，表明 $\delta_C$ 168.49 归属 C-OEVO-12′，通过氧与 C-12 相连，$\delta_H$ 8.05 归属 H-OEVO-4′，$\delta_C$ 137.65 归属 C-OEVO-4′。

H-H COSY 指出，$\delta_H$ 8.05(H-OEVO-4′)与 $\delta_H$ 7.27(1H, dd, $J$ = 4.8Hz、7.8Hz)相关，$\delta_H$ 7.27 与 $\delta_H$ 8.69(1H, dd, $J$ = 1.8Hz、4.8Hz)相关，加之 $\delta_C$ 121.11(叔碳)与 $\delta_H$ 7.27、$\delta_C$ 151.39(叔碳)与 $\delta_H$ 8.69 HSQC 相关，表明 $\delta_H$ 7.27、8.69 分别归属 H-OEVO-5′、H-OEVO-6′，$\delta_C$ 121.11、151.39 分别归属 C-OEVO-5′、C-OEVO-6′。

HMBC 指出，$\delta_C$ 174.64(季碳)与 $\delta_H$ 1.15(3H, d, $J$ = 7.0Hz)、2.54(1H, q, $J$ = 7.0Hz)、4.66(1H, q, $J$ = 7.0Hz)、 4.74(H-3)相关，加之 $\delta_H$ 1.15 与 $\delta_H$ 2.54 H-H COSY 相关，表明 $\delta_C$ 174.64 归属 C-OEVO-11′，通过氧与 C-3 相连，$\delta_H$ 1.15、2.54、4.66 分别归属 H-OEVO-10′、H-OEVO-8′、H-OEVO-7′。根据 HSQC，$\delta_C$ 9.30(伯碳)、44.99(叔碳)、36.33(叔碳)分别归属 C-OEVO-10′、C-OEVO-8′、C-OEVO-7′。

H-H COSY 指出，$\delta_H$ 4.66(H-OEVO-7′)与 $\delta_H$ 1.38(3H, d, $J$ = 7.0Hz)相关，加之 $\delta_C$ 11.85(伯碳)与 $\delta_H$ 1.38(H-OEVO-9′)HSQC 相关，表明 $\delta_H$ 1.38 归属 H-OEVO-9′，$\delta_C$ 11.85 归属 C-OEVO-9′。

HMBC 指出，$\delta_C$ 165.10(季碳)与 $\delta_H$ 1.38(H-OEVO-9′)、2.54(H-OEVO-8′)、4.66(H-OEVO-7′)、8.05(H-OEVO-4′)、8.69(H-OEVO-6′)相关，表明 $\delta_C$ 165.10 归属 C-OEVO-2′；$\delta_C$ 125.32(季碳)与 $\delta_H$ 7.27(H-OEVO-5′)相关，表明 $\delta_C$ 125.32 归属

C-OEVO-3′。

根据 C-15 的化学位移为 $\delta_C$ 60.59，表明 C-9 取代基为 $\beta$-取向，对 C-15 产生 $\gamma$-gauche 效应(见例 2-41)，H-9 为 $\alpha$-H，观看 Dreiding 模型，H-9 为直立氢；根据 H-8 和 H-9 之间偶合常数为 6.0Hz，表明 H-8 为平伏氢，观看 Dreiding 模型，H-8 为 $\alpha$-氢，C-8 取代基为 $\beta$-取向。

NOESY 指出，$\delta_H$ 1.67(H-13)与 $\delta_H$ 5.54(H-8)、5.36(H-9)相关，表明 H-13 为 $\alpha$-甲基；$\delta_H$ 3.67(H-12a)与 $\delta_H$ 2.31(H-7)相关，表明 C-12 处于呋喃环向上；$\delta_H$ 1.57(H-14)与 $\delta_H$ 7.03(H-6)相关，表明 H-14 为 $\beta$-甲基；$\delta_H$ 4.74(H-3)与 $\delta_H$ 1.57(H-14)相关，表明与 C-3 位相连的卫矛酰氧基向下；$\delta_H$ 1.38(H-OEVO-9′)与 $\delta_H$ 1.57(H-14)相关，表明卫矛酰氧基中 H-OEVO-9′甲基向上；$\delta_H$ 1.15(H-OEVO-10′)与 $\delta_H$ 1.67(H-13)相关，表明卫矛酰氧基中 H-OEVO-10′甲基向下。H-OEVO-9′和 H-OEVO-10′两个甲基取向与文献[205]报道通过 X 射线衍射所测结果一致。另外，根据 H-OEVO-7′和 H-OEVO-8′之间偶合常数接近零，推测 H-OEVO-9′和 H-OEVO-10′两个甲基只能反向而不能同向。

苦皮素碱 A 的 NMR 详细解析数据见表 2-148，通过对其 NMR 数据的详细解析确证苦皮素碱 A 的结构式为式 **2-150**。

表 2-148 苦皮素碱 A 的 NMR 数据($CDCl_3$, 400 MHz/H)①

| 编号 | $\delta_C$ | DEPT | $\delta_H$ | J/Hz | H-H COSY | NOESY | HSQC | HMBC($\delta_H$) |
|---|---|---|---|---|---|---|---|---|
| 1 | 75.46 | CH | 5.42d | 3.8 | H-2 | H-9 | + | 4.74(H-3), 5.36(H-9), 5.37(H-15b) |
| 2 | 69.45 | CH | 4.07br | | H-1, H-3, OH-2 | H-9 | + | 4.74(H-3) |
| 3 | 78.28 | CH | 4.74d | 2.5 | H-2 | H-14 | + | 1.57(H-14) |
| 4 | 70.45 | C | | | | | | 1.57(H-14), 4.50(OH-4), 4.74(H-3) |
| 5 | 94.38 | C | | | | | | 1.57(H-14), 4.50(OH-4), 4.55(H-15a), 4.74(H-3), 7.03(H-6) |
| 6 | 73.89 | CH | 7.03brs | | H-7 | H-14 | + | |
| 7 | 50.52 | CH | 2.31brd | 4.1 | H-6, H-8 | H-12a | + | 1.67(H-13), 3.67(H-12a) |
| 8 | 68.52 | CH | 5.54dd | 4.1, 6.0 | H-7, H-9 | H-13 | + | |
| 9 | 71.20 | CH | 5.36d | 6.0 | H-8 | H-1, H-2, H-13 | + | 2.31(H-7), 5.37(H-15b), 5.54(H-8) |
| 10 | 52.38 | C | | | | | | 4.55(H-15a), 5.37(H-15b) |

续表

| 编号 | $\delta_C$ | DEPT | $\delta_H$ | J/Hz | H-H COSY | NOESY | HSQC | HMBC($\delta_H$) |
| --- | --- | --- | --- | --- | --- | --- | --- | --- |
| 11 | 83.99 | C | | | | | | 1.67(H-13), 5.98(H-12b), 7.03(H-6) |
| 12a | 69.97 | $CH_2$ | 3.67d | 11.7 | H-12b | H-7 | + | 1.67(H-13), 2.31(H-7) |
| 12b | | | 5.98d | 11.7 | H-12a | | + | |
| 13 | 18.47 | $CH_3$ | 1.67s | | | H-8, H-9, H-OEVO-10′ | + | 5.98(H-12b) |
| 14 | 23.05 | $CH_3$ | 1.57d | 1.3 | OH-4 | H-3, H-6, H-OEVO-9′ | + | 4.50(OH-4) |
| 15a | 60.59 | $CH_2$ | 4.55d | 14.1 | H-15b | | + | |
| 15b | | | 5.37d | 14.1 | H-15a | | + | |
| OAc-1 | | | | | | | | |
| C=O | 169.41 | C | | | | | | 1.94[OAc-1(1′)], 5.42(H-1) |
| 1′ | 20.53 | $CH_3$ | 1.94s | | | | + | |
| OAc-6 | | | | | | | | |
| C=O | 169.87 | C | | | | | | 2.21[OAc-6(1′)], 7.03(H-6) |
| 1′ | 21.66 | $CH_3$ | 2.21s | | | | + | |
| OAc-8 | | | | | | | | |
| C=O | 170.30 | C | | | | | | 2.30[OAc-8(1′)], 5.54(H-8) |
| 1′ | 21.18 | $CH_3$ | 2.30s | | | | + | |
| OAc-9 | | | | | | | | |
| C=O | 169.02 | C | | | | | | 1.99[OAc-9(1′)], 5.36(H-9) |
| 1′ | 20.77 | $CH_3$ | 1.99s | | | | + | |
| O*i*Bu | | | | | | | | |
| C=O | 176.55 | C | | | | | | 1.20, 1.22(O*i*Bu-2′), 2.64(O*i*Bu-1′) |
| 1′ | 34.01 | CH | 2.64sept | 7.0 | H-O*i*Bu-2′ | | + | 1.20, 1.22(OO*i*Bu-2′) |
| 2′ | 18.82 | $CH_3$ | 1.20d | 7.0 | H-O*i*Bu-1′ | | + | 1.22(O*i*Bu-2′), 2.64(O*i*Bu-1′) |
| 2′ | 19.21 | $CH_3$ | 1.22d | 7.0 | H-O*i*Bu-1′ | | + | 1.20(O*i*Bu-2′), 2.64(O*i*Bu-1′) |
| OEVO | | | | | | | | |
| 2′ | 165.10 | C | | | | | | 1.38(OEVO-9′), 2.54(OEVO-8′), 4.66(OEVO-7′), 8.05(OEVO-4′), 8.69(OEVO-6′) |

续表

| 编号 | $\delta_C$ | DEPT | $\delta_H$ | J/Hz | H-H COSY | NOESY | HSQC | HMBC($\delta_H$) |
|---|---|---|---|---|---|---|---|---|
| 3′ | 125.32 | C | | | | | | 7.27(OEVO-5′) |
| 4′ | 137.65 | CH | 8.05dd | 1.8, 7.8 | H-OEVO-6′, H-OEVO-5′ | | + | 8.69(OEVO-6′) |
| 5′ | 121.11 | CH | 7.27dd | 4.8, 7.8 | H-OEVO-6′, H-OEVO-4′ | | + | 8.69(OEVO-6′) |
| 6′ | 151.39 | CH | 8.69dd | 1.8, 4.8 | H-OEVO-4′, H-OEVO-5′ | | + | 7.27(OEVO-5′), 8.05(OEVO-4′) |
| 7′ | 36.33 | CH | 4.66q | 7.0 | H-OEVO-9′ | | + | 1.15(OEVO-10′), 1.38(OEVO-9′), 2.54(OEVO-8′) |
| 8′ | 44.99 | CH | 2.54q | 7.0 | H-OEVO-10′ | | + | 1.15(OEVO-10′), 1.38(OEVO-9′), 4.66(OEVO-7′) |
| 9′ | 11.85 | $CH_3$ | 1.38d | 7.0 | H-OEVO-7′ | H-14 | + | 2.54(OEVO-8′), 4.66(OEVO-7′) |
| 10′ | 9.30 | $CH_3$ | 1.15d | 7.0 | H-OEVO-8′ | H-13 | + | 2.54(OEVO-8′), 4.66(OEVO-7′) |
| 11′ | 174.64 | C | | | | | | 1.15(OEVO-10′), 2.54(OEVO-8′), 4.66(OEVO-7′), 4.74(H-3) |
| 12′ | 168.49 | C | | | | | | 3.67(H-12a), 5.98(H-12b), 8.05(OEVO-4′) |
| OH-2 | | | 2.90br | | H-2 | | | |
| OH-4 | | | 4.50d | 1.3 | H-14 | | | |

① 本实验室数据。

苦皮素碱 B 的 $^{13}$C NMR 显示 40 条碳峰，表明其含有 40 个碳。DEPT 显示，11 个伯碳：$\delta_C$ 9.68、11.82、18.46、18.78、19.17、20.40、20.43、20.98、21.10、21.62、22.78；2 个仲碳：$\delta_C$ 60.23、69.87；13 个叔碳：$\delta_C$ 34.02、36.38、44.93、50.55、68.48、68.76、70.88、73.43、73.78、75.72、121.09、137.74、151.48；14 个季碳：$\delta_C$ 51.94、70.54、84.18、93.97、125.03、165.31、168.47、168.63、168.82、169.06、169.80、170.47、173.99、176.43。

苦皮素碱 B 的 $^{13}$C NMR 数据与苦皮素碱 A 的 $^{13}$C NMR 数据相比，苦皮素碱 B 多了 2 个碳，即 $\delta_C$ 170.00 左右(季碳)为乙酰氧基的羰基碳和 $\delta_C$ 20.00 左右(伯碳)为乙酰氧基的甲基碳，推测可能多了 1 个乙酰氧基。

苦皮素碱 B 的 $^1$H NMR 数据与苦皮素碱 A 的 $^1$H NMR 数据相比，苦皮素碱 B

的 H-2 化学位移为 $\delta_H$ 5.23 比苦皮素碱 A 的 H-2 化学位移 $\delta_H$ 4.07 向低场移了 1.16 个 $\delta$ 值，推测苦皮素碱 B 多的乙酰氧基连接在其 C-2 位。

依据苦皮素碱 A 的 NMR 数据解析方法同样解析苦皮素碱 B 的 NMR 数据，其详细结果见表 2-149，具体过程不再赘述。通过对苦皮素碱 B 的 NMR 数据的详细解析确证其结构为式 **2-151**。

表 2-149 苦皮素碱 B 的 NMR 数据($CDCl_3$, 400MHz/H)①

| 编号 | $\delta_C$ | DEPT | $\delta_H$ | $J$/Hz | H-H COSY | NOESY | HSQC | HMBC($\delta_H$) |
|---|---|---|---|---|---|---|---|---|
| 1 | 73.43 | CH | 5.55d | 3.9 | H-2 | H-9 | + | 4.72(H-3), 5.36(H-9) |
| 2 | 68.76 | CH | 5.23dd | 2.3, 3.9 | H-3, H-1 | H-9 | + | 4.72(H-3) |
| 3 | 75.72 | CH | 4.72d | 2.3 | H-2 | H-14 | + | 1.52(H-14) |
| 4 | 70.54 | C | | | | | | 1.52(H-14), 4.53(OH-4), 4.72(H-3) |
| 5 | 93.97 | C | | | | | | 1.52(H-14), 4.41(H-15a), 4.72(H-3), 7.03(H-6) |
| 6 | 73.78 | CH | 7.03s | | | H-14 | + | |
| 7 | 50.55 | CH | 2.32d | 4.3 | H-8 | H-12a | + | 1.68(H-13) |
| 8 | 68.48 | CH | 5.52dd | 4.3, 6.0 | H-7, H-9 | H-13 | + | |
| 9 | 70.88 | CH | 5.36d | 6.0 | H-8 | H-1, H-2, H-13 | + | 2.32(H-7), 4.41(H-15a), 5.22(H-15b) |
| 10 | 51.94 | C | | | | | | 4.41(H-15a), 5.22(H-15b), 5.36(H-9), 5.52(H-8) |
| 11 | 84.18 | C | | | | | | 1.68(H-13), 5.95(H-12b), 7.03(H-6) |
| 12a | 69.87 | $CH_2$ | 3.69d | 11.9 | H-12b | | + | 1.68(H-13), 2.32(H-7) |
| 12b | | | 5.95d | 11.9 | H-12a | | + | |
| 13 | 18.46 | $CH_3$ | 1.68s | | | H-8, H-9, H-OEVO-10′ | + | 5.95(H-12b) |
| 14 | 22.78 | $CH_3$ | 1.52brs | | OH-4 | H-3, H-6, H-OEVO-9′ | + | 4.53(OH-4) |
| 15a | 60.23 | $CH_2$ | 4.41d | 13.6 | H-15b | | + | 5.36(H-9), 5.55(H-1) |
| 15b | | | 5.22d | 13.6 | H-15a | | + | |
| OAc-1 | | | | | | | | |
| C=O | 169.06 | C | | | | | | 1.83[OAc-1(1′)], 5.55(H-1) |
| 1′ | 20.40 | $CH_3$ | 1.83s | | | | + | |
| OAc-2 | | | | | | | | |
| C=O | 170.47 | C | | | | | | 2.32[OAc-2(1′)], 5.23(H-2) |

续表

| 编号 | $\delta_C$ | DEPT | $\delta_H$ | $J$/Hz | H-H COSY | NOESY | HSQC | HMBC($\delta_H$) |
|---|---|---|---|---|---|---|---|---|
| 1′ | 21.10 | $CH_3$ | 2.32s | | | | + | |
| OAc-6 | | | | | | | | |
| C=O | 169.80 | C | | | | | | 2.21[OAc-6(1′)], 7.03(H-6) |
| 1′ | 21.62 | $CH_3$ | 2.21s | | | | + | |
| OAc-8 | | | | | | | | |
| C=O | 168.63 | C | | | | | | 2.16 [OAc-8(1′)], 5.52(H-8) |
| 1′ | 20.98 | $CH_3$ | 2.16s | | | | + | |
| OAc-9 | | | | | | | | |
| C=O | 168.82 | C | | | | | | 1.98[OAc-9(1′)], 5.36(H-9) |
| 1′ | 20.43 | $CH_3$ | 1.98s | | | | + | |
| O*i*Bu | | | | | | | | |
| C=O | 176.43 | C | | | | | | 1.21, 1.23(O*i*Bu-2′), 2.64(O*i*Bu-1′) |
| 1′ | 34.02 | CH | 2.64sept | 6.8 | H-(O*i*Bu-2′) | | + | 1.21, 1.23(O*i*Bu-2′) |
| 2′ | 18.78 | $CH_3$ | 1.21d | 6.8 | H-(O*i*Bu-1′) | | + | 1.23(O*i*Bu-2′), 2.64(O*i*Bu-1′) |
| | 19.17 | $CH_3$ | 1.23d | 6.8 | H-(O*i*Bu-1′) | | + | 1.21(O*i*Bu-2′), 2.64(O*i*Bu-1′) |
| OEVO | | | | | | | | |
| 2′ | 165.31 | C | | | | | | 1.39(OEVO-9′), 2.56(OEVO-8′), 4.68(OEVO-7′), 8.07(OEVO-4′), 8.69(OEVO-6′) |
| 3′ | 125.03 | C | | | | | | 4.68(OEVO-7′), 7.27(OEVO-5′) |
| 4′ | 137.74 | CH | 8.07dd | 1.7, 7.8 | H-OEVO-6′, H-OEVO-5′ | | + | 8.69(OEVO-6′) |
| 5′ | 121.09 | CH | 7.27dd | 4.8, 7.8 | H-OEVO-6′, H-OEVO-4′ | | + | 8.69(OEVO-6′) |
| 6′ | 151.48 | CH | 8.69dd | 1.7, 4.8 | H-OEVO-4′, H-OEVO-5′ | | + | 7.27(OEVO-5′), 8.07(OEVO-4′) |
| 7′ | 36.38 | CH | 4.68q | 7.0 | H-OEVO-9′ | | + | 1.17(OEVO-10′), 1.39(OEVO-9′), 2.56(OEVO-8′) |
| 8′ | 44.93 | CH | 2.56q | 7.0 | H-OEVO-10′ | | + | 1.17(OEVO-10′), 1.39(OEVO-9′), 4.68(OEVO-7′) |

续表

| 编号 | $\delta_C$ | DEPT | $\delta_H$ | $J$/Hz | H-H COSY | NOESY | HSQC | HMBC($\delta_H$) |
|---|---|---|---|---|---|---|---|---|
| 9′ | 11.82 | $CH_3$ | 1.39d | 7.0 | H-OEVO-7′ | H-14 | + | 2.56(OEVO-8′), 4.68(OEVO-7′) |
| 10′ | 9.68 | $CH_3$ | 1.17d | 7.0 | H-OEVO-8′ | H-13 | + | 2.56(OEVO-8′), 4.68(OEVO-7′) |
| 11′ | 173.99 | C | | | | | | 1.17(OEVO-10′), 2.56(OEVO-8′), 4.68(OEVO-7′), 4.72(H-3) |
| 12′ | 168.47 | C | | | | | | 3.69(H-12a), 5.95(H-12b), 8.07(OEVO-4′) |
| OH-4 | | | 4.53brs | | H-14 | | | |

① 本实验室数据。

# 参考文献


[1] Jefferg H S. Organic structure determination using 2D NMR spectroscopy. San Diego: Academic Press, 2012.

[2] 赵天增. 核磁共振氢谱. 北京: 北京大学出版社, 1983.

[3] 赵天增. 核磁共振碳谱. 郑州: 河南科学技术出版社, 1993.

[4] 宁永成. 有机化合物结构鉴定与有机波谱学. 北京: 科学出版社, 2000.

[5] 姚新生, 陈英杰, 等. 超导核磁共振波谱分析. 北京: 中国医药科技出版社, 1991.

[6] 杨俊荣, 李国强, 李志宏, 等. 臭阿魏化学成分研究. 天然产物研究与开发, 2006, 18: 246-248.

[7] Mohamed H, EI-Razek A, Ohta S, et al. Terpenoid coumarins of the genus *Ferula*. Heterocycles, 2003, 60(3): 689-716.

[8] 李文魁, 李彤梅, 余竟光, 等. 用 2D NMR 确定黄酮醇-3-*O*-L-吡喃鼠李糖(1→2)-L-呋喃阿拉伯糖的双糖结构. 波谱学杂志, 1997, 14(1): 51-54.

[9] Bax A, Freeman R. Investigation of complex networks of spin-spin coupling by two-dimensional NMR. J Magn Reson, 1981, 44:542-561.

[10] 梁志, 王映红, 李志宏, 等. 亚麻根化学成分的研究. 天然产物研究与开发, 2005, 17(4): 409-411.

[11] 鞠建华, 周亮, 杨峻山. 二维核磁共振波谱在阐明一种三萜多糖皂苷结构中的应用. 波谱学杂志, 2001, 18(4): 329-341.

[12] 王淘淘, 石建功, 王敏, 等. 一种环烯醚萜甙(8-*O*-acetyl-shanzhiside methylester)的 2D NMR, 波谱学杂志, 1997, 14(6): 539-543.

[13] 高峰, 李铣, 吴立军, 等. 苯并二氢呋喃类木脂素 NMR 谱的研究, 波谱学杂志, 1997, 14(5): 425-429.

[14] 裘祖文, 裴奉奎. 核磁共振波谱, 北京: 科学出版社, 1989, 23.

[15] Shu S H, Zhang J L, Wang Y H, et al. Two new flavonol glycosides from *Bridelia tomentosa*. Chin Chem Lett, 2006, 17(10): 1339-1342.

[16] Craig D A, Martin G E. Proton double quantum and relayed proton double quantum coherence two-dimensional NMR mapping of proton-proton connectivity networks in natural products: a model study of strychnine. J Nat Prod, 1986, 49(3):456-465.

[17] 藤荣伟, 李海舟, 王祖德, 等. 三个原人参二醇型单糖链配糖体的 NMR 全指定. 波谱学杂志, 2000, 17(6): 461-468.

[18] Qin H L, Li Z H. Clerodane-type diterpenoids from *Nannoglottis ravida*. Phytochemistry, 2004, 65(18): 2533-2537.

[19] 邱明华, 陈剑超. 雪胆素 C 的 $^{1}H$ 和 $^{13}C$ NMR 化学位移完全归属. 波谱学杂志, 2003，20(2)：129-135.

[20] 藤荣伟, 杨庆雄, 王祖德, 等. 大叶吊兰甙 A 和 B 的 NMR 化学位移全归属, 波谱学杂志, 2000, 17(5): 375-381.

[21] 方玉春, 杨喜鸿, 刘为忠, 等. 思替卡韦钠的核磁共振谱分析. 波谱学杂志, 2006, 23(4)：523-527.

[22] 李文, 沙沂, 朱丹. 新药替尼泊苷的碳氢 NMR 信号全归属. 波谱学杂志, 2009, 26(1)：120-124.

[23] 张伟, 靳焜, 彭勤纪, 等. 萘酚萘磺酸酯的核磁共振结构鉴定. 波谱学杂志, 2004, 21(4)：419-425.

[24] 蒋虹, 王强, 刘新友, 等. 一种新的六氢喹啉衍生物的 NMR 研究. 波谱学杂志, 2007, 24(1): 9-15.

[25] 赖宜天, 张喜全, 李宝林, 等. 4-[(*E*)-2-(3,4-二甲氧基苯基)乙烯基]苯氧基乙酸乙酯的合成及其 NMR 研究. 波谱学杂志, 2007, 24(2): 231-237.

[26] 李根, 曹玲华. 含芳基噻唑糖基胍的 NMR 研究. 波谱学杂志, 2007, 24(2): 223-230.
[27] 严琳, 可钰, 刘丰五, 等. 笼状 β-碳苷酮衍生物的 NMR 研究及结构确证. 波谱学杂志, 2008, 25(4): 549-554.
[28] 邹大鹏, 朱卫国, 许卫超, 等. 高碳糖希夫碱的 $^{1}$H NMR 和 $^{13}$C NMR 全归属. 波谱学杂志, 2004, 21(3)：305-310.
[29] 邹大鹏, 康建勋, 刘宏民, 等. 新型 C10 高碳糖的 NMR 和 ESI-MS/MS 研究. 波谱学杂志, 2004, 21(4)：397-403.
[30] 邹大鹏, 朱卫国, 刘宏民. 含高碳糖片段的氨基醇及水解产物的波谱分析. 波谱学杂志, 2005, 22(3): 277-283.
[31] 邹大鹏，吕敏，刘宁，等. 新型 β-氨基醇及其中间体的合成与波谱研究. 波谱学杂志，2006, 23(2)：153-159.
[32] 尚玉俊, 赵天增, 刘宏民, 等. 苦皮藤水解产物中的 β-二氢沉香呋喃倍半萜多醇的 NMR 研究. 波谱学杂志, 2002, 19(2): 125-132.
[33] Ujita k, Takaishi Y, Iida A, et al. Euonydin A-1-A-5, sesquiterpene esters from *Euonymus sieboldianus*. Phytochemistry, 1992, 31(4): 1289-1292.
[34] Tu Y Q, Wu D G, Zhou J, et al. Bioactive sesquiterpene polyol esters from *Euonymus bungeanus*. J Nat Prod, 1990, 53(3):603-608.
[35] 蒋虹，屠树江，刘新友，等. 一种双香豆蒽衍生物的 NMR 研究. 波谱学杂志，2006, 23(3)：333-339.
[36] 刘丰五，张京玉，刘宏民，等. 三种缩水蔗糖衍生物的 NMR 研究及结构确证. 波谱学杂志，2005, 22(2): 149-154.
[37] 王丽，李宝林，蒋林玲，等. 对氯苯氧基氯苯乙酮异构体的 NMR 分析. 波谱学杂志，2008, 25(3): 415-420.
[38] 李勤，杨春晖，刘雪辉，等. 3 种药物分子的 $^{1}$H 和 $^{13}$CNMR 谱线全指定. 波谱学杂志，2004, 21(2): 221-229.
[39] 陈才法，蒋虹，刘新友，等. 一种新的免疫抑制剂 FTY720 的 NMR 研究. 波谱学杂志，2006, 23(4): 467-472.
[40] 沙沂，李文，祖宁，等. 新药硫酸头孢匹罗的 NMR 研究. 波谱学杂志，2006, 23(2): 253-259.
[41] 陈才法，蒋虹，刘新友，等. 一种新的雄甾烷衍生物的 NMR 数据分析. 波谱学杂志，2008, 25(1): 80-86.
[42] 施志坚，赵杨，曹卫国，等. 含多氟烷基三环螺环化合物的合成及波谱学结构研究. 波谱学杂志，2008, 25(3): 408-414.
[43] 张佩璇，李剑峰，韦亚兵，等. 氟代四氢小檗碱的波谱特征与结构解析. 波谱学杂志，2009, 26(1)：111-119.
[44] 张海艳，吴鸣建，董建军，等. 地塞米松棕榈酸酯的 NMR 数据解析. 波谱学杂志，2004, 21(4): 405-411.
[45] 杜定准，周亚球，徐奎. 单甲基酯亚磺酸帕珠沙星盐的波谱学研究. 波谱学杂志，2004, 21(2): 205-213.
[46] 陈玥，李剑峰，韦亚兵，等. 新药盐酸洛美利嗪的波谱特征与结构确证. 波谱学杂志，2006, 23(3): 341-348.
[47] 吴鸣建，赵天增，张海艳. Fluoxetine Hydrochloride 的 NMR 数据解析. 波谱学杂志，2007, 24(3): 297-301.
[48] 熊静，张安将，雷新响，等. 二嗪磷的 NMR 研究. 波谱学杂志，2002, 19(2): 175-179.
[49] 王明安，袁光耀，陈万义. 2,4,8,10-四卤代-6-硫-12-*H*-双苯并[*d*,*g*][1,3,2]-二氧磷杂八环的 $^{1}$H 和

$^{13}$CNMR 研究. 波谱学杂志, 2008, 25(1): 66-72.

[50] 袁光耀, 杨代斌, 陈万义. 6-硫-6-烷硫基-12-H-氯溴代双苯并[*d*,*g*][1,3,2]-二氧磷杂八环的合成. 农药学学报, 2000, 2(4):11-16.

[51] 袁金伟, 陈晓岚, 屈凌波, 等. 一种新型的喹啉-4-氨基磷酸酯衍生物的波谱学研究. 波谱学杂志, 2009, 26(1): 95-102.

[52] 熊静, 张安将, 雷新响, 等. 哌啶醇的 NMR 研究. 波谱学杂志, 2003, 20(2): 143-148.

[53] 高守海, 胡文祥, 恽榴红. 含哌啶结构杂环醇的立体化学研究. 高等学校化学学报, 1999, 20(2):232-236.

[54] 董建军, 吴鸣建, 张海艳, 等. 美托拉宗的 NMR 数据解析，波谱学杂志, 2004, 21(1): 93-97.

[55] Shetty B V. A review on a novel quinozolone diuretic, zaroxolyn(metolazone). Ind J Pharmac, 1974, 6(1):40-53.

[56] 杨雪梅, 贾振斌. 亚胺培南顺反异构体的 2DNMR 研究. 波谱学杂志, 2008, 25(1): 53-59.

[57] 雷连娣, 刘雪辉, 金赟, 等. 三尖杉碱骨架构筑中间体末端炔键的 NMR 确证. 波谱学杂志, 2008, 25(1)：46-52.

[58] 赵丹丹, 李丹毅, 华会明, 等. 文冠果花中一个新的单萜类化合物.中草药, 2013, 44(1): 11-15.

[59] Rugutt J K, Henry Ⅲ C W, Franzblau S G, et al. NMR and molecular mechanics study of pyrethrins Ⅰ and Ⅱ. J Agric Food Chem, 1999, 47(8): 3402-3410.

[60] 赵天增, 尹卫平, 张海艳, 等. 橄榄苦甙的 NMR 数据解析. 波谱学杂志, 2002, 19(1): 57-61.

[61] 吴鸣建, 赵天增, 张海艳, 等. 小叶丁香化学成分的研究(Ⅰ). 中草药, 2003, 34(1): 7-8.

[62] Tanahashi T, Takenaka Y, Nagakura N. Two dimeric secoiridoid glucosides from *Jasminum polyanthum*. Phytochemistry, 1996, 41(5): 1341-1345.

[63] Shen Y C, Lin S L, Chein C C. Jaspolyside, a secoiridoid glycoside from *Jasminum polyanthum*. Phytochemistry, 1996, 42(6):1629-1631.

[64] 王玉莉, 戴静秋, 候立芬, 等. 金花忍冬中一个新的二聚体环烯醚帖甙的 2D NMR 研究, 波谱学杂志, 2003, 20(2): 137-141.

[65] Tanahashi T, Takenaka Y, Akimoto M, et al. Six secoiridoid glucosides from *Jasminum polyanthum*. Chem Pharm Bull, 1997, 45(2): 367-372.

[66] Calis I, Hosny M, Khalifa T, et al. Secoiridoids from *Fraxinus angustifolia*. Phytochemistry, 1993, 33(6): 1453-1456.

[67] Tanahashi T, Shimada A, Nagakura N, et al. Isolation of oleayunnanoside from *Fraxinus insularis* and revision of its structure to insularoside-6‴-*O*-*β*-D-glucoside. Chem Pharm Bull, 1993, 41(9): 1649-1651.

[68] Shen Y C, Lin C Y, Chen C H. Secoiridoid glucosides from *Jasminum multiflorum*. Phytochemistry, 1990, 29(9): 2905-2912.

[69] Garcia J, Chulia A J. Loganin and new iridoid glucosides in *Gentiana pedicellata*. Planta Medica, 1986, 327-329.

[70] Gross vonG-A, Sticher O. Isoswerosid, ein neues secoiridoidglycosid aus den wurzeln des zwergholunders *Sambucus ebulus* L.(Caprifoliaceae). Helv Chim Acta, 1986, 69(5): 1113-1119.

[71] Hu J F, Starks C M, Williams R B, et al. Secoiridoid glycosides from the pitcher plant *Sarracenia alata*. Helv Chim Acta, 2009, 92(2): 273-280.

[72] 赵世萍, 薛智. 山茱萸化学成分的研究. 药学学报, 1992, 27(11): 845-848.

[73] 张晓燕, 高崇凯, 王金辉, 等. 白芍中的一种新的单萜苷. 药学学报, 2002, 37(9): 705-708.

[74] Lang H Y, Li S Z, Wang H B, et al. The structure of lactiflorin, an artefact during isolation? Tetrahedron, 1990, 46(9): 3123-3128.

[75] Wang M T, Qin H L, Kong M, et al. Insecticidal sesquiterpene polyol ester from *Celastrus angulatus*. Phytochemistry, 1991, 30(12): 3931-3933.

[76] 赵天增, 张海艳, 魏悦, 等. 苦皮素A的化学结构讨论. 河南科学, 2011, 29(10): 1168-1171.

[77] 赵天增, 张海艳, 董建军, 等. 苦皮素 B 的 NMR 数据解析及其化学结构. 郑州大学学报(工学版), 2012, 33(6): 96-99.

[78] Qin H L, Zhao T Z , Shang Y J. A new sesquiterpene from *Celastrus angulatus*. Chin Chen Lett, 1999, 10(10): 825-826.

[79] 秦海林, 赵天增, 尚玉俊, 等. 苦皮藤根皮的 $^1$H NMR 指纹图谱解析. 药学学报, 2001, 36(6): 462-466.

[80] 涂永强, 陈耀祖, 吴大刚, 等. 南蛇藤倍半萜成分研究. 化学学报, 1991, 49: 1014-1017.

[81] Tu Y Q, Wu D G, Zhou J, et al. Sesquiterpenoids from two species of Celastraceae. Phytochemistry, 1992, 31(4):1281-1283.

[82] Tu Y Q, Wu D G, Zhou J, et al. Bioactive sesquiterpene polyol esters from *Euonymus bungeanus*. J Nat Prod, 1990, 53(3): 603-608.

[83] Cheng C Q, Wu D G, Liu J K. Angulatueoids A-D, four sesquiterpenes from the seeds of *Celastrus angulatus*. Phytochemistry, 1992, 31(8): 2777-2780.

[84] Weng J R, Yen M H. New dihydroagarofuranoid sesquiterpenes from *celastrus paniculatus*. Helv Chim Acta, 2010, 93(9): 1716-1724.

[85] 戴静秋, 刘中立, 杨立. 西北风毛菊中一个新的桉烷型倍半萜酯的2D NMR研究. 波谱学杂志, 2002, 19(2): 133-136.

[86] 杨国春, 李占林, 李文, 等. 没药中一呋喃倍半萜的核磁共振研究. 波谱学杂志, 2008, 25(4): 541-548.

[87] 梁侨丽, 施国新. NOESY技术在地胆草倍半萜内酯化合物结构鉴定中的应用(Ⅰ). 波谱学杂志, 2003, 20(3): 289-295.

[88] 梁侨丽, 龚祝南, 施国新. NOESY 谱在地胆草倍半萜化合物结构鉴定中的应用(Ⅱ). 波谱学杂志, 2004, 21(3): 311-315.

[89] Liang Q L, Min Z D. Sesquiterpene lactones from *Elephantopus scaber*. Chin Chem Lett, 2002, 13(4): 343-344.

[90] But P P-H, Hon P-M, Cao H, et al. Sesquiterpene lactones from *Elephantopus scaber*. Phytochemistry, 1997, 44(1): 113-116.

[91] 杨秀伟, 吴琦, 邹磊, 等. 芙蓉菊中艾菊素和草蒿素结构的NMR信号表征. 波谱学杂志, 2008, 25(1): 117-127.

[92] 徐静, 管华诗, 林强. 木奶果根中的新倍半萜内酯. 中草药, 2007, 38(10): 1450-1452.

[93] Hu X Y, Wu X W, Mei N, et al. Structure determination of a sesquiterpene lactone isolated from *Nouelia insignis* Franch by 2D NMR. Chinese J Magn Reson, 2007, 24(2): 141-146.

[94] 潘勤, 施敏锋, 闵知大. 狼毒大戟中4种Jolkinolide型二萜的二维核磁共振研究. 中国药科大学学报, 2004, 35(1): 16-19.

[95] 徐效华, 孔垂华, 林长江, 等. 软珊瑚 *Sarcophyton crassocaule* 中 Cembrane 型二萜的分离与鉴定. 高等学校化学学报, 2003, 24(6): 1023-1025.

[96] 傅宏征, 林文翰, 高志宇, 等. 2D NMR研究新呋喃二萜类化合物的结构. 波谱学杂志, 2002, 19(1): 49-55.

[97] Fujita E, Fujita T, Katayama H, et al. Terpenoids. Part ⅩⅤ. Structure and absolute configuration of oridonin isolated from Isodon japonicus and Isodon trichocarpus. J Chem Soc(C), 1970: 1674-1681.

[98] 孙汉董, 许云龙, 姜北. 香茶菜属植物二萜化合物. 北京: 科学出版社, 2001, 241.

[99] 孔漫，汪茂田. 香茶菜属二萜的 2D NMR 研究(I), 波谱学杂志, 1993, 10(3): 309-314.

[100] 杨延武, 许肖龙, 王德华, 等. 抗癌药物冬凌草甲素的分子构型研究. 化学学报, 1992, 50: 498-503.

[101] 张海艳, 赵天增, 郭唯, 等. Lasiodonin acetonide 的 NMR 数据解析. 波谱学杂志, 2005, 22(2): 155-162.

[102] 韩全斌, 梅双喜, 姜北, 等. 冬凌草中的新对映-贝壳杉烷二萜化合物. 有机化学, 2003, 23(3): 270-273.

[103] Wu S H, Zhang H J, Chen Y P, et al. Diterpenoids from *Isodon wikstroemioides*. Phytochemistry, 1993, 34(4): 1099-1102.

[104] Xu Y, Kubo I. Diterpenoid constituents from *Rabdosia coetsa*. Phytochemistry, 1993, 34(2): 576-578.

[105] Liu X, Wang W G, Du X, et al. Enmein-type diterpenoids from the aerial parts of *Isodon rubescens* and their cytotoxicity. Fitoterapia, 2012, 83: 1451-1455.

[106] 钟世舟, 花振新, 樊劲松. 一个新的紫杉烷二萜化合物的 NMR 研究. 分析测试学报，1996, 15(6): 61-65.

[107] Yue Q, Fang Q C, Liang X T, et al. Taxayuntin E and F: two taxanes from leaves and stems of *Taxus yunnanensis*. Phytochemistry, 1995, 39(4): 871-873.

[108] 王福生, 彭丽艳, 赵昱，等. 中国红豆杉枝叶中的紫杉烷二萜. 云南植物研究, 2003, 25(3): 369-376.

[109] Shen Y C, Lo K L, Chen C Y, et al. New taxanes with an opened oxetane ring from the roots of *Taxus mairei*. J Nat Prod, 2000, 63(5): 720-722.

[110] 杨秀伟, 张建业. 应用 2D NMR 技术研究罗汉果醇及其苷的结构. 波谱学杂志, 2007, 24(3): 249-260.

[111] Wang L B, Gao H Y, Wu B, et al. Structure determination of a novel natural product isolated from the leaves of *Panax ginseng* CA Meyer, Chinese J Magn Reson, 2006, 23(3): 321-326.

[112] Baek N I, Kim D S, Lee Y H, et al. Ginsenoside $Rh_4$, A genuine dammarane glycoside from Korean red ginseng. Planta Med, 1996, 62(1): 86-87.

[113] Jaki B U, Franzblau S G, Chadwick L R, et al. Purity-activity relationships of natural products: the case of anti-TB active ursolic acid. J Nat Prod, 2008, 71(10): 1742-1748.

[114] Silva M G V, Vieira I G P, Mendes F N P, et al. Variation of ursolic acid content in eight *Ocimum* species from Northeastern Brazil. Molecules, 2008, 13(10): 2482-2487.

[115] Gohari A R, Saeidnia S, Shahverdi A R, et al. Phytochemistry and antimicrobial compounds of *Hymenocrater calycinus*. Eur Asia J Biosci, 2009, 3(1): 64-68.

[116] Jang D S, Kim J M, Lee G Y, et al. Ursane-type triterpenoids from the aerial parts of *Potentilla discolor*. Agric Chem Biotechnol, 2006, 49(2): 48-50.

[117] 黄龙, 张如松, 王彩芳, 等. 白花败酱化学成分研究. 中药材, 2007, 30(4): 415-417.

[118] Moghaddam F M, Farimani M M, Salahvarzi S, et al. Chemical constituents of dichloro methane extract of cultivated *Satureja khuzistanica*. Evideme-Based Complementary and Alternative Medicine, 2007, 4(1): 95-98.

[119] Shen D. Development of anti-inflammatory agents from the aromatic plants, *Origanum* Spp. And *Mentha* Spp., and analytical methods on the guality control of bioactive phenolic compounds. New Jersey: the State University of New Jersey, 2008.

[120] Kontogianni V G, Exarchou V, Troganis A, et al. Rapid and novel discrimination and quantification of oleanolic and ursolic acids in complex plant extracts using two-dimensional nuclear magnetic resonance spectroscopy-comparison with HPLC methods. Anal Chim Acta, 2009, 635(2): 188-195.

[121] Guvenalp Z, Kilic N, Kazaz C, et al. Chemical constituents of *Galium tortumense*. Turk J Chem, 2006, 30(4): 515-523.

[122] Abbas M, Disi A, Al-khalil S. Isolation and identification of anti-ulcer components from *Anchusa strigosa* root. Jordan J Pharm Sci, 2009, 2(2): 131-138.

[123] 张宪民，吴大刚，周激文，等. 昆明山海棠根的齐墩果烷型三萜成分. 云南植物研究，1993, 15(1): 92-96.

[124] 杨燕军，林洁红，许雄伟. 枫香槲寄生化学成分的分离与结构鉴定. 药学学报, 2005, 40(4): 351-354.

[125] Fujita R, Duan H, Takaishi Y. Terpenoids from *Tripterygium hypoglaucun*. Phytochemistry, 2000, 53(6): 715-722.

[126] 商洪杰，王文静，李丹毅，等. 路路通中 1 个新的三萜类化合物. 中草药, 2014, 45(9): 1207-1210.

[127] Yang N Y, Chen J H, Zhou G S, et al. Pentacyclic triterpenes from the resin of *Liquidambar formosana*. Fitoterapia, 2011, 82(6): 927-931.

[128] Yu J Q, Deng A J, Wu L Q, et al. Osteoclast-inhibiting saikosaponin derivatives from *Bupleurum chinense*. Fitoterapia, 2013, 85(1): 101-108.

[129] Tan L, Zhao Y Y, Tu G Z, et al. Saikosaponins from roots of *Bupleurum scorzonerifolium*. Phytochemistry, 1999, 50(1): 139-142.

[130] Ishh H, Nakamura M, Seo S, et al. Isolation, characterization, and nuclear magnetic resonance spectra of new saponins from the roots of *Bupleurum falcatum* L. Chem Pharm Bull, 1980, 28(8): 2367-2383.

[131] 欧阳明安. 新 18,19-裂乌索酸型三萜皂甙的 NMR 研究. 波谱学杂志, 2003, 20(3): 245-250.

[132] Lopes M N, Mazza F C, Young M C M, et al. Complete assignments of $^{1}$H and $^{13}$C-NMR spectra of the 3, 4-seco-triterpene canaric acid isolated from *Rudgea jasminoides*. J Braz Chem Soc, 1999, 10(3): 237-240.

[133] 舒国欣，梁晓天. 关于川楝素的化学结构的修正. 化学学报, 1980, 38(2): 196-198.

[134] 谢晶曦，袁阿兴. 驱蛔药川楝皮及苦楝皮中异川楝素的分子结构. 药学学报, 1985, 20(3): 188-192.

[135] Tada K, Takido M, Kitanaka S. Limonoids from fruit of *Melia toosendan* and their cytotoxic activity. Phytochemistry, 1999, 51(6): 787-791.

[136] 王先荣，周正华，杜安全，等. 黄蜀葵花黄酮成分的研究. 中国天然药物, 2004, 2(2): 91-93.

[137] 王景华，王亚琳，楼凤昌. 槐树种子的化学成分研究. 中国药科大学学报, 2001, 32(6): 471-473.

[138] Ghiasi M, Taheri S, Tafazzoli M. Dynamic stereochemistry of rutin(vitamin P)in solution: theoretical approaches and experimental validation. Carbohydr Res, 2010, 345(12): 1760-1766.

[139] 赵爱华，赵勤实，林中文，等. 萹蓄的化学成分研究. 天然产物研究与开发, 2002, 14(5): 29-32.

[140] 许福泉，刘红兵，罗建光，等. 萹蓄化学成分及其归经药性初探. 中国海洋大学学报，2010, 40(3): 101-104, 110.

[141] Kim H J, Woo E-R, Park H. A novel lignan and flavonoids from *Polygonum aviculare*. J Nat Prod, 1994, 57(5): 581-586.

[142] Fraisse D, Heitz A, Carnat A, et al. Quercetin 3-arabinopyranoside, a major flavonoid compound from *Alchemilla xanthochlora*. Fitoterapia, 2000, 71(4): 463-464.

[143] Junior H M S, Campos V A C, Alves D S, et al. Antifungal activity of flavonoids from *Heteropterys byrsonimifolia* and a commercial source against *Aspergillus ochraceus*: in silico interactions of these compounds with a protein kinase. Crop Protection, 2014, 62(1): 107-114.

[144] 郭佳生，王素贤，李铣，等. 鼠掌老鹳草抗菌活性成分的研究. 药学学报, 1987, 22(1): 28-32.

[145] 斯建勇，陈迪华，常琪，等. 鲜罗汉果中黄酮甙的分离及结构测定. 药学学报, 1994, 29(2): 158-160.

[146] 欧阳明安. 女贞小蜡树的木脂素及黄酮类配糖体成分研究. 中草药, 2003, 34(3): 196-198.

[147] 吴鸣建，张燕，张海艳，等. 川藿苷 A 的 NMR 数据解析. 郑州大学学报, 2012, 33(1): 68-70, 83.

[148] 孔令义，李意，何爱民，等. 降压活性成分淫羊藿甙的 HMQC 和 HMBC 谱研究. 波谱学杂志，1996, 13(6): 595-600.

[149] 张海艳, 康建勋, 董建军, 等. 朝藿定 C 的 NMR 数据解析. 郑州大学学报, 2013, 34(4): 94-98.

[150] Zhang H Y, Zhao T Z, Yin W P, et al. A new flavone glycoside from *Epimedium koreanum*. Chin Chem Lett, 2006, 17(10): 1328-1330.

[151] 张海艳, 赵天增, 尹卫平, 等. 3‴-羰基-2″-β-L 奎诺糖基淫羊藿次苷Ⅱ的 NMR 数据解析. 波谱学杂志, 2007, 24(1): 1-8.

[152] Hirakura K, Morita M, Nakajima K, et al. Phenolic glucosides from the root of *Pueraria lobata*. Phtochemistry, 1997, 46(5): 921-928.

[153] Zhang X R, Wang M K, Peng S L, et al. Chemical constituents of *Pueraria peduncularis*. Chin Tradit Herbal Drugs, 2002, 33(1): 11-14.

[154] Kinjo J-E, Furusawa J-I, Baba J, et al. Studies on the constituents of *Pueraria lobata*. III. Isoflavonoids and related compounds in the roots and the voluble stems. Chem Pharm Bull, 1987, 35(12): 4846-4850.

[155] Takeya K, Itokawa H. Isoflavonoids and the other constituents in callus tissues of *Pueraria lobata*. Chem Pharm Bull, 1982, 30(4): 1496-1499.

[156] 邵波, 郭洪祝, 果德安. 菝葜中黄酮和二苯乙烯类成分的研究. 中草药, 2009, 40(11): 1700-1703.

[157] Cren-Olive C, Wieruszeski J-M, Maes E, et al. Catechin and epicatechin deprotonation followed by $^{13}$C NMR. Tetrahedron Lett, 2002, 43(25): 4545-4549.

[158] Bilia A R, Morelli I, Hamburger M, et al. Flavans and a-type proanthocyanidins from *Prunus prostrata*. Phytochemistry, 1996, 43(4): 887-892.

[159] 张正付, 边宝林, 杨建, 等. 茉莉根化学成分的研究. 中国中药杂志, 2004, 29(3): 237-239.

[160] Blasko G, Shieh H-L, Pezzuto J M, et al. $^{13}$C NMR spectral assignment and evaluation of the cytotoxic potential of rotenone. J Nat Prod, 1989, 52(6): 1363-1366.

[161] 杨涓, 邓赟, 周在德, 等. 中药川白芷化学成分研究. 化学研究与应用, 2002, 14(2): 227-229, 177.

[162] 李丽梅, 梁宝德, 俞绍文, 等. 羌活的化学成分. 中国天然药物, 2007, 5(5)：351-354.

[163] 刘志刚, 任培培, 李发美. 羌活水溶性部分的化学成分. 沈阳药科大学学报, 2006, 23(9): 568-569, 601.

[164] Rahman M M A, Dewick P M, Jackson D E, et al. Lignans of *Forsythia intermedia*. Phytochemistry, 1990, 29(6): 1971-1980.

[165] Kitagawa S, Nishibe S, Benecke R, et al. Phenolic compounds from *Forsythia* leaves. II. Chem Pharm Bull, 1988, 36(9): 3667-3670.

[166] Lee D-G, Lee S-M, Bang M-H, et al. Lignans from the flowers of *Osmanthus fragrans* Var. aurantiacus and their inhibition effect on NO production. Arch Pharm Res, 2011, 34(12): 2029-2035.

[167] 史琳, 何晓霞, 潘英, 等. 五味子藤茎化学成分的研究. 中草药, 2009, 40(11): 1707-1710.

[168] IkeyaY, Taguchi H, Yosioka I, et al. The constituents of *Schizandra chinensis* Baill. I. Isolation and structure determination of five new lignans, gomisin A, B, C, F and G, and the absolute structure of schizandrin. Chem Pharm Bull, 1979, 27(6): 1383-1394.

[169] 张海艳, 秦海林, 赵天增, 等. 光叶淫羊藿的化学成分研究. 中草药, 2009, 40(11): 1719-1723.

[170] Tokuoka Y, Daigo K, Takemoto T. Studies on the constituents of *Epimedium*. III. Lignoids of *Epimedium grandiflorum* Morr. Yakugaku zasshi, 1975, 95(5): 557-563.

[171] Deyama T, Ikawa T, Kitagawa S, et al. The constituents of *Eucommia ulmoides* Oliv. Ⅳ. Isolation of a new sesquilignan glycoside and iridoids. Chem Pharm Bull, 1986, 34(12): 4933-4938.

[172] Brader G, Vajrodaya S, Greger H, et al. Bisamides, lignans, triterpenes, and insecticidal cyclopenta [b] benzofurans from *Aglaia* species. J Nat Prod, 1998, 61(12): 1482-1490.

[173] Wang F N, Ma Z Q, Liu Y, et al. New phenylethanoid glycosides from the fruits of *Forsythia*

*suspensa*(Thunb.)Vahl. Molecules, 2009, 14(3): 1324-1331.

[174] Nishibe S, Okabe K, Tsukamoto H, et al. The structure of forsythiaside isolated from *Forsythia suspensa*. Chem Pharm Bull, 1982, 30(3): 1048-1050.

[175] Liu D L, Zhang Y, Xu S X, et al. Phenylethanoid glycosides from *Forsythia suspensa* Vahi. J Chin Pharm Sci, 1998, 7(2): 103-105.

[176] Yin W P, Zhao T Z, Zhang H Y. A novel oligosaccharide ester from *Syringa pubescens*. J Asian Nat Prod Res, 2008, 10(1): 95-100.

[177] 都恒青，赵曦，赵天增，等. 野蔷薇根化学成分的研究. 药学学报, 1983, 18(4): 314-316.

[178] 陈荣峰，赵天增，余守志. 腐植酸核磁共振波谱的研究Ⅱ. 风化煤黄腐酸的自旋晶格弛豫时间. 燃料化学学报, 1983, 11(1): 96-99.

[179] 何忠梅，宗颖，孙佳明，等. 千里光中几种黄酮和酚酸类成分的分离与鉴定. 应用化学, 2010, 27(12): 1486-1488.

[180] 贾娜. 丹参水溶性活性成分及有效部位的研究. 沈阳：辽宁中医药大学, 2006, 17-19.

[181] Ai C B, Li L N. Stereostructure of salvianolic acid B and isolation of salvianolic acid C from *Salvia miltiorrhiza*. J Nat Prod, 1988, 51(1): 145-149.

[182] 章敏. 丹参中具有醌还原酶诱导活性化合物的发现. 杭州：浙江大学, 2009, 11-14.

[183] 杨立新，李杏翠，刘超，等. 甘西鼠尾草中化学成分研究. 药学学报, 2011, 46(7): 818-821.

[184] 陈万生，贾鑫明，张卫东，等. 甘西鼠尾根化学成分研究. 药学学报, 2003, 38(5): 354-357.

[185] 张林东. 血管新生抑制活性为导向的云南鼠尾草化学成分研究. 昆明：昆明理工大学, 2012: 30-34.

[186] 陈晖，方华，张怡评，等. 海藻糖标准样品的研制. 化学分析计量, 2015, 24(1): 1-4.

[187] Morris G A, Hall L D. Experimental chemical shift correlation maps from heteronuclear two-dimensional NMR spectroscopy. 1. Carbon-13 and proton chemical shifts of raffinose and its subunits. J Am Chem Soc, 1981, 103(16): 4703-4711.

[188] Heyraud A, Rinaudo M, Vignon M. $^{13}$C-NMR spectroscopic investigation of $\alpha$- and $\beta$-1,4-D-glucose homooligomers. Biopolymers, 1979, 18(1): 167-185.

[189] Yin W P, Zhao T Z, Fu J G. Chinese bittersweet alkaloid III, a new compound from *Celastrus angulatus*. JANPR, 2001, 3(3): 183-189.

[190] Yue Y, Deng A J, Li Z H, et al. New stemona alkaloids from the roots of *Stemona tuberosa*. Magn Reson Chem, 2014, 52(11): 719-728.

[191] Ohsaki A, Ishiyama H, Yoneda K, et al. Secu′amamine A, a novel indolizidine alkaloid from *Securinega suffruticosa* var. amamiensis. Tetrahedron Lett, 2003, 44(15): 3097-3099.

[192] Livant P D, Beutler J A. Conformations of the securinine alkaloids asstudied by high-field $^{13}$C, $^{1}$H- and 2-D NMR, and molecular mechanics calculation. Tetrahedron, 1987, 43(13): 2915-2924.

[193] Tatematsu H, Mori M, Yang T H, et al. Cytotoxic principles of *Securinega virosa*: virosecurinine and viroallosecurinine and related derivatives. J Pharm Sci, 1991, 80(4): 325-327.

[194] Lajis N H, Guan O B, Sargent M V, et al. Viroallosecurinine and ent-phyllanthidine from the leaves of *Breynia coronata*(Euphorbiaceae). Aust J Chem, 1992, 45(11): 1893-1897.

[195] 王英，李茜，叶文才，等. 一叶萩的化学成分. 中国天然药物, 2006, 4(4): 260-263.

[196] 吴海燕，周金云. 一叶萩的化学成分研究. 中国中药杂志, 2004, 29(6): 535-537.

[197] Gaffield W, Benson M, Lundin R E. Carbon-13 and proton nuclear magnetic resonance spectra of veratrum alkaloids. J Nat Prod, 1986, 49(2): 286-292.

[198] Gonnella N C, Chen J. Stereochemical analysis and complete $^{1}$H/$^{13}$C NMR chemical shift assignments of matrine. Application of NOE and two-dimensional NMR techniques. Magn Reson Chem, 1988, 26(3):

185-190.

[199] Bai G Y, Wang D Q, Ye C H, et al. $^{1}H$ and $^{13}C$ chemical shift assignments and stereochemistry of matrine and oxymatrine. Appl Magn Reson, 2002, 23(2): 113-121.

[200] Galasso V, Asaro F, Berti F, et al. On the molecular and electronic structure of matrine-type alkaloids. Chem Phys, 2006, 330(3): 457-468.

[201] 阎玉凝, 王秀坤, 李家实, 等. 白刺花的花中生物碱成分研究. 中国中药杂志, 1996, 21(4): 232-233, 256.

[202] 张兰珍, 李家实, 皮特·好佛顿, 等. 苦豆子种子生物碱成分研究. 中国中药杂志, 1997, 22(12):740-743, 764.

[203] He H P, Liu F C, Hu L, et al. Alkaloids from the flowers of *Colchicum autumnale*. Acta Botanica Yunnanica, 1999, 21(3): 364-368.

[204] Hufford C D, Collins C C, Clark A M. Microbial transformations and $^{13}C$-NMR analysis of colchicine. J Pharm Sci, 1979, 68(10): 1239-1243.

[205] Kuo Y H, Chen C H, Yang Kuo L M, et al. Structure and stereochemistry of emarginatine-A, a novel cytotoxic sesquiterpene pyridine alkaloid from *Maytenus emarginata*: X-ray crystal structure of emarginatine-A monohydrate. Heterocycles, 1989, 29(8): 1465-1468.

[206] Kuo Y H, Chen C H, Yang Kuo L M, et al. Antitumor agents, 112. Emarginatine B, a novel potent cytotoxic sesquiterpene pyridine alkaloid from *Maytenus emarginata*. J Nat Prod, 1990, 53(2): 422-428.

[207] Kuo Y H, Chen C H, King M L, et al. Sesquiterpene pyridine alkaloids from *Maytenus emarginata*: emarginatine-C and -D and cytotoxic emarginatine-E and emarginatinine. Phytochemistry, 1994, 35(3): 803-807.

[208] Duan H, Takaishi Y, Imakura Y, et al. Sesquiterpene alkaloids from *Tripterygium hypoglaucum* and *Tripterygium wilfordii*: a new class of potent anti-HIV agents. J Nat Prod, 2000, 63(3): 357-361.